유기공업화학

신판우 · 조승래 편저

普成文化社

머 리 말

화학공업은 국가의 기간산업으로서 인간생활에 없어서는 안될 중요한 공업으로서 나날이 변모하며 발전을 거듭하여 왔다. 이러한 화학공업의 발전은 국가의 발전과 인간의 풍요로움에 크게 기여하였다. 앞으로 화학공업의 갈 길은 범용 화학제품의 다량생산에 의한 환경오염으로부터 공해물질의 방출이 심하지 않으면서 부가가치가 큰 화학제품을 생산하는 화학공업을 키워 나가는 것이 우리나라와 같이 자원이 빈약하고 영토가 작은 나라에서는 무엇보다도 바람직한 방법이다.

이 책은 날로 발전하고 성장해 가는 화학공업의 큰 전환을 배경으로하여 화학공업에서 중요한 부분을 차지하는 유기공업화학 교육에 가장 바람직한 내용으로 꾸미기 위해 세심한 정성을 다하였다.

유기공업화학에서 취급하는 제품을 보면 석유화학산업 등으로부터 생산되는 기초화학제품을 합성하여 추출한 중간체 및 원제를 합성, 가공하여 섬유, 자동차, 전기, 전자, 반도체 등 타 산업에서 필요로 하는 제품을 생산하는 가공형, 중간형 화학산업으로서 대표적인 소재산업이다. 이와같은 정밀화학 관련제품으로 플라스틱, 합성섬유, 합성고무 및 유기합성 약품 등이 있고 고도의 기술이 필요하면서 부가가치가 큰 의약품, 염료, 농약, 향료, 계면활성제, 사진 감광재료, 인쇄잉크, 화장품, 고분자 첨가제, 의료용 재료 등에 이르기까지 많은 종류의 유기화합물 제품이 있다. 이같은 많은 유기화합물을 합성하기위해 유기단위반응 방법으로 니트로화반응, 술폰화반응, 할로겐화반응, 산화 환원반응 및 수소화반응, 알킬화반응, 에스테르화반응 등이 있다.

이 책은 대학에서 유기공업화학의 교과서 또는 참고서로 집필되었으며 공업전문대학 또는 산업체 기술자에게도 유기공업화학의 이해를 돕고 참조할 수 있게 집필되었다.

내용으로서는 전반부는 유기단위반응을 소개하여 유기화합물의 합성을 이해할 수 있게 기술하였고 후반부에서는 정밀화학공업의 연관분야에 대해서 각 분야별로 비교적 자세히 기술하였다.

집필과 편집에 있어서 많은 저서나 문서를 참조하였으며 각 방면에서 귀중한 자료와 정보 등을 수집하여 집필하였다. 그러나 저자의 노력에도 불구하고 오류나 시정사항이 있으리라 생각되는 바 독자 여러분의 기탄없는 시정과 양해있으시길 바란다.

끝으로 이 책의 출판하는데 많은 협조를 하여주신 보성문화사 김성복 사장님과 관계직원 여러분에게 진심으로 사의를 표하는 바이다.

2011년 08 월

저 자 씀

차 례

부 록

제 1 장 개 요

제 1 장 개 요

화학공업은 자연계에 존재하는 여러종류의 자원을 이용해서 이것에 화학적인 물질변환을 주로하는 조작과 가공을 하여 인간생활을 보다 윤택하게 하기위한 제품을 만드는 것이다.

자연을 이해하고 그 본질을 탐구하는 자연과학중에 있어서 화학은 자연계에 존재하는 물질을 성질과 변화를 추구하고 진리를 밝혀가는 학문이다. 그리고 공업화학, 응용화학, 화학공업이라고 하는 학문을 기초로 하여 연구자, 기술자 손에 의해서 합리적인 산업수단인 기술이 생겨지고 있다.

근대적인 화학공업은 그 기초를 실험실의 성과에 두고 있다. 화학의 역사적 원류는 연금술로부터 시작했다고하는 것처럼 화학은 물질의 변화를 알고 그것을 근거로하여 물질을 만드는 실천적인 본질을 갖는다. 공업적 실천을 의도한 공업화학, 응용화학의 분야에서 나타난 가능성을 가지고 그 제조원리는 화학공학적으로 검토된다. 즉 개개의 화학반응, 예를들면 산화, 환원, 분해, 중합이라고하는 단위반응과 증류, 추출, 분쇄, 전열 등 물리적 수단을 중심으로 하는 단위조작을 조합하여 각 장치가 설계되고 가장 효율적인 공정이 정해진다.

그리하여 공장이 건설되고 많은 사람들의 총합적인 노력에 의해서 생산활동이 영위된다.

화학공업은 말할 것도 없이 사회의 기반이 되는 중요한 기초산업의 하나이고 각종 연료, 각종 소재, 식료, 의료, 의약 등 인간생활에서 빼놓을수 없는 제품을 제공하는 것이다.

화학의 힘은 자연에는 존재하지 않았을 플라스틱, 합성섬유 등의 우수한 성능을 가진 제품의 공급 등을 가능케 하였고 근대사회에 있어서는 화학공업의 은혜없이는 사람들이 건강하고 풍요한 생활은 있을 수 없다고 말 할 것이다.

1. 유기화학공업과 그 특징

1.1 유기화학공업의 발전

화학공업은 유기화학공업과 무기화학공업으로 대별된다. 유기화학공업은 탄소를 중심으로 수소, 산소, 질소 등을 주체로 한 화합물 즉 유기화합물의 제조를 대상으로 한 화학공업이며 무기화합물을 대상으로 한 무기화학공업과는 관례적으로 구별되고 있다.

근대적 유기화학공업의 시작은 20세기초에 코크스로 가스를 이용하는 콜타르 공업에 그 출발점을 찾을 수가 있다. 계속해서 발전한 카바이드 공업과 방향족화합물을 시초로 염료나 각종 약품류의 합성이 비롯되었다. 그러나 제2차대전후 유기화학공업은 1955년 석유화학공업의 개시 또한 각종자원의 석탄에서 석유에로의 전환이 시작되는 경제의 고도성장과 때를 맞추어 크게 발전했다. 석유화학공업, 고분자화학공업의 기초기술은 거의 외국기술을 도입했거나 1960년 후반경에서 부터 도입기술을 소화하고 우리나라 독자기술로 생겨나서 우리나라의 화학공업은 그 규모를 크게 확대했다. 이제부터의 화학공업은 보다 부가가치가 높은 물질보다 고기능을 갖는 물질을, 고도의 기술로 만들어간다는 목표로 질적인 전환을 시도하지 않으면 안되게 되었다.

1.2 생산의 형태

유기화학공업에 있어서의 생산공정은 일반적으로 많은 단위반응과 단위조작의 조합으로 이루어져가고 있고 이들 장치의 사이를 원료나 중간체가 이동하면서 제품화되어 간다.

유기화학의 실험에서 경험하는 것처럼 화학반응이 가령 하나의 플라스크에서 이루어지더라도 그 전후의 많은 순서 즉 원료, 촉매, 용매의 공급, 생성물의 분리, 정제라고 하는 조작에는 매우 손질이 번거롭다. 공업적 제조의 경우도 사정은 같으며 그 공정은 보통 복잡한 수많은 장치의 연결에 의해 구성되어 있고 화학공업이 일반적으로 장치공업이라고 불리고 있는 이유도 여기에 있다. 이런 장치공업의 하나의 특징은 장치의 대형화에 의해 제품당의 건설비, 인건비가 싸게되고 에너지 효율도 높이며 제조가격도 대폭으로 인하할 수가 있게된다. 한편 근년에 있어서의 전자공업의 발달은 복잡한 장치의 운전, 관리의 자동제어를 가능하게 하고 합리적인 조업이나 안전확보에 큰 기여를 하고 있다.

화학반응은 선택적으로 진행되는 것이 이상적이나 많은 경우 화학반응은 부생성물을 수반한다. 석유를 열분해하면 에틸렌, 프로필렌 등 다종류의 생성물이 동시에 생기고 하나의 성분을 선택적으로 만들어내는 것은 불가능하다. 이들 다종류의 것을 사회가 요구하는 제품으로 바꾸어가야 한다. 그러기 위해서는 원료의 흐름에 따라 많은 기업이 모여들고 그 기초원료의 제조에서 각종의 변환, 가공을 효율적으로 분담해 가는 것이 예사이다. 이런 기업집단을 콤비나트라 하고 근대적 화학공업을 상징하는 생산형태로 되고 있다.

유기화합물의 수는 극히 많으며 공업 생산되는 제품의 종류나 수는 매우 많다. 이것을 역으로 미소한 성질의 차이를 이용해서 소비자의 요구에 응하게 된다. 그리하여 농약 등 가공도가 극히 높은 물질을 소량에서 대량으로 이루며 사회의 요구에 따라서 생산하는 태도를 갖추는 것도 큰 특징이라고 말할 수가 있다.

2. 화학공업과 환경보전

화학공업은 우리들의 생활을 윤택하게 하는 많은 제품을 만들어 낸다. 그러나 화학공업의 급성장과 환경보전에 대한 의식의 결여는 한편으로 많은 공해를 불러일으켜 그들의 주된 것을 예를 들면 다음과 같은 항목이 된다.

① 수질오염 원인물질 : Hg, Cd, P, PCB, 시안, 농약 등

② 대기오염 원인물질 : SO_2, NO_x

③ 토양오염 원인물질 : Cd, Cr, Hg, PCB

④ 의약품약해 원인물질 : 사리드, 마이트, 키노, 호름 등

⑤ 식품오염 원인물질 : PCB, 비소, 유해방부제, 유해색소 등

또 소음, 진동, 악취 기타의 공장 배출물에 의한 오염 등 화학공업은 직접 또는 간접적으로 기인되는 환경문제는 많다. 이런 인간부재의 공업생산이 허용되어서는 안된다. 공

해를 이루는 프로세스는 벌써 공업기술로서의 가치가 없다.

공해방지 때문에 각종 대책과 입법조치가 강구되고 또 과학자, 기술자의 의식개혁인 동시에 환경파괴 방지를 위한 연구와 기술개발이 착실히 이루어지고 있다.

우리나라 환경기술자의 노력에 의해서 유해물, 오염원인물의 제거, 배기, 배수, 정화 등 환경보전에 관해서 근년 공해대책의 효과가 크게 달라지고 있다. 공해의 제거, 환경보전, 환경문제의 해결에 가장 사회에서 활약을 기대하고 있는 것은 화학자이며 화학기술자이다.

3. 유기화학공업의 원료자원

유기화학공업의 원료자원은 그림 1-1에 나타낸다. 현재의 주요화학제품의 대부분은 수입한 석유에서 얻어지는 나프타를 출발물로 하여 합성되고 있다. 석유와 같은 귀중한 탄화수소자원은 연료로써 태워버리고 마는 것이 아니고 물질로써 이용되는 제품원료의 한계와 가격의 앙등을 경험한 오늘, 미래를 향한 석유이외의 원료 자원의 개발과 그 이용이 큰 문제이며, 그것에 대한 연구 및 기술개발이 계속되고 있다. 이들의 노력은 새로운 에너지의 개발과 호응되어 이루어지고 그 성과가 오르고 있는 추세이다. 장래의 탄소자원으로서 주목되고 있는 것은 자원량이 석유의 50배가 된다는 석탄이다. 석탄의 액화에 의한 액상탄화수소의 제조는 장래의 연료 및 합성화학 원료의 확보를 위해 중요한 과제이며 국제간의 협력에 의한 개발이 이루어지고 있다. 또 석탄을 비롯하여 천연가스, 기타의 탄화수소자원은 어느 것이나 일산화탄소, 메탄올, 메탄, 이산화탄소라고 하는 탄소수 1의 화합물(C_1 화합물이라 한다)로 변환된다.

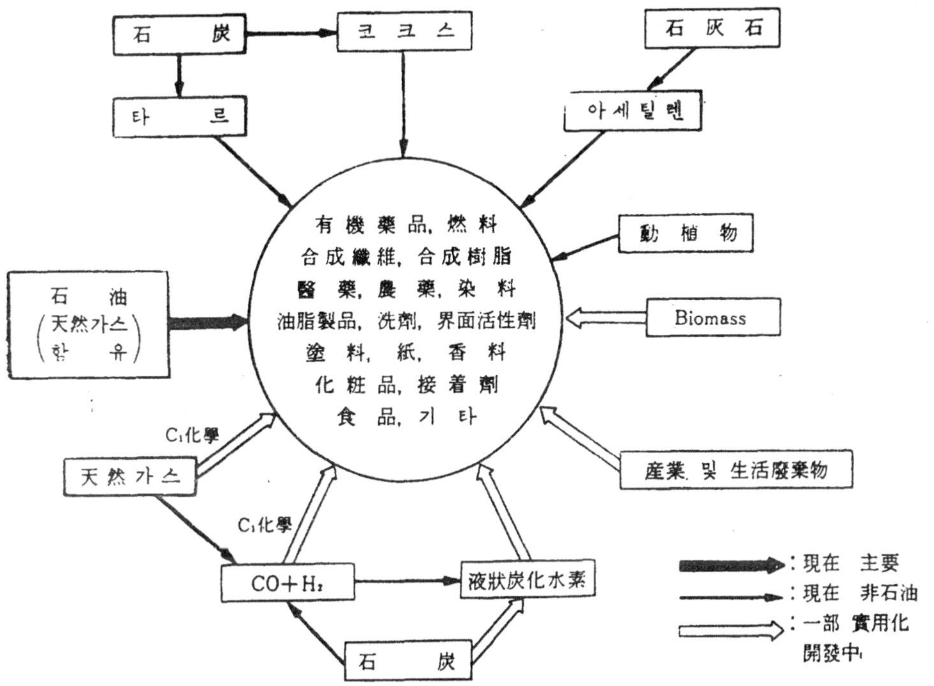

그림1-1 유기화학 공업의 원료

여기에 C_1을 원료로 하여 연료 외에 많은 종류의 C_2 이상의 유용한 화합물을 합성하는 것에 큰 기대가 쏠리고, C_1화학이라고 하여 중요시되고 있다. 우수한 촉매의 개발이 열쇠가 최소이며 메탄올과 일산화탄소에서의 초산의 합성이 공업적으로 성공하고 있다.

또 일산화탄소와 수소가스에서 에틸렌을 제조하는 기술의 개발은 현재의 석유화학공업의 체계에 석탄원료를 조합시키는 기술로서 그 성공에 기대가 걸려 있다.

재생 불가능인 화석자원에 대해서 재생 가능인 자원으로서 주목되고 있는 것으로 biomass가 있다. 바이오매스 자연계의 광합성의존 물질순환계 및 무기질 식물에 포함되는 모든 생물유기체를 가리키고, 이미 음료, 목재, 연료 등으로 이용되고 있는 것을 포함한다.

지구상에서 생산되는 바이오매스의 양은 매년 늘어나는 추세이고 이들은 에너지나 유기화학공업용 원료자원으로 적극적으로 이용하기 위한 화학이나 미생물적, 각종 물리적, 화학적 변환(바이오매스) 처리를 하는 기술의 개발이 이루어지고 있다. 예를들면 사탕수수, 볏짚, 옥수수 등에서 알코올의 생산이나 아오상고, 홀드소, 호호바 등 고무나무류에서의 탄화수소, 또 도시 오니에서 메탄, 조류에서의 수소나 단백질의 생산 등 장래에 있어서의 가능성은 크다.

4. 유기화학공업과 금후의 과제

자원이 부족한 우리의 화학공업에 기대하는 몇 개의 과제에 있어서는 이미 말한 바 있고 특히 에너지, 자원문제를 놓고 국제경쟁력의 저하, 경제발전의 둔화가 화학공업에 엄한 시련을 부과하고 있다. 그러나 인간의 생활기반을 담당하는 화학공업은 이제부터 중심적 산업의 하나로서 보다 발전하고 고성능의 소재를 공급하고 의, 식, 주, 건강을 중심으로 사람들의 생활의 향상에 공헌해 갈 것이다. 환경보전을 위한 기술의 확립, 미이용자원, 석유대체자원, 에너지의 개발이나 자원, 에너지 기술의 개발은 물론 이들을 포함하는 독창적인 고도의 기술의 개발을 밀고나가지 않으면 안된다.

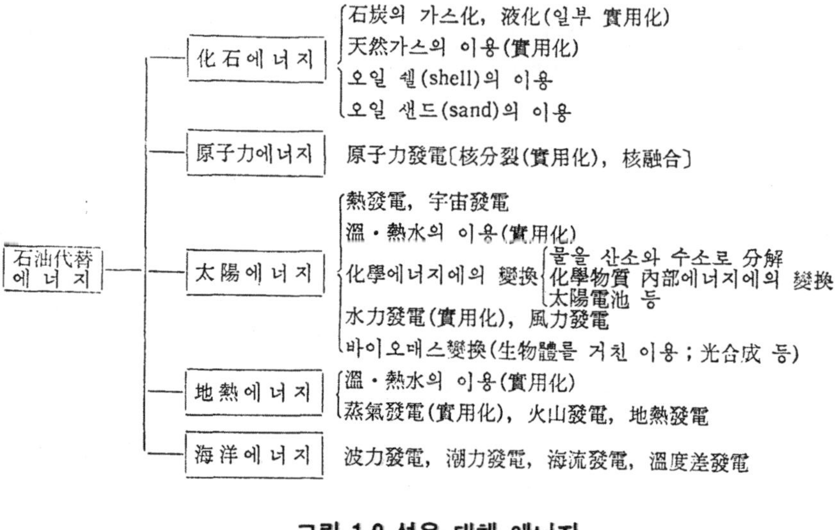

그림 1-2 석유 대체 에너지

대량으로 만들어지는 생산품, 즉 개량이나 제품공정의 합리화는 중요하다. 즉 fine chemicals, special chemicals 라고 불리고, 고도의 연구성과로서 얻어지는 지식집약형의 제품(예를들면 의약, 농약, 향료, 화장품, 각종 첨가제, 도료, 염료, 안료, 감광재료 등) 또는 기능성재료(예를들면 압전체, 발광체 이들 교환수지, 킬레이트수지, 촉매, 생체적합재료)등의 그 대상으로서 들 수가 있다.

우리나라를 비롯하여 선진공업국이 지향하고 있다. 지식집약형 산업에의 발전에는 자주적, 혁신적인 연구가 필요하고 그것은 고도의 지식을 갖는 우수한 화학연구자, 화학기술자의 조직적, 총합적인 연구활동에 의해 비로소 가능하다고 본다. 또 화학공업의 분야는 앞으로 다시 크게 넓어져서 의학, 농학, 생물학, 일렉트로닉 등 조절영역에의 진출은 점점 번성하여 갈 것이라고 생각된다.

제 2 장 유 기 단 위 반 응

1. 유기반응

1.1 유기반응의 분류

유기화학에서 다루는 거의 모든 유기반응을 크게 나누면 다음과 같다.

a) 부가반응 (addition reaction)

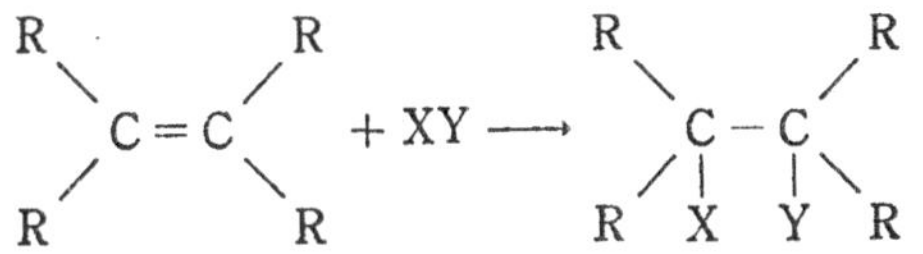

$$CH_2 = CH_2 + Cl_2 \longrightarrow CH_2Cl - CH_2Cl$$

b) 치환반응 (substitution reaction)

$$RX + Y \longrightarrow RY + Y$$

$$CH_3CH_3 + Cl_2 \longrightarrow CH_3CH_2Cl + HCl$$

원료 시약 생성물 부생성물

c) 제거반응 (elimination reaction)

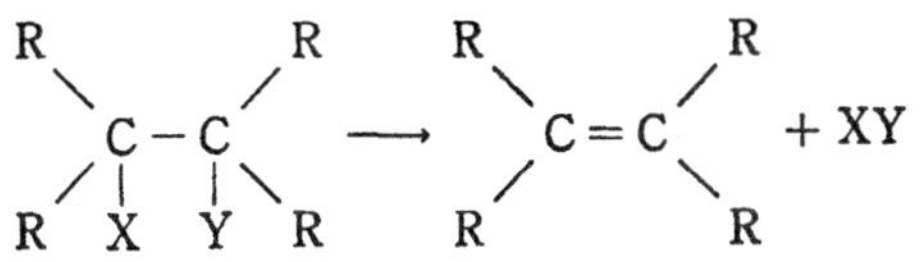

$$CH_3CH_2Cl + NaOH \longrightarrow CH_2 = CH_2 + H_2O + NaCl$$

여기서 R는 알킬기이고, X와 Y 는 원자 또는 원자단이다.

다시 이들 반응을 반응메카니즘으로 나누어 보면 다음과 같이 세분된다.

1) 이온 반응 - 친핵반응 (nucleophilic reaction)
친전자반응 (electrophilic reaction)

2) 라디칼반응 (radical reaction)

이온반응(ionic reation)은 반응계 중의 이온 또는 형식전하를 가진 반응이다. 반응시약으로는 Lewis 염기(OH^-, NH_3 , CN^- 등)와 산(H_3O^+, Cl^+, BF_3 등)을 사용한다. 앞의 시약은 원료분자 중의 C^+를 후자는 C^-를 공격하여 이들과 결합하며 이들 반응을 친핵반응 및 친전자 반응이라 부르고 이때 쓰이는 이들 시약을 친핵시약 및 친전자시약이라고 한다. 라디칼 반응은 반응계에서 라디칼이 반응을 하는 것으로 빛이나 열에 의하여 분자간의 결합이 분열되어 라디칼이 생성된다.

공유결합분자의 분해메카니즘은 다음과 같다.

CH-X결합의 분열에는 두가지 형식이 있다. 균일하게 분열하는 것(a)과 불균일하게 분열하는 것(b)이 있다.

$$CH_3 : X \longrightarrow CH_3\cdot + X\cdot \quad \cdots\cdots\cdots (a)$$
$$CH_3 : X \longrightarrow CH_3^+ + X^- \quad \cdots\cdots\cdots (b)$$

(a)형식으로 생성한 것을 자유라디칼(free radical)이라 하며, $CH_3\bullet$를 메틸라디칼, $X\bullet$을 할로겐라디칼이라고 한다.

(b)형식으로 생성한 CH_3^+를 메틸카보늄이온(methyl carbonium ion)이라고 하며, X^-을 할로겐음이온 또는 할로겐카보음이온(caban ion)이라고 한다. 이러한 화학종들은 반응성이 크므로 최종 생성물이 아니고 반응중에서만 순간적으로 존재하는 중간체이다. 자유라디칼과 carbon양이온은 탄소주위에 7개와 6개의 전자가 있으므로 탄소원자 주위에 8개의 전자가 존재하는 안정한 상태가 되기 위해서는 1개의 전자가 존재하는 다른 자유라디칼과 반응하거나 2개의 전자를 공급할 수 있는 carbon음이온과 반응하려고 한다.
$CH_3^+(R^+)$을 친전자성 시약(electrophilic reagent) 또는 친전자제(electrophile) $C{\equiv}N{:}^-$ (또는 X^-)를 친핵성시약(nucleophilic reagent) 또는 친핵제(nucleophile)라고한다.
자유 라디칼은 넓은 의미로는 친전자시약과 친핵시약의 기능을 둘 다 가지고 있다고 할 수 있다.

A:B 결합에서 A와 B가 비슷한 전기음성도를 가지고 있다면 $A\bullet$와 $B\bullet$로 분열하기 쉬우며 만약 B가 A보다 전기음성도가 크면 A는 양이온, B는 음이온으로 분열되기 쉽다.
불균일 분열은 물, 알코올 등 극성용매에서 쉽게 일어나며 균일분열은 석유계등 비극성 용매에서 쉽게 일어난다.

1.1.1 부가반응

2중결합 또는 3중결합을 가지고 있는 분자에 원자 또는 원자단이 부가되는 반응이다.
유기화합물에서는 주로 탄소의 탄소간, 탄소와 산소, 탄소와 질소간의 다중결합에 일어난다.

$$CH_2 = CH_2 + Br_2 \longrightarrow CH_2(Br) - CH_2(Br)$$

$$(CH_3)_2C = O + HCN \longrightarrow (CH_3)_2C(OH)(CN)$$

acetone cyanohydrin

$$R - N = C = O + H - OH \longrightarrow R - NH - C(=O) - OH$$

isocyanate　　　　carbamic acid

비대칭올레핀에 부가반응

$$CH_3CH = CH_2 + HBr \longrightarrow CH_3CH(Br)CH_3$$

반응메카니즘

$$CH_3CCH = CH_2 + H^+Br^- \longrightarrow CH_3\overset{+}{C}HCH_3 + Br^-$$

$$CH_3\overset{+}{C}HCH_3 + Br^- \longrightarrow CH_3\underset{\displaystyle Br}{\underset{|}{C}}HCH_3$$

비대칭 올레핀에 비대칭인 화합물(H^+X^-, HO^-X^+, H^+-SO_4H^-)이 부가할 때는 Markownikoff법칙에 의하여 양성부분은 수소원자가 많은 2중결합에 있는 탄소원자에 부가하고 음성부분은 수소원자가 적은 2중결합의 탄소원자에 부가한다. 그러나 과산화물 촉매 존재하에서 부가반응 시키면 anti-Markownikoff 법칙에 따른 부가반응이 일어난다.

$$CH_2 = CHCH_3 + HBr \xrightarrow{\text{과산화물}} \underset{\displaystyle Br}{\underset{|}{CH_2}}\underset{\displaystyle H}{\underset{|}{CH}}CH_3$$

이 반응은 라디칼 반응으로 반응이 진행된다. 과산화벤조일 존재하에서 프로필렌과 HBr을 반응시키면 과산화벤조일은 분해하여 벤조일 라디칼을 생성하고 이것이 HBr과 반응하여 브롬라디칼(Br・)을 만들어 Br・에의한 부가반응이 일어난다.

$$C_6H_5COOOOCC_6H_5 \xrightarrow{\Delta,\ 60\sim80°C} 2C_6H_5CO_2\cdot$$
$$C_6H_5CO_2\cdot + HBr \longrightarrow C_6H_5COOH + Br\cdot$$
$$CH_3CH = CH_2 + Br\cdot \longrightarrow CH_3CHCH_2Br$$
$$CH_3CHCH_2Br + HBr \longrightarrow CH_3CH_2CH_2Br + Br\cdot$$

1.1.2 치환반응

치환반응은 반응물의 전자구조의 종류에 따라 다음과 같이 두 가지로 나눈다.

(1) **친전자치환반응** (S_E 반응, Electrophilic Substitution)

$$RH + E^+ \longrightarrow RE + H^+$$

친전자 시약인 E^+ 가 H^+를 내보내고 R의 비공유 전자쌍과 결합하는 반응이다. 방향족 화합물에서 많이 일어나는 반응이다. 카르보늄 이온에 의한 치환반응이 여기에 속한다. 예를들면 니트로 산화, 할로겐화, 술폰화 및 알킬화 반응에서는 니트로늄 이온(NO_2^+), 할로겐노늄 이온(X^+), 삼산화황 및 술폰산 이온(SO_3 , SO_3H^+), 알킬카르보늄이온(R^+) 등이 친전자 제(E^+)로 사용된다.

a) S_N1**반응** (unimolecular substitution eletrophilic, 1분자 친전자 치환반응)

$$R-X \xrightarrow[\text{속도조절단계}]{\text{느린 반응}} R^+ + X^-$$

$$R^+ + Nu:^- \xrightarrow{\text{빠른 반응}} R : Nu$$

$$\text{反應速度} = k[R-X]$$

예를 들면 다음과 같다.

$$(CH_3)_3CBr \longrightarrow (CH_3)_3C^+ + Br^-$$

$$(CH_3)_3C^+ + OH^- \longrightarrow (CH_3)_3C-OH$$

b) S_E2반응 (bimolecular substitution electrophilic, 2분자 친전자 치환반응)

$$R-X + E^+ \longrightarrow \underset{\text{전이상태}}{\left(\overset{\delta^+}{E}\cdots\overset{\delta^-}{R}\cdots\overset{\delta^+}{X}\right)} \longrightarrow R-E + X^+$$

$$\text{反應速度} = k[R-X][E^+]$$

예를 들면 다음과 같다.

$$C_6H_6 + Cl^+ \longrightarrow C_6H_5Cl + H^+$$

여기서 E^+ 는 H^+, Cl^+ 등 친전자시약(electrophile)이고 X는 Cl, MgX 등 탈리기 (leaving group)이다.

(2) **친핵치환반응** (S_N 반응 ; nucleophilic substitution)

$$R-X + Nu:^- \longrightarrow R-Nu + X^-$$

친전자 치환반응과는 다르다. 치환제인 $Nu:^-$ 는 비공유전자쌍을 가지고 있으므로 친핵시약(nucleophilic reagent) 또는 친핵제(nucleophile)라고 하며 반응물 R-X와 반응하여 X^-와 치환하는 반응이다. $N:^-$ 에는 OH^-, Cl^- 등 음이온이나 -CN, NH_3 등 전기음성도가 큰 원자 또는 원자단이 있다.

치환반응 예를 들면 다음과 같다.

$$R-Cl + OH^- \longrightarrow R-OH + Cl^-$$

$$R-Cl + :NH_3 \longrightarrow R\overset{+}{N}H_3 + Cl^-$$

친핵 치환반응에는 다음과 같이 S_N1 반응과 S_N2 반응이 있다.

브롬화 알킬의 Br^- 이 OH^- 로 치환되어 알코올이 될 때 브롬화 알킬의 종류에 따라 반응속도는 달라진다. 1차, 2차 브롬화 알킬인 CH_3Br 와 $(CH_3)_2CHBr$ 의 치환반응속도는 수산이온(OH^-) 과 브롬화 알킬의 농도에 둘 다 비례하는 데 비하여 3차 브롬화알킬인

$(CH_3)_3CBr$은 OH^-에 의한 치환반응에서는 브롬화 알킬의 농도에만 비례하고 OH^- 의 농도에는 무관계하다. 앞의 반응을 S_N2반응, 즉 2분자 친핵치환반응 이라고 하며 나중의 반응을 S_N1 반응 즉 1분자 친핵치환반응이라고 한다.

반응 메카니즘과 반응속도식은 다음과 같다.

(a) **S_N1반응** (unimolecular, substitution nucleophilic, 1분자 친핵치환반응)

$$R-X \xrightarrow[\text{속도조절단계}]{\text{느린 반응}} R^+ + X^-$$

$$R^+ + Nu:^- \xrightarrow{\text{빠른 반응}} R:Nu$$

$$\text{反應速度} = k[R-X]$$

반응의 예는 다음과 같다.

$$(CH_3)_3CBr \longrightarrow (CH_3)_3C^+ + Br^-$$

$$(CH_3)_3C^+ + OH^- \longrightarrow (CH_3)_3C-OH$$

$(CH_3)_3C-X$에서 X^-가 천천히 분해하여 떨어져 나가면 알킬카르보늄 이온인 $(R_3)C^+$가 생성한다. 이렇게 생성된 $(R_3)C^+$는 친핵제인 $Nu:^-$ 와 순간적으로 빨리 반응하게 된다. 그러므로 반응속도를 조절하는 단계가 카르보늄이온 $(R_3)_3C^+$가 생성하는 반응이다. 이 반응에서는 $Nu:^-$의 농도에는 관계없이 오직 $(R_3)_3CX$의 농도에만 관계하므로 속도론적으로는 1차반응이 되며 S_N1반응이라고 한다.

$(CH_3)_3CBr$ 에서처럼 부피가 큰 알킬기가 존재할 때는 X^-의 탈리는 친핵제인 $Nu:^-$ 에 의하여 이루어지는 (X^-의 반대쪽에서 접근하여 $Nu:^-$ 와 치환되는 S_N2반응) 치환반응이 일어나기 보다는 자기분자 자체내의 큰 알킬기의 전자반발작용으로 음성분자인 X^-가 떨어져서 $(CH_3)_3C^+$가 쉽게 생성하게 된다. 그러므로 이와같은 3차 알킬기의 구조를 가진 것은 1분자 친핵치환반응(S_N1)으로 치환작용을 하는 것이 유리해진다.

(b) **S_N2반응** (substitution nucleophilic bimolecular, 2분자친핵치환반응)

$$R-X + Nu:^- \xrightarrow[\text{속도조절단계}]{\text{느린 반응}} \underset{\text{전이상태}}{\left(\overset{\delta^-}{Nu}\cdots\overset{\delta^+}{R}\cdots\overset{\delta^-}{X}\right)} \longrightarrow Nu:R + X^-$$

$$\text{反應速度} = k[R-X][Nu:^-]$$

반응 예는 다음과 같다.

$$CH_3CH_2Cl + OH^- \longrightarrow CH_3CH_2OH + Cl^-$$

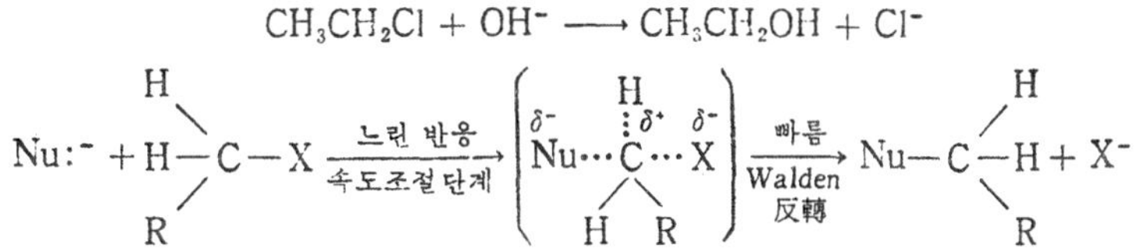

친핵성시약인 Nu:⁻ 는 반응물인 1차 할로겐화 알킬의 할로겐이 붙어있는 반대쪽으로부터 공격하여 탄소에 결합한다. 전이상태에서 할로겐은 우산이 뒤집어지는 모양으로 되면서 떨어져 나가게 된다. 그러므로 탄소에 붙어있는 원자 또는 원자단의 위치는 반응 전과는 반대 위치에 있게된다. 이것을 Walden inversion(발덴반전) 이라고 한다. 알킬기에 붙어있는 할로겐의 종류에 대한 반응속도의 크기의 순서는 다음과 같다.

$$I > Br > Cl$$

S_N1반응의 크기의 순서는 다음과 같다. 1차 알킬화합물은 거의 S_N1반응이 불가능하다.

$$3차\text{—}RX > 2차\text{—}RX > 1차\text{—}R$$

S_N2반응의 크기의 순서는 다음과같다. 3차—RX는 거의 S_N2반응을 하지 않는다.

$$1차\text{—}RX > 2차\text{—}RX > 3차\text{—}RX$$

여기서 R는 알킬기이며 X는 OH^-, X^-, CN^- 등 친핵성작용기이다.

1.1.3 제거반응

분자내의 서로 이웃에 있는 탄소원자에 붙은 원자 또는 원자단이 떨어져서 단일결합에서는 2중결합, 2중결합에서는 3중결합이 생성하는 반응을 제거반응이라고 한다. 제거반응은 치환반응과 동시에 일어나기도 한다. 할로겐화 알킬을 알칼리와 함께 반응시키면 할로겐의 일부는 OH^- 로 치환되어 알코올을 다른 일부는 할로겐화수소(HX)가 떨어져 올레핀이 생성한다.

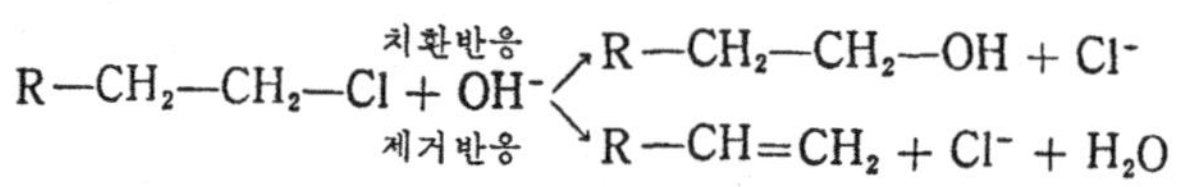

위의 반응에서 치환반응과 제거반응 중 어느 반응이 우선적으로 일어날 것인지는 반응물의 구조에 달려있다. 제거반응도 치환반응과 같이 E1 반응과 E2 반응의 두 가지 형태가 있다.

(a) **E1 반응** (unimolecular elimination, 1분자제거반응)

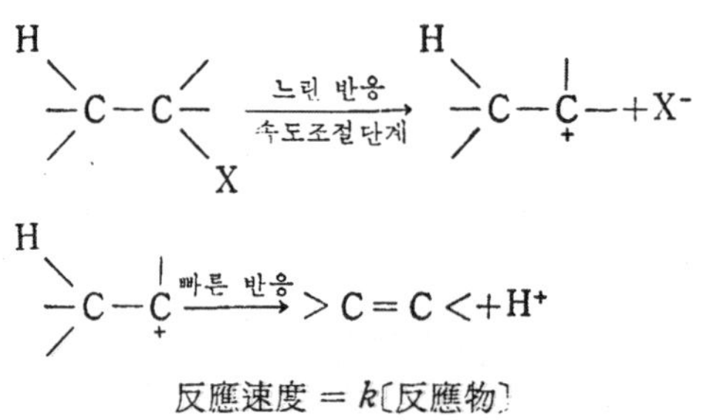

$$反應速度 = k[反應物]$$

E1 반응은 반응물질을 이온화할 수 있는 용매 중에서 쉽게 일어난다. E1 반응이란 1분자제거반응을 의미하는데 이 반응에서는 제거되는 작용기(위에서는 할로겐음이온)가 떨어지는 것을 돕는 용매만이 필요하다. 생성하는 카르보늄이온이 안정하여야 E1 반응이 우선적으로 일어날 수 있다. 카르보늄이온의 생성반응이 속도조절단계이며 S_N1 반응과 같이 E1 반응도 반응물질의 농도의 1승에 비례하는 1차반응이다.

반응예는 다음과 같다.

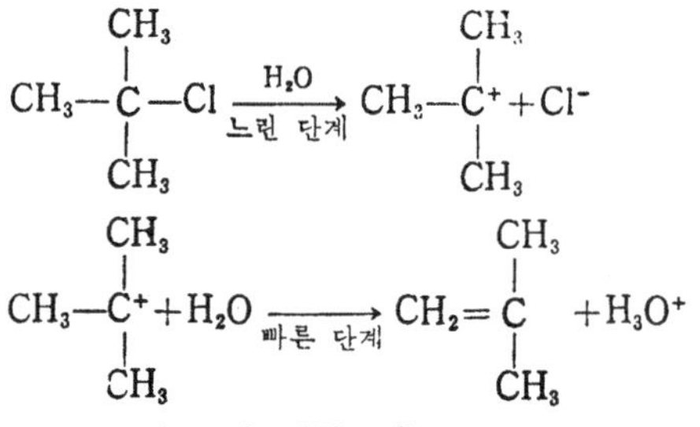

反應速度 $= k[(CH_3)_3CCl]$

(b) E2 반응 (elimination bimolecular, 2분자제거반응)

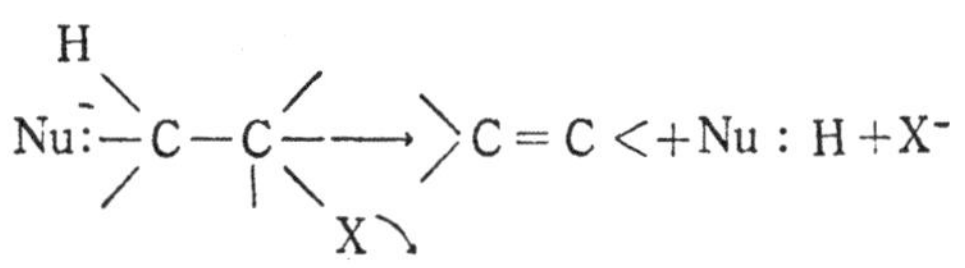

이 반응은 염기촉매 존재하에서 일어난다. E1과는 다르게 중간체는 생성하지 않고 1단계로 반응이 완료된다.

할로겐원소가 붙어 있는 옆탄소에 붙은 수소와 친핵성시약인 $Nu:^-$가 결합하여 H^+가 제거되면 이 수소와 결합하고 있던 전자쌍은 탄소-탄소간의 2중결합을 형성하는 데 기여하므로 할로겐원소는 음이온으로 제거된다.

염화 3차부틸을 강알칼리와 함께 반응시키면 제거반응이 일어나서 이소부틸렌이 생긴다. 치환반응이 일어나면 3차부틸알코올이 생성하게 되는데 분자구조상 이 반응은 일어나지 않는다.

반응예는 다음과 같다.

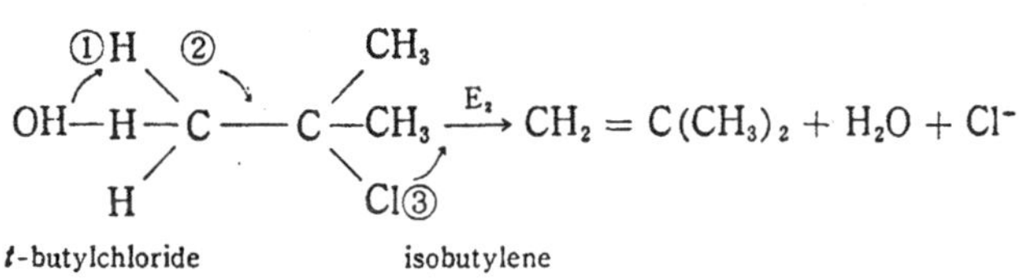

t-butylchloride isobutylene

反應速度 $= k[CH_3-C(CH_3)_2Cl][OH^-]$

S_N2반응은 반응물질(위의 반응에서는 *t*-butyl-chloride)과 친핵시약(OH^-)에 대해서는 각각 1차반응이고 전체적으로는 2차반응이다.

1.1.4 이온반응과 라디칼반응의 특징

(1) 이온반응은 대부분 용제를 사용하는 액상반응이고 라디칼반응은 대부분 기상반응이다.

(2) 이온반응은 산이나 염기촉매작용으로 진행되고 라디칼반응은 빛, 열, 과산화물작용으로 촉진된다. 라디칼반응은 히드로퀴논 등이 있으면 결합하여 반응이 중지된다.

(3) 라디칼반응은 반응이 개시되는 데 유도기간이 있다. 반응중에는 연쇄반응이 일어난다. 이온반응에는 이런 현상이 없다.

Friedel-Craft's 반응, 방향족화합물에서의 각종 치환반응, 알킬화반응, 탈수반응, 알돌, 크라이젠 축합반응 등은 이온반응이고 산화반응, 전해환원반응, 부가중합반응, 질소가 제거되는 방향족디아조늄염의 반응, 광화학반응 등이 라디칼반응으로 진행된다.

1.1.5 유기화합물의 특성

일반적으로 유기화합물은 다음과 같은 특성을 가지고 있으나 예외도 많다. 다음에 나열한 성질들은 예외를 제외한 보편성이 있는 것을 나열한 것이다.

(1) 유기화합물은 일반적으로 융점(M.P)이나 비등점(B.P)이 낮고, 실온에서 고체인 경우일지라도 약 300℃ 이내에서 대개의 화합물은 녹는다. 반대로 무기화합물은 강하나 가열하면 약간 녹거나 또는 버너의 불꽃으로 녹지 않는 경우가 많다. 그리고 융점이 높은 유기화합물은 가열에 의하여 탄화하여 탄소를 유리하여 검게 되는 경우도 있다.

(2) 유기화합물은 일반적으로 가열성이지만, 무기화합물 특히 무기염류 등은 연소하지 않는다. 구리선의 끝을 둥글게 하여 시료를 약간 묻혀서 버너의 불꽃 속에 넣어 연소하느냐 또는 하지 않느냐에 따라 유기화합물과 무기화합물을 정성적으로 판별할 경우가 있다.

(3) 유기화합물의 반응은 유기화합물 분자의 일부분에서 일어나는 경우가 많다. 그리고 단계적으로 진행되는 경우가 많으므로 반응의 중간 생성물이 얻어지는 경우도 있다.

(4) 유기화합물의 반응은 무기염류의 수용액 중 이온반응과 같이 빨리 일어나는 것은 대단히 흔하지 않고, 반응을 시키기 위해서는 일반적으로 가열하거나, 광선을 조사하거나, 촉매를 사용하거나 하여 반응속도를 빠르게 할 필요가 있다. 그리고 반응생성물도 단순한 것이 얻어지는 경우는 드물며, 일반적으로 두 가지 이상의 성질이 생성된다.

(5) 유기화합물 중에는 물에 용해하며 해리됨에 따라서 이온이 되는 경우가 있으나, 전리도는 일반적으로 적은 편이다. 그러나 유기화합물의 염류들은 전리도가 일반적으로 큰 편이다.

(6) 알코올, 초산 및 당류들은 물에 용해되는 유기화합물도 있기는 하지만 일반적으로 물에 잘 용해되지 않거나, 용해된다고 하더라도 약간 용해한다. 그러나 해당하는 **유기용매**(organic solvent)에는 잘 용해된다.

이상과 같은 상식적인 사항을 생각하면, 앞으로 유기공업화학을 공부하는 데 많은 참고가 될 것으로 믿는다.

2. 촉 매

유기반응계에 소량의 물질을 가할 때 반응속도를 증가시키는 것을 **촉매**(catalyst)라고 한다. 반응물질과 촉매가 동일상일 때 이 촉매를 균일계촉매라고 하며, 동일상이 아닐 때 불균일계촉매라고 한다. 반응계에서 촉매작용을 촉매작용이라고 하며, 크기를 촉매활성이라고 한다. 촉매활성은 반응속도나 반응물의 농도 또는 압력에 무관하다. 고체촉매의 활성은 비표면적과 단위표면적당의 활성의 곱으로 나타낸다.

2.1 혼합촉매 (mixed catalyst)

단독으로는 촉매활성이 없지만 2종 이상이 혼합되어 있을 때 촉매작용이 있는 것을 혼합촉매라고 한다. 예를 들면, 니켈-알루미나촉매(시클로헥산의 탈수계로 방향족화), 실리카-알루미나촉매(석유의 접촉분해용) 등이 있다.

2.2 담채 (carrier)

자체만으로는 촉매작용이 없지만 촉매의 지지체로서 촉매의 유효표면적을 증가시켜 촉매의 활성을 크게 한다. 때에 따라서는 촉매의 용융을 방지하며 선택성을 증가시키고 촉매의 피독및 열에 대한 안정성을 부여하는 역할도 한다.

종류 : 천연물 : 규조토, 카오린, 벤토나이트, 경석, 석면

합성물 : Al_2O_3, SiO_2, MgO, SiC, 활성탄

담체는 촉매활성이 거의 없든가, 약하지만 촉매와 섞였을 때 촉매역할을 하기도 한다.

2.3 조촉매 (co-cotalyst)

촉매제조때 다른 성분을 첨가함에 따라 주성분인 촉매의 활성이 증가할 때 이 첨가물을 조촉매라고 한다.

2.4 촉매독 (catalyst poison)

촉매에 어떤 물질의 미량첨가로 촉매활성이 현저하게 감퇴되는 것을 촉매독이라고 한다. 촉매가 반응물질과 접촉하여 저하된 활성이 회복되는 것을 일시적 촉매독이라고 하며, 간단한 조작으로는 촉매의 활성이 회복되지 않는 것을 영구적 촉매독이라고 한다. 탄화수소의 수소첨가반응에서 니켈촉매에 대한 황의 피독현상이 그 예이다. 피독의 종류를 보면 다음과 같다.

(1) 화학촉매에 의한 피독

반응원료 중의 불순물이 촉매의 활성중심과 결합하여 활성을 저하시키는 것을 말하는

데 황이 Ni과 Cu 촉매를 피독한다. 결합이 약할 때는 피독이 가능하다. 강할 때는 영구 피독이 된다.

(2) 침전물에 의한 피독작용

석유의 접촉분해시에 열분해되어 석출된 탄소가 촉매의 세공을 폐쇄하여 활성표면적을 감소시킨다. 그러나 이와 같은 경우에는 촉매를 공기로 재생하면 탄소가 제거되어 활성은 처음과 같은 상태로 된다.

(3) 선택적 피독작용

석유의 접촉분해반응에서 석유유분 중에 함유된 소량의 Ni, Cu, Fe 등의 금속이 Silica-Alumina 촉매에 부착되면 촉매활성이 감퇴되고 오히려 부반응을 촉진하게 된다.

은촉매를 사용하는 에틸렌의 직접산화에 의한 에틸렌옥시드의 합성반응에서 소량의 염화에틸렌($C_2H_4Cl_2$)을 반응계에 첨가함에 따라 탄산가스의 생성을 억제하고 반응의 선택성을 증가시킨다.

2.5 활성중심

고체촉매의 표면은 균일하지 않고 울퉁불퉁한 상태로 되어 있다. 이 결과 표면의 원자의 불포화도는 서로 다르게 되는데 이 중에서 불포화도가 큰 원자는 반응분자를 흡착하여 활성화한다. 이와 같은 흡착점을 활성중심이라고 한다. 그런데 촉매는 반응온도, 반응물의 종류, 사용시간 등에 따라 활성이 감소하게 된다. 활성중심이 저하되는 종류를 보면 다음과 같다.

(1) 반융(sintering)되거나 촉매 중의 화학조성의 변화로 촉매성질의 변화

(2) 촉매가 다른 물질과 반응하여 안정한 물질을 만들거나 불안정한 물질을 만드는 화학적 피독작용

(3) 촉매에 반응물이 물리적으로 흡착되거나 고형물이 침지하여 촉매활성을 저하시키는 것 등이 있다. 반융이란 촉매가 과열될 때 촉매표면에 물리적 변화를 받아 표면적이 감소되어 활성이 감퇴되는 현상을 말한다.

2.6 촉매의 일반적 제법

(1) 침 전 법

염류(질산염, 탄산염, 암모늄염 등)의 수용액에 알칼리 등 침전제수용액을 가하여 침전시켜 만든다. 담체상에 침전시키는 방법과 담체와 촉매를 동시에 침전시키는 공침법의 두 가지가 있다. 염류 중에서 염화물이나 황화염 등은 원료로 사용하지 않는다. 이유는 수세로 염화이온이나 황화이온이 잘 제거되지 않기 때문이다. 침전시에는 시약의 농도, 침전제의 종류, 침전시의 용액의 pH 등에 따라 촉매의 질은 많이 달라진다.

표2-1 담체의 표면적과 세공용적

擔體	表面積(m^2/g)	細孔容積(ml/g)	半徑(Å)
活性炭	900~1100	0.3~2.0	10~20
Silica gel	400~800	0.4~4.0	15~100
SiO_2~Al_2O_3	350~600	0.5~0.9	30~150
活性白土	150~280	0.3~0.5	0~100
Alumina	100~200	0.2~0.3	45
珪藻土	2~30	0.5~6.1	11,000
알런덤	0.1~1.0	0.33~0.45	—
輕石	0.04~0.4	—	—
코런덤	0.07~0.34	0.08	—
石綿	1~16	—	—

침전법으로 촉매를 제조할 때의 주의사항.

(i) 촉매원료 및 침전제의 농도 및 액량

(ii) 원료액, 침전액의 첨가순서

(iii) 침전조작 중의 온도의 조절

(iv) 반응시간

(v) 침전 후의 숙성조건 (온도, 시간, pH 등)

(2) 함 침 법

표면적이 큰 담체(SiO_2, Al_2O_3, 활성탄, 규조토 등)에 촉매성분이나 염류를 용액으로 침전시키거나 스프레이하여 부착시킨 다음에 가열처리하여 분해 또는 고착시킨다. 이때 중요한 것은 담체에 균일하게 분산시키는 것이다.,

(3) 이온교환법

이온화경향이 큰 금속을 이온화경향이 작은 금속의 염류수용액에 넣어 이온교환으로 침전시키는 침전법과 담체 중에 함유된 교환가능한 이온을 다른 촉매작용을 할 수 있는 이온으로 교환하는 방법이다.

(4) 겔생성법

수산화물상태에서는 겔상태로 존재하다가 건조할 때 다공성의 큰 면적을 가지게 되는 알루미나나 실리카겔을 이 방법으로 만든다. 석유의 접촉분해촉매인 Silica-Alumina 촉매는 이 방법으로 만든다. 제조시의 중요한 것은 겔생성시의 pH, 숙성시간 등이다. 이들 조건에 따라 입자의 크기가 많이 달라지며 결과적으로는 활성에 영향을 준다.

(5) 열분해법

가열할 때 쉽게 분해하여 금속산화물을 생성하는 질산염이나 탄산염 등으로부터 만드는데 촉매의 활성은 침전법보다 나쁘다.

(6) 용 해 법

합금촉매의 제조법이다. 먼저 금속의 혼합물을 가열용해하여 합금을 만든 다음 합금 중의 한 성분을 용출하여 만든다. Raney Ni은 이 방법으로 만드는 것 중에서 대표적이다.

Ni-Al 합금에서 알칼리로 Al을 용출하여 만든다.

(7) 증 착 법

담체상에 촉매원료를 승화증착시켜 만드는 방법이다.

2.7 일반적으로 사용하는 촉매의 제조예

(1) 알루미나촉매

알루미나는 단독촉매 실리카-알루미나촉매 또는 담체의 용도로 널리 사용된다. 알루미나는 무정형인 것과 결정형인 것이 있는데 1000℃ 이상으로 가열하여 만들면 안정한 결정형, α형 알루미나가 된다.

(a) **침전알루미나 겔** : 840㎖의 진한 NH_4OH(약 28.5%)를 물로 희석한다. 이 용액을 $Al(NO_3)_3 \cdot 9H_2O$를 물 1560g에 녹인 용액에 교반하면서 리트머스 지시약으로 알칼리성이 될 때까지 주입한다(이 때 pH는 8.0~8.5). 침전물을 Büchner funnel로 여과하고 이 침전물을 진한 암모니아수 5~10㎖를 함유하는 5ℓ의 증류수로 5회 세척한다.

(b) **구상알루미나담체** : 이것은 platforming 촉매용담체의 제조법이다.

241g의 $AlCl_3 \cdot 6H_2O$를 물 600㎖에 녹인 다음 Al조각 120g을 가하고 가열용해한다. 여기에 암모니아수를 가하여 알루미나 졸을 만든다. 다시 초기에 동량의 30% hexamethytlene tetramine 용액을 가한 것을 90~99℃로 가열한 기름중탕에 수적상으로 사출하면 기름중탕 중을 낙하하는 동안에 소구상의 alumina hydrogel이 된다. 이것을 헥사메틸렌테트라민의 진한 용액(100㎖에 헥사메틸렌테트라민 50~100g용해) 중에서 90~99℃로 16시간 숙성하고 소량의 $Al(OH)_3$수용액(18.9ℓ의 물에 20g의 $Al(OH)_3$ 함유)으로 세척하고 120℃로 건조한다. 649℃로 숙성하면 구상알루미나담체를 얻게 된다.

(2) Silica 촉매

Silica는 단독매보다는 Silica-Alumina 촉매나 담체로 더 많이 사용한다.

(a) **Silicagel** : Water glass(SiO_2/Na_2O = 3.22, SiO_2 = 0.20g ㎖$^{-1}$) 500㎖를 물 1ℓ에 녹이고 5℃로 냉각한다. 별도로 4.0N HCl 245㎖에 물 300ℓ를 가하여 5℃로 냉각한 수용액을 만든다. 이 염산수용액을 water glass 용액(5℃)에 빨리 교반하면서 주입하면 2분 이내에 겔화한다. 이 때 pH는 약 6.2가 된다. 30~60분 후에 생성한 겔을 세로와 가로가 2~3㎝되게 잘라서 급히 3ℓ용량의 Büchner funnel에 옮기고 겔이 전부 파괴될 때까지 1N NH_4OH수용액(또는 1N NH_4Cl수용액)으로 2시간 정도 처리한다. 이 조작을 3회 정도 반복하고 염소이온이 없어질 때까지 물로 씻는다. 150℃로 4시간 건조하고 공기중에서 550℃로 소성한다.

(b) **Silica-Alumina 촉매** : 앞에서 설명한 방법으로 만든 알루미나겔과 실리카겔을 섞어 성형, 건조, 소성하는 혼합법과 두 성분을 알칼리성 혼합용액에 산을 가하고 공침시키는 침전법, 실리카겔을 알루미늄용액에 담근 다음 암모니아를 가하여 실리카겔을 침착시키는 방법 등이 있다.

(c) **공침법**: Water glass(SiO_2/Na_2O = 2.07, 비중 1.45, SiO_2 26.3wt% SiO_2 함량 0.382 g/㎖) 1130㎖를 물로 희석하여 3ℓ를 만든 용액을 $Al_2(SO_4)_3$ $18H_2O$ 320g과 진한 황산 90㎖를 물에 섞어 3ℓ로 만든 용액에 교반하면서 주입한다. 처음 절반은 천천히 주입하고 나머지는 한 번에 주입한다. 이 때 pH는 약 4.2이다. 이 액을 약간 가열하면 곧 겔화한다. 겔화된 것을 약 3일간 방치한 다음 10% NH_4Cl수용액 12~15ℓ에 넣고 70℃로 여러 시간 가열한 후 여과하고 씻는다. 이와 같은 조작을 6~10회 반복한다. 다음에 암모니아성 증류수로 2회, 증류수로 1회 씻는다. 겔을 120~150℃로 건조하고 성형한 다음 500~550℃로 2~6시간 소성한다. 이 촉매의 조성은 SiO_2 90%, Al_2O_3 10%이다.

(3) 제올라이트촉매

제올라이트는 천연산과 합성품이 있다. "담체부착구리촉매"라고 하는 것은 합성제올라이트를 말한다. 제올라이트의 일반식은 다음과 같다.

$$xM_2/nO \cdot yAl_2O_3 \cdot zSiO_2 \cdot mH_2O$$

*m*은 금속이온이며 주로 Na가 대부분이다. *n*은 금속이온의 양전하수이다. 몰수 *x*, *y*, *z*, *m*의 비에 따라 여러 종류의 Molecula Sieve가 된다. 촉매로 가장 많이 사용하는 것은 A

	x :	*y* :	*z* :	*m*
A型	1.0±0.2	1	1.85±0.5	~6
X型	0.9±0.2	1	2.5±0.5	~8
Y型	0.9±0.2	1	3~5	~9

형, X형, Y형 Molecula Sieve이다. A형, X형 및 Y형 화합물의 몰비는 다음과 같다.

일반적인 제법은 규산소다와 알루민산나트륨의 혼합액에 NaOH를 가하여 pH 9~12로 조절하고 100℃ 이하의 온도에서 숙성하여 결정화시킨다. 이렇게 만든 Na형 제올라이트를 NH_4Cl수용액에 침전시키면 Na^+가 $NH4^+$로 치환된다. 이것을 가열하여 분해시키면 H형제올라이트가 된다. 이와 같이 제올라이트를 금속염(염화물, 질산염 등) 수용액에 넣어 90~100℃로 가열하여 금속을 교환시키면 여러 가지의 제올라이트를 만들 수 있다.

(4) 구리촉매

질산구리, 탄산구리 등을 열분해하여 만든 염화구리를 수소로 환원하여 만든다. 그런데 구리는 소결하기 쉬운 금속이므로 담체에 침전법으로 부착시켜서 만든 것을 사용하는 때가 많다.

담체부착구리촉매

1000℃로 4시간 소결한 제올라이트 50g을 1ℓ비이커에서 250㎖ 물에 녹이고 실온에서 교반하면서 여기에 질산구리용액 142㎖[$Cu(NO_3)_2 \cdot 3H_2O$] 536g을 1ℓ 물에 용해한 것을 가하고 다시 탄산나트륨수용액 125㎖(Na_2CO_3 294g을 물 1ℓ에 녹인 것)를 20분간에 서서히 주입하여 pH가 8.3이 되게 한다. 다음 10분간 교반하고 감압여과하여 NO_3^-이 검출

되지 않을 때까지 수세한다. 110℃로 건조하고 500℃로 3시간 소성하여 사용 전에 300℃로 3시간 수소기류에서 환원한다.

(5) **니켈촉매**

수소첨가용 촉매로 많이 사용한다.

(a) **니켈-규조토촉매** : $Ni(NO_3)_2 \cdot 6H_2O$ 58g을 물 80ml에 녹이고 산으로 정제한 규조토를 약 50g 가하고 전체를 모르타르로 균일하게 30~60분간 분쇄한 다음 $(NH_4)_2CO_3 \cdot H_2O$ 30g을 물 200㎖에 녹인 용액에 천천히 소량씩 가한다. 침전물을 흡인여과하고 100㎖ 물로 2회로 나누어 씻은 다음 110℃로 하루 동안 건조한다. 사용 직전에 수소로 450℃에서 1시간 환원한다.

이 촉매는 공기중에 노출시키면 불활성되므로 저장에 주의를 해야한다.

(b) **Raney Ni촉매:** 200g의 Al을 알루미나 또는 흑연도가니에 넣고 가스로나 전기로에서 용융시킨다(약 1200℃). 이 용융물에 입상의 Ni 180g을 빨리 투입한다. 이 용융물을 흑연봉으로 교반하고 냉각하기 전에 다음 용기에 따른다. 냉각 후 150~200mesh로 분쇄한다. 이렇게 만들려면 이 합금중의 Al을 제거해야 한다. 이것을 전개하는데 전개방법에 따라 활성이 달라진다. 전개방법은 7~8가지가 있는데 그 중 두 가지를 설명하기로 하자. 첫째방법은 활성은 좋으나 전개방법이 복잡하다. 둘째방법은 전개방법이 앞의 방법보다 간단하므로 좋다. 전개하여 만든 촉매는 공기 중에 노출시키지 않아야 한다.

i) 첫째방법

NaOH 160g을 물 600㎖에 녹인 alkali 용액에 합금 125g을 25~30분간 소량씩 넣고 50℃로 전개한다. 다시 같은 온도로 50분간 가열하여 후처리한다. 3회 세수한 다음 0.5기압으로 수소가압하에서 교반하면서 흐르는 물로 씻는다. 이 때 물의 양은 약 15ℓ 정도이다. 다음 95% 에탄올, 무수에탄올로 각각 3회 씻는다.

ii) 둘째방법

NaOH 128g을 물 500㎖에 녹인 용액에 합금 100g을 녹이고 50℃로 전개하고 같은 방법으로 후처리한다. 리트머스시험지로 중성이 될 때까지 물로 씻는다. 다시 95% 에탄올 150㎖로 3회 씻는다.

표 2-2 유기단위반응의 대표적 반응예와 촉매

酸化反應

反應物	生成物	反應條件	觸媒
CH_4+O_2	$HCHO+H_2O$	400~700°C	NO_2
$2CH_4+O_2$	$2CO+4H_2$	800~1000°C	$NiO-Al_2O_3$
$C_2H_4+\frac{1}{2}O_2$	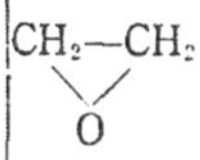	220~280°C	$Ag-Al_2O_3$
$C_2H_4+\frac{1}{2}O_2$	CH_3CHO	50°C 液相	$PdCl_2-CuCl_2$(Wacker法)
$CH_3CH=CH_2+NH_3+\frac{1}{2}O_2$	$CH_2=CH(CN)+3H_2O$	425~450°C	Bip $PMo_{52}-SiO_2$(SOHIO法)
$C_6H_6+4\frac{1}{2}O_2$	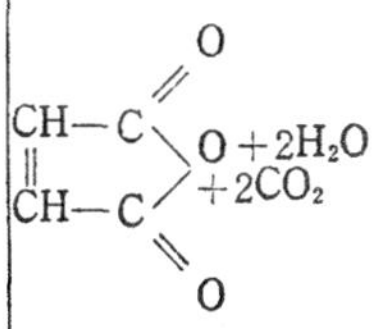	400~450°C	$V_2O_5-MoO_3-K_2SO_4-P_2O_5$
CH_3OH+O_2	$CHO+H_2O$	250~300°C	Ag 또는 Cu망
$CH_3CHO+\frac{1}{2}O_2$	CH_3COOH	30~60°C, 液酸	Co, Mn-초산염
$C_6H_5CH_3+1.5O_2$	$C_6H_5COOH+H_2O$	175°C, 10 atm	나프텐산코발트—HBr

水素化反應

反應物	生成物	反應條件	觸媒
H_2+3H_2	$2NH_3$	400~500°C	$Fe_3O_4-Al_2O_3-K_2O-CaO-MgO$
$CO+2H_2$	CH_3OH	300~400°C, 150~30 atm	$ZnO-Cr_2O_3-CuO$ 규조토
$C_6H_6+3H_2$	C_6H_{12}	90°C, 30~40 atm	Pd—C
CH_3CHO+H_2	C_2H_5OH	160~170°C	Ni
$CH_2=CH_2+H_2$	CH_3CH_3	5~100°C	Ni(Pt, Rh, Pd 등)
$CH_3COCH_3+H_2$	$CH_3CH(OH)CH_3$	125°C, 165 atm	Cu—Cr 酸化物

脫水素反應

反應物	生成物	反應條件	觸媒
$CH_3CH_2CH_2CH_3$	$CH_2=CHCH=CH_2+2H_2$	580~650°C	$MgO-Fe_2O_3-CuO-K_2O$
C_6H_{12}	$C_6H_6+3H_2$	400°C, 200~300°C	$Cr_2O_3-Al_2O_3$
CH_3OH	$HCHO+H_2$	溫度가 높으면 $CO+H_2$로 分解	還元銅
$HCOOH$	CO_2+H_2		Pt, Rd, Pd, Cu, Ni
$C_6H_5C_2H_5$	$C_6H_5CH=CH_2+H_2$	580~600°C	$ZnO-Al_2O_3-K_2CrO_3-K_2SO_4$
$C_6H_5CH(CH_3)_2$	$C_6H_5C(CH_3)=CH_2+H_2$	600~650°C	$Cr_2O_3-Al_2O_3$
$CH_3CH(OH)CH_3$		400°C	ZnO—BiO—ZrO
$CH_3CH(OH)CH_2CH_3$	$CH_3COC_2H_5$	540°C	ZnO_2

酸化反應

反 應 物	生 成 物	反 應 條 件	觸 媒
CH_4+O_2	$HCHO+H_2O$	400～700°C	NO_2
$2CH_4+O_2$	$2CO+4H_2$	800～1000°C	$NiO—Al_2O_3$
$C_2H_4+\frac{1}{2}O_2$	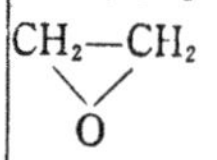	220～280°C	$Ag—Al_2O_3$
$C_2H_4+\frac{1}{2}O_2$	CH_3CHO	50°C 液相	$PdCl_2—CuCl_2$(Wacker法)
$CH_3CH=CH_2+NH_3+\frac{1}{2}O_2$	$CH_2=CH+3H_2O$ | CN	425～450°C	Bip $PMo_{52}—SiO_2$(SOHIO法)
$C_6H_6+4\frac{1}{2}O_2$	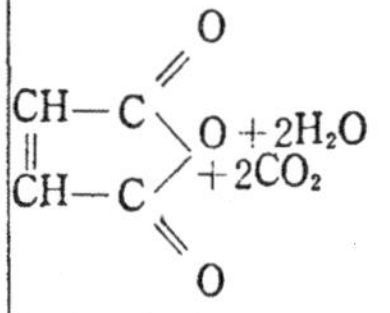	400～450°C	$V_2O_5—MoO_3—K_2SO_4—P_2O_5$
CH_3OH+O_2	$CHO+H_2O$	250～300°C	Ag 또는 Cu망
$CH_3CHO+\frac{1}{2}O_2$	CH_3COOH	30～60°C, 液酸	Co, Mn-초산염
$C_6H_5CH_3+1.5O_2$	$C_6H_5COOH+H_2O$	175°C, 10 atm	나프텐산코발트—HBr

水素化反應

反 應 物	生 成 物	反 應 條 件	觸 媒
H_2+3H_2	$2NH_3$	400～500°C	$Fe_3O_4—Al_2O_3—K_2O—CaO—MgO$
$CO+2H_2$	CH_3OH	300～400°C, 150～30 atm	$ZnO—Cr_2O_3—CuO$ 규조토
$C_6H_6+3H_2$	C_6H_{12}	90°C, 30～40 atm	Pd—C
CH_3CHO+H_2	C_2H_5OH	160～170°C	Ni
$CH_2=CH_2+H_2$	CH_3CH_3	5～100°C	Ni(Pt, Rh, Pd 등)
$CH_3COCH_3+H_2$	CH_3CHCH_3 | OH	125°C, 165 atm	Cu—Cr 酸化物

脫水素反應

反 應 物	生 成 物	反 應 條 件	觸 媒
$CH_3CH_2CH_2CH_3$	$CH_2=CHCH=CH_2+2H_2$	580～650°C	$MgO—Fe_2O_3—CuO—K_2O$
C_6H_{12}	$C_6H_6+3H_2$	400°C, 200～300°C	$Cr_2O_3—Al_2O_3$
CH_3OH	$HCHO+H_2$	溫度가 높으면 $CO+H_2$로 分解	還元銅
$HCOOH$	CO_2+H_2		Pt, Rd, Pd, Cu, Ni
$C_6H_5C_2H_5$	$C_6H_5CH=CH_2+H_2$	580～600°C	$ZnO—Al_2O_3—K_2CrO_3—K_2SO_4$
$C_6H_5CH(CH_3)_2$	$C_6H_5C=CH_2+H_2$ | CH_3	600～650°C	$Cr_2O_3—Al_2O_3$
CH_3CHCH_3 | OH		400°C	ZnO—BiO—[illegible]O
$CH_3CHCH_2CH_3$ | OH	$CH_3COC_2H_5$	540°C	ZnO

3. 니트로화

3.1 니트로화

유기화합물에 1개 또는 2개 이상의 니트로기($-NO_2$)를 도입하는 단위공정을 니트로화(nitration)라 정의하고, 니트로기가 탄소와 결합되어 있는 구조의 화합물을 일반적으로 니트로화합물이라 하며, 니트로기가 산소와 결합되어 있는 것은 **질산에스테르**(nitrate ester), 질소와 결합되어 있는 것을 **니트로아민**(nitroamine)이라 부른다.

니트로기($-NO_2$)가 도입되는 니트로화공정은 많은 여러 가지의 1가원자 혹은 원자단과의 치환에 의해서도 이루어지나 니트로기가 수소원자와 치환하는 니트로화가 공업적으로 가장 중요한 반응이므로 여기에서는 이에 대해서만 논하기로 한다.

$$RH + HNO_3 \longrightarrow RNO_2 + H_2O$$

아래에 니트로기가 도입되는 반응의 예를 들면 다음과 같다.

$$RCl + AgNO_3 \longrightarrow RNO_2 + AgCl$$

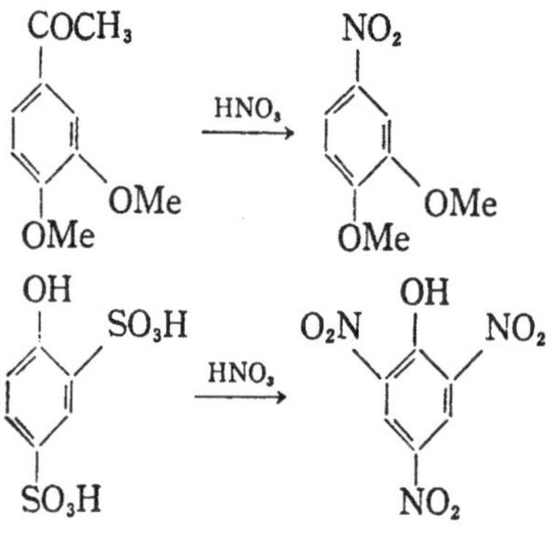

3.2 니트로 화합물의 응용

지방족니트로화합물은 용제, 폭약, 공업약품, 농약 등의 중간체로서 용도가 개발되어 있고, 공업화된 역사는 비교적 새롭다. 방향족니트로화합물은 용제, 폭약, 염료, 의약품생산에 응용될 뿐 아니라 아민과 기타 여러 화합물의 제조를 위한 유익한 중간체로서 다량 사용되고 있다.

3.3 니트로화제

여러 종류의 시약들이 효과적인 니트로화제(nitrating agents)도 사용될 수 있다.

(1) 발연질산, 진한 질산 및 묽은 질산—(질산단독계)

(2) 질산과 황산, 질산과 무수초산 및 초산, 질산과 인산, 또는 질산과 클로로포름 등—(혼산계)

(3) 오산화질소(N_2O_5) 및 이산화질소(N_2O_4)—(질소산화물)

특정 니트로화공정에서 이상 여러 시약 중 가장 적합한 니트로산제를 선정, 사용하기 위해서는 이들 시약들이 자체계 중에서의 거동 및 반응계 중에서의 거동을 알고 또 이해해야 할 것이다.

3.3.1 니트릴 이온, $-NO_2^+$

방향족화합물의 니트로화에 있어 공업적 견지에서 가장 중요하고 잘 알려진 니트로화제는 혼산계 중의 하나인 질산과 황산의 혼산이다. 이 용액 중에서 황산의 역할은 질산을 더욱 친전자시약쪽으로 전환시킨다는 것이다. 즉, 황산은 질산에 프로톤을 내주어 프로톤이 부가된 질산을 만들고 이것이 해리되어 니트릴이온이 된다.

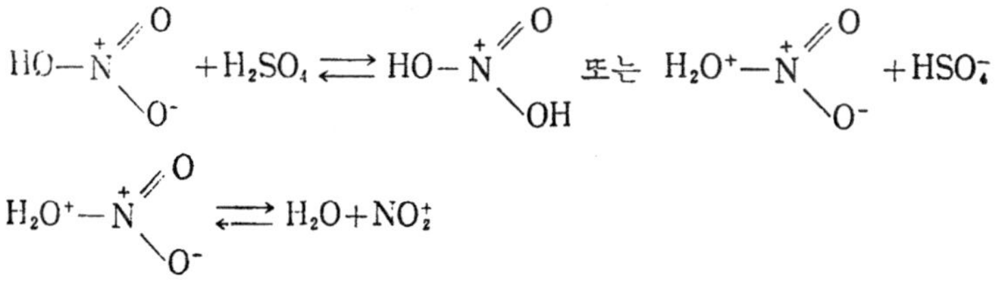

니트릴이온의 존재에 대한 증거는 질산의 황산용액 성질을 조사한 결과 확인한 것이다. 용액 중의 이온이나 중성분자는 이것이 존재하는 수에 정비례하여 용제의 빙점을 강하시킨다. 예로서, 물에 에틸렌글리콜을 가하면 물의 빙점은 가해진 글리콜 1몰에 대해 1.86℃ 강하된다. 똑같이 물에 염화나트륨을 가하면 이 염은 2개의 이온으로 해리되므로 가해진 염 1몰에 대해 3.72℃만큼의 물의 빙점을 강하시킨다.

3.4 지방족 니트로화 (aliphatic nitration)

3.4.1 파라핀의 기상 니트로화

파라핀계탄화수소는 NO_2^+ 이온과 같은 친전자시약에 대해서는 비활성이다. 그러나 70% 혹은 그 이하의 묽은 질산과 기상에서 350~450℃로 가열하면 유리기반응을 일으켜 니트로파라핀을 생성한다.

$$HONO_2 \longrightarrow \cdot NO_2 + \cdot OH$$
$$RH + \cdot OH \longrightarrow R\cdot + HOH$$
$$RH + \cdot NO_2 \longrightarrow R\cdot + HNO_2$$
$$R\cdot + \cdot NO_2 \longrightarrow RNO_2$$

반응온도가 높으면 일반적으로 반응속도는 커지지만 이 경우 수소와 $\cdot NO_2$의 치환과 동시에 파라핀의 C—C결합의 절단도 일어나기 시작하여 알킬기와 $\cdot NO_2$의 치환이 동반되어 원료파라핀으로부터 여러 종류의 니트로파라핀을 생성하게 된다.

그런데 이 반응에서는 항상 모노니트로체만을 생성하고 폴리니트로체의 생성은 확인되지 않고 있다. 예를 들면 프로판을 410℃에서 기상니트로화하면 다음과 같은 혼합물을 얻을 수 있다.

$$CH_3CH_2CH_3 \xrightarrow{HNO_3,\ 410°} 25\%\ CH_3CH_2CH_2NO_2 + 40\%\ CH_3CH(NO_2)CH_3$$
$$+10\%\ CH_3CH_2NO_2 + 25\%\ CH_3NO_2$$

$\cdot NO_2$기에 의한 수소치환에 있어서는 3차탄소의 수소가 가장 치환되기 쉽고 2급탄소 및 1차탄소의 수소의 순으로 치환된다. 그러나 고온에서는 이와같은 치환순위의 차가 거의 없이 동등하게 치환되고 더욱 높은 온도에서는 C—C 결합의 절단에 의한 알킬기와 NO_2 치환이 많이 일어나게 된다. 예를 들면, isobutane을 150℃에서 니트로화한 경우에는 정상적으로 2-니트로-2-메틸프로판을 생성하나 반응온도를 420℃로 올릴 경우에는 1-니트로-2-메틸프로판 및 2-니트로프로판이 주생성물이 된다.

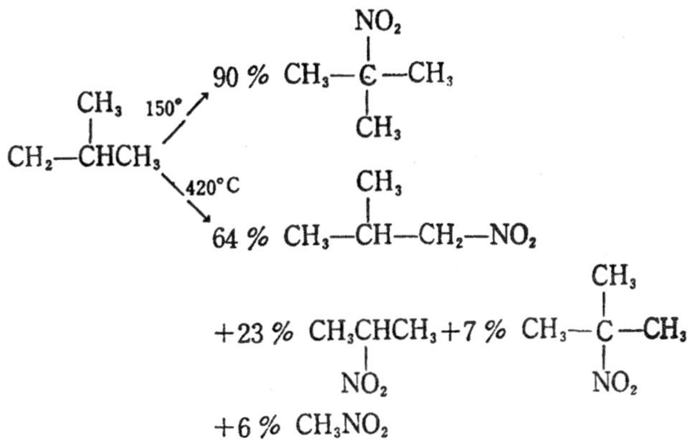

3.4.2 액화 니트로화

액상니트로화반응은 기상니트로화반응의 경우보다는 수율도 낮고 불필요한 부작용이 일어나므로 중요도는 비교적 작다. 탄화수소의 액상니트로화반응은 수소원자와 니트로기에 의한 치환으로 이루어지며 기상반응에서와 같이 알킬기의 치환이 관여하는 니트로화 반응이라는 증거는 아무것도 없다.

일반적으로 생성물의 생성용이성은 제3차 〉 제2차 〉 제1차 니트로파라핀의 순서를 나타내고 반응이 항상 느린 것은 파라핀과 니트로화제와의 상호용해도가 낮기 때문이다. 반응 초기에 생성된 니트로파라핀은 탄화수소보다는 질산에 더욱 잘 용해되므로 계속 니트로화반응을 받아 폴리니트로파라핀을 생성하는 한편 지방산, 탄소산화물을 포함한 분해 및 산화생성물을 동반한다.

수반하는 산화반응은 대부분의 질산을 질소로 환원시켜 질산의 회수를 방해하므로 공업화에 있어서는 경제적으로 상당히 불리하다.

3.5 올레핀의 액상 니트로화

올레핀에 N_2O_4를 부가시키면 디니트로파라핀과 nitronitrite를 생성한다. 후자는 불안정하므로 nitronitrate 또는 nitroalcohol로 변화한다.

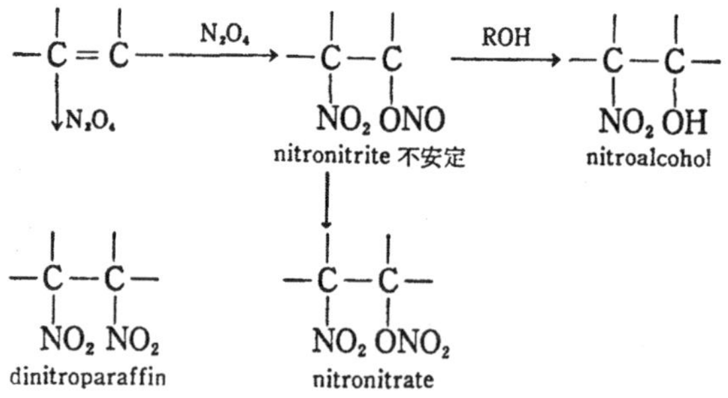

3.5.1 아세틸렌의 액상 니트로화

아세틸렌을 혼산으로 니트로화하면 trinitromethane(nitroform)을 거쳐 tetranitromethane(TNM)인 군용폭약을 얻을 수 있다.

$$CH{\equiv}CH + 2HNO_3 \longrightarrow (NO_2)_2CH{-}CHO + H_2O$$
$$(NO_2)_2CH{-}CHO + HNO_3 \longrightarrow (NO_2)_3C{-}CHO + H_2O$$
$$(NO_2)C{-}CHO + 2HNO_3 \longrightarrow (NO_2)_3C{-}COOH + H_2O + 2NO_2$$
$$(NO_2)C{-}COOH \longrightarrow (NO_2)_3CH + CO_2$$
$$(NO_2)_3CH + HNO_3 \longrightarrow (NO_2)_4C + H_2O$$

$$CH{\equiv}CH + 6HNO_3 \longrightarrow (NO_2)_4C + CO_2 + 4H_2O + 2NO_2$$

3.5.2 질산 에스테르

지방족알코올, 특히 다가알코올 및 탄수화물 등을 니트로화하면 질산에스테르가 생성된다.

$$ROH + HNO_3 \longrightarrow RONO_2 + H_2O$$

글리세린, 펜타에리스리톨 또는 셀룰로오스와 같은 다가알코올의 질산에스테르는 화약 추진제 또는 폭약으로서 특히 중요한 것이다.

니트로셀룰로오서는 플라스틱 또는 래커공업에도 널리 사용되어지고 있다. 이들은 일반적으로 니트로글리세린, 니트로셀룰로오스로 불리며 니트로화합물로 취급되어지나 니트로화합물이란 탄소에 니트로기가 결합되어 있는 것이라고 규정하므로 질산에스테르는 질소에 니트로기가 결합되어 있는 것이기 때문에 실제는 니트로화합물이 아니라고 할 수 있다.

가장 보편적으로 사용되고 있는 니트로화제는 혼산(황산과 질산)이고 기타 질산과 인산 또는 질산과 무수초산 혼합물도 사용된다. 100% HNO_3을 단독으로 사용할 수 도 있다. 반응은 일반적으로 상온에서 쉽게 진행되나 반응열의 제거를 위하여 외부냉각을 필요로 하게한다. 니트로화합물의 생성과 질산에스테르 생성간의 기본적 차이는 전자는 비가역반응이나 후자는 가역반응이란 것이다. 즉 고수율로 질산화된 13% 질소함량의 셀룰로오스를 그림 3-1에 의거하여 니트로화반응조 중에 침지하면 11% N함량의 생성물이 된다. 즉 질소함량이 11%로 감소되는 것이다. 이와 같이 질소함량은 니트로화제의 조성에 따라 결정되어지는 것이다. 니트로화의 탈니트로화공정은 에스테르화반응 또는 가수분해반응의 특수한 예이고 각 공정은 가역인 것이다.

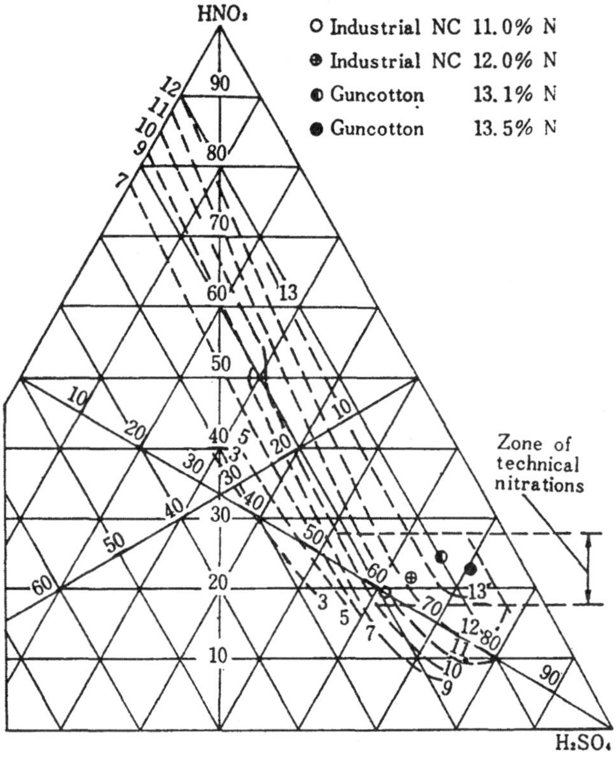

그림 3-1 니트로셀룰로우스 제조용 혼산조제곡선도(질소 함량 기준)

점선은 니트로화도선이다. 즉 3,5,7,9,10,11,12 및 13% N. 이 선들은 수분농도선에 거의 평행한다. 단, 오른쪽 아랫부분은 예외이다. 공업적 니트로화반응에 필요한 혼산조정구역도 열거하였다.

(1) 지방족 질산 에스테르 (nitrates)

(a) 니트로그리세롤 (nitroglycerol)

$$\begin{array}{l} CH_2OH \\ | \\ CHOH + 3HNO_3 \\ | \\ CH_2OH \end{array} \longrightarrow \begin{array}{l} CH_2ONO_2 \\ | \\ CHONO_2 + 3H_2O \\ | \\ CH_2ONO_2 \end{array}$$

(b) **니트로셀룰로오스 (nitrocellulose)**
cellulose$(C_6H_{10}O_5)_x$를 혼산으로 처리한다.

$$C_6H_7O_2(OH)_3 + 3HONO_2 \longrightarrow C_6H_7O_2(ONO_2)_3 + 3H_2O$$

(2) 아민의 니트로화

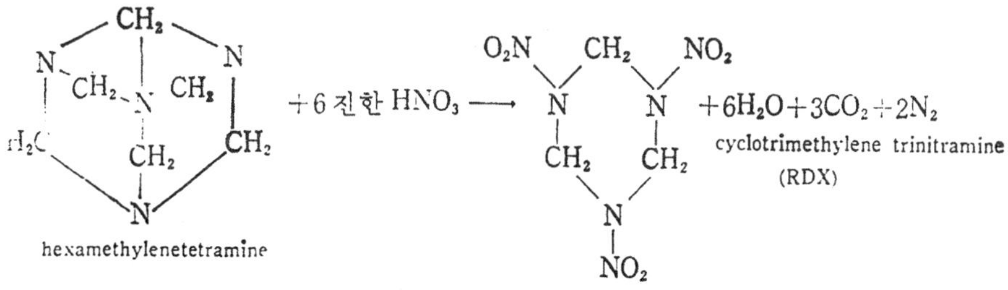

3.6 방향족 니트로화 (aromatic nitration)

방향족화합물의 니트로화의 경우 그 반응메카니즘은 니트로화제에서 생성되어지는 니트릴 이온(nitryl ion) NO_2^+에 의한 방향족의 친전자 치환반응이라 생각된다.

3.6.1 치환반응의 메카니즘

니트로화는 전형적인 치환반응으로서 그 반응식은 다음과 같다.

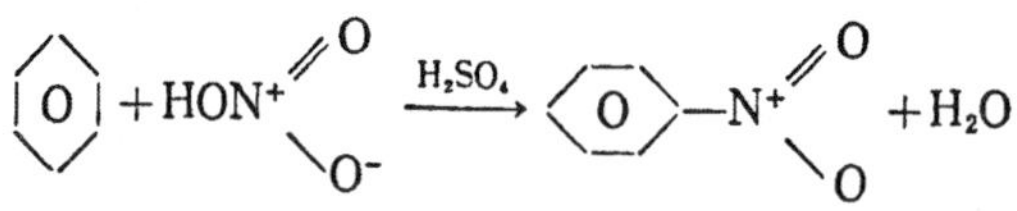

유효한 니트로화제는 니트릴이온 (NO_2^+)이므로 벤젠의 전자와 NO_2^+이온의 접근에 의하여 그 상호작용이 최대로 된다고 생각하면 두 개의 가능한 형식적인 메카니즘을 제시할 수 있다.

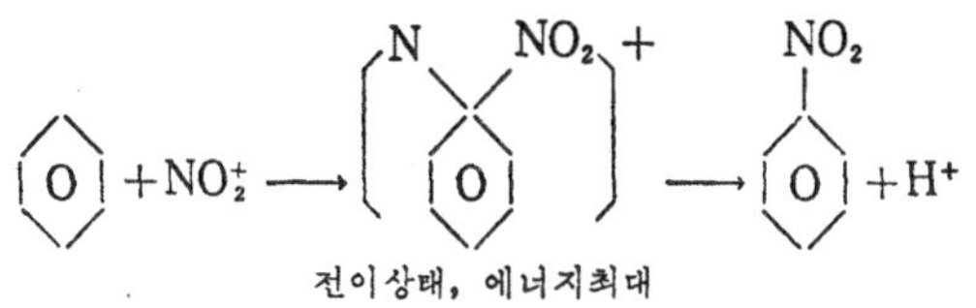

(1)

식(1)은 탄소·수소결합이 절단됨에 따라 탄소-질소의 결합이 생성되는 직접적 치환반응에 의하여 치환이 진행되어진다는 것이며 1단계과정이다.

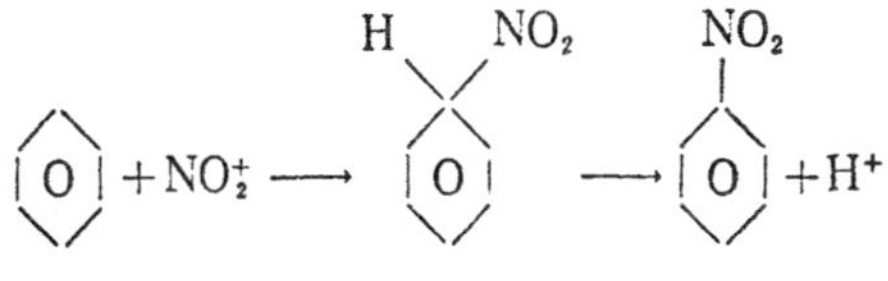
(2)

식(2)는 2단계과정으로서 반응도중에 반응중간체인 nitrobenzonium ion이 생성되는 것이라고 생각하는 것이다. 이 두 개의 메카니즘은 미묘하고 중요하게 서로 다른 점이 있다.

3.6.2 치환기의 영향

(1) 유도효과와 Mesomeric 효과

벤젠핵에 치환기가 존재할 때는 치환기는 친전자 치환반응에 있어서 벤젠핵의 반응성에 강한 영향을 미친다.

(a) 유도효과 (inductive effect, I-효과)는 치환기의 극성이 δ-결합을 통하여 반응부위에 전달되는 효과로서 치환기가 수소원자에 비해 반응부위로부터 전자를 흡인하는 힘이 강하면 전자흡인성유도효과(- I 효과)를 나타내며 이와 반대로 전자를 공여하는 힘이 강하면 전자공여성유도효과(+ I 효과)를 나타낼 것이다. C_6H_5–X화합물에 있어 만일 X에 쌍극자의 부하전이 걸려있다고 하면 벤젠핵의 전자밀도는 감소될 것이고 반대로 X가 전자공여성이라면 벤젠핵의 전자밀도는 증가될 것이다. - I 및 + I 효과를 나타내는 주된 치환기를 밑의 표 3-1에 제시하였다.

표 3-1

(a) —I 效果(電子吸引性 作用基)의 크기 순서

$-F > -Cl-Br > -I$

$-{}^{+}NR_3 > -NR_2$

$-F > -OR > -NR_2$

$-OH > -NH_2$

(b) +I 效果(電子供與性 作用基)의 크기 순서

$-CR_3 > -CH(CH_3)_2 > -C_2H_5 > -CH_3$

$-N^{-}R > -O^{-} > -S^{-}$

(c) 置換基의 配向基의 영향

效　　果	電 子 機 構	例	配 向 效 果	活　性　度
+I	Ph←R	Ph←CH_3	*o*-, *p*-,	活性
+I, —M	Ph←R	Ph→COO^-	*o*-, *p*- 혹은 *m*-,	活性 또는 非活性
—I	Ph→R	Ph→N^+H_3	*m*-,	非活性
—I, —M	Ph→R	Ph→COOEt	*m*-,	非活性
—I, +M	Ph→R	Ph→Cl	*o*-, *p*-,	非活性
		Ph→OM,	*o*-, *p*-,	活性
+I, +M	Ph←R	Ph←O^-	*o*-, *p*-	活性

(b) Mesomeric 효과(M-효과)는 벤젠핵에 결합되어 있는 치환기의 α-원자에 비공유전자쌍을 가지고 있어 이 전자쌍을 공여하여 벤젠환의 전자밀도를 증가시키는 경우 이를 **+M효과**라 하고 반대로 치환기내에 다중결합을 가지고 있어 전자쌍을 흡인하여 벤젠환의

전자밀도를 감소시키는 경우 이를 **-M효과**라 한다. 여기서 +I효과와 +M효과를 동시에 일으킬 경우에는 치환은 **더욱 촉진되고 ortho-para배향성을 띠게 된다.** 또한 -I효과와 -M효과를 일으키는 기존기의 경우는 치환이 더욱 어려워지고 meta배향성이 될 것이다. 이 두 효과가 서로 반대로 나타날 경우, 즉 +I와 -M 혹은 -I와 +M과 같이 서로 효과가 반대부호로 나타날 경우에는 그 효과를 예측하기는 어려워지는 것이다.

아세톡시($CH_3\overset{O}{\overset{\|}{C}}-O-$), 메톡시($CH_3O-$) 또는 아세트아미노($CH_3CONH-$)기는 -I와 +M효과를 나타내는 기이며 +M효과가 -I효과보다는 대단히 강력하기 때문에 phneyl acetate, anisole 또는 acetanilide는 쉽게 니트로화되고 주로 ortho-para-유도체를 생성한다. 할로겐원소는 -I효과와 +M효과를 나타내는데 이 경우의 비교는 매우 중요하다. 즉, 할로겐화벤젠은 벤젠보다 니트로화가 아주 서서히 일어난다. 이는 -I효과 때문이고 니트로기가 ortho-para-위에 들어가는 것은 +M효과 때문인 것이다.

[예제 1] 방향족의 니트로화 반응기구를 설명하고, 니트로화반응에 대한 타치환기의 영향에 대해 말하라.

[해] (1) 방향족에서의 니트로화반응은 니트로늄이온 NO_2^+에 의한 친전자반응이라고 생각된다. 니트로화제로서 혼산을 사용했을 때는 황산은 질산보다도 거센 산으로서 작용하고 니트로늄이온생성에 도움을 준다.

$$HNO_3 + 2H_2SO_4 \longrightarrow NO_2^{\oplus} + H_3O^{\oplus} + 2HSO_4^{\ominus}$$
$$ArH + NO_2^{\ominus} \longrightarrow Ar\text{-}HNO_2^{\oplus}$$
$$ArHNO_2^{\oplus} + HSO_4^{\ominus} \longrightarrow Ar-NO_2 + H_2SO_4$$
$$\overline{}$$
$$ArH + HNO_3 \longrightarrow Ar-NO_2 + H_2O$$

황산은 상기 작용 외에도 반응으로 말미암아 생긴 물을 제거하기 위한 탈수제로서도 구실을 하게 되는데, 이로 인해 황산농도가 낮아지는 것을 억제한다. 또한 농황산은 많은 유기화합물을 용해하므로 용제로서의 역할도 겸하고 있다.

(2) 치환벤젠 C_6H_5-X에 대한 니트로화 반응의 난이도 및 $-NO_2$가 들어가는 위치는 처음 치환기 X의 종류에 따라 크게 영향된다. 즉, X가 전자공여기(+I 또는 +M효과를 가짐)일 때는 벤젠환은 전자가 풍부하게 되어 친전자 공격에 대하여 반응성이 높아진다. 이때 X에 대하여 *o*- 또는 *p*-위가 특히 치환하기 쉽다. 반대로 X가 전자흡인기(-I 또는 -M효과)인 때는 벤젠환의 전자밀도는 빈약하게 되어 니트로화 같은 친전자 공격을 받기가 어렵게 된다. 굳이 니트로화하면 X에 대하여 *m*-위가 니트로 치환하게 된다. 할로겐화벤젠(X = Cl, Br, I)과 같이 X가 -I효과를 가질 때는 벤젠보다 니트로화되기 어려우나 그 +M효과 때문에 $-NO_2$가 들어가는 위치는 *o*- 및 *p*-위가 된다.

—X의 니트로化 反應

X 의 效 果	例*	X에 대해 NO_2가 들어가는 位置	니트로化의 難易
+I	$ph \longrightarrow CH_3$	*o*-, *p*-	易
+I, −M	$ph \rightleftarrows CO_2^{\ominus}$	*o*-, *p*-, *m*-	難, 또는 易
−I	$ph \longrightarrow NH_3^{\oplus}$	*m*-	難
−I, −M	$ph \rightrightarrows CO_2Et$	*m*-	難
−I, +M	$ph \leftrightarrows Cl$	*o*-, *p*-	難
+I, +M	$ph \leftleftarrows O^{\ominus}$	*o*-, *p*-	易

(3) 나프탈렌을 니트로화할 때는 나프탈렌핵의 α-위는 β-위보다 전자밀도가 높으므로 α-위만이 니트로치환이 된다. 첫째 1-니트로나프탈렌이, 이어 1,5- 및 1,8-디니트로나프탈렌이 생성된다.*

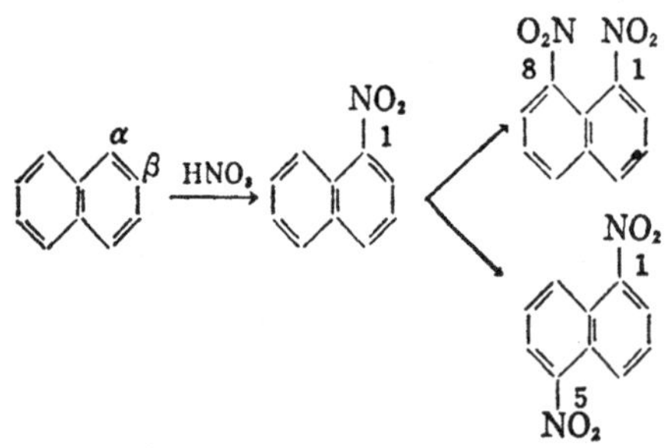

(4) 안트라퀴논에 있어서도 α-위가 β-위보다 먼저 니트로치환이 된다. 이론양보다 약간 HNO_3을 과잉 함유한 혼산을 사용하여 안트라퀴논을 니트로화하면 1-니트로 및 1,5-, 1,8-디니트로안트라퀴논의 혼합물이 생성한다.

3.6.3 질산에 의한 니트로화

방향족 화합물을 니트로화할 때 반응 기구는 니트로화제로부터 생성한 니트로늄 이온 NO_2^+에 의한 방향족의 친전자 치환반응이라 생각된다.

$$HNO_3 \rightleftarrows H^{\oplus}+NO_3^{\ominus} \qquad (1)$$

$$HNO_3+H^{\oplus} \rightleftarrows H_2NO_3^{\oplus} \rightleftarrows NO_2^{\oplus}+H_2O \qquad (2)$$

$$HNO_3+2H_2SO_4 \rightleftarrows NO_2^{\oplus}+H_3O^{\oplus}+2HSO_4^{\ominus} \qquad (3)$$

(1)과 (2)는 질산 단독 또는 질산과 유기 용제일 때이고, (3)은 혼산 중에 작용을 나타내는 것이다. 반응과정은 다음과 같다.

---

* 화살표는 전자의 이동방향

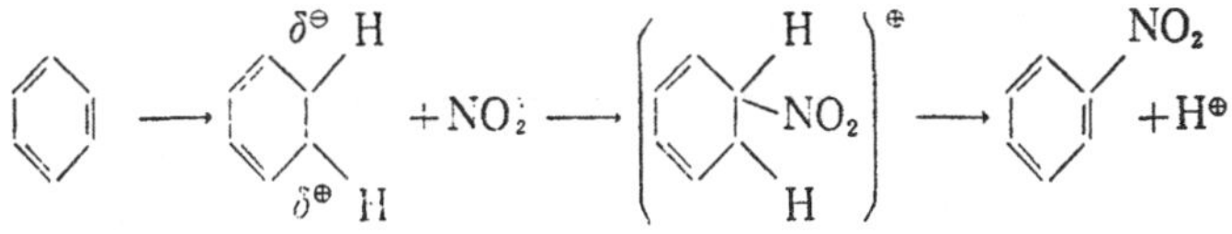

질산은 니트로화와 동시에 산화작용도 있다. 산화방지 목적으로는 되도록 저온, 질산의 농도를 크게 하여야 하며 니트로화 결과 생성한 물로서 반응의 진행에 따라 질산 농도는 저하되고 산화작용도 커진다.

3.6.4 혼산에 의한 니트로화

혼산을 사용하는 공업적 니트로화에서 혼산의 조성도 혼산 내의 H_2SO_4와 H_2O와의 비가 최적이 되도록 정한다. 이것의 기준은 DVS(dehydrating value of sulfuric acid)로 정하며 그 값은 다음과 같이 구한다.

$$DVS = \frac{\text{혼산내의 황산의 양}}{\text{반응 후 혼산내의 물의 양}}$$

가령 H_2SO_3 60%, HNO_3 32%, H_2O 8% 조성의 혼산 100kg으로 벤젠을 니트로화할 때 그 중 질산(32kg)이 화학양론적으로 전 양이 벤젠과 반응하였다면

$$\underset{(78)}{C_6H_6} + \underset{(63)}{HNO_3} \longrightarrow \underset{(123)}{C_6H_5NO_2} + \underset{(18)}{H_2O}$$

반응 결과 생성한 물의 양은 (18×32/63) = 9.14kg이므로

$$DVS = \frac{60}{9.14+8} = 3.50$$

DVS의 조절은 니트로화 능력에 크게 관계하며 화합물의 종류, 반응 온도, 그 밖의 조건에 따라 적당한 DVS값 하에서 니트로화가 실시된다.

(1) 벤젠의 니트로하

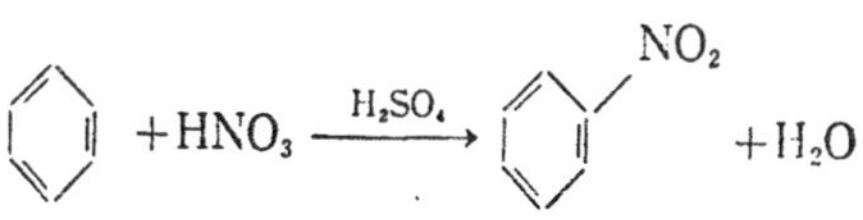

(2) 톨루엔의 니트로화

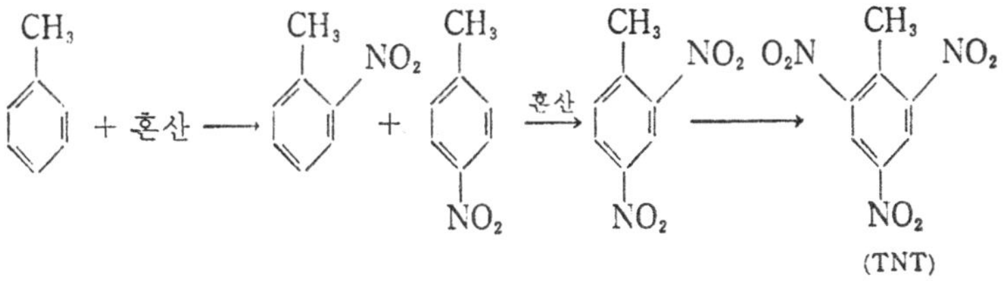

(3) 클로로벤젠의 니트로화

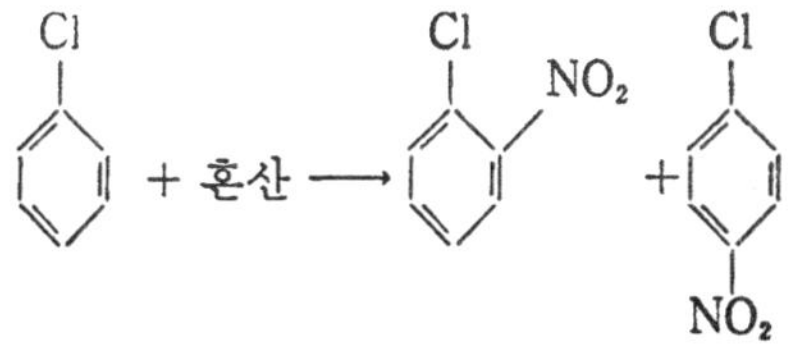

(4) 나프탈렌의 니트로화

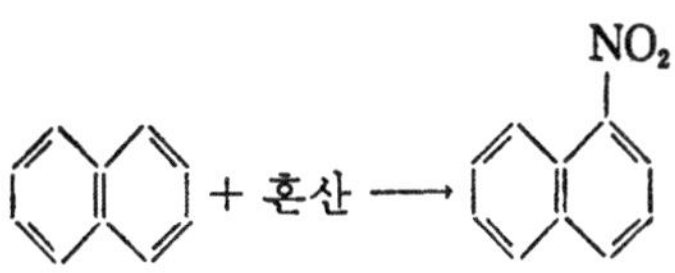

3.6.5 간접적 니트로화

(1) 술폰산기의 니트로 치환

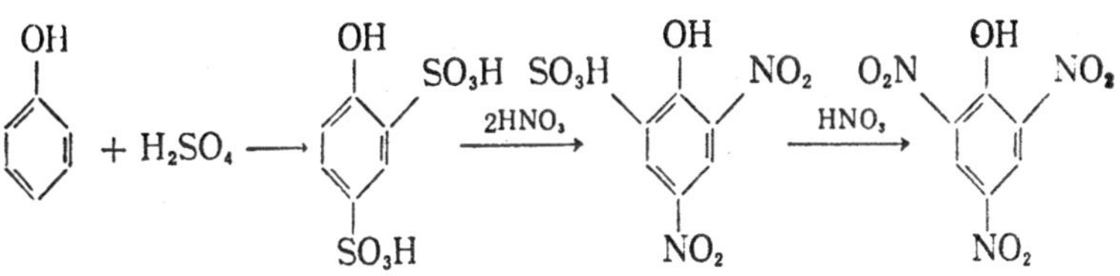

(2) 아미노기의 니트로 치환

산화법

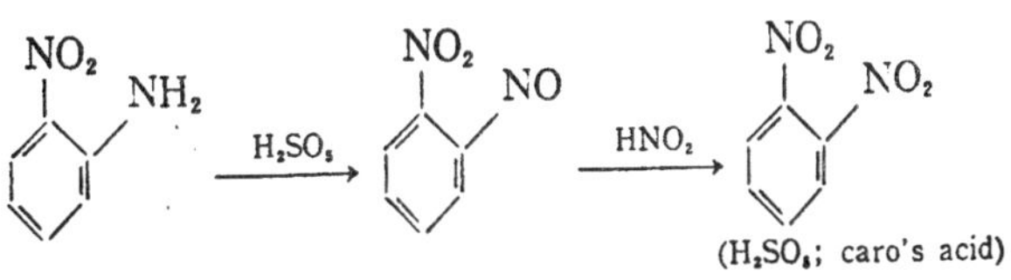

디아조화법

$$R-N=N-X \xrightarrow{NaNO_2} \underset{\text{diazonium nitrite}}{R-N=N-ONO} \xrightarrow{Cu_2O} [R-ONO] \longrightarrow R-NO_2$$

3.7 공업적인 니트로화 장치

3.7.1 장치의 형식

석제로 된 수동식 배치식으로부터 스테인리스스틸로 된 자동식 연속식장치까지 여러 가지 형태의 장치가 있다. 니트로화반응에서 발생하는 높은 반응열과 희석열을 석제반응기에서는 수욕으로 흡수제거한다. 최근에는 냉각된 염수를 코일 또는 자켓에 통과시켜 제거한다. 장치의 조작방법에는 반응기에 전혀 손을 대지 않고 먼 곳에서 자동으로 조작하는 정교한 것도 있는데 이 장치는 니트로반응에서 종종 생기는 폭발사고에 대비한 방법으로 장치설계자는 염두에 두어 설계하는 것이 좋을 것이다. 회분식 장치인 배치식과 연속식을 비교 설명하면 다음과 같다.

회분식공정은 연속식공정에 비하여 다음과 같은 이점이 있다. 회분식공정에서는 새로 반응시킬 때마다 장치에 원료를 주입하므로 연속식보다 각 공정에서 반응조건이나 조성 등을 변화시키는 데 용이한 장점이 있다. 회분식장치에서 생성된 니트화물질을 다음 단계 공정의 장치로 옮길 때는 연속장치에서 반응시킬 때보다 융통성이 크므로 여러 단계의 공정을 필요로 하는 반응에서는 배치식이 상당히 좋다. 또한 회분식공정은 그 조작의 융통성 때문에 새로운 화합물의 합성이나 시험생산 등에 유용하게 사용된다. 반면, **연속식공정**이 회분식보다 유리한 점은 같은 양의 제품을 생산하는 장치를 비교했을 때 연속식이 배치식보다 장치비가 싸다. 또 연속식에서는 제조공정 중에서 반응물이 오래 장치내에 축적되어 있지 않고 배출되므로 용기는 그 반응의 용량에 맞게 설계하면 된다. 불필요하게 장치의 용량이 크지 않으므로 장치비가 싸다는 것은 이외에도 반응 도중 위험한 물질이 오래 장치내에 잔류하지 않으므로 안정성에 있어서 배치식보다 훨씬 안정하다.

3.7.2 배치식 니트로화 반응장치

니트로화는 주철 또는 동철제용기를 사용한다. 최근에는 연질탄소강을 많이 사용한다.

혼산으로 니트로반응을 할 때 이와 같은 재질로 만든 배치식장치는 부식성에 별 문제점없이 사용할 수 있지만 폐산 중에 다량의 물이나 소량의 활성질산이 포함되어 있을 때는 장치의 수명이 짧아진다. 모노니트로톨루엔의 제조반응에서 폐산의 함량이 26% 이상으로 증가하거나 활성질산이 2.5% 이하로 떨어지게 되면 연강의 부식속도는 매우 빨라진다. 그러나 내식성의 강재를 사용면 이 문제는 크게 염려할 필요없이 해결할 수 있다. 일반적으로 니트로화장치에는 실린더형의 용기에 냉각장치가 있고 교반기, 원료주입구와 반응물방출구 등이 장치되어 있다. 대부분의 장치에는 교반이나 냉각 등의 실수로 인하여 온도가 상승하는 등 반응조작시의 위험한 상태에서 반응장치내의 내용물을 급속히 제거할 수 있는 비상용의 지름이 큰 배출구가 장치되어 있는 것이 보통이다. 이와 같은 경우에는 장치내의 반응물을 물이 많이 담겨 있는 통에 빨리 부어넣는다. 또 어떤 장치에는 반응중에 생성하는 유리된 산증기나 질소산화물을 제거하기 위하여 반응관 상부에 흡인 파이프 라인을 장치한 것도 있다.

니트로화장치설계에서 특히 주의해야 할 것은 교반기의 속도조절과 반응기내의 온도조절을 효과적으로 하도록 하는 것이다. 반응기내에서 균일한 반응이나 부분적인 과열에 의한 불균일반응을 피하기 위해서는 효율적인 교반장치를 설치하는 것이 상당히 중요하다. 냉각은 냉수를 냉각관을 통하여 직접 반응관 내부를 순환시키거나 반응장치 외부에 부착된 자켓에 직접 순환시켜 냉각한다. 가열도 냉각때와 같은 방법으로 온수나 증기 또는 열매체를 순환시키는 방법으로 한다. 자켓은 반응관이 작은 용량인 경우를 제외하고는 효과적인 방법이 아니므로 코일을 사용한 방법이 열전도면에서 좋다. 즉, 냉각표면을 넓게 하고 냉각제의 순환속도를 빨리하여 온도조절을 효과적으로 하기 위해서는 냉각관을 반응기 내부에 장치하는 것이 좋다.

니트로화반응기에서 사용하는 보편적인 교반기는 하나 또는 몇 개의 프로펠러가 붙어있는 수직형으로 구성된다. 이 프로펠러축은 냉각코일의 원통모양의 중심에 장치되어 있다. 실제로 슬리브는 반응장치 내의 반응물이 안전하게 순환되도록 코일의 중앙에 장치된다. 반응물이 장치의 상부에서 교반슬리브 중심쪽으로 들어오면 프로펠러의 교반으로 아래로 내려간 다음 다시 냉각코일관 사이를 통하여 상부로 올라간다. 높은 교반효과와 열전도효과를 얻기 위해서는 슬리브와 프로펠러의 위치설계가 제일 중요하다.

3.7.3 연속식 니트로화 반응장치

연속식니트로화반응장치는 유럽에서 처음 사용하기 시작하였다. 폭파약으로 사용되는 다이나마이트나, TNT를 만들기 위하여 글리세린이나 톨루엔의 폴리니트로화에 사용한 것이다. 연속장치와 배치식장치의 차이를 보면 연속식에서는 생성물의 연속적인 회수와 반응물을 연속적으로 주입하는 일류관, weir장치 등을 제외하면 회분식 니트로화반응장치와 별차이가 없다. 두가지의 연속식 니트로장치를 그림 3-2와 그림 3-3에 나타냈다. 그림 3-2는 Schmid-Meissner 연속반응장치이다. 반응물이 장치 상부로 입구부터 첨가되어 슬리브를 통하여 하강하여 폐산과 혼합한다. 반응장치의 하부에서는 새로운 혼산이 주입된다. 교반기의 효율좋은 프로펠러에 의하여 빠른 속도로 다른 반응물과 혼합된다. 생성물과 폐산은 일류관을 통하여 장치에서 연속적으로 회수된다.

그림 3-3은 Biazzi 연속반응장치이다. 여기에는 강한 교반을 위하여 터빈형 교반기가 장치되어 있다. 소용돌이는 교반축 부근 중심에서 일어난다. 반응장치의 상부에서 투입되는 반응물은 즉시 소용돌이 속으로 들어가서 완전히 섞인 다음 냉각코일 옆을 통하여 아래로 내려갔다가 다시 위로 올라오게 된다. 특히 장치설계자는 반응장치 내부에 생성물이나 반응물이 고일 수 있는 부분이 없도록 하여야 한다. 반응물이나 생성물 등을 제거할 때 장치내에 잔류하지 않고 신속하게 배출되도록 하여야 한다. 또 연속니트로장치는 정확한 계량기와 조절장치들을 갖추어야한다. 정확한 교환펌프, 정확한 액량계, 오리피스흐름조절장치, 로타미터 등이 보통은 연속장치에 부착되어 있다. 안전도를 측정하는 장치는 회분식이나 연속식이 모두 다 유사하다. 냉각염수의 순환 또는 교반이나 온도조절 등의 실수로 장치내의 온도가 과도하게 상승하였을 때 반응물을 배출시키거나 투입할 수 있는 장치도 설치되어 있다. 원료투입구의 안전밸브는 교반, 냉각염수순환, 기타 냉각장치의 고장 등으로 반응물의 온도가 상승할 때는 자동적으로 잠가지게 되어 있다.

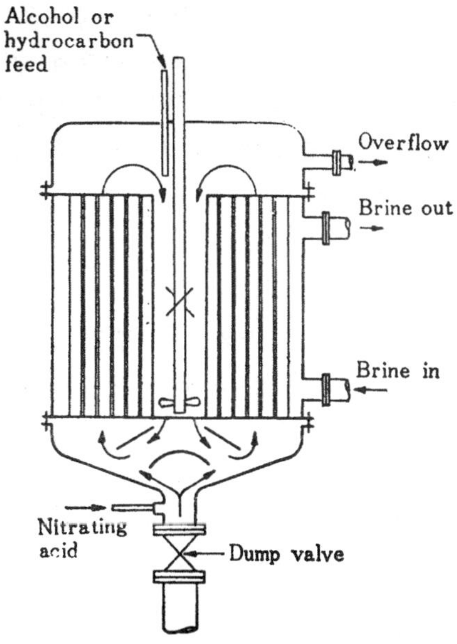

그림 3-2 Schmid 연속니트로화 장치

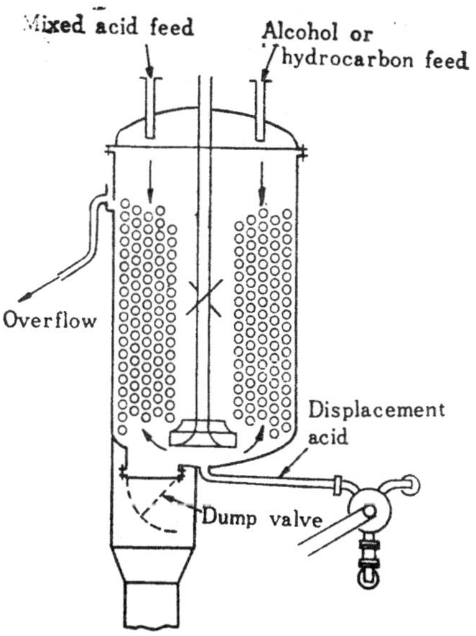

그림 3-3 Biazzi 연속니트로화장치

4. 할로겐화 반응(halogenation)

유기화합물에 할로겐원소를 도입하는 반응을 총칭하는 것으로, 도입되는 원소의 종류에 따라 염소화반응(chlorination), 브롬화(취소화반응, bromination), 요드화(옥소화반응, odination), 플루오르화(불소화반응, fluorination) 등으로 불린다.

할로겐화합물 중에서는 염소가 값이 싸고 쉽게 얻을 수 있으므로 염소화반응을 이용한 공업이 제일 많고 또 중요하다. 브롬화합물은 염소화합물보다 부가반응이나 치환반응 등에서 반응성이 크므로 염료, 의약품 등 정밀화학공업분야에서 많이 사용된다.

플루오르화합물은 안정하고 끓는점 등이 낮아서 냉동제, 분무제 및 내열성고분자 등에 사용된다.

할로겐화반응은 반응형식과 할로겐화제의 종류에 따라서 두 가지로 분류할 수 있다. 할로겐시약의 원료로 사용하는 할로겐단체 및 할로겐함유화합물을 **할로겐화제**라고 한다. 할로겐화반응은 햇빛이나 열 또는 촉매 등에 의하여 촉진된다.

4.1 반응형식에 따른 분류

(1) 부가반응

$$HC \equiv CH + 2\,Cl_2 \xrightarrow{FeCl_3} CHCl_2 - CHCl_2$$

$$HC \equiv CH + HCl \xrightarrow{HgCl_2} CH_2 = CHCl$$

$$H_2C = CH_2 + Cl_2 \xrightarrow{FeCl_3} CH_2Cl - CH_2Cl$$

$$C_6H_6 + 3\,Cl_2 \xrightarrow{h\nu} C_6H_6Cl_6$$

(2) 치환반응

(a) 수소원자의 치환반응

$$CH_4 + Cl_2 \xrightarrow{h\nu \text{ 또는 가열}} CH_3Cl + HCl$$

$$C_6H_6 + Cl_2 \xrightarrow{FeCl_3} C_6H_5Cl + HCl$$

$$C_6H_5CH_3 + Cl_2 \xrightarrow{h\nu} C_6H_6CH_2Cl + HCl$$

$$C_6H_5CH_3 + Cl_2 \xrightarrow{FeCl_3} C_6H_4ClCH_3 + HCl$$

$$CH_3COOH + Cl_2 \xrightarrow{PCl_3} CH_2ClCOOH + HCl$$

(b) 작용기의 치환

$$C_2H_5OH + HCl \xrightarrow{ZnCl_2} C_2H_5Cl + H_2O$$

$$3\,RCOOH + PCl_3 \longrightarrow 3\,RCOCl + H_3PO_3$$

4.2 할로겐화제의 종류에 따른 분류

4.2.1 염소화제

(1) Cl_2에 의한 직접염소화

$$CH_2 = CH_2 + Cl_2 \xrightarrow{FeCl_3} CH_2ClCH_2Cl$$

$$CH_4 + Cl_2 \xrightarrow{400\sim500°C} CH_3Cl + HCl$$

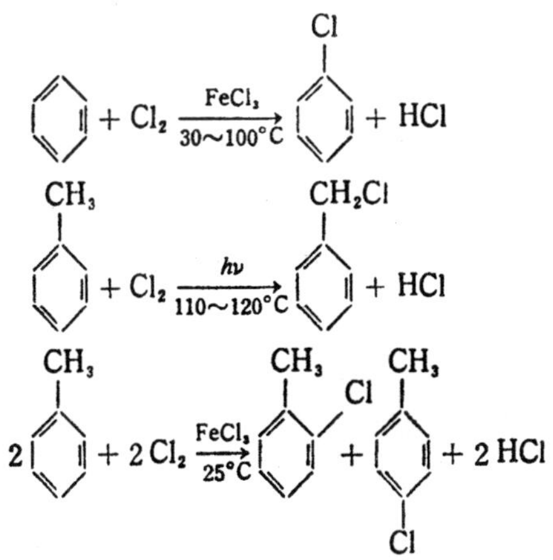

(2) 염화수소

$$CH \equiv CH + HCl \xrightarrow{HgCl_2} CH_2 = CHCl$$ ……附加反應

$$2\,C_6H_6 + 2\,HCl + O_2 \xrightarrow{CuCl_2/Al_2O_3} 2\,C_6H_5Cl + 2\,H_2O$$ ……간접적인 置換反應

$$C_2H_5OH + HCl \xrightarrow{ZnCl_2} C_2H_5Cl + H_2O$$ ……交換反應

(3) 하이포염소산염(NaOCl, $Ca(OCl)_2$)

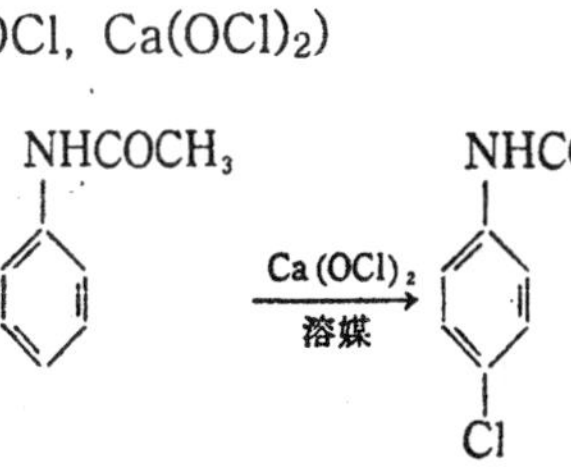

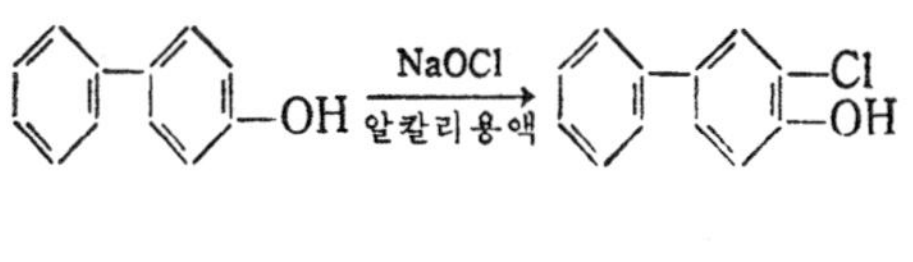

(4) **포리겐**($COCl_2$)**과 벤조트리클로리드**($C_6H_5CCl_3$)

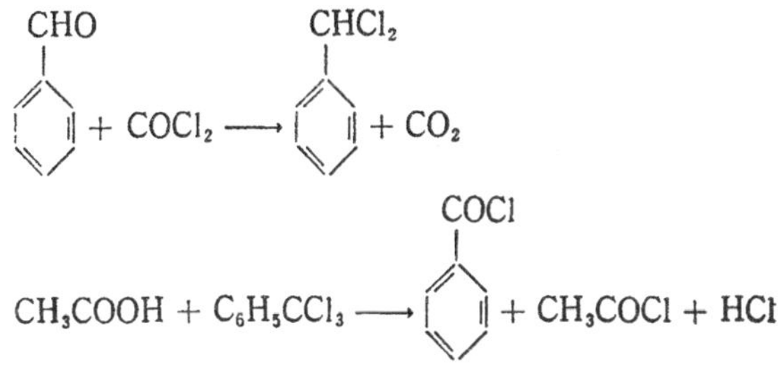

(5) **염화티오닐**($SOCl_2$)

$$ROH + SOCl_2 \longrightarrow RCl + SO_2 + HCl$$
$$RCOOH + SOCl_2 \longrightarrow RCOCl + SO_2 + HCl$$

(6) **염화술포닐**(SO_2Cl_2)

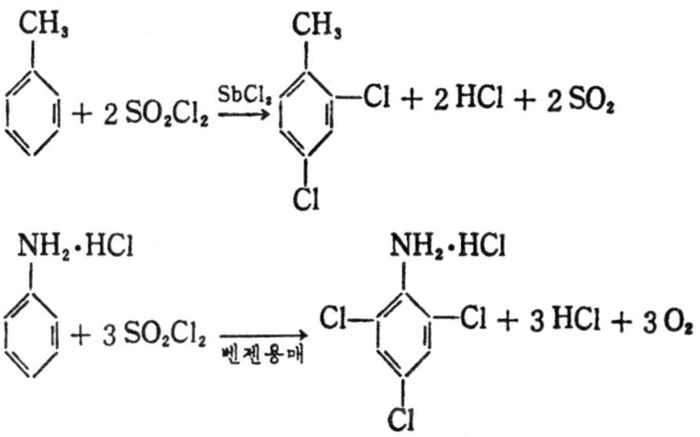

(7) **염화인**(PCl_3, PCl_5)

$$3\,RCOOH + PCl_3 \longrightarrow 3\,RCOCl + H_3PO_3$$
$$3\,RCOONa + PCl_5 \longrightarrow 3\,RCOCl + NaPO_3 + 2\,NaCl$$

(8) Sandmeyer와 Gattermann 반응

$$C_6H_5N_2Cl + Cu_2Cl_2 \xrightarrow{HCl} C_6H_5Cl + N_2 + Cu_2Cl_2 \text{(Sandmeyer 反應)}$$
$$C_6H_5N_2Cl + HCl \xrightarrow{Cu} C_6H_5Cl + N_2 \text{(Gattermann 反應)}$$

4.2.2 브롬화제

브롬화반응은 염소화반응과 비슷하다. 브롬화제로는 브롬, 브롬화수소 및 하이포브롬산염 등이 많이 사용된다.

Sandmeyer반응과 Gattermann반응으로도 브롬화합물을 만들 수 있다. 주로 반응은 부가반응과 치환반응으로 한다. 브롬을 물에 용해한 브롬화수가 페놀 등의 브롬화반응에 쓰인다. 물에서의 브롬의 용해도를 높이기 위하여 KBr을 첨가하기도 한다. 이외에 *N*-브로모숙신아미드, *N*-브로모아세트아미드 등도 특수한 브롬화제로 실험실적으로 사용된다.

$$CH_2 = CH_2 + Br_2 \longrightarrow CH_2Br - CH_2Br \text{(附加反應)}$$

$$C_2H_5OH + KBr \xrightarrow{H_2SO_4} C_2H_5Br + KHSO_4 + H_2O \text{(交換反應)}$$

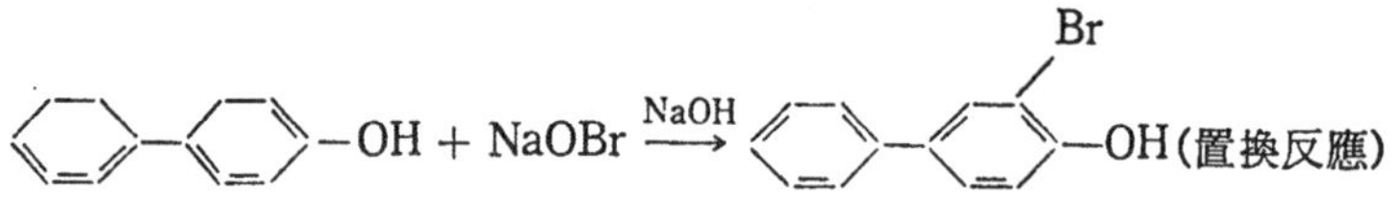

4.2.3 요오드화제

요오드(I_2)는 보통의 할로겐화촉매를 가지고서는 요오드화하기가 힘들다.

요오드화된 화합물은 고온에서 HI로 탈리되기 쉽다. 그러므로 안정한 요오드화합물을 좋은 수율로 만들기 위해서는 알코올을 원료로 할 때는 PI_3나 HI를 작용시키거나 $(CH_3)_2SO_4$ + KI를 사용하는 방법이 채용되고 있다.

$$3\,CH_3OH + PI_3 \longrightarrow 3\,CH_3I + H_3PO_3$$

$$CH_3OH + HI \longrightarrow CH_3I + H_2O$$

$$CH_3OH + KI + (CH_3)_2SO_4 \longrightarrow CH_3I + K(CH_3)SO_4$$

I_2로 요오드화할 때는 산화제로 질산을 사용하거나 알칼리를 사용하여 반응으로 생성하는 HI를 산화하면 효율적으로 요오드화할 수 있다. 만일 산화제를 사용하지 않으면 요오드는 절반 이상이 요오드와 수소로 환원되므로 요오드화합물을 만들기 힘들다.

$$C_6H_6 + I_2 \rightleftarrows C_6H_5I + HI$$

$$C_6H_5OH + I_2 \rightleftarrows IC_6H_4OH + HI$$

$$CH_3COOH + I_2 \rightleftarrows CH_2ICOOH + HI$$

요오드화수소산(HI), 하이포요오드산칼륨(KIO), 염화요오드(ICl) 등도 요오드화제로 사용된다.

$$CH_2 = CH_2 + HI \longrightarrow CH_2ICH_3$$

$$CH_3COCH_3 + 3\,KOI \xrightarrow[\text{알칼리용액}]{} CH_3COOK + CHI_3 + 2\,KOH$$

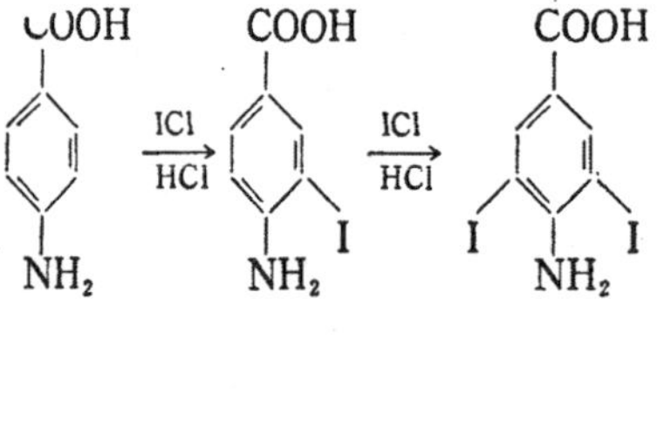

4.2.4 플루오르화제

단체플루오르로 탄화수소를 플루오르화하면 폭발할 위험성이 있다. 플루오르의 농도나 반응온도를 주의하여 반응을 시켜도 탄소-탄소간의 절단반응 등이 일어나기 쉽다. 그러므로 플루오르화를 원만히 시키려면 많은 실험기술이 필요하다.

i) 불활성인 용매로 희석하면서 반응을 시키거나, ii) 플루오르를 소량씩 방출하는 플루오르화합물로 반응시키거나, iii) 염소화로 염소화합물을 먼저 만든 다음, 플루오르화수소로 염소를 플루오르로 치환하는 방법 등이 있다. 플루오르화반응에 사용하는 플루오르화합물로는 SbF_5, PbF_4, MnF_3, AgF_2 및 CoF_3 등이 있는데 공업적으로는 CoF_3를 많이 사용한다. CoF_3는 CoF_2를 갖고 만든다.

$$2\,CoF_2 + F_2 \xrightarrow{200\sim350^\circ C} 2\,CoF_3$$

$$4\,nCoF_3 + (-CH_2-CH_2)_n \xrightarrow{270\sim350^\circ C} (-CF_2CF_2-)_n + 2\,nCoF_2 + 4\,nHF$$

$$2\,CoF_3 + CF_2 = CClF \xrightarrow{100\sim350^\circ C} CF_3CClF_2 + 2\,CoF_2$$

촉매 CoF_3는 반응 후 CoF_2로 환원되는데 200~350℃에서는 산화되므로 위의 반응온도에서는 다시 CoF_3로 된다.

방법 (c)는 간접적인 방법인데 HF로 치환하면 HCl이 방출된다. 이 때 촉매로는 $SbCl_5$나 SbF_3를 사용한다.

$$R_2CClCF_2R + HF \xrightarrow{촉매} R_2CFCF_2R + HCl$$

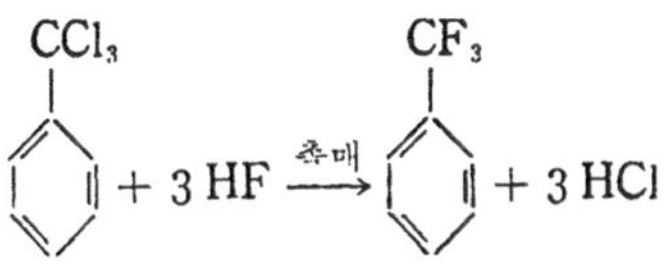

$$(-CCl_2CCl_2-)_n + 2\,HF \xrightarrow{촉매} (-CF_2CF_2-)_n + 2\,HCl$$

$$CCl_4 + 2\,HF + Cl_2 \xrightarrow{SbCl_5} CCl_2F_2 + 2\,HCl + Cl_2$$

$$CCl_4 + 3\,HF + Cl_2 \xrightarrow{SbCl_5} CClF_3 + 3\,HCl + Cl_2$$

플루오르화물이나 염화물을 HgF_2나 SbF_2와 반응시켜 플루오르로 치환한다.

$$2\,CH_3CH_2Br + HgF_2 \xrightarrow{0^\circ C} 2\,CH_3CH_2F + HgBr_2$$

$$2\,CHBrF_2 + HgF_2 \xrightarrow{50^\circ C} 2\,CHF_3 + HgBr_2$$

올레핀에 HF를 부가하면 플루오르화알킬을 만들 수 있다.

$$CH_2 = CH_2 + HF \xrightarrow{90°C} \underset{\text{b.p. }-38°C}{CH_3CH_2F}$$

$$CH_3CH = CH_2 + HF \xrightarrow{0°C} \underset{\text{b.p. }-10°C}{CH_3CHFCH_3}$$

기타 불포화결합에 부가반응, 플루오르화알칼리와 황산알킬과의 반응, 디아조늄의 분해반응으로도 플루오르화합물을 만들 수 있다.

$$CH \equiv CH + HF \longrightarrow CH_2 = CHF$$
$$RHSO_4 + NaF \longrightarrow RF + NaHSO_4$$
$$Ar - N = N \cdot BF_4 \longrightarrow Ar - F + N_2 + BF_3$$
$$Ar - N = N \cdot Cl + HF \longrightarrow Ar - F + HCl + N_2$$

4.3 파라핀계 탄화수소의 염소화 반응

Hass 등은 파라핀계탄화수소의 염소화에 대한 일련의 실험결과 다음과 같은 법칙을 유도하였다.

(1) 열분해온도 이하의 온도에서 햇빛이나 가열하에서 파라핀염소화수소를 염소화하면 탄소쇄의 구조적인 변화가 일어나지 않고 모노클로로화합물이 생성한다. 폴리클로로화합물도 마찬가지다.

(2) 염소화로 치환되기 쉬운 탄화수소 중의 수소원자의 순서는 제3차 > 제2차 > 제1차 탄소의 수소원자이다. 파라핀계탄화수소를 300℃에서 염소화할 때 상대치환속도비는 다음과 같이 제1차 : 제2차 : 제3차탄소의 수소원자 = 1.00 : 3.25 : 4.43.

(3) 염소화반응온도를 상승하면 1차, 2차 및 3차탄소의 수소원자의 치환비는 기상이나 액상반응에 관계없이 1 : 1 : 1에 가까워진다.

(4) 액상염소화반응에서의 1차, 2차 및 3차탄소의 수소원자의 염소치환비는 기상염소화반응때의 고온반응에서의 치환비와 비슷하게 된다. 이것은 액상반응을 하면 저온에서도 반응물을 조절하기 쉽다는 사실과도 부합된다. 분해온도가 낮아서 염소화하기 힘든 탄화수소는 사염화탄소를 용매로 사용하면 된다.

(5) 반응계내의 수분, 활성탄소 및 햇빛 등의 1차, 2차 및 3차 탄소에 붙어있는 수소원자의 상대치환비에 영향을 받지 않는다. 염소화에서 염소의 개시반응은 탄소, 햇빛, 열 등을 막론하고 다음과 같이 염소의 자유라디칼이 생성하면서 연쇄적으로 반응한다.

$$Cl_2 \xrightarrow{h\nu} 2\,Cl\cdot$$
$$RH + Cl\cdot \longrightarrow R\cdot + HCl$$
$$R\cdot + Cl_2 \longrightarrow RCl + Cl\cdot$$

(6) 염소화온도가 높거나 장시간 반응시키면 생성한 염화물은 분해하는데 그 순서는 다음과 같다.

제3차 〉 제2차 〉 제1차

(7) 탄화수소를 염소보다 과잉으로 사용하였을 때의 모노클로로치환체와 폴리클로로치환체 사이의 수율은 다음 식과 같다.

$$X = KY$$

그런데,

$$X = \frac{\text{모노클로로치환체의 중량}}{\text{폴리클로로치환체의 중량}}$$

$$Y = \frac{\text{炭化水素의 몰수}}{\text{鹽素의 몰수}}$$

K : 炭化水素나 反應條件에 관계되는 상수

그러므로 염소의 양이 적을수록 순수한 모노클로로치환체를 얻을 수 있다.

(8) 디클로로화합물의 생성반응에는 다음과 같은 두 가지의 반응메카니즘이 있다. a) 모노클로로화합물의 탈염산으로 올레핀이 생성하고 여기에 염소가 부가하여 디클로로화합물이 생성하는 것과 b) 모노클로로화합물이 다시 반응하여 디클로로화합물이 생성하는 것이 있다. 장시간열염소화반응에서는 a)의 반응이 유리하고 단시간 반응하거나 원료를 순환하지 않고 1회만 가열하거나 저온의 화학반응에서는 b)의 반응이 유리하다.

(9) 기상염소화에서 이미 치환된 염소원자는 다음에 그 염소가 붙어있는 탄소원자에 염소가 들어오는 것을 방해한다.

(10) 기상반응에서 압력이 증가하면 모노클로로치환체의 생성은 증가한다.

한편, Rust와 Vaughan은 모노클로로화합물과 올레핀의 염소화반응에서 다음과 같은 결과를 주장하고 있다.

i) 포화탄화수소계에 있는 수소의 염소치환은 불포화탄화수소의 염소부가와 염소치환의 합보다 크다.

ii) 기상염소화에서 직쇄탄화수소의 1염화물인 C-Cl결합은 옆 탄소원자의 2차치환반응을 방해한다.

iii) ii)의 염소화반응의 인접효과는 Cl이 붙어있는 탄소원자의 다음 다음 번 탄소에서는 방해작용이 작아진다.

iv) 직쇄탄화수소의 1염화물의 기상염소화에서 C-Cl결합을 하고있는 탄소원자에 붙어있는 수소원자를 염소로 치환하려면 방해작용으로 힘들지만 고온이 되면 작아진다.

4.4 불포화 탄화수소에 할로겐의 부가반응

염소와 브롬은 에틸렌에 쉽게 부가반응을 한다. 그러나 요오드는 활성이 작아서 반응을 하지 않는다. 브롬은 거의 정량적으로 에틸렌에 부가한다. 브롬은 반응성이 좋으므로 이중결합의 유무를 정성하는 데 사용한다.

$$>C=C<+Br_2 \longrightarrow >\underset{Br}{\underset{|}{C}}-\underset{Br}{\underset{|}{C}}<$$

이 반응은 이온반응으로 포화탄화수소를 빛이나 열 또는 라디칼촉매 존재하에서 반응시키는 라디칼반응과는 근본적으로 반응메카니즘이 다르다. 처음에 브로모늄이온(Br^+)이 2중결합에 공격하여 카보늄이온을 형성한다. 이 때, 2중결합에 결합되어 있는 R, R' 등이 전자흡인성이면 탄소원자의 전자밀도가 감소하여 Br^+의 부가가 힘들고, 반대로 전자공여성이면 부가하기 쉬워진다. 프로필렌(R_1 = CH_3 R_2 = R' = H)은 CH_3의 전자공여성 때문에 에틸렌(R = R' = H)때보다 2배, 테트라메틸에틸렌(R_2 = R' = CH_3)은 14배의 속도로 브롬의 부가가 쉬워진다.

다음에 카보늄이온을 가진 화합물에 브로모아니온(Br^-)이 결합하여 브롬의 부가반응은 완결된다. 이 때 Br^-이 부가하는 입체적인 위치는 Br^+이 부가된 다음 탄소의 반대쪽 방향이다.

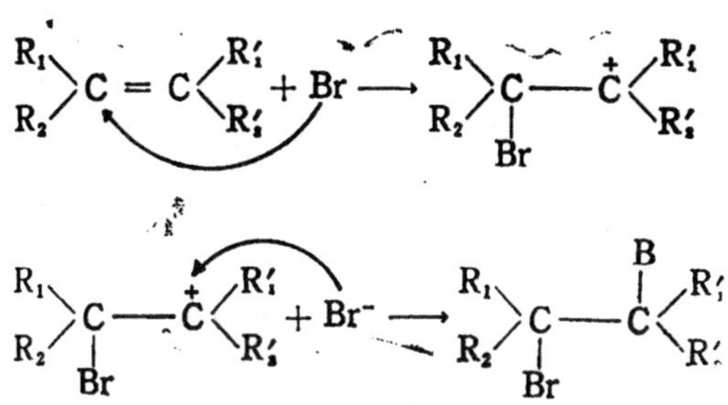

4.5 불포화 탄소화수소에 대한 할로겐화수소 또는 비대칭분자의 부가반응

(1) 올레핀에 할로겐화수소 HX(X = Cl, Br, I)를 반응시키면 부가반응이 일어난다.

$$>C=C<+HX \longrightarrow >\underset{H}{\underset{|}{C}}-\overset{X}{\overset{|}{C}}<$$

이 때의 반응속도는 할로겐의 부가반응과는 반대로 HI ＞ HBr ＞ HCl의 순서로 작아진다. 에틸렌에 진한 염산은 부가되지 않지만 진한 브롬화소소산과 요오드화수소산은 반응한다. 그리고 에틸렌보다는 고급올레핀에 대한 HX의 부가반응속도가 더 크다.

(2) 비대칭올레핀에 비대칭분자($H^+ - X^-$, $H^+ - SO_4H^-$, $HO^- - X^+$) 등이 부가될 때는

Vladmil Markownikoff법칙에 따라 부가하는 비대칭분자의 양성부분은 수소원자가 많은 탄소원자에 부가된 다음, 음성부분은 수소원자가 적은 탄소원자에 부가한다.

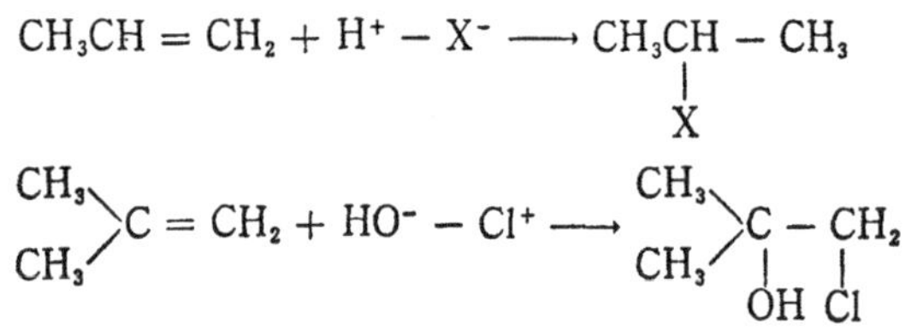

이 때의 부가반응 메카니즘은 앞에서 설명한 대칭분자인 할로겐의 부가반응 메카니즘과 같다. 2단계로 진행하는데 처음에 양성분자인 H^+이 2중결합에 부가하여 카르보늄이온을 만든 다음, 음성부분인 X^-가 부가된다.

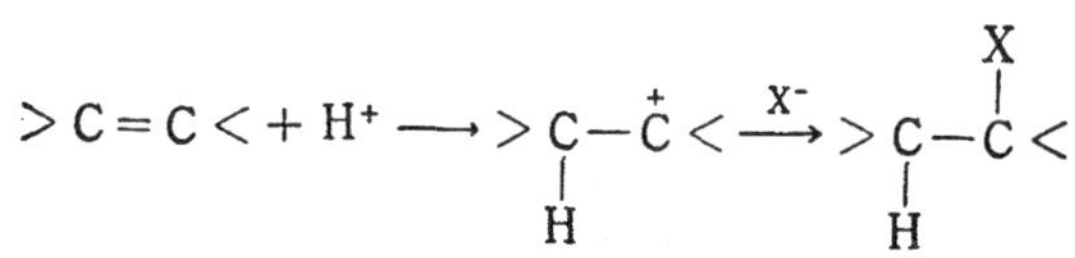

(3) Markownikoff법칙에 반대되는 부가반응

과산화물 등 라디칼촉매 존재하에서 비대칭올레핀에 비대칭분자가 부가될 때는 Markownikoff법칙에 반대로 부가된다. 이것을 **Kharasch의 과산화물효과**라고 한다.

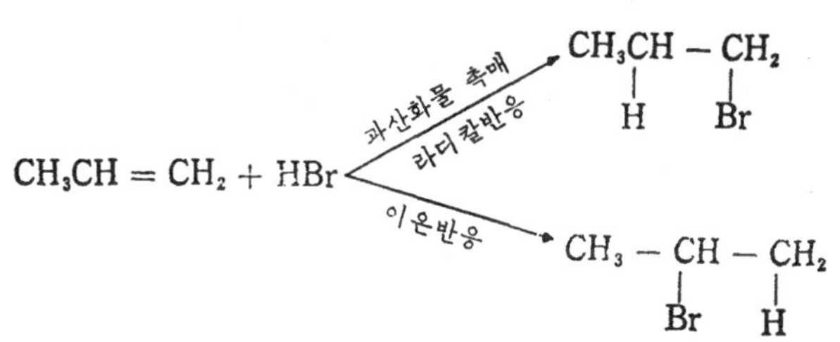

과산화물촉매 존재하에서 부가반응은 이온반응이 아니고 라디칼반응이므로 분자이동효과 이외의 다른 효과의 영향을 받기 때문이다.

HBr 이외의 HCl이나 HI는 과산화물촉매 존재하에서도 정상부가를 한다.

4.6 방향족 탄화수소의 할로겐화 반응

(1) 벤젠핵의 수소원자는 철, 염화알루미늄, 요오드 등이 존재하면 염소화와 브롬화가 촉진된다. 이 반응의 반응메카니즘은 할로겐양이온(Cl^+, Br^+)에 의한 친전자치환반응이다. Lewis산촉매인 $FeCl_3$, $AlCl_3$, $AlBr_3$ 등은 할로겐으로부터 할로겐양이온인 Cl^+, Br^+을 만드는데 촉진작용을 한다.

$$AlCl_3 + Cl_2 \longrightarrow Cl^+ + AlCl_4^-$$

클로로늄 이온

반응은 2단계로 진행한다. 제 1단계반응은 느린 반응으로 Cl^+이 벤젠의 2중결합을 공격하여 벤제노늄이온(benzenonium ion)을 만드는 반응으로 속도조절단계이다. 제2단계는 벤제노늄이온으로부터 프로톤(H^+)이 떨어져서 클로로벤젠이 생성되는 반응인데 반응속도는 빠르다.

제 1단계

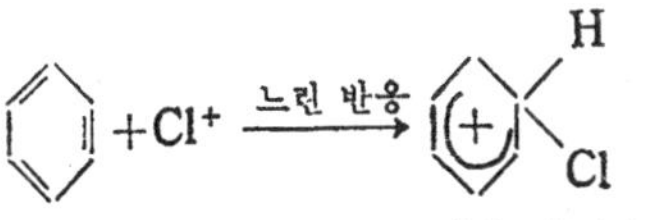

벤제노늄이온

제 2단계

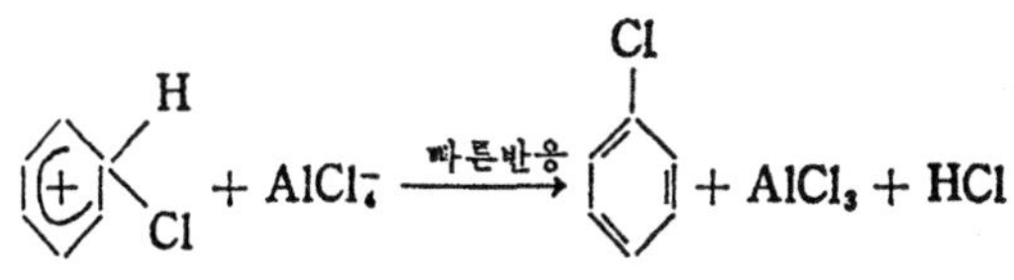

$AlCl_4^-$는 치환반응이 끝날 때 H^+을 수용하여 $H^+ \cdot AlCl_4^-$가 되었다가 HCl과 $AlCl_3$로 된다.

(2) 클로로벤젠에 계속하여 Lewis산촉매 등의 존재하에서 염소화하면 폴리클로로화합물이 되는데 벤젠에 붙어있는 염소(할로겐원자)는 *o*-, *p*-지향성기이므로 *o*- 및 *p*-dichlorobenzene이 되며 계속하여 더 염소화하면 1,2,4-trichloro, 1,2,4,5-tetrachloro, pentachloro를 거쳐 hexachlorobenzene이 된다.

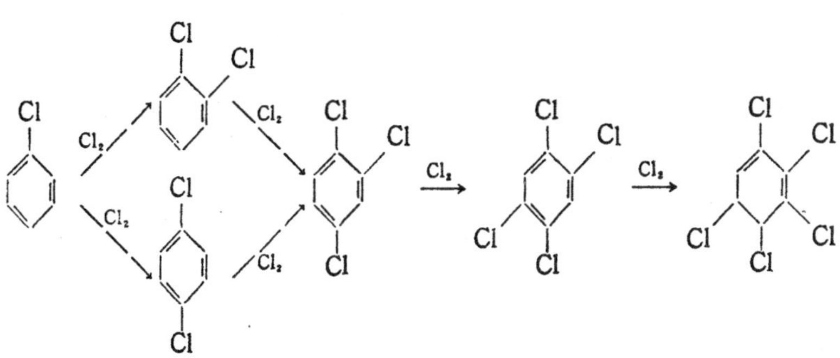

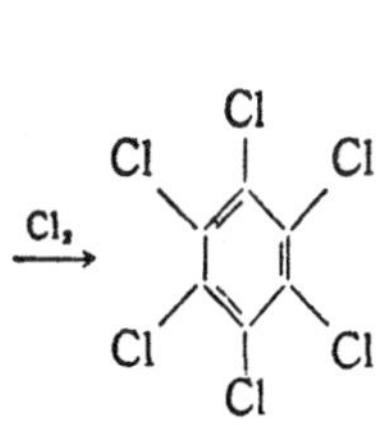

아닐린이나 페놀 및 톨루엔 등과 같이 벤젠핵에 *o*-, *p*-지향성기가 있는 화합물에 할로겐화(염소화, 브롬화)하면 클로로벤젠의 염소화처럼 *o*- 및 *p*-위치에서 할로겐이 치환된다. 그러나, 니트로벤젠이나 벤젠술폰산 등 *m*-지향성기를 가진 화합물은 *m*-위치에서 할로겐화가 일어난다.

(3) 벤젠을 햇빛 등 자외선의 존재하에서 염소화(할로겐화)하면 촉매반응때와는 다르게 라디칼반응으로 벤젠핵에 염소가 부가되어 benzene hexachloride(BHC)가 된다. BHC에는 여섯 개의 이성체가 있는데 그 중 *r*-체가 살충제로 사용된다.

$$C_6H_6 + 3\,Cl_2 \xrightarrow{h\nu} C_6H_6Cl_6$$

(4) 요오드는 염소나 브롬보다 반응성이 작으므로 벤젠과 직접 반응하여 요오드벤젠을 만들 수 없다.

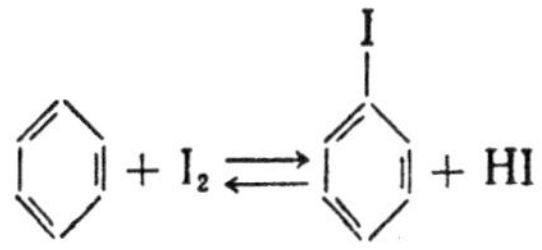

앞에서 이미 말한 바와 같이 정반응으로 진행시키기 위해서는 산화제를 첨가하여 생성하는 HI를 제거해야 한다. 보통은 질산이 많이 사용된다.

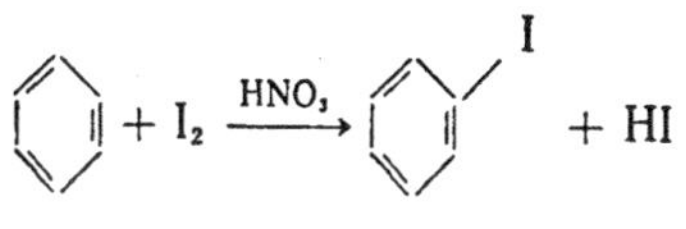

(5) 벤젠에 불소를 작용시키면 발화하면서 격렬하게 반응하므로 플루오르벤젠을 만들 수 있다. 그러므로 다음과 같이 Schiemann반응으로 만들어야 한다.

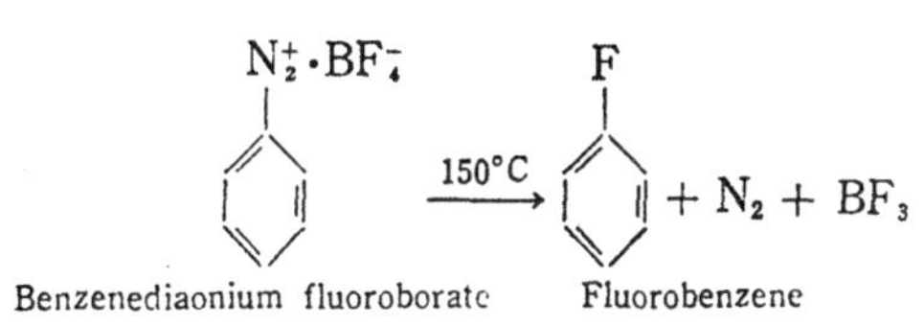

4.7 방향족 탄화수소 측쇄의 할로겐화 반응

(1) 톨루엔을 끓는점 부근의 온도에서 할로겐화(브롬화, 염소화)하면 측쇄인 메틸기의 수소는 할로겐으로 치환되어 모노, 디 및 트리 할로겐화합물이 점차 생성된다. 이 반응은 라디칼반응이다. 이 때 햇빛을 쬐면 반응은 촉진된다.

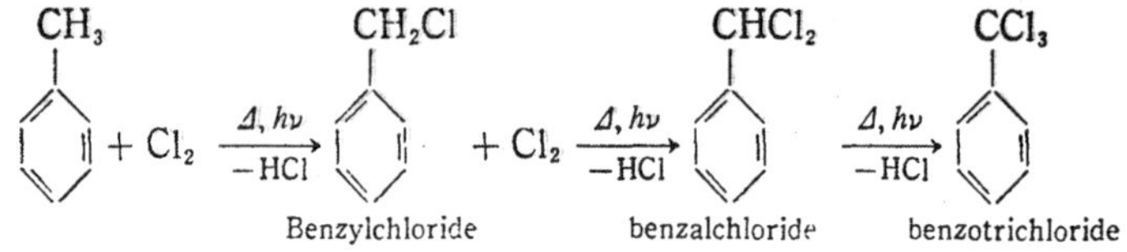

(2) 벤젠의 측쇄에 메틸기보다 큰 알킬기가 붙어 있어도 할로겐화하면 α-탄소에서만 할로겐화가 일어난다. 이것은 페닐기의 불포화기가 공명효과로 α-탄소에 붙어있는 수소가 불안전하여 라디칼이 쉽게 생성되기 때문이다. 그러므로 긴 알킬기를 가지고 있는 측쇄라도 α-탄소에서만 할로겐화가 일어난다. 이것은 톨루엔루엔루n-프로필벤젠을 산화하면 둘다 벤조산이 생성하는 것 효과로 α-탄소의 불포화기 때문에 α-탄소의 수소의 반응성이 크기 때문이다. 그리고 할로겐화반응은 메탄이나 에탄의 할로겐화반응보다 쉽다.

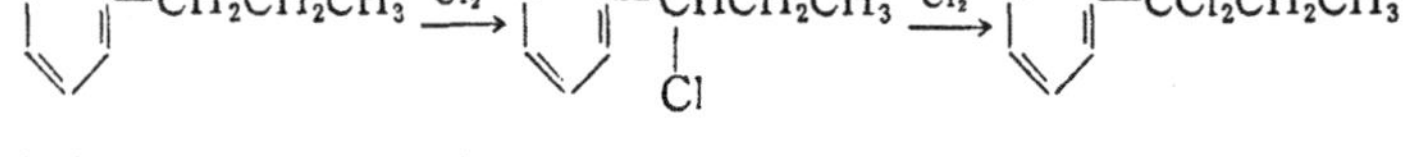

(3) SO_2Cl_2로 과산화물 존재하에서 톨루엔을 염소화하면 어두운 곳에서도 빠른 시간에 염소화하여 벤젠클로리드가 된다.

$$C_6H_5CH_3 + SO_2Cl_2 \xrightarrow{\text{dibenzoylperoxide}} C_6H_5CH_2Cl + SO_2 + HCl$$

벤젠고리 중의 수소를 염소로 치환하는 데 Fe나 Al 등 염소 Carrier가 존재하면 반응이 현저하게 촉진된다는 것은 이미 앞에서 설명한 바 있다. 측쇄를 가진 방향족화합물은 고온이나 광화학반응으로 측쇄에 있는 수소원자가 염소로 치환되지만 저온이나 철, 알루미늄 등 염소 Carrier의 존재하에서는 방향족핵의 수소가 염소로 치환된다. MacMullan은 벤젠의 액상염소화반응에서 생성물의 수율과 실제이론값을 그림 4-1에 도시하였는데 둘 다 잘 일치하고 있음을 알 수 있다.

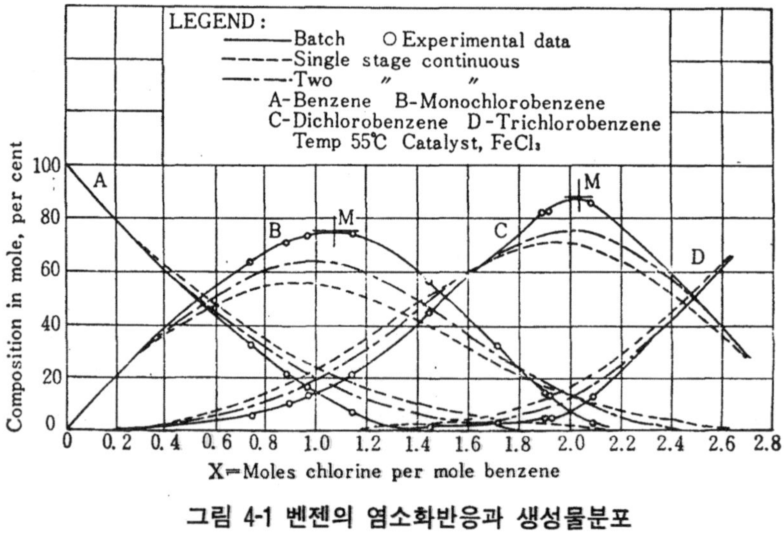

그림 4-1 벤젠의 염소화반응과 생성물분포

실험조건은 다음과 같다. 벤젠을 철제반응조에서 $FeCl_3$를 촉매로 염소화하였다. 탈수한 벤젠과 촉매를 먼저 반응조에 넣고 염소가스를 주입하면서 콘덴서로 반응물을 환류냉각하면서 반응시킨다. 모노클로로벤젠을 만들기 위한 최적반응온도는 30~40℃이고 벤젠 1몰에 대한 염소의 몰수는 0.6이다. 염소를 벤젠과 같은 몰수로 주입하였을 때의 증류생성물의 비율은 다음 표 4-1과 같다.

표 4-1

蒸 溜 物	收 率(%)	끓는점
미반응벤젠	3	79~ 81
벤젠과 클로로벤젠	10	81~125
클로로벤젠	75	126~133
클로로벤젠과 디클로로벤젠	10	133~180
殘渣 및 손실물	2	

디클로로벤젠의 수율을 높이기 위하여 반응온도를 높이면 모노클로로벤젠의 수율은 감소한다. 그림 4.1은 Cl_2와 C_6H_6의 몰비에 대한 생성물의 조성이다. 모노클로로벤젠을 얻기 위한 염소의 최적사용량은 1.07몰(커브 B)이고 디클로로벤젠을 얻기 위한 최적염소량은 2.04몰(커브 C)을 벤젠 1몰에 대하여 사용하였을 때이다. 한편, 연속염소화장치보다는 회분식염소화장치를 사용했을 때가 염소화수율이 높다.

Wiegandt와 Lantos는 벤젠의 염소화반응실험결과, 다음과 같은 결론을 얻었다.

(1) 벤젠의 염소화반응에서 모노, 디, 트리 클로로벤젠 및 미반응벤젠의 생성물의 조성은 촉매의 종류(Fe, $FeCl_3$, $SbCl_5$, I_2, $AlCl_3$ 등), 촉매의 농도, 염소공급속도 등에 영향을 받지 않는다. 반응온도가 높아지만 폴리염화물의 생성량은 증가한다. 저온에서는 *p*-디클로로벤젠의 수율이 많아진다.

(2) 1단 또는 다단 연속식염소화반응에서는 배치염소화때보다 폴리염화물의 생성량이 증가한다.

(3) *o*-디클로로벤젠은 *p*-디클로로벤젠보다 트리클로로벤젠으로 염소화되는 반응속도가 크다.

(4) *o*-디클로로벤젠을 첨가하면 *p*-디클로로벤젠의 생성량이 증가한다.

(5) 촉매의 종류와 농도는 *p*-, *o*-, 이성체의 생성비에 영향을 미친다. $FeCl_3$와 $SbCl_5$의 저농도촉매 존재하에서 벤젠을 염소화하면 *p*-이성체의 생성량이 증가한다.

4.8 포화탄화수소의 염소화반응

메탄을 햇빛 존재하에서 염소화하면 다음과 같은 반응을 한다.

$$CH_4 + Cl_2 \xrightarrow[-HCl]{h\nu} CH_3Cl + Cl \xrightarrow[-HCl]{} CH_2Cl_2 \xrightarrow[-HCl]{Cl_2} CHCl_3 + Cl_2 \xrightarrow[-HCl]{} CCl_4$$

광화학반응은 라디칼반응인데, 단계적으로 진행하지 않고 메탄이 과잉 존재하면 각종 염화물혼합물이 생성되므로 분리하여야 단일염화물을 얻을 수 있다. 이것은 라디칼반응의 공통적인 특징인데 반응속도가 상당히 빠르기 때문이다. 라디칼반응은 연쇄반응(chain reaction)이다. 반응메카니즘은 다음과 같다.

연쇄개시(chain initiation)

$$Cl_2 \xrightarrow{h\nu} 2\,Cl\cdot$$

연쇄성장(chain propagation)

$$Cl\cdot + CH_4 \longrightarrow HCl + CH_3\cdot$$
$$CH_3\cdot + Cl_2 \longrightarrow CH_3Cl + Cl\cdot$$

연쇄정지(chain termination)

$$Cl\cdot + Cl\cdot \longrightarrow Cl_2$$
$$CH_3\cdot + CH_3\cdot \longrightarrow CH_3CH_3$$
$$Cl\cdot + CH_3\cdot \longrightarrow CH_3Cl$$

햇빛 이외에 열에 불안정한 과산화물(과산화벤조일) 등의 촉매로도 라디칼반응이 일어난다. 다음은 과산화벤조일의 존재 하에서 SO_2Cl_2에 의한 염소화반응이다.

$$RH + SO_2Cl_2 \xrightarrow[40\sim80^\circ C]{BPO} R-Cl + HCl + SO_2$$

예를 들면, *n*-propylchloride를 SO_2Cl_2로 과산화벤조일 존재하에서 반응시키면, 1,2-dichloropropane 45%와 1,3-dichloropane 34%의 혼합물이 생긴다.

과산화벤조일 촉매에 의한 라디칼반응 메카니즘은 다음과 같다.

(1) $C_6H_5COOOOCC_6H_5 \longrightarrow C_6H_5COO\cdot + CO_2 + C_6H_5\cdot$

(2) $CH_5COO\cdot \longrightarrow C_6H_5\cdot + CO_2$

(3) $C_6H_5\cdot + SO_2Cl_2 \longrightarrow C_6H_5Cl + SO_2Cl\cdot$

(4) $SO_2Cl\cdot \longrightarrow SO_2 + Cl\cdot$

(5) $Cl\cdot + RH \longrightarrow HCl + R\cdot$

(6) $R\cdot + SO_2Cl_2 \longrightarrow RCl + SO_2Cl\cdot$

과산화벤조일은 40~80℃ 온도에서 라디칼로 쉽게 분해하여 페닐라디칼($C_6H_5\cdot$)을 만들고 이것이 SO_2Cl_2와 반응하여 $SO_2Cl\cdot$라디칼을 만든다. $SO_2Cl\cdot$이 분해하여 $Cl\cdot$라디칼을 생성하여 (5), (6)과 같이 연쇄반응으로 염소화가 일어난다.

(1)에서 (3)까지는 개시반응이며, (4)~(6)은 연쇄성장반응이다.

4.9 알코올로부터 할로겐화 알킬의 제법

플루오르화알킬은 브롬이나 염소화알킬처럼 알코올로부터 만들 수 없다.

$$ROH + HF \rightleftarrows R-F + H_2O$$

에서 역반응이 우세하므로 정반응을 유리하게 하려면 생성물중의 물을 제거해야 하는데 탈수제로 황산 등을 가하면 R–F에서 HF가 탈리되어 올레핀이 생성한다.

브롬 및 요오드화알킬

RI와 RBr은 알코올에 HI 또는 HBr을 가하여 가열하면 된다. *n*-RBr을 만들려면 황산을 촉매로 사용하면 수율이 높아진다.

$$n\text{-}ROH + HBr \xrightarrow{H_2SO_4} n\text{-}RBr + H_2O$$

이 방법으로 에틸, *n*-부틸, 이소프로필, *n*-옥틸, *n*-라울 및 알릴화브롬을 90% 이상의 높은 수율로 합성할 수 있다. 2차 알코올의 브롬화는 PBr_3를 사용하는 것이 좋다.

HBr + H_2SO_4로 반응시키면 2차 알코올의 탈수반응이 먼저 일어나므로 좋은 방법이 못된다.

$$3\,ROH + PBr_3 \longrightarrow 3\,R-Br + H_3PO_3$$

RI의 실험실적 제법으로는 PI_3를 사용하는 것이 좋다. 수율이 높고 속도가 빠르며 부반응이 없다. 이 때 PI_3를 직접 사용하지 않고 붉은 인을 알코올에 현탁시킨 용액 중에 요오드를 첨가하면 된다.

1차 및 2차 알코올의 염소화제로는 PCl_3, PCl_5, $SOCl_2$가 좋다. 다음 반응식에서 생성하는 HCl, SO_2 등은 상온에서 기체이므로 자체 반응온도로도 제거되어 정반응이 유리하게 된다.

$$ROH + PCl_5 \longrightarrow R\text{-}Cl + HCl\uparrow + POCl_3$$
$$ROH + SOCl_2 \longrightarrow R\text{-}Cl + HCl\uparrow + SO_2\uparrow$$

t-butyl alcohol이나 allyl alchohol은 S_N1반응을 하므로 진한 염산만으로도 염화물을 얻을 수 있다.

$$(CH_3)_3COH \xrightarrow{\text{Conc. HCl, 25°C}} \underset{94\%}{(CH_3)_3CCl} + H_2O$$

$$CH_2 = CHCH_2OH \xrightarrow{\text{Conc. HCl, 100°C}} CH_2 = CHCH_2Cl + H_2O$$

최근에 사용되는 할로겐화제로는 triphenylphosphitedihalide, $(C_6H_5O)_3PX_2$가 있다. 실제방법은 알코올과 triphenylphosphate, $(C_6H_5O)_3P$ 및 할로겐(X_2 = Cl_2, Br_2, I_2)을 혼합하면 실온에서 짧은 시간에 할로겐화된다.

$$(C_6H_5O)_3P + X_2 \longrightarrow (C_6H_5O)_3PX_2$$
$$ROH + (C_6H_5O)_3PX_2 \longrightarrow RX + (C_6H_5O)_2POX + C_6H_5OH$$

4.10 플루오르화 반응

플루오르는 모든 원소 중에서 전기음성도가 제일 큰 원소로서 같은 할로겐원소인 염소나 브롬보다는 반응성에 있어서 큰 차이가 있다. 염소나 브롬화의 경향과는 큰 차이가 있으므로 할로겐화 반응 중에서도 플루오르화 반응을 따로 취급하는 것은 당연하다고 할 수 있을 것이다. 플루오르는 상압하에서도 거의 모든 유기화합물과 격렬하게 반응하므로 반응열에 주의를 해야 한다. 일반적으로는 플루오르화 반응은 직접법과 간접법으로 한다. 플루오르분자가 반응할 때 다음 두 가지 과정으로 진행된다.

$$:\ddot{\underset{..}{X}}:\ddot{\underset{..}{X}}: \xrightleftharpoons{FeX_3,\ 擔體} :\ddot{\underset{..}{X}}^{+} + FeX_4^{-}\ \text{할로겐陽이온} \qquad (1)$$

$$:\ddot{\underset{..}{X}}:\ddot{\underset{..}{X}}: \xrightleftharpoons{熱,\ 햇빛\ (h\nu)} 2\ :\ddot{\underset{..}{X}}\cdot\ \begin{matrix}\text{活性한로겐原子}\\ \text{(自由라디칼)}\end{matrix} \qquad (2)$$

플루오르는 전기음성도가 크기 때문에 두 플루오르핵간에 있는 전자는 강하게 결합되어 있으므로 (1)과 같이 불균일하게 절단되어 F^+이 되기는 상당히 힘들다. 그러므로 보통의 반응에서는 (2)와 같이 활성인 플루오르라디칼의 생성으로 플루오르화가 급속히 연쇄적으로 일어난다고 생각된다.

식 (3)과 (4)는 할로겐원소의 치환반응과 부가반응이다. M은 치환반응에서의 반응열, N은 부가반응에서의 반응열이다.

C–C결합의 해리에너지 83kg-cal인 데 비하여 플루오르의 반응열은 치환반응이나 부가반응에서는 둘 다 이 값보다 훨씬 크므로 외부로부터 활성화에너지를 공급하지 않더라도 쉽게 C–C, C–H 및 기타 결합들이 끊어지는 것은 당연할 것이다(표 4-1 참조). 그러나 염소는 플루오르의 반응열보다 훨씬 적으며 유기화합물의 C–C의 결합에너지보다 작으므로 플루오르때처럼 분해반응이 일어나지 않는다.

$$-\overset{|}{\underset{|}{C}}-H + X_2 \xrightarrow{\text{置換反應}} HX + -\overset{|}{\underset{|}{C}}-X + M\,\text{kg-cal} \qquad (3)$$

$$\begin{matrix} -\overset{|}{C}- \\ \| \\ -\underset{|}{C} \end{matrix} + X_2 \xrightarrow{\text{附加反應}} \begin{matrix} -\overset{|}{C}-X \\ | \\ -\underset{|}{C}-X \end{matrix} + N\,\text{kg-cal} \qquad (4)$$

$X = \text{F},\ M = 103,\ N = 107$
$X = \text{Cl},\ M = 23,\ N = 33$
C—C의 結合解離에너지 = 83 kg-cal

그러므로 플루오르화합물을 합성하기 위해서는 종류에 따라서 여러 가지 방법을 사용해야 한다. 크게 나누어서 직접법과 간접법이 있는데 직접법을 간단히 설명하면 다음과 같다.

i) 플루오르 가스를 불활가스로 회석

ii) 비활성용매 중에서 플루오르화

iii) 해리에너지가 작아서 쉽게 플루오르를 내어놓는 화합물을 플루오르공급원으로 사용. 예, $C_6H_5IF_2$, SbF_5, PbF_4, MnF_3, CeF_4, AgF_2, CoF_3 등

iv) 촉매없이 금속충전장치내에서 기상플루오르화

v) 비활성화합물 존재하에서 반응

vi) 앞의 몇 가지 방법을 결합한 플루오르화

일반적으로 유기화합물을 플루오르로 직접 반응시키면 앞에서 말한 바와 같이 연소 또는 폭발 등 격렬한 반응을 일으켜서 HF나 CF_4 및 구조가 명확하지 않은 플루오르화합물이나 복잡한 구조를 가진 탄화수소의 타르물질밖에 얻지 못한다. 그러므로 불활성가스 등으로 회석하는 방법을 사용하지만 만족한 효과를 거두기는 힘들다. 비슷한 방법으로 비활성용매를 사용하기도 하지만, 플루오르와 반응하므로 극히 소수의 용매밖에는 효과가 없다. 0~15℃에서 사염화탄소용매 중에서 지방족 탄화수소를 플루오르화 하는 데 사용하기도 한다. 액체플루오르화수소산이 용매로 사용된다. SbF_5나 CoF_3는 서서히 플루오르를 해리하므로 플루오르화제로 많이 사용된다. 간접적인 방법이긴 하지만 지방족 염소화합물로부터 5가인 안티몬염의 존재하에서 HF로 염소와 치환하여 플루오르화하는 방법도 있다. CCl_4는 SbF_3단독 또는 HF존재하에서는 반응하지 않지만 Br_2, Cl_2 또는 SbX_5 등이 공존하면 반응을 일으켜 CCl_3F, CCl_3F_2 및 $CClF_3$가 된다. 방향족 탄화수소를 HF, $SbCl_5$의 혼합물과 함께 autoclave에서 반응시키면 플루오르화합물이 생성한다. 처음에 염소화반응이 일어난 다음 플루오르와의 치환으로 화합물이 생긴다. HF−$SbCl_5$는 메탄계 화합물의 플루오르화에만 적용되는 것이 아니고 장쇄의 포화 및 불포화 탄화수소, 시클로올레핀 및 짝지은 이중결합 탄화수소에도 사용된다.

다음에 플루오르화제 및 플루오르화 방법에 따른 플루오르화 반응을 설명한다.

4.10.1 플루오르에 의한 직접 플루오르화

(a) 액상 및 기상에서 무촉매 플루오르화

액상플루오르화 용매로는 CCl_4, CF_2Cl_2, HF 및 FSO_3H 등이 사용된다. 반응장치는 비교적 간단하다. 원통 또는 U자형으로 된 반응관에 플루오르도입관이 니켈 또는 구리로 되어있으며 교반장치와 냉각장치가 붙어 있다. 용매는 가능한 한 장치 꼭대기까지 채워서 플루오르의 기화로 인한 반응물과의 접촉으로 생기는 폭발을 방지할 수 있다. $C_6H_6Cl_6$를 사염화탄소 중에서 플루오르화하면 $C_6F_4Cl_6$, $C_6F_6Cl_6$가 생성한다. 기상으로도 에탄이나 벤젠을 80%의 높은 수율로 플루오르화할 수 있다. 특별한 장치를 만들어 원료를 N_2가스에 희석한 혼합물을 플루오르기류중에 분사시킴으로써 연소나 분해반응없이 플루오르화시킨다.

(b) 할로겐화 플루오르화합물에 의한 불소화

ClF_3, BrF_3, IF_5 등은 메탄이나 에탄의 할로겐화합물과 치환반응으로 플루오르화합물을 만들 수 있다.

(c) 금속플루오르화합물에 의한 플루오르화

CoF_3, AgF_2 등으로 RH를 플루오르화 할 수 있다.

$$RH + 2\,CoF_3 \longrightarrow RF + 2\,CoF_2 + HF + 49.5\ kcal$$

$$CoF_2 + \frac{1}{2}F_2 \longrightarrow CoF_3$$

MnF_3, CeF_4는 고비점탄화수소에 유효하다.

(d) 무수플루오르화수소산에 의한 플루오르화

알코올과 반응시키면 alkylfluoride가 된다.

$$ROH + HF \rightleftarrows RF + H_2O$$

에탄올 140℃로 HF와 반응시키면 40%의 C_2H_5F를 얻을 수 있다. 그러나 C_2H_5F는 가수분해하기 쉬우므로 평형관계는 알코올쪽으로 기운다.

플루오르화수소산은 조건을 잘 선정하면 올레핀의 할로겐화수소의 부가반응과 같은 결과를 얻을 수 있다.

$$CH \equiv CH \xrightarrow{HF} CH_2 : CHF \xrightarrow{HF} CH_3CHF_2$$

$$CH_2 = CH_2 + HF \xrightarrow{25°C,\ 1\ atm} CH_3CH_2F$$

HF는 약한 플루오르화제이므로 $R-CCl_3$인 화합물에서 R가 $-CCl_3$에 대하여 전자공여체인때는 가압하, 100~150℃로 반응시키면 원만하게 플루오르치환을 할 수 있다. 이 반응은 $C_6H_5CF_3$를 만들 때 공업적으로 자주 쓰인다.

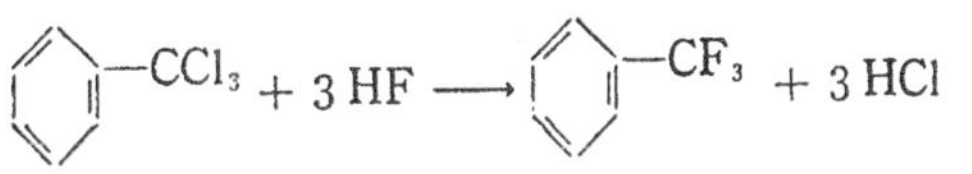

$$CCl_3CH_3 + 3\,HF \longrightarrow CF_3CH_3 + 3\,HCl$$

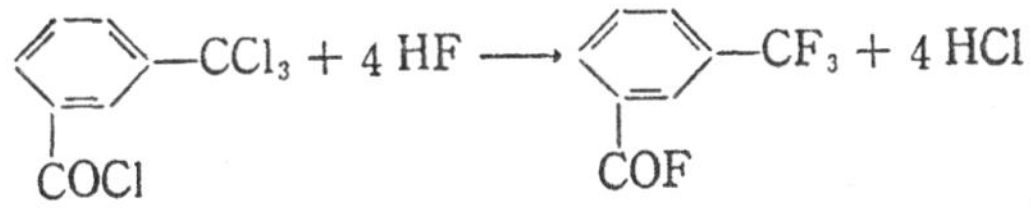

(e) 무기플루오르화합물에 의한 플루오르화

폴리할로겐화합물을 Br_2나 Cl_2 존재하에서 SbF_3와 $SbCl_5$의 5가의 안티몬염과 반응시키면 쉽게 염소를 플루오르로 치환할 수 있다. 공업적인 플루오르유기화합물 합성에 중요한 방법 중의 하나이다. 공업적으로 SbF_2Cl_3 와 SbF_3Cl_2가 많이 사용되는데 그 제법은 다음과 같다.

$$2\,SbF_3 + SbF_5 + 2\,Cl_2 \longrightarrow 3\,SbF_2Cl_3$$
$$SbCl_5 + 3\,HF \longrightarrow SbF_3Cl_2 + 3\,HCl$$

SbF_3, SbF_2Cl_3 및 SbF_3Cl_2를 사용하여 각종 지방족화합물을 치환한 결과는 표 4-2와 같다.

표4-2 SbF_3 + $Sb_xF_yCl_z$에 의한 지방족플루오르화합물의 합성

出發物質	生成物	收率
CCl_4	CCl_3F CCl_2F_2	定量的 定量的
$CHCl_3$	$CHCl_2F$ CH_2ClF_2	(定量的) (定量的)
CH_3Cl	반응하지 않음	
CCl_3CCl_3	CCl_3CCl_2F $CCl_2F \cdot CCl_2F$ $CClF_2$, $CClF_2$	(定量的) (定量的) (定量的)
$CH_2ClCHCl_2$	$CH_2Cl \cdot CHClF$ $CH_2Cl \cdot CHF_2$	(60%) (30%)
CH_2ClCH_2Cl CH_3CH_2Cl	반응하지 않음 반응하지 않음	
$CH_3CH_2CCl_3$	$CH_3CH_2 \cdot CC_2lF$ $CH_3CH_2 \cdot CClF_2$ $CH_3CH_2 \cdot CF_3$	(40%) (40%) (40%)
$CH_3CF_2CCl_3$	$CH_3CF_2 \cdot CCl_2F_2$ $CH_3CF_2 \cdot CClF_2$	(60%) (10%)

이상의 결과로부터 안티몬화합물계 촉매에 의한 플루오르치환 반응결과는 다음과 같다.

i) $-CCl_3$가 반응성이 크며 생성물은 $-CCl_2F$, $-CClF_2$가 된다. $-CF_3$는 반응이 잘 진행하지 않는다.

ii) $-CHCl_2$는 서서히 $CHClF$가 되는데 반응조건에 따라서는 $-CHF_2$까지도 플루오르화한다.

iii) $-CH_2Cl$, $-CHCl-$은 반응하지 않는다.

iv) 이미 C—F결합이 형성되면 탄소에 붙어있는 할로겐을 안정화하여 플루오르치환이 곤란하게 된다.

v) 분자 중에 수소원자가 많으면 부반응이나 분해반응을 일으키기 쉽다. 이때의 반응 메카니즘은 5가인 안티몬이 유기할로겐화합물과 배위결합을 형성하여 다음과 같은 complex를 형성한다. 이 complex내에서 Cl→F의 교환반응이 일어나는 것으로 추정된다. 2가안티몬염이 존재하고 동일탄소원자에 적어도 2개 이상의 할로겐이 존재하여야 complex를 형성할 수 있기 때문에 $-CH_2Cl$, $-CHCl-$ 등은 플루오르치환이 일어나지 않는 것으로 간주된다.

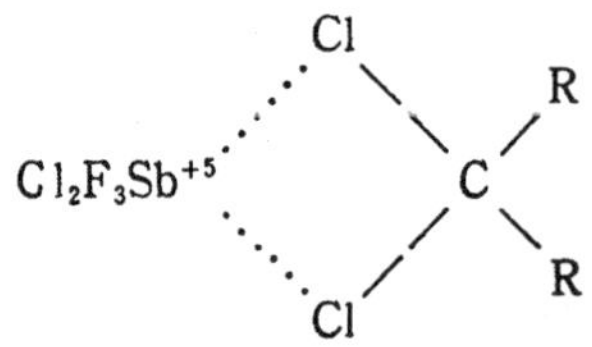

(f) **유기화합물간의 플루오르교환반응**

Friedel-Crafts 촉매에 의한 반응

$AlBr_3$, $AlCl_3$, AlF_3 등 촉매로 메탄이나 에탄계 플루오르염소화합물을 반응시키면 불균등화반응(disproportionation)으로 플루오르의 교환반응이 일어난다.

$$CCl_2F_2 \xrightarrow{AlCl_3,\ AlBr_3} CClF_3 + CCl_3F + CCl_4$$

$$CHCF_2 \xrightarrow{AlF_3} CHF_3 + CHCl_2F$$

$$CH_3\cdot CClF_2 \xrightarrow{AlF_3} CH_3CF_3 + CClF = CH_2$$

(g) **플루오르화금속에 의한 반응** (HgF_2, AgF, KF)

$$CH_2Br\cdot CHBr_2 + HgF_2 \longrightarrow CH_2BrCHBrF + CH_2Br\cdot CHF_2$$

$$RX + AgF \longrightarrow RF + AgX$$

$$ClCH_2CN + KF \longrightarrow FCH_2CN$$

(h) **방향족화합물의 플루오르치환반응**

방향족핵에 직접 치환반응으로 플루오르를 도입하기는 힘들다. 특별한 경우 이외에는 플루오르가스로 직접 플루오르화하기는 극히 힘들므로 일반적인 방법으로는 디아조늄염으로부터 만드는 것이 제일 무난한 방법이다.

(1) **디아조늄염과 HF의 반응**

플루오르벤젠(C_6H_5F)의 제법을 보면 다음과 같다. 아닐린염산염을 플루오르화수소로 반응하여 아닐린불화수소산을 만든 다음 5℃의 저온에서 무수아질산나트륨을 가하여 디아조화한 다음 분해하면 된다. 주의할 것은 아닐린염산염의 디아조화반응때와는 달라서 디아조화반응때 수분이 존재하면 디아조염이 분해하므로 과량의 HF를 사용한다.

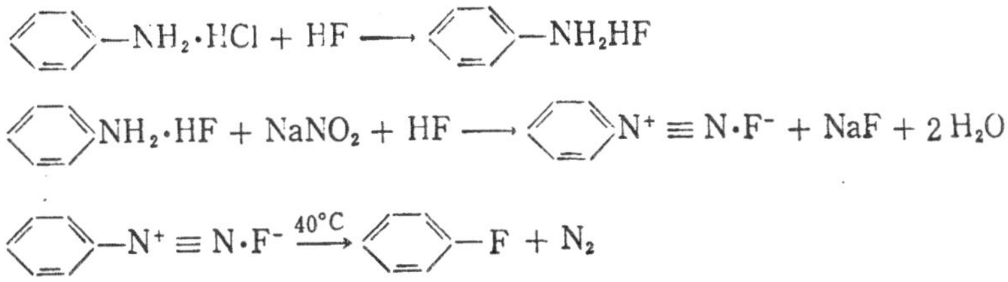

(2) 디아조아마노산화합물과 HF의 반응

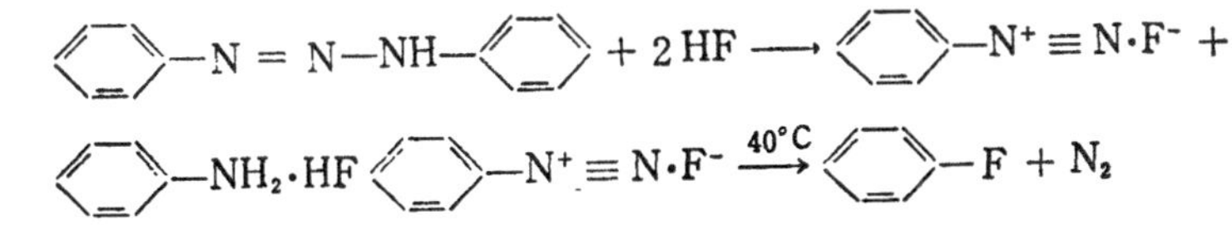

(3) Schiemann반응

디아조늄염은 열에 불안정하고 또 건조한 것은 작은 충격으로 폭발하기 쉽다. 그러나 디아조늄플루오르화붕소화합물(diazoniumfluoroborate)은 비교적 안정하고 취급이 용이하므로 이것을 열분해하여 방향족플루오르화합물을 만들 수 있다. 이 방법은 Schiemann 반응이라고 한다.

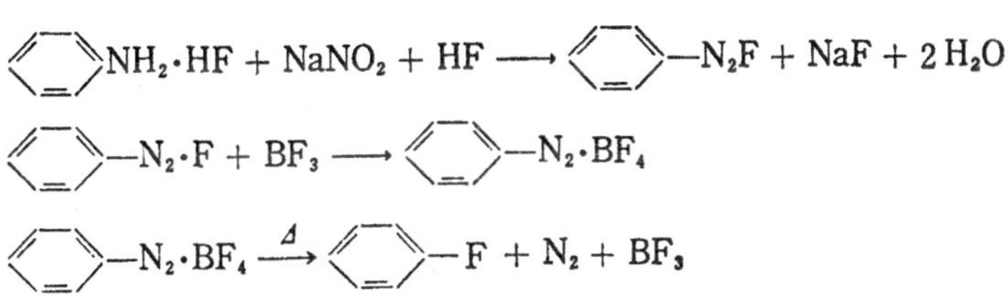

기타 방법들은 다음과 같다.

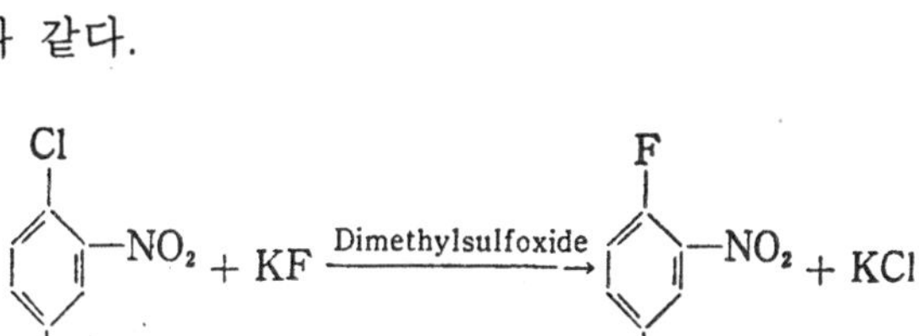

(4) 플루오르수지단량체합성법은 다음과 같다

(a) chlorofluoro화합물을 알코올, 아세톤, 아세트아미드 및 피리딘 등 용매에서 Zn으로 탈염소화

$$CClF_2 \cdot CH_2Cl \xrightarrow[\text{아세트아미드}]{Zn} CF_2 = CH_2 + ZnCl_2$$

(b) 열분해, KOH-ROH로 탈할로겐화수소

$$CH_3 \cdot CHF_2 \xrightarrow{\Delta} CH_2 = CHF + HF$$

$$CClF_2 \cdot CH_2Cl \xrightarrow[ROH]{KOH} CF_2 = CHCl + KCl + H_2O$$

(c) 아세틸렌에 HF부가

$$CH \equiv CH + HF \longrightarrow CH_2 = CHF$$

$$CF_2Cl \cdot CFCl_2 \xrightarrow[C_2H_5OH]{Zn} CF_2 = CClF$$

4.11 공업적 할로겐화반응

4.11.1 메탄의 염소화반응

이 반응은 발열반응이다. 반응온도가 500℃ 이상이 되면 탄소가 석출하며 부반응도 일어난다. 또 발화하거나 폭발할 우려도 있으므로 각별한 주의가 필요하다. 메탄과 염소의 혼합물은 어떤 농도 범위에서는 폭발한다. 폭발농도범위는 염소 중의 메탄이 15%~55%(용량)이다.

그러므로 반응을 순조롭게 진행시키기 위해서는 반응열을 빨리 제거할 수 있는 특별한 장치설비가 필요하다. CH_3Cl이나 CH_2Cl_2를 만들 때는 희석제로 메탄을 과잉 사용하거나 (CH_4 : CL = 5 : 1) 반응생성물을 다른 희석제로 희석하는 방법을 사용한다. 한편 이 반응에서 생성하는 염산은 상당히 많으므로 그 소비를 해결하지 못하면 메탄의 염소화물의 가격은 높아진다. 그러므로 생성하는 염산을 다시 염화구리계 촉매로 산화하여 염소를 다시 만드는 연구가 성과를 거두어 현재 공업적으로 이 방법을 쓰고 있다.

2차대전 중 독일의 I.G. Höchst에서 개발한 방법을 약술하면 다음과 같다.

메탄 1용량에 대하여 메탄순환가스(CH_4 75%, N_2 20%, CH_3Cl 5%) 5용량으로 되는 혼합가스를 6기병렬로 된 반응탑(연강시멘트 라이닝, 용적 5㎥)에 도입하여 촉매없이 380~410℃, 접촉기간 15초로 반응시킨다. 생성물의 조성은 CH_3Cl 48%, CH_2Cl_2 35%, $CHCl_3$ 14% 및 CCl_4와 기타 가스 3%이다.

반응가스는 공랭 후 4기직렬로 된 흡수탑(타일내장)에 보낸다. 부생하는 염화수소가스는 30% 염산으로 만들어 분리하고, 다음에 2기의 직렬세척탑(철제)에서는 산성가스(CO_3, Cl_2, 미량의 HCl)가 제거된다. 반응으로 압력이 강하하므로 가압하여 1기압으로 유지한다. 다음에 심냉분리장치에 송입하여 -50℃로 냉각하여 물을 얼음으로, CH_3Cl은 액체로 분리한다. 비액화성가스는 장치내를 순환하게 되는데 이 중 불연성가스인 N_2는 20% 이하의 농도를 유지하기 위하여 일부는 폐기된다. 액화된 CH_3Cl은 분류탑에 이송되어 제1탑에서 8~9atm로 가압되어 연속분류되어 CH_3Cl이 얻어진다. 탑정에 있는 것은 제1탑에서 4atm로 가압되어 연속적으로 분류되어 CH_3Cl이 얻어진다. 제2탑의 잔류물은 제3탑에 옮겨져 상압증류되어 클로로포름이 된다. 제3탑의 잔류물은 $CHCl_3$, CCl_4 및 고비점물질(C_2염화물)이 각각 30%, 60% 및 10%의 조성으로 되어있는데 그대로 제품화한다.

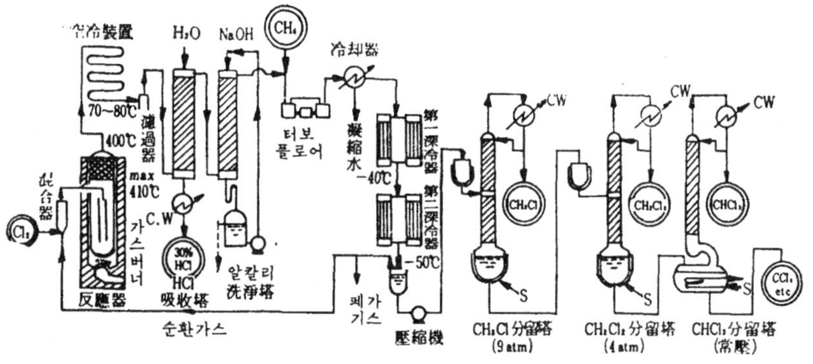

그림4-2 메탄의 염소화에 의한 클로로메탄제조장치 (I.G. Höchst)

4.11.2 디클로로벤젠의 제조

벤젠에 $FeCl_3$, I_2, $AlCl_3$ 및 $SbCl_3$ 등의 촉매를 사용하는 물을 제거하고 빛의 차단하에 염소화하면 벤젠핵에서 염소치환반응이 일어나서 모노클로로벤젠, 디클로로, 트리클로로, 테트라클로로, 펜타클로로벤젠을 거쳐 헥사클로로벤젠까지 된다. 염소화물의 조성은 주로 염화도 즉, 벤젠에 대한 염소의 반응량에 영향을 받는다. 염화도를 조절함으로써 목적물을 많이 얻을 수 있다. 벤젠의 염소화에 따른 염화물의 조성에 관한 MacMullin의 조성도(그림 4-1)를 이용하는 것이 좋다.

벤젠의 염소화반응에서는 대개가 모노 또는 디클로로벤젠을 목적으로 하기 때문에 염화도를 일정히 하여 염소화하고 미반응 벤젠은 회수하여 재사용해야 한다.

벤젠의 액상염소화에서는 *o*- 및 *p*-이성체가 생성한다. 생성비율은 반응조건에 따른다. 온도가 낮고 염화도가 높거나, 촉매량이 적을 때는 *p*-이성체가 많이 생성한다. 반응액 중의 염소의 농도가 적을 때는 *p*-클로로벤젠이 90~95% 생긴다.

연제의 냉각사관을 장치한 반응조에 벤젠 10,000ℓ와 벤젠 500ℓ에 분산시킨 염화철 15g을 넣고 반응조의 밑에서 연파이프를 통해 염소를 주입한다. 주입속도가 냉각속도에 따라 결정한다. 반응온도를 20~45℃로 유지한다. 반응액의 비중이 1.06~1.2가 되었을 때 염소화를 중지한다. 소요시간은 24~36시간 정도이다. 염소화액에 30% NaOH 200kg을 가하여 60℃로 10시간 가열, 교반하여 부반응으로 생성한 부가반응생성물을 탈염화수소화시킨다. 이것은 증류할 때 탈염화수소화되어 생성한 염화수소가 철제증류탑을 부식하는 것을 방지하기 위한 것이다.

반응조에서 발생하는 염화수소가스를 물에 흡수시키면 염산과 함께 가스 중의 벤젠도 응축되어 회수된다. 알칼리처리를 한 염소화액은 정류를한다. 먼저 70℃로 소량의 파라핀계 탄화수소의 염화물(벤젠 중의 불순물)이 유출되어 제거된다. 70~100℃에서 벤젠이 회수된다. 이것을 다시 염소화공정으로 보낸다. 100~131℃에서 순수한 모노클로로벤젠이 유출하는데 이것은 다음번 증류액에 혼합하여 사용한다. 131~133℃에서 순수한 모노클로로벤젠이 유출한다. 증류잔분은 조디클로로로벤젠이나 염소화액의 비중이 1.10인 때, 알칼리처리 후의 염소화액 47,000ℓ로부터 벤젠 5,000~5,500ℓ, 벤젠과 모노클로로벤젠 혼합물 1,800ℓ, 모노클로로벤젠 31,000ℓ, 조디클로로벤 8,000~8,500ℓ가 얻어진다.

조디클로로벤젠을 다시 20~30mmHg로 감압정류한다. 유분의 분리는 끓는점이나 응고점에 따라 한다. 처음에는 잔존모노클로로벤젠이 유출하기 시작하는데 유출 개시부터 25℃에서 응고할 때까지의 유분을 중간유분으로 나눈다. 다음 응고점은 25℃(*p*-이성체 54.3%)에서 점차 온도가 상승하여 40~50℃(*p*-이성체 90%)가 되고는 다시 저하한다. 유출물의 응고점은 20℃(*p*-이성체 48%)까지 강하하면 증류조작을 중지한다. 이 증류조작에서 *p*-디클로로벤젠이 80% 함유한다. 각 회의 증류잔분은 트리클로로벤젠분리용으로 사용한다.

본증류분은 내부에 냉각사관을 설치한 결정조에 넣고 15℃로 냉각하면 사관상에 *p*-디클로로벤젠이 결정화한다. 결정은 메탄올을 첨가하여 50℃로 가온하여 용해하고 150℃로 냉각하여 재결정을 한다. *p*-디클로로벤젠 정류결정을 얻는다. 정제된 결정은 사관에 스팀을 통하여 용해하고 감압하에서 100℃로 가열하며 메탄올을 완전히 제거하여 제품을 얻는다. 순도높은 *o*-디클로로벤젠을 얻기 위해서는 *p*-디클로로벤젠결정을 분리한 모액을 정류하면 된다. 그런데 *p*-의 끓는점은 174℃인데 *o*-는 180℃로 차이가 없으므로 정밀한 증류탑이 필요하다.

4.11.3 요오드화 메틸의 제조

요오드화메틸제법에는 메탄올과 삼요오드화인, 요오드와 붉은인(또는 노랑인) 및 디메틸황산과 요오드칼륨(또는 NaI) 등이 있는데 맨 나중방법이 장치가 간단하고 수율이 크므로 공업적으로는 이 방법을 많이 사용한다.

$$KI + (CH_3)_2SO_4 \longrightarrow CH_3I + CH_3SO_4K$$

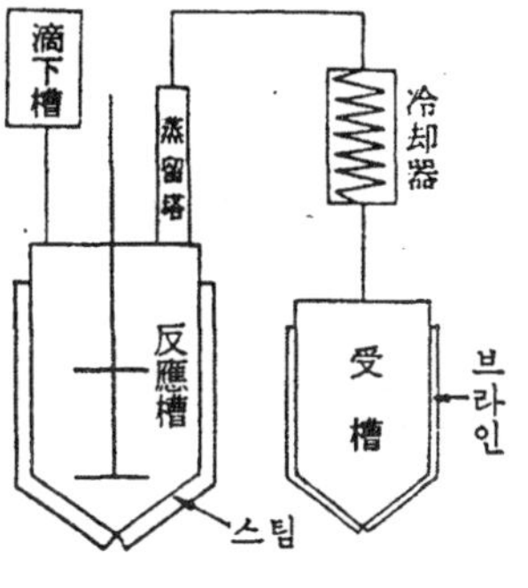

그림 4-3 요드화메틸제조장치

물 54ℓ에 요오드화칼륨 100kg을 용해한 액을 반응기에 넣고 탄산칼슘 7.5kg을 가한다. 혼합물을 교반하면서 60~65℃로 가열한다. 이 반응온도를 유지하면서 디메틸황산

79kg을 요오드화메틸이 활발하게 증류할 정도로 적하조에서 서서히 가한다. 유출액은 충분히 냉각시간 수기에 받는다. 전량의 디메틸황산을 첨가한 다음, 온도를 65~70℃로 상승하여 요오드화메틸을 완전히 유출시킨다. 요오드화메틸의 끓는점은 41~43℃이므로 효율좋은 냉각기를 사용하되 수기는 충분히 냉각시켜야 한다. 조수율은 95~97%이다.

5. 술폰화 및 황산화반응

유기화합물에 술폰산기(−SO_3H)를 도입하는 반응을 **술폰화** 또는 **술폰화반응**(sulfonation)이라고 하며, 황산에스테르기(−OSO_3H)를 도입하는 반응을 **황산화** 또는 **황산화반응**(sulfation)이라고 한다.

$$RH + H_2SO_4 \longrightarrow R-SO_3H + H_2O \qquad (1)$$

$$ROH + H_2SO_4 \longrightarrow ROSO_3H + H_2O \qquad (2)$$

(1)의 반응으로 생성된 RSO_3H를 **알킬술폰산**이라고 하며, −SO_3H를 술폰산기, R-SO_3Na를 **알킬술폰산나트륨**(sodium alkyl sulfonate)이라고 부른다. 알칸에 SO_2와 Cl_2를 작용시켜 SO_2Cl를 도입하는 반응을 **sulfochlorination**, 클로로술폰산 $ClSO_3H$를 **방향족탄화수소** 또는 헤테로고리화합물에 작용시켜 −SO_2Cl를 도입하는 것을 **chlorosulfonation**, SO_2 + O_2를 알칸에 작용하여 −SO_3H를 도입하는 **sulfoxidation**, 알킬아민에 −SO_3H를 도입하여 RNH-SO_3H, **sulfamic acid**(*N*-sulfonic acid)를 만드는 반응 등이 넓은 의미로 말하면 **술폰화반응**(sulfonation)이라고 할 수 있다. **황산화반응**이란 −OSO_3H 또는 −OSO_2O−를 유기화합물에 도입하여 황산수소알킬, alkyl hydrogen sulfate(R-OSO_3H) 또는 황산디알킬, dialkyl sulfate(R-OSO_2O-R)를 만드는 것을 말한다.

술폰화합물은 화학식으로 볼 때 다음의 네 가지로 분류할 수 있다.

(1) 지방족탄화수소화합물과 지방족고리화합물의 술폰산

(2) 방향족화합물의 술폰산

(3) 헤테로고리화합물의 술폰산

(4) *N*-알킬술폰화합물 또는 술파민산

공업적으로는 앞의 세 가지 화합물이 많이 이용되고 있다. 예를 들면 석유정제유분, 리그닌 및 지방산 등의 술폰산유도체 등이 있다. 황산에스테르(dialkyl sulfate)중에는 sulfated alkene, alcohol sulfate, hydrocyclic sulfate, sulfated carbohydrate 등이 있다.

5.1 술폰화합물의 응용

유기합성반응에서 술폰화 또는 황산화반응의 목적을 크게 두 가지로 나눌 수 있다.

(1) 술폰화나 황산화반응으로 술폰화합물이나 황산알킬을 최종목적물로 반응,

(2) 중간체합성목적으로 술폰화 또는 황산화술폰화합물의 산이나 염은 화합물 중에 강한 친수성기를 가지고 있다. methane-sulfonic acid나 *p*-toluene sulfonic acid는 촉매로 사용되며 phenol sulfonic acid는 전기분해할 때 첨가제로 사용된다. 술폰화합물은 산의 형태로는 많이 사용하지 않고 대부분이 Na 등의 염의 형태로 사용된다. 계면활성제, 유화제, 에멀젼파괴제 등이 술폰산의 염으로 되어 있다. 방향족술포닐클로리드(RSO_2Cl)는

술폰아미드, RSO_2NH_2(술파제, 염료, 탄닌제, 가소제, 사카린)나 술폰산에스테르(살충제)를 합성하는 데 사용된다. sulfamate는 제초제, 감미제, 혈류응고방지제 제조에 사용된다. 또 술폰산이나 황산에스테르는 황산법 페놀이나 알코올 제조의 중간체로서 중요하다. 페놀, 레조르신올, 나프톨 히드록시 안트라퀴논 등이 페놀류의 술폰화합물로부터 알칼리 용융으로 만들어진다. 에탄올, 이소프로판올 등은 올레핀의 황산화물로부터 가수분해로 만든다.

5.2 술폰화제와 황산화제

(1) SO_3계

(a) 무수황산, 발연황산, 황산

(b) 클로로술폰산(HSO_3Cl, $SO_3 \cdot HCl$)

(c) 유기화합물의 SO_3부가물

(d) 술파민산(RSO_2NH_2)

(2) SO_2계

(a) H_2SO_3, M_2SO_3

(b) SO_2 + Cl_2

(c) SO_2 + O_2

(3) 술폰알킬화제

(a) 술폰메틸화제(히드록시 및 메탄아미노술폰산)

(b) 술폰에틸화제(히드록시, 클로로 및 메틸아미노에탄술폰산)

(c) 기타 알킬화제, 술포아실화제, 술폰방향족화제

술폰화 및 황산화 중에서 가장 많이 사용하는 것은 SO_3계화합물인 진한 황산, 발연황산, 무수황산, 클로로술폰산 등이다.

이 중에서도 진한 황산과 발연황산을 가장 많이 사용한다. 100% 황산을 monohydrate라고 한다. 실험실에서 보통 사용하는 진한 황산은 66° Bé(비중 1.84, 농도 95.6%)로 비휘발성이므로 SO_3와 H_2O로 분해하지 않는다. 98.3% 이상의 황산은 부분적으로 SO_3와 H_2O로 분해하여 SO_3가 약간 발연한다. **발연황산**이라고 하는 것은 100% 황산에 SO_3가 과잉으로 용해되어 있는 황산을 말한다. 예를 들면, **10% 발연황산**이란 100% 황산 90중량부에 무수황산(SO_3) 10중량부가 혼합된 황산을 말한다. 20% 발연황산은 실온에서 액체이며 20~60% 발연황산은 기체이다.

60% 이상의 발연황산은 다시 액체이다. 실험실에서 입수할 수 있는 것은 보통 40%와 60% 발연황산이다. 유기화합물을 술폰화 또는 황산화하는 데 보통은 진한 황산을 사용하지만 반응에 따라서는 10% 또는 20% 발연황산 등 진한 황산보다 SO_3가 과잉 함유되어 있는 발연황산을 사용하기도 한다. 95.6%의 농도를 가지고 있는 진한 황산과 40~60%의 발연황산으로부터 monohydrate 또는 SO_3가 과잉 함유하는 발연황산을 만드는 식은 다음과 같다. 먼저 100% 황산을 만드는 식을 유도하자.

95.6% 황산이란 황산 100g중에 H_2SO_4 95.6g과 H_2O 4.4g이 함유되어 있는 것을 말한

다. 이 4.4g의 물을 임의농도의 발연황산으로 100% 만들면 된다. 소유하고 있는 발연산화의의 농도를 *a*%라고 하면 100% 황산을 만드는 데 필요한 *a*%발연황산의 무게(*m*)는 다음과 같다.

$$m = 80 \times \frac{4.4}{18} \times \frac{100}{a}$$

여기서 80은 SO_3, 18은 H_2O의 분자량이다.

다음에 95.6%은 진한 황산 100g과 *a*% 발연황산을 가지고 *b*% 발연황산을 만들려고 할 때 소요되는 *a*% 발연황산의 무게를 *n*이라고 하면 만드는 식은 다음과 같다.

$$\frac{n \times \frac{a}{100}}{100 + m + n} = \frac{b}{100}$$

여기서 *m*은 앞에서 계산한 100% 황산 100g을 만들 때에 필요한 *a*% 발연황산의 양이므로 *m* + *n*을 계산하여 95.6%의 진한 황산과 섞으면 *b*%의 발연황산을 쉽게 만들 수 있다. 여기서 주의할 것은 실험실에서 입수되는 *a*%의 발연황산이 *a*%의 농도를 정확하게 함유한 것인가를 확인할 것과 혼합할 때의 용기의 건조 등이다.

발연황산이나 기체 SO_3는 발연하므로 황산화반응을 할 때 각별한 주의가 필요하며 또 위험성이 많다. 기체 SO_3에 안정제로 $B(OC_2H_5)_3$, B_2O_3, P_2O_5 등을 0.2~0.3% 정도 첨가하여 액상으로 만든 γ-SO_3라는 **sulfan**(상품명)이 있다. 이 γ-SO_3는 소량의 물을 첨가로 고형의 선상체인 β-SO_3로 변한다.

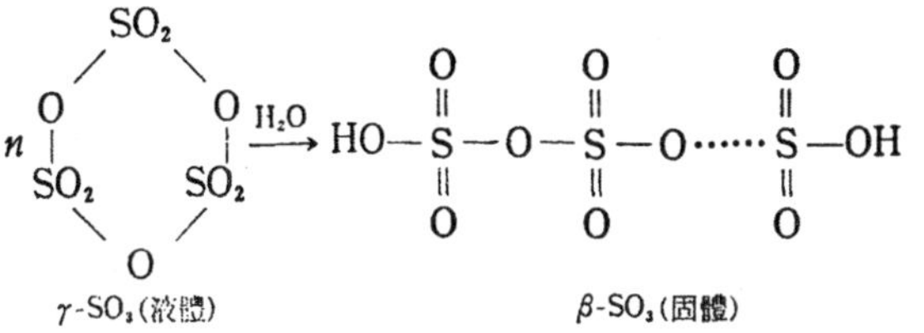

γ-SO_3(液體) β-SO_3(固體)

γ-SO_3의 물성치는 다음과 같다.

끓는점(℃) : 44.8
융점(℃) : 16.8
밀도(30℃) : 1.87
비열, g-cal(25~35℃) : 0.77
용해열, g-cal : 504
증발열, g-cal : 127.4
점도, c.p.(30℃) : 1,590

Sulfan을 술폰화제(황산화제도 됨)로 사용하는 데 두 가지 방법이 있다. ① sulfan에 건조공기를 불어넣어 sulfan을 기체 SO_3로 만들어 피술폰화물과 반응시키는 방법과 ② 적하깔때기를 사용하여 반응기내에 sulfan을 직접 적하하여 술폰화시키는 두가지 방법이 있다. sulfan을 사용하면 피술폰화물과 당량을 사용하여도 술폰화가 가능하므로 반응장치가 작아도되고 진한 황산을 사용한 다음에는 과잉의 황산을 제거하기 위하여 알칼리로 중화하는 작업이나 기타 비용이 들지 않으므로 경제적으로 상당히 유리하다.

$$RH + SO_3 \longrightarrow R\text{-}SO_3H$$
$$ROH + SO_3 \longrightarrow R\text{-}OSO_3H$$

그런데 sulfan으로 술폰화할 때는 반응이 진행됨에 따라 반응물의 점도가 커지므로 교반하는 데 큰 동력이 필요하다는 결점이 있다. 그러나 최근에는 발연황산보다 여러 가지 이점 때문에 도데실벤젠의 술폰화, 고급알코올의 황산화 등에 sulfan이 많이 사용된다.

5.3 반응액 중에서 과잉의 황산의 분리

유기화합물을 진한 황산으로 술폰화할 때 과잉의 황산을 사용하는 것이 보통이다.

과잉의 H_2SO_4는 생성물인 $R-SO_3H$와 혼합물을 형성한다. 그런데 둘다 수용성이므로 그대로는 분리하기 힘들다. 효율적으로 분리하는 데는 다음의 두 가지 방법이 있다.

(1) 염석(salting out)

(2) 중화(Neutralization)

염석법은 반응생성물을 빙수 중에 넣고 과잉의 소금을 넣는다. 알킬술폰산, RSO_3H은 소금과 작용하여 나트륨염이 된다. 황산도 소금과 반응하여 $NaHSO_4$가 되는데 RSO_3Na는 소금물과 $NaHSO_4$의 혼합수용액에 비교적 난용성이므로 석출하게 된다.

$$RSO_3H + NaCl \rightleftharpoons RSO_3Na + HCl$$
$$H_2SO_4 + NaCl \rightleftharpoons NaHSO_4 + HCl$$

RSO_3Na를 여과한 다음 포화소금물로 산성이 없어질 때까지 세척하고 흡인 여과하여 식염수를 제거한 다음 건조하면 된다. 그러므로 RSO_3Na에는 소금이 소량 섞여 있는 것이 보통이다.

석회소다법은 반응생성물을 빙수 중에 넣고 $Ca(OH)_2$로 중화하면 알킬술폰산의 칼슘염 $(RSO_3)_3Ca$이 되고 황산은 황산칼슘 $CaSO_4$가 된다. $(RSO_3)_2Ca$는 많은 물에 비교적 잘 녹는데 $CaSO_4$는 녹지 않으므로 이 두 화합물의 용해도차이를 이용하여 여과하여 $CaSO_4$를 분리한 다음 여액에 Na_2CO_3를 가하면 된다.

$$RSO_3H + H_2SO_4 \xrightleftharpoons{Ca(OH)_2} (RSO_3)_2Ca + CaSO_4\downarrow$$
$$(RSO_3)_2Ca + Na_2CO_3 \longrightarrow 2\,R\text{-}SO_3Na + CaCO_3$$

그런데 $CaSO_4$도 소량은 물에 녹으므로 Na_2CO_3를 가하면 $CaCO_3$와 Na_2SO_4가 되므로 이 방법으로 만든 알킬술폰산나트륨에도 망초가 섞이게 된다. 특수용도 이외에는 망초가 함유되어 있어도 큰 지장이 없으므로 그대로 사용하는 것이 보통이다.

Na의 염의 형태가 아니고 술폰산의 형태로 분리하기는 그리 쉽지 않다. 순수한 RSO_3Na를 물에 녹인 다음 염화바륨을 가하여 비교적 난용성인 $(RSO_3)_2Ba$를 침전시키고 이것을 다시 당량의 황산과 반응시켜 침전된 $BaSO_4$는 여과하여 버리고 여액을 증발 건조하면 된다. 그러나 순수하게 하는데는 곤란한 점이 없지 않다. 방향족술폰산도 이상과 같은 방법으로 과잉의 황산과 분리할 수 있으나 dodecylbenzene sulfonic acid나 알코올의 황산에스테르 등은 이상과 같은 방법으로는 분리가 곤란하다. 그러므로 시중에서 판매하는 제품들은 특별한 시약 이외의 세척제나 계면활성제 등은 생성물을 그대로 알칼리로 중화하여 망초(Na_2SO_4)가 함유되어 있는 상태로 제품화하여 판매하는데, 오히려 망초가 섞여 있는 것이 세탁작용을 도와서 세척효과를 가져온다고 한다. 만일 도데실벤젠술폰산나트륨이나 고급알코올황산에스테르의 나트륨염을 망초와 분리하려면 무수알코올로 추출하여 불용해성인 망초로 하여 제거하는 것이 좋다.

5.4 방향족 화합물의 술폰화 반응

방향족탄화수소를 SO_3계 술폰화제로 술폰화반응하는 데 있어서 반응속도에 영향을 미치는 인자는 다음과 같다.

(1) SO_3의 농도
(2) 유기화합물의 화학적 구조
(3) 반응시간, 반응온도, 시약의 세기
(4) 촉 매
(5) 용 매

5.4.1 SO_3의 농도

방향족탄화수소의 황산화반응은 가역반응이므로 생성물을 증가시키는 방향으로 반응을 유도하려면 반응계 중에서 SO_3의 농도가 한계농도 이상이 되어야 한다. 이 한계농도를 Guyot는 π값이라고 하였다. 예를 들면, 벤젠을 술폰화할 때 반응온도, 교반속도, 촉매 등에는 관계없이 π값은 64($H_2SO_4 \cdot 1.5H_2O$, 78.4% H_2SO_4) 이상이어야 술폰화반응이 일어난다. 한편, 나프탈렌은 π 값 52(63.7% H_2SO_4), 안트라센은 π값 43(53% H_2SO_4) 이상이어야 반응이 일어난다.

몇가지 방향족화합물의 π 값은 다음과 같다.

	π 값	%H_2SO_4
나프탈렌(모노술폰화반응 60°C)	56	68.5
나프탈렌(모노술폰화반응 160°C)	52	63.7
나프탈렌(트리술폰화반응 160°C)	79.8	97.3
니트로벤젠(트리술폰화반응 160°C)	82	100.1

황산화반응을 완결하려면 반응이 끝날 때까지 위에서 말한 π값을 유지해야 한다. π값이란 황산화 또는 술폰화반응에서 반응이 일어날 수 있는 황산의 최저농도를 말한다. 실제로 공업적인 생산과정에서는 반응의 진행에 따라 물이 생성되므로 황산은 희석되어 묽어진다. 그러므로 이론적인 π값보다 높은 농도의 황산을 과량 사용하여야 한다.

벤젠의 모노술폰화반응에서 이론값보다 큰 100% 황산을 이론량의 2배 사용하여 105℃에서 반응시키면 반응이 끝난 후에는 물의 생성으로 폐산의 π값은 83인데 이론적인 π값보다 훨씬 높은 값을 나타내게 된다. 생성수를 물리적으로 제거함으로써 반응도중에 황산의 π값을 유지하는 방법도 있다. 비교적 고온에서 벤젠을 반응시켜 생성하는 물과 미반응의 벤젠을 공비혼합물로 반응계 외로 증류조작으로 제거하는 것이다. 물과 분리시킨 벤젠은 다시 순환하여 반응시킴으로써 황산을 과량 사용하지 않고 황산화할 수 있다. 이외에도 제3의 물질을 첨가하여 공비혼합물로 증류하여 물을 제거하는 방법도 있다.

벤젠, 나프탈렌, 아닐린 등의 황산화반응에는 kerosene이 좋고 4-aminodiphenyl의 황산화에는 *o*-dichlorobenzene이 유효하다. 생성수를 화학적으로 제거하는 방법도 있다. 그러나 공업적으로는 고가이므로 이 방법을 사용할 수 없고 실험실에서나 사용할 수 있는 방법이다.

$$H_2O + SOCl_2 \longrightarrow 2\,HCl\uparrow + SO_2\uparrow$$

5.4.2 화학구조

벤젠고리 중의 수소원자와 치환된 작용기의 종류에 따라 술폰기가 치환되는 위치와 술폰화속도가 영향을 받게 된다. $-OH$, $-NH_2$, $-CH_3$ 등이 있을 때는 주로 *p*-위치에서 술폰화가 일어나며 $-NO_2$, $>C=O$, $-SO_3H$, $-COOH$ 등이 있을 때는 *m*-위치에서 치환되는데 반응이 힘들게 일어난다. 알킬벤젠의 술폰화반응에서 상대적인 반응속도는 표 5-1과 같다(니트로벤젠용매 중에서).

표 5-1 황산에 의한 알킬벤젠의 상대술폰화반응속도

化 合 物	相對反應速度
톨루엔	1.00
에틸벤젠	0.95
이소프로필벤젠	0.66
t-부틸벤젠	0.56
o-크실렌	3.50

입체장애는 황산화반응에 큰 영향을 미친다. 방향족탄화수소에서와 마찬가지로 지방족

탄화수소화합물에서도 같은 결과를 가져온다. 지방족 알코올을 황산으로 황산화반응을 할 때 1차 알코올은 2차 알코올보다 10배나 반응속도가 빠르다.

5.4.3 반응시간, 온도, 시약의 세기

반응온도가 증가하면 반응속도는 증가한다. 일반적인 화학반응에서 반응온도가 10℃ 상승하면 속도는 2배 정도 증가한다. 그러나 황산화반응에서 온도가 상승하면 반응속도 증가 이외에 폴리술폰화도 일어난다. 또 톨루엔이나 나프탈렌에서는 온도상승에 따라 술폰화의 위치가 달라진다. 예를 들면, 톨루엔의 술폰화반응에서 고온이 되면, *p*-위치에서 술폰산기의 치환반응이 증가함을 알 수 있다(표 5-2 참조).

표 5-2 온도변화에 따른 술폰화반응에서는 이성체생성비(톨루엔)

異 性 體	溫	度
	25°C	50°C
o-體	18~22	12~18
m-體	4~6	5~6
p-體	74~76	78~82

강한 황산화제로 높은 온도에서 반응시키면 반응시간을 많이 단축시킬 수 있다. 그러나 반응온도 상승에 따라 폴리술폰화반응 이외에도 부반응이나 탄화 등으로 색상이 나빠진다.

강한 술폰화제로는 SO_3가 있는데 이것은 제한된 용도에만 사용가능하다. 여러 화합물과 낮은 온도에서도 술폰화반응이 빠르게 진행하며 반응이 힘든 유기화합물인 때는 SO_3를 사용하면 반응률을 높일 수 있다. 특히 탄화수소나 알코올류는 낮은 온도에서도 반응수율이 좋으므로 SO_3를 많이 사용한다. 그렇지만 반응열이 크고 부반응도 많이 일어나므로 사용하는 데 조심해야 한다.

나프탈렌을 황산이나 발연황산으로 술폰화할 때 반응온도에 따라서 술폰화하는 위치가 달라진다. 일반적으로 50℃이하에서 짧은 시간 반응시키면 *α*-위치에서, 160℃이상의 고온에서 긴 시간 반응시키면 *β*-위치에서 술폰화반응이 일어난다. 디술폰화반응에서는 *o*-,*p*- 및 peri-위치에는술폰화가 일어나지 않는다. 이것을 **Armstrong-Wynne의 법칙**이라고 한다. 제2의 술폰기는 저온(50℃)에서는 제1의 술폰기에 대하여 가장 멀리 떨어져 있는 *α*-위치에, 고온에서는 가장 멀리 떨어진 *β*-위치에서 치환된다. 1과 8, 4와 5의 위치를 서로 **peri의 위치**라고 한다. 그러므로 나프탈렌의 디술폰산은 4종류, 트리술폰산은 3종류, 테트라술폰산은 1종류(1, 3, 5, 7 - 나프탈렌테트라술폰산)가 생성되는 셈이다.

나프탈렌의 모노술폰산 중에서 중요한 것은 *β*-나프탈렌술폰산으로 이것을 알칼리용융하여 산으로 처리하면 *β*-나프톨이 생기는데 염료 및 안료 등의 중간체로 중요하다.

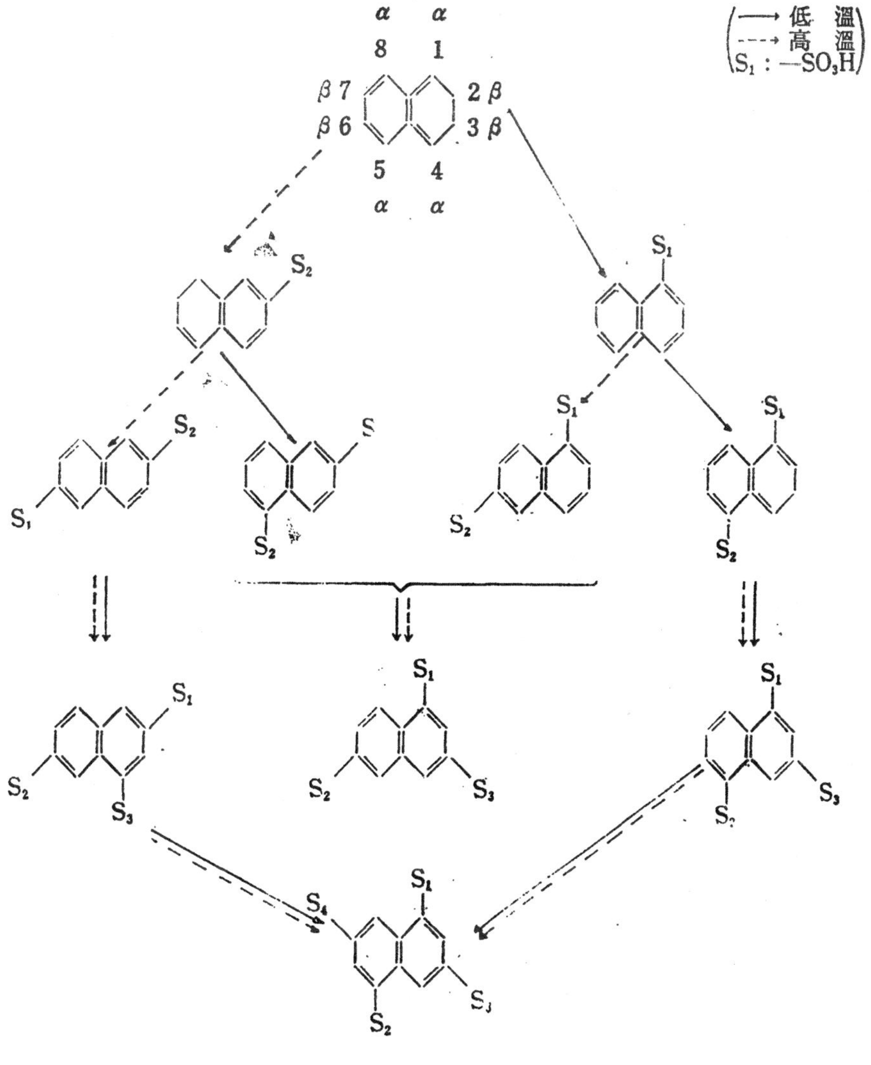

5.4.4 촉 매

촉매를 소량 첨가함으로써 술폰화되는 위치가 달라진다. 안트라퀴논의 술폰화반응에서 황산수은촉매를 사용하면 *α*-위치에 술폰화가 되며 촉매가 없을 때는 *β*-위치에서 술폰화 반응이 일어난다.

pyridine을 SO_3 또는 oleum으로 술폰화할 때 소량의 $HgSO_4$를 촉매로 가하면 낮은 온도에서도 높은 수율로 술폰화반응을 할 수 있다. 벤젠, 톨루엔, 크실렌 등을 SO_3나 발연황산으로 모노 또는 디 술폰화반응을 시킬 때 소량의 식초산을 첨가하면 술포닐화합물(Ar—SO_2—Ar)의 생성을 방지할 수 있다. 황산나트륨이나 벤젠술폰산나트륨도 같은 효과가 있다. 히드로안트라퀴논의 술폰화반응시에 붕산을 첨가하면 —OH와 붕산에스테르를 형성하여 산화반응으로 퀴논이 되는 부반응을 억제할 수 있다.

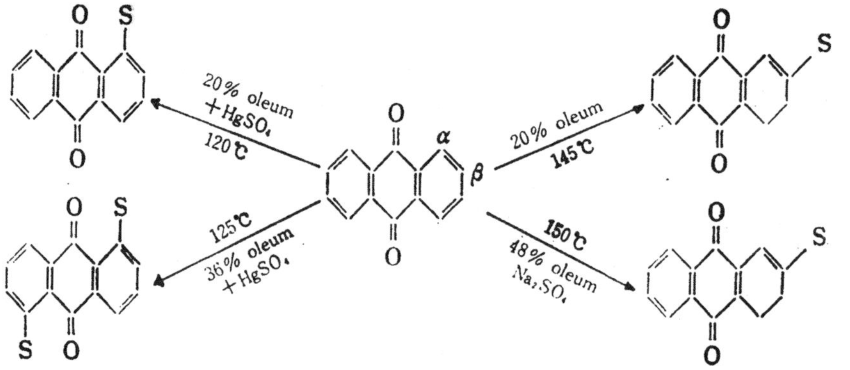

5.4.5 용 매

술폰화된 반응물은 대부분의 경우 점도가 높다. 반응을 원활히 진행시키기 위해서는 점도를 낮출 필요가 있는데 이 때 용매를 사용하는 경우가 많다. 반응에 따라서는 황산이나 클로로술폰산을 과량 사용한다. 히드록시, 아미노, 니트로, 카르복시기 등이 벤젠, 나프탈렌, 안드라퀴논 등에 붙어 있는 화합물을 술폰화할 때도 과량의 산을 사용한다. 클로로술폰산으로 방향족화합물을 클로로술폰화반응하여 $-SO_2Cl$를 도입할 때 과량으로 사용하면 같은 효과를 가져온다.

o-디클로로벤젠 등 염소화합물이 방향족아민의 술폰화합물을 만드는 baking process 에서 유기용매로 사용된다. *o*-디클로로벤젠은 끓는점이 높고 비활성용매인 동시에 값이 싸고, 더욱이 물과 섞이지 않으므로 증류만으로 반응물과 쉽게 분리할 수 있다.

지방족염소화합물, 에틸렌클로리드, 트리클로로에틸렌, 메틸렌클로리드, 클로로포름, 사염화탄소 및 테트라클로로에틸렌 등도 용매로 사용된다. 불소함유염소계 유기화합물도 스티렌-디비닐벤젠공중합체 술폰화로 이온교환수지를 만들 때 용매로 사용된다. 폴리스티렌의 술폰화 반응에 CCl_4-SO_2혼합물이 사용되며$CHCl_3$와 CCl_4는 고급지방족알코올을 $ClSO_3H$로 술폰화하는 공업적인 제조과정에서 용매로 사용한다. 니트로벤젠은 2-나프톨을 클로로술폰산으로 반응시켜 2-나프톨-1-술폰산을 만들 때 용매로 사용한다. 셀룰로오스를 진한 황산으로 술폰화할 때에는 지방족알코올들이 사용되는데 예를 들면, 부탄올을 들 수 있다. 피리딘이나 디메틸포름아미드 SO_3도 술폰화제와 혼합하여 용매로 사용한다.

5.5 클로로술폰산에 의한 술폰화반응

황산이나 발연황산으로 부반응이 일어나거나 생성물이 전위반응 등으로 순수한 술폰화합물을 얻기 힘들 때는 클로로술폰산($ClSO_3H$)을 반응물과 동량 사용하여 니트로벤젠, CS_2, CCl_4, $C_2H_2Cl_4$ 등은 용매 중에서 반응시킨다.

$$RH + ClSO_3H \longrightarrow R\text{-}SO_3H + HCl$$

반응온도가 낮거나 다량의 $ClSO_3H$가 존재할 때는 술폰클로리드가 생성되기 쉽다.

$$RH + ClSO_3H \longrightarrow RSO_2Cl + H_2O$$
$$RH + 2\,ClSO_3H \longrightarrow RSO_2Cl + H_2SO_4 + HCl$$

SO_3를 클로로술폰산에 혼합하여 반응시키면 RSO_2Cl의 수율이 많아지고 $ClSO_3H$도 절약할 수 있다.

$$RH + SO_3 + ClSO_3H \longrightarrow RSO_2Cl + H_2SO_4$$

클로로술폰산에 의한 술폰클로로화반응은 술파미드를 만드는 데 이용된다. 술폰클로리드는 sulfamate 이외에도 sulfonate, ester, thiol 등의 합성에 유용한 중간체이다. 사카린합성에서 톨루엔으로부터 *o*-toluene sulfonchloride를 만들 때 저온에서 $ClSO_3H$로 반응시키면 *o*-유도체가 많이 생긴다(약 40%).

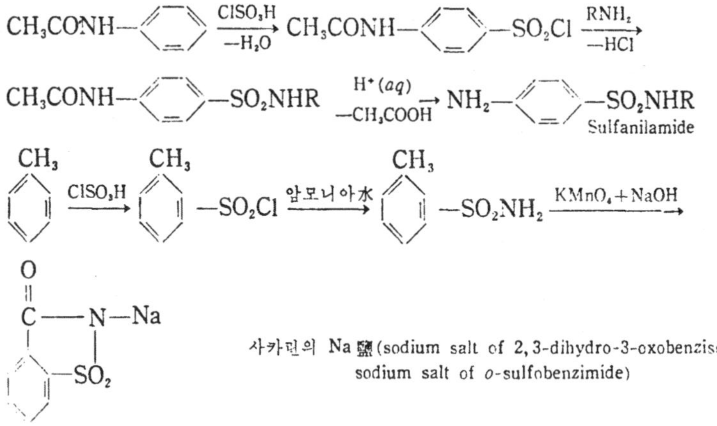

사카린의 Na 鹽(sodium salt of 2,3-dihydro-3-oxobenzisosulfonazole, sodium salt of *o*-sulfobenzimide)

알코올과 클로로술폰산이 반응하면 황산화알코올이 된다(정확한 명칭은 산성알킬황산).

$$ROH + ClSO_3H \longrightarrow ROSO_3H + HCl\uparrow$$

올레알코올, 라우릴알코올, 세틸알코올 등 고급알코올로부터 계면활성제합성에 이용된다. 배치반응조에서 반응온도는 약 10~30℃로 클로로술폰산 알코올에 대하여 당량이나 약간 과잉을 가하여 용매(CCl_4, 액체 SO_3) 존재하에서 반응시킨다.

5.6 방향족아민의 술폰화반응(baking process)

방향족아민에 정확히 1당량의 황산을 가하여 산성황산염($ArNH_3 \cdot HSO_4$)을 만든 다음 170~220℃로 가열하면 탈수반응과 동시에 SO_3H기는 전위반응을 일으켜 방향족화합물 중의 아미노기의 *p*-위치(*p*-에 다른 작용기가 있을 때는 *o*-위치)에 SO_3H기가 붙는다. 이

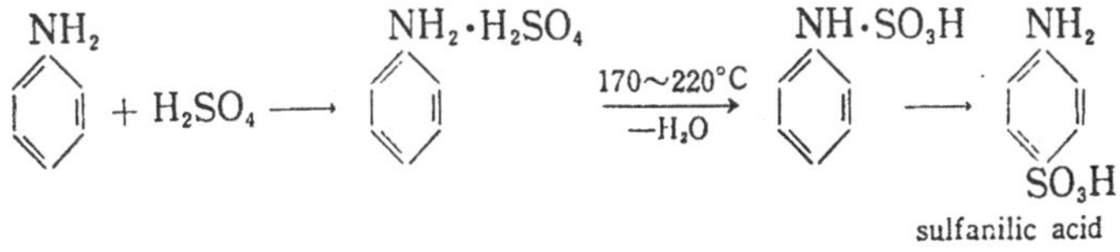

방법을 baking process라고 한다. 수율도 좋아서 90% 이상의 단일생성물이 생긴다.

baking process에서 중요한 것은 황산을 아민과 같은 몰수 사용하되 먼저 70~75% 정도의 황산으로 균일하게 아닐린황산염을 만드는 것이 필요하다. 균일하게 황산염이 되지 않을 때는 적당한 유기용매를 사용하여 희석한 다음 황산을 가하는 것이 좋다. 용매로는 빙초산이나 벤젠이 좋다. 이렇게 하여 생성한 방향족아민의 황산염을 저온에서 감압으로 건조한 다음 분쇄하고 다시 가열(배소)하여야 한다.

만일 *α*-naphthylamine으로부터 naphthionic acid를 만들 때 *α*-naphthylamine과 진한 황산을 같은 몰수 섞어서 가열하면 나프탈렌 -1, 5-아미노술폰산과 나프탈렌-1, 4-아미노술폰산의 혼합물이 생긴다. 앞에서 설명한 바와 같이 정확한 방법으로 *α*-나프틸아민과 황산의 1 : 1의 염을 만들고 baking하면 순수한 나프티온산을 만들 수 있다.

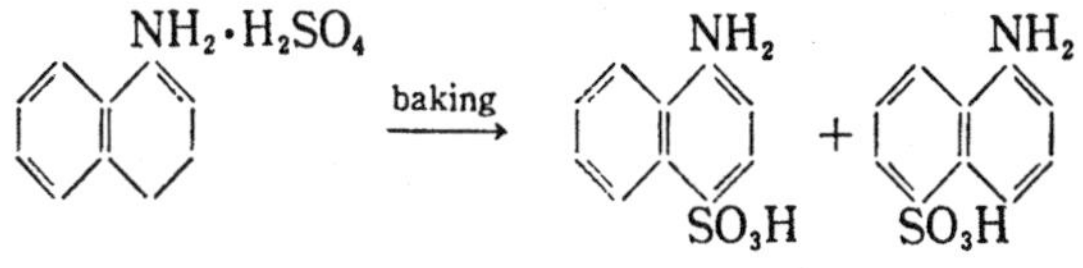

다음에 baking process로 술폰화하는 화합물을 예시한다.

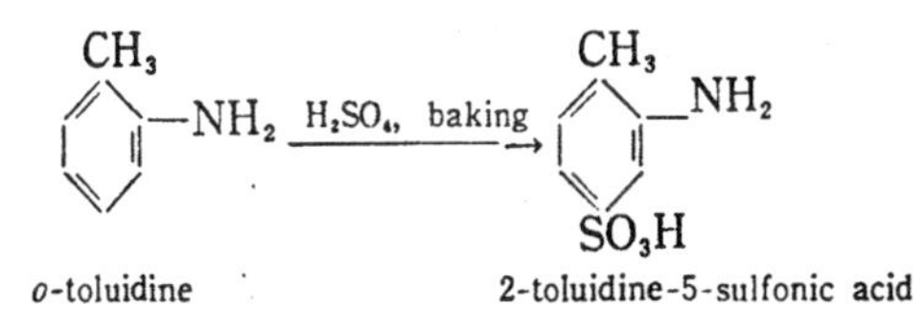

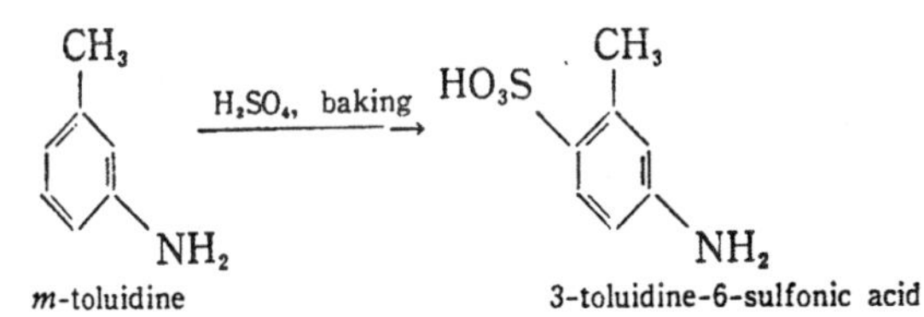

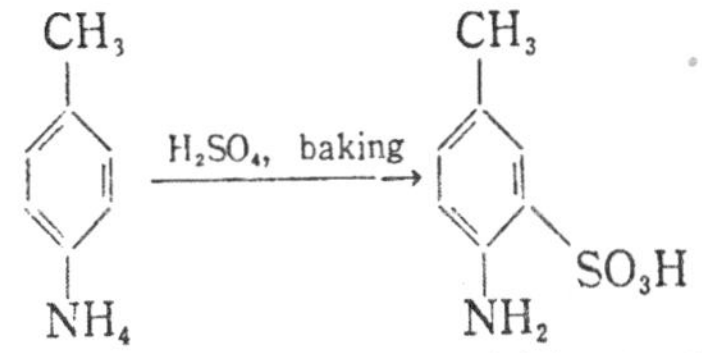

p-toluidine　　4-toluidine-3-sulfonic acid

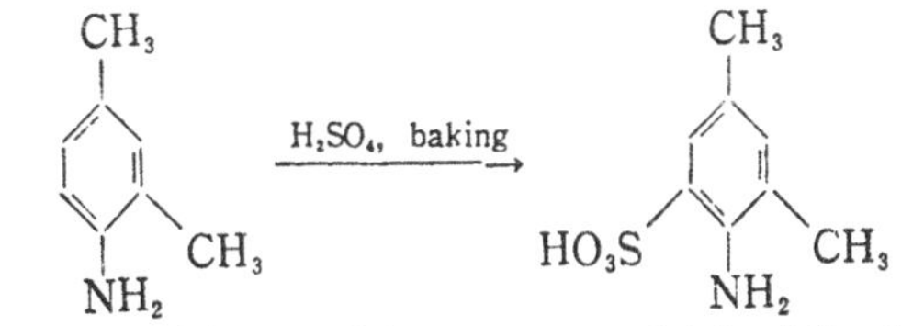

1, 4, 2-xylidine(p-xylidine)　　1, 4, 2-xylidine-5-sulfonic acid

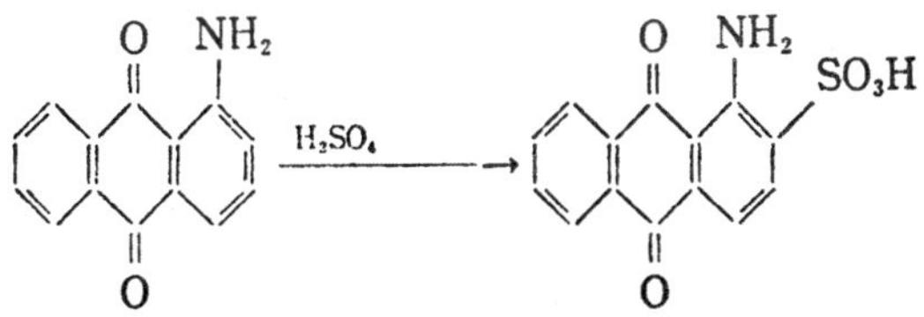

1-aminoanthraquinone　　1-aminoanthraquinone-2-sulfonic acid

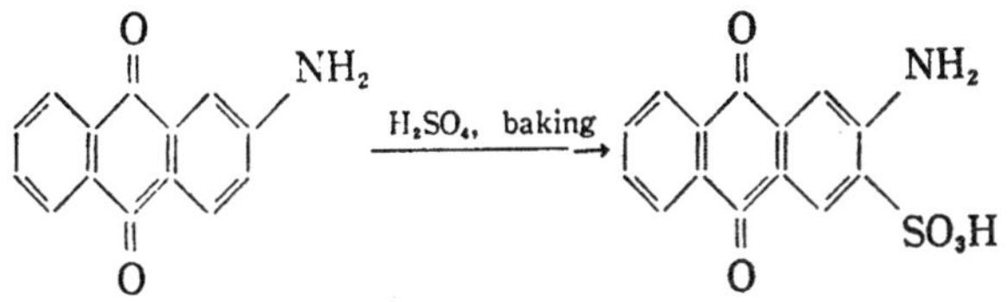

2-aminoanthraquinon　　2-aminoanthraquinone-3-sulfonic acid

5.7 SO_3 유기화합물에 의한 황산화반응

$$ROH + \underset{\text{Pyridine-SO}_3}{C_5H_5N \cdot SO_3} \longrightarrow ROSO_3H \cdot C_6H_5N$$

$$ROSO_3H \cdot C_5H_5N + NaOH \longrightarrow ROSO_3Na + C_6H_5N$$

Pyridine-SO_3화합물은 술폰화제로 실험실적인 규모로 많이 사용한다. 아민과 SO_3의 혼합물은 알코올의 술폰화반응에 많이 사용한다. 올레알코올을 이 방법으로 술폰화하면 이중결합에는 반응없이 sodium oleyl sulfate를 좋은 수율로 얻을 수 있다. 비슷한 반응으로는 페놀의 Na염을 수용액에서 트리에틸아민-SO_3혼합용액으로 술폰화하는 반응이 있다. 페놀은 SO_3, H_2SO_4, $ClSO_3H$ 등 강한 황산화제를 사용하면 벤젠고리에 있는 수소가 치환되므로 사용할 수 없다.

아민-SO_3는 sulfamating agent로 사용할 수 있다.

$$RNH_2 + R_3N \cdot SO_3 \longrightarrow RNHSO_3H \cdot NR_3$$

Sulfamic acid도 술폰화제로 사용된다. Sulfamic acid는 비교적 안정한 화합물인데 융점이 200℃인 고체로 강한 산성화합물이다. 다음과 같이 요소와 피로황산으로부터 만들 수 있다.

$$NH_2CONH_2 + H_2S_2O_7 \longrightarrow \underset{\text{Sulfamic acid}}{2\,NH_2SO_3H} + CO_2\uparrow$$

Sulfamic acid는 트리에틸아민–SO_3화합물과 비슷한 작용을 한다. 이것은 암모니아–SO_3형태의 화합물로 간주할 수 있으나 암모니아와 황산으로부터는 만들 수 없다. 알코올의 황산화에 유용하며 생성물은 알코올의 황산화물의 암모늄염으로 볼 수 있다.

$$ROH + NH_3{\cdot}SO_3 \longrightarrow ROSO_3H{\cdot}NH_3$$

Sulfamic acid는 pyridine-SO_3와 같이 술파메이트합성에 이용된다. 감미제인 시클로헥실술파메이트의 Na염을 만드는 데 사용되는데 반응식은 다음과 같다.

$$2\,C_6H_{11}NH_2 + NH_3SO_3 \longrightarrow C_6H_{11}NHSO_3H{\cdot}NH_2C_6H_{11} + NH_3\uparrow$$

5.8 SO_2계 화합물에 의한 술폰화반응

SO_2계술폰화제에는 SO_2 + Cl 과 SO_2 + O_2가 있는데 앞의 시약에 의한 술폰화반응을 **술포클로리네이션**(sulfochlorination), 뒤의 반응을 **술폭시데이션**(sulfoxidation)이라고 한다.

술포클로리네이션은 포화탄화수소계에 햇빛이나 과산화물 존재하에서 SO_2 + Cl_2혼합가스를 넣어 반응시키면 알킬술폰클로리드가 생성한다.

$$RH + SO_2 + Cl_2 \xrightarrow{\text{햇빛 또는 과산화물}} RSO_2Cl + HCl$$

알칸으로는 저급탄화수소인 프로판, 부탄으로부터 고급탄화수소인 파라핀왁스, 폴리에틸렌에 이르기까지 널리 적용된다.

알킬술폰클로리드를 알칼리성에 가수분해하면 알킬술폰산의 알칼리염이 된다. 독일에서는 제2차 세계대전 후 고급탄화수소를 클로로술포네이션한 다음 알칼리성에서 가수분해하여 "Mersolate"라는 상품명의 우수한 음이온계면활성제를 만들어 시판하였다.

RSO_2Cl을 환원하여 RSH로 만들거나 아민과 반응하여 RSO_2NH_2, 알코올이나 페놀과 반응시켜 술폰에스테르($RSO_2Cl + ROH \longrightarrow RSO_2OR + HCl$)를 만들 수도 있다.

폴리에틸렌을 술포클로리네이션한 다음 유기 및 무기시약으로 가교경화반응을 하여 내마모성이 크고 산소, 오존, 열 및 기후 등에 저항성이 큰 고무를 만들 수 있다.

술포클로리네이션은 무수초산을 사용하는 것을 제외하면 술폰클로로화반응과 같다.

$$RH + RO_2 + O_2 + (CH_3CO)_2O \longrightarrow RSO_2OOCOCH_3 + CH_2COOH$$
$$RSO_2OOCOCH_3 + SO_2 + 2H_2O \longrightarrow RSO_2OH + CH_3COOH + HSO_4$$

이 반응에서는 염소를 사용하지 않으므로 HCl이 생성하지 않아 장치의 부식이 없다. 또 부산물로 나오는 황산이나 초산은 다시 회수하여 사용할 수 있다.

5.9 아황산염에 의한 반응

산성아황산이나 아황산염이 사용된다. 가끔 아황산도 사용한다. 아황산염에 의한 반응은 대부분이 수용액이나 알코올성 용액에서 한다.

$$RCHO + NaHSO_3 \longrightarrow HOCH(R)SO_3Na$$
$$\underset{\diagdown O \diagup}{RCHCH_2} + NaHSO_3 \longrightarrow RCHOHCH_2SO_3Na$$
$$RCH = CH_2 + NaHSO_3 \xrightarrow{\text{과산화물촉매}} RCH_2CH_2SO_3Na$$

Strecker 반응

$$RCl + Na_2SO_3 \longrightarrow RSO_3Na + NaCl$$

유기할로겐화합물을 아황산나트륨(Na_2SO_3) 수용액과 함께 가열하면 할로겐이 술폰산나트륨으로 치환되는데 이 반응을 **Strecker 반응**이라고 한다.

이 반응은 나프탈렌계 탄화수소나 파라핀계 탄화수소의 할로겐화합물에서 효과가 있다.

$$ClCH_2CH_2Cl + Na_2SO_3 \longrightarrow ClCH_2CH_2SO_3Na + NaCl$$

공업적으로는 계면활성제합성에 많이 이용한다.

$$C_8H_{17}C_6H_4OCH_2CH_2OCH_2CH_2Cl + Na_2SO_3 \longrightarrow$$
$$C_8H_{17}C_6H_4OCH_2CH_2OCH_2CH_2SO_3Na + NaCl$$
$$C_{16}H_{33}Cl + Na_2SO_3 \longrightarrow C_{16}H_{33}SO_3Na + NaCl$$
$$C_{12}H_{25}OCOCH_2Cl + Na_2SO_3 \longrightarrow C_{12}H_{25}OCOCH_2SO_3Na + NaCl$$

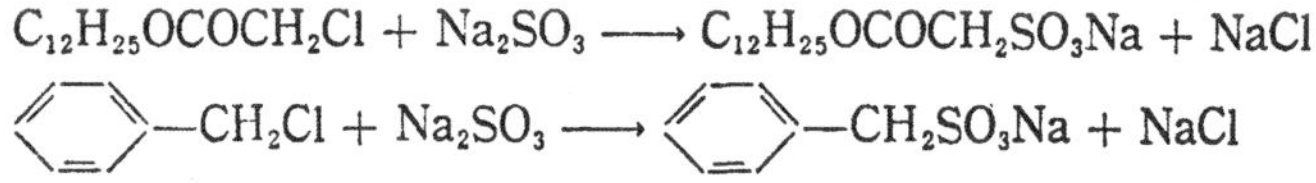

5.10 술폰알킬화제

유기술폰산염은 –OH, –NH_2, –Cl, –CHO 및 불포화기가 있는 유기화합물에 부가하여 수용성화합물을 만든다. 이 유기술폰산염 중에는 sodium hydroxy methane sulfonate($HOCH_2SO_3Na$), sodium salt of 2-hydroxyethyl sulfonic acid($HOCH_2CH_2SO_3Na$) 및 *N*-methyltaurine ($CH_3NHCH_2CH_2SO_3Na$) 등이 있다. 이것은 수용성염료, 계면활성제의약품, 폴리머합성에 사용된다.

$$C_6H_5OH + HOCH(R)SO_3Na \longrightarrow HOC_6H_4CH(R)SO_3Na + H_2O \quad (1)$$

$$R'NH_2 + HOCH(R)SO_3Na \longrightarrow R'NHCH(R)SO_3Na + H_2O \quad (2)$$

(1)은 공업적으로는 페놀에 포름알데히드-산성아황산의 혼합물을 반응시켜 수용성폴리머를 만들어 탄닌제나 수용성 이온교환수지를 만드는데 사용한다. (2)의 반응은 sulfomethylation의 한 예로서 수용성의약품의 일종인 술파제를 만들 때 자주 사용하는 방법으로 온화한 술폰화방법에 속한다. 황산 등으로 직접 술폰화하여 분해반응이 일어나거나 다른 부반응이 일어나는 화합물에 대하여 이 방법을 사용하면 좋다.

$$RCOCl + CH_3NHCH_2CH_2SO_3Na + NaOH \longrightarrow RCON(CH_3)CH_2CH_2SO_3Na + NaCl$$

계면활성제 중의 하나인 “Igepon A”나 “Igepon T”는 고급지방산의 염소화합물을 2-hydroxyethanesulfonic acid의 염($HOCH_2CH_2SO_3Na$)이나 *N*-methyl-taurine($CH_3NHCH_2CH_2SO_3Na$)과 반응하여 만든다. $HOCH_2CH_2SO_3Na$와 $CH_3NHCH_2CH_2SO_3Na$ 등을 **sulfoethylating agents**라고 하며 $ClCH_2CH_2SO_3NaCH_2 = CH_2SO_3Na$ 등도 공업적으로 술폰에틸화제로 사용되고 있다.

5.11 올레핀의 황산화반응

에틸렌, 프로필렌 등 저급올레핀은 진한 황산으로 쉽게 황산화되어 황산에스테르가 된다. 공업적으로는 이 황산에스테르를 가수분해하여 알코올을 제조하는 데 사용한다. 에틸렌으로부터 에탄올을 만드는 과정(황산법)은 다음과 같다.

$$CH_2 = CH_2 + H_2SO_4 \longrightarrow C_2H_5OSO_3H$$
$$2\,CH_2 = CH_2 + H_2SO_4 \longrightarrow C_2H_5OSO_2OC_2H_5$$
$$C_2H_5OSO_3H + C_2H_5OSO_2OC_2H_5 + 3\,H_2O \longrightarrow 3\,C_2H_5OH + 2\,H_2SO_4$$

에틸렌을 97.5% 황산에 흡수시켜 생성한 황산에틸을 가수분해하여 에탄올을 만든다. 이 때 생성한 폐산은 다시 농축하여 황산에틸제조에 사용한다(자세한 것은 수화 및 가수분해를 보기 바란다).

같은 방법으로 프로필렌으로부터 이소프로필알코올을 만든다. 이 때는 85% 황산으로 황산화시킨다.

5.12 중간체 제조로서의 술폰화반응

앞에서 말한 바와 같이 어떤 유기화합물을 합성하기 위한 중간단계의 화합물로서 술폰화반응을 시키는데 그 중 중요한 것을 몇 개 예를 들면 다음과 같다.

(1) $-SO_3 \longrightarrow -OH$

페놀이나 나프톨을 만들기 위하여 벤젠이나 나프탈렌을 술폰화한 다음 알칼리 용융한다.

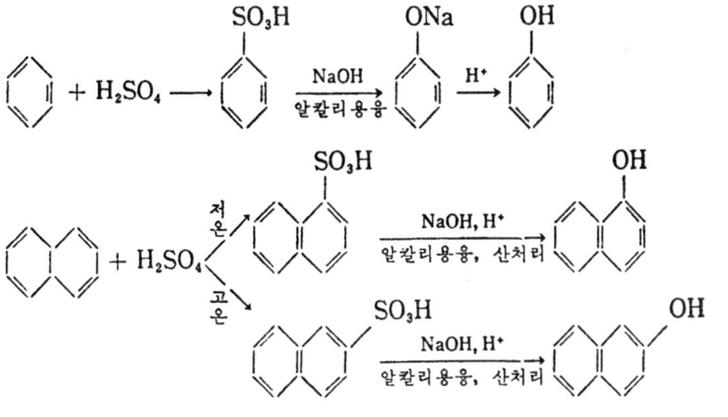

폐결핵치료약인 PAS나 유명한 염기성염료인 rhodamine B도 황산화하여 술폰산으로 만든 다음 알칼리 용융한다.

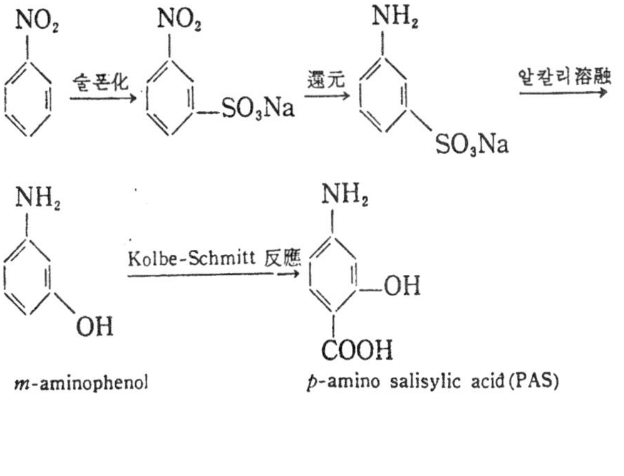

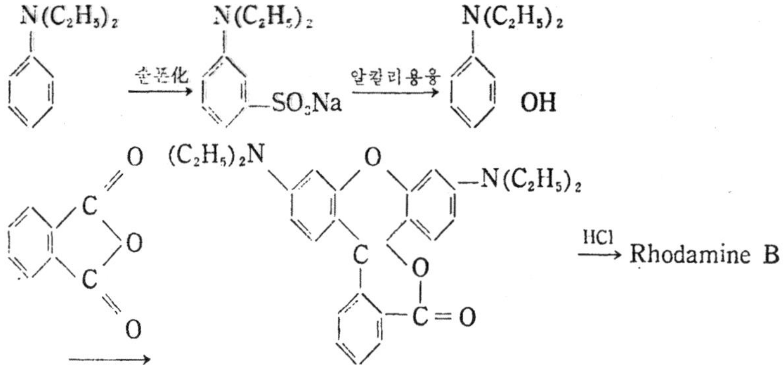

(2) $-SO_3H \longrightarrow COOH$

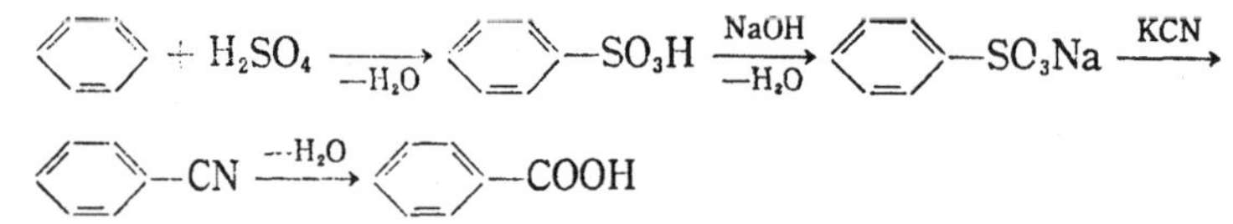

벤젠을 술폰화하여 벤젠술폰산의 염을 만든 다음 KCN과 반응하여 벤조니트릴을 만들고 가수분해하면 벤조산의 된다.

(3) $SO_3H \longrightarrow NH_2M$

건염염료중간체인 아미노안트라퀴논을 합성하기 위하여 안트라퀴논을 발연황산으로 술폰화한 다음 염으로 만들고 가압하에서 이 염을 암모니아와 함께 가열하면 아민이 된다. 이 때 생성한 아황산나트륨이 반응중에 환원작용을 하므로 MnO_2, $NaNO_3$ 등 산화제를 넣어 환원을 방지한다.

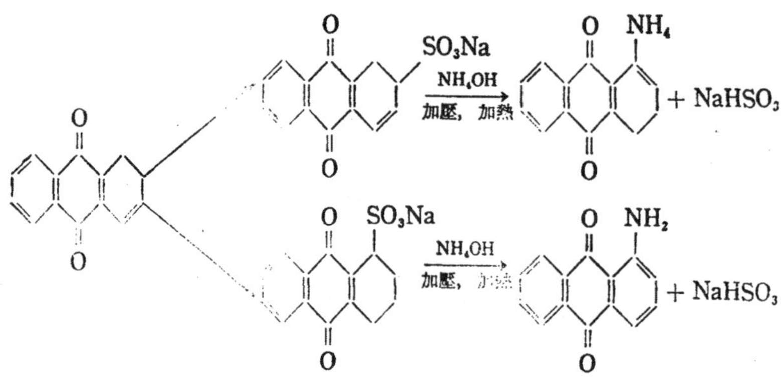

(4) $-SO_3H \longrightarrow SO_2Cl$

술폰산 또는 알칼리염을 PCl_5나 $POCl_3$와 함께 반응시키면 술포닐클로리드(SO_2Cl)가 생긴다. 이것은 가수분해하기 쉽다. 가수분해하면 $-SO_3H$가 된다.

$$R-SO_3Na + PCl_5 \longrightarrow RSO_2Cl + NaCl + POCl_3$$
$$2\,RSO_3Na + POCl_3 \longrightarrow 2\,RSO_2Cl + NaCl + NaPO_3$$

(5) $-SO_3H \longrightarrow -H$

방향족술폰산을 묽은 황산산성에서 가열하면 SO_3H는 H로 치환된다. 예를 들면 *m*, *-o*, *p*-xylene의 혼합물에서 각 이성체를 분리할 때 xylene의 혼합물을 술폰화하여 120℃로 수증기 증류하면 *m*-xylene의 술폰산만이 가수분해되어 *m*-xylene으로 증류된다. 잔류물을 냉각하면 *p*-xylene 술폰산만이 결정화하여 석출한다. 이것을 가수분해하면 *p*-xylene이 된다. 남은 용액을 175℃로 가수분해하면 *o*-xylene이 되어 세 성분을 분리할 수 있다.

5.13 공업적 제조장치 및 제조법

주철은 75~100% 황산에 대해서는 상당한 온도범위에서 부식되지 않으므로 염료공업에서 벤젠, 톨루엔, 나프탈렌 등의 술폰화반응조의 재료로 사용되어 왔다. 그러나 인장강도가 작고 발연황산이나 SO_3에 부식되므로 주철의 대용으로 실리콘을 함유한 주철 Duriron을 사용하고 있는데 강도가 약한 것이 흠이나 에나멜내장을 한 주철제 반응조를 사용하여 내식효과를 가져왔다. 보통 많이 사용하는 내장재로는 유리, 납, 니켈 등이 있다. 이와 같이 내장된 반응조들은 배치식에 적합하다. 최근에는 스테인리스강을 많이 사용한다. SO_2가 발생하면 소량의 수분에 의해서도 강한 부식을 가져온다. 클로로술폰산을 사용하는 반응에서는 염화수소가스가 발생하므로 특히 부식에 조심하여야 한다. 테플론을 내장한 것이 연속반응장치에 사용되기도 한다. 클로로술폰산을 사용하는 반응에는 유리를 내장으로 하는 것이 부식성을 방지하는 데 제일 효과가 크다.

반응조에는 배치식과 연속식이 있는데 배치식 반응조를 많이 사용하고 있다. 배치식은 다종소량합성에 적합하며, 연속식은 단일품종의 다량합성에 적합하다.

연속법장치는 페놀, 계면활성제, 윤활유첨가제, 합성알코올 등을 합성하는 장치에서 채용하고 있다.

5.13.1 배치식 반응장치

배치식 반응조에는 가압식과 상압식이 있는데 용량은 20~2500gal정도이다. 이 반응조에서 중요한 것은 교반과 열전달이다. 술폰화생성물은 대개가 점도가 높으므로 교반을 잘 하지 않으면 반응온도의 조절이 어려워진다. 간단히 배치식 반응조를 그림 5-1에 나타냈다. 두 가지 형태의 교반기가 한 개의 봉에 부착되어 있다. 위에는 프로펠러, 밑에는 임펠러가 달려 있다. 이 교반기로는 점도가 낮거나 중간 정도의 반응물을 교반하는 데 사용된다. 아주 점도가 높은 반응물을 교반할 때는 촘촘한 발을 가진 닻형태의 수평형 교반기가 좋다. 벤젠을 원료로 알킬화반응으로 합성하는 도데실벤젠의 술폰화반응조는 보통 용량이 2500gal이며 반응조 내부에는 glass lining을 하여 부식을 방지하며 이중솥으로 이중벽 사이에 냉각코일이 들어 있다. 벤젠이나 나프탈렌에 알킬화된 방향족화합물의 술폰화에서는 발연황산이나 sulfan 등을 술폰화제로 사용할 때는 앞의 장치와 같지만 납으로 내장된 배치 반응조를 사용한다. 이외에도 반응할 때 부식성을 방지하기 위해 에나멜, 고무 및 스테인리스강 등을 부식재료로 사용한다.

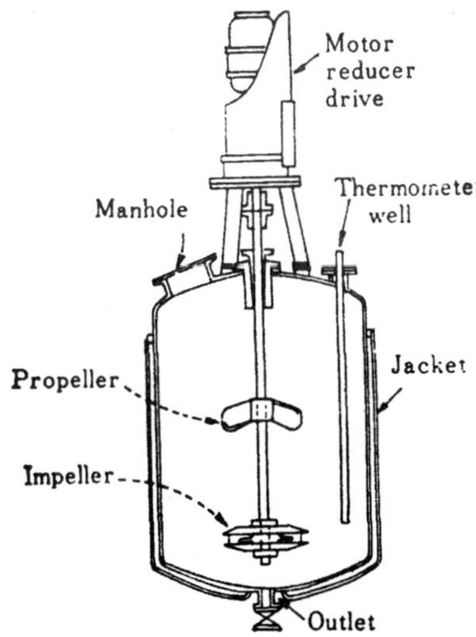

그림 5-1 배치형 술폰화반응조

아주 점도가 높은 반응물을 교반하기 위해서는 보통의 프로펠러나 임펠러형의 교반기 대신에 그림 5-2에서 보는 바와 같은 볼밀형 배치식반응조를 사용한다. 감압이 가능하고 더운 공기를 주입할 수 있게 장치되어 있다. 이런 장치는 방향족아민의 술폰화반응인 baking process에 적합하다. 감압장치로는 반응중에 생성하는 물을 제거한다. baking process에서는 반응물이 고형의 덩어리이나 아주 점조하게 되므로 보통의 교반기로는 효과를 가져올 수 없기 때문에 볼밀로 혼합하는 작용으로 교반효과를 얻는다.

술폰클로로화반응과 같이 햇빛으로 반응이 진행되거나 반응중에 염화수소, 무수아황산 또는 염소가스 등이 발생하는 반응에는 특수한 장치를 한 반응조가 필요하다. 이 장치에는 내식성 플라스틱으로 내장을 한 내장조의 밑부분에 석영관 속에 넣은 수은등을 장치하거나 그렇지 않으면 유리코일 내에서 반응을 시키고 외부에 빛을 쬐도록 되어 있고 코일 외부는 찬물로 스프레이하여 반응물을 냉각할 수 있도록 반응조를 만들기도 한다.

나프탈렌술폰산계 염료 등을 만들 때는 직화로 가열하는 가장 간단한 방법을 쓰기도 하지만 보통은 스팀으로 가열하는 방법을 쓴다. 나프탈렌의 술폰화반응에서는 반응온도를 175℃까지 올려야 하는데 감압하에서 스팀으로 가열할 때는 10기압까지의 압력에 견딜 수 있게 해야 한다. 스팀이나 가열수를 사용하므로 가열코일이나 이중솥은 내압성이 있는 재료를 사용해야 한다. 코일을 구리지지체에 감아서 사용하면 열전달이 좋고 보수하기 쉬운 점이 있으므로 많이 사용한다. 열매체로는 기름이나 물 또는 Dowtherm 등을 사용하며 반응조와는 별도의 보일러에서 가열하고 펌프로 반응조의 이중솥이나 코일 내부를 순환하게 한다. 유기열매체를 순환시키는 방법은 반응조의 압력에 의한 폭발의 위험성은 적지만 열전달효과는 직접 스팀을 사용하는 것보다 좋지 않다. 지방의 술폰화(반응온도 0~30℃)나 벤젠 또는 나프탈렌의 긴 사슬탄화수소의 알킬화합물의 술폰화(20~85℃)에서는 냉각이 필요하다.

황산을 서서히 첨가하면 온도상승을 억제할 수 있지만 이 방법으로는 충분한 냉각효과를 얻을 수 없으므로 얼음, 소금물을 외부에서 냉각코일을 통하여 순환시키거나 냉각수를 반응조 외부에 직접 스프레이하기도 한다. 도데실벤젠의 술폰화반응에서는 반응물을 외부의 냉각열교환기기로부터 순환시켜 냉각하는 방식을 쓰기도 한다. 외부의 냉각장치 중에는 shell-and-tube형식이나 scraping-blade 열교환기 등을 사용하기도 하는데 이 방법은 보통 방법인 냉각이중솥이나 코일방식보다 7~10배의 냉각효과가 있다고 한다.

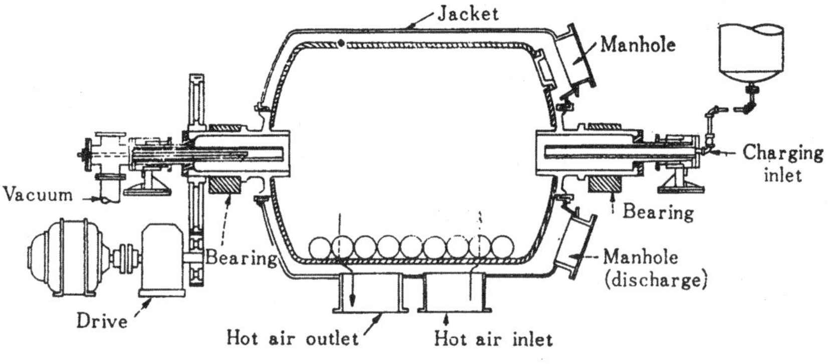

그림 5-2 배치형 볼밀술폰화반응조

(1) 고급알코올의황산화반응

라울알코올, 세틸알코올 등 고급알코올의 황산화반응은 주로 클로로술폰산을 사용한다. 클로로술폰산을 사용하면 반응생성물 중의 하나인 염화수소가 황산을 사용했을 때보다 낮은 온도에서 쉽게 반응계 밖으로 배출되므로 황산을 사용했을 때처럼 다량의 산을 사용하지 않아도 된다. 보통 이론양보다 5% 정도 과잉사용한다. 원료인 알코올의 융점이 높은 고급알코올들을 저온에서 반응시키기가 힘들므로 사염화탄소나 클로로포름 등 비활성용매를 사용하여 반응시킨다. 반응온도는 30~40℃가 보통이다. 알코올과 클로로술폰산 혼합물의 점도가 아주 높을 때는 반응으로 생성하는 염화수소가스를 제거하기 위해 중화제로 알칼리를 많이 사용하는데, 이로 인하여 무기염류가 많이 생기는 난점도 있다. 올레알코올, 스펌알코올(sperm alcohol, 올레알코올 60%, 세틸알코올 40%의 혼합물) 등의 고급불포화알코올은 발연황산이나 클로로술폰산과 같은 강산을 사용하면 분해하여 착색되기 쉽다. 그러므로 진한 황산으로 저온에서 반응시킨다.

(a) 야자유환원알코올의 황산화

야자유환원알코올 300kg에 클로로술폰산 170kg을 30℃ 이하에서 서서히 주입한다. 반웅기는 유리내장배치 반웅조를 사용한다. 발생하는 HCl가스는 수류펌프로 빨리 제거한다. 반응혼합물은 얼음물 300kg에 서서히 넣으면서 물의 온도가 40~50℃를 넘지 않게 한다. 전부 주입한 다음 NaOH로 중화한다.

(b)스펌알코올의 황산화

스펌알코올 1000kg을 심하게 교반하면서 98% 황산 500kg을 서서히 주입한다. 처음 절반양의 황산을 주입할 때는 40℃ 이하, 나머지 황산은 35℃ 이하가 되도록 반응물을 냉각하면서 반응시킨다. 황산을 전량 주입한 후에 30~60분간을 30~35℃로 계속 교반한 다음 가성소다수용액을 가하여 중화한다. 중화과정에서는 강력한 교반기를 사용하여 충분한 알칼리를 사용하여 미알칼리성이 될 때까지 중화해야 한다. 중화과정 중 온도가 상승해도 제품에는 별 지장이 없다.

(2) 유지의 황산화

피마자기름, 낙화생기름, 고래기름 및 생선기름 등과 같이 이중결합이나 –OH 등을 갖고 있는 유지나 왁스 등도 진한 황산이나 발연황산 등으로 황산화한다. 그런데 –OH는 2차알코올의 형태로 존재하므로 황산화가 100% 진행되기는 힘들다. 황산화제는 보통 66° Bé 진한 황산이 사용되며 20~60℃에서 반응시킨다. 특히 이중결합이 많은 기름은 10℃ 정도의 저온에서 반응시켜야 한다. 반응생성물은 주로 섬유의 조제로서 유연제 등에 사용된다. 피마자기름의 황산화에스테르는 옛날부터 로드유로 널리 알려진 황산에스테르계 음이온계면활성제로 사용된다.

(3) 로드유의 제법

피마자기름 1600kg에 98% 진한 황산 200kg을 25~30℃로 4~5시간에 주입하면서 교반시킨다. 반응물은 1시간 반 동안 그대로 교반한 다음, 다시 진한 황산 130kg을 3시간에 걸쳐 주입하고 또 1.5~3시간 교반한다. 13시간 반응물을 그대로 방치한 다음 또다시 진한 황산 50kg을 1시간에 걸쳐 주입하고 1시간 교반시킨다. 약 40° Bé 가성소다 860kg으로 가능한 한 빨리 교반하면서 중화한다. 이 때 반응물의 온도는 100℃까지 상승한다. 미산성으로 중화하고 약 1시간 수증기를 주입한다. 하룻밤 정치한 다음 분리된 염류의 수용액층은 버린다.

5.13.2 연속식 반응장치

연속식 반응에서는 반응물과 황산화제와의 접촉혼합시간이 짧으므로 장치의 소형화가 가능하며 품질관리가 용이하고 부반응물도 적으며 또 고온반응으로 반응속도를 단축시킬 수 있는 장점도 있다.

고급알코올의 연속황산화장치는 알킬벤젠의 술폰화장치와 같다. 피술폰화물과 술폰화제는 소량씩 혼합교반하면서 짧은 시간 반응한 다음 즉시 중화조에 들어가게 된다. 그림 5-3에 도데실벤젠의 연속술폰화 반응장치를 도시한다.

$$C_6H_5C_{12}H_{25} + SO_3 \xrightarrow{H_2SO_4} C_{12}H_{25}C_6H_5SO_3H$$

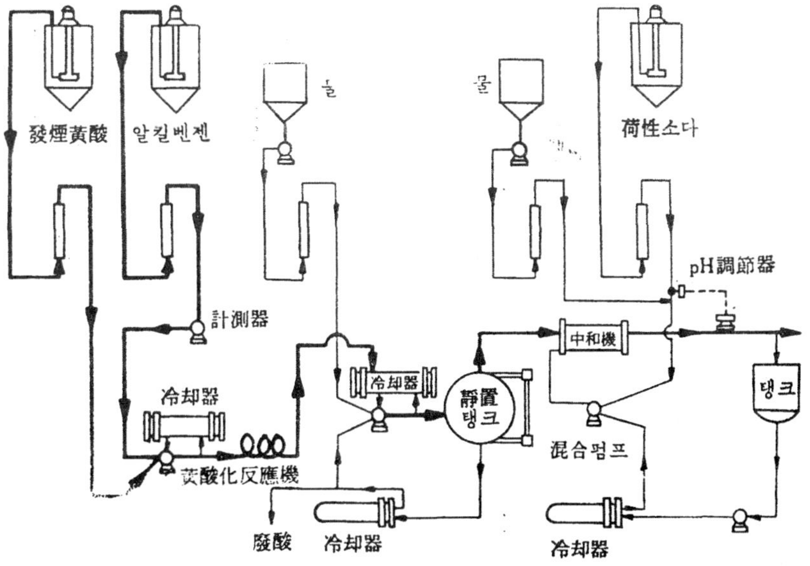

그림 5-3 도데실벤젠의 연속술폰화장치

도데실벤젠을 20% 발연황산과 반응시킨다. 도데실벤젠 11,000lb(1,500gal)를 유리로 내장된 2,500gal 용량의 술폰화반응조에 펌프로 주입하고 10HP의 터보형 교반기로 교반한다. 외부에는 1,00ft^{2}의 냉각용량을 가진 열교반장치가 부설되어 있다. 20% 발연황산 13,750lb를 30℃가 넘지 않도록 가능한 빨리 술폰화반응조에 넣는다. 이 때 열교환장치는 가동되어 있다. 시간은 1.5~2시간 걸린다. 발연황산을 전부 주입한 다음에도 2시간 그대로 교반시킨다. 반응 후의 폐황산의 농도는 98.2%가 된다. 이것을 효과적으로 분리하기 위하여 물 2,660lb를 가하고 잘 교반한다. 이 때 온도는 60℃ 이상이 되지 않도록 해야한다. 이 때의 폐황산의 농도는 78%에 달한다. 4시간 60℃로 방치한 다음 하층의 폐산을 분리하면 78% 황산 10,800lb를 얻는다. 상층의 술폰화합물 20% NaOH수용액 3,000lb로 55℃ 이하의 온도에서 중화하여 pH가 7.5~8 정도 되게 한다.

(1) 벤젠의 모노술폰화 반응

그림5-4는 분압증류법에 의한 연속술폰화 장치이다. (1)은 황산탱크이고, (2)는 펌프, (3)은 압력조절기, (4)는 계량기, (5)는 술폰화반응조 벤젠저장탱크(6과 14)로부터 펌프에 의하여 계량기(8)를 거쳐 증발관(9)을 통하여 술폰화반응조(5)에 들어간다. 그리고 술폰화반응탑(10)으로 간다. 술폰화반응조(5)에서 벤젠과 황산과의 부분적인 반응물과 미반응황산 약 30% 함유물이 술폰화반응탑 상부로부터 하강하면서 하부로부터 상승하는 벤젠과 접촉하여 반응한다. 여기서 물과 벤젠은 술폰화반응탑의 상부로 나와서 콘덴서(11)를 거쳐

(12)에서 분리된다. 벤젠은 (13)을 거쳐 건조되어 다시 벤젠저장탱크로 순환되어 다시 원료로 사용된다. 한편 2.5~3.5%의 술폰과 3~4% 황산을 함유하는 반응생성물인 벤젠술폰산은 술폰화반응탑의 하부로부터 채취한다. 연속반응장치에서의 반응조건은 다음과 같다. 벤젠 10몰에 대해서 황산 1몰, 반응온도는 180℃, 반응시간은 1.5시간이다. 같은 반응이 배치술폰화반응조일 때는 반응온도 160~180℃, 반응시간 14시간, 벤젠 6~8몰에 대하여 황산 1몰을 사용하게 되므로 연속법이 배치법보다 10배나 반응용량이 큰 셈이 된다.

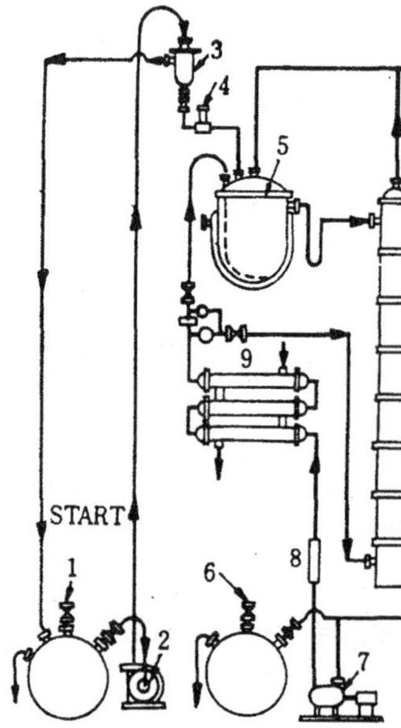

그림 5-4 벤젠의 연속분압모노술폰화장치

[예제 1] 방향족 탄화수소의 술폰화 반응에 대한 물리적 화학적 인자의 영향에 대하여 말하라.

[해] 방향족 탄화수소의 술폰화반응은 가역적으로 진행하므로 반응을 추진시키기 위해서는 반응계 중의 SO_3의 농도가 어떤 일정치** 이상이어야 한다. 예컨대 농황산을 사용하여 벤젠을 술폰화할 경우 반응온도, 교반 혹은 촉매에 관계없이 SO_3 농도 64%($H_2SO_4 \cdot 1.5H_2O$에 상당) 이하로는 반응은 진행치 않는다. 따라서 100% H_2SO_4를 사용할 경우 그 속의 SO_3의 55%만이 반응에 유효히 사용하는 셈이다.

방향족 탄화수소의 종류에 따라서도 당연히 술폰화의 난이가 있는 것으로 이를 테면 벤젠은 상술에서와 같이 SO_3농도 64%(H_2SO_4 농도 78.4%) 이상이 아니고는 반응치 않으나 나프탈렌은 SO_3 52%(H_2SO_4 63.7%), 안트라센은 SO_3 43%(H_2SO_4 53%)보다 센 황산에 의해 술폰화를 받는다.

반응온도의 상승도 또 반응속도를 크게 하며, 보통 딴 화학반응 때와 같으며 10℃의 상승에 의해 속도는 약 2배로 된다. 그러나 고온으로 반응시키면 가끔 폴리술폰화를 일으키고, 또 톨루엔, 나프탈렌의 경우와 같이 술폰산기가 들어가는 위치가 달라지게 된다.

표 5-3

生成物	25°C	50°C
o-體	18～22	12～18
m-體	4～6	5～6
p-體	74～76	78～82

* 알킬 또는 아릴술페이트(sulfate)라고도 불린다.
** Guyot는 이 限界 SO_3 濃度 (%)를 π로써 나타냈다.

이를테면 톨루엔의 술폰화에 있어서는 고온에서는 *p*-체의 생성비가 늘어난다(표 5-3). 따라서 이성체의 생성을 억제하기 위해서 덮어놓고 반응온도를 올릴 수는 없다.

가역반응을 평형상태로 되게 하기 위해서는 어느 정도 시간을 들일 필요가 있으므로 가끔 장시간을 요할 때가 있다. 그러나 고온에서 필요 이상으로 장시가 반응시키면 폴리술폰화가 일어나거나 산화 등으로 불순물이 섞여들 때가 있다.

6. 아미노화 반응

암모니아(NH_3)의 수소원자를 알킬기 또는 알릴기로 치환한 화합물을 **아민** 또는 **아미노 화합물**이라고 한다. 수소원자 한 개가 치환된 것을 **1차아민**(RNH_2, $ArNH_2$), 두 개가 치환된 것을 **2차아민**(RR'NH) 세 개가 다 치환된 것을 **3차아민**(RR'R''N)이라고 한다. 그리고 암모니아의 수소원자 1개가 아실(RCO—) 또는 알로일(ArCO—) 또는 술포닐(RSO_2—)기로 치환된 것을 **아미드**(amide)($RCONH_2$, $ArCONH_2$, RSO_2NH_2)라고 한다. 수소원자 2개가 치환된 것을 **이미드**(imide)[$(RCO)_2NH$, 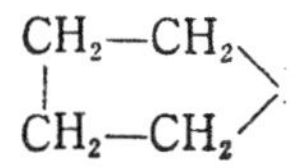 NH]라고 한다.

아미노화반응은 정밀화학제품합성에서 중요한 유기단위공정 중의 하나이다. 염료, 의약품, 농약, 계면활성제, 가황촉진제, 석유첨가제, 나일론, 폴리우레탄 등의 중간제나 합성섬유의 단량체제조에 중요하다.

6.1 아미노화 반응

아민을 만드는 반응은넓은 의미에서 **아미노화반응**(amination) 또는 **아미노화**라고 한다. 아미노화에는 두 가지 방법이 있다.

6.1.1 환원에 의한 아미노화(amination by reduction)

분자내에 C—N결합을 가지고 있는 화합물, 예를 들면 니트로(—NO_2), 니트로소(—N=O), 아조(—N=N—), 히드라조(—NH—NH—), 옥심(=N—OH), 아미드(—$CONH_2$), 니트릴(—C≡N)기 등을 가지고 있는 화합물을 환원제로 환원하여 아미노기로 만드는 반응을 환원에 의한 **아미노화반응**이라고 한다.

6.1.2 암모니아분해에 의한 아미노화반응(amination by ammonolysis)

분자내에 질소원자를 가지고 있지 않은 화합물, 예를 들면 할로겐, 술폰산, 황산수소산, 알코올, 에테르, 카르보닐, 락톤과 같은 화합물을 암모니아, 1차아민, 2차아민, 또는 암모니아-수소혼합물 등을 작용시켜 아민을 만드는 반응을 **amination by ammonolysis** 또는 **ammonolytic amination**이라고 한다. 아민에 의한 아미노화반응을 **aminolysis**라고 한다. 이외에 올레핀에 암모니아 또는 아민을 첨가, 히드라조벤젠 또는 고리상 산아미드의 분자내전위, *N*-치환아미드의 가수분해, 산아미드의 Hofmann 분해반응, Curtius 반응 등으로 아민화합물을 만들 수 있다.

6.2 환원아미노화제

아미드는 카르보닐기와 결합한 아민인데 암모니아의 유도체라고 보는 것이 온당할 것이다. 즉, 암모니아의 수소원자 1개가 carbonyl, acyl, aroyl, heteroyl 및 sulfonyl 화합물 등으로 치환될 것이라고 할 수 있다. 그러므로 아미드는 일반적으로 ammonolysis에 의하여 만들 수 있지만 환원제로는 만들 수 없다.

한편, 아미노화반응에 의한 1차아민의 제법은 다음과 같다.

(1) 니트릴, 아미드, 옥심, 아지드($-N=N^{+}=N^{-}$)의 환원

(2) 니트로, 할로겐, 히드록실, 술폰산 등을 암모니아나 암모니아 유도체(예, 요소)로 치환

(3) 니트로, 니트로소, 히드록실아미노, 아족시, 아조, 히드라조화합물의 환원

(4) 히드라조벤젠, 히드록실아민, 아미드, 2차 및 3차 아민 등의 분자내 전위

(5) *N*-치환아미드의 가수분해

(6) 히드록실아민과 황산에 의한 직접아미노화반응

공업적으로 많이 사용하는 중요한 반응은 (1)~(4)까지의 네 가지 방법이다. 아민은 기체(메틸아민 : b.p. -6.7℃), 액체(아닐린 : b.p. 184℃), 고체(1-나프틸아민 : m.p. 50℃)로 존재한다. 표 6-1에 아민의 몇가지 성질을 나타낸다. 아민의 염기해리상수(K_b)는 다음 식으로 나타낸다.

표 6-1 아민의 성질

이름	분자식	녹는온도 b.p(°C)	해리상수 (K_b)
Ammonia	NH_3	−33.4	2.0×10^{-5}
Methylamine	CH_3NH_2	−6.5	44×10^{-5}
Dimethylamine	$(CH_3)_2NH$	7.4	51×10^{-5}
Trimethylamine	$(CH_3)_3N$	3.5	5.9×10^{-5}
Ethylamine	$CH_3CH_2NH_2$	16.6	47×10^{-5}
n-bropylamine	$CH_3CH_2CH_2NH_2$	48.7	38×10^{-5}
n-Putylamine	$CH_3CH_2CH_2CH_2NH_2$	77.8	40×10^{-5}
Isobutylamine	$C_4H_9NH_2$	68	5.3×10^{-4}
sec-Butylamine	$C_4H_9NH_2$		3.1×10^{-4}
Trimethylenediamine	$H_2NCH_2CH_2CH_2NH_2$	135~6	5.0×10^{-4}
Tetra-methylenediamine	$H_2NCH_2CH_2CH_2CH_2NH_2$	158	3.5×10^{-4}
Aniline	$C_6H_5NH_2$	184	4.6×10^{-10}
Methylaniline	$C_6H_5NHCH_3$	195.7	7.1×10^{-10}
Dimethylaniline	$C_6H_5N(CH_3)_2$	193.5	11×10^{-10}
o-toluidine	$CH_3C_6H_4NH_2$		3.3×10^{-10}
p-toluidine	$CH_3C_6H_4NH_2$	200.3	2.4×10^{-9}
m-chloroaniline	$ClC_6H_4NH_2$	230.5	4.0×10^{-11}
p-bromoaniline	$BrC_6H_4NH_2$	분해	1.5×10^{-12}
o-nitroaniline	$O_2NC_6H_4NH_2$	165~8	1.0×10^{-10}
o-anisidine	$H_3COC_6H_4NH_2$	225	2.0×10^{-10}
o-phenylenediamine	$H_2NC_6H_4NH_2$	252	3.3×10^{-10}
Benzidine	$H_2NC_6H_4-C_6H_4NH_2$	400~1	7.4×10^{-13}
o-naphthylamine	$C_{10}H_7NH_2$	299.4~9.7	9.9×10^{-11}
β-naphthylamine	$C_{10}H_7NH_2$	306.1	2.0×10^{-10}

$$RNH_2 + H_2O \longrightarrow [RNH_3]OH \rightleftarrows [RNH_3]^+ + OH^-$$

$$K_b = \frac{[RNH_3^+][OH^-]}{[RNH_2]}$$

표 6-1에서 보는 바와 같이 방향족아민은 지방족아민보다 약한 염기이다. 앞에서도 말한 바와 같이 아민화합물은 정밀화학공업에서 중요한 제품 중의 하나이다. 최근에는 2차 아민제품의 이용도가 증가일로에 있다. hexamethylenediamine은 나일론66의 원료인데 adiponitrile[$NC(CH_2)_4CN$]의 접촉환원으로 만들 수 있다. *m*-phenlenediamine은 에폭시 수지의 가교제로 toluylenediamine은 toluene diisocyanate를 환원하여 만드는데 폴리우레탄의 발포제품, 고무, 접착제 등을 만드는 데 사용한다.

6.2.1 환원아미노화 방법

환원아미노화 방법은 일반환원법과 비슷하다. 그 방법은 다음과 같다.

(a) **금속과 산** : 철과 산(Béchamp method)이 많이 사용된다. 철 대신 아연과 주석도 사용된다. 산으로는 염산이 가장 많이 사용되는데 황산, 식초산, 포름산도 자주 사용한다.

(b) **촉매법** : 수소 또는 수소를 함유하는 가스로 환원할 때는 Ni, Cu, Pt, Pd 및 MoS 등을 촉매로 사용한다.

(c) **황화물** : 무기황화합물을 폴리니트로방향족화합물을 부분적으로 환원하여 방향족니트로화합물이나 니트로안트라퀴논으로부터 아미노안트라퀴논을 만들 때 사용한다.

(d) **전기분해**

(e) **금속과 알칼리**

아족시아조 및 히드라조화합물을 만들 때 사용한다. 나중화합물은 벤지딘계 화합물을 만드는 중간체이다.

(f) **차아황산나트륨**

(g) **아황산법**(Piria method) : 아황산나트륨이나 아황산수소나트륨으로 방향족니트로화합물을 환원하여 아미과 아미노알릴술폰산을 만들 때 사용한다.

(h) **금속수소화합물**

(i) **금속나트륨과 나트륨알콕시드**

(j) **강한 알칼리로 산화환원**

환원제를 사용하여 아미노화반응을 할 때는 환원제의 종류에 따라 여러 가지의 화합물이 생성한다. 금속과 산에 의한 환원은 가장 강한 환원방법 중의 하나인데 최종물질은 아민이다. 아연과 광산으로 니트로벤젠을 환원하면 아닐린이 생성되지만 아연과 알칼리용액에서 환원하면 히드라조벤젠이 된다. 아연분말과 물로 반응시키면 페닐히드록실아민이 된다. 반응식은 다음과 같다.

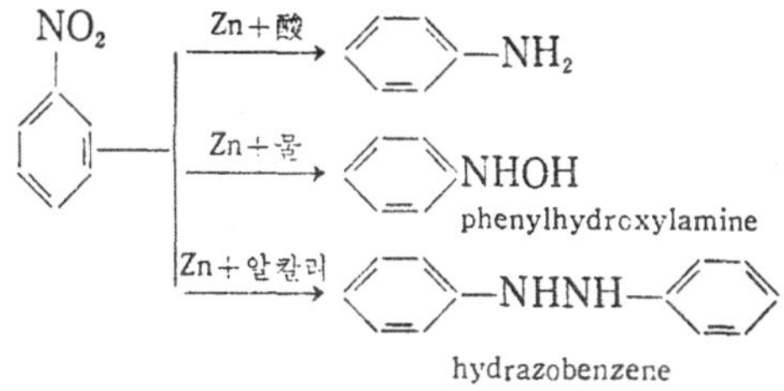

이와 같이 환원제의 세기에 따라 생성물이 달라진다. *m*-디니트로벤젠은 다음과 같이 환원제의 세기에 따라 $-NO_2$기 한 개 또는 두 개가 다 환원된다.

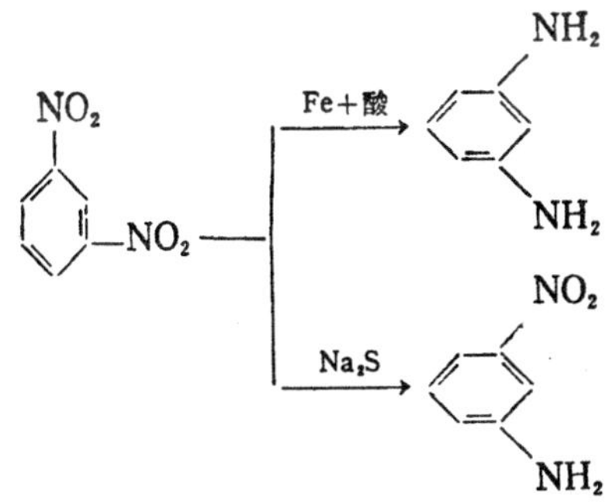

또 산이나 알칼리에 분해되기 쉬운 작용기를 가지고 있는 화합물(예, 아미드, 에스테르)들은 pH를 잘 조절하여 환원시키면 선택적으로 환원시킬 수 있다.

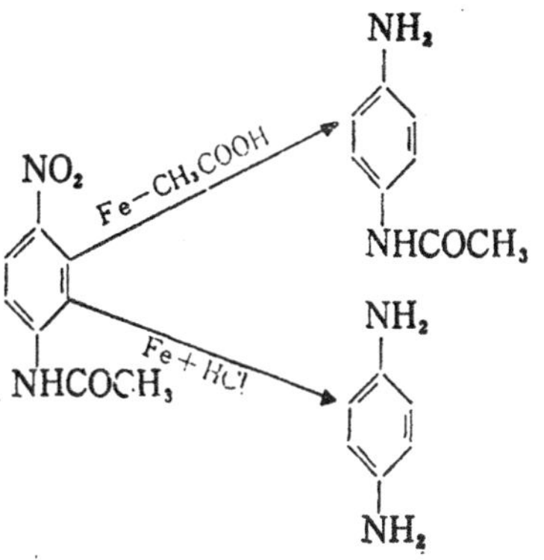

반응물과 생성물의 종류에 따라 환원제를 선택하여 반응시키면 경제적으로 수율높은 아미노화합물을 만들 수 있다. 환원제의 종류에 따른 니트로벤젠의 환원아미노화합물을 열거하면 그림 6.1과 같다.

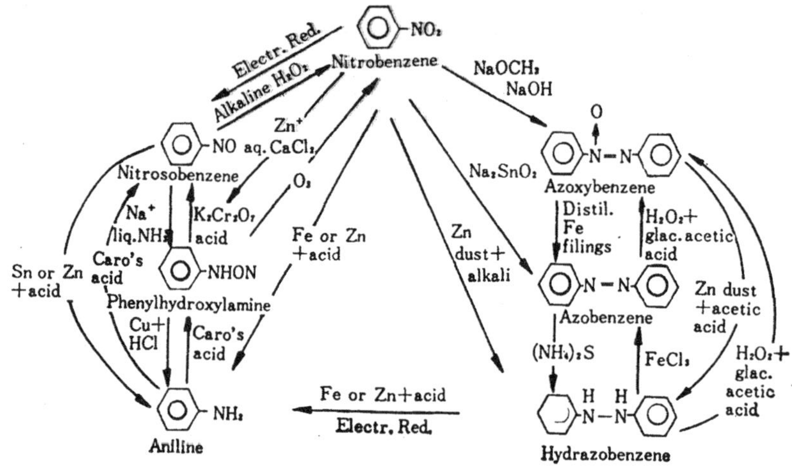

그림 6-1 니트로벤젠의 환원생성물

6.2.2 암모놀리시스에 의한 아미노화 방법

암모니아를 작용하여 아민을 만드는 암모놀리시스는 다음과 같다.

(1) 이중분해반응

NH_3가 $-H$와 $-NH_2$로 분해되어 유기화합물 중의 $-Cl$, $-SO_3H$, $-NO$ 등의 작용기와 $-NH_2$기가 치환되어 아미노화가 일어난다.

(2) 탈수반응

알코올이나 페놀을 암모니아와 반응시키는 암모놀리시스나 카르보닐화합물을 암모니아와 수소혼합물과 반응시키는 히드로암모놀리시스(hydroammonolysis)를 하여 아민을 만드는 반응이다.

$$ROH + NH_3 \longrightarrow RNH_2 + H_2O$$

$$RCHO + NH_3 \longrightarrow RCN(H_2O + H_2) \xrightarrow[Ni]{H_2} RCH_2NH_2$$

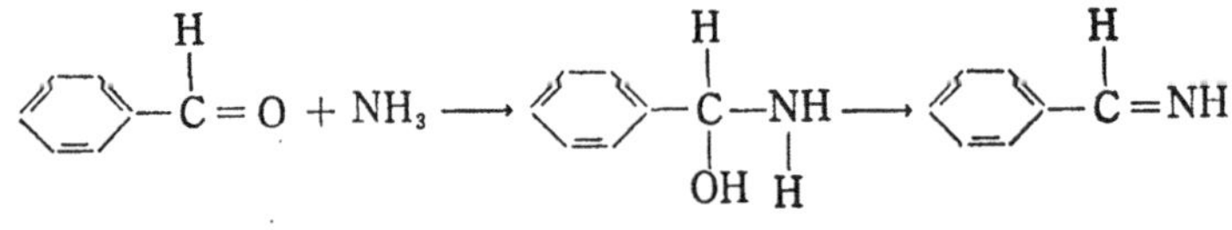

(3) 단순부가

알킬렌옥시드 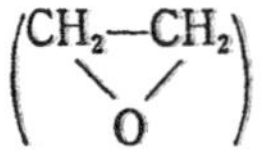 , 불포화탄화수소의 니트릴(RCH=CHC≡N), 이소시아

네이트(R–N=C=O), 이소티오시아네이트(R–N=C=S)들을 암모니아와 반응시켜 알칸올아민($CH_2OHCH_2NH_2$), 아미노니트릴($H_2NCH_2CH_2CN$), urea(H_2NCONH_2), thiourea(H_2NCSNH_2)를 만든다.

(4) 복합반응

아민화합물에 암모니아를 작용시켜 2차, 3차 아민을 만드는 반응이다. 한편 암모놀리시스에 의한 아미노화방법은 다음과 같다. 자세한 방법은 후술하기로 한다.

i) 할로겐화알릴 및 알킬의 치환반응
ii) 알릴술폰산 및 황산수소화알킬의 치환반응
iii) 알코올의 치환반응
iv) 카르보닐화합물의 히드로암모놀리시스
v) 부가반응
vi) 탄화수소와 암모니아의 반응
vii) 기타 반응

6.2.3 암모놀리시스화제

암모놀리시스화제로 액체암모니아, 기체암모니아를 물이나 유기용매에 녹인 용액 등을 사용한다. 기상반응에서는 액체암모니아를 직접 사용하거나 요소 또는 암모늄염을 분해하여 암모니아를 발생하여 사용한다. 암모니아에 수소를 혼합하여 암모놀리시스제로 사용하기도 하는데 촉매를 사용하면 반응은 촉진된다. 물과 비교한 액체암모니아의 물리적 성질은 표 6-2와 같다.

표 6-2 암모니아와 물의 물리적 성질

성　　질	液體암모니아	물
녹는 온도	−77.7°C	0°C
끓는 온도	−33.35°C	100°C
比熱 g-cal(b.p)	1.07	1.01
比重 (20°C)	0.607	0.9982
臨界溫度	131°C	365°C
臨界壓力(atm)	112	195
表面張力(dyne/cm)	22.0(20°C)	72.8(20°C)
誘電常數	22.7(−50°C)	81.1(18°C)
K이온의 이동도(cm/sec/volt)	0.0176(−33°C)	0.0067(20°C)

액상반응에서는 암모니아수를 사용하는데 암모니아의 물에 대한 용해도는 온도와 압력에 따라 달라진다. 일반적으로 암모놀리시스에서 암모니아수를 사용할 때는 가압하, 100℃ 이상의 온도에서 25~50% 농도의 것을 사용한다. 표 6-3에 상압에서의 암모니아의 물에 대한 용해도를 나타내었다.

표 6-3 암모니아의 물에 대한 용해도 (760mmHg)

온도(°C)	0	10	20	30	40	50	60	70	80	90
NH_3/수용액 100g, %	47.8	40.7	34.1	29.0	25.3	22.1	19.3	16.2	13.3	10.2

6.3 방향족니트로화합물의 환원에 의한 방향족아민의 제법

방향족아민은 방향족탄화수소를 니트로화하여 만든 방향족니트로화합물을 환원하여 제조한다. 니트로기의 환원은 실험적으로나 공업적으로 중요한 반응 중의 하나이다. 환원방법에는 여러 가지가 있는데 방향족 중에 공존하는 니트로기 이외의 다른 작용기의 반응성, 반응 후의 방향족아민의 분리의 용이성 등을 고려하여 적당한 환원법을 사용해야 한다.

6.3.1 주석과 염산

이 방법은 소규모로 실험실적으로 환원할 때 사용한다. 주석은 비싸므로 공업적으로 제조할 때는 경제성이 없다. 반응이 잘 진행되고 수율도 좋으므로 실험실적으로 소량 만들 때는 이 방법이 좋다.

$$RNO_2 + 3\,Sn + 6\,HCl \longrightarrow RNH_2 + 3\,SnCl_2 + 2\,H_2O$$

주석 대신 $SnCl_2$를 사용해도 된다($SnCl_2$ + 2HCl ⟶ $SnCl_4$ + 2H).

6.3.2 철과 염산

$$RNO_2 + 3\,Fe + 6\,HCl \longrightarrow RNH_2 + 3\,FeCl_2 + 2\,H_2O \qquad (1)$$

$$FeCl_2 + 2\,H_2O \rightleftarrows Fe(OH)_2 + 2\,HCl \qquad (2)$$

$$RNO_2 + 6\,Fe(OH)_2 + 4\,H_2O \longrightarrow RNH_2 + 6\,Fe(OH)_3 \qquad (3)$$

$$2\,Fe(OH)_3 + Fe(OH)_2 \longrightarrow Fe_3O_4 + 4\,H_2O \qquad (4)$$

$$4\,RNO_2 + 9\,Fe + 4\,H_2O \xrightarrow{FeCl_2} 4\,RNH_2 + 3\,Fe_3O_4 \qquad (5)$$

니트로벤젠을 철분말과 염산으로 환원하여 아닐린을 만들 때 염산은 촉매로 작용하므로 소량을 사용해도 된다. 식 (1)의 반응처럼 니트로벤젠이 환원되어 아닐린이 되고 이때 생성된 $FeCl_2$는 식 (2)와 같이 물과 반응하여 HCl이 재생된다. 이때 생성한 $Fe(OH)_2$는 산화되면서 [식 (3)] 다시 니트로벤젠을 환원하고 $Fe(OH)_3$가 된다. $Fe(OH)_3$와 $Fe(OH)_2$는 반응하여 불용성의 Fe_3O_4가 된다. 전 반응은 식 (5)와 같다. 공업적으로 제조할 때는 100lb의 니트로벤젠에 대하여 3lb의 염산(30% HCl, 10lb)이면 충분하다. 반응에서 필요한 염산양의 2%정도면 충분한 것은 식 (2)에서 보는 바와 같이 반응도중 염산이 생성되기 때문이다. 니트로벤젠을 철과 염산으로 환원하는 방법은 이미 1854년에

Béchamp에 의하여 처음 실시되었다. 그래서 이 방법을 **Béchamp의 환원법**이라고도 한다. 니트로벤젠 이외에도 니트로톨루엔, 니트로나프탈렌 등도 철분과 염산으로 환원하여 아미노화할 수 있다. 철분말은 비교적 값이 싸므로 값싼 환원제라고 할 수 있으나 사용하는 양이 많으므로 생각하는 것처럼 값싼 환원제라고 할 수는 없다. 그러므로 수소를 사용하는 접촉환원법이 공업적으로 검토되었다. 니켈촉매를 사용하여 환원하면 벤젠핵에도 수소첨가반응이 일어나서 아닐린이 되지 않고 **시클로헥실아민**이 된다. 구리촉매를 사용하면 아닐린으로 환원할 수 있다. 경석과 같은 담체 위에 구리를 수산화구리 또는 탄산구리의 상태로 부착하여 수소기류에서 환원하여 환원구리촉매를 만든 다음 니트로벤젠을 이 촉매층에 기상으로 수소와 함께 통과시키면 환원하여 **아닐린**이 된다.

6.3.3 아연과 알칼리

니트로벤젠이나 니트로벤젠유도체를 알칼리용액에서 Zn이나 Fe로 환원하면 **히드라조화합물**이 된다. 니트로벤젠에서 히드라조벤젠, *o*-니트로톨루엔에서 *o*-히드라조톨루엔 (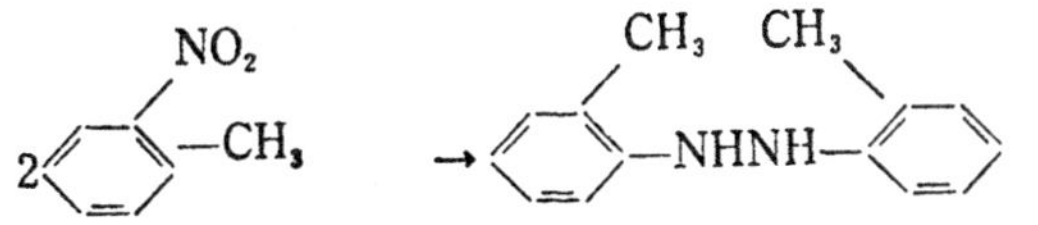), *o*-니트로아니솔에서 *o*-히드라조아니솔(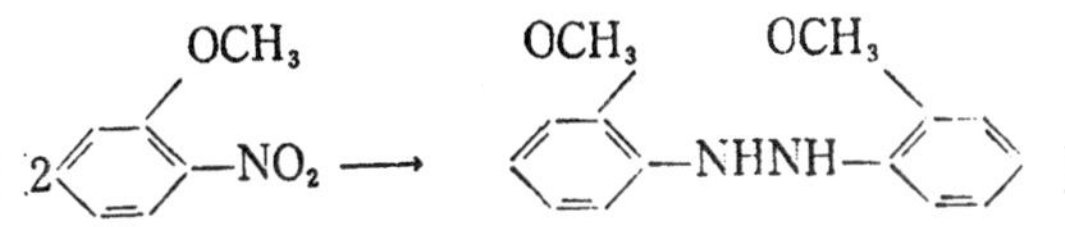) 등을 만드는데 이 환원방법을 쓴다.

이들 히드라조계 **화합물을 진한염산이나 황산용액 중에서 분자내전위반응**(benzidine 전위 또는 Beckmann전위라고도 함)을 시키면 **벤지딘**(benzidine), **톨리딘**(tolidine), **디아니시딘**(dianisidine)이 **된다.** 이 화합물들은 직접염료중간체로서 중요하다. 이 외에도 여러 가지의 니트로벤젠계 유도체로부터 히드라조화합물을 만들 수 있다.

니트로벤젠을 가성소다용액 중에서 Zn으로 아미노화할 때의 반응메카니즘은 다음과 같다.

$$RNO_2 + Zn \xrightarrow{NaOH} RNO + ZnO \qquad (1)$$

$$RNO + Zn + H_2O \xrightarrow{NaOH} RNHOH + ZnO \qquad (2)$$

$$RNO + RNHOH \xrightarrow{NaOH} R-\underset{\underset{O}{\downarrow}}{N}=N-R + H_2O \qquad (3)$$

$$R-\underset{\underset{O}{\downarrow}}{N}=N-R + Zn \xrightarrow{NaOH} R-N=N-R + ZnO \qquad (4)$$

$$R-N=N-R + Zn + H_2O \xrightarrow{NaOH} R-NH-NH-R + ZnO \qquad (5)$$

니트로벤젠은 이론양보다 과잉의 알칼리용액 중에서 환원되어 니트로소벤젠(1), 히드록시아닐린(2)을 거쳐 아족시벤젠(3)이 된다. ZnO는 강한 알칼리수용액 중에서 수화된 ZnO(H_2ZnO_2)는 NaOH와 작용하여 Na_2ZnO_2가 된다.

$$H_2ZnO_2 + 2\,NaOH \rightleftharpoons Na_2ZnO_2 + 2\,H_2O$$

다음에 아족시벤젠은 묽은 알칼리용액에서도 환원되어 아조화합물을 거쳐 히드라조화합물이 된다. 그러나 알칼리의 pH가 낮으면 히드록실아민은 환원되어 아닐린이 된다.

$$RNHOH + Zn \xrightarrow{\text{묽은 NaOH}} RNH_2 + ZnO$$

니트로벤젠으로부터 히드라조벤젠의 되는 전체반응은 다음과 같다.

$$2\,RNO_2 + 5\,Zn + 10\,NaOH \longrightarrow RNHNHR + 5\,Na_2ZnO_2 + 4\,H_2O$$

위의 반응에서 각종 생성물을 최종물질로 얻기 위해서는 환원제(아미노화제)와 반응조건 등을 잘 선정하는 것이 중요하다.

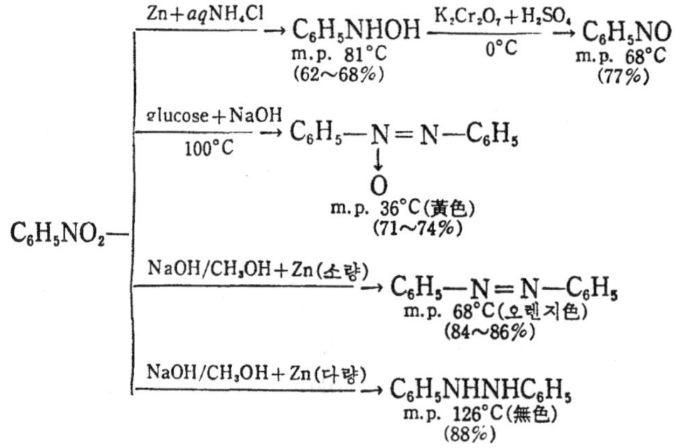

한편, 방향족니트로화합물의 부분아미노화에도 사용된다.

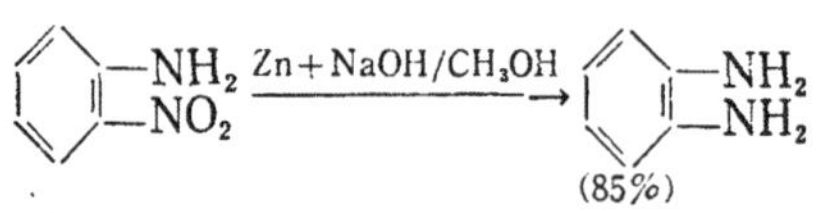

6.3.4 H_2S계화합물(Na_2S, Na_2S_2, NaSH)

Na_2S, Na_2S_2, NaSH의 알칼리성에서 방향족니트로 및 니트로소화합물을 아미노화합물로 환원하는 데 사용한다. 이 반응방법은 주로 폴리니트로화합물의 부분환원 및 안트라퀴논계 니트로화합물의 환원에 많이 사용한다. Na_2S와 니트로화합물과의 반응은 다음과 같다.

$$4\,RNO_2 + 6\,Na_2S + 7\,H_2O \longrightarrow 4\,RNH_2 + 3\,Na_2S_2O_3 + 6\,NaOH$$

Na_2S에 당량의 황을 용해하여 만든 이황화나트륨, Na_2S_2를 사용하면 NaOH의 생성없이 경제적으로 아미노화할 수 있다.

$$RNO_2 + Na_2S_2 + H_2O \longrightarrow RNH_2 + Na_2S_2O_3$$

NaS에 H_2S를 흡수시킨 산성황화나트륨 NaSH를 사용하여도 위와 같은 결과를 얻는다.

$$4\,RNO_2 + 6\,NaSH + H_2O \longrightarrow 4\,RNH_2 + 2\,Na_2S_2O_3$$

반응 후에 생성물이 알칼리의 존재로 변화하거나 알칼리성을 피할 필요가 있는 반응에서는 Mg염을 가하여 $Mg(OH)_2$로 침전시켜 NaOH를 제거시킬 수 있다. 알칼리환원은 철-산으로 환원하는 방법보다 환원력이 작으므로 온화한 조건에서 환원할 필요가 있을 때에 적당한 방법이라고 할 수 있다. 그러므로 앞에서 말한 알칼리황화물 이외에도 황화암모늄(NH_4S)이 많이 사용된다. 알칼리 및 금속황화물로 환원하는 것 중에서 중요한 것을 보면

(1) 폴리니트로화합물로부터 부분아미노화에 의한 니트로아민화합물의 합성
(2) 니트로페놀의 아미노화
(3) 니트로안트라퀴논의 아미노화
(4) 니트로유도체의 방향족화합물로부터 아미노아조화합물의 합성

황화암모늄은 약한 환원제이므로 폴리니트로방향족화합물의 부분환원에 가장 적합하다. 안트라퀴논계 니트로화합물의 환원은 NaOH 존재하에서 Na_2S로 환원하는 것이 좋다. 일반적으로 니트로화합물 1몰에 대하여 Na_2S와 NaSH는 1.8~4.0몰, NH_4S는 1.6~3.0몰을 사용하는 것이 보통이다. 반응온도는 실온에서도 가능하지만 50~100℃가 좋으며 에틸알코올을 용매로 사용하면 반응속도가 빨라지며 수율도 증가한다. 니트로벤젠이나 디니트로나프탈렌을 황화나트륨으로 환원할 때의 생성물은 다음과 같다.

o-dinitrobenzene ⟶ *bis*(2-nitrophenyl) sulfide
m-dinitrobenzene ⟶ *m*-nitroaniline
p-nitrobenzene ⟶ 4,4′-dinitroazobenzene + *p*-nitroaniline
1,2-dinitronaphthalene ⟶ *bis*(2-nitro-1-naphthyl) sulfide
1,4-dinitronaphthalene ⟶ *bis*(4-nitro-1-naphthyl) sulfide
1,5-dinitronaphthalene ⟶ 5-nitro-1-naphthylamine + 5-nitro-1-naphthalenethiol
1,6-dinitronaphthalene ⟶ 5-nitro-2-naphthylamine + 5-nitro-2-naphthalenethiol
2,7-dinitronaphthalene ⟶ 7-nitro-2-naphthylamine + 7-nitro-2-naphthalenethiol

6.3.5 $NaHSO_4$ 및 $Na_2S_2O_4$에 의한 환원

hyposulfite, $Na_2S_2O_4$는 NaOH 용액에서 강한 환원작용을 한다. 값이 비싸므로 특수한

용도에만 쓰인다.

p-아미노살리실산의 제조나 안트라퀴논유도체, 인디고유도체로부터 로이코화합물(leuco compound)을 만들 때 사용한다.

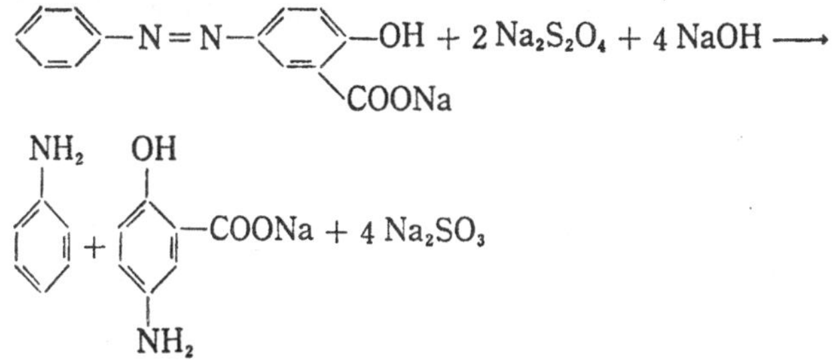

$$\underset{\text{Indigo}}{C_{16}H_{10}N_2O_2} + Na_2S_2O_4 + 2\,H_2O \longrightarrow \underset{\text{leuco 化合物}}{C_{16}H_{12}N_2O_2} + 2\,NaHSO_3$$

$Na_2S_2O_4$는 염색공업에서 환원제로 많이 사용하는데 다음과 같이 합성하여 15%의 수용액으로 사용한다.

$$2NaHSO_3 + SO_2 + Zn \longrightarrow Na_2S_2O_4 + ZnSO_3 + H_2O$$

산성아황산나트륨은 값이 싸므로 환원제로서 유용하게 사용하지만 아미노화와 동시에 술폰화 반응도 비교적 쉽게 일어나므로 제한된 용도에만 사용된다. 1,2,4-acid(4-amino-3-hydroxy-1-naphthalenesulfonic acid)를 1-nitroso-2-naphthol로부터 만들 때 환원제로 $NaHSO_3$를 사용한다.

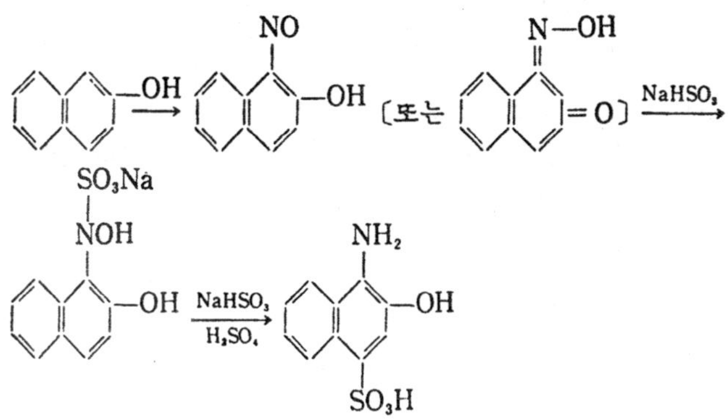

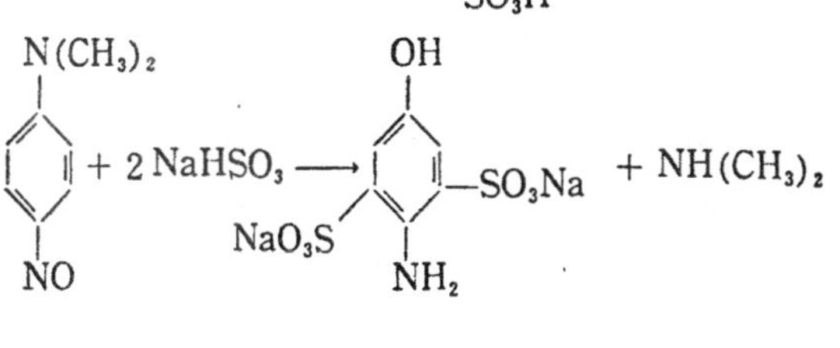

6.3.6 접촉환원

수소가스는 전기분해, 수성가스법, 천연가스 또는 석유정제때 값싸게 대량 얻을 수 있다. 그러므로 니트로화합물이나 니트릴로부터 아미노화시킬 때 수소를 사용하여 환원하는 것이 경제적으로 유리하다. 또 합성을 연속적으로 할 수 있으므로 대량생산할 때는 특히 유리하기 때문에 접촉환원법이 최근에 공업적으로 널리 사용하게 되었고 그 방법도 급속히 발전하고 있다. 이때 수소화촉매로는 이미 앞에서언급한 바와 같이 구리, 니켈, 코발트, 백금, 팔라듐 등이 있다. 촉매는 원료의 종류, 불순물 등에 따라 다르며 같은 종류의 촉매라도 활성이나 선택성은 촉매의 제조방법, 담체의 종류, 반응온도 등에 따라 달라진다. 그리고 촉매는 액상반응에서는 pH에 따라 활성이나 특성이 현저하게 영향을 받게 된다.

(a) 니트로벤젠의 접촉환원

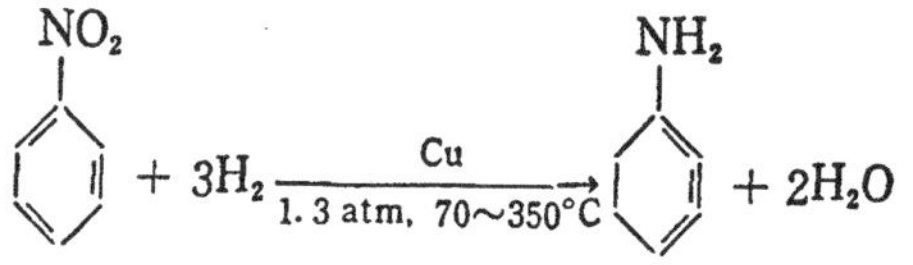

Ni촉매는 너무 강하여 탈암모니아 또는 벤젠핵에 수소첨가반응도 일어나므로 Ni보다 활성이 약간 약한 구리촉매를 사용하는 것이 좋다.

(b) 니트로나프탈렌의 접촉환원

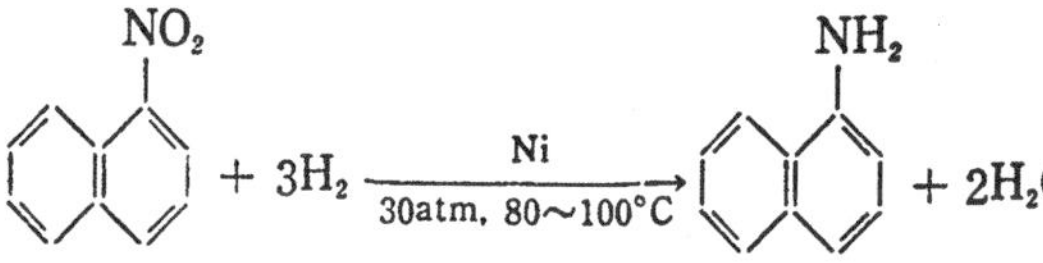

아미노화반응온도가 높을 때는 분해, 부반응 등이 일어나므로 이것을 억제하기 위하여 액상반응을 시킨다. 이 때 환원작용을 촉진하기 위하여 Ni, Pt, Pd 등 활성이 강한 촉매를 사용한다. *α*-nitronaphthalene으로부터 *α*-naphthylamine을 만들 때 10.12%의 식초산나트륨용액 중에서 0.5% Ni촉매로 80~100℃, 약 30atm의 조건에서 반응시키면 순도 99~100%인 것을 수율 90%이상의 좋은 결과로 얻을 수 있다.

(c) nitroxylene의 접촉환원

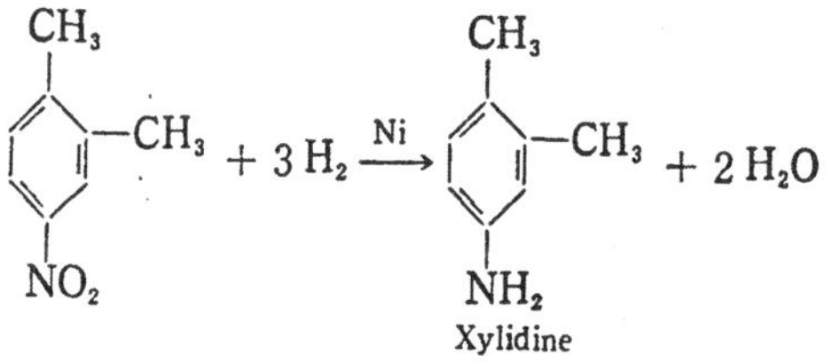

가솔린의 안티노크제인 크실리딘의 3-니트로 및 디니트로-*o*-크실리딘을 제조할 때 Ni 촉매를 사용하여 180~230℃에서 7.5atm로 환원한다.

(d) 지방족니트릴, 아미드, 락탐의 접촉환원

$$RCN + 2\,H_2 \xrightarrow[NH_3]{Ni} RCH_2NH_2$$

$$\underset{\text{adiponitrile}}{NC(CH_2)_4CN} + 4\,H_2 \xrightarrow[600\ atm,\ 125°C]{Co\text{-}Cu,\ NH_3} H_2N(CH_2)_6NH_2$$

$$C_{17}H_{35}COOH + H_2 + NH_3 \xrightarrow[300\sim330°C,\ 200\ atm]{Nis\text{-}MoS} C_{18}H_{37}NH_2$$

니트릴, 아미드, 락탐 등의 환원에도 Co, Ni 등 활성이 큰 촉매를 사용하여 50~200℃, 고압하에서 반응시킨다. 지방족니트릴을 사용하여 150℃, 14atm로 환원하면 85%의 수율로 아민을 얻을 수 있다. 이 반응에서 아민의 생성수율을 높이기 위해서는 암모니아 존재하에서 수소첨가를 한다. 디아민제조 때에도 같은 방법으로 한다. 예를 들면, Nylon 66의 원료인 헥사메틸렌의 아민제조시에 다량의 암모니아의 존재하에서 아디포니트릴을 Co-Cu촉매로 수소첨가반응을 시키면 90% 이상의 수율을 얻을 수 있다. Co-Cu촉매 이외에 Ra-Ni, Co-Ag-Mg촉매도 사용한다.

고급지방산을 수소화하여 직접 아민을 만들 수 있다. 스테아르산을 NH_3 존재하에서 NiS-MoS촉매로 수소첨가하여 만든다.

6.4 암모놀리시스에 의한 아미노화반응

6.4.1 할로겐화합물의 치환

지방족할로겐화합물은 암모니아와 쉽게 반응하여 아민이 된다. 할로겐 중에서도 브롬과 요오드화합물은 쉽게 치환되어 1차, 2차 및 3차 아민의 혼합물을 생성한다. 제1차 아민을 만들려면, 암모니아를 과량 사용하여야 한다.

$$RX + NH_3 \longrightarrow RNH_2,\ \ R_2NH,\ \ R_3N + NH_4X$$

방향족할로겐화합물은 지방족할로겐화합물보다 암모놀리시스가 쉽다. 할로겐화합물 중에서도 염소화합물은 브롬이나 요오드화합물보다 치환반응이 힘들다. 그러므로 구리, 산화구리 또는 구리의 염을 촉매로 사용하여 반응시키거나 반응온도를 높이면 반응이 촉진된다. 그러나 *o*-, *p*-위치에 전자흡인기인 니트로기 등이 있으면 촉매없이도 아미노화반응이 쉽게 된다.

(a) 클로로벤젠에서 아닐린

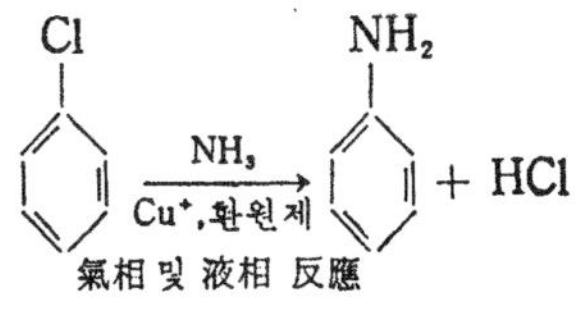

(b) 2-클로로안트라퀴논에서 2-아미노안트라퀴논

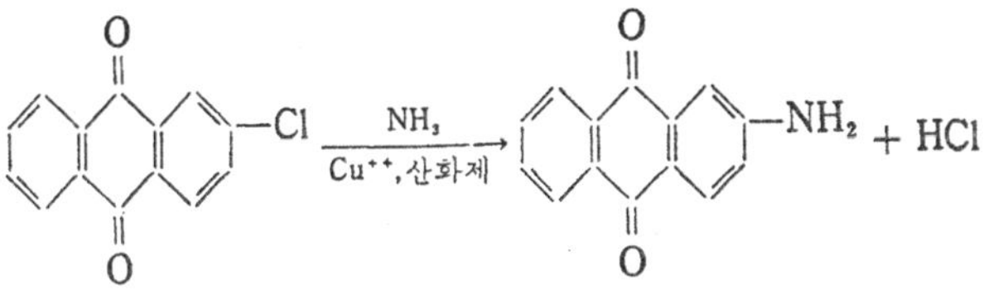

(c) *p*-니트로클로로벤젠에서 *p*-니트로아닐린

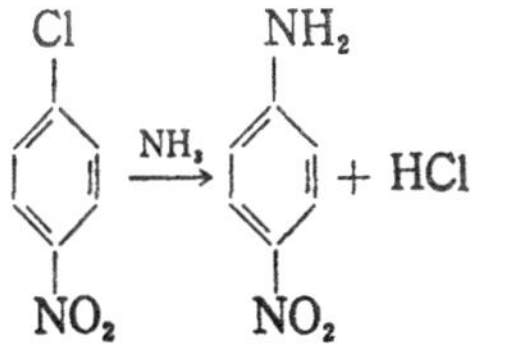

(d) 4-클로로브로모벤젠에서 4-클로로-(*N*-메틸)아닐린

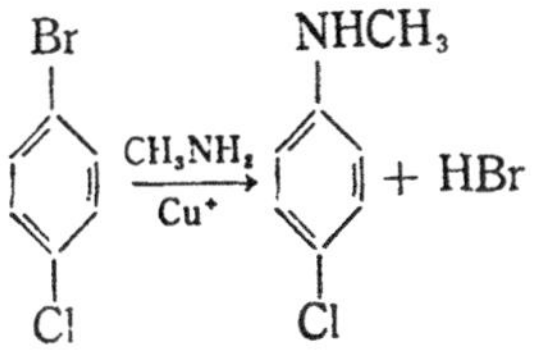

(e) 에틸렌클로리드에서 에틸렌디아민과 디에틸렌트리아민

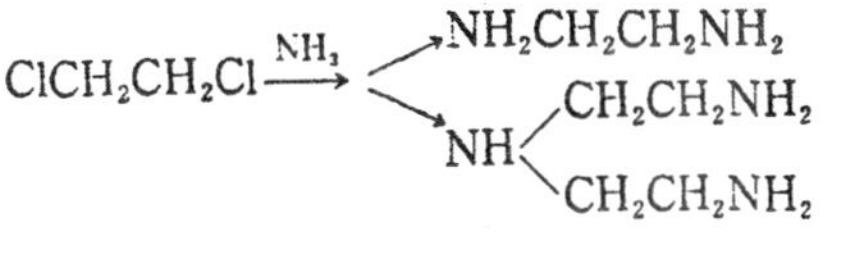

(f) 디클로로에틸에테르에서 모르폴린

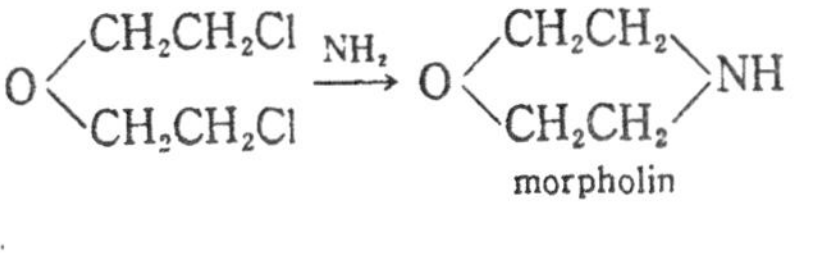

6.4.2 $-SO_3H$와와 $-OSO_3H$의 치환

술폰산기($-SO_3H$)의 아미노화는 안트라퀴논계 화합물로부터 아미노안트라퀴논을 만드는 데 특히 중요하다. 진한 암모니아수로 165℃에서 반응시키면 쉽게 반응한다.

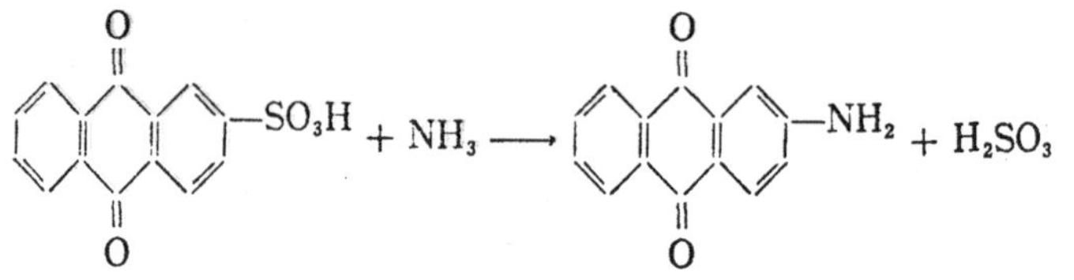

모노아미노에틸 수소황산은 암모니아나 아민으로 쉽게 아미노화가 된다.

$$H_2NCH_2CH_2OSO_3H + NH_3 \longrightarrow H_2NC_2H_4NH_2 + Na_2SO_4 + 2\,H_2O$$

히드록시에탄술폰산을 암모니아와 반응하면 $-OH$는 $-NH_2$로 치환된다.

$$HOC_2H_4SO_3Na \xrightarrow[Na_2SO_3]{NH_3} H_2NC_2H_4SO_3Na$$

아미노에틸수소황산을 에탄올아민과 반응시키면 히드록시에틸렌디아민이 된다.

$$H_2NC_2H_4OSO_3H + HOC_2H_4NH_2 \xrightarrow{NaOH} H_2NC_2H_4NHC_2H_4OH + Na_2SO_4$$

아미노에틸수소황산과 암모니아를 알칼리성에서 반응시키면 에틸렌디아민이 된다.

$$H_2NC_2H_4OSO_3H + NH_3 + 2NaOH \longrightarrow H_2NCH_2CH_2NH_2 + Na_2SO_4 + H_2O$$

디에틸렌트리아민은 다음과 같이 반응시켜서 만들 수 있다.

$$H_2NCH_2CH_2OSO_3H + H_2NCH_2CH_2NH_2 \xrightarrow{NaOH} H_2NC_2H_4NHC_2H_4NH_2$$

6.4.3 알코올과 암모니아의 반응

Al_2O_3나 ThO_2 촉매존재하에 알코올과 암모니아를 반응시키면 아민이 생성한다. 생성한 1차 아민을 계속하여 알코올과 반응시키면 2차, 3차 아민이 생성된다. ThO_2를 사용하면 1차 아민 생성단계에서 반응이 끝나지만 비교적 활성이 강한 Al_2O_3를 사용하면 최종생성물은 대부분이 3차아민이다. 반응은 다음과 같이 진행된다고 생각된다.

$$2\,ROH + ThO_2 = H_2O + Th(OR)_2$$
$$Th(OR)_2 + 2\,NH_3 = H_2O + 2\,RNH_2 + ThO_2$$

수소첨가촉매인 Ni존재하에서 알코올을 hydroammonolysis(NH_3 + H_2)하여 아민을 만들 수도 있다. 이 때에도 여러 가지 아민의 혼합물이 생성하지만 1차 아민이 주로 많이 생성한다.

암모니아 대신 방향족아민을 사용하면 2차와 3차 아민이 생성한다.

$$C_6H_5NH_2 + CH_3OH \longrightarrow C_6H_5NHCH_3 + H_2O$$
$$C_6H_5NHCH_3 + CH_3OH \longrightarrow C_6H_5N(CH_3)_2 + H_2O$$

벤젠이나 나프탈렌의 $-OH$도 NH_3와 반응하여 아민을 만들 수 있다.

6.4.4 카르보닐기의 hydroammonolysis에 의한 아미노화

$$RCHO + NH_3 + H_2 \xrightarrow{Ni,\ CO} RCH_2NH_2 + H_2O$$

알데히드, 케톤 및 카르복시기 등은 카르보닐기를 가지고 있다. 이 화합물도 수소와 수소화촉매 중에서 암모니아로 hydroammonolysis하여 아미노화할 수 있다. 이 반응은 암모놀리시스가 아니고 암모니아가 카르보닐기에 부가되어 aldoimine이나 ketoimine(RCH=NH, R'R"C=NH)이 된 다음 탈수된 다음 수소가 첨가되어 아민이 된다.

$$RCHO + NH_3 \longrightarrow RCH\begin{matrix} OH \\ NH_2 \end{matrix} \xrightarrow{-H_2O} RCH = NH \xrightarrow{Ni\text{-}H_2} RCH_2NH_2$$

NiS-WoS_2 촉매하에서 아세트알데히드와 암모니아를 200atm, 320℃로 반응시키면 에틸아민이 된다.

$$CH_3CHO \xrightarrow{NH_3} \underset{\displaystyle NH_2}{\underset{|}{CH_3}}\text{—}CHOH \xrightarrow{-H_2O} CH_3CH = NH \xrightarrow[NiS\text{-}WoS_2]{H_2} CH_3CH_2NH_2$$

아크롤레인과 크로톤알데히드로부터 *n*-프로필 및 부틸아민을 각각 만들 수 있다.

$$\underset{\text{acrolein}}{CH_2 = CHCHO} \xrightarrow[\text{觸媒}]{NH_3+H_2} CH_3CH_2CH_2NH_2$$

$$\underset{\text{crotonealdehyde}}{CH_3CH = CHCHO} \xrightarrow[\text{觸媒}]{NH_3+H_2} CH_3(CH_2)_3NH_2$$

$$\begin{matrix} R \\ R' \end{matrix}\!\!>\!C = O + NH_3 + H_2 \xrightarrow{Ni} \begin{matrix} R \\ R' \end{matrix}\!\!>\!CHNH_2 + H_2O$$

생성아미노화합물은 1차, 2차 및 3차 아민의 혼합물이 되는데 암모니아와 카르보닐화합물의 몰비를 크게 하면 1차 아민의 생성량이 많아진다.

$$CH_3COCH_3 \xrightarrow{NH_3+H_2} \underset{\displaystyle NH_2}{\underset{|}{CH_3CHCH_3}} + \underset{\text{diisopropylamine}}{(iso\text{-}C_3H_7)_2NH}$$

암모니아 대신 1차 아민을 사용하면 2차 아민, 2차 아민을 사용하면 3차 아민이 된다.

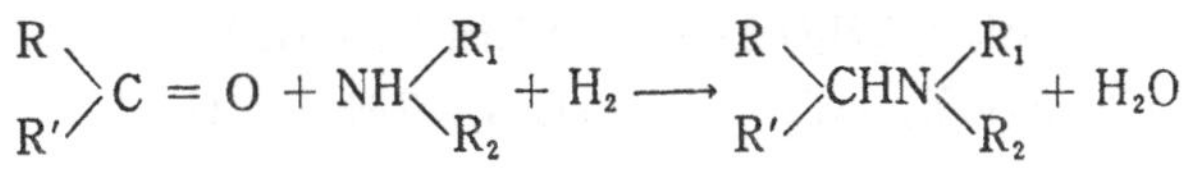

암모니아와 수소 대신 포름산유도체인 포름산암모늄이나 포름아미드 등과 케톤을 반응시키면 아민이 된다. 이 반응을 Leukart이라고도 한다.

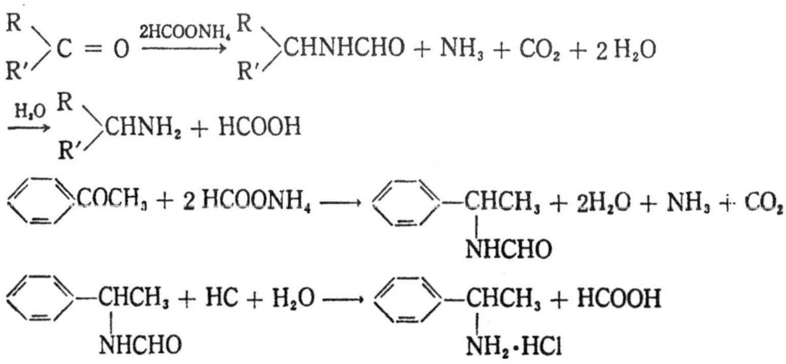

아세트알데히드의 암모놀리시스는 Ni-Cr-경석촉매로 반응온도 110~140℃, 상압에서 반응시킨다.

$$CH_3CHO + NH_3 + H_2 \longrightarrow C_2H_5NH_2 + H_2O$$
$$CH_3CHO + C_2H_5NH_2 + H_2 \longrightarrow (C_2H_5)_2NH + H_2O$$
$$CH_3CHO + (C_2H_5)_2NH + H_2 \longrightarrow (C_2H_5)_3N + H_2O$$

메틸아민을 목적으로 반응시킬 때는 암모니아를 다량 사용하며, 디에틸 및 트리에틸아민을 목적으로 반응시킬 때는 모노에틸아민을 암모니아와 함께 반응시키면 된다.

6.4.5 에테르 및 락톤의 암모놀리시스

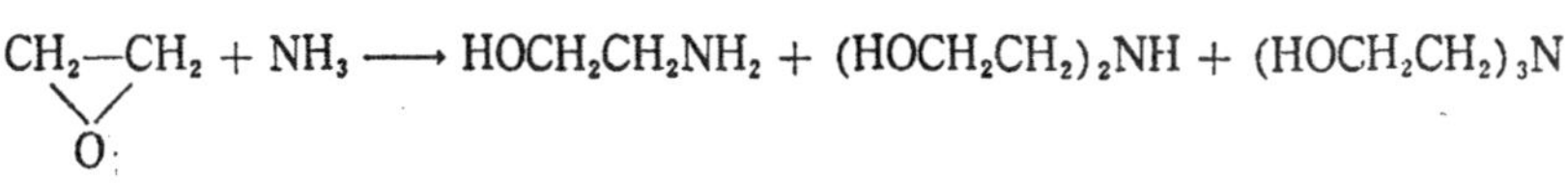

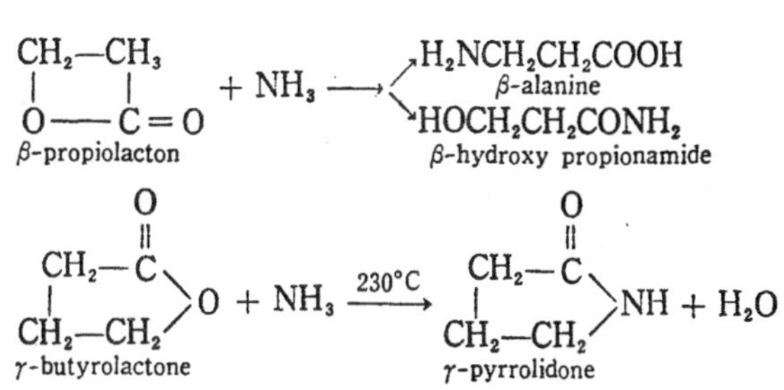

α-pyrrolidone은 polyvinylpyrrolidone의 원료인 *N*-vinylpyrrolidone을 만드는 데 사용한다.

6.4.6 방향족 탄화수소와 암모니아의 반응

방향족 탄화수소의 알킬 및 알켄일기를 촉매 존재하에서 NH_3로 반응하면 방향족니트릴을 만들 수 있다.

$$C_6H_5CH_3 + NH_3 \xrightarrow[\text{觸媒}]{500\sim550°C} C_6H_5CN + 3H_2$$

$$C_6H_5CH = CH_2 + NH_3 \xrightarrow[\text{觸媒}]{480\sim600°C} C_6H_5CN + CH_4 + H_2$$

$$C_6H_5C_2H_5 + NH_3 \xrightarrow[\text{觸媒}]{480\sim600°C} C_6H_5CN + CH_4 + 2H_2$$

6.4.7 기타의 아미노화 반응

환원에 의한 아미노화, 암모놀리시스에 의한 아미노화반응 이외에도 다음과 같은 아미노화 방법들이 있다.

(a) 2중결합의 부가반응

$$C_6H_5CH{=}CH_2 + RR'NH \xrightarrow{Na} C_6H_5CH_2CH_2NRR'$$

Styrene 등에 2차 아민을 반응시키거나 *α-β* 불포화카르보닐화합물 또는 니트릴에 암모니아나 아민을 부가하여 아민을 만들 수도 있다.

$$CH_2{=}CH{-}\overset{\overset{\displaystyle O}{\|}}{C}{-}R' + RNH_2 \longrightarrow RNHCH_2CH_2{-}\overset{\overset{\displaystyle O}{\|}}{C}{-}R'$$

$$CH_2{=}CHCN + RNH_2 \longrightarrow RNHCH_2CH_2CN$$

(b) Hofmann 분해, Curtius 반응, Schmidt 반응

$$RCONH_2 + NaOBr(\text{또는 } NaOCl) \longrightarrow RNH_2 + CO_2 + NaBr (\text{Hofmann 反應})$$

$$RCOOH + NH_2NH_2 \xrightarrow{-H_2O} \underset{\text{酸히드라지드}}{RCONHNH_2} \xrightarrow[-2H_2O]{HNO_2} RCON_3 \xrightarrow{C_2H_5OH}$$

$$\underset{\text{urethane}}{RNHCOOC_2H_5} \longrightarrow RNH_2 (\text{Curtius 反應})$$

$$RCOOH + \underset{\text{아지화수소산}}{HN_3} \longrightarrow RNH_2 + CO_2 + N_2 (\text{Schmidt 反應})$$

(c) **분자내 전위반응**

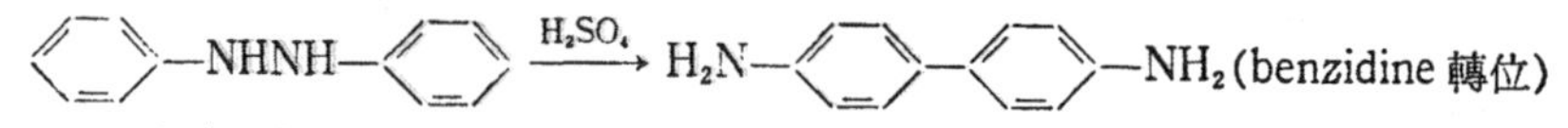

hydrazobenzene　　　　　　benzidine

(d) Gabriel 반응

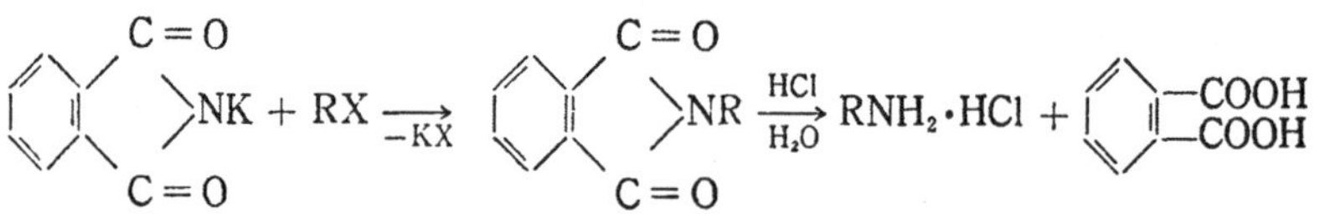

6.5 아민의 공업적 제법

6.5.1 아닐린의 제법

아닐린의 제조방법에는 (a) 니트로벤젠을 철분과 염산으로 환원하는 Béchamp법, (b) 클로로벤젠의 암모놀리시스, (c) 니트로벤젠의 접촉환원방법 등이 있다.

(1) 철분과 염산에 의한 니트로벤젠의 환원

교반기를 장치한 내산라이닝을 한 용량 12㎥의 구리제 반응기에 2,200kg의 물과 3,000kg의 철분말 및 350kg의 진한 염산을 가하고 약 6시간에 4,600kg의 니트로벤젠을 나누어 가한다. 반응물이 끓을 정도로 가열한다. 1,200kg의 니트로벤젠을 가한 다음에 800kg의 철분말을 넣고 나머지의 니트로벤젠을 한 번에 전부 넣고 1시간 동안 같은 온도를 유지하면서 교반한다. 다음에 800kg의 철분말을 넣는다. 다시 1시간 동안 교반하면서 반응시키고 나머지의 철분말을 가한 다음 환원반응을 계속한다. 3~4시간 후에 반응물을 꺼내서 환원이 완료되었는지 반응물을 소량 꺼내 시험한 다음, 반응이 완결되지 않았으면 약간의 철분말을 추가하고 반응을 더 계속시킨다. 환원이 완료된 후에 300kg의 물을 가하고 10분간 교반한다. 전체 반응 시간은 약 15~16시간 걸린다. 반응물에서 아닐린을 분리하고 남아있는 잔여 아닐린은 수증기증류로 회수한다. 아닐린을 혼합하여 증류로 정제한다. 수증기증류물인 아닐린을 함유하고 있는 물은 니트로벤젠을 환원할 때의 물 대용으로 사용한다.

(2) 니트로벤젠의 접촉환원

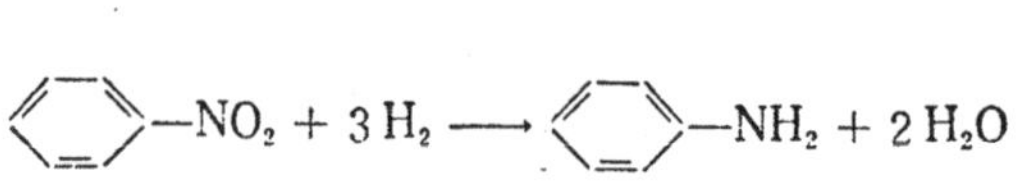

부피 100㎥의 직경 70mm인 무정형경석과 3.5톤의 염기성탄산동 및 2.5톤의 Na_2SiO_3를 섞어 만든 촉매를 50㎥의 반응탑 2개에 채워넣는다. 반응조건은 새로운 촉매를 반응

탑에 채웠을 때는 제 1반응탑은 170℃, 제 2반응탑은 350℃로 한다. 촉매가 낡아진 다음에는 반응온도를 이 온도보다 높여야 한다. 새로운 촉매를 사용한 4개월 후에는 제 1반응탑은 280℃, 제 2반응탑은 460℃로 한다. 1시간당 500~600kg의 니트로벤젠을 기화시켜서 생긴 6,000㎥의 증기니트로벤젠을 미리 예열한 반응탑에 주입한다. 오래 사용한 산매는 산화하여 재생시킨다. 산화재생은 매월 6회 한다. 9개월마다 건조탄산구리 1,000kg, 탄산암모늄 50kg, 25% 암모니아수 2,000kg, 물 5,000kg을 가하여 재생한다. 이 규모의 장치로 니트로벤젠을 접촉환원시키면 4,000톤/년의 아닐린을 생산할 수 있다.

(3) 클로로벤젠의 암모놀리시스

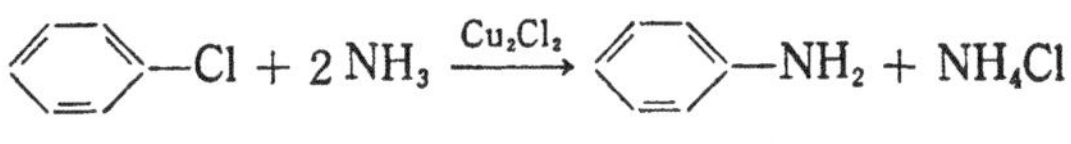

클로로벤젠의 암모놀리시스는 촉매없이도 가능하지만 이렇게 반응하면 반응온도를 높여도 수율은 30%에 지나지 않는다(300℃, 8시간). 그러나 염화제일구리 촉매를 사용하면 200℃에서도 좋은 수율로 아닐린을 만들 수 있다. 28% 암모니아와 클로로벤젠의 몰비 6(몰비가 증가함에 따라 아닐린의 수율은 증가하지만 이 몰비보다 증가하면 오히려 감소한다) Cu_2Cl_2촉매는 클로로벤젠에 대하여 0.1~0.2몰%이고, 반응압력은 56~63atm이다. 연속적인 제조방법에서는 벤젠 1몰에 대하여 암모니아 5~6몰, 촉매는 산화제일구리를 클로로벤젠에 대하여 0.1몰 사용한다. 반응온도는 180~220℃, 반응시간은 30~90분이다. 반응액은 냉각하여 물층과 기름층을 분리하여 기름층은 앞에서 말한 배치(batch)식을 사용하였을 때와 같은 방법으로 처리하고 물층의 대부분은 암모니아를 가하여 반응에 사용한다. 물층의 일부는 냉각하여 염화암모늄을 결정화하여 분리하고 그 후의 분리공정은 앞의 방법과 같다. 그런데 연속적 반응에서는 고온에서 염화암모늄에 의한 부식이 큰 문제지만 그 외의 방법에는 큰 애로가 없다. 생성물 중에는 페놀과 페닐아민의 부산물도 생긴다. 아닐린과 부산물을 분리하려면 당량의 알칼리를 가하여 염화암모늄은 암모니아, 페놀은 페놀레이트로 변화시킨 다음 수증기증류를 하면 아닐린, 클로로벤젠, 디페닐아민이 분리되고 이것을 증류하면 된다. 물층은 NaOH로 처리하고 암모니아는 가열하여 제거한다. 다음에 아닐린은 수증기증류하고 침전한 수산화제일구리는 여과하여 회수한다. 클로로벤젠의 반응률과 아닐린의 수율은 90%에 달한다.

[예제 1] 방향족 니트로화합물을 아민으로 환원케 하는 방법을 예를 들어 설명하라.

[해] 대부분의 방향족 아민은 니트로화와 환원조합에 의해서 합성되므로 니트로기의 환원은 실험실용으로나 공업적으로 매우 중요한 반응이다. 많은 환원방법이 알려져 있으나 공존하는 다른 치환기에 대한 영향이라든가 반응 후 아민을 취출하는 용이도 같은 것을 생각해서 보다 알맞은 환원방법을 택할 필요가 있다.

(1) 주석과 염산

이것은 실험실 상대로 소규모로 니트로기를 환원케 할 때 일반적으로 가장 확실성이 있고, 또 수율도 좋은 방법이다($Sn + 4HCl \rightarrow SnCl_4 + 2H_2$, 니트로벤젠→아닐린 80%).

주석 대신에 염화제일주석을 사용하면 더욱 원활히 진행된다($SnCl_2$ + $2HCl \rightarrow SnCl_4$ + H_2).

(2) **철과 염산**

공업적으로 종종 쓰이는 방법인데 경제적인 철분을 쓴다. 염산은 촉매적으로 소량이면 족하다. 이때의 반응은 첫째식 (A)에 의한 환원반응이 일어나나 생성된 $FeCl_2$는 (B)와 같이 물과 반응하여 HCl을 재생케 한다. 따라서 결과적으로 (E)처럼 되고, HCl는 $FeCl_2$를 생성하기 때문에 약간 가하면 되는 셈이다. 실험실에서도 이따금 좋은 결과를 주고 있다.

(A) $R{-}NO_2 + 3\,Fe + 6\,HCl \longrightarrow R{-}NH_2 + 3\,FeCl_2 + 2\,H_2O$

(B) $FeCl_2 + 2H_2O \rightleftarrows Fe(OH)_2 + 2\,HCl$

(C) $RNO_2 + 6\,Fe(OH)_2 + 4\,H_2O \longrightarrow R{-}NH_2 + 6\,Fe(OH)_3$

(D) $2\,Fe(OH)_3 + Fe(OH)_2 \longrightarrow Fe_3O_4 + 4\,H_2O$

(E) $4\,R{-}NO_2 + 9\,Fe + 4\,H_2O \xrightarrow{FeCl_2} 4\,R{-}NH_2 + 3\,Fe_3O_4$

또

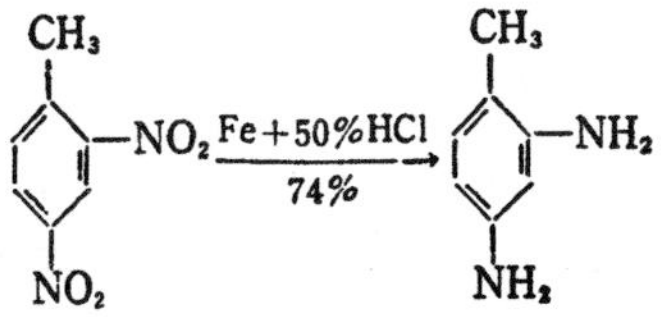

4-*m*-톨리렌디아민

(3) **아연과 알칼리**

많이 사용되고 있지 않으나 다음과 같은 예에서는 뛰어난 결과가 얻어지기도 한다.

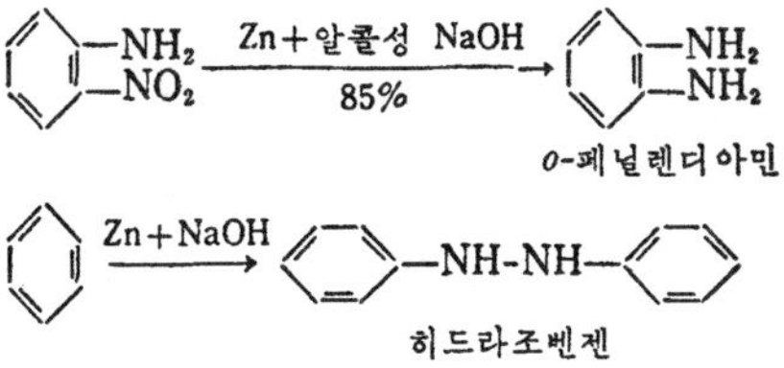

(4) **접촉환원**

니켈, 구리, 백금 등을 촉매로 한 수소가스에 의한 환원은 환원제나 산, 알칼리 같은 것을 사용하지 않고도 생성물의 분리나 정제가 간단하고 더구나 연속적으로 행할 수 있기 때문에 아미노화합물을 공업적으로 생산해 내는 데 편리하다. 아닐린은 또 앞에서말한 철을 사용하는 법도 행해지고 있으나 최근에는 이 방법에 의한 사례가 많아져 톨리렌디아민 제조는 오로지 이 방법에 의존되고 있다.

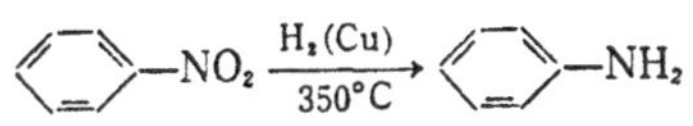

실험실에서도 액성을 중성으로 행하게 할 수 있으므로 산이나 알칼리에 불안정한 예를 들어 아실아미드기, 카본산에스테르기 등과 같은 가수분해를 받기 쉬운 기를 포함한 니트로화합물의 환원에 알맞다.

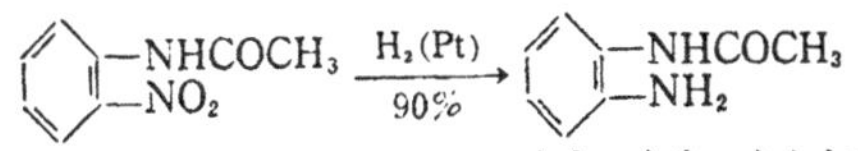

o-아미노아세트아닐리드

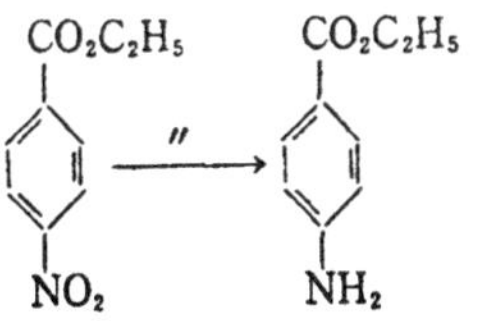

p-아미노벤조산에틸

(5) 황화물 또는 히드로 황화물

폴리니트로화합물을 부분환원하여 니트로아미노화합물을 제조할 때 잘 쓰이는데 계산량의 황화나트륨, 히드로황화나트륨, 또는 암모늄을 사용하면 된다.

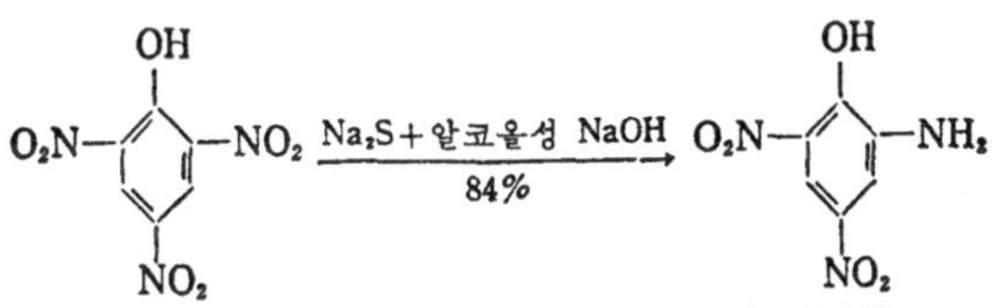

피크르酸 　　 피크라민酸

(6) 히드라진수화물과 팔라듐

특히 다환식화합물의 니트로기의 환원에 쓰면 편리하다. 팔라듐-활성탄 촉매와 용매로서 알코올을 쓰고 반응후촉매를 여과하여 제거 농축하면 아민을 얻는다.

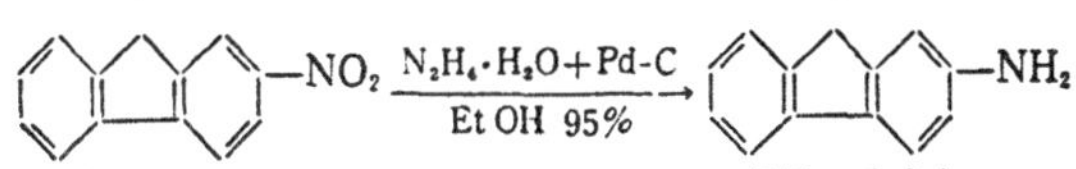

2-니트로 플루오렌 　　 2-플루오렌아민

7. 산화반응

산화반응(oxidation)은 가장 기본적인 중요한 유기합성반응 중의 하나로 유기합성공업에서 중요한 위치를 차지하고 있다. 산화반응에는 촉매 존재하에서 공기로 반응시키는 **접촉산화반응**과 산화제 존재하에서 반응시키는 **산화반응**이 있는데 공업적으로는 접촉산화반응을 많이 한다.

탄화수소의 산화반응은 대부분의 경우 많은 반응열이 발생하므로 목적하는 화합물을 얻기 위해서는 반응열을 효과적으로 제거해야 한다. 반응열이 촉매층에 축적되면 급격하게 온도가 상승하여 분해반응이 일어나서 CO_2와 H_2O가 생성하여 심할 때는 폭발을 일으키는 경우도 있다. 따라서 원료가스 중의 조성은 폭발한계를 넘지 않게 하고 생성하는 반응열은 충분히 냉각하여 제거할 수 있도록 냉각장치를 설치하는 것이 필요하다.

접촉산화반응은 다시 액상공기산화반응과 기상공기산화반응으로 나눌 수 있다. 탄화수소의 **액상공기산화반응**에서는 연쇄반응이 일어나서 목적하는 반응물 이외에 부반응물이 많이 생성되는데 특히 반응조건에 따라서는 더욱 현저하다. 저온의 온화한 조건에서는 과산화물이 생기고 온도를 높이면 유기산, 알코올, 알데히드, 케톤 등이 생성된다.

기상공기산화반응에서는 선택성이 좋은 촉매를 사용해야 하며 이외에도 촉매효과를 충분히 발휘할 수 있는 반응장치를 사용하는 것이 중요하다. 반응물의 선택성을 향상시키기 위해서는 촉매의 선택적 피독제를 사용해야 하는데 그 예를 들면, 에틸렌의 산화에서는 소량의 $C_2H_4Cl_2$를 피독제로 원료가스에 사용하면 촉매의 피독을 막을 수 있다.

현재 공업적으로 많이 시행되고 있는 접촉산화반응은 다음과 같다.

탈수에 의한 산화

i) $CH_3OH + \frac{1}{2}O_2 \longrightarrow HCHO + H_2O$

촉매 : 구리 또는 銀(메탄올 과잉일 때)
바나듐 또는 몰리브덴酸化物(산소 과잉일 때)

ii) $CH_2 = CH_2 + \frac{1}{2}O_2 \xrightarrow[230\sim270^\circ C,\ 10\,atm]{Ag} \underset{\diagdown\,O\,\diagup}{CH_2-CH_2}$

iii) $CH = CH_2 + \frac{1}{2}O_2 \longrightarrow CH_3CHO$(산소부가반응)

염화팔라듐과 염화제이구리의 염산용액을 촉매로 하여 액상에서 100℃로 공기산화한다(Höchst-Wacker법).

iv) $CH_3CHO + \frac{1}{2}O_2 \xrightarrow[60^\circ C\ \text{液相}]{\text{초산망간}} CH_3COOH$

v) $CH = CH-CH_3 + O_2 \xrightarrow[350^\circ C]{Cu_2O} \underset{\text{acrolein}}{CH_2 = CHCHO} + H_2O$

vi) $CH_2 = CHCH_3 + NH_3 + \frac{3}{2}O_2 \longrightarrow CH_2 = CHCN + 3H_2O$

촉매 : $Bi_9PMo_{12}O_{52}/SiO_2$ 擔體 (Sohio 法)

vii) 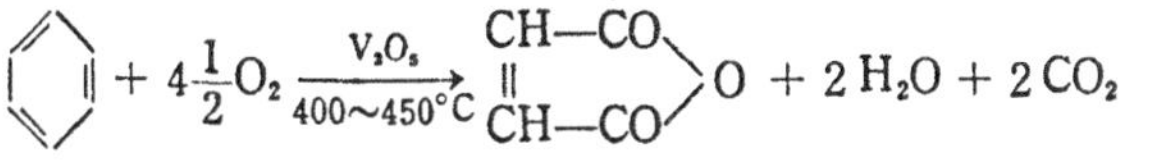

viii) 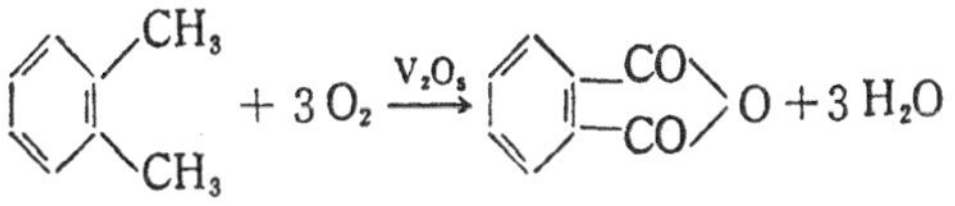

ix) 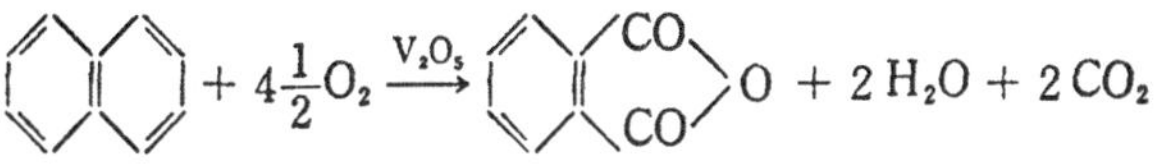

7.1 반응형식에 따른 산화반응

(1) 탈수소반응

1차 알코올에서는 알데히드, 2차 알코올에서는 케톤이 생성된다.

$$C_2H_5OH + \frac{1}{2}O_2 \xrightarrow[K_2Cr_2O_7/H_2SO_4]{} CH_3CHO + H_2O$$

$$CH_3CH(OH)CH_3 + \frac{1}{2}O_2 \xrightarrow[380°C]{촉매} CH_3COCH_3 + H_2O$$

(2) 산소원자의 도입반응

알데히드를 산화하면 유기산이 된다. 알코올을 산화하여 유기산을 만들 수 있으나 수율이 좋지 않고 부반응으로 알데히드, 탄산가스 등이 생긴다. 탄화수소를 산화하면 알코올이 된다.

$$CH_3CHO + \frac{1}{2}O_2 \xrightarrow{촉매} CH_3COOH$$

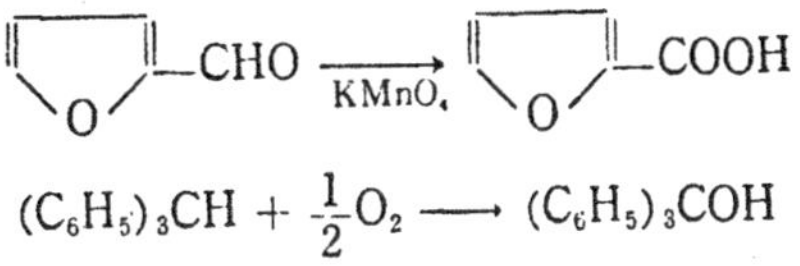

$$(C_6H_5)_3CH + \frac{1}{2}O_2 \longrightarrow (C_6H_5)_3COH$$

(3) 산소의 도입과 탈수소를 동반하는 반응

탄화수소로부터 알데히드를 만드는 반응이나 벤질알코올에서 벤조산을 만드는 반응 등이 여기에 속한다.

$$CH_4 + O_2 \longrightarrow CH_2O + H_2O$$
$$C_6H_5CH_2OH + O_2 \longrightarrow C_6H_5COOH + H_2O$$
$$C_6H_5CH_3 \xrightarrow{NaOCl} C_6H_5COOH + H_2O$$

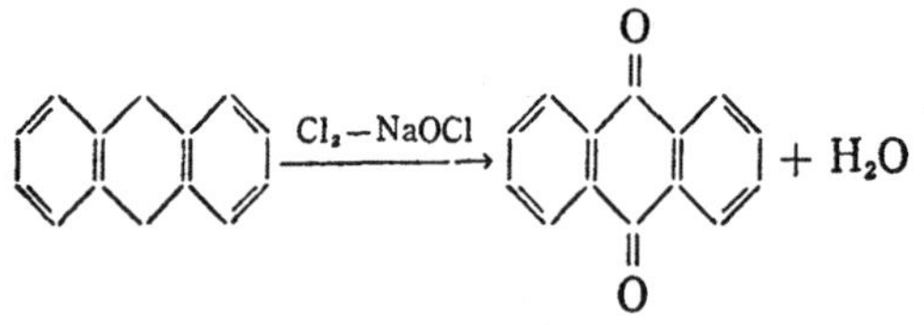

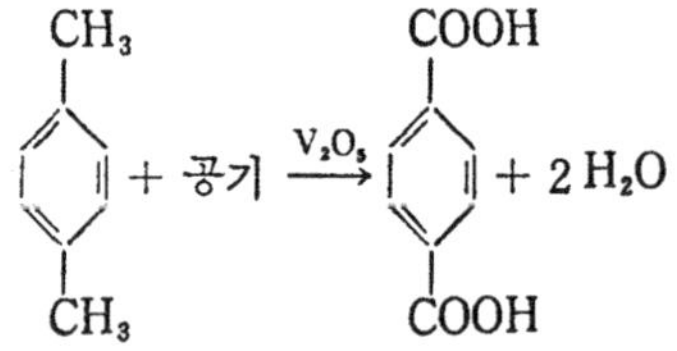

(4) 올레핀의 산화반응

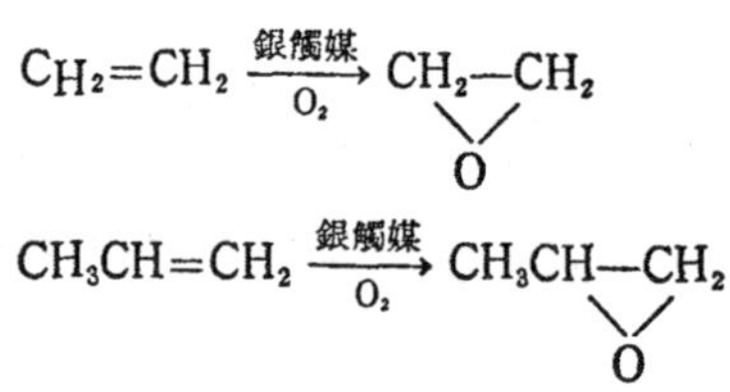

저급올레핀을 산화시키면 **에폭시드**가 생성된다. 고급올레핀을 온화한 조건에서 산화시키면 **히드록시유도체**가 되며 강한 산화제로 저급올레핀을 산화하면 알데히드 또는 유기산까지 된다. 올레산을 알칼리성 과망간산칼륨으로 산화시키면 **디히드록시스테아르산**이 된다.

$$CH_3(CH_2)_7CH = CH(CH_2)_7COOH \xrightarrow[\text{알칼리용액}]{KMnO_4} CH_3(CH_2)_7CHOH\text{—}CHOH(CH_2)_7COOH$$

올레산을 강한 산화제인 $Na_2Cr_2O_7$—H_2SO_4로 산화시키면 이중결합이 분열되어 pelagonic acid와 azelaic acid가 된다.

$$CH_3(CH_2)CH = CH(CH_2)_7COOH \xrightarrow[H_2SO_4]{Na_2Cr_2O_7} \underset{\text{pelagonic acid}}{CH_3\text{—}(CH_2)_7COOH} + HOOC$$
$$\underset{\text{azelaic acid}}{(CH_2)_7COOH}$$

(5) 탄소-탄소결합의 분열과 산소의 도입

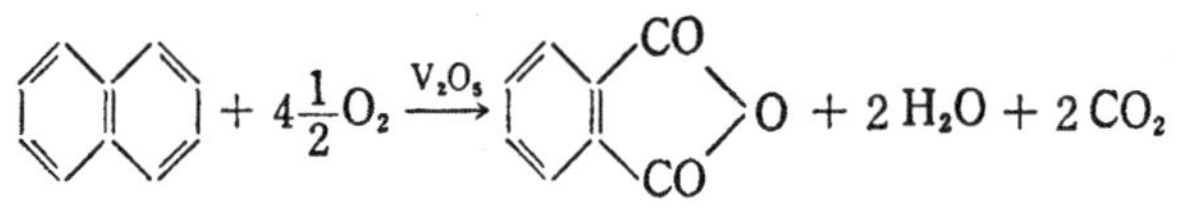

(6) 과산화반응

$$\text{isopropylbenzene} \xrightarrow[\text{UV}]{\text{공기}} \text{isopropylbenzene peroxide}$$

$$2\,C_6H_5COCl + Na_2O_2 \longrightarrow C_6H_5\underset{\underset{O}{\|}}{C}-O-O-\underset{\underset{O}{\|}}{C}C_6H_5 + 2\,NaCl$$

7.2 산화제

액상산화반응에서는 산소가스 이외에 무기계산화제를 사용하는 경우가 많다. 주로 실험실 규모로 많이 사용하며 공법적으로도 사용된다. 같은 물질이라도 산화제의 종류에 따라 반응이 달라진다. 산화제의 종류별 특성을 보면 다음과 같다.

7.2.1 과망간산염

과망간산염의 수용액은 강한 산화제이므로 많은 유기합성에 사용한다. 가장 많이 사용하는 과망간산염은 칼륨염이다. 나트륨염은 조해성이 있으므로 많이 사용하지 않는다. 과망간산염은 중성, 염기성 및 산성 등 어느 용액에서나 사용할 수 있다. 그러나 용액에 따라 산화제의 세기는 달라진다. 식초산이나 황산 등 산성용액에서 $KMnO_4$로 산화하려면 생성물이 이 용액에서 안정한 유기화합물이어야 한다. 2당량의 $KMnO_4$로부터 5당량의 산소원자가 발생한다.

$$2\,KMnO_4 + 3\,H_2SO_4 \longrightarrow 2\,MnSO_4 + K_2SO_4 + 3\,H_2O + 5\,O$$

R-S-R나 Ar-S-Ar으로부터 RSO_3H나 $ArSO_3H$ 또는 RSH로부터 RSO_3H를 만들 때 사용한다. 중성이나 알칼리용액에서는 다음과 같이 3몰의 산소원자가 발생한다.

$$2\,KMnO_4 + H_2O \longrightarrow 2\,MnO_2 + 2\,KOH + 3\,O$$

생성물이 유기산이면 KOH와 작용하여 칼륨염을 생성하므로 이것을 분리하려면 침전물로 석출되는 MnO_2를 여과하여 분리해내고 칼륨염용액을 산으로 처리하여 산성으로 하면 얻을 수 있다.

$$C_6H_5CH_3 \xrightarrow{KMnO_4/OH^-} C_6H_5CH_2OH \xrightarrow{KMnO_4/HO^-} C_6H_5CHO \xrightarrow{KMnO_4/OH^-} C_6H_5COOH$$

$$C_6H_5CH_2CH_3 \xrightarrow{KMnO_4/OH^-} C_6H_5COCH_3 + H_2O$$

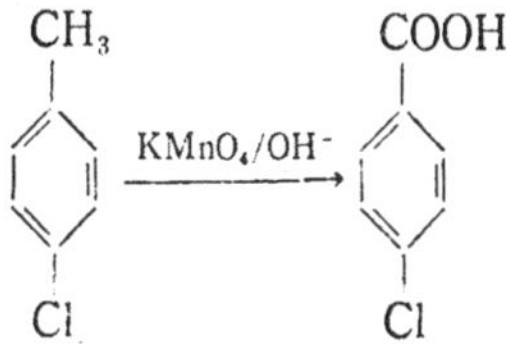

이미 앞에서 말한 바와 같이 중성용액에서도 KOH가 생성하므로 이것을 중화하기 위해서는 CO_2를 도입하거나 $MgSO_4$를 첨가하여 KOH를 K_2SO_4와 불용성인 MgO로 만들면 된다. $KMnO_4$의 중성용액에서 acet-*o*-toluidine을 산화하면 80%의 acetanthranilic acid가 생성하는데 비하여 알칼리를 중화하지 않으면 30%밖에 안된다.

7.2.2 중크롬산염

$K_2Cr_2O_7$이나 $Na_2Cr_2O_7$을 많이 사용하는데 이 중에서도 $Na_2Cr_2O_7$는 물에 잘 녹고 값이 싸므로 많이 사용한다. 중성용액에서도 서서히 산화작용을 하지만 산성용액인 때 가장 크므로 대부분이 황산산성용액 중에서 사용한다.

$$K_2Cr_2O_7 + 4\,H_2SO_4 \longrightarrow K_2SO_4 + Cr_2(SO_4)_3 + 4\,H_2O + 3\,O$$

무수크롬산(CrO_3)을 식초산에 녹인 용액도 산화제로 사용한다.

$$2\,CrO_3 \longrightarrow Cr_2O_3 + 3\,O$$

안트라센을 산화하면 반응은 느리지만 정량적으로 **안트라퀴논**이 된다. 무수크롬산과 중크롬산염은 유기합성공업에서 산화제로 제일 많이 사용한다. 향료공업에서는 anethole로부터 anisic aldehyde, Isosalfarrol에서 piperonal합성 등에 사용된다. 한편 중크롬산염은 *α*-naphthol과 dimethyl-*p*-phenyl-enediamine으로부터 indophenol 합성에 그리고 methylene blue나 safranine 등 합성염료공업에서도 사용된다.

7.2.3 염소산과 그의 염

하이포염소산(HClO)은 불안정하여 쉽게 분해한다. 리튬, 나트륨, 칼륨의 하이포할로겐산염은 건조상태에서는 안정하지만 젖은 상태에서는 쉽게 분해한다. 하이포할로겐산, 아염소산(HClO), 염소산($HClO_3$) 및 이들의 염은 전부 강한 산화제이다. 표백분으로 알려진 $Ca(ClO)_2$는 섬유, 펄프 등의 산화제로 많이 사용한다. 하이포염소산의 분해는 격렬하지는 않으나 코발트나 니켈염을 가하면 분해가 촉진되어 산화작용이 빨라진다. 아염소산나트륨($NaClO_2$)은 80%이상이 표백제로 사용된다. 이산화염소(ClO_2)는 $NaClO_2$에 Cl_2를 작용시키면 생성한다. ClO_2는 강한 산화제로 펄프표백제로 많이 사용하는데 실온에서는 분해하므로 보관할 수 없다. 사용할 때 직접 만들어 사용한다. 염소산($HClO_3$)과 이것의 염도 강한 산화제이다. 염소산은 40%농도까지는 농축이 가능하며 40℃ 이상의 온도에서 분해한다. 실험실에서는 산화제로 많이 사용하는데 에탄올이나 디에틸에테르로부터 식초산, 에틸렌을 에틸렌글리콜로, 알릴알코올을 글리세린으로 산화할 수 있다. 광산 등과 함께 혼산을 사용하면 아닐린으로부터 아닐린 블랙을 만들 수 있다. 공업적으로는 염소산염이 많이 사용된다. $KClO_3$는 강한 산화제로서 실험실에서는 순수한 산소공급제로 사용한다. 이것은 산화력이 너무 강하므로 분말상태로 폭약, 성냥 등에 산화제로 사용된다. 융점(357℃)까지 가열하면 분해하여 KCl과 산소로 되는데 $KClO_3$ 1당량에서 1.5당량의 산소가 발생한다.

$$KClO_3 \xrightarrow{\Delta} KCl + 1\frac{1}{2}O_2$$

$NaClO_3$는 $KClO_3$보다 용해도가 크고 값이 싸므로 실험실이나 공업적으로 많이 사용된다.

7.2.4 과산화물

과산화물로는 과산화수소(H_2O_2) 이외에 과산화나트륨(Na_2O_2), 과산화연(PbO_2), 이산화망간(MnO_2) 등이 있는데 보통 산성용액에서 사용한다.

이산화연은 식초산(또는 황산, 염산)과 함께 사용한다.

$$PbO_2 + 2\,CH_3COOH \longrightarrow Pb(CH_3COO)_2 + H_2O + O$$

이산화망간은 황산과 함께 산화제로 사용한다. 톨루엔으로부터 벤즈알데히드를 만드는데 MnO_2를 황산용액에서 반응시키면 된다.

$$MnO_2 + H_2SO_4 \longrightarrow MnSO_4 + H_2O + O$$

과산화수소와 과산화나트륨도 유기합성반응에 사용하는데 특히 유기과산화물제조에 유용하다.

7.2.5 질 산

질산과 산화질소도 산화제로서 실험실에서나 공업적으로 사용한다. 이 때 부반응으로 니트로화합물이 생기기 쉽다. 그러므로 니트로화되지 않는 유기화합물의 산화에 사용해야 한다. xylene으로부터 toluic acid, *p*-cumene($CH_3C_6H_5CH(CH_3)_2$)에서 *p*-toluic acid합성에 질산이 사용된다. 질산과 황산의 혼산 중에서 수은, 구리 및 셀렌화합물을 촉매로 사용하면 헤테로고리 방향족화합물의 질소화합물을 산화할 수 있다. 발연황산과 수은혼합물도 강한 산화제인데 이것으로 나프탈렌에서 무수프탈산, 안트라퀴논으로부터 카복시기를 가진 알리자린유도체를 만들 수 있다. 이외에도 구리의 1가 및 2가의 염 또는 구리산화물도 알도스나 케톤을 산화한다. 발연황산, 알칼리용융 및 오존도 산화제로 사용한다.

7.3 산화제를 사용하는 액상 산화반응

Isoeugenol의 산화에 의한 vanilline의 합성

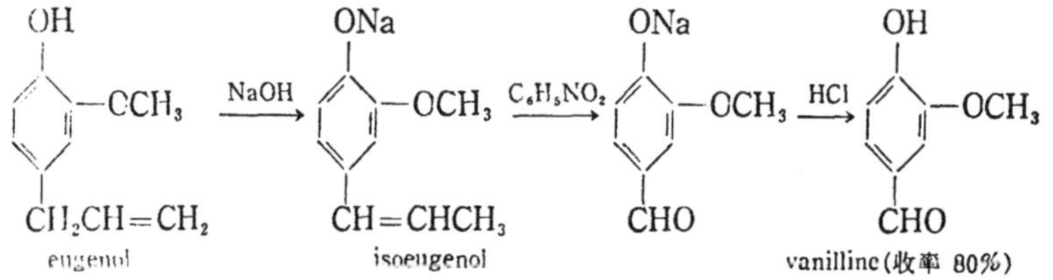

isoeugenol을 산화하여 vanilline을 합성하는 반응은 방향족환의 측쇄의 산화반응이다. 강한 산화제인 중크롬산염이나 과망간산염으로 산화하면 –OH가 산화될 염려가 있으므로 아세틸화하여 보호해야 한다. 그러나 이 방법으로 산화해도 알데히드의 단계를 넘어 카복시산이 되므로 최종생성물은 방향족산이 된다. 그러므로 온화한 산화제인 니트로벤젠으로 가압하에서 반응시키면 vanilline을 좋은 수율로 합성할 수 있다. vanilline을 100kg 합성하는 eugenol 135kg, 니트로벤젠 100kg 및 HCl(20℃ Bé) 160kg이 필요하다. 실제 제조시에는 가압반응조에서 eugenol과 희박한 NaOH수용액을 혼합하여 160℃로 가열하고 약간 냉각한 다음 HCl로 중화하여 vanilline을 얻는다.

7.4 공기를 사용하는 액상 산화반응

공기 또는 산소를 사용하는 산화반응은 **자동산화**로 라디칼의 연쇄반응메카니즘으로 반응이 진행된다. 연쇄반응시간이 길어지면 hydroperoxide가 생성되며 이 때 반응열로 폭발하기도 한다. 반응조건이 좋지 않으면 반응의 진행에 따라 케톤, 카복시산, 알코올, 에스테르 등이 생성되게 한다. 공업적인 산화반응에서는 hydroperoxide의 제조를 목적으로 할 때와 알코올, 카르보닐화합물 또는 유기산 제조를 목적으로 하는 때가 있다. 전자에서는 보통 반응온도가 낮고 촉매를 사용하지 않을 때가 많다. 그리고 hydroperoxide는 알칼리에서 안정하므로 반응계를 알칼리성으로 하여 산화하는 유화산화법을 많이 이용하고 있다. 그러나 알코올, 카르보닐화합물 또는 산의 제조를 목적으로 할 때는 hydroperoxide를 먼저 만든 다음, 이것을 별도로 분해하는 2단계법(예 : 쿠멘법)과 hydroperoxide의 제조와 분해를 동시에 하는 1단계법이 있다. 많이 사용하는 방법은 1단계법이다. 2단계법은 1단계법으로 합성할 수 없을 때 사용한다. 일반적으로 액상산화반응에서는 촉매를 용액에 녹이거나 현탁하여 사용하며 초기의 온도는 높게 하고 점차 온

도를 낮추면서 반응수율을 높인다. 반응 도중에 생성하는 hydroperoxide는 폭발위험성이 있으므로 항상 반응조내의 기벽의 국부적인 과열을 피해야 한다. 특히, 기상부인 용액상층기벽의 hydroperoxide는 급격한 분해로 폭발할 염려가 있으므로 반응액으로 기벽을 씻어 주어야 한다. 또다른 폭발방지방법으로는 산소 대신 공기를 사용하든가 질소 등 불활성기체와 산소를 혼합하여 사용하는 방법을 많이 채용하고 있다.

액상산화반응에서 용매의 산화나 연쇄반응을 일으키지 않는 아세트산, 부틸산, *o*-디클로로벤젠, 트리클로로벤젠 및 사염화탄소 등을 반응용매로 사용하여 hydroperoxide 생성에 의한 폭발을 방지하고 있다. 고체의 산화반응에서도 고체원료를 이들 용매에 용해하여 반응시킨다.

7.5 Hydroperoxide 생성메카니즘

탄화수소, 에테르, 아세탈($RCH(OR)_2$), 알데히드, 케톤 등을 공기 또는 산소로 반응시키면 유기과산화물인 hydroperoxide가 생성된다. 이 반응에서 반응 초기에는 속도가 느린 유도기간을 거친 다음에야 비로소 반응속도가 증가하게 되는데 이것은 라디칼반응이기 때문이다. 이런 산화반응을 **자동적 산화반응**(auto-oxidation)이라고 한다. 라디칼반응은 빛이나 가열에 의하여 반응이 촉진되는데 hydroperoxide의 생성메카니즘은 다음과 같다.

$RH \longrightarrow R\cdot$ 連鎖開始反應(initiation)

$R\cdot + O_2 \xrightarrow{h\nu} RO_2\cdot$
$RO_2\cdot + RH \xrightarrow{h\nu} RO_2H + R\cdot$
} 連鎖進行反應(propagation)

$2R\cdot \xrightarrow{h\nu}$
$2RO_2\cdot \xrightarrow{h\nu}$
$R\cdot + RO_2 \xrightarrow{h\nu}$
} 不活性物質
$R. + M \longrightarrow$ 不活性物質
} 連鎖停止反應(termination)
M : 酸化妨害物質

여기서 산소분자도 라디칼로서 개시제가 될 수 있으나 유기화합물에서 생성한 R·보다 약하므로 초기반응에서 생성된 다음에 hydroperoxide인 $RO_2\cdot$라디칼이 생성될 것이다. 산화되는 위치는 R·의 안정성에 기인되는데 일반적으로 3차탄소가 산화되기 쉽고 이중결합이 존재할 때는 공조효과 때문에 이중결합 다음에 있는 α탄소가 산화되기 쉽다.

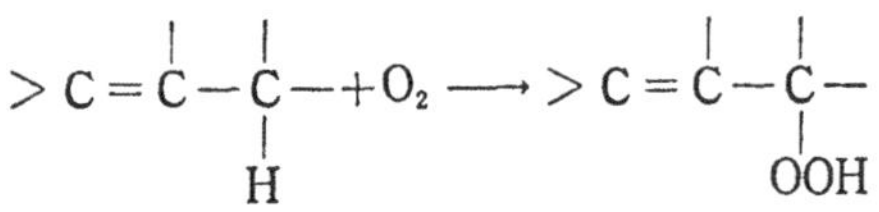

자동산화반응에서 페놀, 방향족아민, 안트라센 등은 산화반응을 방해하는 작용을 하므로 제거해야 된다. 탄산수소류 등에서 이런 물질을 제거하기 위해서 농황산이나 염화알루미늄처리를 한다. 자동산화의 유도기간은 반응온도가 높아지면 짧아진다. 그러나 온도가 너무 높아서 산소의 용해도가 적어지면 반응속도는 작아진다.

연쇄진행반응이 속도조절단계이면 산소농도가 커질수록 반응속도는 커지는데 RO· + RH —→ ROH + R·가 속도조절단계일 때는 산소농도에 관계없다. 과산화벤조일 등을 첨가하면 유도기간을 단축할 수 있다. 또한 알데히드, 케톤 등의 산화반응에서는 활성라디칼을 생성하기 위한 물질을 미량 첨가하든가 촉매로서 코발트, 구리, 망간, 니켈, 크롬, 바나듐 등의 이온을 미량(1×10^{-5}~1×10^{-3} g-atom/mole) 첨가해도 효과가 있다. 그리고 반응중에 산화방해물질의 생성으로 반응이 정지하는 것을 막기 위해서는 백금흑, 팔라듐흑이나 코발트, 망간, 구리 등의 산화물을 첨가해도 효과가 있다. 항산화성용제로는 아세트산, 부틸산, *o*-디클로로벤젠, 트리클로로벤젠, 사염화탄소 등이 좋다.

7.6 기상접촉산화

7.6.1 파라핀계 탄화수소의 산화

파라핀계 탄화수소의 산소 또는 공기에 의한 산화반응은 라디칼반응으로 병발반응이 일어나므로 상당히 복잡한 연쇄반응이다. 원료, 반응조건, 촉매 등에 따라 반응형식도 다르며 이들 조건을 적당히 조절하면 포름알데히드, 아세트알데히드, 아세톤 등, 카르보닐화합물이나 메탄올, 프로판올, 글리콜 등, 알코올 또는 아세트산 등의 유기산을 만들 수 있다. 반응 초기에는 과산화수소가 생성되므로 반응가스를 급랭하여 과산화산소를 제조하기도 한다. 이외에 부분연소에 의한 고온분해로 아세틸렌, 일산화탄소 및 수소 등도 제조한다.

파라핀계 탄화수소의 기상산화반응의 특징은 다음과 같다.

(1) 연쇄반응으로 라디칼의 농도가 어느 정도에 도달할 때까지 반응에는 유도기가 있다. 라디칼생성물질의 첨가에 따라 유도기를 없애거나 단축시킬 수 있다.

(2) 유도기가 끝나면 반응속도는 급속히 증가하여 정상치에 도달한다. 반응속도는 탄화수소 농도에 의존하지만 산소는 일정농도 이상에서는 영향이 없다.

(3) 탄화수소의 구조는 반응속도나 생성물의 영향을 받는다. 반응속도는 분자량의 크기에 비례한다. 반응은 수소의 제거로 일어나는데 반응의 크기의 순서는 다음과 같다.

$$3차수소 > 2차수소 > 1차수소$$

(4) 반응기의 표면이나 충전물에 따라 산화속도나 생성물의 종류나 수율 등에 영향을 미친다. 충전물이 있을 때는 유도기간이 단축되지만 산화반응은 억제된다. 표면의 성질에 따라 수율이 달라진다.

7.6.2 저급탄화수소의 산화

메탄의 상압열산화반응은 400℃ 이상에서 일어난다. 반응은 575℃ 이상에서 빨라지는데 유도기간에는 포름알데히드가 주로 생성되지만 이 유도기를 넘어서면 반응은 급속히 진행되어 포름알데히드는 산소와 반응하여 OH·라디칼이 생성되면서 라디칼연쇄반응이 단계적으로 진행되어 최종생성물은 CO와 H_2O가 된다. 그러므로 상압하에서 메탄의 열화학반응으로는 포름알데히드의 생성반응은 적합하지 않다. 반응메카니즘은 다음과 같다.

$$CH_3 + O_2 \longrightarrow CH_3\cdot + HOO\cdot$$
$$CH_3\cdot + O_2 \longrightarrow HCHO + HO\cdot$$
$$HCHO + O_2 \longrightarrow \text{자유라디칼} \longrightarrow HO\cdot$$
$$CH_4 + HO\cdot \longrightarrow CH_3\cdot + H_2O$$
$$CH_3\cdot + O_2 \longrightarrow HCHO + HO\cdot$$
$$HCHO + HO\cdot \longrightarrow H_2O + CHO\cdot$$
$$CHO\cdot + O_2 \longrightarrow CO + HOO\cdot$$
$$CHO\cdot + O_2 + M \longrightarrow CHO_3\cdot + M$$
$$CHO_3\cdot + HCHO \longrightarrow 2CO + H_2O + HO\cdot$$

그러나 메탄을 가압하(10~150기압)에서 350~400℃로 산화하면 주생성물은 메탄올이 된다. 실례로 메탄 90%, 산소 3%, 질소 7%의 혼합가스를 50기압, 430℃로 5초동안 반응시켰을 때 메탄올 51%, 포름알데히드 4.1%를 얻었다. 이때의 반응메카니즘은 다음과 같다.

$$CH_4 + O_2 \longrightarrow CH_3\cdot + HOO\cdot$$
$$CH_3\cdot + O_2 \longrightarrow CH_3OO\cdot$$
$$CH_3OC\cdot + CH_4 \longrightarrow CH_3OOH + CH_3\cdot$$
$$CH_3OOH \longrightarrow CH_3O\cdot + HO\cdot$$
$$CH_3O\cdot + CH_4 \longrightarrow CH_3OH + CH_3\cdot$$

에탄을 상압에서 산화할 때 400℃ 이하에서는 포름알데히드와 소량의 아세트알데히드가 생성되지만 400℃ 이상의 온도에서는 탈수반응으로 에틸렌이 주생성물이 된다. 수 기압 정도의 중압산화반응에서는 에틸렌의 생성이 적고 포름알데히드가 주생성물이 된다. 그러나 압력이 높아지면 알코올이 주생성물이 되는데 압력을 더 증가시키면 아세트알데히드, 아세트산 등 C_2화합물의 생성량이 증가한다. 50기압에서 에탄 90%, 질소 7%, 산소 3%의 조성으로 360℃에서 반응시키면 에탄올이 63% 정도 생성되는데 이때의 반응메카니즘은 다음과 같다.

$$C_2H_5\cdot + O_2 \longrightarrow C_2H_5OO\cdot$$
$$C_2H_5OO\cdot + C_2H_6 \longrightarrow C_2H_5OOH + C_2H_5\cdot$$
$$C_2H_5OOH \longrightarrow C_2H_5O\cdot + HO\cdot$$
$$C_2H_5O\cdot + C_2H_5 \longrightarrow C_2H_5OH + C_2H_5\cdot$$
$$C_2H_5O\cdot + O_2 \longrightarrow CH_3CHO + HO_2\cdot$$

7.6.3 올레핀의 산화

저급올레핀의 기상접촉산화의 대표적인 반응은 에틸렌의 산화에 의한 에틸렌옥시드의 제조이다. 에틸렌옥시드는 에틸렌글리콜, 에탄올아민 및 계면활성제 등 중요화합물 중간체로 그 수요가 급격히 증가하고 있다. 종래에는 2단계법이 에틸렌클로로히드린법을 사용하였다. 그러나 직접산화법인 에틸렌의 기상접촉산화법이 경제적으로 유리하므로 현재는 대부분 이 방법을 채용하고 있다.

공업적으로는 은을 담체에 석출시킨 촉매를 사용하여 공기 산화시키는데 반응식은 다음과 같다.

$$C_2H_4 + \frac{1}{2}O_2 \xrightarrow{} \underset{O}{\overset{CH_2-CH_2}{\diagdown\diagup}} \qquad \Delta H = -28.0\ \text{kcal/mole} \qquad (1)$$

$$C_2H_4 + 3\,O_2 \longrightarrow 2\,H_2O + 2\,CO_2 \qquad \Delta H = -316\ \text{kcal/mole} \qquad (2)$$

이 반응은 발열반응으로 (1)의 주반응 이외에 (2)의 에틸렌의 연소반응이 일어나므로 (2)의 반응을 억제하기 위해서는 반응열을 제거하는 것이 중요하다. 반응열이 상승하면 (2)의 연소반응이 일어나고 따라서 촉매는 소결되어 촉매활성이 저하한다. 반응열에 의한 온도상승을 억제하기 위해서는 다관식반응기의 내관에 은촉매를 충전하고 외부는 Dowtherm과 같은 열매체를 순환하여 반응열을 제거해야 한다. 또 반응속도나 반응열의 발생을 억제하기 위하여 불활성가스를 혼합하든가, 부반응을 억제하기 위해서 반응억제제인 에틸렌클로리드의 첨가, 유동촉매 등을 사용하는 방법이 강구되고 있다. 불활성가스로는 탄산가스나 수증기를 사용한다. 수증기를 다량 첨가하면 생성적인 에틸렌옥시드가 가수분해된다. 에틸렌클로리드는 에틸렌에 대하여 2% 정도면 된다. 다량 사용하면 촉매독이 된다. 유동화촉매는 온도를 조절하는 데 효과가 있다. 반응온도는 220~280℃ 때가 제일 좋다. 촉매활성은 반응을 함에 따라 점차 저하되므로 촉매를 오래 사용할 때는 반응온도를 점차 상승시키게 된다.

McBee 등은 코런덤담체에 은촉매를 침지시켜, 1,2-디클로로에탄을 가하고 268℃에서 공기와 에틸렌의 비율을 10.5:1로 하여 1초간 접촉하여 반응시켰을 때 에틸렌옥시드의 수율은 55%였다고 한다. Foerst는 공기와 에틸렌의 비를 97:3 vol%로 공급한 원료가스를 다관식반응기에서 200~240℃로 반응시켰을 때 에틸렌은 2 vol%가 반응하여 에틸렌옥시드가 1~1.2vol%가 생성하였다고 한다. 이때 부반응물은 대부분이 물과 탄산가스이다. 이때의 에틸렌옥시드의 수율은 50~55%라고 한다. 원료가스를 정제하여 과열을 방지하면서 반응시키면 촉매는 1개월 후에도 활성은 저하하지 않는다.

공업적인 제법은 에틸렌을 원료가스의 3% 농도로 반응시켜 향류흡수탑에서 물로 추출하고 감압으로 에틸렌옥시드를 방출시키면서 물은 응축시켜서 제거한다. 최후에 분류로 99.5%의 에틸렌옥시드를 얻을 수 있다. 에틸렌옥시드의 제조장치는 그리 7-1과 같다.

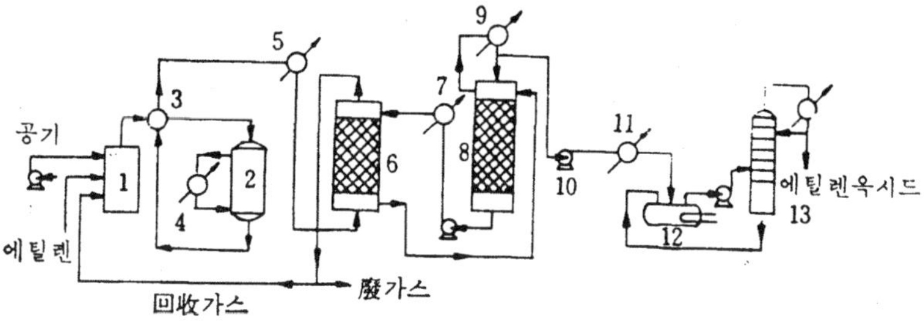

1 : 混合機	2 : 反應器	3 : 熱交換器	4 : Dawtherm 水冷機	5 : 冷却器
6 : 吸收	7 : 冷却器	8 : 蒸發機	9 : 減壓콘덴서	10 : 콤프레서
11 : 常壓콘덴서	12 : 加熱器	13 : 分溜塔		

그림 7-1 에틸렌옥시드 제조장치

에틸렌의 공기혼합물은 그 비율에 따라 자연발화하게 되는데 한계는 다음과 같다.

공기 중의 에틸렌 ………………… 3%(하한)~29%(상한)

산소 중의 에틸렌 ………………… 2.8%(하한)~79.9%(상한)

공기 중의 에틸렌옥시드 ……… 3%(하한)~80%(상한)

프로필렌을 은촉매를 사용하여 에틸렌옥시드를 합성하는 방법과 같은 방법으로 산화반응을 시키면 프로필렌옥시드가 된다. 그러나 Cu_2O촉매로 산화하면 아크롤레인이 된다. 아크롤레인은 글리세린이나 알릴알코올 등 합성화학에서 중요하다.

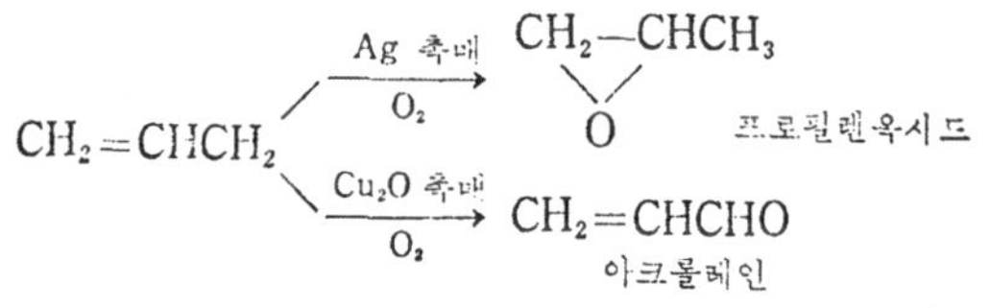

탄소수가 세 개 이상인 올레핀을 Cu_2O촉매로 산화하면 알데히드나 케톤의 비닐화합물이 된다. 프로필렌을 직접산화반응으로 아크롤레인을 만들 때 Cu_2O촉매를 SiC담체에 침지시켜 반응온도 375℃에서 다음과 같은 조성으로 반응시킨다. 프로필렌 20%, 공기 20%, 수증기 60%, (부피%)의 혼합물을 접촉시간 1초로 상기 촉매에 통과시킨다. 반응은 다관식반응기를 사용하여 촉매를 관에 채우고 이 관의 바깥으로 가스혼합물을 통과시켜서 열교환시킨다. 생성물은 90% 정도의 아크롤레인 이외에도 아세트알데히드, 포르말린, 아세톤, 프로피온알데히드가 소량씩 부생한다. 반응장치는 그림 7-2와 같다. 반응기에서 나오는 반응가스는 물로 씻기 전에 냉각시킨다. 수세포집탑에서는 아크롤레인 이외에 프로피온알데히드, 아세트, 아세트알데히드, 포름알데히드 등도 포집된다. 탑 위로부터 나오는 폐가스 중에는 질소, 프로필렌, 탄산가스, 산소 등이 나오는데 여기에 다시 공기를 보충하여 반응기에 재순환시켜 반응시킨다. 폐가스 중의 불활성가스의 양을 조절하기 위하여 일부는 방출하여 버린다. 이 방출가스 중의 프로필렌은 다시 반응기 중에 넣어 아크롤

레인을 만든다.

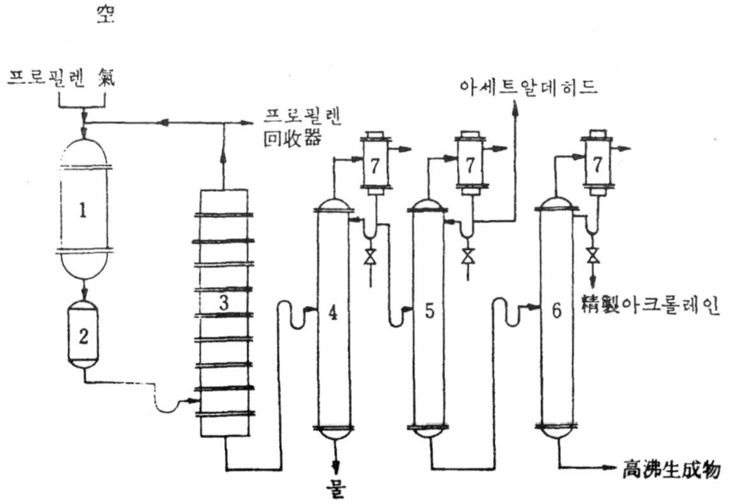

1 : 酸化器　　2 : 冷却器　　3 : 水洗補集塔　　4, 5, 6 : 蒸溜塔　　7 : 컨덴서

그림 7-2 아크롤레인 제도

아크롤레인과 이소프로필알코올을 반응시키면 알릴알코올과 아세톤이 된다. 이 알릴알코올을 과산화수소로 히드록실레이션(hydroxylation)을 하면 글리세린이 된다.

$$CH_2{=}CHCHO + \underset{\displaystyle OH}{CH_3\overset{}{C}HCH_3} \longrightarrow CH_2{=}CHCH_2OH + \underset{\displaystyle \overset{\|}{O}}{CH_3CCH_3}$$

$$CH_2{=}CHCH_2OH + H_2O_2 \longrightarrow \begin{matrix} CH_2 & OH & CH_2 \\ | & | & | \\ CH & OH & OH \end{matrix}$$

7.6.4 알코올의 산화반응

포르말린은 고정상에 있는 가열된 촉매층에 메탄올과 공기의 혼합물을 상압하에 통과시켜 생성하는 가스를 물로 세척하여 수용액으로 포집하여 만드는데 그 제법에는 크게 나누어 두 가지 방법이 있다.

(1) 구리와 은촉매층에 농후한 메탄올을 함유하는 메탄올-공기혼합가스를 통과시킨다. 생성된 가스 중에는 포름알데히드 이외에도 18~20%의 수소와 1% 이하의 산소 및 소량의 CO, O_2를 함유한다. 이때의 반응은 다음과 같이 진행된다.

$$CH_3OH + \frac{1}{2}O_2 \longrightarrow HCHO + H_2O + 38\,kcal \qquad (1)$$

$$CH_3OH \rightleftharpoons HCHO + H_2 \quad - 20\,kcal \tag{2}$$

$$H_2 + \frac{1}{2}O_2 \longrightarrow H_2O \quad + 58\,kcal \tag{3}$$

식 (1)과 같이 주반응 이외에도 식 (2)의 탈수계반응과 식 (3)의 산화반응이 일어난다. 식 (3)의 산화반응은 큰 발열반응을 하므로 이때의 반응열이 촉매의 활성을 유지하고 식 (2)의 탈수소반응을 진행시키는 데 충분한 열을 공급하게 된다.

(2) 둘째 반응형식으로는 철-몰리브덴산화물을 촉매로 하여 메탄올을 소량 함유하는 (5~10vol%) 공기와의 혼합가스를 산화반응시키면 메탄올을 소량 함유하는 포름알데히드가 생성하는데 생성물에는 미반응산소 이외에도 소량의 수소가 함유된다.

$$HCHO \longrightarrow CO + H_2 \tag{4}$$

$$HCHO + \frac{1}{2}O_2 \longrightarrow HCOOH \quad \text{또는} \quad CO + H_2O \tag{5}$$

$$HCHO + O_2 \longrightarrow CO_2 + H_2O \tag{6}$$

부반응으로 포름알데히드의 분해반응[식 (4)]과 산화반응[식 (5),(6)]이 일어난다. 식 (4)의 반응은 400℃ 이상에서 빨라진다.

식 (2)에서 메탄올의 탈수소반응의 평형식은 식 (7)로 나타낼 수 있다.

$$K_p = \frac{P_{HCHO}\ P_{H_2}}{P_{CH_3OH}} = \log 10^{-1}\left[-\frac{4600}{T} + 6,470\right]$$

이 식으로 계산하면 400℃에서는 50%, 500℃에서는 90%, 700℃에서는 메탄올의 99%가 탈수소반응을 하여 포름알데히드가 된다. 포름알데히드의 열분해반응보다는 이 반응이 느리므로 실제의 수율은 이보다 낮다.

현재 사용되는 공업적인 방법에서는 구리망촉매를 사용하여 550~600℃에서 반응시킨다. 메탄올과 공기의 혼합공급속도로 반응온도를 일정하게 유지한다.

메탄올 1lb에 대하여 건조공기 2.18lb(27.6ft^3)를 사용한다. 이 비율의 메탄올과 공기가 증발관에서 증발되어 즉시 촉매반응기에 들어가서 반응된다. 이렇게 하여 합성한 포르말린은 메탄올 9%, 포름알데히드 37%, 물 54%를 함유하는 수용액이다. 100g의 메탄올로부터 포름알데히드 82~85%(이론량 93.75g)가 생성된다. 그러므로 메탄올 100g으로부터 190~200g의 포르말린(시판품)이 생성된다. 이 포르말린은 온도가 약간만 낮아져도 포름알데히드의 폴리머가 생성하여 불용상태의 백탁물이 되어 침전하지 않는다. 그러나 메탄올이 없는 포르말린은 침전물이 생성한다. 최근에는 메탄올 대신에 안정제를 첨가하여 메탄올 첨가 없는 포르말린을 만들고 있다. 포르말린수용액을 황산 존재하에 증발시켜 고체의 포름알데히드 삼량체의 고리화합물로 된 trioxan(trioxymethylene)은 95%의 포름알데히드함량을 가지고 있다.

독일의 Leverkusen, Ludwigshafen사는 은촉매를 사용하여 메탄올과 공기를 1:1로 사용하여 반응시키는데 이 혼합비는 폭발한계의 상한이다. 반응온도는 635℃이고 1회 반응으로 65%의 반응률을 얻는다. 반응조건을 잘 조절하면 55%가 발열이고 45%는 흡열인 탈수소반응으로 진행된다. 부반응도 일어나서 CO, CO_2, HCOOH 등을 생성한다. 은촉매의 결점은 촉매 표면에 스폰지상의 은층을 형성하는 것인데 온도변화, 수증기 등이 촉진제가 된다.

7.6.5 에틸알코올 및 기타 알코올의 산화

에탄올을 기상에서 탈수소 또는 산화반응을 하면 효율좋게 아세트알데히드를 만들 수 있다. 은촉매로 550℃에서 1회 반응으로 반응율은 50~55%이고 아세트알데히드의 수율은 85~95%가 된다. 소량의 코발트와 크롬을 첨가한 구리촉매를 석면에 침지하여 275℃에서 반응시키면 1회의 반응율 50%, 아세트알데히드수율은 85%가 된다.

에탄올의 기상상태에서의 직접 공기산화로 아세트산을 만드는 방법은 포름알데히드, 이산화탄소 등이 생성하기 때문에 수율이 좋지 않다. 그러므로 에탄올과 아세트알데히드는 다시 순환하여 산화하는 방법을 사용한다. 에탄올 1부에 아세트알데히드 1.077부, 공기 1.055부, 수증기 0.196부의 혼합물을 273℃로 반응시키면 아세트산 0.182부, 아세트알데히드 1.078부, 에탄올 0.855부가 생성된다. 이 생성물을 다시 재순환하면서 에탄올을 공급하면 에탄올 1부에서 아세트산 1.086부, 아세트알데히드 0.091부가 생성된다.

구리-아연, 구리-크롬계촉매로 에탄올을 탈수소하여 아세트산을 만들 때는 250~400℃에서 반응시킨다. 반응생성물은 수세로 포집하고 아세트알데히드는 증류로 분리하면 수율은 90%정도 된다.

이소프로필알코올에서는 아세톤, *sec*-부틸알코올에서는 메틸에틸케톤이 생성된다.

$$CH_3CH(OH)CH_3 + \frac{1}{2}O_2 \xrightarrow{ZnO} CH_3\overset{\overset{O}{\|}}{C}CH_3 + H_2O$$

$$CH_3CH_2CH(CH_3)OH + \frac{1}{2}O_2 \xrightarrow{ZnO} CH_3CH_2\overset{\overset{O}{\|}}{C}CH_3$$

공업적으로는 프로필렌, 부틸렌에 황산을 부가시키고 수화반응(가수분해)으로 이소프로필알코올과 *sec*-부틸알코올을 만든다.

2가알코올인 에틸렌글리콜을 산소 또는 공기로 산화구리촉매에서 반응시키면 글리옥살이 된다.

$$\underset{OH}{CH_2}-\underset{OH}{CH_2} \xrightarrow[CuO]{O_2} \underset{O}{\overset{}{HC}}-\underset{O}{CH} + 2H_2O$$

포름알데히드, CO_2의 생성을 억제하기 위하여 디클로로에탄 등을 억제제로 첨가한다.

7.6.6 방향족탄화수소의 기상공기산화

현재 공업적인 규모로 기상접촉산화반응을 실시하고 있는 것은 벤젠, *o*-Xylene, 나프탈렌, 안트라센, 에틸벤젠 등이다.

말레산무수물(maleic anhydride)은 대부분을 벤젠으로부터 생산하고 있다. 벤젠 이외에도 푸르프랄, 부틸렌, 크로톤알데히드, 시클로펜타디엔 등으로부터 만든다. 프탈산무수물 제조의 부산물에서 얻기도 한다.

말레산무수물은 폴리에스테르, 도료의 건성유제조, 농약원료, 제지공업에서 sizing제 등에 많이 사용한다.

프탈산무수물은 석탄건류에서 나오는 타르를 분류하여 얻어지는 나프탈렌이나 석유의 개질화과정에서 생기는 *o*-xylene으로부터 공기산화반응으로 얻는다.

프탈산무수물은 PVC의 가소제인 프탈산에스테르의 제조와 알키드수지, 불포화폴리에스테르 및 염료, 안료 등 제조에 사용된다. 프탈산보다는 용도가 적지만 테레프탈산이나 이소프탈산도 *p*-, *m*-xylene을 산화시켜 만든다.

안트라센의 기상산화에 의한 안트라퀴논의 제조는 액상에서의 크롬산산화에 의한 방법, 전해산화, 프탈산무수물의 Friedel Craft's 반응 등과 같이 공업적으로 중요한 반응 중의 하나이다.

7.6.7 벤젠의 산화

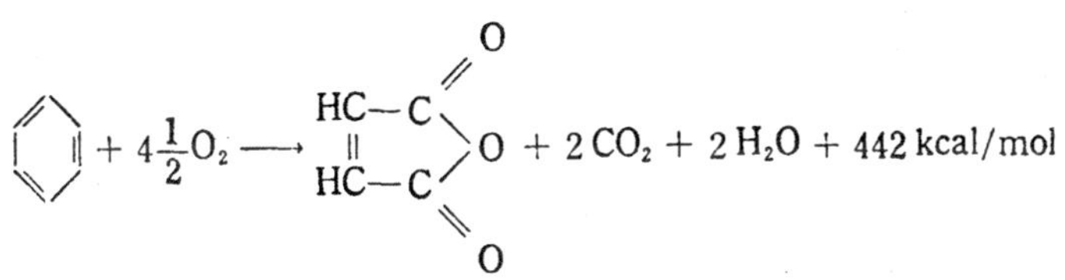

벤젠을 산화하여 말레산무수물을 만들 때 1몰의 벤젠에 대하여 9원자의 산소가 필요하다. 말레산무수물 1kg을 생산할 때 발열은 5600kcal이므로 나프탈렌의 기상산화로 프탈산무수물을 만들 때의 발열량의 60% 정도가 많다. 그러므로 촉매층의 과열을 제거하는 조작이나 장치가 필요하다. 반응을 좌우하는 조건을 보면 촉매, 반응가스의 농도, 공간속도, 반응온도 등이다. 원료가스의 공간속도에 따라 말레산무수물 이외에 페놀, 퀴논 등이 부반응으로 생성되며 말레산은 다시 산화하여 CO, CO_2 등으로 분해한다. 촉매는 일반적으로 V_2O_5를 사용하는데, V_2O_5를 비교적 불활성담체인 알런덤(alundum)이나 경석의 표면에 코팅하거나, V_2O_5와 실리카겔의 혼합성형물에 조촉매(MoO_3)를 첨가하여 사용한다.

앞에서 언급한 바와 같이 벤젠을 산화하여 말레산무수물을 만드는 데 필요한 산소의 양은 벤젠 1몰에 대하여 4.5몰의 산소가 필요하므로 벤젠 1g에 대해서는 약 6.6ℓ의 공기가 필요하지만 실제제조과정에서는 이보다 훨씬 많아서 약 20~60ℓ의 공기가 사용된다.

반응온도는 조건에 따라 다르다. 촉매의 제조법, 사용기간, 공기와 탄화수소의 비, 공간속도 등에 따라 반응속도가 달라지며 특히 촉매를 오래 사용하여 활성이 낮아지면 반응온도를 상승시켜야 한다. 또 공간속도가 빠르면 온도는 높아야 한다. 말레산무수물은 프탈산무수물때보다 높아서 보통 400~480℃ 범위에서 반응시킨다.

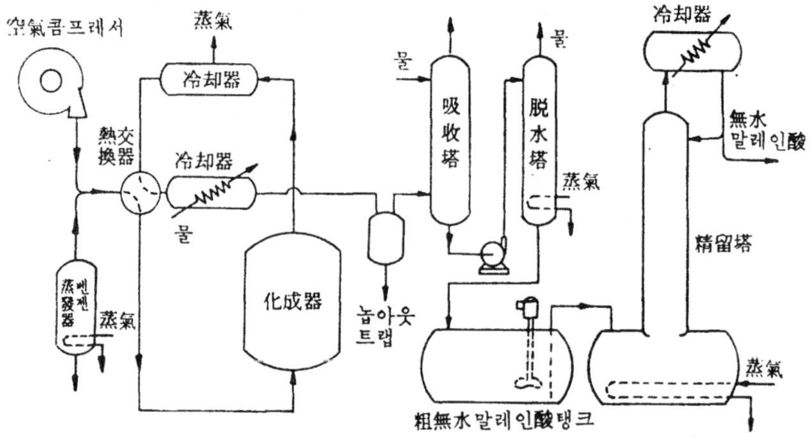

그림 7-3 말레산무수물 제조장치도

산화반응 못지 않게 생성한 말레산무수물을 회수하는 데도 큰 문제가 있다. 회수하는 방법은 대략 3가지 방법이 있다. 첫째 방법은 반응가스를 그대로 냉각하여 결정으로 석출하는 방법이며, 둘째 방법은 용제를 사용하여 희석시켜 회수하는 방법이 있으며, 세 번째 방법은 물에 흡수시킨 다음 탈수분해시키는 방법인데, 공업적으로 많이 사용하고 있는 것은 둘째와 셋째 방법이다.

용제추출법은 α-클로로나프탈렌으로 45℃에서 용해시킨 다음 3℃에서 말레산무수물을 결정으로 석출시키거나 DBP로 말레산무수물을 증기상태에서 흡수하여 정류탑에서 분리한다. 물에 흡수시키는 방법은 용제의 손실이 없고 흡수가 쉽지만 프말산으로 전위하기 쉽기 때문에 이 문제를 고려해야 한다. 물에 흡수시킨 다음 탈수법으로는 감압증류로 분리하는 열탈수법과 말레산수용액이나 농후수용액의 40~70% 말레산무수물을 함유하고 있는 크실렌에 넣어 추출증류로 물을 먼저 제거하고 다시 크실렌과 말레산무수물을 분리한다. 벤젠의 산화에 의한 말레산무수물 제조장치도(scientific design사)를 그림 7-3에 도시한다. 공기 중의 벤젠의 농도를 0.6~1.6vol%, 반응온도 370~460℃, 접촉시간 0.1~0.2초로 수율은 70~80wt%이다.

7.6.8 크실렌과 나프탈렌의 산화

프탈산무수물은 크실렌과 나프탈렌으로부터 산화반응하여 만든다.

(1) 크실렌의 산화

크실렌은 석유의 C_8유분을 방향족화반응시킬 때 에틸벤젠과 함께 여러 가지 이성체로 얻어지는데 이성체의 비율은 제조과정에 따라 다르지만 대략적인 것은 표 7-1과 같다.

표 7-1 C_8유분으로부터 만든 각 성분

成 分	石炭乾溜 (%)	芳香族化反應 (%)
o-크실렌	10	25
m-크실렌	65	45
p-크실렌	15	20
에틸벤젠	10	10

크실렌이성체의 산화반응으로 생성하는 화합물은 각각 다르다. *o*-크실렌으로부터는 프탈산무수물, *m*-크실렌, *p*-크실렌으로부터는 이소프탈산과 테레프탈산이 생성되는데 기상산화반응으로 프탈산무수물을 만들 수 있으나 *m*-크실렌이나 *p*-크실렌은 같은 조건에서 산화반응을 시키면 대부분이 연소하여 소량의 말레산무수물과 톨루알데히드가 생성하게 된다. 그러므로 이소프탈산과 테레프탈산은 액상산화로 만든다.

o-크실렌과 나프탈렌의 산화반응식은 다음과 같다.

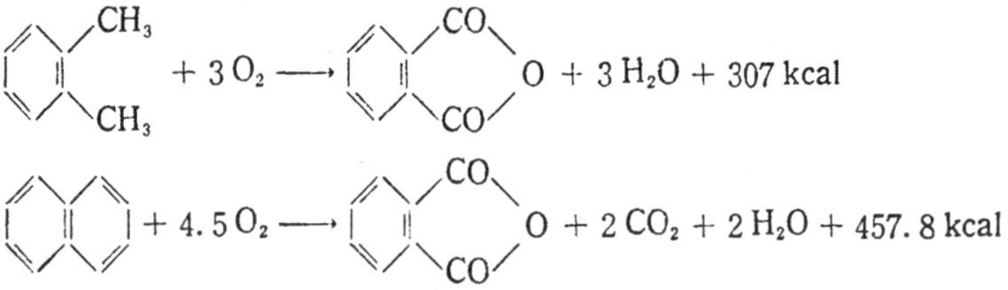

o-크실렌은 나프탈렌보다 산소량도 적고 반응열도 적으므로 반응온도조절이 용이하고 상온에서 액체이므로 취급이 간단하다.

o-크실렌을 산화하여 프탈산무수물을 만들 때의 촉매는 나프탈렌의 산화 때와 마찬가지로 V_2O_5를 주성분으로 된 것을 사용한다. 용융한 V_2O_5촉매로 반응온도 490℃, 공간속도 5740, 공기와 크실렌과의 몰비를 275로 하여 고정상식에서 반응시켰을 때 프탈산무수물 수율은 61.7%, 말레산무수물이 9.6% 생성된다. 반응온도는 크실렌과 공기와의 몰비, 기체로 주입하는 원료가스의 공간속도 등에 따라 정해지는데 일반적으로는 400~500℃ 정도이다. 400℃이하에서는 톨루알데히드와 같은 중간생성물이 생기며 600℃ 이상으로 높아지면 과도한 산화반응 CO_2와 H_2O의 생성량이 많아져서 프탈산무수물의 생성량은 적어지며 반응열이 커져서 온도를 조절하기 힘들어지게 된다.

유동촉매법도 사용하는데 이 방법의 장점은 공기와 크실렌의 비가 작아도 되고 반응기 내에서의 온도분포가 균일하며 촉매 hot spot의 방지도 폭발의 위험도가 적어진다. 반응온도 480~550℃, 공기 중의 크실렌의 농도 1.4~4.0mol%, 접촉시간 0.3~0.7로 하였을 때 프탈산무수물의 수율은 60% 정도가 된다(산화장치는 그림 7-4와 같다).

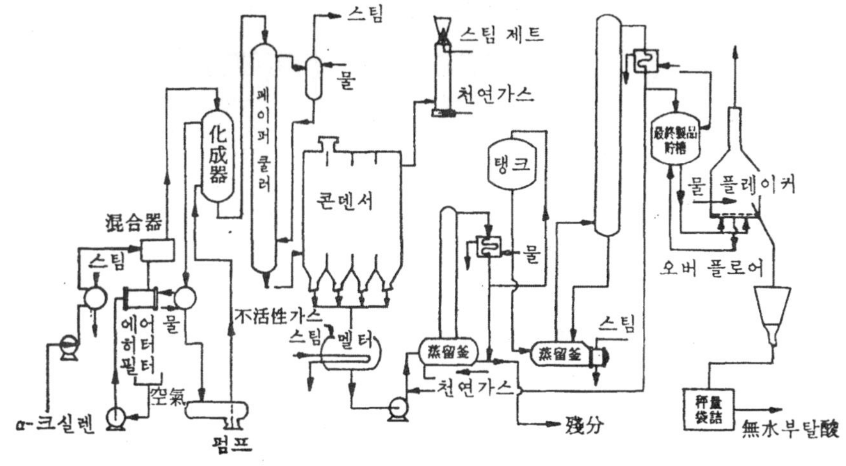

그림 7-4 *p*-크실렌산화장치

(2)나프탈렌의 산화

나프탈렌의 염료, 안료 등의 용도로도 소비되나 80% 이상의 프탈산무수물 제조용으로 사용된다.

앞에 있는 산화반응식을 보면 알 수 있겠지만 1몰의 나프탈렌을 산화시키는데 4.5몰의 산소가 필요하다. 그러므로 1g의 나프탈렌에 대하여 이론적으로는 약 4ℓ의 공기가 필요하지만 혼합가스의 폭발범위, 현열 촉매층의 과열제거 등으로 인하여 이론량의 10배 이상을 사용한다. 촉매는 주로 V_2O_5를 사용하는데 이외에도 V_2O_5 85%와 MoO_3 15%, V_2O_5 65%–MoO_3 30%–MnO_2 5%, V_2O_5–K_2SO_4–SiO_2 등이 사용된다.

V_2O_5 단독촉매를 사용했을 때 반응조건을 보면 다음과 같다. 반응용온도 400~450℃, 촉매층온도 500℃, 공간속도 8,000~12,000, 수율은 80~85% 정도라고 한다.

7.6.9 안트라센의 산화

안트라센을 산화하면 안트라퀴논이 된다.

안트라센은 증발온도가 높으므로 나프탈렌보다 100℃ 정도 높은 온도에서 기화시켜서 반응시켜야 한다. 작은 냉각면이 있어도 응축하므로 장치의 보온에 주의가 필요하다. 안트라센은 불순물을 함유하는 것을 원료로 사용할 때가 많으므로 산화반응시 불순물은 증발잔분으로 남아서 이것이 많이 축적되면 발화와 폭발의 원인이 되기 쉽다.

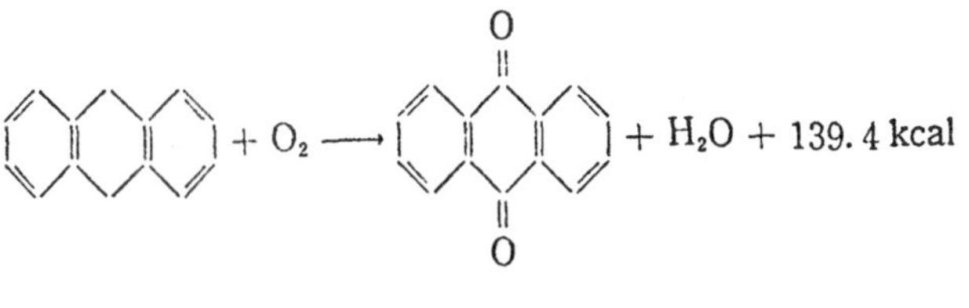

촉매로는 V_2O_5를 사용하는데 이것 단독만 사용하면 활성이 너무 커서 오히려 수율은 감소하게 된다. 조촉매로 금속산화물이나 알칼리금속염을 사용하여 수율을 높이고 있다. 그 예를 들면, V_2O_5, Fe_2O_3, K_2SO_4 등이 있다.

V_2O_5–K_2SO_4 촉매를 사용하여 420℃, 공간속도 10,000, 가스농도는 1㎥, 공기 중 나프탈렌은 25g으로 반응시켰을 때 100% 안트라센에 대하여 95%의 수율로 안트라퀴논을 얻을 수 있다.

7.7 산화반응장치

산화반응장치는 반응형식, 반응물질의 종류, 반응조건 등에 따라 그 구조가 결정된다. 산화반응에서 많이 사용하는 기상접촉산화장치에서는 촉매를 사용하므로 그 성질을 알아야 하며 기타 여러 가지 주의가 필요하다. 설계시에 유의할 사항을 보면 다음과 같다.

(1) 반응열의 축적을 방지하고 반응조건을 유지할 수 있는 반응장치

(2) 원료인 탄화수소와 공기 또는 산소의 혼합기체를 조제할 수 있는 기능과 다량의 기체를 수송할 수 있는 장치

(3) 반응조건을 제어할 수 있는 기능

(4) 생성물의 정제와 포집할 수 있는 장치

상기 (1)의 조건에서 반응기의 구조는 온도, 압력, 기체의 공간속도, 원료가스의 농도 등을 만족할 수 있는 장치구조를 만들어야 하는 것은 물론이고 특히 산화반응에서는 앞에서도 말한 바와 같이 반응열을 조절하는 데 있다. 발열반응이므로 과잉의 열을 제거하여 촉매층에 hot spot가 일어나지 않게 하는 것이 특히 중요하다. 사용하는 촉매가 내열성이 있어야 하는 것은 물론이고 반응물질도 고려하여 장치의 재질을 선정하여 부반응들이 일어나지 않도록 하여야 한다. (2)에 대해서는 원료가 기체가 아닌 때는 기화장치가 필요하다. 또, 원료인 탄화수소가스와 공기 또는 산소의 혼합물은 폭발할 위험성이 있으므로 폭발사고를 방지할 수 있는 장치가 필요하다. 폭발은 발화원에 의한 것과 산소와의 조성이 폭발한계내에 있기 때문에 일어나는 두 가지가 가능하므로 이의 대책으로서 발화원 발생의 억제와 혼합기체의 조성 등에 주의해야 한다. 반응종류에 따라서는 다량의 기체를 사용하므로 입량, 출량 및 원동기의 종류에 따라 적당한 수송장치와 연속조작을 할 수 있게 배관 및 기기의 배열 등을 설계해야 한다.

(3) 및 (4)에서 기상산화반응은 연속반응이므로 단위조작에 신경을 써서 계측을 기계화하여 자동제어 방식을 채용함으로써 수율을 높이고 위험성을 없앨 수 있다. 연속식자동식 분석장치를 사용하여 CO_2, O_2, H_2, 탄화수소 및 생성물들을 반응도중 급속히 분석하여 안전조업, 수율 등의 증가에 효과를 가져오도록 할 수 있다. 위의 항목 중에서 반응기 중의 반응열의 제거와 혼합원료가스의 조절 등에 대해 좀 더 설명하기로 한다.

반응기의 냉각과 반응열의 제거

실험용의 소장치에서는 산화반응이 발열반응이라고 하지만 절대량이 적으므로 열을 제거하기 보다는 오히려 외부에서 가열하여 열을 공급하고 있다. 그러나 공업적인 규모의

반응기에서는 부분적으로는 반응열이 생성가스의 현열, 장치벽을 통한 외부로의 전열 등으로 제거되지만 그것만으로는 막대한 양의 반응열이 제거되지 않으므로 외부에서 냉각관을 통한 열교환으로 냉각하여 반응기내의 열의 축적이나 촉매층의 과열을 제거하고 있다. 참고적으로 몇 가지 화합물의 산화반응에서의 반응열을 열거하면 표 7-2와 같다.

표 7-2

反　　　應	$\Delta H = -Q$〔kacl/mol〕 (25°C)
$CO + 3H_4 = CH_2 + H_2O$	−49.3
$CO + \frac{17}{8}H_2 = \frac{1}{8}n-C_8H_{18} + H_2O$	−37.7
$CO + 2H_2 = CH_3OH$	−21.7
$CO + 2H_2 = \frac{1}{4}n-C_4H_9OH + \frac{3}{4}H_2O$	−35.7
$SO_2 + 1/2\ O_2 = SO_3$	−22.6
$C_6H_6 + 4.5\ O_2 = C_4H_2O_3$(무수말레산) $+ 2CO_2 + 2H_2O$	−457.3
$C_{10}H_8 + 3\ O_2 = C_8H_4O_3$(무수프탈산) $+ 2CO_2 + H_2O$	−457.8

산화반응에서 반응열이 적을 때는 단열식, 다관식, 선반식 반응기를 사용한다. 벤젠이나 나프탈렌의 산화반응처럼 반응열이 아주 클 때는 단관식과 복관식을 사용한다. 관의 지름은 촉매의 입경, 반응의 종류에 따라 달라진다. 단관식에서는 관의 지름이 보통 25~30mm이며 반응열에 따라 이 범위보다 다소 차이가 있다. 복관식에서는 관당 촉매의 충전량의 단관식보다 크므로 같은 크기의 반응기인 때는 복관식이 단관식보다 생산량이 크다. 그림 7-5에 단관식과 복관식을 나타낸다. 산화반응에서는 앞에서 언급한 바와 같이 반응열의 냉각이 중요한데 반응기의 외부열 교환방식을 그림 7-6에 나타낸다. 열교환 형식에는 열매가 증발할 때 발하는 잠열을 이용하는 방법과 액체열매의 냉각열을 이용하는 두 가지 방법이 있다.

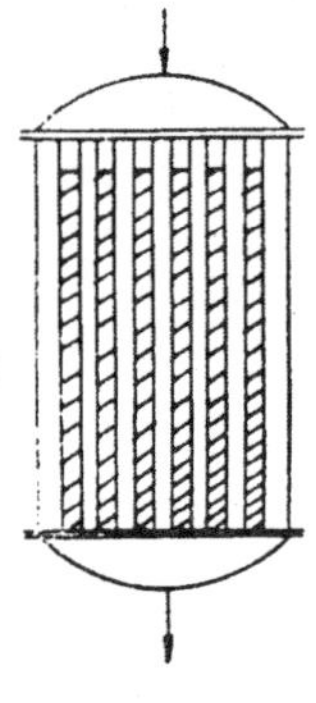

單 管 式

25 mm ϕ I.D.×1 m 로서 觸媒充塡量 495 cc
촉매 1 cc 당 冷却面積=1.59 cm^2/cc

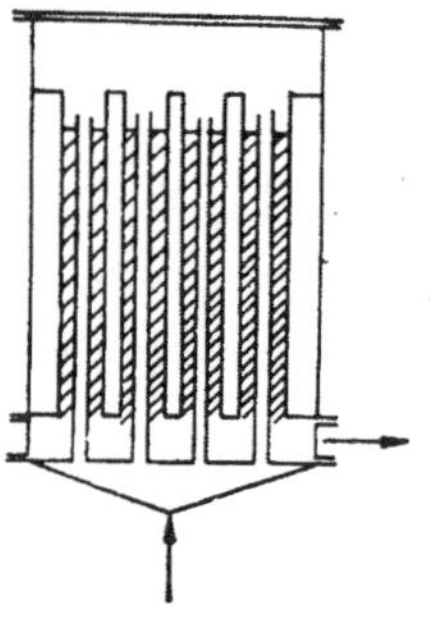

[illegible] 管 式

內管 30 mm ϕ O.D., 外管 80 mm ϕ I.D.로서 1 m 에 觸媒充塡量 4318 cc, 촉매 1 cc 당 중탕쪽의 冷却面積=0.581 cm^2/cc
管側의 冷却面積=942 cm^2 (0.22 cm/cc)

그림 7-5 반 응 관

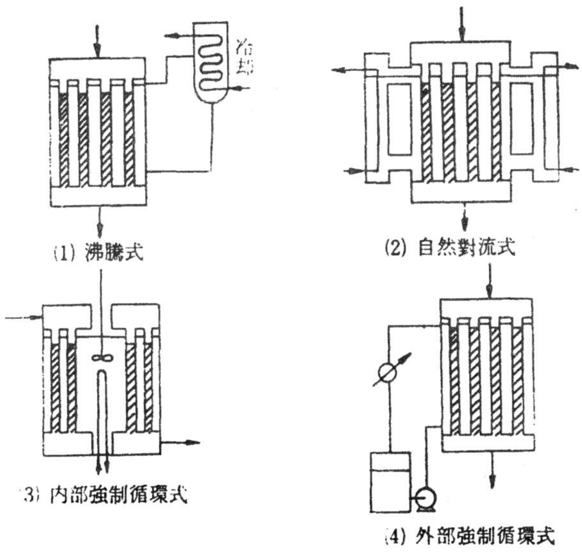

그림 7-6 반응기의 외부열교환방식

열매체(heat transfer medium)로는 가압수증기, 열유, 열공기용해염, 용해금속을 사용한다. 열유에는 Dowtherm (biphenyl : phenylether=3:1) SK-oil(나프탈렌유도체) 등이 있다. 전자는 12~380℃와 0~9.5atm에서 후자는 -10~380℃의 온도와 0~9.3atm 압력범위에서 사용 가능하다. 용해염.5는 KNO_3, $NaNO_3$, $NaNO_2$의 40:7:53(wt%)의 혼합물을 사용하는데 사용온도범위가 (140~550℃) 제한되어 있다. 한편 수은도 열매체로 사용되는데 상압하에서는 357℃(끓는 온도)까지 사용 가능하며 질소로 가압할 때는 400~450℃까지 사용할 수 있다. 압력에 따라 사용가능온도도 증가되지만 유독하고 비중이 커서 작은 틈새라도 있으면 새어나가기 쉬운 단점이 있다. 그러나 장치에 따라서는 연간 1%의 손실만으로 유용하게 사용할 수 있다.

열매에 이동된 반응열은 공랭, 수냉의 방법으로 냉각되는데 폐열보일러로 열을 회수하기도 한다. 이때 보일러의 압력 또는 증기의 발생을 조절함으로써 열매의 온도를 조절할 수 있다. 또 반응열을 열매로 전열한 것을 열교환기로 원료가스의 예열, 기화, 폐열증기의 발생 등에 유용하게 사용하기도 한다. 이렇게 하면 반응프로세스 자체의 열로 외부에서 열의 공급없이 반응을 시킬 수 있다.

8. 환원 및 수소화반응

8.1 환 원

환원(reduction)이란 산화물에서 산소의 일부 또는 전부가 떨어져나가거나 어떤 화합물에 수소가 화합하여 새로운 화합물을 만드는 것을 말한다. 그런데 최근에는 이 개념을 확장하여 화합물 중의 한 원소의 산화수가 감소할 때 이 화합물은 환원되었다고 한다.

$$CuO + H_2 \rightarrow Cu + H_2O$$

일반적으로 $M^{+m} + ne \rightarrow M^{m-n}$

$N^{-m} + nc \rightarrow N^{-(m+n)}$

여기서 Cu원자의 산화수는 +2에서 0으로 감소되어 환원되었다고 한다. 또 일반적으로 M을 양전하를 가진 원소라고 할 때 산화수가 m에서 $m-n$으로 감소했기 때문에 이 원소는 환원되었다고 한다. 역시 N을 음전하를 가진 원소라고 하면 산화수가 $-m$에서 $-(m+n)$으로 감소하였으므로 이것도 환원되었다고 할 수 있다.

그런데 유기화합물은 공유결합으로 결합되어 있기 때문에 이온결합으로 된 화합물 중의 한 원소는 산화수의 증감으로 산화와 환원을 논하기는 힘든 점이 있다. 그러므로 유기화합물에서는 무기화합물에서처럼 이 개념을 그대로 사용하지 않고 화합물에 수소원자가 결합하거나 화합물 중에 함유되어 있던 산소, 질소 또는 황원자가 H_2O, NH_3, H_2S로 떨어져나가는 반응을 넓은 의미에서 **환원반응**이라고 한다. 예를 들면 다음과 같다.

$$RCH{=}CH_2 + H_2 \longrightarrow RCH_2CH$$
$$R-OH + H_2 \longrightarrow RH + H_2O$$
$$CH_3SH + H_2 \longrightarrow CH_4 + H_2S$$
$$CH_3NH_3 + \frac{1}{2}H_2 \longrightarrow CH_4 + NH_3$$

8.2 수소화, 수소화분해

수소화(수소첨가)**반응**이란 다음 반응(a와 b)과 같이 유기화합물의 불포화결합에 수소가 첨가되는 반응을 말한다. 식 (c) 및 (d)와 같이 알코올과 에스테르에서 C—O결합이 끊어지고 수소가 첨가되는 반응을 **수소화분해**(hydrogenolysis)라고 한다.

$$CH_2=CH_2 \xrightarrow{H_2} CH_3-CH_3 \quad (a)$$

$$CH_3C\equiv N \xrightarrow{2H_2} CH_3CH_2NH_2 \quad (b)$$

$$RCH_2OH \xrightarrow{H_2} RCH_3 + H_2O \quad (c)$$

$$RCOOR' \xrightarrow{2H_2} RCH_2OH + ROH \quad (d)$$

이들 반응에서 환원제를 사용하였을 때는 **환원반응**이라고 한다. 전해환원으로 음극에서 환원반응을 시켰을 때 이 반응을 **전해환원**, 촉매를 사용하여 수소가스로 환원하면 **접촉환원**이라고 한다. 반응형식으로 볼 때 수소화 또는 수소화분해라고 분류하며 환원방법으로 볼 때는 환원제를 사용한 환원, 전해환원 및 접촉환원 등으로 분류한다. 이것들을 넓은 의미로는 간단히 **환원**(또는 **환원반응**)이라고 한다. 불포화유기화합물이나 니트릴을 금속 아연과 염산으로 수소화하여 파라핀계탄화수소나 아민으로 만들 때 이 반응을 **환원반응** 또는 **수소화반응**이라고 한다. 한편, 니트로벤젠을 철과 염산으로 반응하여 아닐린을 만들었다면 이 반응을 **수소화분해**라고도 하고 **환원반응**이라고도 한다. 그러나 일반적으로 환원제를 사용하여 반응시켰을 때 이 반응을 **환원**이라고 한다.

8.3 환원방법에 따른 분류

8.3.1 환원제를 사용하는 환원

여기에 속하는 환원제는 다음과 같은 것이 있다.

(1) 알칼리금속, 알칼리토금속, 알루미늄, 아연 등 전기적 양성도가 큰 금속 또는 이들 금속으로 된 아말감

(2) 철(Ⅱ), 주석(Ⅱ), 티탄(Ⅲ), 크롬(Ⅱ) 등 저원자가금속의 염류

(3) Sn, Fe, Zn 등 금속과 산 또는 알칼리, 금속과 물, 금속과 알코올, 금속과 암모니아

(4) 황화나트륨, 황화암모늄

(5) 이산화황, 아황산염, 일산화탄소 등 저급 산화물 또는 그의 산소산염

(6) 수소화알루미늄리튬($LiAlH_4$), 수소화붕소나트륨($NaBH_4$, $Na_2B_2H_6$)

(7) 알데히드, 당류, 포름산, 옥살산, 히드라진 유도체 등 유기화합물

8.3.2 접촉환원

촉매와 수소를 사용하여 환원하는 방법으로 촉매로는 구리·니켈·코발트·백금·팔라듐·납 등의 천이금속들, 산화아연·아크롬산구리·산화백금·산화몰리브덴 등의 금속산화물, 황화니켈·황화몰리브덴 등의 황화물을 사용한다.

8.3.3 전해환원

유기전해환원에는 피환원체가 음극(cathode)에서 전자를 받아서 환원되는 **직접전해환원**과 전해질이온이 음극표면에 방전하여 발생기상태의 수소 또는 저원자가화합물이 되고 다음에 2차적으로 작용하여 환원되는 **간접환원**이 있다. 니트로벤젠으로부터 니트로소벤젠이 되는 환원은 **직접전해환원**이며 피리딘이 Pb음극에서 환원되어 피페리딘이 되는 환원은 **간접전해환원**이다. 니트로벤젠은 음극에서 전자를 얻어 니트로벤젠의 아니온이 되고 다시 수소이온으로 중화된다.

$$C_6H_5NO_2 + 2e \longrightarrow C_6H_5NO^{2-} \xrightarrow{2H^+} C_6H_5NO + H_2O$$

같은 반응을 전극만을 바꾸어서 전자에서 사용한 Pb음극 대신에 백금흑음극을 사용하여 낮은 전위로 환원하면 니트로벤젠이 *p*-아미노페놀이 된다. 그러나 높은 전위로 환원하면 아닐린이 된다. 일반적으로 수소과전압이 큰 음극을 사용하면 직접전해환원하기 쉽고 반응도 빠르다. 그러나 수소과전압이 작은 전극을 사용하면 간접환원이 되기 쉽다. 백금흑전극처럼 표면이 수소를 첨가하기 쉬운 촉매상태로 된 것을 음극으로 사용하면 간접전해환원하는 데 좋다. 실용적으로 니트릴의 전해환원에 백금흑음극을 사용하여 간접전해환원을 시행하고 있다. 직접전해환원에서 피환원체들은 그들 특유의 환원전위를 나타내는데 이 화합물들의 전해환원의 난이성이나 환원 메카니즘은 폴라로그래피(polarography)로 알 수 있다. 그러므로 환원반응을 하기 전에 폴라로그래피로 환원에 필요한 음극전위를 알고 시행하는 것이 좋은데 이 방법을 **정전위전해법**이라고도 한다. 전해환원은 실제 공업적으로 많이 사용되고 있지 않고 있다.

8.3.1항의 환원제를 사용하는 환원법은 주로 연구실에서 많이 사용한다. 그 중 (2)~(3)은 방향족니트로화합물을 환원하여 방향족아미노화합물을 만들 때 사용하는데 공업적으로도 많이 쓰인다. (6)은 부분환원, 선택환원 등에 유효하며 특히 실험실적으로 많이 사용된다. 8.3.2항의 접촉환원은 공업적 환원에 대부분이 사용되는데 Sabatier의 수소의 환원촉매로서 Ni의 발견과 수소가 값싸게 얻을 수 있게 되어 환원반응의 주류를 이루고 있다.

8.4 수소화 및 수소화분해반응

8.4.1 수소화반응

불포화결합을 가지고 있는 화합물에 수소를 첨가하는 반응이 여기에 속한다. 이 반응은 생성물질의 성질에 반응온도, 수소압력, 촉매의 종류들이 정해진다. 실례를 들면 다음과 같다.

$$-C\equiv C- \xrightarrow[\text{또는 Pb}]{\text{상압 Ni(H}_2\text{S 被毒)}} -CH=CH- \xrightarrow{\text{상압, Ni}} -CH_2-CH_2-$$

아세틸렌結合 → 에틸렌결합 → 飽和結合

$$>C=O \xrightarrow{\text{상압, Raney Ni}} >CHOH$$

카르보닐化合物

$$-C\equiv N \xrightarrow{\text{상압, 150°C, Ni, Ni-Cr}} -CH_2NH_2$$

니트릴 → 아민

$$-N=N- \xrightarrow{(NH_4)_2S} -HN-NH-$$

아조결합 → 히드라조결합

8.4.2 수소화분해

수소분자가 원자상태로 화합물에 첨가되면 수소원자의 첨가와 동시에 결합이 끊어져서 두 개의 화합물로 분해한다. 분해할 때 끊어지는 결합의 종류에 따라 다음과 같이 분류한다.

(a) C–C결합의 분해

$$CH_3(CH_2)_nCH_3 + H_2 \longrightarrow CH_3(CH_2)_{n-x}CH_3 + CH_3(CH_2)_{x-2}CH_3$$

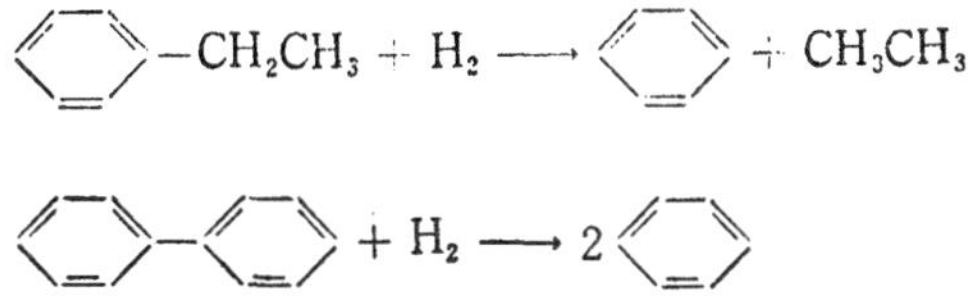

(b) C–N결합의 분해

$$C_2H_5NH_2 + H_2 \longrightarrow C_2H_6 + NH_3$$

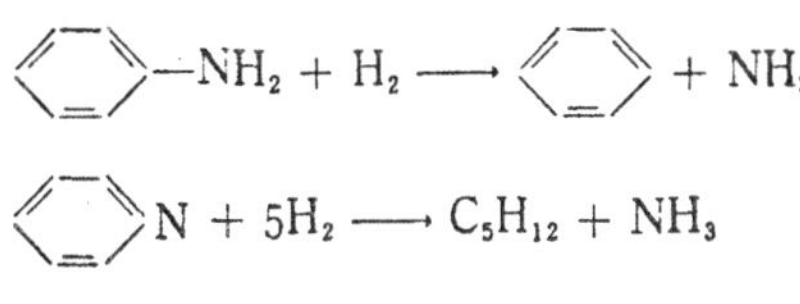

(c) C–O결합의 분해

$$RCH_2OH + H_2 \longrightarrow RCH_3 + H_2O$$

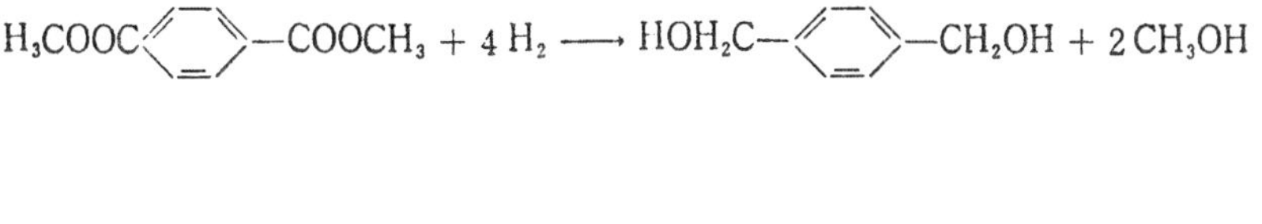

(d) C–S결합의 분해

$$C_2H_5SH + H_2 \longrightarrow C_2H_6 + H_2S$$

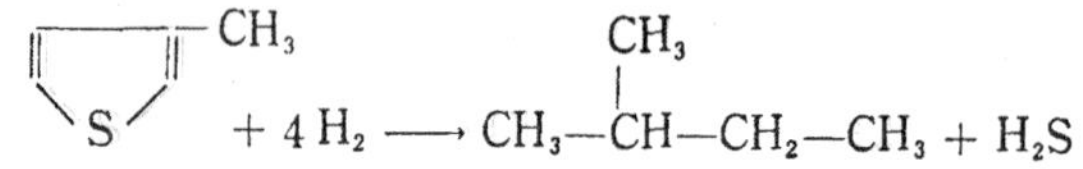

(e) N–N결합의 분해

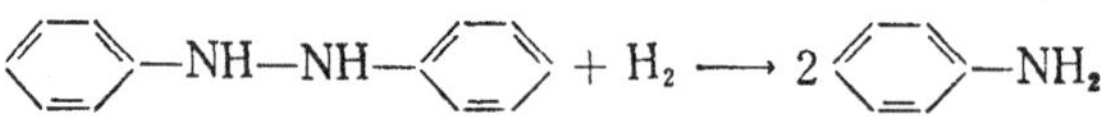

히드라조벤젠

(f) N–O결합

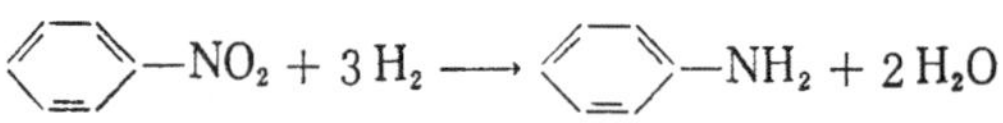

8.4.3 중요한 수소화촉매의 제법과 그 특성

동일한 촉매라도 제법에 따라 활성이 달라진다.

(a) **니켈촉매** : 활성이 크고 값이 싸므로 공업적으로 가장 많이 사용된다. 그 중에서도 어유, 식물유의 경화에 많이 사용되는데 그 원인은 이 촉매가 독성이 없기 때문이다. Ni촉매제법 중에서 중요한 것을 보면 산화니켈을 환원하여 만든 환원니켈과 Raney-Ni합금(니켈과 알루미늄합금)을 알칼리로 처리하여 알루미나를 제거하여 만든 Raney-Ni촉매가 있다. 환원니켈은 규조토, 활성백토, 알루미나 등 지지체에 담지시켜서 사용하며 Raney-Ni은 보통 그대로 사용한다. 이 촉매들은 지방족탄화수소의 불포화결합이나 방향족탄화수소고리의 이중결합, 카르보닐기, 니트로기 등을 환원하는 데 주로 사용한다.

(b) **백금촉매** : 백금흑, 콜로이드백금과 활성탄, 석면, 알루미나 등의 지지체에 백금을 담지시킨 지지체담지백금촉매가 있다. 탄소-탄소불포화결합, 방향족탄화수소고리, 카르보닐화합물, 니트로화합물 등의 환원에 사용한다.

(c) **팔라듐촉매** : 백금과 같은 형태로 만들어 사용한다. 백금촉매보다 활성이 작아서 부분환원에 자주 쓰인다.

(d) **구리촉매** : 활성이 작아서 선택환원에 쓰이며 단독으로 사용하는 것은 적고 다른 금속과 혼합하여 사용하는 경우가 많다. 특히 기상환원촉매로서 많이 사용하는 데 예를 들면, 니트로벤젠으로부터 아닐린을 만드는 데 이 촉매를 사용한다.

(e) **철촉매** : 활성이 아주 작아서 수소화촉매로서는 적합하지 않다. 아세틸렌화합물의 수소첨가로 올레핀을 만드는 데 사용한다.

(f) **구리크롬산화물촉매** : 크롬산구리암모늄을 열분해하여 만든 것으로 카르보닐화합물, 카복시산에스테르 등을 환원하는 데 우수한 촉매이다.

(g) **산화몰리브덴, 산화텅스텐, 황화몰리브덴, 황화텅스텐촉매** : 이들 촉매는 황화합물에 피독되지 않는다. 그러므로 황화합물이 함유되어 있는 석유제품, 타르의 수소첨가, 석탄액화 등에 적합하다.

8.4.4 수소화반응

접촉수소화는 실험실적 규모나 공업적으로 많이 사용하는 반응 중의 하나이다. 실험실에서는 유기물의 합성, 구조확인, 분석 등에 널리 사용된다. 공업적으로 암모니아합성, 석유의 수소화정제, 메탄올, 액체연료, 식물유의 수소화, 각종 유기화합물의 합성에 수소가 다량 소비되고 있다. 1897년 Sabatier과 Saunder의 Ni촉매에 의한 기상수소화반응 이래 공업적으로 널리 접촉수소화반응이 실시되고 있다. 시초에는 기름 중의 탄소-탄소이중결합에 수소를 첨가하여 지방을 만드는 데 사용되었는데 이 방법을 **기름의 경화**(hardening)라고도 한다. 공업적으로 널리 사용하게 된 것은 Harber의 암모니아합성법과 Bergius에 의한 석탄과 중유의 수소화 및 Fischer-Tropsch법에 의한 합성석유의 제조이다.

(1) 석탄의 수소화

석탄의 수소화분해반응에 의한 합성석유의 제법은 석유의 부족이 심할 때에 독일을 비롯한 여러 나라에서 연구되었는데 최근 다시 석유파동으로 석유값이 상승함에 따라 이 연구는 다시 관심의 대상이 되고 있다. Bergius가 처음 이 방법을 개발한 이래 1927년 독일에서 갈탄을 수소화하는 공장이 가동되었고 1935년에는 영국에 하는 공장이 가동되었다. 역청탄은 갈탄보다 수소함유량이 적기 때문에 수소화하기 힘들다. 1945년까지에 독일에는 12개의 공장이 가동되었는데 이들 공장에서 1년에 200만톤에 가까운 항공가솔린이 이 방법으로 제조되었다. 12개 공장중에서 절반은 갈탄과 역청탄을 원료로 하고 나머지는 석유정제 후의 잔사유, 피치 또는 석탄의 탄화로부터 생성하는 타르를 사용하는 공장이었다. 타르의 수소화는 고체인 석탄의 수소화반응보다 쉽다. 그러나 독일내의 석탄의 수소화에 의한 합성석유공업은 원유의 다량생산 때문에 원가면에서 석유보다 비싸기 때문에 쇠퇴했다. 독일뿐만 아니라 유럽의 여러 나라에서 이 계통의 공장들은 Oxo과정, 올레핀의 접촉수소화, 페놀합성용으로 개조되었고 일부 공장은 creosote나 타르유로부터 수소화분해로 가솔린을 만드는데 사용되었다. 석탄의 수소화분해에 의한 연료유의 합성은 페놀, 크레졸, 크실레놀, 톨루엔, 크실렌, 나프탈렌 및 기타 저급탄화수소가스를 부산물로 얻지만 경제적인 면에서 볼 때 아직 경제성은 없다.

(2) 석유와 석탄의 수소화

8-13절에서 상세히 설명한다

(3) 유지의 수소화

옥수수기름이나 콩기름 등 식용유를 수소화하여 지방을 만드는 경화반응은 수소를 사용하는 유기합성공업 중에는 암모니아합성공업과 석유의 수소화공업 다음으로 중요한 위치에 있다. 유지를 수소화한 지방은 식용유와 비식용유가 있다. 고래기름, 어유, 아마인유, 콩기름, 옥수수기름 등 동물유와 식물유를 수소화하여 식용 및 비식용유를 만든다. 식용유는 튀김기름, 마가린, 쇼팅 등에 사용하며 비식용유는 대량 소비하는 곳이 비누공업이고 그 외에도 피혁의 가지, 전기절연제, 양초공업, 페인트공업, 약용연고 등에 사용된다.

(4) 기타 수소화

합성메탄올에 수소가 다량 소비된다. 탄화수소의 수소화와 수소화분해도 중요하다. 글루코스, 슈크로스, 전분 등의 당류를 100~250℃, 80~300atm에서 Ni, Fe, Cu촉매 존재하에 부소화하면 propylene glycol, glycerol 등이 수율좋게 얻어진다. 약간의 hexyl alcohol, ethylene glycol, ethanol, methanol도 생성한다. 유기합성공업에서는 대략 생성물의 무게비로 1~5%의 수소가 필요하다. 유기합성제품 중 수소를 많이 쓰는 것은 다음과 같다. 4~8개의 탄소수를 가진 알돌을 수소화하여 알코올을 만드는데 수소가 사용된다. 그러나 Oxo과정은 보다 적은 양의 수소로 되기 때문에 알돌과정은 그 중요성이 상실되었다. 이외에도 glycolic acid의 에스테르로부터 ethylene glycol adiponitrile에서 hexamethylenediamine, dextrose에서 sorbitol (vitamin C인 ascorbicacid 의원료이다) phenol 에서 cyclohexanol(hexalin), cyclohexanone(adipic acid의 원료)와 naphthalene에서 tetraline과 decaline 등을 만드는데 수소가 필요하다. 또 벤젠에서 시클로헥산, 아세틸렌유도체로부터 부탄디올 합성에도 쓰인다. 앞으로는 혈암의 정제, 분말금속의 제조에도 많은 양의 수소가 필요할 것이다. 접촉환원은 여러 가지 물질의 분자량이나 구조를 변화시키는 데 이용된다. 예를 들면 나무, 고무, 비타민, 단백질, 스테로이드, 엘라스토머, 목화씨, 나일론 등을 수소화하거나 처리하는 데 수소가 필요하다.

8.4.5 수소의 제법

수소화반응이나 수소화분해 등 환원반응에서 수소의 소비가 많아짐에 따라 값싼 수소의 제법이 중요하게 되었다. 수소의 제법은 물을 전기분해하여 만든 것이 시초였으며 이렇게 만든 수소는 순도가 좋아서 비교적 소규모로 시행하는 유지의 수소첨가나 기타 유기약품제조공업에 사용되어 왔으며 현재에도 많이 사용하고 있다. 그러나 암모니아공업 등 수소를 다량 소비하는 공업에서는 보다 값싼 수소가 필요하므로 처음에는 코크스를 원료로 수증기를 작용시켜 만들었으나 값이 비싸서 중유를 사용하다가 원유를 사용하는 방법으로 점차 변하게 되었다. 또 천연가스를 사용하여 제조하는 방법에서 석유정제시에 부생하는 수소를 이용하는 방법 등 수소제조법은 다양하다. 제법을 보면 다음과 같다.

(1) 탄소와 수증기의 반응

적열한 코크스에 수증기를 반응시키면 수성가스(water gas)가 생성된다[식 (1)]. 이 수성가스에 수증기를 가하면 수성가스교환반응으로 수소와 탄소가스가 생성된다[식 (2)].

$$C + H_2O \rightarrow CO + H_2 \quad \Delta H=+31.4\ kcal \qquad (1)$$
$$CO + H_2O \rightarrow CO_2 + H_2 \quad \Delta H=-10.1\ kcal \qquad (2)$$

CO_2는 가압으로 몰이나 트리에탄올아민에 흡수하여 제거한다. 더 순수하게 정제할 때는 구리이온을 함유한 암모니아수를 통과하면 CO 등이 제거된다.

식 (2)의 수성가스의 변환반응(water gas conversion)은 400~600℃의 온도에서 산화철과 산화크롬촉매 존재하에 2단계로 반응시킨다. 1단계는 500~600℃에서 반응시킨 다음 2단계로 400~500℃의 비교적 낮은 온도에서 반응을 완결한다. 수증기와 수성가스의 비는 3:1~1:1(부피비)인데 수증기의 사용량이 많을수록 CO의 반응률이 커진다. 이렇게 반응시켜 얻은 생성가스 중에는 일산화탄소의 함량이 0.5~1% 정도된다. 이 반응은 발열반응이므로 적당한 열교환장치 중에서 반응시키면 자체의 반응열로 반응온도를 유지하여 성공적으로 수소를 제조할 수 있다.

(2) 물의 전기분해

물을 전해하여 수소를 제조하는 데 가장 중요한 것은 값싼 전력을 사용하는 것이다. 전해법으로 만든 수소는 순도가 좋고 또 수성가스의 변환법에 의한 수소는 장치비가 많이 들기 때문에 다량 필요로 하는 공업 이외에는 이 방법을 사용하는 것이 좋다. 때문에 소규모의 유기합성공업 등에 많이 사용한다.

(3) 철-수증기의 반응

탄소를 먼저 생성가스로 만들고 이 수성가스를 550~750℃로 가열된 산화철에 통과시키면 된다. 주반응은 다음과 같다.

$$3\,Fe + 4\,H_2O \rightleftharpoons Fe_3O_4 + 4\,H_2 \qquad (1)$$
$$Fe_3O_4 + 4\,H_2 \rightleftharpoons 3\,Fe + 4\,H_2O \qquad (2)$$
$$Fe_3O_4 + 4\,CO \rightleftharpoons 3\,Fe + 4\,CO_2 \qquad (3)$$

철은 산화되어 수소와 산화철을 생성하고 이 산화철은 수성가스(H_2 + CO)와 반응하여 철로 환원된다. 최초에는 작은 규모로 가끔 수소제조에 사용되어 왔으나 점차 큰 규모로 수소제조에 이용하게 되었다. 이 방법으로 만든 수소는 식물유의 경화반응에 많이 쓰인다. 이 방법은 장치가 간단하므로 영국에서 제2차 세계대전 중 군용 수소제조에 많이 사용했다.

(4) 탄화수소와 수증기 또는 산소와의 반응

메탄으로부터 수소를 제조하는 반응은 다음과 같이 세 가지 방법이 있다.

$$CH_4 + H_2O \rightleftharpoons CO + 3\,H_2 \qquad \Delta H = +\,51.6\ \text{kcal} \qquad (1)$$
$$CH_4 + CO_2 \rightleftharpoons 2\,CO + 2\,H_2 \qquad \Delta H = +\,59.0\ \text{kcal} \qquad (2)$$
$$CH_4 + \frac{1}{2}O_2 \rightleftharpoons CO + 2\,H_2 \qquad \Delta H = -\,8.3\ \text{kcal} \qquad (3)$$

위의 반응으로 생성된 것은 수성가스이므로 (a)의 방법인 수성가스의 변환법으로 수소를 만들면 된다. 그러므로 (1)과 (2)의 방법으로 만들면 메탄 1용적에서 수소가 4용적이 생성하며 (3)의 방법으로 제조하면 1용적에서 3용적이 생성된다. (1)과 (2)의 방법이 (3)의 방법보다 수소를 제조하는 데 유리하다. 수성가스를 합성용으로 사용하는 메탄올공업이나, 석유합성에서는 CO와 H_2의 비는 1:2가 좋으므로 (3)의 방법으로 제조하는 것이 좋다.

(1)의 반응인 메탄과 수증기로부터의 수소를 제조하는 반응은 흡열반응이며 촉매를 사용하여 700℃이상의 온도가 필요하다. (3)의 반응은 무촉매일 때 연소반응인데 좀더 자세히 쓰면 다음과 같아진다.

$$CH_4 + 2\,O_2 \underset{k_{-1}}{\overset{k_1}{\rightleftarrows}} CO_2 + 2\,H_2O \qquad \Delta H = -212.8\,\text{kcal} \tag{4}$$

그런데 $k_1 > k_{-1}$이다. 산소가 완전히 반응할 때는 (4)와 같이 반응이 진행되지만 메탄이 부분연소할 때는 이때 생성된 CO_2와 H_2O가 과잉의 메탄과 다음 식과 같이 반응하여 CO와 H_2를 생성한다.

$$CH_4 + CO_2 \longrightarrow 2\,CO + 2\,H_2 \qquad \Delta H = +59.0\,\text{kcal} \tag{5}$$

$$CH_4 + H_2O \longrightarrow CO + 3\,H_2 \qquad \Delta H = +51.6\,\text{kcal} \tag{6}$$

(5)와 (6)의 반응은 흡열반응이고 (3)과 (4)의 반응은 발열반응이므로 이 반응에서 생성하는 반응열을 흡열반응에 적당히 이용함으로써 CO와 H_2의 제조하는 데 최적조건을 찾아야 한다. 메탄과 산소의 반응으로 수소를 제조할 때는 가압하에서 반응시키는데 수소와 같이 생성한 일산화탄소는 탄소로 석출한다($2CO \longrightarrow CO_2 + C$). 메탄 이외에 콜타르나 연료유 등 고비점유를 원료로 사용하면 탄소의 석출이 많으므로 이것을 방지하기 위하여 원료유의 1/2~1/3 정도의 수증기를 사용한다. 다음 그림 8-1은 메탄 대신에 중질유나 경질유 또는 콜타르원료로 CO–H_2가스를 제조하는 Texaco법의 flow sheet이다.

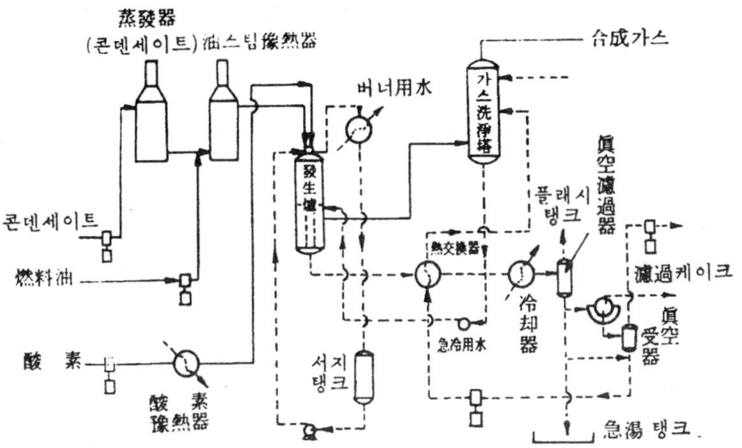

그림 8-1 Texaco 법에 의한 수성가스제조장치도

이 장치는 원료예열기, 발생로, 급냉기, 냉각탑, 탄소제거장치 및 기타 열교환기 등으로 되어 있다. 그런데 원료가 메탄인 때는 가스예열기, 기름인 때는 수증기도입장치가 추가로 필요하다. 한편, 산소는 예열되어 발생로에서 원료유와 수증기가 혼합되어 연소된다. 발생로 내부는 내화벽돌로 되어 있고 반응온도는 1090~1125℃이다. 생성가스는 물에 넣어 급냉한다. 부생되는 탄소는 급냉과정에서 제거되지만 나머지의 탄소는 세척탑에서 제거된다. 생성가스 중의 $CO-H_2$의 함량은 95% 정도이고 나머지는 CO_2, N_2, CH_4 등이다.

(5) 탄화수소의 열분해

이 방법은 탄화수소를 가열하여 탄소와 수소로 분해하는 것이다. 현재는 아세틸렌이나 메탄으로부터 카본 블랙을 만드는 데 사용하고 있는데 부산물로 연료에 사용하고 있다.

(6) 접촉개질법의 부산물

파라핀이나 나프텐으로부터 옥탄가가 높은 가솔린이나 방향족탄화수소를 만들기 위하여 알루미나-백금촉매나 크롬-알루미나 촉매하에서 탈수소, 환원반응을 할 때 다량의 수소가 발생한다. 접촉개질과정에서 발생하는 가스 중에는 77~95% 정도의 수소가 함유되어 있다. 이 가스는 연료로 사용하거나 암모니아 합성에 수소원으로 사용하기도 한다. 최근에는 석유의 수소화탈황이나 수소화개질 등에 사용하기도 한다.

8.5 환원제를 사용하는 환원반응

아미노화반응은 6장을 참고하기 바란다.

8.5.1 아연과 산

아연과 산으로 환원하는 반응은 실험적으로 많이 사용한다. 산으로는 염산과 식초산을 사용한다. 이중결합, 니트로기, 니트릴기를 환원하거나 인접한 두 개의 할로겐을 가진 화합물 α-할로겐화케톤의 탈할로겐화 환원에 많이 사용한다. 실험실적 방법으로 많이 사용하는 Clemmensen환원은 카르보닐기를 아연아말감과 염산으로 메틸렌기로 환원하는 반응이다.

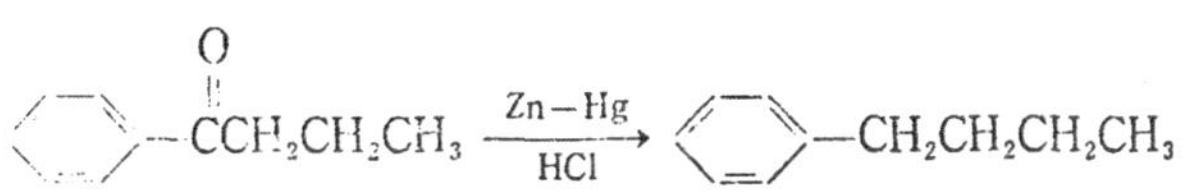

8.5.2 Sn과 산(또는 $SnCl_2$와 산)

방향족니트로기를 환원하여 아미노기를 만드는 이외에도 비교적 환원하기 쉬운 작용기를 가지고 있는 유기화합물의 부분환원이나 불안정한 유기화합물의 환원에 적합하다. 이 반응의 좋은 예로는 무수염화제이주석의 에테르용액에 HCl가스를 포화시켜 니트릴기를 알데히드로 환원하는 Stephen환원이 있다.

$$RCN + HCl \longrightarrow RCCl = NH$$

$$RCCl = NH + SnCl_2 + 2\,HCl \longrightarrow RCH = NH \cdot HCl + SnCl_4$$

$$RCH = NH \cdot HCl + H_2O \longrightarrow RCHO + NH_4Cl$$

8.5.3 알루미늄알콕시드(Meerwein-Ponndorf환원)

알데히드 또는 케톤을 알루미늄알콕시드와 함께 이소프로필알코올 중에서 가열하면서 반응시키면 환원되어 1차 또는 2차 알코올이 된다. 이때 이소프로필알코올을 용매로 사용하는 것은 자신이 쉽게 산화되어 알데히드나 케톤을 쉽게 환원할 수 있는 이점이 있고 또 이때 생성한 아세톤은 증류로 쉽게 반응계 밖으로 제거될 수 있기 때문이다. 이 반응을 **Meerwein-Ponndorf환원**이라고 한다.

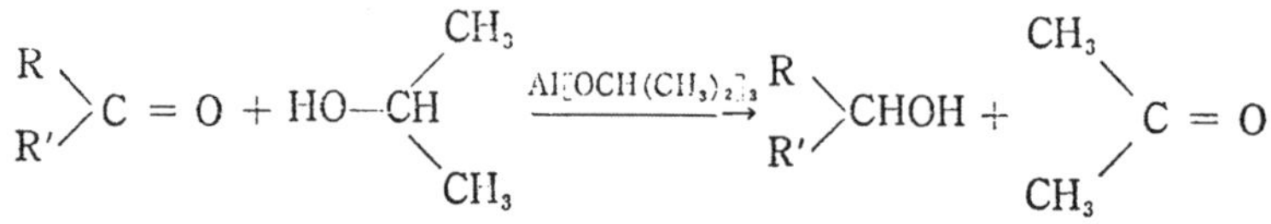

8.5.4 알칼리용액에서 환원

히드라존 또는 세미카르바존 등 카르보닐기를 가진 화합물을 알칼리성에서 가열하면 카르보닐기는 메틸렌기로 환원된다. 이 반응을 **Wolff-Kishner환원**이라고 한다. 이 방법은 지방족, 방향족, 복소환식화합물 및 축합지환화합물 등의 케톤이나 알데히드화합물을 환원하는 데 많이 사용된다. 이 산성에서 환원하면 불안정하여 Clemmensen환원을 할 수 없는 헤테로화합물인 피롤, 푸란유도체 등에 적합하다. 수율은 정량적이고 카르보닐화합물만을 환원하며 이중결합에는 반응하지 않는다. 대부분의 반응이 180~200℃의 고온으로 반응시키거나 가압하여야 하므로 봉관 중에서 반응시켜야 하는 단점이 있다. 그런데 에틸렌글리콜이나 트리에틸렌글리콜을 용매로 사용하여 반응시키면 상압에서도 반응시킬 수 있다.

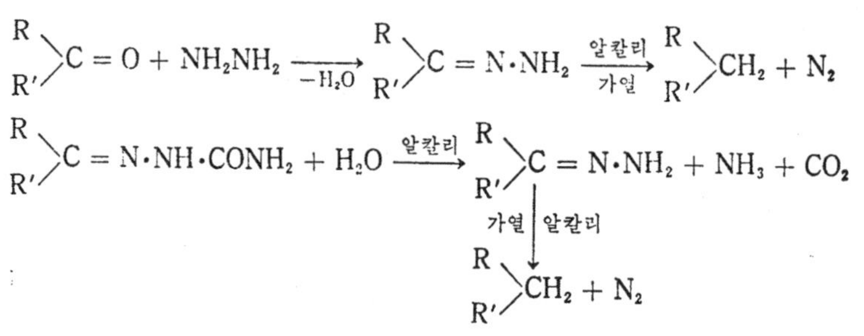

8.5.5 착금속수소화물에 의한 환원

1946년 Finholt에 의하여 수소화알루미늄리튬($LiAlH_4$)이 최초로 환원제로 사용된 이래 그 환원력이 강하고 반응속도가 빠르며 이중결합은 환원되지 않고 수율이 좋은 점 등으로 광범위한 환원반응에 사용하게 되었다. $LiAlH_4$는 에테르, 테트라히드로푸란 등에 가용이며 $NaBH_4$는 $LiAlH_4$보다 환원력이 작지만 물에 녹으므로 수용액에서 환원할 수 있는 장점이 있다. 착금속수소화합물의 종류는 다음과 같다.

수소화알루미늄리튬 ($LiAlH_4$)
수소화붕소칼륨 (KBH_4)
수소화붕소나트륨 ($NaBH_4$)
수소화붕소리튬 ($LiBH_4$)
수소화붕소알루미늄 ($Al(BH_4)_3$)
수소화디에톡시알루미늄리튬
수소화디페닐주석
수소화트리페닐주석
수소화트리 tert-브톡시알루미늄리튬

착금속수소화물은 주로 알데히드, 케톤, 니트릴 등의 환원에 사용하는데 이때 생성물은 1차알코올, 2차알코올, 아민 등이다.

케톤의 반응메카니즘은 다음과 같다.

$LiAlH_4$의 AlH_4^-에 의한 S_N2반응으로 진행된다.

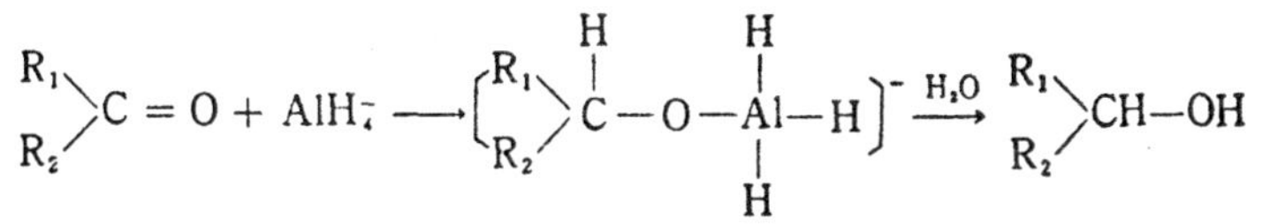

케톤에서 R_1과 R_2들이 카르보닐기에 전자를 공여하기 쉬울수록 환원은 힘들어진다. 환원력의 세기는 다음과 같다.

$$R-\underset{\underset{O}{\|}}{C}-CH_3 > R-\underset{\underset{O}{\|}}{C}-OR > R-\underset{\underset{O}{\|}}{C}-OH > R-\underset{\underset{O}{\|}}{C}-O^-$$

$LiAlH_4$는 $LiBH_4$보다 환원력이 큰데 실험실에서는 $LiAlH_4$가 많이 사용된다. 몇 가지 착금속수소화물의 환원력의 세기는 다음과 같다.

$$Al(AlH_4)_3 > Mg(AlH_4)_2 > LiAlH_4$$
$$Al(BH_4)_3 > Ca(BH_4)_2 > LiBH_4 > NaBH_4$$

이들 환원제는 탄소-탄소삼중결합에는 반응하지 않으므로 비타민이나 스테로이드 등 탄소-탄소이중결합을 그대로 두고 카르보닐기나 카복시기 등만을 환원하는 데 사용된다.

많이 사용되는 $LiAlH_4$와 $NaBH_4$(또는 $Na_2B_2H_6$)의 차이점을 보면 다음과 같다. $LiAlH_4$가 환원할 수 있는 작용기와 생성물은 표 8-1과 같다.

표 8-1 수소화알루미늄리튬에 의한 환원

作用基	生成物	$LiAlH_4$ 소비량 (몰수)	作用基	生成物	$LiAlH_4$ 소비량 (몰수)
알데히드	1차알코올	0.25	카르복시산	1차알코올	0.75
케톤	2차알코올	0.25	니트릴	1차아민	1.0
퀴논	히드로퀴논	0.25	니트로(芳香族)	아조화합물	1.0
에스테르	1차알코올	0.25	니트로(脂肪族)	아민	1.5
산염화물	1차알코올	0.5	니트로소	아조화합물	0.5
산무수물	1차알코올	1.0	염화알킬	탄화수소	0.25
락톤	디올	0.5	디술피드	디올	0.5
산아미드	아민	1.0	술폭시드	티오에테르	0.5
에폭시드	알코올	0.25	염화술포닐	티올	0.5

$LiAlH_4$가 환원하는 작용기의 용이성의 순서는 다음과 같다.

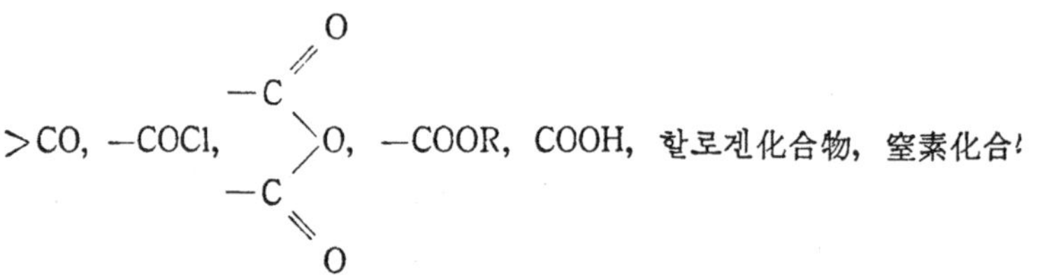

$NaBH_4$나 $Na_2B_2H_6$는 $LiAlH_4$와 비슷한 환원력을 가지고 있지만 $LiAlH_4$가 환원할 수 있는 작용기 중(표 8-1 참조) 다음에 열거한 작용기는 환원하지 못한다.

$$-NO_2,\ -CONH_2,\ -X,\ -O-,\ -C\equiv N,\ -COOH,\ -COOR$$

한편 $NaBH_4$(또는 $Na_2B_2H_6$)가 환원하는 작용기와 생성물을 예를 들면 다음과 같다.

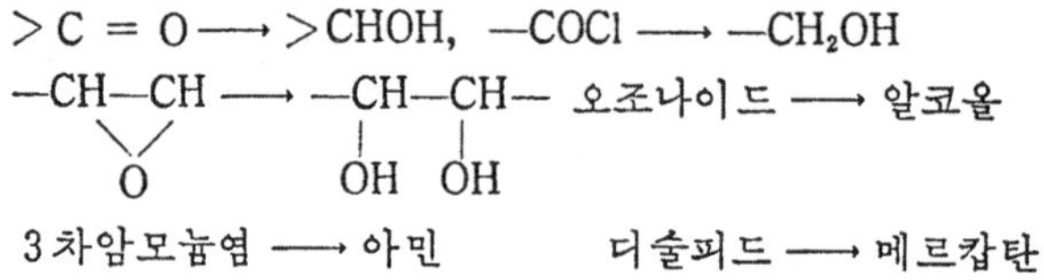

8.5.6 환원제의 제법과 성질

착금속수소화물, 2가크롬염, 금속아말감무수염화제일수석, 알루미늄이소프로피옥시드(Meerwein-Ponndorf환원) 등은 제법이 약간 복잡하므로 여기에서 설명하기로 한다. 환원제는 시약으로 구입할 수 있으나 어떤 것은 직접 만들어 사용하는 것이 편리한 때도 있다. 자신이 직접환원제를 제조하여 사용할 때뿐 아니라 시판품을 구입하여 사용할 때도 제법, 성질, 정제법 등 환원제의 특성을 알아두는 것이 좋다.

(1) 수소화알루미늄리튬

수소화리튬과 무수염화알루미늄을 무수에테르 중에서 반응시켜 만든다. 공업적으로 만들 때는 산화리튬과 마그네슘혼합물에 수소를 고온에서 반응시켜 생성한 수소리튬-마그네시아혼합물에 염화알루미늄을 작용시켜 만든다. 시판되는 수소화알루미늄리튬은 회백색의 고체로 120℃에서 분해가 일어나며 150℃에서는 급격히 수소를 발생하면서 수소화리튬과 알루미늄으로 분해한다. 디에틸에테르, 테트라히드로푸란에 쉽게 녹으므로 대부분의 환원반응에서는 이 두 용매를 사용하는 것이 보통이다. 물과는 격렬하게 반응하여 다량의 수소를 발생한다.

$$LiAlH_4 \longrightarrow LiH + Al + \frac{3}{2}H_2$$

물이 많이 존재할 때 $LiAlH_4 + 4\,H_2O \longrightarrow LiOH + Al(OH)_3 + 4\,H_2$

물이 적게 존재할 때 $LiAlH_4 + 2\,H_2O \longrightarrow LiAlO_2 + 4\,H_2$

이 두 반응에서 발생하는 수소가스량으로 수소화알루미늄리튬의 순도나 용액의 농도를 알 수 있다. 수소화알루미늄리튬은 공기 중에서 습기와 탄산가스로 인하여 표면이 조금씩 변하여 에테르 용액 중에서는 산소와 서서히 반응하여 수소를 발생한다.

(2) 수소화붕소나트륨

수소화나트륨에 삼불화붕소, 또는 트리메톡시붕소를 반응시켜 만드는 방법과 디보란으로부터 직접 만드는 방법이 있다. 수소화붕소나트륨은 백색결정으로 분해온도는 306℃ 이상, 수용액에서도 비교적 안정하며 물을 함유하는 메탄올이나 에탄올 또는 테트라히드로푸란, 디옥산 및 액체암모니아 등이 용매로 사용된다.

(3) 알루미늄이소프로피옥시드

알루미늄선 또는 알루미늄분말 27g(1mol)을 1ℓ용량의 둥근바닥 플라스크에 넣고 무수이소프로필알코올(300㎖)과 $HgCl_2$ 0.5g을 가한다. 습기가 들어가지 않게 조심하면서 물중탕 중에서 가열하여 비등하기 시작할 때 CCl_4 2cc(금속알루미늄과 무수알코올과의 반응에서 촉매로 작용한다)를 가하고 가열을 계속한다. 반응액이 회색이 되면서 격렬하게 수소를 발생하기 시작하면 가열하는 것을 잠시 중지하고 냉수로 식힌다. 알루미늄이 전부 용해되면(6~12시간 필요함) 환원제로 사용해도 된다. 이것을 정제할 필요가 있을 때는 감압증류하여 b.p. 130~140℃(7mmHg)의 유분을 받으면 된다. 알루미늄이소프로피옥시드는 고체(m.p. 118℃ 또는 125℃)인데 과냉각현상을 일으키므로 합성한 다음 0℃에서 1~2일간 방치해야 고화된다.

(4) 나트륨아말감

250㎖ 둥근바닥 플라스크에 6.9g의 나트륨과 10~15㎖의 톨루엔을 넣고 가열하여 나트륨이 전부 용해하면 가열을 중지하고 수은 340g을 소량씩 흔들어 섞으면서 가한다. 처음에는 격렬하게 반응하므로 주의하면서 가하여야 한다. 반응이 잠잠해지면 톨루엔이 비등하는 정도로 수은을 빨리 다량 가한다. 수은을 전량 가한 다음에는 가열하여 톨루엔을 증발시키고 반응물이 식기 전에 모르타르에 옮겨 분쇄하고 마개있는 병에 보관한다. 나트륨 함량이 1~2%인 것은 상온에서 반고체인데 그 이상 함유된 것은 분쇄하는 데 지장이 없는 고체이다.

(5) 염화제일크롬

염수제2크롬 100g을 95% 에탄올 700㎖와 진한 염산 150㎖에 녹이고 탄산가스기류 중 실온에서 교반하면서 80g의 아연분말을 가하고 가끔 교반하면서 4시간 방치한다. 상층액은 그대로 환원에 사용할 수 있다. 염화제일크롬수용액을 만들 때는 같은 방법으로 염화제이크롬의 염산산성수용액을 아연아말감으로 환원하여 만든다. 이렇게 만든 염화제일크롬수용액은 안정하므로 수개월간 보존할 수 있지만 염화제일크롬의 알코올용액은 불안정하여 수 주간밖에 저장성이 없다.

(6) 무수염화제일주석

무수초산 189㎖(204g, 2mol)를 비이커에 넣고 교반하면서 염화제일주석($SnCl_2 \cdot 2H_2O$) 226g(1mol)을 조금씩 가한다. 반응물을 실온까지 방냉하고 상층은 버린다. 침전물은 무수에테르로 씻고 유리여과기로 여과한다. 이렇게 만든 무수염화제일주석은 흡습성이 없으며 벤젠, 톨루엔, 크실렌, 클로로포름, 무수메탄올, 무수에탄올 및 아세톤 등에 녹는다. 용매 중에 수분이 있으면 급속히 가수분해되어 백탁한다.

8.6 전해환원반응

유기화합물을 전해환원하는 데는 유기물이 음극(cathode)에서 직접 전자를 받아서 환원되는 직접전해환원과 전해질이온이 음극표면에서 방전되어 수소를 발생하거나 낮은 전자가 금속화합물이 된 다음에 이것으로부터 환원되는 간접환원의 두 가지가 있다. 환원되는 양은 전극표면의 크기에 달렸기 때문에 전기의 사용량과 장치비 등으로 공업적인 환원법으로는 적합하지 않지만 순수한 제품을 좋은 수율로 얻을 수 있고 또 환원하기 힘든 물질 등을 환원하는데 적합하므로 제한된 용도를 가지고 있다. 현재 공업화된 제품은 다음과 같다.

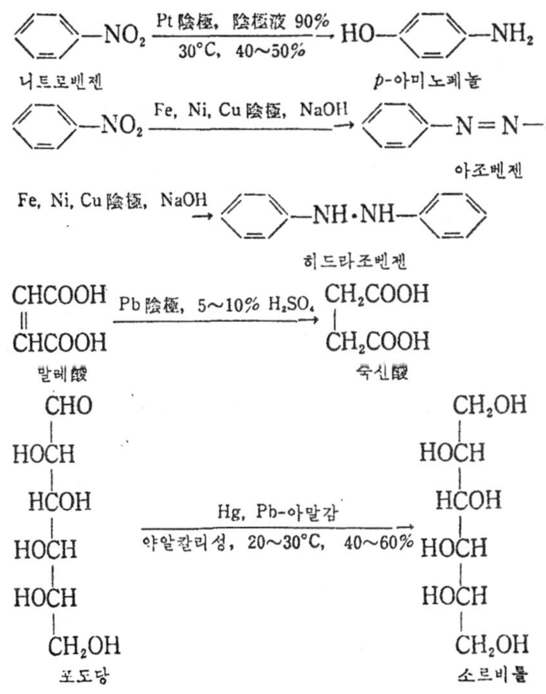

8.7 선택적 수소화반응

혼합물 중에서 1부의 화합물만을 환원하거나 화합물 중에 환원할 수 있는 작용기가 2개 이상 있을 때는 1부만을 수소화하거나, 몇 단계를 거쳐서 환원되는 작용기를 특정한 단계에서 수소화하는 것을 **선택적 환원** 또는 **부분수소화**라고 한다.

선택적 수소화는 적당한 환원제나 촉매가 필요한 것은 물론이고 반응온도, 수소첨가압력, 용매 등도 잘 선정해야 한다.

환원되는 작용기의 수소화의 용이성의 순서는 다음과 같다.

$-NO_2$ > $-C \equiv C-$ > $-CH=CH-$ > $-C=O$ > $-C \equiv N$ > 방향족화합물의 2중결합

탄소-탄소간의 2중결합을 가진 화합물의 수소화의 용이성의 순서는 다음과 같다.

사슬탄화수소의 올레핀 > 시클로올레핀 > 나프탈렌 > 벤젠 > 알킬벤젠 > 알릴벤젠 (예 : 디페닐벤젠)

쉽게 환원되는 작용기라도 주위에 있는 다른 작용기 때문에 영향을 받게 된다. 백금이나 니켈촉매 존재하에서 수소화할 때 아세틸렌기($-C \equiv C-$)는 에틸렌기($-C=C-$)보다 수소화속도가 느리지만 2중결합과 3중결합이 혼합되어 있을 때는 반대로 3중결합의 수소화가 빠르고 2중결합은 느리다.

또 Ni촉매로 알칼리성에서 수소화할 때 카르보닐기는 쉽게 수소화되지만 니트로기($-NO_2$)가 공존할 때는 카르보닐기는 수소화되지 않는다.

8.8 아세틸렌류의 선택적 수소화반응

3중결합을 가지고 있는 아세틸렌에 2몰의 수소를 첨가하면 포화탄화수소가 된다. 올레핀을 만들려면 수소 1몰을 선택적으로 첨가하여야 하는데 이때 촉매를 잘 선택해야 한다. 여기에 적합한 촉매로는 활성이 작은 팔라듐, 황이나 셀렌으로 피독되어 촉매활성이 작은 니켈, 철, 구리, 황화몰리브덴 등 일반적으로 활성이 작은 촉매 등이 있다. 최근에는 많이 사용하지 않는 반응이지만 아세틸렌, 비닐아세틸렌 등에 수소 1몰을 첨가하여 에틸렌이나 1,3-부티디엔을 합성하거나 아세틸렌계 알코올로부터 올레핀계 알코올을 만들 때 이 반응을 시킨다. 최근에는 석유화학공업의 원료가 되는 에틸렌이나 프로필렌 중에 불순물로 미량 혼합되어 있는 아세틸렌계 탄화수소를 제거하는 데에도 선택적 수소화반응을 한다.

$$CH \equiv CH \xrightarrow[\text{또는 Pb 觸媒}]{\text{Ni 觸媒(S, Se 被毒된 것)}} CH_2 = CH_2$$

$$\underset{\text{비닐아세틸렌}}{CH_2 = CH - C \equiv CH} \xrightarrow{\text{Ni 觸媒(S, Se 被毒된 것)}} \underset{\text{1, 3-부타디엔}}{CH_2 = CH - CH = CH_2}$$

$$\underset{\text{2-부틴-1, 4-디올}}{HOCH_2C \equiv CCH_2OH} \xrightarrow{\text{Fe 觸媒}} \underset{\text{2-부텐-1, 4-디올}}{HOCH_2CH = CHCH_2OH}$$

$$\begin{matrix}\text{熱分解에틸렌・프로필렌} \\ \text{混合物 중의 아세틸렌}\end{matrix} \xrightarrow[\text{200～300°C 3～10 atm}]{MoS_3} \begin{matrix}\text{에틸렌・프로필렌} \\ \text{(重合用)}\end{matrix}$$

중합용 에틸렌이나 프로필렌 중에는 불순물인 아세틸렌함량이 10ppm 이하가 되어야 한다. 석유분해로 얻어지는 가스 중에는 보통 0.18~0.45%(2,300~5,000ppm)의 아세틸렌이 함유되어 있으므로 10~35%의 수소를 첨가하여 CoS_3 등의 촉매 존재하에서 200~300℃, 3~10atm으로 수소화하여 제거한다.

8.9 방향족화합물의 수소화반응

벤젠이나 피리딘 등의 수소화는 올레핀의 수소화보다 힘들다. 촉매는 Ni 등 활성이 강한 촉매 존재하에서 가압하여 수소화한다. 벤젠은 50~100atm, 70~80℃에서 수소화되는데 벤젠의 측쇄의 길이가 증가하면 비례적으로 힘들게 된다. 벤젠은 구리크롬산화촉매로는 수소화되지 않지만 나프탈렌은 테트린까지 수소화된다. 페놀이나 아닐린을 강한 수소화촉매로 수소화하면 시클로헥산올이나 시클로헥실아민이 된다. 피리딘은 고리 중에 있는 질소 때문에 수소화가 힘들다.

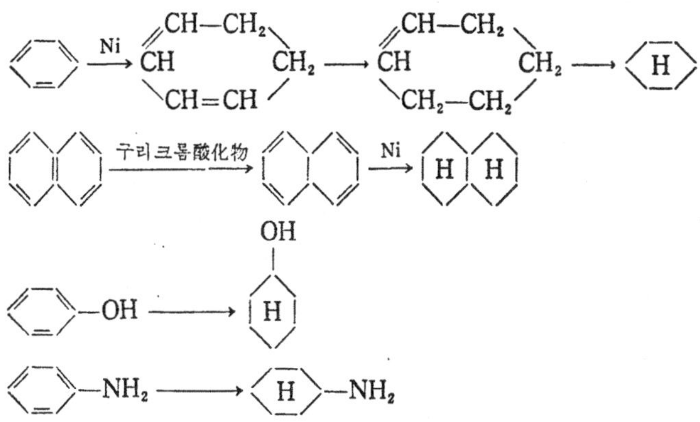

8.10 카르보닐화합물의 수소화반응

카르보닐화합물을 가혹하지 않은 조건에서 수소화하면 알코올로 환원할 수 있다. 그러나 가혹한 조건으로 반응시키면 생성된 알코올은 수소화분해되어 탄화수소가 된다. 니켈, 백금, 팔라듐촉매를 사용할 때는 상온, 상압에서 반응이 일어나며, 구리크롬산화물촉매를 사용할 때는 보통 100~200℃, 50~150atm에서 반응시킨다. 또 적당한 촉매로 수소화하면 2중결합을 가지고 있는 알데히드의 카르보닐기에는 수소화하지 않고 불포화기만 부분 수소화하여 포화탄화수소의 카르보닐화합물로 만들 수 있다.

$$\underset{\text{알데히드}}{RCHO} + H_2 \longrightarrow \underset{\text{1차알코올}}{RCH_2OH}$$

$$\underset{\text{케톤}}{RCOR'} + H_2 \longrightarrow \underset{\text{2차알코올}}{RCHOHR'}$$

$$CH_3CH{=}CHCHO \xrightarrow[\text{觸媒}]{H_2,\ \text{클로로포름}} CH_3CH_2CH_2CHO$$

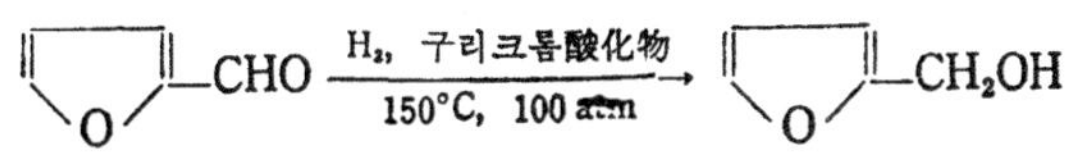

푸르푸랄 → 푸르푸릴알코올

$$\underset{\text{acetoethylacetate}}{CH_3COCH_2COOC_2H_5} + H_2 \xrightarrow[150°C,\ 100\ atm]{\text{구리크롬酸化物}} \underset{\text{ethyl-}\beta\text{-oxy-butylate}}{CH_3CHOHCH_2COOC_2H_5}$$

8.11 산 및 에스테르의 수소화반응

수소화하면 알코올이 된다. 촉매는 내구력이 좋은 아연구리산화물, 구리크롬산화물을 사용한다. 구리크롬산화물촉매는 에스테르에서 알코올을 만들 때 많이 사용한다. 에스테르의 수소화반응은 가역반응인데 수소압력이 높고 온도가 낮을수록 수율이 많아진다. 카프르산 *n*-옥틸을 수소화할 때의 반응조건은 압력이 10atm인 때는 20%, 82atm인 때는 90%, 272atm에서는 99%의 수율을 각각 얻을 수 있다. 보통 공업적으로는 175~250℃, 120~130atm에서 수소화반응을 한다.

$$\underset{\text{스테아르酸}}{C_{17}H_{35}COOH} \xrightarrow[325°C,\ 20\ atm]{\text{亞鉛구리크롬酸化物}} \underset{\text{스테아릴알코올}}{C_{17}H_{35}CH_2OH}$$

$$C_5H_{11}COOC_2H_5 \xrightarrow[225°C,\ 180\ atm]{\text{구리크롬酸化物}} \underset{\text{1-헥산올}}{C_5H_{11}CH_2OH}$$

$$\underset{\text{아디프酸디에틸}}{C_2H_5OOC(CH_2)_4COOC_2H_5} \xrightarrow[230°C,\ 200\ atm]{\text{구리크롬酸化物}} \underset{\text{1, 6-헥산디올}}{HOH_2C(CH_2)_4CH_2OH}$$

$$RCOOR' + 2H_2 \underset{\text{고압, 고온}}{\overset{\text{고압, 저온}}{\rightleftarrows}} RCH_2OH + R'OH$$

8.12 탄화수소제법

독일의 Bergius에 의하여 공업화된 인조석유합성법은 석탄을 미분말로 만든 다음 촉매 존재하에 고압에서 수소화 및 수소화분해하여 탄화수소를 만드는 방법인데 이 방법을 **Bergius법**이라고도 한다. 이 방법은 2단계반응인데 제1단계에서는 액상 또는 액상과 기상의 혼합상에서 저온고압으로 반응시킨다. 액상반응에서는 원료로 분탄과 b.p. 300℃ 이상인 중유질의 동량혼합물에 요오드 또는 옥살산제 1주석을 촉매로 가한 다음 400~480℃, 250~700atm에서 수소화반응과 수소화분해반응을 시킨다. 이때 분말탄중에 함유되어 있는 방향족은 수소화가 일어남과 동시에 C-O, C-N, C-S결합은 절단되어 물, 암모니아, 황화수소로 되어 제거된다(반응시간은 약 2시간이다). 제2단계반응에서는 1단계에서 수소화로 생성된 생성유(b.p. 200~300℃)를 원료로 480~510℃, 250~750atm에서 이 원료유의 10~20배(vol)의 수소로 수소화반응을 하여 가솔린을 만든다. 4.5톤의 석단으로부터 4톤의 가솔린을 만들 수 있다. 일산화탄소와 수소를 Co와 Fe촉매 존재하에 반응시켜 파라핀과 올레핀계 액상탄화수로를 합성하는 반응을 **Fischer-Tropsch법**이라고 하는데 반응조건에 따라 여러 종류의 탄화수소와 물이 생성한다. 일반식은 다음과 같다.

$$(2n+1)H_2 + nCO = C_nH_{2n+2} + nH_2O \quad (1)$$
$$2nH_2 + nCO = C_nH_{2n} + nH_2O \quad (2)$$
$$(n+1)H_2 + 2nCO = C_nH_{2n+2} + nCO_2 \quad (3)$$
$$nH_2 + 2nCO = C_nH_{2n} + nCO_2 \quad (4)$$

(1)과 (2)의 반응은 Co계촉매(Co : ThO_2 : MgO : 규조토 = 100 : 5 : 8 : 200)를 사용하여 원료가스는 H_2 : CO = 2 : 1, 반응온도는 180~200℃, 반응압력은 7~100atm로 환원시킨다. 이 반응에서는 물이 생성된다. (3)과 (4)의 반응에는 철계촉매(Fe-K_2O)를 사용하여 H_2 : CO = 0.7 : 1.0, 반응온도는 240~350℃, 반응압력은 상압 30atm로 환원한다. 이때는 (1)과 (2)의 CO_2가 생성된다. Fischer-Tropsch반응은 발열반응으로 생성물은 포화탄화수소와 불포화탄화수소인데 탄소가 C_1에서 C_{100}이상의 것까지 다종류의 탄화수소의 혼합물이 생성된다. 촉매의 종류와 반응조건(온도, 반응시간, 압력) 등에 따라 생성물의 종류는 다양한다.

압력상승 ⟶ 산소함유화합물이 많이 생성
원료가스 중 수소함량 증가 ⟶ 메탄생성량 증가
원료가스 중 수소함량 감소 ⟶ 올레핀생성 증가
접촉시간 감소(반응시간 감소) ⟶ 산소함유화합물생성량 증가
반응온도상승 ⟶ 메탄생성량 증가, 탄소석출 증가
촉매변화(철⟶코발트⟶니켈) 올레핀이 감소하고 파라핀계탄화수소의 생성량 증가

CO와 H_2를 원료로 탄화수소와 산소함유탄화수소(주로 알코올)의 제법을 나열하면 다음 표 8-2와 같다(Fischer-Tropsch 합성).

표 8-2 H_2와 CO의 반응

合成法	觸媒	原料組成 H_2 : CO	反應溫度 (°C)	壓力 (atm)	主生成物
Fischer -Tropsch	코발트	2 : 1.0	180~240	1~ 20	C_1~wax狀탄화수소 (올레핀含量 적음)
	鐵	0.7~2 : 1.0	240~320	1~ 30	올레핀含量 많음
變形法 (알코올合成)	窒化鐵	0.7~2 : 1.0	200~250	10~ 30	30~40% C_1~C_{14} ROHC_1에서 b.p. 200°C 이하의 炭化水素
	鐵(oxyl)	0.8~1.3	180~210	20~ 30	80%, 알코올(高級알코올 함량 많음)
Synol法(알코올合成)	鐵	1~1.3 : 1.0	185~225	15~ 30	C_1에서 b.p. 450°C까지의 ROH와 炭化水素
Isosynthesis	ThO_2-Al_2O_3 -K_2O	0.8~1.0	400~450	100~300	C_1~C_8의 炭化水素 (대부분 이소부탄)
OXO process	코발트	1.0 : 1.0 올레핀함유	150~200	150~300	알데히드

Fischer-Tropsch 합성법은 높은 발열반응을 수반하는 반응이므로 공업적인 규모에서는 반응열을 제거하여 반응온도를 일정하게 유지하는 것이 중요하다. 고정촉매를 사용하면 온도조절이 곤란하므로 촉매분말을 기름 위에 부유시키면서 합성가스를 반응탑에 통과시키는 oil slurry법, 가열가스와 촉매분말을 혼합하여 반응탑에 통과시키는 catalyst entrainment법 등이 있다. 2차 세계대전 후 Carthage Hydrocol사와 Standard Oil & Gas사가 고정상유동법으로 철촉매를 사용하여 파라핀계탄화수소와 산소함유탄화수소를 제조하는 공장을 가동하였으나 천연석유의 다량 공급으로 가격면에서 비싸므로 실패하고 말았다. 남아프리카의 Sasol공장에서는 Catalyst Entrainment Process를 사용하여 분말상의 촉매와 반응가스를 유동으로 반응로에 송입하여 기상유동촉매법(이동상)을 사용하여 반응로의 반응열을 효율적으로 제거하는 방법을 채용하고 있다. 이 장치의 장점은 높은 전화율과 빠른 공간속도로 반응이 진행된다는 것이다. 또 촉매를 반응탑에서 꺼내기 쉽다는 장점도 있다. 그림 8-2에 Sasol공장의 Kelog법 반응로의 약도를 나타냈다. 5개의 각 반응기는 직경 10ft, 높이 40ft로 되어 있고 1시간에 각 반응기에 70만ft^3의 합성가스가 송입된다. 그림 중 K, L, M에서 소량의 합성가스가 도중에서 송입되어 촉매가 C와 D를 원활하게 통과하게끔 한다. Q는 촉매를 교환하는 곳이다. 그림 8-4는 Sasol Plant의 합성석유의 block diagram이며, 그림 8-3은 **Arge합성법**(합성석유법)이라고 하는 Rhur Chemie사와 Lurgi사의 공동기업체인 Arge Syntheses-Arbeitgemeinschaft Lurgund Ruhr Chemie의석유합성장치도이다. 가는 파이프(안지름 50mm)를 다수(2032개) 가진 로 구조를 가지고 있는 반응로가 있고 고정촉매층을 빠른 공간속도(500~1000)로 순환시키면서 반응시켜 1회의 전화율을 낮게 하는 특징적인 구조를 가지고 있다. 이 반응장치는 반응조건을 변화시킴으로써 생성물의 조성이 다양한 합성석유를 만들 수 있다. 올레핀에

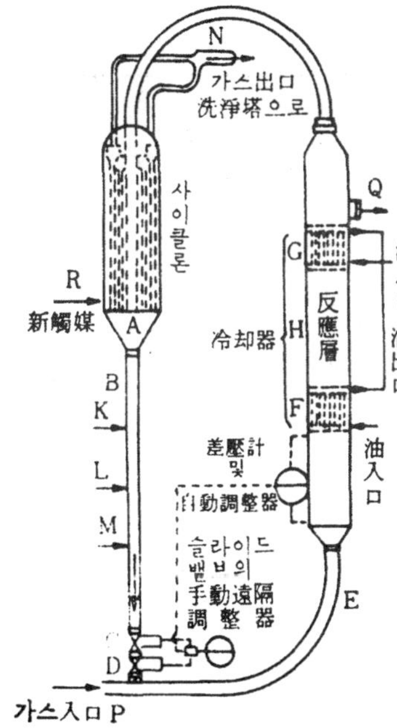

그림 8-2 Kelog법 반응로(Sasol 공장)

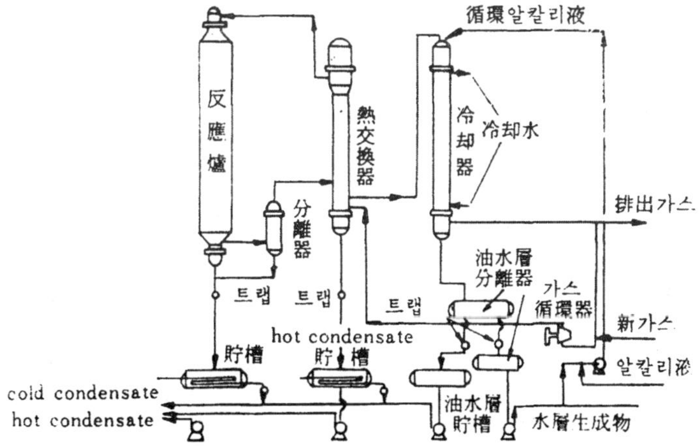

그림 8-3 Ruhr Chemie-Lurgi 합성석유제조장치도 (Sasol 공장, Arge법)

수성가스($CO + H_2$)를 코발트촉매 존재하에 고압에서 반응시켜 카르보닐화합물(옥소화합물)인 알데히드를 합성하는 반응을 **옥소반응**(oxoreaction) 또는 **히드로포밀화반응**(hydroformylation)이라고 한다. 이중결합에 H와 CHO가 첨가되어 알데히드가 생성되는 반응으로 반응식은 다음과 같다.

$$RCH = CH_2 + CO + H_2 \xrightarrow{\text{코발트觸媒}} \begin{cases} RCH_2CH_2CHO\,(\text{多}) \\ RCHCH_3\,(\text{少}) \\ \quad | \\ \;\; CHO \end{cases}$$

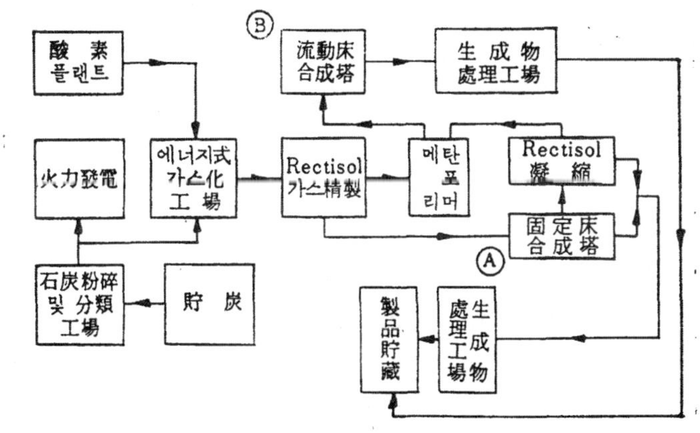

그림 8-4 합성석유제조 block diagram (Sasol 공장)

프로필렌을 수소와 1:1조성으로 autoclave에서 톨루엔 용매 중에서 코발트카르보닐($[Co(CO)_4]_2$)촉매로 200기압, 120℃에서 30분간 반응시키면 90% 이상의 프로필렌이 반응하여 *n*-butylaldehyde 75%와 *α*-methyl propion-aldehyde 25%가 생성된다. 알데히드를 합성할 목적으로 반응시킬 때는 보통 100~150℃에서 반응시키는데 반응온도를 높여서 150~200℃에서 반응시키면 알데히드는 환원되어 알코올이 된다. 이 반응에서는 2중결합에 H와 CH_2OH기가 부가되므로 hydroformylation 또는 hydroxymethylation이라고도 한다.

$$RCH=CH_2 + CO + 2H_2 \xrightarrow[200°C]{\text{코발트觸媒}} RCH_2CH_2CH_2OH + \underset{\displaystyle CH_2OH}{\underset{|}{RCHCH_2}}$$

Oxo반응(Oxo합성)에서는 일반적으로 알데히드를 목적으로 반응시키는 경우보다는 알코올을 합성하는 목적으로 반응시키는 경우가 많다. 이 방법으로 butanol, octanol, trimethylhexanol, tridecylalcohol을 공업적으로 합성하여 가소제, 계면활성제 등의 원료로 쓴다. 글루타민산나트륨도 이 방법으로 합성한다. 촉매는 Co-ThO_2-MgO-규조토, 라네-코발트, 지방산이나 나프텐산의 코발트염, 탄산코발트카르보닐 등이 많이 쓰이는데 반응에서는 코발트가 코발트카르보닐로 되어 촉매작용을 한다. 실험실용 반응용매로는 벤젠이나 톨루엔 등이 보편적으로 많이 사용되지만 공업적 제법에서는 원료인 올레핀 자신이 용매로 된다. 원료인 올레핀이 저비점 가스상 물질인 때는 생성물을 용매와 쉽게 분리할 수 있는 불활성탄화수소류를 용매로 사용한다. 알데히드인 때는 반응온도를 100~150℃, 원료가스와 수소의 비는 1:1로 사용하며 압력은 촉매 작용을 하는 코발트카르보닐의 분해를 막기 위하여 100~300atm에서 반응시킨다. 실험실에서는 autoclave를 사용하여 batch식으로 반응시키며 공업적으로는 고압반응탑에서 연속적으로 반응시킨다.

옥소반응에서 원료인 올레핀의 종류에 따른 반응성과 생성물의 특징을 보면 다음과 같다. 화합물의 말단에 2중결합이 있는 화합물은 옥소반응을 하기 쉽다. 또 이소올레핀에서는 치환기의 위치나 수에 따라 반응속도가 달라진다. 올레핀의 구조에 따른 옥소반응의 특징은 다음과 같다.

한편, 각종 불포화화합물의 Oxo반응의 수율을 보면 표 8-3과 같다.

(a) **직쇄말단올레핀**(straight chain terminal olefins)이 가장 빠르게 반응하며 탄소수가 증가할수록 반응은 약간 느려진다. 이때 생성물의 비율을 보면 직쇄알데히드가 많고 분기알데히드는 적다.

표 8-3 불포화화합물의 Oxo 반응수율

反應條件, 溶媒 : 벤젠, 觸媒 : $[Co(CO)_4]_2$,
反應溫度 : 120~125 °C, CO : H_2 = 100~150 atm (23 °C)

不飽和化合物	試料 〔g〕	時間 〔min〕	觸媒 〔g〕	生成物	收率 〔%〕
에틸렌	5.6	25		프로피온알데히드	50
2-부텐	25	33	2.2	C_6-알데히드	75
1-헥산	20	15	2.4	n-헵타알데히드 α-메틸헥사알데히드	32 32
2-메틸-1-부텐	25	140	0.6	β-메틸바렐알데히드	53
알릴알코올	29	60	2.2	γ-옥시부틸알데히드	18
부틸비닐에테르	25	105	0.6	α-부톡시프로피온알데히드	31
초산비닐	43	15	4.2	α-아세톡시프로피온알데히드 β- 〃 〃	30 22
아크릴酸에틸	65	16	1.2	β-카르베톡시프로피온알데히드	74
푸마르酸디에틸	35	12	1.6	디에틸 α-포민숙신酸	51
알릴페닐에테르	50	50	0.6	C_{10}-알데히드	50
酢酸비닐	43	15	4.2	α-아세톡시프로피온알데히드 β-아세톡시프로피온알데히드	30 22
아크릴酸에틸	65	16	1.2	β-카르베톡시프로피온알데히드	74
크로톤酸에틸	50	80	0.6	에틸-β-포르밀부틸레이트	71
酢酸알릴	60	32	1.8	γ-아세톡시부틸알데히드	70

프로필렌을 140℃에서 옥소반응시키면 다음 식과 같은 조성의 생성물을 얻는다. 반응온도가 높아질수록 분기알데히드의 생성량이 증가한다.

$$CH_3{-}CH = CH_2 + CO + H_2 \longrightarrow \begin{cases} CH_3CH_2CH_2CHO\ (70\ \%) \\ CH_3\underset{\displaystyle CHO}{\underset{|}{C}H}CH_3\ (30\ \%) \end{cases}$$

(b) **직쇄내부올레핀**(straight chain internal olefins)의 반응속도는 직쇄말단올레핀의 약 1/3 정도이다. 내부이중결합의 위치에 따른 반응속도의 영향은 거의 없다.

(c) **분기말단올레핀**(branched terminal olefins) 중 2중결합에서 떨어져 있는(예, 1-hexene과 4-methyl-1-pentene) 위치에 측쇄인 메틸기를 가지고 있을 때는 반응속도의 영향이 거의 없다. 그러나 2중결합에 메틸기가 있으면 반응이 매우 느려진다. 그리고 생성물의 조성을 보면 isobutylene에서는 CHO는 말단에 첨가하게 되는데 이 반응은 Markownikoff법칙에 잘 맞는다고 볼 수 있다.

$$CH_3{-}\overset{\displaystyle CH_3}{\overset{|}{C}} = CH_2 + CO + H_2 \longrightarrow \underset{96\%}{CH_3{-}\overset{\displaystyle CH_3}{\overset{|}{C}}HCH_2CHO} + \underset{4\%}{CH_3{-}\overset{\displaystyle CH_3}{\overset{|}{\underset{\displaystyle CHO}{\underset{|}{C}}}}{-}CH_3}$$

(d) **환상올레핀**(cyclic olefins)은 내부올레핀과 비슷하다. 6원환 이외는 거의 비슷하다.

(e) **분기내부올레핀**(branched internal olefins)에서는 2중결합이 있는 두 탄소에 메틸기를 측쇄로 가지고 있는 때는 반응이 제일 느리다.

다음 식과 같이 분기내부올레핀 (e)와 분기말단올레핀(c)들을 옥소반응시키면 동일조성의 생성물이 된다.

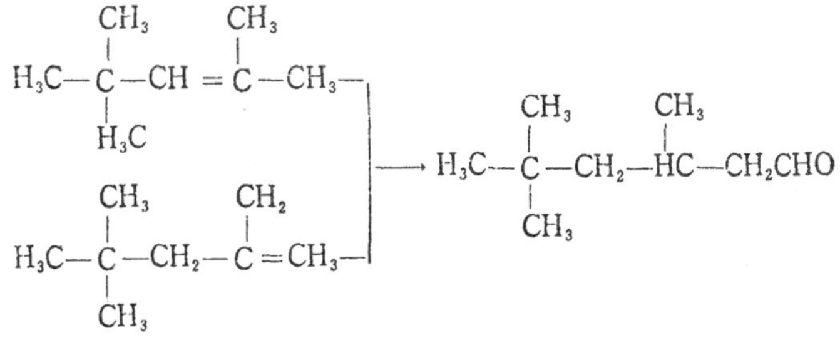

이와 같이 여러 가지 종류의 알데히드가 생성하는 것은 옥소반응에서 2중결합이 쉽게 이동된 공명구조를 가지므로 가장 반응하기 쉬운 상태로 2중결합을 형성한 다음에 첨가반응이 일어난다고 할 수 있다. 그리고 수소가 없는 탄소원자에는 CHO가 첨가되지 않는다. 1-pentene과 2-pentene을 Oxo반응시키면 동일조성의 생성물이 생기는 것으로 보아 2중결합의 이동이 있다고 본다. 표 8-4에 1-pentene과 2-pentene의 Oxo반응생성물을 표시하였다.

표 8-4 1-pentene과 2-pentene의 Oxo 반응생성

生　成　物	反應溫度(110°C)		反應溫度(120~160°C)	
	1-pentene (%)	2-pentene (%)	1-pentene (%)	2-pentene (%)
$CH_3CH_2CH_2CH_2CH_2CH_2OH$	80	70	50~55	50~55
$CH_3CH_2CH_2CH(CH_2OH)CH_3$	15	28	35~40	35~40
$CH_3CH_2CH(CH_2OH)CH_2CH_3$	5	2	10	10

α-β-불포화카폭시산에스테르, 예를 들면 아크릴산메틸이나 크로톤산에틸에서는 β위치의 탄소원자에만 CHO가 첨가된다.

$$CH_2=CHCOOCH_3 \xrightarrow{CO+H_2} OHCCH_2CH_2COOCH_3$$

$$CH_3CH=CHCOOC_2H_5 \xrightarrow{CO+H_2} CH_3-CH(CHO)CH_2COOC_2H_5$$

8.13 석유과 석탄의 수소첨가

원유를 증류하여 나프타, 가솔린, 등유, 경유 및 중유 등으로 분리하여 각 용도에 사용하는데 가솔린의 수요가 많아짐에 따라 등유 이상의 유분을 열분해하여 부족되는 가솔린을 충족하는 방법이 시행되었는데 이 방법으로는 가솔린 이외에도 중질유나 탄소 등의 부산물이 다량 생성하게 되는 단점이 있다. 수소를 가압하에서 촉매 존재하에 가하면서 수소화분해하면(hydrocracking, destructive hydrogenation) 중질유 등 부산물이 적어진다. 열분해 등으로 생성된 불포화탄화수소화되고 나프텐은 개환되어 파라핀이 되며 코크스의 생성량이 감소되어 가솔린의 수율이 증가되며 이와 함께 옥탄가도 증가한다. 촉매는 몰리브덴, 텅스텐 등의 황화물을 사용하므로 석유에 함유되어 있는 황으로 피독되지 않는다. 석탄이나 타르의 고압수소첨가반응때와 같이 압력을 높이고 온도를 낮추면 파라핀과 나프텐의 함량이 증가한다. 반대로 온도가 높고 압력이 낮아지면 방향족함량은 증가한다. 중질유의 수소첨가반응의 flow sheet는 그림 8-5와 같다. 원료유로서 비중이 0.894(20℃)인 234~280℃의 유분 73.4%, 280~310℃의 유분 22.2%의 것을 반응탑에 100~250atm로 수소와 같이 압축하여 반응시킨다. 원료유는 열교환기에서 예열하여 반응탑에 보내는데 이때 열교환기의 예열은 직화가열코일이나 가열기를 사용하여 400~540℃로 가열한다. 수소화반응은 발열반응이므로 반응탑의 여러 곳에서 냉각된 수소를 주입하여 반응온도를 조절한다. 반응생성물은 냉각기를 통하여 가압분리기에서 가스와 생성유를 꺼낸 다음 분류탑에 이송시켜 가솔린과 등유로 분리한다.

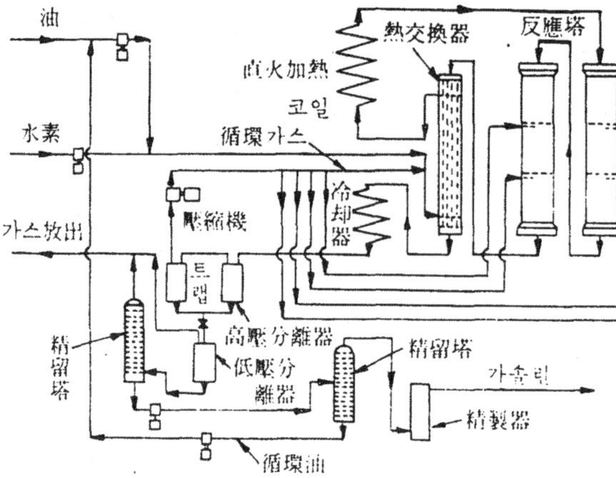

그림 8-5 중질유의 수소첨가 flow sheet

8.13.1 수소화에 의한 석유의 탈황

석유의 고압수소첨가법 이외에도 접촉분해법 또는 접촉개질법 등이 석유의 정제에 사용되고 있다. 이 중에서도 수소기류 중에서 시행하는 플랫포밍, 하이드로포밍법 등이 공업적으로 중요하며 종래의 고압수소첨가법은 점차 사용하지 않고 있다.

석유의 고압수소첨가법을 개량하여 석유의 탈황법으로 사용한다. 이 방법으로 석유 중의 황화합물을 분해하여 H_2S로 제거하거나 이와 함께 질소, 산소성분 등도 암모니아나 물로 변화시켜 제거한다. 탈황촉매로는 몰리브덴, 코발트의 산화물이나 황화물이 주로 사용된다. 탈황법 중에서 대표적인 것으로는 미국의 Universal Oil Products Co와 Union Oil Co에서 개발된 Unifining법이 있는데 가솔린에서 중질유에 이르기까지 다양하게 응용할 수 있다. 석유 중의 황분 등이 수소화탈황법으로 제거되는 반응식은 다음과 같다.

(a) 황의 제거

메르캅탄	$RSH + H_2 \rightarrow RH + H_2S$
황화물	$R_2S + 2H \rightarrow 2RH + H_2S$
이황화물	$(RS)_2 + 3H_2 \rightarrow 2RH_2 + 2H_2S$
티오펜	$C_4H_4S + 4H_2 \rightarrow C_4H_{10} + 2H_2S$

(b) 질소의 제거

피리딘	$C_5H_5N + 5H_2 \rightarrow C_5H_{12} + NH_3$
퀴노린	$C_9H_7N + 4H_2 \rightarrow C_6H_5\text{-}C_3H_7 + NH_3$
피 롤	$C_4H_4NH + 4H_2 \rightarrow C_4H_{10} + NH_3$

(c) 산소의 제거

페 놀	$C_6H_5OH + H_2 \rightarrow C_6H_6 + H_2O$

(d) 올레핀의 수소첨가

$$CH_2{=}CHCH + H_2 \rightarrow CH_3CH_2R$$
$$RCH{=}CHCH{=}CHR + 2H_2 \rightarrow R(CH_2)_4R$$

보통은 고정상촉매를 사용하는 기상반응이 주로 사용되나 중질유인 때는 액상법으로 한다. 반응온도는 260~430℃이다. 이 온도보다 높아지면 탈황률은 좋으나 원료유의 분해반응이 증가한다. 압력은 7~65atm이다.

8.13.2 하이드로포밍법(hydroforming)

석유에서 방향족화합물을 만드는 방법인데 반응조건은 15~35atm, 475~500℃에서 수소가압하에 반응시킨다. 이때에 반응은 원료유 중에 있는 나프텐의 탈수소화올레핀의 수소첨가, 파라핀의 이성화 및 황화합물의 탈황반응 등이 일어난다. 촉매는 알루미나-산화크롬, 몰리브덴촉매 등이 있는데 이 중에서도 몰리브덴촉매가 제일 많이 사용된다.

8.13.3 플랫포밍법(platforming)

하이드로포밍과 같이 방향족화합물을 석유로부터 만들거나 방향족화합물의 함량을 증가시켜 옥탄가가 높은 가솔린을 만드는 방법으로 알루미나담체에 0.01~1%의 백금과 1~8% 할로겐화합물을 담지시킨 것을 촉매로 사용하므로 나프텐의 이성화반응과 탈수소화가 잘 일어난다. 예를 들면 시클로헥산, 메틸시클로펜탄에서 벤젠, 디메틸시클로펜탄에서 톨루엔 등이 생긴다. 반응온도는 454~510℃, 압력을 10~50atm에서 수소가압하에 반응을 시킨다.

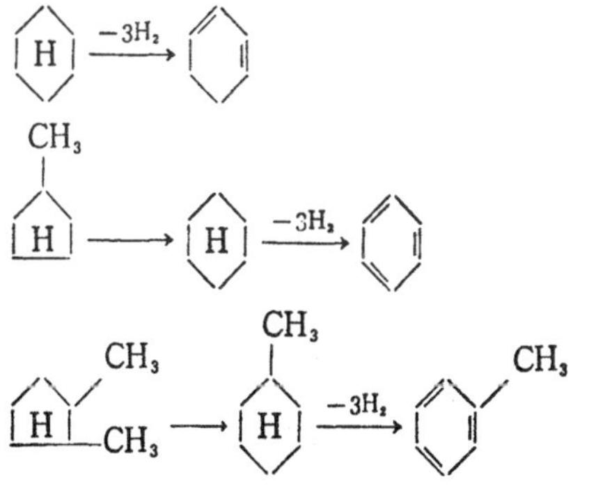

8.13.4 석탄의 수소화분해

석탄을 고온고압하에서 수소화분해하면 저분자탄화수소, 산성유 및 염기성유 등으로 전화한다. 석탄을 그대로 열분해하면 석탄질은 개열하여 저분자탄화수소인 가스나 타르가 생성된다. 동시에 축합반응도 일어나서 안정한 화합물인 코크스도 생성한다. 높은 온도에서 분해할수록 강한 결합의 절단이 일어나서 저분자화반응이 촉진된다. 석탄의 수소화분해에서도 고온이면 분해율이 높다. 그러나 수소화반응은 고온에서는 탈수소반응이 일어나므로 이 반응을 억제하려면 고압이 필요하다. 고압수소화반응에서는 다환방향족화합물이나 나프텐의 축합반응으로 코크스화반응이 억제되며 환수가 적은 탄화수소로 개환반응을 촉진시킬 수 있다.

석탄의 수소화분해의 목적은 액체연료와 방향족화합물의 제조에 있다. 석유화학에서는 만들 수 없는 다환방향족화합물과 이들의 유도체 및 질소환화합물을 만드는 데 있다. 이와 같은 목적으로 석탄의 수소화분해법에는 고도수소화분해와 저도수소화분해가 있다.

(1) 고수소화분해

이 방법으로 유체연료를 만든다. 독일에서 사용하는 방법을 보면 다음과 같다. 비교적 저압인 300atm까지 압력으로 3단계를 수소화분해하는 것과 700atm의 고압에서 2단계로 반응시키는 두 가지의 방법이 있다. 첫 번째 방법인 3단계수소화분해반응, 석탄을 중유에 현탁하여 수소화하는 액상수소화분해법(300atm, 430~490℃옥살산아연 +염화암모늄), 기상예포화법(250~300atm, 400~410℃, WS_2 또는 WS_2 +NiS +Al_2O_3촉매사용), 만일 원료인 경유가 산소, 질소, 황 등을 많이 함유하는 조경질유인 때는 100% WS_2를 사용하여 산소, 질소, 황 등을 H_2O, NH_3, H_2S 등으로 제거하여 탄화수소만으로 된 경질유를 만드는 방법인데 이 방법을 Presaturation이라고도 한다. 또는 기상수소화분해(250~300atm, 400~450℃, WS_2 +활성백토)법 등을 채용하여 주로 가솔린을 만들거나 hydroforming을 하여 방향족계가솔린을 제조한다. 이것을 도식으로 표시하면 그림 8-6과 같다.

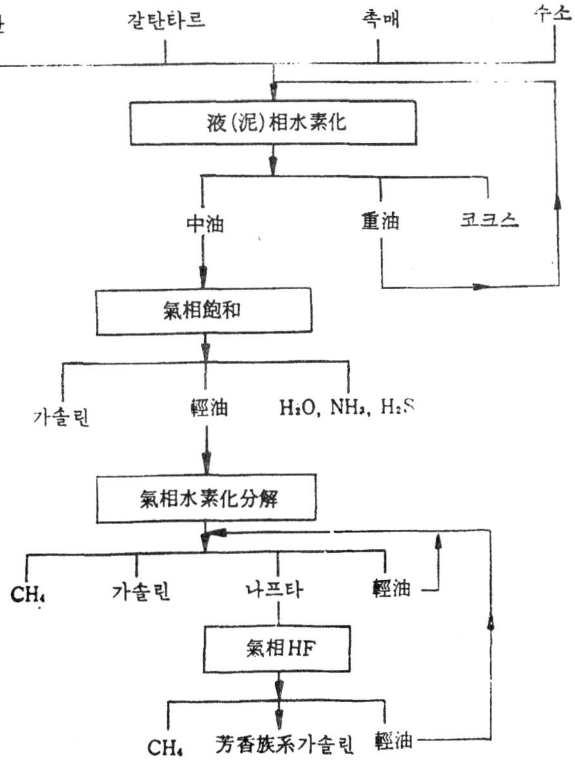

그림 8-6

2단계수소화분해는 액상(700atm, 480~500℃), 기상(700atm, 480~490℃)의 2단계 반응으로 방향족계가솔린을 제조하는 방법이다. 1949년 이래 미국광산국(Bureau of Mines)

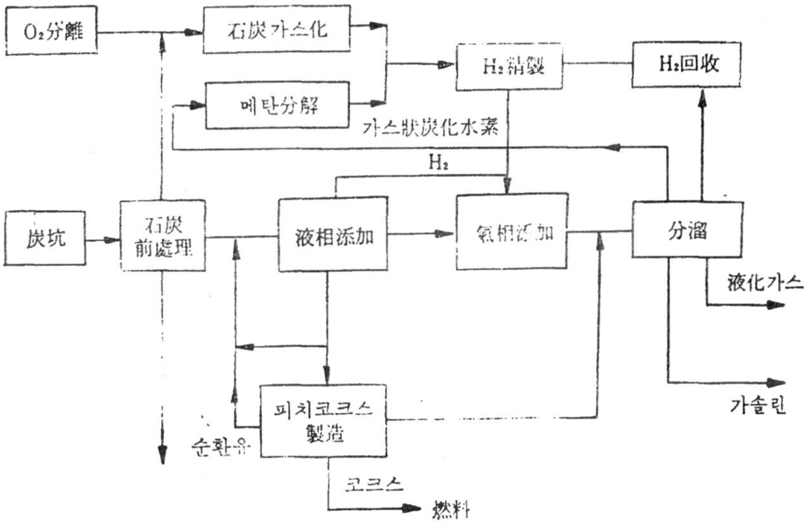

그림 8-7

에서 석탄수소화분해반응에 대하여 이 방법으로 많은 실험을 하고 있다. 700atm, 610℃에서 액상수소첨가를 하여 생성한 정제유를 다시 기상수소첨가하는 2단계분해법으로 되어 있다. 앞의 그림 8-7에 제조공정도를 표시한다.

(2) 저도수소화분해

석탄의 수소화분해를 어느 정도에서 억제하고 여러 가지 화학원료들을 제조하려는 것으로 석탄을 방향족자원이용하는 데 가장 주목되는 방법이다. 미국의 Carbide & Carbon Chemical Co.(C.C.C사)는 Coal Chemicals를 생산할 목적으로 많은 연구를 하고 있다. 이 방법의 특징은 액상수소화반응만 하고 기상수소화분해반응은 하지 않는다. 270~408atm, 440~555℃에서 반응시간(체류시간)은 3~4.5분 정도이다. 생성물에서 분리한 수소와 중질유는 재순환 사용한다. 액상정제유에서는 크레졸류, 퀴놀린류, 인돌류, 나프탈렌 등 비교적 복잡한 방향족화합물이나 질소화합물이 얻어진다.

8.14 기름으로부터 경화유제조

액상인 동식물성 불포화성인 기름에 수소를 첨가하여 지방을 만드는 것을 **경화반응**이라고 한다. 수소를 부분적으로 첨가하면 **반경화성유**가 되는데 마가린이 이 제품의 대표적인 예라고 할 수 있다. 수소첨가는 기름으로부터 반경화유나 경화유 이외에 기름 중의 불순물을 제거하는 유지정제에도 사용된다. 경화유제조촉매로는 규조토담체에 니켈을 담지시킨 환원니켈을 사용한다. 황산니켈의 용액에 규조토를 현탁시킨 다음 이 용액에 탄산나트륨용액을 가하여 염기성의 탄산니켈을 침전시킨다. 이 침전물을 충분히 수세하고 120℃로 건조한 다음 수소환원로 중에 넣어(450℃) 수소로 환원하여 환원니켈을 만든다. 이 환원니켈은 공기 중에서 자연발화하므로 질소, 탄산가스 또는 수소기류 중에서 원료유지에 넣어야 한다. 이 혼합물의 일정량을 원료유지 중에 옮겨 수소첨가한다. 반응온도는 100~250℃, 압력 6~12atm 정도이다. 환원니켈은 자연발화할 위험성이 있으므로 수소환원 후 탄산가스 또는 질소기류 중에 냉각하여 공기중에 꺼내도 자연발화하지 않도록 만든 안정화된 환원니켈을 사용하기도 한다. 이외에도 포름산니켈을 유지에 넣고 교반하면서 240℃로 수소를 가하면서 분해 환원하여 만든 환원니켈을 사용하기도 한다. 그러나 현재 공장에서 사용하는 촉매는 규조토에 니켈을 담지시켜 만든 환원니켈인데 촉매 중의 니켈함량은 20~30% 정도이다.

불포화글리세리드를 수소첨가하여 포화글리세리드를 만드는 예를 보자. 올레인에 3몰의 수소분자가 첨가되면 고체인 스테아린이 된다. 이때 수소의 양은 올레인인의 0.68 무게 %에 지나지 않는다. 이와 같이 소량의 수소가 첨가되어도 액체인 기름은 고체인 지방으로 되는데 이것은 불포화기인 2중결합이 없어지고 포화지방에스테르가 생성되기 때문이다. 경화유의 원료가 되는 기름의 대체적인 조성을 보면 표 8-5와 같다.

표 8-5 기름의 성분조성

組成 및 性狀	낙화생 기름	면실기름	옥수수 기름	콩 기 름	아마인 기름
올 레 산(%)	50~70	23~33	45~49	21~34	31~38
리 놀 레 산(%)	12~26	39~48	34~31	49~59	8~28
리 놀 렌 산(%)	—	—	—	2~8	26~58
미리스트산(%)	—	0.3~2	2	—	—
팔 미 트 산(%)	6~9	19~28	8~11	6~10	4~7
스테아린산(%)	2~6	1~3	2~4	2~4	2~5
알라티딘산(%)	2~5	0.1~1	0.4	0.7~1	0.2~1
리그노세린산(%)	2~3	—	0.2	0.1	0~0.4
불비누화물(%)	0~0.3	0.9	2	0.6	0.5~2
요 드 값	83~95	103~115	116~130	103~152	170~204

표 8-5에 나열한 산들은 글리세리드의 형태로 존재한다. 리놀레산은 분자내에 2개의 2중결합을 가지고 있는데 선택적으로 한 개의 2중결합만 수소를 첨가함으로써 올레산으로 만들 수도 있고 두 개의 2중결합에 전부 수소를 첨가하여 스테아린산을 만들 수도 있다. 선택적으로 부분수소화를 한 글리세리드가 마가린 등 반경화지방이며 완전수소화한 것은 경화지방인 고체이다. 수소첨가에 의한 경화유제조에서 원료인 기름 중에 불순물인 황분, 산화된 기름, 단백질 및 수분 등이 있으면 수소첨가를 방해하게 된다. 보통 기름에는 황분은 극히 소량 함유되어 있으므로 니켈의 촉매독이 될 염려는 없다. 기타 불순물은 활성탄이나 백토 또는 규조토처리로 제거할 수 있다. 수분의 함량이 많을 때는 유리탄의 생성을 촉진하며 유리탄의 함량이 3% 이상이 되면 촉매인 니켈의 활성에 영향을 미친다. 기름의 수소첨가량에 따라 생성된 경화유의 융점은 달라진다. 수소첨가량은 생성경화유의 융점, 요오드 값, 굴절률 등을 측정하면 알 수 있다. 다음 표 8-6에 완전경화유의 융점을 나타낸다.

표 8-6 완전경화유의 융점 (℃)

기 름	融 點
야 자 기 름	43~45
고 래 기 름	52~56
면 실 기 름	62~63
올 리 브 기 름	68~69
콩 기 름	69~71
피 마 자 기 름	80~90

경화유제조용 반응장치

가장 간단한 장치는 교반식 가압반응조이다. 수소화반응을 효율있게 진행시키기 위해서는 원료유, 수소 및 촉매를 균일하게 혼합시켜야 한다. 이 목적을 달성하기 위하여 교반기의 중심에 뚫린 구멍을 통하여 교반하면서 수소가스를 반응조내에 주입한다. 또는 교반기의 축에 구멍을 뚫고 이 구멍을 통하여 기름과 촉매의 혼합물이 수소기류 중에 분산되도록 한다. 그런데 이 장치들은 교반기를 사용하기 때문에 교반기의 회전축에서 수소가 새어나올 염려가 있으므로 최근에는 수소 또는 기름-촉매를 순환하거나 이들 세 성분을 동시에 순환시키는 방법을 사용하고 있다.

(1) 촉매를 기름에 분산시키고 수소를 순환시키거나 기름-촉매혼합물을 순환시키는 방법

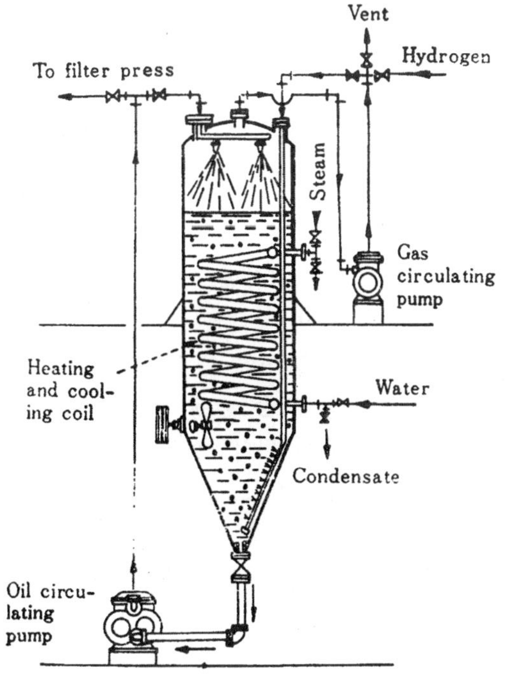

그림 8-8 유지의 수소첨가장치

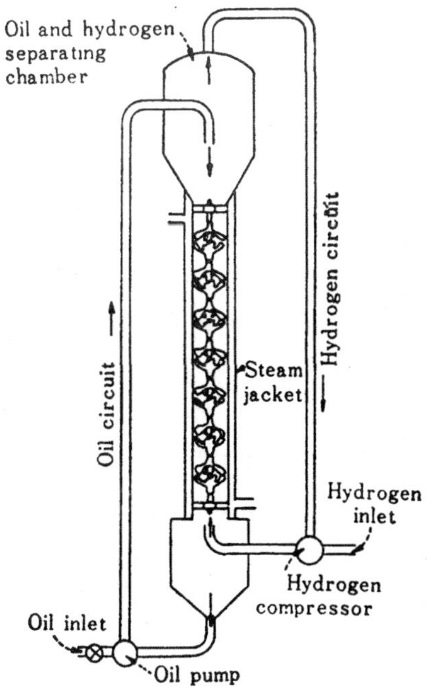

그림 8-9 기름의 순환식 수소첨가장치

그림 8-6에서 보는 바와 같이 반응조 내부에 나선형의 가열 및 냉각 코일이 있고 수소순환펌프와 기름-촉매혼합물순환펌프 및 프로펠러식 교반기가 붙어 있다. 이것과 비슷한 장치인데 그림 8-9에는 수소와 기름-촉매혼합물을 병류로 순환시키는 수소화장치가 있다. 이 장치에는 프로펠러식 교반기는 없다. 반응조의 높이는 약 20~30ft 정도이다.

(2) 기름-촉매혼합물만을 순환시키는 방법

(3) 촉매는 고정층으로 하고 기름과 수소를 순환시키는 연속적인 방법

8.15 메탄올의 공업적 제조

일산화탄소를 수소와 반응시키면 촉매종류와 반응조건에 따라 알코올, 탄화수소 등이 생성된다. 반응온도는 100~400℃, 반응압력은 최고 1000기압까지 사용한다. 촉매의 종

류에 따라 생성물이 상이한데 그 중 중요한 것을 보자. 메탄올 또는 고급알코올을 만드는 Iso-synthesis, 탄화수소를 만드는 Fischer-Tropsch 반응 등이 있는데 그 중요한 반응과 촉매생성물 등을 보면 표 8-7과 같다.

표 8-7 일산화탄소의 수소화반응

反 應 名	觸 媒	壓 力 〔atm〕	溫 度 〔°C〕	生 成 產
메탄올	Zn, Cu, Cr 및 Mn의 酸化物	100~500	250~400	주로 메탄올
고급알코올	위의 촉매 이외에 알칼리 산화물 또는 알칼리 탄산염	100~500	300~400	메탄올, 이소부틸 알코올 및 기타
iso-synthesis	ThO_2-Al_2O_3-K_2CO_3	100~500	350~400	알코올과 약간의 이소파라핀
iso-synthesis	ThO_2-Al_2O_3-K_2CO_3	100~500	400~475	이소파라핀과 약간의 알코올
Fischer-Tropsch	Fe+촉진제	10~30	220~300	올레핀90% : 파라핀알코올, 산 케톤 및 알데히드 10%
Fischer-Tropsch	유동화시킨 Fe	10~50	300~400	올레핀 90~75%, 酸化生成物 10~25%
Fischer-Tropsch(synol)	Fe+촉진제	20	190~220	올레핀 50%, 알코올 50%
Fischer-Tropsch	Nitrided Fe*	10~30	190~200	올레핀+파라핀 40%, 알코올 60%
Fischer-Tropsch	Ni	1	170~200	메탄이 대부분
Fischer-Tropsch	Co	1	250~450	메탄이 대부분
Fischer-Tropsch	Co	1~15	170~210	파라핀이 대부분
Fischer-Tropsch	Rh	1~15	170~210	고체파라핀이 대부분

* 水素로 還元하거나, 合成가스 또는 一酸化炭素로 카바이드化한 Fischer-Tropsch 合成用 鐵觸媒를 다시 350 °C에서 無水암모니아가스로 窒化시킨 觸媒.

$$CO + 2H_2 \rightleftharpoons CH_3OH \qquad (1)$$

$$K_p = \frac{P_{CH_3OH}}{P_{CO} \times P_{H_2}}$$

온 도〔°C〕	平衡常數〔K_p〕
260	1.5×10^{-3}
300	3.1×10^{-4}
340	8.7×10^{-5}
380	2.7×10^{-5}

CO와 H_2에 의한 CH_3OH의 합성반응은 가역적이다. 평형상수는 온도가 증가하면 급격히 감소한다. 300℃ 이상의 온도에서 반응온도는 상당히 작으며 400℃ 이상의 온도에서 반응시키는 것은 바람직하지 못하다. 실제로 계산된 값을 보면 300℃, 3,500lb/in^{2}에서 CO : H_2 = 1 : 2로 반응시켰을 때 메탄올의 수율은 60%인 데 비하여 온도는 같게 하고 압력을 3,500lb/in^{2}에서 150lb/in^{2}로 낮추면 수율은 2%로 감소한다. 그러므로 압력은 높을수록 좋은데 실제로 사용하는 압력은 3,000~4,000lb/in^{2}이다. 주로 사용하는 촉매는 ZnO–Cr_2O_3이다. ZnO의 함량은 60~70mol%인 것을 사용한다. CO : H의 비는 1 : 2인 때가 좋다. 다음 세 가지 방법 중 나중 방법이 제일 좋다.

$$CH_4 + H_2O \rightarrow CO + 3H_2 \qquad (1)$$

$$CH_4 + CO_2 \rightarrow 2CO + 2H_2 \qquad (2)$$
$$CH_4 + \frac{1}{2}O_2 \rightarrow CO + 2H_2 \qquad (3)$$

그러나, 식 (3)의 방법의 단점은 산소를 사용하므로 가격이 비싸진다는 것이다. 식 (1)과 식 (2)의 방법을 조합하여 CO와 H_2를 만드는 것이 경제적으로 유리한 방법이다. 이때 원료인 메탄 중에 황이 불순물로 존재할 때는 활성탄으로 탈황시킨다. 이렇게 얻는 CO-H_2가스는 5,000lb/in^{2}로 압축시키는데 배관 중의 철은 일산화탄소와 작용하여 철-카르보닐을 만들므로 활성탄 등에 흡착시켜 CO를 제거시켜야 한다. 다음에 반응탑에 송입되어 337~360℃에서 반응하며 반응탑을 나올 때의 온도는 143℃이다. 이때의 주반응식은 다음과 같다.

$$CO + 2H_2 \rightarrow CH_3OH$$
$$CO_2 + 3H_2 \rightarrow CH_3OH + H_2O$$

CO_2도 CO처럼 수소와 반응하여 메탄올이 되는데 이산화탄소와 수소와의 반응이 더 빠르다. 그러나 이 반응에서는 물이 생성되므로 수소의 소비량이 더 많은 것이 단점이다. 메탄올합성반응에서 부생성물은 디메틸에테르이므로 가압하에서 증류하여 분리한다. 이렇게 하여 분리된 조메탄올은 상압증류탑에서 증류하여 저비점불순물은 탑 꼭대기에서 제거하고 정제메탄올은 탑저에서 채취한다(그림 8-10).

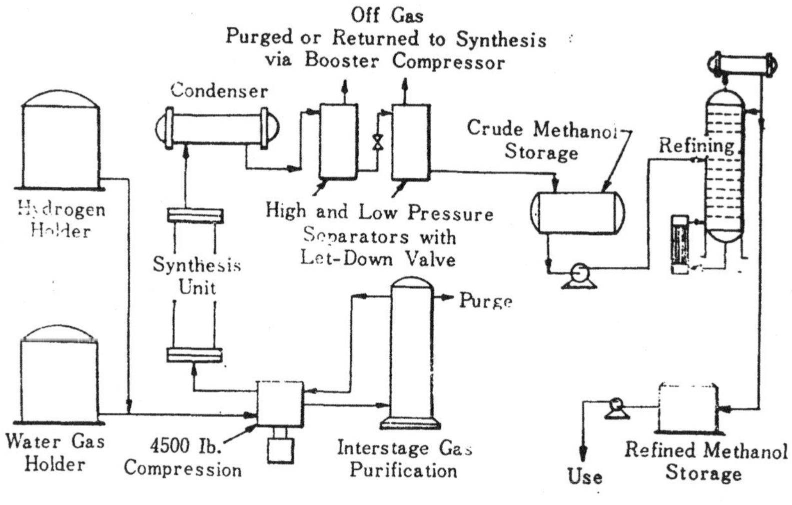

그림 8-10 CO-H_2로부터 CH_3OH의 합성장치

8.16 고급알코올의 제법

고급알코올합성에서는 메탄올합성때보다 반응온도가 약간 높다(400~500℃). 메탄올합성촉매에다 알칼리를 첨가한 것이나 철촉매에 알칼리를 첨가한 촉매들을 사용한다. 반응생성물에는 여러 가지의 알코올이 혼합되어 있으므로 단일성분으로 분리하거나 정량하는데 힘이 든다. 저급알코올의 분리는 비교적 용이하지만 고급알코올은 쉽지 않으므로 보통은 분리하지 않고 그대로 니트로셀룰로오스나 합성수지 등의 용제로 사용한다. 아직 고급알코올의 합성메카니즘은 잘 알려져 있지 않으나 다음과 같은 몇 가지의 반응메카니즘이 알려져 있다.

(1) 두 저급알코올로부터 탈수반응으로

$$CH_3OH + CH_3OH \longrightarrow C_2H_5OH + H_2O$$

$$CH_3OH + CH_3CH_2OH \longrightarrow CH_3CH_2CH_2OH + H_2O$$

(2) 두 알코올로부터 2차알코올의 생성

알코올의 수소와 다른 알코올의 $-OH$기가 제거되어 2차알코올이 생성한다.

$$RCH_2OH + H-\overset{R'}{\overset{|}{C}}H-OH \longrightarrow RCH_2\overset{R'}{\overset{|}{C}}H-OH + H_2O$$

$$RCH_2OH + H-\overset{R'}{\overset{|}{C}}HCH_2-OH \longrightarrow RCH_2\overset{R'}{\overset{|}{C}}HCH_2-OH + H_2O$$

예,

$$CH_3OH + H-\overset{CH_3}{\overset{|}{C}}H-OH \longrightarrow CH_3\overset{CH_3}{\overset{|}{C}}H-OH + H_2O$$

(3)

$$CH_3OH + CO \longrightarrow CH_3COOH$$

$$CH_3COOH + H_2 \longrightarrow CH_3CHO + H_2O$$

$$CH_3CHO + H_2 \longrightarrow CH_3CH_2OH$$

한편 Iso-synthesis로도 고급알코올을 만들 수 있다. 이렇게 만든 알코올에는 분기알코올과 시클로알칸 등도 생성된다. 촉매는 주로 ThO_2계촉매를 사용한다. 알칼리촉매를 섞어 사용하면 비교적 분자량이 큰 알코올을 만들 수 있다. 400℃에서 반응을 하면 알코올과 탄화수소의 혼합물이 생성되는 데 비하여 450℃가 되면 이소부탄을 대부분 생성하게 된다.

9. 디아조화와 커플링

9.1 디아조화

방향족1차아민의 HCl-염에 과잉의 염산 존재하에 $NaNO_2$, KNO_2를 작용시키면 저온에서는 최초 생성된 HNO_2가 직접으로 아민의 염산염과 반응하여 디아조화되어 **디아조화합물**(diazocompounds)을 생성한다.

$$[RNH_3]^{\oplus}Cl^{\ominus} + HO-N=O \longrightarrow [R-N_2]^{\oplus}Cl^{\ominus} + H_2O$$

간단한 예로서 aniline에 대하여서는 다음과 같다.

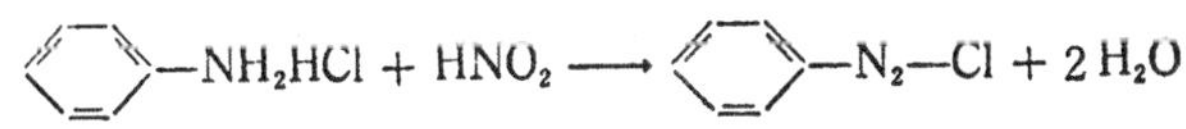

aniline HCl-salt　　　　diazobenzene chloride

생성한 디아조화합물의 구조로 최초 P. Griess는 R–N₂–HNO₂, Erlenmeyer와 Butleroff는 $R\langle{}^{N}_{N}$ (R에 N≡N 고리), 1886년 A.Kekule는 R–N=N–Cl, 1869년 Blomstrand는 R–N(–N)–Cl를 제창하였으나, 금일에 와서는 4차암모늄염형의 디아조늄식으로 다음과 같이 공명에 의한 것으로 설명된다.

$$[R-\overset{\oplus}{N}\equiv N]Cl^{\ominus} \longleftrightarrow [R-N\equiv\overset{\oplus}{N}]Cl^{\ominus}$$

따라서 디아조화반응은 conant에 의해 다음 식과 같이 진행된다고 설명할 수 있다.

$$R-NH_2 + HO-N\equiv O \longrightarrow R-NH-N=O + H_2O$$
$$R-NH-N=O + HCl \longrightarrow [R-\overset{\oplus}{N}\equiv N]\,Cl^{\ominus} + H_2O$$

9.1.1 디아조화법

(a) 직접방법 : 아민 1mole을 약 10배량의 물과 약 2.5mole의 염산(계산량은 2mole이다)에 용해하고 저온에서 교반하면서 계산량의 10~20% $NaNO_2$용액을 가급적 반응액 내부를 통과할 수 있도록 가하면 단시간에 반응이 완료된다.

(b) 간접방법 : 방향족아미노카르복실산이나 아미노술폰산은 자신은 물론 생성한 디아조화합물도 물에 녹기 어려우므로 디아조화가 힘들다. 이러한 것은 $NaNO_2$와 아민의 알칼리용액을 과잉의 찬 진한 산에 가하여 디아조화할 수 있다.

$$Ar\begin{matrix} NH_2 \\ SO_3H \end{matrix} + NaNO_2 + 2\,HX \longrightarrow Ar\begin{matrix} N_2X \\ SO_3H \end{matrix} + NaX + 2\,H_2O$$

(c) **nitrosyl황산법** : 약염수성 아민은 황산, 인산 또는 식초산용액에 ON–SO_4H(nitroylsulfuric acid)를 작용시킨다.

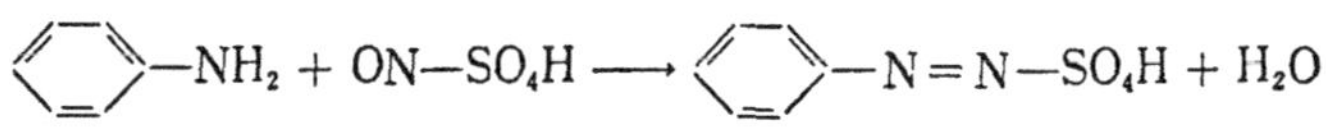

9.1.2 디아조늄염(diazonium salt)의 성질

(a) 알칼리에 대한 반응

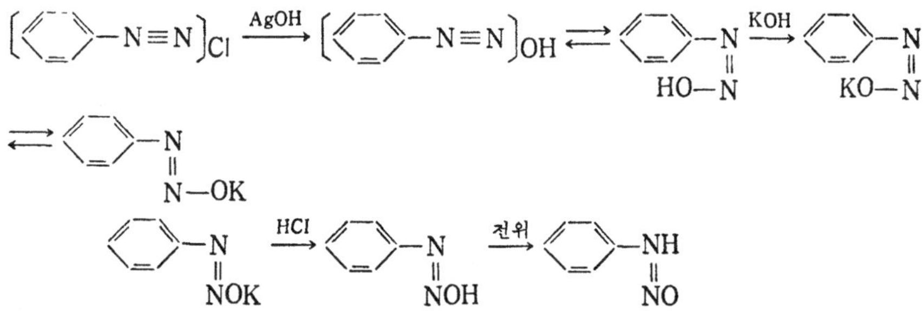

(b) 디아조 분해반응

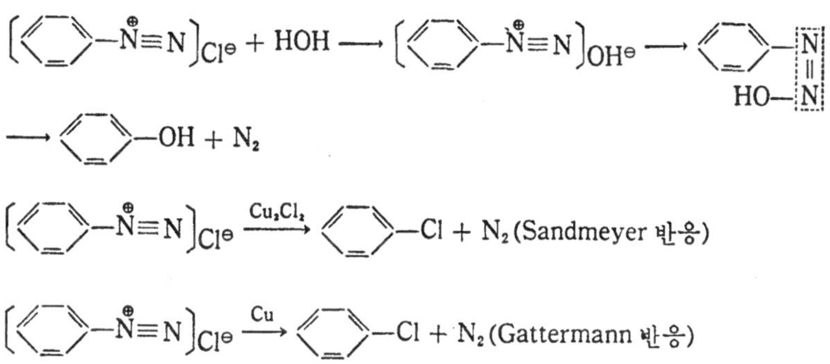

(c) 디아조 커플링

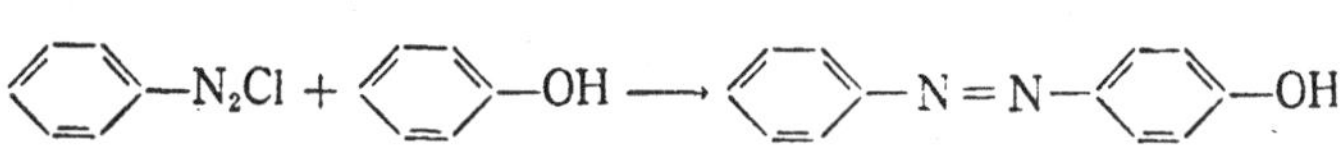

(d) 산화반응

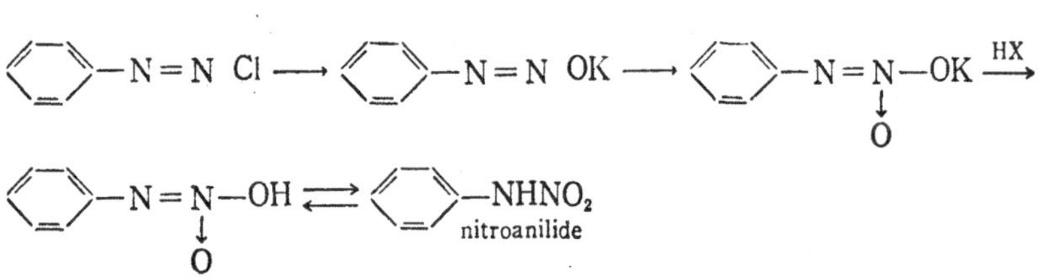

(e) **환원반응**

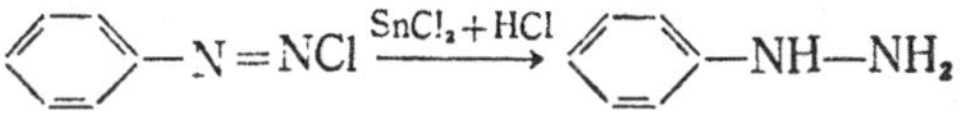

9.2 커플링(coupling)

디아조늄염이 다음과 같은 화합물과 정량적으로 반응하여 새로운 아조 화합물이 되는 반응을 **커플링(coupling)반응**이라고 한다.

커플링이 되는 성질은 phenol성 –OH기를 가진 화합물, 방향족아미노화합물, 페놀성케톤기 즉, 활성메틸렌기를 가진 화합물 등이다. 디아조늄염이 되는 아민을 **디아조성분**(active component), 커플링을 받는 성분을 **커플링성분**(passive component)이라고 한다.

커플링을 지배하는 조건은 PH, 양 성분의 성질과 농도, 온도, 시간, 용매 등이다. 온도의 상승으로 커플링 속도가 커지지만 높은 온도에서는 디아조 화합물의 분해가 매우 빠르기 때문에 대개는 낮은 온도에서 행한다.

9.2.1 Coupling되는 위치

디아조늄화합물은 양성시약이지만 질산이나 황산에 비하면 반응성이 작기 때문에 주로 활성이 큰 페놀, 디메틸아민 등과 비로소 반응하다.

여러 가지 성분에 대한 커플링 위치를 표시하면 다음과 같다.

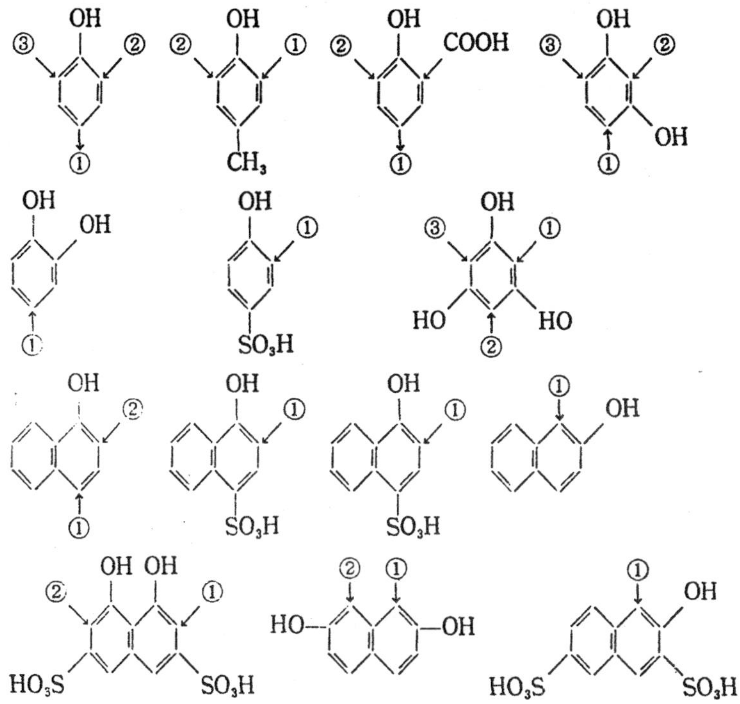

NH_2와 $-OH$기가 공존하면 산성에서는 NH_2, 알칼리성에서는 $-OH$의 지배를 받는다.

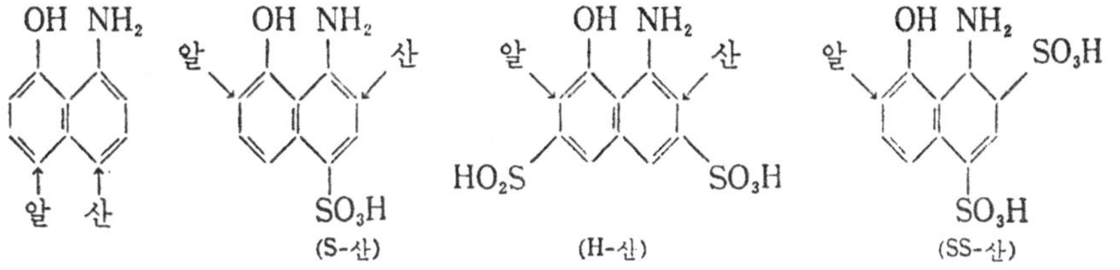

9.2.2 커플링반응

(a) aminoazonbenzene

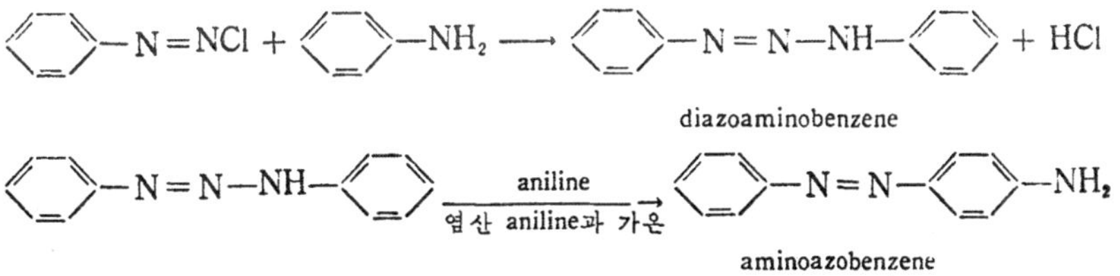

(b) orange Ⅱ

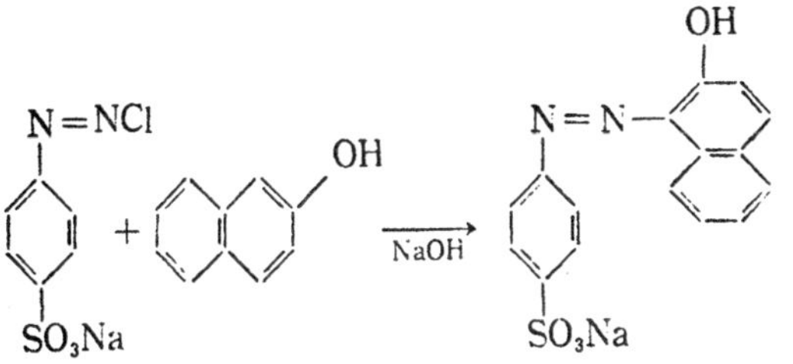

10. 가수분해와 수화반응

10.1 가수분해

가수분해(hydrolysis)란 물이 유기 또는 무기화합물에 작용하여 복분해가 일어나는 것으로 –H가 한 생성물에 –OH가 다른 생성물에 부가되어 두 개의 성분으로 분리되는 것을 말한다. 예를 들면 일반적으로

$$XY + H_2O \rightarrow HY + XOH$$

무기화합물에서

$$KCN + H_2O \rightleftharpoons KOH + HCN \quad (a)$$

유기화합물에서

$$C_6H_{11}Cl + H_2O \rightarrow C_6H_{11}OH + HCl \quad (b)$$
$$CH_3COOC_2H_5 + NaOH \rightarrow CH_3COONa + C_2H_5OH \quad (c)$$

(a)에서처럼 무기화합물에서의 가수분해는 산과 염기와의 중화반응의 역반응이라고 할 수 있다. 그러나 유기화합물에서는 무기화합물에서처럼 간단하지 않다. 에스테르, 산아미드, 에테르 등은 산과 염기 존재하에서의 가수분해를 비롯하여 당의 전화, 유지의 비누화, 단백질의 가수분해, Grignard 화합물의 가수분해 등 여러 가지 종류의 반응이 있다. 반응 (b)와 같이 물만으로 가수분해되는 것도 있으나 반응 (c)에서처럼 물 이외에 알칼리 존재하에서 반응하여 생긴 산은 알칼리의 염의 형태로 되기도 한다. 셀룰로오스의 가수분해나 전분으로부터 글루코오스를 만들 때는 산촉매하에서 물에 용해하여 반응시킨다. 산이나 알칼리촉매 이외에도 산소도 생체과정, 즉 식물이나 동물질의 중요한 가수분해촉매로 작용한다. 또 알칼리수용액 이외에도 다량의 알칼리와 함께 용융하는 알칼리용융법도 있는데 페놀제법 중 $C_6H_5SO_3Na$에서 C_6H_5ONa를 만들때 사용하는 것이 한 예라고 할 수 있다. 또 β-나프톨을 합성하는 과정에서도 이 방법을 사용한다.

10.2 수화반응

유기화합물의 분자내 또는 분자간에서 물이 떨어지면서 화합물이 생성되는 반응을 **탈수반응**이라고 하며 이 반응의 역반응이라고 할 수 있는 분자에 직접 또는 간접으로 물이 부가하는 반응을 넓은 의미로는 **수화반응**(hydration)이라고 한다. 에틸렌옥시드에서 에틸렌글리콜, 락톤에서 옥시산, 에틸렌에서 에탄올, 아세틸렌에서 아세트알데히드 등 불포화 화합물에 수화되어 알코올이나 알데히드가 생성되거나 니트릴이 물과 반응하여 아미드를

생성하는 반응도 수화반응이라고 한다.

10.3 반응형식에 따른 가수분해반응의 분류

(1) 물만으로 가수분해반응이 일어나는 것
(2) 산성용액(묽은 산성용액과 진한산성용액)에서 가수분해반응이 일어나는 것
(3) 알칼리성용액(묽은알칼리용액과 진한알칼리용액)에서 가수분해반응이 일어나는 것
(4) 알칼리용융(소량의 물이 존재하거나 전혀 물이 존재하지 않을 때)으로 일어나는 것
(5) 효소촉매하에서 일어나는 것

10.4 가수분해시약

가수분해반응은 물속에서 진행되는데 대부분의 반응온도와 반응압력의 영향을 받는다. 화합물의 종류에 따라서는 반응을 촉진하려면 물 이외에 알칼리, 산, 효소촉매 또는 이온교환수지 등을 사용하는 것이 좋다.

10.4.1 물

실험실적인 규모로 소량씩 반응시킬 때 많이 사용하는 Grignard 시약은 물만으로도 빨리 가수분해시킬 수 있다. 산무수물 락톤, 락티드, 에틸렌옥시드 등도 물만으로 가수분해할 수 있다. 아세트산무수물은 벤조산무수물이나 무수프탈산보다 반응이 빠르다. 산염화물이나 산무수물도 물만으로 가수분해되는데 가수분해속도는 산염화물이 산무수물보다 빠르다. 산의 세기가 큰 산으로부터 만들어진 산의 염화물과 무수물의 반응속도가 빠르다. 벤조산이 아세트산보다 산성이 강함에도 불구하고 벤조산의 염화물이 아세트무수물보다 가수분해속도가 느린 것은 물에 대한 용해도가 작기 때문이다. 벤젠이나 나프탈렌의 술폰산은 수증기를 접촉하기만 해도 가수분해되어 벤젠과 나프탈렌으로 된다. 벤젠디아조늄염화물은 물과 함께 가열하면 쉽게 가수분해되어 페놀이 되고 질소가스를 발생한다.

10.4.2 산

가수분해반응은 물에 의하여 진행되지만 산촉매(H^+)를 사용하면 더 빨라진다. 반응속도는 산의 농도에 비례한다. 염산과 황산이 가장 많이 사용된다. 트리클로로아세트산과 포름산도 사용하지만 염산이나 황산보다 약하며 옥살산과 벤젠술폰산은 황산보다 촉매작용이 크다. 에스테르의 가수분해나 지방의 분해 또는 에틸렌의 수화반응으로 에탄올을 합성하거나 아세틸렌의 수화로 아세트알데히드를 만들 때도 산을 사용하는데 이때는 황산촉매가 좋다. 밀글루텐을 가수분해하여 글루타민산을 만들어 조미료인 글루타민산나트륨을 만들 때는 염산으로 가수분해하는 것이 효율적이다.

에스테르를 산촉매로 가수분해할 때 H^+의 작용은 다음과 같이 추측한다.

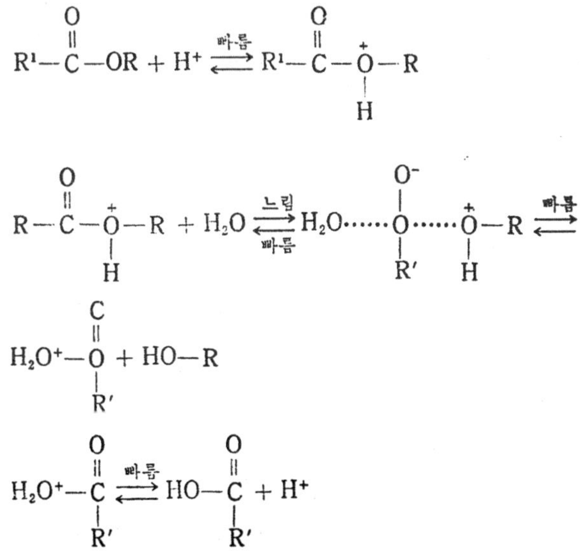

10.4.3 알칼리

알칼리(OH^-)를 사용하여 가수분해해도 산촉매때와 비슷한 작용메카니즘을 갖는다. 에스테르의 가수분해메카니즘은 다음과 같이 생각된다.

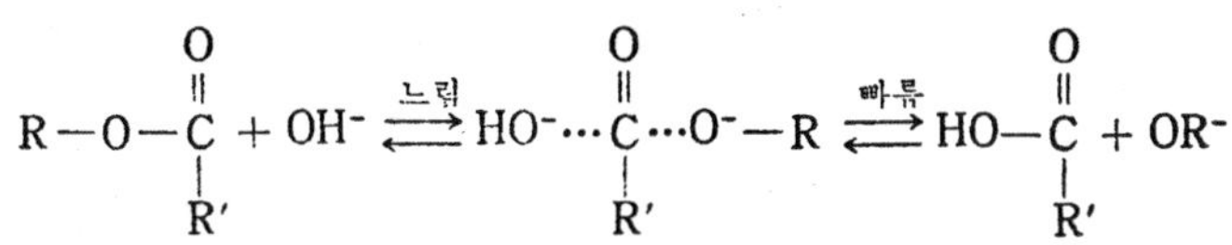

$$R'\text{—}COOH + {}^-OR \xrightarrow{\text{빠름}} R'COO^- + ROH$$

클로로벤젠에 NaOH를 과량 사용하여 가압하에서 반응시키면 다음과 같이 페놀이 생긴다.

$$C_6H_5Cl + NaOH(aq) \longrightarrow C_6H_5OH + NaCl + H_2O$$
$$C_6H_5OH + NaOH \longrightarrow C_6H_5ONa + H_6O$$

지방족할로겐화알킬에 고체알칼리를 섞은 다음 수증기를 가하면 알코올이 생긴다.

$$2\,CH_3Cl + Ca(OH)_2 \xrightarrow{\text{수증기}} 2\,CH_3OH + CaCl_2$$

알칼리용융은 수산화나트륨이나 수산화칼륨을 쓰는데 술폰산으로부터 —OH를 가진 화합물을 만드는 데 쓰인다. 알칼리 중에서 많이 사용하는 것은 수산화나트륨이다. 탄산염이나 산성탄산염도 사용하며 가끔 알칼리토금속들의 수산화물도 사용된다. 알칼리 중에서 나트륨화합물이 칼륨화합물보다 많이 사용되는데 그 첫째 이유는 가격이 싸기 때문이다.

알칼리용융할 때 수산화칼륨을 사용하면 수산화나트륨을 사용할 때보다 낮은 온도에서 반응을 시킬 수 있다. 수산화암모늄이나 암모늄염도 사용되지만 극히 한정된 반응에 사용한다.

10.4.4 효 소

효소를 가수분해하는 데 사용하기도 한다. 주정공업에서 전분 중의 말토오스나 글루코오스를 아밀라아제효소로 가수분해하여 에탄올을 만든다. 분석을 목적으로 효소(urease)들로 가수분해하기도 한다.

10.5 가수분해와 수화반응의 용이성

유기화합물의 가수분해 및 수화반응에 대한 일정한 규칙은 없다. 그리고 물질구조에 따라 반응성이 달라진다. 각 물질에 대한 가수분해나 수화반응의 난이성은 다음과 같다.

10.5.1 탄화수소

포화탄화수소는 물은 물론이고 산이나 알칼리촉매를 사용해도 가수분해되지 않는다. 그러나 불포화탄화수소인 에틸렌을 강산인 황산 존재하에서 가수분해하면 수화되어 에탄올이 된다. 프로필렌이나 부틸렌도 수화반응으로 이소프로필알코올이나 *sec*-부틸알코올을 만들 수 있는데 이들은 에틸렌보다 더 쉽게 반응한다. 아세틸렌은 황산과 황산수은촉매 존재하에서 수화반응하면 아세트알데히드를 쉽게 만들 수 있다. 이렇게 만든 아세트알데히드를 산화하여 아세트산을 만드는 반응이 공업적으로 대규모로 실시되고 있다.

벤젠증기를 650℃의 석영관 속의 촉매층을 통하면 약간의 페놀이 생성하는데 공업화단계까지는 도달하지 못하고 있다.

$$C_6H_6 + H_2O \xrightarrow{650°C} C_6H_5OH + H_2$$

10.5.2 탄수화물

셀룰로오스를 산으로 가수분해하면 글루코오스가 되며, 셀룰로오스분해효소로 가수분해하면 셀로비오스까지 만들 수 있다. 그러나 알칼리로는 가수분해되지 않는다. 푸르푸랄, 아세트산, 포름산 등은 나무를 가수분해하여 만들 수 있다. 탄소수가 12개인 수크로오스, 말토오스 등의 단당류들은 효소나 묽은산으로 셀룰로오스를 가수분해하면 생긴다. 수크로오스를 소석회로 가압하에서 가수분해반응을 시키면 젖산(lactic acid)이 된다. 전분을 묽은산이나 효소로 가수분해시키면 말토오스와 글루코오스가 되는데 inulin을 같은 방법으로 가수분해하면 프럭토스만 생긴다. 기타 다른 탄수화물들 pectins, xylan 및 araban 등도 산이나 효소로 가수분해된다.

10.5.3 에스테르

유기에스테르화합물들도 산, 알칼리 및 산소촉매하에서 가수분해시키려는 많은 연구가 있었다. 그 중의 한 가지를 보면, 가수분해라는 말 대신 비누화반응이라고 하는 것이 있는데 유지를 가수분해하여 비누, 지방산글리세롤 등을 만드는 반응을 말한다. 탄수화물은 예외이지만 에스테르의 가수분해반응은 가역반응이다.

$$CH_3COOC_2H_5 + H_2O \overset{HCl}{\rightleftarrows} CH_3COOH + C_2H_5OH$$

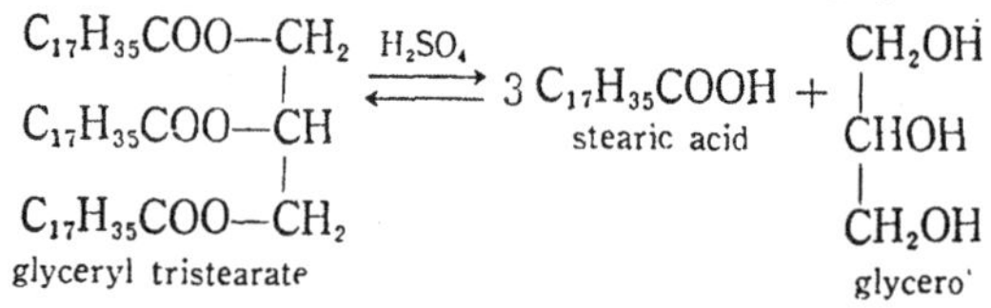

무기산에스테르, 에틸 및 메틸황산, 인산알킬, 니트로글리세린 등 보든 에스테르들은 산이나 알칼리에서 가수분해된다.

10.5.4 에테르(유기산화물)

에틸에테르는 묽은 산촉매로 가수분해하면 에탄올이 된다. 예를 들면, 10% H_2SO_4로 272℃에서 225psi의 압력하에 반응시키면 알코올이 된다. 에테르로부터는 2차알코올이 1차올코올보다 더 쉽게 생성된다. 에틸렌옥시드나 트리메틸렌옥시드는 물로 쉽게 가수분해되어 각각 에틸렌과 프로필렌글리콜이 생성한다. 폴리메틸렌에테르는 물에 대하여 안정하다. 펜타 및 헥사메틸고리에테르는 가수분해되지 않는다. 디페닐에테르를 과량의 NaOH 존재하에 가수분해시키면 페놀이 된다.

$$(C_6H_5O)_2O + H_2O \xrightarrow{NaOH} 2\,C_6H_5OH$$

10.5.5 유기할로겐화합물

유기할로겐화알킬화합물의 구조에 따라서 가수분해속도에 큰 차이가 있다. 산할로겐화합물 예를 들면, 염화아세틸 등은 물에 의하여 쉽게 가수분해된다. 그러나 알킬 및 아릴할로겐화합물의 가수분해속도는 화합물의 구조에 따라 큰 차이가 있다.

염화알킬은 알코올성 수산화칼륨용액에서 가수분해되어 알코올이 생성된다.

$$C_2H_5Cl + KOH \xrightarrow{ROH} C_2H_5OH + KCl$$

에틸렌클로로히드린은 산성탄산나트륨수용액에서 쉽게 가수분해되어 에틸렌글리콜이 된다.

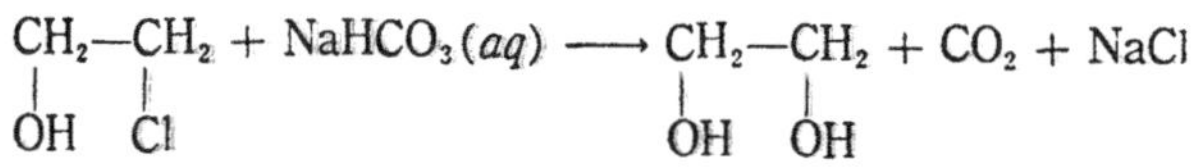

에틸렌옥시드는 에틸렌클로로히드린과 에틸렌글리콜의 중간체이다. 방향족할로겐화합물은 가수분해하기 힘들다. 그렇지만 *m*-chloropyridine은 산촉매하에서 가수분해가 촉진된다. 클로로벤젠을 가압하에서 알칼리로 가수분해하면 쉽게 가수분해하여 나트륨페녹시드가 된다(Dow process). 이 반응에서 구리촉매를 사용하여 클로로벤젠을 같은 방법으로 반응시키면 반응속도는 증가하지만 부반응이 일어나는 것이 단점이다.

$$C_6H_5Cl + 2\,NaOH(aq) \xrightarrow{Cu} C_6H_5ONa + NaCl + H_2O$$

p-클로로니트로벤젠을 가성소다수용액과 함께 160℃로 가열하면 니트로페놀이 된다.

유기실리콘화합물로 할로겐화유기물을 가수분해시켜서 만든다. 이 중에서 중요한 것은 클로로실란을 가수분해하여 실록산을 만드는 것과 클로로실란을 축합시켜 폴리실록산을 만드는 것이다.

Diethylsilanediol, $(C_2H_5)_2Si(OH)_2$과 di-*n*-propylsilanediol($(n\text{-}C_3H_7)_2Si(OH)_2$도 dichlorosilanes을 가수분해하여 만든다. trimethyl과 triethylsilicone은 아세트기와 아미노기를 함유하는 유기실리콘화합물을 가수분해하여 만든다.

10.5.6 질소화합물

지방족아민이나 방향족아민은 가압하에서 가수분해해도 쉽게 반응하지 않는다. 1-naphthol-4-sulfonic acid는 나프티온산과 산성탄산나트륨을 가수분해하여(reverse Bucherer reaction) 만든다.

아미드를 가수분해하면 산의 암모늄염이 된다. 산이나 염기촉매하에서 반응시키면 더 효과가 크다.

$$CH_3CONH_2 + H_2O \longrightarrow (CH_3COOH + NH_3) \longrightarrow CH_3COONH_4$$

질소화합물 중에서 중요한 가수분해반응에는 감미제인 dulcin과 saccharin이 있다. dulcin(*p*-phenethylcarbamide)은 산성이나 알칼리성에서 가수분해되어 암모니아와 *p*-phenethylcarbamic acid가 된다. 끓는 물에서는 복잡한 화합물로 변한다. 그러므로 감미제로 식품에 첨가할 때는 식품을 조리한 다음에 첨가해야 한다. saccharin을 물에서 끓여도 가수분해되지 않으나 알칼리성에서는 *o*-sulfoamidobenzoic acid, 산성에서는 암모늄염이 된다. 사카린은 100℃로 가열하여도 가수분해하지 않는다.

벤조니트릴은 황산수용액에서 가수분해시키면 벤조산이 된다. 니코틴아미드(nicotinamide)는 2-cyanopyridine을 온화하게 가수분해하여 만들 수 있으며 acrylamide는 acrylonitrile을 부분가수분해하면 된다. acrylonitrile을 강산이나 알칼리로 가수분해하면 아크릴산이 된다. isocyanide는 알칼리 촉매하에서는 안정하지만 산성 촉매하에서는 가수분해하여 아민이 된다.

$$CH_3NC + 2H_2O \rightarrow CH_3NH_2 + HCOOH$$

니트로화합물들(니트로벤젠, 니트로메탄)은 쉽게 가수분해되지 않는다. 에틸니트릴은 물에서 가수분해되지만 ethylnitrite는 알칼리성에서 가수분해된다.

$$C_2H_5CN + 2H_2O \rightarrow C_2H_5COONH_4$$
$$C_2H_5ONO + NaOH \rightarrow C_2H_5OH + NaNO_2$$

10.5.7 술폰산

술폰산은 심한 조건에서 가수분해된다. 지방족술폰산은 가수분해되지 않는다. 에틸술폰산($C_2H_5SO_3H$)은 가성소다용액이나 진한산성용액에서 가열하면서 반응시켜도 가수분해되지 않는다. 그러나 황산수소화에틸은 물만으로도 쉽게 가수분해된다.

$$C_2H_5OSO_3H + H_2O \rightarrow C_2H_5OH$$

벤젠술폰산을 가압하에서 수증기로 가수분해하면 벤젠과 황산이 된다.

$$C_6H_5SO_3H + H_2O \xrightarrow{\text{가열}} C_6H_6 + H_2SO_4$$

그러나 가성소다와 함께 용융하면 나트륨페녹시드가 된다.

$$C_6H_5SO_3H + 3\,NaOH \xrightarrow{\text{용융}} C_6H_5ONa + Na_2SO_3 + 2\,H_2O$$

α-나프탈렌술폰산을 스팀으로 가수분해하면 나프탈렌이 된다. α-나프탈렌술폰산은 β-화합물보다 낮은 온도에서 쉽게 가수분해된다. β-나프탈렌술폰산을 가성소다와 함께 용융하면 β-나프톨, 아황산나트륨, 물이 생성된다.

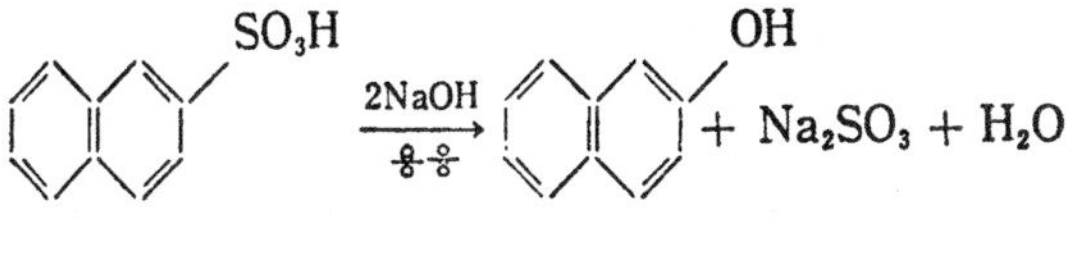

10.6 가수분해반응 메카니즘

10.6.1 에스테르의 가수분해반응 메카니즘

에스테르는 옥소늄이온(H_3O^+)과 히드록실이온(OH^-)의 촉매작용으로 가수분해되어 산과 알코올이 된다. 분해는 에스테르의 아실기-산소간결합이 끊어지는 것과(acyl-oxygen fission) 알킬리-산소간의 결합이 끊어지는(alkyl-oxygen fission) 두 가지 형식이 있다.

표 10-1에 에스테르가 산과 염기촉매하에서 끊어지는 형식을 기호로 나타냈다.

표 9-1 에스테르조합의 가수분해절단기호

촉　매	$R'-\overset{O}{\overset{\parallel}{C}}\vdots O-R$ 아실基-酸素間 結合의 절단	$R'-\overset{O}{\overset{\parallel}{C}}\vdots O-R$ 알킬基-酸素間 結合의 절단	
鹽基性	$B_{AC}1$	$B_{AL}1$	1分子反應
	$B_{AC}2$	$B_{AL}2$	2分子反應
酸　性	$A_{AC}1$	$A_{AL}1$	1分子反應
	$A_{AC}2$	$A_{AL}2$	2分子反應

B는 염기성에서의 가수분해, A는 산에서의 가수분해, 작은 글자 AC와 AL은 아실기-산소알킬기산소간의 절단을 나타낸다. 1과 2는 1분자반응과 2분자반응을 나타낸다.

(1) 알킬기-산소간결합의 절단반응

(a) 산촉매에 의한 1차반응메카니즘($A_{BC}1$형)

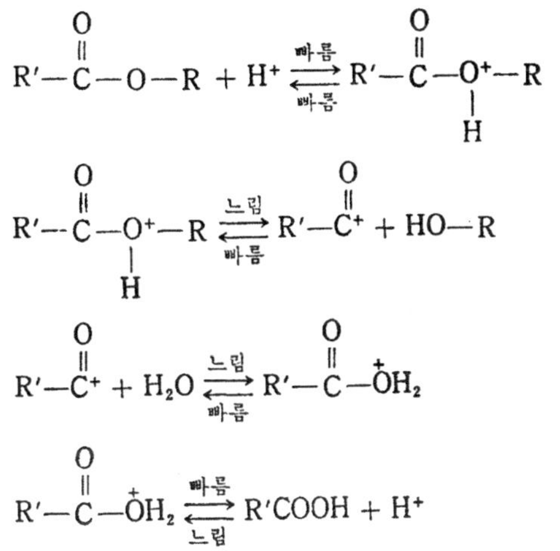

(b) 염기촉매에 의한 2차반응메카니즘($B_{AC}2$형)

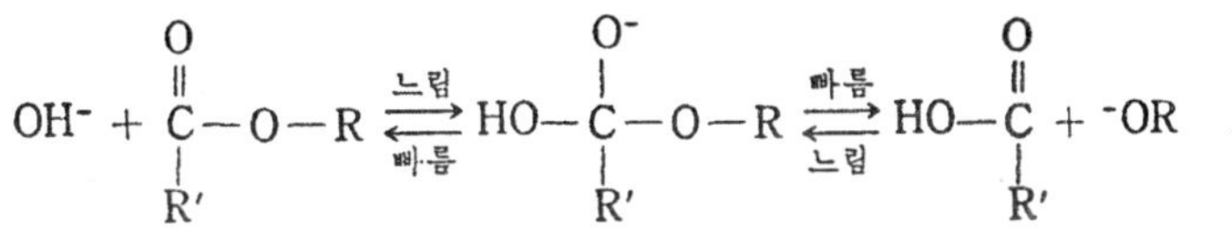

또는

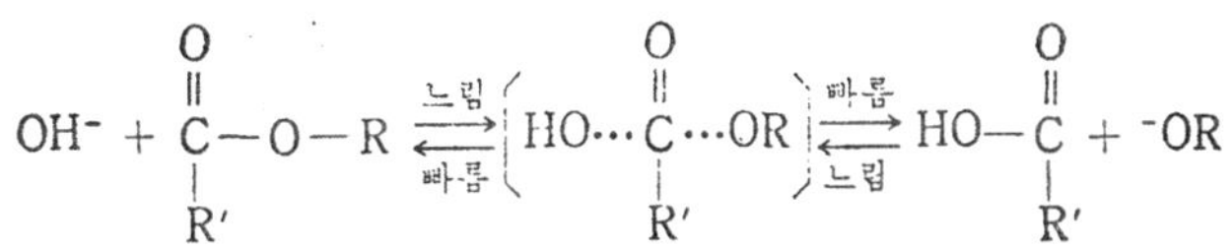

(c) 산촉매에 의한 2차반응메카니즘($A_{AC}2$형)

$$R'-\overset{O}{\overset{\|}{C}}-OR + H^+ \underset{\text{느림}}{\overset{\text{빠름}}{\rightleftarrows}} R'-\overset{O}{\overset{\|}{C}}-\underset{\underset{H}{|}}{O^+}-R$$

$$R'-\overset{O}{\overset{\|}{C}}-\underset{\underset{H}{|}}{O^+}-R + H_2O \underset{\text{빠름}}{\overset{\text{느림}}{\rightleftarrows}} R'-\overset{O}{\overset{\|}{C}}-\overset{+}{O}H_2 + HOR$$

$$R'CO\overset{+}{O}H_2 \underset{\text{느림}}{\overset{\text{빠름}}{\rightleftarrows}} R'COOH + H^+$$

(2) 알킬기-산소간결합의 절단반응

(a) 염기촉매에 의한 1차반응메카니즘($B_{AL}1$형)

$$R'-\overset{O}{\overset{\|}{C}}-OR \underset{\text{빠름}}{\overset{\text{느림}}{\rightleftarrows}} R'-\overset{O}{\overset{\|}{C}}-O^- + R^+$$

$$R^+ + OH^- \underset{\text{느림}}{\overset{\text{빠름}}{\rightleftarrows}} ROH$$

(b) 염기촉매에 의한 2차반응메카니즘($B_{AL}2$형)

$$R'-\overset{O}{\overset{\|}{C}}-OR + OH^- \xrightarrow{\text{느림}} R'-\overset{O}{\overset{\|}{C}}-\underset{\underset{OH}{|}}{OR} \longrightarrow R'-\overset{O}{\overset{\|}{C}}-O^- + ROH$$

(c) 산촉매에 의한 1차반응메카니즘($A_{AL}1$형)

$$R'-\overset{O}{\overset{\|}{C}}-OR + H^+ \underset{\text{빠름}}{\overset{\text{빠름}}{\rightleftarrows}} R'-\overset{O}{\overset{\|}{C}}-\underset{\underset{H}{|}}{O^+}-R$$

$$R'-\overset{O}{\overset{\|}{C}}-\underset{\underset{H}{|}}{O^+}-R \underset{\text{빠름}}{\overset{\text{느림}}{\rightleftarrows}} R'-\overset{O}{\overset{\|}{C}}-OH + R^+$$

$$R^+ + H_2O \underset{\text{느림}}{\overset{\text{빠름}}{\rightleftarrows}} R\ {}^+OH_2 \underset{\text{느림}}{\overset{\text{빠름}}{\rightleftarrows}} ROH + H^+$$

위의 반응메카니즘 중에서 $B_{AC}1$과 $A_{AL}2$형 반응메카니즘은 아직 확실하게 확인된 것은 아니다. 일반적으로 에스테르의 가수분해반응에 의한 카복시산과 알코올을 생성하는 반응은 가역반응이다. 따라서 에스테르와 물을 산이나 알칼리촉매하에서 반응시키면 카복시산과 알코올이 되어 평형상태에 도달한다.

$$RCOOR' + H_2O \rightleftharpoons RCOOH + R'OH$$

에스테르화반응에서는 알칼리(OH^-)보다는 산(H^+)촉매가 크고 실용적이다. 반대로 가수분해반응에서는 OH^-촉매가 더 효과적이다. 에스테르보다 약간 더 많은 양의 수산화나트륨수용액에서 에스테르를 가열하면 카복시산의 Na염과 알코올이 생성되어 평형상태에서 반응이 끝난다.

$$RCOOR' + H_2O \xrightleftharpoons{OH^-} R'OH + RCOOH \xrightarrow{NaOH} RCOO^-Na^+$$

OH^-에 의한 친핵치환반응에서 난이성은 카르보닐기에 붙어있는 치환기(–R)에 의하여 좌우된다. 치환기의 부피가 크면 가수분해속도는 느려진다.

예를 들면 트리메틸아세트산이나 *o,o'*-디알킬벤조산은 비교적 안정하여 가수분해하기 힘들다. 한편, 카복시산의 *α*-탄소에 전자흡인성인 치환기를 가지고 있는 화합물은 반대로 카르보닐기의 탄소원자에 전자밀도가 적어져서 OH^-기의 부가반응이 쉬워져 가수분해반응은 빨라진다. *α*-탄소에 큰 전자흡인성기를 가지고 있는 $CF_3COOC_2H_5$는 실온에서도 물에 의하여 쉽게 가수분해된다.

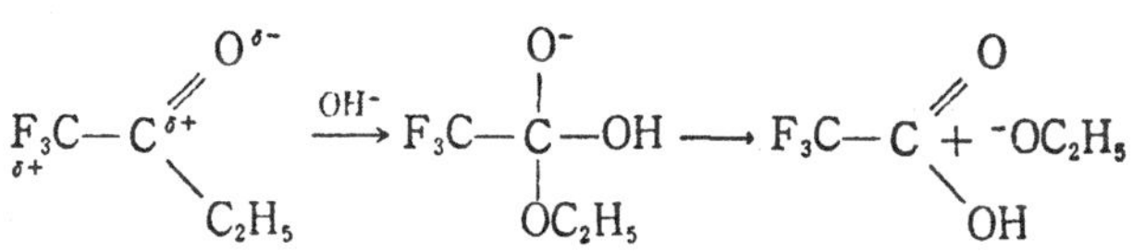

10.6.2 아미드의 가수분해

아미드를 산성 및 알칼라성수용액에서 가수분해하면 유기산과 염이 생긴다. 이 가수분해반응은 $B_{AC}2$와 $A_{AC}2$반응메카니즘으로 진행된다.

10.6.3 할로겐화알킬의 가수분해

할로겐화알킬의 가수분해반응은 두 가지의 반응메카니즘이 가능하다.

$$R{-}Cl + H_2O \longrightarrow ROH + HCl$$

(a) 2분자반응메카니즘(S_N2)

$$HO^- + RCl \rightleftharpoons HO{-}R{-}Cl \rightleftharpoons ROH + Cl^-$$

(b) 1분자반응메카니즘(S_N1)

$$RCl \rightarrow R^+ + Cl^- \text{(느림)}$$
$$R^+ + OH^- \rightarrow ROH \text{(빠름)}$$

tert-butylchloride의 가수분해반응은 1차반응이고 S_N1반응이다.

2중결합을 가진 할로겐화물, 비닐클로리드나 알릴클로리드는 공명효과와 유도효과크기에 따라 S_N1과 S_N2반응을 한다. 알릴클로리드, 프로필클로리드 및 1,3-디클로로프로판을 물로가수분해하면 2분자친핵치환반응, S_N2반응을 한다. 반응용매에 따라 반응메카니즘은 달라진다. 벤질클로리드는 50% 물-아세톤수용액에서는 2분자반응을 하는데 순수용액에서는 1분자로 반응을 한다.

에틸렌클로히드린에 염기를 가하여 에틸렌옥시드를 만드는 반응은 가역반응이다.

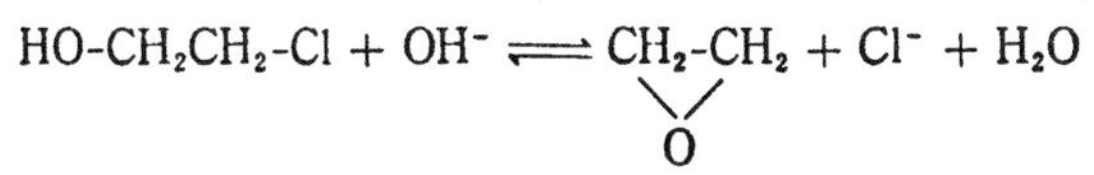

에틸렌옥시드를 더 가수분해하면 에틸렌글리콜이 생성된다. 이것은 일종의 수화반응이다.

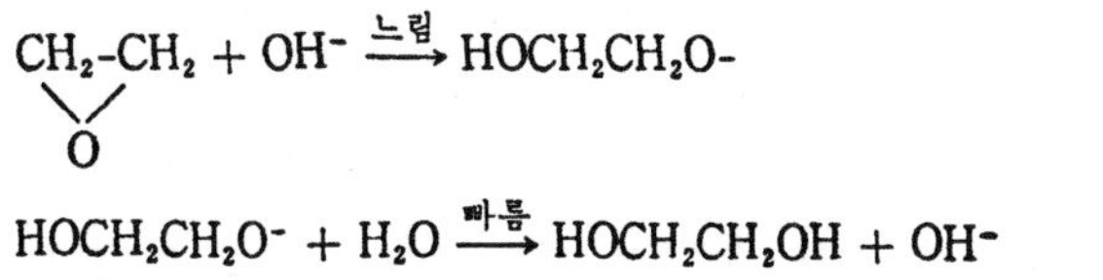

이 반응은 1차반응인데 S_N2차반응메카니즘으로 반응이 진행된다.

10.6.4 니트릴의 가수분해

산이나 알칼리존재하에서 니트릴은 쉽게 가수분해되어 산과 암모니아가 된다.

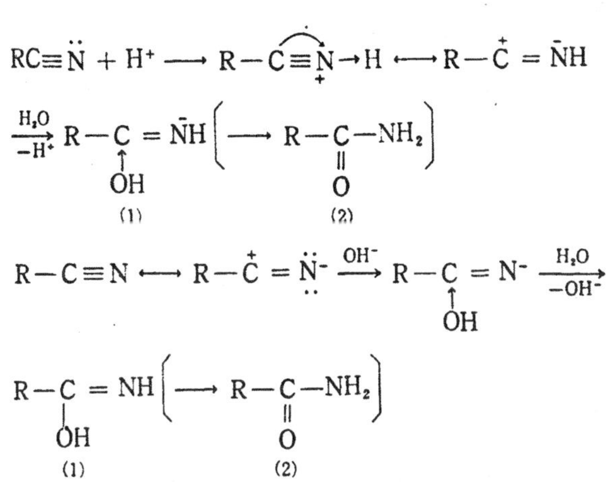

니트릴의 H^+에 의한 반응은 치환반응이 아니고 부가반응이다.

(2)의 산아미드의 가수분해반응은 S_N2반응이다. 그러므로 $B_{AC}2$ 또는 $A_{AC}2$에 속하는 반응이다.

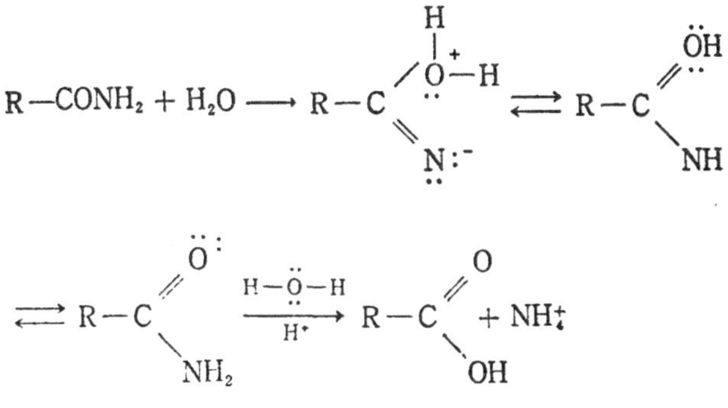

10.6.5 가수분해반응에서의 온도, 농도 및 압력의 영향

(1) 온도

가수분해반응은 온도가 증가함에 따라 반응속도가 증가한다. 보통 반응온도가 10℃ 상승함에 따라 반응온도는 배로 증가한다. 속도상수 k는 25℃에서 35℃로 10℃ 상승하면 에스테르의 가수분해에서는 1.7~2.4, 아미드의 가수분해는 3.4, 산무수물은 1.84, 아세탈은 3.2, 설탕의 전화반응에서는 4가 된다.

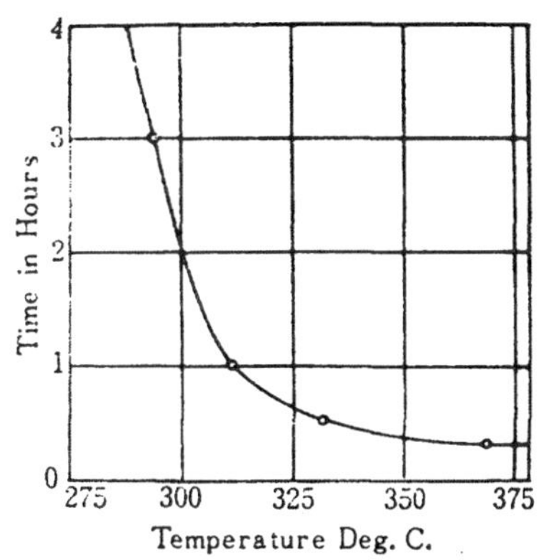

그림 10-1 반응온도와 반응시간과의 관계(일정수율기준)

그림 10-1에 클로로벤젠을 가성소다로 가수분해하여 페놀을 만들 때(수율 92%에 도달하는)의 반응온도와 시간과의 관계를 나타내었다. 이 그림에서 보면 370℃에서는 12분이 걸리는데, 295℃에서는 3시간이 걸린다.

(2) 반응물의 농도

반응물의 농도가 증가하면 반응속도도 증가한다. 그런데 때에 따라서는 불필요한 부생성물이 생긴다.

(3) 압 력

반응속도에 대한 압력효과는 다음과 같다.

$$\frac{d \ln k}{dp} = \frac{-\Delta V}{RT}$$

ΔV는 반응물에서 활성화물이 생길 때의 부피변화이다.

예를 들면, 아세트산에틸의 비누화반응(가수분해)에서 압력이 250에서 500기압으로 변화할 때 ΔV는 -11이다. 그러므로 압력이 증가하면 속도는 증가하게 된다.

10.7 공업적 가수분해반응

10.7.1 유지의 가수분해반응으로 비누글리세린 및 지방산의 제법

기름과 지방은 둘다 글리세린과 지방산의 에스테르로 되어 있지만 앞의 것은 불포화지방산의 함량이 많고 뒤의 것은 불포화지방산이 거의 없고 조금밖에 함유되어 있지 않다. 기름과 지방을 유지라고도 하는데 수증기나 산 또는 효소로 가수분해하면 글리세린과 지방산이 된다. 그러나 알칼리로 가수분해하면 지방산 대신에 지방산의 알칼리염인 비누가 된다.

CH_2—OCOR
|
CH—OCOR + 3 H_2O(또는 NaOH) ⟶ 3 RCOOH(또는
|
CH_2—OCOR

3 $RCOO^-Na^+$) + CH_2OH
|
CHOH
|
CH_2OH

지방산은 여러 가지 용도에 사용하고 있지만 Na의 염으로 된 비누로 사용하는 것이 대부분이다. 비누를 목적으로 할 때는 유지를 알칼리로 가수분해시키는데 이것을 **비누화반응**이라고 하며 지방산을 목적으로 반응을 시킬 때는 **가수분해반응**이라고 한다.

(1) 비누화반응

유지를 반응조에 넣고 수증기를 넣어 80℃로 온도를 유지한다. 수증기로 교반 유화시키면서 가성소다를 이론량의 2/3까지 소량씩 첨가하면 온도는 상승하여 끓게 된다. 비누액이 페이스트상이 된 된 부터는 초기의 비누화반응보다 느린 속도로 가수분해반응이 진행된다. 여기에 소금을 소량 가하면서 교반하면 비누는 위에 뜨고 밑층은 물과 글리세린의 혼합수용액으로 분리된다. 수용액층을 분리 제거하고 다시 나머지 NaOH수용액을 가하여 끓이고 소금을 가하여 염석한 다음 분리한다. 유지를 완전히 비누화하면 이 조작을 여러 번 반복해야 한다. 배치식반응조로도 비누화반응이 가능하나 염석, 분리 등에 시간이 많이 소요되며 제품의 품질도 일정하지 않다는 단점 때문에 최근에는 연속법을 많이

사용한다. 현재 구미(歐美)에서 공업적으로 사용하는 방법 중에는 Mon Savon법, Unilever법, De Laval법, Podobielnaik법 등이 있는데 그 중 몇 가지를 소개하면 다음과 같다.

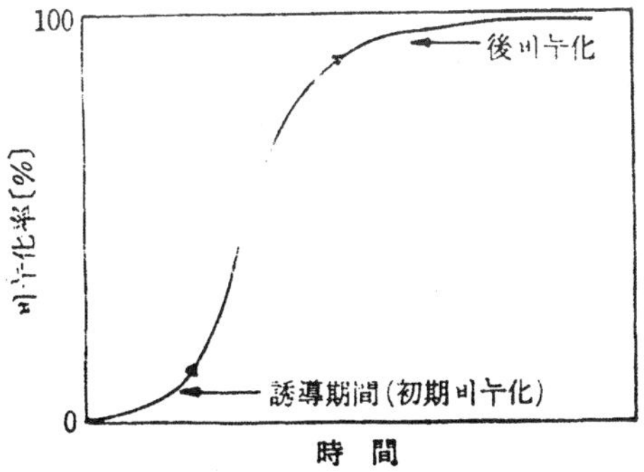

그림 10-2 비누화속도모형

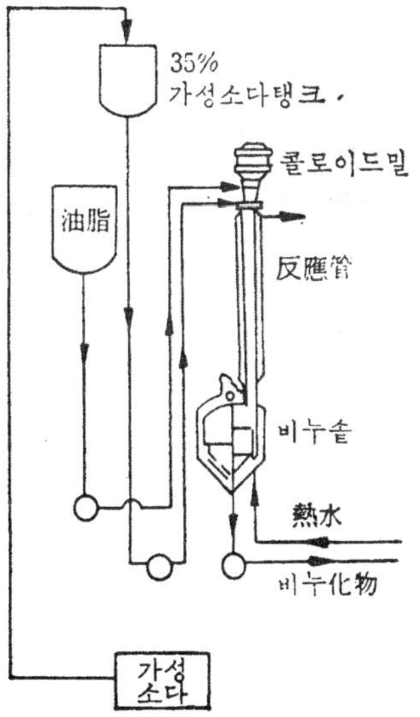

그림 10-3 Mon Savon 법 비누화 장치

(a) Mon Savon법 : 유지와 가성소다액(35%)을 각각 변속펌프로 연속정량적으로 예비 비누화콜로이드 밀에 보낸다. 여기서 반응관을 통하여 천천히 혼합되면서 비누화반응조에 들어간다. 생성된 비누는 반응조의 저부에서 정량펌프로 세척공정에 보내진다. 콜로이드 밀에서의 반응은 비누화반응의 초기반응인 유도기간에 해당되고 나머지 반응은 반응관에서 완전비누화반응으로 완결된다. 참고로 비누화속도모형을 표시하면 그림 10-2와 같다. 초기의 비누화반응은 평균질상에서의 유도기간에 해당하는데 유지의 종류, 알칼리농도, 반응온도, 교반조건 등에 많은 영향을 받는다. 이때 미반응유지, 전산질용액, 비누의 분리 등이 일어나지 않도록 교반조작을 하는 것이 중요하다. 이 단계를 지난 다음에는 비누화반응이 90%정도까지는 직선적으로 진행된다. 이때부터는 미반응유지의 감소, 생성물에 의한 반응의 지연 등으로 비누화반응이 느려진다. 그러므로 앞에서 말한 바와 같이 비누와 수용액층을 분리한 후 다시 비누화반응을 시킨다(그림 10-3 참조).

반응관, 비누솥에서 1시간 정도 비누화반을 시킨 다음 조비누는 세척탑의 저부에서 상부로 이동되어 세척, 혼합, setting, fitting 조작이 연속적으로 진행된다. 이렇게하여 고농도의 글리세린폐액과 품질좋은 비누가 얻어진다.

배치식법인 때에는 비누 1톤을 만드는데 증기 127kg, 전기15kWh가 필요한데 Mon Savon법으로는 증기 91kg, 전기 25kWh가 필요하다.

(b) Unilever법 : 유지와 가성소다를 그림 10-4에 나타낸 스팀제트유화기에서 예비로 비누화한 다음 그림 10-5의 비누화실에 들어간다. A에서 B를 거쳐 F를 나올 때까지 비

누화반응이 끝나서 세척공정에 들어간다. 여기서 A는 숙성실이며 B에서는 전해질, 알칼리 등을 첨가하여 증기로 급격하게 교반을 시킨다.

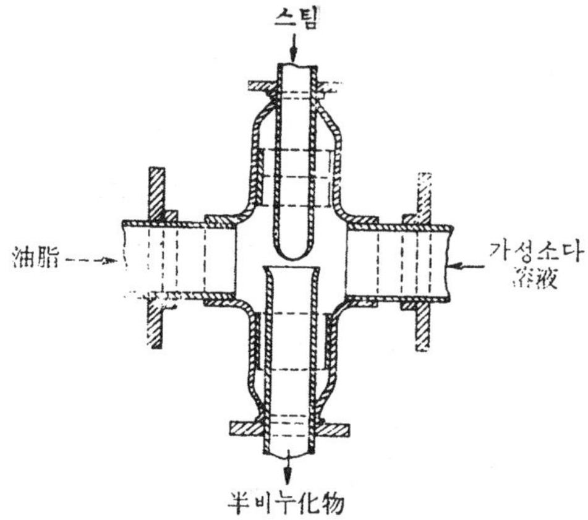

그림 10-4 unilever법 유화기

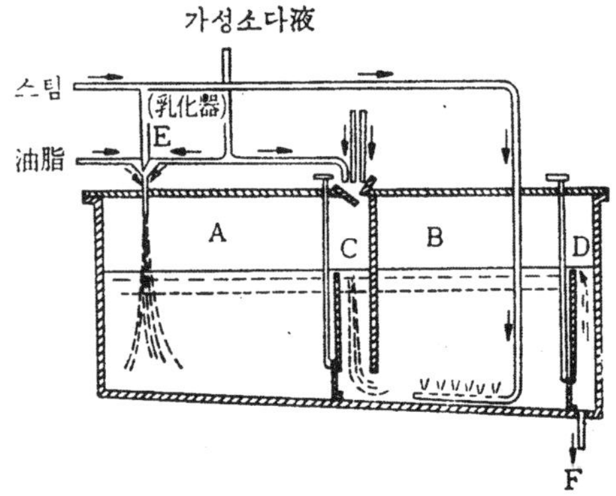

그림 10-5 unilever법 비누화장치

(2) 유지의 가수분해반응

유지의 가수분해법에는 세 가지 방법이 있는데 배치식 고압분해법, 연속식 고압분해법, Twitchell법 등이 그것이다. 옛날에는 효소, 황산촉매 등을 사용하여 상압에서 가수분해하는 방법을 사용했으나 수율이 적고 제품의 순도 등이 좋지 않아서 최근에는 유상에 물의 용해도가 커서 분해율이 큰 고온에서 고압으로 가수분해시키는 위의 세 가지 방법으로 유지를 가수분해시켜 순도가 좋은 글리세린과 지방산을 수율좋게 얻고 있다. 그런데 이 세 가지 방법 중에서도 제품의 품질이 우수하고 생산비가 적기 때문에 연속식 고압분해법을 사용하는 경향으로 이동하고 있다. 유지의 가수분해반응은 가역반응이므로 글리세린을 반응계 외로 제거하는 장치가 있으면 반응을 촉진시키는 데 유리하다.

(3) 트비첼(Twitchell)법

Twitchell시약[벤젠, 올레산 및 진한 황산을 30℃로 반응하여 만든 $C_6H_4(SO_2H)(C_{17}H_{33}CO_2)$]을 촉매로 사용한다. 먼저 유지를 묽은 황산과 함께 가열하여 불순물을 제거하고 납으로 라이닝된 탱크에 옮긴 다음 유지의 1/3정도의 물과 1%의 트비첼시약을 가하고 수증기를 주입하면서 가열한다. 24시간 후에 밑에 있는 물과 글리세린층을 제거한다. 이때에 약 90%의 유지가 가수분해된다. 다시 물을 가하여 12시간 다시 가열한 다음 하층의 수용액을 제거하면 약 99%의 유지가 가수분해된다.

(4) 배치식 고압분해법

오래 전부터 사용된 방법이다. 스테인리스제 autoclave에 유지 및 유지량의 40~50%의 물 및 Zn, Mg, Ca 등 산화물 1~4%를 넣고 압력이 7~8kg/㎠되게 증기를 불어넣어 5~6시간 분해시킨다. 하층의 수용액층을 분리 제거하고 다시 지방산의 40% 정도의 물을 가한 다음 3시간 정도 반응시키면 분해율은 95% 이상에 달한다. 상층의 지방산층에는 금속비누가 용해되어 있으므로 황산으로 분해하여 황산염으로 만든 후 정치하면 침전하므로 제거하고 얻는 지방산은 온수로 세척하여 정제한다. 최근에는 촉매를 사용하지 않고 압력을 높여 분해시간을 단축시키는 방법도 개발되고 있다.

(5) 연속식 고압분해법

유지의 물에 대한 용해도를 증가시키기 위하여 250℃에서 50atm으로 반응시킨다. 가수분해탑의 하부에서부터 상부로 유지를 상승시키면서 가수분해시킨다. 탑의 상부에서 흘러내리는 물은 유지에 녹아 있는 글리세린을 용해하여 밑으로 모이게 한다. 한편, 유지는 유리글리세린이 제거되면서 상부로 올라갈수록 지방산 함량이 증가한다. Colgate Emery 법을 설명한다(그림 10-6).

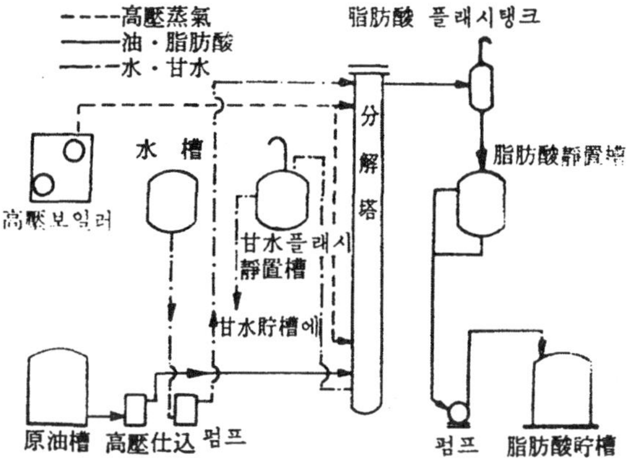

그림 10-6 Colgate-Emery 연속식 고압유지분해장치

60~70℃로 예열된 원료유지는 고압플런저 펌프로 스테인리스로 내장이 된 분해탑의 저부에 보내져 탑 하부의 온수와 접촉하면서 승온되어 상승한다. 유수계면을 통과하면서 260℃의 증기로 승온되면서 상승하는 동안에 가수분해가 촉진된다. 분해용수는 고압플런저 펌프로 분산링을 통하여 탑 상부에서 공급된다. 탑 상부에 있는 열교환장치로 지방산과 직접 접촉하면서 분산판에 의하여 미립자로 되어 탑 중을 강하하면서 농후한 글리세린함유수로 되어 탑 하부에모여진 다음에 이것을 꺼낸다. 유지와 물의 사용비율 1 : 0.5 ~ 1 : 0.7이며 유지가 탑을 나올 때까지 약 3시간 걸린다. 촉매없이 분해율은 약 97~98%이다. 글리세린의 농도는 약 13~18%가 된다.

10.7.2 탄수화물의 가수분해

설탕이나 맥아당등과 같은 2당류나 녹말, 펜토오산, 셀룰로오스 등과 같은 다당류를 가수분해하면 저분자량의 탄수화물이 된다. 촉매는 산이나 효소를 사용한다. 설탕(글루코오스)을 가수분해하면 포도당과 과당이 된다. 그리고 맥아당은 포도당으로, 전분은 맥아당과 포도당으로, 셀룰로오스로부터는 포도당이 된다. 공업적으로 실시되고 있는 것으로는 펜토오산에서 푸르푸랄, 전분에서 포도당을 만드는 것이 있다. 목재로부터 포도당을 만드는 공업도 일부 실시되고 있다.

(1) 푸르푸랄

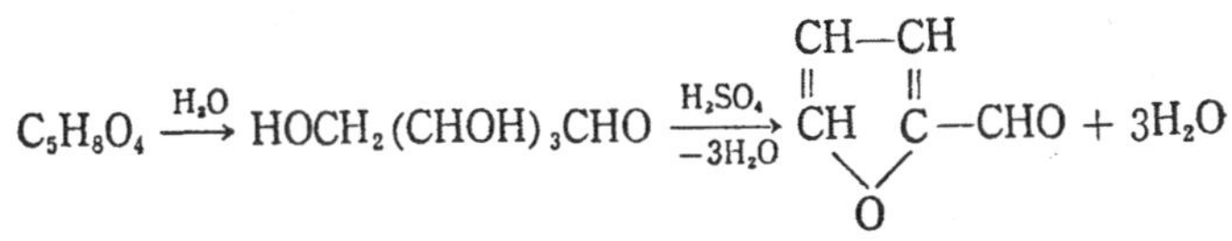

목재, 옥수숫대, 밀짚 또는 볏짚 등에 있는 펜토오산을 가수분해하여 펜토오스를 거쳐 탈수반응으로 푸르푸랄을 만든다. 헤미셀룰로오스 중의 펜토오산이 펜토오스가 되는 가수분해반응은 셀룰로오스의 가수분해반응보다 쉽고 부반응도 적다. 그런데 푸르푸랄의 제조과정에서는 가수분해와 동시에 탈수반응이 일어난다. 옥수숫대나 밀짚을 5~10%의 묽은 황산과 함께 회전숙성기에 넣고 3.4~6.8atm의 수증기로 2시간 처리한다. 이렇게하여 생성한 푸르푸랄은 수증기증류로 분리하고 다시 증류하여 푸르푸랄을 얻는다.

(2) 전분의 가수분해

전분을 디아스타아제 또는 아밀라이제 등의 효소로 가수분해하면 말토오스(맥아당)가 되는데, 말타아제로 가수분해하면 글루코오스가 된다. 한편 전분을 묽은 산으로 가수분해해도 덱스트린을 거쳐 글루코오스가 된다. 가수분해생성물은 반응조건에 따라 달라진다. 가수분해 정도는 Fehling시약의 환원 정도(덱스트로스값)나 비광회전도 측정으로 알 수 있다. 시럽상의 글루코오스를 만들려면 40% 수용액의 녹말을 0.016*N*의 염산으로 140~150℃로 20~25분간 처리하고 글루코오스를 만들려고 할 때는 20% 농도의 전분을 0.030*N*염산으로 150℃에서 40~50분간 가수분해시키면 된다.

10.7.3 알코올의 제법

(1) 할로겐화알킬의 가수분해

석유의 C_5유분은 *n*-와 *iso*-펜탄을 거의 같은 양 함유하고 있다. 이것을 기상반응으로 200℃에서 염소화시키고 가성소다로 가수분해하면 아밀알코올이 혼합물이 된다. 스테아르산나트륨 등의 유화제를 첨가하면 가수분해반응이 촉진된다. 이렇게하여 생성한 1차 및 2차 알코올의 혼합을 분류하여 용제 또는 가소제 제조원료로 사용한다. 아밀알코올혼합물을 정제하지 않고 니트로셀룰로오스 등의 용제 즉, 래커용제로 사용하는 아밀아세테이트의 제조원료로 사용한다.

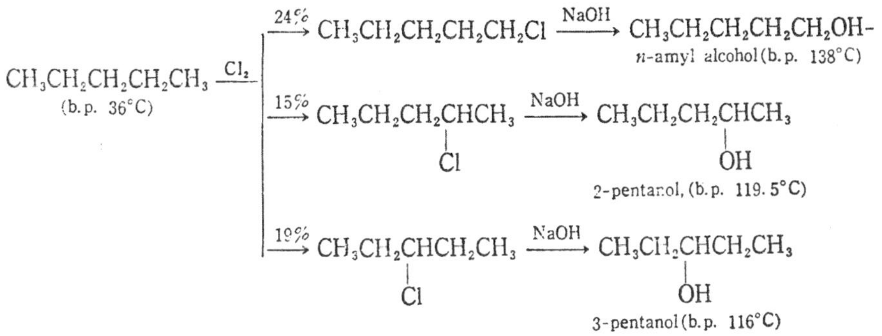

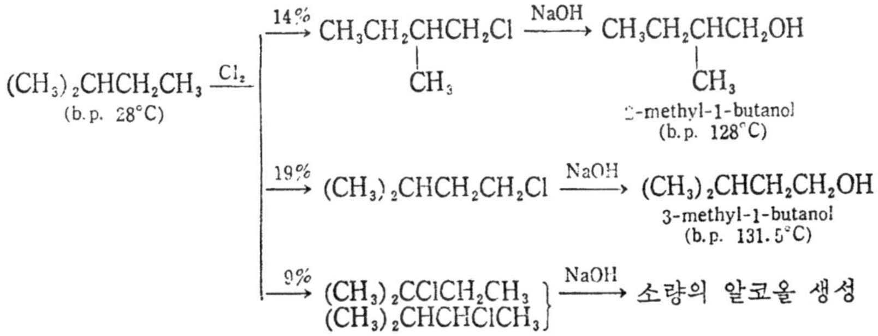

(2) **올레핀의 수화반응**

올레핀을 수화하여 알코올을 만드는 반응에는 **황산법**과 **직접수화법**이 있다.

(a) **황산법** : 첫 단계 공정에서는 올레핀에 황산음이온(HSO_4^-)과 수소양이온(H^+)이 Markownikoff법칙에 따라 첨가되어 모노알킬황산에스테르가 생성된 다음에 올레핀이 부가하여 황산디알킬이 된다. 결과적으로 황산 1몰에 2몰의 올레핀이 부가하게 된다. 부가반응의 크기의 순서는 다음과 같다.

이소부틸렌 > *n*-부틸렌 > 프로필렌 > 에틸렌

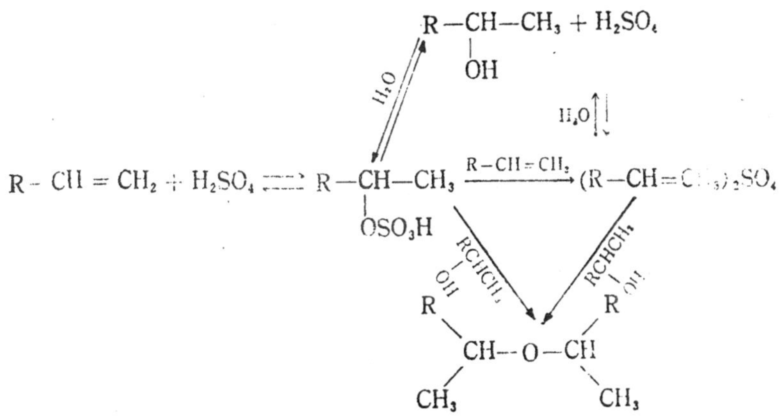

위의 반응식에서 보는 바와 같이 첫 단계 공정에서는 모노알킬황산과 디알킬황산의 혼합물이 생성한다. 다음 단계 공정에서는 물을 넣고 가열증류하여 부반응생성물인 소량의 에테르를 비점차로 증류하여 분리하고 알코올을 물과의 공비혼합물로 증류하여 분리한다. 이때 모노알킬황산의 가수분해속도는 수소이온의 농도에 영향을 받는다. 적당한 황산 존재하에서 가열하면 가수분해반응은 평형상태에 도달한다. 가수분해반응을 촉진하려면 생성계에 있는 알코올을 증류로 제거하면 된다. 그런데 디알킬황산의 가수분해속도는 모노알킬황산의 가수분해속도보다 느리므로 제1가수분해탑에서 먼저 모노알킬황산을 가수분해하고 제2가수분해탑에서는 디알킬황산을 분해하여 에테르의 생성량을 줄이고 알코올의 생성량을 증가하는 조작을 한다.

(b) **직접수화법** : **접촉수화법**이라고도 하는데 촉매 존재하에서 수화반응하여 알코올을 만드는 것을 말한다.

$$RCH = CH_2 + H_2O \rightleftharpoons \underset{\displaystyle OH}{\underset{|}{RCH}}CH_3$$

상압, 150~250℃에서 평형농도는 상당히 작다. 예를 들면, 알코올과 물이 같은 몰수일때 1atm, 150℃에서 에틸렌, 프로필렌, *n*-부틸렌으로부터 에틸알코올, 이소프로필알코올 및 *sec*-부틸알코올의 생성율은 0.4%, 0.2% 및 0.3%이다. 한편 몇 가지 올레핀의 평형상수와 반응열은 다음과 같다.

올레핀	$\log_{10}K_p$	ΔH cal/mol
에틸렌	2,100/T−6,195	−9,600
프로필렌 *iso*-부틸렌	1,950/T−6,060	−9,000
n-부틸렌	1,845/T−6,390	−8,450

반응율을 크게 하려면 저온, 고압에서 물과 올레핀의 몰비를 크게 해야한다. 황산, 불화수소 등 산성촉매로는 활성이 큰 것이 좋은데 액상에서 반응하므로 장치의 부식 등이 문제가 된다. 금속산화물이나 무기염류를 사용하는 기상반응에서는 액상반응때보다 반응속도가 느리므로 고온에서 반응시키고 또 미반응된 올레핀을 재순환해야 생성률을 높일 수 있다. 직접수화법은 열역학적인 견지에서 볼 때 불리하지만 부재료로 사용되는 황산이나 알칼리를 많이 사용하지 않으므로 제조비가 적게 든다. 또 제조공정이 황산법보다 간단하다. 그러나 미반응물이 많으므로 정제비가 많이든다.

(3) 에틸렌의 수화반응에 의한 에탄올의 제법

에틸렌으로부터 에탄올의 제법에는 황산법과 직접수화법의 두 가지 방법이 있다.

(a) **황산법**

$$CH_2 = CH_2 + H_2SO_4 \longrightarrow CH_3CH_2OSO_3H + H_2O \longrightarrow CH_3CH_2OH + H_2SO_4$$

부반응

$$CH_2 = CH_2 + H_2SO_4 \xrightarrow{H_2O} CH_3CH_2OSO_3H \cdot H_2O$$
$$CH_3CH_2OSO_3H \cdot H_2O + CH_2 = CH_2 \longrightarrow (C_2H_5)_2SO_4 + H_2O$$
$$(C_2H_5)_2SO_4 + C_2H_5OH \longrightarrow (C_2H_5)_2O + C_2H_5OSO_3H$$
$$C_2H_5OH + C_2H_5HSO_4 \longrightarrow C_2H_5OC_2H_5 + H_2SO_4$$
$$C_2H_5OH + (C_2H_5)_2SO_4 \longrightarrow C_2H_5OC_2H_5 + C_2H_5HSO_4$$

무수황산으로 에틸렌을 반응시키면 에틸렌은 탄화된다. 진한황산으로도 반응온도가 높아지면 에틸렌은 탄화되어 SO_2가 생성하고 타르물질이 생긴다. 황산농도가 너무 높거나 에틸렌의 농도(압력)가 커질수록 디에틸황산의 생성량이 많아진다. 이것을 가수분해하면 에틸에테르가 생성된다. 한편 반응조건에 따라서 에틸렌의 중합반응도 일어난다.

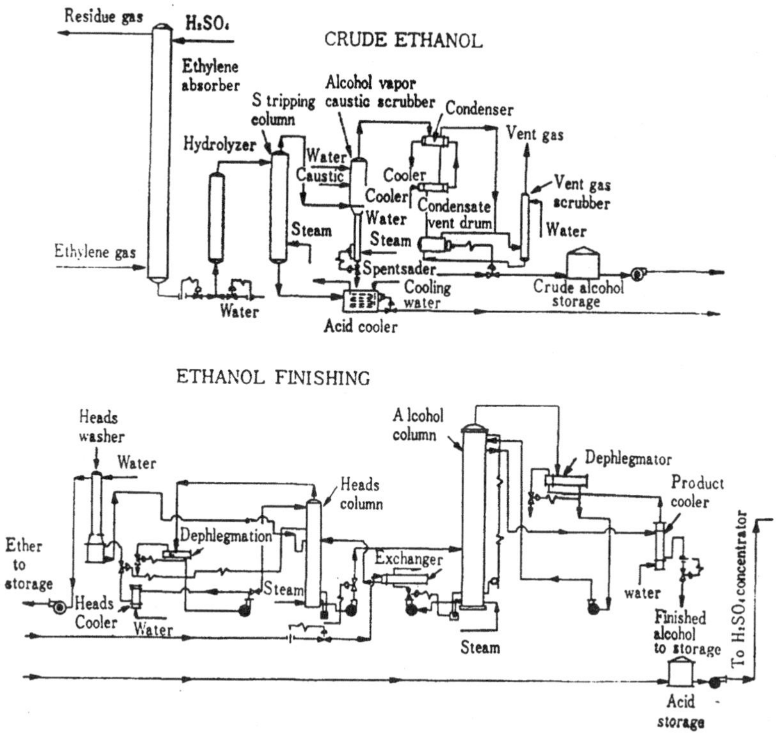

그림 10-7 황산법에 의한 에탄올합성공정도

공업적으로는 다음과 같이 한다. 에틸렌 1.0~1.5몰을 15~30atm로 95~98% 황산 1몰에 80℃ 이하에서 흡수하여 모노에틸황산을 만든다(디에틸황산도 일부 생성한다). 모노에틸황산등 에틸렌흡수황산액은 가수분해탑에서 40%의 수용액으로 희석되어 가수분해된다. 여기서 나오는 액은 에탄올 이외에 에테르(5~8%), 황산, 물, 타르물질들의 혼합물이다. 알코올증류탑에서 수증기로 가열되어 에탄올과 에테르의 혼합물과 농도 50% 정도의 폐황산이 분리된다. 알코올-에테르혼합물은 8~10% 가성소다액으로 세척된 다음 저장탱크를 거쳐 에테르제거탑에서 적당한 온도로 가열되어 에테르가 분리되고 다시 알코올과 물의 혼합물은 증류탑에서 95~96% 농도의 알코올로 증류되어 나온다. 에틸렌으로부터 알코올의 생성수율은 90몰%이다. 50%의 폐황산은 농축장치에서 70%로 농축된 다음 가열하여 황산 중에 함유된 유기물질을 완전히 탄화시켜 제거한 다음 진공농축기에 이송되어 95%의 황산으로 농축된다. 농축된 황산은 새로운 황산과 혼합되어 다시 에틸렌흡수용으로 사용된다(그림 10-7에 황산법에 의한 에탄올합성장치를 도시하였다).

(b) **직접수화법** : 황산법에서는 다량의 황산이 사용되며 황산에스테르의 가수분해와 폐황산의 농축 등 원료비, 장치비가 많이 들고 황산에 의한 장치의 내식성 등도 문제가 된다. 이러한 결점 때문에 촉매를 사용하여 수화반응을 시키는 직접수화법이 생겼다.

$$CH_2=CH_2+H_2O \xrightarrow{\text{燐酸세라이트觸媒}} CH_3CH_2OH$$

1947년 Shell Chemical사에서도 공업화한 것으로 최근에 설치하는 합성에탄올 공장은 거의 이 방법을 채용하고 있다. 순도 97% 이상인 에틸렌 1몰에 대하여 0.6몰의 물을 혼합하고 규조토에 인산을 함침한 촉매에서 300℃, 70atm로 반응시킨다. 이때 에틸렌의 전화율은 4.2%이지만 미반응의 대부분의 에틸렌은 재순환하여 반응시킨다. 에틸에테르의 생성량은 황산법에 비하여 훨씬 적다. 에탄올의 수율은 95%이다. 공정도를 그림 10-8에 도시하였다. 97%의 순도를 가진 에틸렌은 압축기에서 70atm로 압축된 다음 송입되어 순환에틸렌가스와 혼합된다. 여기서 에틸렌 1몰에 대하여 물 0.6몰이 혼합되어 열교환기, 가스연소식가열기에서 300℃로 가열되어 반응탑에 들어간다. 에틸렌은 가수분해되어 에탄올이 된다. 발열반응으로 촉매인 인산이 소량 생성물인 에탄올에 용해되므로 열교환기

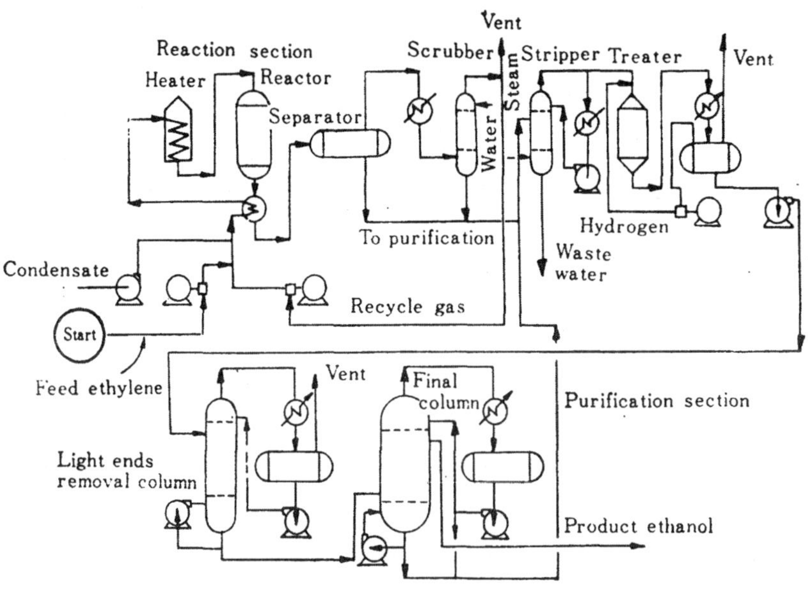

그림 10-8 직접수화법에 의한 에탄올의 합성공정도

출구에서 가성소다수용액을 주입하여 중화한 다음 가스분리조에 보낸다. 여기서 분리된 미반응의 에틸렌가스는 수세되어 알코올분을 제거하고 재순환하여 사용한다. 에탄이나 메탄의 과잉축적을 피하기 위해 일부분의 가스는 방출시킨다. 알코올수용액은 스트리퍼를 나올 때는 고농도의 알코올이 되는데 이것은 수소와 혼합되어 니켈촉매를 충전한 정제탑에 들어가서 아세트알데히드 등의 부생성물은 수소첨가로 알코올로 변한다. 이렇게 정제된 알코올생성물은 제1정류탑에서 다시 저비점생성물인 에틸에테르가 제거된 다음 제2정제탑에서 95vol%의 에탄올로 된다.

(c) 이소프로필알코올

$$CH_2 = CHCH_3 + H_2SO_4 \longrightarrow \underset{\displaystyle |\atop \displaystyle OSO_3H}{CH_3CHCH_3} + H_2O \longrightarrow \underset{\displaystyle |\atop \displaystyle OH}{CH_3CH{-}CH_3} + H_2SO_4$$

황산법과 직접수화법이 있다.

황산수화법에는 85~95%의 고농도황산을 사용하는 **Shell법**과 70~75%의 저농도황산을 사용하는 **Distiller법, Esso법**이 있다. 프로필렌의 순도는 65% 이상이면 적합하며 25atm의 프로필렌인 때 이소프로필알코올의 수율은 약 95%가 된다. 이때에도 이소프로필에테르가 생성되는데 이것은 재순환하여 분해한 다음 원료로 다시 사용한다. 직접수화법에서는 산화텅스텐촉매법(ICI법)이나 인산-규조토촉매(UOP법)를 사용하여 직접 수증기를 프로필렌에 반응시키는 방법이 있는데 공업적으로는 황산법보다 실시하고 있는 공장이 적다.

10.7.4 아세트알데히드

아세틸렌을 원료로 이용하는 유기약품공업에서는 아세틸렌을 황산과 황산제2수은 촉매 존재하에서 수화반응을 시켜 아세트알데히드를 합성하는 방법이 중요하다. 이 반응은 액상반응인데 Hg^{++}의 환원을 방지하기 위하여 조촉매로 황산철을 소량 첨가한다.

$$CH = CH + H_2O \xrightarrow{HgSO_4 + H_2SO_4} CH_3CHO \qquad + 33.8\,kcal/mol$$

15~30% 저농도의 황산수용액에 0.5~5%의 산화제2수은을 가하여 40~80℃에서 아세틸렌을 접촉시켜 반응시킨다. 아세틸렌에 물이 수화되어 반응이 진행되면 황산제2수은은 환원되어 제2수은이 되었다가 금속수은으로 환원되어 촉매활성을 잃게 된다. 이것을 방지하기 위하여 황산제2철을 첨가하는 방법 이외에도 반응폐액을 이산화망간으로 처리하여 수은을 산화시키는 방법도 있다. 제조법에는 가스순환식과 액순환식이 있는데 가스순환식에서는 물보다 4~6배 정도 과량의 아세틸렌을 반응액에 순환시켜 생성한 아세트알데히드를 분리하며 액순환법에서는 반응액을 순환하면서 생성하는 아세트알데히드를 감압증류나 수증기증류로 분리한다.

1960년 Höchst사와 Wacker사에 의하여 공동개발한 에틸렌의 **직접산화방법**(Wacker법)을 최근에 신설하는 공장에서는 전면적으로 채용하고 있다. 이 방법은 산화반응에서 참조하기 바란다. 반응식은 다음과 같다.

$$C_2H_4 + \frac{1}{2}O_2 \longrightarrow CH_3CHO \qquad + 52\ \text{kcal/mol}$$

$$C_2H_4 + PdCl_2 + H_2O \longrightarrow CH_3CHO + Pd + 2\,HCl \qquad (1)$$

$$2\,CuCl_2 + Pd \longrightarrow Cu_2Cl_2 + PdCl_2 \qquad (2)$$

$$CuCl_2 + 2HCl + \frac{1}{2}O_2 \longrightarrow 2\,CuCl_2 + H_2O \qquad (3)$$

에틸렌은 염화팔라듐에 의하여 직접 산화된다(1). 환원된 팔라듐은 염화제이구리에 의하여 다시 염화팔라듐으로 산화되며(2), 염화제1구리는 공기 또는 산소에 의하여 염화제이구리로 산화된다. 반응온도는 100~110℃, 에틸렌의 주입압력은 10~11atm이다.

10.7.5 페놀의 제법

페놀은 농약, 의약품, 계면활성제 등 유기약품제조원료로 사용되었는데 근래에는 각종 페놀계수지의 제조나 Bisphenol A 등 합성수지제조원료로 그 수요가 증가함에 따라 유기합성공업에서는 물론 고분자공업의 원료로 중요하게 되었다. 옛날에는 콜타르를 증류하여 페놀을 얻었으나 오늘날에는 여러 가지 합성법이 개발되었는데 그 방법을 열거하면 다음과 같다. 황산법, 염소화법(Dow법), Raschig법, Cumene법, 톨루엔법, 시클로헥산법 등이 있다. 최근에 건설하는 페놀공장은 대부분이 Cumene법을 채용하고 있다. 이유는 원료인 벤젠과 프로필렌을 값싸게 얻을 수 있고 다른 방법에서 사용하는 황산, 알칼리, 염소 등 비교적 값이 비싼 부자재를 사용하지 않으므로 원료면에서 다른 방법보다 염가라는 이점 이외에도 부산물로 페놀과 같은 몰이 생산되는 아세톤의 수요가 점차 증가하고 있으므로 일거양득의 이점을 가지고 있기 때문이다. 참고적으로 각 합성법을 열거하면 다음과 같다.

(a) Cumene법

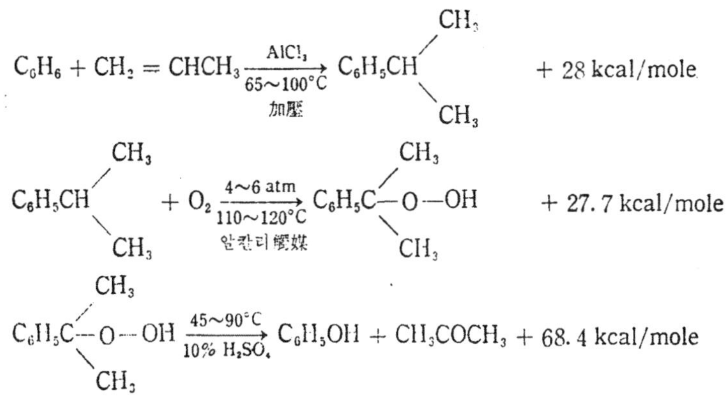

(b) 황산법

$$C_6H_6 + H_2SO_4 \xrightarrow[80\sim100^\circ C]{20\%\ oleum} C_6H_5SO_3H + H_2SO_4$$
$$2\,C_6H_5SO_3H + Na_2SO_3 \longrightarrow 2\,C_6H_5SO_3Na + SO_2 + H_2O$$
$$2\,C_6H_5SO_3Na + 4\,NaOH \xrightarrow[320\sim380^\circ C]{} 2\,C_6H_5ONa + 2\,Na_2SO_3 + 2\,H_2O$$
$$2\,C_6H_5ONa + SO_2 + H_2O \longrightarrow 2\,C_6H_5OH + Na_2SO_3$$

(c) 염소화(Dow법)

$$C_6H_6 + Cl_2 \xrightarrow{FeCl_3} C_6H_5Cl + HCl$$
$$C_6H_5Cl + 2\,NaOH \xrightarrow[6\sim8\%\ NaOH수용액]{300^\circ C,\ 130\sim200\ atm} C_6H_5ONa + NaCl$$
$$C_6H_5ONa + HCl \longrightarrow C_6H_5OH + NaCl$$

(d) Raschig법

$$C_6H_6 + HCl + \frac{1}{2}O_2 \xrightarrow[200^\circ C]{Al_2O_3-Cu-Fe(OH)_3} C_6H_5Cl + H_2O$$
$$C_6H_5Cl + H_2O \xrightarrow[425^\circ C]{Ca_3(PO_4)_2} C_6H_5OH + HCl$$

(e) toluene의 산화법(New Dow법)

$$C_6H_5COOH + \frac{1}{2}O_2 \xrightarrow[물,\ 230^\circ C]{벤조산구리촉매} C_6H_5OH + CO_2$$

(f) 시클로헥산법(S.D.법)

$$\underset{(시클로헥산올과\ 시클로헥산온의\ 混合物)}{C_6H_{11}OH + C_6H_{10}O} \xrightarrow[300\sim400^\circ C]{(Pt/C)} C_6H_5OH + H_2$$

페놀합성법의 원료 및 수율, 생산비 비교는 표 10-2, 10-3과 같다.

표 10-2 각종 페놀합성법의 원료 및 수율 비교

방 법	原 料(몰수)	收率 %	副 產 物
黃酸法	벤 젠 (0.910) 黃 酸 (1.250) NaOH (1.300)	85～92	Na_2SO_3 (1,600) 페닐페놀 디페닐에테르
鹽素化法	벤 젠 (1.100) 鹽 素 (1.100) NaOH (1.100)	80～90	디클로로벤젠 (0.1) 페닐페놀 (0.1) 디페닐에테르
Raschig法	벤 젠 (1.10) 鹽 酸 (1.17) 공 기 (2.20)	75～85	디클로로벤젠 비페닐
쿠멘法	벤 젠 (1.00) 프로필렌 (0.60) 공 기 (1.40)	80～90	아세톤 (0.6) 아세토페논 α-메틸스티렌
톨루엔酸化法(Dow 法)	톨 루 엔 (1.30) 공 기	70～75	디페닐에테르 타르
시클로헥산法(S.D 法)	벤 젠 공 기	～80	디페닐에테르 脂肪酸類

표 10-3 페놀합성생산비비교 (1958년)

		쿠 멘 法	黃 酸 法	클로로벤젠法	Raschig法
원료비	(¢/lb)	9.5*	8.2	10.1	9.4
운전비	(¢/lb)	0.2	0.4	0.3	0.9
동력비	(¢/lb)	0.05	0.15	0.075	0.2
증 기	(¢/lb)	0.10	0.16	0.188	0.6
물	(¢/lb)	0.05	0.09	0.037	0.01
노동비	(¢/lb)	0.3	0.9	0.4	0.5
관리비	(¢/lb)	0.3	0.7	0.5	0.5
減價償却 및 세금	(¢·/lb)	0.3	0.6	0.5	0.5
제조비**	(¢/lb)	10.6	10.8	11.8	11.8
판매비	(¢/lb)	18.0	18.0	18.0	18.0
小 計		39.2	39.6	41.6	41.6
투자비 $/t/yr		280.400▲	270	400	420
경제생산단위 100 lb/yr		15～30	15～40	50	30

* 쿠멘을 구입하여 合成하였을 때의 계산
** 副產物을 계산에 포함시킴
· 페놀만의 제조비
▲ 쿠멘과 페놀의 제조비를 둘다 고칩하여 계산한 것

클로로벤젠을 가수분해하여 페놀을 만드는 Dow법과 Raschig법을 비교하면 다음과 같다.

(1) Dow법

미국의 Dow Chemical Company(1928)에서 개발한 방법으로 클로로벤젠을 알칼리수용액 속에서 고온, 고압으로 가수분해한다(앞의 반응식 참조).

이때 가수분해반응은 긴 파이프를 통과하면서 연속적으로 일어나는데 약 20분 걸린다. 이때 부반응으로 디페닐에테르가 생기는 것이 단점이다. 그래서 이 디페닐에테르를 이용하여 열매체로 사용한 것이 유명한 Dowtherm이다.

$$C_6H_5ONa + C_6H_5OH \rightleftharpoons C_6H_5OC_6H_5 + NaOH$$

디페닐에테르의 생성을 억제하기 위해서는 일정량의 디페닐에테르를 반응계에 유지하면 된다. 이외에도 증류공정시에 *p*-옥시디페닐의 이성체도 생성한다.

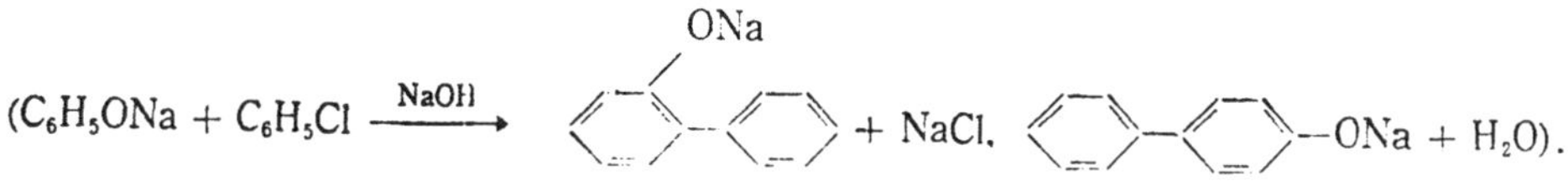

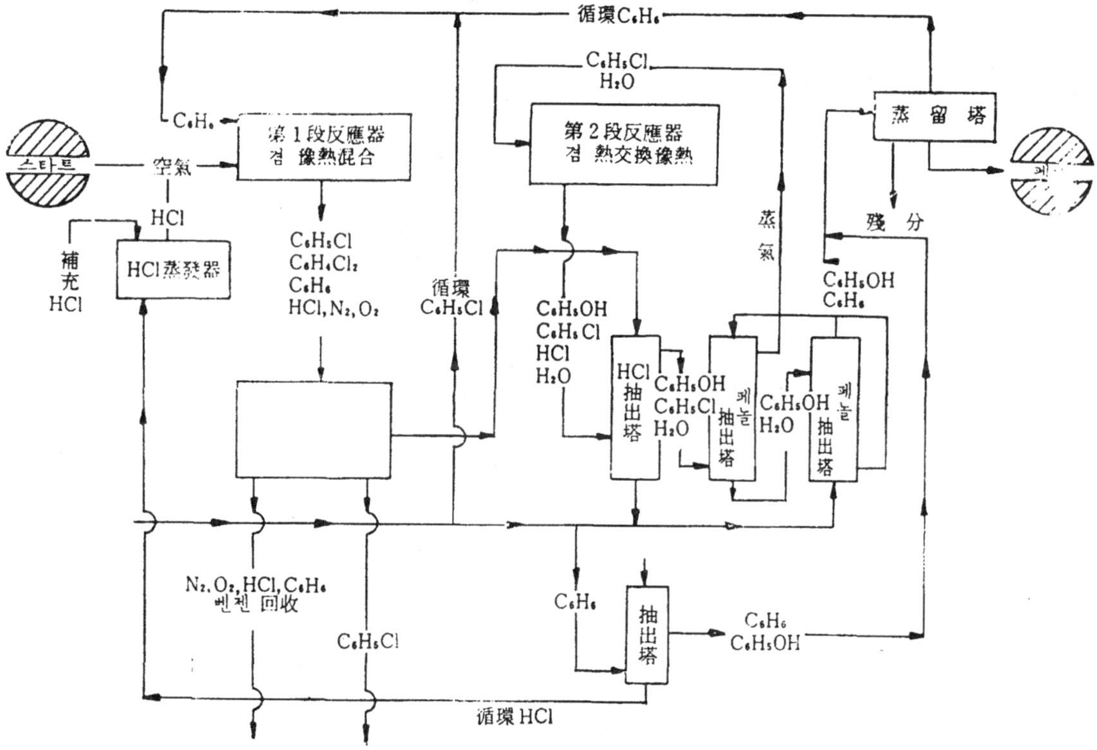

그림 10-9 Raschig 법에 의한 페놀의 제조공정도

(2) Raschig법

독일에서 발명한 방법인데 염소화반응과 가수분해반응을 상압에서 실시한다. 염소화반응이 염화수소가스와 산소의 혼합기체를 사용하는데 비하여 Dow법은 염소만으로 벤젠을 할로겐화하는 것이 다르다. 반응은 2단계로 행하는데 처음에는 벤젠을 염화수소와 공기로 염소화하여 클로로벤젠을 만들고, 다음에 이 클로로벤젠을 접촉가수분해하여 페놀을 만든다. 이때 부생하는 HCl은 다시 염소화반응에 원료로 사용한다. 클로로벤젠의 수율은 5~20%이며 약간의 디클로로벤젠(0.25~4%)도 생성한다. 미반응벤젠(95~76%)은 분리하여 재순환하여 다시 클로로벤젠을 만드는 데 사용한다. 클로로벤젠에서 페놀의 전화율은 8~15%이며 수율은 85~95%이다. Raschig법에 의한 페놀의 제조공정도는 그림 10-9와 같다.

10.7.6 글리세린의 합성

종래에는 유지를 가성소다로 비누화할 때 얻어지는 부산물로 글리세린의 수요를 충당하였으나 그 수요가 증가함에 따라 유지의 비누화로 얻어지는 글리세린만으로는 필요량을 조달할 수 없으므로 최근에는 여러 가지 합성법이 개발되어 공업적으로 실시되고 있다. 그 중에는 프로필렌을 원료로 한 **염화알릴법, 아크롤레인법** 등이 있는데 이 중에서도 염화알릴법이 중요하다.

(1) 염화알릴법

(a) 염화알릴-에피클로로히드린법 : Shell Chemical Co.(1948)에서 개발한 방법인데 대부분이 합성글리세린이 이 방법으로 합성되고 있다.

$$CH_2 = CH-CH_3 + Cl_2 \xrightarrow{500\sim530^\circ C} \underset{\text{鹽化알릴}}{CH_2 = CHCH_2Cl} + HCl \qquad (1)$$

$$CH_2 = CHCH_2Cl + HOCl \xrightarrow{60^\circ C} \underset{\text{프로필렌클로로히드린}}{CH_3-\underset{|}{\overset{}{C}}HCH_2Cl \atop \quad OH} \qquad (2)$$

$$CH_3-\underset{\underset{OH}{|}}{C}HCH_2Cl + Ca(OH)_2 \longrightarrow \underset{\text{에피클로로히드린}}{CH_2-CH_2-CH_2Cl \atop \overset{O}{\diagdown\diagup}} + H_2O \qquad (3)$$

$$\underset{\overset{O}{\diagdown\diagup}}{CH_2-CH_2}CH_2Cl \xrightarrow[\text{加水分解}]{NaOH} \underset{\underset{OH}{|}}{CH_2}-\underset{\underset{OH}{|}}{CH}-\underset{\underset{OH}{|}}{CH_2} + NaCl \qquad (4)$$

98%의 순도를 가진 프로필렌을 염소에 대하여 4~5몰 사용한다. 에피클로로히드린을 10% NaOH수용액으로 가수분해하면 5%의 글리세린수용액이 된다. 이 수용액을 20%까지 농축한 후 식염을 가하여 분리하고 이온교환수지탑을 통과시켜 전해질, 착색물질 등 불순물을 제거한 다음 농축하여 순도 99%의 글리세린을 얻는다.

(b) 염화알릴-알릴알코올-클로로히드린법 : 염화알릴을 (i)과 같은 방법으로 합성한 다음 이 염화알릴을 150℃, 14atm에서 5~10% NaOH수용액으로 가수분해하여 알릴알코올을 만든 다음 HOCl을 작용하여 클로로히드린으로 만든다. 계속해서 NaOH수용액으로 가수분해하면 글리세린이 된다. 알릴알코올에 대한 수율은 90% 정도이다.

$$CH_2 = CHCH_2Cl + NaOH(aq) \xrightarrow[150^{\circ}C,\ 14\ atm]{\text{가수분해}} \underset{\text{allylalcohol}}{CH_2 = CHCH_2OH}$$

$$CH_2 = CHCH_2OH + HOCl \longrightarrow \underset{Cl}{CH_2}\underset{OH}{CH}\underset{OH}{CH_2} \xrightarrow[\text{加水分解}]{NaOH} \underset{OH}{CH_2}\underset{OH}{CH_2}\underset{OH}{CH_2}$$

(2) 아크롤레인-알릴알코올법

Shell Chemical Co.에서 1595년에 공업화한 것으로 합성법은 다음과 같다.

$$CH_3{-}CH = CH_2 + O_2 \longrightarrow \underset{\text{아크롤레인}}{OHC{-}CH = CH_2} \qquad (1)$$

$$CH_3\overset{OH}{CH}CH_3 + O_2 \longrightarrow CH\overset{O}{\overset{\|}{C}}CH_3 + H_2O_2 \qquad (2)$$

$$OHCCH = HC_2 + CH_3\overset{OH}{CH}CH_3 \longrightarrow CH_2 = CH{-}CH_2OH + CH_3\overset{O}{\overset{\|}{C}}CH_3 \qquad (3)$$

$$CH_2 = CHCH_2OH + H_2O_2 \longrightarrow \underset{OH}{CH_2}\underset{OH}{CH}\underset{OH}{CH_2} \qquad (4)$$

염산구리(Cu_2O)를 촉매로 350℃, 2.6atm로 프로필렌을 기상산화반응하면 아크롤레인이 86% 정도의 수율로 얻어진다[식 (1)]. 따로 이소프로필 알코올을 90~140℃, 14~21atm로 액상산화시키면 아세톤과 과산화수소가 생성한다[식 (2)]. 증류하여 아세톤과 미반응의 이소프로필알코올을 제거한다. 알코올레인을 이소프로필알코올과 아크롤레인의 몰비는 2/1~6/1, 반응온도는 350~450℃이다. 알릴알코올을 과산화수소로 산화하면 글리세린이 된다.

11. 알킬화 및 아실화반응

치환반응이나 부가반응으로 알킬기를 유기화합물에 도입하는 반응을 **알킬화**(alkylation)라고 한다. 실험실에서 각종 유기화합물의 합성 이외에도 공업적으로는 염료, 향료, 계면활성제, 합성수지, 합성고무, 각종 용제 및 합성가솔린 등 유기합성이나 고분자화학공업에서 단위반응의 한 방법으로 널리 사용되고 있다.

아미노기나 히드록시기의 수소를 벤조일기(C_6H_5CO-) 또는 아실기($RCO-$)로 치환하는 반응은 **아실화**(acylation)라고 한다. 아실화는 유기화합물에 아실기를 도입하는 이외에도 합성이나 반응중에 아미노기나 히드록시기가 반응하는 것을 막기 위하여 이 기능기의 보호제로 수행하기도 한다.

11.1 알킬화형식

알킬화는 반응형식에 따라 다음과 같이 나눌 수 있다.

11.1.1 탄소원자의 알킬화(C-alkylation)

(1) 올레핀에 의한 알킬화반응

지방족 또는 방향족탄화수소의 탄소에 붙어있는 수소를 Friedel-Craft's 촉매($AlCl_3$, BF_3, $FeCl_3$ 등) 또는 산촉매(H_2SO_4, HCl, HF, H_3PO_4 등) 존재하에 올레핀과 반응하여 치환하는 반응이다. 고옥탄가가솔린이나 고분자모노머의 합성에 중요하다.

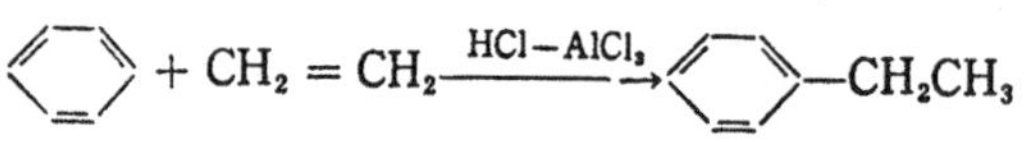

ethylbenzene

반응메카니즘

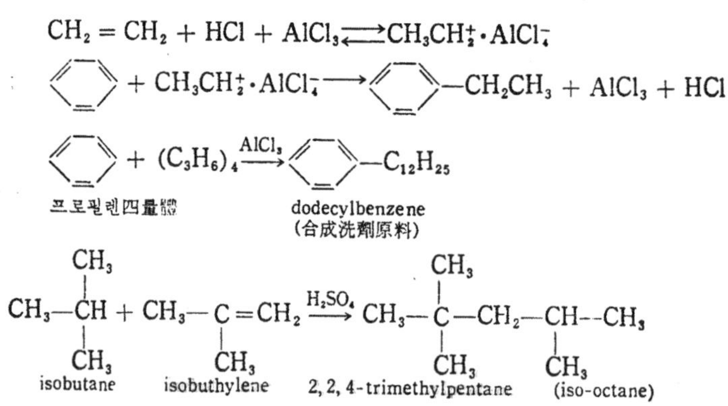

(2) 할로겐화알킬에 의한 알킬화반응

Lewis산촉매를 사용하는 전형적인 Friedel-Craft's 촉매에 의한 알킬화반응이다. 촉매는 $AlCl_3$가 제일 많이 사용되며 $FeCl_3$, BF_3, SbF_5, $SnCl_4$, $ZnCl_2$ 등도 사용된다.

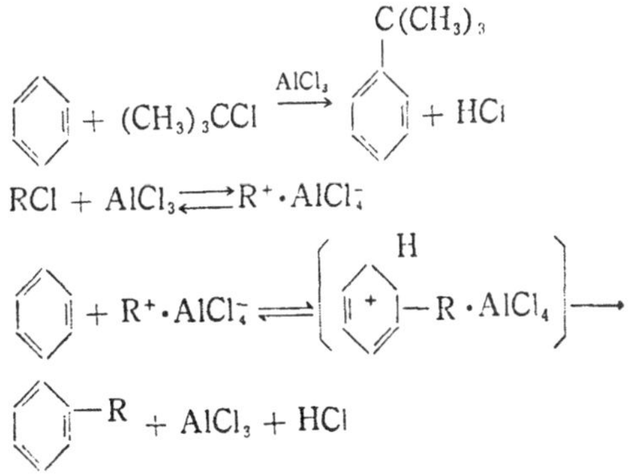

(3) 알코올, 에테르 및 에스테르에 의한 방향족탄화수소의 알킬화반응

사용하는 촉매는 Lewis산촉매와 무기산촉매이다.

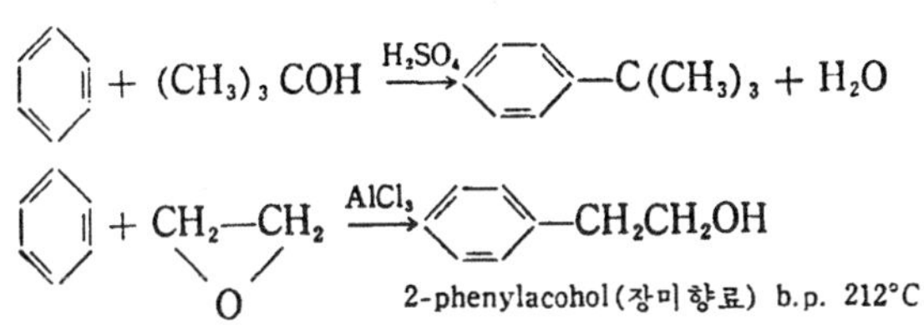

2-phenylacohol (장미향료) b.p. 212°C

벤젠에 *t*-butyl기의 알킬화반응은 다음과 같은 반응메카니즘으로 진행된다.

$$(CH_3)_3COH + H^+ \rightleftharpoons (CH_3)_3C-{}^{+}OH_2 \rightleftharpoons (CH_3)_3C^+ + H_2O$$

$(CH_3)_3C^+$는 벤젠에 친전자치환반응으로 알킬화한다.

(4) 알데히드 및 케톤에 의한 알킬화반응

촉매는 (c)의 촉매와 같다.

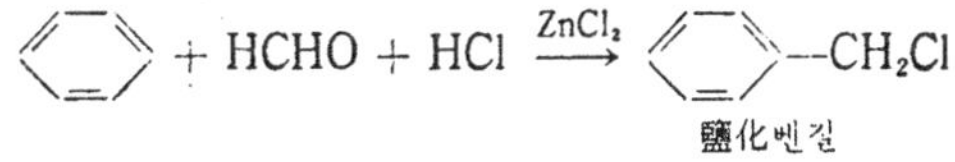

鹽化벤질

반응메카니즘

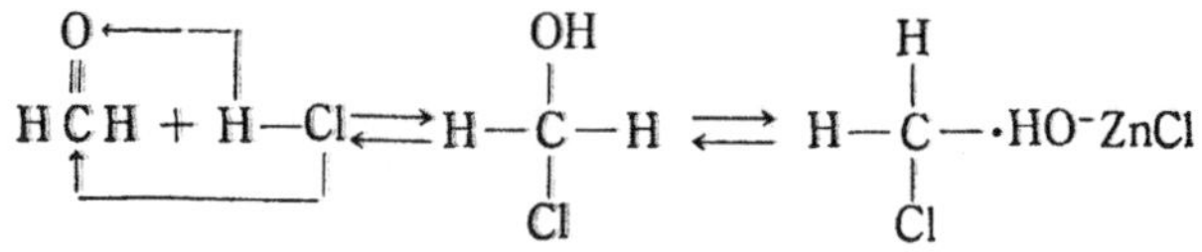

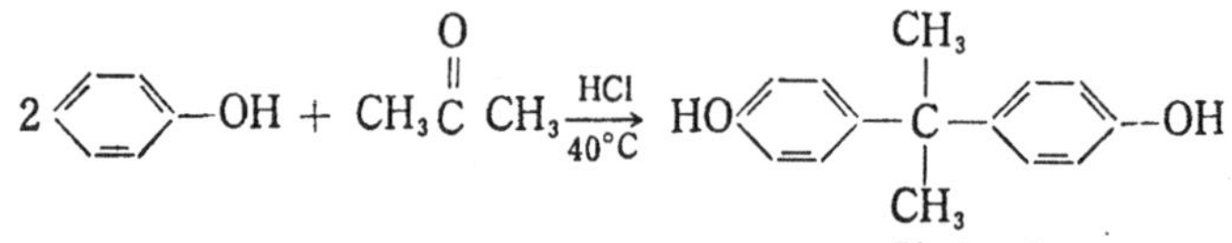

Bisphenol A (98%)

페놀과 아세톤으로부터 고분자단량체인 Bisphenol A가 생성한다.

11.1.2 산소원자의 알킬화반응(O-alkylation)

알코올이나 페놀의 히드록시기의 수소를 알킬기로 치환하는 반응이다.

$$ROH + R'OH \longrightarrow ROR' + H_2O$$

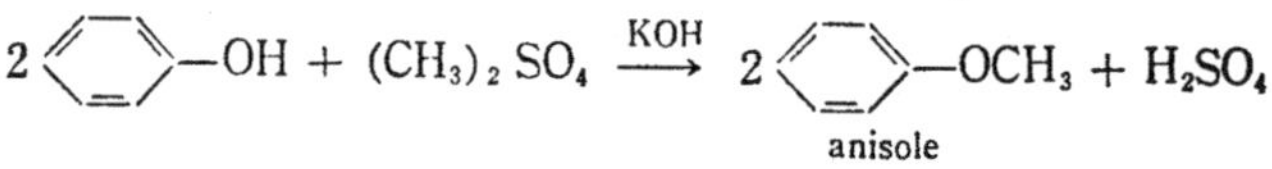

anisole

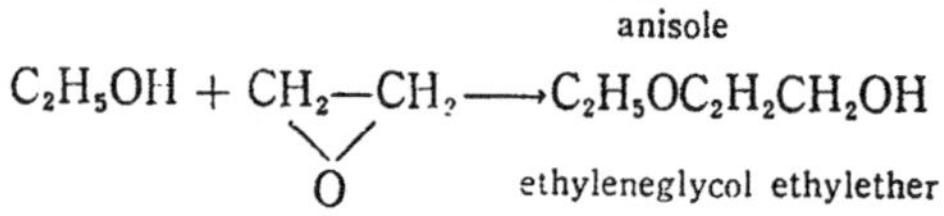

ethyleneglycol ethylether (Celosolve, 溶劑)

$$ArOH + CH_2N_2 \longrightarrow ArOCH_3 + N_2$$

azomethane

11.1.3 질소원자의 알킬화반응(N-alkylation)

지방족 및 방향족아민에 있는 수소를 알킬기로 치환하는 반응이다. 할로겐화알킬, 디알킬황산, 방향족술폰산, 알킬에스테르를 알킬화제로 사용한다.

$$RX + NH_3 \longrightarrow RNH_3 + HX$$
$$RX + RNH_2 \longrightarrow R_2NH + HX$$
$$RX + R_2NH \longrightarrow R_3N + HX$$
$$RX + R_3N \longrightarrow R_4N^+X^-$$

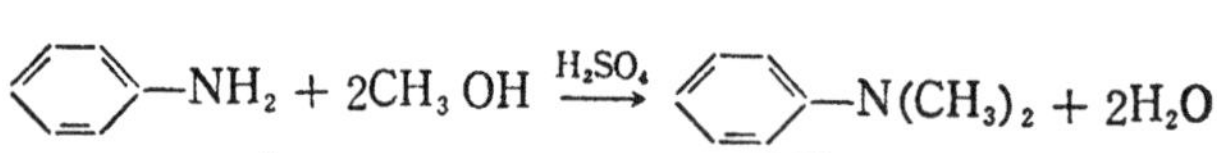

N, *N*-dimethylaniline

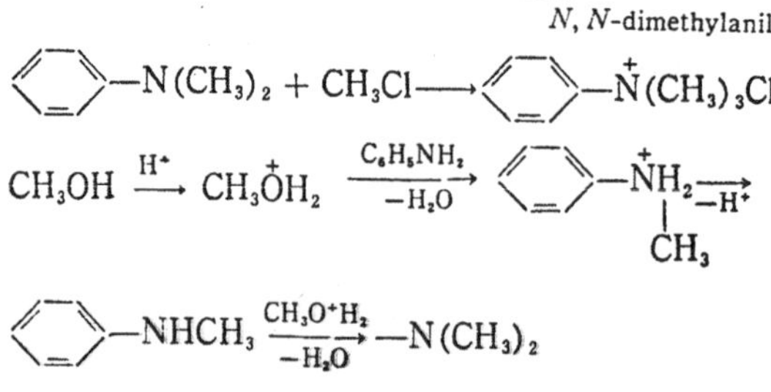

11.1.4 금속의 알킬화반응(metallic-alkylation)

할로겐알킬과 금속의 반응, 금속할로겐화물과 금속화합물의 반응,

$$RX + M' \longrightarrow RM' + X^-$$
$$MX + RLi \longrightarrow MR + LiX$$

유기금속화합물간의 원자단의 교환반응으로(RM + R'M' —→ RM' + R'M) 유기물 중에 Pb, Hg, Zn, Mg, As 등 금속을 함유하는 유기금속화합물을 만든다. 중요한 금속화합물의 예를 들면 다음과 같은 것이 있다.

tetraethyllead, merthiolate, ethylmercury-chloride, ethylmercuryphosphate.

살인가스인 ethyldichloroarsine($C_2H_5AsCl_2$)의 합성법은 다음과 같다.

$$C_2H_5Cl + Na_3AsO_3 \longrightarrow C_2H_5AsO_3Na_2 + NaCl$$
$$C_2H_5AsO_3Na_2 + H_2SO_4 \longrightarrow C_2H_5AsO_3H_2 + Na_2SO_4$$
$$C_2H_5AsO_3H_2 + SO_2 + H_2O \longrightarrow C_2H_5AsO_2H_2 + H_2SO_4$$
$$C_2H_5AsO_2H_2 \longrightarrow C_2H_5AsO + H_2O$$
$$C_2H_5AsO + 2HCl \longrightarrow C_2H_5AsCl_2 + H_2O$$

11.1.5 황화합물의 알킬화반응

황화합물의 알킬화는 할로겐화알킬 또는 알킬황산과 황화수소칼륨으로 반응시키거나 알코올과 황화수소와의 반응 등으로 디알킬술피드 또는 알킬메르캅탄을 만든다.

$$RX + KSH \longrightarrow RSH + KX$$
$$ROH + H_2S \longrightarrow RSH + H_2O$$
$$2\,RSO_4Na + Na_2S \longrightarrow R_2S + 2\,Na_2SO_4$$
$$RHC = CHR' + R''SH \longrightarrow RH_2C—CHR'(SR'')$$

한편, 규소원자의 알킬화는 금속의 알킬화와 같은 방법으로 반응시킨다

11.2 아실화형식

유기화합물에 아세틸, 벤조일 등 아실기(acyl기 R—CO—, C_6H_5CO—는 벤조기인데 방향족카복시산잔기로 된 것을 aroyl기라고도 한다)를 도입하는 반응을 아실화라고 하는데 도입하는 아실기와 결합하는 화합물의 결합의 종류에 따라서 C—, O— 및 N— 아실화반응으로 나눌 수 있다. C—알킬화반응 중에서 중요한 아실화반응으로는 방향족탄화수소의 알킬화반응이 있다.

11.2.1 방향족탄화수소의 아실화반응

방향족탄화수소와 지방족 또는 방향족카복시산클로리드를 $AlCl_3$ 존재하에 축합반응시

키면 **케톤**이 된다.

$$RCOCl + Ar \cdot H \xrightarrow{AlCl_3} RCOAr + HCl$$

케톤의 수율은 높고 순도도 좋다. 이들 케톤은 유기합성의 중요한 중간체이다.

acylhalide 중에서 acylchloride가 제일 많이 사용되는데 이 외에 산무수물도 사용된다. 촉매는 $AlCl_3$가 많이 사용된다.

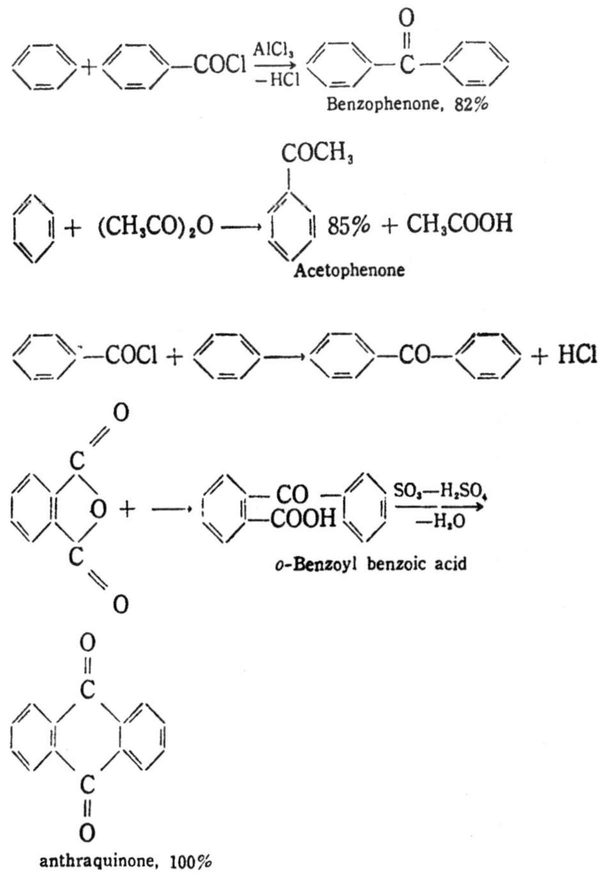

11.2.2 *o*−아실화반응

지방족알코올류를 유기산클로리드나 산무수물과 반응시키면 알코올의 −OH는 아실화되어 에스테르가 된다.

$$ROH + R'COCl \longrightarrow ROCOR' + HCl$$

촉매로는 산성촉매(conc. H_2SO_4 또는 BF_3)나 염기성촉매(아세트산나트륨 또는 피리딘)를 사용한다.

방향족페놀을 염화벤조일과 함께 흔들면 쉽게 반응하여 벤조일화합물이 된다 (Schotten-Baumann반응).

phenyl benzoate

+ NaCl

11.2.3 *N*-아실화반응

지방족이나 방향족 제1차 또는 2차 아민에 카복시산무수물 또는 유기산무수물을 반응시키면 아실화되어 **카복시산아미드**가 된다.

$$RNH_2 + (R'CO)_2O \longrightarrow RNHCOR' + R'COOH$$
$$RNH_2 + R'COCl \longrightarrow RNHCOR' + HCl$$

11.2.4 케텐에 의한 아실화반응

케텐($CH_2=C=O$, 일반식은 $\begin{matrix}R'\\R\end{matrix}\!\!>\!C=C=O$)은 반응성이 커서 $-NH_2$와 $-OH$와 쉽게 반응하여 아세틸화된다.

$$CH_2=C=O + ROH \longrightarrow CH_3COOR$$
$$CH_2=C=O + RNH_2 \longrightarrow CH_3CONHR$$

지방족이나 방향족카복시산과 반응하면 산무수물이 된다.

$$CH_2=C=O + CH_3COOH \longrightarrow \underset{\text{아세트酸無水物}}{(CH_3CO)_2O}$$

케텐은 쉽게 디케텐이 되는데 이것은 알코올이나 아민의 $-OH$나 $-NH_2$와 쉽게 반응하여 아세트아세틸화한다.

$$(CH_2=C=O)_2 + ROH \longrightarrow CH_3COCH_2COOR$$
$$(CH_2=C=O)_2 + RNH_2 \longrightarrow CH_3COCH_2CONHR$$

11.3 알킬화 및 아실화제

11.3.1 알킬 및 할로겐화알킬

할로겐화알킬은 실험실에서나 공업적으로 많이 사용하는 알킬화제의 하나이다. 할로겐화알킬은 탄화수소알코올류(페놀류 포함) 및 아민의 알킬화반응인 *C*-alkylation, *O*-alkylation, *N*-alkylation 등에 널리 사용된다. 반응성의 크기의 순서는 RI > RBr > RCl > RF이다. 실험실에서는 RI나 RBr이 많이 사용되고 공업적으로는 값이 싼 RCl이 대부분 사용된다. 1차, 2차 및 3차 할로겐화알킬의 반응순서는 다음과 같다. *t*-alkylhalide > *sec*-alkylhalide > *pri*-alkylhalide이며 이 중에서 3차할로겐화알킬은 반응이 격렬하여 촉매없이도 알킬화된다. methyliodide 메틸화제로 많이 사용되는데 pinaverdol 등 염료합성에서 질소의 5가결합형성에 유용하다. 브롬이나 요오드의 메틸 및 에틸 화합물은 값이 비싸지만 반응성이 좋으므로 염료, 의약품 등 정밀화학의 알킬화에는 실험실에서는 물론이고 공업적으로도 많이 사용된다.

방향족할로겐화합물에서는 benzylchloride가 제일 많이 쓰인다. 예를 들면, ethylaniline에 벤질기를 도입하여 benzylethylaniline을 만들 때나 benzylcellulose를 만들 때에 사용한다.

11.3.2 올레핀

할로겐화알킬 다음으로 많이 사용하는데 그 중에서 *C*-알킬화제로서 많이 사용하는 것으로는 에틸렌, 프로필렌, 부틸렌, 아밀렌 등이 있다.

에틸렌과 프로필렌은 석유의 열분해반응에서 얻어지는 것으로 사용한다. 에틸렌, 프로필렌, 부틸렌 및 아밀렌 등 올레핀은 에탄, 프로판, 부탄 및 펜탄 등을 탈수소화하여 얻는다. 아밀렌 등 분자량이 큰 화합물이나 부틸렌 등 가지 달린 화합물은 에틸렌이나 프로필렌 등 저급올레핀보다 알킬화속도가 크다. 올레핀의 알킬화반응에는 올레핀의 반응성이 커서 중합반응이 일어나므로 이 중합반응을 방지하기 위하여 벤젠이나 이소부탄과 같은 화합물을 다량 섞어서 반응시킨다.

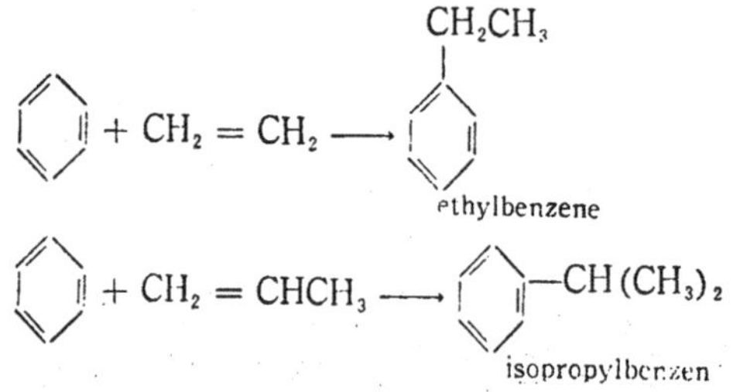

11.3.3 알코올

메탄올과 에탄올도 중요한 알킬화제인데 특히 질소화합물에 유용하다. 촉매는 광산촉매가 좋다. 알코올은 에테르들 즉, 에틸에테르, 이소프로필에테르, 카르비톨셀로솔브 및 나프틸메틸에테르 등을 만드는데 쓰인다. 아닐린과 메탄올을 황산촉매 존재하에 반응시키면 디메틸아닐린이 되는데 디에틸아닐린은 에탄올과 아닐린을 염산촉매하에 반응시켜야 한다. 에틸화는 메틸화보다 반응성이 좋지 않다.

알코올과 방향족화합물 중의 할로겐을 알칼리 존재하에 반응시키면 에테르가 생성된다.

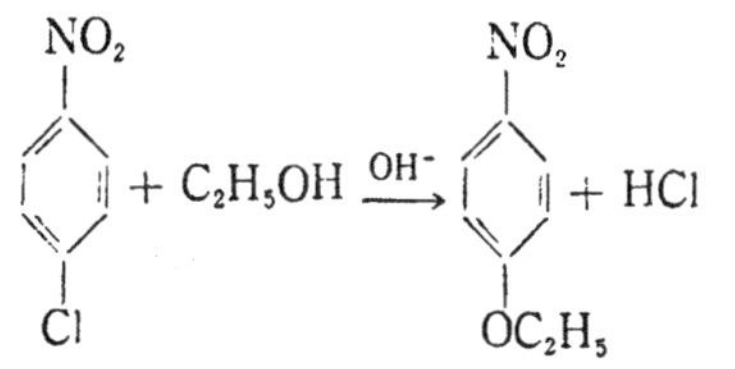

p-nitrophenethole

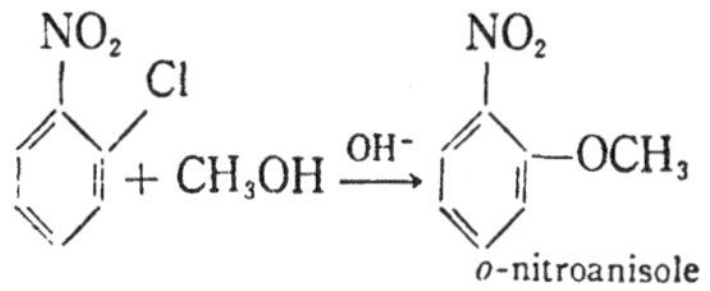

o-nitroanisole

11.3.4 황산알킬

이 중에서 제일 많이 사용하는 것은 $(CH_3)_2SO_4$, CH_3HSO_4, $(C_2H_5)_2SO_4$ 등이다. alkylsulfate는 alkylhalide보다 알킬화제로서의 효과는 크지만 값이 비싼 것이 흠이다. dimethylsulfate는 유독성이므로 사용할 때는 조심하여야 한다. alkylsulfate는 *o*-alkylation에 사용된다. 그 예를 들면 다음과 같다.

alkylarylether, dialkylether, ethylcellulose cellosolve 및 polyvinyl ether 등이다.

또 *C*-alkylation에도 사용하는데 제품으로는 caffein, diethylanilline 등이 있다. 물이 없으면 dialkylsulfate의 두 알킬기가 둘다 반응하지만 물이 있을 때는 한 개의 알킬기만이 반응에 참여하고 $RHSO_4$는 남는다.

11.3.5 기타 알킬화제

p-toluene sulfonic acid의 methyl 및 ethyl ester는 *N*-alkylation제로 4차암모늄합성에 사용한다.

한편, 4차암모늄염도 알킬화제로 사용하는데, 특히 의약품인 phenetole antipyrine, caffein 등 합성에 사용한다. Grignard시약도 알킬화제로 사용한다.

$$C_2H_5MgCl + ClCH_2OCH_3 \longrightarrow C_2H_5CH_2OCH_3 + MgCl_2$$

에틸렌옥시드도 알킬화제로 사용하는데 프로필렌, 부틸렌, 스티렌옥시드도 가끔 사용된다.

11.4 알킬화반응의 반응메카니즘과 반응속도

11.4.1 반응메카니즘

(1) 탄화수소의 액상알킬화반응메카니즘

지방족탄화수소나 방향족탄화수소는 Friedel-Craft's 촉매나 산촉매를 사용하여 올레핀으로 알킬화한다. 이 촉매들은 양성자, H^+를 공급하여 카르보늄을 생성한다.

기본반응은 어떤 촉매를 사용하거나 비슷하며 반응온도는 실온에 가까운 -40~30℃에서 시행한다.

isobutane에 ethylene을 Friedel-Craft's 촉매인 $AlCl_3$와 HCl 존재하에서 알킬화하여 2,2-dimethylbutane을 합성하는 반응메카니즘은 다음과 같다. $AlCl_3$는 Lewis촉매로 염화수소의 Cl^-을 수용하고 H^+를 공급하여 ethylene이 ethyl carbonium ion, $CH_3CH_2^+$을 형성하여 이것이 친전자시약으로 작용한다.

$$CH_2 = CH_2 + HCl + AlCl_3 \rightleftarrows CH_3-CH_2^+ + AlCl_4^- \qquad (1)$$

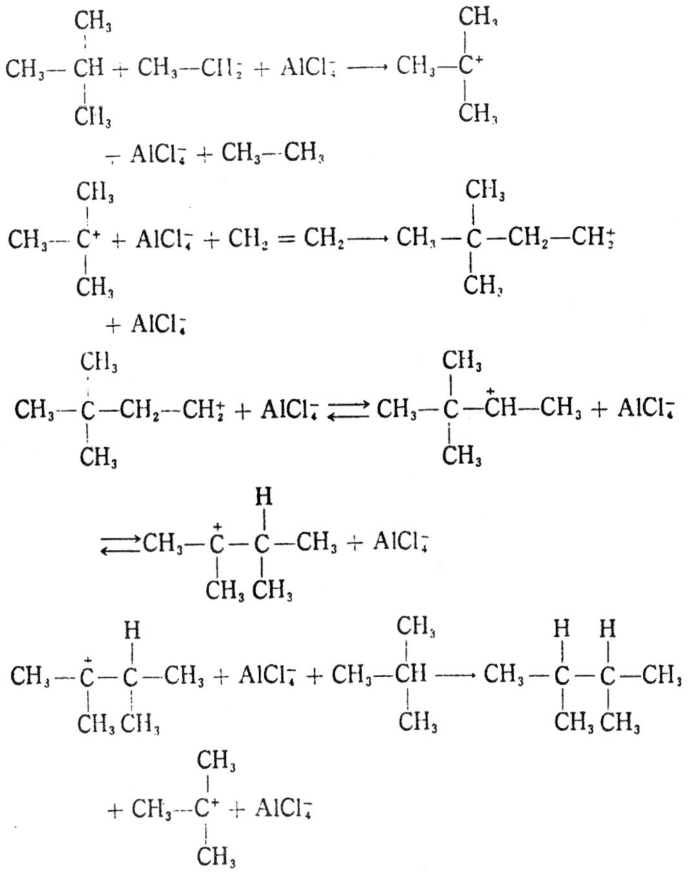

(2), (3), (3 a), (4)

상기와 같이 반응하여 2,2-dimethylbutane의 반응의 생성과 동시에 *t*-butyl carbonium ion (4)이 생성하여 이것이 다시 식 (3), (3a), (4)와 같이 반응한다. 이렇게 *tert*-butyl carbonium ion이 형성되면 에틸렌과 반응하여 연쇄적으로 반응하여 2,2-dimethylbutane을 만든다.

이소부틸렌이나 방향족탄화수소를 올레핀으로 알킬화시킬 때 부반응으로 중합수 반응, 이성화반응, 수소원자의 이동 등의 반응도 일어난다. 식 (1)과 식 (2)에서 알킬카르보늄이온이 올레핀에 부가하면 성장반응이 일어나서 결과적으로는 중합반응을 하게 된다. 반응물 중에 이소파라핀이나 방향족탄화수소를 다량 사용하면 중합반응을 억제할 수 있다. 직쇄 파라핀은 보통 조건하에서는 촉매를 사용해도 알킬화되지 않는다. 1차나 2차 탄소원자에 붙어 있는 수소는 3차탄소(isobutane)에 붙어 있는 수소원자처럼 쉽게 양성자로 떨어져 나가지 않는다. 황산촉매를 사용할 때는 반응온도를 높이면 탄화수소는 산화되고 SO_2가 발생한다. 그러므로 황산촉매 존재하에서 알킬화반응할 때는 Friedel-Craft's 촉매를 사용할 때보다 낮은 온도에서 반응시켜야 한다.

(2) 탄화수소의 기상알킬화반응메카니즘

파라핀과 올레핀을 500℃ 정도의 고온에서 촉매없이 반응시키면 소량의 자유알킬라디칼이 생성되어 다음과 같이 자유라디칼반응메카니즘에 의하여 알킬화반응이 일어난다.

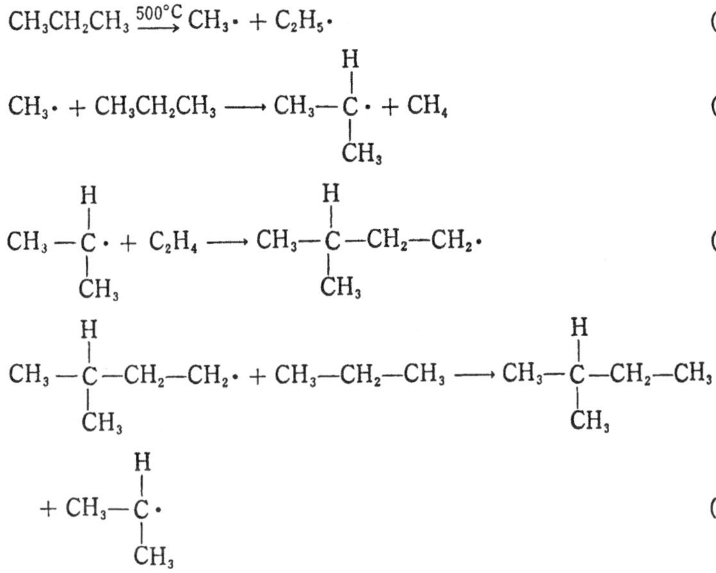

(1)
(2)
(3)
(4)

반응과정에서 생성된 이소프로필자유라디칼은 (3), 에틸렌에 알킬화되어 이소펜탄이 되고(4), 이때 생성된 이소프로필라디칼은 다시 연쇄적으로 반응한다. 어떤 때는 이소프로필라디칼이 생성되지 않고 *n*-프로필라디칼이 생긴다. 이때는 *n*-펜탄이 최종생성물이 된다. 또 액상알킬화반응에서처럼 중합반응도 일어난다. 이소프로필라디칼이 에틸렌과 반응하여 생성한 *iso*-pentyl라디칼이 다시 에틸렌에 자유라디칼로 부가되면 에틸렌이 점차 중합하여 폴리머가 생성하게 된다. 또다른 가능한 부반응으로는 두 알킬라디칼(이소프로필라디칼)이 반응하여 이소헥산이 된다. 그리고 온도가 높을 때는 열분해, 탈수소 및 이성화반응도 일어나게 된다. 고압(약 2500~4000psi)에서 알킬화하면 측쇄의 알킬화도 많이 일어난다. 1~3%의 지방족할로겐화물이나 지방족니트로화합물을 원료인 파라핀과 올레핀혼합물에 가하여 반응시키면 비교적 낮은 온도(300~400℃)에서 알킬화반응을 시킬 수 있다.

(3) Friedel-Craft's 촉매에 의한 방향족탄화수소의 아실화반응메카니즘

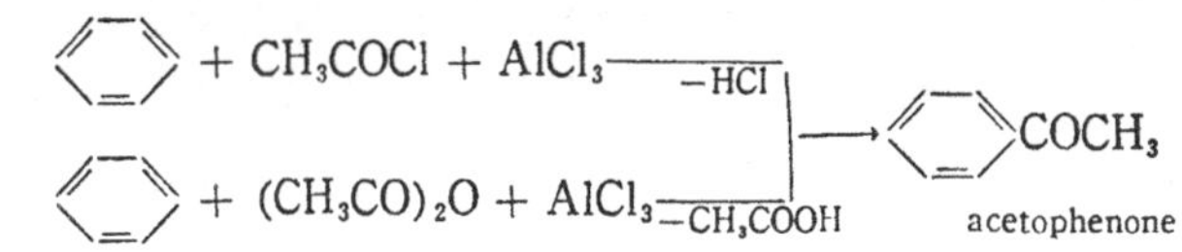

위의 반응에서 아실화시약은 acylium ion(RCO^+)이다. 다음과 같은 반응메카니즘으로 생성된다.

$$RCOCl + AlCl_3 \rightleftarrows R-\overset{\overset{O}{\|}}{C^+} + AlCl_4^-$$

$$(RCO)_2O + AlCl_3 \longrightarrow RCOOAlCl_2 + RCOCl$$

$$RCOCl + AlCl_3 \longrightarrow RCO^+ + AlCl_4^-$$

$$\overline{\hspace{10em}}$$

$$(RCO)_2O + 2AlCl_3 \longrightarrow RCO^+ + AlCl_4^- + RCOOAlCl_2$$

이렇게 생성된 아실카르보늄이온은 다음과 같이 벤젠과 반응하여 아세토페논이 생성한다.

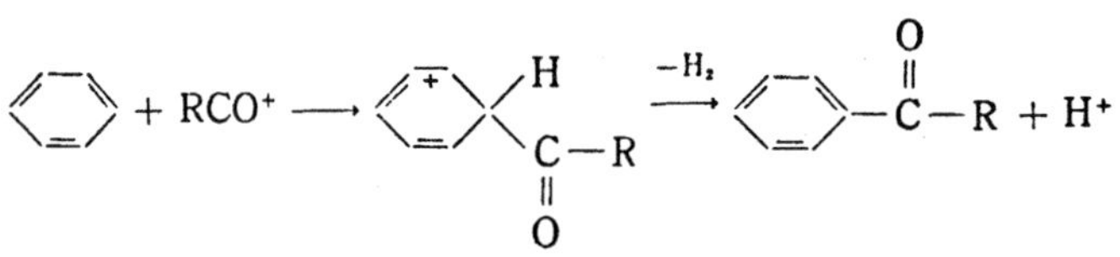

$$H^+ + R\overset{\overset{O}{\|}}{C}-\ddot{\underset{..}{O}}-AlCl_2 \longrightarrow R-\overset{\overset{O}{\|}}{C}-\underset{\underset{H}{|}}{\ddot{O}^+}-AlCl_2 \longrightarrow$$

$$RCOOH + AlCl_2^+$$

$$AlCl_2^+ + AlCl_4^- \longrightarrow 2AlCl_3$$

11.4.2 반응속도에 미치는 인자

알킬화반응에서 촉매없이 반응시키면 상당히 느리지만 촉매 존재하에서 반응시키면 반응시간을 단축시킬 수 있다. 할로겐화물로는 $AlCl_3$, $FeCl_3$, BF_3 등이 있고 광산으로는 H_2SO_4, H_3PO_4 및 HCl 등이 있다. 이 촉매들은 각각 특징을 가지고 있다. 촉매선택은 반응물의 성질과 촉매의 가격 등을 고려해야 한다.

알킬화제를 과잉사용하면 수율이 증가한다. 디메틸아닐린이나 디에틸아닐린을 합성할 때 과잉의 알코올을 사용하면 모노알킬유도체는 소량 생기고 디, 트리 알킬유도체가 많이 생긴다. 아닐린의 디에틸화반응은 디메틸화반응보다 힘들다. 그러므로 디에틸아닐린에 혼합되어 있는 모노에틸아닐린을 분리할 때는 벤질화하여 증류로 분리하는 방법을 쓴다. 디메틸황산으로 메틸화할 때 처음에 반응하는 메틸기가 두 번째의 메틸기보다 훨씬 강하기 때문에 메틸화반응이 힘든 화합물인 경우에는 1개의 메틸기만 도입하는 알킬화제로 사용

한다. 디알킬황산은 알칼리를 첨가하면 반응속도가 증가한다. 할로겐화알킬도 알칼리용액에서 반응속도가 빨라질 때가 있다. 그러나 산성에서는 반대로 감소한다. 한편, 어떤 알킬화반응에서는 두 원료 중의 하나를 소량 사용하는 것이 효과적인 때가 있다. 석유정제공업에서 자동차나 항공기용 고옥탄가가솔린을 만들 때, 이소파라핀보다 올레핀을 소량 사용하는 것이 올레핀의 단독중합을 억제하고 이소파라핀을 만드는 데 효과가 있다. 알킬화반응에서 비활성인 유기용매들 예를 들면 니트로벤젠, 사염화탄소, 클로로포름 등을 용제로 사용하면 반응에 큰 효과가 있다. 이때 사용하는 용매는 무수상태여야 한다. 사용한 용제 때문에 생성물이나 부생성물이 결정성으로 반응계에서 침전되기 때문에 반응이 촉진되고 또 분리하기 쉽게 된다. 예를 들면 벤젠에 녹인 디메틸황산을 알킬화제로 나트륨페녹시드의 알코올용액에 가하여 알킬화시킬 때 벤젠의 용제로 존재하므로 나트륨메틸황산은 반응액에 약간 녹고 대부분이 침전하기 때문에 알킬화반응이 잘 진행된다.

메탄올, 에탄올 또는 할로겐화알킬을 알킬화제로 사용할 때는 황산디메틸이나 황산디에틸 혹은 methyl-*p*-toluenesulfonate를 사용할 때보다 높은 온도로 반응시켜야 한다. 아닐린의 디메틸화온도는 200℃ 정도이다. 기상알킬화반응은 400℃정도에서 반응시킨다. 이소파라핀을 올레핀으로 알킬화시킬 때 HF 촉매 존재하에서는 실온 정도에서 하지만 황산을 촉매로 사용할 때는 반응온도를 낮추어야 생성물이 분해하여 타르가 생성하는 것을 방지할 수 있다. 대부분의 알킬화반응은 발열반응이다. 그러므로, aminoantipyrine을 브롬화메틸로 메틸화시켜 aminopyrine을 합성할 때는 반응물을 초기부터 냉각시켜야 한다. 반응온도가 상승하면 벤젠의 측쇄의 알킬기가 벤젠핵으로 전이하기도 한다. dimethylaniline sulfate가 *N*-methyl-*p*-toluidine이 되는 것이 한 예라고 할 수 있다.

11.5 알킬화반응장치

대부분의 경우에 철제를 사용한다. 강산을 촉매로 사용하는 반응에서도 촉매는 중간생성물로 에스테르가 되므로 부식성은 상당히 감소하게 된다.

석유화학공업에서 알킬화 반응에는 대부분 H_2SO_4, HF를 촉매로 사용하는데 무수상태에서는 철제로 된 반응장치도 부식하지 않는다. 그러나 묽은산을 사용했을 때는 납, 모넬 또는 에나멜로 내장한 장치를 사용해야 한다. 구리 또는 Sn과의 합금으로 내장한 장치를 의약품이나 사진화학공업의 알킬화장치로 사용하기도 한다. 부식은 촉매 자체의 부식성에서 오는 것과 알킬화제인 할로겐화 알킬에서 생긴 할로겐화수소에서 오는 두 가지가 있다.

N-알킬화합물이나 이때 원료가 되는 아민 또는 알킬아민은 부식작용에 저항성이 있다. 그러나 대부분의 알킬화반응에서 사용하는 약품 때문에 부식문제가 대두되고 있다. 아닐린으로부터 디에틸아닐린을 만들 때 황산촉매를 사용하면 아닐린과 에탄올이 반응하여 에테르가 생기므로 황산 대신에 염산을 사용하는데 철제반응조는 염산으로 인하여 상당히 부식되기 때문에 에나멜내장을 하여 사용해야 한다.

할로겐화알킬로 알킬화반응을 시킬 때는 산성에서 반응을 하게 된다. 브롬화메틸로 알킬화할때는 브롬화수소가 생성한다. 이와 같이 산성에서 합성하는 반응에서는 에나멜이나 납내장을 한 반응장치를 사용해야 한다. 반응조 이외에도 밸브펌프 또는 파이프 등 반응장치에 부속되는 여러 부분의 재료들도 내식재료를 사용해야 한다. 부식의 원인이 되는 화합물의 종류에 따라 스테인리스스틸, 모넬, 납, 유리, 에나멜, 폴리테트라플루오르에틸렌, PVC, 푸란수지, 에폭시수지, 폴리에틸렌수지 등이 내식재로 사용된다.

11.6 공업적 알킬화반응

11.6.1 에틸벤젠의 제법

에틸벤젠은 스티렌의 원료로 사용되는 에틸렌과 벤젠으로부터 알킬화반응으로 합성한다. 스티렌은 합성고무, 플라스틱 등 고분자물질제조의 단량체로 중요하다. 스티렌의 합성식은 다음과 같다.

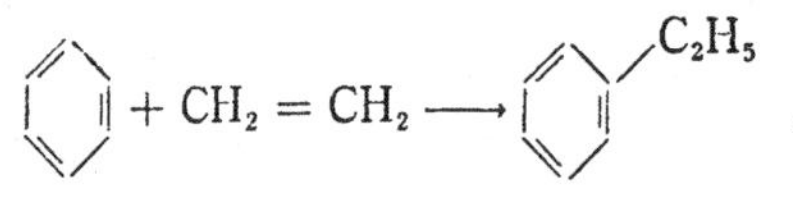

$\Delta H = -48,700$ Btu/lb mole(95°C)

에틸벤젠의 합성법에는 고정상인산촉매를 사용하는 기상법과 무수알루미늄을 사용하는 액상법이 있다. 인산법(고정상인산촉매 사용)의 반응조건은 325℃, 900psig, 벤젠과 에틸렌의 몰비는 5:1이다. 이때의 에틸벤젠의 수율은 약 93% 정도이다. 인산법보다는 무수알루미늄법을 많이 사용한다.

무수염화알루미늄법

무수염화알루미늄을 촉매로 상압 또는 상압보다 약간 높은 온도에서 액상반응시킨다.

주반응인 에틸벤젠 이외에 부반응으로 디 또는 트리에틸화 등 다알킬화반응이 일어난다. 다알킬화반응을 방지하기 위해서는 벤젠과 에틸렌의 몰비를 크게 해야한다. 다알킬화합물은 재순환하여 탈알킬화한다. 탈알킬화반응은 알루미늄에 의하여 일어나는데 반응은 비교적 느린편이다. 염화알루미늄과 탄화수소의 복합체가 촉매작용을 한다. 원료에틸렌과 염화에틸의 혼합물은 같은 효과를 가져온다. 물이 존재하면 염산이 생성하여 장치를 부식하며 촉매도 손실을 가져오기 때문에 원료에는 물을 완전히 제거해야 한다. 그림 11-2에 무수염화알루미늄법 에틸벤젠제조장치를 나타냈다. 순도가 99% 이상인 벤젠을 공비증류하여 수분이 30ppm이하가 되도록 탈수한다. 액체상태의 벤젠과 에틸렌가스를 $AlCl_3$촉매와 함께 알킬화반응조에 넣고 40~100℃에서 반응시킨다.

에틸렌의 순도는 90~95%이다. 반응은 거의 정량적으로 일어난다. 알킬화반응조는 교반식을 사용하며 반응열을 제거하기 위하여 적당한 냉각방법을 사용한다. 벤젠에서 에틸벤젠으로의 전화율은 약 30~40%이다. 알킬화합물은 분리탑, 수세조, 가성소다세척조를 거쳐 정류탑에 이송된다. 조알킬화합물 중에는 40~45%의 벤젠, 15~20%의 다알킬화합물, 35~45%의 에틸벤젠을 함유하고 있다. 제1정류탑에서는 벤젠, 제2정류탑에서는 에틸

벤젠이 상압하에서 증류된다. 제3정류탑에서는 50mmHg의 감압하에서 다알킬화합물이

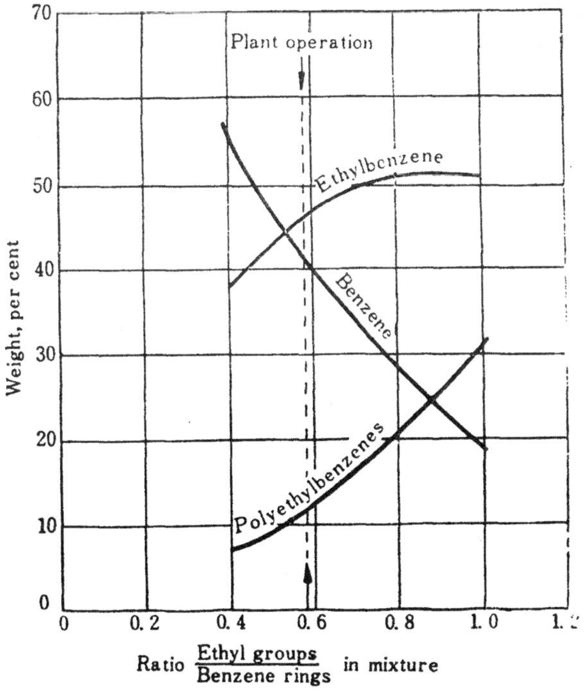

그림 11-1 벤젠의 에틸화반응의 평형상태 (95℃)

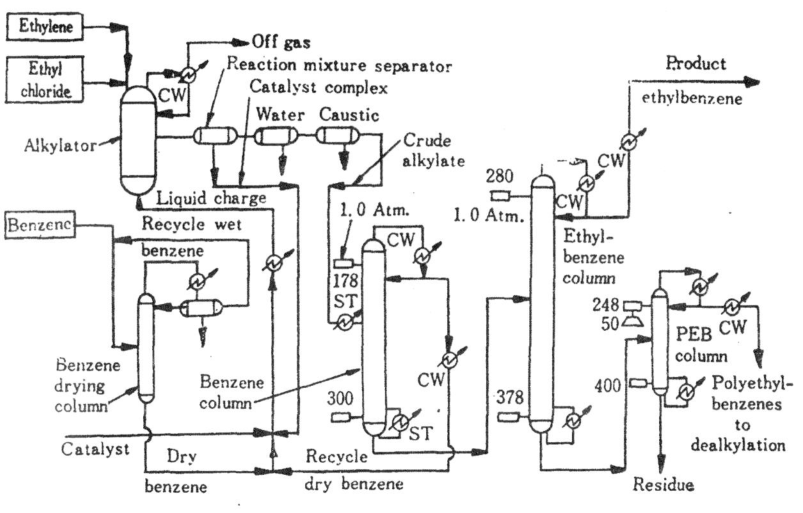

그림 11-2 에틸벤젠의 연속제조장치($AlCl_3$)

상부로 유출되어 탈알킬장치(탈알킬화촉매는 $AlCl_3$와 HCl의 혼합물을 사용하는데 조성은 알킬화반응장치의 촉매의 비율과 같지 않다)에서 벤젠, 에틸벤젠, 디알킬벤젠 등으로 된다. 에틸벤젠의 수율은 벤젠에 대해서는 96mole%, 에틸렌에 대해서는 97mole%가 된다. 반응과정에서의 에틸벤젠의 평형관계도는 그림 11-1, 제조장치는 그림 11-2와 같다.

11.6.2 이소프로필벤젠(쿠멘의 합성)

쿠멘은 페놀의 원료로 중요하다. 합성법에는 인산법과 염화알루미늄법이 있다.

(1) 인산법

인산규조토촉매(P_2O_5 62~65%, SiO_2 25%를 규조토에 침착시킨 것)를 사용하여 부반응과 불활성을 방지하기 위하여 소량(0.1% 이하)의 수분을 원료와 혼합하여 반응시킨다. 촉매는 고정상이며 벤젠과 프로필렌혼합물을 가압가열상태에서 기상으로 반응시킨다. 벤젠과 프로필렌의 비율은 5:1~7:1, 200~300℃, 400psig, 공간속도 1~2.5, 쿠멘 1kg을 얻으려면 프로필렌 0.42kg, 벤젠 0.70kg이 필요하다. 촉매수명은 약 700시간 정도이며 촉매 1kg으로 700~800ℓ로 만들 수 있다. 벤젠은 0.15% 이상의 티오펜을 함유하면 촉매활성을 저하시킨다. 프로필렌에 프로판 등이 혼재하여도 반응에는 별지장이 없다. 에틸렌은 프로필렌보다 반응속도가 느려서 혼재해도 관계가 없지만 고급올레핀은 반응속도가 빨라서 벤젠의 소모량이 많아진다. 벤젠프로필렌은 5/1이하로 하는 것이 트리알킬벤젠의 생성을 방지하는데 효과가 있다. 그림 11-3은 쿠멘합성장치이다. 프로판프로필렌원료는 반응탑(촉매탑)에 도입하기 전에 황화수소와 질소화합물을 제거해야 한다. 황화수소는 NaOH 또는 아민법으로 제거하여 질소화합물은 수세로 제거한다. 이렇게 정제한 프로필렌-프로판과 벤젠혼합물은 열교환기로 가열하여 반응탑에 도입한다. 촉매활성을 유지하기 위하여 증류수를 미량 분사한다. 반응열에 의해서 온도상승을 방지하기 위해서 촉매를 충전한 반응탑의 각 층에 액화프로판이나 알킬레이트를 주입한다. 부생하는 다알킬화합물은 반응탑에 재순환하기 않고 도중에 꺼내버린다. 이 장치로 프로필렌사량체, 에틸벤젠도 생산할 수 있다.

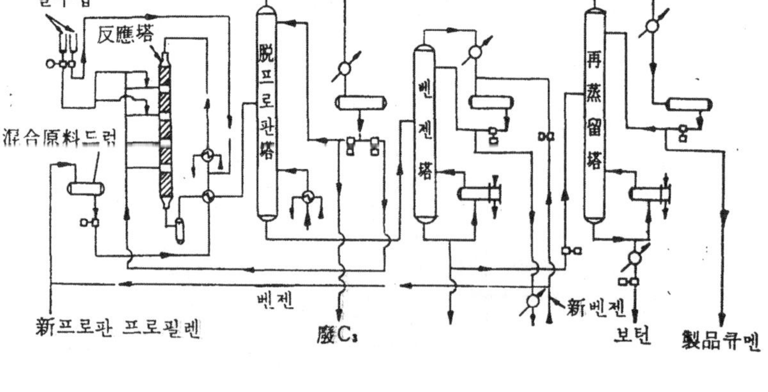

그림 11-3 인산촉매법에 의한 쿠멘합성장치(U.O.P.법)

(2) 염화알루미늄법

프로필렌의 함량이 최소한 40% 함유하는 원료올레핀을 탈에탄탑, 탈부탄탑을 통과시켜 에탄과 부탄이 제거된 프로필렌-프로판혼합기체를 벤젠(수분 완전 제거), 무수염화알루미늄촉매와 함께 반응탑에 송입한다. 반응은 액상반응이다. 반응탑 상부에서 프로판과 미반응벤젠이 유출되는데 벤젠은 회수하여 재사용한다. 반응탑 하부에서는 알킬화합물과 미반응벤젠이 나온다. 이것을 수세하고 가성소다로 세척하여 정류부에 이송한다. 제1정류탑에서는 벤젠을 회수하고 제2정류탑에서는 제품인 쿠멘을 꺼낸다. 제2정류탑에서는 다알킬화합물을 타르상물질에서 분리하고 다시 반응탑에 반송하여 쿠멘을 만든다. 쿠멘수율은 거의 이론량에 가깝다. 그림 11-4는 무수염화알루미늄법 쿠멘의 합성장치이다.

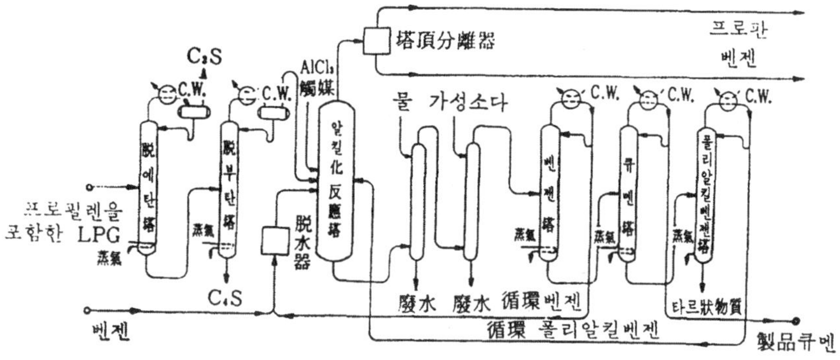

그림 11-4 무수염화알루미늄법 쿠멘 합성장치

11.6.3 석유의 알킬화반응

고옥탄가가솔린을 만들기 위하여 올레핀과 파라핀 또는 이소파라핀을 알킬화반응하여 알킬화합물(알킬레이트, alkylate)을 만들기 시작하였다. 처음에는 이소부틸렌을 중합하고 수소화하여 이소옥탄을 만들었는데 황산이나 플루오르화수소를 촉매로 이소부탄과 부틸렌을 알킬화시켜 이소옥탄을 직접 만들었다. 이것을 알킬화로 만드는 **합성가솔린**이라고 하는데 간단히 **알킬레이트**라고도 한다. 공업적인 알킬화방법에는 크게 나누어 두 가지 방법이 있다.

첫째는 **기상열알킬화방법**이며, 둘째 방법은 촉매를 사용하는 **액상알킬화방법**이다. 촉매는 황산, HF, $AlCl_3$, $AlCl_3$ + 탄화수소 등이 있다.

두 가지 방법 다 올레핀은 가능한 한 이소파라핀보다 적게 사용한다. 올레핀이 많이 존재하면 자체중합반응을 일으켜서 알킬화반응보다 고분자물질이 생기기 때문이다. 보통 올레핀 1몰에 대하여 이소파라핀 3~8몰 사용하여 반응 후의 과잉의 이소파라핀은 분리하여 재순환하여 반응시킨다. 열알킬화법은 고온, 고압하에서 반응시키는 단점 때문에 현재는 사용하지 않는다.

(1) **황산법**

황산촉매를 사용하여 이소부틸렌 등 올레핀으로 알킬화시킨다.

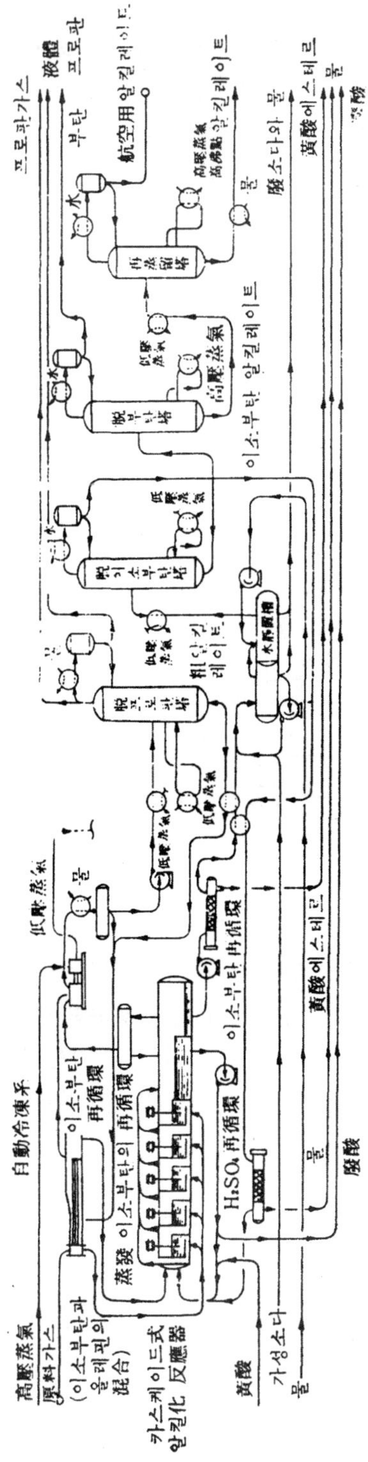

그림 11-5 황산법 알킬레이트제조장치(Kellog 식)

$$C_4H_8 + H_2SO_4 \longrightarrow (C_4H_9)HSO_4$$

$$(C_4H_9)HSO_4 + C_4H_{10} \longrightarrow C_3H_{18} + H_2SO_4$$

酸性부틸黄酸　　　　　　　　　이소옥탄

여기서 올레핀보다 먼저 이소부탄을 반응기에 넣어야 산성부틸황산이 올레핀의 자체중합반응으로 폴리머가 생성하는 것을 방지할 수 있다. 원료올레핀, 순환이소부탄 및 황산은 반응기에서 혼합되면서 반응한다. 반응열은 저온냉동장치로 제거된다. 반응생성물은 가성소다로 중화, 세척되고 정류되어 순환이소부탄과 알킬레이트로 분리된다. 반응장치는 그림 11-5와 같다(cascade식 알킬화반응장치는 그림 11-6과 같다). 알킬화반응에서는 반응기가 중요하다. 이소부탄과 올레핀의 접촉방법과 냉동방법에 따라 다음과 같은 세 가지의 반응기가 있다. Stratco stirred contactor, Kellog autorefrigerated reactor, time tank contactor 등이 그것이며 현재 많이 사용하고 있는 것은 Kellog식과 Stratco식이다.

Kellog식은 time tank식의 개량법이다. time tank법은 수직형반응탑의 산과 액화가스의 에멀젼의 통과속도는 0.1~0.5ft/sec이다. Kellog식은 외부 냉각방법을 사용하지 않고 반응열을 반응기에 송입하는 이소부탄을 일부 기화시킨 증발잠열로 자동적으로 제거되도록 하였으며 기화된 이소부탄은 냉각응축하여 반응기에 보낸다. 이것이 더 개량된 Cascade식이 현재 많이 사용된다. **Stratco식**은 열교환기식반응기를 가지고 있는 반응기 내부에는 강력한 축유임펠러를 부착하고 이것이 강제로 에멀젼을 순환하면서 외부로부터 프로판이나 부탄의 냉동외관의 순환으로 반응열을 제거하도록 되어 있다.

Kellog Cascade식 **황산법 알킬화방법**(그림 11-5, 11-6)은 다음과 같다.

반응기가 일정한 온도를 유지하도록 반응열을 이소부탄의 증발잠열로 냉각한다. 반응기는 모형으로 5실로 되어 있는데 각 실에는 교반기가 붙어있다. 산과 액화이소부탄은 제1실에 송입되고 다음 실을 거쳐 정치실에 이동된다. 이렇게 이동하면서 순환황산액, 알킬레이트 및 미반응가스들이 분리된다. 각 실의 바닥에서 나오는 원료올레핀은 강제순환에멀젼에 혼합된다. 원료로는 이소부탄과 프로필렌, 부틸렌, 아밀렌 등이 사용된다. 황산은 89~90% 정도의 것을 사용한다.

황산에 4~5%의 탄화수소가 결합되면 촉매활성이 없어지므로 이렇게 된 폐황산은 로에서 탄화물을 소각하고 접촉법으로 재생하여 다시 사용한다.

원료로 이소부탄과 부틸렌을 사용할 때 올레핀 1Bbl과 이소부탄 1,106Bbl을 사용하면 알킬레이트 1.72Bbl을 만들 수 있다.

알킬레이트의 수율을 높이는 방법은 다음과 같다.

i) 반응기 중에 이소부탄의 농도를 크게 할 것

ii) 이소부탄과 올레핀의 몰비를 크게 할 것

iii) 황산량을 많이 하고 농도를 높이며 반응온도를 낮게 해야 한다.

황산농도를 85~90%이하로 하면 올레핀의 중합반응이 일어나고 알킬화반응은 중지하게 된다. 원료가스 중의 황화합물(메르캅탄, 디올레핀류)은 반응을 저해한다.

반응기내에서의 반응온도는 30~40°F, 4~10psi정도이다.

(2) HF법

원료이소부탄과 올레핀을 bauxite건조탑을 통과시킨 다음 반응탑에 송입시킨다. HF는 순환라인을 통하여 반응탑저부에 송입된다. 반응기는 Stratco식을 사용한다(그림 11-7 참조). 반응탑은 물로 냉각하여 85~100°F로 유지한다.

반응조건은 다음과 같다.

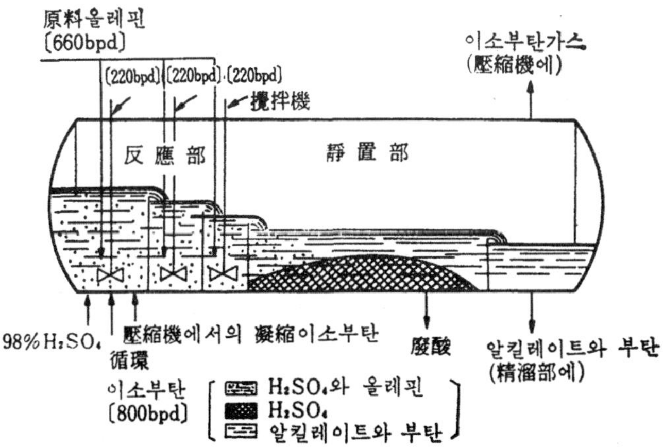

그림 11-6 Kellog cascade법 알킬화반응기

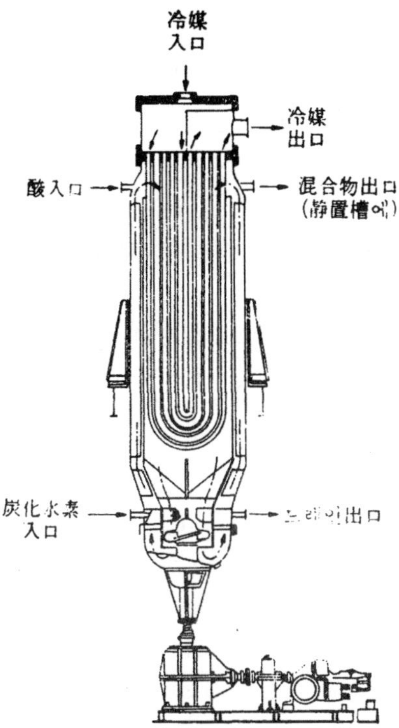

그림 11-7 Stratco형 HF법 알킬화반응기

HF와 탄화수소원료와의 비율은 0.2/1~1/1, 이소부탄/올레핀은 2/1~20/1 정도인데 보통은 7/1이다. 반응시간은 8~10분이다. HF법으로 알킬화반응을 시켰을 때의 생성물과 그 조성은 표 11-1과 같다.

표 11-1 HF법 알킬레이트의 조성

Hydrocarbons Produced	Approximate % Present in Total Alkylate
Alkylation of isobutane with propylene:	
2, 4-Dimethylpentane	10~15
2, 3-Dimethylpentane	40~50
Other hydrocarbons:	
Pentanes	Few % each
Hexanes	
2, 2, 4-Trimethylpentane and other isooctanes	
Isononanes, isodecanes, and isoundecanes	
Alkylation of isobutane with butylenes:	
2, 2, 4-Trimethylpentane	35~40
2, 3, 4-Trimethylpentane	20~30
2, 3, 3-Trimethylpentane	
Other hydrocarbons:	
Isopentane	Few % each
2, 3-Dimethylbutane	
2, 4-Dimethylpentane, 2, 3-dimethylpentane	
Dimethylhexanes	
Isononanes(including 2, 2, 5-trimethylhexane)	
Isodecanes	
Isoundecanes	

* Phillips Petroleum Company.

12. 에스테르화 반응

산과 알코올 또는 페놀류와의 축합반응으로 생성하는 것을 **에스테르**(ester)라고 한다. 초산과 에틸알코올의 축합반응으로 에스테르인 **초산에틸**(ethyl acetate)과 물이 생긴다.

$$\underset{\text{酸}}{CH_3COOH} + \underset{\text{알코올}}{C_2H_5OH} \rightleftharpoons \underset{\text{에스테르}}{CH_3COOC_2H_5} + \underset{\text{물}}{H_2O}$$

에스테르는 **유기산에스테르**와 **무기산에스테르**가 있다. 일반적으로 에스테르라고 하면 카복시산에스테르를 지칭할 때가 많다. 카복시산에스테르는 유기산인 카복시기의 –OH와 알코올의 히드록시기의 수소원자가 물로 떨어지면서 생성된다. 무기산에스테르는 무기산의 수소원자와 알코올의 –OH가 물분자로 떨어지면서 생성된다.

$$\underset{\text{有機酸}}{RCO}\,\boxed{OH + H}\,\underset{\text{알코올}}{OR'} \rightleftharpoons \underset{\text{有機物에스테르}}{RCOOR'} + H_2O$$

$$\underset{\text{無機酸}}{A}\,\boxed{H + HO}\,R \longrightarrow \underset{\text{無機酸에스테르}}{R-A} + H_2O$$

$$\underset{\text{술폰酸}}{RSO_3H} + R'OH \longrightarrow \underset{\text{술폰酸에스테르}}{R-SO_2O-R'} + H_2O$$

카복시산에스테르(초산에스테르), 술폰산에스테르(*p*-톨루엔술폰산에틸), 지방산글리세리드(환지) 등을 유기산에스테르라고 하며 황산디메틸($(CH_3)_2SO_4$), 질산에틸($C_2H_5ONO_2$), 인산에스테르, 붕산에스테르 등을 무기산에스테르라고 한다. 무기산에스테르는 유기산에스테르에 비해 성질이나 제법이 다르다. 2가 이상의 알코올로부터 생성한 에스테르 중에서 알코올의 일부 또는 전부가 에스테르화된 것을 다음과 같이 **모노, 디** 및 **트리에스테르**라고 한다.

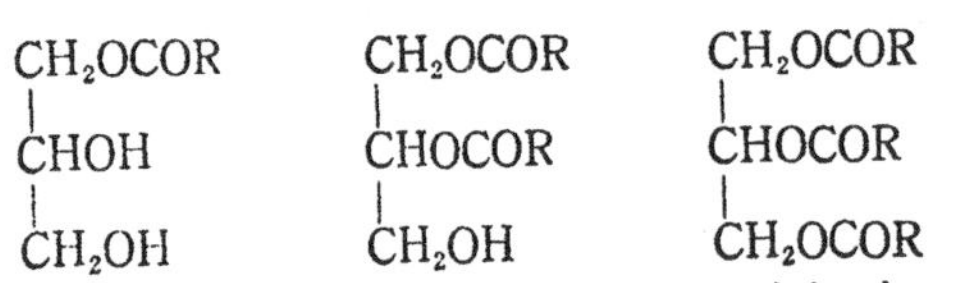

모노에스테르 (모노글리세리드)　　디에스테르 (디글리세리드)　　트리에스테르 (트리글리세리드)

2염기산 이상의 산의 에스테르에서 산의 일부만이 에스테르화된 것을 **산성에스테르**, 전부 에스테르가 된 것을 **중성에스테르**라고 한다.

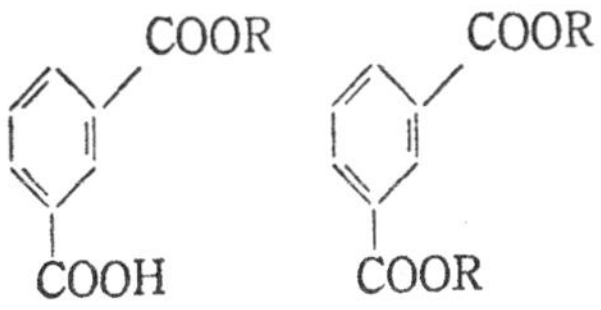

酸性에스테르　中性에스테르

$RHSO_4$ 酸性에스테르　R_2SO_4 中性에스테르

산과 알코올로부터 탈수축합반응에 의한 에스테르합성법 이외의 합성법을 보면 다음과 같다.

(a) **에스테르교환반응** : 에스테르를 다른 알코올이나 산과 반응하는 방법

$$RCOOR' + R''OH \longrightarrow RCOOR'' + R'OH \quad \text{alcoholysis}$$
$$RCOOR' + R''COOH \longrightarrow R''COOR' + RCOOH \quad \text{acidolysis}$$

(b) **산염화물, 산무수물 또는 산아미드와 알코올과의 반응**

$$RCOCl + R'OH \longrightarrow RCOOR' + HCl$$
酸鹽化物
$$(RCO)_2O + R'OH \longrightarrow RCOOR' + RCOOH$$
酸無水物
$$RCONH_2 + R'OH \longrightarrow RCOOR' + NH_3$$
酸아미드

(c) **산의 금속염과 할로겐화알킬과의 반응**

$$RCOONa + R'Br \longrightarrow RCOOR' + NaBr$$
$$RCOOAg + R'Cl \rightleftarrows RCOOR' + AgCl$$

(d) **케텐과 알코올과의 반응**

$$RCH{=}C{=}O + R'OH \longrightarrow RCH_2COOR'$$

(e) **니트릴과 알코올 및 물과의 반응**

$$RCN + R'OH + H_2O \longrightarrow RCOOR' + NH_3$$

(f) **산과 디아조메탄 또는 에틸렌옥시드와의 반응**

$$RCOOH + CH_2N_2 \longrightarrow RCOOCH_3 + N_2$$
$$RCOOH + \underset{\diagdown O \diagup}{CH_2{-}{-}CH_2} \longrightarrow RCOOCH_2CH_2OH \xrightarrow{RCOOH}$$
$$RCOOCH_2CH_2OCOR$$

(g) 알데히드 2분자의 에스테르화반응

$$2\,RCHO \xrightarrow{Al(OR)_3} RCOOCH_2R$$

(h) 알코올과 일산화탄소와의 반응

$$ROH + CO \longrightarrow HCOOR$$

에스테르화반응으로 생산하는 제품의 중요한 것들을 보면 다음과 같다.

용제로서 초산에틸·초산부틸, 가소제로 프탈산부틸(DBP)·프틸산옥틸(DOP), 폭약으로 니트로셀룰로오스·니트로글리세린, 폴리머제조용 모노머로 초산비닐·아크릴산에스테르 또는 메타크릴산메틸, 폴리머로서 섬유나 플라스틱에 사용하는 셀룰로오스아세테이트·셀룰로오스크산테이트·폴리에스테르·로진에스대르 등이 있다.

에스테르화반응은 가역반응이므로 에스테르의 생성률을 높이기 위해서 여러 가지 방법이 강구되고 있다. 알코올이나 산 중 어느 하나를 과잉으로 사용하든가 반응계에서 물 또는 에스테르를 제거하는 방법도 있다. 또 반응속도를 높이기 위해서 산촉매를 사용하기도 한다. 촉매로는 황산, 염산, 톨루엔술폰산, BF_3반응에 따라서는 효소 등도 사용한다. 반응물 이외에도 적당한 제조나 반응법을 선정함으로써 에스테르의 반응률을 높일 수 있다. 생성하는 에스테르가 저비점일 때는 반응 도중 반응장치 외부로 제거되도록 한다. 생성하는 물이 에스테르와 쉽게 분리될 때는 반응기 하부로 제거한다. 생성하는 에스테르가 비점이 높을 때는 물을 반응기 외부로 증류하여 제거한다. 에스테르화반응에서는 생성물 중의 어느 하나를 반응계 외부로 제거하는 것이 정반응률을 높일 수 있는 최선의 방법이라고 할 수 있다.

12.1 유기산 에스테르반응

에스테르화반응은 유기합성의 단위공정 중에서 중요한 반응 중의 하나이다. 에스테르화반응은 가역반응이므로 질량작용법칙에 따른다.

에스테르화반응 메카니즘에 대해서는 유기 및 물리화학자들의 많은 연구가 있다. 초산과 에틸알코올의 직접에스테르화반응은 다음과 같다.

$$CH_3\overset{O}{\overset{\|}{C}}{-}OH + C_2H_5OH \rightleftharpoons CH_3COOC_2H_5 + H_2O \qquad (1)$$

(1)의 반응에서 물이 생성하는 방법에는 두 가지가 있다. 첫째는 초산이 카복시기 중의 −OH의 수소원자와 에탄올의 −OH가 결합하는 방법과, 둘째는 초산의 −OH와 에탄올의 −OH의 수소원자가 결합하는 방법이다. 첫째방법으로 반응이 일어나는지 둘째방법으로 일어나는지는 다음 반응식 (2)를 보면 알 수 있다.

$$CH_3\overset{O}{\overset{\|}{C}}-OH + C_2H_5SH \longrightarrow CH_3COSC_2H_5 + H_2O \qquad (2)$$

(2)의 반응이 (1)의 첫째방법의 반응메카니즘으로 진행되다면 황화수소인 H_2S가 생성되 것이다. 그러나 (2)의 반응에서는 (1)의 둘째방법의 반응으로 진행되므로 초산의 −OH와 에틸메르캅탄의 수소원자가 결합하여 물이 탈리되는 방법으로 에스테르화반응이 진행된다.

에스테르는 유기산의 아실기(R—C=O—)와 알코올의 알콕시기(R—O_)로 이루어져있다는 것은 동위원소를 이용한 벤조산과 에탄올의 에스테르화반응으로도 확인된 바 있다. 벤조산과 산소의 동위원소 O^{18}을 가지고 있는 메탄올($CH_3O^{18}H$)을 반응시키면 동위원소를 함유하는 벤조산메틸(3)이 생기고 물에는 O^{18}이 존재하지 않는다.

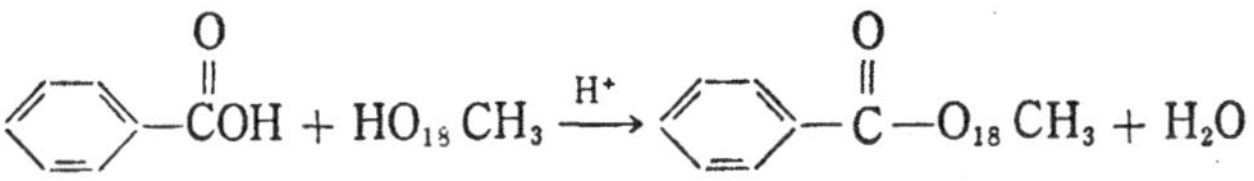
(3)

카르복시산의 에스테르화반응의 반응메카니즘을 보면 다음과 같다.

카르복시산의 전자구조는 다음과 같이 설명할 수 있을것이다. 산소원자는 탄소원자보다 전기음성도가 크므로 카복시산의 전자구조는 다음과 같아진다.

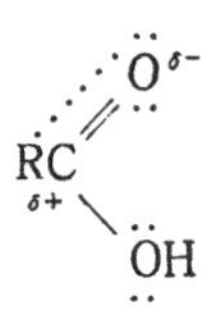

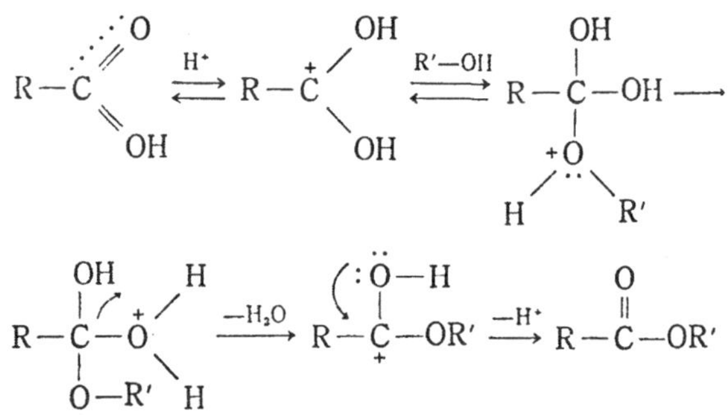
(4)

산촉매하에서 H^+은 유기산의 카복시기의 카르보닐기의 산소원자에 부가하는 카르보닐기의 탄소원자는 양성자화하여 알코올분자의 산소원자에 있는 비공유전자쌍의 친핵성공격으로 불안정한 오르토산의 모노에스테르가 생긴다. 다음에 이 오르토산에서 물, 양성자(H^+)가 차례로 떨어져서 에스테르가 생성하는 것으로 설명할 수 있다. 이 반응에서 전체적인 결과를 보면 산의 −OH를 알코올의 알콕시기 RO—로 치환하는 반응이라고 할 수 있다.

카복시산과 알코올의 반응은 가역반응으로 평형상수 K는 (5)와 같다. 한편 (4)에서 알

표 12-1 초산과 알코올의 에스테르화반응(155℃)

알 코 올	分 子 式	1시간 후의 反應率(%)	平衡點의 반응률(%)	平衡常數 (K)
1. 메틸알코올	CH_3OH	55.59	69.59	5.24
2. 에틸알코올	CH_3CH_2OH	46.95	66.57	3.96
3. 프로필알코올	$CH_3CH_2CH_2OH$	46.92	66.85	4.07
4. 부틸알코올	$CH_3CH_2CH_2CH_2OH$	46.85	67.30	4.24
5. 알릴알코올	$CH_2{=}CHCH_2OH$	35.72	59.41	2.18
6. 벤질알코올	—CH_2OH	38.64	60.75	2.39
7. 이소프로필알코올	CH_3—CHOH | CH_3	26.53	60.52	2.35
8. *sec*-부틸알코올	CH_3CH_2CHOH | CH_3	22.59	59.28	2.12
9. 1,2-디메틸프로판올	CH_3CHCHOH | | CH_3 CH_3	18.95	59.31	2.12
10. 디에틸칼비놀	$(CH_3CH_2)_2CHOH$	16.93	58.66	2.01
11. 디알릴칼비놀	$(CH_2{=}CHCH_2)_2CHOH$	10.31	50.12	1.01
12. *t*-부탄올	$(CH_3)_3COH$	1.43	6.59	0.0049
13. 디메틸프로필칼비놀	$(CH_3)_2$ \ COH C_3H_7 /	2.15	0.83	—
14. 디메틸에틸칼비놀	$(CH_3)_2C_2H_5COH$	0.81	2.53	0.00067
15. 페놀	C_6H_5OH	1.45	8.64	0.0089
16. 티몰	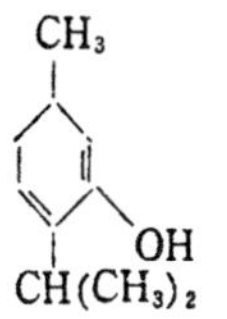	0.55	9.46	0.0192

코올이 산의 카르보닐탄소에 부가하는 반응이 속도조절단계이므로 산의 R나 알코올의 R'가 큰 원자단으로 되어 있으면 입체적 장해 때문에 에스테르화반응속도는 느려진다.

$$RCOOH + R'OH \rightleftarrows RCOOR' + H_2O$$

$$K = \frac{[RCOOR'][H_2O]}{[RCOOH][R'OH]} \qquad (5)$$

초산과 여러 가지 구조가 다른 알코올의 에스테르화반응률과 평형상수에 대한 연구결과는 표 12-1 및 12-2와 같다. 표 12-2의 데이터는 초산과 알코올을 각기 1몰 시용하여 155℃에서 1시간 반응시켰을 때와 평형점(100~200시간 후)에서의 반응률과 이것으로부터 계산한 평형상수 *K*이다. 표 12-2는 이소부틸알코올과 여러 가지 종류의 유기산을 표 12-1의 실험과 같은 조건으로 반응시켜서 얻은 결과이다. 표 12-1에서 알 수 있는 것은 1차알코올인 C_1~C_4의 알코올은 초기(1시간) 및 평형점에서의 반응률이 비슷하다는 것인데 이 중에서도 제일 간단한 메탄올이 반응률이나 평형상수가 제일 크다. 2차(표 12-1에서 7~12), 3차 알코올 및 페놀의 초기의 반응률은 작으며 1차알코올 중에서도 알

표 12-2 이소부틸알코올과 산의 에스테르화반응(155℃)

酸(acid)	分子式	1시간 후의 反應率(%)	平衡點의 반응률(%)	平衡常數 (K)
1. Formic	$HCOOH$	61.69	64.23	3.22
2. Acetic	CH_3COOH	44.36	47.38	4.27
3. Propionic	CH_3CH_2COOH	41.18	68.70	4.82
4. Butyric	$CH_3CH_2CH_2COOH$	33.25	69.52	5.20
5. Isobutyric	$(CH_3)(CH_3)>CHCOOH$	29.03	69.51	5.20
6. Methylethylacetic	$(CH_3)(C_2H_5)>CHCOOH$	21.50	73.73	7.88
7. Trimethylacetic	$(CH_3)(CH_3)(CH_3)-C-COOH$	8.28	72.65	7.06
8. Dimethylethylacetic	$(CH_3)(CH_3)(C_2H_5)-CCOOH$	3.45	74.15	8.23
9. Phenylacetic	$C_6H_5-CH_2COOH$	48.82	73.87	7.99
10. Phenylpropionic	$C_6H_5-CH_2CH_2COOH$	40.26	72.02	7.60
11. Cinnamic	$C_6H_5-CH=CHCOOH$	11.55	74.61	8.63
12. Benzoic	C_6H_5-COOH	8.62	72.57	7.00
13. *p*-toluic	$CH_3C_6H_4-COOH$	6.64	76.52	10.52

릴알코올과 벤질알코올은 *α*-위치에 2중결합과 페닐기의 영향으로 에스테르화 반응은 점차 어려워짐을 알 수 있다. 3차알코올은 초기와 100시간 후의 반응률이 별차이가 없다. 2차나 3차알코올의 에스테르화율이 작은 것은 알코올이 산의 카복시기의 탄소에 부가할 때 입체효과의 영향을 받기 때문이라고 생각된다.

표 12-2의 결과도 표 12-1과 비슷하다. 포름산은 다른 직쇄상의 유기산보다 반응속도가 빠르다. 직쇄산에서 탄소수가 증가하면 반응률과 평형상수는 감소한다. 디메틸아세트산, 메틸에틸아세트산, 트리메틸아세트산 등 분기상의 유기산은 산의 해리도가 작아서 반응속도가 아주 느리다. 그리고 입체효과의 영향도 무시할 수 없을 것이다. 페닐프로피온산과 신남산을 비교하면 신남산($C_6H_5CH=CH_2COOH$)은 *α*-탄소의 2중결합과 벤젠고리의 2중결합이 짝지은 상태로 되어 있으므로 반응률이 훨씬 낮음을 알 수 있다. 그러나 장시간 반응했을 때는 반응률이 커진다. 2,6-이치환벤조산은 상압에서는 알코올과의 반응은 상당히 느리다. 벤조산의 1치환체에서도 치환기의 탄소수가 증가하면 점점 에스테르화율은 감소한다. 입체효과가 커서 반응이 아주 느리거나 거의 반응하지 않는 산을 진한 황산에 용해한 다음 이 용액을 알코올에 넣으면 에스테르화반응이 빨리 일어난다. 이 반응메카니즘은 탈수된 다음 생성한 카르보늄이온과 알코올이 반응하는 것으로 간주된다.

$$R-\overset{\overset{\displaystyle O}{\|}}{C}-OH + HA \rightleftharpoons [R \cdot C = O]^+ + H_2O + A^-$$

$$[RC = O]^+ + R'OH + A^- \longrightarrow RCOOR'$$

12.2 에스테르반응의 촉진

반응률을 증가시키기 위해서는 산이나 알코올 중 하나를 과잉으로 사용하든가 반응계에 생성하는 물이나 에스테르를 반응중에 제거하는 것이 좋다. 이 외에도 촉매를 사용하면 반응속도를 증가시킬 수 있다.

12.2.1 에스테르화반응의 완결

일반적으로 산이 강산이면 반응률은 증가한다. 강산과 알코올을 촉매없이 가열만으로 에스테르를 만들 수 있다. 그러나 에스테르화반응은 가역반응이므로 반응률을 높이기 위해서는 생성하는 물을 제거해야 한다. 산과 알코올이 비휘발성인 때는 반응물을 200℃ 또는 그 이상의 온도로 가열하여 물을 제거한다. 이때 산소반응을 방지하기 위하여 불활성기체를 넣어주든가 감압하에서 물을 제거해야 한다. 글리세린이나 글리콜, 펜타에리스리톨 등 다가알코올의 에스테르화는 과잉의 산으로 에스테르화하고 감압증류나 불활성가스기류 중에서 고온증류하여 물을 제거한다. 산과 알코올 중에서 어느 하나 또는 둘다 휘발성인 때는 생성하는 물을 공비혼합물로 제거한다. 일반적으로 공비혼합물은 100℃ 이하에서 증류되며 응축한 후는 두 층으로 분리된다. 벤젠, 톨루엔, 클로로포름, 디클로로에틸렌 및 사염화탄소와 같은 불활성인 용매를 공비증류에 사용한다. 생성한 물이 에스테르에는 녹지 않고 공비혼합물로 첨가한 용매에만 녹을 때는 반응장치에 유출물을 분리할 수 있는 수기를 장치하여 비수용액층인 에스테르는 증류할 때 자동적으로 반응기에 들어가고 공비혼합물로 첨가한 용매와 물의 혼합물은 수기의 저부로부터 빼어내면 된다. 에스테르와 알코올이 둘다 휘발성이고 또 물과 공비혼합물을 만들 때는 증류장치를 병용해야 한다.

초산과 에탄올의 연속에스테르화반응에 대하여 설명하면 다음과 같다.

초산과 에탄올의 혼합물에 소량의 황산촉매를 가하고 반응물인 에스테르가 유출할 때까지 가열한다. 에스테르가 증류되어 유출하면 다시 산과 알코올을 추가하여 일정량이 되도록 한다. 유출액은 초산에틸 83.2%, 알코올 9.0%, 물 7.8%의 3성분공비혼합물이다. 이 혼합물의 비점은 70.3℃이고 순수한 초산에틸의 비점은 77.15℃이다. 이외에 2성분혼합물도 생기는데 첫째는 초산에틸 69.4%, 에탄올 30.6%로 공비점은 71.8℃이다. 둘째는 초산에틸 91.4%, 물 8.6%로 공비점은 70.4℃이다. 세 가지 공비혼합물 중에서 3성분공비혼합물의 비점이 제일 낮다. 그러므로 증류시에 제일 먼저 유출되는 것이 3성분혼합물이다. 다음에 유출되는 것이 에스테르와 물(70.45℃), 그 다음이 에스테르와 알코올(71.

8℃)의 혼합물이 유출된다. 맨 나중에 유출되는 것이 순수한 초산에틸이다(77.15℃). 그러므로 증류조건을 잘 선정하면 초산을 완전히 에스테르로 전화시킬 수 있으며 거의 순수한 초산에스테르를 얻을 수 있다. 결국 초산에틸을 제조하는 데는 증류과정이 중요하다. 원료의 첨가와 증류속도의 조절로 에스테르화반응을 연속적으로 할 수 있다. 다른 휘발성에스테르제조에서도 초산에스테르처럼 3성분공비혼합물은 에스테르와 물의 2성분혼합물보다 약간 낮은 온도에서 증류된다. 또 알코올의 분자량이 커질수록 3성분공비혼합물 중의 물의 함량이 증가되며 에스테르의 함량은 반대로 감소한다.

12.2.2 에스테르반응과 촉매

일반적인 반응에서 반응속도는 온도가 10℃ 상승함에 따라 2배가 된다. 그러므로 반응속도를 증가시키기 위해서는 반응온도를 높이는 것이 좋다. 그러나 온도상승만으로 효과를 얻기 힘들 때는 촉매를 사용한다. 글리세린이나 스테아린산과 같이 비점이 높은 화합물을 에스테르화할 때는 온도만 올려서는 반응이 진행되지 않는다. 에스테르화반응에 사용하는 촉매로는 황산이나 염산 등 강산을 사용하면 효과가 있다. 이때 촉매첨가로 반응의 평형점은 변화하지 않지만 반응속도는 증가한다. 유기산이 강산일 때는 자기촉매반응작용을 한다. 이 반응에서는 압력을 가하고 반응온도를 높이면 반응속도를 증가시킬 수 있다.

황산이나 염산은 값이 싸므로 실험실에서나 공업적으로도 많이 사용되는데 이 중에서도 황산은 금속에 대한 부식성이 적으므로 유용하지만 사용량이 많아지고 온도가 높아지면 알코올의 탈수반응으로 올레핀이 생성된다. 황산이나 염산 이외에 촉매로 많이 사용하는 것을 보면 다음과 같다. *p*-톨루엔술폰산, 유기술폰산의 Ca, Mg, Mn, 및 Cu의 염이 저급알코올과 초산의 에스테르화반응에 사용된다. 고온에스테르화반응에는 MgO, PbO, $ZnCl_2$, $SnCl_4$ 등을 사용한다. 과염소산, 붕산, 인산도 촉매효과가 있다. 인산의 촉매효과는 적지만 반응물의 분해작용이 약하므로 열이나 촉매에 불안정한 반응물제조에 사용한다. 폴리인산도 페놀이나 카복시산의 에스테르화촉매에 사용한다. 알루미늄, 코발트, 연, 마그네슘 및 아연 등과 고급지방산으로 만든 금속비누도 촉매로 사용된다. 황산제2철은 DBP나 DOP합성용 촉매로 사용된다.

12.3 카복시산 유도체의 에스테르화반응

12.3.1 에스테르 교환반응

에스테르와 알코올, 에스테르와 산, 에스테르간의 반응으로 새로운 에스테르를 만드는 반응을 **에스테르 교환반응**(transesterification)이라고 한다. 에스테르와 알코올과의 반응을 alcoholysis, 에스테르와 산과의 반응을 acidolysis, 에스테르와 에스테르의 반응을 **에스테르 상호교환반응**이라고 한다.

$$RCOOR' + R''OH \longrightarrow RCOOR'' + R'OH \quad \text{alcoholysis}$$
$$RCOOR' + R''COOH \longrightarrow R''COOR' + RCOOH \quad \text{acidolysis}$$
$$RCOOR' + R''COOR''' \longrightarrow RCOOR''' + R''COOR' \quad \text{에스테르相互交換反應}$$

공업적으로는 폴리에스테르제조에서 원료인 테레프탈산의 β-옥시에틸($HOCH_2CH_2O-\overset{O}{\overset{\|}{C}}-C_6H_4-\overset{O}{\overset{\|}{C}}-OCH_2CH_2OH$)을 만들 때 사용한다. 테레프탈산디메틸을 과잉의 에틸렌글리콜과 함께 가열하여 만든다. 이것을 축합반응으로 탈에틸렌글리콜화하면 **폴리에스테르**가 생성된다. 또 글리세리드혼합물을 촉매 존재하에 가열하면 에스테르교환이 되어 지방산의 건조성을 향상시키는 데 이용할 수 있다. 지방산과 불포화지방산을 함유하는 글리세리드를 혼합하여 포화지방산의 글리세리드의 융점보다 약간 낮은 온도에서 가열하여 반응시키면 에스테르교환반응이 일어나서 용해하기 힘든 포화지방산의 글리세리드는 석출되므로 포화성인 것과 불포화성인 글리세리드를 분리할 수 있다.

알코올리시스의 열역학

알코올리시스의 평형식은 다음과 같다.

$$RCOOR' + R''OH \longrightarrow RCOOR'' + R'OH$$
$$k = \frac{[RCOOR''][R'OH]}{[RCOOR'][R''OH]}$$

RCOOH와 R''OH, R'OH의 에스테르화 평형상수를 k_1, k_2라고 하면 알코올리시스 평형상수 k는 k_1과 k_2로부터 계산할 수 있다.

$$k_1[RCOOH][R''OH] = [RCOOR''][H_2O]$$
$$k_2[RCOOH][R'OH] = [RCOOR'][H_2O]$$
$$k = \frac{[RCOOR''][R'OH]}{[RCOOR'][R''OH]} = \frac{k_1}{k_2}$$

이와 같이 에스테르의 알코올리시스반응에서 평형상수는 산과 알코올의 에스테르화 평형상수를 알면 쉽게 구할 수 있다. 산과 알코올의 에스테르화반응의 평형상수는 1차, 2차 및 3차알코올의 순서로 감소하므로 알코올리시스반응으로 3차알코올의 에스테르를 1차알코올의 에스테르로 교환반응을 할 수 없다. 2차알코올은 1차알코올로 소량만 치환된다. 실온에서 무촉매인 때는 평형에 도달하는 데 시간이 많이 걸린다. 보통의 에스테르화반응에서 촉매로 사용하는 강산은 알코올리시스에서 반응촉매로 사용할 수 있다. 그러나 알코올리시스에서 많이 사용하는 촉매는 나트륨알콕시드이다. 이것은 무수인 상태에서 사용하지 않으면 물로 가수분해되어 생긴 수산화나트륨과 반응하여 에스테르는 가수분해된다. 금속나트륨을 알코올에 녹여 반응물에 가하는데 실온에서도 반응속도는 빠르다. 나트륨에톡시드는 당량의 산촉매보다 1,000배나 강한 활성을 가지고 있다.

알콕시기가 알코올리시스 반응속도를 촉진하는 것은 알콕시기의 산소가 염기에 의하여, 카복시기의 카르보닐기의 탄소에 쉽게 부가되기 때문이다.

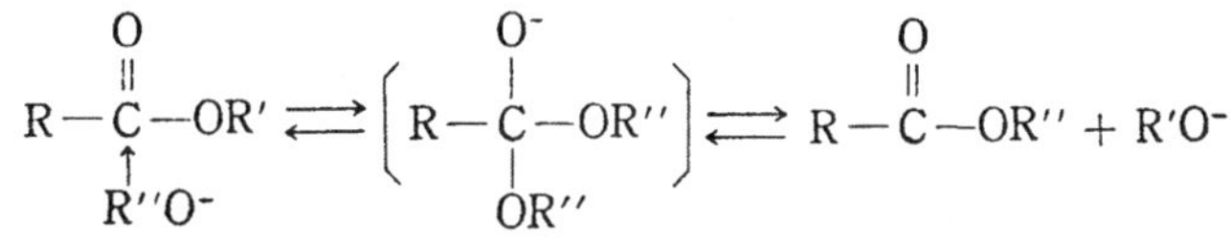

$$R'O^- + R''OH \rightleftharpoons R''O^- + R'OH$$

아시돌리시스는 앞에서 말한 바와 같이 에스테르와 산의 교환반응으로 알코올리시스와 비슷하게 평형반응을 한다. 알코올리시스에서 사용하는 강한 알칼리촉매는 사용할 수 없고 비교적 반응성이 약한 산촉매를 사용하든가 촉매없이 가열만으로 반응시킨다. BF_3, 수은염 등도촉매로 사용한다. 반응을 완결하려면 교환된 산을 제거하면 된다. 알코올리시스도 이와 마찬가지로 일반에스테르화반응의 완결법과 같이 반응생성물 중의 하나를 효과적으로 제거해야 반응율을 높일 수 있다. 휘발성인 산은 단독으로 또는 공비혼합물로 제거한다.

12.3.2 산무수물의 에스테르화반응

산무수물과 알코올에 의한 에스테르화반응에서는 원료인 반응물이 서로 반응하여 다시 원료인 출발물질을 만들지 못하므로 반응이 완결되기 쉽다. 그리고 산무수물을 사용하면 이 무수물에 해당하는 산을 사용했을 때보다 반응속도가 빠르다.

$$(CH_3CO)_2O + C_2H_5OH \longrightarrow CH_3COOC_2H_5 + CH_3COOH$$
$$(CH_3CO)_2O + (CH_3)_3COH \longrightarrow CH_3COOC(CH_3)_3 + CH_3COOH$$
$$(CH_3CO)_2O + C_6H_5ONa \longrightarrow CH_3COOC_6H_5 + CH_3COONa$$

초산무수물과 알코올의 에스테르화 상대반응속도는 초산과 알코올의 상대반응속도와 비슷한 값을 가진다. 초산무수물과 여러 가지 알코올의 상대반응율을 표 12-3에 나타낸다.

1차나 2차알코올은 앞에서 언급한 방법으로 에스테르를 산과 반응하여 만들 수 있으나 3차알코올의 일부와 메르캅탄, 페놀 등은 초산무수물을 사용하는 것이 좋다. 또 소량의 값비싼 알코올을 에스테르화 시킬 때도 초산무수물을 사용하는 경우가 많은데 이것은 초산무수물의 값이 초산보다 비싸지만 에스테르화 속도가 빠르고 완전하게 반응시킬 수 있다는 장점 때문이다.

촉매는 H_2SO_4, $ZnCl_2$, PCl_5, $FeCl_3$, CH_3COONa 등을 사용한다. 셀룰로우스의 에스테르화는 초산무수물과 초산을 황산촉매하에 반응시켜 만든다. 페놀류는 10% 알칼리에 용해시켜 초산무수물과 반응시키든가 페놀과 초산무수물의 혼합물에 황산을 소량 촉매로 가하여 반응시킨다.

표 11-3 초산무수물과 알코올의 반응률

알 코 올	反應率〔min⁻¹〕	相對反應率〔CH_3OH = 100〕〔%〕
methyl alcohol	0.1053	100
ethyl	0.0505	47.9
propyl	0.0480	45.6
n-heptyl	0.0393	37.3
n-octadecyl	0.0245	23.2
allyl	0.0287	27.2
benzyl	0.0280	26.6
isopropyl	0.0148	14.1
t-butyl	0.00091	0.8

프탈산무수물을 알코올과 가열하면 프탈산알킬이 된다.

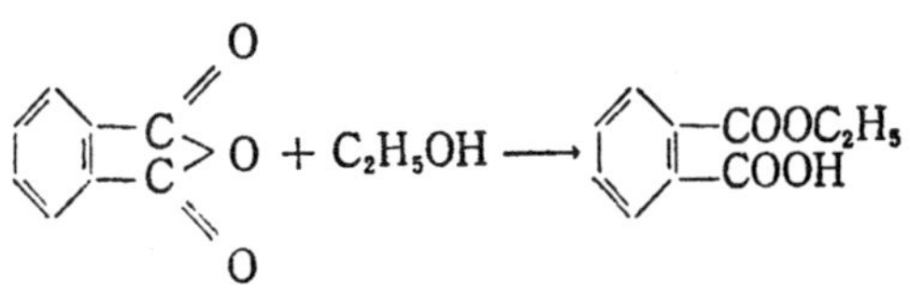

반응속도는 알코올의 종류에 따라 좌우된다. 1차알코올은 쉽게 반응하지만 2차알코올은 130~140℃로 몇 시간 가열해야 한다. 3차알코올은 반응하지 않고 탈수반응만 일어난다. 상기 반응식에서 두 번째 카복시기의 에스테르화는 보통의 카복시산의 에스테르화반응과 같은 조건이 필요하다. 반응온도를 높이든가 촉매를 사용해야 한다.

12.3.3 산염화물의 에스테르화반응

산염화물은 반응성이 커서 산무수물때처럼 알코올과 쉽게 반응하여 에스테르를 만든다. 또 이때 부생성물인 무기물은 침전하거나 기체로 제거되므로 정반응이 유리해진다. 이 반응은 실험실적인 방법으로 많이 사용한다. 그런데 발생하는 HCl가스가 반응물과 반응하든가 장치를 부식하므로 주의가 필요하다.

방향족산염화물은 지방족염화물보다 반응성이 느리다. 염화벤조일(C_6H_5COCl)을 과잉의 에탄올과 0℃에서 반응시키면 반응이 완결되는데 약 4시간이 걸리지만 염화아세틸(CH_3COCl)은 순간적으로 에탄올과 반응한다. 염화물의 에스테르화반응에서는 Schotten-Baumann법(C)이 제일 좋다. 즉, 알코올이나 페놀을 10~25% NaOH수용액에 녹이고 강하게 교반하면서 산염화물을 서서히 가하면 에스테르가 무기화합물의 중화반응때처럼 순간적으로 생성된다. 이때의 반응온도는 0℃ 또는 이 온도보다 낮게 유지해야 한다.

염화알루미늄은 페놀과 산염화물의 반응에 촉매로 사용하며 마그네슘은 페놀과 3차알코올의 반응에 사용되기도 한다.

$$C_2H_5OH + ClCOCl \longrightarrow C_2H_5OCOCl + HCl \qquad (a)$$

포스겐

$$C_2H_5OH + C_2H_5OCOCl \longrightarrow (C_2H_5O)_2CO + HCl \qquad (b)$$

$$C_6H_5ONa + CH_3COCl \longrightarrow C_6H_5OCOCH_3 + NaCl \qquad (c)$$

에스테르化반응

12.3.4 아미드의 에스테르화반응

$$CH_3CONH_2 + C_2H_5OH \rightleftarrows CH_3COOC_2H_5 + NH_3$$

이 반응은 가역반응이다. 정반응보다는 역반응이 더 잘 일어나므로 에스테르에 암모니아를 가하면 아미드가 정량적으로 생성된다. 그러나 황산이나 염산을 과잉 가하면 정반응이 우선하여 일어나므로 에스테르가 많이 생긴다. 고급알코올을 사용할 때는 가열하여 암모니아를 반응계 외로 제거하여 정반응속도를 크게 할 수 있다. 이 반응은 흡열반응이므로 가열을 하는 것이 반응속도를 높이는 데 유리하다.

12.3.5 니트릴의 에스테르화 반응

$$CH_3CN + H_2O + C_2H_5OH \longrightarrow CH_3COOC_2H_5 + NH_3$$

$$CH_3CHO + HCN \longrightarrow CH_3CH(OH)CN$$

$$CH_3CH(OH)CN \xrightarrow{-H_2O} CH_2 = CHCN$$

$$CH_2 = CHCN + CH_3OH \xrightarrow{H_2O} CH_2 = CH(COOCH_3) + NH_3$$

니트릴에 대응되는 산의 에스테르를 만들 때는 니트릴을 가수분해한 다음 생성한 산을 알코올로 에스테르화하는 일반적인 방법을 사용하면 된다.

HCN을 알데히드와 반응하여 히드록시니트릴을 만든 다음 이것을 탈수시키면 쉽게 반응하여 아크릴로니트릴이 된다. 이것을 알코올과 함께 반응시키면 아크릴산에스테르가 된다.

$$CH_3CN + C_2H_5OH + HCl \longrightarrow CH_3C(=NH\cdot HCl)OC_2H_5$$

$$CH_3C(=NH\cdot HCl)OC_2H_5 + H_2O \longrightarrow CH_3\overset{O}{\overset{\|}{C}}-OC_2H_5 + NH_4Cl$$

니트릴을 적당한 알코올에 녹이고 염화수소가스를 포화시켜 아미노에스테르 염산염을 만든 다음 이것을 가수분해하면 된다.

12.3.6 금속염과 할로겐화알킬의 반응

산의 금속염가 할로겐화알킬을 가열하면 에스테르가 쉽게 생성된다.

$$CH_3COONa + C_2H_5Br \longrightarrow CH_3COOC_2H_5 + NaBr$$
$$CH_3COONa + C_6H_5CH_2Cl \longrightarrow CH_3COOCH_2C_6H_5 + NaCl$$

이 반응은 산을 확인하기 위한 실험으로 자주 쓰인다. 산을 확인하기 위해서는 결정에스테르를 형성하기 쉬운 할로겐화알킬을 사용한다. 산의 염으로는 은염을 사용하는 것이 반응용매를 사용하지 않고 생성된 에스테르는 정제가 필요하지 않기 때문에 좋다. 공업적으로는 알코올보다 할로겐화알킬의 값이 염가인 때 또는 직접법으로 에스테르를 만들기 힘들 때 사용한다.

12.4 불포화화합물의 부가에 의한 에스테르화

12.4.1 올레핀의 산부가반응

황산촉매하에 유기산을 올레핀에 부가시키면 중간생성물인 카르보늄이온을 거쳐 에스테르가 생성된다.

$$RCH = CH_2 + H_2SO_4 \rightleftarrows RC^+HCH_3$$

$$RC^+HCH_3 + RCOOH \rightleftarrows \underset{HO^+-\underset{\underset{O}{\|}}{C}-R}{RCHCH_3} \xrightarrow{-H^+} \underset{OOCR}{RCHCH_3}$$

부가반응은 Markownikoff법칙에 따른다. 이소부틸렌이나 트리메틸렌의 이중결합에 카복시산이 부가하면 3차에스테르가 생성한다. 에틸렌보다는 고급올레핀에 부가되기 쉽다. 황산을 사용하면 중합반응이 일어나므로 술폰산, 트리에틸아민, 플루오르화수소, 염화제일구리 등을 촉매로 사용한다. 반응은 실온이나 고온에서 시키며 압력을 가하면 반응은 촉진된다.

12.4.2 아세틸렌의 산부가반응

아세틸렌과 초산을 반응시키면 **비닐에스테르** 또는 **에틸리덴글리콜**이 된다.

$$CH \equiv CH + CH_3COOH \xrightarrow{Hg(OOCCH_3)_2} CH_3COOCH = CH_2$$
$$CH \equiv CH + 2\,CH_3COOH \xrightarrow{Hg(OOCCH_3)_2} CH_3CH(OCOCH_3)_2$$

Vinylacetate(비닐에스테르)는 폴리머의 원료로, 초산에틸리덴은 무수초산제조용 중간체로 공업적으로 중요하다. 이들 두 반응은 원료물질이 같은데 생성물이 다르다. 반응조건을 잘 선정하면 어느 한 가지의 생성물을 다량으로 만들 수 있다. 촉매로는 일황, 메탄술폰산, 메탄 디 및 트리술폰산, 인산3플루오르화붕소, 초산아연 등이 사용된다.

12.4.3 케텐의 에스테르화반응

$$CH_2 = CO + C_2H_5OH \longrightarrow CH_3COOC_2H_5$$

반응성이 커서 수율은 100%에 가깝다. 산무수물과 비슷하게 유용한 아세틸화시약 중의 하나이다. 살리신산과 케텐, 또는 케텐과 아세탈 및 오르토에스테르 등과 반응하여 에스테르를 만들 수 있다. 촉매는 BF_3나 H_2SO_4가 좋다.

12.4.4 Xanthate

CS_2와 나트륨에톡시드를 반응시키면 **Sodium xanthate**가 된다.

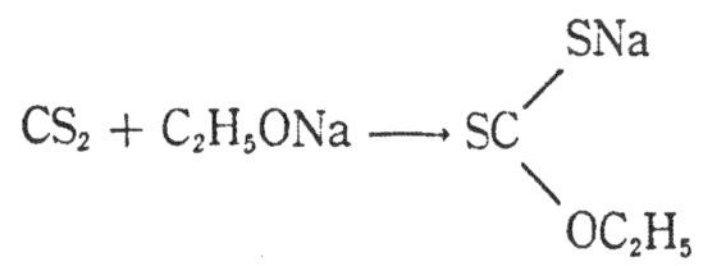

Sodium cellulose xanthate는 Viscose rayon이나 셀로판제조의 중간체로 사용된다.

12.4.5 에틸렌옥시드에 의한 에스테르화 반응

에틸렌옥시드는 물, 알코올, 초산 등과 반응하여 각각 **글리콜**, **글리콜에테르** 및 **초산글리콜** 등을 만든다.

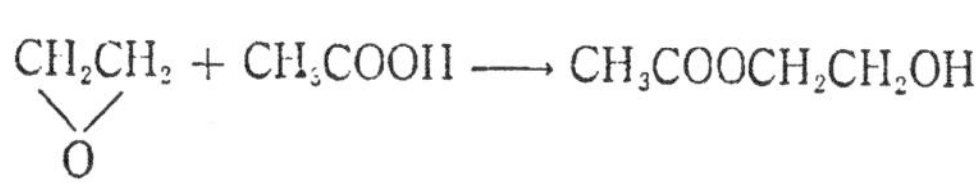

$$CH_3COOH + CH_3COOCH_2CH_2OH \longrightarrow CH_3COOCH_2CH_2OCOCH_3$$

유기산에 황산을 촉매로 가하고 에틸렌옥시드기체를 통과하면 된다. 생성한 모노에스테르의 말단의 –OH는 다시 산과 반응하여 에스테르가 된다.

12.4.6 일산화탄소에 의한 에스테르화반응

고온, 고압하에서 금속알콕시드촉매를 사용하여 일산화탄소와 알코올을 반응시키면 **포름산에스테르**가 된다.

$$CH_3OH + CO \xrightarrow{RONa} HCOOCH_3$$

BF_3나 산촉매 존재하에 고온, 고압에서 메탄올과 일산화탄소를 반응시키면 에스테르가 생성된다.

$$CH_3OH + CO \longrightarrow CH_3COOH$$
$$CH_3COOH + CH_3OH \longrightarrow CH_3COOCH_3 + H_2O$$

에테르와 CO가 반응해도 에스테르가 된다.

$$CH_3OCH_3 + CO \longrightarrow CH_3COOCH_3$$

올레핀에 알코올과 일산화탄소를 반응시키면 에스테르가 된다.

12.5 무기산의 에스테르

무기산에스테르 중에서 중요한 것에는 질산, 황산, 인산 및 규산에스테르 등이 있다. 글리세린 및 셀룰로오스의 질산에스테르는 합성화학제품으로는 가장 오랜 것 중의 하나이다.

$$C_2H_5OH + HNO_3 \longrightarrow C_2H_5ONO_2 + H_2O$$
$$\underset{\text{Glycerin}}{C_3H_5(OH)_3} + 3\,HNO_3 \longrightarrow \underset{\text{Gryceryl trinitrate}}{C_3H_5(ONO_2)_3} + 3\,H_2O$$
$$\underset{\text{Cellulose}}{C_6H_7O_2(OH)_3} + 3\,HNO_3 \longrightarrow \underset{\text{Trinitro cellulose}}{C_6H_7O_2(ONO_2)_3} + 3\,H_2O$$

12.5.1 질산에스테르

니트로화반응은 균질계나 불균질계에서 한다. 질산과 황산의 혼산으로 니트로화하기도 한다. 셀룰로오스의 니트로화합물은 함유하는 질소의 함량에 따라 구분한다. 또 이 제품의 가격은 균질도에 따라 평가되므로 니트로화를 균일하게 해야한다. 그렇게 하기 위해서는 반응조건을 정확히 조절해야 한다.

12.5.2 황산에스테르

황산이나 클로로술폰산을 알코올과 반응시키면 **황산에스테르**가 생성한다.

$$C_2H_5OH + HO \cdot SO_2 \cdot OH \rightleftarrows C_2H_5O \cdot SO_2OH + H_2O$$
$$C_2H_5OH + Cl \cdot SO_2 \cdot OH \longrightarrow C_2H_5O \cdot SO_2OH + H_2O$$
$$C_{12}H_{25}OH + H_2SO_4 \longrightarrow C_{12}H_{25}OSO_3H + H_2O$$

고급알코올의 황산에스테르는 세제나 습윤제로 사용한다.

올레핀에 황산을 부가한 다음 가수분해하여 알코올을 만든다. 이때 황산의 부가반응에서는 산의 세기와 올레핀의 종류에 따라 반응속도가 달라진다. 온도가 높아지면 중합반응, 이성화반응, 또는 탄화 등이 일어나므로 보통 0~4℃에서 반응시킨다.

12.6 에스테르화 장치

에스테르화 장치를 크게 나누면 세 가지가 있다.

a) 생성에스테르의 비점이 낮고, 생성하는 에스테르와 물을 분별증류로 분리하는 방법, 예를 들면 초산메틸, 초산에틸제조용 장치

b) 생성에스테르의 비점이 높고 비교적 많은 양의 물을 함유하고 있으며 응축하면 2층으로 분리되어 밑에있는 물은 데칸데이션으로 분리한다. 예를 들면 초산에틸, 초산아밀제조용장치

c) 에스테르의 휘발성이 낮아서 생성하는 에스테르는 증류기내에서 축적되고 반응열만으로 물은 증류되어 제거된다. 프탈산부틸제조용 장치

a)형태의 장치에서는 배치식과 연속식을 둘다 사용할 수 있다. 유공플레이트형, 종형 또는 충전형의 효율좋은 증류탑이어야 한다. 장치재료는 보통 스테인리스 스틸을 사용한다. 높은 온도에서 유기산이나 촉매인 황산 등에 부식되지 않는 재료가 필요하다. 반응온도가 높고 반응시간이 길며 무촉매이거나 촉매량이 적을 때는 저급스테인리스 스틸이나 철크롬합금 또는 니켈크롬합금을 사용해야 한다. 황산이나 질산 등과 같이 약한 산화성용액을 고온도, 고농도에서 반응시킬 때는 크롬함유량이 높은 합금이나 몰리브덴합금의 철재를 사용해야 한다.

12.6.1 저비점에스테르와 물의 분리

초산에틸합성용 배치장치를 그림 12-1에 나타낸다. 초산과 알코올은 1:1비로 한다. 처음에는 반응기용량의 4/5정도까지 원료를 넣는다. 황산촉매를 따로 반응기에 넣든가 초산과 섞어서 넣는다. 반응물을 가열하여 끓이면서 배출밸브 *A*를 잠그고 한동안 전 유출물을 환류시킨다. 응축기가 과열되지 않도록 증류탑의 압력이 정상상태를 유지하도록 수증기를 공급한다. 약 1시간 후, 증류탑 꼭대기의 온도계가 70℃를 나타낼 때 밸브 *A*를 열어 초산에틸을 빨리 유출시키고 온도계의 눈금이 일정온도를 나타내도록 한다. 에스테르가 유출되어 반응기내의 반응물이 감소했을 때는 다시 산과 알코올을 weir box를 통하여 보충하여 반응기내의 내용물이 처음과 같이 일정량이 되도록 한다. 유출물은 초산에틸 82.6%, 에틸알코올 8.4%, 물 9% 조성으로 된 3성분공비혼합물이다. 일반적으로는 유출물은 약간 과잉의 알코올이 존재하므로 2층으로 분리하지 않는 것이 보통이다. 그리고 약간의 유기산을 함유하고 있다. 3성분공비혼합물의 정확한 비점은 70.03℃이다. 제조조건에 따라서는 ±1℃정도의 차이가 있다. 유출되는 물의 양은 이론량보다 적다. 사용하는 식초산에는 물이 20부, 알코올이 4부정도 함유되어 있으므로 반응기내에 물이 많이 축적하게 된다. 그러므로 반응속도는 늦어지고 환류비는 커진다. 물이 쉽게 축적되므로 반응기내의 잔류물을 새 원료로 갈아넣는 것이 좋다. 다음 반응식에서 보는 바와 같이 반응에서 생성하는 물의 양은 무시할 수 없을 정도로 많다. 그래서 반응을 촉진하기 위해서는 과잉의 알코올만을 넣고 산은 공급하지 않는다.

$$\begin{array}{ccccccc} \text{식초산} & + & \text{알코올} & = & \text{에스테르} & + & \text{물} \\ 70 & & 46 & & 88 & & 18 \end{array}$$

산과 알코올이 에스테르화반응으로 거의 소비되었을 때는 잔류로 남아 있는 물을 버리고새로이 원료를 반응기에 넣는다. 에스테르유출물은 탄산나트륨이나 석회로 중화하고 수세하여 과잉의 알코올을 제거한다. 약 4%의 물을 함유하는 에스테르는 증류탑에서 재증류한다. 대부분의 물은 초유분에 포함되어 있으므로 재분리를 하거나 재수세를 한다. 재수세액을 에스테르와 알코올을 회수하기 위해 별도로 재증류한다. 그림 12-2는 초산에틸제조

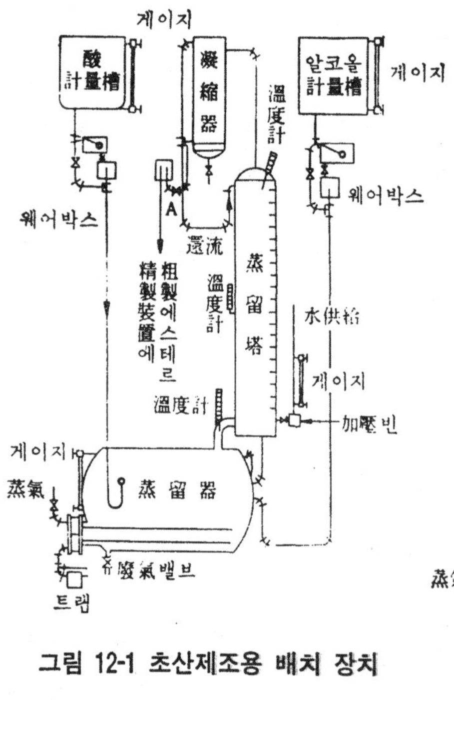

그림 12-1 초산제조용 배치 장치

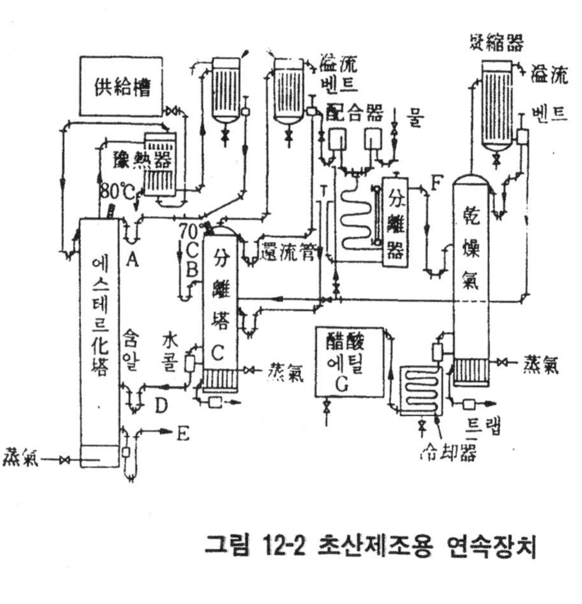

그림 12-2 초산제조용 연속장치

용 연속장치 그림이다. 이 장치는 희박한 초산을 이용하는데 적합하다는 장점이 있다. 이 장치에서는 산성을 나타내는 물을 산과 알코올을 경제적으로 유효성분을 거의 전부 사용했을 때는 희박한 수용액층은 연속적으로 장치 밖으로 제거할 수 있도록 되어 있다.

반응기의 조작은 다음과 같다. 처음에 정확하게 배합된 원료는 공급조로부터 예열기를 거쳐 에스테르화탑에 들어간다. 에스테르 20%, 물 10% 및 알코올 70%의 혼합물이 탑항에서 유출되어 응축기에 들어간다. 응축물의 일부는 탑항에 환류되고 나머지는 배분기로 간다. 여기서 거의 동량의 물과 섞어져서 2층으로 분리된다. 이것을 분리기에 옮겨 정치하면 물은 역류하여 분리탑의 하부로 흘러서 탑저부에는 알코올과 물층의 혼합물이 축적되고 이것이 *D*관을 통하여 에스테르화기에 들어간다. 여기서 알코올의 일부는 에스테르화원료로 사용되고 나머지는 휘발되어 외부로 유출된다. 폐수는 *E*를 통하여 외부로 배출된다. 수세된 에스테르는 소량의 물과 알코올을 함유하고 있는데 분리탑으로부터 *F*를 통하여 건조탑으로 가다. 여기서 소량의 물, 알코올을 함유한 에스테르는 분리탑, 배분기 또는 분리기로 간다. 건조탑에 축적된 에스테르는 냉각기를 통하여 에스테르 탱크로 간다. 이렇게 합성한 에스테르는 알코올이나 산을 거의 함유하고 있지 않으나 동염이나 원료인 초산 중에 포함되어 있는 불순물인 유기산이 포함되어 있으므로 제품으로 출하하기 전에 재증류를 해야한다. 배치식과 연속식의 에스테르화방법은 거의 비슷하지만 배치식에서는 에스테르화원료가 반응탑에 채워져 있을 때는 수세물의 재증류를 증류할 수 없으므로 따로 증류탑을 부설해야 한다.

12.6.2 초산부틸, 초산아밀 등의 에스테르 제조

앞에서 말한 저비점에스테르제조장치와 이 반응장치간의 틀린 점은 이 장치의 에스테르탑이나 증류탑에서 유출하는 에스테르에는 물이 더 많이 함유되어 있다는 것이다. 그러므로 물의 유출량은 반응으로 생성하는 물과 원료에 함유되어 반응기에 들어가는 물을 합한 양보다 많아지기 때문에 증류탑의 반응물은 건조성이 있다고 한다. 이것은 에스테르와 물이 혼합되지 않기 때문이다. 그러므로 에틸아세테이트 제조때처럼 반응기에서 축적된 물을 제거할 필요가 없다. 12-1절과 같은 배치식 반응장치로 연속작업을 할 수 있다는 장점이 있다. 반응기에서 반응한 물질은 분리기에 가서 유층부는 분리되어 증류탑으로 환류되는데 이 환류액은 물의 함량에 따라 분리기를 거치지 않고 응축기에서 직접 꺼내기도 한다. 보통 이렇게 만든 에스테르에는 소량의 물과 10~15%의 알코올이 포함되어 있는데 용도에 따라서는 알코올이 이 정도 함유된 것을 필요로 하는 때가 많으므로 분리하지 않고 그대로 유출물을 사용한다. 그러나 에스테르의 함량을 높이고 미반응알코올의 함량을 낮추기 위해서는 처음 원료 중에 산의 함량을 높이면 된다. 100% 에스테르를 만들 때는 반응생성물인 에스테르를 탈수하고 에스테르-알코올혼합물을 분별증류한다. 초유분에는 알코올함량이 많으므로 반응기에 재순환하여 에스테르화원료로 사용한다.

초산부틸제조시에 중요한 것은 원료인 초산에 다른 산이 혼합되지 않도록 완전히 제거해야 한다. 물론 어느 정도 함유되어 있어도 큰 영향을 미치지 않는다. 부탄올 중에 다른 알코올도 완전히 제거해야 하며 산보다 약 10% 정도 과잉의 알코올을 사용한다. 촉매는

0.1% 정도의 황산을 사용한다. 가열하면서 반응물이 환류되도록 한다. 이때 증류탑의 항부의 온도는 89℃정도 되게 반응기를 가열한다. 다음 유출물을 가능한 빨리 응축기로부터 꺼내야 하는데 이때 온도는 90℃가 넘지 않도록 해야 한다(89.4℃가 에스테르, 알코올, 물, 3성분의 공비점이다). 2층으로 분리된 유출물의 조성은 다음과 같다.

	(%)	에스테르(%)	부탄올(%)	물(%)
상층	75	80.5	13.4	6.1
하층	25	1.92	1.69	97.39

자동분리기를 사용해 2층으로 반응물을 분리한다. 상층액은 반응기에 환류되고 하층액은 외부로 꺼내 계량한다. 반응의 종점 부근에서는 물함량이 감소하고 그 다음에는 전혀 없어진다. 이때 반응기의 온도는 서서히 상승하여 일정한 온도를 유지하게 된다. 이렇게 얻은 에스테르는 냉각 후 NaOH수용액으로 중화하고 물층을 분리한 다음 다시 증류하여 정제한다. 초유분은 물과 에스테르의 2성분공비혼합물인데 자동분리기에서 분리된다. 에스테르층은 반응기에 환류되어 증류하면 정제된 에스테르가 생성한다. 30단/30in의 증류탑을 가진 용량 2,000gal의 반응조는 건조한 초산과 부탄올로부터 48시간에 1,000gal의 정제 에스테르를 만들 수 있다.

12.6.3 휘발성이 적은 에스테르의 제조

휘발성이 적은 에스테르의 제조에서는 반응으로 생성한 물과 원료에 혼합되어 있던 물이 반응시에 유출되지 않고 반응기내에 남게 된다. 한편 미반응의 산과 알코올은 점차 감소하게 된다. 이 반응에서는 15.6.2에서 사용한 연속에스테르화장치를 조작방법만 조금 변경하여 사용한다. 에틸알코올의 에스테르화반응에서는 벤젠은 혼합하지 않고 알코올만을 과잉으로 가하여 반응시켜 물-알코올혼합물을 공비혼합물로 유출하므로 분리할 수 있다. 초산과 같이 쉽게 휘발하는 산을 사용할 때는 원료공급시에 디클로로에틸렌이나 초산에틸을 가하여 물을 제거한다. 이 화합물들은 물과 저비점의 2성분공비혼합물을 만들어 탑항부에 농축되고 응축후 분리한다.

반응이 완결되면 황산과 과잉의 유기산을 중화하고 증류로 수분을 제거한 다음 최후에는 고진공하에서 가열하여 저비점잔유물을 제거한다.

12.7 공업적 제조

12.7.1 메타크릴산메틸의 제조

아세톤시아노히드린, 황산, 물 및 메탄올을 원료로 합성하는 아세톤시아노히드법 이외에 이소부틸렌을 원료로 하는 메타크릴산메틸(methyl methacrylate) 합성법도 있으나 여기서는 **아세톤시아노히드린법**에 대하여 설명하기로 한다.

이 방법은 Crawford에 의하여 제법이 확립된 이래 1937년 영국의 I.C.I.에서 공업화되었다. 반응식은 다음과 같이 2단계로 진행된다.

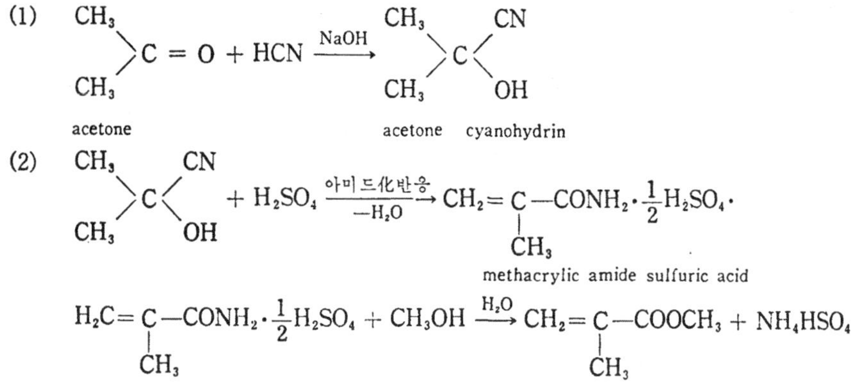

제 1단계에서는 아세톤과 시아노수소산을 같은 몰을 사용하여 알칼리성촉매(NaOH, KOH 등)로 거의 정량적으로 95% 이상의 수율로 acetone cyanohydrine(ACH)을 합성한다. 이 반응은 발열반응이므로 냉각하에서 반응시킨다. 생성한 ACH는 알칼리성에서는 가역적으로 분해하므로 중화한 다음 약한 산성으로 안정화시킨다.

제2단계반응에서는 ACH 1몰에 대하여 1몰 이상의 진한 황산(98~100%)을 사용하여 중합방지제의 존재하에서 냉각하면서 반응시킨 다음 가열시키면서 메타크릴산아미드의 황산염이 생긴다. 이 반응물에 물과 1몰 이상의 메탄올을 넣고 에스테르화반응하여 조제품의 메타크릴산메틸을 얻는다. 이것을 세척하고 증류하여 정제한다.

공업적인 제법중에서 Röhm & Haas사의 공정을 소개하면 다음과 같다.

제 1단계

100% H_2SO_4 195ℓ, 98% 아세톤시아노히드린 240ℓ 및 탄닌 0.5kg을 반응기에 넣는다. 반응기는 납으로 내장되어 있고 효율좋은 교반기와 냉각용 자켓이 달린 이중솥으로 되어 있다. 먼저 황산과 탄닌을 반응기에 넣고 교반하면서 아세톤시아노히드린을 주입한다. 이때 반응은 발열반응이므로 아세톤시아노히드린의 주입속도를 조절하여 반응액은 온도가 80℃가 되도록 한다.

제 2단계

아세톤시아노히드린의 주입이 끝나면 생성물을 제 2단계의 반응기에 옮긴다. 반응시간을 단축시키기 위하여 제1단계 반응기는 제 2단계 반응기 1기에 대하여 2기를 사용한다. 가열하여 수분간에 125℃까지 온도를 상승하고 이 온도로 20분간 교반하면서 반응시킨다. 다음에 90℃로 냉각하면 메타크릴산아미드의 황산염이 생성한다.

제 3단계

반응물을 타일내장의 제 3단계 반응기에 옮긴다. 이 반응기는 환류냉각기와 납내장이 되어 있는데 반응물을 옮기기 전에 메탄올 840kg, 물 400kg, 탄닌 0.5kg을 넣는다. 반응물을 주입하면 온도가 상승하므로 92℃가 되도록 액온도를 조절하면서 천천히 반응물을 조절하면서 주입한다. 여기서 에스테르화반응이 일어나는데 반응시간은 약 2~3시간 걸린다.

제 4단계

에스테르를 제 4단계 반응조인 타일로 내장된 용기에 옮기고 수증기를 주입하여 메틸메타크릴레이트를 추출하여 응축기에 포집한다.

정 제

응축기에 응축된 에스테르를 수세하고 분리한 다음, 물층에 용해되어 있는 MMA와 메탄올을 회수하기 위하여 증류한다. 에스테르분은 높이 약 12m, 지름 약 50cm의 증류탑에서 연속 증류한다. 이 증류탑 상부로부터 MMA의 중합을 방지하기 위해 페놀을 적하시킨다. 원액을 탑의 중간에서 공급하고 탑항에서 물, MMA의 공비혼합물을, 탑저로부터는 건조한 MMA를 얻게 된다. 이 건조한 MMA는 30~50mmHg(b.p. 40~50℃)로 재증류한다. MMA의 아세톤시아노히드린에 대한 수율은 80% 정도이다.

아세톤시아노히드린법 이외에도 현재 연구 개발단계에 있는 제법을 보면 다음과 같다.

(a) **Escambia법**(이소부틸렌 질산산화법) : 기본반응식은 다음과 같다.

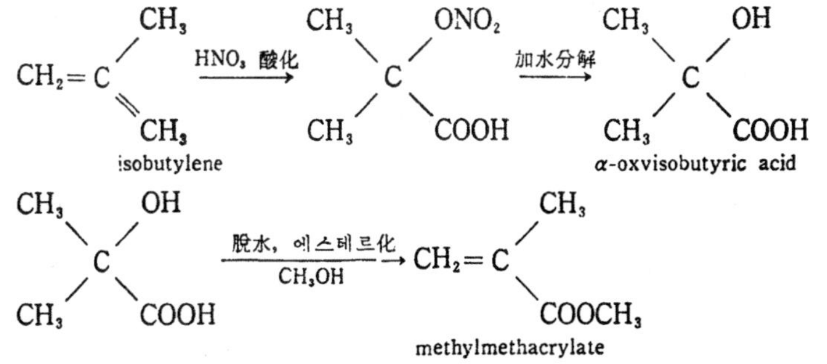

(b) 이소부틸렌의 직접산화법

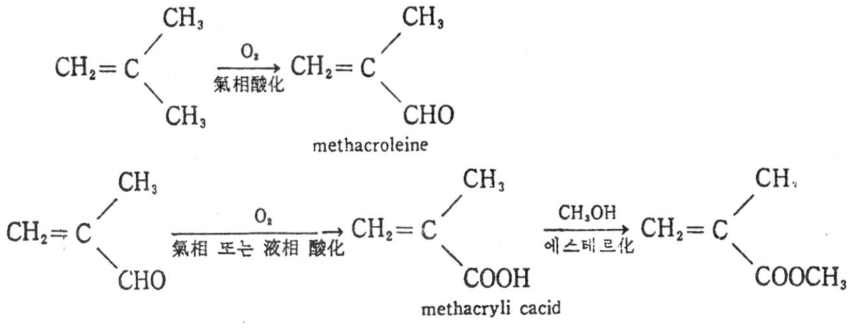

저가인 이소부틸렌을 사용하므로 원료적인 면에서 상당히 유리하지만 Escambia법에서는 질산을 사용하므로 격렬한 산화반응의 조절, 재질의 부식방지문제, 과량의 질산사용에 의한 부반응, 회수문제 등 해결할 문제가 많고 둘째 방법인 이소부틸렌의 직접산화법에서도 촉매의 선정, 부반응 등이 문제가 되고 있다. MMA의 제조공정도는 그림 12-3과 같다.

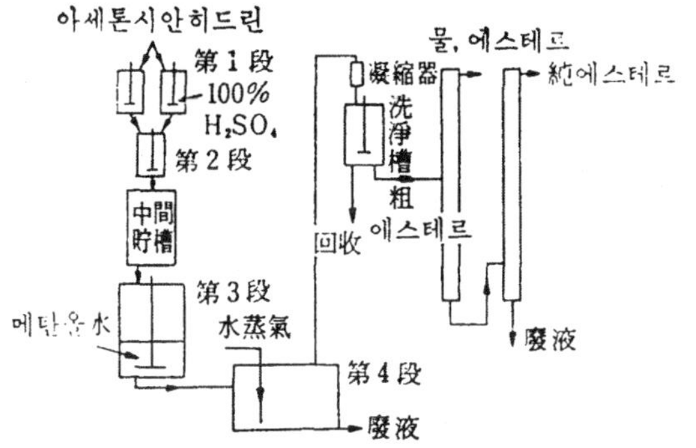

그림 12-3 Methylmethacrylate의 제조공정도

12.7.2 비닐아세테이트의 제조

비닐아세테이트(vinylacetate)는 아세틸렌과 초산을 기상반응시켜 만든다. 제조공정도는 그림 12-4와 같다. 기상반응에서는 초산아연을 촉매로 사용한다. 촉매는 활성탄 100부에 대하여 초산아연 42부를 섞어서 만든 3~5mm의 입경(粒徑)의 입자를 사용한다. 이 촉매를 철로 된 촉매실에 넣은 수직형으로 된 철제판에 채우고 발열반응이므로 이 촉매실에 장치한 파이프에 냉각수를 통과하여 반응열을 제거한다. 황산, 중크롬산칼륨 및 규조토층을 통과시키면서 황화수소와 포스핀을 제거하여 정제한 아세틸렌을 증류관에서 60℃로 가열한 초산에 주입한다.

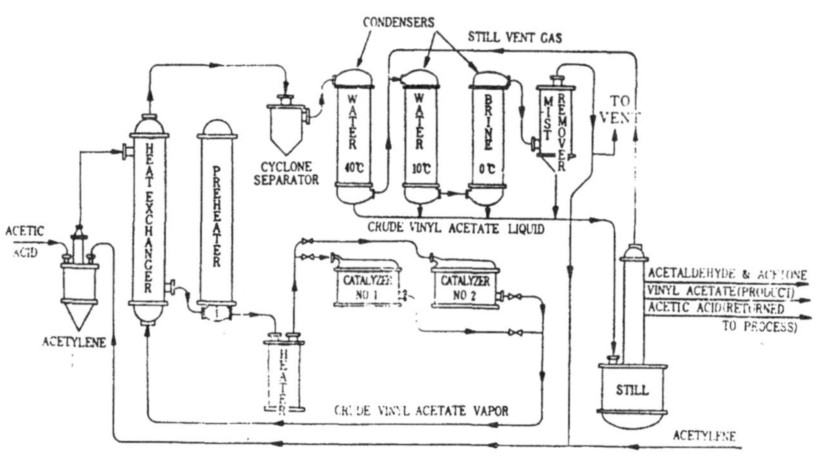

그림 12-4 비닐아세테이트 제조공정도

이때의 아세틸렌의 주입속도는 초산과 아세틸렌의 합성가스를 초산의 함량이 23%가 되도록 조절한다. 증류탑에서 열교환기와 예열기를 통하여 촉매관에 들어갈 때의 온도를 170℃로 유지한다. 촉매의 수명은 일산(日産) 400~500톤을 생산하는 장치에서는 약 2개

월간이다. 기상비닐아세테이트는 열교환기를 통하여 사이클론분리기에서 미분말의 탄소가 제거된다. 비닐아세테이트액체 60%와 40%의 초산이다. 증류관에 이송되어 증류하는데 중합을 방지하기 위해 티오페닐아민을 첨가한다. 순수한 비닐아세테이트의 수율은 아세틸렌에 대하여 92~95%, 초산에 대하여 97~99%이다. 부식성이 큰 촉매를 사용치 않을 때는 특급의 방식성 재료를 필요로 하지 않는다. 증발관, 열교환기, 분리기, 예열기, 가열기 및 촉매관 등은 철재로 하고 응축기, 안개제거기 증류관 등은 스테인리스 스틸로 하면 된다.

비닐아세테이트 중에는 아세트알데히드, 크로톤알데히드 등의 알데히드류와 모노비닐아세틸렌, 디비닐아세틸렌, 아세톤, 물 및 기타 아세틸렌중합체 등이 불순물로서 소량씩 함유된다. 알데히드는 중합방해작용을 하므로 전체 알데히드함량을 0.04%, 크로톤알데히드를 0.005%이하로 해야 한다. 99.9% 이상의 순도로 정제하기 위하여 정류탑을 네 개 정도 사용한다. 정류탑은 30~40단의 플레이트를 가진 것을 사용한다.

$$CH{\equiv}CH + CH_3COOH \longrightarrow \underset{\displaystyle OCOCH_3}{CH_2{=}\overset{}{CH}}$$

12.7.3 Cellulose xanthate 제조

Viscose rayon filament 또는 staple은 Viscose법으로 만든다. 이 제법에서 Cellulose xanthate의 제조는 중간체로서 상당히 중요하다. 이 cellulose xanthate의 제조공정은 다음과 같다.

원료인 펄프를 가성소다와 작용시켜 알칼리셀룰로오스를 만드는데 알칼리의 농도나 반응온도에 따라 구조가 다른 알칼리셀룰로오스가 생성한다. Viscose rayon에 사용하는 것은 알칼리셀룰로오스 I ($2C_6H_{10}O_5 \cdot NaOH$)이다.

알칼리셀룰로오스는 15~45℃에서 15~20% 농도의 NaOH용액과 반응시키면 생성하는데 공업적으로는 침적압축법으로 보통 20℃에서 18~19% NaOH를 사용하여 만든다. 이렇게 만든 알칼리셀룰로오스를 압축하여 셀룰로오스 29~30%, 알칼리 15~16%, 물 55% 정도의 함량이 되도록 한다. 이것을 파쇄한 다음 숙성공정으로 옮긴다. 이 공정은 공기중의 산소의 작용으로 셀룰로오스의 중합도를 낮추기 위한 작업이다. 이 공정으로 중합도는 300~500 정도가 된다.

황화단계는 이황화탄소를 알칼리셀룰로오스 I에 작용하여 친수성이 큰 **셀룰로오스크산테이트**를 만드는 공정이다.

$$\underset{\text{alkali cellulose}}{C_6H_7O_2(OH)ONa} + CS \longrightarrow \underset{\text{cellulose xanthate}}{C{=}S\begin{cases} OC_6H_7(OH)_2 \\ SNa \end{cases}} + H_2O$$

셀룰로오스크산테이트는 글루코오스기에 대한 이황화탄소의 결합비는 반응조건에 따라 달라진다. 결합비율은 글루코오스 100몰에 대한 크산테이트로 결합하는 이황화탄소의 몰수로 표시하는데 이것을 **크산트겐화도** 또는 γ**값**이라고 부른다. 공업적으로는 셀룰로오스크산테이트는 알칼리셀룰로오스에 이황화탄소를 기상상태로 작용시켜서 만든다. γ값은 이황화탄소의 양에 따라 변하는 때가 많다. 알칼리셀룰로오스에 대하여 32~38%의 이황화탄소를 사용하여 γ값이 50 정도인 셀룰로오스크산테이트를 제조한다. 공업적으로는 맨홀을 가진 6각형 또는 원형의 회전드럼(용량 450ℓ)에 알칼리셀룰로오스를 넣어 여기에 해당량의 CS_2를 8분간에 주입하면서 드럼을 서서히 회전(1분간에 2회 정도)시켜 20℃에서 2~3시간 동안 접촉반응시키면 수용성의 cellulose xanthate가 생성한다. 이 셀룰로오스크산테이트를 알칼리에 용해시킨 후 숙성공정을 거쳐 응고액에 필름이나 실로 방사하거나 처리하면 셀로판이나 viscose rayon filament가 생성한다.

12.7.4 셀룰로오스아세테이트의 제조

셀룰로오스는 β-글루코오스가 축합되어 고분자화된 천연고분자화합물이다. 1개의 글루코오스단위에 3개의 –OH기를 가지고 있는데 이 –OH기에 식초산이 에스테르화된 것을 **모노, 디, 트리에스테르**라고 한다. 초산에스테르의 치환도에 따라서 용도는 달라진다. 다음에 셀룰로오스아세테이트의 치환도별 용도 및 용제를 나타낸다.

표 12-4 셀룰로오스아세테이트의 용도, 치환도, 산화도 및 용제

用途	置換度	醋化度(%)	溶劑
纖維	2.35~2.5 2.8 ~3.0	54.0~56.0 60.0~62.5	아세톤 메틸렌클로리드-알코올
플라스틱	2.2 ~2.75	52.0~59.0	아세톤, 메틸렌클로리드-알코올
필름	2.8 ~3.0	60.0~62.5	메틸렌클로리드-알코올

초산셀룰로오스제조용 셀룰로오스는 목재펄프, 면 린터를 사용한다. 원료셀룰로오스 중의 헤미셀룰로오스류, 리그닌, 유지분, 회분 등의 불순물이 많으면 초산으로 에스테르화할 때 방해작용을 하게 되어, 용제에 대한 용해성, 투명도, 색상 등이 좋지 않아지므로 이 불순물을 제거하여 α-셀룰로오스분이 96% 이상이 되어야 하며 이외에도 초산화작용을 하기 전에 전처리를 한다. 이 전처리의 중요작용은 셀룰로오스의 팽윤이며 팽윤제로는 초산 이외에 소량의 황산을 사용한다. 이 전처리작용으로 에스테르화반응이 빨라지고 균일하게 되며 셀룰로오스의 중합도도 약간 저하한다. 에스테르화제(초산화제)는 무수초산 이외에 촉매로 황산, 과염소산, 염화아연 등이 있는데 이 중에서 주로 황산이 많이 사용되고 있다. 한편 에스테르화반응을 촉진하기 위하여 희석제를 사용하는데 이것을 사용하면 주제인 무수초산과 촉매의 접촉을 균일하게 하며 셀룰로오스의 침투작용을 향상시키고 반응열을 분산시켜 에스테르작용을 균일하게 하는 작용을 한다. 희석제로는 초산, 메틸렌클로

리드, 벤젠, 톨루엔 등이 사용된다. 다음에 셀룰로오스의 공업적 제법에 대하여 설명한다.

(1) 무수초산-초산-황산혼합용제에 의한 에스테르화반응

파쇄한 펄프 95kg을 전처리탱크에 넣고 21kg의 초산과 함께 40~50℃로 3~4시간 전처리를 한다. 전처리한 펄프는 에스테르화장치에 이송된다. 이 에스테르화장치에는 무수초산 248kg, 초산 403kg, 황산 11kg의 혼합물이 0℃의 온도로 유지되어 있다.

전처리된 펄프가 에스테르화기에 주입되면 에스테르화반응으로 액온은 상승하는데 냉각brine pipe로 35~38℃ 이상이 되지 않도록 반응액의 온도를 조절한다. 다음에 이 액온도가 25℃로 내려가면 황산 2kg과 물 27kg을 가한다. 이때 온도가 상승하게 되는데 냉각하여 온도를 25℃로 유지한다. 이 디에스테르화액을 숙성조에 옮겨 25℃로 60시간 성숙시키면 아세톤가용성인 아세틸셀룰로오스가 된다. 침전조에 옮긴 다음 침전시킨다.

(2) 무수초산-메틸렌클로리드-황산용액혼합용제에 의한 원통식 에스테르화반응

제조공정도를 그림 12-5에 나타낸다. 파쇄한 셀룰로오스 100부에 대하여 초산 30~40부를 넣고 실온 40℃에서 1~2시간 전처리한다. 에스테르화혼산의 조성은 셀룰로오스 100부에 대하여 무수초산 300부, 메틸렌클로리드 400부, 황산 1부로 한다. 혼산은 3등분하여 3회에 걸쳐 주입한다. 에스테르화기(초산화기)는 교반기가 붉은 수평원통형으로 먼저 1회분의 혼산(20℃)을 전처리한 셀룰로오스 위에 넣고 온도상승이 멈춘 다음 같은 방법으로 2회분, 3회분을 주입한다. 에스테르화기에는 냉각관이 붙어 있어 이것으로 온도상승을 억제한다. 액온도는 50℃ 이상이 되지 않도록 조절하여 40℃를 항온으로 한다. 에스테르화시간은 4~7시간 걸린다. 에스테르화반응이 끝난 다음 80~100부의 물과 6,5부의 황산을 가한다. 셀룰로오스트리아세테이트를 제조할 때는 황산을 첨가하지 않는다. 2~4시간 동안에 60℃까지 온도를 올린다. 이때 환류냉각관의 밸브를 잠그고 메틸렌클로리드의 증기압으로 기내의 압력이 1~1.5기압이 되도록 한다. 다음에 반응액을 숙성겸 침전기에 옮겨 60℃로 숙성을 시킨다. 2시간 후에 산화도는 61%, 7~8시간 후에는 52.5%

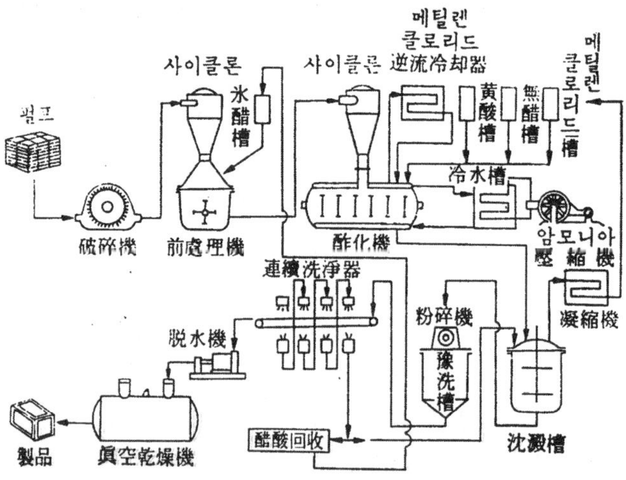

그림 12-5 무수초산-초산메셀렌클로리드 혼합액에 의한 셀룰로오스의 원통식 에스테르화반응공정도

가 된다. 숙성조작이 끝나면 30% 초산수용액을 가하고 황산을 중화시켜 반응을 중지한다. 다음 반응액의 온도를 80℃까지 상승하여 메틸렌클로리드를 유출시킨다. 유출이 끝나면 냉각하고 0~12%의 묽은 초산용액을 가하여 셀룰로오스아세테이트를 침전시킨다.

(3) **무수초산-초산-과염소산혼합용제에 의한 에스테르화반응**

세탁기와 비슷한 회전다공드럼형초화기를 사용하여 전처리에서 에스테르화 및 세척까지 전부 이 장치에서 일관작업으로 끝마친다. 펄프 350kg을 넣고 무수초산 735kg, 빙초산 4515kg의 혼합액을 넣고 6rpm으로 2시간 실온으로 처리한다. 처리 후에는 여분의 산을 수세와 370rpm의 원심력으로 산을 제거하여 펄프의 무게가 750kg되게 한다. 다음에 6rpm으로 회전하면서 3,200ℓ의 혼산을 -18~-25℃로 냉각한 상태로 주입한다. 혼산의 조성은 무수초산 65%, 벤젠 18.5%, 초산 16.5%, 과염소산(셀룰로오스에 대하여 1~2%)으로 되어 있다. 혼산주입 후 1~1.5시간에 액온은 27~29℃가 된다. 반응액은 열교환기를 사용하여 냉각시킨다. 제품의 점도에 따라 26~35℃로 반응액온도를 유지하면서 6시간동안 에스테르화반응을 시킨다. 반응 도중 벤젠 600ℓ를 추가하여 섬유의 팽윤과 부분적인 용해를 방지한다. 에스테르화반응이 완결되면 벤젠 1,200ℓ를 가하고 다시 30kg 초산과 3kg의 탄산칼륨을 함유한 액을 가하여 촉매를 중화한다. 다음에 벤젠세척스팀에 의한 벤젠의 유출, 수세과정 등을 거쳐 건조기에서 초화도 62.5인 **셀룰로오스트리아세테이트를 얻는다.**

13. 탈수소 및 탈수반응

13.1 탈수소반응

유기화합물의 분자내 또는 분자간에서 수소를 이탈시키는 반응을 **탈수소반응** (dehydrogenation)이라고 하는데 산화반응의 일종이며 수소화반응의 역반응이라고 할 수 있다. 한편, 탈수소화함으로써 분자내에서 포화결합을 불포화결합으로 만드는 반응이라고 할수도 있다. 예를 들면, 포화탄화수소에서 올레핀 또는 방향족화합물을, 알코올에서 알데히드나 케톤을 만드는 반응들이 여기에 속한다.

공업적으로 탈수소반응을 이용하는 것 중에서 중요한 것으로는 석유화학공업과 고분자화학공업의 원료가 되는 저급올레핀과 방향족화합물을 만드는 것이다.

예)

(a) 파라핀에서 올레핀

$$\underset{n\text{-부탄}}{CH_3CH_2CH_2CH_3} \xrightarrow{Al_2O_3-Cr_2O_3} \underset{n\text{-부틸렌}}{CH_3CH_2CH=CH_2}$$

(b) 올레핀에서 디올레핀

$$CH_3CH_2CH=CH_2 \xrightarrow{Fe_2O_3-Cr_2O_3-K_2CO_3} \underset{1,3\text{-부타디엔}}{CH_2=CHCH=CH_2}$$

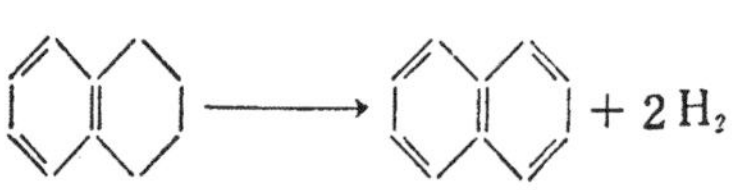

테트라린 나프탈렌

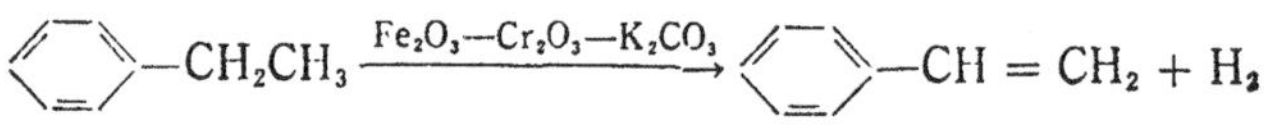

에틸벤젠 스티렌

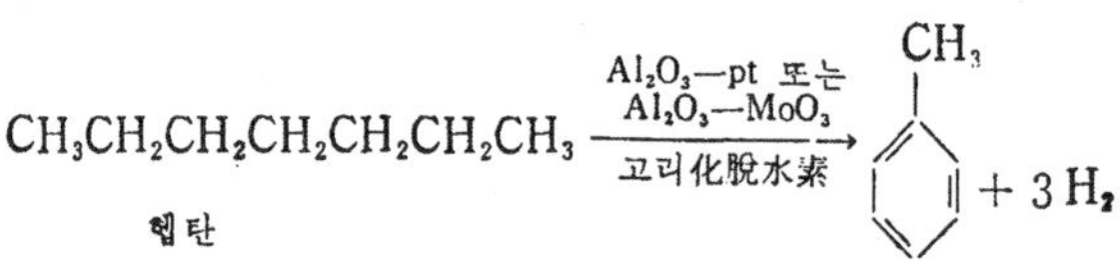

헵탄 톨루엔

$$\underset{\displaystyle OH}{CH_3\overset{}{C}HCH_3} \xrightarrow{CuO} CH_3COCH_3 + H_2$$

$$CH_3CH_2OH \longrightarrow CH_3CHO + H_2$$

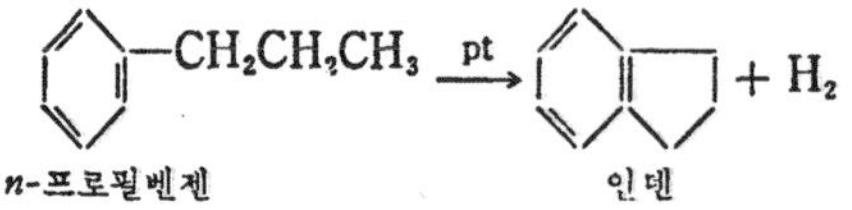

n-프로필벤젠 인덴

C–H 결합에너지는 C–C 결합에너지보다 크므로 탈수소보다는 C–C 결합의 절단반응이 일어나기 쉽다. 그러므로 선택적인 탈수소반응을 효율있게 진행하기 위해서는 촉매를 사용해야 한다.

13.2 탈수반응

유기화합물의 분자내 또는 분자간에서 물(H_2O)이 떨어져나오는 반응을 **탈수반응**(dehydration)이라고 한다. 공업적으로 중요한 것 중에는 분자내 탈수로 불포화물을 만드는 것과 분자내 탈수고리화 반응으로 고리화합물을 만드는 반응이 있다.

유기산과 알코올로부터 에스테르를 만드는 반응도 탈수반응이지만 이 반응은 에스테르화반응에서 취급하는 것이 보통이다. 탈수반응은 수화반응의 역반응이라고 할 수도 있다.

(예)

$$CH_3CH_2OH \longrightarrow CH_2=CH_2 + H_2O \qquad (a)$$

$$2\,CH_3CH_2OH \longrightarrow CH_3CH_2OCH_2CH_3 + H_2O \qquad (b)$$

위의 두 반응은 산에 의한 탈수반응이지만 반응온도 차이 때문에 **분자내탈수**(a)와 **분자간탈수**(b)로 전혀 다른 화합물이 된다.

탈수반응의 예

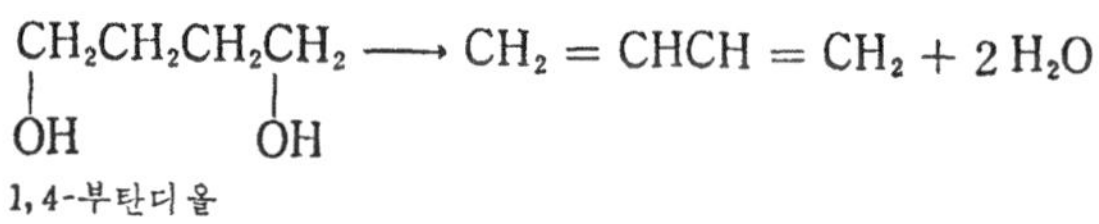

(1)

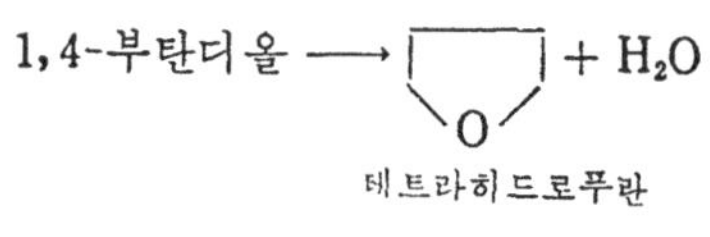

(1a)

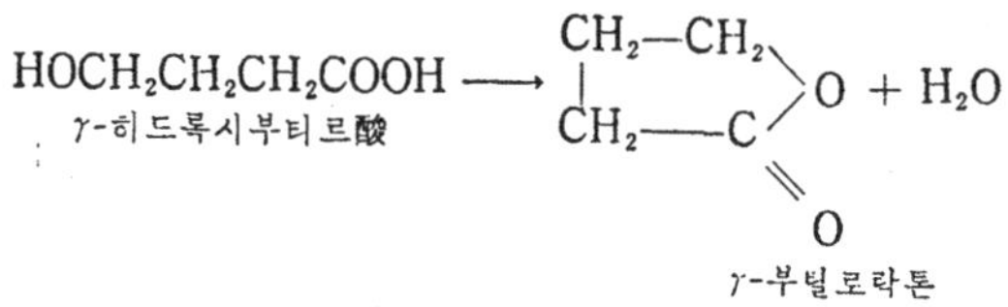

(2)

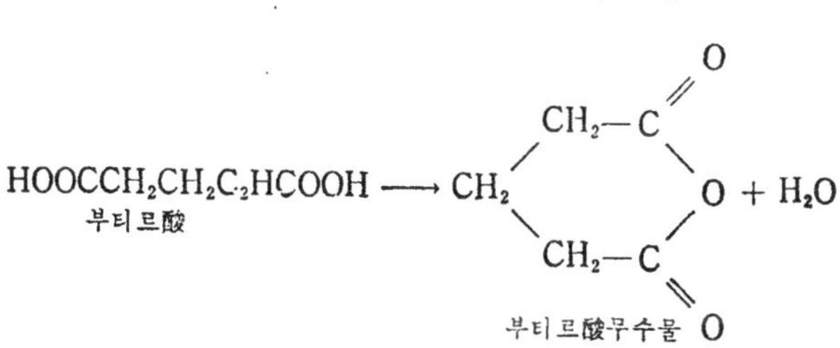

(3)

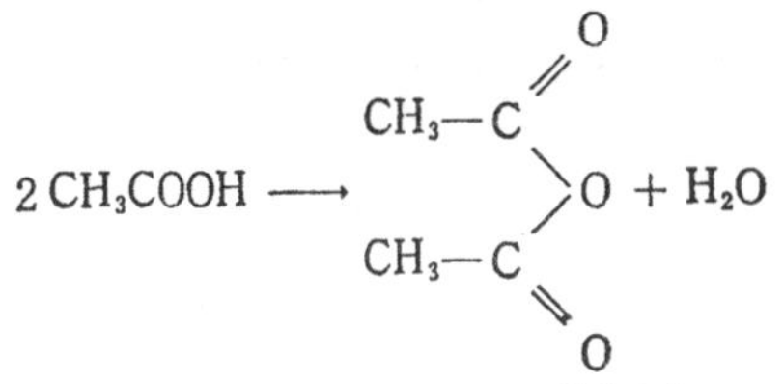

(4)

무수초산

$CH_3CONH_2 \longrightarrow CH_3C{\equiv}N + H_2O$ (5)

아세트아미드 아세토니트릴

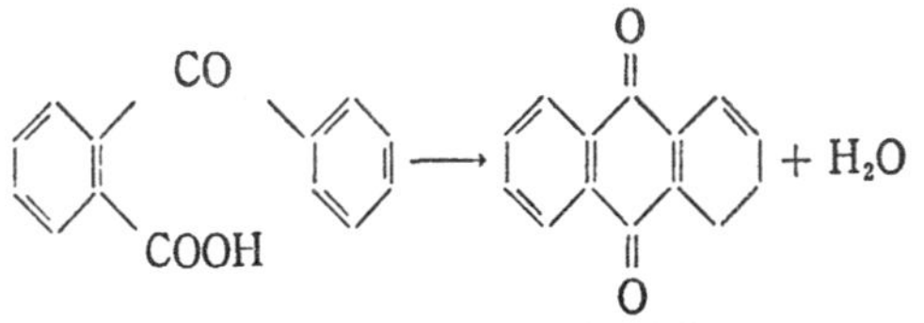

(6)

o-벤조일벤조酸 안트라퀴논

(1)과 (1a)의 반응에서는 원료는 같으나 생성물은 다르다. 전자는 분자내의 2분자탈수반응으로 디올레핀인 1,3-부타디엔이 생성되고, 후자는 분자내 1분자탈수고리화반응으로 테트라히드로푸란이 생성된다.

(2)에서는 분자내탈수반응으로 락톤이 생성하는데 분자내 카르보닐기와 에테르기를 가지고 있다.

(3)은 2염기산에서 물이 1분자 떨어지고 무수상태의 산이 되는 반응이다.

(4)에서는 초산2분자에서 물이 1분자 떨어져서 무수초산이 되는 2분자간탈수반응의 한 예라고 할 수 있다.

13.3 탈수소 및 탈수반응촉매

13.3.1 탈수소촉매

탈수소반응은 고온에서 흡열반응으로 진행된다. 그러므로 촉매는 고온에서 선택성과 내열성을 잃지 않는 것이 요구된다. 백금, 팔라듐, 니켈 등의 금속촉매는 고온에서는 소결되어 활성이 저하하므로 비교적 저온에서 사용해야 한다. 크롬, 철, 몰리브덴 등의 산화물은 탈수소효율은 좋지 않지만 고온반응에서 분해하거나 소결로 활성을 잃지 않으므로 고온용 탈수소촉매로 사용한다.

부탄으로부터 부틸렌 또는 부타디엔, 에틸벤젠에서 스티렌, 에탄 및 프로판에서 에틸렌과 프로필렌을 만들려면 파라핀이나 알킬벤젠을 고온에서 탈수소반응을 시켜야 하므로 금속산화물촉매를 사용해야 한다. 에탄이나 프로판 등 저급탄화수소에서 에틸렌, 프로필렌을 만드는 데는 크롬-알루미나촉매, 부틸렌에서 부타디엔을 만들 때는 $Ca_8Ni(PO_4)_6$촉매 또는 산화크롬-알루미나촉매를 사용한다. 에틸벤젠에서 스티렌을 만들때는

$Ca_8Ni(PO_4)_6$, 산화크롬-산화아연, 산화크롬-알루미나 촉매 등을 사용한다.

그러나 시클로파라핀에서 방향족, 파라핀에서 방향족화합물(히드로포밍)을 만들 때는 비교적 저온에서도 탈수소반응이 일어나므로 백금, 니켈 등 금속촉매나 크롬, 몰리브덴의 산화물이 사용된다.

1차 및 2차알코올의 탈수소반응에는 구리촉매가 좋다. 이소프로필알코올에서 아세톤을 만들 때는 ZnO—CuO촉매를 사용한다.

13.3.2 탈수촉매

물에 대한 친화성이 큰 촉매는 산소를 함유하는 유기화합물을 분재내 또는 분자간에서 탈수반응을 할 때 사용한다. 이 중에는 황산, 염화알루미늄, 염화아연, 오산화인, 황산수소나트륨, 염화아세틸, 산무수물 등이 있다. 탈수촉매는 탈수제로 사용하는 $CaCl_2$나 망초(Na_2SO_4) 등과 같이 화합물 중에 물리적으로 부착되어 있거나 혼합되어 있는 물을 제거하는 건조제가 아니고 화학반응으로 유기화합물 중의 수소와 산소를 물분자로 탈수하는 것을 말한다.

알코올에서 에틸렌을 만들 때와 같이 기상접촉반응을 시킬 때는 알루미나나 규조토 등 불활성인 담체에 인산 또는 인산염을 침지시킨 촉매를 사용한다. 이외에 실리카-알루미나촉매 또는 활성백토 등을 사용한다.

13.4 탄화수소의 탈수소반응

13.4.1 파라핀에서 올레핀

파라핀으로부터 탈수소반응으로 올레핀을 만드는 데는 고온이 필요하다. 저급파라핀일수록 탈수소가 힘드므로 고온으로 반응시켜야 한다. 이때는 무촉매로 반응시킨다.

$$CH_3—CH_3 \xrightarrow[80\%]{700\sim800°C} CH_2 = CH_2 + H_2$$

$$CH_3CH_2CH_3 \xrightarrow{500°C} CH_3CH = CH_2 + H_2$$

무촉매로 고온에서 반응시키면 C—C결합이 단절되므로 에탄올 탈수소화시킬 때보다는 저온에서 Cr_2O_3—Al_2O_3 등 산화물촉매를 사용하여 접촉탈수소반응을 시킨다. 이외에도 철계촉매인 Standard Oil사의 72.4MgO—18.4Fe_2O_3—4.6K_2O촉매, Shell사의 88Fe_2O_3—5Cr_2O_3—7K_2CO_3촉매(105촉매), Dow Chemical사의 니켈계 촉매, 98$Ca_8Ni(PO_4)_6$—2CrO_3 촉매 등이 널리 사용되고 있다. 크롬계 촉매는 수분 존재하에서는 활성이 저하하므로 수증기를 희석제로 사용하는 탈수반응에서는 사용할 수 없다. 앞에서 설명한 철계 촉매나 니켈계 촉매는 수분 존재하에서 사용할 수 있다. 물을 사용하면 반응원료인 탄화수소가스의 분압을 저하시켜 반응평형을 탈수계반응에 유리하게 함과 동시에 촉매상에 탄소의 석출을 방지하는 효과도 있다.

n-부탄에서 부텐 및 부타디엔

$$CH_3CH_2CH_2CH_3 \xrightarrow{-H_2} \underset{\text{1-부텐}}{CH_2 = CHCH_2CH_3} + \underset{cis\text{ 및 }-trans\text{-2-부텐混合物}}{CH_3CH = CHCH_3}$$

$$CH_2 = CHCH_2CH_3 \xrightarrow{-H_2} CH_2 = CHCH = CH_2$$

프로판의 탈수소촉매로 사용한 크롬계 산화물촉매를 사용하면 1-부텐과 *cis*- 및 *trans*-2-부텐 등 이성체의 혼합물이 생성한다. 1-부텐을 같은 촉매로 더 반응시키면 1,3-부타디엔이 되는데 열분해반응에서처럼 탄소수가 증가하면 탈수소반응이 쉬워지므로 낮은 온도에서 반응시킬 수 있다. 그러나 탄소수의 증가에 따라 이성체의 수도 증가한다.

13.4.2 C_6이상의 탄화수소의 탈수소

C_6이상의 파라핀을 탈수소하면 시클로파라핀이 되고 계속하여 탈수소반응을 시키면 방향족화합물이 된다.

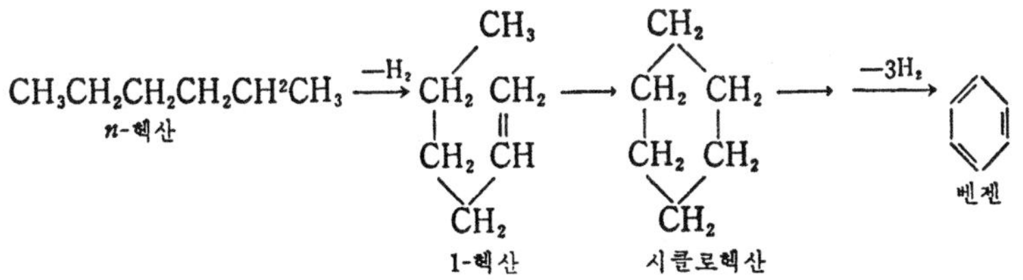

촉매는 산화몰리브덴이나 알루미나에 백금을 혼합한 촉매를 사용한다. 파라핀에서 방향족화합물을 만드는 반응을 **방향족화합물** 또는 **하이드로포밍**이라고 하는데 석유화학공업에서는 석유를 개질하여 옥탄가를 높이거나 벤젠, 톨루엔, 크실렌 등 방향족화합물을 만드는 데 사용한다. 석유의 개질 및 방향족화반응에 대하여 자세한 것은 다음과 같다.

13.5 석유의개질 및 방향족화반응

벤젠, 톨루엔, 크실렌 등 방향족탄화수소는 유기합성공업의 기초원료로 염료, 의약품 및 유기약품제조에 다량 사용하는데 제2차 세계대전까지는 석탄을 건류하여 만들었다(표 13-1 참조).

그러나 2차세계대전 중 군수산업과 합성고분자공업이 발전함에 따라 석탄건류로부터 생산하는데 워낙 양이 적어서 원유 중에 비교적 많이 함유되어 있는 나프텐계 탄화수소를 탈수소하여 만들고 있다. 그런데 방법은 원유로부터 증류하여 얻은 직류가솔린의 옥탄가가 낮으므로 고옥탄가가솔린을 만들기 위하여 이 직류가솔린 중에 함유되어 있는 파라핀계 탄화수소나 나프텐계 탄화수소로부터 방향족탄화수소를 만들기 위하여 개발한 하이드로포밍(1940년), 플랫포밍(1949년)법으로부터 시작되었다. 이 방법으로 만든 방향족화

표 13-1 석탄을 원료로 방향족탄화수소의 생산과정

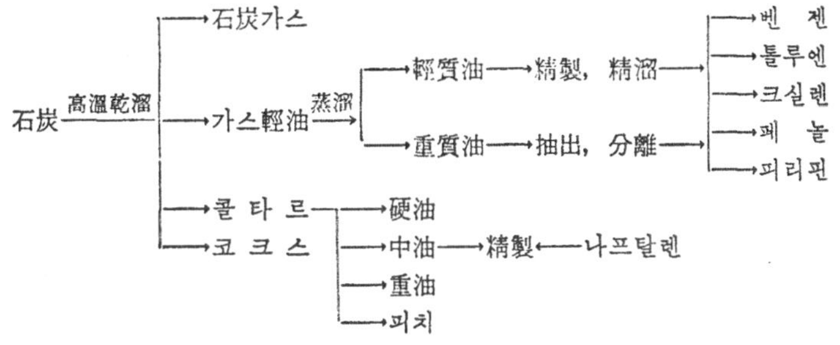

합물의 혼합물을 용제추출하여 순수한 방향족탄화수소를 얻는다. 이때 원료인 가솔린유분을 $MoO_3-Al_2O_3$촉매 존재하에서 수소가압하(20~70atm)에서 430~530℃로 접촉반응시킨다. 주반응으로는 나프텐계 탄화수소가 탈수소되어 방향족화합물이 되는 것이 있고 이 외에 파라핀계 탄화수소도 일부가 탈수소고리화하여 방향족화합물이 된다. **하이드로포밍**(hydrofoming), **플랫포밍**(flatforming)이라는 것은 가솔린을 접촉개질하여 옥탄가가 높은 방향족탄화수소를 만드는 공정을 말한다. 앞의 것은 고정상식을 사용하며, 뒤의 것은 유동상식으로 반응을 연속적으로 실시하므로 효율이 앞의 방법보다 좋다. 플랫포밍방법이 방향족화하는 데 좋다. 가혹한 조건하에서 탈수소시키면 파라핀계 탄화수소도 많이 방향족화된다. 또 탄소수가 큰 파라핀은 열분해반응이 일어나서 C–C결합이 절단되어 생성물 중에는 벤젠, 톨루엔, 크실렌 등의 함량이 많아진다. 이 방법 외에도 벤젠, 톨루엔, 크실렌(B.T.X) 등은 에틸렌이나 프로필렌을 만들기 위하여 경질나프타를 열분해하여 에틸렌이나 프로필렌을 분리한 분해잔유 중에서도 얻을 수 있다. 분해잔유 중에는 50% 정도의 방향족탄화수소와 소량의 올레핀이 포함되어 있으므로 선택적으로 올레핀을 수소화하고 에틸렌글리콜이나 술포란(tetramethylene sulfone) 등으로 추출하여 방향족탄화수소를 회수한다.

13.6 나프타의 접촉개질반응에 의한 방향족화의 특징

원료인 나프타는 합성하려는 방향족탄화수소의 종류에 따라 적당한 비점 범위의 것을 선택하는데 BTX를 목적으로 할 때는 70~125℃의 나프타를 사용한다. 사용하는 촉매는 두 가지 종류가 있다. 첫째는 몰리브덴, 크롬 등의 금속산화물-알루미나혼합물계, 둘째는 백금-알루미나혼합물계인데 이들은 탈수소, 이성화 및 수소화기능을 가지고 있다. $MoO_3-Al_2O_3$촉매, $Cr_2O_3-Al_2O_3$촉매 등을 사용할 때는 $Pt-Al_2O_3$촉매를 사용할 때보다 고온, 저공간속도 및 저수소압이 필요하므로 원료탄화수소가 탄화되어 탄소의 석출이 많아진다. 그러므로 촉매의 재생을 자주해야 한다. 역시 촉매수명이 상당히 짧다.

나프타의 접촉개질반응의 생성물은 반응조건, 원료탄화수소의 종류, 촉매 등에 의존한다. 반응의 종류를 보면 다음과 같다. 나프텐계 탄화수소의 이성화-탈수소반응으로 방향족화합물이 생성되는데 반응속도가 다른 반응에 비해 빠르다. 그런데 나프텐 중에서도 오원환이 육원환보다 반응하기 쉽다. 벤젠은 주로 나프텐에서 생성하는데 생성량은 많지가 않다. 톨루엔은 벤젠보다 많이 생성하는데 그 이유는 나프텐 이외에 파라핀의 환화-탈수소반응 등으로 생기기 때문이다. 크실렌도 톨루엔의 생성과 비슷한 경향을 가지고 있다. 방향족이나 나프텐을 적게 함유하고 있는 나프타에서는 파라핀의 환화-탈수소반응으로 크실렌이 주로 생성하게 된다.

나프타의 개질반응에서 일어나는 반응을 보면 다음과 같다.

(1) 육원환나프텐의 탈수소반응

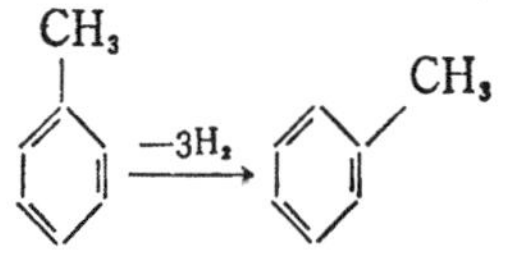

(2) 오원환나프텐의 이성화탈수소반응

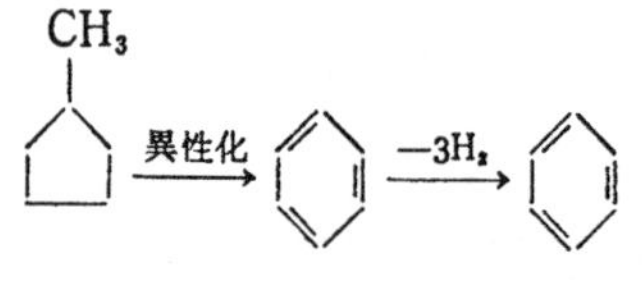

이상의 (1)과 (2)의 반응은 반응속도가 빠르므로 원료유 중의 나프텐의 주반응이 된다.

(3) 파라핀의 탈수소고리화반응

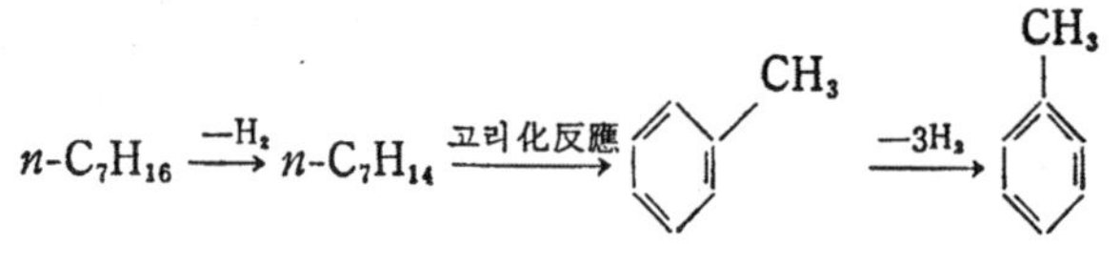

(4) 파라핀의 수소화분해반응

$$C_{11}H_{24} \xrightarrow{+H_2} C_5H_{12} + C_6H_{14}$$

(5) 파라핀의 이성화반응

$$n\text{-}C_6H_{14} \longrightarrow i\text{-}C_6H_{14}$$

개질법으로 가솔린을 만들 때는 방향족탄화수소가 많으면 좋지 않으므로 (4)와 (5)의 반응을 선택적으로 반응시켜 이소파라핀의 양을 증가시키지만 (비교적 고압반응에서 반응시킴) BTX를 제조하기 위한 방향족화반응에서는 탈수소고리화반응인 (3)의 반응을 촉진시켜야 한다. 반응 (3)은 흡열반응이므로 저압반응이 생성물을 증가시키는 데 유리하다.

(4)나 (5)의 반응보다 반응압력, 공간속도, 수소량을 적게 하여 높은 온도에서 반응시켜야 한다. 이상의 반응 이외에도 다음과 같이 올레핀의 수소화반응과 황화합물의 수소화반응도 일어난다.

(6) 올레핀의 수소화반응

$$C_6H_{10} \xrightarrow{+H_2} C_6H_{12}$$

(7) 황화합물의 수소화분해반응

$$\text{黄化合物} \xrightarrow{+H_2} H_2S + \text{炭化水素}$$

13.7 알코올류의 탈수소반응

알코올류를 탈수소시키면 알데히드, 케톤, 락톤 등이 생긴다. 촉매로는 , $Cu-Cr_2O_3$, Cu-Zn 및 놋쇠를 주로 사용하며 비교적 반응온도가 높을 때는 촉매활성이 좋지 않으므로 열안정성이 있는 Cr_2O_3나 ZnO를 사용한다.

대부분이 기상반응을 시키는데, 반응온도는 200~300℃ 정도이다. 비점이 높거나 생성물이 반응온도에서 열분해되기 쉬운 알코올류는 액상에서 반응시킨다.

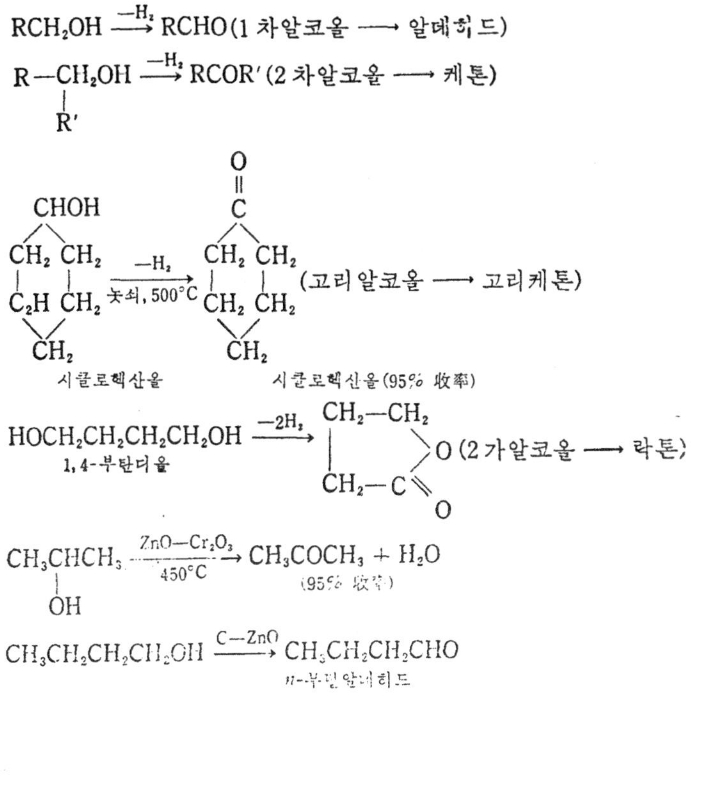

13.8 알코올류의 탈수반응

13.8.1 에탄올로부터 에틸렌의 제조

(1) 실험실적 제법

$$CH_3CH_2OH \xrightarrow[Al_2SO_4]{\text{진한 황산}} CH_2 = CH_2 + H_2O$$

약 3ℓ의 삼구플라스크에 적하깔대기, 가스의 출구, 온도계를 깊숙하게 부착하고 100% 에에틸알코올 25g과 진한 황산 170g을 넣고 잘 혼합한 다음 탈수황산알루미늄 25g을 다시 넣고 모래중탕 위에서 160℃까지 가열한다. 가스가 심하게 발생할 때에는 다시 적하깔대기를 통하여 100% 에틸알코올 150g과 진한 황산 300g의 혼합물을 빨리 주입한다. 발생하는 에틸렌가스는 가성소다액을 통하여 씻은 다음 포집한다.

(2) 공업적인 제법

수직형 반응관에 약 30g의 알루미나 또는 활성백토를 넣고 360±10℃로 가열한 다음 무수에탄올 또는 95% 에탄올을 1시간에 약 30cc의 속도로 적하하면 소량의 부틸렌, 수소, 알데히드를 함유하는 에틸렌이 생성한다. 이 가스를 30% NaOH수용액과 87% H_2SO_4로 세척하고 최후에 염화칼슘으로 건조한다.(수율 약 90~95%, 순도 97%). 더 순수하게 정제할 때는 액체질소로 가스를 액화한 다음 저비점성분인 수소, 산소, 일산화탄소를 먼저 제거하고 분류하면 고비점성분인 CO_2나 부틸렌 등도 제거할 수 있다.

에탄올보다 탄소수가 큰 1-부탄올, *n*-헥산올을 탈수하여 1-올레핀을 만들 때는 알루미나촉매에 1wt%의 탄산나트륨을 첨가하면 이중결합이 1의 위치에서 2 또는 3의 위치로 전위하는 것을 방지할 수 있다.

13.8.2 부탄디올의 탈수반응

아세틸렌으로부터 부탄디올을 만들어 탈수하면 1,3-부타디엔 또는 테트라히드로푸란이 생성된다. 2차 세계대전까지는 1,3-부타디엔을 이 방법으로 만들었다. 테트라히드로푸란은 현재에도 이 방법으로 만들고 있다.

(1) 1,3-부탄디올의 탈수에 의한 1,3-부타디엔의 제법

$$CH\equiv CH \xrightarrow[HgSO_4]{H_2O} 2\,CH_3CHO \xrightarrow[\text{轉化率 45\%, 收率 88\%}]{\text{묽은 KOH, 20～30°C}}$$

$$\underset{\text{알돌}}{CH_3CHOHCH_2CHO} + H_2 \xrightarrow[\text{50～150°C, 300 atm}]{\text{Cu—Cr—SiO}_2\text{ 촉매}}$$

$$\underset{\text{1,3-부탄디올}}{CH_3\underset{|\atop OH}{CH}CH_2\underset{|\atop OH}{CH_2}} \xrightarrow[\text{燐酸觸媒}]{280°C} \underset{\text{1,3-부타디엔}}{H_2C = CHCH = CH_2} + 2\,H_2O$$

탈수촉매는 다음과 같이 만든다. 5~8mm의 코크스 100부에 Na_2HPO_4 56부, H_3PO_4 8.5부 및 부틸아민을 소량 가하여 250℃에서 건조하여 만든다. 반응조건은 다음과 같다. 촉매 12m에 1시간에 500~700kg의 1,3-부탄디올과 같은 야의 수증기를 1atm, 280℃로 가한다.

(2) **1,4-부탄디올로부터 테트라히드로푸란의 제법**

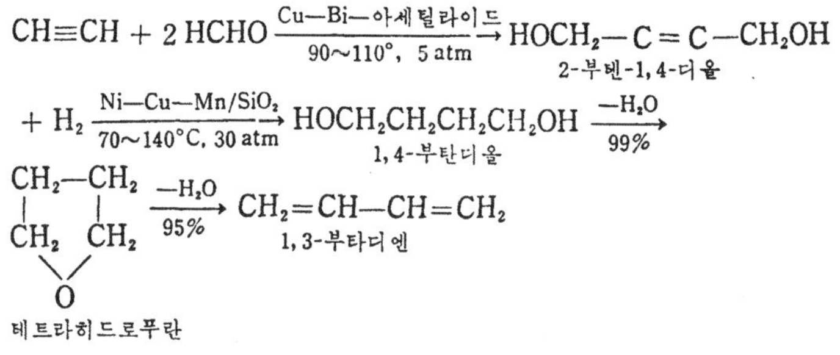

아세틸렌을 포름알데히드와 반응시켜서 2-부텐-1,4-디올을 만들고 수소첨가하여 1,4-부탄디올을 만든다. 적당한 촉매를 선정하여 탈수반응시키면 1,4-부탄디올은 테트라히드로푸란을 거쳐 1,3-부타디엔이 된다. 테트라하드로푸란의 생성과정을 거치지 않고 직접 1단계로 1,3-부타디엔을 만들 수는 없다. 강한 촉매를 사용하면 1,4-부탄디올은 분해하여 프로필렌과 포름알데히드가 된다. 1,4-부탄디올로부터 탈수에 의한 테트라히드로푸란과 1,3-부타디엔의 생성반응은 다음과 같다.

탈수반응으로 생성한 35%테트라히드로푸란수용액에 H_3PO_4 0.05~1.0%를 가하여 pH 2.0으로 조절한 다음 260~280℃, 90~100atm의 반응탑을 통과시키면서 탈수반응을 시킨다. 전화율은 85~90%이며, 수율은 99%에 달한다.

이렇게 만든 테트라히드로푸란으로부터 1,3-부타디엔을 만들려면 앞에서 1,3-부탄디올로부터 탈수반응으로 1,3-부타디엔을 만들 때 사용한 방법과 같이 하면 된다. 다만 촉매는 같은 촉매를 사용하지만 유리인산의 양만은 2배량을 가하여 만든 촉매를 사용하여 330℃에서 반응시키면 1,3-부타디엔을 95% 수율로 얻을 수 있다.

13.9 기타의 탈수반응

(1) 시클로헥산올에서 시클로 헥센의 합성

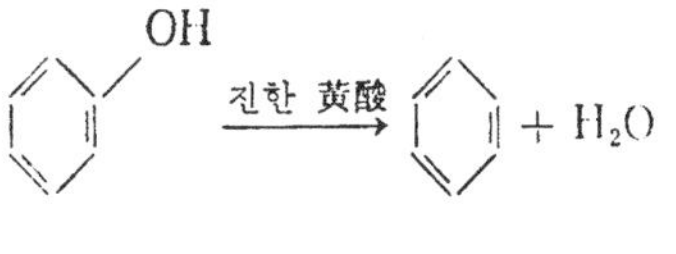

500㎖의 클라이젠플라스크에 시클로로헥산올 400g과 진한 황산 12㎖를 넣고 130~14

0℃로 기름중탕에서 가열한다. 가열할 때 유출되는 유분을 얼음으로 냉각하면서 수기에 포집한다. 클라이젠플라스크 중의 잔유물이 조금 남아서 SO_2 냄새가 나면 가열을 중지한다. 가열을 중지하기 전에 150℃까지 온도를 상승시킨다. 유출시간은 약 5~6시간 걸린다. 유출액에는 소금을 넣어 포화시켜 시클로헥센과 물을 분리한다. 분리한 시클로헥센에 $CaCl_2$건조제를 넣어 탈수건조한 다음 콘덴서를 사용하여 증류한다(b.p. 80~82℃). 1~2회 정류하면 수량 260~285g을 얻는다.

(2) *o*-벤조일벤조산으로부터 안트라퀴논의 합성

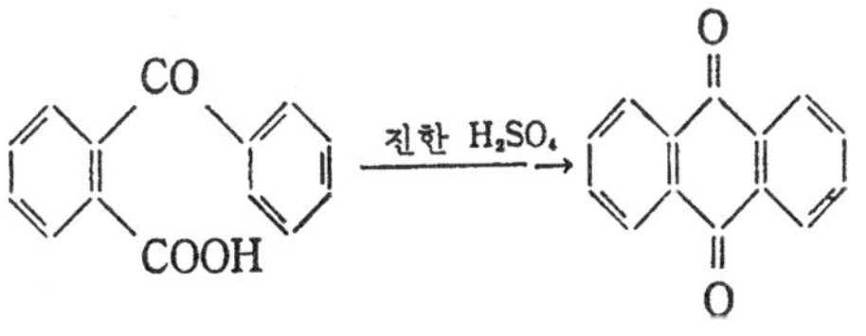

o-벤조일벤조산 2g에 진한황산 10㎖를 가한 다음 수증기중탕 위에서 1시간 정도 가열한다. 반응액은 붉은색에서 적갈색으로 변한다. 반응 후에 즉시 반응액을 빙수중에 부어 넣으면 안트라퀴논이 석출한다. 이것을 다시 끓이고 여과한 다음 생성한 조안트라퀴논을 빙초산 60~80㎖로 재결정시킨다(수율 85%).

14. 분해반응

유기화합물이 열, 방사선, 빛, 전기에너지 등으로 결합이 끊어져서 두 개 이상의 새로운 화합물로 되는 반응을 말한다. 분해방법에 따라 열분해, 광분해, 방사선분해, 전기분해로 나누며 촉매를 사용하여 열분해시킬 때 **접촉분해**라고 한다. 이 중에서 열분해와 광분해가 중요하다.

14.1 광분해반응

빛으로 유기화합물을 분해하는 반응을 **광분해반응**이라고 한다. 방사선분해도 넓은 의미로는 광분해라고 하는데 광분해반응보다 높은 에너지가 필요하다. 광분해하면 자유라디칼이 생성한다. 반응메카니즘은 복잡하여 아직 많은 반응에서 완전히 알려지지 않고 있다. 대부분이 중간생성물을 생성하여 여러 단계로 반응이 진행된다. 중간생성물들끼리 다시 반응이 일어나서 많은 생성물이 생긴다. 어떤 화합물은 중간생성물없이 직접 분해하는 것도 있다.

아세트알데히드의 분해반응은 다음과 같다. $h\nu$는 빛에너지를 표시한다.

$$CH_3CHO + h\nu \longrightarrow CH_4 + CO \qquad (1)$$
$$CH_3CHO + h\nu \longrightarrow CH_3\cdot + CHO\cdot \qquad (2)$$
$$CH_3\cdot + CH_3CHO \longrightarrow CH_4 + CH_3CO\cdot \qquad (3)$$
$$CH_3CO\cdot \longrightarrow CH_3\cdot + CO \qquad (4)$$
$$CHO\cdot \longrightarrow H\cdot + CO \qquad (5)$$
$$H\cdot + CH_3CHO \longrightarrow H_2 + CH_3CO\cdot \qquad (6)$$
$$2\,CH_3\cdot \longrightarrow C_2H_6 \qquad (7)$$

(1)의 반응은 중간생성물없이 메탄과 일산화탄소만을 생성하는 직접분해반응이다. (2)의 반응을 자유라디칼을 생성하는 반응메카니즘으로 진행하는 분해반응이다. 알데히드가 먼저 메틸자유라디칼(메틸유리기 $CH_3\cdot$)과 알데히드자유라디칼(알데히드유리기 $CHO\cdot$)로 분해한 다음에 다시 알데히드자유라디칼이 알데히드와 반응하여 $CH_3CO\cdot$가 생성된다. 이와 같이 생성한 자유라디칼들은 더 많은 자유라디칼을 형성하여 전체적으로는 복잡한 반응을 하게 된다.

14.2 탈탄산반응(decarboxylation)

카복시산이나 이의 염은 열에 불안정하여 가열하면 분해하여 CO_2를 발생한다. 카복시기와 결합하고 있는 α탄소에 전자를 흡인하는 기능기가 있는 화합물이나 카복시산의 염은 보다 쉽게 분해한다.

$$(RCOO)_2Ca \xrightarrow{\Delta} RCOR + CaO + CO_2\uparrow$$

$$(RCOO)_2Ca + H_2O \xrightarrow{\Delta} 2\,RH + CaCO_3 + CO_2\uparrow$$

$$Cl_3CCOOH \xrightarrow{200°C} CHCl_3 + CO_2\uparrow$$

$$O_2N\text{-}CH_2COOH \xrightarrow{\Delta} CH_3NO_2 + CO_2\uparrow$$

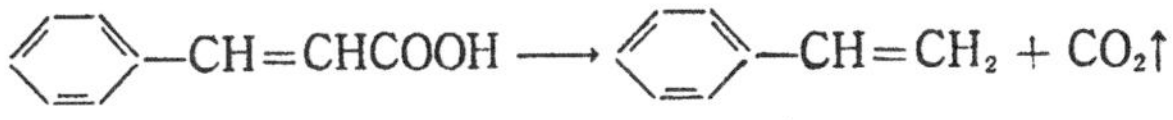

Cinnamic acid　　　　　스티렌

$$R-\underset{\underset{O}{\|}}{C}COOH \xrightarrow{\Delta} RHO + CO_2\uparrow$$

α-keto acid

$$R\underset{\underset{OH}{|}}{C}HCOOH \xrightarrow{\Delta} RCHO + CO_2\uparrow + H_2O$$

α-Oxyacid

유기화합물의 종류에 따라서는 약간만 가열해도 쉽게 탈탄산한다. 디카복시산을 CaO, ThO_2, SeO 존재하에 가열하면 분해하여 CO_2와 H_2O를 방출한 다음 고리상 케톤을 형성한다.

$$HOOC(CH_2)_nCOOH \xrightarrow{\Delta} (CH_2)_nCO + CO_2 + H_2O$$

말론산과 이의 유도체를 가열하면 CO_2를 발생하고 카복시산이 된다.

$$HOOCCH_2COOH \xrightarrow{\Delta} CH_3COOH + CO_2$$

$$HOOC-\underset{R}{\overset{R'}{C}}-COOH \xrightarrow{\Delta} \begin{matrix}R' \\ \ \ \diagdown \\ \ \ \ CHCOOH \\ \ \ \diagup \\ R\end{matrix} + CO_2$$

어떤 유기화합물은 비교적 저온에서 쉽게 분해하여 자유라디칼을 생성하고 CO_2나 N_2를 발생한다. 자유라디칼은 고분자화학에서 중합개시제로 사용된다. 가열시 발생하는 CO_2나 N_2 등은 고분자물질의 발포제로 작용하여 건축재의 절연재, 방음재, 단열재 또는 스폰지 등을 만든다.

$$C_6H_5\underset{\substack{\| \\ O}}{C}OO\underset{\substack{\| \\ O}}{C}C_6H_5 \xrightarrow{\Delta} 2\,C_6H_5COO\cdot$$

過酸化벤조일

$$2\,C_6H_5COO\cdot \longrightarrow 2\,C_6H_5\cdot + 2\,CO_2$$

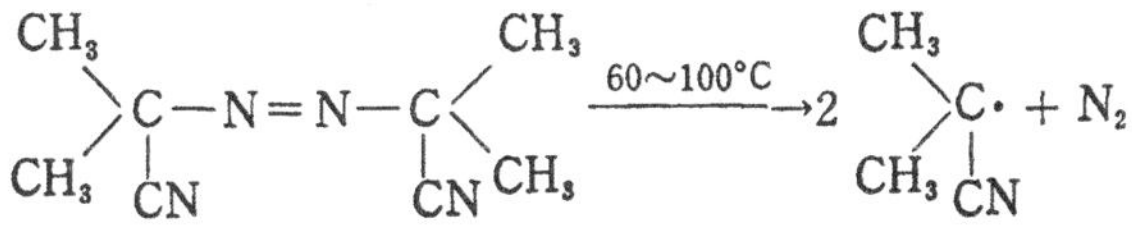

α, α′-azobisisobutyronitrile　　　　2-cyano-iso-propyl radical

14.3 탄화수소의 열분해반응

탄화수소를 500~700℃로 가열하면 탄소-탄소(C–C) 및 탄소-수소(C–H)간결합이 끊어져서 몇 개의 작은 분자나 알킬라디칼이 생긴다.

이와 같은 열분해반응을 **pyrolysis** 또는 **thermal cracking**이라고 하는데 특히 석유화학공업에서 중요하다. 석유나프타나 천연가스 또는 중질유 등으로부터 석유화학공업과 고분자공업의 중요한 원료인 에틸렌, 프로필렌 등 올레핀이 생성한다. 예를 들면, *n*-부탄은

$$CH_3CH_2CH_2CH_3 \longrightarrow \begin{cases} CH_3CH{=}CH_2 + CH_4 \\ CH_2{=}CH_2 + CH_3CH_3 \end{cases}$$

탄소수가 더 큰 세탄($C_{16}H_{34}$)을 열분해하면

$$\left.\begin{array}{l} C_{16}H_{34} \xrightarrow{\Delta} \underset{\text{옥탄}}{C_8H_{18}} + \underset{\text{옥텐}}{C_8H_{16}} \longrightarrow \\ C_{16}H_{31} \xrightarrow{\Delta} C_{14}H_{30} + C_2H_4 \longrightarrow \end{array}\right\}$$ 이들이 각각 분해하여 수많은 低級炭化水素와 올레핀이 생성된다.

$C_{16}H_{34} \xrightarrow{\Delta}$ 이 외에도 수많은 탄화수소와 올레핀이 생긴다

(3) 메탄, 에탄, 프로판 ⟶ 아세틸렌

중유(heavy oil)는 석유를 정제한 다음 상압증류로 분리할 때 비점이 300℃이상의 유분을 말하며 연료유나 윤활유 등을 제조하는 데 사용하며 경유는 비점이 275℃ 이상의 유분을 말하며 연료유로 쓰거나 분해하여 가솔린이나 올레핀 등을 만드는 데 사용한다. 석유나프타는 나프타라고도 하며 휘발성인 석유를 말하는데 가솔린을 이렇게 부르는 경우도 있다.용도는 가솔린 엔젠의 연료로 사용하는 이외에도 도료의 용제, 공업용 용제, 드라이클리닝 용제, 분해유원료, 접촉개질용 원료로 사용하기도 한다. 나프타를 좀더 세분하면 **경질나프타**와 **중질나프타**가 있는데 비점 범위는 전자가 40~126℃(탄소수 6~8), 후자는 100~220℃(탄소수 7~12)의 유분을 말한다. 그러므로 나프타는 보통 40~220℃의 비

점 범위를 가지고 있는 탄화수소를 말한다.

(4) 석유 ⟶ 석탄가스, 타르, 코크스

과거에는 석탄에서 석탄가스, 타르, 코크스 등을 만드는 것을 **석탄건류**라고 했다. 1차 세계대전 후 독일에서 염료, 의약품원료인 방향족화합물을 얻기 위해 석탄건류공업이 발전하였으며 석유의 대용으로 액체석탄을 만들기 위하여 Fischer-Tropsch 합성법도 석탄의 열분해생성물로 시작된 것이다. 그러나 한동안 석유가격이 저렴하므로 석탄으로부터 인조석유나 탄화수소를 만드는 공업은 거의 폐기상태에까지 이르렀으나 최근에 석유가격의 급등으로 다시 이 공업의 필요성이 대두되어 비산유국에서는 석탄을 원료로 합성석유, 나프타를 만들거나 이것으로부터 에너지원을 만드는 각종 획기적인 연구가 진행되고 있다.

(3)의 메탄에서 아세틸렌을 만드는 반응은 열분해로 메틸자유라디칼이 생성되고 다시 결합 및 탈수소반응으로 진행하는 열분해반응의 일종이다.

$$2\,CH_4 \xrightarrow{\Delta} CH \equiv CH + 3\,H_2$$

에탄과 프로판 등 저급탄화수소로부터 아세틸렌을 만드는 반응도 동일한 벤젠메카니즘으로 진행된다.

14.4 저급탄화수소의 열분해반응

천연가스나 석유나프타는 대부분이 저급탄화수소인 파라핀계 탄화수소로 되어있는데 열분해하면 에틸렌, 프로틸렌, 부틸렌, 아세틸렌 등을 얻을 수 있다. 석유화학과 고분자화학공업의 원료제조에 특히 중요하다.

14.4.1 메탄의 열분해

$$CH_4 \xrightarrow{1000^\circ C\ \text{이상}} C + 2H_2$$

메탄은 포화수소이므로 열에 상당이 안정하지만 공기없이 1000℃ 이상의 온도에서 가열하면 탄소와 수소가 분해한다.

$$2\,CH_4 \xrightarrow[0.1\sim0.01\text{초}]{1300\sim1500^\circ C} CH \equiv CH + 3H_2$$

그러나 앞에서도 말한 바와 같이 100℃ 이상의 높은 온도에서 (1300~1500℃) 아주 짧은 시간 열분해하고 생성물의 분해를 막기 위하여 급랭하면 아세틸렌(약 10%)이 생성된다.

14.4.2 에탄의 열분해

$$CH_3-CH_3 \xrightarrow{850°C} CH_2 = CH_2 + H_2$$

에탄올 850℃로 짧은 시간 분해하면 에틸렌이 생긴다. 이때의 에탄의 전화율은 45%이고 에틸렌의 수율은 70~80%이다. 나머지는 대부분이 메탄이다. 메탄의 열분해때처럼 극히 짧은 시간 접촉분해하면 아세틸렌이 된다.

14.4.3 프로판 및 포화탄화수소

프로판이나 이것보다 탄소수가 큰 파라핀계 탄화수소를 열분해하면 탈수소, 탄소-탄소 결합의 절단반응이 일어나서 에틸렌, 프로필렌 등이 생성되는데 대개의 경우 메탄도 부산물로 생긴다.

$$CH_3CH_2CH_3 \xrightarrow{780\sim800°C} CH_2{=}CH_2 + CH_4 \quad (\text{收率},\ 70\sim80\%)$$

$$CH_3CH_2CH_2CH_3 \xrightarrow[\text{轉化率 } 90\%]{770\sim800°C} 2\,CH_2{=}CH_2 + 2H_2$$

$$\text{또는} \quad CH_3CH{=}CH_2 + CH_4$$

$$CH_3-\underset{\displaystyle CH_3}{\underset{|}{CH}}-CH_3 \xrightarrow{<500°C} CH_3CH{=}CH_2 + CH_4$$

$$\text{또는} \quad CH_3\overset{\displaystyle CH_3}{\overset{|}{C}}{=}CH_2 + H_2$$

프로판으로부터 에틸렌과 메탄이 생성되지만 *n*부탄에서는 에틸렌 이외에 프로필렌도 생성한다. 이와 같이 탄화수소의 탄소수가 증가하면 그보다 적은 탄소수의 올레핀이 생성하는데 그 종류도 파라핀의 탄소수의 증가에 따라 증가한다. 한편, 열분해온도는 탄소수가 증가할수록 낮아지며 이소파라핀인 때는 더욱 낮아도 된다.

이들 열분해는 반응조건(온도, 접촉시간, 촉매) 등에 따라 생성물이 달라지므로 복잡한 반응이라고 할 수 있다.

14.4.4 올레핀

올레핀은 파라핀보다 열에 안정하다. 올레핀 중에서도 2중결합이 중간에 있는 것이 더 안정하고 탄소수가 증가하거나 가지가 있는 이소파라핀 등은 안정성이 낮아진다. 그러나 앞에서도 말한 바와 같이 반응조건에 따라 생성물은 다종다양해진다.

예를 들면 1-부텐을 열분해하면 반응온도, 시간에 따라 에틸렌, 프로필렌 이외에도 중간체간의 반응으로 펜텐, 헥센, 부타디엔, 벤젠, 시클로헥산, 시클로펜탄 등이 생성한다. 고온에서 분해시간을 짧게 하고 생성물을 급히 냉각하면 아세틸렌이 되며 700~800℃에서 반응시키면 생성물의 대부분은 에틸렌과 프로필렌이며 이것을 그대로 오랫동안 같은 온도에서 그대로 놓아두면 부가반응과 환원반응이 일어나서 벤젠이 생긴다.

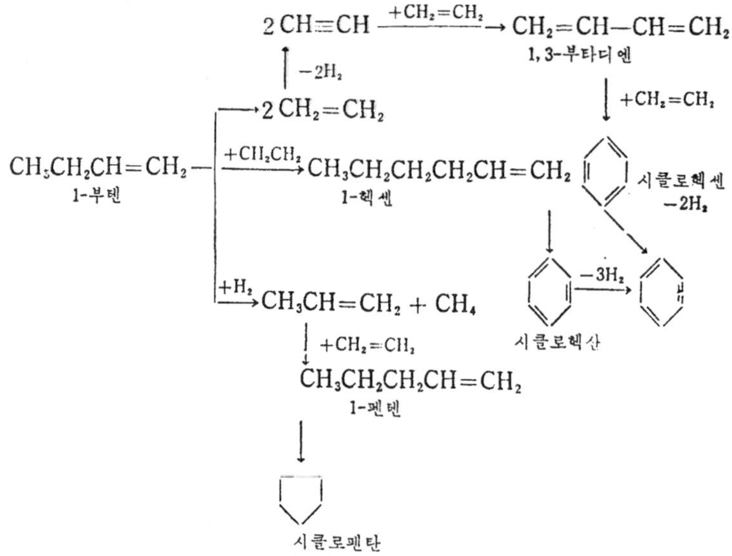

한편 고리상올레핀을 열분해하면 알릴위치에서 절단반응이 일어난다. 이것을 Schmidt 2중결합측이라고 하는데 2중결합 다음의 α-탄소와 β-탄소 사이의 탄소와 탄소 결합이 끊어지는 반응을 말한다.

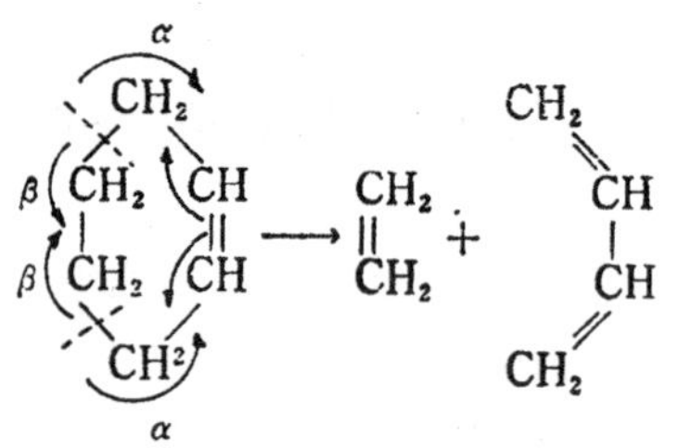

14.5 탄화수소의 열분해반응형식

탄화수소를 500~1000℃의 고온으로 가열하면 C–C결합이 끊어져서 두 개 이상의 저급탄화수소가 되며 C–H결합이 끊어지면 올레핀과 수소가 생긴다.

이외에도 반응조건에 따라 이성화반응, 고리화반응, 방향족화반응, 수소이전반응 등이 일어난다. 그 예를 들면 다음과 같다.

分解反應　C–C 結合切斷反應 $C_6H_{14} \longrightarrow C_4H_{10} + C_2H_4$
脫水素反應　C–H 結合切斷反應 $C_6H_{14} \longrightarrow C_6H_{12} + H_2$
異性化反應 { 主鎖移動　n-$C_6H_{14} \longrightarrow iso$-$C_6H_{14}$
　　　　　　 二重結合移動　1-펜텐 ⟶ 2-펜텐
고리化反應 고리형성 n-헥센 ⟶ 시클로헥센
芳香族化反應 { 脫水素芳香族化시클로헥산 ⟶ 벤젠
　　　　　　　 고리化脫水素芳香族化헥산, 헥센 ⟶ 벤젠

수소이동반응 데카린+ *iso*-부텐 ⟶ 테트라린 또는 나프탈렌+ *iso*-부탄 분해반응을 cracking이라고도 한다. 촉매없이 가열하는 반응을 **열분해**(thermal cracking)라고 하며 촉매 존재하에서 분해하는 반응을 **접촉분해**(catalytic cracking)라고 한다. 접촉분해반응은 열분해반응보다 낮은 온도(450~550℃)에서 반응하므로 반응이 완만하기 때문에 생성물 중에 저분자화된 가스성분은 적다. 경질유나 중질유 등을 접촉분해하면 방향족탄화수소, 나프텐, 이소파라핀 등 고옥탄가를 가진 성분이 많이 생기고 가스성분인 탄소수 C_4이하는 4~7% 정도밖에 생성되지 않는다. 그러므로 최근에는 석유정제공업에서는 대부분이 접촉분해법을 채용하고 있다. 1934년에 Houdry법인 실리카-알루미나촉매를 사용하는 고정촉매법 접촉분해반응이 처음 공업화되었으나 반응이 가혹하여 탄소의 다량석출 등으로 효율이 좋지 않아 이를 개량한 것이 **이동상식**이며 다음에 더 개량된 것이 **유동상식 접촉분해법(FCC법)**인데 현재는 대부분이 이 방법을 사용하고 있다.

에틸렌, 프로필렌 등 저급올레핀을 얻으려면 원료인 탄화수소를 기상으로 촉매없이 열분해하는 것이 좋고 부틸렌 등 탄소수가 큰 올레핀을 얻기 위해서는 접촉분해나 탈수소반응을 택하는 것이 공업적으로 유리하다.

14.5.1 열분해

탄화수소를 열분해할 때 생성물의 종류나 분해속도는 분해온도, 분해시간, 원료인 탄화수소의 종류 및 분자량에 따라 큰 차이가 있다. 탄소수 C_2~C_4의 올레핀을 얻으려면 700~800℃에서 반응시키는 것이 좋다. 이때 생성물은 대부분 에틸렌과 프로필렌이지만 이외에도 이성화, 중합, 부동변화, 축합반응 등도 일어난다.

이 반응에서 처음의 주요분해반응은 C—C결합과 C—H결합에서의 절단반응이다. 초기의 반응으로 생성한 중간체가 다시 서로 반응하거나 이 중간체가 원료인 탄화수소와 반응하여 여러 가지의 분해생성물을 만든다.

열분해반응 메카니즘

탄화수소를 열분해하면 C—C결합의 해리에너지가 C—H결합의 해리에너지보다 작기 때문에 C—C결합이 먼저 끊어져서 R_2·와 R_3·의 자유라디칼이 생성한다(1). 참고로 유기화합물의 결합해리에너지를 표 14-1에 나타낸다.

이 반응은 자유라디칼 생성반응으로 **개시반응**이라고 한다. 이 라디칼들이 원료인 R_1H와 반응하여 수소원자와 결합한다. 자신은 안정한 R_2H와 R_3H를 생성한다.

다시 R_1·을생성하는데 (2)이 R_1·은 열에 불안정하므로 자신이 분해하여 에틸렌이나 프로필렌 등 저급올레핀을 만들고 R_4·와 R_5·을 만든다(3). 이 라디칼들은 다시 (2)와 같은 반응을 하든가 보다 작은 알킬라디칼과 저급올레핀으로 변한다(3). 이것을 **연쇄반응**(chain transfer)이라고 하면 고분자반응에서 **성장반응**(propagation)과 비슷하다. R_2·와 R_3·는 자신이 분해하여 올레핀과 저급알킬라디칼을 생성하기도 한다.

열에 의하여 일단 알킬라디칼이 생성하면 연속적으로 반응하여 올레핀을 생성하면서 여러 종류의 알킬자유라디칼이 생성하게 되지만 어느 단계에 가서는 라디칼들이 서로 반응하여 더 이상의 다른 라디칼이 생성치 못하고 반응은 정지된다. 이 반응을 **정지반응**

(termination)이라고 한다.

$$R_1H \longrightarrow R_2\cdot + R_3\cdot \quad (1) \text{ 開始反應}$$
$$\left.\begin{array}{l} R_2\cdot + R_1H \longrightarrow R_2H + R_1\cdot \quad (2) \\ R_3\cdot + R_1H \longrightarrow R_3H + R_1\cdot \quad (2) \\ R_1\cdot \longrightarrow CH_2{=}CH_2 + R_4\cdot \quad (3) \\ R_1\cdot \longrightarrow CH_3CH{=}CH_2 + R_5\cdot \quad (3) \\ R_4\cdot(\text{또는 } R_5\cdot,\ R_2\cdot,\ R_3\cdot) \longrightarrow CH_2{=}CH_2,\ CH_3CH{=}CH_2 + R_n\cdot \quad (3_1) \end{array}\right\} \text{連鎖反應}$$
$$\left.\begin{array}{l} R_1\cdot + R_2\cdot \longrightarrow R_1{-}R_2 \quad (4) \\ R_1\cdot + R_2\cdot \longrightarrow \underset{\text{파라핀}}{R_1H} + \underset{\text{올레핀}}{R_2(-H)} \quad (4_1) \end{array}\right\} \text{停止反應}$$

(4)의 반응은 두 알킬자유라디칼이 서로 결합하여 파라핀이 되는 반응이고 (4_1)의 반응은 파라핀과 올레핀을 만드는 **부동변화**(불균등화, disproportionation)라고 한다.

표 14-1 결합해리에너지(kcal/mol) (25℃)

H—H	104	H—I	71	$CH_2{=}CH{-}H$	104
O=O	119	H—OH	120	$CH{\equiv}C{-}H$	121
N≡N	226	H—OOH	89	$C_2H_5{-}H$	000
F—F	37	HO—OH	52	$CH_2{=}CHCH_2{-}H$	77
Cl—Cl	58	HO—Cl	60	$C_6H_5CH_2{-}H$	78
Br—Br	46	HO—Br	56	$CH_3{-}CH_3$	84
I—I	36	=N—C	37	$(CH_3)_2CH{-}CH_3$	75
H—F	135	=N—Br	28	$(CH_3)_2C{-}CH_3$	74
H—Cl	103	$CH_3{-}H$	102	$CH_3CO{-}CH_3$	72
H—Br	87	$C_2H_5{-}H$	98	$CCl_3{-}Cl$	68
		$(CH_3)_2CH{-}H$	94	$CH_3{-}Cl$	80
		$(CH_3)_3C{-}H$	90	$CH_2{=}CH_2$	123
				$CH{\equiv}CH$	229

C—H 결합해리에너지의 세기의 순서는 다음과 같다.

1차탄소 > 2차탄소 > 3차탄소

그러므로 알킬라디칼의 안정성의 순서는 다음과 같다.

$$CH_3\cdot < CH_3CH_2\cdot < (CH_3)_2CH\cdot < (CH_3)_3C\cdot$$

불포화탄화수소에서의 C—H결합의 해리를 보면 다음과 같다.

$CH_2{=}CHCH_2{-}H$와 $C_6H_5{-}CH_2{-}H$는 상당히 쉬운데 비해 불포화기가 있는 탄소에 붙어 있는 수소는 해리가 힘들다.

$$CH_2{=}CH{-}H,\quad CH{\equiv}C{-}H,\quad C_6H_5{-}H$$

이유는 이때 생성한 알킬라디칼 $CH_2=CHCH_2\cdot$와 벤젠라디칼 $C_6H_5CH_2\cdot$이 공명구조를 형성함으로써 안정한데 비해 비닐라디칼 $CH_2=CH\cdot$에틴일라디칼 $CH\equiv C\cdot$ 및 페닐라디칼 $C_6H_5\cdot$ 등은 불안정하기 때문이다.

에탄의 열분해반응

$$C_2H_6 \longrightarrow 2\dot{C}H_3\cdot \quad (1)$$
$$CH_3\cdot + C_6H_6 \longrightarrow C_2H_5\cdot + CH_4 \quad (2a)$$
$$C_2H_5\cdot \longrightarrow H\cdot + C_2H_4 \quad (2b)$$
$$H\cdot + C_2H_6 \longrightarrow C_2H_5\cdot + H_2 \quad (2c)$$
$$C_2H_5\cdot + C_2H_5\cdot \longrightarrow C_4H_{10} \quad (3a)$$
$$H\cdot + C_2H_5\cdot \longrightarrow C_2H_6 \quad (3b)$$
$$CH_3 + C_2H_5\cdot \longrightarrow C_3H_8 \quad (3c)$$
$$H\cdot + CH_3\cdot \longrightarrow CH_4 \quad (3d)$$
$$CH_3\cdot + CH_3\cdot \longrightarrow C_2H_6 \quad (3e)$$
$$H\cdot + H\cdot \longrightarrow H_2 \quad (3f)$$

(1)은 개시반응이고 (2a), (2b), (2c)는 연쇄반응이다. (3a), (3b), (3c), (3d), (3e), (3f)는 정지반응이다.

14.5.2 접촉분해

석유의 열분해반응에서는 C_1~C_3의 탄화수소가 다량 생성하며 접촉분해반응에서는 C_3~C_4의 탄화수소가 다량 생성한다. 생성물이 틀린 이유는 분해반응 메카니즘이 틀리기 때문이다.

접촉분해반응은 경질유나 중질유를 silica-alumina계 촉매 존재하에서 350~600℃의 온도로 분해하는 반응으로 고옥탄가가솔린제조에 널리 사용되고 있다.

이 반응에서 10~25%의 생성가스 중에는 C_3~C_4의 탄화수소가 많다. 상기 촉매외에도 산성백토 등을 사용하는데 이 촉매들은 강산성이며 촉매의 활성은 촉매의 산성도에 비례한다. 그러므로 촉매분해반응 메카니즘은 카르보늄이온으로 진행됨을 알 수 있다.

(1) 접촉분해반응 메카니즘

카르보늄이온의 생성은 다음과 같다. 원료인 포화탄화수소에 올레핀이 미량 함유되어 있을 때는 촉매로부터 H^+을 받아서 알킬카르보늄이온(R^+, 예를 들면 프로필렌일 때는 $C_3H_7^+$)이 생긴다. 미량의 올레핀이 없어도 가열하면 열분해하여 C—C결합이 단절되면서 올레핀과 파라핀이 생성되는데 이 중 올레핀은 앞에서 설명한 바와 같은 형식으로 알킬카르보늄이온이 생성될 수 있다. 또 포화탄화수소인 파라핀에서 수소음이온(H^-)이 떨어져 알킬카르보늄(R^+)이 생기기도 한다. 이 알킬카르보늄이온의 생성메카니즘은 다음과 같다.

제1단계반응

$$\underset{\text{올레핀}}{RCH = CH_2} \xrightarrow{H^+} \underset{\textit{Sec}\text{-alkyl carbonium ion}}{R\overset{+}{C}H—CH^3} \quad (1)$$

$$R-CH_2CH_2CH_3 \xrightarrow{-H^-} RCH_2\overset{+}{C}HCH_3 \quad (2)$$

Sec-alkyl carboniumion

이와 같이 생성한 알킬카르보늄이온은 제 2단계과정에서는 파라핀(예 : $C_{16}C_{34}$)에 작용하여 *sec*-헥사데카카르보늄을 만든다.

제2단계반응

$$CH_3CH_2(CH_2)_{13}CH_3 + R\overset{+}{C}HCH_3 \longrightarrow CH_3C^+H(CH_2)_{13}CH_3 + RCH_2CH_3 \quad (3)$$

만약 제2단계반응에서 헥사데칸의 말단탄소에서 H^+이 떨어져서 *n*-헥사데카카르보늄이온($CH_3(CH_2)_{14}C^+H_2$)이 생성되더라도 보다 안정한 *sec*-헥사데카카르보늄이온 [식 (3)]으로 카르보늄이온이 말단탄소에서 그 다음 탄소로 분자내전위한다. 다음에 이 *sec*-데카헥사크르보늄이온분자에서 카르보늄이 있는 탄소의 다음 탄소(β탄소)와 결합한 γ탄소간의 결합이 끊어지는 β절단(β-fission)이 제 3단계 분해반응이 일어난다.

제3단계반응

$$\overset{\alpha}{CH_3\overset{+}{C}H}\overset{\beta}{CH_2}\vdots\overset{\gamma}{CH_2}-CH_2(CH_2)_{10}CH_3 \longrightarrow CH_3\text{-}CH=CH_2 + \overset{+}{C}H_2CH_2(CH_2)_{10}\text{-}CH_3 \quad (4)$$

β切斷　　　　propylene

또는

$$CH_3CH_2\overset{+}{\underset{\alpha}{C}}H-\underset{\beta}{CH_2}\vdots\underset{\gamma}{CH_2}(CH_2)_{10}CH_3 \longrightarrow CH_3CH_2CH=CH_2 + \overset{+}{C}H_2(CH_2)_{10}CH_3 \quad (5)$$

(5)의 β절단반응으로 *n*-부틸렌이 생성하는데 이것은 제2단계반응에서 헥사데카카르보늄이온의 말단에 있는 탄소원자의 카르보늄이온이 두 번째 탄소로 분자내전위할 때 어떤 것은 세 번째 탄소원자에 전위했기 때문이다.

이와 같은 반응메카니즘으로 생성된 [식 (4) 및 (5)] 트리데실카르보늄이온($^+CH_2(CH_2)_{10}CH_3$)과 데카데실카르보늄이온($^+CH_2(CH_2)_{10}CH_3$)은 다시 카르보늄이온이 분자내전위를 하여 *sec*-트리데실카르보늄이온과 *sec*-데카데실카르보늄이온 혼합물이 생긴다.

제4단계반응

$$\overset{+}{C}H_2CH_2(CH_2)_{10}CH_3 \xrightarrow{\text{分子內轉位}} CH_3\overset{+}{C}H(CH_2)_{10}CH_3 \xrightarrow{\beta\text{-切斷}}$$

$$CH_3CH=HC_2+\overset{+}{C}H_2CH(CH_2)_7CH_3$$

$$\overset{+}{C}H_2(CH_2)_{10}CH_3 \xrightarrow{\text{分子內轉位}} CH_3\overset{+}{C}H(CH_2)_9CH_3 \xrightarrow{\beta\text{-切斷}}$$

$$\underset{\text{프로필렌}}{CH_3CH=CH_2}+\overset{+}{C}H_2CH(CH_2)_6CH_3$$

또는

$$\overset{+}{C}H_2CH_2(CH_2)_{10}CH_3 \xrightarrow{\text{分子內轉位}} CH_3CH_2\overset{+}{C}H(CH_2)_9CH_3 \xrightarrow{\beta\text{-切斷}}$$

$$\underset{n\text{-부틸렌}}{CH_3CH_2CH=CH_2}+\overset{+}{C}H_2CH(CH_2)_6CH_3 \tag{6}$$

$$\overset{+}{C}H_2(CH_2)_{10}CH_3 \xrightarrow{\text{分子內轉位}} CH_3CH_2\overset{+}{C}H(CH_2)_8CH_3 \xrightarrow{\beta\text{-切斷}}$$

$$\underset{n\text{-부틸렌}}{CH_3CH_2CH=CH_2} + \overset{+}{C}H_2CH(CH_2)_5CH_3$$

식 (4), (5) 및 (6)과 같이 분해하면서 프로필렌과 n-부틸렌 등이 생성한다. 그러므로 접촉분해반응에서는 C_3와 C_4의 올레핀이 많이 생성하며 C_1과 C_2탄화수소는소량 생긴다. 실제로는 C_4이상의 올레핀생성량이 많아진다. 열분해반응에서 C_2와 C_3의 올레핀이 많이 생성하는 것과는 대조적인 현상이다. 따라서 접촉분해반응에서는 저급탄화수소와 저급올레핀이 생성하며 이들이 서로 반응하거나 방향족화하여 이소파라핀이나 방향족화합물이 많이 생기므로 옥탄가가 높은 탄화수소를 얻을 수 있다. 그러므로 옥탄가가 낮은 경유나 중유로부터 옥탄가가 높은 가솔린을 얻기 위해서는 접촉분해반응을 하는데 이와 같은 반응으로 만든 것을 cracked gasoline이라고 한다.

(2) 촉매의 성질과 특성

접촉분해반응에서는 촉매의 비표면적이 중요하다. 250~600㎡/g의 silica-alumina촉매를 사용하면 열분해때보다 분해온도는 100~150℃정도 낮아지지만 반응속도는 증가한다. 저분자로 분해된 것은 감소하고 이성화, 탈수소화, 고리화, 알킬화반응 등이 일어난다. 촉매의 다공질표면에 탄화수소를 흡착하여 분해반응을 일으키므로 촉매의 표면적과 구멍의 형태 등이 중요하다. 또 H^+을 흡착할 수 있는 산성도가 큰 것이 촉매활성이 크다.

촉매는 실리카와 각종 산화물(알칼리토금속, 알루미늄, 붕소, 티탄 등의 산화물) 등의 무기계산화물인데 촉매의 표면에 음의 전하를 가지고 있다. 촉매표면에 탄화수소가 흡착되면 C—C결합이 절단되어 생긴 올레핀은 양성자(H^+)를 받아 카르보늄이온이 되어 이것이 연속적으로 반응한다.

(3) 접촉분해반응온도

반응속도는 촉매상에 흡착된 반응물질의 농도에 따른다. 촉매상의 반응물질의 농도는 Freundlich의 식에 따라 흡착가스의 농도에 지배된다.

$$A=\alpha P^{1/n}$$

A : 촉매 1g에 吸着된 가스量
P : 가스의 압력
α : 상수
$1/n$: 高溫度에서는 거의 1에 가깝다.

따라서 접촉반응에 대해서는 근사적으로 1차 반응속도에 따른다.

Frost 등의 연구결과 탄화수소를 450℃로 열분해할 때 전화율은 2.0%인데 비하여 같은 온도에서 접촉분해반응을 하였을 때의 전화율은 36%이다. 이 값은 550℃의 온도에서 열분해했을 때의 전화율과 비슷하다. 참고적으로 접촉분해와 열분해할 때 분해온도와 분해율과의 관계를 그림 14-1에 도시하였다.

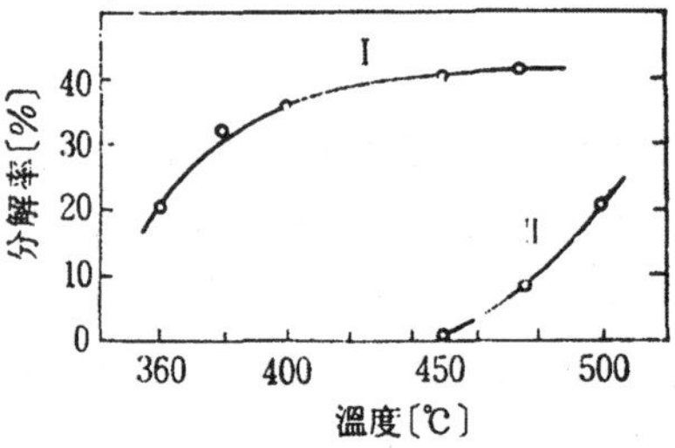

그림 14-1 접촉분해(I)와 열분해시(II)의 분해율과 반응온도와의 관계

이상의 결과로부터 열분해와 접촉분해에서의 활성화 에너지는 온도에 따라 달라진다. 열분해반응에서의 활성화에너지는 58kcal/mol 정도인데 비해 접촉분해반응에서는 20kcal/mol 정도에 지나지 않는다. 접촉분해반응에서 활성화 에너지가 작은 것은 반응물질이 촉매표면에 흡착되어 탄화수소와 촉매층간의 작용하는 힘으로 원료물질의 탄화수소가 활성화되어 분해온도를 낮추는 효과를 가져오고 또 활성화 에너지도 낮아지기 때문이다.

14.5.3 접촉분해와 열분해반응의 비교

(1) 반응메카니즘으로 볼 때 열분해법은 자유라디칼에 의한 연쇄반응인 데 비해 접촉분해법은 카르보늄이온에 의한 반응이다.

(2) 열분해법의 주생성물은 메탄과 에틸렌, 프로필렌인데 접촉분해반응에서는 C_3와 C_4 올레핀인 프로필렌과 부틸렌이 주생성물이다.

(3) 열분해반응에서는 디올레핀 등 불포화도가 높은 올레핀이 많이 생기는 데 비해 접촉분해법에서는 방향족과 이소파라핀이 많아지므로 고옥탄가가솔린을 만드는 데는 이 방법이 좋다.

(4) 열분해는 높은 온도에서 반응시키는데 접촉분해에서는 slica-alumina 등 산성촉매를 사용하므로 보다 낮은 온도에서 분해반응을 시킬 수 있다. 그러므로 동일반응물질을 사용해 반응조건을 같게하여 동일전화율을 얻으려면 전자는 고온이 필요하다. 열분해법은

보통 600~1500℃인데 접촉분해법은 400~550℃에서 분해반응을 한다. 500℃의 분해온도에서 두 방법의 분해 용이성을 나타내면 표 14-2에 나타내었다.

표 14-2 각종탄화수소의 분해경향 비교

熱 分 解	接 觸 分 解
分解하기 쉽다 ↓	
① 파 라 핀 C_nH_{2n+2}	① 올 레 핀 C_nH_{2n}
② 올 레 핀 C_nH_{2n}	② 直鎖脂肪族化芳香族化合物
③ 나 프 텐 C_nH_{2n} (고리형) C_nH_{2n-m} (축합고리형)	③ 나 프 텐 C_nH_{2n} (고리형) C_nH_{2n-m} (축합고리형)
④ 디올레핀 C_nH_{2n-2}	④ 分岐脂肪族化芳香族化合物
⑤ 脂肪族化芳香族化合物	⑤ 파 라 핀 C_nH_{2n+2}
⑥ 芳 香 族 C_nH_{2n} (고리형) C_nH_{n-m} (축합고리형)	⑥ 芳 香 族 C_nH_n (고리형) C_nH_{n-m} (축합형)
分解하기 힘들다	

14.5.4 탄화수소의 열분해, 접촉분해방법 및 장치

(1) 열분해법

현재 공업적으로 사용하는 것 중에는 관식가열로법, 스팀열분해법, Pebble Heater법, 축열로법 등이 있다.

(a) 관식가열로법 : 가장 오래된 열분해법으로 반응관의 외부에서 중류 또는 가스 버너로 가열하여 분해한다. 원료는 열분해로에 들어가기 전에 대류관에서 예열되어 스팀과 함께 열분해로에 들어가서 분해반응을 시킨다. 스팀은 원료유의 60~80% 정도 사용한다. 스팀을 첨가함으로써 원료유가 분해하여 탄소가 석출하는 것을 방지할 수 있다. 그리고 황화물을 함유하는 원료에 대해서는 부식방지효과가 있다. 원료가스의 분해로 중에있다. 체류시간은 0.6~1.3초 정도이며 분해로재의 내열성 때문에 에틸렌다.축적생성온도보다 낮은 온도에서 분해시켜야 하는 결점이 있다. 그러므로 1회분해로는 전화율이 적으므로 미반응원료는 재순환하여 다시 반응시킨다. 분해로를 나온 반응생성물은 급랭하여 생성된 올레핀(에틸렌, 프로필렌 등)다.2차분해에 의한 손실(탄화 등)을 막는다. 냉각은 Dowtherm 등 열용매를 사용하여 폐열을 회수한다. 그림 14-2에 관식가열로와 표 14-3에 각종 석유원료의 열분해조건과 생성물을 나타내었다.

(b) Pebble Heater법 : 알런덤을 주로 하여 만든 pebble을 열촉매로 열분해하는 방법으로 Socony-Mobil Oil Co.에서 최초로 개발한 Thermofor Pyrolytic Cracking Process(T.P.C법)가 있다. 이 방법은 관식가열로에서는 고온으로 가열할 수 없는 단점과 과열로 생성하는 유리탄소를 처리할 수 있도록 한 것이 특징이라고 할 수 있다. 그림 14-3에 Pebble Heater법의 공정도를 도시했다.

지름 3/8in의 pebble이 저장탱크에서 접속실까지 충전되어 있고 pebble의 순환속도는 접속실에서 제어된다. pebble은 연소가스와 공기의 혼합가스에 의해 air lift를 통해 침하실에 이송되고 다시 여기서 예열기로 이송되면서 연소가스에 의하여 세분말로 된 것은 제거된다. 연소실은 연소공기블로어로 5psig정도의 압력으로 유지된다. 원료는 반응기의 하부에서 들어가며 분해가스는 상부로부터 나오게 된다. 여기서 나온 분해가스는 제1급랭탱크에서 물이 스프레이되어 400~700°F로 냉각된다. 다음에 상온까지 냉각된다.

표 14-3 각종 석유의 열분해조건과 생성물(관식가열법)

原 料	輕質直溜가솔린 (73.2° API, 89~215°F 溜分)			直溜나프타 (52.2° API, 215~430°F 溜分)		輕 油 (36~38° API, 特性關係 11.85)	
分解爐出口溫度 〔°F〕	1,365		1,410	1,405		1,375	
〃 壓力〔psig〕	12.5		15.3	15.0		6.5	
蒸氣 대 原料몰比	3.05		7.5	8.2		7.9	
分 解 生 成 物	wt%			wt%		wt%	
成 分		몰 %	몰 %		몰 %		몰 %
H_2	0.6	11.2	14.6	0.8	15.5	0.8	15.9
CH_4	13.6	31.4	28.5	11.1	28.7	11.7	29.6
C_2H_2	} 19.0	} 25.2	0.6	0.4	0.6	0.1	0.2
C_2H_4			32.4	22.1	32.4	22.4	32.4
C_2H_6	7.0	8.5	5.7	2.5	3.4	2.1	2.9
C_3H_6	16.3	14.3	10.5	11.9	11.7	11.7	11.3
C_3H_8	1.4	1.2	0.7	0.4	0.4	0.7	0.6
C_4H_6	3.7	2.5	2.5	4.2	3.2	5.1	3.8
C_4H_8	8.4	5.5	4.3	5.3	3.9	4.7	3.4
C_4H_{10}	0.3	0.2	0.2	0.3	0.2	0.3	0.2
C_4 이하 합계	70.3	100.0	100.0	59.0	100.0	59.6	100.0
分 解 油							
C_5 溜分	} 24.1			} 30.5		} 2.8	2.8
C_6—375°F e. p.							18.0
殘渣油 및 카본	5.6			10.5		18.0	19.6
計	100.0			100.0			

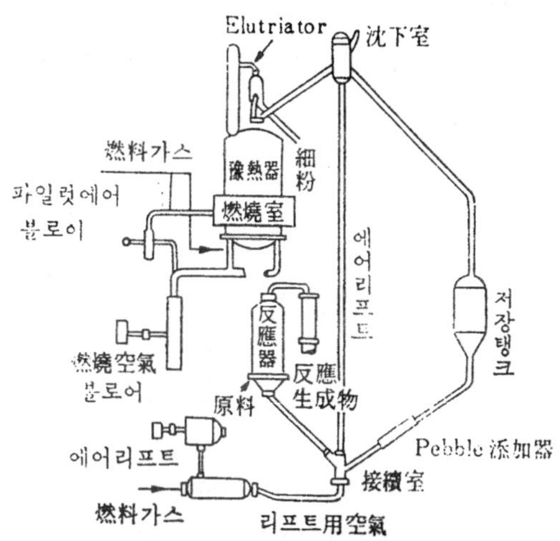

그림 14-2 관식가열로(열분해로)

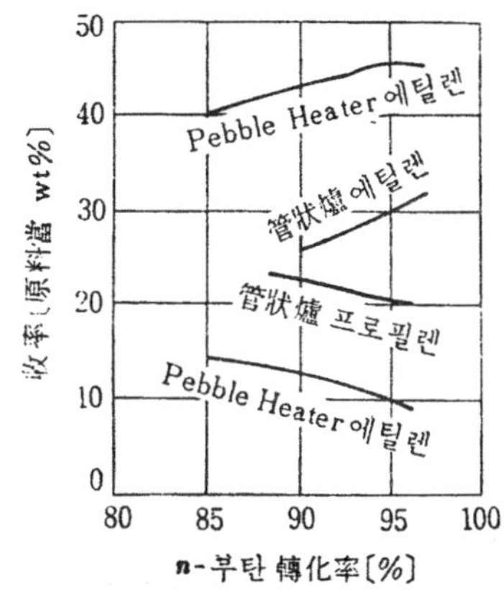

그림 14-3 Pebble Heater법(열분해법) 장치

다음에 기름스프레이, 스크레이버 및 비스트추출기를 통하면서 급랭장치에서 제거되지 않은 타르분과 유분이 제거된다.

Pebble Heater**방법**에서는 90% 이상의 전화율을 가져오지만 다른 방법보다 아세틸렌 생성량이 많고 건설비가 비싸다는 것이 단점이다. 에틸렌과 아세틸렌을 목적으로 할 때는 좋은 방법이라고 할 수 있다.

이 외에 **스팀열분해법**은 비교적 다량의 과열증기를 열매체로 탄화수소(저급탄화수소 및 석유)를 분해하는 방법인데 수율이 좋고 작업에 융통성이 있다.

축열로법은 주로 큰 도시에서 도시가스제조용으로 사용하고 있다. 이외에도 **부분연소법**이 있는데 이것은 원료탄화수소의 일부를 연소하여 그 연소열로 분해를 시키는 방법이다. 이 방법은 고온과 고전열효율 때문에 반응기가 소형화할 수 있다는 장점이 있다. 원료가스의 분자량이 적은 것들, 즉 에탄, 프로판 등일수록 탈수소되어 올레핀의 수율이 많아진다.

(2) 접촉분해법

촉매 존재하에 경유나 중유를 분해하여 고옥탄가가솔린을 만드는 방법으로 분해반응에서 생성하는 고정탄소 등이 촉매에 석출하여 활성이 저하하므로 촉매를 재생해야 한다. 접촉분해법에는 촉매와의 접촉방법에 따라 고정상식(fixed-bed process), 이동상식(moving-bed process), 유동상식(fluidizing-bed process) 등의 세 가지로 구분된다.

(a) 고정상식 접촉분해법 : 촉매를 충전한 반응탑에 원료증기를 주입하여 반응시킨 다음 촉매를 재생하기 위해 반응을 중지한다. 입상(粒狀)의 촉매를 사용하여 3~4기의 반응탑으로 분해반응과 촉매재생반응을 반복하게 되어 있는데 장치 전체로는 연속작업을 하게 된다. 교환반응은 자동적으로 행해진다. 막대한 재생열을 제거하기 위해 용융염을 순환 사용한다. 현재는 접촉분해법에는 사용하지 않고 Hydrocracking(수소화분해)이나 Reforming(개질법)에서 이 방법을 사용하고 있다.

(b) 이동상식 접촉분해법 : 지름 약 3~4mm의 입상(粒狀) 실리카-알루미나촉매를 가열한 다음 원료증기 중에 낙하하여 분해하는 방법이다. 촉매는 촉매저장탱크인 hopper에서 반응탑에 들어가서 유증기를 분해하고 자중으로 하강하여 스트리퍼에서 외부로부터 공급된 스팀에 의하여 촉매에 묻어 있는 유분이 제거되고 재생실로 내려가서 가열공기와 접촉하여 촉매상의 탄소분이 연소되어 제거된다. 이렇게 재생된 촉매는 lift pot로 옮겨져서 연소폐가스 등 불활성가스로 분리탑인 hopper에 가서 분말화된 촉매는 분리 제거된 후 반응탑에 다시 순환하면서 분해반응을 하게 된다., 이동상식 접촉분해법에는 T.C.C법(Thermofor Catalytic Cracking Process)와 Houdriflow Process의 두 가지가 있다. 그림 14-4에 Houdriflow 접촉분해장치를 도시한다.

(c) 유동상식 접촉분해법 : 유동상식은 유동상태의 촉매하에서 탄화수소를 분해시키는 방법이다. 현재 많이 사용하는 공업적인 방법 중에는 Esso법(Esso Research Engineering Co), UOP법(Universal Oil Product Co), Kellog법 등이 있는데 장치상의 약간의 차이는 있으나 원리적으로는 같다. 그림 14-5에 Esso Model Ⅳ 접촉분해장치를 도시한다.

원료유는 외부에 있는 열교환기에서 200~300℃로 예열되어 반응탑에 분사되어 들어간다.

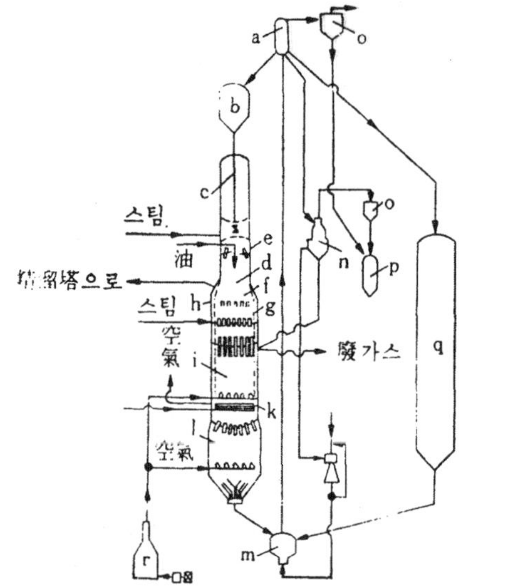

a, b : 觸媒貯槽 c : 反應塔用 張込槽 d : 反應塔 e : 環狀管 f : 分離槽 g : stripping 槽 h : 링室 i : 再生塔 k : 冷却設備 l : 爐底 m : 觸媒卷上室 n : 粉末除去器(elutriation) o : cyclone p : 粉末集積室 q : 觸媒貯藏室 r : 空氣加熱器

그림 14-4 Houdriflow법 접촉분해장치

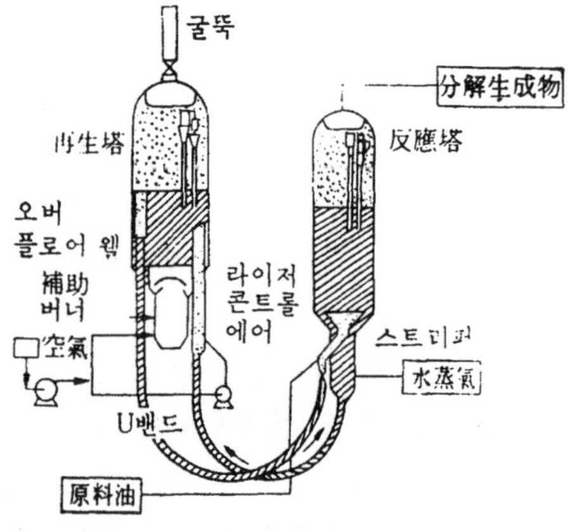

그림 14-5 Esson Model Ⅳ 접촉분해장치

입경(粒徑)이 약 50μ인 촉매와 유동상태로 원료유는 접촉하면서 480~540℃의 온도에서 반응한다(상압). 분해생성물은 반응탑 상부의 사이클론으로 촉매와 분리되어 정류탑으로 보내져서 각 성분으로 분리된다. 정류탑 꼭대기에서는 비점이 낮은 저급탄화수소가스와 가솔린이 나오고 다음에 경질유, 중질유가 점점 하부로 내려오면서 저비점성분은 유출되고 탑저에서는 타르 등 잔사유가 나온다. 반응중에 생성한 탄소분을 함유하고 있는 촉매는 반응탑 하부의 스트리퍼에서 수증기로 유분이 제거된 후 재생탑으로 들어간다. 재생탑의 온도는 550~600℃ 정도이며 하부에서 송입되는 공기가 촉매에 묻은 탄소분을 연소시킨다. 이렇게 재생된 촉매는 다시 반응탑으로 보내진다.

반응물의 수율은 반응조건에 따라 다르지만 보통은 가솔린 50~60vol%, 분해경유 20~40vol%, 분해가스 10~25wt%, 코스크 5~15%이다. 분해가스는 열분해가스와는 성분이 다르다. 앞에서 말한 바와 같이 C_3~C_4유분의 올레핀이 많아진다. 표 14-4에 접촉분해한 원유로부터 얻은 각 성분의 수율을 나타냈다.

표 14-4 원유의 접촉분해 생성물

原 料 油	가스油(콜롬비아産)	가스油(수마트라産)
原料油 比重	0.914	0.861
原料油 50% 沸點(°C)	445	424
收率		
脫부탄가솔린 (vol%)	58.9	53.7
分 解 輕 油 (vol%)	21.2	28.0
부 틸 렌 (vol%)	9.6	10.5
부 탄 (vol%)	7.4	8.4
프 로 필 렌 (vol%)	8.5	6.8
프 로 판 (vol%)	3.1	2.6
C_2 이하 가스 (wt%)	3.7	2.8
코 크 스 (wt%)	8.6	4.8

15. 부가와 축합반응

(1) 부가반응

2개 이상의 분자가 결합하여 새로운 화합물을 만드는 반응을 **부가반응**(addition)이라고 한다. 축합반응도 부가반응의 일종이지만 H_2O나 HCl 등의 분자가 탈리되는 것이 부가반응과는 다른 점이다. 불포화기를 가지고 있는 화합물(예, >C=C<, >C=O, −C≡N)에 H_2, H_2O, Cl_2, HX 등이 부가되는 반응은 유기합성화학에서 중요한 반응에 속한다. 이들은 다른 유기단위공정 즉, 수소화, 가수분해, 수화, 할로겐화 및 알킬화반응에서 취급했으므로 이 장에서는 생략한다. 이 장에서는 특수한 부가반응이나 다른 장에서 취급하지 않은 것을 중심으로 설명한다.

(2) 축합반응

분자간이나 분자내에서 원자 또는 원자단(H_2O, HCl 등)이 탈리하면서 새로운 화합물을 생성하는 반응을 **축합반응**(condensation)이라고 한다. 이것을 더 자세히 구분한다면 **분자간축합반응**과 **분자내축합반응**이 있다.

분자간 축합반응

$$2R\text{-}X + 2Na \rightarrow R\text{-}R + 2NaX$$

분자내 축합반응

$$HOCH_2CH_2OH \rightarrow \underset{\diagdown\ O\ \diagup}{CH_2 - CH_2} + H_2O$$

다가알코올에서 분자내탈수로 분자내에스테르를 생성하는 반응, 알코올과 유기산의 분자간반응으로 탈수하여 에테르를 생성하는 반응도 축합반응이지만 앞의 것은 탈수반응에서, 뒤의 것은 에스테르화반응에서 취급하는 것이 더 적절하므로 이 장에서는 취급하지 않는다.

15.1 축합반응

15.1.1 탈수소축합반응

축합할 때 수소가 떨어져나가는 반응인데 촉매는 $AlCl_3$, Pt-C, MnO_2(탄화제) 등을 사용한다.

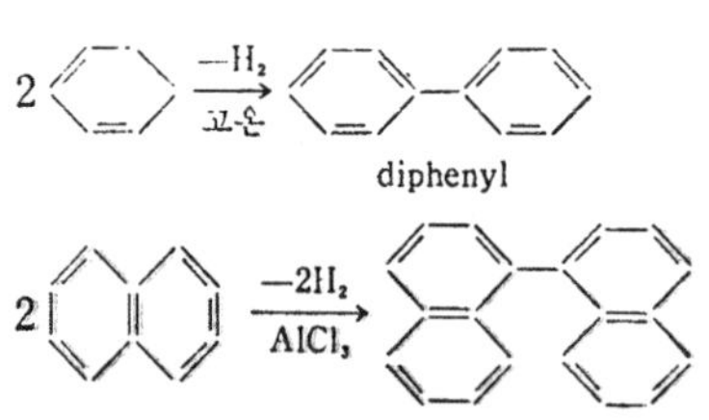

15.1.2 탈할로겐축합반응

할로겐음이온($-X^-$)이 금속할로겐화합물의 형태로 떨어지면서 축합반응이 일어난다. 촉매는 Na, Cu, Zn 등 금속을 사용한다.

$$2RX + 2Na \longrightarrow R{-}R + 2NaX$$ ……Wurtz 反應

$$Ar{-}X + R{-}X + 2Na \longrightarrow Ar{-}R + 2NaX$$ ……Fittig 反應

$$2ArX + Cu \longrightarrow Ar{-}Ar + CuX$$ ……Ullmann 反應

15.1.3 탈할로겐화수소축합반응

분자간에서 할로겐화수소(HX)가 탈리되면서 축합반응이 일어나는데 이 반응으로는 Friedel-Craft's, Gattermann-Koch 반응, Reimer-Tieman반응 등이 있다. 촉매는 $AlCl_3$, BF_3, $FeCl_3$ 등 Friedel-Craft's 촉매와 Cu_2Cl_2, NaOH, Pd-C/$N_2H_4 \cdot H_2O$ 등을 많이 사용한다.

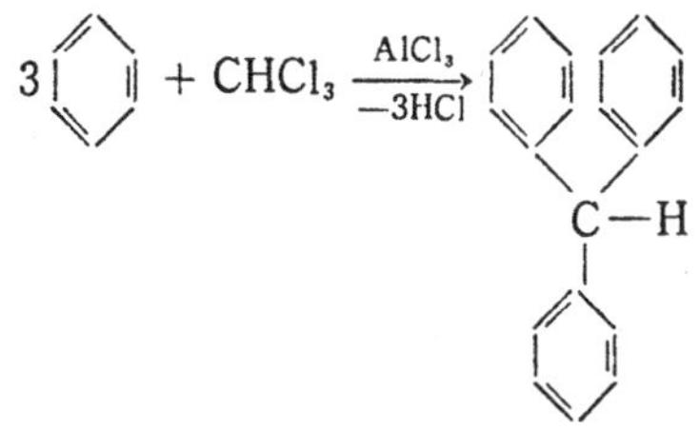

tripehnylmethane

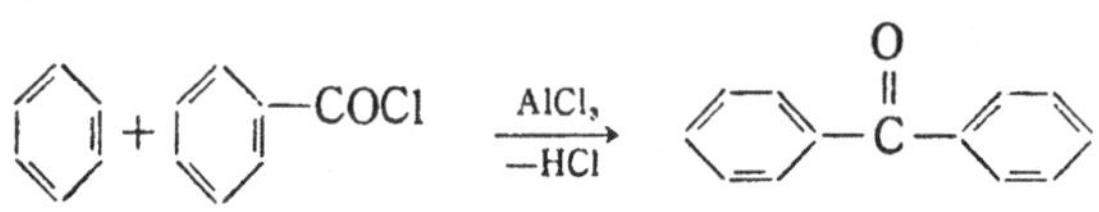

benzoloylchloride benzophenone

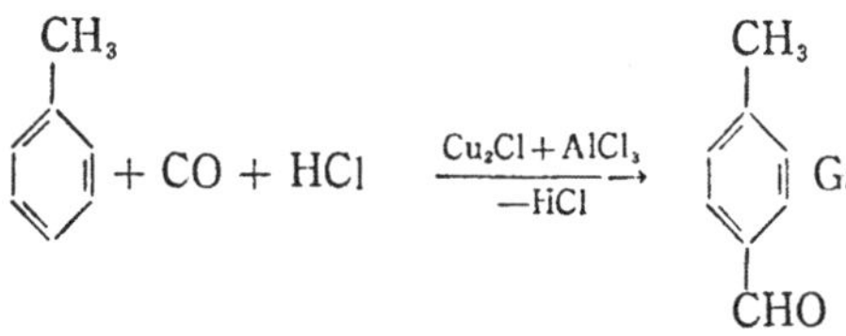

Gattermann-Koch 反應

p-tolualdehyde

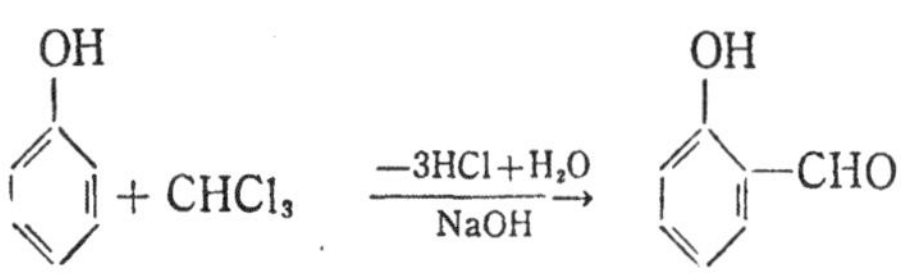

Reimer-Tiemann 反應

salicylaldehyde

$$RX + CH_2(COOC_2H_5)_2 \xrightarrow[RO^-Na^+]{-HX} R{-}CH(COOC_2H_5)_2$$

말론酸에스테르

15.1.4 탈수축합반응

물(H_2O)이 1분자탈리되면서 축합되는 반응으로 산촉매인 H_2SO_4, H_3PO_4나 BF_3,

$POCl_3$, $ZnCl_2$ 등이 사용된다. 2분자의 빙초산에서 물이 1분자 떨어지고 초산무수물이 생성되는 반응이나 프탈산에서 분자내탈수로 무수프탈산이 되는 반응도 탈수축합반응이지만 이들 반응은 이미 탈수반응에서 취급하였다.

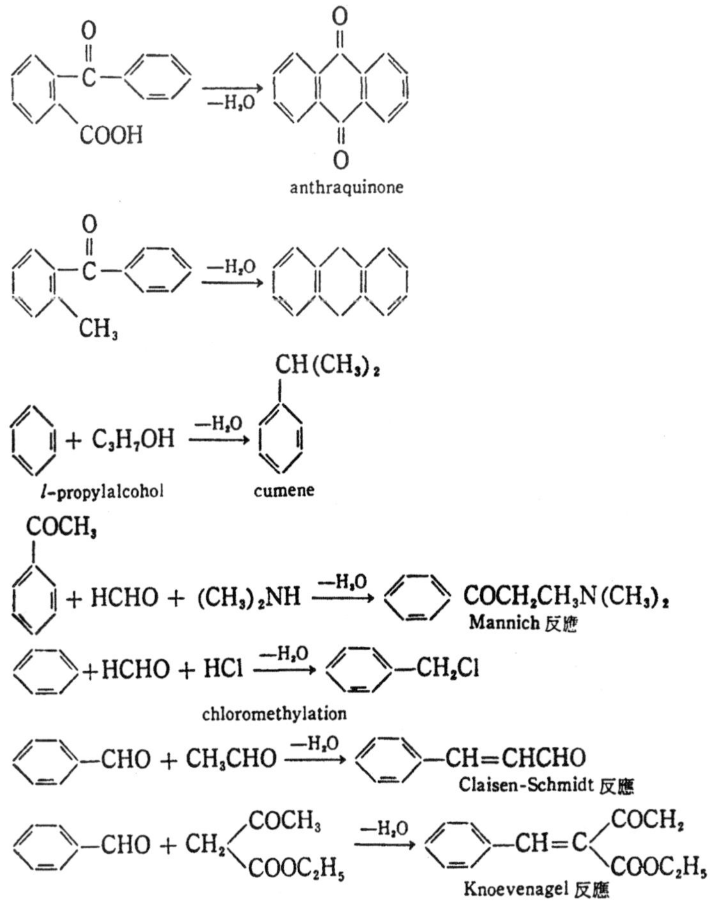

15.1.5 탈알코올축합반응

$$RCOOC_2H_5 + R'CH_2COR'' \xrightarrow{-C_2H_5OH} \underset{\displaystyle R'}{RCOCHCOR''}$$

$$2\,RCH_2CH_2COOR' \rightleftarrows RCH_2COCHRCOOR' + R'OH$$

Claisen

에스테르 2분자가 염기촉매하에서 축합하여 알코올을 탈리하고 β-keto산 에스테르를 만드는 반응을 **Claisen에스테르축합반응** 이라고 한다. 에스테르와 알데히드 또는 케톤이 반응하여 알코올을 탈리하는 반응도 Claisen의 에스테르축합반응이라고 하는데 이들을 넓은 의미로 **Claisen축합**이라고 한다.

에스테르축합반응 메카니즘

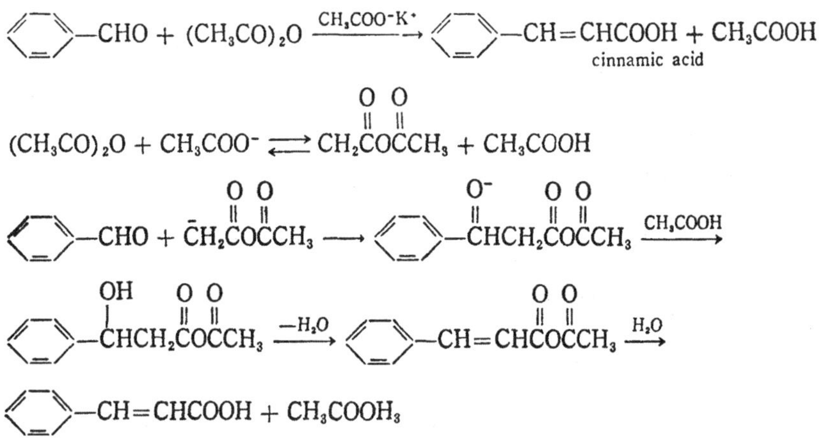

이상의 축합반응에 사용하는 축합제와 촉매를 보면 다음과 같다.

脫離되는 물질	縮合劑 또는 觸媒
H_2	Pt-C, $AlCl_3$, MnO_2
HX	Pd-C/$N_2H_4 \cdot H_2O$, $AlCl_3$, BF_3, $FeCl_3$, Cu_2Cl_2, NaOH
2X	Na, Cu, Zn
H_2O	H_2SO_4, BF_3, H_3PO_4, $POCl_3$, $ZnCl_2$
C_2H_5OH	Na, $NaOC_2H_5$

15.2 활성메틸렌화합물의 축합반응

카르보닐기 다음의 α-탄소에 붙어있는 수소가 쉽게 떨어져나가는 성질을 이용해 이 성질을 여러 가지의 축합반응에 이용한다. 이와 같은 성질을 가지고 있는 화합물에는 알데히드, 케톤, 에스테르, 니트로파라핀 등이 있다. 예를들면 다음과 같다.

$CH_3COCH_2COOC_2H_5$, $CH_3COCH_2COCH_3$, $C_2H_5OOCH_2COOC_2H_5$, CNCH$_2$CN, CNCH$_2$COOC$_2$H$_5$, $H_6H_5COCH_2COC_6H_5$, $C_6H_5CH_2COOC_2H_5$, $C_6H_5CH_2CN$

15.2.1 말론산에스테르의 축합반응

말론산디에틸에스테르의 메틸렌기는 카르보닐기의 전자흡인성 때문에 활성화되어 쉽게 수소원자가 떨어져나간다. 이 성질을 이용하여 여러 가지 유기화합물과 축합반응을 시켜 새로운 화합물을 합성한다.

(1) 할로겐화알킬과의 반응

말론산디에틸에스테르를 에테르용액 중에서C_2H_5ONa촉매 존재하에 할로겐화알킬과 반응시키면 C-알킬화합물이 된다. 이것을 알칼리성에서 가수분해하면 유리산이 되고 가열하면 CO_2를 탈리하여 모노카복시산이 된다. 이 방법으로 말론산에스테르와 할로겐화알킬을 가지고 임의의 고급지방산을 만들 수 있다.

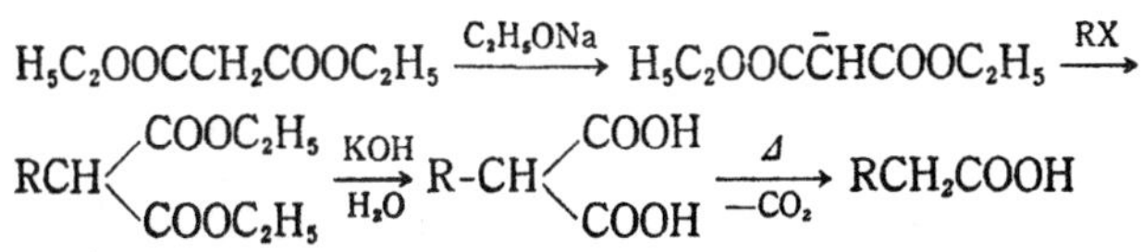

알킬말론산에스테르를 다시 C_2H_5ONa로 탈수소시킨 다음 알킬화하고 위와 같은 방법으로 처리하면 디알킬아세트산이 된다.

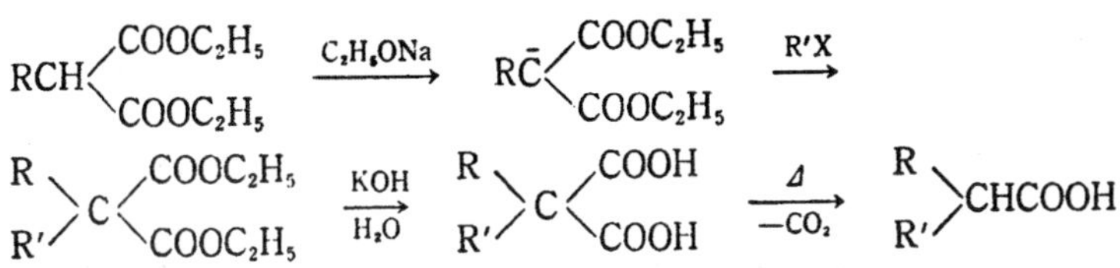

(2) 아미노산의 합성

말론산에스테르를 나트륨에톡시드(C_2H_3ONa)로 처리한 후 할로겐화알킬과 반응하여 알킬말론산에스테르를 합성한 다음 다시 브롬으로 처리하여 α-탄소에 Br를 도입하고 탈탄산시킨다. 암모니아와 이 화합물을 반응하면 α-아미노산이 된다.

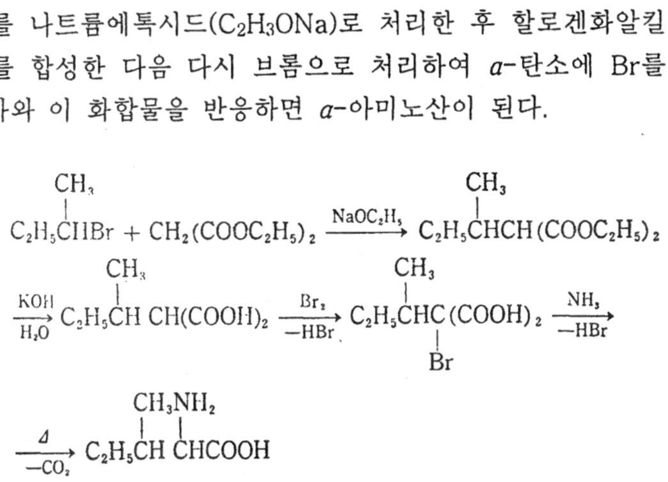

dl-isoleucine 50% 收率

(3) 할로겐화아실과의 반응

할로겐화아실 또는 클로로포름산에스테르($ClCOOC_2H_5$)와 같이 활성이 큰 할로겐을 가진 화합물과 말론산에스테르를 반응시키면 축합반응을 일으킨다.

$$ClCOOC_2H_5 + CH_2(COOC_2H_5)_2 \xrightarrow{C_2H_5ONa} \underset{\text{메탄트리카르복시酸에틸에스테르}}{CH(COOC_2H_5)_3}$$

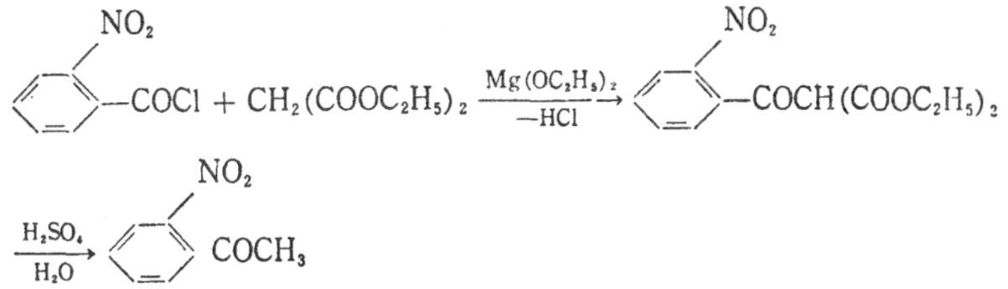

(4) 알데히드와의 반응

활성메틸렌화합물을 염기촉매로 알데히드나 케톤과 반응시키면 탈수축합되면서 불포화결합을 가진 화합물이 된다. 이 반응을 **Knoevenagel반응**이라고 한다. 말론산디에스테르와 알데히드를 반응시키면 저온에서도 쉽게 반응하여 *α,β*-디카복시산에스테르가 되고 온도를 약간 높이면 탈탄산되어 불포화모노카복시산이 된다. 이것은 *β*-치환아크릴산의 제법으로 편리하다.

$$RCHO + CH_2(COOC_2H_5)_2 \xrightarrow{-H_2O} RCH{=}C(COOC_2H_5)_2 \xrightarrow{\Delta} RCH{=}CHCOOH$$

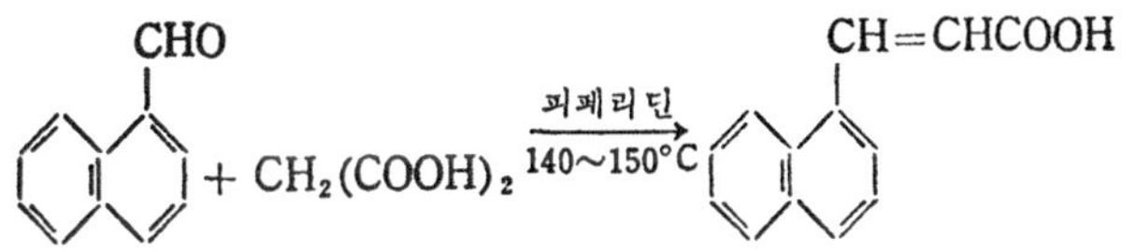

15.2.2 활성메틸렌화합물의 알킬화 및 아실화

활성메틸렌화합물은 염기성촉매 존재하에 할로겐화알킬, 유기산, 무기산의 알킬에스테르와 반응하여 활성메틸렌기의 수소와 치환된다.

$$C_6H_5CH_2Br + CH_2(COOC_2H_5)_2 \xrightarrow[-HBr]{C_2H_5ONa} C_6H_5CH_2CH(COOC_2H_5)_2$$

$$CH_3COCH_2Cl + CH_2\left\langle\begin{matrix}COCH_3\\COOC_2H_5\end{matrix}\right. \xrightarrow[-HBr]{C_2H_5ONa} CH_3COCH_2CH\left\langle\begin{matrix}COCH_3\\COOC_2H_5\end{matrix}\right.$$

$$(C_2H_5)_2SO_4 + C_6H_5CH_2CN \xrightarrow[-HSO_4C_2H_5]{NaNH_2} C_6H_5CH(C_2H_5)CN$$

$$C_6H_5COCl + CH_2(COCH_3)_2 \xrightarrow[-HCl]{Na_2CO_3} C_6H_5COCH(COCH_3)_2$$

15.2.3 Michael 반응

α,β-불포화카르보닐화합물($-CH=CH-\overset{\displaystyle O}{\overset{\|}{C}}-$)에 염기촉매하에 활성메틸렌화합물을 작용시키면 β-탄소에 부가반응이 일어난다. 이 반응을 Michael**축합반응**이라고 하는데 오히려 부가반응이 온당할 것이다. 이 반응은 이중결합의 α-위치에 COR, COOR, $CONH_2$ 등 전자흡인성 카르보닐기를 가지고 있는 것만이 아니고 CN, NO_2, SO_2R 등이 있어도 일어난다. 또 부가하는 것은 활성메틸렌화합물만이 아니고 아민, 알코올, Grignard시약 등 음성시약도 가능하다.

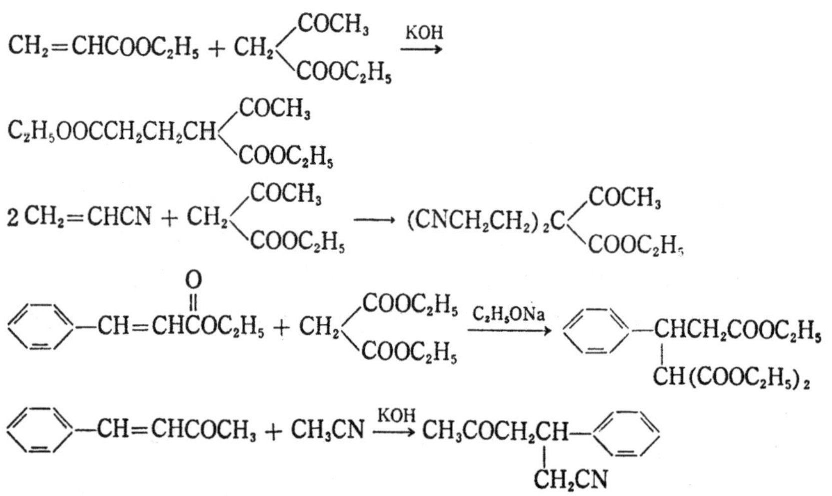

Michael반응메카니즘은 불포화화합물의 α-탄소에 붙어있는 전자흡인기의 영향으로 β-탄소의 전자밀도가 적어져서 카보양이온이 생성하게 되면 여기에 메틸렌화합물의 음이온이 공격하는 과정으로 반응이 진행된다고 생각된다.

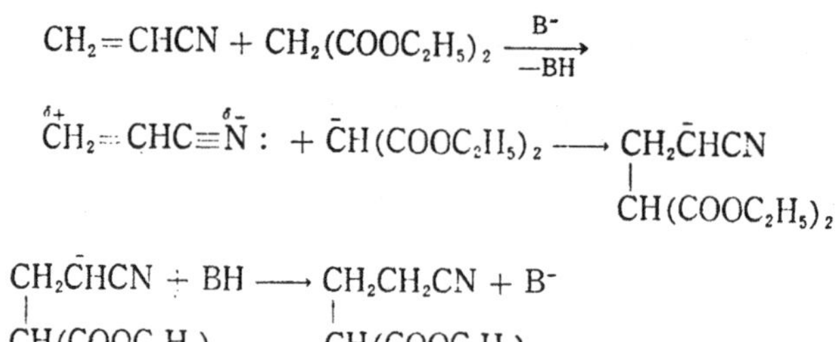

15.3 카르보닐화합물들의 축합반응

15.3.1 알돌축합

알데히드나 케톤이 염기나 산촉매하에서 분자가 반응하여 알돌(옥시알데히드)이나 케톨

(옥시케톤)을 생성하거나 또는 이 화합물이 탈수되어 *α,β*-불포화알데히드나 케톤을 생성하는 반응을 **알돌축합**이라고 한다. 이 생성물을 **알돌**(알데히드알코올)이라고 한다. 이와 같이 알데히드 1분자가 다른 분자의 카르보닐기에 부가하는 것도 알돌축합이라고 하는데 엄밀한 의미로는 축합반응이 아니고 부가반응이다. 이 화합물이 탈수되어 *α,β*-불포화알데히드(크로톤알데히드)가 생성하는 단계까지 반응을 하지 않아도 알돌축합반응이라고 한다.

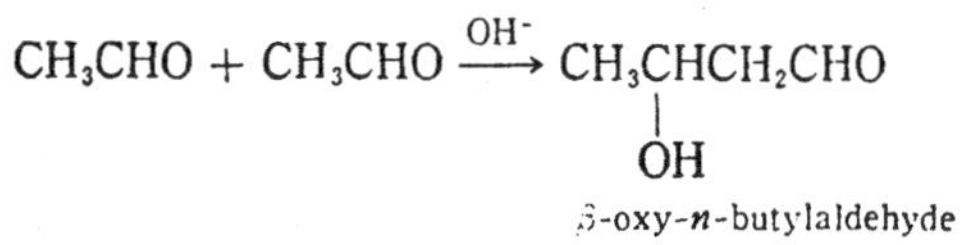

알돌을 환원하면 고급(분기)알데히드, 케톤, 1가·2가알코올 등이 생긴다. 공업적으로는 *n*-부탄올, 1,3-부틸렌글리콜, *α*-에틸-헥산올 등을 이 방법으로 합성한다.

알칼리 존재하에서 아세트알데히드의 알돌축합반응메카니즘은 다음과 같다. 먼저 OH^-에 의해 아세트알데히드의 *α*-탄소의 수소가 탈리되어 알데히드의 안이온이 되고 이것이 친핵성시약으로 다른 알데히드의 카르보닐기의 탄소에 부가하고 이것이 물로부터 양성자(H^+)를 빼앗아 OH기가 되어 알돌이 생성된다.

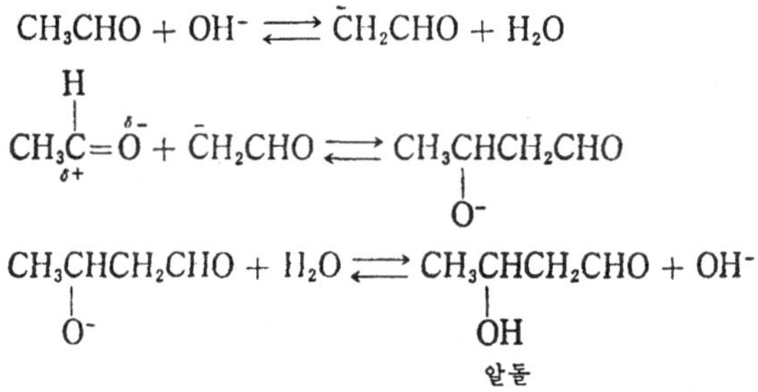

한편, 알돌은 알데히드의 *α*-탄소에 붙어있는 수소가 활성화되어 있으므로 *β*-탄소에 붙어있는 –OH와 쉽게 H_2O로 탈수되어 ***α,β*-불포화알데히드**를 생성한다. 이 반응은 알돌의 약간의 가열이나 무기산의 존재로 일어난다.

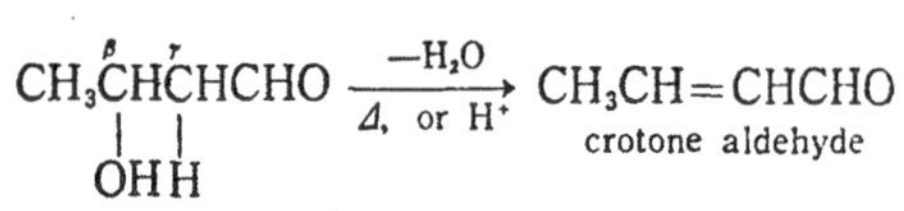

케톤의 부가반응은 알데히드보다 느리다. 알칼리성촉매를 사용했을 때 디아세톤알코올의 생성량은 극히 소량으로 수%에 지나지 않는다. 저온무수상태에서 반응을 시키면 반응율이 향상된다. 이 디아세톤알코올에 소량의 요오드를 가하고 서서히 증류하면 탈수되어 *α,β*-불포화케톤인 mesityloxide가 생성한다.

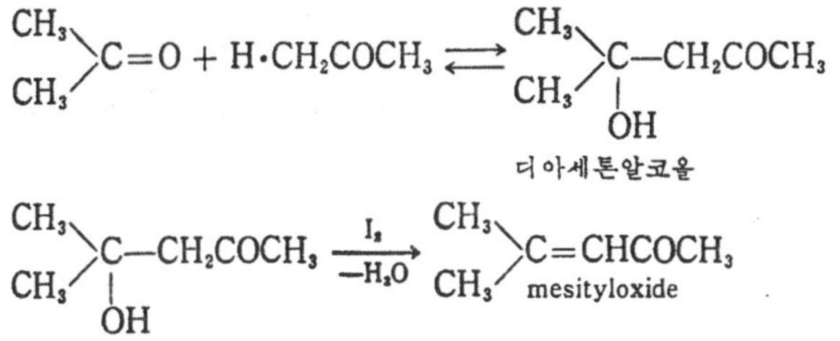

15.3.2 Mannich반응

포름알데히드가 존재하는 알돌축합반응을 암모니아, 1차 또는 2차아민과 함께 반응시키면 알데히드, 케톤 및 아민에서 물이 축합물로 탈리되면서 반응이 일어난다.

$$C_6H_5COCH_3 + CH_2O + (CH_3)_2NH \cdot HCl \xrightarrow[-H_2O]{} C_6H_5COCH_2CH_2N(CH_3)_2 \cdot HCl$$

$$CH_3COCH_2CH_3 + CH_2O + (C_2H_5)_2NH \cdot HCl \xrightarrow[-H_2O]{} CH_3CO\underset{\displaystyle CH_3}{\underset{|}{C}}HCH_2N(CH_3)_2 \cdot HCl$$

15.3.3 Perkin반응

방향족알데히드를 무수초산, 초산칼륨과 함께 가열하면 신남산, 계피산(cinnamic acid)이 된다. 이 반응은 방향족알데히드와 지방족카복시산과의 탈수축합반응이 일어나는 반응으로 *α,β*-불포화지방산을 합성하는 데 중요하다.

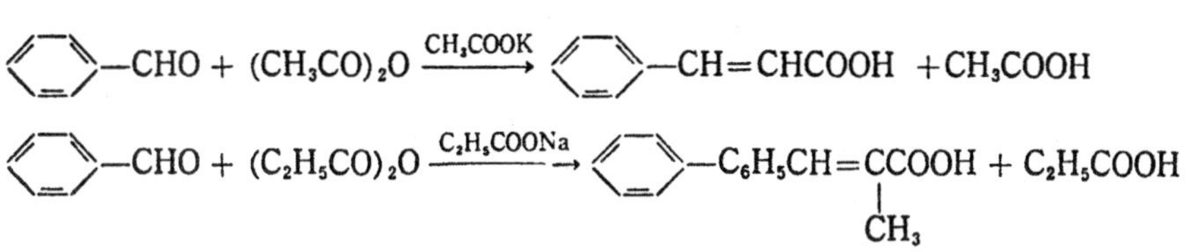

15.3.4 Stobbe축합

지방족 또는 방향족알데히드나 케톤을 숙신산에스테르와 함께 염기촉매하에서 축합반응시키면 *γ,β*-불포화지방산이 된다. 이 반응을 Stobbe축합이라고 한다.

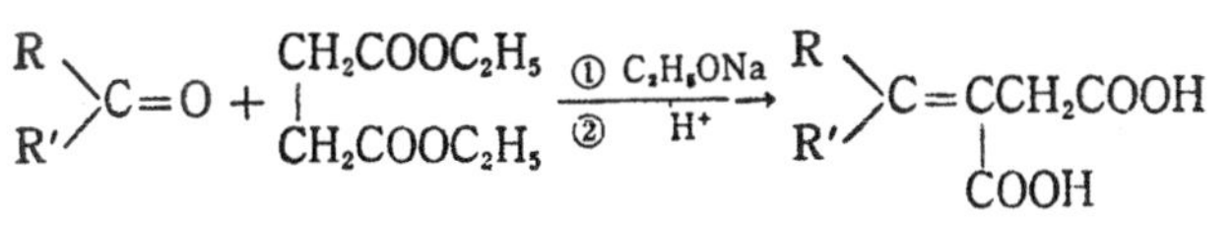

촉매는 알콕시드(특히 *tert*-부톡시드가 좋다)를 많이 사용한다. 나트륨알콕시드를 사용할 때는 축합성분 각 1몰에 대하여 1~2몰을 *tert*-부톡시드인 때는 2~3몰을 사용한다.

용매는 알코올, 에테르, 벤젠 등을 사용한다. 반응시간은 비교적 장시간이 소요되는데 실온에서는 수일간 반응시켜야 한다. 반응 후 산성에서 얻어지는 생성물은 반(半)에스테르화물이므로 이것을 알칼리성에서 가수분해시키면 디카복시산이 된다.

15.3.5 Darzen반응

알데히드나 케톤을 *a*-할로겐산과 염기성촉매 존재하에 반응시키면 알돌형 부가반응으로 *a,β*-에폭시산에스테르가 생성한다. 이 반응을 **Darzen반응**이라고 한다. 에폭시드고리는 반응성이 커서 여러 가지 유도체합성에 쓰이는데 가수분해, 탈탄산으로 분기알데히드, 케톤 등을 만든다. 반응물로는 지방족, 방향족카르보닐화합물을 사용할 수 있고 할로겐산으로는 *a*-클로로카복시산이 사용된다. 촉매는 나트륨에톡시드, 칼륨 *tert*-부톡시드, 나트륨아미드가 쓰인다. 무용매나 에테르, 벤젠용매 중에서는 같은 몰수의 반응물을 냉각하에서 상기 염기촉매로 반응시킨다.

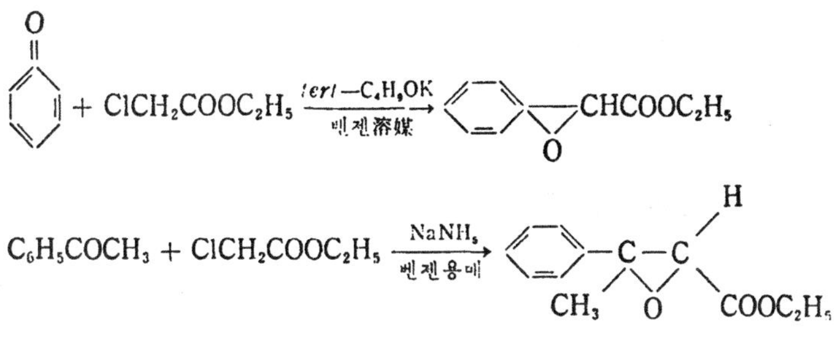

15.3.6 Acyloin축합

지방족 에스테르를 불활성용매에 분산시킨 나트륨 존재하에 반응시키면 2분자축합반응으로 아실로인(지방족 *a*-옥시케톤)이 생성된다.

$$2\,n\text{-}C_3H_7COOC_2H_5 \xrightarrow[\text{Xylene 溶媒}]{Na} n\text{-}C_3H_7CH(OH)COC_3H_7$$

금속나트륨은 금속 1몰에 대하여 2몰 사용한다. 질소기류 중에 나트륨을 벤젠이나 에테르에 분산하고 에스테르를 주입하여 반응시킨다.

15.3.7 Benzoin축합

방향족알데히드를 알코올수용액 중에서 시안화칼륨촉매하에 반응시키면 분자가 부가하여 *a*-옥시케톤인 벤조인을 생성하는데 이 반응을 **벤조인축합반응**이라고 한다.

$$2\,C_6H_5CHO \xrightarrow[\text{에탄올수용액}]{NaCN} C_6H_5-\underset{\underset{O}{\|}}{C}-\overset{\overset{H}{|}}{\underset{\underset{OH}{|}}{C}}-C_6H_5$$

벤조인

반응메카니즘

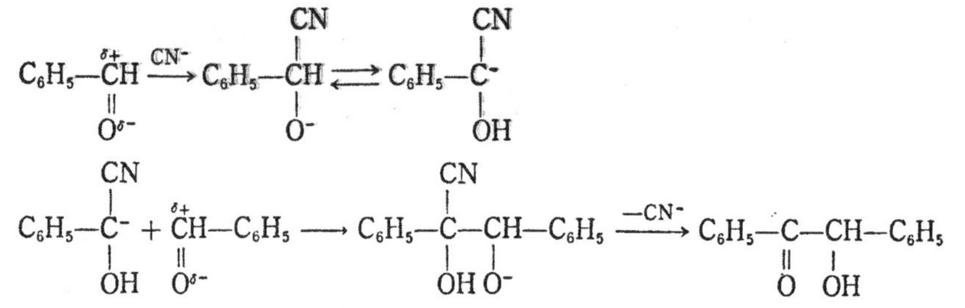

알데히드의 카르보닐탄소에 CN^-이 친핵성시약으로 부가하여 시안히드린음이온이 생성되고 이것이 다시 친핵성시약으로 되어 다른 알데히드분자의 카르보닐탄소의 카르보늄이온을 공격하여 부가반응을 하는 것으로 생각된다.

시안화칼륨은 알데히드 0.2몰에 대하여 10g 정도 사용한다. 이종(異種)의 알데히드도 벤조인축합반응을 한다. 방향족알데히드에서 *o*-와 *p*-위치에 니트로, 할로겐, 디아미노메틸기 등이 존재할 때는 자기축합반응이 힘들다.

15.4 방향족고리와 카르보닐화합물의 반응

방향족고리와 여러 종류의 카르보닐화합물을 반응시켜 여러 가지 유용한 화합물을 만든다. 카르보닐화합물로서 할로겐화아실이나 산무수물을 방향족화합물과 함께 Friedel-Craft's 촉매 존재하에서 반응시키는 Friedel-Craft's 반응, 일산화탄소와 염화수소를 방향족탄화수소와 반응시켜 포밀기(–CHO)를 도입하는 Gattermann-Koch 반응, 방향족화합물에 포름알데히드와 염화수소를 반응시키는 클로로메틸화반응 등 여러 가지 반응이 있다. 다음에 이들 반응을 설명하기로 한다.

15.4.1 알데히드와 케톤의 합성

(1) Friedel-Craft's 반응에 의한 케톤의 합성

방향족화합물을 산성촉매나 염화알루미늄촉매 존재하에 산할로겐화물, 산무수물 또는 산 등과 반응하여 케톤화합물을 만드는 반응은 알킬화반응처럼 Friedel-Craft's 반응에서 중요한 반응의 하나이다. 반응생성물 중에서 중요한 것은 아세토페논, 벤조페논, 안트라퀴논 등이 있다.

반응은 용매없이도 하지만 CS_2를 사용할 때가 많다. 니트로벤젠, 석유에테르도 사용한다. 촉매는 금속할로겐화합물이 좋다. 알킬화반응의 Friedel-Craft's 촉매와 같이 주로 사용하는 것은 $AlCl_3$이다. 이 외에 $AlBr_3$, $FeCl_3$, $ZnCl_2$, BF_3, H_3PO_4, $TiCl_4$, $SbCl_5$ 등도 많이 사용된다.

$$2\,C_6H_6 + (CH_3CO)_2O \xrightarrow{AlCl_3} \underset{\text{Acetophenone}}{2\,C_6H_5COCH_3} + CH_3COOH$$

$$C_6H_6 + C_6H_5COCl \xrightarrow[CS_2\text{溶媒}]{AlCl_3} \underset{\text{Benzophenone}}{C_6H_5COC_6H_5} + HCl$$

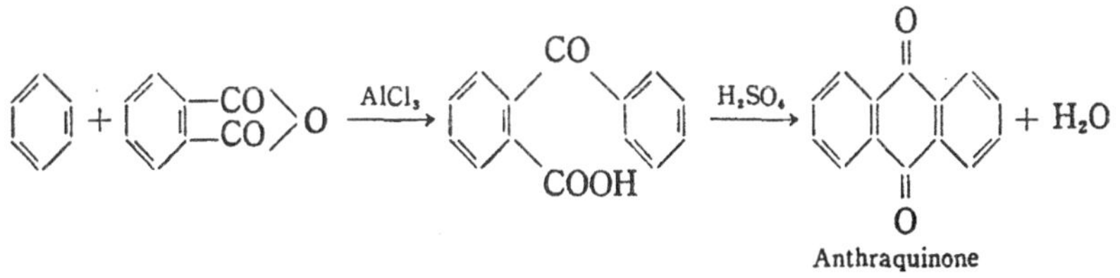

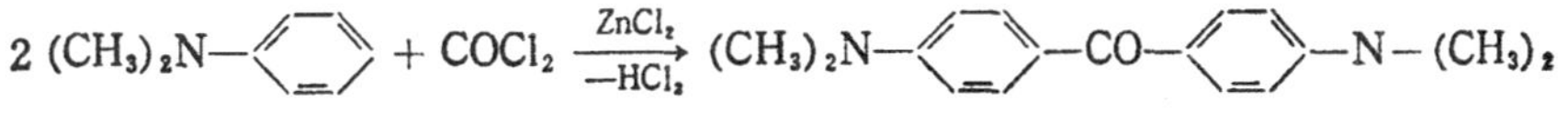

방향족화합물의 반응성은 안트라센>나프탈렌>벤젠의 순서로 반응성이 작아지며 헤테로고리화합물인 피롤, 푸란, 티오펜 등은 케톤화반응성이 크다. 벤젠유도체의 반응성을 보면 다음과 같다. 벤젠고리비활성기(전자흡인성기)를 가지고 있는 니트로벤젠, 벤조산, 벤조페논, 벤조니트릴 등은 아실화하기 힘들다. 그러나 페놀, 알킬벤젠, 아닐린 등 고리활성화기를 가지고 있는 화합물들은 반응속도가 빠르다. 산할로겐화물의 반응성의 크기의 순서는 다음과 같다.

$$RCOI > RCOBr > RCOCl$$

반응성은 나쁘지만 값이 싸므로 RCOCl이 제일 많이 사용된다.

(2) Gattermann-Koch 반응

방향족탄화수소를 염화제일동과 $AlCl_3$촉매하에 CO와 HCl을 반응시켜 방향족고리에 포밀기(–CHO)를 도입하는 반응을 Gattermann-Koch 반응이라고 한다. 상온, 가압반응에서는 Cu_2Cl_2촉매만은 없어도 된다. 반응 예는 다음과 같다.

$$C_6H_6 + CO + HCl \xrightarrow[70\,\text{atm 상온}]{AlCl_3} C_6H_5CHO + HCl$$

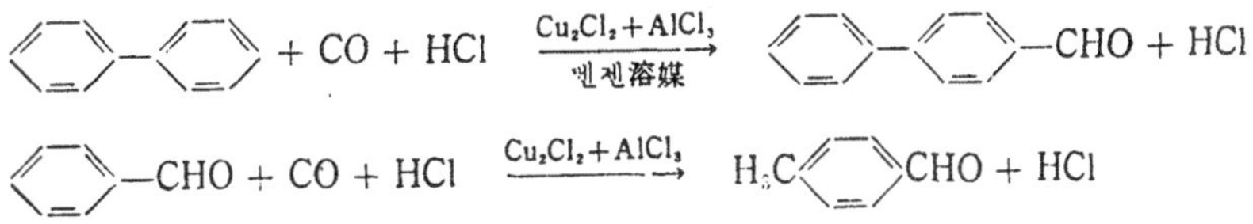

반응은 방향족탄화수소 1몰에 대하여 염화알루미늄 1.5~2몰, 염화제일구리 0.2몰의 혼합물을 적당한 용매에 분산하여 교반하면서 실온에서 일산화탄소와 건조염화수소혼합가스를 흡수시키면 된다.

15.4.2 Reimer-Tiemann 반응

페놀류의 화합물을 클로로포름과 강알칼리 존재하에 반응시키면 –OH의 *o*-위치에 포밀화가 일어난다. 이 반응을 **Reimer-Tiemann 반응**이라고 한다. *β*-나프톨에는 적용되지만 *α*-나프톨에는 이 반응이 불가능하다.

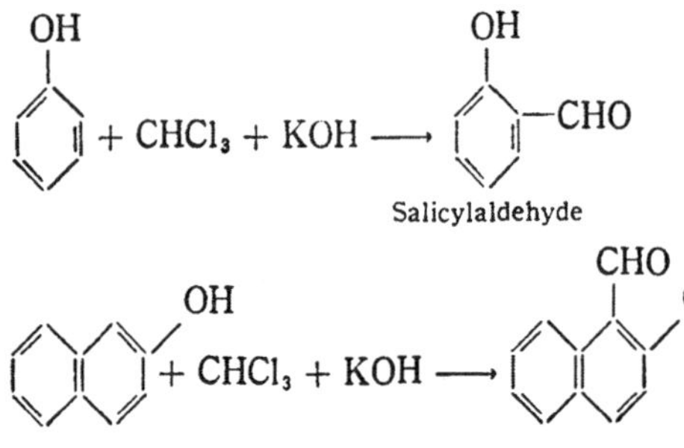

15.4.3. 클로로메틸화반응

방향족화합물을 포름알데히드와 염화수소를 염화아연촉매 존재하에 반응시키면 클로로메틸기(–CH_2Cl)가 도입된다. 포름알데히드 이외에 아세트알데히드나 프로피온알데히드도 사용할 수 있다. 클로로메틸기의 Cl원자는 반응성이 좋아서 이것을 OH, OR, NH_2, NR_2, CN, CHO 등으로 쉽게 변화시킬 수 있으므로 클로로메틸화합물은 중간체로 중요한 화합물이라고 할 수 있다. 포름알데히드 이외에 아세트알데히드나 프로피온알데히드도 많이 사용한다.

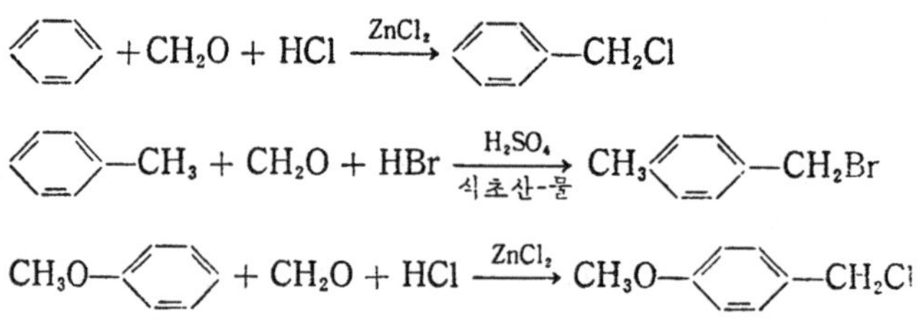

15.4.4 방향족고리와 카르보닐화합물과의 탈수축합반응

방향족화합물을 알데히드 또는 케톤과 반응시키면 탈수축합반응이 일어나서 디알릴메탄형의 화합물이 된다. 반응조건은 양반응성분에 따라 일정하지 않으나 보통은 양성분혼합물 중에 촉매를 적하하고 필요에 따라서는 가열한다. 촉매는 보통 산촉매를 사용하는데 그중에서도 진한 황산, 염산, 염화아연 등을 많이 사용한다. 방향족성분의 반응성은 Friedel-Craft's 반응때와 마찬가지로 전자공여기(벤젠고리활성기)를 가지고 있는 화합물일수록 반응성이 용이하다. 카르보닐성분에서는 알데히드가 케톤보다 쉽고 지방족이 방향족화합물보다 반응성이 크다. 이 반응에서 얻어지는 디알릴메탄화합물은 염료나 고분자물질의 원료로 중요한 것이 많다.

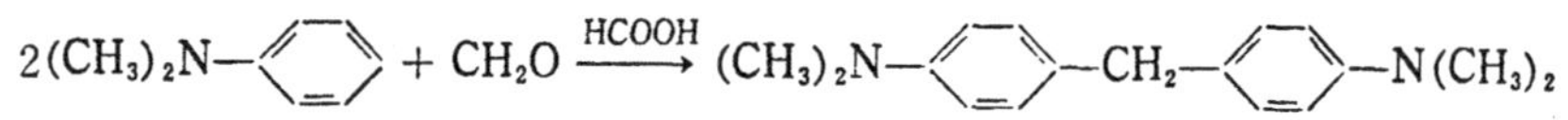

Diarylmethane base (染料中間體)

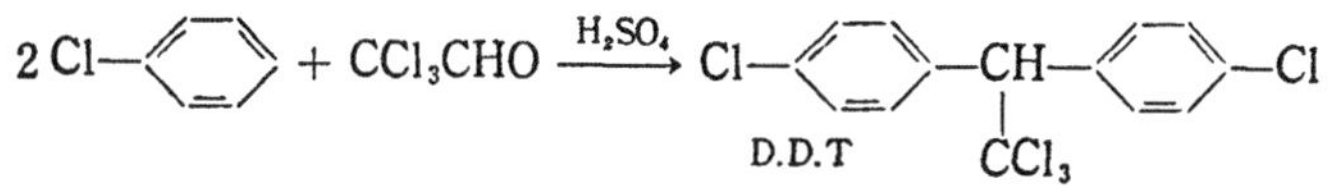

D.D.T

Bisphenol A (에폭시수지原料)

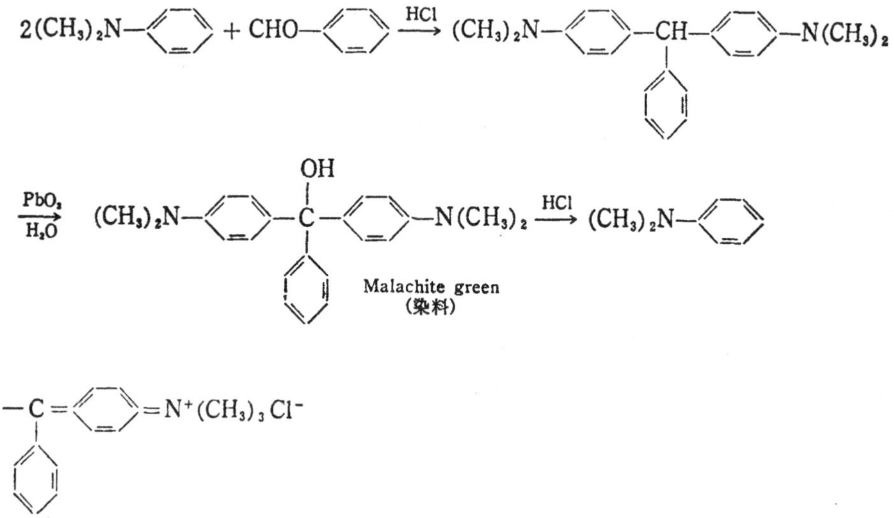

Malachite green (染料)

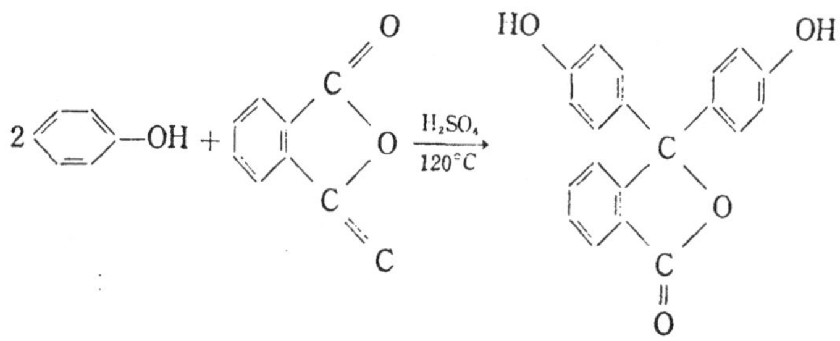

phenolphthalein (指示藥)

15.4.5 Kolbe-Schmidt 반응

페놀류의 알칼리염과 CO_2를 작용하여 카복시산을 방향족고리에 도입하는 반응을 **Kolbe-Schmidt 반응**이라고 한다. 이 반응은 가압하, 100℃ 이상의 비교적 고온에서 행한다. 공업적으로는 salicylic acid, PAS, 2-oxy-3-naphthoic acid 등 중요한 화합물 합성에 이 반응을 사용한다.

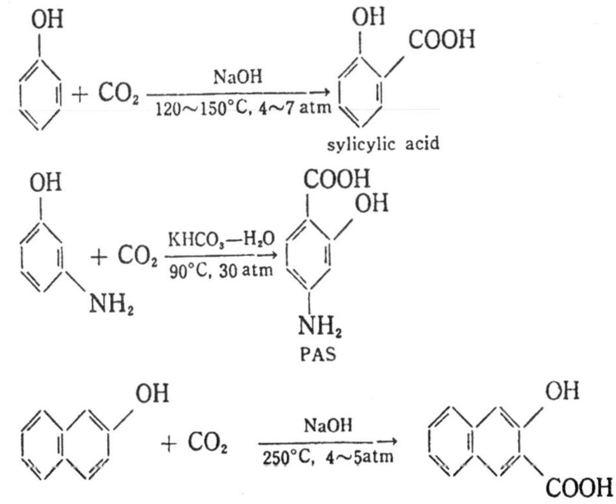

15.5 금속 또는 유기금속화합물에 의한 부가 및 축합반응

활성이 강한 금속 또는 금속의 유기화합물이 유기합성 또는 고분자합성 등에 사용되고 있다. 1족의 금속(Li, Na, K 등)들은 할로겐화알킬(RX)과 축합반응을 하며 2족 및 3족의 금속 및 금속화합물도 활성은 약하지만 축합반응에 이용된다.

15.5.1 Wurtz 반응, Fittig 반응, Wurtz-Fittig 반응

금속나트륨과 할로겐화알킬 2분자가 축합하여 지방족탄화수소를 만드는 반응을 **Wurtz 반응**이라고 한다.

$$2\,RX + 2\,Na \longrightarrow R-R + 2\,NaX\,(X : I,\ Blr,\ Cl)$$

$$2\,C_2H_5Br \xrightarrow[\text{에테르}]{Na} n\text{-}C_4H_{10} + 2\,NaBr$$

2종류의 할로겐화알킬을 반응시키면 3종류의 지방족탄화수소가 생긴다.

$$R\text{-}X + R'\text{-}X \xrightarrow{Na} R\text{-}R + R\text{-}R' + R'\text{-}R'$$

$$CH_3Cl + C_2H_5Cl \xrightarrow{Na} CH_3\text{-}CH_3 + CH_3\text{-}C_2H_5 + C_2H_5\text{-}C_2H_5$$

방향족할로겐화합물(ArX)을 금속나트륨과 반응시키면 방향족화합물의 축합반응이 일어난다. 반응성이 좋지 않아 수율은 아주 적다. Fittig은 할로겐화알킬과 할로겐화알릴을 금속나트륨과 반응시켜 알킬알릴화합물을 수율좋게 얻었다. 이 반응을 **Fittig** 또는 **Wurtz-Fittig 반응**이라고 한다.

$$RX + ArX \xrightarrow{2Na} R\text{-}Ar + 2\,NaX$$

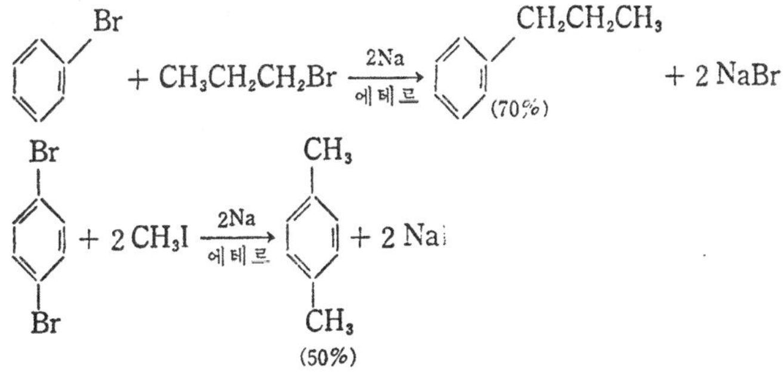

RX와 ArX의 반응(Na존재)에서 Ar-R외에 R-R와 Ar-Ar도 생기지만 이들 세 가지 생성물은 비점차가 있으므로 쉽게 분리할 수 있다. 그러므로 이 방법으로 Ar-R형 탄화수소를 만드는 데 많이 사용한다. 브롬화메틸과 브로모벤젠을 Na와 함께 에테르중에서 반응시키면 에탄(기체)과 톨루엔(b.p. 111℃), 비페닐(b.p. 254℃)이 생기는데 이 세 물질은 비점차이가 크므로 쉽게 분리할 수 있다.

Wurtz 반응이나 Fittig 반응은 에테르, 벤젠 등을 용매로 사용하여 여기에 금속나트륨을 분산시키고 할로겐화합물을 서서히 가하면서 반응시킨다. 할로겐화합물의 반응순서는 요오드화합물 > 브롬화합물 > 염소화합물이다.

방향족화합물 2분자를 금속나트륨으로 축합반응을 하기는 힘들다. 그러므로 Ulmann은 Fittig의 방법 대신 동분을 촉매로 고온에서 반응시켜 방향족할로겐화합물로부터 비페닐 유도체를 수율좋게 합성했다. 이 방법을 **Ulmann 반응**이라고 한다.

$$2\,Ar{-}X + Cu \longrightarrow Ar{-}Ar + CuX_2$$

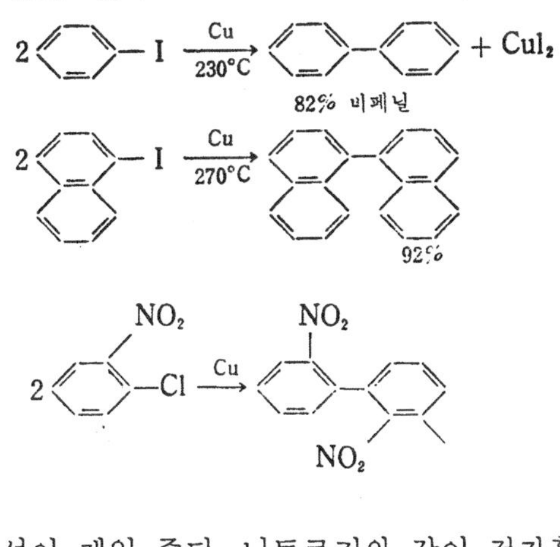

요오드화합물이 반응성이 제일 좋다. 니트로기와 같이 전자흡인성인 작용기가 벤젠고리에 존재하면 염화물도 쉽게 탈리된다. 반응온도는 보통 200~300℃이며 할로겐화합물을 용융한 상태에서 구리분말의 침전을 방지하기 위하여 교반하면서 반응시킨다. 용매로는

DMF나 벤젠이 주로 사용된다.

15.5.2 Reformatsky 반응

케톤, 알데히드 등 카보닐화합물을 금속아연 존재하에 *α*-할로겐산에스테르를 작용하면 *β*-옥시산에스테르가 생성한다. 이 반응을 **Reformatsky 반응**이라고 한다. 생성물은 산성 촉매하에서 쉽게 탈수되므로 이 반응은 지방족 또는 방향족의 *α,β*-불포화산, 특히 *α*- 또는 *β*- 위치에 가지가 달린 화합물을 만드는 합성법에 중요하다.

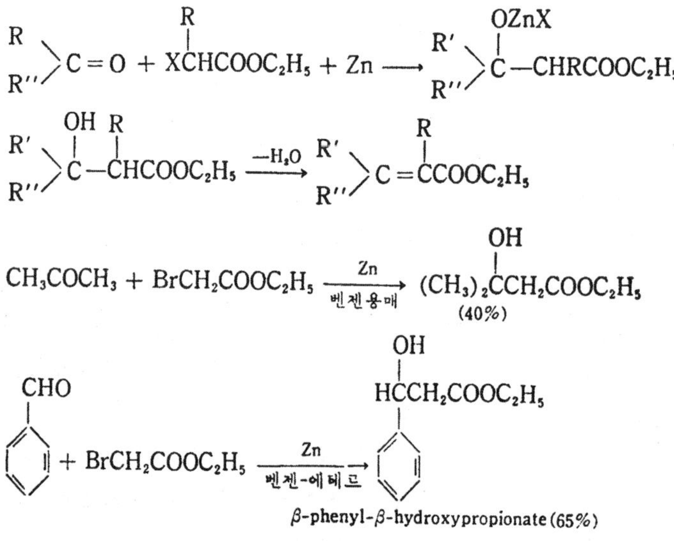

β-옥시산에스테르는 탈수되기 쉬우므로 불포화산에스테르를 만드는 데 좋다. 탈수제는 $POCl_3$, P_2O_5, SO_2Cl_2 등이 좋다.

15.5.3 Grignard 반응

지방족 또는 방향족할로겐화합물에 금속마그네슘을 작용하여 생성하는 RMgX형의 화합물을 **Grignard 시약**이라고 하며 이 시약과 여러 가지 다른 화합물과의 반응을 **Grignard 반응**이라고 한다. 이 반응으로 여러 종류의 화합물을 만들 수 있다. 이 반응은 유기합성의 중요한 반응 중의 하나이다. Grignard 시약은 프랑스의 화학자 Grignard에 의하여 발견되었는데 이 이름을 따서 Grignard 시약이라고 한다. Grignard 시약은 활성이 커서 산성용액에서는 물론이고 물에서도 쉽게 가수분해하며 여러 가지 화합물과 쉽게 부가 및 축합반응을 한다. Grignard 시약은 보통 유기할로겐화합물과 금속마그네슘을 무수에테르 용액에 넣어 만드는데, 때에 따라서는 아밀에테르, 디옥산 또는 테트라히드로푸란 등을 용매로 사용하기도 한다. Grignard 시약조제 중 가장 중요한 것은 용매 중에 물이 없어야 한다는 것이다.

(1) Grignard 시약을 만드는 법

에테르를 금속나트륨으로 탈수한 다음(수분이 많을때는 NaOH를 가하여 먼저 과잉의 수분을 제거한 다음에 금속나트륨을 가해야 한다) 이 에테르에 할로겐화합물의 당량보다 5~10% 과잉의 마그네슘을 가한다. 소량의 요오드를 가하면 반응성이 좋아진다. 이 용액에 할로겐화합물-에테르혼합용액을 가하여 만든다. 할로겐화합물로는 요오드화합물이 반응성이 좋기 때문에 반응시약으로 유리하지만 이것을 사용하면 부반응이 일어나므로 실제실험에서 많이 사용되는 것은 브롬화합물이다. 염소화합물도 반응은 느리지만 가끔 사용한다.

(2) Grignard 시약의 반응성

Grignard 시약은 반응성이 커서 물과 반응하여 탄화수소를 생성한다. 알코올, 아민, 할로겐화합물과의 반응으로 알칸을, 알데히드, 고리상에테르, 에테르, 케톤 등과 반응하여 알코올을, 산무수물, 산염화물, 니트릴 등과 반응하여 케톤을, CO_2와 반응하여 카복시산을 생성할 뿐만 아니라 금속염과도 반응하여 유기금속화합물을 생성한다. 그들의 반응식은 다음과 같다.

(3) 탄화수소의 생성반응

$$RMgX + H_2O \longrightarrow RH + Mg(OH)X$$
$$RMgX + R'OH \longrightarrow RH + Mg(OR')X$$
$$RMgX + R'NH_2 \longrightarrow RH + R'NHMgX$$
$$RMgX + R'X \longrightarrow R{-}R' + MgX_2$$
$$RMgX + R'C{\equiv}CH \longrightarrow RH + R'C{\equiv}CMgX$$

이 외에 디알킬황산, *p*-톨루엔산알킬에스테르 또는 염화제이구리나 브롬화구리 등과 반응해도 탄화수소를 형성한다.

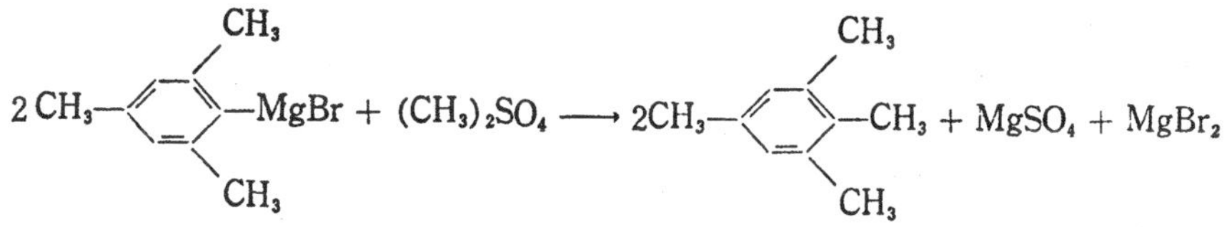

$$C_6H_5CH_2MgCl + p\text{-}CH_3C_6H_4SO_3C_4H_9 \longrightarrow C_6H_5{-}C_5H_{11} + p\text{-}CH_3C_6H_4SO_3\cdot MgCl$$

(4) 알코올의 생성반응

포름알데히드, 고리상에테르와 반응하여 부가화합물을 생성하며 이것을 가수분해하면 **1차알코올**이 생긴다.

$$RMgX + CH_2O \longrightarrow RCH_2OMgX \xrightarrow{H_2O} RCH_2OH + Mg(OH)X$$
$$RMgX + \underbrace{CH_2{-}CH_2}_{O} \longrightarrow RCH_2CH_2OMgBr \xrightarrow{H_2O} RCH_2CH_2OH + Mg(OH)X$$
$$C_2H_5MgBr + \underbrace{CH_2CH_2}_{O} \longrightarrow C_4H_9OMgBr \xrightarrow{H_2O} \underset{n\text{-butlyl alcohol}}{C_4H_9OH} + Mg(OH)X$$

알데히드(포름알데히드 제외), 포름산에스테르와 반응시킨 다음 가수분해하면 **2차알코올**이 생성한다.

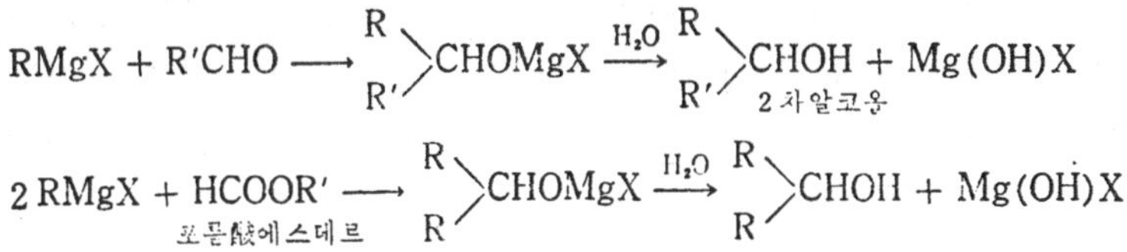

$$C_6H_5MgBr + C_6H_5CHO \longrightarrow (C_6H_5)_2CHOH$$

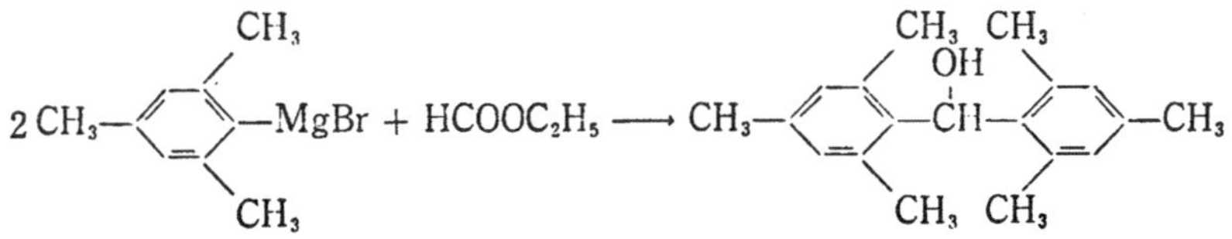

케톤, 에스테르(포름산에스테르 제외)와 반응시킨 후 가수분해시키면 **3차알코올**이 생성한다. 에스테르에서 생성한 알코올 중 두 개의 알킬기(또는 알릴기)는 같다.

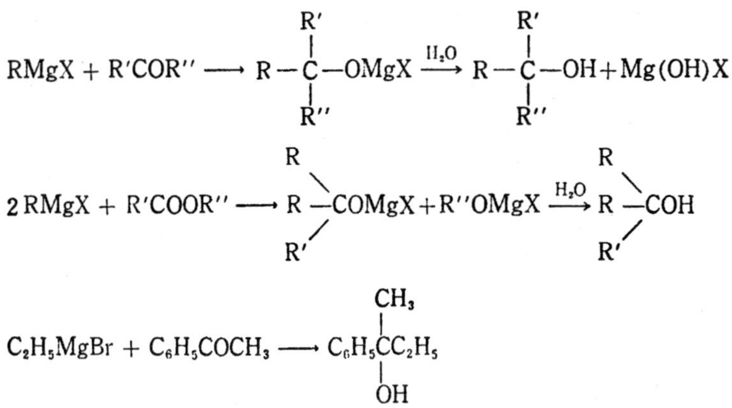

$$2\,C_6H_5MgBr + CH_3COOC_2H_5 \longrightarrow (C_6H_5)_2C(CH_3)OH$$

(5) 케톤의 생성반응

산무수물, 산할로겐화물 및 니트릴과 반응한 후 가수분해하면 **케톤**이 생성된다.

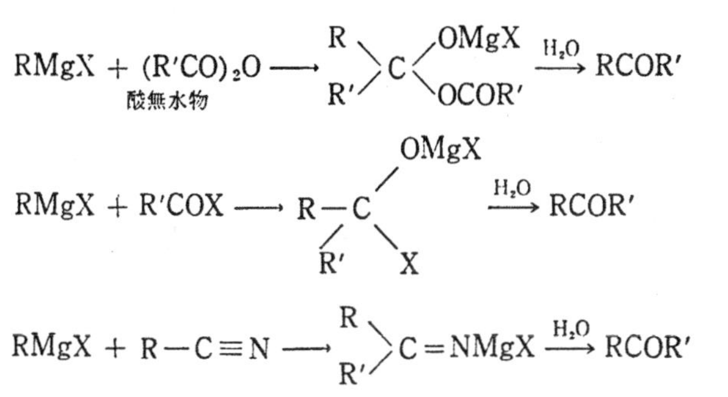

$$(CH_3)_3CMgBr + (CH_3CO)_2O \longrightarrow (CH_3)_3CCOCH_3$$

$$C_6H_5CH_2MgBr + C_6H_5CONH_2 \longrightarrow C_6H_5CH_2COC_6H_5$$

$$C_6H_5MgBr + CH_3CN \longrightarrow C_6H_5COCH_3$$

(6) 카복시산의 생성반응

Grignard 시약을 CO_2가스나 dry ice중에 넣어 CO_2의 부가화합물을 만든 다음 가수분해하면 **카복시산**이 된다. 저온에서 반응시키지 않으면 3차알코올 등의 부생물이 얻어진다.

$$RMgX + CO_2 \longrightarrow RCOOMgX \xrightarrow{H_2O} RCOOH + Mg(OH)X$$

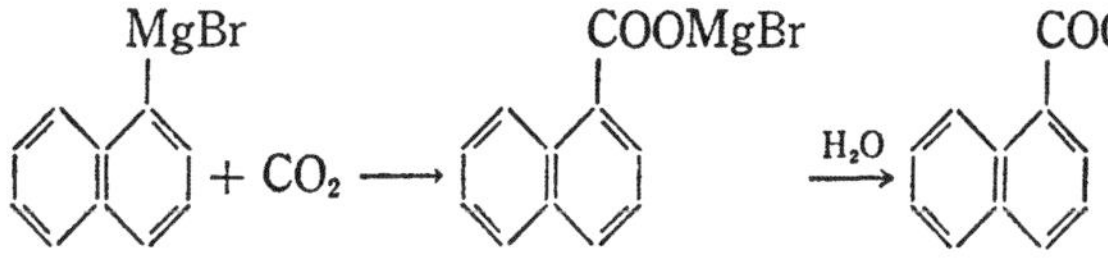

(7) 유기금속화합물의 생성반응

금속염과 반응시키면 유기금속화합물이 생성된다. 유기금속화합물의 제법으로 중요하다.

$$RMgX + HgX_2 \longrightarrow RHgX + MgX_2$$
$$4\,C_2H_5MgCl + SnCl_4 \longrightarrow (C_2H_5)_4Sn + 4\,MgCl_2$$
$$RMgX + ZnCl_2 \longrightarrow RZnCl + MgXCl$$
$$2\,RMgX + CdCl_2 \longrightarrow R_2Cd + MgX_2 + MgCl_2$$

또 사염화실리콘 등과 반응시키면 알킬클로로실란(R_2SiCl_2)이 생긴다. 이것을 가수분해하면 실리콘폴리머가 생성한다.

$$2CH_3MgCl + SiCl_4 \longrightarrow (CH_3)_2SiCl_2$$

dichlorodimethyl silane

15.6 아미노화합물과 카르보닐화합물과의 축합반응

15.6.1 질소고리화합물의 합성

알데히드나 케톤 등 카르보닐화합물을 암모니아 또는 아민 등과 탈수축합반응을 시키면 pyridine, quinoline고리의 질소고리화합물을 생성한다.

알데히드, 케톤 또는 *α,β*-불포화카르보닐화합물을 암모니아나 아민화합물과 반응시키면 탈수축합으로 피리딘유도체가 된다. 이 반응을 **Tschitschibabin 반응**이라고 한다. 반응은 먼저 알데히드나 케톤 등 2분자간의 알돌형 축합반응이 일어난 다음 이 반응물과 암모니아 또는 아민과 부가, 탈수, 축합반응으로 피리딘고리화합물이 생성한다.

예)

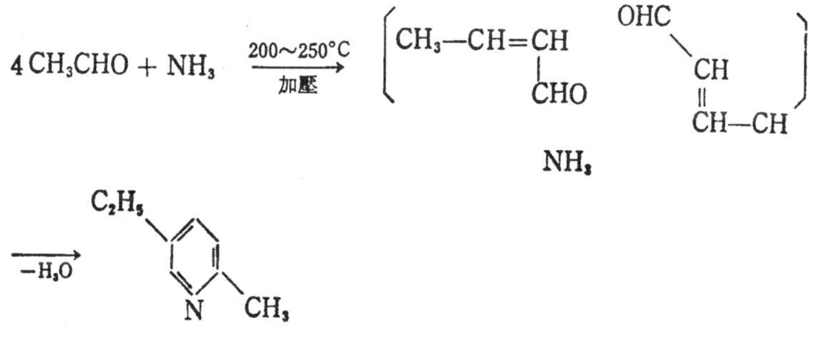

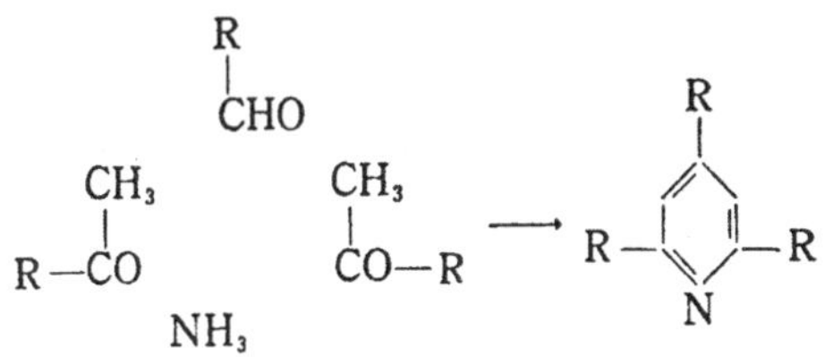

이상은 Tschitschibabin 반응

β-디케톤(또는 β-케토산에스테르) 2분자와 알데히드, 아민 각 1분자를 반응시키면 피리딘 또는 디히드로피리딘유도체가 생성한다. 이 반응을 Hantsch 반응이라고 한다.

예)

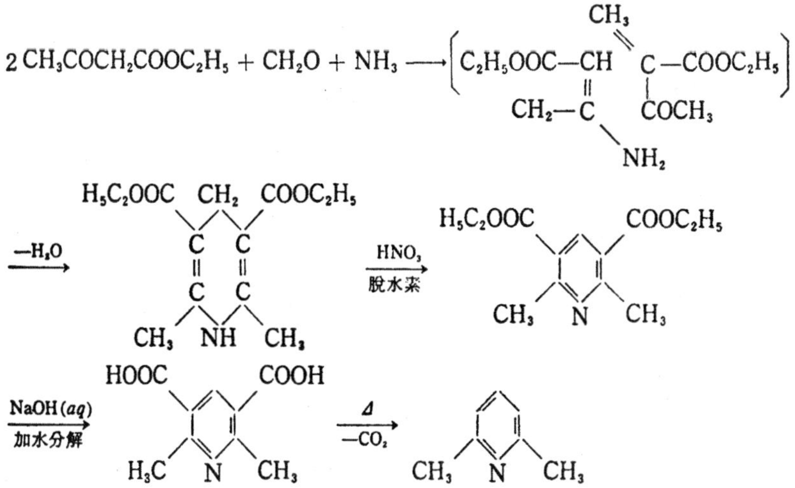

피리딘유도체를 합성할 때 이상의 반응을 많이 사용한다.

아닐린과 글리세린을 진한 황산과 니트로벤젠(산화제)과 혼합하여 반응시키면 Quinoline이 생성된다. 이 반응을 Skraup 반응이라고 한다. 글리세린이 먼저 탈수되어 아크롤레인(CH_2=CHCHO)을 생성한 다음 이 아크롤레인의 β-탄소에 아닐린이 부가되고 폐환, 탈수, 탈수소화되어 반응이 완결된다.

예)

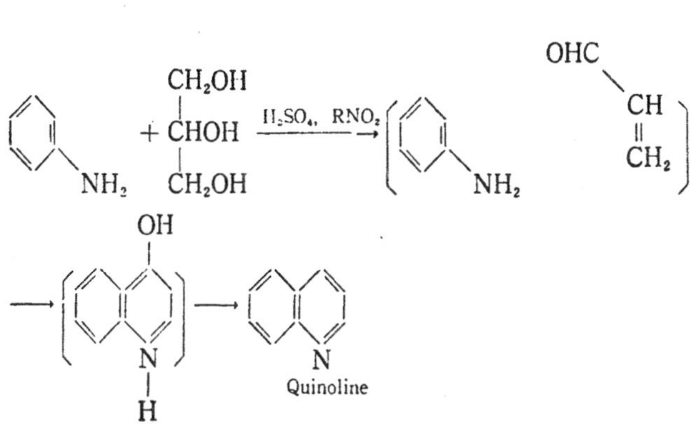

아닐린과 β-케토산에스테르의 축합반응 4-oxyquinoline 유도체가 생성한다(Conrad-Limpach 반응).

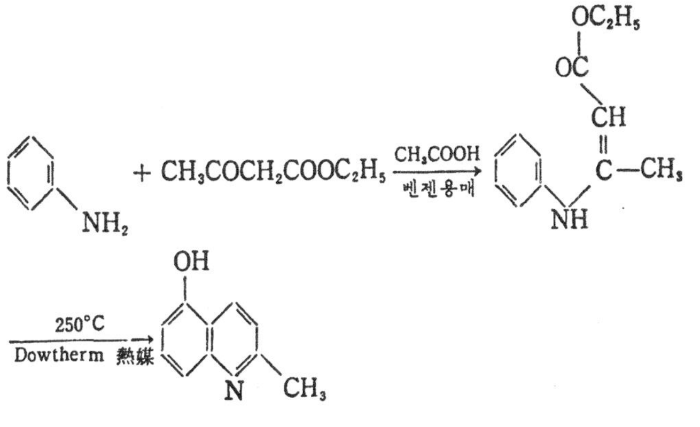

벤즈알데히드와 아미노아세탈을 축합하면 isoquinoline이 된다(Pomeranz-Fritsch 반응).

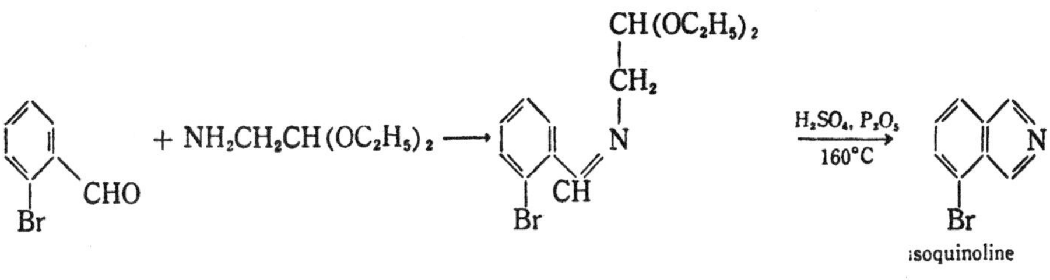

α-아미노케토산에스테르와 β-디케톤 또는 β-케토산에스테르를 축합시키면 피롤이 생성된다(Knorr 반응).

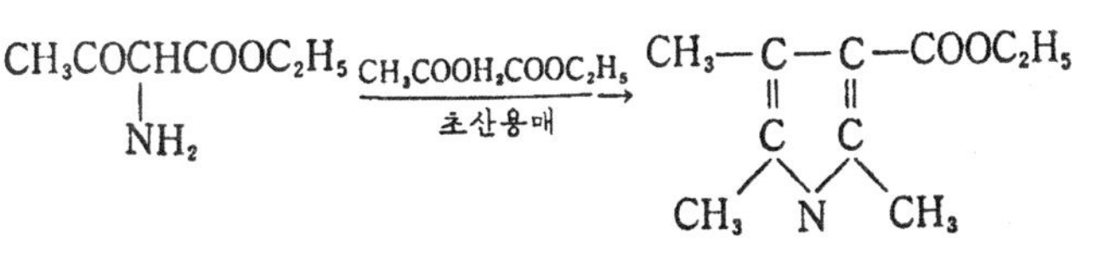

15.7 아세틸렌의 부가반응

아세틸렌을 원료로 한 고압하의 부가반응은 독일의 W. J. Reppe에 의하여 자세히 연구되었다(1925~1945). Reppe는 아세틸렌을 100~200℃ 30atm 이하로 압축하여 반응시킴으로써 공업적으로 아세틸렌사용에 성공하여 많은 합성법을 발전시켰다. 아세틸렌은 그대로 압축만 하여도 폭발할 위험성이 있다. 그러므로 여러 가지 다른 가스로 희석하여 사용하는데 50% 이상 다른 가스를 함유해야 폭발위험성이 적어진다. 가스의 안전효과를 보면 $H_2 < C_2H_4 < CO < N_2H_{10}$의 순서로 부타디엔이 가장 좋다. 수증기도 안전효과가 있으므로

수중에서 반응시키기도 한다.

Reppe 반응 중에서 중요한 반응을 설명하면 다음과 같다.

15.7.1 비닐화반응

아세틸렌을 알칼리촉매하에 알코올 또는 아민 및 카복시산화합물을 반응시키면 비닐화합물이 된다.

$$CH{\equiv}CH + ROH \longrightarrow \underset{\text{Vinylether}}{R-O-CH{=}CH_2}$$

$$CH{\equiv}CH + R-NH-R' \longrightarrow \underset{\text{Vinylamine}}{(R)(R')N-CH{=}CH_2}$$

예)

$$CH{\equiv}CH + CH_3OH \xrightarrow[150\sim180^\circ C,\ 加壓]{KOH} \underset{\text{Methylvinylether}}{CH_2{=}CHOCH_3}$$

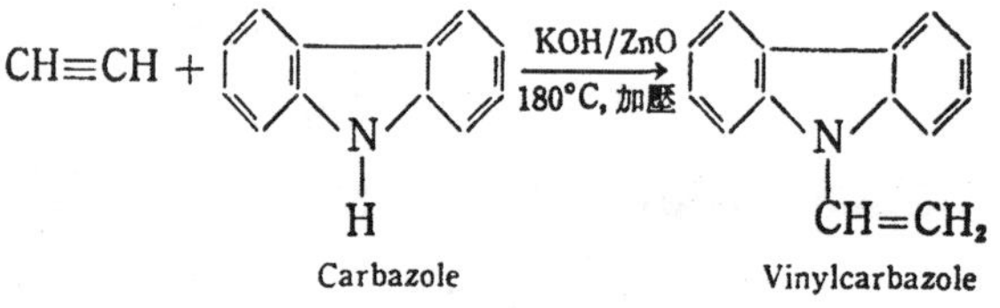

$$CH{\equiv}CH + CH_3COOH \longrightarrow \underset{\text{Vinylacetate}}{CH_2{=}CHCOOCH_3}$$

15.7.2 에틴일화반응(ethynylation)

Reppe의 합성법 중 가장 흥미있는 반응으로써 아세틸렌의 3중결합이 그대로 남아 있으면서 부가반응을 한다. 이 반응에서는 구리아세틸라이드(cupper acetylide)촉매를 사용하며 110~120℃에서 반응시키면 효과가 있다.

아세틸렌에 포르말린 1분자를 부가하면 **propargyl alcohol**을, 2분자를 부가하면 **2-butyne-1,4-diol**을 생성하는데 이 화합물들은 공업적으로도 중요하다. propargyl alcohol을 수소화하면 allylalcohol을, butynediol을 수소화 및 탈수화하면 **1,4-butadiene**이 생성한다.

$$CH{\equiv}CH + CH_2O \longrightarrow \underset{\text{propargylalcohol}}{CH{\equiv}C{\cdot}CH_2OH} \longrightarrow \underset{\text{allylacohol}}{CH_2{=}CHCH_2OH}$$

$$CH{\equiv}CH + 2\,CH_2O \longrightarrow \underset{\text{2-butyne-1,4-diol}}{HOCH_2C{\equiv}CCH_2OH} \xrightarrow{H_2} \underset{\text{1,4-butanediol}}{HOCH_2CH_2CH_2CH_2OH}$$

1,4-butanediol을 다음과 같은 반응으로는 Nylon 6,6의 원료인 hexamethylene이 생성된다.

$$HOCH_2CH_2CH_2CH_2OH \xrightarrow{SOCl_2} Cl(CH_2)_4Cl \xrightarrow{KCN} \underset{\text{adiponitrile}}{NC(CH_2)_4CN} \xrightarrow{4H_2} \underset{\text{hexamethylenediamine}}{H_2N(CH_2)_6NH_2}$$

또 1,4-butynediol을 암모니아와 반응시키면 pyrrole을 만들 수 있다.

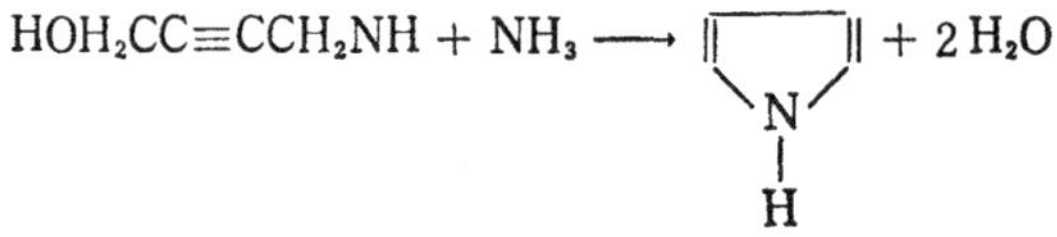

pyrrole

아세틸렌을 KOH촉매로 아세톤과 반응시키면 3-methyl-1-butyne-3-ol을 얻는데 이것을 부분환원과 탈수반응시키면 천연고무성분의 원료인 이소프렌이 된다.

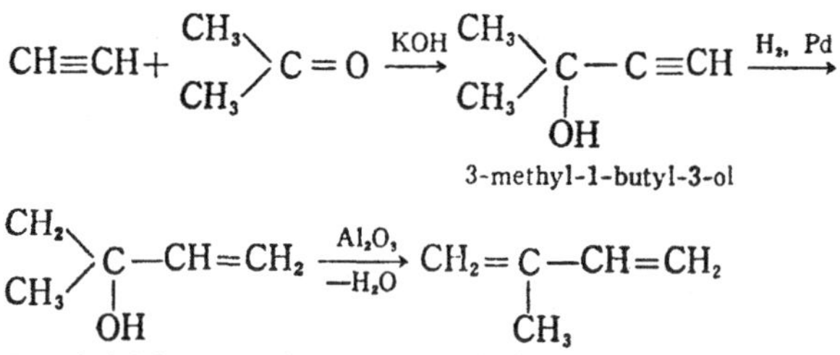

3-methyl-1-butyl-3-ol

3-methyl-1-butene-3-ol

isoprene

15.7.3 카복시화반응

$Ni(CO)_4$(nickel tetracabonyl)촉매 존재하에 아세틸렌과 CO를 활성수소원자를 가지고 있는 화합물과 함께 반응시키면 아크릴산유도체가 생긴다.

$$CH\equiv CH + CO + H_2O \xrightarrow[40°C]{Ni(CO)_4} \underset{\text{acrylic acid}}{CH_2=CHCOOH}$$

$$CH\equiv CH + CO + ROH \xrightarrow[40°C]{Ni(CO)_4} \underset{\text{alkyl acrylate}}{CH_2=CHCOOR}$$

$$CH\equiv CH + CO + RSH \xrightarrow[40°C]{Ni(CO)_4} \underset{\text{alkyl thioacrylate}}{CH_2=CHCOSR}$$

$$CH\equiv CH + CO + RNH_2 \xrightarrow[40°C]{Ni(CO)_4} \underset{\text{acrylamide}}{CH_2=CHCONHR}$$

15.7.4 고리화반응

아세틸렌을 가열하면 부가화합물을 생성하는데 반응조건에 따라 생성물이 달라진다. 염화제일구리로 염화암모늄을 함유하는 염산용액 중에서 반응시키면 비닐아세틸렌을 생성하며 기상에서 고온으로 반응시키면 벤젠이 생성된다. 니켈촉매로 고압하에 반응시키면

cyclooctatetraene이 생성된다.

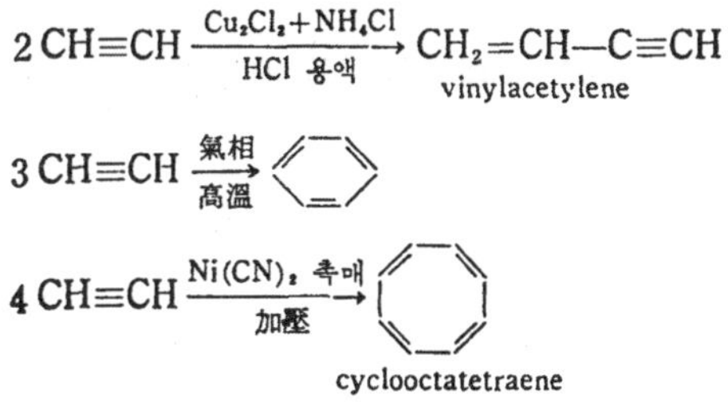

15.8 Diels−Alder 반응

부타디엔, 이소프렌 등 짝지은 디엔화합물에 2중결합을 가진 친디엔시약(dienophile)이 1,4부가로 6원자고리화합물을 만드는 반응을 **Diels-Alder 반응**이라고 한다.

이 반응을 사용하면 여러 종류의 고리화합물을 만들 수 있다.

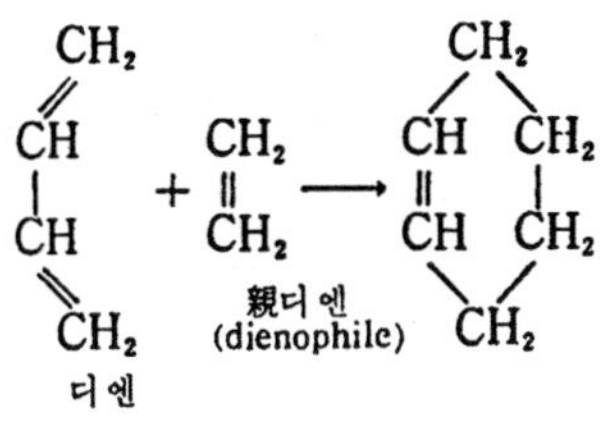

아크롤레인(CH_2=CHCHO)이나 아크릴산(CH_2=CHCOOH)과 같이 친디엔에 전자흡인성 작용기가 있으면 활성화되어 반응이 쉬워진다. 디엔류는 반대로 전자공여기가 있으면 활성화되어 반응이 쉬워지는데 부타디엔보다는 모노, 디, 트리 메틸유도체를 가진 부타디엔이 반응성이 좋아진다. 그러나 테트라메틸부타디엔은 입체장애로 오히려 반응성이 나빠지기도 한다. 몇 가지 반응예를 다음에 나타낸다.

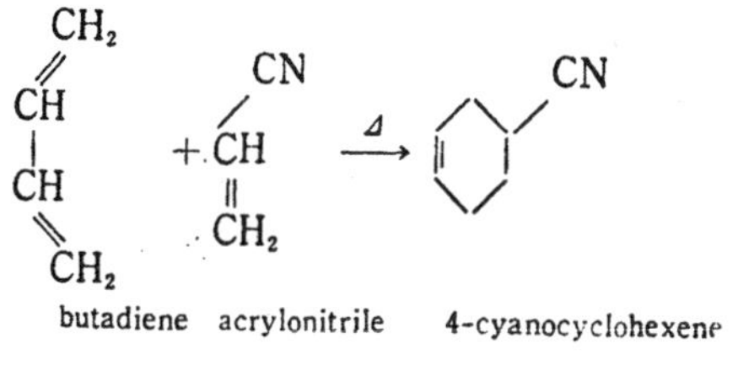

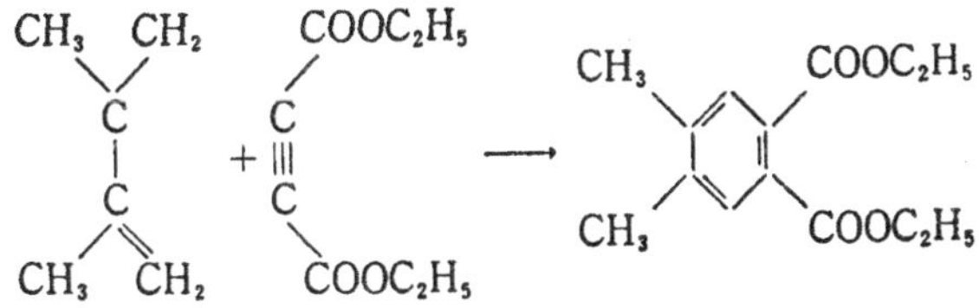

2,3-dimethyl 1,3-butadiene　acetylene diethylcaboxylate

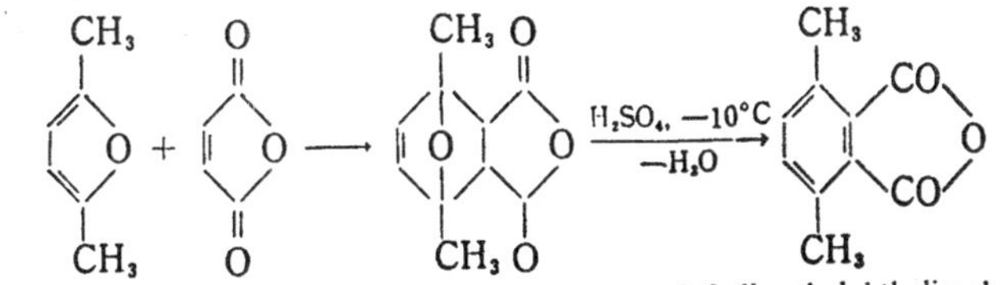

2,5 dimethylfuran　maleicanhydride　3,6-dimethylphthalicanhydride

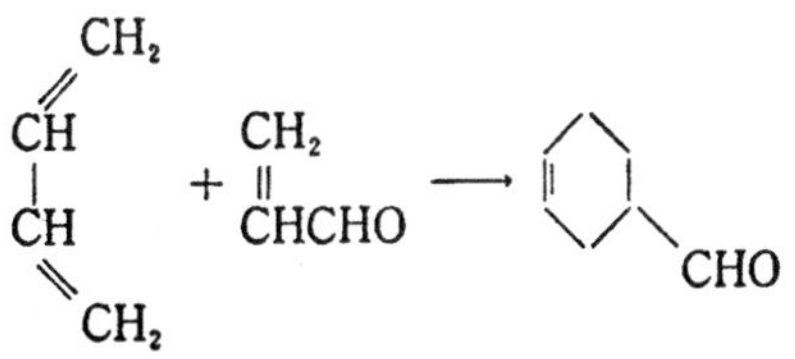

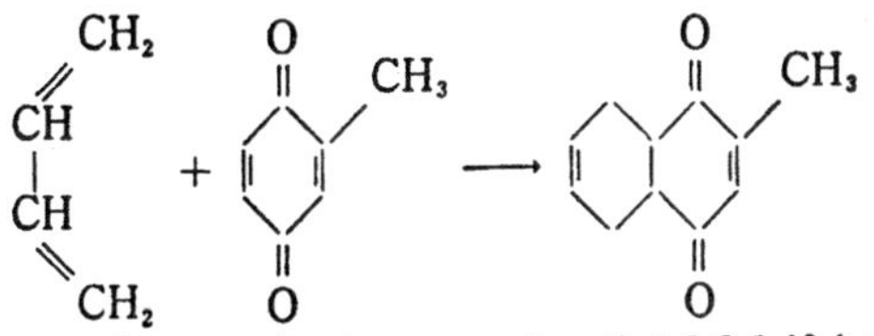

butadiene　toluquinone　2-methyl-5,8,9,10-hydro-1,4-naphthoquinone

16. 전위반응

분자 중의 한 원자 또는 원자단이 분자내에서 결합하고 있는 위치 또는 결합형식을 변화할 때 전위라고 한다. 이때 원자 또는 원자단은 위치를 이동하거나 다른 기능기로 변하게 된다. 따라서 전위반응과 이성화반응은 같지 않다. 이성화반응은 분자내의 원자 또는 원자단의 결합상태만이 변하므로 반응한 다음의 분자식은 불변한다. 분자내 전위반응은 이성화반응과 같지만 분자간전위는 이성화반응과는 다르다. 그러므로 전위반응 전후의 분자식은 꼭 같다고 할 수 없다. 전위반응은 탄소골격의 이동, 기능기의 변위 등으로 일어난다. 이온반응과 라디칼반응으로 반응이 진행되는데, 이온반응이 더 중요하다.

전위반응을 Cram-Hammond가 제안한 방법으로 설명하면 다음과 같다.

(1) 전자 부족한 계의 전위(산성촉매하에서 진행되는 것이 많다)

(a) 탄소위치로 전위

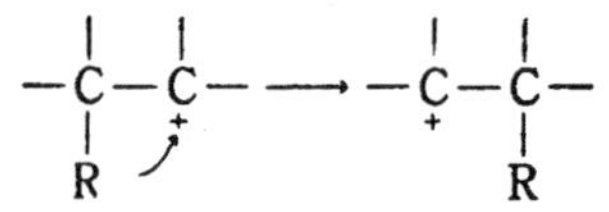

카르보늄이온이 생성하면 인접한 알킬기가 이 카르보늄이온에 전위반응을 한다. 카르보늄이온은 다음과 같은 반응메카니즘으로 생기기 쉬운데 이때는 탄소의 위치에 전위가 일어나게 된다.

예)

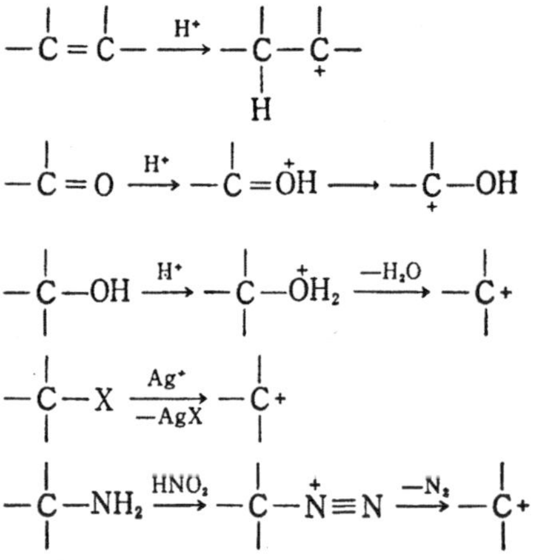

(b) 질소위치로 전위

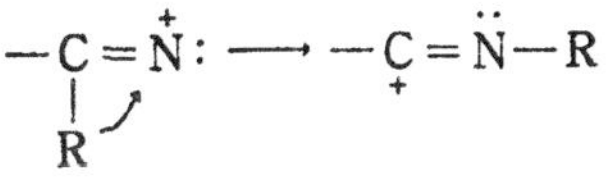

(c) 산소위치로 전위

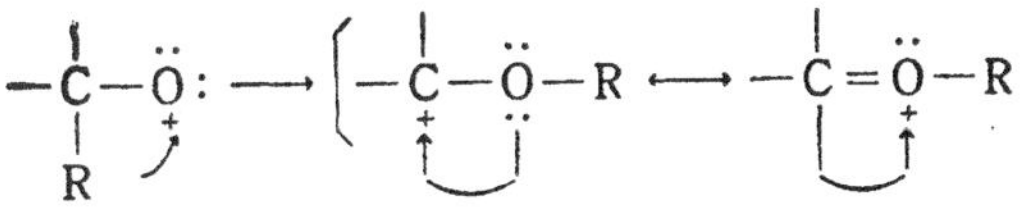

(2) 전자과잉계의 전위(염기성촉매하에서 진행되는 것이 많다)

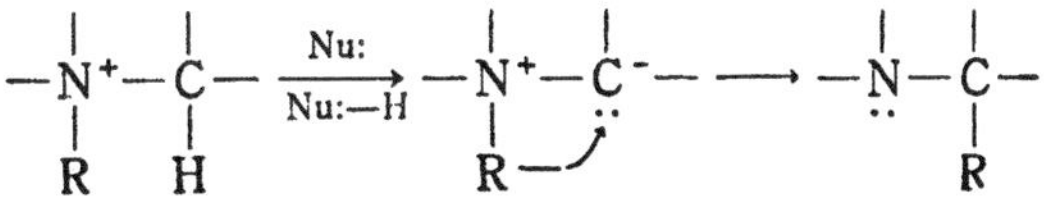

(3) 다중심결합의 이동
알킬기에서 전위

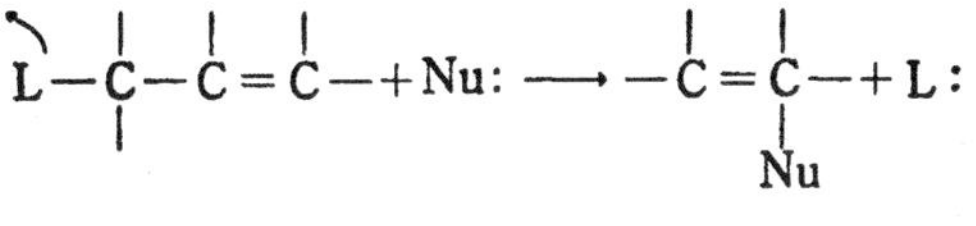

(4) 열전위
2중결합의 이동에 의한 전위

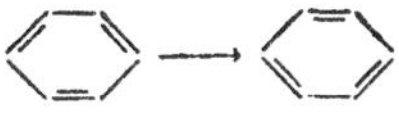

(5) 방향족측쇄의 치환기 고리로의 전위산촉매로 반응이 진행된다.

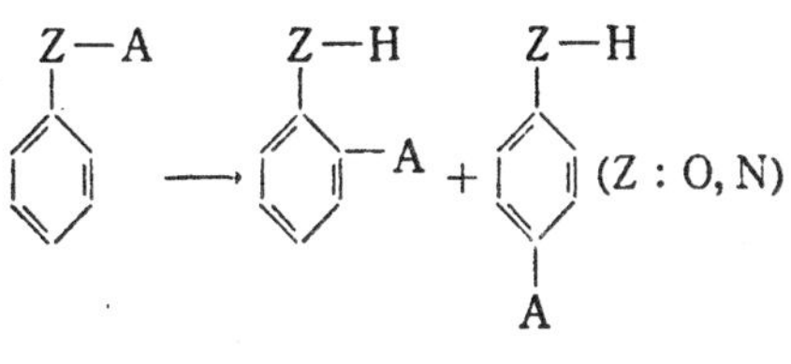

16.1 전위반응

16.1.1 2중 및 3중결합의 전위

(1) 방향족올레핀류를 약 200℃로 가열한 산화알루미늄이나 인산염 등의 고체촉매상에 통과시키면 이중결합의 전위가 일어난다. 온도가 높아지면 촉매없이도 전위가 일어난다.

$$CH_3CH_2CH{=}CH_2 \longrightarrow CH_3CH{=}CHCH_3$$

반응메카니즘

$$CH_3CHCH{=}CH_3 \xrightarrow{+H^+(\text{촉매})} CH_3CH_2\overset{+}{C}HCH_3 \xrightarrow{-H^+} CH_3CH{=}CHCH_3$$

$$(CH_3)_2CHCH{=}CH_2 \longrightarrow (CH_3)_2C{=}CHCH_3$$

(2) 알릴페놀류는 알칼리 또는 알칼리페놀레이트 존재하에 전위한다. 알킬기의 이중결합과 벤젠고리의 이중결합이 안정한 형태의 짝지은 2중결합이 되려고 하는 작용으로 반응이 일어난다. 프로페닐화합물은 쉽게 산화되어 알데히드유도체가 되는데 이 전위반응은 향료합성에 이용한다.

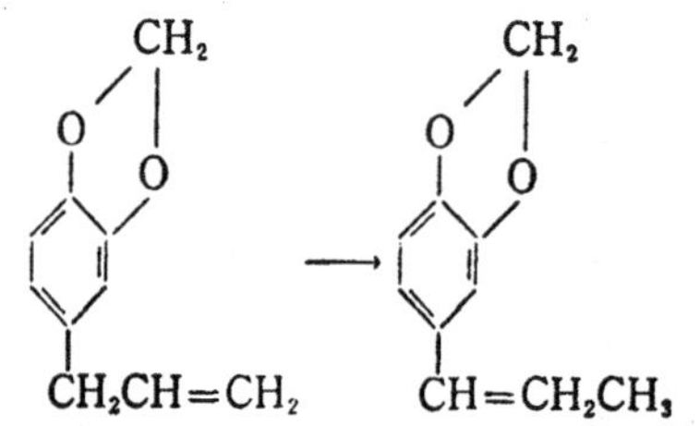

safrol iso-safrole

알릴위치에서 치환이 일어날 때는 2중결합이 옆 탄소로 이동한 것과 이동하지 않은 두 가지의 전위화합물이 생긴다.

$$\underset{\text{Crotyl chloride}}{CH_3CH{=}CHCH_2Cl} \xrightarrow{-Cl^-} \left[CH_3CH{=}CH{-}\overset{+}{C}H_2 \longleftrightarrow CH_3\overset{+}{C}H{-}CH{=}CH_2\right]$$

$$\xrightarrow{H_2O} \underset{\text{Crotyl alcohol}}{CH_3CH{=}CHCH_2OH} + \underset{\text{Methylvinyl carbinol}}{CH_3CH(OH)CH{=}CH_2}$$

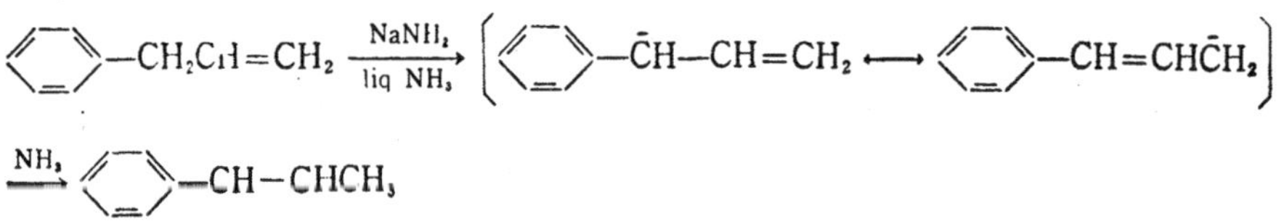

1-phenylpropene(propenyl benzene)

(3) 3중결합의 전위

모노알킬아세틸렌(R–C≡CH)을 염기촉매로 가열하면 디알킬아세틸렌(R'C≡R'')으로 된다.

$$\underset{\text{alkylacetylene}}{RCH_2C{\equiv}CH} \longrightarrow \underset{\text{allene}}{RCH{=}C{=}CH_2} \longrightarrow \underset{\text{dialkyl acetylene}}{RC{\equiv}CCH_3}$$

분자내에 가동성인 수소가 없을 때는 전위가 일어나지 않는다. 또 가동성 수소가 부족할 때는 알렌단계까지만 전위한다.

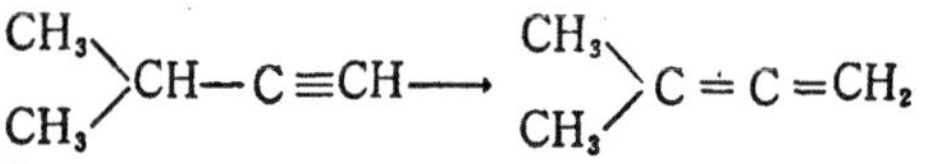

isopropyl acetylene　　dimethylallene

16.1.2 가열에 의한 전위

불포화화합물을 가열하면 전위한다.

(1) Cope 전위

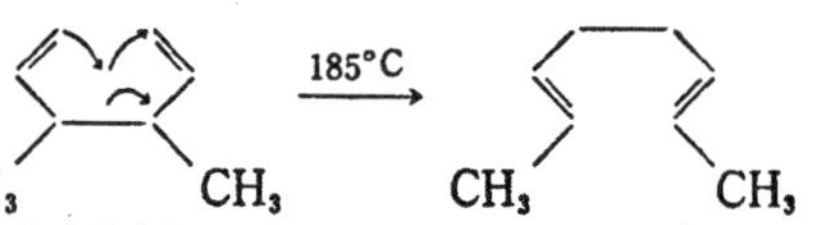

3,4-dimethyl-1,5-hexadiene　　2,6-octadiene

(2) Claisen 전위

Phenyl allyl ether를 가열하면 알릴기는 벤젠핵의 *o*-위치에, 다른 치환기가 있으면 *p*-위에 전위한다.

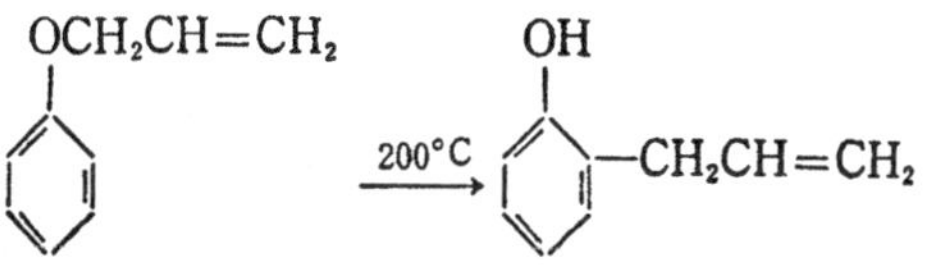

phenyl allylether　　*o*-allylphenol

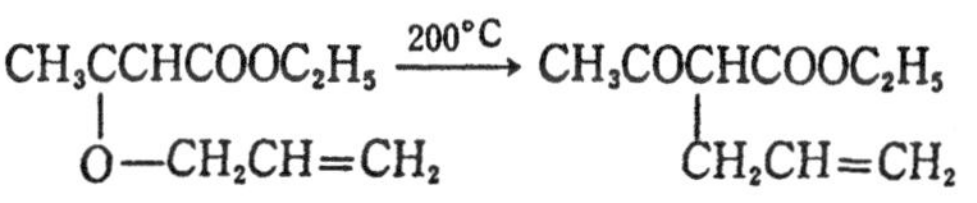

반응메카니즘은 다음과 같다.

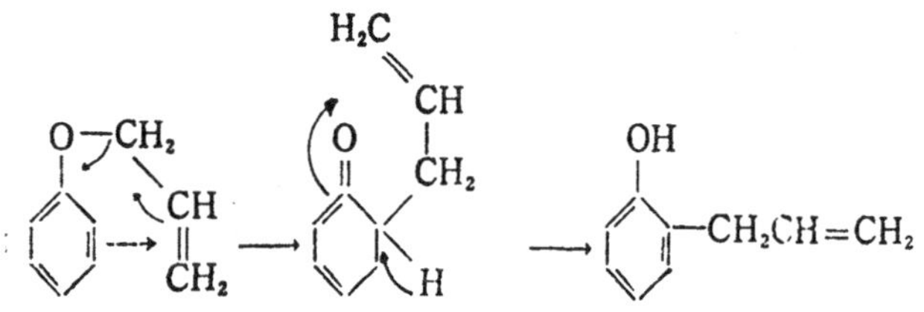

16.1.3 치환페놀화합물의 전위

산촉매나 Friedel-Craft's 촉매하에서 일어나며 방향족의 측쇄의 치환기가 벤젠고리에 친전자치환반응 등을 일으킨다.

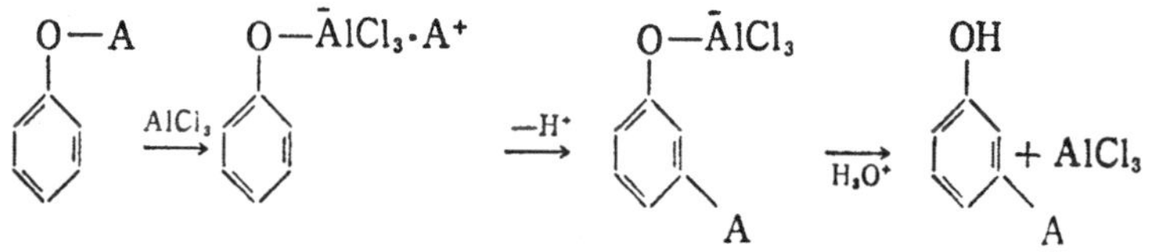

(1) Fries 전위

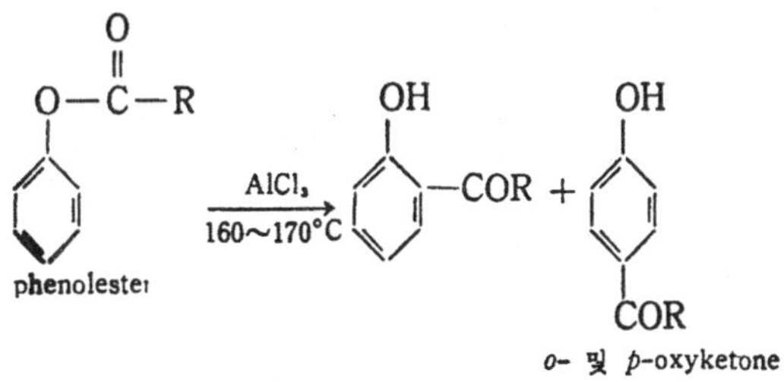

(2) Phenol ether의 전위

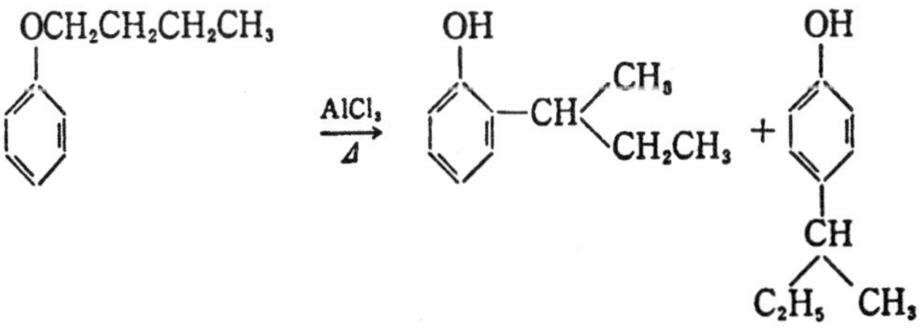

n-butyl기가 *o*-와 *p*-위치에 전위하는데 *sec-butyl*기로 이성화한다.

16.1.4 *N*-치환아닐린유도체의 전위

(1) 페닐술파민산의 전위

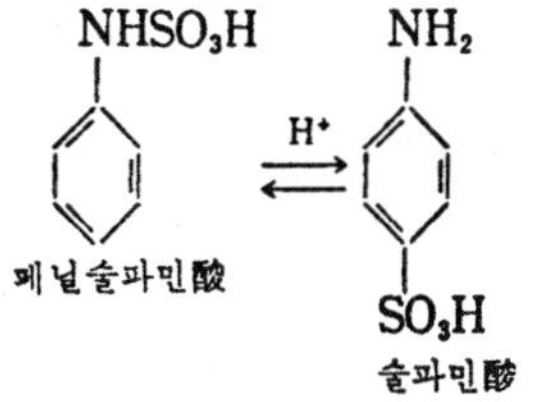

반응메카니즘

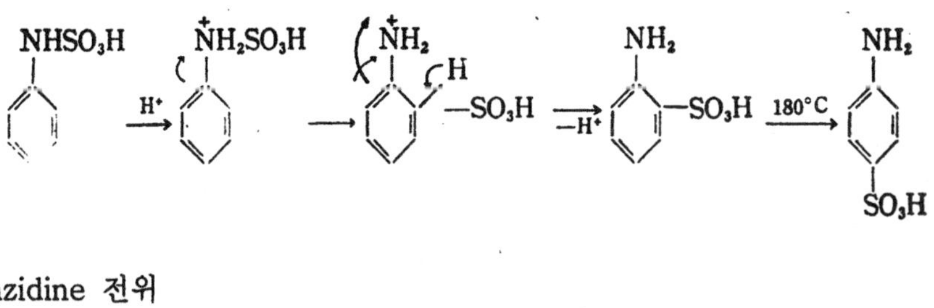

(2) Benzidine 전위

니트로벤젠을 환원(알칼리 + Zn)하여 만든 히드라조벤젠을 황산촉매로 전위하면 분자내 전위반응이 일어나서 벤지딘이 된다. 분자내전위반응으로 유명한 반응이다.

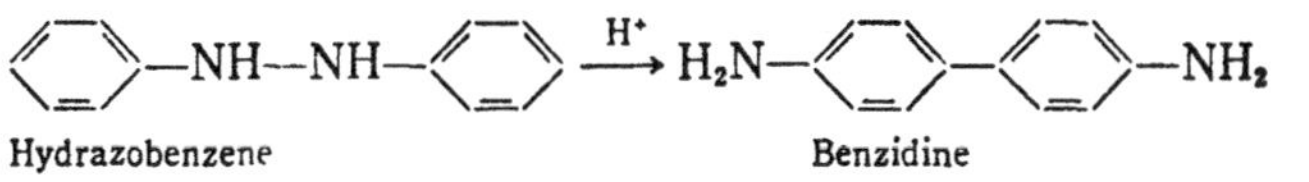

Hydrazobenzene Benzidine

반응메카니즘

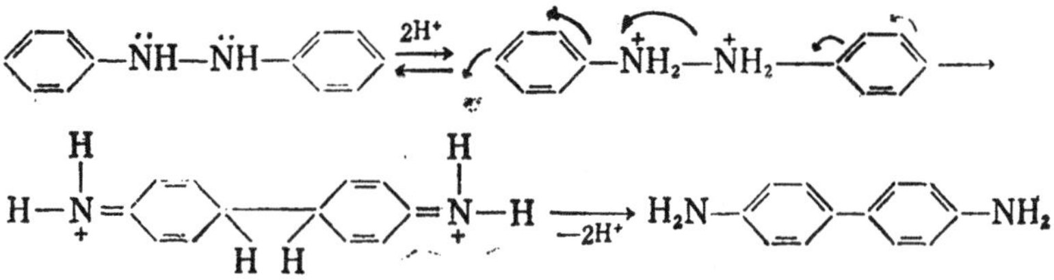

벤지딘은 면직물용 직접염료 중간체로 중요하다. 벤지딘전위로 만드는 벤지딘유도체는 다음과 같다.

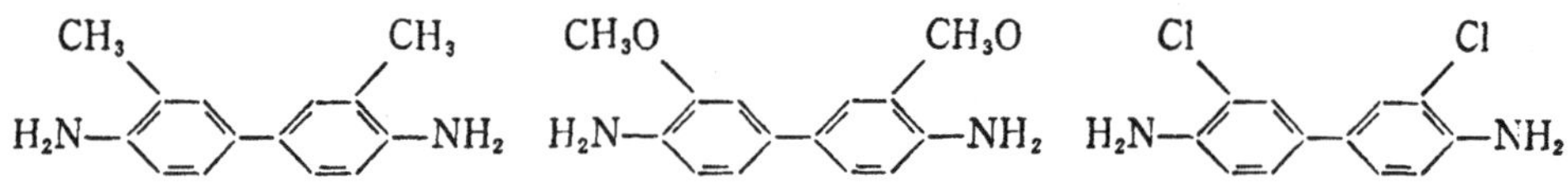

toldine dianisidine dichlorobenzidine

(3) 페닐히드라진의 전위

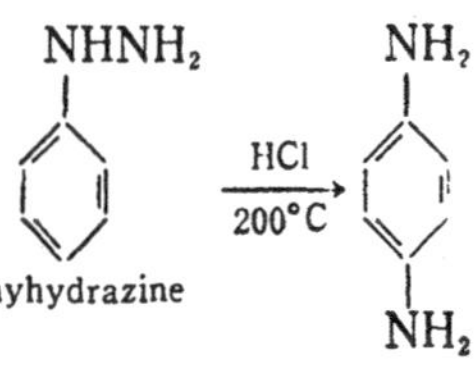

phenyhydrazine

p-phenyleneamine

(4) *N*-니트로소 및 *N*-니트로아민의 전위

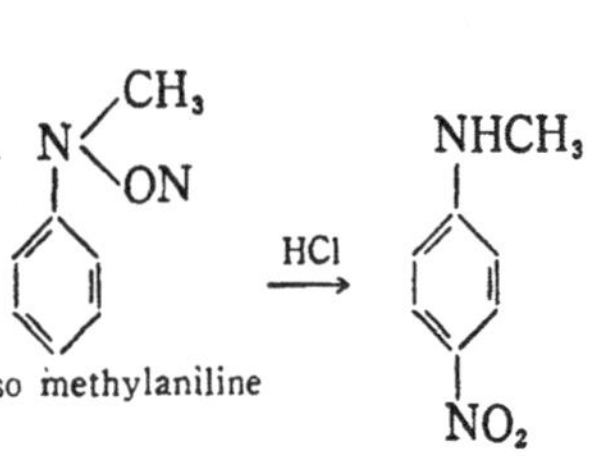

N-nitroso methylaniline

p-nitroso methylaniline

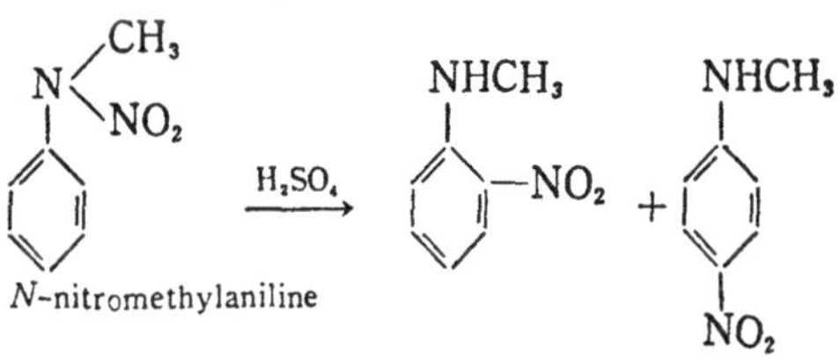

N-nitromethylaniline

16.1.6 질소결합으로의 전위

(1) Beckmann 전위

산촉매존재하에 케톡심이 아미드로 전위하는 반응이다. 촉매는 황산, 술폰산, 무수인산, 오염화인산 등을 사용한다.

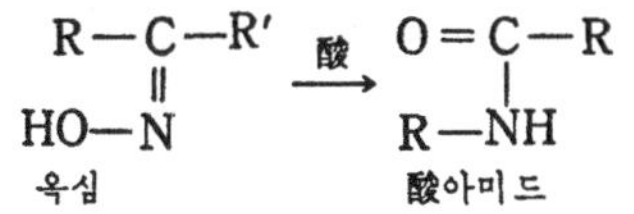

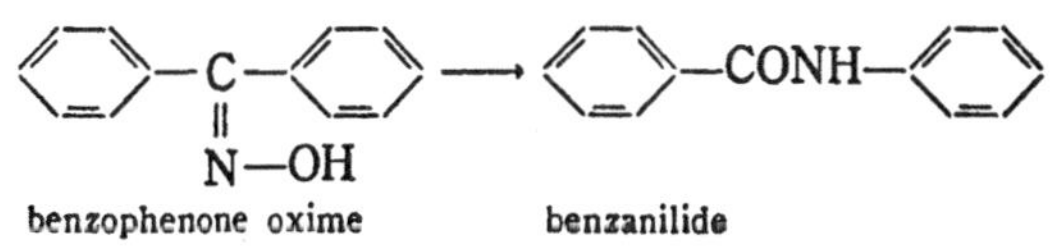

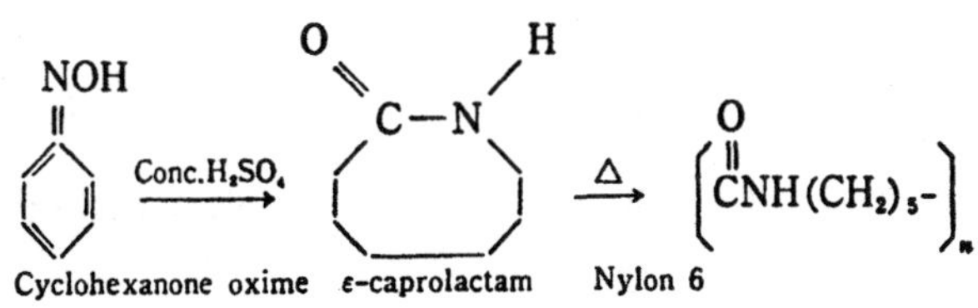

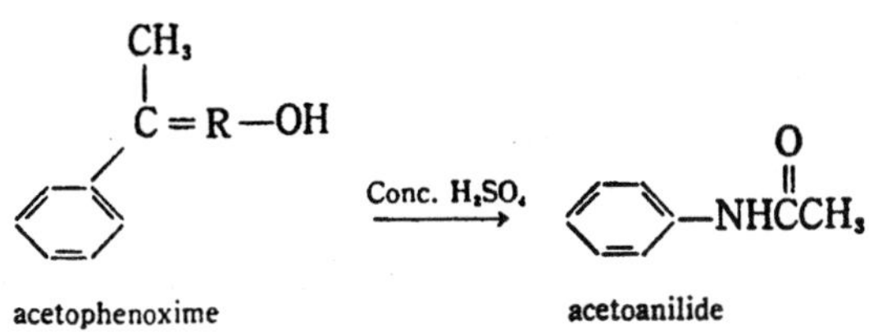

반응메카니즘

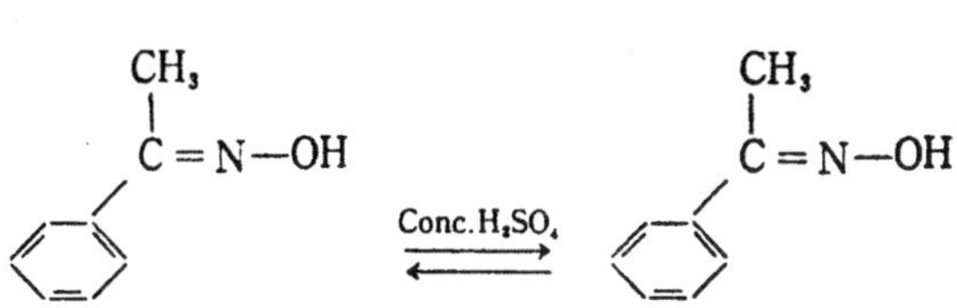

(2) Hofmann 전위

산아미드를 브롬이나 염소와 함께 NaOH 수용액에서 반응시키면 아민으로 된다.

$$R-\underset{\underset{O}{\parallel}}{C}-NH_2 \xrightarrow[NaOH]{Br_2} \left[R-\underset{\underset{O}{\parallel}}{C}-NHBr\right] \longrightarrow \underset{\text{isocyanate}}{R-N=C=O} \xrightarrow{H_2O} \underset{\text{amine}}{RNH_2} + CO_2$$

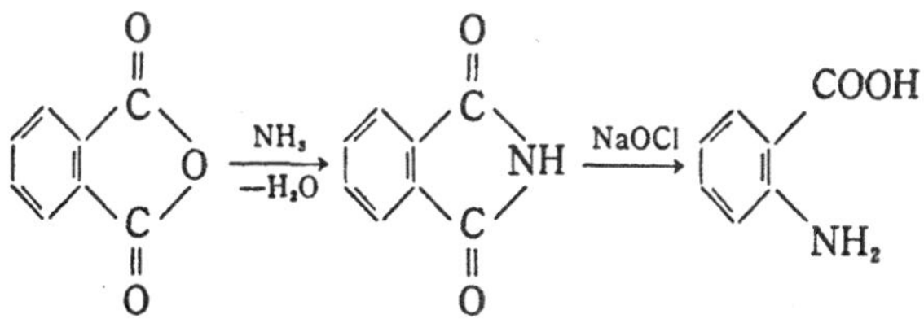

phthalic anhydride　　phthalic imide　　anthranilic acid

(3) Curtius 전위

아실아지드를 열분해하면 N_2를 발생하고 이소시아네이트가 된다. 유기용매에서는 이소시아네이트가 되고 물에서는 아민이 된다.

$$\underset{\text{acyl azide}}{R-\overset{\overset{O}{\parallel}}{C}-N-\overset{+}{N}\equiv N:} \xrightarrow{\Delta} \underset{\text{isocyanate}}{O=C=N-R} + N_2\uparrow \xrightarrow[H_2O]{\Delta} RNH_2 + CO_2$$

(4) Rossen 전위

히드록삼산(hydoxamic acid)을 $SOCl_2$와 함께 가열하면 이소시아네이트가 생성하는 전위반응을 말한다.

$$\underset{\text{hydroxamic acid}}{R-\overset{\overset{O}{\parallel}}{C}-NHOH} \xrightarrow[\Delta]{SOCl_2} \underset{\text{isocyanate}}{R-N=C=O} + H_2O$$

(5) Schmidt 전위

카복시산이나 케톤을 HN_3(아지화수소산)와 반응시키면 아민(물속에서) 또는 아미드가 된다.

$$\underset{\text{카복시酸}}{RCOOH} + HN_3 \xrightarrow[-H_2O]{H_2SO_4} R-\overset{\overset{O}{\parallel}}{C}-\ddot{\underset{\cdot\cdot}{N}}^{-}-\overset{+}{N}\equiv N: \xrightarrow{-N_2} R-N=C=O \xrightarrow[-CO_2]{H_2O} RNH_2$$

$$RCOR' + HN_3 \xrightarrow{H_2SO_4} R-\underset{\underset{R'}{|}}{\overset{\overset{OH}{|}}{C}}-\ddot{N}^{-}-\overset{+}{N}\equiv N \xrightarrow{-N_2} R-\overset{\overset{OH}{|}}{C}=N-R' \rightleftharpoons \underset{N-\text{알킬아미드}}{RCONHR'}$$

16.1.6 Pinacolin 전위

피나콜(vic-diols)을 황산과 함께 가열하면 피나콜론이 된다.

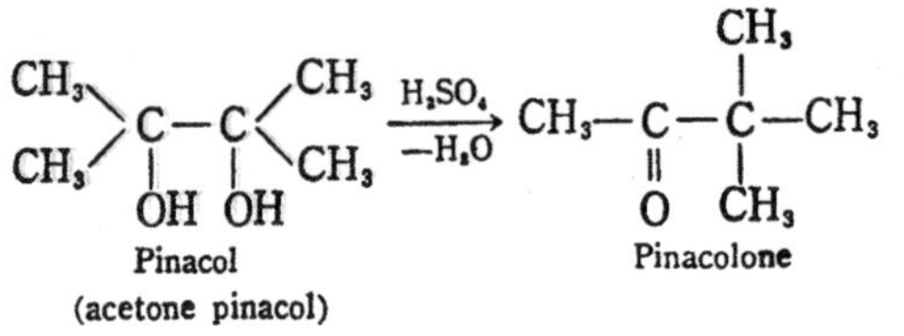

반응메카니즘

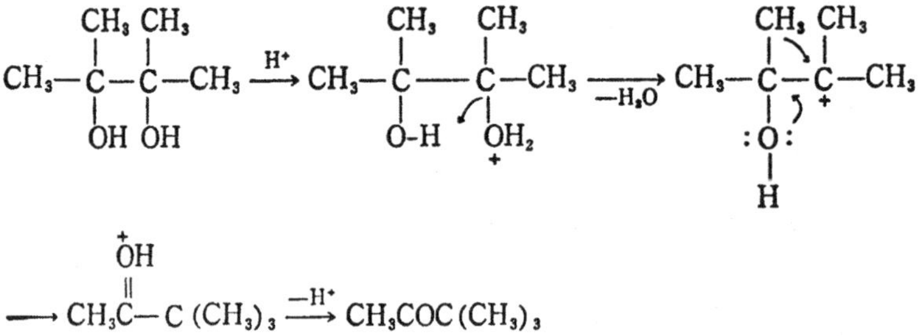

16.1.7 Benzil 배위

벤질은 알칼리용액에서 전위하여 벤질산이 된다.

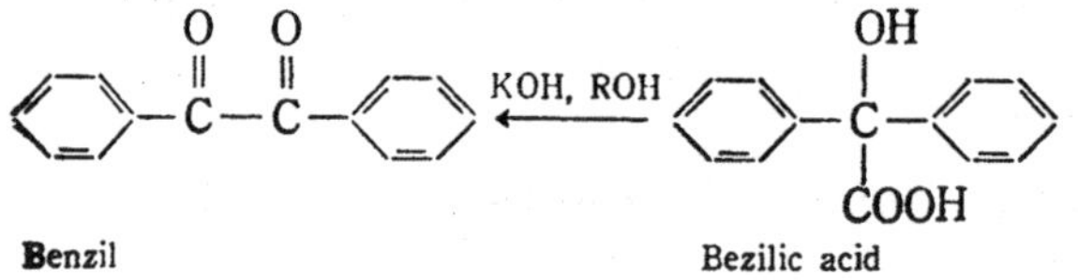

반응메카니즘

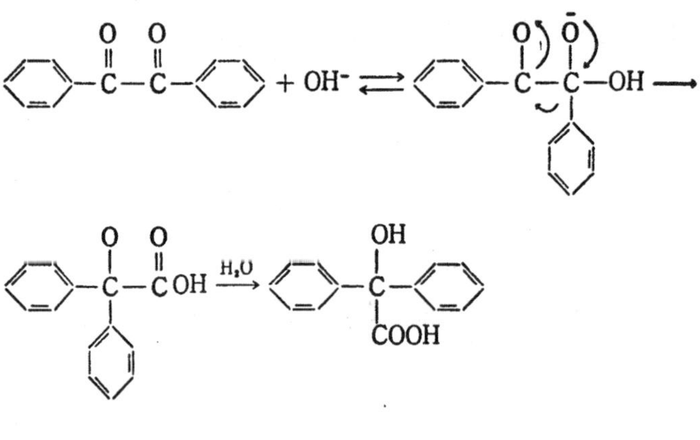

16.1.8 Hydroperoxide의 전위

Isopropylbenzene peroxide를 10% H_2SO_4수용액에서 가열하면 페놀과 아세톤이 된다(cumene법에 의한 페놀합성).

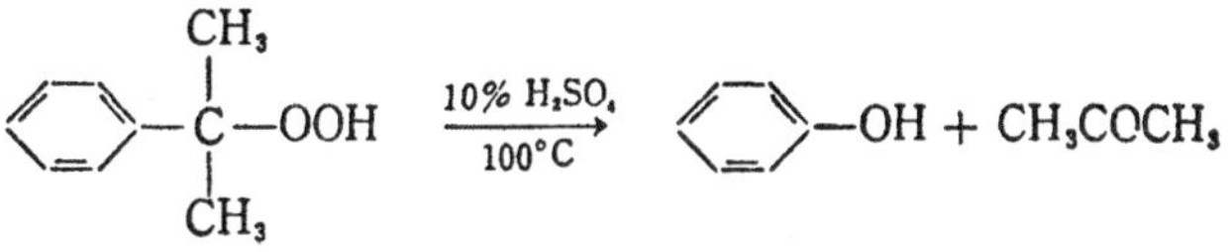

반응메카니즘

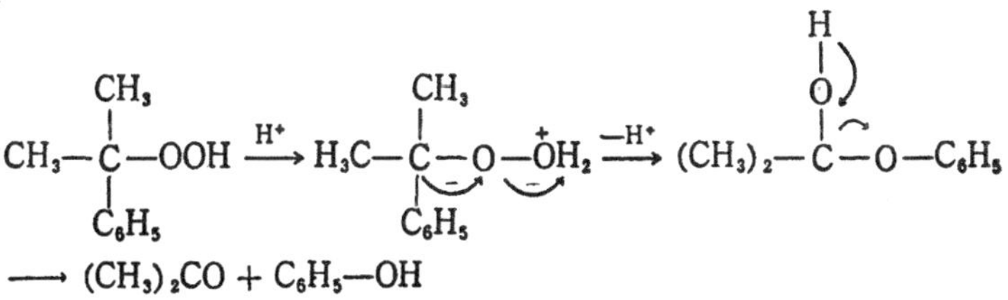

16.1.9 기타의 전위반응

(1) 방향족히드록실아민의 전위

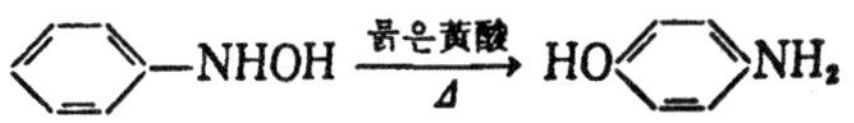

(2) 디아실아닐리드의 전위

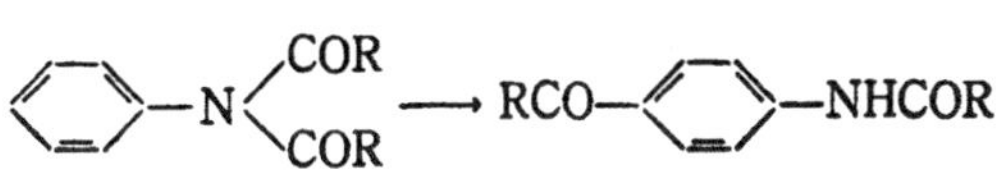

(3) *N*-할로겐화아세트아닐리드의 전위

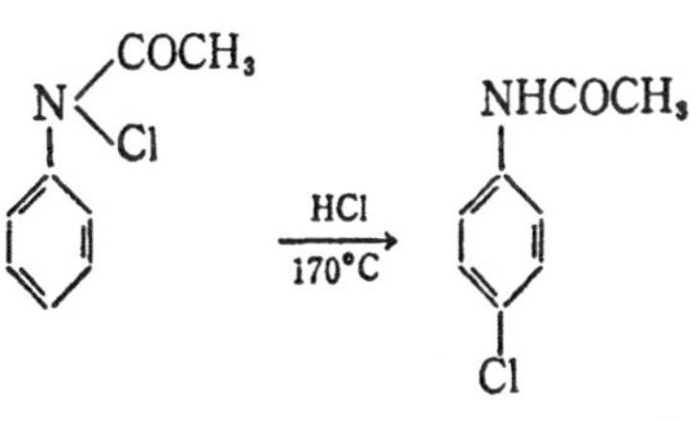

(4) azoxybenzene 및 amineoxide의 전위

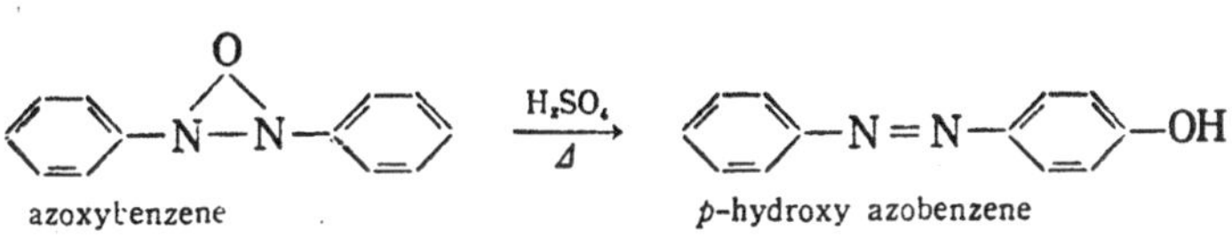

azoxybenzene　　　　*p*-hydroxy azobenzene

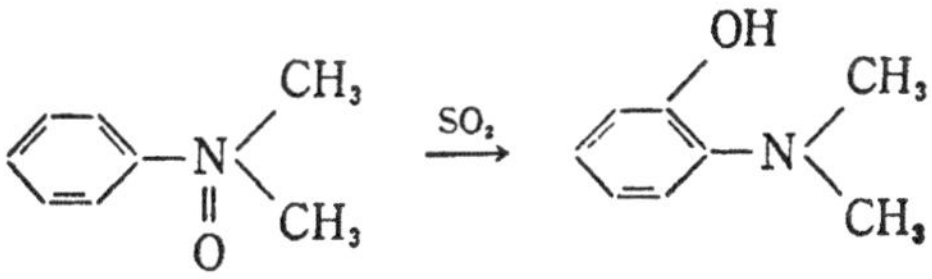

16.2 방향족카복시산칼륨의 전위

(1) 살리실산칼륨의 전위

살리실산칼륨염을 200℃ 이상으로 가열하면 카복시기는 *p*-위치로 전위하여 *p*-oxybenzoic acid가 된다.

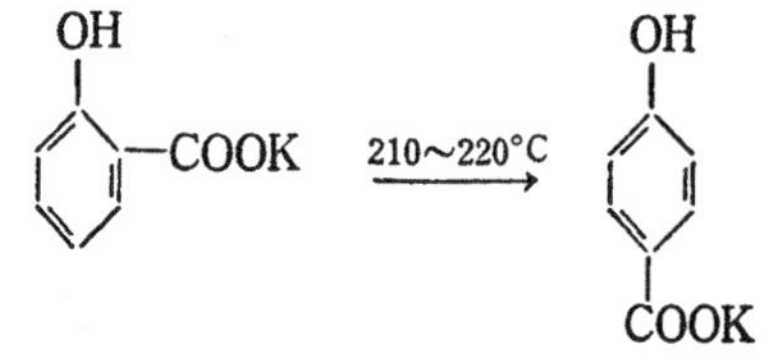

살리실산의 Na나 Li염은 전위반응을 하지 않는다. phenol의 Kolbe-Schmidt 반응에서 Na염인 때는 살리실산이, K염인 때는 *p*-oxybenzoic acid가 된다.

(2) 벤조산칼륨을 CdF_2와 함께 CO_2기류 중에서 400~450℃로 가열하면 전위가 일어나서 벤젠과 테레프탈산이 된다.

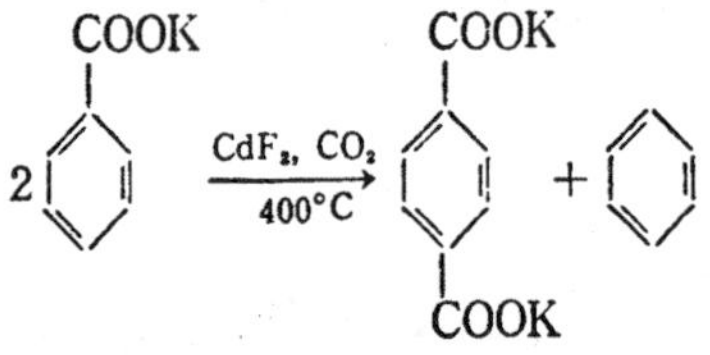

상압하에 CO_2로 반응시키면 수율은 31%이지만 CO_2로 500atm로 가압하여 반응시키면 수율은 62%에 달한다. 나머지는 벤젠이 생성한다.

(3)

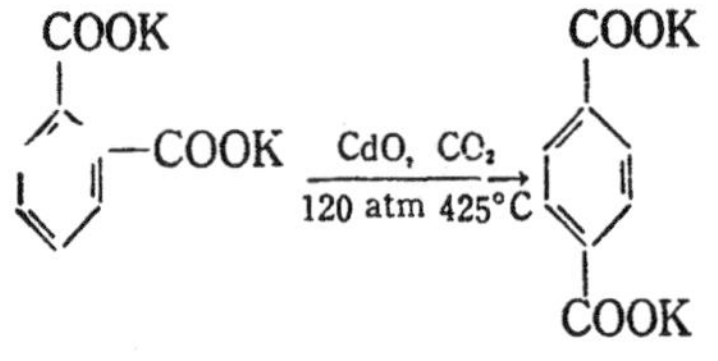

프탈산칼륨산을 CdO 존재하에 불활성가스(CO_2, N_2 등)와 함께 450℃로 가열하면 카복시산기가 전위되어 terepthalic acid가 된다. 전위반응에서 K염인 때가 p-위치로 전위되는율이 제일좋다. terepthalic acid는 polyester fiber의 원료인데 보통은 *p*-xylene을 산화하여 만든다. 나프탈렌이나 *o*-크실렌을 산화하여 만든 프탈산을 K염으로 만든 후 전위하여 테레프탈산을 만든다. 이 방법을 **Henkel법**이라고 한다.

16.3 실험실적 방법

16.3.1 Cyclohexanone oxime으로부터 ε-caprolactam의 합성(Beckmann 전위)

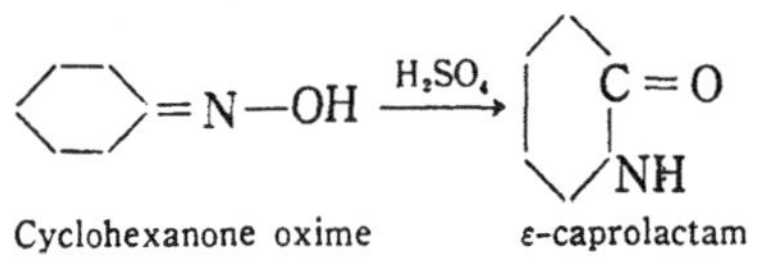

옥심의 몰수의 2.5배이 95% 황산을 90~95℃로 가열하고 이 용액에 cyclohexanone oxime을 소량씩 가한다. 옥심을 전부 첨가한 다음에도 1시간 동안 100℃로 유지하면서 교반반응시킨다. 반응생성물을 30% 암모니아수로 중화하고 2층으로 분리된 하층물을 염화에틸렌이나 클로로포름으로 추출한다. 추출액을 상층의 반응물과 합쳐서 하룻밤 방치한다. 2층으로 분리된 하층의 물은 버리고 다시 수세한 다음 감압증류하여 b.p. 122~124℃/15mm의 유분을 포집한다(수율 약 80%).

16.3.2 알릴페닐에테르로부터 2-알릴페놀의 전위(Claisen 전위)

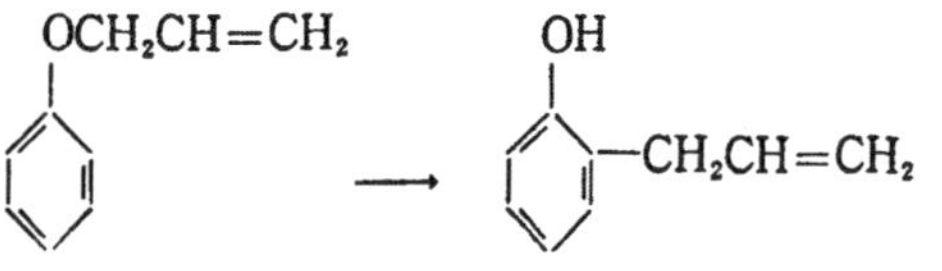

환류냉각기를 부착한 플라스크에서 알릴페닐에테르를 가열하면서 가끔 반응물을 꺼내서 굴절율을 측정하여 n_D=1.55가 되면 반응을 중지한다(반응시간 5~6시간). 부생하는 소량의 2-메틸디히드로벤조푸란을 제거하기 위해서 생성물의 2배량(부피)의 20% NaOH수용액에 반응물을 녹이고 석유에테르로 2회 추출한 다음 잔액을 다시 산성으로 하여 석유에테르로 추출하여 먼저 유출한 석유에테르추출액과 혼합하여 염화칼슘으로 건조한다. 에테르를 상압증류로 제거하여 회수하고 나머지 유분을 감압증류한다. b.p. 103~105.5℃/19mm의 유분을 얻는다. 수율은 약 73%이다.

16.3.3 acetone pinacol로부터 pinacolone의 합성(Pinacolone 전위)

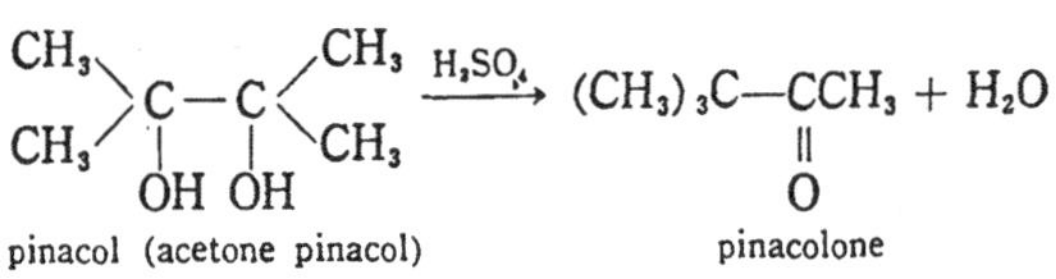

2ℓ의 둥근바닥플라스크에 6*N*-H_2SO_4 450g과 피나콜 250g을 넣고 증류한다. 이때 증류액은 2층으로 갈라지는데 상층액이 증가하지 않을 때까지 증류한다(15~20분간). 유출액이 피나콜린층을 물과 분리하고 물층은 다시 플라스크에 넣고 진한 황산 60㎖와 피나콜 250g을 넣고 증류를 다시 계속한다. 앞에서 분리한 피나콜린과 다시 증류하여 얻은 피나콜린을 합쳐서 염화칼슘으로 건조하고 다시 분별증류한다(b.p. 103~107℃의 유분을 받으면 수율은 65~72%에 달한다).

16.3.4 벤질로부터 벤질산의 합성(벤질산전위)

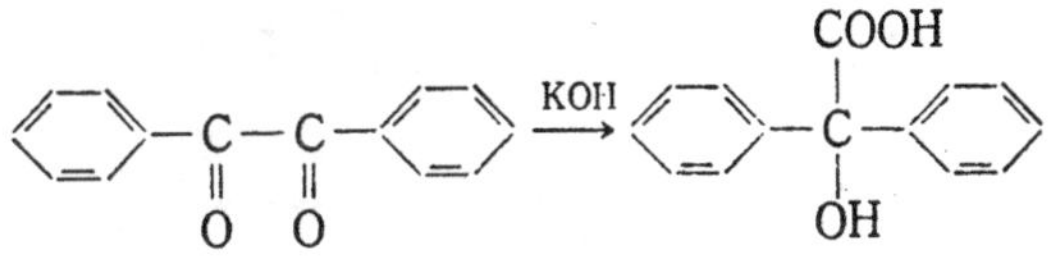

벤질 50g을 둥근바닥플라스크에 넣고 여기에 NaOH 50g을 물 100㎖에 녹인 알칼리수용액과 알코올 100㎖를 가한 다음 물중탕 중에서 가온한다. 10분간 끓인 다음 빨리 비커에 옮긴다. 냉각하면 죽 같은 결정이 석출하므로 여과하여 알코올로 결정물을 씻는다. 이것을 열수 1ℓ에 녹인 다음 가열하면서 묽은 황산을 소량씩 가한다(결정이 더 이상 석출하지 않을 때까지). 결정이 완전히 석출하면 이것을 여과하고 수세한 다음 다시 열수에 녹여 재결정시키면 백색의 벤질산(m.p. 149℃)을 약 40g 얻을 수 있다(수율 74% 정도).

16.3.5 Hydrazobenzene으로부터 benzidine의 합성(Benzidine 전위)

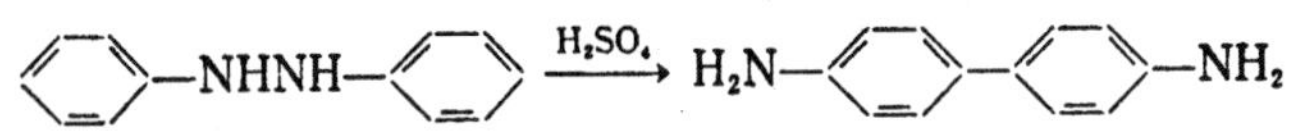

2ℓ의 플라스크에 히드라조벤젠 145g을 넣고 얼음으로 냉각하면서(10~20℃로 유지) 10% HCl 1ℓ를 교반하에 첨가한다. 실온에 1시간 방치한 다음 환류냉각기를 달고 90~100℃로 1~1.5시간 가열한다. 석면이나 유리면(glass fiber)을 여재(濾材)로 하여 뜨거운 상태로 여과한다. 여액에 30% 황산 350g을 교반하면서 가하면 벤지딘 황산염이 침전한다. 냉각한 다음 여과하여 얻은 결정을 1ℓ의 물에 넣고 40% NaOH용액 220g을 가한 다음(알칼리성이 됨) 80~90℃로 0.5~1시간 교반한다. 하룻밤 방치하면 결정이 석출된다. 결정을 여과한 다음 열수에 녹여 착색물인 불순물을 다시 여과하여 제거한다. 냉각하면 결정이 석출되는데 건조하면 백색판상형의 벤지딘 약 95~100g을 얻을 수 있다 (m.p. 127~128℃)

앞에서 벤지딘황산염을 여과하고 남은 여액에는 부생성물인 diphenylene 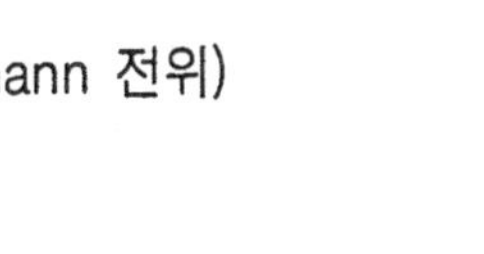 의 황산염이 약 15g 함유되어 있으므로 NaOH수용액으로 알칼리성으로 한 다음 에테르 또는 벤젠으로 추출하고 증류하여 용제를 제거하면 diphenylene(m.p. 45℃)을 얻을 수 있다.

16.3.6 β,β-dimethylbutyamide로부터 neopentylamine의 합성(Hofmann 전위)

$$(CH_3)_3C\cdot CH_2CONH_2 \xrightarrow{NaOH+Br_2} (CH_3)_3C\cdot CH_2NH_2$$

브롬 2.4㎖을 NaOH 7.2g을 물 60㎖에 녹이고 0℃에 냉각한 용액 중에 적하하고 즉시 여기에 β,β-dimethylbutyamide(m.p. 131℃) 3.50g(0.0304mole)을 가하여 아미드가 녹은 다음 1시간동안 교반한다. 조금씩 가온하여 실온가온시키면 황색이 된다. 50℃가 되면 무색의 용액이 되어 유층으로 분리된다. 물 100㎖를 가하고 증류한다. 유상물질이 용출되지 않을 때까지 증류하되 유출액을 묽은염산에 받는다. 황색의 용액을 가열하여 증발하면 네오펜틸아민의 염산염이 백색결정으로 석출한다. 이것을 100% 에틸알코올에 녹이고 증발건고(乾固)시킨다. 에테르로 씻으면 m.p. 273℃의 염산염 3.60g(94%)을 얻게 된다.

제 3 장 정밀화학공업 및 기타공업

1. 고분자화학공업

1.1 서 론

플라스틱, 섬유, 고무를 비롯하여 종이, 펄프, 피혁, 접착제 등 천연 및 합성 고분자를 포함한 고분자화학공업은 석유화학공업 등과 함께 밀접한 관련을 가지며, 오늘날 최대의 화학공업의 하나로 꼽히고 있다.

지구상에서 생물진화와 함께 생산되어 축적되어 온 셀룰로오스, 전분, 단백질 등 소위 천연고분자를 가공하고 그것을 화학적으로 처리하여 이용한다거나 천연고분자를 중심으로 한 공업이 탄생하고서, 이미 오랜 역사를 가지나, 고분자의 성형품으로서 이용되었던 것은 베이클라이트, 셀룰로이드나 고무에 불과했다. 1930년 전후에는 2, 3의 합성고무나 폴리에틸렌, 6,6-나일론의 공업화가 이루어졌으나, 고분자화학공업의 현저한 전개는 제2차대전의 종료를 기해서 였다고 볼 수가 있다.

제2차대전 후, 미국을 중심으로 크게 발전한 아세틸렌 화학공업이나 석유화학공업은 플라스틱, 섬유, 고무 등의 원료의 대량생산과 공급을 가능하게 하고 그것에 의해서 합성고분자의 공업도 급속한 발전을 보았다. 1950년대에는 Ziegler, Natta 두 박사의 Group을 중심으로 한 입체특이성 중합촉매의 개발은 특히 섬유나 고무공업에 새로운 방향을 제시하였고, 결정성이 우수한 폴리프로필렌섬유나 스테레오 고무 등의 개발이라는 귀중한 공헌이 있었다. 또 기초학문에서는 특히 1950년 이후, 고분자의 합성기술과 함께 물성·구조면에서의 연구가 크게 진전하여, 여러 기기분석의 진보와 상통되어, 고분자화학공업은 화려한 개화기를 맞은 셈이 된다.

1970년대에 들어와서 천연고분자의 에너지 자원적 재고와 그것이 갖는 고도의 기능에 주목하여 폭넓게 전개되고 합성되어 온 합성고분자 화합물에의 고기능, 고활성의 부여가 학문적으로 흥미 있는 문제로 되어 왔다. 이온교환수지에서 시작하여 감광성수지, 선택적 금속흡착수지 등을 포함하여 고부가가치화를 겨루는 이 새로운 고분자의 학문은 지금껏 의학, 약학의 영역에까지 진출하였고, 생활과학의 일부로 되게끔 성장하고 있다.

화려한 고분자화학 및 그 공업의 진전의 그늘에서 다른 화학공업과 같이 공해나 폐기물처리의 문제가 심각해지고 있는 것도 결코 묵과할 수 없다. 이것에 관해서 고분자화학공업에서는 고분자재료의 분해와 재편성, 폐기물처리의 효율화 등을 연구 진행하는 데 대처하는 노력이 뒤따르고 있다. 이하, 이 장에서 고분자화학공업에 대해서 목재화학공업, 플라스틱공업, 섬유공업, 고무공업에 대해서 그리고 마지막에 기능성고분자의 공업에 대해서도 언급하려 한다.

1.2 목재화학 및 제지공업

1.2.1 목재화학

화학공업의 대상으로 볼 때 목재는 펄프, 종이를 만들기 위한 펄프공업이나 레이온공업을 비롯하여 목재당화공업 등 중요한 화학공업원료로서 쓰인다. 목재의 조성은 수목의 종류에 의해서도 다르나, 대체로 침엽수, 활엽수 모두 셀룰로오스를 50~55% 함유하고 나머지 20~30%의 리그닌과 10~20%의 헤미셀룰로오스 외에, 약간의 수지분이나 회분으로서 이루어졌다.

(1) 셀룰로오스(Cellulose)

셀룰로오스는 글루코오스가 β-1,4-글루코오사이드 결합으로 된 구조의 다당류로서 1에 나타내는 것 같은 고분자이다. 목재, 목면, 마류 등의 주성분을 이루는 천연셀룰로오스는 5,000~6,000이라는 높은 중합도를 갖는 고분자로서, 그 결정구조는 그림 1-1에 상세히 해명되어 있다. 셀룰로오스의 결정구조는 용해나 재생을 반복하면 변화하는 것으로 알려져 있다. 비결정의 부분은 micelle을 형성하고 있고 모식도로 나타내면 cellulose분자가 집합한 섬유구조는 그림 1-2와 같다. 물에는 불용이며 알칼리에는 강하나 산에 의해서는 가수분해되어 glucose를 이룬다.

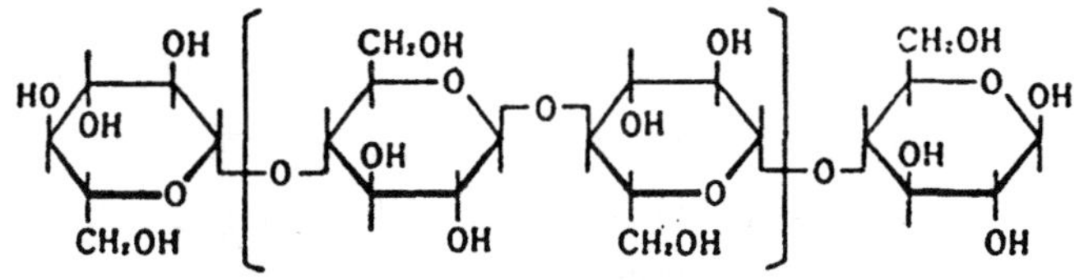

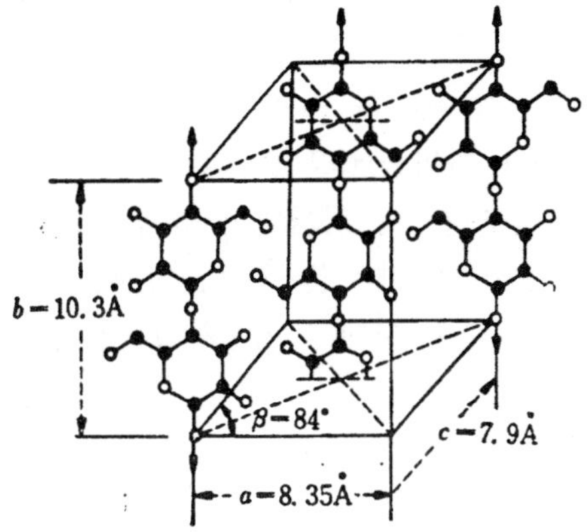

그림 1-1 셀룰로오스의 결정단위 (단위포)의 모식도

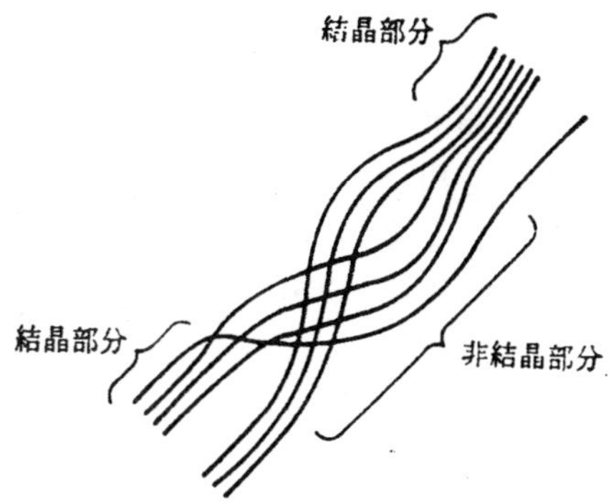

그림 1-2 셀룰로오스의 micelle 구조

(2) Hemicellulose

셀룰로오스에 곁들여 존재하는 다당류이나 알칼리에 잘 녹고 또 산에 의하여 용이하게 가수분해한다. 보통 구성당류나 그 구조에 따라 크실란, 글루코만난 등으로 분류한다. hemicellulose의 분자량은 셀룰로오스에 비교하면 낮으며 중합도도 약 150정도라고 말하고 있다.

(3) Lignin

셀룰로오스와 함께 목재의 구성재료를 이루는 중요한 화합물로, 페닐프로판을 골격으로 하는 단위화합물이 축합하여 된 고분자로서 목재의 섬유와 세포를 강하게 결합시켜서 목질화에 기여하고 있는 화합물이다. 구조에 대해서는 아직 불명한 점도 많으나 단리된 리그닌의 이용연구가 진행되고 있으며 현재로서는 향료로서의 바닐린 (2)의 제조 외에, 술폰산칼슘염이 시멘트의 분산제로서 쓰이고 있다.

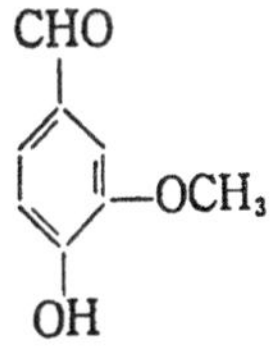

(2)

1.2.2 제지공업

정보의 기록과 전달을 목적으로 하는 종이가 최초에 만들어진 것은 2세기경이며, 중국의 채륜에 의한 초지의 발명에 의한 것으로 알려져 있다. 목재의 셀룰로오스를 원료로 하여 소재의 해리 및 집합체의 재생, 즉 초지의 기술이 확립되었기 때문에 그 후 초지의 기술은 우리나라(7세기)와 유럽 여러나라(8세기~16세기)에 전해졌다고 한다. 목재가 원료로 되기 이전엔 돌, 뼈, 목피를 비롯하여 papyrus지, 양피지 등이 그 목적을 위하여 재료로서 쓰여졌다.

제지공업은 대별하여 셀룰로오스 섬유원료에서의 펄프화 및 초지, 즉 종이제조의 2단계로 나눌 수가 있다. 원료로서는 활엽수 및 침엽수 등의 목재가 가장 중요하게 쓰이고, 그 밖에 볏짚, 대나무 등도 원료로 사용되고 있다.

(1) Pulp화법

목재 등을 원료로 하여 이것을 기계적 또는 화학적 방법에 의해서 처리하고 셀룰로오스섬유를 박탈시킨 집합체를 pulp라고 한다. 이 펄프를 만드는 방법으로서는 기계적 펄프화법 및 화학적 펄프화법이 중요하며 그 밖에 반화학적 펄프화법이라는 것도 있다.

(a) **기계적 펄프화법** : 쇄목펄프(ground pulp)법이 그 대표라고 보며, 목재를 지석으로 잘부셔서 섬유상으로 하는 방법이다. 조작은 간단하고 염가로 되며, 수량도 90% 이상으로 높으나 펄프의 조성은 원재료와 거의 같으며 리그닌의 제거도 되지 않고 변색도 잘 된다. 영구지로서 쓸 수 없고 인쇄잉크의 흡수성은 좋으며 신문지 등에 널리 쓰인다. 지석에는 여러 종류의 것이 쓰인다.

(b) **화학적 펄프화법** : 화학약품을 써서 리그닌이나 헤미셀룰로오스 등을 용해, 제거하여 셀룰로오스만을 남기는 방법이며 아황산염법, 황산염법, 소다법 외에 질소증해법, 알칼리증해법이 알려져 있다. 아황산염법이라고 하는 것은 유황을 연소시켜서 만든 이산화유황에 물 및 석회석을 혼합하여 증해액을 만들고 이것을 써서 Chip화한 목재 중의 리그닌을 용해 제거한 펄프 제조법이다. 증해액은 아황산과 아황산수소칼슘으로 되고 있다. 이 조작에 의하여 리그닌은 수용성의 술폰산으로 되고 또 헤미셀룰로오스도 가수분해에

의해서 수용화되는 것으로 본다.

또 황산염법은 소다법과 함께 알칼리 펄프법이라고 부르고 목재를 수산화나트륨, 황화나트륨의 존재하에서 증해를 하는 것으로 이것에 의해서 리그닌 및 헤미셀룰로오스를 가수분해시켜 셀룰로오스로부터 분리하는 방법이다. 역사적으로, 이 황산염법 이전부터 알려진 소다법이라고 하는 것은 원료로서 쓰는 황산나트륨의 대신에 탄산나트륨을 쓰는 것으로 대상도 소규모로 하는 것에 한한다.

(c) **반화학적 펄프화법** : 이상의 양자의 방법을 혼용시킨 방법으로서 우선 목재의 Chip을 화학적으로 가볍게 처리하여 놓고서 그 후 기계적으로 섬유를 해리시키는 방법으로서, 그 수율도 양자의 방법의 중간 정도, 거의 65~80%라고 보고 있다. 처리하는 약품에 의해서 중성아황산염법, 산성아황산법 및 Kraft법이 알려져 있다.

펄프화법에 관하여 큰 문제는, ① 어떻게 펄프화의 수율을 높이느냐 또 ② 펄프화법을 어떻게 하여 무공해화하는 것인가일 것이다. 수율을 높이는 노력으로서는 예를 들어, 퀴논의 첨가에 의해서 탈리그닌을 촉진하고 또한 셀룰로오스의 말단기를 산화하여 안정화시키는 방법이 근년 세계적으로 기술평가되고 있다고 한다.

(2) 종이의 제조

종이에는 양지를 중심으로 하여 화지 등이 있으며 화지에도 우수한 특징과 응용면이 바람직하나 여기서는 펄프를 원료로 하는 양지를 중심으로 기술한다. 제지에는 대별하여 펄프공정, 초지공정의 둘이 있으며, 원목에서 종이까지의 공정을 나타내면 그림 1-3과 같다.

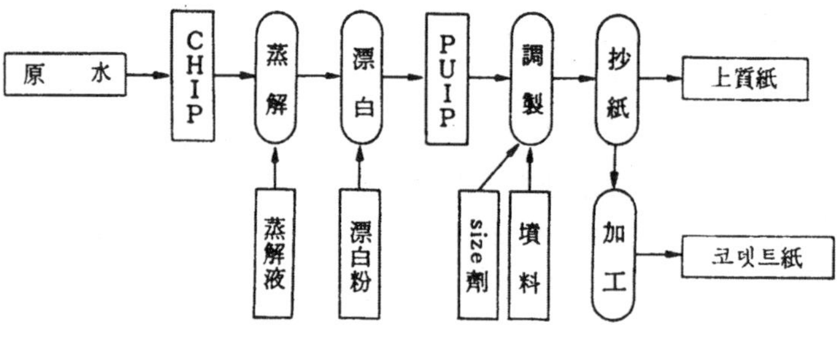

그림 1-3 종이의 제조공정

(a) **펄프공정** : 펄프화법에서 나타낸 것처럼 목재 Chip는 증해공정을 거쳐서 펄프화되고 표백공정에 의해서 표백된다. 표백에는 표백분, 차아염소산나트륨 등의 수용액이 쓰인다.

(b) **초지공정** : 표백된 펄프는 초지공정으로 옮겨지나 이 공정은 조제공정과 초지로부터 이루어진다. 조정공정에서는 고해(beating), sizing, 충전료 첨가 등을 한다.

고해는 섬유를 수중에서 기계적으로 세단하고 해리, 교화하는 공정으로 지질을 균일하고 질기게 하기 위해서 시행한다. 고해에는 beater로 보내어 절단을 한다. 고해의 조건에 따라서 흡수성이 좋고 부드러운, 흡취의 종이와 같은 종이에서 질긴 종이까지 얻을 수가 있다.

Beater중에서 size제, 충전제, 착색제 등의 조합을 한다. size제를 쓰는 처리는 sizing이라고 부르고, 섬유를 내수성 막으로 덮고, 종이의 표면을 평활하게 하는 공정이다. 보통 고해때는 rosin을 가해서 rosin sizing과 초지의 후에 젤라틴, 합성수지 등을 도포하는 방법 등이 쓰인다. rosin은 송진을 증류한 잔분으로 이것을 부분 점화한 유상액의 형으로 sizing을 한다. rosin 대신에 전분풀, 카제인 외에 석유계의 수지, 요소, 멜라민, 염화비닐 수지 등도 쓰인다.

충전(loading)은 지질을 불투명으로 하고, 인쇄적성을 주기 위하여 하는 방법으로 동시에 중량을 늘리는 것을 목적으로 한다. 첨가하는 충전제로서는 백토, 활석, 황산바륨 등 광물질의 세분화한 것을 쓴다.

초지는 초지를 써서하는 최종과정이다. 초지기에는 장망식과 원망식이 있으며, 이들을 써서 고해, 조제된 펄프는 초지, 압착, 건조의 3공정을 거친다. 초지의 단계에서 필요에 따라 모양을 나타낼 수 있다.

건조는 80~90℃ 정도의 온도로 하고 calender를 통하여 광택을 낸 후 neel에 감기게 되어 있다.

1.2.3 특수지

종래의 특수지로서는 전기절연지나 황산지 등이 알려져 있으나 지금은 화학섬유지나 합성수지지를 비롯하여 여러 정보기록지가 새로운 공업의 문제로서 부상되어 있다.

(1) 화학섬유지, 합성수지지

천연고분자인 셀룰로오스를 쓰지 않는 합성고분자를 원료로 한 종이로서 예를 들면 나일론, 비닐론 등의 화학섬유를 원료로 하고 초지기를 써서 만든 것을 가리킨다. 셀룰로오스섬유만큼 친수성이 없고 섬유간의 접합성도 안 좋은 것으로 접착제를 써서 섬유를 상호 접합시킨다. 합성수지지의 대표라고 볼 수 있는 폴리스티렌지는 발포성폴리스티렌을 시트상으로 밀어내어 만든 것으로 엄밀하게는 종이라고는 볼 수 없으나 경량, 단열성 등에 우수하다. 이 밖에 섬유상으로 해서 그것을 초지하는 형의 것을 예로 든다. 폴리프로필렌 재료의 합성지도 있고 이들은 친수성이 불량하고 접고 구부리는 데 강하므로 지도 등에 적합하다. 그러나 공업적 이용은 장래의 과제라고 생각된다.

(2) 정보기록지

정보처리기술의 진보와 함께 화상형성재료로서의 특수지의 개발이 새로운 공업화학의 문제로 되어 왔다. 새로운 기록지나 복사지 중에서 실용화가 진행된 것을 중심으로 종이에의 기록처방을 아래에 나타낸다.

(a) 감압기록 : 복사기록의 방법으로서 오래전부터 알려져 있는 것으로 카본지가 있다. 카본지의 종이 자체는 목재펄프나 마 등으로, 양질로서 강도가 우수한 얇은 것이 쓰이나, 그 위에 착색제나 그 담체로 되는 vehicle이 쓰인다. vehicle에는 wax나 석유가 쓰이고 이들은 혼합하고서 다시 유동성을 올리기 위하여 볼밀, 또는 Roller mill로 세혼합하

고서 원지상에 도포된다. 최근에는 노카본지가 개발되고 있으나, 이것은 발색제를 캡슐로 싸서 연필압에 의하여 이것이 찢어져서 발색기제와 반응하고 발색하는 형의 것이다(그림 1-4). 캡슐내에서는 예를 들어 크리스탈 바이올렛이 유중에 분산되어 있어 젤라틴으로 싸여진 형으로 존재한 것이 기제로서의 산성백토나 고체의 유기산과 반응하여 정색반응은 예를 들어 3과 같이 진행된다.

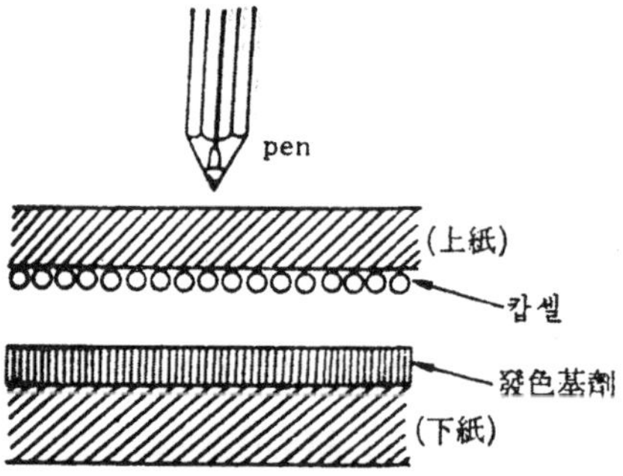

그림 1-4 노카본지

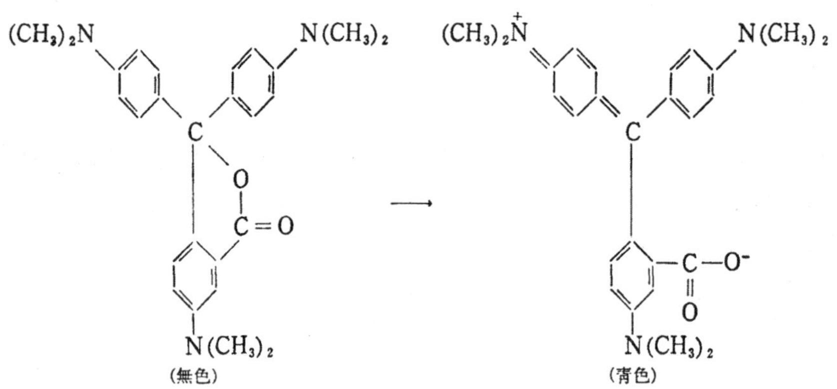

(3)

(b) **감열기록** : 감열기록의 원리는 원고를 그림 1-5와 같은 감열복사지에 중층하여 적외선을 단시간 조사하고 글자의 검은 부분과 여백이 흰 부분과의 열에너지의 흡수의 차를 이용하여 복사를 하는 투과법과 반사법이 알려져 있다.

감열층에는 크리스탈 바이올렛과 같은 루이코염료가 발색염료로서, 또 비스페놀A 등이 발색제로서 함유되어 있고 간단한 조작으로 복사가 되고 사진에서 보는 것처럼 현상이나 정착 등도 불요하며 상의 선명성이 좋지 않은 것이 결점으로 되어 있다.

(c) **정전기록** : 절연성의 유전체재료를 미리 도포한 기지에 우선 정전잠상을 만들어 이것을 현상함으로써 가시상을 얻는 방법이다(그림 1-6). 유전체재료로서는 절연저항이 높고 대전하기 쉬운 수지로서 아크릴, 초산비닐 공중합체 등이 쓰이고 또 기지는 표면저항이 낮은 것이 필요하기 때문에 고분자전해질 등이 도포된다. 500V 이상에서 인가되어 또 정착은 열이나 압력으로 하는 방법이 강구된다.

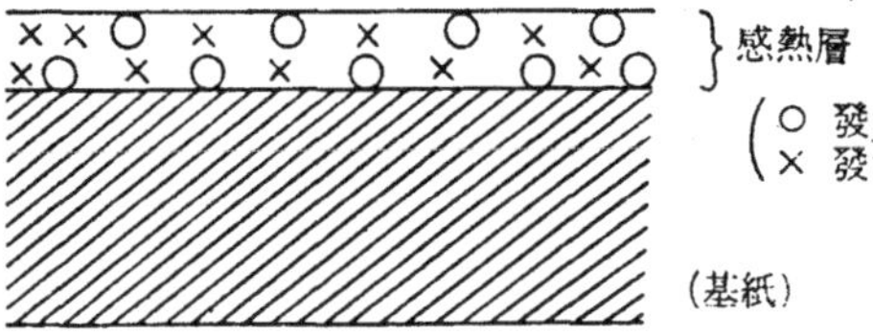

그림 1-5 감열기록지

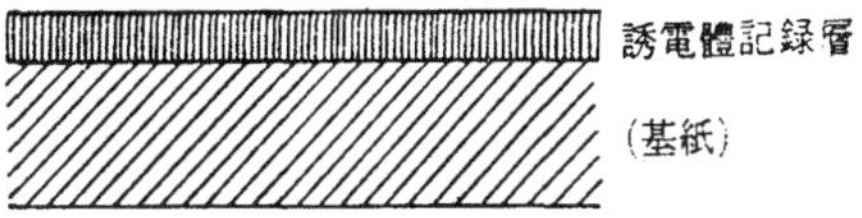

그림 1-6 정전기록지

(d) **방전기록 :** 먼거리에서의 전기신호를 기록하기 위한 수신지로서 개발되어 있는 것으로 역사는 오래이나 컴퓨터기술의 진보와 함께 장래 기록지의 주류를 차지할 것의 하나로 본다. 기록속도가 극히 큰 것이 이 방법의 특징으로 되어 있다.

이 방전기록은 텅스텐선으로 전압을 걸어서 표면층을 파괴하고 도전층을 노출시켜서 기록을 얻는 방법으로 표면층에는 산화티탄 등이, 도전층에는 카본블랙이나 금속 등이 쓰인다(그림 1-7). 보통 20~250V의 전압을 걸어서 한다. 약간 취기를 발생하고 먼지가 묻기 쉬운 난점이 현재 개량되어야 할 문제이다.

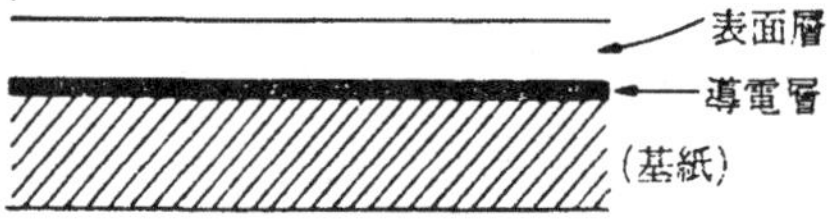

그림 1-7 방전기록지

(e) **디아조감광지 :** 염가로, 사무용의 복사지로서 대량 보급되고 있는 디아조감광지는 디아조늄염에서 직접적으로 양화상을 얻는 방법으로서 가장 잘 알려져 있다. 기지의 위에 디아조늄염층을 도포한 형의 것으로 여러 디아조늄화합물과 coupler의 조합으로서 쓰인다. 원리는 디아조화합물이 광분해하고, 광이 닿지 않은 부분이 적당한 coupler의 존재에 의해서 아조색소를 생성하여 가시상을 준다. coupler로서는 페놀이나 나프톨유도체 등이 쓰인다. 대체로 300~450nm파장의 광에 감광되나, 현상정착이 필요한 기록방법이다.

(f) **전자사진지 :** Xerox 등 전자사진의 발전은 근년에 와서 특히 현저하다. 기록에 정전기와 빛을 병용하는 방법으로서 무기, 유기의 광반도성 재료가 쓰인다(그림 1-8). Xerox에서는 알루미늄판 상에 셀렌을 증착하고, 여기에 코로나 방전을 하여 놓고 nega를 위에 놓아 노광하고, 얻어진 영상을 토너로 정착시켜 이것을 종이에 프린트하고 분리하는 방법으로, 종이는 보통의 종이가 좋다. 셀렌 대신에 산화아연과 수지를 쓰는 방법으로는 알루미늄기판의 대신으로 도전성을 갖는 종이가 쓰인다.

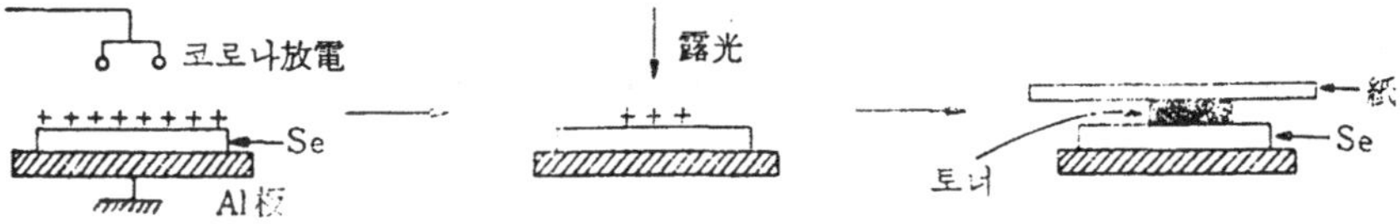

그림 1-8 전자사진의 표현

(3) 그 밖의 특수지

포장용의 특수지에 대해 플라스틱 공업의 발전과 함께 새로운 방향의 개발이 이루어지고, 폴리올레핀 라미네이트지나 염화비닐리덴 가공지 등 종이와 플라스틱의 양자의 특성을 갖는 포장재료가 실용화되게 되었다. 이들 외에 보통의 종이나 판지를 기재로 하여, 기화성방청제 또는 함침시킨 방청포장지도 알려져 있다. 또 발수성, 비점착성의 실리콘가공지, 셀룰로오스의 수산기를 화학적으로 변성시킨, 부분아세틸화 또는 시아노에틸화시킨 셀룰로오스를 기재로 한 전기절연지 등도 있다. 또 내열성이나 치수안정성이 높은 무기섬유지로서 아스베스트지나 유리섬유지 등도 알려져 있다.

1.2.4 셀룰로오스계 공업의 장래문제

제지공업을 중심으로 한 셀룰로오스를 쓰는 화학공업에 관해서는 앞으로 ① 펄프화의 수율향상, ② 셀룰로오스계 생성물의 고부가가치화, ③ 프로세스의 무공해화 등의 문제를 자원, 에너지의 고려 등으로 해결 또는 전개시켜 나가야 된다고 본다.

이 밖에 개발에 쓰이는 재료로서 chitin(4a), chitosan(4b) 등을 들 수 있다. 셀룰로오스는 전혀 같은 β-1,4 골격으로부터 되는 chitin이나 새우나 게의 껍질의 유기계 주성분으로 키토산은 키틴의 가수분해에 의해 용이하게 만들어지는 아미노당이다. 이것은 금속흡착성이 좋고 특히 특정금속의 선택흡착성이나, 개발은 거의 하고 있지 않으나 천연에서 윤택하게 산출되는 공업재료로 될 수 있는 하고 , 장래의 재료로서 놓칠 수가 없을 것이다. 또 같은 해조로부터 산출되는 알킨산도 섬유, 식품첨가제, 의약품과 폭넓은 용도를 갖는 것으로서 더욱이 고부가가치의 기능재료에의 개발이 기대된다.

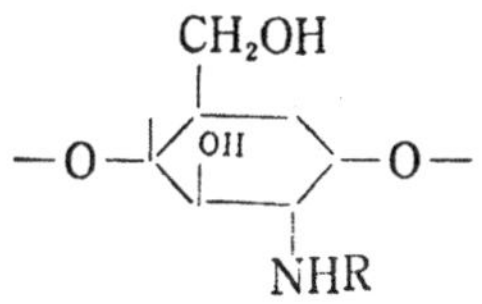

4a($R=COCH_3$) 및 4b(ROH)의 구조

1.3 섬유공업

섬유는 인류의 역사와 함께 개발되어 쓰였고 오늘날에 이르렀다. 오래 전부터 알려진 양모나 견과 같은 동물성섬유, 마나 목면 등의 식물성섬유, 아스베스트와 같은 광물성섬유는 모두 다 천연물에서 직접 얻어지는 것으로 이것을 **천연섬유**라고 부르고 있다. 또한 화학섬유는 19세기 후반경 프랑스의 Chardonnet가 니트로셀룰로오스섬유를 만든 것이 시초이고 그 후 합성섬유는 고분자화학의 진보와 함께 발전하고 지금의 융성을 보게 되었다. 화학섬유 중에는 순합성섬유를 비롯하여 재생섬유나 반합성섬유 및 유리섬유나 금속섬유와 같은 무기섬유가 포함된다. 이와 같은 섬유의 분류를 나타내면 표 1-1과 같다.

표 1-1 섬유의 분류

- 纖維
  - 天然纖維
    - 植物纖維—木綿, 麻
    - 動物纖維—羊毛, 絹
    - 鑛物纖維—아스베스트
  - 化學纖維
    - 再生纖維—레이온, 큐프라, 플라스틱
    - 半合成纖維—아세테이트, 트리아세테이트
    - 合成纖維
      - 폴리비닐알코올系纖維—비닐론
      - 폴리아미드系纖維—나일론
      - 含할로겐系纖維—폴리염화비닐; 폴리염화비닐리덴
      - 아크릴纖維—폴리아크릴로니트릴
      - 폴리에스테르系纖維—폴리에틸렌테레프탈레이트
      - 폴리올레핀系纖維—폴리에틸렌, 폴리프로필렌
      - 폴리우레탄纖維—폴리우레탄
    - 無機纖維
      - 유리纖維
      - 炭素纖維
      - 록크화이버
      - 金屬纖維

1.3.1 천연섬유

주로 의료용에 쓰이는 섬유는 역사적으로 천연섬유를 중심으로 하여 전개되고 1.3.4에서 말하는 화학섬유가 차지하는 비중이 서서히 높아지고 있는 것은 아직 전 생산량의 2/3이상이 천연섬유가 차지하고 있다는 것이다. 천연섬유로서는 식물, 동물에서 제공되는 것 외에 광물섬유도 들 수 있다. 식물섬유는 천연섬유의 대표적인 것으로, 목면과 같은 종자모섬유가 전 섬유생산량의 약 70%를 차지하고 있고 이 밖에 아마, jute, 대마, ramie와 같은 인피(靭皮)섬유나 마닐라마와 같은 입맥섬유, 코코넛섬유와 같은 것까지 있으며 종류가 풍부하다. 동물섬유는 전 생산의 약 1할을 차지하는 양모를 시작으로 모헤어, 캐시미어 등의 수모(獸毛)섬유와 견섬유가 주이며, 후자의 견의 생산은 전체의 0.5%에도 미치지 않는다. 그 밖에 아스베스트를 주체로 하는 광물섬유가 알려져 있다.

(1) 목 면

무궁화과와 목화속의 식물로 그 종자에서 얻어지는 셀룰로오스섬유로 일반적으로 면이라고 부르고 있다. 크게 구분하면 미국종과 아시아종으로 나뉘나, 품질 등으로 보면 다시 상세한 분류가 되어 있다. 면모가 붙은 대로의 종재를 실면이라고 하나, 수확한 실면을 우선 면조기(gin)에 걸어서 면모나 종자를 분리한다. 면섬유의 단면은 Cuticule이라고 하는 막상(膜狀)구조로 덮여져 있다. 섬유는 일반적으로 리본상으로 비틀린 구조를 가지고 있으며, 평균섬유 길이는 면의 종류에 의해서 20~46mm, 평균폭 12.5~21μ의 크기이다. 면섬유는 90~95%가 셀룰로오스로부터 되어 있고 그 밖에 약간의 단백질, 펩틴, 회분, 납분 등이 함유되어 있다. 묽은알칼리 수용액과 함께 끓이면 불순물은 대부분 제거되어, 순수할 정도의 셀룰로오스(99% 이상)가 된다. 면셀룰로오스는 5,000~6,000의 중합도를 갖고 있다고 한다. 면섬유는 또 mercerization이라고 부르는 광택을 부여하는 가공에 의한 방법이 있는데, 이것은 섬유를 긴장하에 농알칼리로 처리한 다음 수세하여 알칼리를 제거함으로써 광택을 더하게 하는 방법이다.

(2) 아마(flax)

아마는 역사적으로 오래 전부터 재배되어 온 식물로, 그 줄기 등의 인피섬유가 쓰이고 이것에서 만들어진 실이나 직물을 linen이라고 부르고 있다. 아마의 줄기를 보통물에 담궈 발효시켜 펩틴분을 분해시킨 후 건조, 기계적 처리 등을 거쳐서 섬유를 얻을 수가 있다. 속조의 길이는 평균 40~60cm, 단섬유의 길이는 25~30mm, 평균직경은 15~18μ, 인장강도는 평균 4~5g/d로 크고, 면과 거의 같은 정도의 크기이다. 주성분은 셀룰로오스로 약간의 펩틴, 납분, 회분 등을 함유하고 있다. 아마는 레이스, 손수건, 테이블보나 양복지 등에 쓰인다. 또한 종자는 아마인유의 원료로서 중요하다.

(3) jute

황마라고도 부르며 쓰나소라고 하는 식물에서 얻어지는 인피섬유이다. 수확한 줄기를 수중에 담궈 발효시켜서 섬유를 분리하기 쉽게 한 후, 껍질을 벗긴다. 단섬유의 길이는 1.5~5mm, 폭은 20~25μ, 강도는 5.5g/d, 신도(伸度)는 약 1.7%로 무른 섬유이다. 셀룰로오스를 주성분으로하고, 소량의 리그닌, 펜토오산 등을 함유하고 있다. jute는 주로 곡물이나 사탕, 면의 포장재료로서 쓰이는 것 외에 텐트나 주단에도 사용된다. jute는 제지용의 원료로도 사용한다.

(4) 대마(hemp)

마과의 식물 Cannabis Sative L.의 인혁부에서 얻어지는 섬유로 보통 마라고 부른다. 수확 후 마의 줄기 부분을 삶아서 껍질을 벗긴다. 단시간 열탕에 담궈 건조한 후 발효시키는 경우도 있다. 처리하여 얻는 껍질부분에서 불순물을 제거하고 섬유를 얻는다. 속조의 길이는 1~5m, 면이나 아마보다 크나 신도는 1~3%로 작고 내수성, 내부성이 큰데도 불구하고 약하고 꺾어지기 쉽다. 주성분은 역시 셀룰로오스로 소량의 리그닌, 펩틴, 펜토오산, 회분 등을 함유하고 있다. 대마는 밧줄, 로프 등에 쓰이는 것 외에 면이나 라미와 혼직하여 복지용으로도 쓰인다.

(5) ramie

특히 중국에서 많이 산출된다. 인피부를 채취하여 조섬유를 물에 담근 후, 수질이나 고무질을 제거하고 섬유를 얻는다. 라미의 속조는 2~4m로 길고, 또 속조를 형성하는 단섬유도 폭 30~50μ, 길이로 평균 15cm로 길다. 섬유는 원주상으로 비틀림이 없다. 강도 6~7g/d로 대마나 아마보다 강하나, 신도는 낮아서 3~4% 정도이다. 라미는 셀룰로오스를 주성분으로 하고 그밖에 소량의 납분이나 펩틴을 함유하고 있다. 라미는 손수건, 레이스 등의 섬유나 실, 어망 등 이외에 고급직물에도 쓰인다.

(6) Manila hemp

대마나 라미 등 지금까지 말한 인피를 주로 하는 것과는 달리 파초과의 마닐라마 잎의 섬유를 쓰는 것이다. 엽초를 잘라 내고, 불순물을 기계적으로 제거한 후 섬유를 얻는다. 섬유의 속조는 길이 평균 1~3m, 직경 0.2~1mm로 그것을 형성하는 단섬유는 길이 2~12mm, 폭 10~50μ이다. 강도는 4.9~6.4g/d, 신도 1.9~3.9%로 특히 해수에 대한 내성이 크고 선박용 로프로 쓰기에 알맞다. 셀룰로오스 외에 리그닌, 펜토오산이 함유되어 있다. 마닐라마는 알칼리와 자비(煮沸)하여 단섬유로 분리하고, 화지의 원료로도 쓰인다.

(7) 양모(wool)

양모는 양에서 생산되는 동물성섬유로, 역사적으로 오래전부터 의료(衣料)로서 쓰였다.

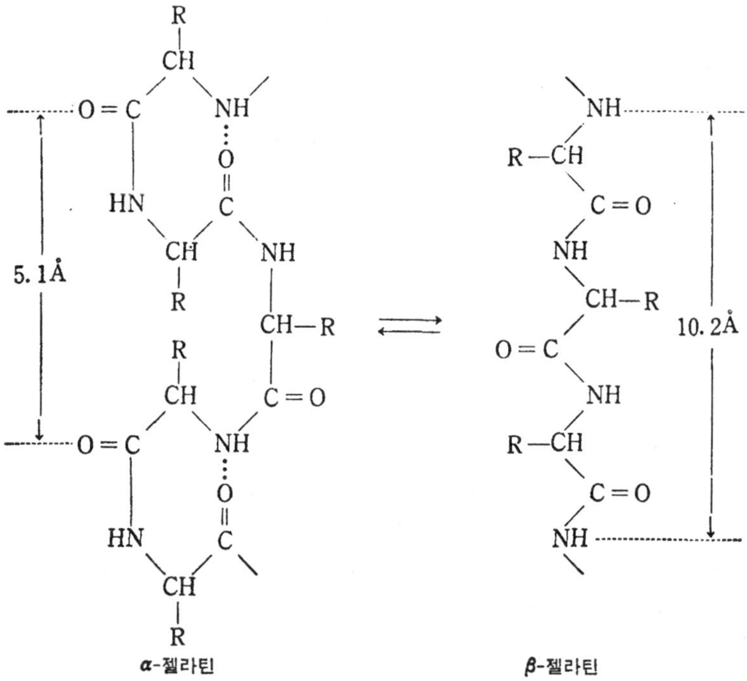

(5)

양모는 많은 세포로 되어 있고 중심, 중층, 인편의 3조직으로 크게 구별된다. 중층조직의 성질에 의해서 섬유에 권축(卷縮, crimps)이 생겨 파상(波狀)을 나타내고 있다. 이 권축의 수는 양모의 종류에 의해서 다르나 1cm 마다 거의 1~10개 정도의 수가 보여진다. 권축이 많을수록 방적하기 쉽고, 가늘고 강한 실을 부여한다. 양모는 흡수성이 좋고, 건조상태에서는 약 12%, 습도가 높은 상태에서는 20~30%의 수분을 가지고 있으며 큰 보온력을 가지고 있다. 양모의 길이는 거의 평균적으로 2.5~30cm, 또 직경은 평균 0.038~0.101mm, 탄력성과 유연성이 강하고 인성이 큰 우수한 섬유이다. 강도는 1~1.7g/d, 신도는 25~35%의 값을 가지고 있다.

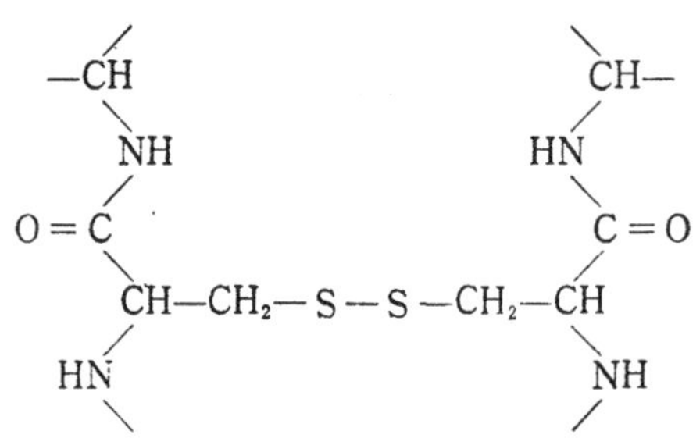

(6)

양모는 젤라틴이라 부르는 단백질로부터 되고 권축된 상태에서는 분자는 α-젤라틴이라고 하는 꺾어 겹쳐진 상태로 존재하나, 잡아늘이면 β-젤라틴이라는 상태로 가역적으로 변화한다(5). 양모의 분자간에는 많은 시스틴결합이 존재하고(6), 양모에 우수한 탄성을 주고 있다. 알칼리에는 약한 것이 결점이다.

(8) 견(silk)

견은 누에의 체내에서 공기 중에 점액이 토해져서 그것이 고화(固化)하여 섬유화된 것으로 그 섬유는 2본의 fibroin이 콜로이드상의 sericin피막에 싸인 구조를 가지고 fibroin은 72~81%, sericin은 19~28%를 차지하고 있다.

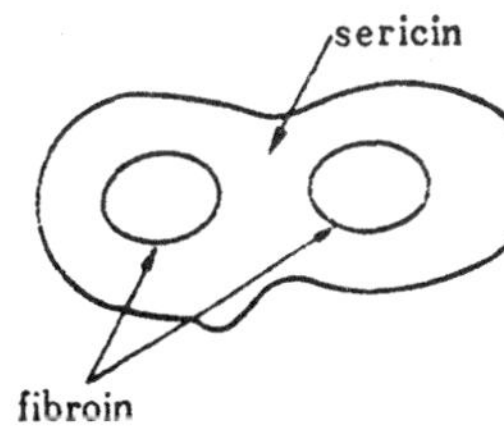

生絲의 斷面

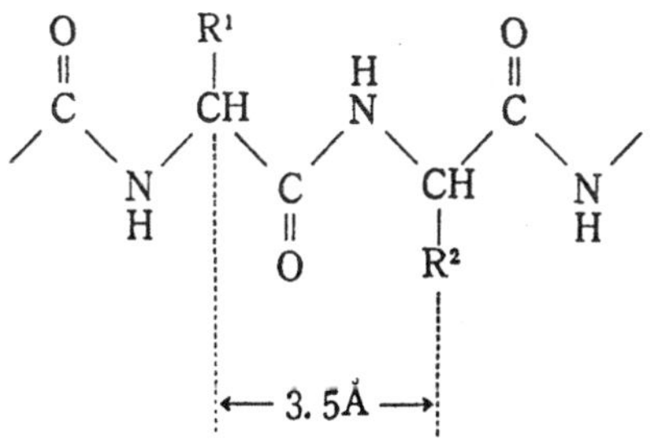

(7)

生絲의 構造

fibroin의 조성은 글리신과 알라닌을 주성분으로 하고 tyrosine, serin 등의 아미노산분을 함유하므로 1개의 아미노산기는 3.5Å의 주기를 가지고 있다(7). 견사는 누에가 만드는 고치를 열탕 처리하여 실 사이의 교착력을 늦추어 사구(絲口)를 찾아서 생사(生絲)를 감아 얻는다. 이 생사를 정련, 표백하여 연견으로 마무리하나 이 공정에서 fibroin을 함유하고 있는 serin이 용해, 제거된다. 생사의 강도는 3~5g/d, 신도는 15~25%, 비중은 약 1.33이다. 광택이 있는 아름다운 섬유로 오래 전부터 귀한 섬유로 쓰여져 왔다. 염색성, 보온성이 우수하고, 촉감도 좋으나, 내광성이나 내칼리성에 난점이 있다.

1.3.2 재생섬유

재생섬유는 레이온, 큐프라 등의 셀룰로오스계의 섬유와 우유단백이나 콜라겐섬유와 같은 단백질계의 것으로 분류된다. 천연의 섬유상고분자를 일단 용해시켜, 방사하여 섬유로 하는 것으로 특히 레이온이나 큐프라가 중요하다.

(1) 레이온

레이온이라 하면 viscose rayon을 말한다. 용해펄프를 원료로 하여 이것을 수산화나트륨 수용액으로 처리하여 생기는 알칼리 셀룰로오스를 만들어 그것에 이황화탄소를 반응시켜 셀룰로오스크산토겐산나트륨(셀룰로오스크산테이트)으로 하고 이것을 알칼리수용액에 용해시키면 비스코스라 부르는 점조액이 된다(8). 비스코스를 가는 노즐의 구멍에서 황산중에 밀어내면 셀룰로오스가 분해에 의해 재생되고 실의 형태로 유리된다. 이와 같이 응고액 중에 압출되는 방사법을 습식방사라 부르고 있다.

$$\underset{\text{셀룰로오스}}{\text{Cell—OH}} + \text{NaOH} + \text{CS}_2 \longrightarrow \underset{\text{셀룰로오스크산토겐산나트륨}}{\text{Cell—O—}\underset{\underset{\text{S}}{\|}}{\text{C}}\text{—Na}} \tag{8}$$

$$\text{Cell—O—}\underset{\underset{\text{S}}{\|}}{\text{C}}\text{—Na} + \text{H}_2\text{SO}_4 \longrightarrow \underset{\text{再生된 셀룰로오스}}{\text{Cell—OH}} + \text{Na}_2\text{SO}_4 + \text{CS}_2 \tag{9}$$

방사된 실은 다시 수세한 후 묽은 나트륨용액으로 처리하여 탈황한다. 탈황한 후 수세하고 다시 차아염소산나트륨용액으로 표백한다. 최후에 기름으로 처리하여 촉감을 좋게 하고 마무리한다. 그 제조공정을 나타내면 그림 1-9와 같다.

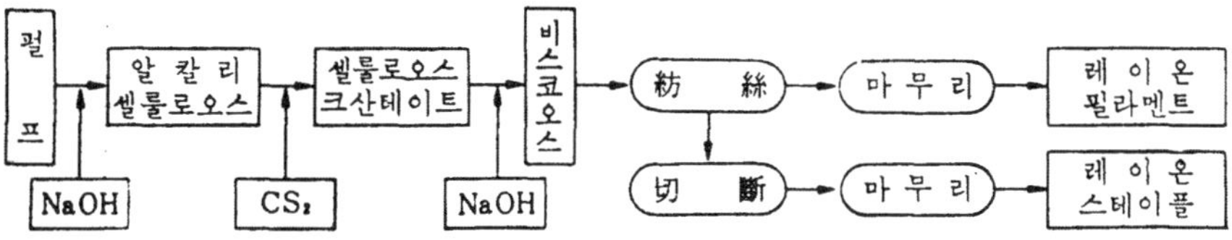

그림 1-9 레이온 제조공정

(2) 큐프라

황산동의 용액에 과잉의 암모니아수를 가하면 식(10)과 같이 심청색의 동(Ⅱ)의 아민착체용액이 생성된다.

$$Cu(OH)_2 + 4NH_4OH \rightleftharpoons [Cu(NH_3)_4](OH)_2 + 4H_2O \qquad (10)$$

이 액을 Schweizer Solution이라고 하며, 이것이 셀룰로오스를 용해시키는 것을 안 것은 19세기경이었다. 큐프라는 동암모니아레이온이라고도 부르나, 원리는 면을 슈바이저용액에 녹여서 이 액을 산 또는 알칼리의 응고용액 중에 노즐을 통하여 밀어내고 섬유를 재생시키는 것이다. 셀룰로오스는 동과 착화합물을 형성하여 용해하는 것이라 생각된다. 이 방법은 중합도가 높은, 균질구조의 셀룰로오스섬유를 얻을 수 있는 것이 특징이다.

(3) polynosic섬유

중합도분포의 균일한, 고 α-셀룰로오스의 펄프를 써서, 점도가 큰 고중합도의 비스코스를 만들어 이것을 저농도의 황산액중에 방사한 것을 polynosic이라 부르고 있다. polynosic이라는 것은 중합도가 크다는 것을 의미한다. 이것은 습윤강도가 크고, 치수안정성이나 내알칼리성이 우수하고 가장 목면에 가까운 비스코스레이온이라 평가되고 있다.

1.3.3 반합성섬유

셀룰로오스계를 대표하는 것으로 아세테이트를 예로 들 수 있다.

(1) 아세테이트(acetate)

셀룰로오스를 무수초산으로 초산화하여 초화도가 55~60%의 것을 아세톤에 녹여 건식방사법에 의해 섬유화한 것을 아세테이트라 부르고 있다. 우선 삼초산셀룰로오스(cellulose triacetate)를 만들어서 이것을 가수분해하여 triacetate와 diacetate와의 중간, 즉 글루코오스골격당 2.5개의 아세틸기를 함유하는 구조로 한다(11). 이것을 원료로 하여 만드는 섬유로, 적당한 흡습성과 보온성을 가지나, 산, 알칼리에는 침해당한다.

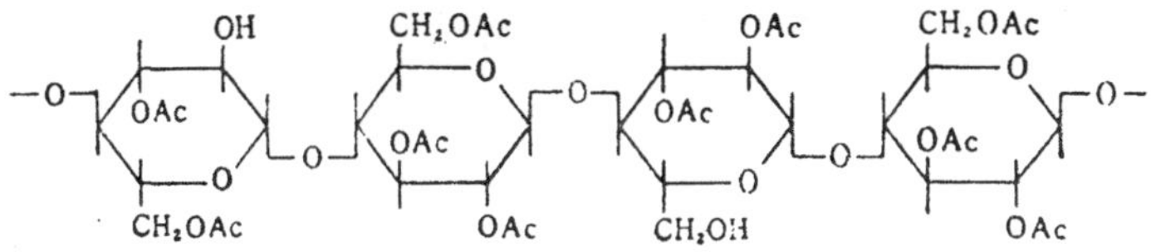

(11)

아세테이트構造

(2) triacetate

삼초산셀룰로오스를 아세테이트로 하지 않고 그대로의 형태로 염화메틸렌, 메탄올의 90/10 혼합용제에 녹여서, 이것을 건식방사한 것이 triacetate이다.

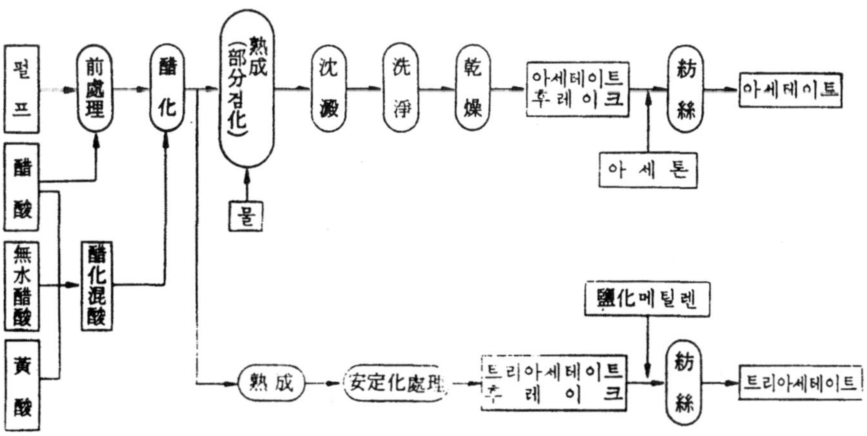

그림 1-10 아세테이트, 트리아세테이트 제조공정

triacetate는 acetate에 비해서 친수성이 약하고 내열, 내알칼리성이 크다.

아세테이트, 트리아세테이트의 방사에서와 같이 건식방사라는 것은 흡식방사와 같이 응고액을 쓰지 않고 폴리머의 용액을 노즐에서 분출시켜 열풍을 취입하여 용제를 기화하여 빼내고 섬유를 얻는 방법이다. 아세테이트, 트리아세테이트의 제조공정을 나타내면 그림 1-10과 같다.

1.3.4 합성섬유

오늘날 합성섬유는 그 종류도 극히 다채롭고 또 천연섬유보다 우수한 성질을 갖는 것도 적지 않다. 중합형, 축합형의 수많은 폴리머가 섬유화되어 실용화되어 왔다.

(1) 폴리비닐알코올계 섬유

vinylon은 합성섬유 중에서 가장 중요한 것의 하나로 손꼽는다. 일본에서 개발된 것으로는 폴리초산비닐을 검화하고 얻어진 폴리비닐알코올(포팔)을 포름알데히드를 써서 아세틸화하여 내수성을 향상시킨 섬유이다. 폴리비닐알코올, 비닐론의 제조공정을 나타내면 다음과 같다.

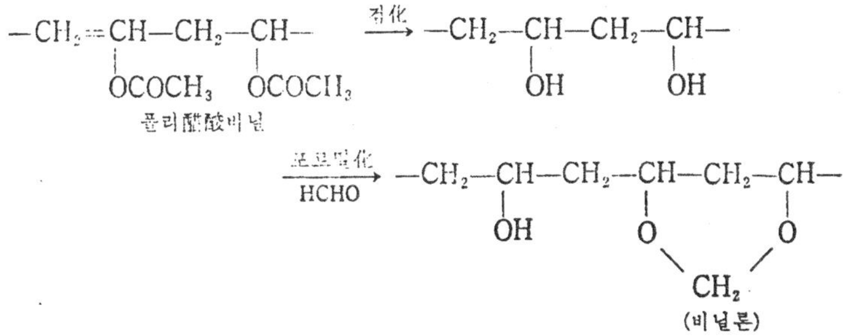

(12)

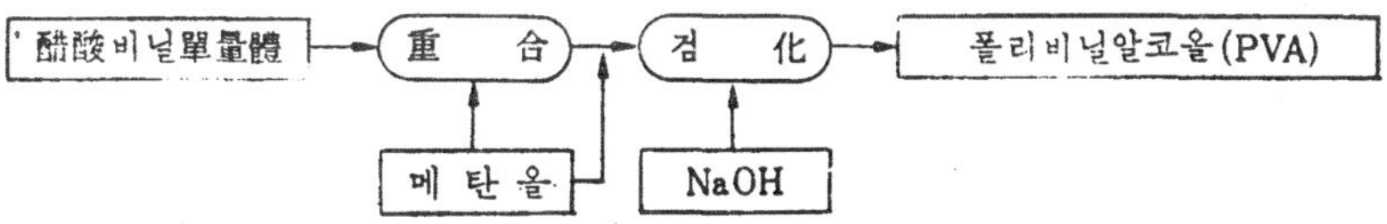

그림 1-11 폴리비닐 알코올의 제조공정

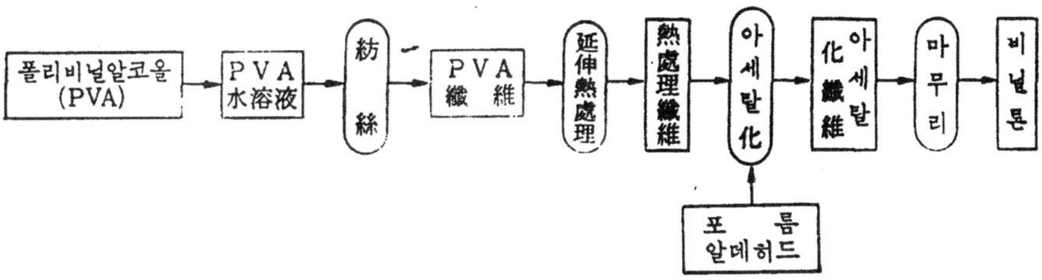

그림 1-12 비닐론의 제조공정

검화는 메탄올용액 중 수산화나트륨을 써서 한다. 얻어진 폴리비닐알코올을 건식 또는 습식법에 의해서 방사하고 다시 열처리한 후 아세틸화한다. 아세틸화는 황산 존재하 50~70℃에서 하고 1시간의 처리로 수산기의 변화율 35~45% 정도로 아세틸화된 비닐론이 얻어진다. 비닐론은 내마모성, 강도에 우수하고 흡습성, 보온력이 크기 때문에 의료용에 좋고 어망이나 로프에도 쓰이고 있다.

(2) 폴리아미드계 섬유

나일론(nylon)이 그 대표적인 것으로 특히 ε-카프로락탐으로부터 개환중합으로 얻어지는 6-나일론과 아디프산 및 헥사메틸렌디아민에서 중축합으로 합성되는 6,6-나일론이 잘 알려져 있으나 표 1-6에 주된 것을 나타내었다.

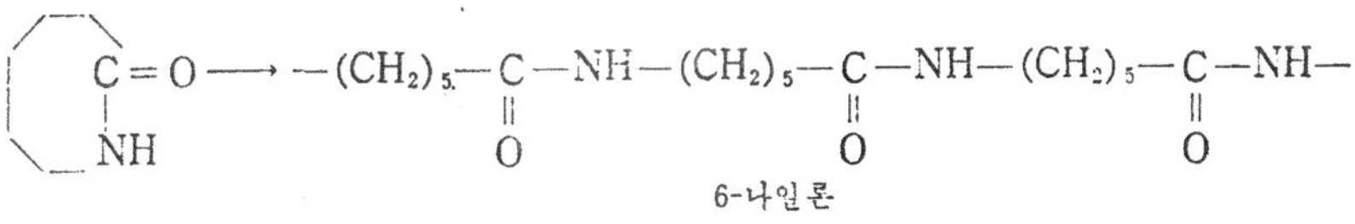

(13)

6-나일론

$$H_2N(CH_2)_6NH_2 + HOOC(CH_2)_4COOH \longrightarrow -\underset{\underset{O}{\|}}{C}-NH(CH_2)_6-NH-\underset{\underset{O}{\|}}{C}-(CH_2)_4-\underset{\underset{O}{\|}}{C}-NH- \quad (14)$$

6,6-나일론

6,6나일론의 합성에는 우선 아디프산과 헥사메틸렌디아민의 1:1화합물(이것을 나일론염이라 한다)을 만들어 나일론염을 오토클레이브 중, 60% 정도의 수용액으로서 가열 중축합시키는 방법이 취해지고 있다. 6-나일론의 합성에서는 ε-카프로락탐을 소량의 물과 함께 가열중합시킨다. 전자의 6,6-나일론의 경우 상압중합법에 의한 것이 많다. 방사는 용융방사에 의해 한다. 용융방사라 하는 것은 폴리머를 그대로 가열 용융시켜서 방사하는 방법으로 습식, 건식방사에 비해 약품,설비를 거의 요하지 않고 방사속도도 큰 것이 특징이다. 권취한 실은 실온으로 연신(延伸)하고 열처리가 행해진다. 또한 에틸렌과 4염화탄소와의 테르밀화로 얻어지는 화합물을 가수분해, 그리고 아미노화하여 유도되는 아미노산의 중축합으로 얻어지는 7-나일론이나 9-나일론을 비롯하여 피자마유를 원료로 하는 아미노운데칸산의 중축합으로 얻어지는 11-나일론이 알려지고 있다. 벤젠환을 주쇄에 함유한 각종의 내열성폴리아미드의 개발도 진행되고 있다.

표 1-6 나일론의 종류와 구조식

	構造式	原料	重合樣式
6-나일론	$-[-NH-(CH_2)_5-\underset{\underset{O}{\Vert}}{C}-]_n-$	$(CH_2)_5 \begin{matrix} NH \\ \vert \\ C=O \end{matrix}$ (ε-카프로락탐)	락탐의 開環重合
12-나일론	$-[-NH-(CH_2)_{11}-\underset{\underset{O}{\Vert}}{C}-]_n-$	$(CH_2)_n \begin{matrix} NH \\ \Vert \\ CO \end{matrix}$ (ω-카프로락탐)	
11-나일론	$-[-NH-(CH_2)_{10}-\underset{\underset{O}{\Vert}}{C}-]_n-$	$H_2N-(CH_2)_{10}-COOH$ (ω-아미노운데칸酸)	아미노카본酸의 重縮合
6,6-나일론	$-[-NH-(CH_2)_6-NH\underset{\underset{O}{\Vert}}{C}-(CH_2)_4-\underset{\underset{O}{\Vert}}{C}-]_n-$	$H_2N-(CH_2)_6-NH_2$ (헥사메틸렌디아민) $HOOC-(CH_2)_4-COOH$ (아디프酸)	디아민과 디카본酸의 重縮合
6,10-나일론	$-[-NH-(CH_2)_6-NH-\underset{\underset{O}{\Vert}}{C}-(CH_2)_6-\underset{\underset{O}{\Vert}}{C}-]_n-$	$H_2N-(CH_2)_6-NH_2$ (헥사메틸렌디아민) $HOOC-(CH_2)_6-COOH$ (세파신酸)	

$$\underset{n=3\quad\quad 4}{Cl_3C(CH_2CH_2)_nCl} \xrightarrow[\text{아미노化}]{\text{加水分解}} HOOC(CH_2CH_2)_nNH_2 \longrightarrow -\underset{\underset{O}{\Vert}}{C}(CH_2CH_2)_n-NH- \quad (15)$$

7-나일론, 9-나일론

$$\text{피마자油} \longrightarrow \underset{\text{酸}}{HOOC(CH_2)_{10}NH_2} \longrightarrow -\underset{\underset{O}{\Vert}}{C}-(CH_2)_{10}-NH- \quad (16)$$

11-나일론

폴리아미드섬유는 일반적으로 수소결합에 의한 분자간력이 크고 강도, 내마모성, 탄성 등이 우수하므로 각종 의료품에 넓은 용도를 갖고 있으며 나일론은 또 플라스틱으로도 중요한 재료이다.

(3) 폴리염화비닐, 염화비닐리덴계 섬유

폴리염화비닐은 이황화탄소, 아세톤계나 아세톤, 벤젠계에 용해하므로 이들의 용해에서 건식방사법에 의해 섬유화된다. 또 단섬유를 만들기 위하여는 안정제를 가해서 압출하는 식의 용융방사를 할 때가 있다. 폴리염화비닐 단독으로 섬유화되는 것 외에 초산비닐과의 공중합체나 식 (17)의 후염소화물로 원료로서 쓰인다. 폴리염화비닐섬유는 천연성이며 내약품성, 보온성이 우수하나 내열성, 염색성이 떨어진다. 내열성을 개량할 목적으로 저혼중합에서 입체규칙성의 (17)을 만들 수가 있으며, 의료품 등에 널리 쓰인다.

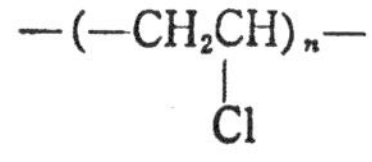
(17)

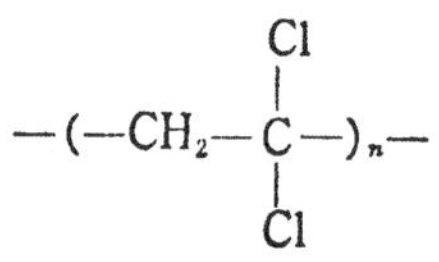
(18)

폴리염화비닐리덴(18) 섬유는 용해성과 방사성이 곤란한 점으로 보통 염화비닐리덴에 염화비닐 등을 공중합시킨 것이 쓰이고 있다. 불연성, 내약품성이 우수하며 어망, 여포나 각종의 포지 등에 쓰인다.

(4) 아크릴섬유

아크릴섬유는 아크릴로니트릴을 주성분으로 하는 섬유(19)이며 많은 비닐화합물과의 공중합체가 알려져 있다. 상수모노머로서는 아크릴산메틸, 초산비닐, 메타크릴산메틸 등이 잘 쓰이며, 특히 염화비닐의 경우에는 아크릴로니크릴과 염화비닐의 조성비 4:6과 후자의 쪽이 더욱 많은 섬유가 공업화되어 있어서 아크릴계섬유라고 부르고 있다.

이들의 공중합체는 디메틸포름아미드나 디메틸아세트아미드, 아세트니트릴 등을 용매로 하여 건식으로 방사되나 먼저 말한 염화비닐과

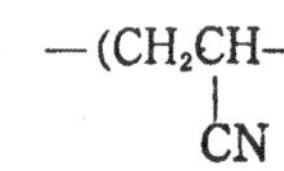
폴리아크릴로니트릴 (19)

폴리아크릴로니트릴의 공중합체는 아세톤을 용매로 하여 방사할 수가 있다. 아크릴섬유는 일반적으로 비중이 작고, 보온성 및 감촉이 좋으며 내후성, 탄력성이 우수하다. 또 가열 연신한 섬유는 증기나 열수에 의해 수축하므로 이 성질을 이용하여 다른 섬유와 혼방한 후 직물이나 편물로서 증기처리하면 좋은 제품을 얻는다. 내약품성은 크나 강알칼리에는 침해받기 쉽다. 단독 또는 양모나 목면 등과 혼방하여 의료품으로 널리 쓰일 수 있다.

(5) 폴리에스테르섬유

글리콜과 이염기산으로서 중축합하여 얻어지는 폴리에스테르를 방사하여 만드는 섬유이나, 보통은 디메틸테레프탈레이트와 에틸렌글리콜에서 중축합에 의해 얻어지는 폴리에틸렌테레프탈레이트를 주성분으로 하는 섬유를 가리키고 있다. 이 경우 다음의 식에서 나타내는 것처럼 에틸렌 글리콜을 과잉으로 써서 에스테르교환반응에 의해서 생기는 비스(2-히드로옥시에틸)테레프탈레이트(I)를 합성하고(20), 계속하여 부생하는 메탄올 에틸렌 글리콜을 유(溜)법하여 가면 목적하는 폴리에틸렌테레프탈레이트가 얻어진다(21). 에스테

르교환 및 중합에는 나트륨메톡시 또는 산화연(II)과 같은 촉매를 써서, 최종반응온도 280℃ 정도에서 반응을 진행시킨다. 제조공정은 그림 1-13과 같다.

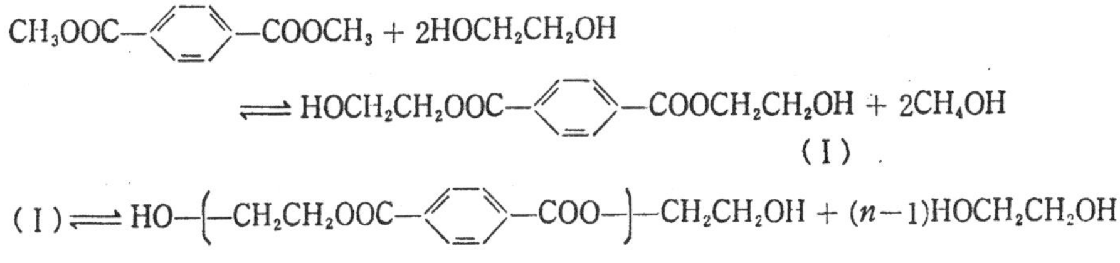

(20)

(21)

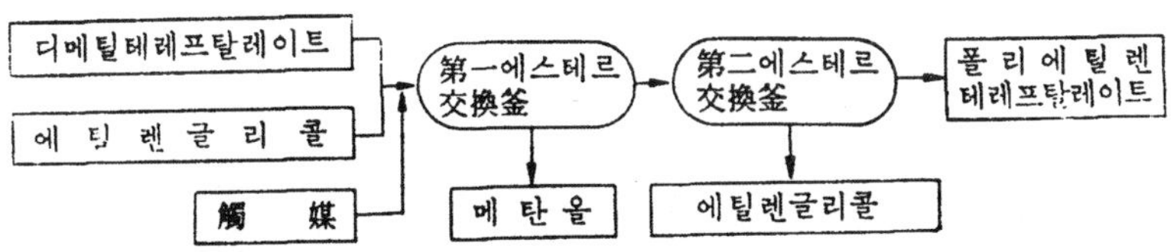

그림 1-13 폴리에스테리 제조공정

폴리에스테르섬유는 기계적 성질, 내구성이 우수하다. 특히 내주름성이 좋고 흡수성이 나쁘므로 마르기 쉽다. 열처리에 의해 만든 절목은 없애기 힘들며 "wash and wear"의 성질을 갖추고 있는 것이 이 섬유의 큰 특징이 되고 있다. 폴리에스테르계 섬유의 염색성을 다시 개량하기 위하여 제삼성분의 공축합도 하고 있다. 제삼성분의 화합물로서는 이소프탈산, *p*-히드록실안식향산, 술포이소프탈산 등이 쓰인다. 또 폴리에스테르계 섬유에 유사한 것에 폴리에스테르에테르(22) 섬유가 있다. 이것은 *β*-히드록실에톡시안식향산원료이다.

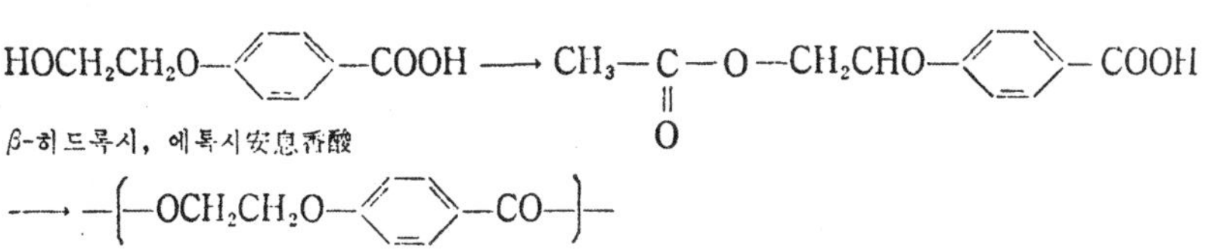

(22)

(6) 폴리올레핀계 섬유

폴리에틸렌(23) 및 폴리프로필렌(24) 섬유로 대표된다.

$$-(-CH_2-CH_2)_n- \quad (23)$$

$$-(CH_2-\overset{CH_3}{\overset{|}{C}}H_3-)_n- \quad (24)$$

폴리에틸렌섬유는 저밀도의 지분의 구조를 갖는 폴리에틸렌(28) 및 고밀도의 직쇄상폴리에틸렌(23)을 함께 원료로 하고 대부분 압출하는 용융방사법에 의해 필라멘트가 만들어진다. 내열성이나 염색성이 좋지 않으므로 일반적으로 의료용에는 부적당하고 필라멘트로서 로프, 어망, 방충망 등의 실 등에 쓰인다. 또한 폴리프로필렌섬유는 예를 들어 헵탄과 같은 포화탄화수소를 용매로 하여 트리에틸알루미늄과 염화티탄(Ⅲ)과의 착체촉매를 써서 1~40기압, 50~100℃로 프로필렌을 액상중합하여 우선 입체특이성의 폴리프로필렌을 합성하여 놓고 이것을 용융방사하여 마든다. 내약품성이 크며, 기계적 성질도 좋으나 내광성이나 염색성은 충분하지 않다. 따라서 의료용보다 로프나 어망 등 폴리에틸렌섬유와 같은 목적으로 사용된다.

(7) 폴리우레탄섬유

폴리우레탄은 디이소시아네이트와 글리콜과의 중부가반응으로 합성되나 이것을 방사하여 얻어지는 섬유를 가리킨다.

$$\underset{\text{디이소시아네이트}}{OCN{-}R^1{-}NCO} + \underset{\text{글리콜}}{HO{-}R^2{-}OH} \longrightarrow \underset{\text{폴리우레탄}}{{-}\!\left({-}\overset{\displaystyle O}{\overset{\|}{C}}{-}NH{-}R^1{-}NH{-}\overset{\displaystyle O}{\overset{\|}{C}}{-}O{-}R^2{-}O{-}\right)_n\!{-}} \qquad (25)$$

초기에 만들어진 것은, 예를 들어 헥사메틸렌디이소시아네이트와 부탄디올에서의 중부가체(26)로 이것을 용융 방사하여 폴리우레탄섬유가 얻어졌다.

$${-}\!\left({-}\overset{\displaystyle O}{\overset{\|}{C}}{-}NH{-}(CH_2)_6{-}NH{-}\overset{\displaystyle O}{\overset{\|}{C}}{-}O{-}(CH_2)_4{-}O{-}\right)_n\!{-} \qquad (26)$$

방사는 190℃ 부근에서 하고 필라멘트 및 필라멘트사가 만들어졌다. 섬유로서는 폴리아미드계섬유와 같은 성질을 가지며 내수성이나 전기절연성이 좋은 것이 특징이다. 그 후 폴리우레탄섬유로서 스판덱스(spandex)라 칭하는 탄성사가 만들어져서, 현재에는 폴리우레탄섬유의 대표적인 것으로 알려져 있다. 이것은 고무로서의 성질은 종래의 실고무보다 훨씬 우수하고, 내광성이나 염색성도 좋다. 합성은 우선 분자량 1000~2000 정도의 폴리에스테르에 디이소시아네이트를 가하여 가열하고 양 말단에 이소시아네이트기를 갖는프레폴리머를 만들어 놓고 이것에 대해서 연결제로서 디아민, 히드리진, 에틸렌글리콜 등을 가하면 고중합도폴리머로 된다. 이것을 디메틸포름아미드나 디메틸술포옥사이드 등 극성의용매를 써서 녹이고 건식 또는 습식으로 방사한다.

(8) 탄소섬유

유기의 섬유를 소성하고, 탄화하여 만드는 것으로 원료로서는 레이온, 페놀계수지 등 불융성의 열경화성의 것 또는 폴리아크릴로니트릴, 폴리비닐알코올, pitch 등 열가소성섬유가 쓰인다. 이들의 섬유를 산소가 함유되지 않는 분위기중에서 고온소성하여 탄소섬유를 만든다. 폴리아크릴로니트릴의 경우에는 400~600℃로 일단 탈수에 의해 생성한 중합체(27)가 다시 600~1300℃의 가열에 의해서 탈질소, 망상(網狀)화되고, 흑연구조를 생성한다.

이 섬유는 가볍고, 잡아늘여 변형하기 힘들다. 비강도나 비탄성율도 크며 대부분은 탄소섬유강화플라스틱의 강화재로서 쓰이고 있다. 폴리아크릴로니트릴 이외에도 여러 가지가 알려져 있으나 공업적으로 만들어지고 있는 것은 폴리아크릴로니트릴섬유와 pitch섬유에서 이다. 내열성, 고강도, 고탄성 등 때문에 우주개발재료용에 쓰인다.

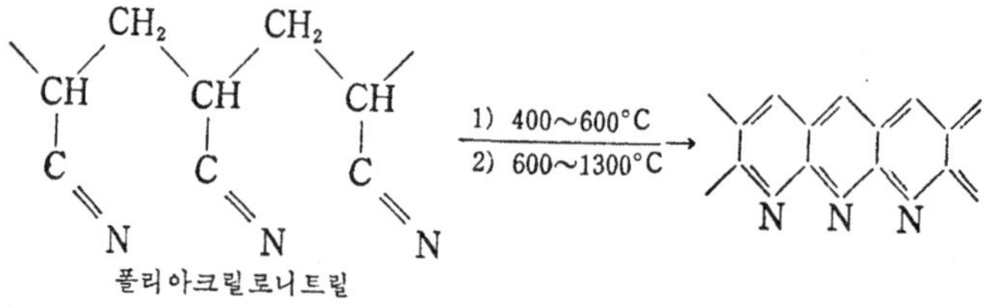

(27)

(9) 그 밖의 화학섬유

화학섬유 외에 무기의 섬유로서 금속섬유, 유리섬유, 암석섬유, 광재섬유 등이 알려져 있다. 이 중에서 금속섬유는 주로 스테인리스강으로부터 되는 섬유로 내열성, 전기전도성이 우수하다. 또 천연의 우유단백에 아크릴로니트릴을 크라프트중합한 프로믹스라고 하는 섬유가 견의 감촉을 갖는 것으로 알려져 있다. 폴리-L-알라닌이나 폴리-L-글루타민산메틸 등 합성단백질을 기재로 하는 섬유도 있다.

1.3.5 부직포

방적이나 제직 등의 방법에 의하지 않고 섬유상호간의 결합으로 만들어낸 것을 부직포(non-woven fabric)라 부르고 있다. 원료로서는 면, 레이온 그 밖에 합성섬유가 쓰이며 이것을 우선 피워서 솜상태로 하여 접착제가 되는 수지 등을 분무하고, 열롤러를 통하여 압축시켜서 부직포로 한다. 접착제로서는 폴리아크릴산에스테르나 폴리초산비닐과 같은 열가소성수지나, 천연고무, 스티렌, 부타디엔고무와 같은 고무계접착제가 쓰이고 있다. 폴리염화비닐섬유와 같은 섬유 자체가 가열에 의하여 융착되는 것은 접착제를 쓰지 않고 기계적으로 접합하는 방법도 행해지고 있다. 부직포는 방향성을 갖지 않으므로 자유로운 방향으로 재단된다. 의료용으로서는 심지(芯地)에 쓰는 것 외에 벽지나 냅킨 등에 또 공업용으로서는 필터나 전기절연재로서 쓰인다.

1.3.6 합성피혁

오래 전에는 폴리염화비닐 등을 직물에 코팅한 것으로 통기성을 갖지 않는다. 불투습성의 비닐레자가 가죽의 대용품으로서 출회하고 있었다. 그러나, 그 후 천연피혁의 구조에 가까운 것으로 표면층, 중간층 및 기포의 3부로부터 되는 새로운 합성피혁이 만들어지게 되었다.

일례를 들면, 폴리에틸렌테레프탈레이트섬유나 열수축성의 폴리에스테르섬유에 폴리우레탄 및 폴리염화비닐의 디메틸포름아미드 용액을 콜로이드상으로 분산시킨 액을 코팅한 것으로, 건조에 의하여 코팅한 폴리우레탄입자 사이에 간격을 갖게 하고 미세기공을 가짐으로써 통기성이 보존된다.

나일론계, 우레탄계 등으로 성질이 약간 다르나, 흡습성이 결핍되는 등의 문제도 있다.

표 1-7 우레탄계 합성피혁

商 品 名	製 造 會 社 名
클 라 리 노	그 라 레
바 트 라	동 양 고 무
아 이 가 스	유니티카, 일본구로스
하 이 데 락	동 양 구 로 스

*부직포는 나일론을 쓰고 있다.

최근, 매우 가는 폴리에스테르계 섬유를 속상(束狀)으로 얽혀 합친 형의 구조를 갖는 엑세느라고 불리는 합성피혁이 만들어지고 있다. 물에 강하고 또 염색성, 가공성이 우수하다.

1.4 플라스틱공업

유기고분자화합물 중에서 천연수지 및 합성수지를 널리 플라스틱이라 부르는 것이 통례로 되어 있다. 그러나 천연수지로서는 공업적으로는 남양(南洋)의 식물에 기생하는 파지벌레과의 곤충이 분비하는 수지상물질인 shellac이 전기절연재나 바니쉬 등의 용도를 갖는 정도로, 플라스틱이라고 하면 보통은 합성수지를 가리킬 때가 많다. 즉 석유나 석탄화학에서 제공되어, 합성에 의하여 얻어지는 폴리비닐계 화합물이나 포름알데히드계 고분자 등이 그 대표 예이다. 이들의 합성수지는 일반적으로 가열에 의해 연화되고 소성을 나타내며 임의의 형으로 성형이 되나 다시 냉각, 가열을 반복할 때 가소성을 가역적으로 가질 수 있는 것과 가열을 계속하면 경화를 일으켜서 가역성을 재현할 수 없는 것으로 대별할 수 있다. 전자를 열가소성수지(thermoplastic resin), 또 후자를 열경화성수지(thermosetting resin)라 부르고 있으나, 그 대표예로는 아래와 같다.

열가소성수지……폴리에틸렌, 폴리염화비닐, 폴리스티렌, 폴리카보네이트수지 등
열경화성수지……페놀수지, 요소수지, 멜라민수지, 에폭시수지, 규소수지 등

플라스틱은 일반적으로 광범위한 용도를 가지며 일용품, 전기 및 기계부품, 건축재료, 의료용 고분자재료를 비롯하여 많은 분야에 그 이용이 미치고 있다(표 1-8).

1.4.1 셀룰로이드 및 관련수지

셀룰로이드는 19세기 후반, 이미 만들어진 플라스틱으로 질소함량 10~12%의 니트로셀룰로오스와 장뇌로서 이루어진다. 양자를 거의 2:1의 비율로 알코올에 용해하고, 개어서

표 1-8 플라스틱의 분류와 주용도

分類	樹脂	用途
重合系	폴리에틸렌	필름, 시트, 成形品, 加工紙
	폴리프로필렌	成形品, 필름, 纖維, 파이프
	폴리스티렌	成形品, ABS 樹脂, 發泡材料
	폴리염화비닐	파이프, 호스, 板, 시트
	폴리염화비닐리덴	섬유, 필름(包裝用)
	불소수지	耐藥品機械部品, 防蝕, 라이닝材
	폴리아크릴로니트릴	섬유
	폴리아크릴산에스테르	접착제, 塗料
	폴리메타크릴산미틸	板, 成形品(建築材, 데이스프레이)
	폴리초산비닐	塗料, 접착제, 추잉 검, 베이스
重縮合系	폴리아미드樹脂	機械部品
	알키드樹脂	塗料
	폴리에스테르樹脂	FRP(成形品, 板), 化粧板, 塗料
	폴리카보네이드樹脂	成形品(機械部品, 데이스프레이)
	폴리페닐렌옥사이트樹脂	絶緣體, 電子電氣部品
	규소樹脂	오일, 고무 成形品(耐熱, 絶緣)
付加縮合系	페놀樹脂	積層品(板), 成形品, 結合劑(砥石 등)
	尿素樹脂	접착제, 成形品, 섬유, 紙加工用
	멜라민樹脂	化粧板, 成形品, 塗料
重付加系	폴리우레탄	포움, 合成皮革, 接着劑
開環重合系	폴리에테르樹脂	糊劑, 增粘劑, 凝集劑
	에폭시樹脂	塗料, 絶緣材, 建築材, 接着劑
	아세탈樹脂	成形品(機械部品)

압연한 것을 판상으로 하여 제조된다. 제조공정은 그림 1-14와 같다. 셀룰로이드는 탄성이 있고 아름다우며 또한 염가로 가공성이 풍부하나 타기 쉬운 것이 최대의 결점이다. 만들어지는 양이 적고, 안경의 테나 핑퐁구슬에는 없어서는 안 될 재료로 되어 있다.

또 초산셀룰로오스는 아세테이트섬유용 원료로서 잘 알려지고, 초산도가 51~53%의 것은 플라스틱으로서 쓰인다. 이것은 아세테이트(또는 아세틸셀룰로오스) 플라스틱이라고 불리고 있다. 초화도가 높은 것은 사진이나 영화의 필름에 쓰인다.

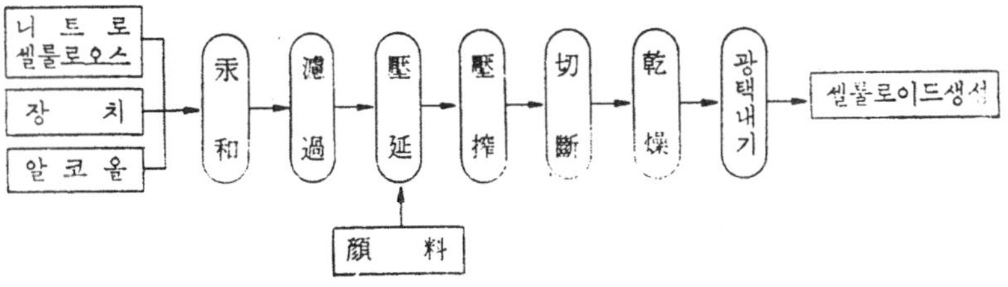

그림 1-14 셀룰로이드의 제조공정

1.4.2 중합계 플라스틱

(1) 폴리에틸렌

1933년에 영국의 ICI사에서 우연히 합성되었으나, 1940년대에 이르러 미국에서 본격적으로 공업생산이 개시되면서, 플라스틱의 대표적 존재로 되었다. 폴리에틸렌(23)은 에틸렌의 중합에 의하여 생성되나 중합법에 의해서 생성되는 폴리에틸렌의 성상이 매우 다르므로 중합시의 압력에 의해 고압법, 중압법, 저압법으로 분류된다. 각 중합법과 폴리에틸렌의 성상(밀도)을 표 1-9에 나타내었다. 밀도와 성질과의 관계를 표 1-10에 나타내었다.

표 1-9 폴리에틸렌의 중합법과 성상

방법	압력(氣壓)	반응온도(°C)	촉매	性狀
高壓法(ICI 法)	1000~2000	180~200	酸素	低~中密度
低壓法(Ziegler 法)	常壓	常溫~70	Et_3Al-$TiCl_4$	高密度
中壓法(Philips 法)	30~80	130~190	酸化크롬	高密度
(Standard 法)	35~100	150~250	酸化몰리브덴	高密度
(放射線)	80	40	없다	—

표 1-10 폴리에틸렌의 밀도와 성질

製法		ICI法				Ziegler 法	Philips 법	
종류		高壓法		共重合		低壓法	中壓法	
		低密度		中密度		高密度		
密度	0.91	0.92	0.93		0.94	0.95	0.96	
結晶化度(%)		65		75		85		95
剛性(상대치)		1		2		3		4
軟化溫度(°C)		105		118		124		127
引張强度(kg/cm^2)		144		175		245		335
伸張(%)		500		300		100		25
衝擊强度($kg \cdot cm/cm^2$)		42		21		17		13

(a) **고압법** : 에틸렌가스에 소량의 산소 또는 과산화물을 가하여 2,000기압, 200℃로 보존하면 저밀도의 폴리에틸렌이 생성된다. 괴상라디칼중합으로서 ICI법이라고도 부르나 역사적으로 가장 오래이고 현재도 이 방법에 의한 폴리에틸렌의 생산량이 가장 많다. 지분의 구조가 많으며(28), 그 때문에 결정성이나 비중이 작으므로, 저밀도 폴리에틸렌이라고도 불리고 있다.

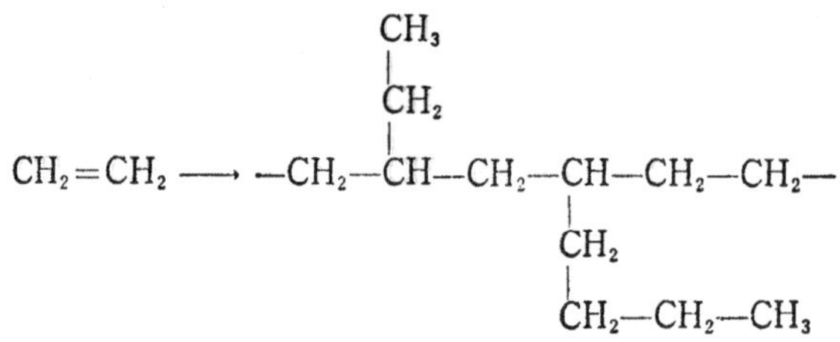

(28)

(b) **중압법** : 30~100기압으로 에틸렌을 용액중합시킨다. 촉매, 용매에는 Philips법은 산화크롬과 시클로헥산을 쓰며, Standard법은 산화몰리브덴과 벤젠, 톨루엔 등이 쓰인다. 중합은 어느 것이나 배위아니온 중합기구로 진행하고 폴리머에는 지분이 되는 것은 거의 없고 결정성, 비중이 크며 연화점이 높은 고밀도 폴리에틸렌이 얻어진다.

(c) **저압법**: Ziegler형 유기금속촉매(사염화티탄과 트리에틸알루미늄이 주성분)을 펜탄, 헵탄, 헥산 등에 분산하고 상압~수기압 정도로 에틸렌을 취입하면 폴리에틸렌이 생성되며 용매중에 슬러리상으로 석출한다. 촉매를 분해하고 수세, 여과, 건조에 의해서 폴리에틸렌이 얻어지나 첨가제, 안정제를 가해서 페렛화하고 제품으로 한다. 저압법 폴리에틸렌의 제조공정은 그림 1-15와 같다.

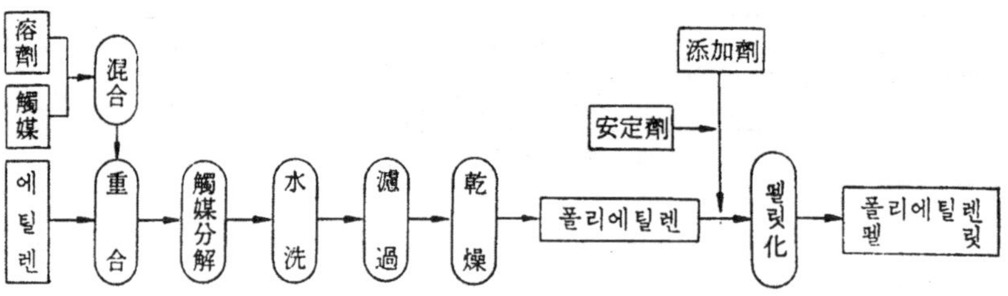

그림 1-15 저압법 폴리에틸렌 제조공정

저압법도 배위아니온 중합기구로 진행하고 얻어지는 폴리에틸렌은 중압법에 의한 것과 각종의 성상이 유사하므로 종합하여 저압법이라고 부를 때가 많다.

폴리에틸렌은 매우 저온에서도 유연성이 있으며 충격에 강하고 내약품성도 있고 성형가공성도 우수하므로 용도는 극히 넓다. 성형품으로서는 각종 용기, 대소용품, 일용잡화품 등 많은 제품이 만들어지고 있다. 또 폴리에틸렌은 필름으로 하기 쉽고, 투습성이 적기 때문에 여러 포장재료로서 많이 쓰이고 있다. 각종 포장용 필름의 가스투과율을 표 1-11에 나타낸다. 폴리에틸렌 필름은 수분은 거의 통하지 않으나 탄산가스, 유기용제, 향료 등의 투과도는 매우 크므로, 식료품 등의 포장재료로 사용할 때는 주의를 요한다.

(2) 폴리올레핀 유도체

(a) **클로로술폰화 폴리에틸렌** : 폴리에틸렌에 염소와 이산화유황을 반응시키면 고무상 탄성이 얻어져 합성고무로서의 응용이 있다(하이파론 69).

표 1-11 포장용 필름의 가스 투과율 (ml cm² mm^{-1} sec^{-1} cm Hg^{-1})

필 름	H_2O	N_2	O_2	CO_2
鹽化비닐리덴	0.14	0.00094	0.0053	0.029
高密度폴리에틸렌	1.3	0.27	1.06	3.52
低密度폴리에틸렌	8.0	1.9	5.5	25.2
폴리에스테르	13	0.005	0.022	0.153
폴리鹽化비닐	15.6	0.040	0.12	1.0
6-나일론	70	0.008	0.038	0.16
天然고무	240	8.08	23.3	131.0
셀로판	13000	8.4	26.5	200.0

(b) **염소화폴리에틸렌 :** 폴리에틸렌을 염소화하면 폴리염화비닐과 닮은 폴리머가 얻어지나 염소화의 조건, 염소함유량 등에 의해서 고무탄성체에서 비교적 경한 폴리머까지 여러 상태의 것이 얻어진다. 경질염화비닐의 첨가제나 고무로서 쓰이고 있다.

(c) **가교화 폴리에틸렌 :** 방사선이나 과산화물에 의해서 폴리에틸렌이 가교화되어 내열성, 강도, 내후성이 크게 향상한다. 이와 같은 가교화폴리에틸렌은 고전압, 고주파용의 내열성절연재료, 로켓이나 미사일의 부품 등에 쓰이고 있다.

(d) **EEA수지 :** 에틸렌아크릴산에틸 공중합체로서 유연성, 내충격성에 우수하다. 폴리염화비닐, 고무 및 폴리에틸렌의 삼자의 특질을 겸비한 것 같은 폴리머이며 특히 저온에서의 탄성이 우수하고 냉장고의 패킹 등에 쓰이고 있다.

(e) **EVA수지 :** 에틸렌과 초산비닐의 공중합체이나 그 성질은 초산비닐의 함량에 의해 아주 달라진다. 초산비닐함량이 적은 것은 폴리에틸렌에 유사하며 유연성과 고무 탄성을 갖기 때문에 이 특징을 살리는 용도에 널리 이용되고 있다. 초산비닐 함량이 많아지면 연화점이 저하하고 극단적으로 많으면 상온에서 점조한 액상을 띠게 되어 접착제에 쓰이고 있다.

(3) 폴리프로필렌

저압법 폴리에틸렌의 중합에 쓰이는 Ziegler촉매를 발전시킨 지글러낫타촉매를 쓰면 고분자량으로 고융점의 폴리프로필렌이 얻어진다(29). 이 폴리머는 입체규칙성 폴리머(아이소택틱구조)이나, 저압법 폴리에틸렌과 비교하면 융점이 현저히 높아 인장강도, 굽힘강도, 강성 등이 큰 성질을 가지고 있다.

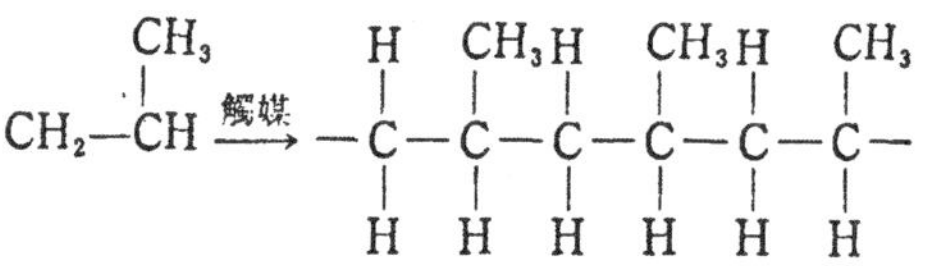

(29)

아이소택틱폴리프로필렌

폴리프로필렌은 각종의 성질이 폴리에틸렌과 매우 닮아서 제품의 이용분야도 폴리에틸렌과 거의 같으나 그 특성을 살린 독특한 제품이 많은 분야에 걸쳐 개발되고 있다. 주용도는 성형품필름, 섬유 등으로 섬유로서는 카펫, 이불솜 등에 쓰이고 있다.

(4) 폴리스티렌

스티렌모노머의 중합은 라디칼개시제로서 주로 유기과산화물이 쓰인다(30). 중합방법은 괴상중합, 용액중합, 유화중합, 현탁중합 등이 있으나 현탁중합이 널리 채용되고 있다.

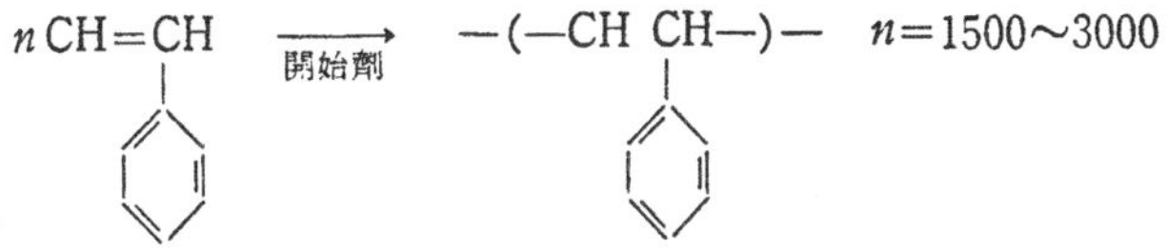

(30)

폴리스티렌은, 무색투명 (표 1-13참조)으로 선명한 착색이 자유로우며 비중이 작고, 또 우수한 전기적 성질, 고주파특성을 갖는 등 많은 우수한 특징을 가지고 있으나 또한 연화온도가 낮고, 또 딱딱하지 않고 무른 것이 큰 결점이다. 이와 같은 폴리스티렌의 결점을 개선하기 위해서 다른 폴리머와의 혼합이나 공중합에 의해 많은 종류의 폴리스티렌계 수지가 개발되고 있으며 그림 1-16, 표 1-12에 그 주된 것들을 나타낸다.

(a) 폴리스티렌 : 폴리스티렌에 고무를 배합하면, 무른 것이 개선된 내충격성(HI) 폴리스티렌이 된다. 또, 폴리스티렌은 투명도는 좋으나 내광성이 빈약하여 조명기구나 실외에서의 사용에는 부적합하므로 자외선흡수제, 항산화제를 배합하여 광안정성을 부여한 것이 내광성폴리스티렌이다. 조명기구에 사용되고 있다. 폴리스티렌은 20~40%의 유리섬유를 배합하면 기계적 성질이 현저히 향상되며, 자동차 부품 등에 사용되고 있는 유리섬유강화 폴리스티렌이 이것이다.

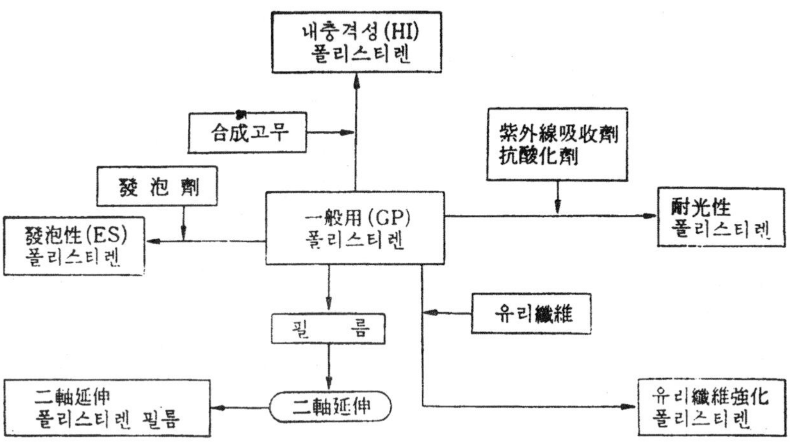

그림 1-16 폴리스티렌의 개질(프렌드)

폴리스티렌 필름을 종횡 양방향으로 수배 정도의 연신처리를 하면 우수한 투명도, 표면광택을 갖는 강인한 처리가 강한 필름으로 할 수가 있다. 이 삼축연신폴리스티렌은 포장재료로서도 우수한 특징을 가지고 있으나, 큰 용도로서는 기대되고 있는 것으로서 합성지가 있다.

또 폴리스티렌에 발포제를 배합한 발포성폴리스티렌은, 열음향에 대한 차단작용이 매우 우수하여 단열재, 음향흡음재로서, 냉동공업 또는 건축재료에 널리 응용되고 있다(그림 1-16).

표 1-12 폴리스티렌 계수지의 종류(공중합체)

種 類	構 造
AS 樹脂	아크릴로니트릴-스티렌 共重合體
ABS 〃	폴리부타디엔의 아크릴로니트릴, 스티렌크라프트共重合體
AAS 〃	아크릴고무의 아크릴로니트릴, 스티렌크라프트共重合體
ACS 〃	鹽素化 폴리에틸렌의 아크릴로니트릴, 스티렌크라프트共重合體
EPSAN 〃	EPDM(에틸렌-프로필렌고무)의 아크릴로니트릴, 스티렌크라프트共重合體

(b) AS수지 : 합성고무와의 배합(프랜드)에 의한 내충격성 폴리스티렌은 무른 것이 개선되었으나 폴리스티렌의 특징인 투명성을 희생으로 했다. AS수지는 아크릴니트릴과의 공중합체로서, 폴리스티렌의 특징인 투명성을 손상되지 않게 그 기계적 강도가 개선되고 있다. 선풍기의 날개 등 전기기구 부품에 사용되고 있다.

(c) ABS수지: 아크릴로니트릴, 부타디엔, 스티렌의 3성분으로 되는 일군의 내충격성열가소성수지의 총칭으로서 이들 3성분의 하나인 중합체는 아니며 공중합체, 크라프트공중합체 등의 혼합한 폴리머 프랜드이다. ABS수지의 기본적인 제조법은 브렌드법, 크라프트법으로 나누어지나 어떻든 복잡한 폴리머의 혼합물이며 제법, 조성 등에 의해서 광범위한 특성을 가진 수지를 만들 수 있다. 일반적인 ABS수지의 제법은 그림 1-17에 나타낸다.

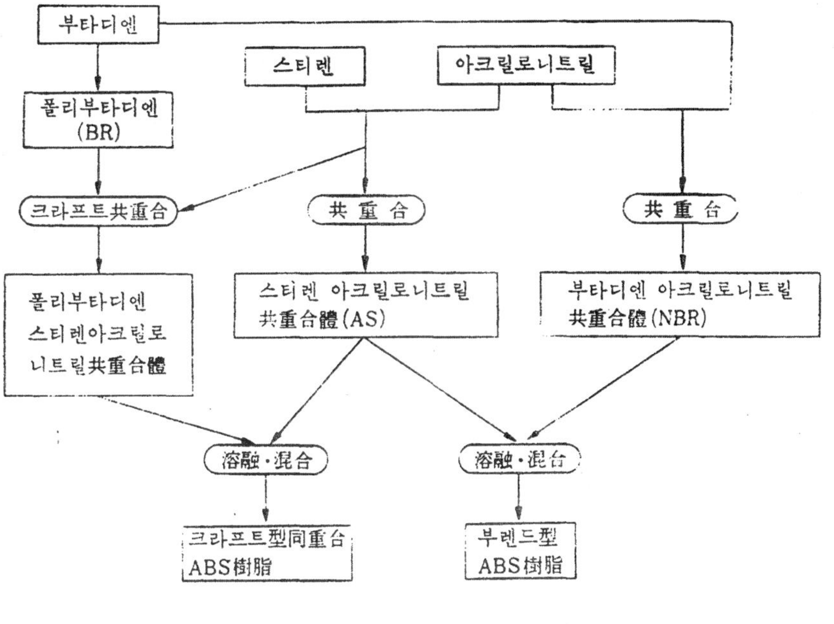

그림 1-17 ABS 수지의 제조공정

이미 말한 AS수지는 폴리스티렌의 특성을 유지하면서 기계적 강도를 향상했으나, 그 내충격성은 반드시 만족할 수만은 없다. 한편 내충격성은 합성고무와의 프랜드에 의해서 대개 해결되었으나 아직 내열성, 강성이 부족하다. ABS수지는 이상의 공중합 및 합성고무강화라는 두 가지 수단을 조합함으로써 어느 결점도 해결하고 내충격성, 내열성 등 3성분의 특성에 유래하는 수많은 우수성질을 함께 갖는 수지로 되었다. 이와 같은 밸런스 잡힌 우수한 물성을 반영해서 전기기구, 차량용 등 그 용도는 다방면에 걸쳐 있다.

(d) **AXS수지 :** 우수한 성질을 갖는 ABS수지에도 내후성이 떨어지는 단점이 있다. 이 ABS수지의 열화는 부타디엔성분에 의한 것이나, ABS수지의 우수한 성질을 보존한 채 내후성을 향상하기 위해서 부티디엔과 달라서 불포화결합을 갖지 않는 고무로 변환한 여러 가지 수지가 개발되었다. 이들은 일반적으로 AXS수지라 불리어 X가 고무성분을 나타내고 있다. AXS수지로서는 AAS수지, ACS수지, EPSAN수지 등으로(표 1-12), 성능은 ABS수지를 능가하는 것이 많다.

(5) 폴리염화비닐, 폴리염화비닐리덴

(a) **폴리염화비닐(31) :** 주로 현탁중합에 의해 만들어지는 (그림 1-18) 대표적인 합성수지의 하나로 응용은 극히 여러 모로 간주된다. 수지는 비중 1.4의 백색분말로 내수성, 내산성, 내약품성, 난연성 등의 성질이 있다.

$$\underset{\text{염화비닐}}{CH_2{=}CH(Cl)} \longrightarrow \underset{\text{폴리염화비닐}}{-(-CH_2-CH(Cl)-)_n-} \quad n=700-1300 \tag{31}$$

폴리염화비닐은 가공시의 흐름이 나쁘기 때문에 가소제를 가해서 가공하나, 가소제가 적은 것이 경질폴리염화비닐이라 부르고 pipe나 평판, 파판 등으로 성형되어 건축재료 등에 쓰인다. 한편, 가소제를 많이 가하면 유연성을 가진 연질폴리염화비닐로 되고 필름, 시트, 레자 등으로 가공한다. 가소제는 프탈산에스테르, 인산에스테르 등이 쓰인다. 폴리염화비닐은 열이나 빛에 의해 탈염산이 일어나 착색되므로 가공시에는 내안정제, 항산화제, 자외선흡수제 등의 안정제도 넣어서 만든다. 폴리염화비닐의 가공과 용도에 대해서는 후술한다.

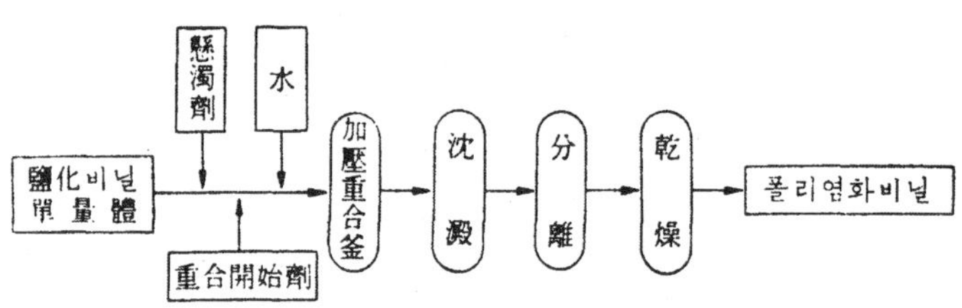

그림 1-18 폴리염화비닐 제조공정

(b) **폴리염화비닐리덴(18) :** 염화비닐과 같은 중합법에 의해서 얻어지나 이것은 단독중합체가 불용 불융성이기 때문에 보통 염화비닐과 공중합시킨 것이 쓰인다. 섬유로서의 용도가 주이나 필름은 수분, 가스류를 투과하지 않고(표 1-11) 거의 약품류에 침해되지

않으므로 식품포장에 쓰이고 진공포장도 가능하다.

(6) 불소수지

불소수지는 고가인 재료이므로 양적으로는 다른 플라스틱에 비해서 매우 적으나 가혹한 조건하에서 사용되는 불가결한 공업재료 등으로서 그 특성을 나타내는 특수한 분야에 이용되고 있다.

불소수지로서는 많은 종류가 있으나 공업적으로는 거의 폴리테트라플루오르에틸렌(32)으로 이것에 대해서 테트라플루오르에틸렌, 헥사플루오르프로필렌 공중합체(33) 등이 만들어지고 있다.

$$-(-CF_2-CF_2-)_n- \quad (32) \qquad -(-CF_2CF_2-)_n-(-CF_2-\underset{\displaystyle CF_3}{\underset{|}{CF}}-)_m- \quad (33)$$

(32)는 현탁중합이나 유화중합에 의해서 얻어지고 내열성, 내약품, 절연성에 극히 우수하므로 전기부품이나 패킹, 튜브, 파이프 등 공업부품으로서 쓰이고 있다. 또 불소수지의 저마찰계수, 비점착에 착안한 용도도 있으며 가정용품으로도 진출하고 있다.

(7)폴리아크릴로니트릴, 폴리아크릴아미드

(19)의 아크릴로니트릴은 수용액이나 유화상으로 중합

$$-(-CH_2-\underset{\displaystyle CONH_2}{\underset{|}{CH}}-)_n- \quad (34)$$

시켜서 만들고 있다. 여러 공중합체가 만들어지고 합성섬유나 플라스틱으로서 중요하다. 또 폴리아크릴아미드(34)는 수용성고분자로 접착제나 도료를 비롯하여 분산제, 섬유나 종이의 마무리제에 쓰인다.

(8) 폴리아크릴산 및 그 에스테르

폴리아크릴산(35, R=H)도 수용성의 고분자이다. 수용액은 고분자전해질로서의 성질을 나타낸다. 접착제나 도료로서 쓰이는 것 외에 토양개량제로도 쓰인다. 에스테르의 대표는 메틸에스테르이나 장쇄의 에스테르는 유연한 폴리머이다. 이와 같이 접착제나 도료 외에 섬유, 종이, 가죽 등의 가공에 사용된다.

$$-(-CH_2-\underset{\displaystyle COOR}{\underset{|}{CH}}-)_n- \quad (35)$$

폴리아크릴酸(R=H)
폴리아크릴酸메틸 ($R=CH_3$)

(9) 폴리메타크릴산메틸

안정성과 투명성(표 1-13)이 매우 우수하고 오래전부터 방풍유리로서 알려져 있다.

중합방법에는 괴상중합, 용액중합, 유화중합, 입상중합이 있으며 용도에 따라서 적당한 방법이 쓰인다(그림 1-19).

판, 봉, 관 등의 제조에는 괴상중합을 쓰고, 미리 중합률 10% 정도의 시럽을 만들어 이것을 형에 유입하여 다시 중합을 계속하면 투명성이 우수한 제품이 된다. 성형용 수지

표 1-13 각종 플라스틱과 가시광선투과율

樹脂(판두께 3 mm)	可視光線透過率(%)
메타크릴樹脂	93
폴리스티렌樹脂	90
硬質폴리염화비닐	80~88
폴리에스테르	65
尿素樹脂	65
유리	91

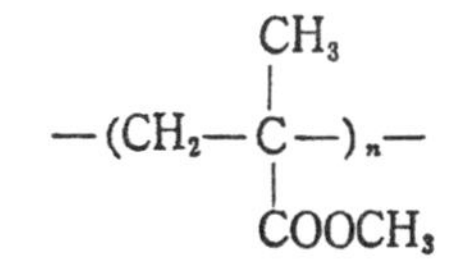

폴리메타크릴酸메틸 (36)

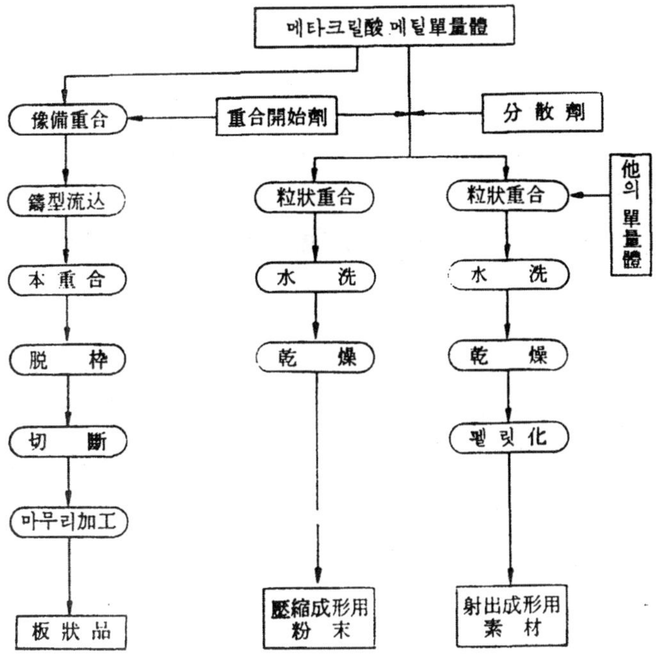

그림 1-19 폴리메탈크릴산메틸의 제조공정

를 제조하는 데는 입상중합이 쓰이며 수지판, 파이프 대형 성형품 등에서 의치에 이르기까지 많은 제품이 만들어진다. 주 용도로서는 내후성, 투명성, 강도를 살린 간판, 디스플레이, 건축재료, 방풍유리, 전기부품 등이 있다.

(10) 폴리초산비닐

연화점이 낮으므로 성형품으로서는 쓰이지 않으나 도료, 접착제나 츄잉검 베이스로서 사용된다. 폴리초산비닐의 대부분은 검화에 의해 폴리비닐알코올로서 합성섬유비닐론의 원료로서 소비된다. 폴리비닐알코올은 비닐론 이외에도 접착제, 현탁제, 토양개량제 등에 쓰이나 부틸알데히드와의 축합에 의해서 폴리비닐부틸랄(37)로서 안전유리용 중간막이나 접착제, 도료로서 사용된다.

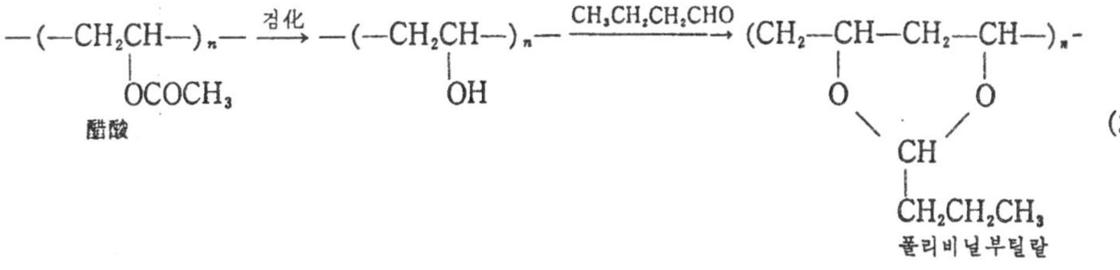

(37)

1.4.3 중축합계 플라스틱

(1) 폴리아미드수지

폴리아미드의 대부분은 합성섬유나일론으로서 사용되고 있으나(표 1-6) 여러 물성에 우수하기 때문에 성형품, 특히 엔지니어링 플라스틱으로서 기계부품에 쓰이고 있다. 폴리아미드가 갖는 우수한 윤활성과 내마모성에 의해 축수나 붓슈 등에 쓰이고, 또한 무음성으로 진동을 흡수하는 성질을 갖기 때문에 각종 기어캠으로서의 용도가 크다.

(2) 알키드수지

지방산, 무수프탈산 및 글리세린에서 축합반응에 의해 얻어지는 수지로 성형재료로는 쓰이지 않고 주용도는 도료이다. 도료로서는 밀착성, 광택, 내후성 및 작업성이나 가격면에서도 우수하고 합성수지도료의 중심적 존재이다.

제조공정을 그림 1-20에 나타내며 지방산, 무수프탈산 및 글리세린을 동시에 반응조에 사입하고 220℃~270℃로 가열하여 축합하는 지방산법과 이것에 대하여 미리 유지나 글리세린을 에스테르교환반응시켜서 모노글리세라이드를 만들어 이것에 무수프탈산을 가하고 에스테르반응을 하는 에스테르교환법이 있다.

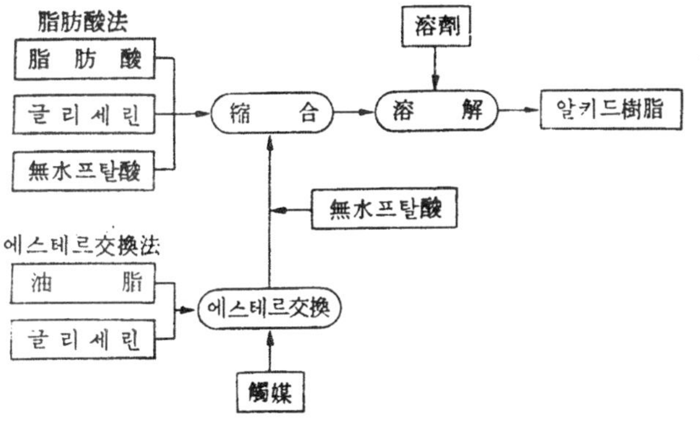

그림 1-20 알키드수지의 제조공정

(3) 불포화 폴리에스테르수지

아래에 나타난 예처럼 불포화 디카본산과 글리콜에서 불포화의 폴리에스테르를 일단 만들어 (38) 여기에 비닐모노머와 공중합시킴으로써 가교를 일으켜(39), 경화시킨 수지이다.

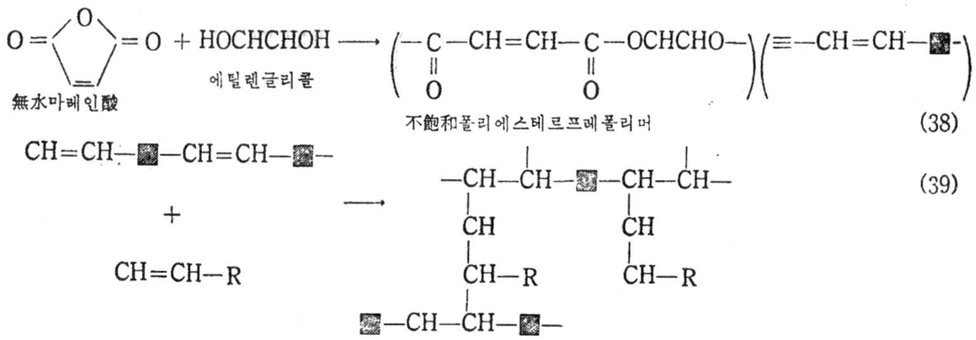

(38)

(39)

경화는 레독스촉매를 사용함으로써 상온에서 할 수도 있다. 유리섬유로 강화한 복합재료, FRP(fiber reinforced plastics)는 강도가 우수하고 건축재나 자동차의 몸체 등에 널리 쓰이고 있다.

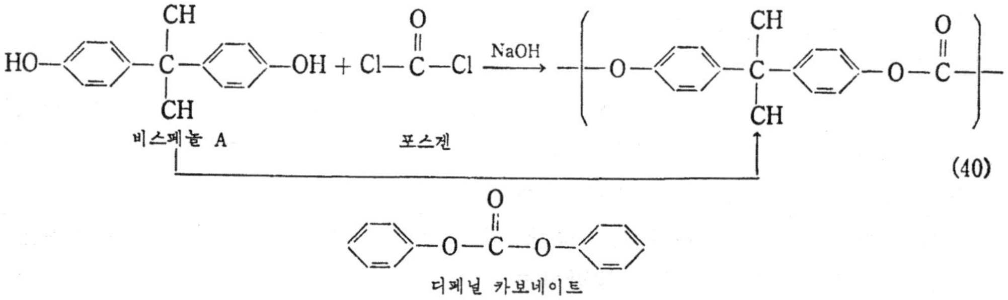

(40)

(4) 폴리카보네이트수지

방향족 폴리탄산에스테르결합을 갖는 열가소성수지로(40) 기계적 성질, 내열성, 내한성이 우수하고 투명하며 자소성을 나타내는 특징이 있다. 성형품은 기계나 전기부품 등에 필름은 포장용에 사용되고 있다. 폴리카보네이트의 제법은 그림 1-21에 나타내는 것처럼 포스겐법과 에스테르교환법이 있다.

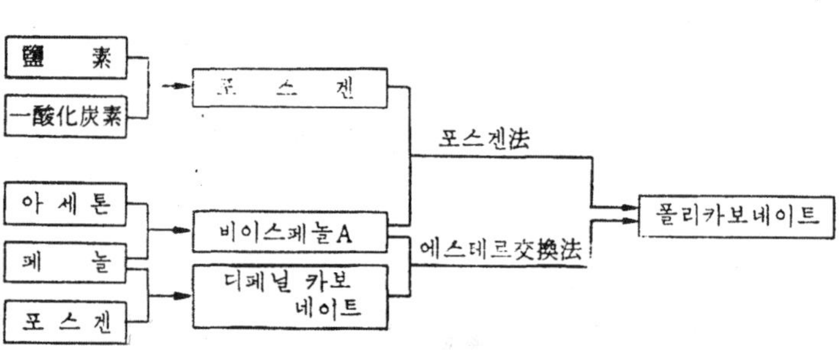

그림 1-21 폴리카보네이트의 製法

(5) 폴리페닐렌옥사이드수지

PPO수지라고도 불리는 이 수지는 2,6-xylenol의 산화커플링에 의해서 합성된다(41).

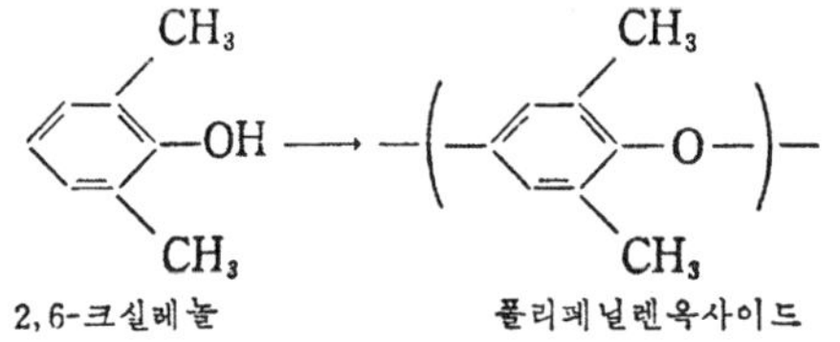

(41)

내한·내열성이 우수하고 기계적 강도도 크다. 다른 방향족폴리에스테르로서는 폴리술폰(42), 페녹시수지(43) 등이 있다.

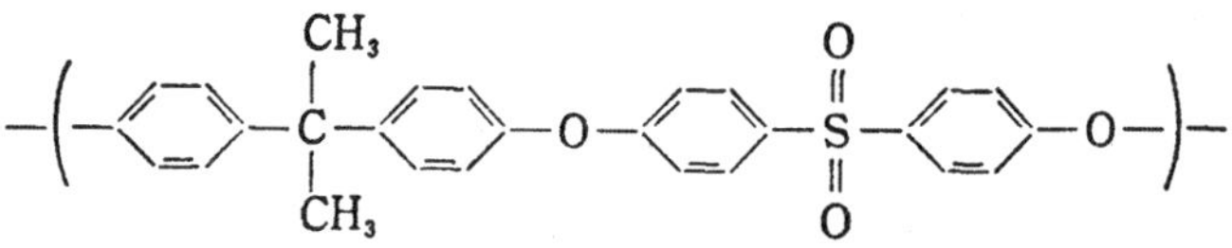

(42)

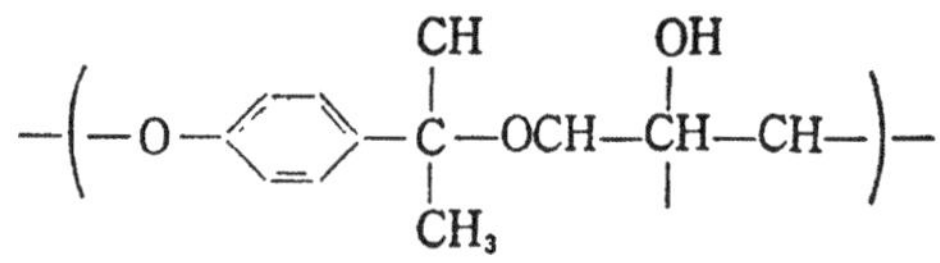

(43)

(6) 규소수지

실록산결합 ≥Si—O—Si≤ 를 중심으로 한 유기규소중합물로 실리콘이라 불리고 있으나 그것은 오일, 고무, 수지 등의 총칭으로서 응용면도 매우 다양하다. 실리콘은 치환클로로실란의 생성을 거쳐서 행해지며 생성된 치환클로로실란은 가수분해(44), 중축합(45)에 의해서 제품화된다(그림 1-22).

加水分解

$$\underset{\text{置換클로로실란}}{R_nSiCl_{4-n}} + H_2O \longrightarrow \underset{\text{시라놀}}{R_nSi(OH)_{4-n}} \qquad (44)$$

重縮合

$$mR_nSi(OH)_{4-n} \longrightarrow \underset{\text{실리콘}}{-R_nSiO_{(4-n)/2m}-} \qquad (45)$$

실리콘유는 디클로로실란의 선상중합이며, 이것에 충전재를 첨가하면 실리콘 그리스가 얻어진다. 실리콘고무는 고중합도의 선상실리콘을 가황처리하여 만들어진다. 한편 규소수지는 주로 트리클로로실란에서 얻어지는 삼차원중합체이며, 모노클로로실란은 실리콘의 안정화 및 분자량을 조정하는 말단폐속체로서 쓰인다.

규소수지는 그 우수한 내열성, 내수성 및 전기절연성 등으로서 전기재료로서 쓰인다. 또 발수성에 극히 우수하므로 건축재료, 그 밖에 보호발수용으로서 유용하다.

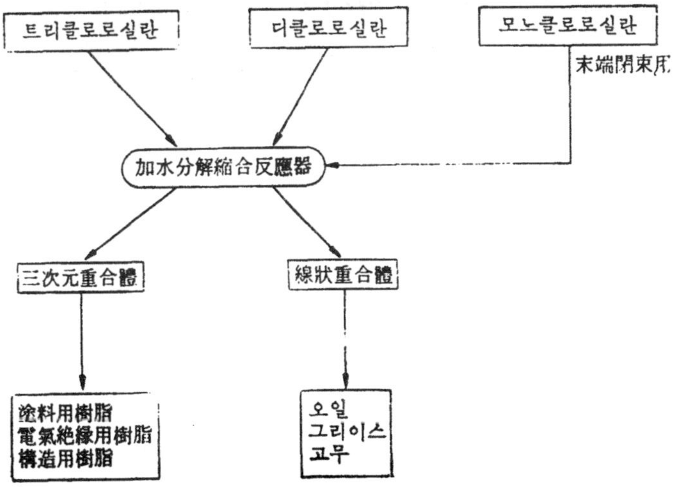

그림 1-22 실리콘의 제조공정

1.4.4 부가축합 플라스틱

(1) 페놀수지

페놀포르말린수지라고 부르며 오래전부터 베이클라이트라는 이름으로 알려진 열경화성 수지이다. 페놀과 포름알데히드의 반응은 다음과 같이 부가(46)와 축합(47)의 반복으로 진행된다.

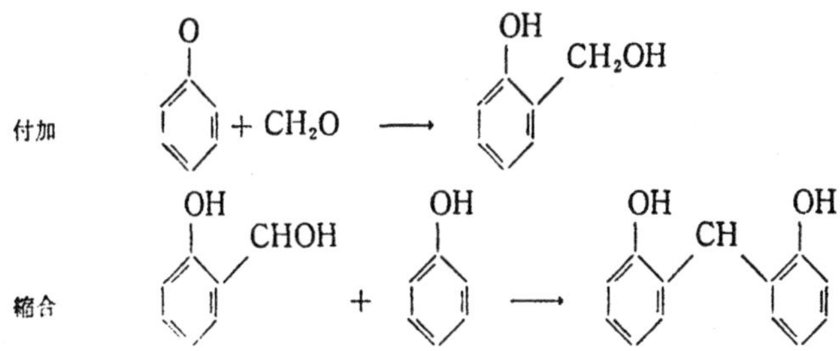

(46)

(47)

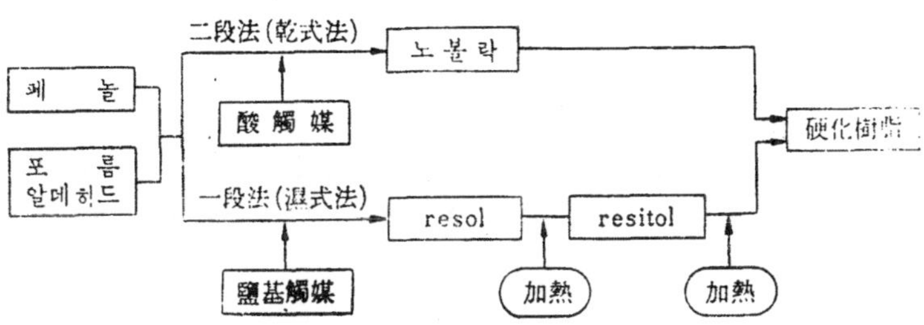

그림 1-23 페놀의 수지제조공정

그림 1-23에 나타낸 것처럼 이 반응을 산 촉매에서 하면 선상으로 분자량이 1,000 정도의 열가소성수지 노볼락(48)이 얻어진다. 노볼락은 다시 경화제 헥사메틸렌테트라민을 가하여 가열하면 경화하고, 성형품으로 마무리한다. 이 방법을 건식법 또는 2단법이라고 부른다.

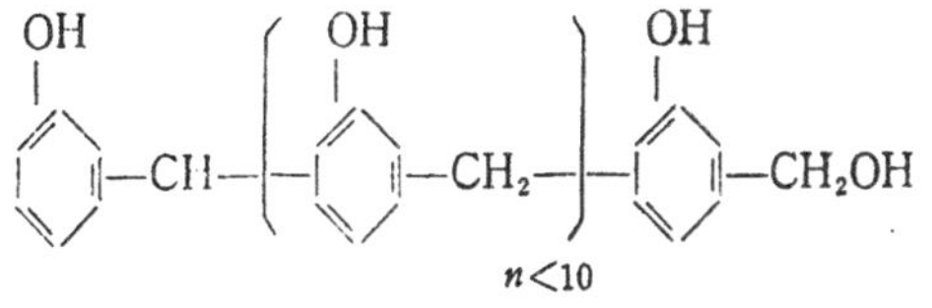

(48)

또한 염기촉매의 때에선 우선 vesol이라 부르는 분자량이 100~300 정도의 물엿상의 것이 된다. 이것에 열을 가해 가면 resitol이라는 유리상의 연한 고체를 거쳐서 불용 불융성의 수지로 된다.

페놀수지는 전기, 통신관계에 사용되는 성형품, 종이, 포를 기재로 한 적층판 등이나 도료, 접착제 등이 쓰이고 있으나 지석이나 주형용사의 결합제(쉘몰드)로서의 용도도 있다.

(2) 요소수지(우레아수지)

요소와 포름알데히드의 반응에 의해서 얻어지는 열경화성수지로 암모니아수, 수산화나트륨 등의 알칼리성 물질을 가해서 중성 내지 약알칼리성에서 반응시킨다. 선명한 색조가 자유로 조정되는 것을 이용한 성형품에도 용도는 있으나 요소수지 접착제는 목재에 대한 접착력이 우수하므로 합판이나 가구류의 접착제로서 대량 쓰인다.

(3) 멜라민수지

멜라민과 포름알데히드로서 만들어지며 요소수지와 함께 아미노수지라 총칭된다. 멜라민수지의 제조법은 요소수지와 같다. 멜라민의 수용액은 알칼리성에서 포름알데히드와의 가열에 의해 메틸롤멜라민을 생성하고(49), 삼차원구조의 생성에 의해 경화수지를 얻는다.

멜라민수지는 요소수지와 같이 합판, 목공용 접착제로서의 용도가 많다. 또 잘 알려진 멜라민수지 화장판이나 도료, 섬유, 종이의 수지가공 등에도 쓰인다.

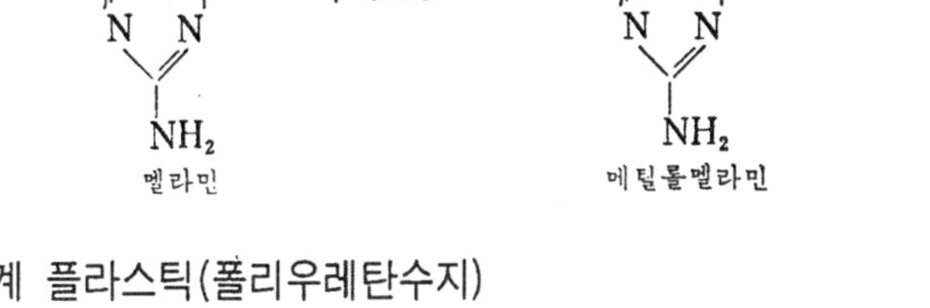

(49)

1.4.5 중부가계 플라스틱(폴리우레탄수지)

디이소시아네이트와 폴리올(말단에 OH기를 갖는 폴리에스테르 또는 폴리에테르)과의 반응에 의해서 만들어지며 우레탄결합 –NHCOO–가 모체로 되고 있다(25). 이소시아네이트류에는 톨리렌디이소시아네이트가 널리 쓰이고 폴리올로서는 이염기산과 이가 또는 삼가의 알코올(통상, 아디핀산글리콜계)에서 만들어지는 폴리에스테르나 폴리프로필렌글리콜(분자량 약2,000), 트리올(글리세린과 프로필렌옥사이드로서 만들어진다. 분자량 약 3,000) 등의 폴리에스테르가 많이 쓰인다(50).

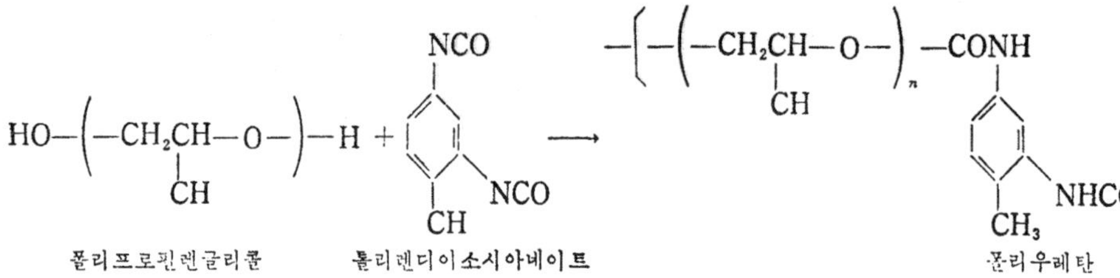

(50)

이 폴리머를 가교화하면, 가교제의 종류나 가교밀도에 의해서 딱딱한 수지에서 연한 고무까지, 성질이 다른 폴리우레탄수지가 된다. 가교제에 물을 사용하면 이소시아네이트와 반응하여 탄산가스를 발생하므로 발포제로서 작용하며 우레탄폼을 만들 수 있다. 가교제로서 글리콜이나 디아민을 쓰면 탄성체우레탄고무로 된다. 우레탄수지는 그 밖에 접착제, 도료, 합성피혁, 섬유 등 넓은 용도를 가지고 있다.

1.4.6 개환중합계 플라스틱

(1) 폴리에테르수지

에틸렌옥사이드, 프로필렌옥사이드의 개환중합에 의해서 얻어진다(51). 이온중합도 가능하나 공업적으로는 아니온중합이 행해진다.

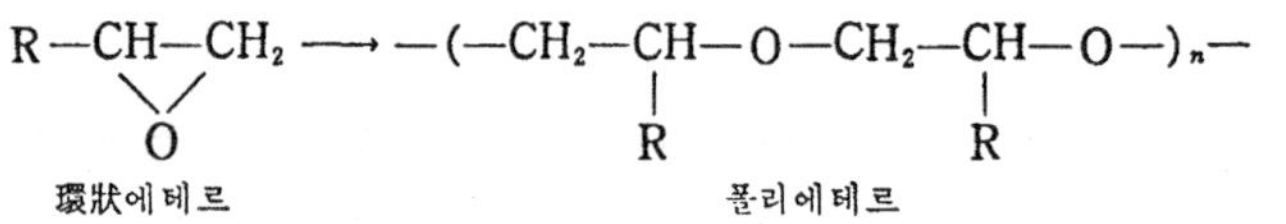

(R＝H 또는 CH_3) (51)

말단은 산기라고 볼 수 있으나 분자량 수백의 액상체에서 1만에 가까운 고체의 고중합체까지의 합성이 가능하다. 계면활성제, 윤활제나 의약품의 첨가제 등에 쓰이는 것 외에 먼저 말한 중부가계 플라스틱의 프레폴리머의 원료로도 이용된다. 고분자량의 것을 폴리옥스라고도 부르며, 플라스틱으로서 유용하다.

(2) 에폭시수지

비스페놀 A와 에피클로로히드린으로부터 합성되는 축합생성물로 반응조건 등에 의하여 저점도의 액상의 것으로부터 고융점의 고체의 것까지 만들어진다. 공업적으로는 다음에 따라 제조되고 있다(52).

에폭시수지는 경화제와 반응하여 처음으로 기계적 강도나 내약품성이 우수한 것이 되나 경화제로서는 지방족 폴리아미드가 상온에서의 경화제, 또 무수프탈산과 같은 유기산무수물이 고온경화제로서 쓰인다.

에폭시수지의 특징은 다른 물질에의 접착성이 우수한 것으로 특히 금속용의 도료나 접착제, 또는 유리섬유와의 적층용 재료로서 널리 쓰이고 있다. 접착제는 규소수지, 불소수지, 폴리에틸렌, 폴리프로필렌 등을 제외하고는 무엇이든 접착된다.

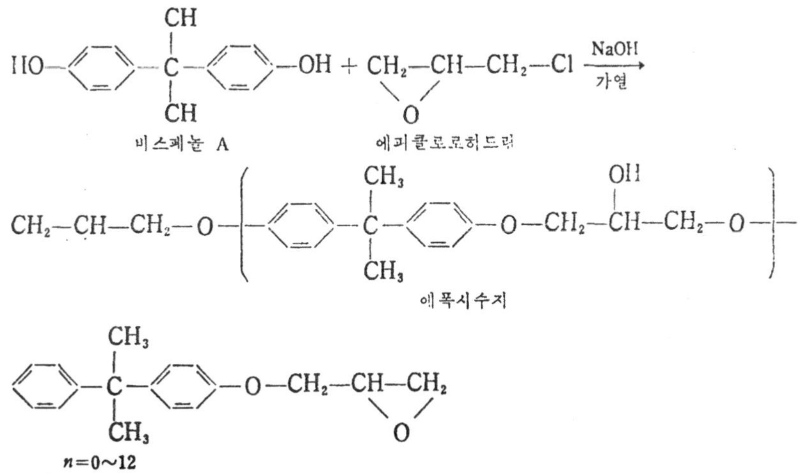

(52)

(3) 아세탈수지

알데히드로부터 만들어지는 폴리에테르수지를 아세탈수지라고 부르고 있다. 가장 간단한 구조의 포름알데히드로부터는 저온에 있어서 아민 등을 촉매로 하여 안정한 고분자량의 폴리머를 얻을 수 있다. 이 폴리옥시메틸렌에 대해서는 말단기를 보호함으로써 열안정성이 좋은 것이 만들어지고 있다. 결정성이 좋고 강인하며 흡습성, 내후성도 나일론보다 우수하다고 하며 성형품 외에 합성섬유에도 쓰이고 있다. 포름알데히드의 삼량체인 트리옥산도 개환중합에 의해 같은 폴리머를 만든다(53). 트리옥산과 에틸렌옥사이드와의 공중합체도 이 계통의 수지로서 알려져 있다.

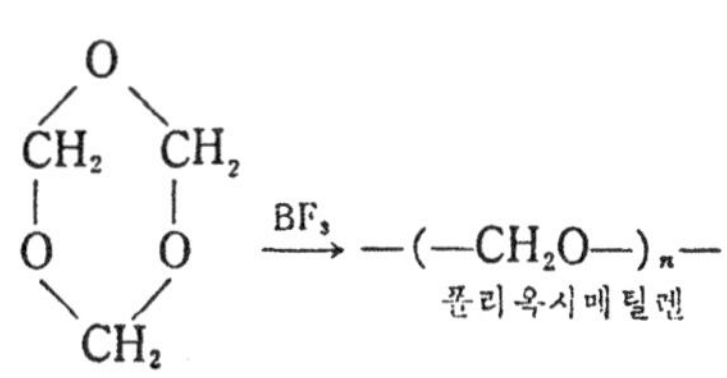

(53)

(4) 그 밖의 수지

식 (54)에 나타낸 것처럼 옥시시클로부탄의 개환중합으로 펜톤이라 불리는 우수한 성질의 수지가 만들어지고 있다. 플라스틱 외에 합성섬유로서도 쓰인다.

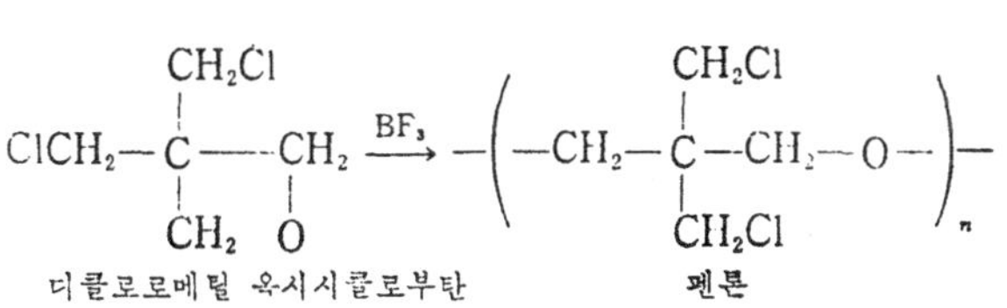

(54)

1.4.7 플라스틱과 폐기물처리 대책

플라스틱의 폐기물처리는 매년 심각한 문제로 되고 있다. 공해문제의 하나로서 해결책을 알아내는 노력은 당연히 진지하게 생각하고 있으나, 한편 플라스틱재료를 쓰고 난 후 처리하기 쉬운 형태로 설계하는 것도 중요한 과제라고 생각된다. 실용화에는 경제성, 그 밖의 요인도 있어 어려운 점이 많으나 해결의 대책으로 2가지의 방향을 말하여 둔다.

(1) 연소되기 쉬운 플라스틱의 합성

될 수 있는 한 원소조성이 간단한 폴리올레핀계 수지를 중심으로 하여 여기에 무기충전제를 배합한 복합재료가 개발되고 있다. 조건으로서는 연소시의 발열량이 적을 것, 그을음을 내지 않을 것, 악취나 유독가스를 내지 않은 것에서 더욱 플라스틱의 특성을 갖춘 것이 필요조건이 될 것이다.

(2) 분해하기 쉬운 플라스틱의 합성

태양광이나 일정 파장의 빛의 조사에 의해서 간단히 저분자화합물로 분해하는 플라스틱은수년간 활발히 연구되어 왔다. 예를 들면 일산화탄소 에틸렌 공중합체(5%)는 일정 파장의 빛을 조사함으로써 카르보닐기의 부분으로 간단히 분해한다고 한다. 또 고분자의 미생물에 의한 분해의 연구도 많이 진전되고 있으며 특히 미생물이 좋아하는 구조단위를 가진 폴리머를 제공할 수 있도록 될지도 모른다. 그러나 이들의 경우 플라스틱은 본래 일정기간의 사용중은 적어도 빛이나 미생물 등의 작용을 받지 않는 안정한 것이 필요하다. 경제성과 함께 사용기간의 안정성의 보장은 금후에도 큰 문제로 될 것이다.

$$-\left(-CH_2-CH_2-\underset{\underset{O}{\|}}{C}-\right)_n- \qquad (55)$$

1.4.8 플라스틱의 성형가공

플라스틱은 보통 공업적으로는 분말이나 페렛형으로 제공되는 폴리머를 형성 가공하여 목적물이 된다. 일반적으로 플라스틱에 열 및 압력을 동시에 또는 각각 작용시킨다.

(1) 플라스틱의 성형

페놀수지 등 열경화성수지의 성형에는 압축성형법이 쓰이며 금형에 분말체를 넣어 가압가열하에 열경화시킨다. 열경화성수지에는 이 밖에 트랜스화성형, 냉간성형, 적층성형 등의 성형도 한다.

비닐계수지와 같은 열가소성수지는 압축성형 외에 사출성형(그림 1-24)이나 진공성형이라는 특수한 방법으로 성형된다. 전자는 호퍼에 플라스틱 분말을 넣어 이것을 수압피스톤으로 실린더내에 압출하여 가열융해하고 이것을 노즐을 통해서 차가운 금형내

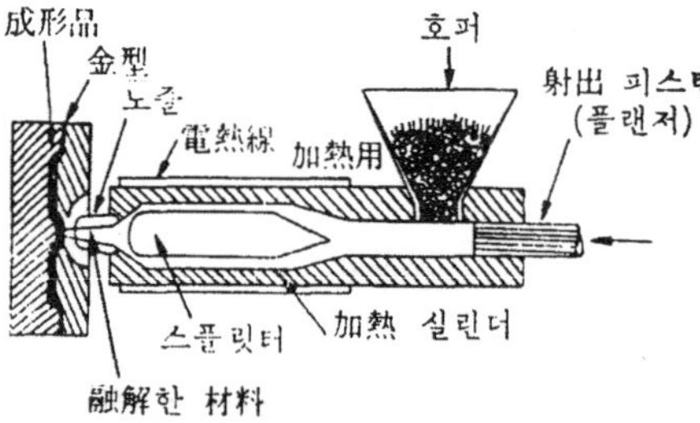

그림 1-24 사출성형

에 사출하여 성형시키는 것이다. 후자는 입체적인 성형품을 능률좋게 만드는 것에 적합한 방법으로서 소규모 생산에도 적응되는 특징이 있다. 이 밖에도 여러 가지 성형법이 알려져 있다.

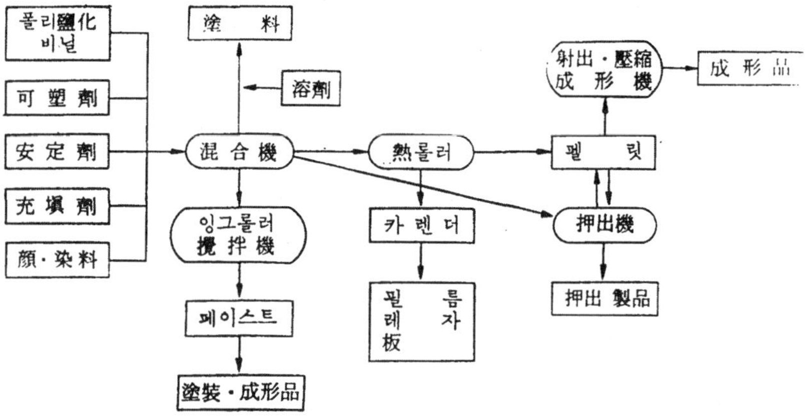

그림 1-25 염화비닐수지가공 계통도

(2) 필름성형법

주된 방법으로서는 폴리염화비닐에 대한 캘린더가공법을 들 수가 있다. 플라스틱의 분말을 롤러로 가소제나 안료 등과 함께 개어서 다시 제2의 롤러를 통해 필름이나 시트로 만든다.

(3) 가공예(염화비닐수지)

플라스틱의 가공예로서는 여러 가공이 행해지는 폴리염화비닐에 대해서 그 가공계통도를 그림 1-25에 또, 여러 가지 가공법에 의해서 만들어지는 제품의 형태와 주용도를 표 1-14에 나타낸다.

표 1-14 염화비닐수지의 가공법과 제품의 용도

加　工　法	製 品 形 態	主　用　途
캘린더加工	필름, 시트	의류, 잡화, 가구用
押出成形	管, 棒, 板	호스, 파이프, 波板
射出成形	硬·軟質品	잡화, 기계·전기 부품
積層加工	厚板	容器, 工業材料
塗布加工	레자塗裝	차량, 가구, 포장지
슬러지成形	軟質吹込, 成形品	완구, 가정용품
吹込成形	軟·硬質 成形品	模造果物, 병
인프레이숀成形	필름튜브	포장용
眞空成形	薄肉成形品	대형容器, 복잡한 成形品
스폰지加工	發泡體	床材, 袋物, 잡화

1.5 고무 및 접착제공업

1.5.1 천연고무

(1) 라텍스 및 생고무

고무나무에 상처를 주어 흘러내리는 액이 천연고무의 출발원료로 된다. 이 유액을 라텍스라고 하나 고무분이 단백질 등에 함유된 입자상으로 수중에 분산한 콜로이드졸에서 성립되어 있다. 고무함량은 대개 30~40% 정도이며 보통 원심분리법 등으로 농축한 60% 정도의 라텍스를 원료로 사용한다. 라텍스로부터 고무장갑이나 의료용 고무제품, 홈라바와 같은 다공성 제품이나 접착제 등이 만들어진다.

라텍스는 대부분 생고무용으로 쓰인다. 라텍스를 적당한 농도로 일단 희석한 후 개미산이나 초산 등을 가해서 산성으로 하면 고무분이 응고하여 생고무가 얻어진다. 생고무는 제조의 방법에 의해서 다음의 2종으로 분류된다.

(a) crepe고무 : crepe라는 것은 껍데기의 상에 주름을 붙인 생고무의 벽판을 말한다. 라텍스에 우선 산성아황산나트륨을 가하고 개미산을 응고제로 하여 고무분을 침전시켜서 롤러에 약간 떨어지는 것으로 갈색(brown crepe)이 있다.

(b) **스모크트시트 고무** : 상기의 산성아황산나트륨은 곰팡이의 발생 등을 방지하기 위해 첨가하는 것이 있지만 그 대신에 연실내에서 고무를 건조하면서 연기를 내는 방법을 가질 수도 있다. 라텍스로부터 응고시켰던 고무분을 롤러에 걸려서 탈수하고 시트상으로 한 것을 스모크시트 고무라 한다.

(2) 천연고무의 화학

생고무의 91% 이상은 고분자량의 탄화수소로 되어있고 이것이 고무분자를 형성하고 있다. 고무분자는 화학적 분석 및 X선 구조연구의 결과, 이소프렌이 시스 1,4결합한 구조로 되어 있는 것이 확실해졌다(56).

천연의 것을 gutta-percha라 한다. 역시 식물의 유액으로부터 채취되는 고무상 물질이 있다. 이것은 트랜스 1,4구조를 가지고 분자량은 천연고무에 비해서 상당히 적다.

천연고무는 생고무를 가공해서 이용되는 것 외에 여러 종류의 유도체로 개질하여 이용하는 수가 있다. 수소화고무, 환화고무, 염소화고무 등 고분자반응을 생고무에 행하고 개질고무가 만들어지지만 특히 불연화나 내약품성의 향상을 목적으로 한 염소화고무가 잘 알려져 있다(57). 이것은 열가소성으로 염소함량에 의해서는 성형도 가능하다.

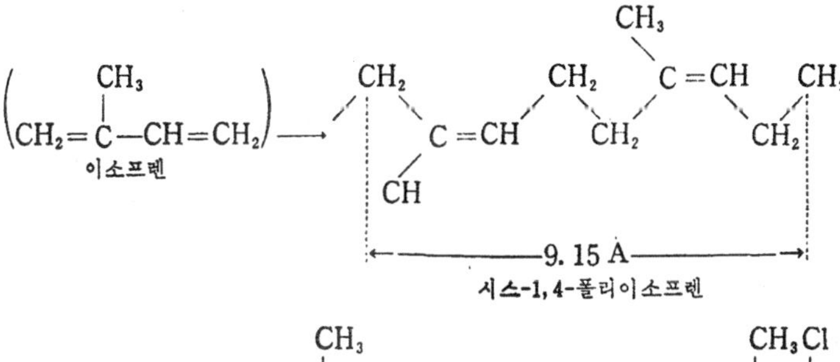

(56)

시스-1,4-폴리이소프렌

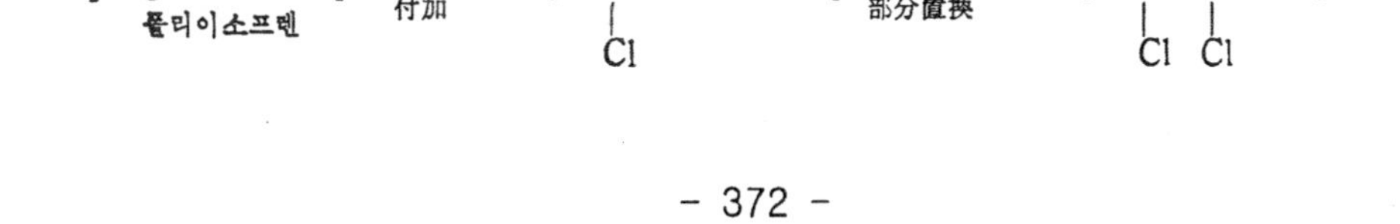

(57)

그 밖에 고무분자를 줄기로 해서 비닐중합체를 크래프트시킨 크래프트고무의 합성도 행해진다. 라텍스에 모노머와 개시제를 첨가하고 중합시킨 것으로 메타크릴산메틸이나 아크릴로니트릴을 크래프트중합시키고 고무의 방진화나 내약품성의 향상 등을 도모하고 있다.

(3) 고무의 소련과 가공

생고무로부터 고무제품을 마무리하기까지의 가공공정은 반죽을 시작하는 배합, 성형, 가황의 단계를 이루고 합성고무에 대해서도 같은 형태이다. 우선 생고무는 일정의 크기로 절단한 후 롤러 또는 믹서 등의 혼합기로 이겨서 반죽한다. 이 반죽조작에 의해서 생고무의 탄성을 잃게 해서 가소성을 주고 가공하기 쉽도록 하는 이유이다. 반죽의 과정에서 분자의 응집이 풀리고 분자의 기기적 절단이 일어난다. 반죽에 대해서는 촉진제로서 β-나프틸 메틸 메르캅탄(58) 등이 첨가된다. 뒤이어 고무에 가황제, 가황촉진제, 노화방지제를 시작으로 증량제, 보강제, 연화제, 착색제 등을 첨가해 혼합하고 배합, 또는 혼련의 조작을 행한다. 가황제에는 유황을 비롯하여 유기과산화물 등이 또는 가황촉진제에는 산화아연, 소석회 등 무기계의 것 외에 메르캅트벤조디아졸(59) 등 유기계의 화합물이 이용된다. 노화방지제는 고무제품이 공기중의 산소 등의 영향을 받고 열(劣)화하기 쉽게 되는 것을 방지하기 위해 첨가되는 것으로 페놀-α-나프틸아민(60) 등 아민, 페놀계의 화합물이 적당하며 또 보강제로서는 카본블랙이 가장 잘 이용되고 있다.

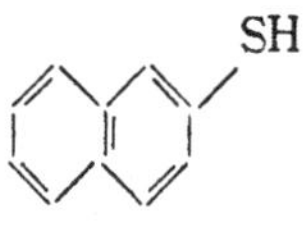
(58)

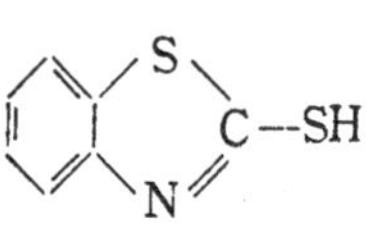
(59)

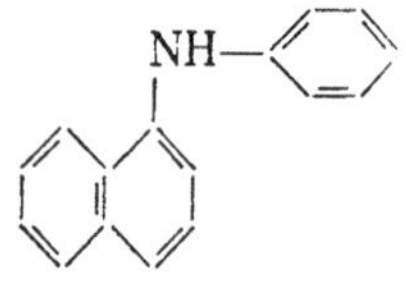
(60)

성형은 혼련 후 롤러나 압출하는 틀로 여러 가지 형을 이루게 하는 조작이다. 이렇게해서 얻은 소(素)고무재료에 가압, 가열로 가황(가교화)해서 제품으로 한다. 최대의 용도는 자동차 등의 산업에 있어서의 타이어, 튜브의 생산으로 이 방면의 소비량을 뛰어나게 높다.

1.5.2 합성고무

천연고무의 구조가 명확해짐에 따라 그 대체품, 또는 새로 개량된 성질을 가진 합성고무 제조에의 흥미가 급격히 증가해왔다. 특히 금속계 촉매에 의해서 시스-1,4구조의 폴리이소프렌이 합성되기에 이르러 합성고무공업의 화려한 전개를 보였다.

합성고무는 디엔계의 것과 비디엔의 것으로 구분된다(표 1-15).

(1) 디엔계고무

초기부터 알려진 고무에 스티렌부타디엔고무(SBR, 61)를 예로 들 수 있다. 레독스촉매를 이용해 저온유화계로 양자의 모노머를 공중합시킨 것으로서 통상스티렌의 25% 정도 포함되는 것이 사용된다. 또 아크릴로니트릴부타디엔고무(NBR, 62)도 같은 모양의 계열로 중합되고 통상 아크릴로니트릴이 SBR의 스티렌 정도로 포함된 것이 잘 이용된다. 그 밖에 주로 트랜스 1,4구조로부터 되는 폴리클로로프렌(CR, 63)이나 *n*-부텐도 소량의 이소프렌의 공중합으로 만들어지는 부틸고무(IIR, 64) 등은 모두 디엔계 고무에 속한다.

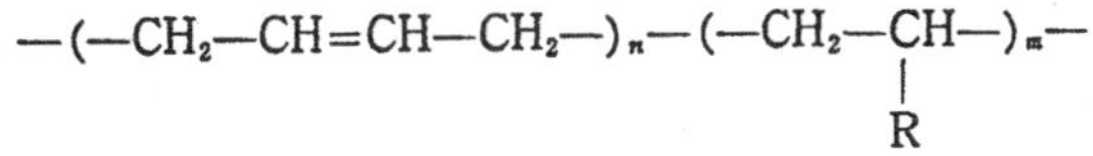

(61) R = C_6H_5

(62) R = CN

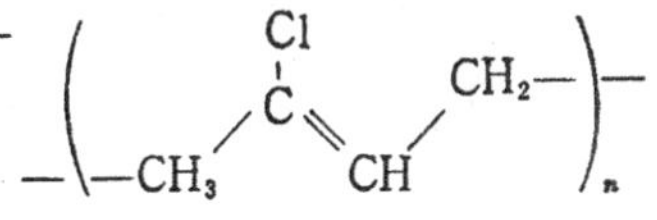

(63)

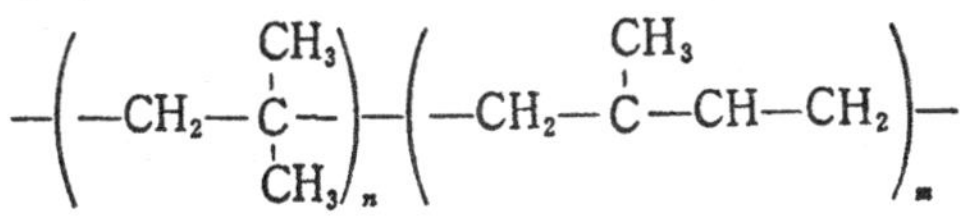

(64)

SBR, NBR 등은 자동차의 타이어 등에 이용된다. 폴리부터디엔이나 폴리이소프렌은 금속촉매에 의해 거의 시스 1,4형의 폴리머(65)를 이루고 있지만 이것을 Stereo-rubber라고도 부르고 있다.

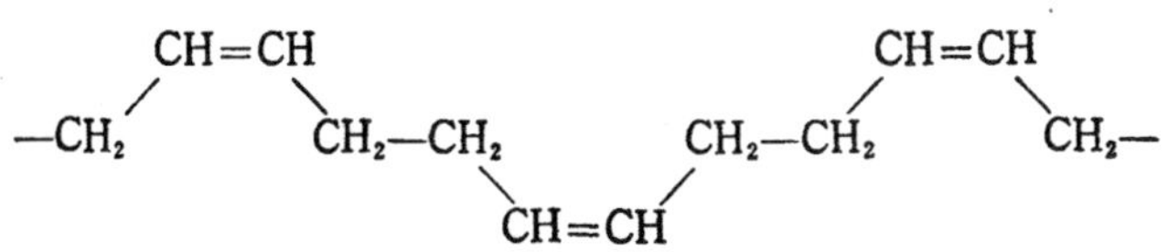

(65)

시스-1, 4 型-폴리부타디엔의 構造

표 1-15 합성고무의 종류와 구조

고무의 種類		構造
디 엔 系	SBR	부타디엔-스티렌 共重合體
	NBR	부타디엔-아크릴로니트릴 共重合體
	CR	폴리클로로프렌
	IIR	이소부틸렌-이소프렌(少量)共重合體
	BR	폴리부타디엔
	IR	폴리이소프렌
非디엔系	EPM	에틸렌-프로필렌 共重合體
	EPDM	에틸렌-프로필렌-디엔(少量) 三元共重合體
	하 이 파 론	폴리에틸렌의 二酸化硫黃, 鹽素反應物
	우레탄고무	폴리우레탄
	多黃化고무	디클로로에탄 四黃化나트륨 重縮合物(디오콜 A)
	아크릴고무	아크릴酸 에스테르 共重合體
	실리콘고무	디메틸폴리실록산(dimethylpolysiloxane)
	불 소 고 무	弗化비닐리덴 共重合體

(2) 비디엔계고무

공업적으로 여러종의 중요한 것이 있다. EPM(EPR)은 에틸렌-프로필렌을 금속촉매계로 공중합시켰던 것으로 고무로서의 우수한 성질을 갖지만 과산화물 가황에 의지하지 않으면 안된다(표 1-16). 이 가황은 번잡하므로 유황가황이 가능한 EPDM가 개발되었다.

이것은 다같이 에틸렌, 프로필렌을 주체로 하고 제3성분으로서 헥사디엔, 시클로옥타디엔 등을 함유한 것이 있다. 한편, 우레탄고무는 5.4에서 폴리우레탄수지(50)에 대해서 서술한 것과 거의 같은 우레탄결합을 가진 고무로 주쇄의 폴리에스테르나 폴리에테르를 주로 하지만 디아민, 디올 등을 다리놓음으로써 삼차원화시킨 것이다. 특히 기계적 성질이나 내유성, 내마모성 등에 우수하지만 내약품성, 내열성은 좋지 않다. 타이어, 콘베어벨트, 내유성 패킹 등의 폭넓은 용도를 갖는다.

그 밖에 실리콘고무는 최근 의료용 고분자재료 등 특수한 용도도 열려있기 때문에 개발이 되어왔다. 고중합도의 디메틸폴리시클로헥산(66)을 주체로 한 것으로 내열성, 내한성이 우수하고 기계적 성질도 좋다. 가교화에는 과산화벤조일 등이 이용된다(그림 1-26). 내열성이나 내약품성이 뛰어난 것으로 불소고무가 있고 불화비닐리덴의 공중합체(67)가 내열성고무로서 알려져 있다.

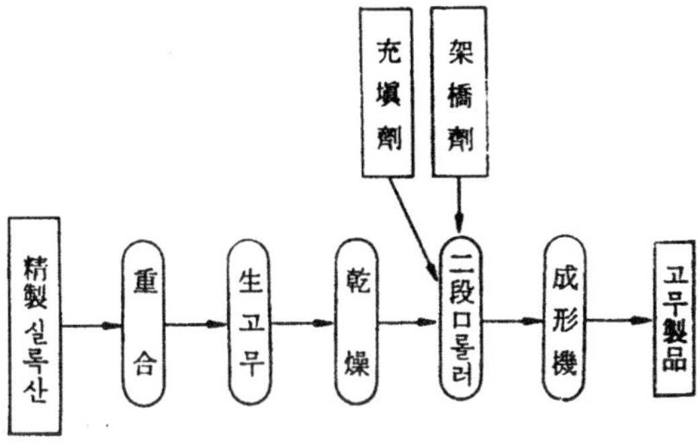

그림 1-26 실리콘고무의 제조공정

또 다황화고무도 내유성, 내오존성 등이 뛰어난 고무로, 이전보다 잘 알려져 왔지만 가공성이나 물리성질이 떨어지기 때문에 용도는 넓지 않다.

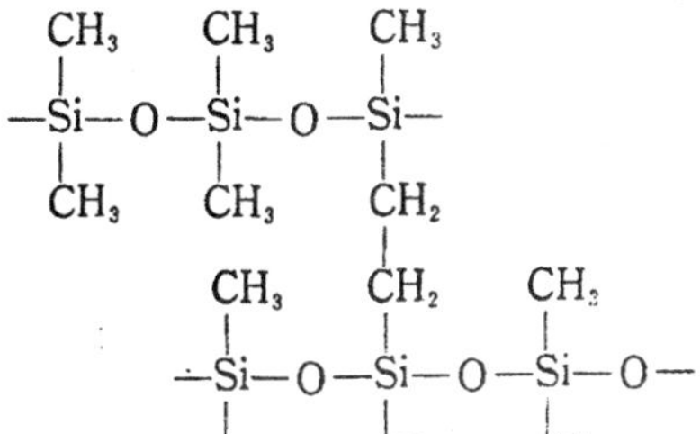

(66) 실리콘고무

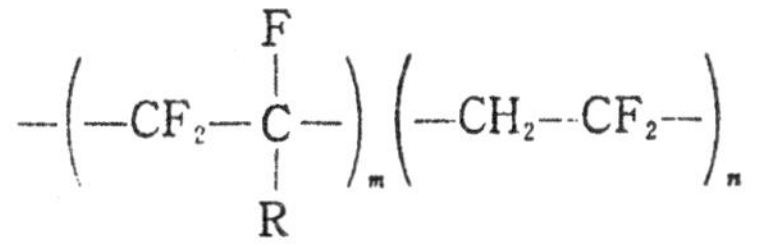

$(R = F, Cl, CF_3)$

(67) 불소고무

다황화알칼리와 디할로겐화물로부터 얻어지는 것이 그 대표 예이다(68).

$$Cl-CH_2CH_2-Cl + Na_2S_4 \longrightarrow -(-CH_2CH_2-S_4-)_n- + NaCl \quad (68)$$

多黃化 고무

가황제로서는 산화아연과 같은 금속산화물, 디이소시아네트, 에폭시 화합물 등이 이용된다. 하이파론이라고 하는 고무도 알려지고 있다. 이것은 폴리에틸렌에 염소와 이산화유황을 반응시켜서 얻을 수 있는 것으로 1~1.5%의 유황을 포함하고 염소함량은 30% 이하이다(69).

$$\underset{\text{폴리에틸렌}}{-CH_2-CH_2-CH_2-CH_2} \xrightarrow{SO_2+Cl_2} \underset{\text{하이파론}}{CH_2-\underset{\displaystyle Cl}{\underset{|}{CH}}-CH_2-\underset{\displaystyle SO_2Cl}{\underset{|}{CH}}-} \qquad (69)$$

가황은 금속산화물을 이용하여 행한다. 내열성, 내약품성이 우수한 고무이다. 새롭게 공업적으로 주목되고 있는 것에는 포스파젠이나 노볼루나디엔 등을 원료로 하는 고무가 있다.

표 1-16 합성고무의 가교제

고 무 의 種 類	주 된 가 교 제
天然고무, SBR, NBR, IR, BR, EPDM(EPT)	硫黃, 有機過酸化物
IIR	硫黃, 有機過酸化物, 페놀樹脂, 디옥심
CR	亞鉛華, 마그네샤
하이파론, 多黃化고무	酸化鉛, 亞鉛華
우레탄고무	이소시아네이트 가교형, 有機過酸化物가교형
불소고무, 아크릴고무, 실리콘고무, EPM(EPR)	폴리아민, 有機過酸化物

또 감광성, 이온교환성 등을 부여하기도 하고, 고도의 기능을 가진 고무의 다양한 개발도 진전되고 있다. 합성고무에 이용되는 주요한 가교제는 표 1-16에 나타내었다.

1.5.3 접착제(adhesive)

접착제라 말하면 전분의 풀과 같은 천연물을 이용하는 것도 있지만 폭넓게 또는 강력한 접착력을 발휘하려는 재료는 거의 합성접착제에 속한다. 종류로는 표 1-17에 표시한 것과 같이 적당한 용제에 녹인 형태로 이용되는 증발형 접착제를 시작으로 셀로테이프와 같이 가압에 의해서 접착을 일으키는 감압형 접착제나 아스팔트와 같은 감열형 접착제 등이 알려져 있다. 근년에 특히 공업적으로 유용한 우수한 접착력을 가진 것에는 에폭시 수지가 있고 반응형 접착제의 하나로 꼽을 수 있다.

특기할 만한 것은 α-시아노아크릴레이트(70)이다. 이것은 수분이나 습기에 접하면 순간적으로 중합해 강력한 접착력을 발휘한다. 순간접착제라 부르고 금속이나 유리에도 강력하게 접착된다.

$$CH_2=C\begin{matrix} \diagup CN \\ \diagdown COOR \end{matrix} \qquad (70)$$

표 1-17 접착제의 분류

接着劑	流動―固化 過程	例
蒸發型	溶劑, 分散劑의 증발에 의해 固化	合成고무 등의 溶液, 에멀존
感壓型	加壓으로 流動하고 압력을 제거하면 固化	接着테이프
感熱型	加熱에 의해 流動하고 냉각에 의해 固化	熱可塑性樹脂
反應型		
縮合	初期縮合物을 加熱 또는 促進劑의 添加로 硬化	페놀, 尿素樹脂
重付加	硬化劑에 의해 重付加하고 硬化	에폭시, 이소시아네이트
重合	開始劑(水分, 過酸化物)에 의해 重合하고 硬化	시아노아크릴레이트

접착제는 일반적으로 표 1-18의 각 성분의 모든 것이거나 또는 일부로부터 구성되고 있다. 접착제에 필요불가결의 요소로 되어있는 접착기제로서는 요소수지, 초산비닐, 멜라민수지, 합성고무, 에폭시수지 등이 주로 이용된다.

표 1-18 접착제의 구성

接着基劑	天然 및 合成高分子, 單量體
溶劑, 分散劑	물, 有機溶劑
可塑劑	프탈酸 에스테르 液狀고무 등
充塡材	콜로이드실리카, 木粉 등(無機質, 有機質)
重合·縮合觸媒, 가교제	過酸化物, 硫黃 등(反應型接着劑)
增粘劑	水溶性 폴리머(폴리비닐알코올 등)
防腐劑, 老化防止劑	페닐-β-나프틸아민, 펜타클로로페놀 등
消泡劑	실리콘 消泡劑 등

1.5.4 고분자 응집제

응집이라 하는 것은 콜로이드입자가 보다 많이 모이고 접합체를 형성하는 현상을 말한다. 보통 헤테로나 고분자불순물의 콜로이드상의 것이 공업오수 중에 포함되어 있는 것이 많고 그 정화 때문에 고분자응집제가 이용된다. 이와 같은 콜로이드입자의 대부분은 정 또는 부로 전하하고 있고 따라서 그것을 흡착, 응집시키기 위해서는 카티온성 또는 아니온성의 응집제를 이용할 때가 많다. 고분자응집제는 목적에 의해 선택할 필요가 있지만 그 예를 들면 다음과 같다.

(1) 카티온성 응집제

제사암모늄염 구조를 갖는 고분자 물질이 가장 잘 알려져있고, 아크릴아미드의 단독중합체 또는 공중합체로부터 유도되는 (71)과 같은 구조단위를 가진 것은 유효하다.

(2) 아니온성 응집제

폴리아크릴산의 나트륨염(72)이나 술폰산의 나트륨염이 대표적이다.

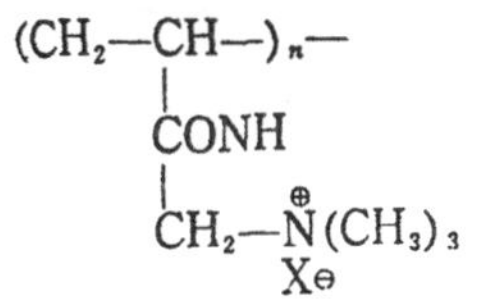

(71)

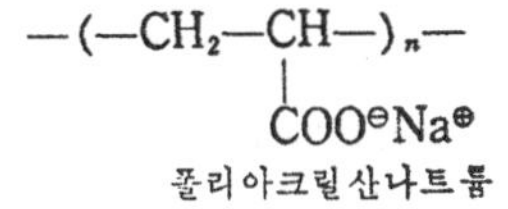

폴리아크릴산나트륨

(72)

1.6 기능성 고분자공업

섬유, 플라스틱, 고무 등으로 널리 이용되는 고분자재료 외에 여기서 소개하는 이온교환수지, 감광성수지 등은 고분자 자체가 보다 고도인 기능을 발현하는 것이 가능한 재료이다. 이와 같이 인공적으로 디자인된 무언가의 일을 하려는 고활성의 고분자를 일반적으로 기능성 고분자(functional polymer)라고 부르고 있다.

고부가가치의 기능성 고분자재료가 공업화학적으로 바라는 것을 이루고 현재에는 이미 제조되고 있는 것도 적지 않다. 이전부터 관심이 높은 이온교환수지, 이온교환막을 시작으로 최근에는 막재료나 마이크로캡슐의 기술의 진보와 함께 각종 의료용 고분자재료의 합성도 공업화학의 큰 테마로 셀 수 있도록 되어 왔다. 아래의 내용은 일부 개발과정에 있는 것도 포함되고 넓은 기능성 고분자에 관련하는 공업의 해설이다.

1.6.1 이온교환수지

이온을 교환할 수 있는 산이나 염기와 같은 기를 가지고 물이나 용매에 불용으로 하는 가교된 삼차원구조의 수지를 일반적으로 이온교환수지라 부르고 있다. 카티온을 교환하는 것을 카티온교환수지, 아니온을 교환하는 것을 아니온교환수지라 하지만 수지 자체는 다공성, 한편으로 불용성이나 관능기가 친수성이기 때문에 수중에서는 팽윤을 일으키고, 수용액은 수지공의 내부에까지 침입한다.

카티온 교환성의 것은 $-SO_3H$, $-COOH$ 등의 기를 포함하고 또 아니온 교환의 것은 $-NH_2$, NOH 등의 기를 함유하도록 설계되고 있다. 수지 자체는 스티렌 디비닐벤젠 공중합체로부터 만들어지는 구조를 가진 고분자재료를 골격으로 하고 있으며 이것에 고분자반응으로 술폰산이나 제사염구조를 도입하는 것을 행한다.

(1) 기초고분자모체

이온교환수지의 기초고분자모체로서는 거의 스티렌과 디비닐벤젠의 공중합체가 쓰이고 있다(73). 이들 공중합체는 균질이며 무색투명의 구상입자이며 균질한 고분자상으로부터 만들어진 것으로 일반적으로 겔형이라고 물리고 있다. 이 공중합체에 대해서 디비닐벤젠의 함량을 바꾸면

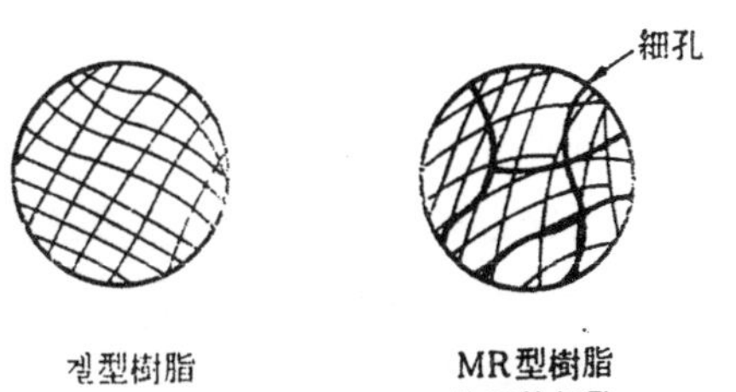

겔型樹脂
(三次元網目)

MR型樹脂
物理的細孔

그림 1-27

삼차원망목구조의 망목이 크기를 변화할 수 있다.

한편, 겔형과는 다른 특성을 가진 다공성고분자의 모체도 개발되고 있다. 스티렌과 디비닐벤젠의 공중합을 이것 등의 단량체와는 공중합하지 않는 각종의 유기화합물의 존재로 하여 중합후 첨가물을 제거하고 공중합체를 얻은 방법으로, 외관은 백탁한 구상입자로 입자 내부에 세공을 갖고 표면적은 극히 크고 MR형(Marcroreticular)이라 불린다.

이와 같은 가교입상폴리스티렌은 그것 자체의 흡착능력이 있고 망목이 진동효과를 이용하여 분자량이 다른 고분자물질의 분별에 이용된다.

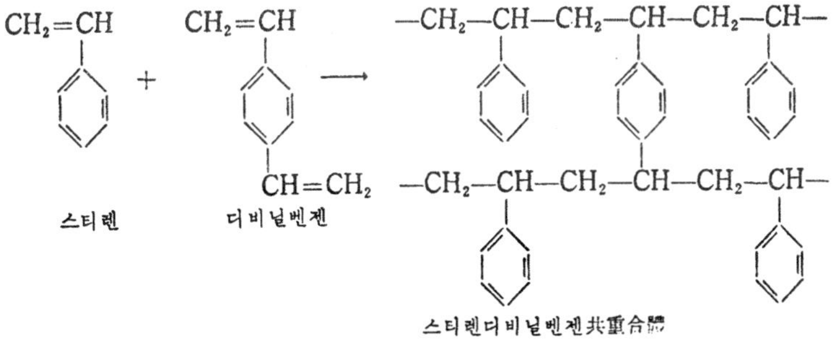

(73)

(2) 관능기의 도입

가교폴리스티렌에 각종의 화학반응을 적용해서 관능기를 도입하고 이온교환수지로서의 기능을 갖게 할 수가 있다. 폴리스티렌을 황산으로 처리하면 강산성 양이온 교환수지가 얻어진다(74). 음이온 교환수지는 가교폴리스티렌을 염화알루미늄 존재하에, 클로로메틸메틸에테르로 처리해서 클로로메틸기를 도입하고 뒤이어 아민과의 반응에 의해 얻어진다(75). 아민의 종류에 의해서 각종의 교환기를 가진 음이온교환수지가 제조되고, 예를 들면 제삼아민을 이용하면 강염기성 음이온교환수지로 되고 또 제일, 제이 아민으로 처리하면 강염기성 음이온교환수지로 되어 이 수지는 중성 내지 산성의 용액 중에서 이온교환성을 나타낸다.

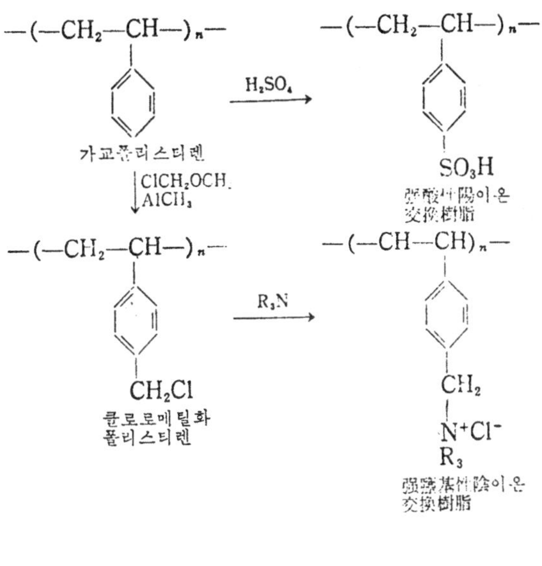

(74)

(75)

음이온 교환수지제조에 이용되는 가교클로로메틸화 폴리스티렌은 이 밖의 갖가지 관능기를 도입할 수 있기 때문에 펩티드고상합성, 고분자시약, 고분자촉매, 효소의 고정화 액체클로마토그래피용 담체 등에 넓게 이용되는 기초고분자모체이기도 하다.

(3) 이온교환수지의 성질

이온교환수지는 불용성의 고체산 및 고체염기라 생각되고 통상의 산 또는 염기와 같이 반응성을 나타낸다. 대표적인 이온교환반응은 (1) 중화반응, (2) 중성염분해반응 및 (3) 복분해반응 등이며 강산성양이온 및 강염기성음이온수지의 예는 다음과 같이 된다.

강산성음이온교환수지의 교환반응

1) $R-SO_3^{\ominus}H^{\oplus} + Na^{\oplus}OH^{\ominus} \longrightarrow R-SO_3^{\ominus}Na^{\oplus} + H_2O$ (76)

2) $R-SO_3^{\ominus}H^{\oplus} + Na^{\oplus}Cl^{\ominus} \rightleftarrows R-SO_3^{\ominus}Na^{\oplus} + H^{\oplus}Cl^{\ominus}$ (77)

3) $R-SO_3^{\ominus}Na^{\oplus} + K^{\oplus}Cl^{\ominus} \rightleftarrows R-SO_3^{\ominus}K^{\oplus} + Na^{\oplus}Cl^{\ominus}$ (78)

강염기성음이온교환수지의 교환반응

1) $R_4-N^{\oplus}OH^{\ominus} + H^{\oplus}Cl^{\ominus} \longrightarrow R_4-N^{\oplus}Cl^{\ominus} + H_2O$ (79)

2) $R_4-N^{\oplus}OH^{\ominus} + Na^{\oplus}Cl^{\ominus} \rightleftarrows R_4-N^{\oplus}Cl^{\ominus} + Na^{\oplus}OH^{\ominus}$ (80)

3) $R_4-N^{\oplus}Cl^{\ominus} + Na^{\oplus}Br^{\ominus} \rightleftarrows R_4-N^{\oplus}Br^{\ominus} + Na^{\oplus}Cl^{\ominus}$ (81)

이와 같은 이온교환은 이온교환수지의 기본적인 기능이지만 큰 표면적과 독특한 구조의 세공을 가진 MR형 이온교환수지는 이온교환에 첨가해 뛰어난 특성을 가지고 있다. 겔형수지와는 다르며 MR형 이온교환수지는 공경(孔徑)이 크기 때문에 고분자량의 유기물이 잘 흡탈착되기 때문에 유기물 함유량의 많은 물의 처리에도 적합하다.

또 비극성 액에도 입자내에 들어가기가 용이하기 때문에 비수용액에도 사용이 가능하고 유기반응의 촉매로서도 이용되고 있다. MR형 이온교환수지는 유기용매 중이나 반응용매 중의 미량의 산, 알칼리, 금속의 제거, 당액이나 당밀의 처리 등에도 뛰어나고 재생효율이나 안정성도 좋은 수지이다.

(4) 용 도

이온교환수지는 광범위한 용도로 쓰이고 있지만 주된 용도는 용수처리와 순수제조이다. 식염수로부터 식염을 제거하고 순수를 제조하는 데는 그림 1-28에 나타낸 것처럼 양이온 교환수지(Ⅰ)(R^-H^+)와 음이온교환수지(Ⅱ)(R^+H^-)의 조합에 의해 행해지고 여러 가지의 수지탑에서는 표 1-19 반응이 일어나서 순수가 얻어진다. 처리를 끝낸 포화이온교환수지는 각각 HCl, NaOH에 의해서 재생되고 다시 사용된다.

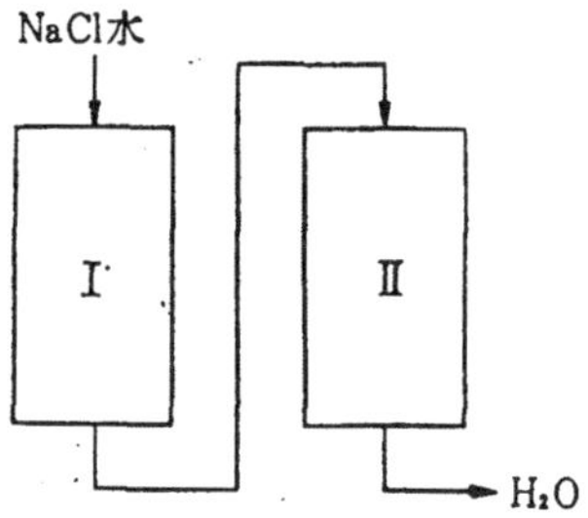

그림 1-28

표 1-19

I	II
陽이온交換樹脂	陰이온交換樹脂
處理 $R^{\ominus}H^{\oplus}+Na^{\oplus}Cl^{\ominus}$ $\longrightarrow R^{\ominus}Na^{\oplus}+H^{\oplus}Cl^{\ominus}$	$R^{\oplus}OH^{\ominus}+H^{\oplus}Cl^{\ominus}$ $\longrightarrow R^{\oplus}Cl^{\ominus}+H_2O$
再生 $R^{\ominus}Na^{\oplus}+H^{\oplus}Cl^{\ominus}$ $\longrightarrow R^{\ominus}H^{\oplus}+Na^{\oplus}Cl^{\ominus}$	$R^{\oplus}Cl^{\ominus}+Na^{\oplus}OH^{\ominus}$ $\longrightarrow R^{\oplus}OH^{\ominus}+Na^{\oplus}Cl^{\ominus}$

처리 후의 이온교환수지를 이와 같이 화학약품에 의해서 재생하기 때문은 아니고 열을 써서 하는 탈염법으로서 Sirotherm법이 있고, 이것에는 열재생 이온교환수지가 이용된다. 물이나 염용액을 침투시키는 매트릭스중에 미소입경의 강산성 양이온 및 약염기성 음이온 교환수지를 매입한 보통입경수지로 매트릭스로서는 가교한 폴리비닐알코올 등이다. 식염수용액과 약산성 양이온교환수지(R—COOH)—약염기성 음이온교환수지(R_3—N)와의 평형은 식 (82)지만, 이 평형반응은 온도에 의해서 좌우에 크게 이동한다.

$$R{-}COOH + R_3{-}N + NaCl \rightleftharpoons R{-}COONa + R_3{-}NHCl \qquad (82)$$

예를 들면 20℃에서의 반응은 오른쪽으로 나가고 탈염이 행해지며, 85℃에서는 반응은 왼쪽으로 나가며 이온교환수지에 흡착된 Na^+, Cl^-가 수지로부터 제외되고 이온교환수지가 재생된다. 이것은 고온의 물의 해리가 증가하는 일로서 가열에 의해서 물의 해리로 생기는 H^+, OH^-가 증가하고 이것들의 이온이 약산성 및 약염기성 이온교환수지를 각각 재생한다.

통상의 이온교환수지도 이온에 대해서 선택성의 서열 있지만 특정의 금속만을 선택적으로 흡착하는 데는 반드시 충분하지는 않다. 이와 같은 목적 때문에 선택성수지로서는 킬레이트수지가 이용된다. 이것은 특정의 금속과 킬레이트결합하는 관능기를 수지모체에 결합시킨 것으로, 예를 들면 이미노디초산형의 킬레이트수지(83)나 폴리아민형킬레이트수지(84) 등으로 전자는 알칼리 금속에 대해서 알칼리토류금속이나 중금속의 선택성이 극히 크며, 후자는 알칼리금속, 알칼리토류금속을 전혀 흡착하지 않고 중금속만을 흡착하는 것이다.

$$R{-}N\begin{matrix}\diagup CH_2COONa \\ \diagdown CH_2COONa\end{matrix} \qquad (83) \qquad\qquad R{-}(NHC_7H_{27})_m{-}H \qquad (84)$$

1.6.2 고분자막

물질의 분리는 공업적으로 중요한 문제이고 많은 연구가 진전되어 왔다. 이 분리의 한 수단으로서 막에 의한 분리가 있고 이온교환막을 시작으로 해서 역침투막, 기체투과막, 초여과막, 투석막 등 기능성고분자막이 실용화되어 왔다.

(1) 이온교환막

이온교환막은 입상이온교환수지가 필름상으로 된 것으로 미시적인 공공이 있고 이 속에 물 또는 비수용매의 침입이 가능한 것 같은 망목구조로부터 되어 있다. 이 망목에는 다수의 이온교환기가 결합하고 있기 때문에 구조로는 이온교환수지와 본질적으로 같은 것이지만 그 형태가 다르기 때문에 기능은 전혀 다르다(그림 1-29). 예를 들면 양이온교

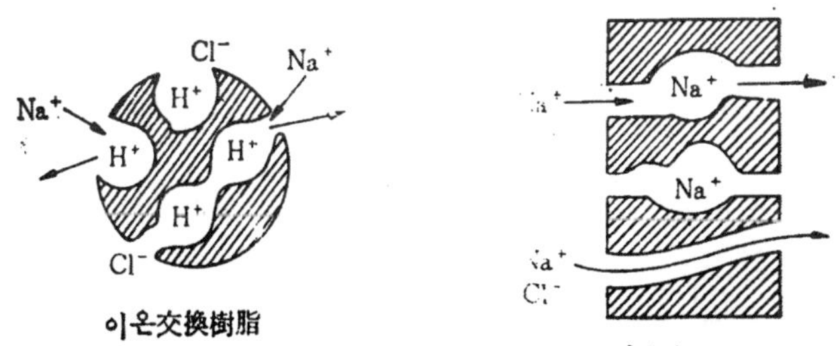

그림 1-29

환수지에서는 Na^+와 H^+가 교체되어 Na^+는 수지내에 들어가지만 양이온 교환막에서는 Na^+는 막을 통과하고 Cl^-는 통과하지 않고 이온의 선택투과가 행해진다. 이온교환막은 조작도 이온교환수지와는 다르고, 재생을 필요로 하지 않고 연속조작이 가능하고 수지의 교환용량에 의해서 반응의 용량이 제약되는 일이 없다. 이온교환막에는 이온의 선택투과, 분리, 탈염, 농축, 복분해, 가수분해 및 확산투석 등의 기능이 있고 해수의 농축, 염수의 탈염, 폐수처리, 염수나 망초의 전해, 산의 회수, 당액의 정제, 연료전지 등 광범위한 용도가 있다.

이온교환막은 제법에 의해서 막구조가 다르고 불균질, 반균질, 균질막의 3개로 크게 구별된다(그림 1-30).

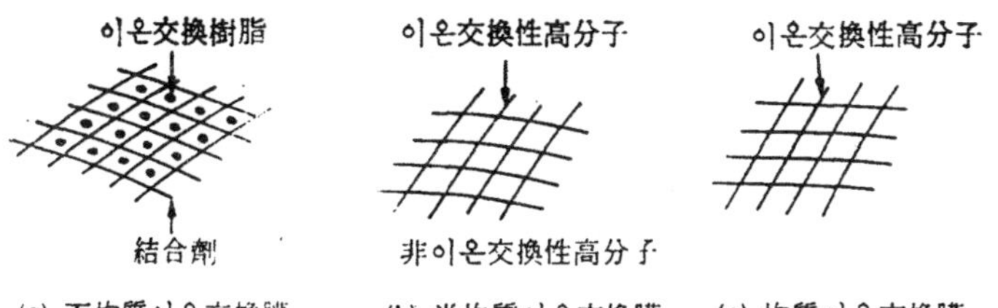

(a) 不均質이온交換膜 (b) 半均質이온交換膜 (c) 均質이온交換膜

그림 1-30 이온교환막의 종류

(a)의 불균질 교환막은 기존의 이온교환수지의 미분말을 조막성의 결합제를 이용해서 콜로이드상으로 분산시킨 상태로 막상으로 성형한 것으로 폴리에틸렌, 폴리스티렌, 페놀

수지, 합성고무 등의 열가소성, 열경화성 고분자가 결합체로서 쓰인다. (b)의 반균질 이온교환막은 막상을 유지하기 위한 고분자와 이온교환성기를 가진 고분자를 혼합하거나 가교시킨 것이다. 필름상막 모체에 이온교환기의 도입 가능한 단량체를 함침시키고 중합 후 이온교환기를 도입하고 이온교환막으로 하는 함침법, 이온교환기를 가지는 고분자와 조막성고분자를 용제에 녹게 하고 용제를 증발시키고 조막하는 용해 혼합법, 이온교환기를 도입할 수 있는 단량체와 미분말고분자를 혼합하여 페이스트상으로 하고 이것을 합성섬유의 포 등의 지지체에 도포하고 가열중합 후 이온교환기를 도입하는 페이스트법의 3종의 제법이 있다.

막형성고분자로서는 폴리에틸렌, 폴리프로필렌, 폴리염화비닐, 불소수지 등이 이용되고 이온교환성고분자로서는 폴리스티렌유도체, 폴리아크릴산, 폴리에틸렌이민, 폴리비닐피리딘유도체 등이 이용된다. (c)의 균질이온교환막은 이온교환기를 가진 고분자로부터 되는 막이며 예를 들면 스티렌, -부타디엔 공중합체막에 이온교환기를 도입한 것이나 이온교환기를 도입할 수 있다. 또 이온교환막은 농축, 탈염, 전해격막, 투석 등 널리 이용되고 있지만 그 대부분은 양이온 또는 음이온의 어느 것을 소량의 물분자와 함께 투과시키는 것을 이용한 전기투석에 관한 것이다. 그림 1-31은 전기투석을 이용한 염수의 농축, 탈염의 원리를 표시했다. 양이온교환막과 음이온교환막을 교호(交互)로 나열하고 각 막간에 염수를 흘려 전기를 통하면 하나 건너의 격실에서 농축, 탈염이 일어난다. 전기분석을 응용한 해수의 농축에 의한 식염의 제조는 우리나라에서도 실시되고 있고 국내 식료염은 모두 이온교환법에 의하고 있다.

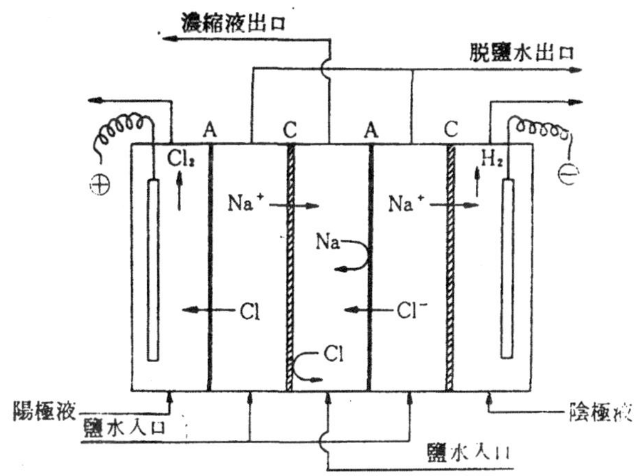

그림 1-31 이온교환막전기투석의 원리
c: 양이온교환막, a: 음이온교환막

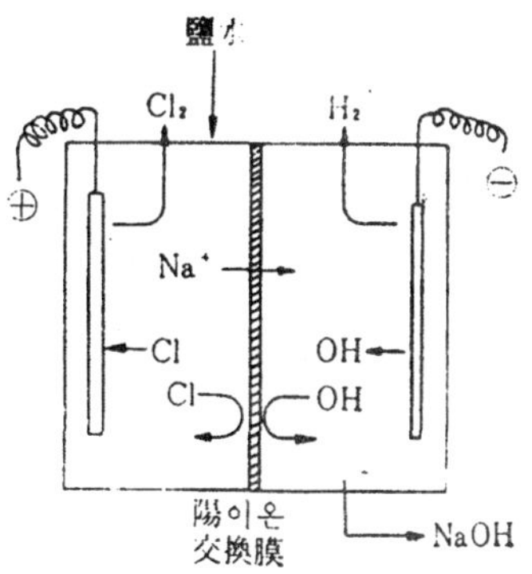

그림 1-32 이온교환막격막전해의 원리

양이온교환막전해법으로 아크릴로니트릴의 이량화와 환원에 의해서 6,6-나이론의 원료인 아디프니트릴이 공업적으로 제조되고 있다(85).

이것은 양이온교환막을 격막으로 해서 음극실에 아크릴로니트릴, 물, McKee염(테트라알킬암모늄-p-톨루엔 술포네이트)의 3성분을 넣어 양극실에 희황산을 넣어서 격막전해로 아크릴로니트릴의 이중화와 환원반응을 동시에 해서 아디포니트릴을 제조하는 것이다.

(2) 초여과막, 역침투막

포나 여지를 이용한 물질의 분리는 옛날부터 행하지고 있지만 합성고분자막의 개발에 의해서 더욱 작은 입자나 분자량의 분리가 역침투막, 초여과막(한외여과막), 투석막에 의해서 실용화되었다.

여과는 막 중의 세공의 경과 용질 또는 현탁질의 입자경 또는 분자량에 의해서 1㎛이상의 경우를 여과(filtration), 0.025~10㎛ 정도의 분리를 정밀여과(micro osmosis), 분자량 1×10^3~3×10^5의 분리는 한외여과(ultra filtratioon), 더욱 작은 당, 무기염류의 분리를 초여과(hyper filtration)라 말하고, 담수제조에 이용되는 역침투(reverse osmosis)는 초여과의 일종이라 생각된다.

초여과와 역침투의 한계는 그다지 확실하지는 않지만 이것들의 실용상의 차이는 초여과는 수㎛으로부터 수 nm범위의 것을 대상으로 하여 사용압력은 10kg/㎠ 이하인 것에 비해서 역침투에서는 수nm 이하의 범위로 사용압력은 20~100kg/㎠에 달한다.

초여과는 막의 공경에 의해서 물이나 저분자량의 염류를 통해서 분자량이 높은 물질과 분리하는 것으로서 자동차공업 등에 있어서 전착도료 수세수의 처리에 가장 유효하게 이용되며 농축된 도료와 투과한 물은 재사용된다. 그 밖의 식품공업에 있어서의 각종 농축 프로세스, 단백질이나 효소류의 농축, 방사성폐수의 처리 등에 초여과가 이용되고 있다.

한편, 역침투는 물을 통하나 저분자의 염류는 통하지 않는 막을 이용하고 이것을 끼고 순수와 염수를 두면 침투압을 생성하지만 이 침투압 이상의 압력을 염용액측에 가하면 막은 염을 배제하고 물만을 통하기 때문에 예를 들면, 해수로부터 담수가 얻어진다. 이 밖에 역침투는 과즙음료종의 농축, 제약용수의 처리, 의료용수의 처리, 전자공업용초순수의 제조, 금속처리폐수의 처리 등에 이용되고 있다. 초여과막이나 역침투막으로서는 초산셀룰로오스(86), 방향족폴리아미드막(87), 등의 무하전막 이외에 방향족술폰의 술폰화막과(88) 같은 이온교환막 등이 사용되고 있다.

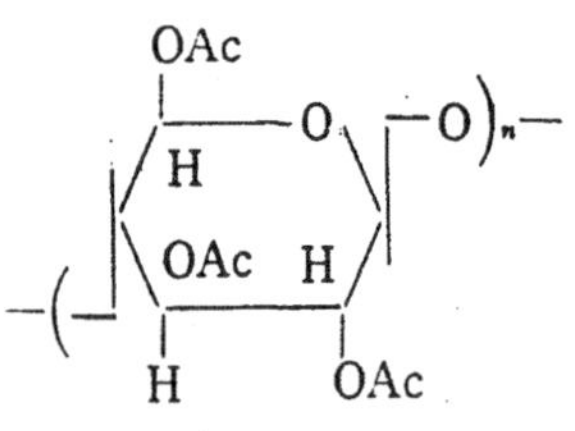

(86)

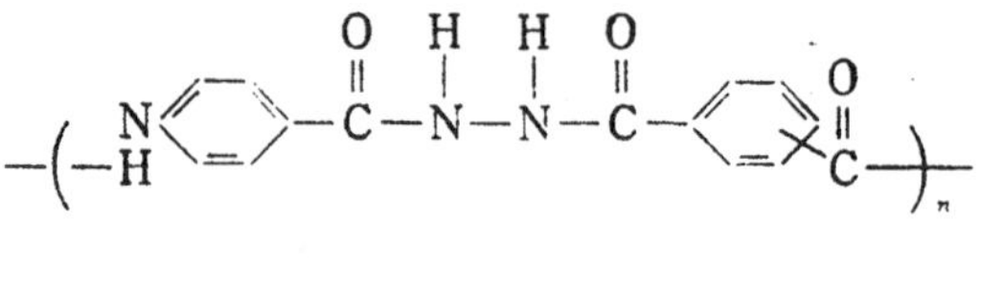

(87)

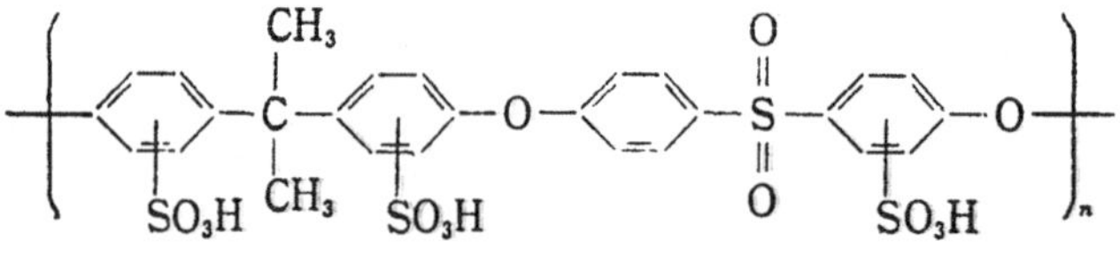

(88)

예를 들면 초산셀룰로오스를 물-아세톤-$Mg(ClO_4)_2$에 용해하여 막을 만들고, 냉수중에 투입해서 겔화시키면 초여과막이 된다. 또 이 막을 열수로 처리하면 결정화도가 오르고 성능이 좋은 역침투막이 얻어진다.

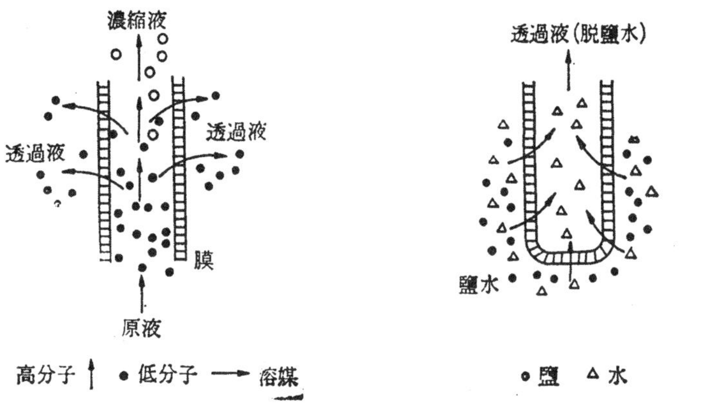

(a) 中空絲狀膜에 대한 超濾過(內壓型)　(b) 中空絲狀膜에 대한 逆浸透(外壓型)

그림 1-33

쓰여지는 막의 형상은 내경수 +10㎛~1mm의 중공사상막(hollow fiber), 내경 10~50mm 정도의 튜브상막(tubular type)과 평형막(sheet type)이 있다.

중공사상막에 의한 초여과에서는 0.2~1mm의 중공사가 사용되고 통상 내측으로부터 외측에 투과시키고 [그림 1-33(a)] 역침투에서는 100㎛정도까지의 가는 중공사가 이용되고 외측으로부터 내측에 투과시킨다[그림 1-33(b)].

1.6.3 감광성수지

빛을 조사하는 일에 의해서 가교불용화(레지스트)하는 고분자물질은 감광성수지로서 1960년대로부터 급격히 흥미를 가지게 하고 인쇄공업에 미치는 각종의 제판재료 전자공업에 있어서의 배선이나 정밀부품 등에 널리 응용되고 있다. 그 원리는 그림 1-34와 같다.

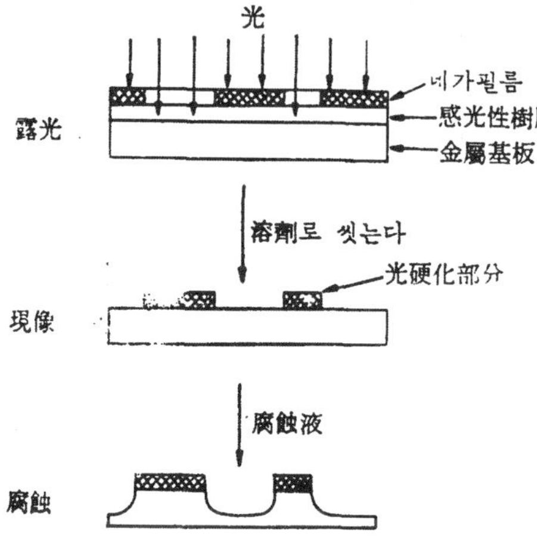

그림 1-34 사진출판제판법의 원리

감광성수지는 광조사에 의해서 감광성기가 반응하고 가교 등에 의해서 불용화하는 것으로 감광성화합물과 고분자와의 혼합물, 감광기를 갖는 고분자, 빛에 의해서 중합하는 단량체나 올리고머 등으로 분류된다. (표 1-20)

표 1-20 감광성수지의 분류와 광가교반응

組　　　　　成	光　架　橋　反　應
(1) 高分子(⚲⚲)+感光劑(⁝)	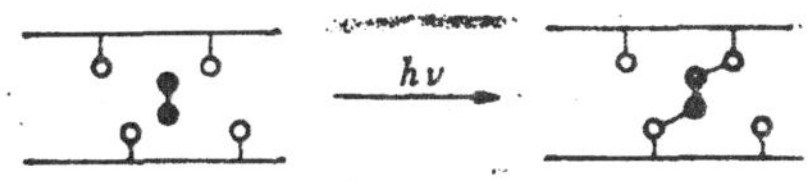
(2) 高分子+感光劑+增感劑(▲)	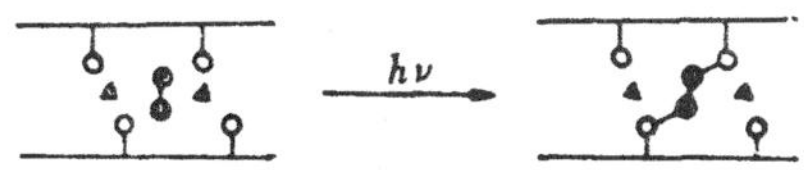
(3) 감광성基(⚲)를 갖는 고분자	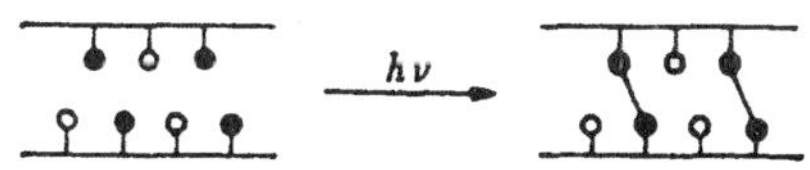
(4) 감광성基를 갖는 고분자+증감제	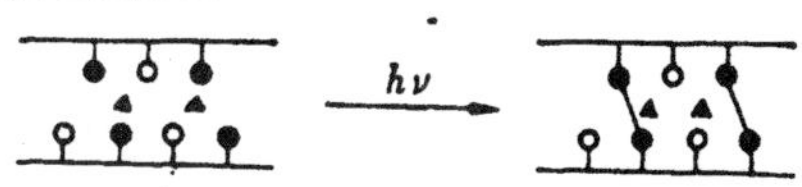
(5) 작용기를 갖는 고분자+증감제	

(1) 광가교제(감광성화합물)가 빛을 흡수하고 여기하며, 자기 스스로 고분자에 삽입, 가교하는 것으로 폴리비닐알코올의 중크롬산염류에 의한 광가교(89) 천연 또는 합성 고무를 적당히 환화시킨 환화고무의 방향족 비이스아지트화합물에 의한 광가교반응(90), 폴리비닐알코올이나 수용성합성고분자의 디아조수지에 의한 가교 등이 있다. 디아조수지는 *p*-디아조디페닐아민의 염을 포름알데히드로 축중합시킨 것으로(91) 단독이라도 광경화하지만 폴리비닐알코올과 혼합하면 폴리비닐알코올을 효율좋게 광경화한다. 디아조화합물의 광반응은 중간체로서 활성이온 또는 라디칼을 경유한다고 한다(92).

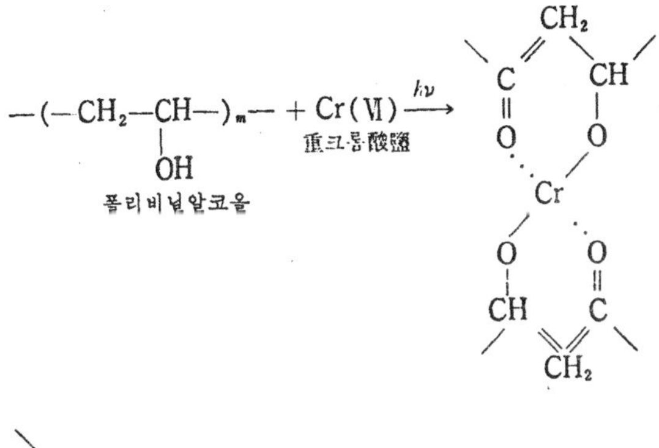

(89)

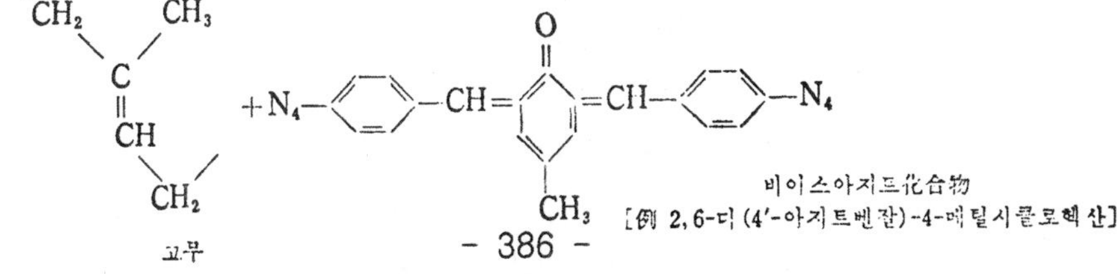

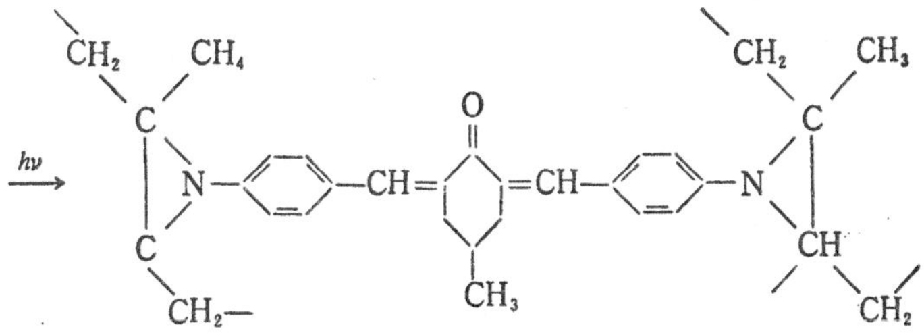

(90)

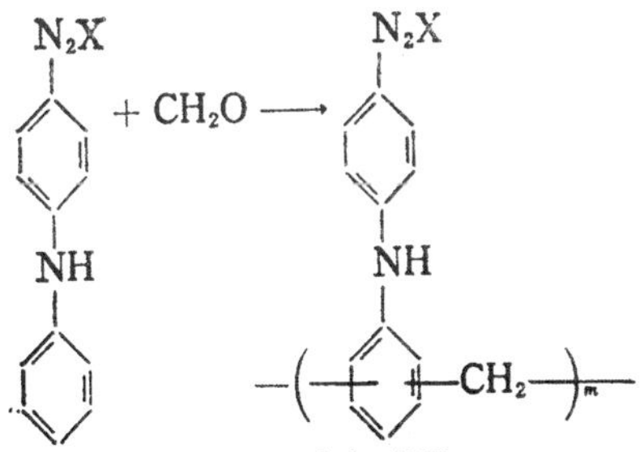

디아조樹脂

(91)

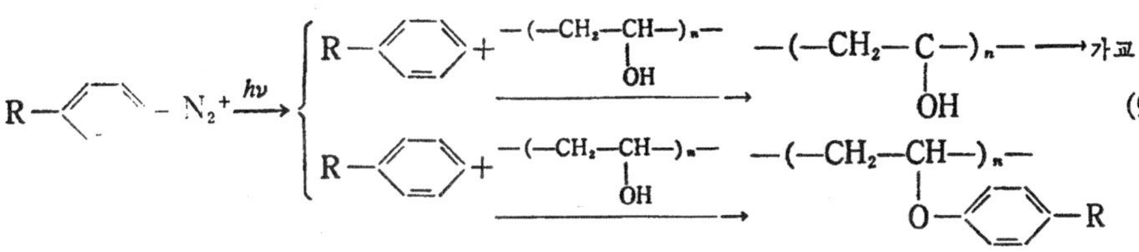

(92)

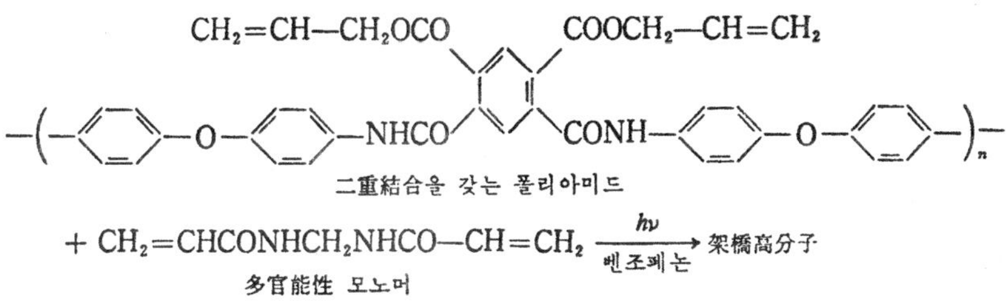

(93)

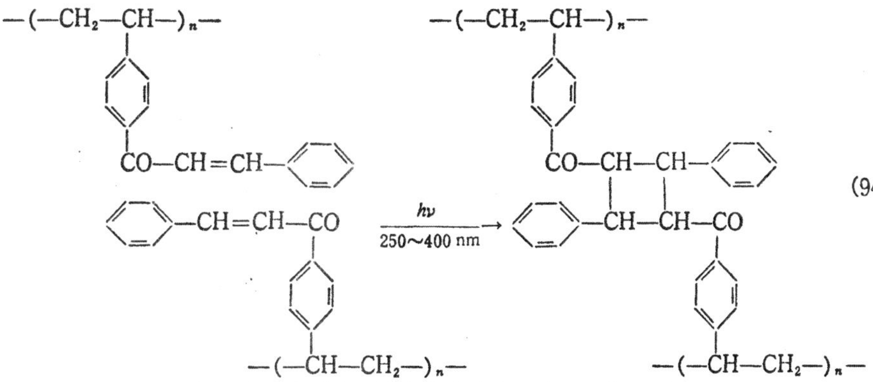

(94)

폴리비닐 벤잘 아세토페논(polyvinyl benzal acetophenone)

(2)는 가교제만으로는 충분한 감광성을 얻을 수 없지만, 증감제의 존재로 여기되어 가교되므로, 예를 들면 이중결합을 갖는 고분자를 광중합성기를 갖는 다관능성 단량체의 광증감중합에 의해서 가교되게 하는 것이다(93).

(3)은 감광기가 고분자에 결합한 것으로 광흡수에 의해서 여기되고 그 밖의 감광기와 결합해서 가교하는 것으로 벤잘아세토페논기(94)나 α-페닐말레이미드기(95)를 측쇄에 갖는 고분자 등이 그 예로 시클로부탄환을 생기게 하는 광이량화반응에 의해서 가교한다.

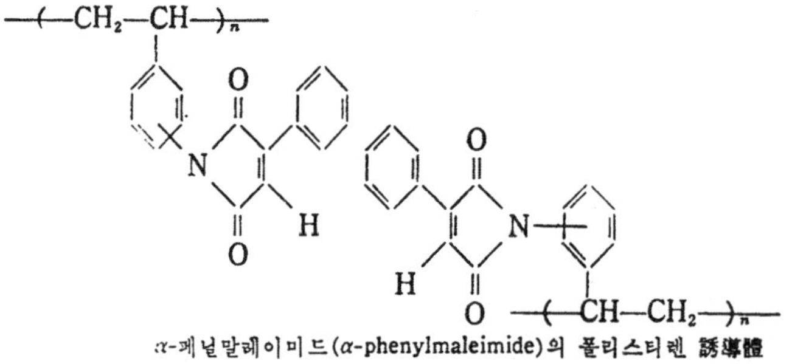

α-페닐말레이미드(α-phenylmaleimide)의 폴리스티렌 誘導體

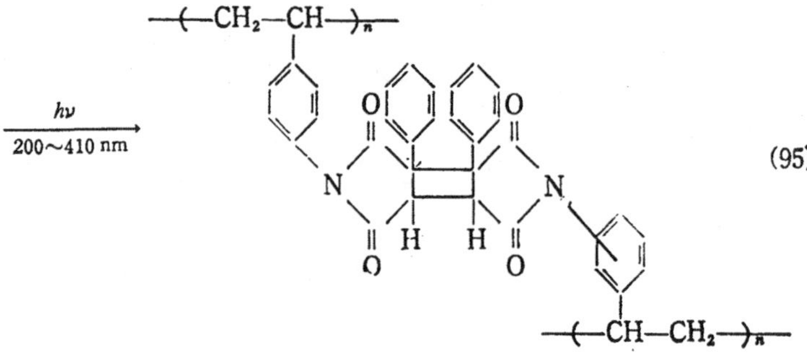

(95)

(4) 증감제가 관여하는 계로, 감광기를 갖는 고분자만으로는 감광성에 약하기도 하고 감광성은 있지만 증감제를 첨가하면 두드러지게 감광성이 증가하는 경우이다. 신나메이트기나 p-아지트벤조에이트기를 측쇄에 갖는 고분자가 이 예로 증감제로서는 1,2-벤조안트라퀴논 등의 삼중항증감제가 쓰인다.

폴리비닐신나메이트는 증감제가 없어도 250~350nm의 빛에 의해서 광이량화하지만 증감제(예를 들면 5-니트로 아세나프텐)를 첨가하면 ~450nm까지의 장파장의 빛이라도 효율좋게 광가교가 일어난다(96).

폴리비닐-p-아지트벤조에이트는 광조사에 의해서 나이트렌이 생기고 아조결합 생성에 의한 가교, 고분자쇄에의 삽입에 의한 가교 등의 반응이 일어난다(97). 감광파장은 270~390nm로 폴리비닐신나메이트보다도 고감도이지만 증감제의 첨가로 270~450nm의 빛에 대해서 더욱 고감도가 된다.

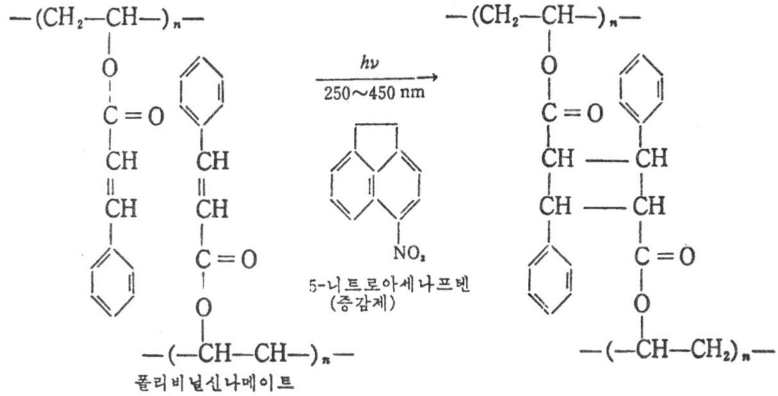

(96)

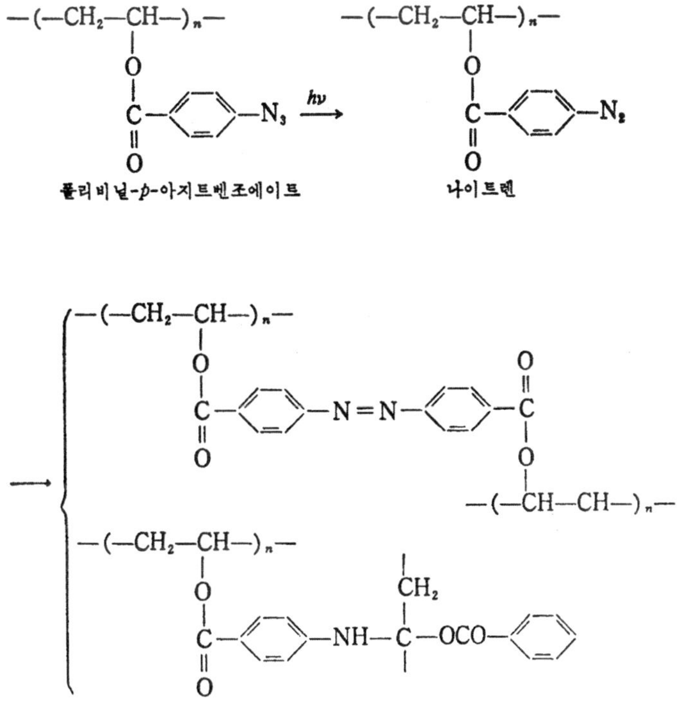

(97)

(5) 측쇄에 이중결합을 갖는 폴리머를 광중합개시제(증감제)를 이용하여 광가교하는 것이다(98).

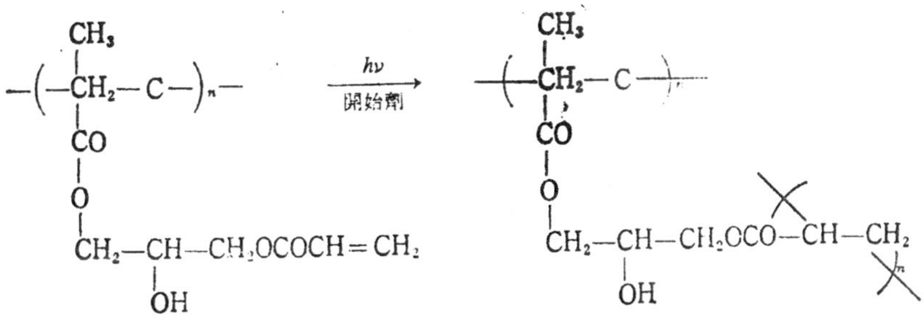

(98)

표 1-21 감광성수지의 응용

應 用 分 野		例
印刷工業	版 材	凸版, 平版, 凹版
	칼라프루프	
	印刷잉크	紫外線 硬化잉크
電子工業	電子部品	칼라 TV의 섀도 마스크, 브라운管의 螢光面, 프린트配線, IC, LSI 등의 加工用 레지스트
	金屬板精密加工	메탈필터 電氣면도기날 등의 加工用 레지스트
化學工業	塗 料	紫外線硬化塗料
	包裝材料	紫外線硬化 필름
	接着劑	紫外線硬化接着劑
기 타	金屬表面處理	네임플레이트 精密部品, 金屬製裝飾壁 등의 加工用 레지스트
	精密엣팅	유리 및 세라믹의 目盛, 工藝品 등의 加工用 레지스트

감광성수지의 이용은 다방면에 미치고 있지만 그 예를 표 1-21에 표시했다. 사진용 필름은 초산셀룰로오스필름에 은염을 도포한 은염사진법이 주류를 이루고 있지만 이것은 광흡수에 의해서 은이온이 환원되어, 은원자로 되는 것으로 고분자의 광반응에 의한 것은 아니다.

1.6.4 전도성 수지

(1) 전도성고분자

전도성고분자의 대부분은 반도체이지만 크게 구별하면 공역계고분자, 킬레이트고분자, 전하이동착체형고분자, 고분자이온라디칼염 등이다. 공역계고분자에는 선상공역계와 면상공역계가 있고, 아세틸렌의 지글러-중합에 의해서 얻어지는 트랜스-폴리아세틸렌(99)이나 디아세틸렌류의 고상중합으로 얻어지는 폴리디아세틸렌(100), 폴리-*p*-페닐렌(101) 등은 선상공역계고분자의 대표 예이다. 또, 면상공역계고분자로서는 무수파이로메릿트산과 갖가지의 방향족탄화수소와의 중축합에 의해서 얻어지는 폴리아센키논라디칼폴리머(102)나, 폴리아크릴로니트릴을 250~600℃로 열처리한 폴리머(27) 등이 그 예이다.

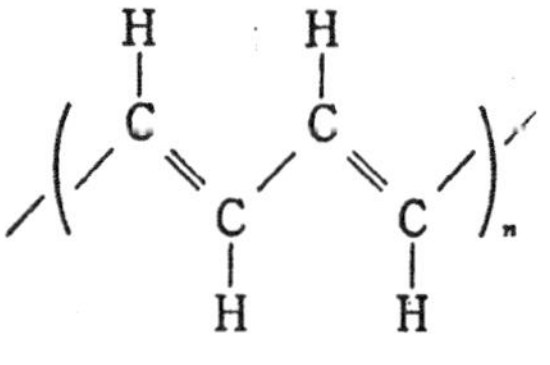

(99)

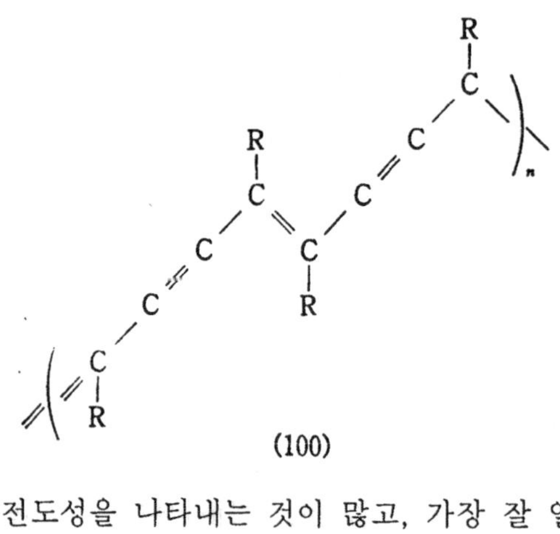

(100)

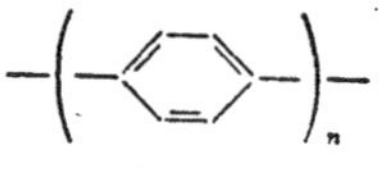

(101)

금속킬레이트고분자에도 전도성을 나타내는 것이 많고, 가장 잘 알려져 있는 것을 프탈로시아닌 구조를 가진 것으로, 예를 들면 폴리동프탈로시아닌은 파이로매릿트니트릴과 $CuCl_2$로부터 합성된다(103).

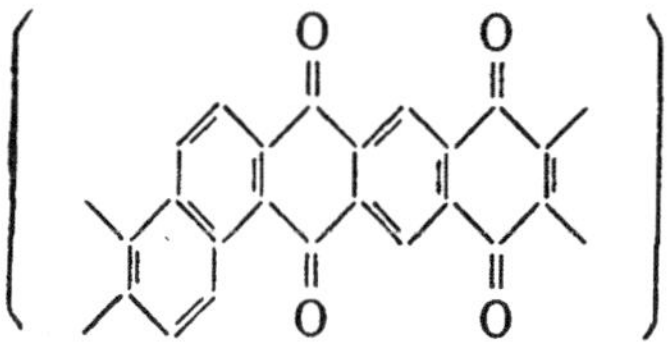

(102)

공역계 및 금속킬레이트형의 고분자는 꽤 높은 전도성을 나타내는 것이 있지만 불용 불융으로 기계적 성질이 떨어지는 것이 결점이고, 분자 구조적으로 기대되는 정도의 전도성을 얻을 수 없다. 이 원인의 하나로 분자간의 전도장벽이 큰 것이라 생각되고, 이 장벽을 저하시키는 분자간력을 가진 물질로서 전하이동착체 및 이온라디칼염이 있다. 전하이동착체는 전자공여체(D)와 전자수용체(A)로부터 되는 것으로 전자공여성의 폴리비닐-2-페노디아진과 전자수용성의 저분자화합물인 디시아노디클로로-*p*-퀴논(DDQ)의 착체(104)가 전도성을 가지는 전하이동착체형 고분자의 예이다.

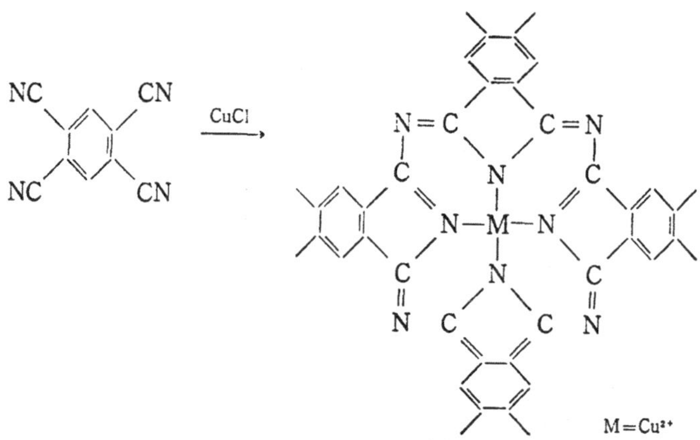

(103)

$M=Cu^{2+}$

폴리동프탈로시아닌

전하이동착체로부터 더욱 전하의 이동이 진행되고, 거의 전자 1개가 이동하면 D^+와 A^-로 되고, 염이라 생각되기 때문에 이온라디칼염이라 한다. 테트라시아노퀴노디메탄

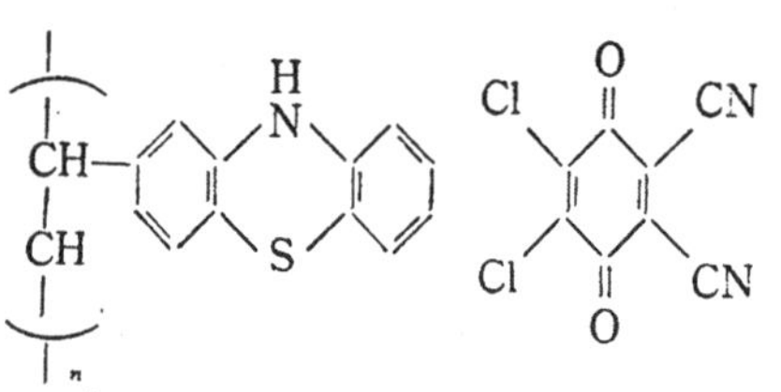

(104)

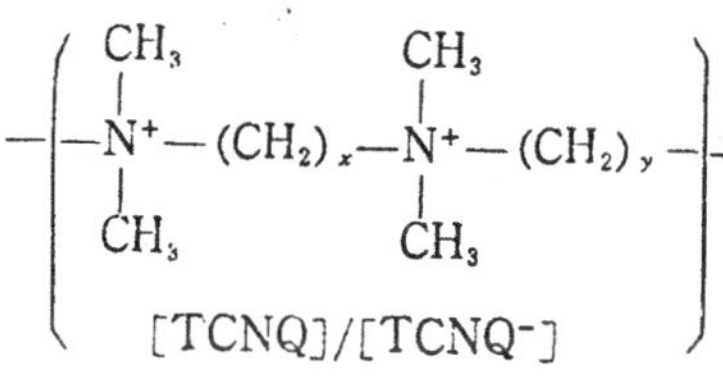

이오넨폴리머 (폴리카디온)와 TCNQ의 錯體

(105)

(TCNQ)은 전자흡인성이 강하고 전자환원되어 안정된 아니온라디칼을 형성하지만 이것은 고분자카티온과 라디칼염을 만들고 좋은 전도성을 나타낸다. 고분자카티온으로서는 폴리비닐피리딘, 폴리에틸렌이민 등의 제사(급)화물로, 이 라디칼염에 중성의 TCNQ를 첨가한 Complex Salt(105)는 더욱 전도성이 좋아진다.

(2) 광전도성고분자

폴리-*N*-비닐카르바졸(106)은 절연성고분자지만 광조사에 의해서 전도성이 증가하는 광전도성을 나타내고 전자사진용 감광재료로서 넓게 실용화되고 있다. 광전도성을 나타내는 고분자는 전술(前述)의 공역계고분자(폴리아세틸렌, 열처리폴리아크릴로니트릴) 측쇄에 큰 π 전자계를 가진 고분자(폴리-*N*-비닐카르바졸, 폴리비닐피렌) 등 외에 포화결합뿐이 고분자(폴리에틸렌, 폴리염화비닐)이나 생체고분자 및 그 유사고분자(DNA, 폴리글리신, 나일론) 등이 있고, 반도성고분자로부터 절연성고분자의 영역에 미치고 있다. 또 이것들의 광전도성고분자에 전자수용체, 프로톤산, 루이스산, 색소 등을 첨가하면 증감되며 예를 들면 폴리-*N*-비닐카르바졸에 2, 4, 7-트리니트로-9-프로레논(TNF 107)을 첨가하면 전하이동착체를 형성하고 증감되지만 복사기용 감광체로서 이용되는 것은 이 계열이다.

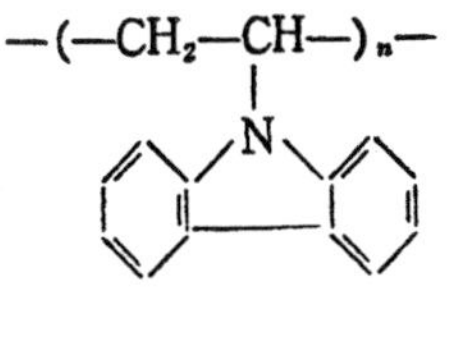
(106)

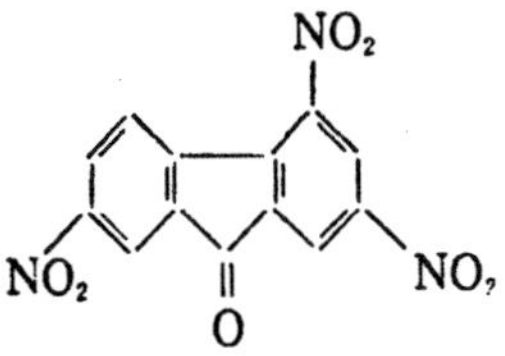
(107)

(3) 복합전도성재료

뛰어난 전기특성을 가진 고분자는 많지만 어느 것이나 금속이나 무기의 결정계에 비교하면 떨어진다. 그러나 고분자는 성형성, 유연성이라 하는 점으로는 확실히 우수하다. 이 양자의 특징을 살려서 능동작용을 금속이나 무기계의 결정 등에 주어서 가공성, 성형성

표 1-22 전도성복합재료와 그 용도

機 能	分 散 質	結 合 劑	用 途
電導性	카본블랙	고무	電導고무
	石墨粉	폴리에틸렌	電導塗料
	銀粉	에폭시樹脂	回路用電導路
스위치	Al-鐵粉	合成고무	電卓用 키-스위치素子
	카본블랙	파라핀밀랍	溫度스위치
光電導性	銅프탈로시아닌	알키드樹脂	電子寫眞感光板
	酸化亞鉛	실리콘	
壓電性	지르콘酸鉛, 티탄酸鉛	폴리불화비닐리덴	스피커用의
			壓電素子
磁 性	페라이트	고무	磁性고무
		鹽素化폴리에틸렌	磁氣테이프用 塗料

등을 고분자재료가 분담한 복합재료가 넓게 이용되고 있다. 고분자를 분산매(결합제)에 이용하여 금속이나 무기의 분체를 혼합한 것으로 전도재료, 자성재료 등 광범위한 용도가 있고 표 1-22에 그 예를 나타내었다.

1.6.5 고정화효소

효소촉매반응을 기초로 하는 발효공업은 오래 전부터 된장, 간장, 술을 시작으로 아미노산이나 항생물질의 제조에 널리 이용되어 오고 있다. 그러나 효소는 고활성으로 불안정하기 때문에 회수효율은 극히 나쁘며 활성의 지속도 어렵고 고가로 만드는 것이 결점이다. 거기에는 이와 같은 효소를 직접으로 특정한 불용성고분자에 고정하고 고효율화, 반응계의 연속화, 회수이용화를 도모할 수가 있으면 새로운 공업화학을 기대하게 될 것이다.

효소의 고정화에는 효소를 적당한 반응성의 고분자담체에 화학적으로 결합시키는 방법도 있지만 오히려 적당한 다공성의 매트릭스 수지내에 흡착시키기도 하고 또 마이크로캅셀중에 담기도 하는 물리적 방법이 있다(그림 1-35). 고분자의 담체로서는 폴리아크릴아미드겔, 다당류 등 천연고분자를 시작으로 실리카와 같은 무기재료에도 이용된다.

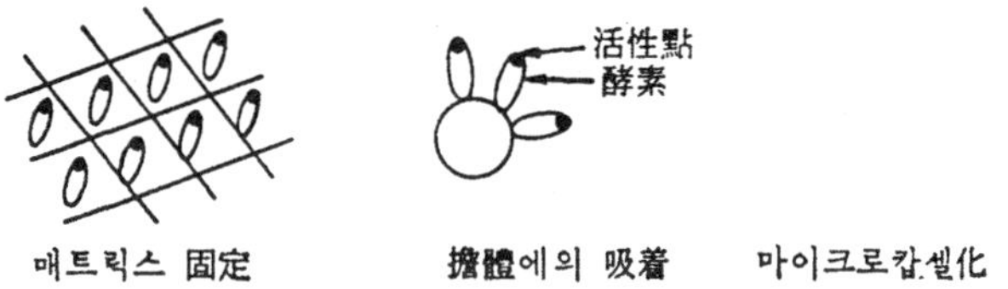

그림 1-35 효소의 고정화

다공성수지를 합성하는 기술도 진전되고 공경도 수천 Å라 하는 것까지 자유로이 조절할 수 있다. 이와 같은 고분자 담체내에 효소를 가르는 기술도 진전되고 있다.

최근에는 세파덱스수지에 효소 아미노아시리아제를 고정하여 결정성의 아미노산을 연속법으로 합성하는 방법이 확립되고 공업화되기에 이르렀다 (108).

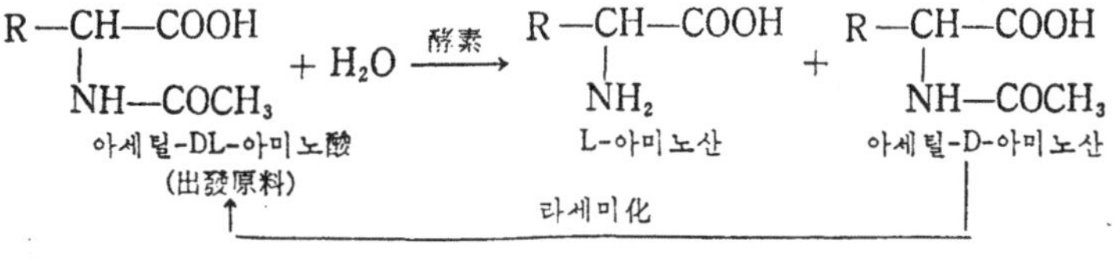

(108)

1.6.6 의료용고분자

의료용에 관계하는 고분자재료로서는 ① 의료용품으로서의 재료, ② 인공장기재료 및 ③고분자의약 등이 생각된다. 이 중에서 ① 의료용 재료로서는 이미 많은 범용수지를 원료로 주사기, 진료용이나 마취용 기구, 각종 수술용품을 시작으로 혈액박스 등이 제조되고 있다. ②의 인공장기재료로서는 재료 그것은 나일론, 불소수지, 폴리염화비닐, 실리콘고무 등이지만 인공신장, 인공혈관이나 인공밸브 등의 개발이 전진되어 최근에는 특히 생체와 이것들 고분자재료와의 접합의 문제가 클로즈업되어 생체적합성, 내균성, 항혈전성,

재료안정성 등과 함께 접합의 과학을 다루는 재료생화학에의 지향이 크게 되고 있다. 이와 같은 요구에 응하기 위해서는 최적의 기능성재료의 개발이 급선무이며 라이프사이언스에 직결되는 문제로서도 가장 중요한 재료개발의 과제가 오히려 앞으로 맡겨져 있는 현상이라고 생각된다. 현재, 사용되고 있는 인공장기재료의 주된 것은 표 1-23에 표시한다.

인공장기재료로서는 넓은 의미로 치과재료나 콘택트렌지, 의안 등으로서의 대상으로 받아들여진다. 치과재료에는 메타크릴계수지가 재료로서 사용되고 또 콘택트렌즈에는 같은 메타크릴계수지로 친수성이 있는 메타크릴산 히드록시에틸 (HEMA, 109)을 성분으로 하는 것이 많이 알려지고 있다.

표 1-23 인공장기의 고분자재료

人工血管	나일론, 테프론, 테토론
人工밸브	천연고무, 폴리에틸렌, 테트론, 실리콘고무 등
人工心臟	에폭시수지, 폴리에틸렌, 실리콘고무, 테트론
人工腎臟透析膜	콜로디온, 셀룰로오스, 폴리메타크릴산메틸, 재생콜라겐 등
縫合糸	絹系, 테프론, 콜라겐, 腸線 등
人工軟組織	실리콘고무(스폰지) 등
人工腹膜	실리콘고무, 폴리염화비닐, 테프론 등
人工氣管	폴리에틸렌, 천연고무, 나일론, 테프론 등
人工角膜	아크릴수지, 실리콘고무
人工心肺	폴리염화비닐 등
人工肝臟	셀로판, 透析膜 등

그 밖에 항혈전성재료로서는 헤파린(11)을 각종의 장기재료에 결합시킨 재료가 갖가지로 개발되고 있다. 혈액이 체내에 침입된 이물인 플라스틱 재료와 접촉하고 응고하는 데 저항성을 나타내는 재료로서 이것의 개발은 의료용고분자재료가 직면하고 있는 최대의 문제점 중 하나이다.

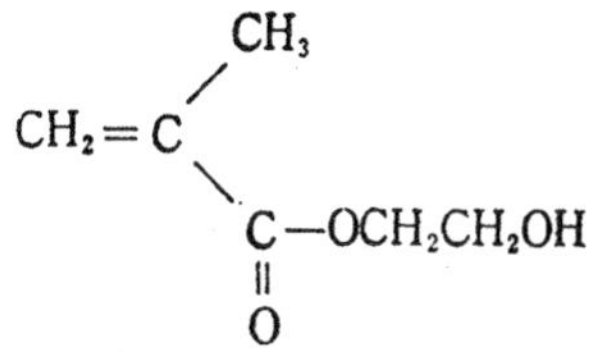

(109)

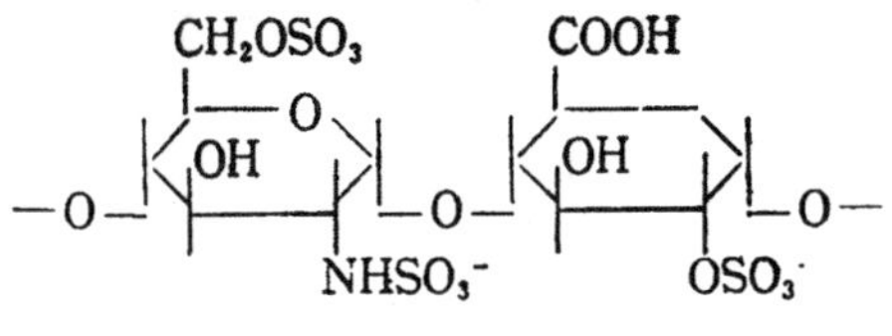

(110)

③의 고분자의약에는 고분자효과를 이용한 새로운 약의 개발이 많이 행해지게 되었다. 최대의 문제 중 하나는 인터페론 인데이유산(intelferon iducer)으로부터 나오는 산소운반성의 인공혈액도 만들어지고 있다.

2. 계면활성제

2.1 서 론

계면활성제는 일상생활과 각종 공업에 이르는 넓은 범위로 사용되고 다양한 기능성을 발휘하고 있다. 계면활성제의 하나인 비누는 기원전부터 쓰이고 있었지만 1830년대에 황산화유가 섬유의 염색조제로서 제조되면서 합성계면활성제의 역사가 시작되었다. 처음에는 천연유지를 원료로 한 계면활성제 공업도 석유화학공업이나 합성화학공업의 융성에 의해서 비약적인 발전을 했다.

계면활성제는 별명 "표면활성제" 또는 활성제라 부르고 또, 영어명 surface active agent를 단축하여 "surfactant"라고 부를 때도 있다.

2.2 계면활성제

계면활성제라는 기–액, 액–액, 액–고, 기–고의 계면에 흡착하고 그 계면에너지를 저하시킴으로써 계면의 성질을 현저하게 변화시키는 물질로, 보통 그림 2-1에 표시하는 것과 같은 특수한 구조를 가지고 있다. 예를 들면 탄화수소기의 말단에 극성기가 결합한 것으로 탄화수소기를 소수성(친유기), 극성기를 친수기라 부른다. 대표적인 소수기나 친수기를 표 2-1에 나타낸다.

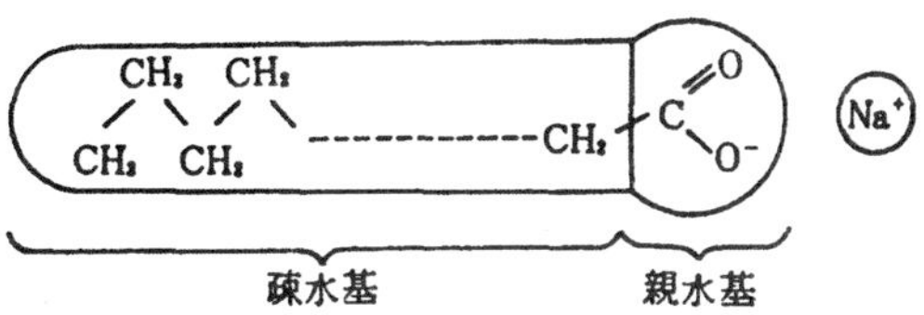

그림 2-1 계면활성제분자의 전형적인 형

표 2-1 계면활성제의 소수기 및 친수기

疎 水 基	親 水 基		
phenyl基	$-SO_4^{\ominus}$	—COO—	$-(-CH_2-CH_2-O-)-_n$
alkyle phenyl基	$-CO_2^{\ominus}$	—COOH	O CH_2 CH—CH_2—O— HO—CH CH—OH CH OH
naphthyl基	$-SO_3^{\ominus}$	—OH	
alkyl基	$-\overset{\vert}{\underset{\vert}{N}}{}^{\oplus}-$	—O—	

계면활성제는 수중에서 이온 해리하는지 하지 않는지 또 이온 해리하는 경우 계면활성제분자의 이온의 종료에 의해서 표 2-2와 같이 분류된다. 고분자로부터 합성되는 계면활성제는 저분자 계면활성제와 다른 특이한 성질을 가지고 있기 때문에 이온성, 비이온성을 일괄해서 고분자계면활성제로서 분류된다.

표 2-2 계면활성제의 분류

- 界面活性劑
  - 이온性계면활성제
    - 陰이온性계면활성제
    - 陽이온性계면활성제
    - 兩性계면활성제
  - 非이온性계면활성제
  - 高分子계면활성제

계면활성제분자는 수중에서 친수기는 수화해서 안정화하는 경향을 나타내지만 소수기와 물과의 반발이 크기 때문에 계를 안정화시키기 위해서 그림 2-2의 (a)에 표시하는 것 같이 공기(또는 기름)의 계면에서 친수기가 수중, 소수기가 공기(또는 기름) 중에 있는 것 같이 배열하려고 한다. 그러나 어느 농도 이상이 되면[(b), (c)], 수중에서의 단분자 분산은 보이지 않고 수개의 분자로부터 수십 분자가 소수기를 내측에, 친수기를 외측에 한 집합체를 형성하도록 된다. 이 집합체는 외측은 극성기(친수기)에 덮여 있기 때문에 수중에서 안정하게 분산할 수가 있다. 이와 같은 분자집합체를 **미셀**(micelle)이라 부르고, 미셀이 되기 시작하는 농도를 **임계미셀농도**(critical micelle concentration: CMC)라 부르고 있다. **회합수**는 라우릴황산소다 71, 라우릴트리메틸암모늄프로미트로 36, 노닐페닐 · 산화에틸렌 10몰 부가물로 100이라 하는 값이 알려져 있다.

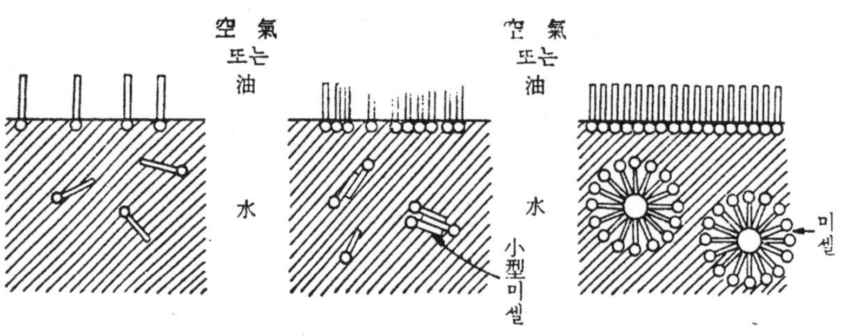

(a) 希薄溶液 (b) 低濃度溶液 (c) CMC 이상의 濃度溶液

그림 2-2 수중에 있어서의 계면활성제의 상태

미셀의 형은 일정하지 않고 분자의 형, 농도에 의해서 변화한다. 대표적인 미셀의 형을 그림 2-3에 표시했다. 일반적으로 CMC가 작은 것은 미셀은 크고 또 소수기가 큰 것일수록 미셀은 크게 되는 경향이 있다.

이상과 같은 성질로부터 계면활성제 수용액의 성질은 CMC의 전후에서 크게 변화한다. 그 예를 그림 2-4에 표시한다. 일반적으로 계면활성제를 취급하는 경우 CMC 이상의 농도에서 사용하는 경우가 많다. CMC는 종류에 의해서 다르지만 거의 대부분은 0.1~10mmol/ℓ 정도이다.

이온성 계면활성제는 어떤 특정의 온도 이상이 되면 급격히 용해도가 증가한다. 이 온도를 **크라프트점**(kraft point)이라 한다. 그 농도가 CMC를 나타내고 있다.

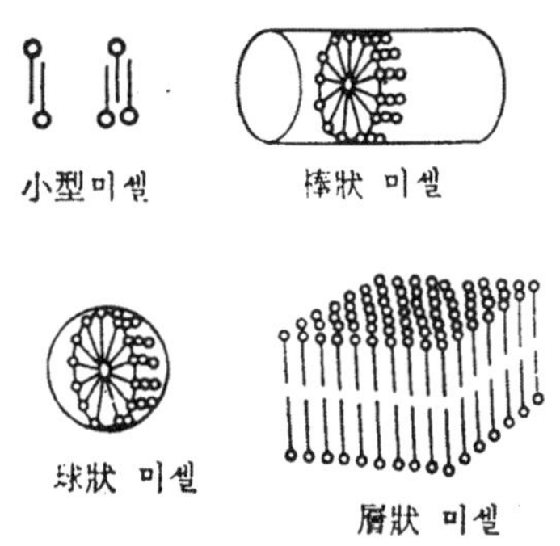

그림 2-3 전형적인 미셀의 형

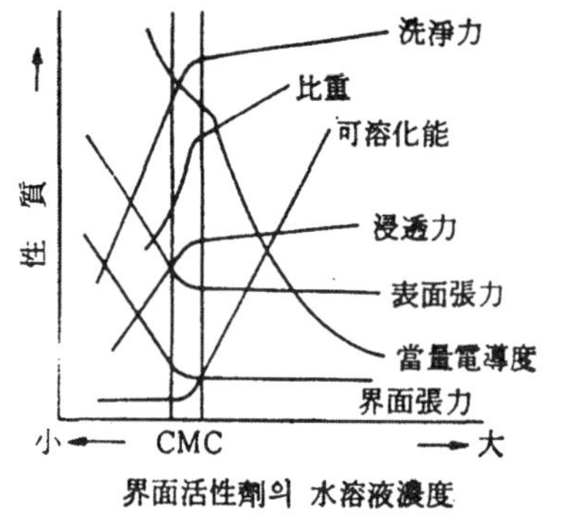

그림 2-4 CMC 전후에 있어서의 계면활성제 수용액의 성질과 변화

폴리옥시에틸렌계 비이온성계면활성제에서는 온도가 상승하면 수소결합의 절단에 의해 수용성이 감소하고 어떤 점에서 흐려진다. 이 온도를 **담점**이라고 한다.

계면활성제의 특성을 표시하는 수치의 하나로서 HLB가 있다. 소수기와 친수기의 밸런스에 의거한 수치로 hydrophile lipophile balance의 약어로 몇개의 계산식이 알려지고 있다. 대표적인 식은 다음의 두 개다.

(1) 폴리옥시에틸렌알킬에테르의 경우 HLB = E/5

(2) 다가 알코올에스테르 및 그 폴리옥시에틸렌 유도체의 경우

HLB = 20(1-S/A) 또는 (E + P)/5

E : 에틸렌옥사이드　　P : 다가알코올의 중량%

A : 원료수지산의 중화가　　S : 에스테르의 비누화가

대표적인 계면활성제의 HLB가와 HLB와의 용도와의 관계를 표 2-3 및 2-4에 표시한다.

표 2-3 대표적인 계면활성제의 HLB

界面活性劑	HLB	界面活性劑	HLE
솔비탄모노라우레이트	8.6	라우릴알코올 EO 23몰 付加物	16.9
솔비탄모노올레이트	4.3	노닐페놀 EO 4몰 付加物	8.9
솔비탄모노라우레이트 EO 4몰 付加物	13.3	노닐페놀 EO 12몰 付加物	14.1
솔비탄모노라우레이트 EO 20 付加物	16.7	노닐페놀 EO 20몰 付加物	16.0
폴리에틸렌글리콜(400) 모노라우레이트	13.1	올레인산나트륨	18.0
폴리에틸렌글리콜(400) 모노라우레이트	11.8	라우릴황산나트륨	약40
라우릴알코올 EO 5몰 付加物	10.8	세틸에틸몰포리늄에트살페이트	>30

EO : 酸化에틸렌. 괄호內는 폴리에틸렌글리콜部分의 平均分子量

표 2-4 HLB와 용도

용 도	HLB	용 도	HLB
可溶化	20～15	浸透作用	15～7
洗淨作用	>12	乳化作用(W/O型)	7～3
乳化作用(O/W型)	>7	消泡作用	4～1

계면활성제의 제조는 천연유지를 원료로 하는 계와 석유화학제품을 원료로 하는 계로 분류된다. 대표적인 계면활성제의 제조관련도를 그림 2-5에 표시했다.

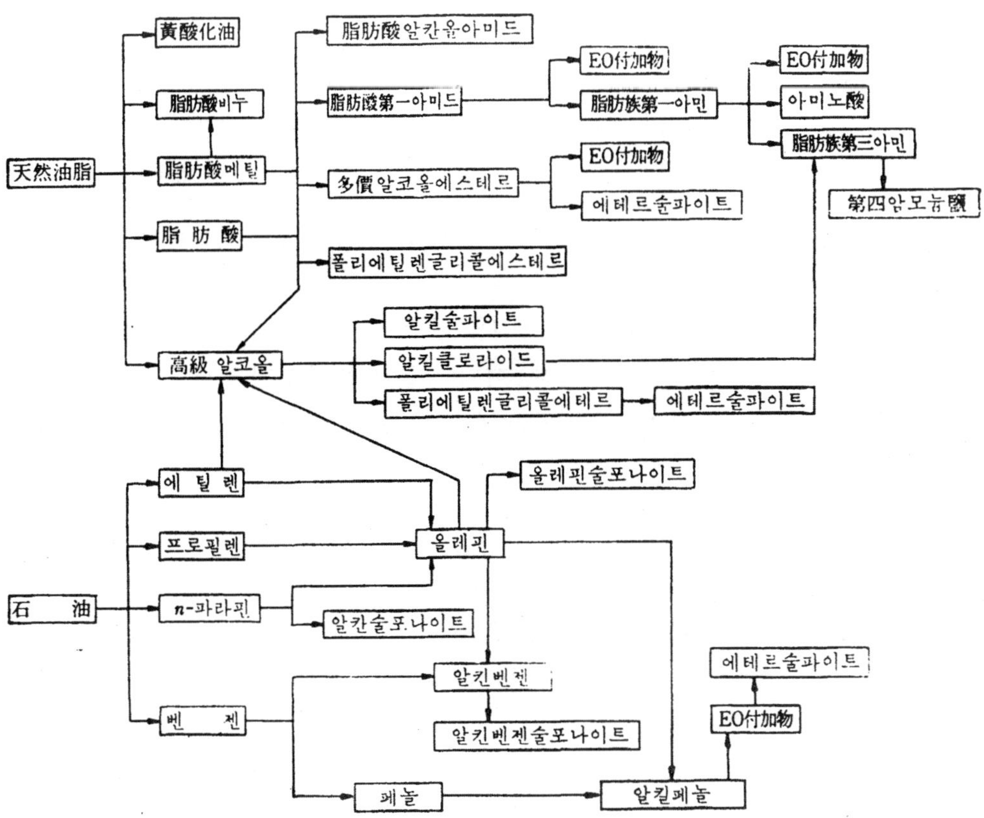

그림 2-5 대표적인 계면활성제의 제조관련도(EO: 산화에틸렌)

2.3 음이온성 계면활성제

2.3.1 비 누

비누는 가장 오래된 음이온성 계면활성제로 주로 유지의 가성소다에 의한 검화에 의해서 제조된다.

$$\begin{array}{l} RCOOCH_2 \\ | \\ RCOOCH \\ | \\ RCOOCH_2 \end{array} + 3\,NaOH \longrightarrow 3\,RCOONa + \begin{array}{l} CH_2OH \\ | \\ CHOH \\ | \\ CH_2OH \end{array}$$

비누에는 목욕용(고형), 세척용(고형, 분말), 약용, 공업용(고형, 페이스트) 등이 있다. 대표적인 비누(대롱으로 갠 비누, 기계련으로 갠 비누, 분말비누)의 제조공정을 그림 2-6에 표시했다.

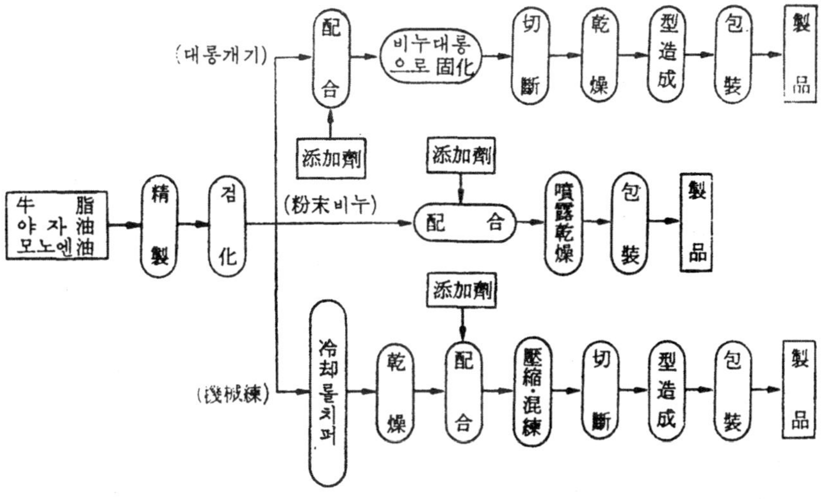

그림 2-6 비누의 제조공정

우지 70~85%, 야자유 10~25%, 올레인산계유지 5~25%의 혼합유를 검화한 후 산화방지제, 착색료, 향료 및 라노린이나 스쿼렌 등의 첨가제를 첨가해서 성형한다. 세탁비누의 경우에는 탄산나트륨, 규산나트륨 및 폴리인산 등 내경수첨가제를, 또 약용비누에서는 소독제를 첨가한다.

비누소지의 제조프로세스로서는 다음의 4개가 있다.

(a) **배치식** : 유지를 100℃에서 10~20%의 혼합유를 검화한 후 포화식염수로 비누를 석출시킨다.

(b) **중화법** : 지방산을 알칼리로 중화하는 방법으로 검화에 비교해서 간단하고 품질, 수량은 향상한다.

(c) **메틸에스테르 검화법** : 정제가 용이하다는 것, 글리세린회수나 수량의 점에서 유리하다.

(d) **연속법** : 검화법에서는 콜로이드 밀에 의한 점화나 원심분리기를 이용하는 샤프레스법이 있다. 또 중화법에서는 유지의 연속분해와 중화가 조합되는 형식이 있다.

2.3.2 술폰산염형 음이온성 계면활성제

대표적인 합성세제의 주성분으로 알킬벤젠이나 α-올레핀의 술폰화에 의해서 제조된다.

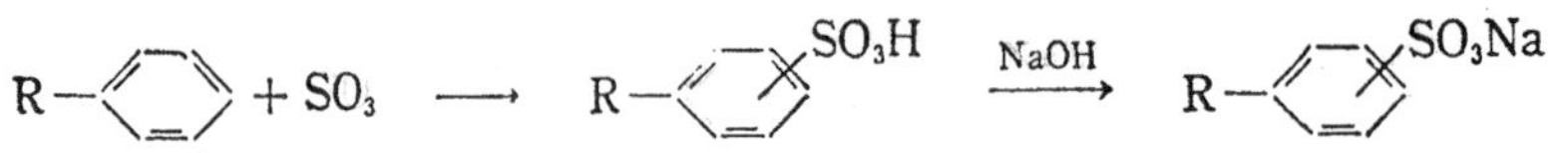

$$R-CH_2-CH=CH_2 \xrightarrow{SO_3} \xrightarrow{NaOH} R-CH=CH-CH_2SO_3Na + R-\underset{\displaystyle OH}{\underset{|}{CH}}-CH_2CH_2SO_3Na$$

α-올레핀술폰산염은 AOS(α-olefin sulfonate)라 약칭되고 소프트세제로서 잘 이용하게 되었다. 술폰화에는 황산도 사용하지만 공업적으로는 발연황산이나 무수황산이 유리하다.

염색조제, 세용제로서 우수한 성능을 가진 Igepon T나 양호한 침투제인 에어로졸 OT는 다음 반응으로 합성된다.

$$\text{이게폰 T}: C_{17}H_{33}COCl + H\overset{\displaystyle CH_3}{\overset{|}{N}}C_2H_4SO_3Na \longrightarrow C_{17}H_{33}CO-\overset{\displaystyle CH_3}{\overset{|}{N}}-C_2H_4SO_3Na$$

에어로졸 OT :

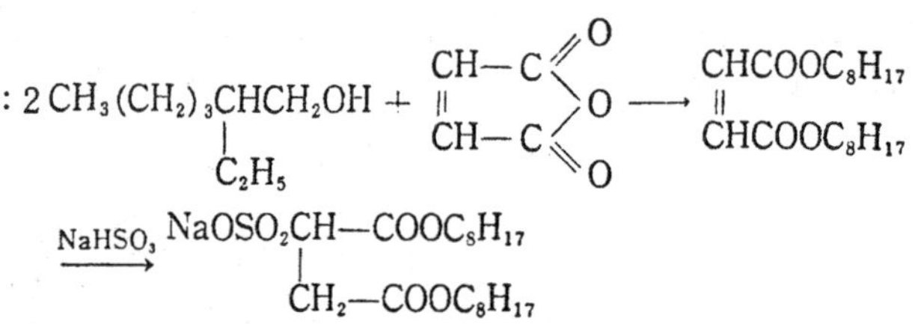

2.3.3 황산에스테르형 음이온성 계면활성제

고급알코올, α-올레핀 및 폴리옥시에틸렌 알킬에테르를 황산, 발연황산, 클로로술폰산, 무수황산, 술파민산 등과 반응시킨다.

$$R-OH + H_2SO_4 \longrightarrow R-OSO_3H \xrightarrow{NaOH} R-OSO_3Na$$

$$R-CH=CH_2 + H_2SO_4 \longrightarrow R-\underset{\displaystyle OSO_3H}{\underset{|}{CH}}-CH_3 \xrightarrow{NaOH} R-\underset{\displaystyle OSO_3Na}{\underset{|}{CH}}-CH_3$$

$$R-OH + nH_2C\underset{\diagdown O \diagup}{-}CH_2 \longrightarrow R-O(C_2H_4O)_nH \xrightarrow{SO_3} R-OC(C_2H_4O)_nSO_3H$$

$$\xrightarrow{NaOH} RO(C_2H_4O)_nSO_3Na$$

α-올레핀으로부터의 황산에스테르는 데이폴이라는 이름으로 액체세제의 중요한 원료로 되어 있다. 또 폴리옥시 에틸렌기를 가지는 것을 수용성이 크고 경수중에서도 기포성이 크다고 하는 특징을 가지고 샴푸 등에 사용된다.

아주까리 기름이나 올리브유를 부분적으로 황산에스테르로 한 것을 황산화유라 부르고 특히 전자는 로오드유라 부르고, 오래전부터 섬유공업용에서 이용되고 있었다.

2.3.4 기 타

대전방지제로서 인산에스테르형 음이온성 계면활성제가 이용되고 있다. 무수인산에 의한 에스테르화가 행해지고 있다.

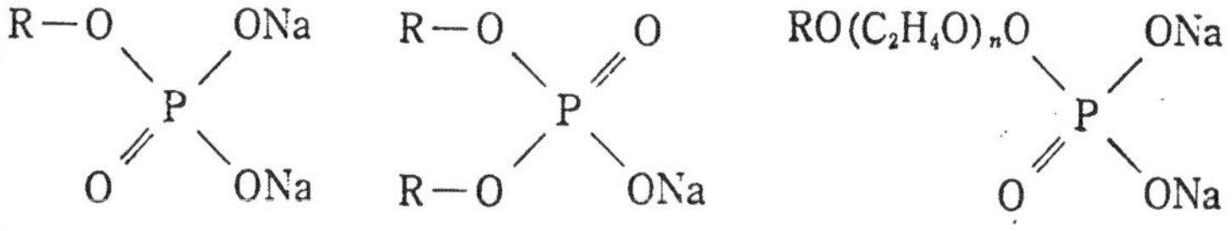

2.4 양이온성 계면활성제

양이온성 계면활성제의 대부분이 아민염 및 암모늄계 화합물이다. 양이온성 계면활성제는 수중에서 활성제 분자가 양이온으로 해리하지만 만약 그 용액 중에 음이온성 활성제가 존재하면 반대 이온활성제 분자끼리가 염을 형성하고 그 염은 큰 소수성을 가짐으로써 불용화한다. 그리고 계면활성제로서의 기능은 정지된다. 따라서 특수한 경우를 제외하고는 음이온성 계면활성제와 양이온성 계면활성제를 동시에 사용하는 것은 피한다.

2.4.1 아민염형 양이온성 계면활성제

특수한 경우를 제외하고 제 1아민이나 제 2아민의 염을 양이온성 계면활성제로서 이용하는 경우는 적다.

아민염형 양이온성 계면활성제의 대표적인 것으로 폴리옥시에틸렌알킬아민이 있다.

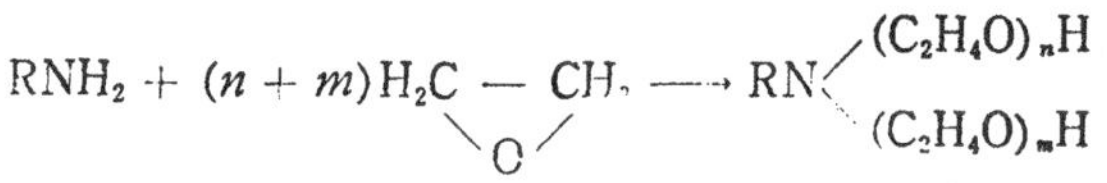

촉매로서 루이스산 또는 무기알칼 리가 이용된다. 무촉매라도 반응온도의 조절에 의해서 분자량분포의 양호한 것이 합성된다.

$$C_{17}H_{35}COOH + N(C_2H_4OH)_3 \longrightarrow C_{17}H_{35}COOC_2H_4N(C_2H_4OH)_2$$

$$C_{17}H_{35}COOH + H_2NC_2H_4N(C_2H_5)_2 \longrightarrow C_{17}H_{35}CONHC_2H_4N(C_2H_5)_2$$

특수한 것으로서 이미다졸린유도체가 사용되고 있다.

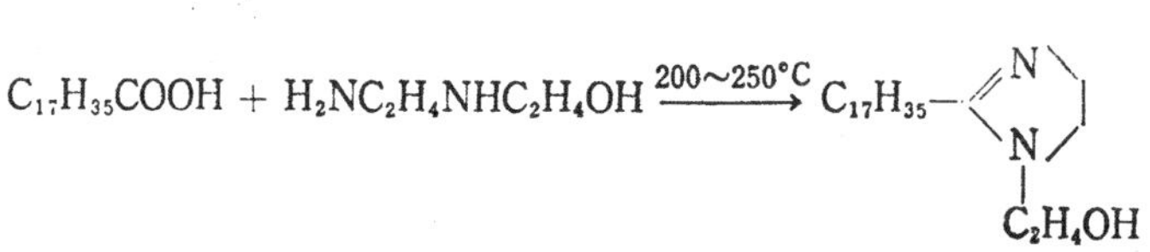

2.4.2 제사암모늄형 양이온성 계면활성제

양이온성 계면활성제의 주류를 이루는 것으로서 테트라알킬암모늄형과 피리듐형의 두 개가 있다.

$$C_{12}H_{25}N(CH_3)_2 + CH_3Cl \xrightarrow[\text{加壓}]{\text{加熱}} C_{12}H_{25}\overset{\oplus}{N}(CH_3)_3 \cdot Cl^{\ominus}$$

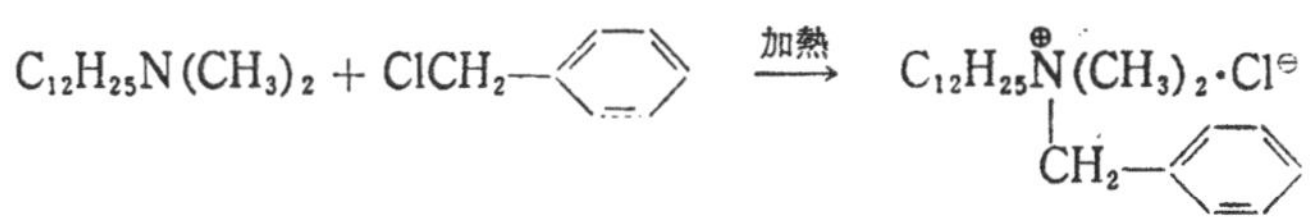

후자는 특히 살균성이 강하며 소독제로서 널리 이용되고 있다. 다음의 것이 합성수지의 대전방지제로서 이용된다.

$$C_{17}H_{35}CONHC_3H_6N(CH_3)_2 \cdot HNO_3 \xrightarrow{\text{酸化에틸렌}} C_{17}H_{35}CONHC_3H_6\overset{\oplus}{N}(CH_3)_2(C_2H_4OH) \cdot NO_3^{\ominus}$$

피리듐염형은 일반적으로는 할로겐화알킬과 피리딘의 반응으로 합성되고 염색조나 살균제로서 이용된다.

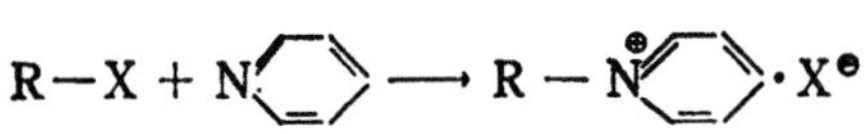

피리듐염형 양이온성 계면활성제가 가장 잘 이용되고 있는 것은 섬유의 발수제로서 다음의 것이 개발되고 있다.

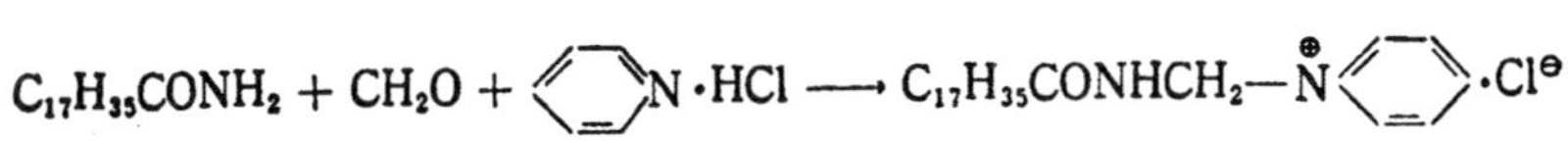

섬유처리 후 가열하면 분해하고 아미드 부분이 섬유과 결합해서 발수성을 발휘한다. 아민염형 것은 산성에서만 기능하지 않지만 암모늄염형의 것은 내알칼리성이다.

2.5 비이온성 계면활성제

비이온성 계면활성제는 다음과 같이 분류된다.

- 폴리에틸렌글리콜형
  - 에테르형
  - 에스테르형
- 다가알코올형
  - 에스테르형
  - 아미드형

비이온성 계면활성제는 에스테르형을 제외하고는 넓은 pH범위에서 기능하고 더구나 이온성 계면활성제와도 공용할 수 있기 때문에 넓은 범위로 사용되고 있다.

2.5.1 폴리에틸렌글리콜형 비이온성 계면활성제

대표적인 것은 고급알코올이나 알킬페놀의 산화에틸렌 부가물로 용도에 의해서 부가몰수가 조절된다.

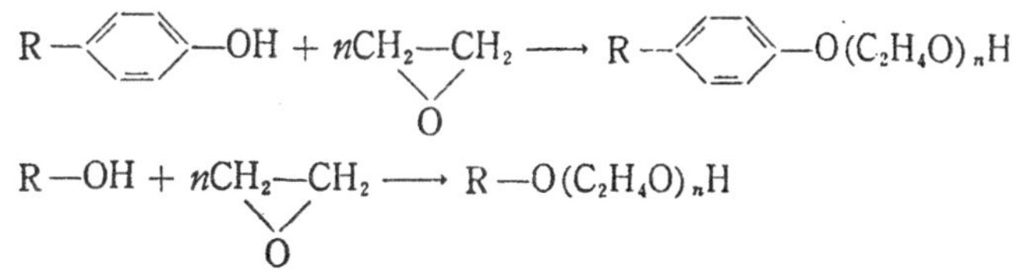

수산화나트륨 또는 수산화칼륨을 촉매로 해서 150~180℃로 산화에틸렌을 상압취입법이든지 오토클레이브중에서 가압반응시킨다. 제 3아민도 촉매도 되지만 반응온도는 80~90℃이다.

산화에틸렌부가물의 특질로서 분자량분포(부가 몰수 분포)가 있다. 활성이 강한 촉매를 이용한 만큼 분포는 넓어진다. 부가반응은 발열반응이다.

에스테르형의 합성에는 다음의 2개의 방법이 있다.

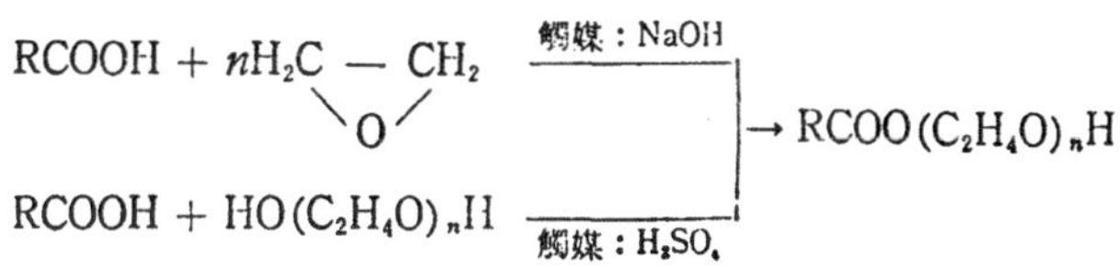

후자의 에스테르법에 의한 경우가 많다.

2.5.2 다가알코올형 비이온성 계면활성제

이 종류의 대표적인 것은 다가알코올의 모노 및 디 에스테르 또는 그것들의 산화에틸렌 부가물이나 지방산 알카놀아미드 및 그 산화에틸부가물이 있다. 폴리올의 알킬에테르도 있지만 제조량은 적다.

폴리올로서는 글리세린 펜타에리트리트, 솔피탄, 서당 등이 이용된다.

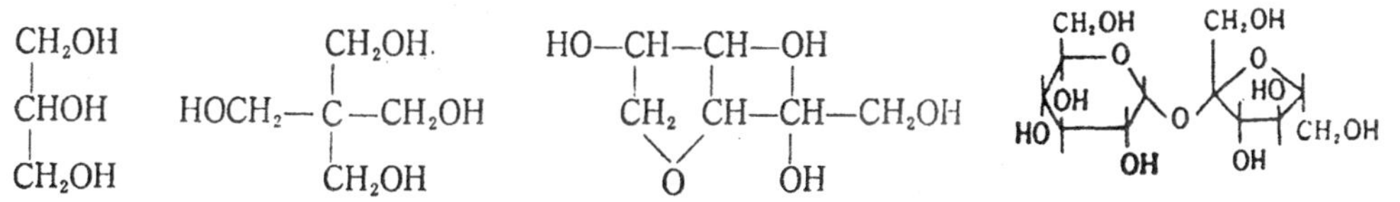

글리세린　펜타에리트리트　솔피탄　서당

글리세린이나 펜타에리트리트의 지방산에스테르는 공업적으로는 수산화나트륨을 촉매로 하여 200℃에서의 에스테르교환법에 의해 제조된다. 모노글리세라이드 중에는 식품첨가용으로서 중요한 것이 많다.

솔피탄에스테르는 Span이란 이름으로, 또 그 산화에틸렌 부가물은 Tween이라는 이름으로 알려져 있다. 솔비트와 지방산을 촉매(수산화나트륨)와 함께 220~250℃에서 가열하면 솔비트가 솔비탄으로 분자내 탈수하고 이것에 지방산이 에스테르화한다.

서당(庶糖)에스테르의 경우는 지방산 메틸과의 에스테르 교환반응으로 합성되지만 양자의 공통의 용매가 적은 일, 또 서당이 100℃ 이상에서 분해하는 일 등으로부터 여러가지 연구가 되기도 한다. 용매로서 디메틸 포름아미드가 이용되고 있지만 최근에는 유화상태로 반응시키기도 하는 등 새로운 방법이 개발되고 있다. 서당에스테르는 식용계면활성제로서 중요하다.

지방산 디에탄올아미드 및 그 산화에틸렌 부가물은 세척첨가제로서 우수한 성질을 가지고 있다.

$$C_{11}H_{25}COOH + HN\begin{cases}C_2H_4OH\\C_2H_4OH\end{cases} \longrightarrow C_{11}H_{25}CON\begin{cases}C_2H_4OH\\C_2H_4OH\end{cases}$$

지방산과 디에탄올아민과의 탈수축합으로 합성되지만 지방산과 아민의 골비에 의해서 제품의 성질에 차이가 있다. 몰비는 통상 1:2와 1:1이 채용되고 있으며, 전자쪽이 수용성이 크다.

반응중 에스테르아민에의 전위가 약간 일어나기 때문에 제품은 순수한 이온성이라고 하는 것보다도 약간 양이온성을 띤 계면활성제가 된다.

$$C_{11}H_{25}COOC_2H_4NHC_2H_4OH \qquad C_{11}H_{25}CO(OC_2H_4)_nNH(C_2H_4O)_mH$$

$$C_{11}H_{25}CO(OC_2H_4)_xN\begin{cases}(C_2H_4O)_yH\\(C_2H_4O)_zH\end{cases}$$

2.6 양성계면활성제

넓은 의미에서 양성계면활성제라 하면 음이온성, 양이온성, 비이온성의 3개의 성질 어느 것이든지 2개의 성질을 가지고 있는 경우를 가리키지만 일반적으로 음이온성과 양이온성의 양성질을 가진 계면활성제를 가리키는 경우가 많다.

대표적인 양성계면활성제로서는 아미노산형과 베타인형의 2종류이다.

2.6.1 아미노산형 계면활성제

다음 반응에 의해서 합성된다.

$$RNH_2 + CH_2{=}CHCOOCH_3 \longrightarrow RNHC_2H_4COOCH_3 \longrightarrow RNHC_2H_4COOH$$
$$RNH_2 + CH_2{=}CHCN \longrightarrow RNHC_2H_4CN \longrightarrow RNHC_2H_4COOH$$

$$RNH_2 + ClCH_2COONa \longrightarrow RNHCH_2COONa \xrightarrow{ClCH_2COONa} RN(CH_2COONa)_2$$

아미노산형 양성계면활성제 특성의 하나로서 등전점이 있다. 어떤 특정의 pH치에 의해서 염기 및 산의 해리도가 같게 되고, 분자내 염을 형성하고 친수성이 두드러지게 감소하여 석출하게 된다.

2.6.2 베타인형 양성계면활성제

제사암모늄기와 카르복실레이트기를 가지는 것으로 아미노산형과 달라서 등전점에서도 석출하는 일이 없고 모든 것의 pH로 계면활성제로서 일한다.

이 종류의 중요한 것은 제삼아민을 모노클로로초산으로 사급화한 것으로서 이 밖에 이미다졸린계의 것도 있다.

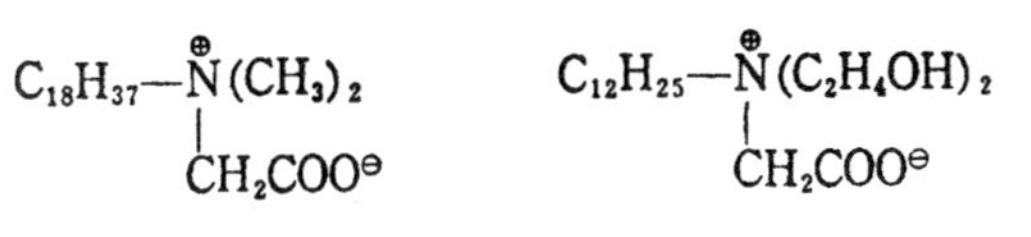

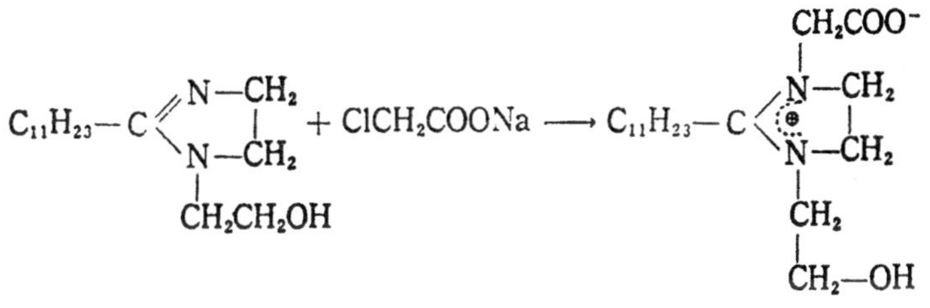

2.6.3 기　타

천연의 양성계면활성제로서는 난황 중의 레시틴이 알려지고 있다. 마요네즈 제조에서 효과를 발휘한다. 이 밖의 예로는 적지만 술폰산형도 있다.

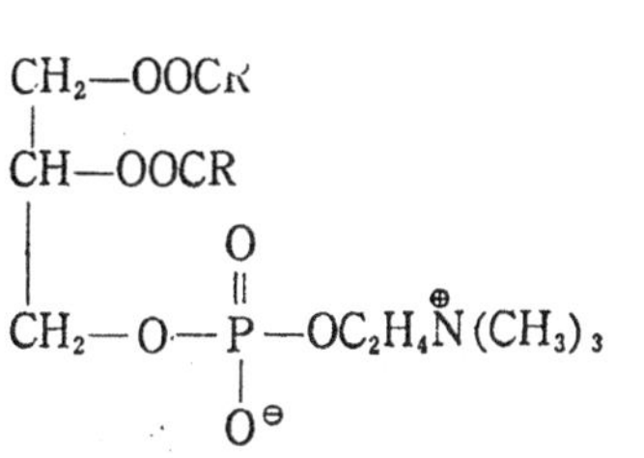

메시틴

$RNHC_2H_4SO_3H$

타우린

엄밀히 하면 지금까지 서술해 온 계면활성제와 분자의 형태도 거동도 다르지만, 계면활성이나 응집분산작용을 나타내는 것이 있고 고분자 계면활성제로서 취급되고 있다.

고분자 계면활성제는 분자 하나가 1개의 미셀을 형성한다고 말하고 있고 이 점이 저분자 계면활성제와 다른 점이다.

고분자 계면활성제 중에서 가장 잘 알려진 것은 산화프로필렌과 산화에틸렌의 블록 공중합물로 저발포성 세제, 유화분산제로 이용되고 있다. 이것을 **프루로닉크형 비이온성 계면활성제**라고 부른다.

폴리프로필렌글리콜은 분자량이 1,000이상이 되면 물에 불용성이 되므로, 소수기로서의 성질을 가진다.

$$HO\underbrace{(C_2H_4O)_x}_{\text{親水基}}-\underbrace{(CH_2\underset{CH_3}{\underset{|}{C}}HO)_y}_{\text{疎水基}}-\underbrace{(C_2H_4O)_z}_{\text{親水基}}H$$

프루로닉크型 非이온性 界面活性劑

에틸렌디아민에 산화프로필렌을 부가시키고 다시 산화에틸렌을 부가시킨 것도 있다.

고분자 계면활성제로서 폴리알킬페놀이나 폴리비닐피리듐이 있고 폴리소오프로서 사용되고 있다.

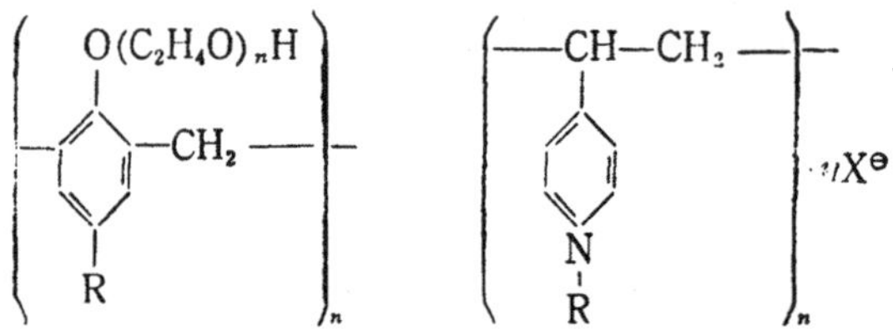

이것들 외에 카르복실메틸셀룰로오스(세제용 재오염방지제), 나프탈렌술폰산의 포르말린 축합물(염안료의 분산제), 폴리비닐알코올(토양 개량제),. 폴리아크릴아미드(응집제), 폴리장쇄알킬메타크릴레이트(윤활유 첨가제) 등이 고분자 계면활성제로서 널리 사용되고 있다.

2.7 계면활성제의 용도

계면활성제의 용도는 매우 넓고 대부분의 공업에 미치고 있다. 물론 일상생활에 있어서도 세정제, 섬유처리제로서 밀접한 연결을 가지고 있다. 통상 계면활성제의 용도는 다음의 두 가지로 나누이진다.

(1) 계면활성제의 기본적 성질에 의한 것 : 습윤제, 침투제, 기포제, 소포제, 가용화제, 분산제, 유화제, 세정제

(2) 계면활성제의 2차적 성질에 의한 것 : 평활유, 대전방지제, 방청제, 균염제, 염료고착제, 발수제, 부유선광제, 살균제

계면활성제의 공업적 용도에 대해서 그 일례를 표 2-5에 표시했다. 습윤제, 침투제로서는 음이온성 계면활성제에서는 중성~알칼리성의 범위로, 또 비이온성 계면활성제에서는 중성~산성의 범위에서 효과를 발휘한다. 양이온성 계면활성제나 양성계면활성제는 습

윤력이 모자라는 것이 보통이다.

기포력의 점에서는 음이온성 계면활성제가 크며 비이온성 계면활성제에서는 적은 것이 많다.

유화분산제로서의 이용은 계면활성제의 가장 넓은 응용분야이다. 유화제의 선택의 기준은 HLB이지만 경험에 의한 것이 크다. 일반적으로는 W/O형(유중 수형)의 경우는 HLB가 작은 계면활성제가 또 O/W형(수중 유형)의 경우는 HLB가 큰 계면활성제가 적용되고 있다.

표 2-5 계면활성제의 공업적 용도

工業	目的	使用界面活性劑
纖維	精練, 洗淨劑	A, N
	浸透劑	A
	漂白助劑	A, N
	染色助劑	A, C, N
	柔軟마무리劑	A, C, N, Am
	帶電防止劑	A, C, N
	防水劑	A, C, N
紙・펄프	사이즈添加劑	A, N
	紙加工劑	A, C, N, Am
金屬	洗淨劑	A, C, N
	防錆劑	A, C, Am
	멕키添加劑	A, C, N
土木建築	空氣連行劑	A
	아스팔트乳劑	C, N
農藥	乳化分散劑	A, N
	展着劑	A, N
醫藥	殺菌, 消毒劑	C
	添加劑	A, N
肥料	固結防止劑	A, C

工業	目的	使用界面活性劑
香粧品	乳化劑, 基劑	A, C, N, Am
合成樹脂・고무	乳化劑	A, N
	安定劑	A, N
	濕潤劑	A, N
	帶電防止劑	A, N
	防曇劑	N
	離型劑	A, N
原油採掘	處理劑	A, C, N
	에멀존破壞劑	A, C, N
潤滑油	添加劑	A, C, N
皮革	가죽다룸助劑	A, N
	마무리助劑	A, C, N
食品	乳化劑, 起泡劑	N
染・顔料	濕潤分散劑	N
塗料	濕潤分散劑	A, N
왁스	乳化劑, 安定劑	A, N
클리닝	洗淨劑	A, N
	柔軟劑	C

A : 陰이온性 계면활성제
C : 陽이온性 계면활성제
N : 非이온性 계면활성제
Am : 兩性이온性 계면활성제

세정제로서의 용도는 계면활성제가 가장 중요한 것이다. 요구되는 성질로서는 침투작용, 유화분산작용, 가용화작용 등을 들 수 있다.

2.8 합성세제의 미생물분해와 빌다

2.8.1 합성세제의 미생물분해

유기물은 미생물의 작용으로 분해하지만 알킬기나 벤젠핵의 산화분해기구는 다음과 같이 설명되고 있다.

(ω 酸化)

$$R-CH_2-CH_2-CH_3 \xrightarrow{O_2} RCH_2CH_2CH_2OOH \xrightarrow[-H_2O]{H_2} RCH_2CH_2CH_2OH$$

$$\xrightarrow{-H_2} RCH_2CH_2CHO \xrightarrow[-H_2]{H_2O} RCH_2CH_2COOH$$

(β 酸化)

$$RCH_2CH_2COOH \xrightarrow{HSCoA} RCH_2CH_2\overset{O}{\overset{\|}{C}}-SCoA \xrightarrow{-H_2} RCH=CH-\overset{O}{\overset{\|}{C}}-SCoA$$

$$\xrightarrow{H_2O} R\underset{}{\overset{OH}{\overset{|}{C}}}H-CH_2-\overset{O}{\overset{\|}{C}}-SCoA \xrightarrow{-H_2} R-\overset{O}{\overset{\|}{C}}-CH_2-\overset{O}{\overset{\|}{C}}-SCoA$$

$$\longrightarrow R-\overset{O}{\overset{\|}{C}}-SCoA + CH_3\overset{O}{\overset{\|}{C}}-SCoA$$

왜냐하면 직쇄알킬기는 말단메틸기가 카르복실기에 산화되고 이것에 보효소 A(HSCoA)가 작용해서 β-위로 절단해 가는 것이다. 이 분해작용이 되풀이되서 계면활성제는 계면활성제로 될 수 없는 저분자화합물로 분해되어 간다. 그러나 알킬기에 메틸탄소 또는 제4탄소가 있으면 β 산화가 진행하지 않고 거기에서 분해반응은 정지한다.

전자의 세제는 프로필렌의 사량체를 알킬기로서 사용하고 있기 때문에 측쇄메틸을 많이 가지고 따라서 폐수 중에서 미생물 분해작용을 받기 어렵고 언제까지나 계면활성제로서의 기능을 보유하고 하수처리장 등에서 포공해를 일으키고 있다. 미생물 분해성을 향상시킨 세제를 soft세제라고 한다. 수종의 알킬벤젠의 미생물 분해성을 표 2-6에 표시했다. 최근에는 그림 2-7에 나타낸 것과 같은 soft세제용 원료가 개발되고 있다.

표 2-6 각종 알킬벤젠의 미생물분해성

알 킬 벤 젠	分解率(%)
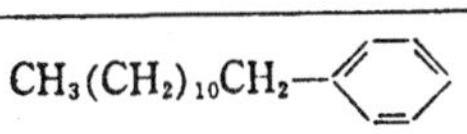	100
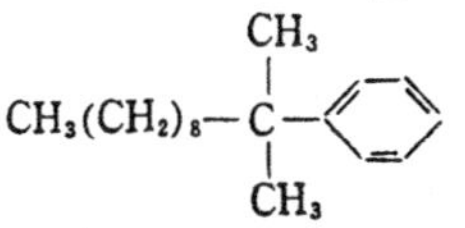	85
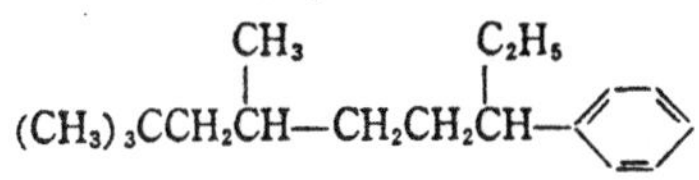	<10
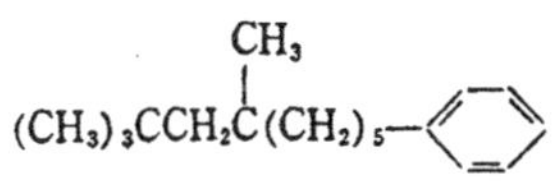	0

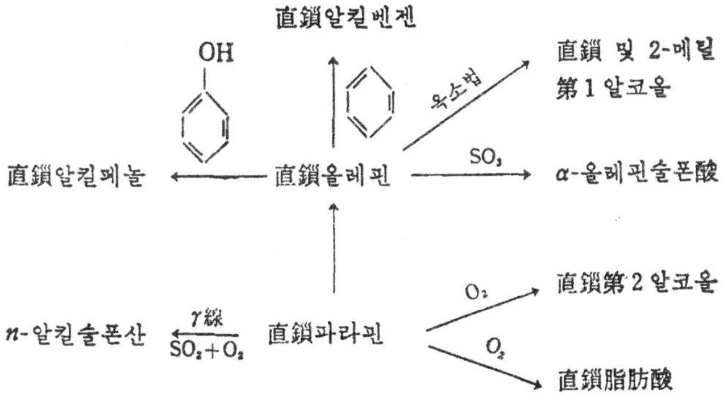

그림 2-7 Soft세제의 원료

2.9.2 합성세제와 빌다

합성세제는 계면활성제만으로는 세정효과를 충분히 발휘시키는 일이 가능하지 않다. 그래서 각종 화합물을 첨가해서 세정기능을 증가시킨다. 이 첨가물을 **빌다**라고 하며, 빌다에는 금속봉쇄작용, CMC저하작용, 알칼리완충작용 등의 성능이 요구된다. 빌다로서 첨가시킨 트리폴리인산소다가 폐수에 의한 부영양화 문제를 일으켰다. 트리폴리인산소다에 대신하는 빌다의 개발이 활발히 연구되고 있고 제올라이트, 염기성이미드술폰산염, 구연산나트륨, 폴리말레인산 등이 빌다로서의 성능을 갖는 것이 명확하게 되어 있고 트리폴리인산소다를 쓰지 않는 무인합성세제의 생산이 시작되고 있다.

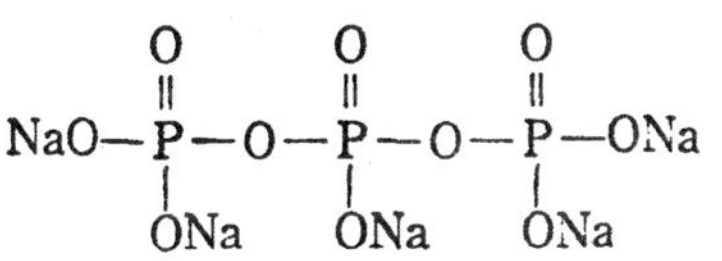

트리폴리인산소다

3. 화장품화학공업

3.1 서 론

화장품의 역사는 이집트인이 사용한 것이 가장 오래됐다고 한다. 일본에서는 고사기 등으로부터 화장품이 사용되었던 것을 일면을 들어 알 수 있다. 현대에 이르러 화장 연령대도 젊은층부터 고령층까지 폭넓어지고 제조방법도 각사의 비법으로 했던 것을 과학의 발달, 특히 기기분석의 진보에 의해 용이하게 처방제법을 알 수 있게 되었다. 더구나 공해문제와의 관련으로부터 화장품의 안정성과 유용성 및 피부의 의학적인 면 등을 고려하여 제조되게끔 되었다.

화장품은 약사법에 정의되어 있는 것처럼 "사람의 신체를 청결히 하고 미화하여 매력을 증가하고, 용모를 바꾸고, 피부와 모발을 건강하게 보존하기 위해서 이용되는 것, 그리고 인체에 대해서 작용이 완화한 것"이 요구되고 있다.

장기에 걸쳐 사용되기 때문에 당연 그 안정성이 강하게 부여되고, 그렇게 때문에 안정성의 기초 위에서 정의내려져 있는 본래의 목적을 다하는 일이 화장품의 사명이라고 할 수 있다.

3.2 화장품의 종류와 용도

화장품을 크게 나누어 여러 가지 종류와 그 목적, 용도 등을 표 3-1에 나타내었다.

표 3-1 화장품의 종류 및 그 목적과 용도

種 類	細 別	目的과 用途
皮膚 洗淨料	비누(soap) 化粧비누, 藥用비누, 透明비누, 클리싱크림	皮膚의 洗淨과 美容效果. 洗顔·목욕用 등
基礎 化粧料	크림(cream) 콜드크림, 中性크림, 바니싱크림	피부면에 크림膜을 만들어 외부로부터의 자극과 노화의 防止. 밑化粧, 거칠음 방지, 면도 후에 사용
	化粧水(toilet water) 洗淨用화장수 酸 性 柔軟性화장수 알칼리性 收斂性화장수 中 性	피부의 청결과 건강 保存, 피부에 부착한 오물의 제거, 적당한 수분을 준다. Astringent lotion : 收斂性, 酸性
	乳液(liquid cream)	均一하게 발라지며 피부에 油分기를 느끼게 하지 않음. 피부를 부드럽고 매끄럽게 한다. 油分을 多量으로 含有하는 乳化타입의 液體크림.

種 類	細 別	目 的 과 用 途
	팩(pack) 液狀, 콜로이드狀, 粉末狀, 濕布型 오일.	얼굴, 머리, 어깨, 팔, 다리 등 피부가 거칠어지기 쉬운 부분, 피부의 늘어짐을 방지. 더러움을 吸着 除去, 피부를 매끄럽게 함.
色 調 化粧料	白粉(powder) 가루, 固形, 액체, 練, 油性 白粉	기미, 주근깨를 감춘다. 얼굴을 魅惑的으로 한다.
	화운데이션(foundation) 로션크림, 스틱	피부를 잘 정돈해 주면서 자연스런 베이크 업, 크림 또는 乳液 등에 白粉을 배합한 化粧料.
	口紅(lipstick)	싫은 맛, 냄새가 나지 않음, 무해한 것. 색조가 부자연스럽지 않은 스틱狀.
	頰紅(rouge) 液狀, 크림狀	볼에 입체감을 주어 건강한 피부로 보이게 함.
	손톱化粧料(manicure preparations) 큐데이크림, 네일 에나멜	손톱을 보호하고, 美化함.
	눈의 化粧料(eye cosmetics) 아이라이너, 眉墨, 마스카라, 아이새도	눈의 인상을 强하게 하여 魅力을 증진. 속눈썹을 짙고 아름답게, 立體的으로 보이게 하여 눈의 아름다움을 강조.
男 性 化粧料	男性化粧料(mens cosmetics) 쉐이빙 소프, 쉐이빙 크림, 애프터 쉐이빙로션	수염깎기를 용이하게 하고 皮膚의 거칠음 방지. 淸涼感을 준다. 수염을 깎고 난 후 얼굴자극을 억제.
頭 髮 化粧料	頭髮化粧料(hair cosmetics) 헤어크림, 퍼머넨트웨이브로션, 헤어 오일, 헤어콘데쇼너, 染毛料	養毛料, 整髮料로서 사용. 청량감을 주어 頭髮을 보호하고 청결하게 함.
洗髮料	샴푸(shampoo), 린스(rinse) 液狀, 크림狀, 粉末	두피, 모발을 청결하게 하고 美를 보존. 洗淨作用. 洗髮 후에 사용, 모발을 부드럽게 하고 자연스런 광택을 준다.
후레크란스	香水(perfume), 오데콜롱(eaude cologne), 芳香비누, 練香	芳香을 내기 위해 사용
기 타	햇볕에 타는 것 방지, 防臭化粧料, 浴用化粧料, 除去化粧料	각각의 目的에 의해 사용.

3.3 화장품의 계면화학

화장품은 화학물질을 혼합한 것이고 따라서 콜로이드상의 것이 많고 유화, 가용화 색재 및 분체의 분산, 분체에의 향료의 흡착, 또 인간의 체내와 외계와의 계면에 이르는 피부면 더구나 그 피부면에 대하는 화장품의 부착성 또는 그 탈착작용 그리고 비누나 샴푸의 거품이 이는 것은 계면화학에 근거한 것이다.

또 화장품의 대부분은 분산액이고 이와 같은 분산계의 화학은 **콜로이드화학**이라 한다.

계면활성제에 대해서는 앞장에 서술되어 있기 때문에 여기에서는 화장품에 관련이 있는 사항에 대해서만 간단하게 서술한다.

계면활성제는 일반적으로 분자의 형이 가늘고 길며, 친유기(lipophilic group)와 친수기(hydrophilic group)를 가지고, 친유기는 대개 직쇄의 탄화수소기이나 친수기는 이온적인 것과 비이온 것으로 구별되고 더구나 이것들은 세분화되고 있다. 이것들 표면활성제 수용액의 표면장력은 농도와 함께 감소되고 콜로이드상의 미셀(micelle)이 출현하기 시작하는 농도, 예를 들면 임계미셀농도(critical micelle concentration : CMC)를 경계로 해서 계의 가용화력, 유화력, 용해도가 급격히 증대한다. 이것은 그 온도 이상에서 미셀이 생성되기 때문이고 이 온도를 크라프트점(kraft point)이라고 하며, 크라프트점 이상에서 사용하지 않으면 세정효과는 없다.

액-액계면에 있어서의 가용화(solubilization)현상은 난용성의 물질이 계면활성제의 미셀 중에 용해하는 것이고 화장수는 이 기술을 응용한 것이다. 유화(emulsification)는 액체 중에 다른 액체가 분산하고 있는 것으로서 이와 같은 용액을 유화액(emulsion)이라고 하며 수중유형(oil in water, O/W형)과 유중수형(water in oil, W/O형)이 있다. 에멀젼 O/W형이 되거나 W/O형이 되는가는 사용한 계면활성제의 친유기와 친수기의 크기 및 구조의 밸런스(hydrophile-lipophile-balance, HLB)온도, 그리고 첨가순서 등의 영향을 받고, 사용한 계면활성제의 HLB치가 낮을 때는 W/O형, 높을 때는 O/W형이 된다.

고-액계면에 있어서의 현상으로서 젖음과 분산이 있다. 젖음현상은 고체면을 어떤 액체가 적셔 액체 자신의 응집에 이기고 고체표면이 넓어지는 현상이며, 고체의 미분자가 액체 분산한 계, 즉 suspension을 만들기 때문에 중요하다. 또 분체혼합, 분산에 영향을 주는 응집성 메이크업 효과 등에는 부착성이 크게 관계한다. 또한 rheology도 충분히 고려하지 않으면 안되는 문제이다.

3.4 원료소재와 각종 화장품

3.4.1 원료소재

향료를 제외하고 2,000종 이상이 있다. 그 속에서 유지, 납 및 그 유도체가 차지하는 비율은 크며 대개의 화장품에 기제 또는 부원료로서 쓰이고 있다. 또 계면활성제, 색재, 향료가 점유하는 위치도 중요하다.

(1) 유성원료

표 3-2에 주요한 유성원료의 종류 및 그것들의 주요성분 및 용도에 대해 종합해 본다.

세틸 및 스테아릴 알코올은 고화제, 카르나빌 알코올 콜레스테린은 유화조제, 2가 이상의 금속지방산염은 W/O형 에멀젼에, 분산제로서 메이크업 제품에, 계면활성제 외에 지방산 금속비누, 레시틴 지방산아미드, 라노린 유도체가, 혼화제에도 지방산 에스테르, 고급알코올이 이용된다.

표 3-2 주요 유성원료

區 別	種 類	主 成 分	主 用 途
植物性油脂	야 자 油	카프릴酸, 카프린酸, 라우린酸, 미리스틴酸	化粧비누, 각종 크림類
	올 리 브 油	올레인酸, 리놀酸	입술연지, 整髮화장품
	피 마 자 油	리시놀酸	整髮化粧品, 각종 마무리 화장품, 특히 口紅의 主基劑
	카르나우바납	옥시 脂肪酸과 高級一價알코올의 에스테르	스틱狀 화장품
	칸데리라납	高級알칸, 高級脂肪酸과 高級一價알코올의 에스테르	스틱狀 화장품의 固化劑, 光澤劑
	大豆油, 綿實油를 化學的으로 處理한 것. 아보가드로油도 사용		
動物性油脂	라 놀 린	分枝高級脂肪酸, 옥시脂肪酸과 콜레스테롤, 라노스테롤의 에스테르	각종 化粧品, 극히 폭넓게 사용
	밀 랍	팔미틴酸,헥사코사놀 등의 에스테르	콜드크림 등의 크림用
	스 쿠 란	2, 6, 10, 15, 19, 23-헥사메틸테트라코산	크림, 乳液 등의 基礎化粧料
	牛脂, 鯨油를 化學的으로 處理한 것, 卵黃油, 밍크油 등도 使用		
鑛物性油	流動파라핀 고형파라핀, 바세린	알칸類	크림, 乳液 등의 基礎化粧品(화장품原料의 中核)
	마이클로클리스탈링왁스, 셀레신 등도 使用		
合成油	分枝高級알코올, 高級脂肪酸 에스테르, 지방산의 트리글리세라이드, 에틸렌옥사이드, 프로필렌옥사이드의 폴리에테르化物 등		天然油性原料의 特性을 살려 결점을 개선한 것 純度, 皮膚刺激性, 呼吸性, 安定性, 供給性이 우수. 각종 化粧品基劑

(2) 계면활성제

유화, 가용화, 침투, 젖음, 분산, 세정 등의 작용을 가지는 것 외에 보온, 살균, 윤활, 대전방지, 유연, 기포, 소포 등의 역할도 한다. 화장품에 관련된 주요한 것을 표 3-3에 기술한다.

(3) 색 재

화장품에 이용되는 색재로서 무기안료, 천연색소, 유기합성색소(염료, 레이크, 안료), 형

표 3-3 화장품에 관련이 있는 주된 계면활성제

區別	種類	主成分	主用途
아니온 界面活性劑	高級脂肪酸 비누	C_{12}~C_{20} 飽和, 不飽和脂肪酸一價, 二價金屬鹽	洗淨, 起泡用, 洗顔用 비누, 洗顔用 크림, 세이빙크림, O/W型 에멀젼
	高級알코올 黃酸에스테르鹽	$ROSO_3M$, $R=C_8$~C_{18} $M=Na$, $(C_2H_5)_3N$	洗劑用
	고급알코올 인산에스테르	$ROPO(M)_{1-2}$, $R=C_8<$ $M=Na$	乳化用, 帶電防止劑
카티온 界面活性劑	第4암모늄염	$RN^+(CH_3)_3X^-$, $\frac{R}{R'}>N^+(CH_3)_2X^-$ R, $R'=C_8$~C_{22}, X=할로겐	샴푸, 藥用 비누, 헤어린스 (C_{12}~C_{16} 效果的)
非이온 界面活性劑	폴리옥시에틸렌型	$RO(CH_2CH_2O)_nH$, $RCOO(CH_2CH_2O)_nH$,	크림, 乳液의 乳化劑, 화장수에 대한 향료, 藥劑의 可溶化劑
		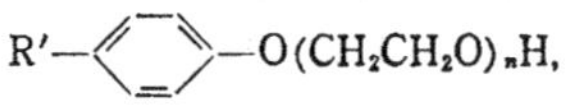 $R=C_{12}$~C_{18}, $R'=C_8$~C_9	
兩性界面活性劑	아니온, 카티온, 非이온중 어느 것인가 2가지 성질을 가지고 있는 것. 아니온, 카티온의 兩이온으로 해리	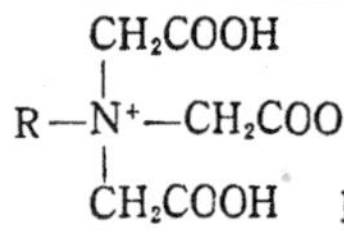 $R=C_{12}$~C_{16} 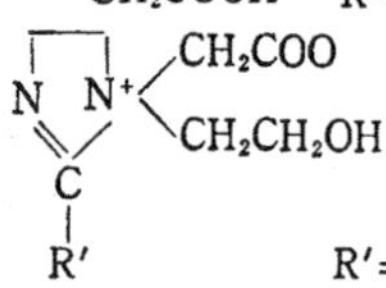 $R'=C_9$~C_{17}	피부 자극성, 毒性 낮다. 세정, 살균, 起泡力, 柔軟效果가 있고 baby용품, 샴푸, 에어졸用品

광제 등이 있다. 타르 색소는 해당 관청으로부터 사용에 대해 엄격하게 규제되고 있다.

(4) 향 료

화장품에 있어서 향료가 점유하는 위치는 화장품원료 소재 면에서도 그 중요성이 상위에 이르고 냄새와의 상관관계에 의해서 화장품의 평가를 논할 수 있을 정도이다. 그리고 그 향의 조절에 의하여 개성이 풍부한 화장품이 이루어진다.

(5) 첨가제

첨가제로서의 조건은 안정성이 높고 무색, 무미, 무향이며 경시변화를 받지 않고 용해성이 좋아서 닦아내기 쉬운 것 등이다. 종류가 많기 때문에 그 항목만을 열거해 놓는다.

고무질(아카시아고무, 전분 등), 고분자화합물(카제인 · 펩틴 · 덱스트린, 셀룰로오스류, 알킨산나트륨 등), 산화방지제(3.5-디, *t*-부틸히드록시톨루엔, 아스코르빈산 등), 방부제(안식향산, 살리실산 · 소르빈산, 붕산 등), 습윤제(글리세린, 프로필렌글리콜, 폴리에틸렌

표 3-4 화장품에 관련이 있는 주된 색재

區 別	種 類	主 用 途
無機顔料	산화티탄, 亞鉛華(白色), 三二酸化鐵(赤色), 黃色水酸化鐵(黃色), 산화크롬(綠色), 수산화크롬, 群靑, 紺靑(靑色), 紫群靑(紫色), 四三酸化鐵, 카본블랙(黑色)	메이크업 基劑. 多彩性, 耐光・耐熱性 양호. 伸展劑, 分散劑.
天然色素	크로로필(綠色), 가루사민(赤色), β-카로틴(黃色), 코티닐(赤色) 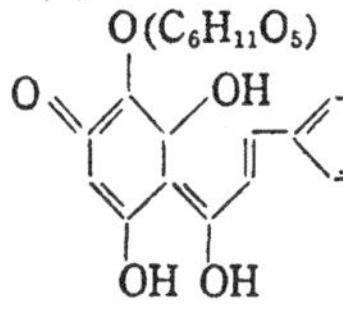 가루사민 (紅花의 紅色色素) 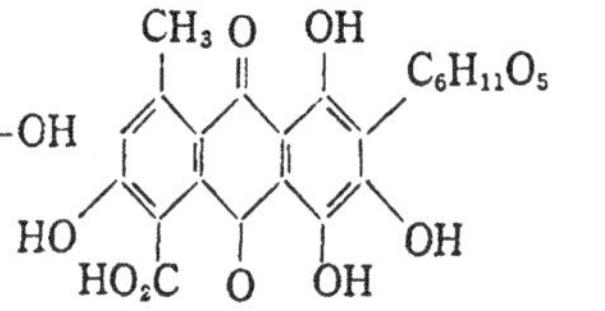 칼민酸 (코티닐의 主成分)	着色力, 耐熱・耐光・耐藥品性은 合成色素보다 열등. 高價, 치약, 口紅 등 經口的인 것에 사용.
有機合成色素	아조, 크산텐, 퀴놀린, 트리페닐메탄, 안트라퀴논系 등	수용성 : 화장수, 乳液, 샴푸 등 油溶性 : 포마아드, 頭髮油 등
	레이크顔料	口紅, 頰紅 등의 메이크컵 化粧料
螢光染料	스틸벤젠誘導體, 벤젠誘導體 등의 디술폰산나트륨	紫外部에 흡수, 紫~靑綠色의 螢光
펄顔料	天然魚鱗箔, 옥시鹽化비스무드, 酸化티탄—雲母系	펄 效果用

글리콜 등), 분말(탈크, 카오린, 아연화, 이산화티탄 등) 약품류(비타민, 호르몬, 항히스타민제, 자외선흡수제, 수검제, 발한방지제, 방취제, 자극제 등), 금속이온 봉쇄제.

3.4.2 각종 화장품

대표적인 화장품에 대해서 어떤 원료소재를 이용하여 제조하고 있는가를 극히 일반적인 구성 소재에 대해서 표 3-5에 표시했다. 그 밖에 많은 화장품이 있지만 그것들에 대해서는 전문서에서 하기로 한다. 화장품공업도 근래에 새로운 원료소재가 차례차례 등장하고, 안정성이 확실하게 된 후 그 특성에 의해서 여러 가지 용도에 제공되고 있으며, 더욱더 발전의 길을 가고 있다.

표 3-5 대표적인 화장품의 그 구성소재

化 粧 品	構 成 素 材
透明비누 (transparent soap)	고급脂肪酸나트륨(主成分), 피마자油(透明性), 牛脂, 야자유, 올리브油, 水酸化나트륨, 에탄올, 글리세린, 프로필렌글리콜, 砂糖, 香料, 着色料, 金屬이온封鎖劑, 물
클린싱 크림 (cleansing cream)	乳化型(W/O型) : 流動파라핀, 밀랍, 스테아린酸, 붕사, 香料, 保存劑, 물, O/W型, 無水油性型도 있다.
化粧水 (toilet water)	柔軟性 : 글리세린, 프로필렌글리콜, 디프로필렌글리콜, 폴리옥시에틸렌솔비탄모노라울린산에스테르, 폴리옥시에틸렌, 라우릴알코올에스테르, 에탄올, 香料, 着色料, 防腐劑, 紫外線吸收劑, 물
바니싱 크림 (vanishing cream)	스테아린산, 스테아릴알코올, 스테아린산부틸, 프로필렌글리콜, 수산화칼륨, 향료, 방부제, 물
乳 液 (liquid cream)	O/W型 : 流動파라핀, 바세린, 스테아린산, 세틸알코올, 폴리옥시에틸렌모노올레인산에스테르, 폴리에틸렌글리콜, 트리에탄올아민, 향료, 물, 그 밖에 W/O형도 있다.
팩 (pack)	液狀 팩(닦아내는 형) : 셀룰로오스, 카르복시비닐폴리머, 에탄올, 향료, 방부제, 물, 그 밖에 페이스트狀 팩, 粉末狀 팩 등이 있다.
粉白粉 (powder)	탈크, 沈降性탄산칼슘, 이산화티탄, 스테아린산亞鉛, 顔料, 향료
화운데이션크림 (foundation cream)	W/O型 : 流動파라핀, 라놀린, 탈크, 固型파라핀, 이산화티탄, 카오린, 솔비탄세스키올레인산에스테르, 착색료, 향료, 방부제, 酸化방지제, 물, 그 밖에 O/W型도 있다.
口 紅 (lipstick)	이산화티탄, 밀랍, 셀레신, 流動파라핀, 固形파라핀, 라놀린, 스테아르산에스테르, 팔미트산에스테르, 香料, 酸化방지제, 色素(赤色 202·204·203, 橙色 203 등).
頰 紅 (rouge)	固型紅 : 탈크, 亞鉛華, 스테아르산亞鉛, 전분, 착색료, 향료, 방부제.
아이섀도 (eye shadow)	카오린, 밀랍, 팔미트산에스테르, 스테아린산에스테르, 香料, 着色料〔酸化鐵(赤), 酸化鐵(黃), 酸化鐵(黑), 顔料〕
샴 푸 (shampoo)	소다비누, 칼리비누, 트리에탄올비누, 고급알코올황산에스테르염, 알킬폴리옥시메틸렌황산에스테르염, 유동파라핀, 모노에탄올아민유도체, 스쿼아렌, 라놀린유도체, 착색료, 향료, 粘度調整劑, 자외선 흡수제, 방부제.
린 스 (rinse)	알킬트리메틸암모늄클로리드, 디알킬디메틸암모늄클로리드, 디알킬디메틸암모늄클로리드
헤어토닉 (hair tonic)	養毛劑(비타민, 호르몬 등), 殺菌劑(살리실산, 카티온)活性劑, 淸涼劑(멘톨 등), 流動파라핀, 스쿼아렌, 라놀린, 고급알코올, 香料, 着色料
헤어리퀴드 (hair liquid)	라놀린誘導體, 에탄올, 물, 향료, 착색료, 방부제, 자외선 흡수제 폴리옥시프로필렌부틸에테르

4. 발효공업

4.1 서 론

발효공업은 미생물을 이용한 공업이고, 옛날에는 농산가공색이 강한 양조식품에 관해서였다. 그러나 현재는 그 주역이 되는 미생물이나 생화학의 지식이 풍부하게 됨에 따라 전혀 그 취지를 달리 한다. 1920년에는 아세톤, 부탄올, 공업용 알코올의 발효생산이, 1945년 이후에는 유기산, 항생물질의 생산 등도 첨가되고 그 규모도 크며 화학공업이나 제약공업 등과 깊은 관련을 갖게 되었다. 1955년부터는 아미노산이나 핵산 관련물질의 발효에 의한 생산을, 더구나 1970년 경부터는 장래의 식량문제에 중요한 석유 등으로부터의 식량 단백의 생산 또 생리활성물질의 생산이나 박테리아리팅그, 폐수의 미생물처리 등 매우 광범위하고 현저히 특색있는 분야로 발전했다. 그리고 최근에는 유전자조작에 의한 새로운 균의 창출의 가능성도 생겨나고, 또 유기합성 등 타 산업 프로세스의 일부로 고정화, 미생물이나 고정화효소로 행하는 이른바 바이오리액터로서의 이용 등 기술면에도 고도한, 그리고 광범위한 이용이 행해지도록 되어 있다. 미생물을 가진 복잡한 물질의 합성능력과 고도의 선택성의 이용은 최근의 라이프 사이언스의 흐름 속에서 앞으로 더욱더 발전할 것이다.

4.2 발효공업과 다른 화학공업과의 비교

발효공업이 다른 화학공업과 다른 점은 우선 제일로 생물체가 행하는 화학반응을 이용하고 있는 것으로 당연 생물체의 생활환경이라고 하는 제약을 받는다. 그 점과 비생물체의 화학공업과 그 장단을 비교하면 표 4-1과 같다고 보여진다.

표 4-1 발효공업과 일반의 화학공업의 비교

	發酵工業	化學工業
原料	農産物(전분, 糖 등)과 일부의 石油, 石油二次製品, 廢棄物供給不安定, 價格變動	鑛産物(石炭, 石油, 無機物 등 원료의 종류 많음) 供給安定, 廉價
〔反應條件〕溫度, 壓力	常溫·常壓 附近, 爆發의 위험성 없음	低溫~高溫, 低壓~高壓, 危險性 있다.
系	水系(石油가 원료일 때는 問題가 된다)	水系, 非水系, 氣相系
時間	길다(日單位)	짧다(秒~時)
選擇反應性	현저하게 높다	낮다
濃度	낮다(~15%)	높다(~100%)

	發酵工業	化學工業
〔生成物〕製造工程	복잡한 것이라도 1段의 工程으로 容易하게 만든다.	복잡한 것은 많은 공정으로 煩雜
單離	어려움(菌體, 副產物이 많음)	쉽다(副產物 적음)
〔設備規模 및 管理〕設備投資	小	大
大規模化利益	小(反應時間 길고, 幾何級數的으로 되지 않음)	大
設備의汎用性	있다	없다
管理技術	右 以外 微生物學, 酵素學 등 多知識要	應用化學, 化學工業的 基礎가 있다
排水處理	易, 有毒物 少, 微生物의 榮養素도 있고, BOD는 현저히 높다	難, COD 高

4.3 발효공업의 분야

발효공업이 산업분야에 차지하는 범위는 구분의 일처리에 따라 다르지만 여기에서는 광의로 해석하여 미생물 이용에 관한 것이라고 하면 표 4-2와 같이 된다.

표 4-2 발효공업의 분야

分野名	例
1) 알코올 및 酒類製造工業	비어, 위스키, 日本酒, 소주, 포도주, 合成酒, 淸酒添加用 알코올, 工業用 알코올 등
2) 發酵食品工業	장유, 된장, 納豆, 漬物, 빵用 酵母, 치즈, 요구르트, 乳酸飮料 등
3) 有機酸發酵工業	醋酸, 乳酸, 구연酸, 푸말酸, 능금酸, 이다콘酸
4) 아미노산發酵工業	글루타민酸, 리딘, 아스파라긴酸 등
5) 核酸關連物質의 發酵工業	5′-이노신酸, 5′-구아닐酸, ATP, 사이클릭 ATP 등
6) 生理活性物質의 發酵工業	비타민 B_2, B_6, B_{12}, C, 酵素阻害劑
7) 酵素生產工業	아밀라아제, 리파아제, 프로디아제, 凝乳酵素, 셀룰라아제 등
8) 菌體製造工業(發酵단백工業)	石油, 단백, 食糧·飼料酵母, 글로레라, 스필루레이나 등
9) 抗生物質의 發酵工業	페니실린, 가나마이신, 테트라시이글린 등
10) 固定化微生物 및 固定化酵素	微生物…L-아스파라긴산, 능금산, L-시트루린製造 등 酵 素…L-아미노산, 異性化糖, 6-아미노베니시란酸의 製造
11) 미생물에 의한 石油精製	石油의 酵母에 의한 脫파라핀, 硫黃細菌에 의한 脫硫黃
12) 미생물에 의한 環境淨化	下水, 產業排水處理, 廢棄物處理 등
13) 박테리아리팅그	銅, 鐵, 망간
14) 農藥關係	디베레린, 植物成長 호르몬 등

4.4. 공업미생물

4.4.1 미생물의 종류

공업미생물을 크게 구별하면 곰팡이, 효모, 세균으로 분류된다. 그것들의 명칭은 라틴어로 속명, 품종명이 페니실륨 크리소게넘(penicillium chrysogenum)과 같이 기록된다. 표 4-3에 그것들의 균의 예를 표시하고 역할을 기술한다.

표 4-3 공업용미생물

種　　類	性　　狀	例
1) 곰 팡 이 (fungi)	菌體가 絲狀으로 길다	*Aspergillus oryzae*(곰팡이, 酒), *Penicillium notatum* (페니실린), *Fusarium lini*(비타민 C)
2) 酵　母 (yeast)	球~楕圓形(2~6μ) 世代時間 3~4時間	*Saccharomyces cereviciae*(비어), *Candida lipolitica*(石油단백)
3) 細　菌 (bacteria)	球~杆狀(0.5~2μ) 世代時間 20~70分位 그램陰性, 陽性菌이 있다.	*Acetobactor aceti*(醋酸), *Corynebacterium glutamicum* (글루타민酸), *Lactobacillus bulgaricus*(乳酸飲料)
4) 放線狀菌 (actinomycetes)		*Streptomyces griseus*(스트렙토마이신)

4.4.2 균주개량의 기술

발효공업에서는 무엇보다도 미생물을 촉매로 해서 이용하기 때문에 거기에는 ① 고능력의 균주를 자연계로부터 분리한다. ② 대사산물축적의 요인을 알고, 대사의 인공제어에 의해서 목적물의 수량을 증가시킨다. ③ 기존 균의 돌연변이주의 취득, ④ 유전자조작에 의한 균주의 개량 등이 중요한 기술이 된다.

(1) 대사제어발효

효소생성의 유도나 억제, 또 효소활성의 feedback 저해의 해제 등에 의해 행해진다. 아미노산 발효의 경우 통상 자연계로부터 분리된 균에는 L-아라닌, L-글루타민산, L-바린의 3종의 아미노산을 축적하는 것밖에 없고, 예를 들면 리딘생산을 위해서는 글루타민산 생산균의 feed back 저해를 해제한 것을 이용한다. 그림 4-1에서 리딘과 트레오닌의 생성이 있으면 ①이 저해된다. 거기에서 호모세린 요구변이주 ②의 효소를 만드는 일에 의해 호모세린의 생성을 누르고 feedback 저해를 해제하고 물론 생육에 필요한 것만의 호모세린을 주고 리딘의 축적을 가능하게 한다. 이것에는 또 아너로그 물질이라 하는 리딘에 가까운 S-(2-아미노 에틸)-L-시스데인을 균에 주고 그것의 내성(저항)주의 속에서의 저해에 불감수되었던 것으로서 리딘의 축적을 도모할 수도 있다. 균주의 변이는 일반적으로 자외선, 니트로소구아니틴, 에틸메탄술포나이트 4-니트로퀴놀린-N-옥사이드 등이 이용된다.

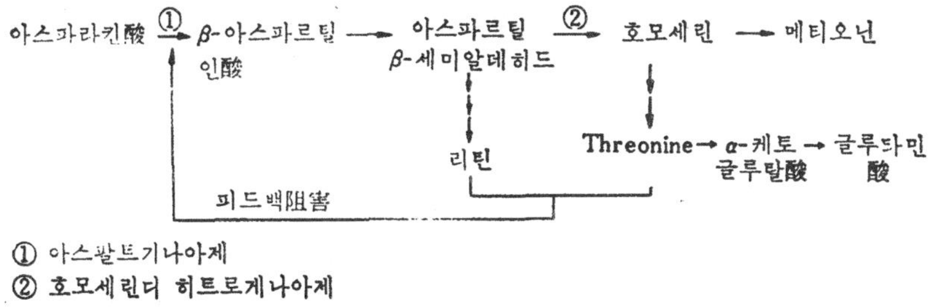

그림 4-1 글루타미균의 피드백저해의 일부

(2) 유전자조작

(1)과는 아주 달라서 유전자를 인공적으로 개변시키도록 하는 기술이 새롭게 클로즈업 되어 왔다. 균주의 변이는 DNA 단편의 재배열 또는 결실, 염색체 세트 수의 변화 등으로 그 범위는 한정되고 있다. 그러나 유전자조작은 전연 다른 종족의 생체 유전자, 극단적인 경우는 인공합성 DNA를 세포핵에 조합할 수 있는 기술이고 1973년 제한효소가 발견된 이래 급속히 발달했다. 제한효소라 하는 것은 대장균 등에 있고 균이 침입한 우이루즈의 DNA를 절단하고 증식을 제약하는 일부터 이 부르는 이름을 갖지만 EcoR Ⅰ, BamN Ⅰ, Hind Ⅲ 등 현재에서는 200종류 정도 알려지고 있다. 그 특징을 표 4-4에 표시한 것처럼 DNA 염기대의 회전대장체 부분을 절단하고 절단부분을 상보적인 1본쇄 DNA를 갖는 것으로 이종의 DNA를 같은 제한효소로 자르면 절단부분끼리는 용이하게 접합된다. 이 원리를 응용해서 그림 4-2와 같이 유전자조작이 행해진다.

표 4-4 제한효소의 작용부위(…로 절단)

酵素名	制限部位의 鹽基配列
EcoR Ⅰ	3′…—C—T—T—A—A-¦-G—…5′
	5′…—G-¦-A—A—T—T—C—…3′
BamN Ⅰ	3′…—C—C—T—A—G-¦-G—…5′
	5′…—G-¦-G—A—T—C—C—…3′
Hind Ⅲ	3′…—T—T—C—G—A-¦-A—…5′
	5′…—A-¦-A—G—C—T—T—…3′

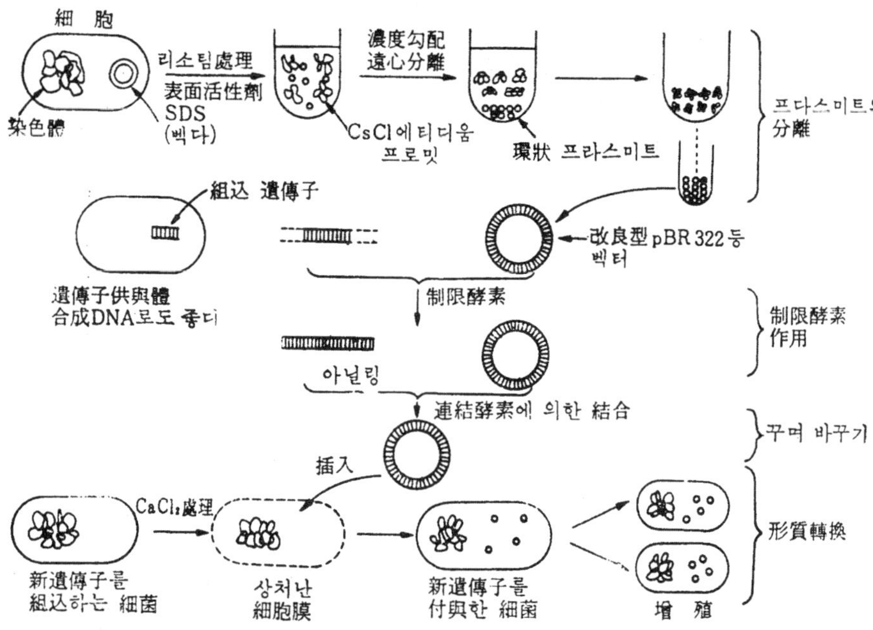

그림 4-2 생체외에서의 유전자조작의 개략도

유전자를 새롭게 조합한 세균이 증식능력을 가질 때, 유전자조작은 완료된다. 그리고 미국의 GE사에서는 석유유출 사고 처리용의 균을 개발했고, 인플루엔자 우일루스 항원생산용의 균, 고등동물에만 존재하는 호르몬 인슐린의 유전자의 대장균에의 이입 등 각국에서 활발히 시험되고 있다. 그리고 기능발현의 의미로 이종끼리의 사이에서는 또 약간 문제도 있고 그 의미부터 근연관계를 취급하는 발효생산에의 응용이 매우 유망하다. 또 이것들의 방법은 한편으로는 생태계의 교란 등을 일으킬 수 있기 때문에 미국에나 영국에서 또 우리나라에서도 최근 이종의 실험에 대해서의 지침이 나왔다.

4.5 발효생산물의 생성경로와 생산공정

발효생산물은 미생물의 대사 산물이며, 생산물의 축적은 대사경로와 깊은 관계가 있다. 비교 생화학에서 명확한 것 같이 그 복잡한 생성기구는 고등동물로부터 미생물에 이르기까지 공통의 면을 갖고 있고 발효생산의 반응경로를 알고 그것을 제어하는 데는 그 대사경로를 알 필요가 있다고 생각된다.

현재에서는 특별히 여러가지의 대사경로가 발견되고 있으며 여기에서는 복잡한 핵산이나 항생물질 등에 대해서는 관여할 수 없지만 글루코오스를 중심으로 한 알코올, 유기산, 아미노산에 대해서 생성 개략을 그림 4-3에 표시한다. 물질분해에 대해서의 큰 특징을 산소를 필요로 하는 호기적인 대사와, 필요로 하지 않은 혐기적인 대사로 크게 구별된다.

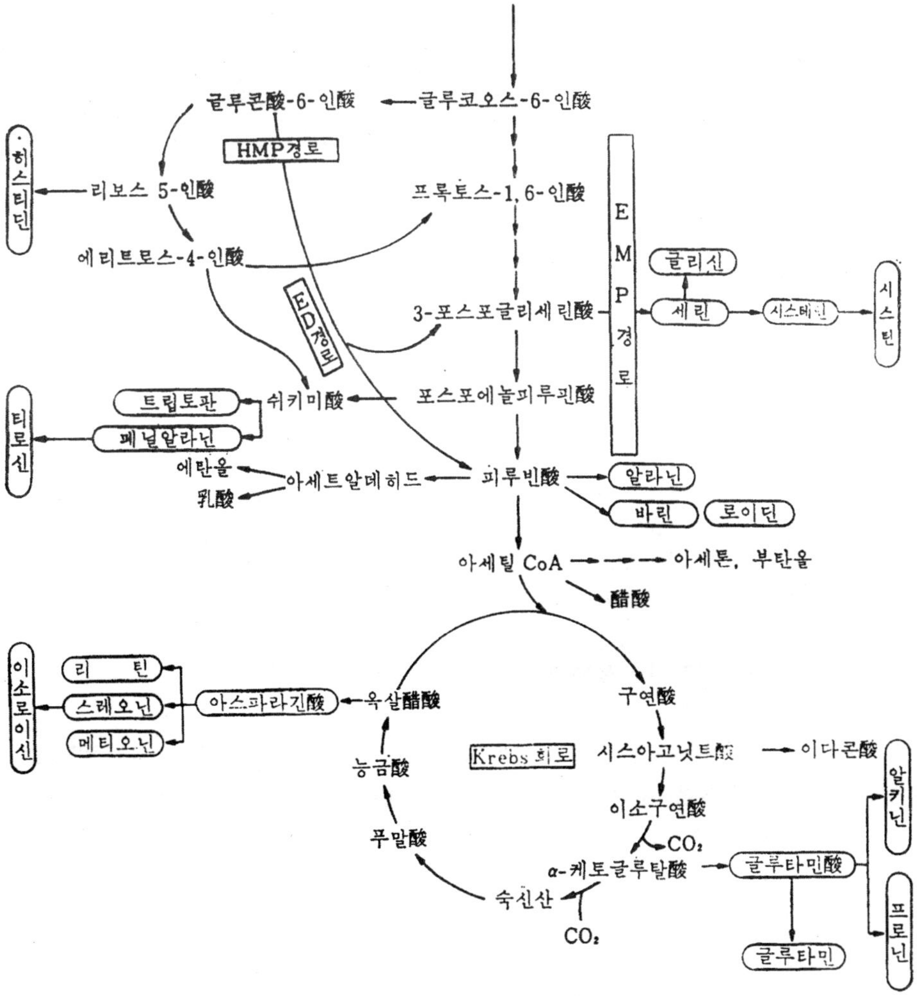

그림 4-3 대사경로

EMP경로는 혐기적인 경로로 효모에 의한 알코올, 유산균에 의한 피루빈산, 또 우리들의 신체에서의 글리코겐으로부터 유산생성이 이 계에 의한다. 한편으로 HMP경로는 호기적인 방법에 의한 것으로 EMP와의 차이는 글루코오스-6-인산이 글루콘산-6-인산이 되는 개소에 산소를 필요로 한다. 또 방향족화합물의 전구체가 되는 시키미산도 이 계에 의한다. ED경로는 글루코오스-6-인산부터 피루빈산이 생기는 경로이고 피루빈산부터 나중에는 krebs회로에서 탄산가스와 물로 산화된다. 미생물이 이것들의 경로의 어느 것을 걸쳐서 대사하는가는 발효생성물에 크게 영향을 주며 예를 들면 초산균에서는 HMP경로를, 고초균에서는 EMP와 HMP를, 녹농균에서는 ED와 HMP라고 하는 것으로 본다.

발효공업의 일반적인 제조공정은 그림 4-4와 같으며 각종의 장치가 있고 상술한 요소에 의해서 각 공정에 연구가 시행된다. 예를 들면 배양조에 대해서 말하면 발효생산물이

아닌 균체 생산을 목적으로 할 때는 점도가 높고 기포도 많으므로 배양액을 25~40% 가량 이용하는 통기량이 많은 와르트호프형 발효조 계통의 것을, 또 항생물질과 같이 이차대사 생산물로서 특별히 미묘한 조건이 필요한 것은 통기량도 약간 낮고 그 밖의 균의 오염을 극도로 싫어하기 때문에 가압증기살균이 가능한 전밀폐형압력 발효조를 이용한다. 이것들의 발효조에는 많은 타입의 것이 연구되고 있다.

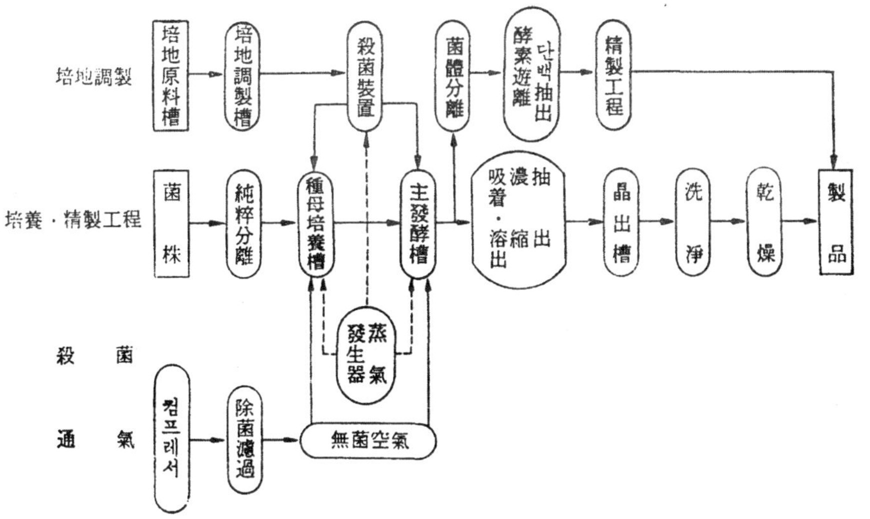

그림 4-4 발효공업의 프로세스프로오다이어그램

4.6 알코올 발효

4.6.1 공업용 알코올

용제용의 아세톤이나 부탄올을 발효법으로 만드는 것은 1944년경부터 급격히 발전했지만 1955년경 점점 감소해 현재는 전부 석유로부터 합성법으로 전환되고 있다. 그리고 공업용 알코올 약 반은 지금도 발효법에 의하고 있다. 그 원료는 이전에는 고구마 전분 등이었지만 현재는 염가인 조유주정, 수입정밀, 펄프폐액으로부터의 생산으로 대부분을 점유하기에 도달했다. 전분원료로부터의 생산으로는 당화공정이 필요하기 때문에 국법, 액체국법, 아미로법, 아미로국절충법 등이 있지만 생산량은 낮다. 당밀로 부터의 제조는 회분식 발효조를 이용, 당분이 많기 때문에 15~20%로 희석하고 pH5 전후로 효모균을 이용, 60~72시간 32℃로 발효시킨다. 발효비율은 8.8% 정도로 증류에 의해 얻은 95.57%의 알코올은 공비증류법 등으로 무수알코올로 한다. 공업용 알코올은 코리딘 등을 첨가해서 변성알코올로 하고 염가로 팔린다.

4.6.2 맥 주

맥주는 단행복발효라 할 수 있다. 우선 맥아에 의한 당화공정이 있고 뒤이어 효모에 의한 알코올화의 공정이 있기 때문이다. 청주의 경우 당화효소는 국균에 의하지만 맥주의 경우는 맥아 중의 아밀라이제를 이용한다. 맥아를 만들 때 대맥에 디베레린산 처리를 하고 산소력을 높이는 일도 잘 행해진다. 홉은 후무라술프라스라 하는 자웅이주 식물의 자화로서, 맥주 특유한 고미(루프톨)와 향기를 만들기 위해 이용된다. 맥아를 배조할 때의 조건으로써 맥주의 색의 농담이 결정된다. 효소력을 잃어버리는만큼 고온(140~200℃)으로 처리한 색맥아 또는 캐러멜맥아는 흑맥주의 색을 내는 데 이용된다. 종효모는 순수배양기를 이용하고 배양한 것이거나 전의 발효에서 침전한 효모의 일부를 사용한다. 효모에는 발효할 때 포립이 많은 상면효모와 그 밖에 하면효모가 있고 상면효모를 이용한 것은 영국의 스타우트, 엘, 벨기에의 와이스 등으로 독일에서는 하면효모의 것이 많다. 라카비어라 하는 것은 살균한 저장용 맥주의 것을 말한다.

알코올분은 4~5%로 탄산가스를 0.3~0.5% 포함한다. 부생하는 효모는 효모 제재로서 쓰인다. 맥주의 포말안정제로서는 알긴산프로필렌글리콜 에스테르가, 혼탁방지에는 파파인 S가 이용된다. 저장조건에 의해서 일광취라 말하는 신통치 않은 맥주가 될 때가 있지만 이것은 고미의 성분의 변질에 의해서 3-메틸-2-부텐-1-티올이 되기 때문이다.

4.7 아미노산 발효

아미노산의 발효법에 의한 합성은 1955년 일본의 키노시타 슈쿠오(木下祝郞)등에 의한 글루타민산 생산균의 발견을 계기로 급속히 발전했다. 일본에서는 글루타민산만으로도 1년에 10만 톤의 생산이 있는 큰 사업이 되어 있다. 발효법에 의한 특징으로서 얻을 수 있는 아미노산은 어느 것이나 L형 아미노산이다. 화학합성에는 D, L, 혼합의 라세미체이며, 생체에 필요한 L형만을 얻기에는 미생물의 효소 아시라아제나 라세마아제를 이용하지 않으면 안된다. 그 때문에 일본에서 생산되는 아미노산 약 28종 중 발효법에 의한 것은 16종을 세고, 화학합성되는 것은 6종에 지나지 않는다. 글루타민산소다는 종래 소맥단백질의 글루텐이나 대두단백의 가수분해, 감채당폐액으로부터의 분리, 아크릴로니트릴로부터의 합성 등이 행해지고 있다. 그리고 단백질로부터의 아미노산 생산은 자원면에서도 문제가 있다고 생각된다. 글루타민산의 공업적은 발효법은 균으로서 C. glutamicum 등을 이용하고 탄소원으로서 초산, 글루코오스 등을 이용한다. 생육인자로서는 피오틴을 필요로 하고 균 자체의 대사제어기구로부터 통기배양에 있어서의 통기량, 첨가하는 암모니아 농도, pH 등에 의해 미묘히 영향된다. 통기량의 부족으로 젖산이, 암모니아의 부족으로 α-케토글루탈산이 생성되고, 모든 것이 충분히 될 때에 pH가 산성측에서 글루타민산 생산이 최대로 된다.

4-4절에 서술한 것 같이 자연계로부터 분리된 균에서는 3종의 아미노산을 축적하는 것 밖에 얻지 못하고 그 밖에 아미노산 생산은 모두 대사제어 변이주를 써서 한다. 그리

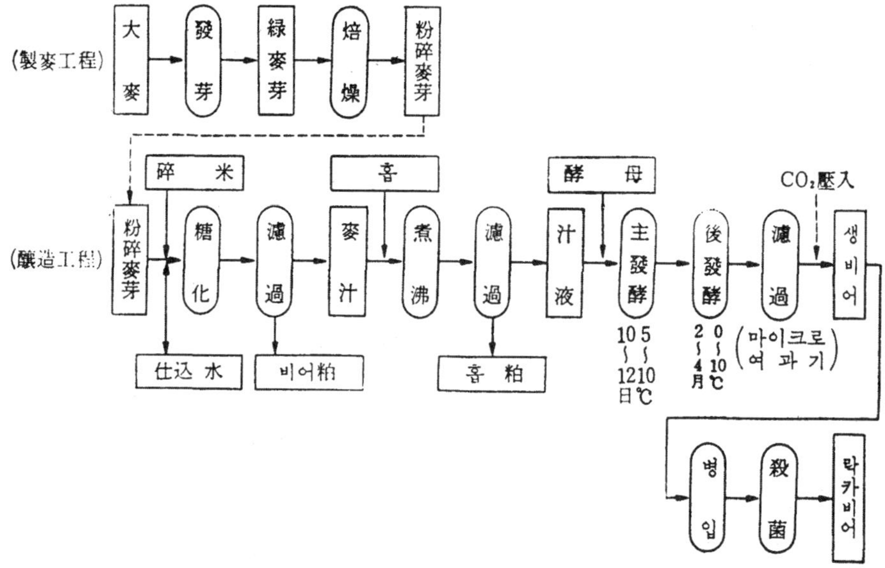

그림 4-5 비어제조공정

고 현재 공업적으로 하고 있는 것을 모두 초산이나 글루코오스를 탄소원으로서 하고 있는 것이지만 석유탄화수소, 에탄올 등으로부터의 생산의 보고도 있고 그 수율도 높은 것이 있다.

4.8 핵산발효

오래전부터 시작하고 이용되어 온 지미의 성분, 이노신산(5'-IMP)과 구아닐산(5'-GMP)은 리보핵산(RNA)의 성분이다. 그 중의 이노신산은 *t* RNA 중에는 뉴클레오티드로서 소량 함유하지만 다량으로는 아데닐산의 탈 아미노화에 의해서도 생기는 것으로 특히 조미료로서 중요하다. 그림 4-7의 화학구조식으로부터 이해되는 것처럼 5'는 리보스의 5'위에 인산이 붙어 있는 것을 말하고 만약 파선의 개소에서 절단되는 3'-뉴클레오티드가 생긴다. 지미를 가지는 것은 5'가인산기, 2'가 OH 또는 H, 염기의 6위가 OH로 있는 것이 필요하다고 말하고 있다. 그리고 지미는 글루타민산소다와 혼합할 때 상승효과를 나타내기 때문에 1.5% 정도 첨가하고 복합조미료로서 시판되고 있다.

RNA의 원료로서는 펄프폐액이나 당밀 등을 배양하여 얻을 수 있는 효모의 균체(RNA 함량 약 12%)가 이용되고 RNA는 화학적으로 가수분해를 하면 3'-뉴클레오티드만을 얻을 수 없기 때문에 곰팡이나 방선상균으로부터 얻는 효소 5'-포스포디에스데라아제를 이용하여 분해한다. 생긴 5'-뉴클레오티드 속에는 5'-IMP는 적고 그 속에 다량 포함되는 5'-AMP(아데닌-5'-인산)의 6위를 타가디아스타아제로 탈-아미노화하고 5'-IMP를 얻는다. 발효법에 의한 생산은 이노신이나 구아노신의 전구체인 5'-아미노-4-이미다졸-카르복시아미드레보티드(AICAR)를 대사제어발효에 의해 만들고 화학적으로 인산화하는 방법과 글루코오스로부터의 직접 발효가 있다. 글루코오스로부터의 이노신의 수량은 약 20%이고 현재 발효법에 의한 공업화는 AICAR이나 그것들의 뉴클레오티드 생산의 후 약 5'-뉴클레오티드로 하는 것으로서 직접발효법은 공업화되어 있지 않다.

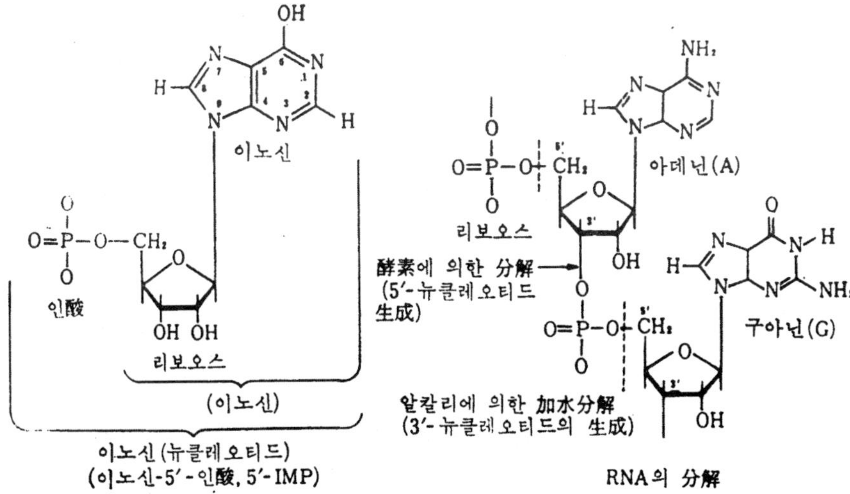

그림 4-6 RNA의 구조

표 4-5 현재 각국의 시판되고 있는 의약용 항생물질

그램陽性菌에만 작용하는 것(14種)…페니실린[a], 에리트로마이신 등
그램陰性菌에만 作用하는 것(2種)…폴리미키신B[b], 콜리스틴
그램陽性, 陰性菌에만 작용하는 것(9種)…그로람페니콜, 테트라시클린 등
結核菌에도 작용하는 것(6種)…스트렙토마이신, 가나마이신, 바이오마이신
곰팡이와 酵母에 작용하는 것(10種)…트리코마이신, 바리오틴[a] 등

a) 곰팡이에 의한 것, b) 細菌에 의한 것, 다른 것은 放線狀菌으로부터 生成

4.9 항생물질 및 생리활성물질

현재까지 보고된 항생물질의 수는 약 2천 종으로 우리나라에서 의약용에 사용되고 있는 것은 그 중의 50종 정도이다(표 4-5). 1940년경부터의 일련의 항생물질의 발효생산은 제약공업계를 석권하고 발효공업의 대비약에 연결되었다. 시판의 50종 중에서 실로 80%가 일본과 미국에서 발견된 것이다. 대부분은 방선상균에 의해서 만들어지고 그 중 39종에 미친다. 발효의 특색으로서 당해 미생물에 있어서 반드시 필요하지 않는 이차대사 생산물이기 때문에 미생물의 생육이나 증식에 직접 관계하지 않고 생합성 경로도 불

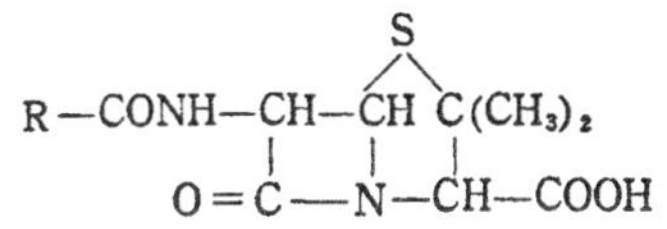

페 니 실 린	R
penicillin G	$-CH_2C_6H_5$
〃 X	$-CH_2C_6H_4OH$
〃 F	$-CH_2CH=CHCH_2CH_3$
〃 K	$-CH_2(CH_2)_5CH_3$
〃 dihydro F	$-CH_2(CH_2)_3CH_3$
〃 V	$-CH_2OC_6H_5$
flavacidin	$-CH_2CH_2CH=CHCH_3$

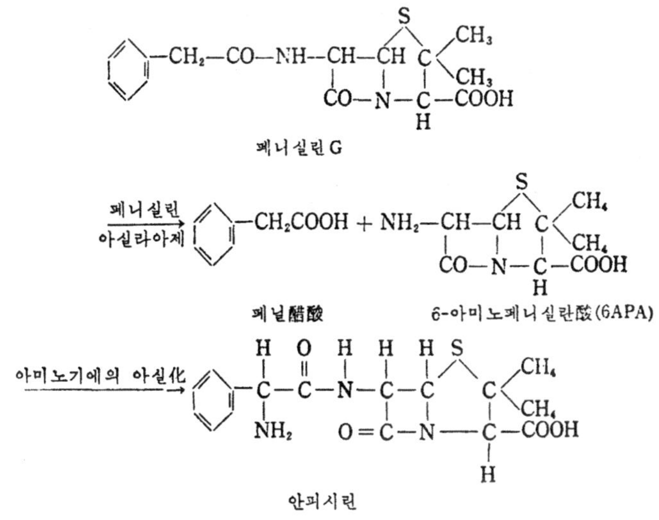

그림 4-7 페니실린 G로부터 안피시린의 합성

확실한 것도 많다. 생성물은 일반적으로 균의 생육정지 가까이부터 집적하기 시작하지만 균의 활력을 필요로 하기 때문이며 페니실린 생산을 예로 들면 배지에 락토오스를 첨가, 완만한 이용을 도모하든지 탄소원의 정제의 사용 등이 행해진다.

또 일차대사산물인 페닐초산을 첨가하고 생산량을 증대하기도 한다. 초기에 발견된 페니실린은 불순하고 여러 종의 혼합물부터 되고 그 화학구조는 다음과 같은 것이다. 이 중 의료에 이용된 것은 페니실린-G이다. 그러나 항생물질의 숙명이라고 할 수 있는 내성균이 생겼다. 그 때문에 내성균에 유효한 새로운 페니실린의 탐구가 계속되었다. 페니실린을 모핵 6-아미노페니시란산(6-APA)과 측쇄에서 분해하는 효소, 페니실린아실라이제가 발견되고서부터 대량의 6-APA를 얻고 그것을 원료로 해서 아실화 반응에 수천의 유도체가 만들어졌다. 현재에는 대장균의 효소를 이용하여 공업적으로 6-APA가 만들어지고 있다.

그 결과 페니실린-G와 같이 그램양성균에만 유효하지 않고 내성균도 많이 되고 산에 불안정하고 경구투여가 가능하지 않았던 것이 측쇄를 변화하는 일에 의해 안피시린과 같이 그램음성균에 일부 유효한, 산성에 안정하고 내성균에도 강한 항생물질로 개량되었다. 세펄로오스폴린 C의 개발도 같게 모핵 7-아미노세펄로오스포란산(7-ACA)을 근거로 해서 행해지고 있다. 또 항생물질이라 하는 의미는 현재 매우 복잡하며, 예를 들면 테스토마이신 등을 동물의 생육촉진작용을 갖고 닭이나 돼지의 사료에 첨가하기도 하고 그 밖의 식품보존용이나 식물병원균 방제용 등과 같이 광범위하게 미치고 있다. 생리활성물질로서 비타민으로는 B_1, B_2, B_6, B_{12}, C 및 CoA나 비오틴이, 호르몬에서는 스테로이드계 호르몬이나 식물호르몬의 디페레린이 발효법으로 만들어지고 있다. 그러나 비타민 C나 스테로이드계 호르몬 등 화학반응의 공정 중의 일부를 미생물에 행하는 것이 많다.

4.10 균체생산

균체생산에는 단백근원으로서의 석유로부터의 미생물 단백질질(single cell protein, SCP)과 빵용 효모의 생산이 있다. 효모의 균체는 50% 전후의 양질의 단백질을 함유, 비타민도 풍부하다. 세계인구의 증가 때문에 자원과의 밸런스가 눈에 띄게 되었고, 30년 후에는 연간 6천만톤의 단백질이 부족하다고 말해지고 있다.

균체 양산의 원료로서는 당밀, 아황산 펄프폐액 등이 있고 사료용이나 빵용 효모에 이용되지만 석유로부터의 균체생산은 당질원료보다도 탄소함량이 높고 품질이 안정되고 있는 것, 또 대량 공급됨과 함께 저렴한 것 등의 이유로서 유망시되어 왔다.

n-파라핀을 원료로 하는 SCP에 관한 연구는 1950년대의 초기에 개시되고 1960년대 후반부터 1970년초에 걸쳐 공업적 생산이 계획되었지만 소련(연산 100만톤)을 제외하고는 큰 생산은 행해지고 있지 않다. 그 이유는 주지와 같이 안정성과 최근의 석유의 값오름 등에 의한다. 생산으로서 경제적 요인은 그 수율이지만 당질로부터는 균체수율 50%, *n*-파라핀으로부터는 100%에 이른다. 제조의 특징으로서 생산물을 목적으로 하는 것은 아니기 때문에 충분한 통기 조건하에서 배양하는 것이 필요하고, 일반적으로 말해서 통기량이나 점성의 액에 적합한 와루트흐프형 발효조나 에어리프트형의 발효조가 이용된다.

또 석유계는 물에 녹지 않는 것과, 배양과정으로 다량의 발포를 동반하는 등으로부터 배양공학적인 면 등의 연구가 많이 되어 왔다. 균은 현재 간지다속 효모가 많이 이용되고 세균으로도 좋은수율의 것이 있지만 특별히 미소하기 때문에 균체분리에 난점이 있다. 자본화하려는 *n*-파라핀은 그림 4-8과 같이 C_{10}~C_{19}의 것이 좋고 이소형은 직쇄형보다도 자본화하기 힘들고, *n*-알켄을 C=C가 많은만큼, 특히 α, ω립의 불포화의 것은 분해하기 힘들다.

단백질의 유출에는 알칼리유출법(0.1~0.5% NaOH), 요소유출법, 효소처리법, 기계적 방법 등이 있다. 또 핵산이 약 100% 포함되지만 이 양의 핵산은 식용에 제공될 때 (인간의 핵산 허용섭취량 2g/일) 혈액 중의 요산이 증가, 생리적 장애를 일으키므로 효소 레보누클레아제로 분해 제거된다. 최근 천연가스의 수입증가로 메탄이나 메틸알코올 그 밖의 석유제품으로부터의 SCP의 생산의 연구도 진전되고 있다.

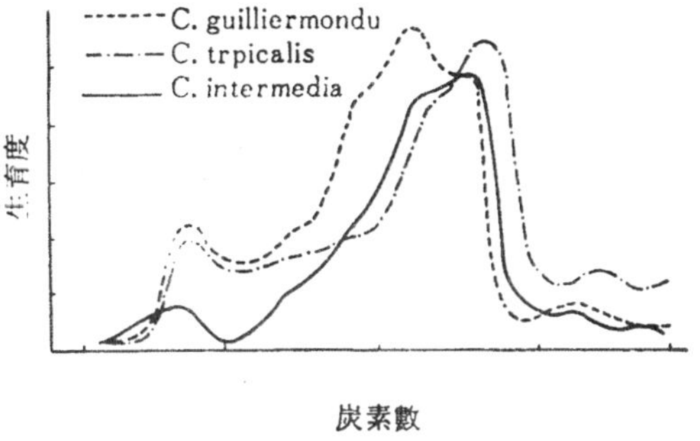

그림 4-8 *n*-파라핀에 대한 효모의 기질선택성

4.11 효소공업

현재까지에 정제되어 보고된 효소는 약 2천 종에 이르지만 그 중 산업적으로 이용되고 있는 효소는 약 60종이고 그 일부를 표 4-6에 표시한다. 생산량으로부터 보면 아밀라아

표 4-6 이용되고 있는 효소예

酵素名		起源	用途
〔酸化還元〕	글루코오스옥시다아제	곰팡이	食品防腐(酸素나 글루코오스除去) 글리콘酸의 製造
	카탈라아제	곰팡이細菌	殺菌에 사용한 H_2O_2 除去 플라스틱의 發泡
〔轉移〕	뉴클레오티드 포스포트란스	細菌	化學調味料(5′-뉴클레오티드)製造
	페라아제, 트랜스아미나아제	細菌	L-아미노산의 製造
(加水分解)	리파아제	酵母, 細菌	醫藥(消化劑), 食品加工(후레파)
	α-아밀라아제	麥芽, 細菌	糊抜劑, 消化劑, 醸造, 製菓工業
	β-아밀라아제	麥芽, 甘藷, 大豆	말토오스의 製造
	글루코아밀라아제	곰팡이, 酵母	포도당製造
	셀룰라아제	곰팡이	인스턴트食品, 야채 등의 加工, 消化劑
	프로테아제	각종 微生物, 動植物	消化劑, 洗劑添加, 皮革加工, 食品加工(고기의 軟化)
	락타아제	곰팡이 細菌	乳糖除去의 牛乳
	라피아제	곰팡이	甛菜糖工業
	나린디나아제	곰팡이	夏귤의 苦味除去
	헤스페리디나아제	곰팡이	夏귤의 缶詰의 白濁防止
	포스포디에스테라아제	곰팡이, 암소胃	化學調味料(5′-뉴클레오티드의 製造)
	아미노아실라아제	곰팡이, 放線狀菌	D, L-아미노酸分割
(脫離)	아스파르다아제	細菌	아스파라긴산製造
	후마라아제	細菌	능금산製造
(異性化)	글루코오스이소메라아제	放線狀菌	果糖 시럽의 製造
	D-아미노산라세마아제	細菌	L-아미노酸製造

제, 프로테아제류가 대부분을 점유한다. 그러면서도 그 밖에 다종류의 특징있는 효소가있고 근년의 고정화, 효소기술의 진보로부터 화학공업의 공정에의 조합이나 임상검사에서의 분석 등 더욱더 다방면에의 이용이 기대되고 있다. 효소는 어느 것이나 단백질로부터 생기고 때로는 그 촉매작용의 발현에 보효소 또는 보결분자족이라 불리는 특수한 저분자 유기화합물이 필요할 때도 있다. 분자량은 약 1만부터 100만이라는 상당히 큰 것이지만 구성 아미노산의 대부분은 기질과는 직접 접촉하지 않고 이것이 고정화효소 등의 제작의 원리로도 되어 있다. 또 효소의 특징으로 기질에 대한 특이성을 들 수가 있다.

프로테아제를 예로 들면 키모트립신은 단백질 중의 방향족잔기의 곳을 트립신은 염기성아미노산의 L-리틴이나 알키닌잔기의 곳을, 에스테라이제는 중성아미노산의 곳을 절단한다. 이와 같이 효소에는 특이성이 있고, D, L-아미노산의 분할에도 응용된다.

효소의 공업적 제법에는 항생물질의 생산에 의한 발효기술의 진보에 의한 것이 크며 그 제법의 특징은 균체내 생산의 효소와 균체외 생산의 효소가 있어 거기에 의해서 정제법은 약간 다르다. 효소의 공업적 이용에는 기질과 효소의 친화성이나 반응의 형을 아는 것으로 미하엘리스 정수 K_m가 참고된다.

효소의 저장중의 변성방지에 솔비톨 등의 살균제나 각종 완충액의 염 등이 첨가되는 일도 있다. 고정화효소 등에도 효소의 안정화의 한 방법이다. 고정화에는 표 4-7와 같은 방법이 이용된다. 1971년의 효소공업의 국제회의에서 고정화효소의 표시법이 제창되고 담체-결합방법-효소의 순서로 병기된다. 예를 들면 「폴리아미노스티렌-ADS-가다라아제」와 같다. 고정화효소에 이용하는 반응기는 ① 벳치식, ② 칼람법, ③ 호로하이버법 등이 이용된다.

표 4-7 고정화효소의 제법

吸着法(ADS)	物理的吸着法……活性炭, 多孔性유리, 알루미나 등
	이온結合法……DEAE, 셀롤로오스, 이온交換樹脂 등
共有結合法(CVB)	디아조法(酵素 N=N−R)
	펩티드法(酵素 NH−CO−R)
	알킬化法(酵素 $CH_2-C(=O)-OR$)
包括法(ENT)	格子型……폴리아크릴아미드겔 등
	캅셀型……여러 폴리머, 코로디온 등

고정하에 의해 적정 pH나 온도, 반응속도 등의 바로미터는 생효소의 값부터 일반에게 pH나 열에의 내구성이 향상되는 경우가 많고 활성의 지속이나 연속사용이 가능한 등의 이점이 많다. 공업적으로 이용된 예로서 일본의 千畑-郎氏 등에 의한 DEAE 세퍼덱스-ADS-아미노아실라아제에 의한 L-아미노산의 연속생산(1973), 폴리아크릴아미드겔-ENT-아스팔타아제에 의한 푸말산으로부터의 L- 아스파라긴산의 생산(1973), DEAE-셀룰오소스-CVB-페니실린아미다아제에 의한 페니실린-G부터의 6-아미노페니실란산의 연속생산(1973) 등 여러 가지가 보고되고 있다. 효소의 합성은 유기화학자의 꿈의 하나지만 효소 또는 효소활성을 갖는 촉매를 합성하려고 하는 시험이 번창하게 되어 이미 뉴

클레아제 등의 합성에는 성공하고 이미다졸을 포함한 폴리머의 효소작용 등도 검토되고 있다.

4.12 미생물에 의한 산업폐수의 처리

산업폐수를 처리하는 방법을 크게 구별하면 물리화학적 방법과 생물학적 방법으로 나누어진다. 그러나 보통은 그 두 가지 방법을 조합시켜 행해지고 있다. 그 개요는 그림 4-9와 같다. 처리의 방법을 결정하기에 적당한 다음의 사항이 오탁도의 지표가 된다. BOD(생물화학적 산소요구량), COD(화학적 산소요구량), DO(용존산소), SS(부유물질), 침강물질, 증발잔사, 색도 pH, 그 밖의 타폐수 중의 유해물질의 농도 등이 있다. 또 활성오니법에 대해서는 BOD부하, MLSS(활성오니량), SV_{30}(자연침강오니량/30분간), SVI(오니용량/1g MLSS)가 지표로 된다. 공업폐수에는 실로 많은 것들이 있지만, 일반적으로 BOD 부하량이 많은 것은 알코올공업, 펄프공업의 폐액 등이 있고, 식품공업이 이것에 다음가며 화학공업의 폐수는 복잡하고 양도 많고 매우 난분해성의 것이 많다.

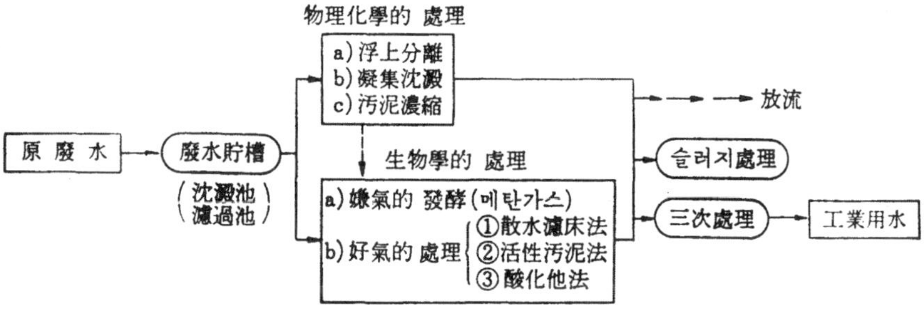

그림 4-9 폐수처리법의 개요

혐기적인 메탄발효에서는 BOD 5,000~5만이라 하는 높은 값의 폐액처리에 적합하다. 어떤 알코올 공장의 증류폐액에 대해서의 예로는 BOD 40,000ppm의 폐액을 하루에 2,000㎥ 배출하나 사이클타임 10일로 메탄 50~60%를 함유하는 가스를 하루에 6,000㎥ 발생시키고 중유와 병용해서 보일러용 연료에 사용하고 있다. BOD는 처리 전의 10%까지 감소하고 호기처리 후 방류하고 있다.

활성오니법은 일반에게 널리 이용되고 많은 형식의 것이 있다. 미생물군을 폭기조 중에서 후록크의 상태(활성오니)로 부유시키고 공급한 공기 중의 산소로 BOD 성분을 산화분해시키는 것으로 처리수의 분리조작의 쉬운 방법으로서는 앞서 기술한 SV_{30}, SVI가 유용하다. 활성오니 중에는 실로 여러 가지 원생동물이나 세균이 존재하고 폐수의 질이나 온도에 의해 생성균도 다르고, 오랜 사용으로 난분해물질도 분해하기 쉽게 되는 적응능력도 가지며, 예를 들면 페놀 등도 적응하면 96% 것의 제거율이 얻어진다. 일반적으로 도시하수, 발효나 식품공업의 배수의 처리 등에 적용하고 대량의 배수처리에 적합하다. BOD의 제거율은 95% 이상 얻어지지만 화학공장 폐수의 COD에 대해서는 약간 떨어진다.

석유정제공장의 폐수는 처리원유의 7배에 미친다. pH는 일반적으로 약간 알칼리측으로 유리의 유분이나 증류탑 부식방지용의 알칼리 황화수소, 황산이나 염산 등의 산성물질도 함유한다. 석유화학공장에 대해서는 석유이차제품의 제조를 위해 더욱 복잡하게 되고 수량이 많은 위에 수질의 변동, 생물독이 되는 유해물질, 수온이 높은 것, 활성오니에 대하는 영양원의 부족 등 여러 가지 문제점이 많다. 일반적으로 물리적, 화학적, 생물적 각종의 처리법을 모두 이용하고 물리적 방법으로는 유분의 분리 등에, 화학적 처리로는 pH나 화학적 산화분해에, 생물적 처리법으로는 활성오니법에 각각 중점을 두고 있다. 여기서도 활성오니법의 역할은 중요하고 방향족화합물도 탄산가스와 물까지 분해된다.

석유 콤비나트로는 업종이 다른 여러 공장의 폐액을 혼합함으로써 pH의 조정이나 영양원의 보급을 하고 공동처리에 의해 그 효과를 보고 있다. 식품공업으로부터 석유화학공업에 이르기까지 폐액처리의 문제는 매우 중요하며 탈취, 탈색을 포함하여 많은 연구 과제를 안고 있다.

5. 식품공업

5.1 서 론

우리나라의 식품공업의 전체 산업에 대한 생산고의 비율은 매우 높다. 그러나 공장의 규모는 근년 차차 크게 발전되고 있는 경향이며, 종래부터 원료에 신선함이 요구되는 일, 또 그 형상이 일정하지 않는 일, 제품이 다품목에 이르고 있는 것, 또 종업원수가 많은 중소기업이 보다 대부분을 이루고 있는 것 등이 현황이다.

그리고 최근의 식형태 일단 구미(歐美)색을 강하게 반영, 고급화, 국제화하고 있는 일이나 인스턴트식품, 레토르트식품의 발전으로 더욱더 다품목화하고 더욱더 복잡한 고도의 기술을 필요로 하도록 되어 있다.

식품제조는 농축산물이나 수산물을 원료로 하는 일부터 이것들을 원료에 대해 생물학적인 지식은 물론 영양화학, 생화학, 응용미생물학, 물리화학, 유기화학 등의 기초지식이나 제조공정의 면으로부터 화학공학이나 기계공학 등의 광범위한 지식을 필요로 한다.

레토르트 식품의 포장재 하나를 가지고 보아도 가스불투과성, 내열성, 내압성, 저장성, 경제성 등에 적합한 재질을 골라내는 지식이 필요하며 식품 자체만을 가지고도 앞으로의 재원의 유효이용의 면에서부터 식품으로서 열악한 것을 고급품질로 만들게 하는, 예를 들면 에스테르교환에 의한 유지의 개질이라든지 유해물을 효소로 제거하든지, 고도의 응용화학적인 지식이 더욱 요구된다고 생각한다.

5.2 식품산업의 분야

식품을 그 제품으로부터 보면 표 5-1과 같이 농산, 축산, 수산의 3개로 분류하기도 한다. 그리고 원료입수의 과정에서 이미 수확이나 가공에 적합한 동식물의 품종육성 선택 및 제품의 저장에 관한 각 업종이 있고 여러 가지의 제품마다 충분히 계획된 조직이 있다.

표 5-1 식품산업의 종류

分野名		製品
農産食品	果實關連食品工業	清凉飲料, 레모네이트, 주스, 시럽, 넥타, 젤리, 마마레이트, 잼類(토마토 케찹, 果實), 果實野菜의 缶詰, 병詰, 乾燥果實, 冷凍果實
	전분, 糖 및 製菓工業	전분製造, 製빵, 크래커, 쿠키, 米菓, 製糖, 초컬릿
	麵類工業	우동, 메밀, 중화면, 인스턴트라면, 스파게티, 마카로니
	食用油脂工業	食用油, 食用硬化油, 버터, 샐러드유, 마가린, 마요네즈, 쇼트닝
	大豆단백食品工業	人造肉, 纖維狀단백, 두부, 納豆

分	野 名	製 品
	調味食品工業	간장(淡口, 濃口), 된장, 食醋, 香辛料, 소스, 글루타민산소다
	嗜好品關連工業	日本茶, 紅茶, 인스턴트茶, 코코아, 酒類(日本酒, 비어, 와인, 위스키, 燒酎)
	漬造物工業	단무지, 奈良漬, 麹漬, 福神漬
畜產食品	肉製品工業	肉類, 冷藏肉, 햄類, 소시지, 베이컨, 缶詰
	乳製品工業	市乳, 에버밀크, 練乳, 脫脂油, 全脂粉乳, 버터, 乳飲料, 發酵乳(요구르트), 아이스크림
水產食品	水產食品工業	어묵, 魚肉 소시지, 冷凍品, 缶詰, 乾製品, 鹽藏品, 珍味, 海草加工品(알킨酸소다, 寒天)

5.3 식품공업의 단위조작

화학공업과 달라 식품공업에서는 물리적 조작이 매우 많고 제조 공정상의 일반적인 조작은 선별, 세정, 파쇄, 혼합, 분리, 건조, 농축, 증류, 추출, 흡착, 포장, 살균, 냉동, 냉장 등이 있고 이것들의 적당한 조합에 의해서 제품이 만들어지며 현재는 이것들의 관리에 컴퓨터를 사용해서 상당한 자동화가 이루어지고 있다.

5.4 식품성분과 가공특성

식품성분으로서는 수분, 탄수화물(당질, 섬유질), 단백질, 지질, 유기산과 미량의 비타민, 효소, 향기성분, 색소 등이 있다.

5.4.1 수 분

식품원료의 수분함량은 곡류의 10%에서 과채류의 90%에 이르기까지 여러 가지가 있지만 조직내에서는 자유수(free water)와 결합수(bond water)로 나누어지고 결합수는 미생물의 생육에는 이용되지 않고, 0℃ 이하에도 얼지 않으며 식품의 저장을 생각할 경우 미생물이 이것들의 수분을 어느 정도 이용가능한가를 표시하는 지표로서 수분활성(water actirity; Aw)이 이용된다. Aw는 일정온도는 밀폐용기에서의 원료의 증기압(P)을 순수의 같은조건에서의 증기압(P_0)으로 나눈 값을 말하고 미생물의 생육에는 0.75~1.00이 필요하고 세균에는 0.94 이하, 효모는 0.86 이하, 곰팡이는 0.62 이하에서 생육이 정지된다. 염장이나 당장의 원리는 결합수를 많이 하고 Aw를 내리게 한다.

5.4.2 탄수화물

단당류, 소당류, 다당류, 당알코올, 당유도체 등이 있고 배당체의 속에는 색소류도 있다. 동물체에는 적지만 식물체내에는 건조물의 50% 이상을 점유한다. 단당류(글루코오스 등)나 소당류(수크로오스 등)은 감미를, 또 그것들의 환원기는 아미노산 반응(메이라아트

반응)하고 식품가공에서 갈변하기도 하고 맛에 영향을 준다. 다당류(전분 등)이나 그 유도체(펩틴 등)는 식품에 점성, 탄성, 가소성 등을 준다.

5.4.3 단백질

단백질의 구성단위는 아미노산이지만 거기에는 글리신이나 알라닌과 같은 감미성의 것, 페닐알라닌과 같은 고미가 있는 것, 글루타민산과 같은 지미가 있는 것이 있고, 된장, 간장, 그 밖의 식품의 정미는 이것들의 아미노산에서 유래하는 것이 많다. 단백질의 가열변성물(젤라틴, 달걀 등)이나 화학작용에 의한 변성물(두부 등), 또 등전점을 이용한 침전물(섬유상 단백질)도 식품으로서 이용되고, 물성적으로는 식품의 점성, 탄성과 함께 수소결합에 의한 보수성 등 레올로지적 성질에 영향을 미친다. 단백질은 영양소로서 가장 중요한 것으로 신체의 대사활성에 영향을 주고, 아미노산조성과 그 함유량에 의하여 단백가(protein score)가 정해지고 있다. 예를 들면 소맥단백에는 필수아미노산 중 리틴함량이 적고 리틴을 첨가함으로써 보다 영양가를 높이는 일 등이 행해지고 있다.

5.4.4 지 질

일반적으로 동물체에 많고 동물체의 유지(트리글리세라이드)는 포화지방산이 많고 실온에서 고체의 것이 많다. 식물체에서는 종자에 많고 식물유나 어유는 불포화지방산으로부터의 것이 많기 때문에 융점이 낮고 일반적으로 액상이다. 불포화지방산의 수소첨가는 경화유의 제조에 이용되고 있다. 복합지질의 하나로 인지질이 있지만 계란이나 콩의 레시틴은 마요네즈 등의 가공에 유화제로서 이용된다. 유화에는 O/W형(수중유적형 : 우유, 마요네즈 등)과 W/O형(유중수적형 : 버터, 마가린 등)이 있다. 유지는 물에 녹지 않고 유기용매에 녹기 때문에 유지의 추출에는 헥산(대두유) 등이 쓰인다. 영양적으로는 유지는 최대의 칼로리원이며 아터우오터에 의하면 당질 : 지질 : 단백질은 각각 1g당 4.1 : 9.5 : 5.7kcal의 열량을 낸다고 한다.

5.4.5 기 타

색소로서는 클로로필(청록색, 야채 등), 카로티노이드(등적색, 홍당무 · 토마토), 플라보노이드(감귤류), 안토시안(적이나 자, 딸기 · 가지), 미오글로빈(적, 육색소), 아스타크산틴(게, 새우) 또 정미성분으로는 고미에는 나린틴(하귤), 카페인(차), 루푸론(홉), 디어브로민(코코아), 지미에는 글루타민산 5'-아데닐산(이노신산, 구아닐산)의 나트륨염이 있고, 정미의 강함에는 상승작용이 있다. 신미에는 시니글린(와사비), 캅사이신(고추), 삽미는 탄닌(차), 호모겐티신산(표고버섯) 등이 있다.

5.5 식품의 개량

식품공업에는 매우 광범위한 범위의 기초지식이 필요한 것을 이 장의 처음에 서술했지만 사실, 생물화학은 물론 응용과학분야로부터의 힌트가 큰 식품개량의 기술에 관계되는 일도 적지 않다. 물리화학적인 지식은 액체식품으로부터의 이온을 제거하는 데 특수막의 전기투석에 의해 산미가 강한 과즙으로부터 산의 제거나 염분이 높은 어육용액으로부터 염의 제거를 가능하게 하고 대두의 추출액으로부터 단백질을 침전시키는 데 산에 의한 등전점 침전이 이용된다. 또 유지의 에스테르기 교환에는 촉매로서 나트륨메틸레이트를 이용하여 리놀산이 풍부한 마가린 제조도 된다.

냉두부에 암모니아처리를 하고 열탕을 부어 부풀게 하든지 두부의 응고제는 이전에는 염화마그네슘, 염화칼슘, 황산칼슘이 이용되고 있었지만 새로운 응고제로서 글루코노-δ-락톤이 개발되어 이것을 가열하게 되면 글루콘산이 되고 응고작용을 나타내기 때문에 형틀에 넣는 두부의 대량생산을 가능하게 했다. 마이크로파 가열은 제조시간의 단축을 갖게 하며 곡분의 가공으로는 발포제의 공존하 a화의 급속가열에 사용되고 수화건조를 해 즉석식품 등의 제조에 위력을 발휘했다.

그 밖의 마이크로필터의 개발로 맥주의 가열에 의하지 않는 세균의 제거가 가능하게 되고 액체 이산화탄소에 의한 코피후레바의 추출고 인스턴트코피의 부향을 가능하게 했다.

또 당의 대체품에 의한 저칼로리의 식품 등 여러 가지를 예로 들 수 있다. 효소작용을 이용한 것에 대해서는 부힐이나 병힐에서는 과즙이나 포도주의 청징화에는 효소벡디나아제가 이용되고 있다. 또 여름귤의 착즙은 강한 고미를 가지고 음료로 되지 않았지만 효소나 니린지나아제와 글리코시다아제를 사용함으로써 고미를 제거하는 일이 가능했다. 당을 이성화하는 일도 행해지고 글루코오스보다도 감미가 강한 글룩토오스가 효소글루코오스이소메라아제를 이용해서 공업적으로 제조되고 있다. 그저 이성화율은 44% 정도이기 때문에 양자혼합의 시럽으로서 판매되고 있다.

우유에 대해서는 락토오스를 분해하지 않고 마시면 보통이나 설사를 일으키는 락토스불내성의 사람에 대해서 고정화된 효소 락타아제를 이용하여 처리한 우유가 최근 시판되고 있다. 치즈제조에 필요한 자우제사위로부터의 응유효소 렌닌을 세균이나 곰팡이로부터의 효소 펩티다아제에 의해서 대체할 수가 있었다. 식육을 연화하기 위해서는 효소 파파인, 프로메라인, 후이신, 로사임을 고기의 절단면에 이용하는 제제가 시판되고 있다.

이상 기술된 효소로 예를 들면 락타아제는 락토오스를, 글루코오스와 가락토오스로 분해하기 때문에 우유에 들어 있는 빵제조에 대해서 사용하면 감미를 증가시키기도 하고 발효성의 당이 되기 때문에 가스가 많이 발생하든지 단백질 분해효소를 소맥분에 첨가하면 갤 수 있는 영향을 미치든지 개개의 식품에 관해서의 개량기술은 많다.

5.6 식품의 보장

식품보장의 목적은 품질열화나 미생물 등의 오염방지이다. 이것들을 가열, 냉각, 건조, 탈기 그리고 염, 설탕, 산, 약물 등의 첨가에 의해 상당히 방지할 수가 있다. 미생물에 의하지 않는 식품의 변질은 식품 자체의 효소, 온도, 수분, 산소 등에 의해서 영향을 미친다. 일반적으로 저온보장으로 모든 것의 식품보존이 가능하다고 생각하기 쉽지만 과실을

10℃ 이하로 보존하면 좋지 않고, 빵의 노화는 2℃ 정도가 최고이며 우유, 알식품, 두부 등을 냉동하면 닮아도 닮지 않는 형이 된다.

5.6.1 가 열

살균을 하기 위해 가열은 어떤 종류의 병힐과 같은 완전살균(120℃, 20분간)이나 산성식품(pH 4.5이하)의 부힐 등으로 실용살균(100℃ 이하에서 수분)이나 우유에 있어서 저온살균(63℃, 30분간) 등이 있다. 세균의 가열치사의 조건의 편이로서 D치(미생물수의 90%를 죽이는 데 필요한 특정온도로서의 시간을 분으로 표시한 것) 또 치사시간이나 온도와의 관계를 표시하는 가열치사 시간곡선, 그것의 F치(121℃에 의한 치사시간(분))이나 Z치(곡선의 경사도)가 필요하다.

우유에 어떤 균을 넣어서 동일의 치사조건인 100℃로 320분, 115℃로 10분, 125℃료 1분의 가열을 행한다고 하면 320분 가열의 것은 갈변을 일으키고 후레이바도 변하고, 10분의 것도 불충분하고, 1분 가열의 것이 이상적이라 한다.

옛날에는 고온단시간가열 의 기술이 어렵게 되어 병원성균을 예방하는 의미로의 우유의 저온살균, 저온저장 병용이 행해졌지만 최근엔 일반적으로 120~130℃, 1~2초의 초고온순간살균이, LL우유로는 140~150℃, 2~3초가 이루어지게끔 되었다. 최근 초단파가열이나 방사선살균도 연구되고 있다.

5.6.2 냉장, 냉동

미생물은 15℃ 이하에서 증식은 늦게 되고, 10℃ 이하에서 저온균의 증식은 있지만 통상균은 증식되지 않고, 5℃ 이하로는 식중독균은 번식하지 않고, 0℃ 이하에서 모두 이미 증식정지가 된다. 그러나 사멸은 하지 않고, -18℃에서 완만하게 사멸하고, 살모넬라균은 아이스크림 중에서 -23℃로도 3년 생존한다고 하는 기록도 있다. 동결법으로는 정지공기동결장치(장시간 요함), 공기분사동결장치(에어블라스티형), 접촉동결장치, 침지동결법 등이 있다.

5.6.3 건 조

앞서 서술한 바와 같이 유리수를 증발시키고 미생물에 의한 오염이나 번식을 방지할 수 있다. 건조기간중 수분의 증발속도는 반드시 일정한 것은 아니고 어떤 시기에서 급격히 저하한다. 건조의 편의로서 Aw(수분활성)과 ERH(상대평형습도)가 유용하다. Aw는 0℃ 이하에서는 저장온도에 의하여 변화가 가능하고 일반적으로 0.7 이하로 하면 미생물에 대해서는 안전하지만 효소에 대해서는 0.4 정도까지 활성을 가진다고 하는 보고가 있으므로 온도를 올리지 않는 건조에는 주의하지 않으면 안된다. 물로 복원했을 때 품질상 같은 상태로 돌아가는 이상적인 건조이다. 건조방법으로서 태양건조, 열풍건조, 진공건조, 동결건조 등이 있다. 건조의 하나의 목적으로서의 수송을 위한 중량감소라 하는 것도 있다.

5.6.4 염장, 당장

식염이나 설탕의 탈수작용에 의해서 Aw를 저하하고 미생물의 활동을 약하게 하면 동시에 미생물 자체의 세포로 탈수되고 보다 높은 농도로는 사멸한다. 음식물의 무침 등의 예로는 식염농도 10% 이상으로 효과가 있고 농도를 증가함에 따라서 효과가 크지만 효모, 곰팡이는 보다 고농도의 식염에 견딘다.

5.6.5 약제의 첨가

식품첨가물로서의 보존료(방부제)나 살균제가 있다. 이것은 식품위생으로 제정되고 있고 사용범위나 기준이 정해져 있다. 이것에 대해서는 후술한다.

부힐, 병힐, CA저장(controlled atmosphere storage, 불활성가스치환) 등 공기에 의한 산화를 방지하는 방법이 있다. 유지를 함유하는 식품에 잘 이용한다. CA저장은 과실, 야채에 이용되고 특히 수확 후 호흡작용이 증가하는 데 이용된다. 훈연 등도 피막형식과 연중의 방부물질의 작용에 의한 일종의 저장법이다.

5.7 식품제조

식품제조의 원료로서 국내에서의 생산량이 비교적 크고 수입량이 적은 것은 야채, 과실, 쌀, 수산물 등이고 그 가공량은 수산물(약 50%) 외에 거의 생식용이다. 한편 소맥, 대두, 설탕, 육류 등 구미색이 강한 식품은 95% 이상이 수입이고 가공량도 많다. 식품의 가공에 대해서는 여러 가지 있지만 가공량, 제품의 품종이 비교적 많고 최근 화제가 되어 있는 것에 대해서 서술한다.

5.7.1 식물성 식품

식물성 식품의 대표로서 대두식품에 대해서 기술하면 그 품목은 대두유, 대두단백 및 그 가공품, 두부, 냉두부, 튀김, 두유음료 또 발효식품으로서 납두, 된장, 간장 등을 들 수 있다. 대두가공제품의 제조공정은 그림 5-1~3과 같다. 대두단백은 유화성, 기포성, 포말안정성, 섬유형성능력, 겔화형성능력, 또 가열에 의해 보수성도 가지기 때문에 여러 가지 식품의 텍스차의 개량제로서 이용되고 햄버거 등과 같이 저민고기를 사용한 냉동식품에는 필수원료로 되어 있다.

원료대두는 약 36~50%의 단백질을 포함한다. 아미노산조성이 뛰어나고 식물단백질 중 수-의 것이다. 조지방은 13~24%이다. 또 대두유 중에는 약 1%의 레시틴이 있고 유화작용을 갖기 때문에 식품가공에 사용된다. 대두 중 전단백질 90%는 물에 가용하고 그 대부분은 pH 4~5로 침전한다. 종래 탈지대두의 제조로는 채유 후의 압편대두로부터 헥산으로 잔존유분을 추출하고 더구나 부착한 헥산을 증기흡입(100℃ 이상)으로 제거하고 주로 사료용으로서 제품화되고 있다. 이와 같은 가열처리는 대두단백의 변성을 가져오고 수용성단백(미변성원료는 80%)은 20% 이하로 된다. 왜냐하면 대두단백제조의 원료로는 부적당하다. 거기에서 미변성탈지대두라든지 저온탈지대유라 불리는 감압증류에 의한 제법이 개발되었다.

샐러드유는 저온으로 침전하는 포화지방산을 많이 함유한 유지를 분리했기 때문에 이 공정을 우인터링이라 한다. 불포화지방산을 니켈촉매로 수소첨가하고 적당한 포화도의 고체지로 한 것을 경화유라 말하고 쇼트닝(라드의 대용품, 과자를 바삭바삭하게 한다)의 제조원료로 한다. 레시틴은 마가린이나 아이스크림의 유화제에 사용된다.

그림 5-1과 같이 매우 많은 대두단백제품이 있다. 저온탈지대두로부터 미알칼리성의 수용액으로 단백질의 유출을 행한다. 추출액으로부터 단백질을 침전시키는 데는 산으로 pH를 4.5로 하고 등전침전에 분리된다. 분리단백분말(건조두유)은 분리단백을 분무건조하는 것에 의해 얻어진다. 조직상단백을 압출하고 팽창법에 의해 만들어진다. 원료단백을 식료나 그 밖의 소재와 함께 개어 압출기의 고온고압부분을 통과시키고 일정한 크기의 공으로부터 밀어낸다. 이때 소재 중의 수분은 비점 이상에 가열되고 순간적으로 기화팽창하고 다공질이 방향성을 가진 조직의 것이 생긴다.

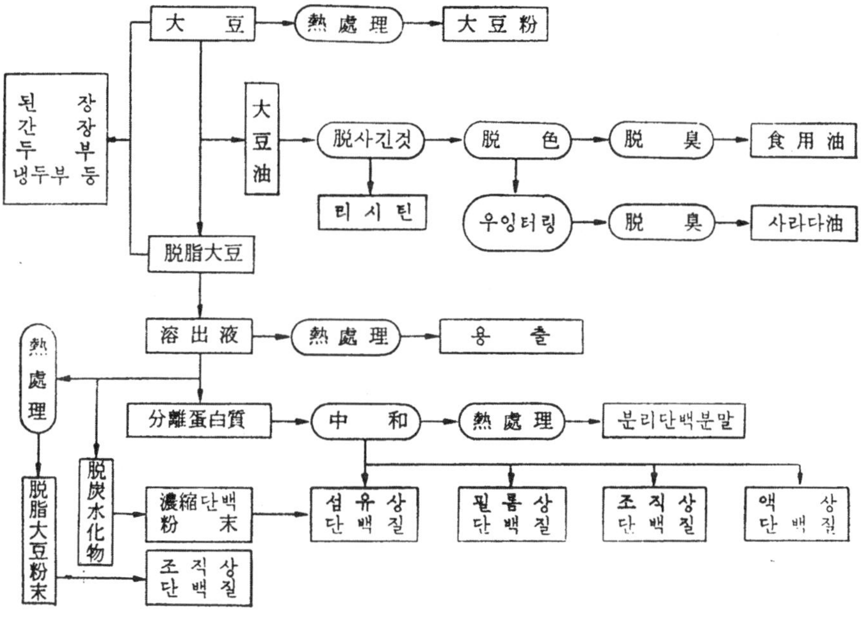

그림 5-1 대두식품의 제조개략도

섬유상단백은 특별히 미묘한 조건이 필요하며 80% 이상의 단백질순도의 것이 아니기 때문에 방사액은 0.05~0.1mm의 노즐로부터 응고조 중에 섬유상으로 밀어내게 된다. 방사액 중에서 단백질은 저분자화하고 안정화하여 있고 연신할 때에 일정방향으로 배향하고 분자간의 S-S 결합, 수소결합, 이온결합의 형성으로 섬유상으로 고정된다. 섬유상단백은 식염수 중에서 가열경화 후 수세하여 제품이 된다. 원료와 함께 그러한 공정으로써 이루어진 것이 가장 고가이다.

두부는 두유(70℃ 이상)에 응고제를 첨가한다. 응고제로서 옛날에는 간수(마그네슘이나 칼슘의 염화물)가 사용되고 있었지만 지금은 황산칼슘이나 글루코노-α-락톤이다. 동(凍)두부는 암모니아 처리를 하여 열탕을 부어줌으로써 팽연화한다.

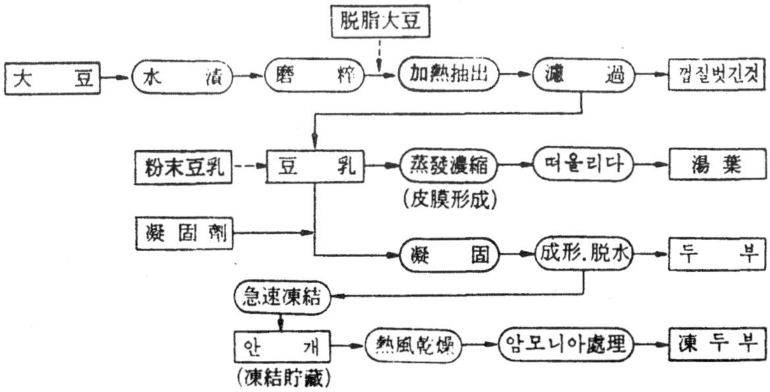

그림 5-2 두부류의 제조공정

간장과 된장의 제조법의 큰 차이는, 간장은 된장보다도 식염의 농도가 높고(18~20℃) 또 절판(교반에 의해 공기를 넣는 조작)이 훨씬 많은 일도 있다. 양조중 어느 것이나 빵곰팡이, 효모, 세균의 작용을 받고 당이나 알코올, 아미노산 등의 생성으로 독특한 풍미를 생기게 하지만 식염의 농도나 통기도로 균의 종균이 변화하고 또 산화도도 변한다.

간장을 빚는 대두, 소맥, 염의 비는 폭이 동률로 물의 양은 대두와 소맥의 합계와 동등하다.

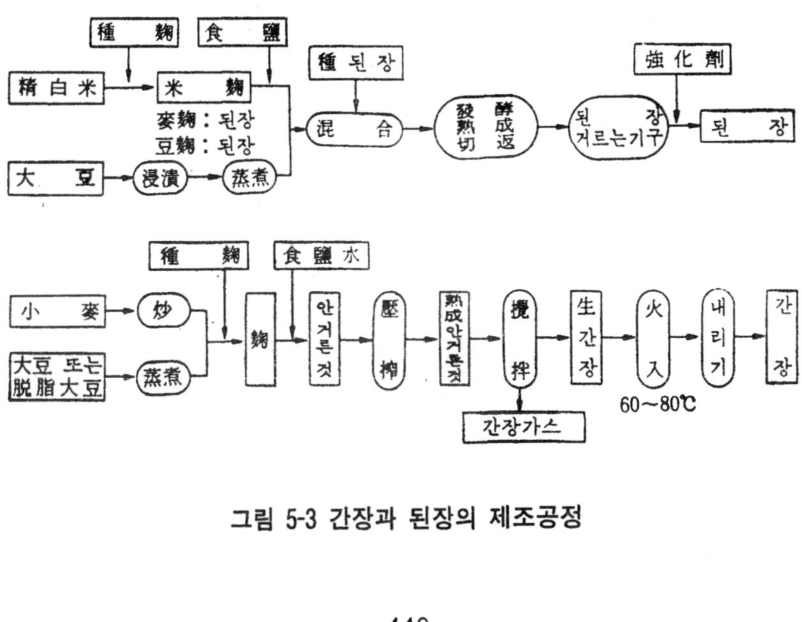

그림 5-3 간장과 된장의 제조공정

담구는 환대두를 이용하고 콩의 증자의 방법, 소맥의 사용을 연구하고 착색을 방지해 만든다.

된장은 누룩에 쌀, 보리, 콩 등을 이용한 것이 있고 전분질의 것은 감미계로 된다. 또 식염의 양도 다르고 일본에서는 흰간장, 강호간장, 신주간장, 선태간장의 순으로 되어 있다. 숙성기간도 식염의 양과 같이 길게 된다.

5.7.2 동물성 식품

동물성 식품의 대표로서 유제품에 대해서 기술한다. 유제품으로서는 식용유, 연유, 분유, 요구르트, 치즈, 버터, 아이스크림 등이 있다. 각종 유제품의 제조공정을 그림 5-4에 표시한다. 원료의 우유는 수분 88%, 지방 3.4%, 단백질 3.3%, 락토오스 4.9% 등으로 모유와 비교하면 리놀산, 락토오스, 철분, 비타민류 등이 적고 카제인, 칼슘, 인, 나트륨 등이 많은 것으로서 모유대용의 조정분유의 제조에는 이것들을 보강하기도 하고 줄이기도 한다.

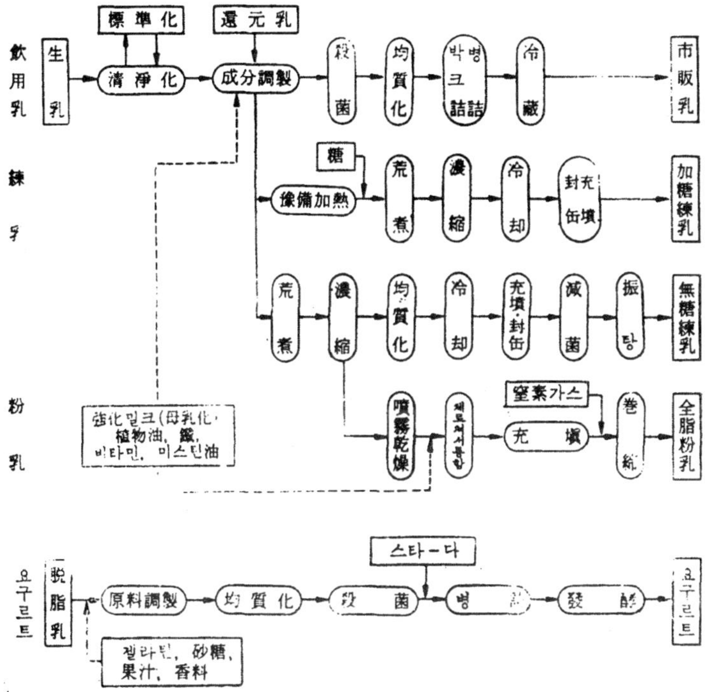

그림 5-4 유제품의 제조공정

음용유는 사람의 건강을 지키기 위해 위생이나 품질에 대해서 당국에 의한 엄격한 규칙이 있다. 환원유란 성분조정으로 규격에 맞지 않을 때는 전지농축유 등을 되돌린 것이다. 살균은 저온살균(63℃, 30분간), 고온단시간살균 HTST법(72℃, 1분간), 초고온순간살균 UHT법(120~130℃, 1~2초), LL우유(140~150℃, 2~3초)가 있다. 호모지나이서는 지방구를 소공의 밸브에 통하고 2μ 이하로 균질화하고 지방의 유리를 방지한 것으로서 제품은 백미를 띠고 소화도 잘 된다. 황자는 품질변화를 방지하는 일종의 살균으로 80℃,

10분 정도 행한다. 냉각으로 과잉의 락토오스를 석출한다. 전지분유는 탈지분유에 비교해서 저장취가 붙기 쉽다.

버터의 제조에는 유산발효를 행하는 방법과 행하지 않는 방법이 있다. 우리나라에서는 대부분이 발효시키지 않은 스위트 크림버터로 가염한 것이 많다. 크림의 분리는 연속식 원심분리기가 이용된다. 발효법의 경우에는 스타다가 첨가되지만 크림은 O/W형의 에멀젼이며 지방구는 레시틴 등의 유화제의 피막으로 덮어씌워 있다. 유화층을 파괴하기 위하여 챠닝이 행해진다. 세정하고 가염하고 와킹(연압)하고 수분을 내보내고 제품으로 한다.

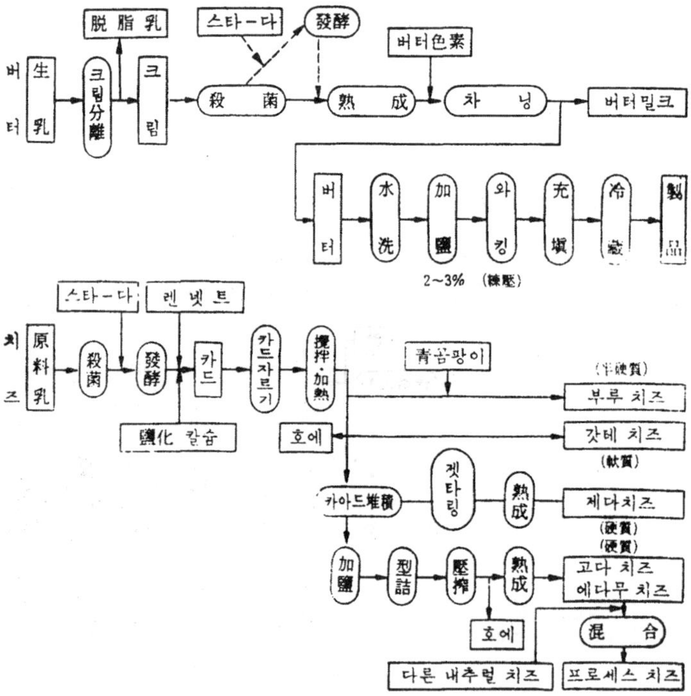

그림 5-5 유제품의 제조공정

치즈에는 많은 종류가 있다. 발효유산의 스타다를 첨가해서 약산성으로 산소렌닝이 첨가되고 필요하다면 카제인의 응고를 보다 잘하기 위하여 염화칼슘이 첨가된다. 두부상이 되었던 카아드는 카아드로 자른 모양으로 잘라져서 가온, 교반하는 일에 의해서 응집하지 않았던 액이 분리되고 서서히 딱딱하게 된다. 제다링이란 가열, 교반의 후의 맛데잉그와 카아드의 쌓아올린 것에 의해서 보다 완전하며 호에의 배출을 하고 산도도 상승시키는 조작을 한다. 갓데지치즈는 탈지유를 원료로서 이용되고 프로세스치즈란 고다치즈 등의 내츄럴치즈의 2종류 이상을 분쇄, 가열, 성형한 것이다.

요구르트는 전유, 탈지유로부터 만들어지지만 우리나라에서는 오로지 탈지유로부터 만들어진다. 유산균으로서 L-bulgalicus 등을 이용하고 제품의 질을 굳히는 것으로서나 젤라틴이 첨가된다.

최근 우리나라의 식생활상 가공식품에 필요한 비용은 54.5%에 이르고 해마다 증가일로에 있다고 한다. 가공식품에는 여러 가지 식품 첨가물이 사용되어 있고 보존성을 위해서 보존료(방부제)와 살균제가, 유지를 함유한 식품에는 산화방지제의 첨가가 불가결로 풍미향상에는 조미료, 착향료, 유화제가, 또 영양강화로는 각종 비타민, 아미노산 등이 첨가된다. 이것들의 식품첨가율은 식품위생으로 지정되고 전부 336품목이 있지만 그 주된 것을 표 5-2에 표시한다. 식품첨가물의 사용에 있어서 보존료나 살균제는 그 성질상 다른 것에 비해 비교적 독성이 강하기 때문에 법적으로 기준이 설정되어 있지만 이것들의 상승효과 등의 성질도 인식하고 적당한 사용법에 관심을 가져야 할 것이다.

표 5-2 식품첨가물 종류

保 存 料		安息香酸(나트륨鹽)(菌全般, 醬類), 디페닐(靑곰팡이果皮), 올소페닐페놀(白곰팡이果皮), 티아벤다졸(綠곰팡이果皮), 디히드로醋酸(菌全般, 버터), 솔빈酸(菌全般), 파라옥시 安息香酸 부틸에스테르(菌全般) 등
殺 菌 料 漂 白 料		次亞鹽素酸나트륨(漂白, 殺菌, 飮料水, 裝置) 漂白殺菌
着 色 料	타르系	食用赤色 2號, 3號, 102號, 104號, 食用黃色 4號, 5號, 食用綠色 3號, 食用靑色 2號.
	레이크系	食用赤色 3號, 알루미늄레이크, 鐵클로로필린나트륨, 三二酸化鐵
發 色 劑		亞硫酸나트륨, 硝酸나트륨, 硝酸칼륨
着 香 料		酢酸에틸, 酢酸아세트초산에틸, 아니스알데히드, α-아밀신나모알데히드
調 味 料		글루타민酸소다, 5′-이노신酸나트륨, 5′-리보누클레오티드나트륨 및 그것들의 混合物
酸 味 料		구연산, 글루콘산, 乳酸, 酸酸, 능금酸, 푸말酸 등
甘 味 料		사카린, 글루틸리틴酸二나트륨, 3나트륨
合成糊料		알킨酸소다, 섬유소, 글리콜酸, 나트륨, 폴리아크릴酸나트륨
酸化防止劑		에리쏠빈酸, 과이어크脂, 디부틸히드록시톨루엔, D, L-α-토코페롤
기 타		離型劑, 膨脹劑, 被膜劑, 유화안전제 등

이것들의 사용에 의한 식중독이나 곰팡이에 의한 오염의 방지, 식품의 가치안정과 식량자원의 보존과 유지하는 것은 매우 큰 것이다. 독성의 표시로서 D_{50}(Lethal dose 검체를 다수의 동물에 투여했을 때 그 50%가 사망하는 양)나 ADI(섭취허용량 : 장기독성시험으로부터 계산한 섭취허용량) 등이 있다.

5.8 식품공장의 폐액처리

폐액처리에 대해서는 이미 서술했으나 식품공장의 폐수는 일반적으로 BOD가 높으므로 미생물처리는 비교적 용이하다고 본다. 그러나 불용성의 먼지나 검탁물, 기름 등의 부유물의 제거를 여과나 원심분리 또 응집침전이나 부유시킴으로써 제거하는 것이 필요하다.

폐수가 공공하수처리장에 흘러가도 그 처리비용을 생각하여 사설의 폐수처리장이 만들어진다. 그것은 살수여상법, 활성오니법, 산화지법 등이다. 처리수하기 전에 제거한 것의 이용, 또 부산물로 생긴 것의 이용에는 일반적으로 사료나 연료, 비료, 그리고 건조한 코피 또는 미국에서는 테니스코트 정비에 사용하기도 하나 여러 가지 면에서 유효이용도 고려해 볼 만 한다. 이상 식품공업에 대해서 지면의 관계상 겨우 일부만 서술하였으나 이 방면의 폭은 실로 넓고 또 케이스 바이 케이스로 더욱더 개량되어야 할 것들이 많고 또 기술의 결부상태로 새로운 면이 파생되어 있는 부분의 하나이다.

6. 유지화학공업

6.1 서 론

유지의 이용은 매우 오래이고 식용이나 등유 이외에 비누, 염료로서 쓰여왔다. 금세기 초에는 유기화학공업이 대두되고 일시에 유기화학공업의 전성기를 형성했다. 그러나 석유화학공업의 발전과 함께 유기화학공업은 유지에만 있는 특성을 살린 특징적인 유기화학공업으로서 견실한 발전을 보이게 되었다. 유지는 천연자원이나 농업기술의 진보, 품종개량, 계획재배 등에 의해서 충분히 공업자원으로서의 입지를 갖는 것은 가능하다.

6.2 유 지

유지는 일부의 것을 제외하고 주성분은 장쇄지방산과 글리세린과의 트리에스테르(트리글리세리드)이다. 트리글리세리드를 구성하는 세 가지의 지방산을 탄소수, 불포화도를 달리하는 경우가 많다. 지방 중에 존재하는 지방산 중에서의 대표적인 것을 표 6-1에 나타냈다. 천연에 존재하는 지방산은 압도적으로 탄소수가 주로 직쇄의 것이다.

지방에는 트리글리세리드 외에 레시틴이나 게화린 등의 인지질(포스파티드)이 함유되외에 토코페롤과 같은 천연의 산화방지제가 함유되어 있다. 간유중에는 비타민 A나 비타민 D도 함유되어 있다. 이 밖에 알코올이나 스테린도 함유되어 있다. 고급 알코올과 지방산의 모노에스테르를 주성분으로 하는 유지가 있고 이들을 "납"이라 부르고 말향경유는 납의 대표적인 것으로서 세틸알코올이나 올레일알코올의 지방산에스테르이다. 납은 동물납, 식물납 다같이 식용에는 부적합하나 공업용 자원으로서는 중요하다.

트리글리세리드를 주성분으로 하는 주된 식물유, 동물유를 표 6-3에 열거한다. 식물유는 일반적으로 불포화도의 대소에 의해서 건성유, 반건성유, 불건성유로 분류되고 각각의 용도에 쓰인다.

표 6-1 일염기성포화지방산

名 稱 (acid)	分 子 式	融 點 (°C)	沸 點 °C (mm)
caproic	$C_6H_{12}O_2$	−1.5	205(760)
caprylic	$C_8H_{16}O_2$	+16.5	237(760)
capric	$C_{10}H_{20}O_2$	31.5	268(760)
lauric	$C_{12}H_{24}O_2$	44.3	176(15)
myristic	$C_{14}H_{28}O_2$	54.0	195(15)
palmitic	$C_{16}H_{32}O_2$	62.5	215(15)
stearic	$C_{18}H_{36}O_2$	70.1	232(15)
arachidic	$C_{20}H_{40}O_2$	75.2	240∼250(18)

일기본성불포화지방산

名　稱 (acid)	分　子　式	二重結合의 位置	融 點 (°C)
(a) $C_nH_{2n-2}O_2$ 列			
zoomaric	$C_{16}H_{30}O_2$	9 : 10	—
petroselinic	$C_{18}H_{34}O_2$	6 : 7	34
oleic	$C_{18}H_{34}O_2$	9 : 10	14
erueic	$C_{22}H_{42}O_2$	13 : 14	34
cetoleic	$C_{22}H_{42}O_2$	11 : 12	32～33
(b) $C_nH_{2n-4}O_2$ 列			
linoleic	$C_{18}H_{32}O_2$	9 : 10, 12 : 13	−9.5
(c) $C_nH_{2n-6}O_2$ 列			
linolenic	$C_{15}H_{20}O_2$	9 : 10, 12 : 13, 15 : 16	48
elaeostearic	$C_{18}H_{30}O_2$	9 : 10, 11 : 12, 13 : 14	48
(d) $C_nH_{2n-8}O_2$ 列			
moroctic	$C_{18}H_{28}O_2$	4 : 5, 8 : 9, 12 : 13, 15 : 16	—

동물유는 고도불포화산을 많이 함유하고 공업적으로 이용되고 있다. 다랑어, 고래 등의 한유는 비타민으로서 중요한 자원이다. 유지류의 특성을 나타내는 수치로서 표 6-4에 실은 산가, 검화가, 요오드가가 대표적인 것으로 이 값에 의해 평균분자량, 불포화도 등이 구해진다.

유지에는 불포화지방산이 존재하므로 장기간 공기와 접촉시키면 산화를 받아서 분해나 중합을 해서 변질된다. 이 현상을 자동산화라 부른다. 유지류의 자동산화는 프리라디칼기구로 진행한다.

표 6-2 주요 유지 및 왁스

名　稱	原料의含油量 (%)	融　點 (°C)	비누化價	요오드價*	非비누化物(%)	備　考
		植 物 脂 肪				
팜 (palm) 油	果 肉 51—67	27—50	196—210	43—60	0.2—1.0	
팜 核 油	46—57	25—30	240—257	12—20	0.2—4.5	
椰 子 油	乾果肉 65—75	20—28	245—271	7—16	0.2—0.7	
바비스 核 油	63—70	22—26	245—255	10—18	0.2—0.8	
木 蠟	果 皮 49—70	49.5—56	201—287	10—20	0.5—1.7	
		不 乾 性 植 物 油				
올리브(olive)油	果 實 40—70	0—6	185—197	75—90	0.5—1.4	
東 栢 油	仁 57.7	—14	225—264	70—89	1.6—4.7	
落 花 生 油	種 肉 41—56	3—9	188—197	82—109	0.2—9.1	아세틸價
蓖 麻 子 油	35—57	−10～−18	176—187	81—91	0.8—1.3	140—154
		半 乾 性 植 物 油				
胡 麻(깨) 油	35—56	−3～−6	186—195	103—118	0.1—2.8	
옥 수 수 油	胚 芽 40—40	−18～−10	187—198	105—180	0.8—2.9	
菜 種 油	22—50	0～−12	167—180	99—104	0.5—1.2	
糠 油	9—22	24—28	183—192	99—108	3—5.0	
綿 實 油	種 子 16—35	4～−6	189—199	108—120	0.2—1.6	
		乾 性 植 物 油				
麻 實 油	30—35	−27.5	190—195	141—175	1	
亞 麻 仁 油	28—41	−18～−27	187—197	168—206	0.5—0.9	

名　稱	原料의含油量 (%)	融　點(°C)	비누化價	요오드價*	非비누化物(%)	備　考
荏 (들께) 油	30—51	−4〜−5	187—197	162—209	0.4—1.5	
桐 油	核 50—61	−17〜−21	188—197	160—173	0.6—1.8	
大 豆 油	17—21	−7〜−8	188—196	114—141	0.2—0.7	
苦草種子油	30	—	191—195	140—142	0.8—1.8	
向 日 葵 油	24—25	−16〜−18	186—194	113—146	0.3—1.2	
			陸產動物油脂			
牛 脂	—	35—50	190—202	25—60	0.1—0.3	
버 터	—	26—38	210—245	25—47	0.3—0.5	
豚 脂	—	28—48	193—201	46—70	0.1—0.4	
羊 脂	—	44—55	192—195	31—47	—	
蠶 蛹 油	23	—	187—199	123—146	1.6—4.9	
			水產動物油			
鰮 (정어리) 油	14	—	188—205	163—195	0.6—2.4	
鰊 (청　어) 油	—	—	185—190	99—119	1.3	
鮫 肝 油	16—80	—	22—185	55—345	1.5—90.2	
烏賊(오징어)油	—	—	176—188	179—207	2.5—6.9	
大口魚肝油	15—63	—	175—191	143—205	0.6—4.5	
明太魚肝油	—	—	19	—	—	
鯨 油	—	—	191—197	113—120	1.0—1.8	
海 豚 油	—	—	217—230	114—125	1.0—3.8	
			蠟 類			
카 노 바 蠟	—	78—76	79—95	7—14	54—56	
鯨 蠟	—	41—48	118—135	3—8	47—54	
抹香鯨腦油	—	—	147—155	71—74	36—39	
鯨 蠟	—	63—68	80—103	5—14	50—58	
몬 탄 蠟	—	65—105	60—105	10—19	28—36	
羊 毛 脂	—	31—43	77—130	15—47	35—46	

표 6-3 유지의 화학적 특성

酸價(AV; acid value) : 油脂 1g에 存在하는 遊離脂肪酸을 中和하는 데 要하는 KOH의 mg數.
비누化價(SV; saponification value) : 油脂 1g을 完全히 검화하는 데 要하는 KOH의 mg數.
요오드價(IV; iodine value) : 試料에 吸收되는 할로겐의 量을 요오드로 換算하고 試料에 대한 百分率로 나타낸 것(不飽和度의 測定)

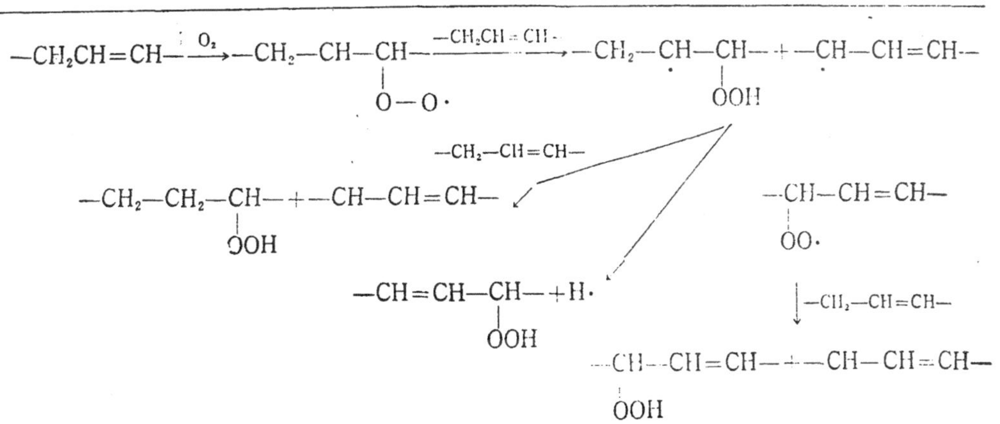

리놀산이나 리노레인산에서는 메틸렌이 라디칼로 된다.

$$-CH=CH-CH_2-CH=CH- \longrightarrow -CH=CH-\dot{C}H-CH=CH-$$
$$\longleftrightarrow -CH=CH-CH=CH-\dot{C}H- \longleftrightarrow -\dot{C}H-CH=CH-CH=CH-$$

6.3 제유공업

제유공정은 크게 나누어 채유공정과 정제공정으로 나누고 식물유에 대해서는 종자의 저장, 전처리가 들어간다. 식물유의 경우와 동물유의 경우에서는 채유법이 다르다. 채유공정에 들어가기 전에 종자에서의 채유효율을 올리기 위해서 정선, 탈피, 분쇄압편을 해서 쿠킹(가열처리)이 시행된다. 쿠킹에 의해서 세포막을 응고시키고 기름과 추출용제의 접촉을 좋게 한다.

식물유의 채유법으로서는 다음의 3가지가 있다.

(1) 압착법(壓搾法)

현재에는 스크류프레스식(연속식)의 압착채유가 주이며 압착기(익스페라)의 원통내를 회전과 우근으로 종자를 고압압축하여 기름을 짜낸다. 이 밖에 배치식의 압착법도 있다. 이 채유법은 유분이 많은 종자에는 경제적이나 결점으로서 박중의 잔유량이 큰 것을 들 수 있다.

(2) 추출법(抽出法)

용제를 써서 채유하는 방법으로 용제로서는 핵산이 일반적이다. ① 원료를 용제에 넣는 방법과 ② 원료에 용제를 붓는 방법의 두 가지가 있으나 후자의 쪽이 일반적으로 벨트식과 회전형 셀식(로오드 셀)이 있다. 추출법에는 종자의 두께가 추출효율(시간)을 좌우한다.

(3) 압추법(壓抽法)

유분이 많은 종자에서 효율좋게 채유하는 방법으로 경제적이다. 처음의 잔유량 20%로 되게끔 압착채유한 후 추출한다. 추출에 쓰는 용제는 감압증류로 미세라(유추출액)나 채유미로부터 회수한다. 채유미는 사료, 비료로서 유용하고 특히 대두미는 화학조미료, 된장, 장유의 원료로 이용된다. 동물유의 채유는 가열채유(dry rendering 쪄서 내는 것 wet rendering)가 주로 어유 등에 압착법이 병용된다. 전자의 건식채유에 비해서 후자의 증기흡입으로 가열하는 혼식채유는 기름의 착색, 산화하는 점으로 우수하다. 채유한 기름은 유리지방산, 인지질, 단백질, 색소, 냄새의 성분, 고무질 등의 각종의 불순물을 함유하므로 정제공정이 필요하다. 정제공정에서는 알칼리정제, 탈색, 탈취 등을 한다.

(a) 알칼리정제

가성소다나 탄산소다도 유리지방산을 비누로 하여 제거한다. 인지질이나 색소도 제거된다. 처리유는 원심분리로 알칼리정제와 탈산유로 나누고 기름은 수세 정제된다. 알칼리정제에 의해서 함유지방산의 양을 0.01~0.03%까지 감소시킬 수 있다.

(b) 탈색

알칼리 정제유는 또 색이 진하다. 거기서 일반적으로 산성백토나 활성백토에 의한 흡착

탈색을 하고 때에 따라서는 활성탄도 사용된다.

(c) 탈취

식용유는 꼭 탈취공정이 시행된다. 220~250℃의 기름에 증기를 불어넣고 냄새 성분을 제거한다. 탈취조작에서는 유리지방산도 제거할 수 있다.

6.3.1 가수분해

유지의 가수분해는 유지공업의 중요한 부분이다.

$$\begin{matrix} R^1COOCH_2 & & CH_2OH \\ | & & | \\ R^2COOCH & +3H_2O \longrightarrow R^1COOH+R^2COOH+R^3COOH+ & CHOH \\ | & & | \\ R^3COOCH_2 & & CH_2OH \end{matrix}$$

유지를 물과 고온고압으로 반응시키거나 산, 알칼리 또는 분해제 등 촉매를 써서 가수분해하고 지방산과 글리세린을 제조한다. 지방산의 제조공정을 그림 6-1에 나타낸다.

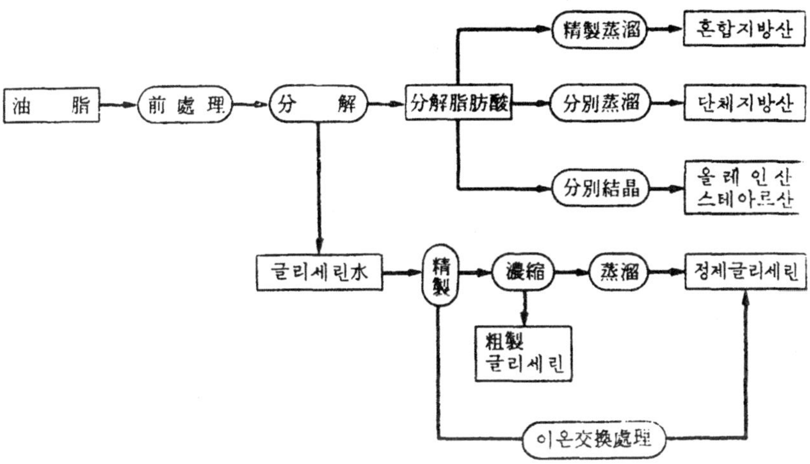

그림 6-1 지방산의 제조프로시트

(1) Twitchell법

Twitchell분해제(알킬벤젠술폰산 또는 알킬나프탈렌술폰산)로 분해하는 방법으로 이 분해제는 일종의 계면활성제로, 기름과 물을 유화시켜서 접촉효율을 높이는 일이 있다.

지방을 약 40%의 물과 약 1%의 분해제와 함께 약 20시간 증기를 불어넣어 가수분해시킨다. 일단 분리한 가수분해물(감수)을 나눈 후 다시 가수분해 조작을 반복하고 반응을 완결시킨다. 분해율은 95% 정도이며 이 방법의 제품품질의 정도는 그다지 좋지 않다.

(2) 가압증기법

Twitchell법에 비해서 반응시간이 짧고 색이 엷은 지방산이 제조된다. 산화아연, 산화마그네슘 등의 촉매를 2~3%써서 오토클레이브 중에서 30~60%의 물과 함께 약 10기압으로 증기교반하면서 가수분해시킨다. 산화아연이 가장 활성이 크므로 1시간에서 80%,

6~10시간에서 95% 이상의 분해율에 달한다.

(3) 고압연속법

고온고압하에서 연속적으로 분해하는 대표적인 방법으로서 골-케이트에밀리법이 있다. 50kg/㎠의 증기가압하, 유지와 물을 향류식으로 접촉시켜서 가스분해한다. 250~360℃, 3시간의 무촉매반응으로 분해율은 98~99%에 이른다. 이 방법은 대량생산에 적합하고 경제적이며 회수되는 글리세린도 양질이다.

(4) Glycerin의 제조

지방의 가수분해시 회수되는 Glycerin수(감수) 외에 비누제조시 폐액에서 Glycerin이 회수된다. 감수는 통상 10~20%의 Glycerin을 함유하고 있으며 불순물로서의 지방산은 소석회 처리중 칼슘비누로 하여 제거한다. 과잉의 석회를 소다회로 석출시키고 이때 단백질 등의 유기불순물이 흡착제거된다. 처리액은 농축되어(조 Glycerin), 다시 활성탄처리, 재농축을 위해 정제 Glycerin으로 한다.

최근, Ion교환수지에 의한 정제로 국방 Glycerin이 제조되고 있다.

6.3.2 분 별

천연유지 및 그의 가수분해지방산은 여러 성분의 혼합물이므로 그들 성분을 분리하는 분별이 행해진다.

(1) 분별결정법

성분의 융점의 차를 이용하여 분별하는 방법으로 용제를 쓰지 않는 Wintering과 용제를 쓰는 용제법이 있다. 이 밖에 포화, 불포화지방산의 혼합 ester를 ester교환에 의하여 포화 Triglycerite와 불포화 Triglycerite로 분별하는 Eckey법이 있다.

(2) 감압증류법

장쇄지방산이나 그 저급 alcohol ester는 1~10mmHg의 가압하에서 150~230℃로 증류분별이 가능하다.

(3) 분자증류법

진공도가 10^{-3}mmHg 이하에서는 분자간 충돌이 없이 분자의 나르는 거리(이것을 평균자유행로, mean free path라 한다)가 10cm 이상이므로 이 거리내에 냉각면을 놓으면 그 성분이 포집된다. 이 방법을 분자증류라 한다. 증기압이 낮은 Glycerid, 열에 불안정한 Vitamin A, E 및 가소제의 증류에 이용되고 있다.

6.3.3 수소첨가

유지의 수소첨가(환원)는 유지가공공업 중에서 가장 중요한 process이며 수소첨가에 의해서 동 · 식물유의 용도가 확대된다. 불포화유지를 수소첨가하는 것은 "경화한다"고 하며 수소첨가된 기름을 "경화유"라고 부른다. 수소첨가에는 쇼트닝이나 마가린에 적합한 고형지함량을 갖는 경화유를 제조하는 부분수소첨가와 극도로 수소첨가를 하는 극도수소첨가의 둘로 나눠어진다.

유지 중에는 유리지방산, 인지질, 단백질 등 촉매독으로 되는 것이 많으며 수소첨가 공정에 들어가기 전에 정제된다. 일반적으로 촉매독으로 되는 불순물은 동물유지쪽에 많다. 촉매로서 쓰이는 금속은 백금속, 니켈속, 동 등으로 주로 니켈이 공업적으로 사용된다. 촉매에 의한 반응조건을 표 6-4에 나타낸다.

표 6-4 촉매에 의한 반응조건

觸 媒	觸 媒 量(%)	反 應 溫 度(°C)	水 素 壓(kg/cm²)
니 켈	0.05~0.5	120~175	常壓~20
銅 니 켈	0.1~1	200	常壓
銅 크 롬	0.1~0.26	170~200	0.2
銅	0.3	170	0.2
銅 크 롬 망 간	1~2	100~200	常壓~7
팔 라 듐	1.5×10^{-4}~5.5×10^{-4}	65~185	常壓~3

혼합 불포화산 Glycerid를 수소첨가할 때 문제가 되는 것은 선택성이다. 다음 세 가지를 비교하면 K_a가 가장 크며 K_c가 가장 작다(K_a : K_b : K_c = 15~60 : 10~30 : 1). 선택성을 좌우하는 인자를 표 6-5에 나타낸다.

표 6-5 수소첨가조건과 선택성

反應條件의 變化	選 擇 性	異 性 化	理 由
反應溫度 상승	上 昇	促 進	H_2 溶解度 감소
觸媒量 증가	上 昇	促 進	觸媒當 H_2 量 감소
水素壓 상승	低 下	抑 制	H_2 溶解度 증가

$$\text{Linolenic acid}(C_{18}H_{30}O_2)+H_2 \xrightarrow{K_a} \text{dienic acid}$$

$$\text{Linolic acid}(C_{18}H_{32}O_2)+H_2 \xrightarrow{K_b} \text{monoenic acid}$$

$$\text{Olenic acid}(C_{18}H_{34}O_2)+H_2 \xrightarrow{K_c} \text{stearic acid}(C_{15}H_{36}O_2)\ CH_3(CH_2)_{16}COOH$$

불포화유지에 수소첨가할 때 이성화가 보이는 경우가 있고 이중결합의 위치가 이동하는 위치이성화와 cis에서 trans에의 기하이성화가 있다.

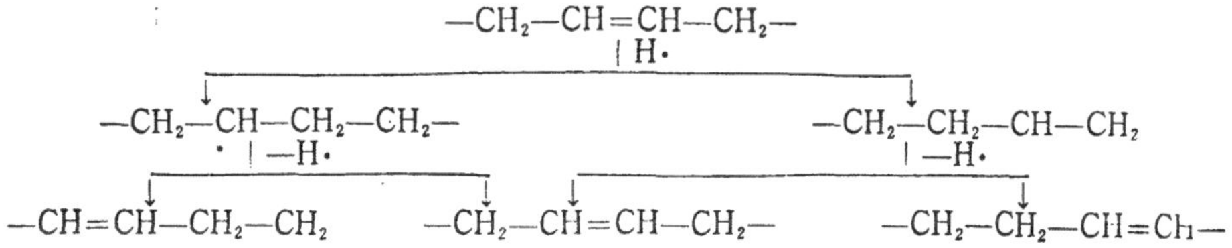

반응이 진행되면 이중결합의 위치는 다시 이동하나 Oleic acid의 경우 9위치를 중심으로 해서 위치이성체의 분포는 거의 좌우대칭이다. cupper계의 촉매쪽이 nickel계의 촉매보다 이성화되기 쉽다.

촉매다량, 고온반응, 수소저압 등의 조건하에서 trans화가 일어나기 쉽고 또 촉매독에 의해서 촉매활성이 떨어진 때에도 trans가 진행된다고 말하고 있다.

유지의 수소첨가 공정으로 제조되는 주된 것으로서는 고압환원에 의한 고급 alcohol을 제외하고 다음과 같은 것이 있다.

(1) 경화유

식용 경화유는 부분수소첨가한 것이 많고 공업용 경화유로서는 극도수소첨가한 것이 많다. 넓은 범위의 동식물유지가 원료로서 쓰인다. 그중에서도 어유나 경유는 수소첨가함으로써 식용경화유로 된다. 식용극도경화유(hard butter)는 제과용에 사용되며 우지경화유는 포화지방산 원료로 된다.

(2) Margarine

면실유나 대두유를 부분수소 첨가한 경화유에 PAM유나 유지의 고체지 또는 사루라와유, 대두유 등을 배합하고 이것에 14~17%의 물과 batter-fraiver, 유화제로서 monoglyceride, vitamin A 등을 첨가하여, 유화, 혼련하여 제조한다. 최근 액상유함량이 많은(30~40%) soft형이 주류가 되고 있다.

(3) 쇼트닝

돼지기름, 또는 여러 부분의 경화유에 질소가스를 분산시킨 상태로 급냉, 고화시킨 것으로 식용 대두경화유, 식용 어경화유, 식용 면실경화유 등이 쓰이고 있다. 버터와 달라서 물을 함유하고 있지 않다. 특히 돼지기름에서 만들어지는 것을 라드(lard)라 부르고 있다.

6.4 지방산 관련 공업

6.4.1 지방산 ester

지방산 ester류는 넓게 화장품이나 절삭유로 쓰이고 있으나 표 6-6에 예를 나타낸 것처럼 넓은 이용면이 있다.

표 6-6 지방산에스테르의 이용예

에스테르	利用例
리시노레인산부틸	耐寒性潤滑油
아세틸리시노레인산	耐寒性可塑劑
세바신산옥틸	耐寒性可塑劑, 潤滑油
多不飽和酸多價알코올에스테르	塗料原料
低度不飽和(~飽和)酸多價알코올 모노에스테르	界面活性劑
脂肪酸 모노(또는 디)글리세라이드	食品乳化劑, 알키드樹脂中間體

지방산 ester의 제조법에는 직접ester화법과 ester교환법이 있다.

(1) 직접 ester

$$ROOH + R^1OH \rightarrow RCOOR^1 + H_2O$$

가장 일반적인 방법으로 지방산과 알코올을 무촉매하, 고온(135~250℃)으로 가열하여 ester화한다. 촉매로서 황산, alkali금속의 초산염, 탄산염, 염화물 및 *p*-toluensulfonic acid 등이 쓰인다. 반응을 적절히 진행시키기 위하여 생성수를 benzene이나 toluene으로 공비제거시키면서 ester화 반응을 하는 경우도 있다. 직접ester화 반응하기 힘든 제3alcohol이나 phenol의 경우는 산halogen화물에 의한 간접ester화가 이루어진다(반응온도 35~70℃).

$$RCOCl + R^1OH \rightarrow RCOOR^1 + HCl$$

(2) ester교환법

직접에스테르화나 간접에스테르화 반응이 불편할 경우 에스테르 교환반응이 채용된다. monoglyceride나 당류 ester, sorbitester의 제조 등은 주로 ester교환법에 의한다. 일반적으로는 과잉의 alcohol이 쓰인다.

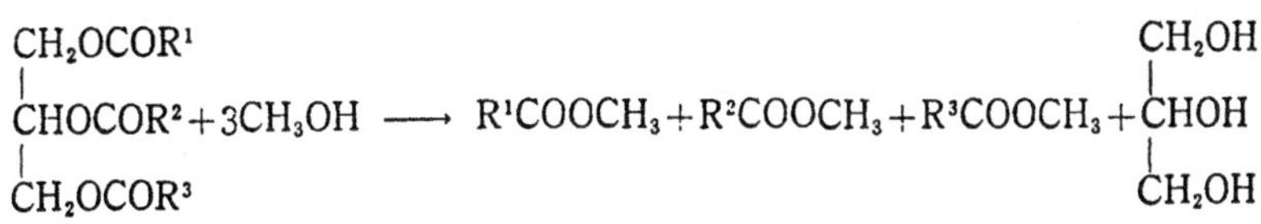

mono-glyceride의 경우 glycerine과 tri-glyceride와의 반응에 의하면 생성물은 모노글리세리드와 글리세리드의 혼합물로 된다. 1-mono-glyceride는 다음 반응에 의하여 순수하게 합성할 수 있다.

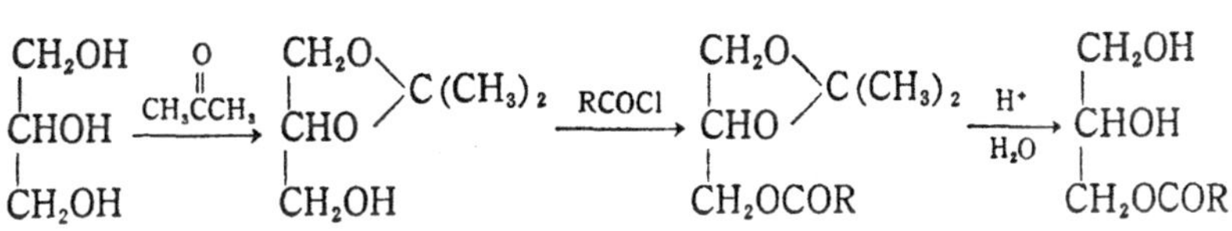

서당과 지방산 methyl과의 ester교환반응에서는 상용성이 없으므로 양자 공통의 용매로서 dimethyl formamide를 쓰면 반응이 원활히 진행한다. sorvit 등과 같이 열로 탈수반응하지 않는 alcohol에 대해서 ester교환법은 유력한 수단이 된다.

6.4.2 고급 alcohol

계면활성제, 가소제, 화장품 등에 광범위하게 이용되고 있는 고급 알코올은 석유화학에 의해서 합성되는 것도 있으나 천연납 에스테르나 지방산의 환원에 의한 알코올도 중요한 자원의 하나이다. 일부 천연알코올에 대해서 표 6-7에 나타냈다. 말향경유는 Oleilalcohol의 중요한 자원이다.

(1) 고압환원법

원료로서 지방산 또는 그 메틸에스테르가 쓰인다. 글리세라이드를 원료로 한 경우 글리세린이 글리콜이나 프로판 등으로 분해하고 손실을 일으킨다.

$$RCOOCH_3 + 2H_2 \xrightarrow{\text{觸媒}} RCH_2OH + CH_3OH$$

포화알코올의 제조에는 동-크롬계의 촉매가 쓰이나 불포화알코올의 제조에는 아연-크롬계나 카드뮴-크롬계 촉매가 쓰이며 카복시기만의 선택환원이 이루어지고 있다. 반응온도는 250~340℃, 수소압 100~300atm으로 환원한다. 이 방법에는 소량의 탄화수소가 부생한다.

(2) **금속Na환원법**

고온, 고압을 필요로 하지 않고 불포화 alcohol의 제조에 적합하다.

$$RCOOR^1 + 4Na + 2R^2OH \longrightarrow RCH_2ONa + R^1ONa + 2R^2ONa \xrightarrow{4H_2O} RCH_2OH + R^1OH + 2R^2OH + 4NaOH$$

톨루엔에 분산시킨 금속Na을 지방산에스테르와 반응시켜 고급알코올로 하나, 이 반응에서는 반응촉매로서 제2알코올(R^2OH)의 4-metyle–2-pentanol이나 cyclo-hexanol을 사용한다. Olein산-ethyl로부터 올레일알코올이 94% 이상의 수율로 만들어지고 있다.

표 6-7 천연에 존재하는 대표적인 알코올

名稱	分子式	融點(°C)	所在
라우릴알코올	$CH_3(CH_2)_{11}OH$	24.0	말향鯨油
미리스틸알코올	$CH_3(CH_2)_{13}OH$	37.9	말향鯨油
세틸알코올	$CH_3(CH_2)_{15}OH$	49.3	말향鯨腦油
스테아릴알코올	$CH_3(CH_2)_{17}OH$	58.0	말향鯨油
올레일알코올	$CH_3(CH_2)_7CH{=}CH(CH_2)_8OH$	2.0	말향鯨油
에이코실알코올	$CH_3(CH_2)_{19}OH$	65.5	말향鯨油, 羊毛脂
테트라코실알코올	$CH_3(CH_2)_{23}OH$	75.5	카나바, 羊毛脂
옥타코실알코올	$CH_3(CH_2(_{27}OH$	82.5	밀랍, 羊毛脂
메리실알코올	$CH_3(CH_2)_{30}OH$	85.0	카나바납, 밀랍

에스트르로서 存在 工業的으로는 주로 還元法으로 製造된 알코올이 쓰이고 있다.

6.4.3 함질소유도체

지방산에서 합성되는 함질소유도체의 대표적인 것으로 지방산아미드, 지방산니트릴, 지방족아민 등으로 합성수지첨가제, 접착제, 도료, 종이의 코팅제, 섬유처리제, 세제첨가제, 윤활유첨가제 등의 용도 외에 니트릴은 아민 중간체로서, 또 아민은 계면활성제의 중간체로서 중요한 위치를 차지하고 있다.

(1) **지방산아미드**

일반적인 합성법은 실리카겔 등의 탈수촉매를 쓰며 지방산과 암모니아를 160~200℃로 반응시키는 것이다.

$$RCOOH + NH_3 \rightarrow RCCNH_2 + H_2O$$

이 밖에 에스테르나 산할로겐화물의 ammonolysis에 의한 방법도 있다. ethanol-amine류와 지방산으로부터 합성되는 alkanol-amide는 계면활성제 및 그의 첨가제로서 넓은 용도를 가지고 있다.

(2) 지방산니트릴

일반적인 합성법은 제1아미드의 탈수반응으로 300℃로 지방산에 암모니아를 불어넣으면 지방산아미드를 거쳐서 니트릴이 생성된다.

$$RCOOH \xrightarrow{NH_2} RCONH_2 \xrightarrow[-H_2O]{300°C} RCN$$

탈수반응에는 기상법과 액상법이 있으며 공업적으로는 이들을 조합시킨다. 촉매로서는 실리카겔, 알루미나, 코발트비누 등이 쓰인다.

(3) 지방산아민

지방족함질소화합물 중에서 가장 중요한 화합물로 니트릴의 환원으로 제조되고 있다.

$$RCN \xrightarrow{H_2} R-CH=NH \xrightarrow{H_2} R-CH_2NH_2$$

니켈계의 촉매를 쓰는 접촉환원 반응에서는 제이아민이 부생하나 이것은 중간체의 altimine과 제일아미드의 반응에 의해서 생성한다. 제이아민의 부생은 반응온도의 저하, 암모니아, 알칼리의 첨가에 의해서 억제된다.

$$RCH_2NH_2 + RCH=NH \rightarrow (RCH_2)_2NH + NH_3$$

6.4.4 Dimer산

불포화지방산을 고온도로 가열하면 열중합하나 그 중에서도 올레인산이나 리놀산이 2중화한 Dimer산은 폴리아미드 지방첨가제, 윤활유첨가제, 방청제 등에 이용된다.

6.4.5 금속비누

금속비누의 종류는 많으며 대표적인 것으로 Li, Mg, Ca, Ba, Al, Zn, Cd, Mn, Pb비누등이 있다. 촉매, 발수제, 증점제, 살균제, 윤활유첨가제로서의 용도 이외에 PVC수지의 안정제, 그리스첨가제 및 겔화제로서의 중요한 용도가 있다.

금속비누의 제조법에는 지방산과 금속수산화물이나 금속산화물을 직접 반응시키는 용융법과 지방산 알칼리금속연과 복분해 반응에 의한 방법이 있다.

$$nRCOOH + M(OH)_n \rightarrow (RCOO)_nM + nH_2O$$
$$nRCOONa + MX_n \leftarrow (RCOO)_nM + nNaX$$

다가금속의 경우 지방산수가 다른 것은 혼합물로 되는 경우가 많다. 비누는 일반적으로 물에 용해하기 힘들다.

6.4.6 기　타

(1) 지방산 염화물

에스테르, 산무수물, 아미드, ketenedimer, diacylperoxide의 중간체로서 사용된다. 염소화는 염화티오닐, 삼염화인, 오염화인 등이 쓰이나 공업적으로는 삼염화인에 의한 경우가 많다.

$$3RCOOH + PCl_3 \longrightarrow 3RCOCl + H_3PO_3$$

$$2RCH_2COCl + 2(C_2H_5)_3N \longrightarrow 2[RCH=C=O] + 2(C_2H_5)_3NH \cdot Cl$$

$$\longrightarrow \begin{array}{l} RCH=C-O \\ \quad\;\;\, | \quad\;\; | \\ \quad RCH-C=O \end{array}$$

$$2RCOCl + Na_2O_2 \longrightarrow \underset{\substack{\| \\ O}}{RCO}\underset{\substack{\| \\ O}}{OCR} + 2NaCl$$

Ketene dimer는 섬유처리제, peroxide는 촉매로 쓰인다.

(2) 불포화지방산의 산화분해

Olein 酸에서의 azelaic acid $(HOOC(CH_2)_7COOH)$의 제조, ricinoleic acid$\left(\begin{array}{c} CH_3(CH_2)_5 \diagdown \\ \qquad\qquad C \\ HO \diagup \end{array} \begin{array}{c} \diagup CH_2 \diagdown \qquad \diagup (CH_2)_7COOH \\ C=C \\ \diagdown H \;\diagup \qquad \diagdown H \end{array}\right)$에서의 sebacic acid $(HOOC(CH_2)_8COOH)$의 제조가 공업적으로 중요한 것이다.

7. 도료화학공업

7.1 서 론

대부분의 물체는 크거나 작거나 외적인 조건에 접촉되므로 어떤 침식작용을 받게 된다. 또한 소재만으로는 표면적인 상품가치가 낮은 경우가 많다. 거기서 넓은 의미에서의 표면처리가 시행되게 된다. 표면처리법의 하나로 도료에 의한 표면피복(도장)이라는 것이 있다.

도료의 목적에는 다음이 3가지로 대별된다.

① 물체의 보호, 방충, 내유, 내약품, 방습

② 광택의 부여, 미화, 평활화, 표식

③ 생물부착방지, 살균, 전도성조절, 반사도료의 주성분은 도막형성 성분으로 이외의 목적의 기능을 유효하게 발휘시키기 위하여 첨가제, 유동성을 조절하기 위한 용제 및 도막에 필요한 색채나 불투명성을 주고 또한 도막의 기계적 경질을 보강하기 위한 안료 등이 포함되어 있다. 도막 형성 성분의 대표적인 것으로 표 7-1에 나타낸 것으로 첨가제로서는 가소제, 건조제(경화제), 안료분산제, 증점제, 피장방지제, 살충살균제 등을 들 수 있다. 도막형성성분, 첨가제, 용제의 3성분으로 된 것을 전색제라 부르고 이것은 투명도료에 상당한다. 도료는 성분, 상태, 용법, 용도 등에 대하여 표 7-2와 같이 분류되나 이것들을 조합하여 사용하는 경우가 많다.

표 7-1 도막형성성분

分類	素材
乾性油	아마인油, 大豆油, 桐油
加工乾性油	탈수피마지油, 스티렌化油, 우레탄化油
合成樹脂	불포화폴리에스테르, 알키드樹脂, 초산비닐樹脂, 염화비닐樹脂, 에폭시樹脂, 우레탄樹脂, 아미노樹脂
天然樹脂	로진, 코펄, 셸락
셀룰로오스	니트로셀룰로오스, 아세틸셀룰로오스

표 7-2 도료의 분류

分類基準	塗料의 名稱
塗料主原料	油性塗料, 水性塗料, 合成樹脂塗料, 셀룰로오스誘導體塗料, 酒精塗料
塗料의 狀態	堅練페인트, 조합페인트, 에멀션도료, 졸도료
塗裝法	吹付塗料, 靜電塗料
塗膜의 性態	下塗塗料, 防錆塗料, 船底塗料, 防火塗料

7.2 도료의 제조

7.2.1 유성도료

유성도료에는 주로 천연유지에서 제조되는 전색제를 쓰는 도료로 옻 · 카슈계도료, 유성페인트, 유성에나멜 등이 있다.

옻수액(생옻)의 주성분은 urushiol(60~65%)로 생우루시올을 38~45℃로 수 시간 가열하고 어느 정도, 탈수, 산화반응을 일으켜 이것에 기름 또는 기름이나 천연수지나 에스테르고무를 증량재로서 20~30% 첨가시켜 옻도료를 만든다. 옻도막은 내약품성, 부착성, 광택이 우수하나 지건성이나 고가인 것으로 주로 칠기나 미술공예품용에 쓰이고 있다.

우루시올에 유사한 것으로 cashew계 도료가 있다. 카슈핵유에는 우루시올 유사의 galt나 anagalt산이 주성분으로서 함유되어 있고 유용성 페놀수지와 공축합시켜서 vehicle로 된다. 우루시올이 대용으로서 사용되고 있다.

유성페인트는 boil유가 주성분으로 boil유는 대두유, 아마인유, 동유, 어유 등의 건성유에 건조제를 가하여 120℃의 온도로 공기를 불어넣으면서 적당한 정도로 되게 하여 산화중합시킨 것으로서 여기에 건조제를 첨가하여 비클로 한다. 유성페인트에는 견련페인트(도료 85~90%)와 조합페인트(도료 60~65%)가 있다. 제조공정을 그림 7-1에 나타낸다.

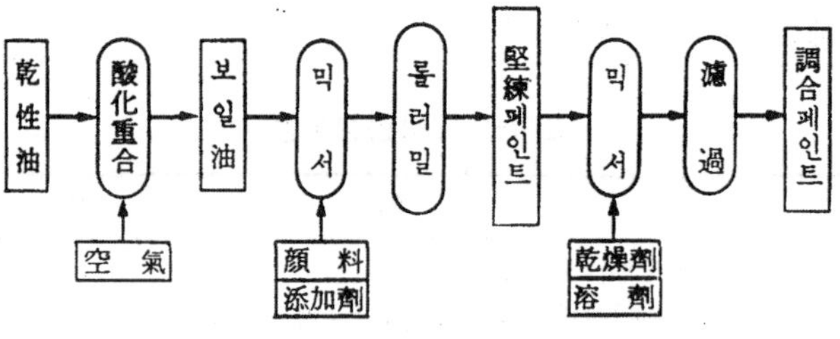

그림 7-1 유성페인트의 제조공정

유성페인트는 지건성으로 견인 · 내수 · 내알칼리성에 약하다.

Rosin(주성분은 abietic acid)이나 에스테르고무의 천연수지나 로진변성 말레인산수지, 페놀수지 등을 건성유와 가열 중합시킨 것에 용제나 건조제를 가한 것을 유성 에나멜이라 하고 싼가격으로 광택이 좋다. 그러나 도막성능은 합성수지도료보다 떨어진다.

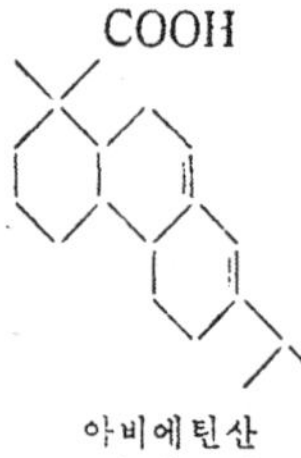

아비에틴산
Abietic acid
$C_{20}H_{30}O_2$

건성유와 유용성 페놀수지와의 중합물은 비클로 하는 도료도 유성도료로서 취급되고 하도용, 내약품성 도료로서 사용된다.

7.2.2 합성수지도료

(1) alkyd수지도료

다염기산과 다가알코올의 폴리에스테르를 알키드수지라 하나, 도료에 쓰이는 것의 대표적인 것은 무수프탈산과 글리세린 또는 펜타에르슬리트의 폴리에스테르를 기름 또는 지

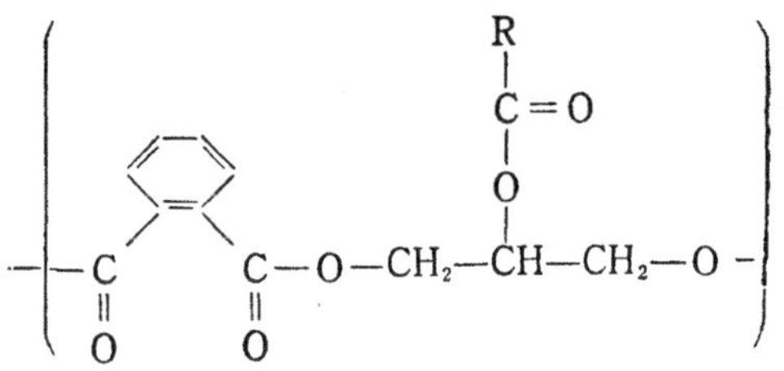

알키드수지의 기본골격

방산으로 변성시킨 것이다.

지방산 변성의 경우에는 지방산, 무수프탈산, 다가알코올의 삼자를 불활성가스 기류하에 220~250℃로 폴리에스테르화한다. 유변성의 경우에는 미리 다가알코올과 유(트리글리세리드)와의 에스테르교환으로 모노 또는 디 글리세리드로 하여 무수프탈산을 가해서 폴리에스테르로 한다. 후자의 방법쪽이 축합도가 낮고 겔화하기 쉽다.

알키드수지의 성질은 변성에 쓰인 기름 또는 지방산의 이중결합의 수, 공역이중결합의 유무 및 알키드수지 중의 지방산 부분의 비율(이것을 유장이라고 한다)에 의해서 변화한다. 이 영향을 표 7-3, 7-4에 나타낸다. 장유성의 경우에는 직선상의 저축합도수지로 되고 단유성의 경우에는 고축합도의 수지로 된다.

도료용 알키드수지의 평균분자량은 2000~3000이다. 도장 후 지방산의 이중결합이 산화가교반응을 일으켜 고분자량의 망목구조를 형성하여 도막으로 된다. 건조(산화)일수와 함께 도막의 강화기는 증대되나 장기간의 폭로로 어느 것은 취화한다.

표 7-3 알키드수지의 성질에 미치는 유장의 영향

油　長 :	短油		中油		長油
(%)	30	40	50	60	70
粘　度	大←—————————————————小				
溶解性	小—————————————————→大				
乾燥性	小————————→大←————————小				
견　로	大←—————————————————小				
알키드性	小—————————————————→大				
耐水性	小—————————————————→大				
耐油性	大←—————————————————小				
耐候性	小——————————————→大←小				
付着性	小——————————→大←——————小				

표 7-4 알키드수지의 성질에 미치는 변성유의 영향

變性油	요오드價	乾燥性	保色性
아마인油	168~190	大	大
桐油	155~175	↑	↑
탈수피마자油	137~150	│	│
大豆油	114~138	│	│
피마자油	81~91	│	│
야자油	7~16	?	?

알키드수지는 유리의 −OH기나 −COOH기를 많이 가지고 있어서 부착성이 우수하다. 에스테르결합이 주체인 것으로 내수성, 내알칼리성은 낮다.

(2) 아미노수지도료

소부도료의 대표적인 것으로 알키드수지와 혼합하여 널리 쓰이고 있다. 아미노수지로서는 부틸화요소수지나 멜라민수지가 널리 쓰이고 벤조구아나민 수지도 쓰인다.

아미노알키드 수지도료의 특징으로서 ① 저온소부가 가능하고 소요시간이 짧다. ② 무색투명양호한 보색성, ③ 양호한 내후성, 내약품성, ④ 내마모성 등의 점을 들 수가 있다. 도료용 멜라민 수지의 제조공정을 그림 7-2에 나타낸다. 반응온도는 비교적 낮고 50~130℃이다.

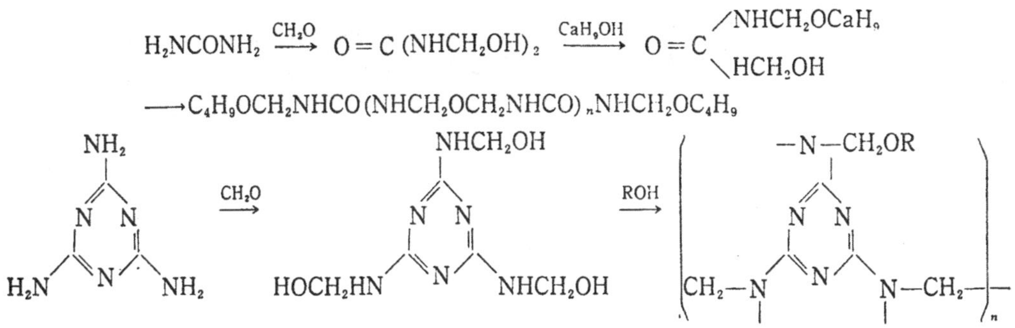

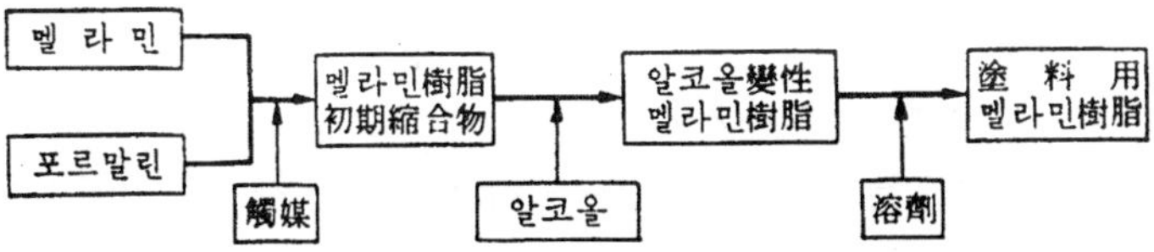

그림 7-2 도료용멜라민수지의 제조공정

알키드수지로서는 아미노수지와의 상용성이나 광택 등의 점에서 주로 단유성 알키드수지가 쓰이나, 경우에 따라서는 중유성 알키드수지나 변성 알키드수지가 쓰이거나 알키드수지 대신에 에폭시에스테르가 쓰일 경우도 있다.

(3) 가교형 합성수지 도료

유성도료, 알키드수지도료, 아미노수지도료의 어느 것도 가교반응으로 고분자화하나 이것들은 1액형으로 이하에서 언급하는 가교반응하기 쉬운 작용기를 각각 가진 2종류의 비클을 가지고 사용 직전에 혼합하여 도막을 형성시키는 2액형의 가교경화형의 도료와는 구별되고 있다.

2액형 가교경화도료의 대표적인 것으로는 2액형 에폭시수지도료, 2액형 폴리우레탄 수지도료 및 불포화 폴리에스테르 수지도료 등이 있다. 에폭시수지에는 에피클로로히드린과 비스페놀의 공축합에 의해서 합성되며 bis-phenol로서는 bis-phenol A가 대표적인 것이다. 이 선상수지(프레폴리머)를 아민계 경화제로 가교 고분자화시켜서 도막으로 한다.

경화제로서는 아민 이외에 산무수물이나 이소시아네이트 화합물이 쓰이는 경우도 있다. 가교반응은 통상 실온으로 진행한다. dimer산이나 polyamine의 축합물인 폴리아미드수지는 말단에 유리의 아미노기를 가지므로 우수한 경화제로서 작용한다. 폴리아미드수지, 경화에폭시수지 도료로는 건조조건의 폭이 넓으며(실온~소부), 그리고 내충격성이나 광택이 우수하다.

폴리우레탄도료의 대표적인 것의 기초로 되는 가교반응에는 다음 2종류의 반응이 있다.

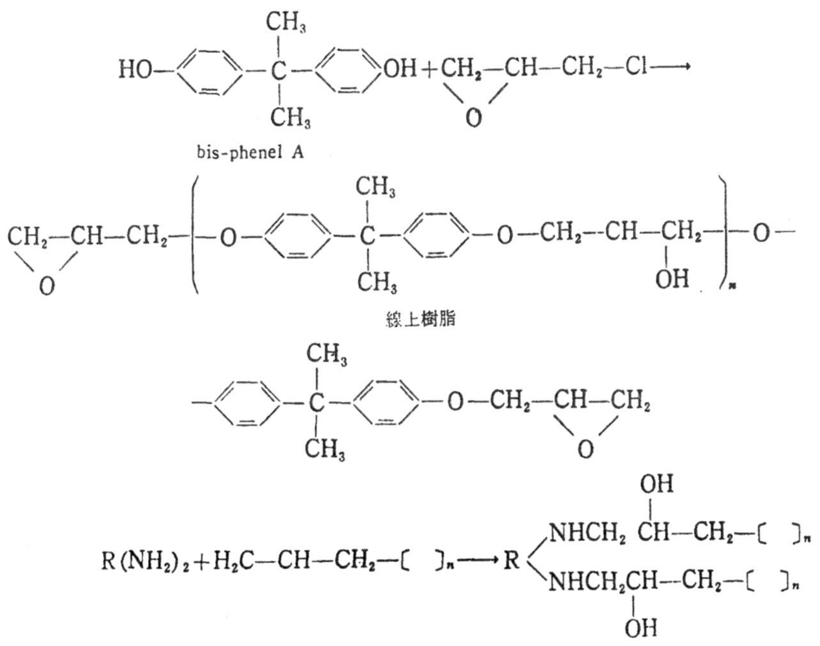

網目狀樹脂

$$R-NCO+HO-R^1 \longrightarrow RNH\overset{O}{\overset{\|}{C}}-O-R^1$$

$$2R^1O\overset{O}{\overset{\|}{C}}NH-R^2-NCO+H_2O \longrightarrow (R^1O\overset{O}{\overset{\|}{C}}NHR^2NH)_2CO$$

전자의 것은 유리의 $-OH$기를 가지는 폴리에스테르에 톨루엔디이소시아네이트(TDI)와 같은 작용기 이소시아네이트를 부가반응시켜서 도막으로 하는 것이다. 폴리에스테르로서는 유변성알키드수지도 사용된다.

후자의 것은 우선 TDI와 어느 정도의 분자량을 가진 폴리올과 반응시켜서 미반응의 이소시아네이트기를 가지는 프레폴리머를 합성하고 이것을 도포후 공기중의 수분으로 가교경화시키는 것으로 습기경화형 폴리우레탄 도료라 부르고 있다. 폴리우레탄 도료는 광택, 내약품성, 부착성이 우수하고 내마모성이 크다는 특징을 가지고 있다.

가교형 합성수지 도료의 또하나의 예로서 불포화 폴리에스테르 도료가 있다. 불포화지방산을 갖는 알키드수지를 프레폴리머로서 비닐 모노머와 혼합시킨 것으로 비닐 모노머로서 스티렌이 잘 쓰인다. 스티렌과 불포화지방산의 이중결합 부분이 공중합하여 망목구조를 형성한다. 촉매로서는 과산화물이 쓰인다. 무용매 도료로서 후도 등이 가능한 반면, 체적수축이 크다는 것이 결점이다.

(4) 비닐수지도료, 아크릴수지도료

이 계통의 도료는 비교적 새로운 것으로 여러 특징을 가지므로 널리 사용되고 있다. 대

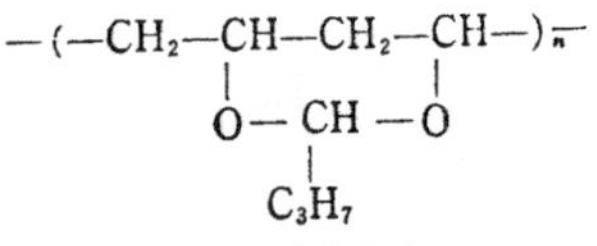

폴리비닐부틸알

표적인 것으로 염화비닐-초산비닐 공중합수지 도료, 폴리비닐부틸알수지도료, 폴리아크릴수지계 도료 등이 있다. 염화비닐수지는 일반적으로 난용성이므로 초산비닐을 9~15% 공중합시킨 것을 비클로서 쓴다. 내수성, 내산, 알칼리성이므로 선저도료에 적합하다. 또 난연성으로 내약품성도 크다. 폴리비닐부틸알수지는 투명성이 좋고 내한성이다. 이 수지도 경화할 때 삼차원화한다. 일반적으로 하도에 쓰인다. 또는 프라이머로 쓰이고, 폴리비닐부틸알수지에 페놀수지를 15~20% 혼합한 것은 부힐내면도료로서의 용도가 있다.

아크릴수지계 도료에는 합성수지의 대표적인 것으로 투명성, 무변색성, 광택, 내후성 등이 우수하다. 아크릴산 메타크릴산을 주성분으로 하는 공중합수지를 비클로 한다. 메틸에스테르의 경우 수지는 경화로 되고 부틸 또는 2-methyl-hexyl ester의 경우에는 수지는 연질로 된다. 용매를 80~140℃로 하고 이것에 아클릴 모노머와 중합촉매의 혼합물을 적용하여 수지를 제조한다. 중합속도나 polymer의 분자량은 중합온도, 모노머농도, 용매의 종류, 촉매의 활성과 양 등에 의하여 조절된다. 이상의 것 이외에 비닐계수지 도료로서 평균중합도 300~350의 폴리스티렌수지 도료가 있다. 도막은 내수성, 내한성이다.

(5) 페놀수지도료

유용성 페놀수지와 기름과의 공중합물을 비클로 하는데는 유성도료로서 분류되는 경우도 있다. 도료에 쓰이는 페놀수지는 열가소성의 노볼락형이다. 페놀수지의 도막은 내수성, 내산, 알칼리성으로 부착성이 좋고, 하지용 도료나 내약품성 도료로서 쓰인다. 통상 1몰의 페놀에 1몰의 포르말린이 쓰이고 염산을 촉매로 하여 축합시킨다.

페놀대신에 p-tert-butyl phenol이나 p-phenyl phenol 등을 쓰면 유변성이 없어도 유용성으로 되며 이것을 100% 페놀수지라 부르고 도료 원료에 사용하고 있다.

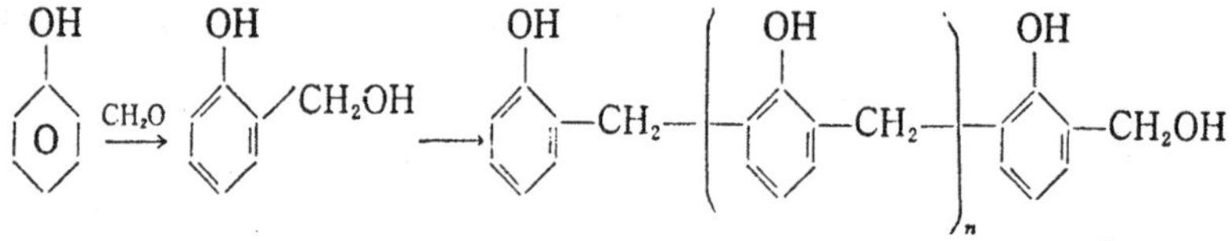

노볼락樹脂

7.2.3 셀룰로오스 유도체도료

래커라는 이름으로 널리 알려져 있고 니트로 셀룰로오스, 아세틸 셀룰로오스, 아세틸 부틸 셀룰로오스(이상 에스테르형), 에틸 셀룰로오스, 벤질 셀룰로오스(이상 에테르형)을 도막성분으로 하는 도료로 이 중에서도 니트로 셀룰로오스에 의한 도료가 가장 잘 알려져 있고 래커라 하면 이것을 지칭할 때가 많다. 래커의 도막형성은 용제의 증발에 의한 것으로 건조는 빠르다. 니트로 셀룰로오스 단독으로는 견인도가 약하므로 수지나 가소제를 첨가하여 개질한다. 쓰이는 수지로는 damer, 로진에스테르(에스테르 검), 알킬드수지,

아미노수지 등이 있으며 니트로 셀룰로오스에 대해서 1~2.5배량 정도 사용한다. 래커용의 니트로 셀룰로오스는 질소함유량에 의하여 spirit가용성(10.8~11.1% 질소), 알코올가용성(11.4~11.9% 질소) 및 에스테르가용성(11.8~12.2% 질소)의 3종류로 분류되고 있다. 니트로 셀룰로오스는 Linter나 pulp를 알칼리세정후 질산-황산으로 처리하여 합성한다. 니트로 셀룰로오스를 용제에 용해시켜 수지와 가소제를 용제에 용해시킨 용액을 이것에 가하고 혼합여과하여 clear lacar를 제조한다.

Acetybutyl cellulose와 열가소성의 아크릴수지에서 acryl lacar가 제조되고 있다. 내광성, 보색성이 좋다.

7.2.4 주정도료

알코올을 주성분으로 한 용제에 수지를 용해시킨 것을 비클로 한 도료로 여기에 사용되는 수지로서는 시이트락, 셸락, 로진, 담머, 코펄 등의 천연수지로 용제로서는 메탄올, 변성알코올, 이소프로판올, 부탄올, 초산에틸, 초산아밀 등이 쓰인다. 주정도료의 예를 표 7-5에 나타낸다.

천연수지를 기름 또는 용제에 녹인 것만의 비클을 Vanish라 부르고 기름에 녹인 것을 Sprit Vanish라 부르고 있다. 또한 바니시에 안료를 넣은 것은 에나멜이라 부른다. 수지는 거의 단독으로 사용되고 혼합하여 사용하는 예는 적다. 로진을 바니시에 사용하는 경우는 글리세린과 에스테르 검으로 하여 쓰일 경우가 많다. 코펄수지의 경우는 우선 running이 칭하는 330~345℃의 가열처리, 그리고 수지의 분해를 하고 기름에의 용해성을 올리게끔 한다. 그 밖의 경우는 수지와 기름을 가열하면서 교반 용해시켜서 제조한다.

표 7-5 주정도료

바니시	使用樹脂	含有量(%)
시트락바니시	시트락	20~30
셸락바니시	셸락	25~40
南京바니시	로진	40~50
담머바니시	담머	50~60
速乾바니시	코펄	30~40

7.2.5 수성도료

통상 에멀젼도료라 불리는 것으로 합성수지의 미립자가 물에 현탁된 라텍스로 물이 용제의 역할을 하여 위험성이 적다. 또한 도막은 일단 건조하면 내수성이 있고 내알칼리성도 좋으므로 콘크리트, 모르타르 등에 사용한다. 라텍스입자의 융합에 의하여 도막이 형성된다. 따라서 광택은 좋지 않다.

에멀젼도료에 쓰이는 합성수지로서는 폴리초산비닐, 폴리스티렌, 스티렌-부타디엔공중합체, 아크릴산에스테르공중합물 등이 있다. 에멀젼도료에는 가열경화형과 상온경화형의 2종류가 있다. 전자에는 styrene-butadiene계와 acrylic ester계의 합성수지가 이용된다.

상온경화형의 에멀젼도료의 제조공정의 예를 그림 7-3에 나타내었다. 제조시 계면활성제를 함유하므로 거품이 잘일고 포는 도막의 성능에 악영향을 미치므로 소포제를 제조시에 첨가한다. 분산제, 습윤제로서 쓰이는 것을 비이온성이거나 또는 음이온성의 계면활성제로 부착성이나 도막의 내구성을 향상시키기 위하여 알키드수지나 동유를 소량 가하는 일이 있다.

상온경화형은 주로 건축물의 실내 · 실외용에 또 가열경화형 자동차용 프라이머로서 사용되고 있다.

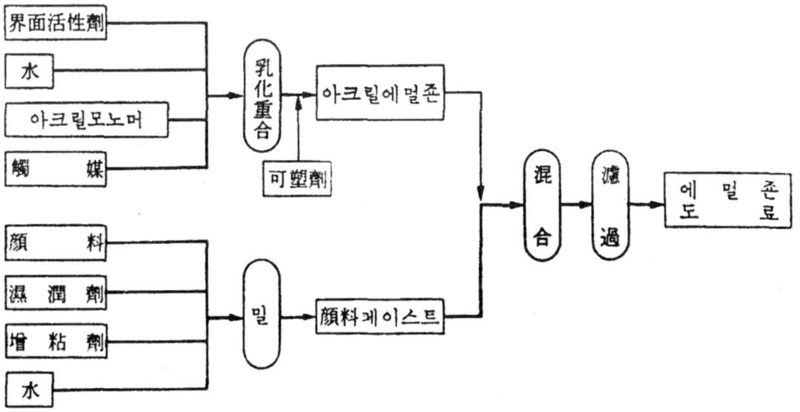

그림 7-3 상온경화형 에멀션도료의 제조공정

7.2.6 분체도료

수성도료와 함께 새로운 형태의 도료로서 분체도료가 있다. 분체도료에는 용제를 사용하지 않는다. 그림 7-4에 나타낸 것처럼 에폭시수지, 아크릴수지, 폴리에스테르수지 등의 고형수지에 경화제, 첨가제를 혼합하고 수지의 용융온도와 경화제의 작용온도 사이의 온도(100~110℃)로 용융혼합하고 또한 냉각, 분쇄하여 분체도료로 한다.

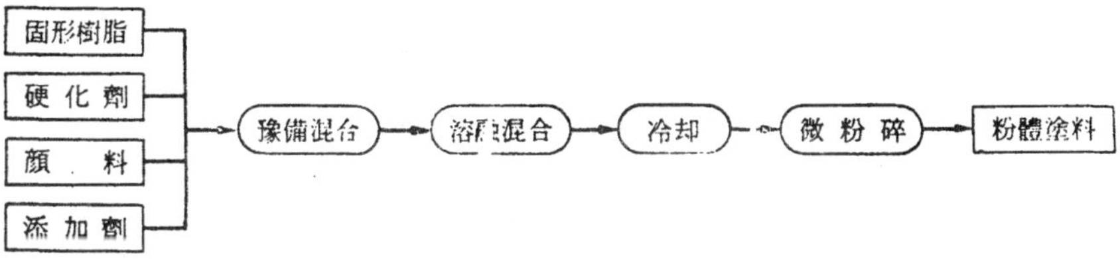

그림 7-4 분체도료의 제조공정

분체도료는 공해대책 도료로 도료입자를 부로 대전시켜 정하전이 피도장체에 정전기적 인력으로 부착시켜서 수지의 용융점 이상의 온도로 용융 소부시킨다.

7.2.7 안료분산

투명도료 말고는 안료의 분산공정은 도료제조 중에서도 중요한 공정이다. 빠데나 프라이머와 같이 하지도의 도료와 달라서 마무리용 도료는 건조도막의 광택, 평활 등으로 보아 미세한 안료분산이 요구된다.

안료분산은 전련작업, 분산, 희석, 조색의 4공정으로 한다. 우선 비클의 일부에 안료를 간단히 혼련한다. 뒤이어 이것을 ball mill, sand-grindmill 또는 rollmill 등을 써서 비클 중의 안료를 보다 미세하게 분쇄한다. 이것에 비클의 나머지를 가해서 충분히 교반하고 원색도료를 제조한다(희석). 원색도료를 배합하여 목적의 색을 조제한다(조색).

7.3 도료의 건조

도료는 분체도료의 경우를 제외하고는 도장시에 유동성을 갖기 위하여 용액(또는 에멀젼)상태이다. 이 도료를 박막으로 하여 고화시키는 것을 건조라 하고 특히 가열하여 고화시키는 것을 소부라고 부르고 있다.

도료에는 앞서 말한 것처럼 도막성분이 그대로 용액으로 되어 있는 것과 도료 상태시는 프레폴리머로 도포후 어떤 것의 반응에 의하여 경화, 도막을 형성하는 것의 두 가지로 나눌 수 있다. 전자는 용제휘발건조형으로, 후자는 반응건조형이라 말할 수 있다. 표 7-6에 대표적인 도료의 건조기구를 나타낸다.

소부의 방법으로서는 열풍순환전열적외선조사, Gas적외선조사, 고주파유전가열 등이 있고 이 밖에 빛이나 전자선으로 경화하는 도료도 개발되고 있다.

용제휘발건조형의 도막은 도막형성 후에도 그 도료의 용제로 재용해 하나 반응경화형의 도막은 일단 도막을 형성하면 그 도료의 용제에는 재용해하지 않는다.

표 7-6 도료의 건조기구

乾燥形式	塗料(乾燥溫度)
常溫酸化	油性塗料, 알키드樹脂塗料
加熱酸化	알키드樹脂塗料(150°C)
常溫縮合	에폭시樹脂塗料
加熱縮合	아미노알키드樹脂塗料(110~160°C) 熱硬化型아크릴樹脂塗料(120~180°C) 에폭시樹脂塗料(150~180°C), 水性塗料(130~170°C)
常溫重合	폴리우레탄塗料, 不飽和폴리에스테르樹脂塗料
加熱重合	不飽和폴리에스테르樹脂塗料(80°C)
常溫溶劑揮發	래커에멀션塗料

8. 염료화학공업

8.1 서 론

8.1.1 천연염료

염료의 역사는 이미 오래되었고, 이미 기원전 수천년의 옛날 이집트의 미이라의 의복이 인디고가 물들여져 있었다는 것은 유명하다. 현재 쓰이고 있는 인디고는 거의 합성제품이나 인디고에 한하지 않고 인류가 초기에 사용한 염료는 동식물이나 광물에서 추출한 천연염료였다.

동식물의 천연염료로서 쓰이고 있었던 예는 비교적 적으나, 잘 알려져 있는 것으로서 지중해의 연안에서 잡히는 일종의 권견에서 추출한 "고대자"가 있다. 이것은 P. Friedländer에 의해 인디고계 염료의 6,6-dibromo-indigo인 것이 분명해졌다. 식물성의 천연염료로서는 많은 예가 알려져 있다.

천연염료는 대량으로 입수하기 힘들고 어느 것이든 고가인 것이어서, 그 이용은 왕가나 귀족의 의복에 국한되고 오늘날에 보는 바와 같이 염료가 서민의 것이 되기 위해서는 근대화학공업에 의한 합성염료의 출현을 기대하지 않으면 안 되었다.

8.1.2 합성염료의 발명

F.F. Runge가 coaltar 중에 aniline(1834년)이 존재한다는 것을 알아냈으나, 그 시점에서 이것은 합성염료로서 이용하기에 이르지 않았다. 그 후, W.H. Perkin은 이 aniline에서 kinine의 합성을 꾀하여 aniline을 중크롬산염으로 산화한 결과, 자색의 물질을 얻었다. 그는, 이것이 양모나 견을 자색으로 염색하는 것을 알았다(1856). 당시, Perkin은 18세의 젊은이였으나 그는 바로 특허를 얻어, Ronson에 공장을 건설하고 이것을 공업적으로 생산한 것이 합성염료의 제1호라고 말하고 있다.

현재 합성염료는 천연염료와 비교하여 종류가 극히 많고 다량으로 합성되므로 염가이며 또한 순도가 높기 때문에 색이 선명하고 아름다운 것 등 여러 이점이 있다. 오늘날 쓰이고 있는 염료는 특수한 것은 별도로 거의 합성염료인 것이라 해도 과언이 아니다.

8.1.3 색소와 염료

염료는 독특하고 선명한 색을 가지고 있는 것이 필요조건이나 물질이 착색해 있는 것만으로는 그것은 단순히 색소이며 반드시 염료는 되지 않는다. 색소가 염료로 되기 위해서는 섬유를 물들일 수 있어야 한다. 그 때문에 염료가 물 또는 적당한 용매에 녹아서 직접 섬유가 물들거나, 또는 염료 자체가 용매에 녹지 않아도 간단한 처리에 의해서 용성물질로 되고, 섬유가 그것에 물들어서 후에 용이하게 불용성의 으뜸의 염료로 재현되는 것이다. 이상과 같은 염료에는 다음과 같은 성질이 요구된다.

① 독특하고 선명한 아름다운 색을 가지고 있을 것
② 비교적 간단한 조작으로 염색될 것

③ 다량으로 합성되고 염가일 것

④ 일광, 세탁, 마찰 등에 의해서 견뢰할 것 등이다.

8.1.4 색

우리들이 색을 느끼는 범위는 매우 좁은 파장(400~800nm, 1nm=10Å)의 빛에 국한하고, 이것을 가시광선이라 부르고 있다. 통상의 색시각을 가지는 사람이 특정한 파장의 빛이나 그 혼합에 의해서 느끼는 색을 표 8-1 및 그림 8-1에 나타낸다.

표 8-1 파장과 색시시

波 長(nm)	色	餘 色
400	紫	黃綠
480	靑	黃
530	綠	紫
610	橙	靑
660	赤	靑綠
720	赤綠	綠

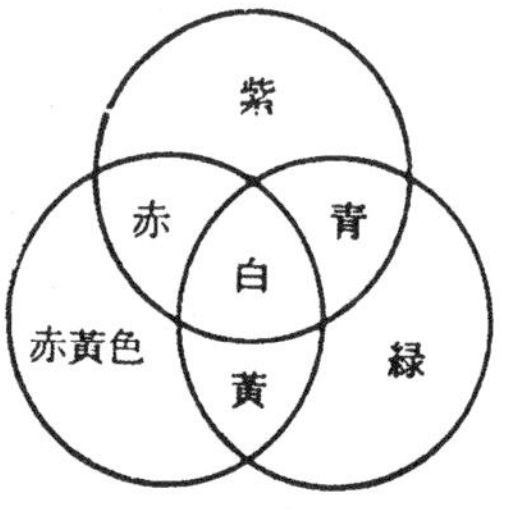

그림 8-1 단색광의 혼합(가색법)

색채감각은 생리학적, 심리학적인 것이므로 매우 복잡하고, 개인차도 크다. 예를 들면, 백색광을 610nm부근의 빛을 흡수하는 물질에 통하면, 투과광은 청색(이것을 여색이라 부른다)으로 보인다. 또 청색은 480nm의 단색광이나, 자색과 녹색을 혼합하여 얻어지며 시각의 심리학이 복잡하다는 것을 나타내고 있다.

8.2 화학구조와 색

대부분의 유기화합물은 빛의 에너지를 흡수하나 알코올, 벤젠이나 나프탈렌 등의 화합물이 무색인 것은 빛의 흡수대가 자외부에 있어서 가시부로 되지 않기 때문이다. 이 흡수대의 위치나 강도가 그 화학구조와 어떤 관계가 있는가는 극히 복잡하며, 다음과 같은 설명이 이루어지고 있다.

(1) Witt의 발색단설(chromophore theory)

독일의 O.N. Witt는 유기화합물의 분자구조와 색과의 관계를 연구하고, 경험적으로 다음에 나타나는 것같은 불포화원자단을 분자내에 갖는 것이 필요하다고 하고 이것을 발색단(chromophore)이라 이름하였다.

발색단으로서는 다음과 같은 기를 예를 들 수 있다.

—N＝N— : azo基, ＞C＝O : carbonyl基, $—N\langle^{O}_{O}$: nitro基, ＞C＝S : thio-carbonyl基

—N＝O : nitroso基, ＞C＝C＜: 이중결합, —C＝NH : carbimino基

색소가 염료로 되기 위해서는 섬유에 대한 염착성과 함께, 소량으로 충분히 섬유에 착색시키는 농색성을 갖지 않으면 안된다. 염료분자에 이와 같은 특성을 부여하는 것 같은 원자단을 조색단(auxochrome)이라 한다. 조색단으로서는 다음과 같은 기를 예로 들 수 있다.

$—NH_2$, —NHR, $—NR_2$: amino基 및 치환 amino基, OH : 水酸基,

$—SO_3H$: sulfon酸基, —COOH : carboxyl基, —SH : mercaptan基

예를 들면, azo-benzene은 하나의 발색단을 갖는 화합물로, 가시부에 흡수를 가지며 황색으로 착색하고 있으나 염착성은 갖지 않는다. 그러나, 이것을 조색단인 amino기가 하나 들어가면 불완전하나 염료로 되고 다시 술폰산기가 첨가되면 염착성이 완비한 염료로 된다.

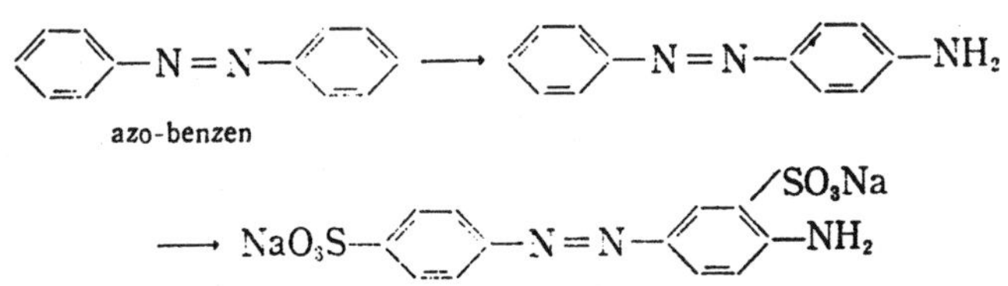

(2) Amstrong의 quinone형설(quinonoid theory)

Witt에 대하여 영국의 H.E. Amstrong은 유기분자가 발색하기 위해서는 분자내에 quinone형 구조를 갖는 것이 필요하다고 보아, quinone형설을 발표했다. 예를 들면

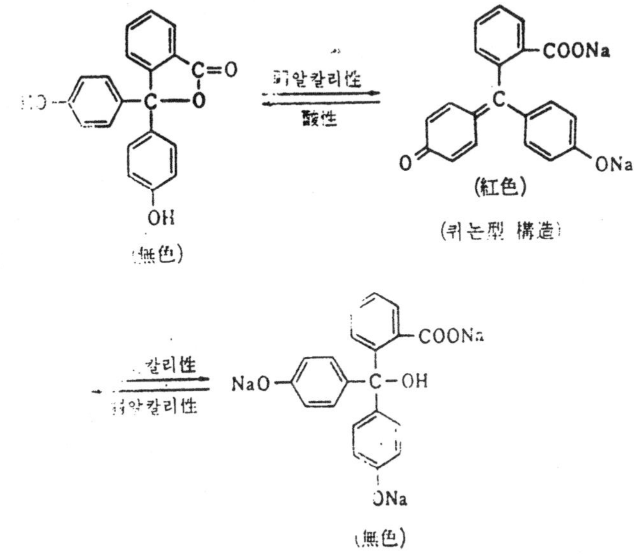

그림 8-2 페놀프타레인의 색과 구조

phenolphthalein은 산성에서는 무색이나, 알칼리성이 되면 홍색으로 착색한다. 이것은 분자내에 퀴논형 구조가 생기기 때문이라 생각했다. phenolphthalein은 더욱이 알칼리성을 강하게 하면 퀴논이 깨져서 carbinol형으로 되므로 다시 무색으로 된다(그림 8-2).

(3) **공명이론**(resonance theory)

근대적 설명으로서 공명이론이 있다. 유기화합물이 빛을 흡수하는 것은 분자내의 σ, π 및 n궤도에 있는 전자가 빛에너지를 흡수하여 기저상태에서 높은 에너지 상태로 여기되는 것이다. 통상의 단결합에는 결합성의 σ궤도와 반결합성의 σ^* 궤도가 있으며 불포화결합에도 동양으로 결합성 π궤도와 반결합성 π^*궤도에 있으나, 비공유전자(n원자)는 결합을 형성하고 있지 않으므로 이것에 대하는 n^*궤도는 없다. 따라서 분자가 빛을 흡수하여 일어나는 여전자의 기에는 $\sigma-\sigma^*$, $n-\sigma^*$, $n-\pi^*$, $\pi-\pi^*$가 생각된다.

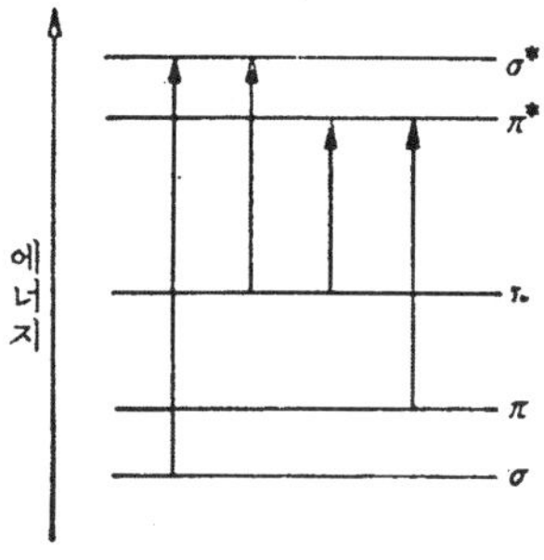

그림 8-3 전자여기에너지 준위

포화탄화수소에서는 n전자나 π전자를 갖지 않으므로 빛에너지를 흡수한 경우에는 $\sigma-\sigma^*$의 여기만 일어나지 않으므로, 이 여기에 필요한 에너지는 그림 8-3에서 판단되는 것처럼 현저히 크게 되고, 진동수의 큰 자외영역만 흡수를 나타내지 않고, 가시부에 흡수를 주지 않는다. 분자내에 불포화결합 또는 비공유전자대를 갖는다. 그리고 그들이 공역하기 쉬운 구조를 갖는 경우에는 $n-\pi^*$ 또는 $\pi-\pi^*$의 여기에너지가 작게 되고, 가시부에 흡수를 갖게 된다. 이것을 염색효과(bathochromic effect)라 한다.

예를 들면, 벤조페논이나 테트라페닐에틸렌은 어느 것이나 무색의 화합물이나 분자내 가교(분자내의 평면성을 높인다)하여 불포화결합간의 공명을 용이하게 하면 양자의 화합물을 같이 착색한다.

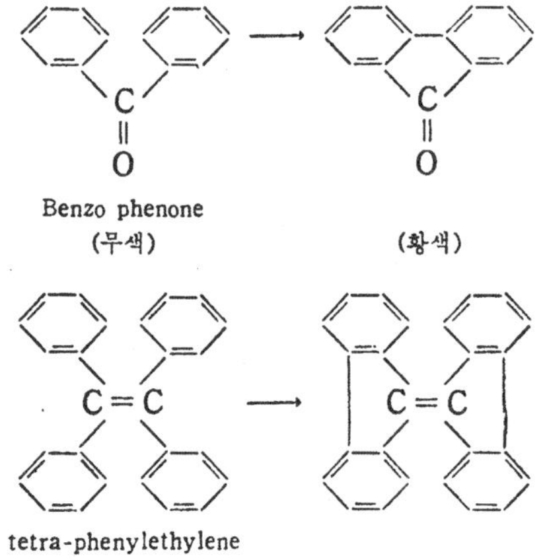

Benzo phenone (무색) (황색)

tetra-phenylethylene (무색) (적색)

그림 8-2에 나타낸 페놀프탈렌의 경우에도, 퀴논형 구조를 갖는 화합물만이 분자의 평면성을 잘 가지며, 3개의 벤젠핵 전체에 번지는 공명을 용이하게 한다. 그 때문에 여기에

필요한 빛에너지가 작게 되어, 결과로서 장파장(가시부)의 빛을 흡수하여 착색한다고 설명된다.

8.3 염색성과 그의 화학
—염료 · 섬유간의 결합—

염색하는 경우에 가장 중요한 것은, 섬유가 아름다운 색조로 염색되는 것 이외로 일광, 세탁, 땀, 마찰, iron, 물, 해수나 약품 등에 대한 안정성을 갖는 것 등이다. 이와 같은 안정성을 일반으로 "염색견뢰도"라 한다. 염색견뢰도를 올리기 위해서는 우선 먼저 염료와 섬유와의 결합을 강하게 할 필요가 있다. 일반적으로 이 결합력에는 다음과 같이 제요인이 관여하고 있다고 생각된다.

(1) ion결합

단백질 섬유기는 산성기(–COOH)와 염기성기(–NH_2)를 갖는 양성물질이므로, 산성염료나 염기성염료에 의하여 용이하게 염색할 수가 있다. 예를 들면 orange Ⅱ와 같은 산성염료를 쓰는 경우, 그림 8-4에서 보는 바와 같이 거의 화학양론적인 염착평형이 있고 황산을 가하면 반응이 우로 진행, 황산나트륨을 가하면 염착성이 이루어진다고 보고있다. 이상의 점에서 orange Ⅱ와 같은 이온결합 이외의 다른 염료-섬유간 힘이 기대되지 않는 염료에서는 주로 이온결합이 작용하고 있다고 생각된다.

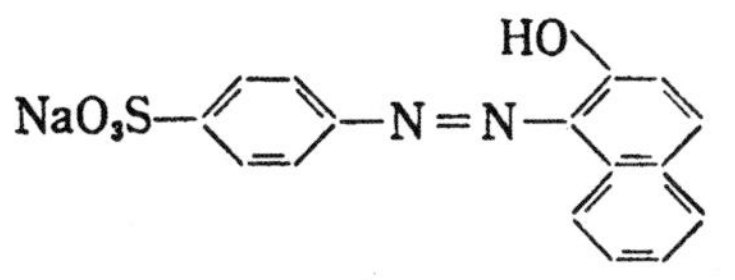

orange Ⅱ

$$W\begin{matrix}\diagup COO^- \\ \diagdown NH_3^+\end{matrix} + NaO_3S-R + \frac{1}{2}H_2SO_4 \rightleftarrows W\begin{matrix}\diagup COOH \\ \diagdown NH_3^+O_3^-S-R\end{matrix} + \frac{1}{2}Na_2SO_4$$

W=단백질섬유의 基質, R=염료의 기질

그림 8-4 섬유-염료간의 평형

(2) 수소결합

셀룰로오스의 염색의 경우, 셀룰로오스 분자 중의 수산기와 수소결합을 만들기 쉬운 azo기(–N=N–), 아미노기(–NH_2), 수산기(–OH)를 갖는 염료의 염착성이 크다고 되어 있다. 그러나 일반적으로 셀룰로오스의 경우에는 중합도가 높고, 결정영역이 많으므로 염료분자가 수소결합에 의해서 섬유내에 침입하여 간다는 것이 비교적 곤란하게 되며 오직 염료분자 중에 수소결합이 가능한 기가 많이 함유되어 있는 것만으로는 염착성을 높일 수가 없다.

예를 들면 (i) 및 (ii)의 화합물에서는 유사한 염료이면서, 입체적인 구조가 다르기 때문에 셀룰로오스섬유에 대한 (ii)의 염료의 염착성은 (i)에 비해 현저히 낮다. 이것은 수소결합이 이온결합만큼 강력한 것이 아니므로, 입체적인 요인에 의해서 (ii)의 염료의 염착성이 나빠진 것으로 볼 수 있다.

(i) 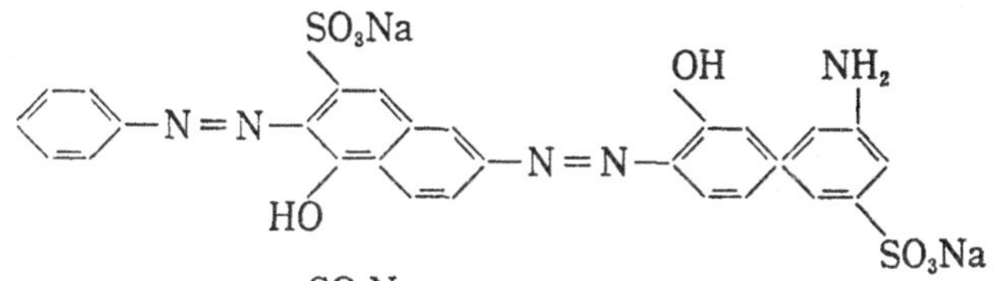

(ii) 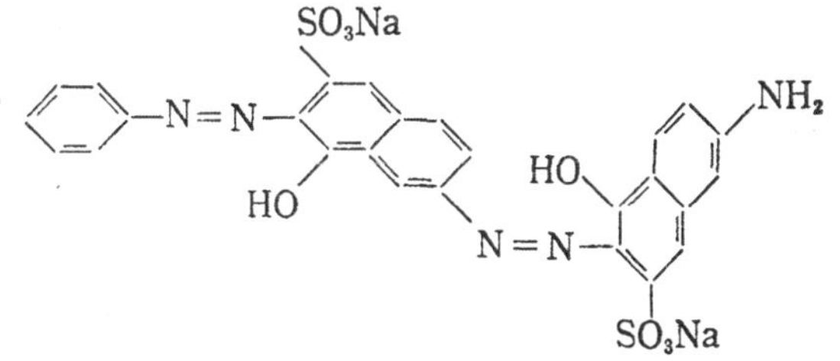

(3) 공유결합

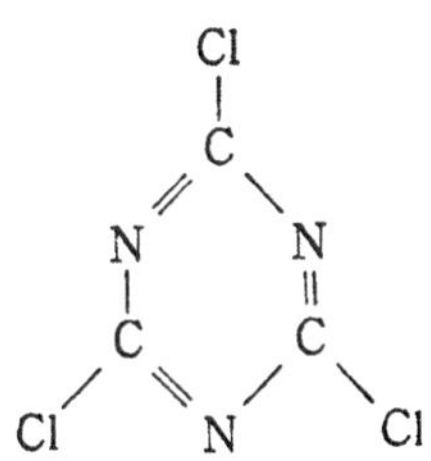

염색견뢰도를 올리는 방법의 하나로서 섬유와 염료의 사이에 공유결합을 만드는 방법이 있다. 예를 들면 셀룰로오스의 수산기와 반응하여 공유결합을 만드는 것 같은 치환기를 염료분자 중에 도입해 놓은 방법이다. 최근 실용화된 것으로는 염화시아눌과 염료를 반응시켜 놓고 이것과 셀룰로오스를 반응시켜 셀룰로오스 분자 중의 수산기와 ether결합을 만드려는 반응성염료가 보고되고 있다. 염료를 공유결합에 의해 염착(그림 8-5)시킨 것은, 세탁이나 마찰 등에 대한 견뢰도가 현저히 높다고 말하고 있다.

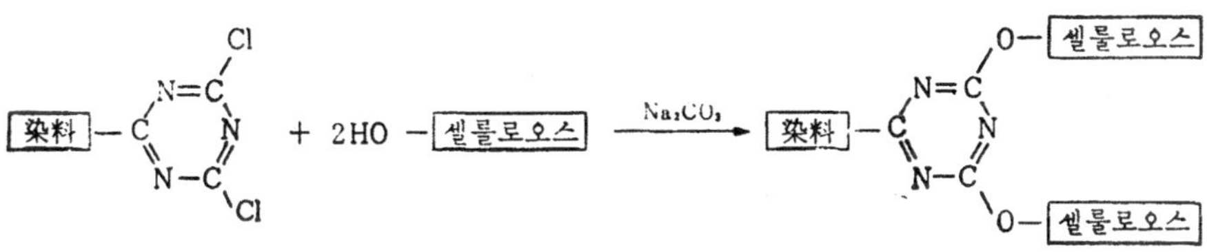

그림 8-5 염료와 셀룰로오스간의 공유결합

(4) 배위결합

염료자신이 섬유에 대해서 그다지 큰 염착력을 갖지 않을 경우, 섬유를 미리 알루미늄 등의 금속염으로 처리하여 놓고 이것을 염료로 물들인다(매염염법). 이때, 염료분자중의 치환기에 존재하는 비공유전자대와 섬유상에 고정되어 있는 금속에 전자를 주어, 배위결합에 의해서 불용성의 염료로 되고, 섬유상에 정착한다.

(5) van der Waals결합

이 결합은 무극성결합이라고도 하며, 중성분자라도 분자내의 전자는 순간적으로 국부적인 쌍극자를 생성한다고 본다. 쌍극자에 의한 분자간 인력은 van der Waals력이라 부른다. 이 힘(F)은 거리를 d로 한 경우에 다음 식의 관계가 있고, 분자간 거리가 매우 가까

$$F \propto (d)^r$$

울 때, 그의힘에 의한 결합을 기대할 수가 있다. 따라서 복잡한 구조를 갖는 염료와 섬유간에 작용하는 힘으로서는 그다지 큰 효과를 기대할 수 없으나, 먼저 말한 염착구조가 비교적 직선인 (i)이나 (ii)보다도 셀룰로오스에 대한 염료성이 좋은 것은 (i)의 쪽이 셀룰로오스에 충분히 가까이 감으로써 수소결합 이외에 van der Waals 결합을 만들기 쉽게 하기 때문인 것으로 볼 수가 있다.

8.4 염색법

염색견뢰도를 높이는 연구로서 합성염료가 매우 많이 합성되고 있으나, 염료의 종류가 변하면 염색법도 변한다. 염색법은 다음과 같이 분류되고 있다.

① 직접염법, ② 매염염법, ③ 환원염법(건염염법), ④ 발색염법, ⑤ 분산염법, ⑥ 반응염법, ⑦ 기타 특수한 방법

8.4.1 직접염법

염료를 물에 용해, 이 용액에 섬유를 넣어 염색시키는 방법으로, 조작으로서는 가장 간단한 것이므로 가정에서 하는 염색법으로서 잘 이용되고 있다. 그러나 염료 자신이 수용성이기 때문에 세탁 등에 대한 견뢰도의 우수한 염색물을 얻기가 어려운 결점이 있다. 견뢰도를 높이는 방법으로서 섬유를 물들여서 포르말린이나 금속염(동이나 크롬의 염)으로 처리하여 염료를 물에 녹기 힘든 형으로 변화시키는 경우가 있다.

8.4.2 매염염법

염료가 수용성이어도 용해도가 그다지 크지 않아서 색이 엷은 경우나, 염색에 있어서 염료와 섬유와의 상호작용이 작기 때문에 충분히 진한 색을 얻기 힘든 경우 등에 쓰이는 방법이다. 즉, 섬유를 미리 적당한 금속염(매염제) 수용액에 담근 후 건조하고, 이것을 염료액으로 물들이는 방법이다. 금속염으로서는 알루미늄, 크롬, 철, 동 등의 염류가 잘 쓰이나, 목면을 염기성염료로 염색하는 경우에는 금속염 대신 탄닌을 매염제로 쓸 때가 있다.

8.4.3 환원염법(건염염법)

색소가 물에 불용성인 경우, 매염제를 써도 염색되지 않는다. 그러나 염료를 적당한 환원제를 써서 환원하면 물에 가용성의 물질로 변화하며 또한 이것을 공기중에 방치하여 놓으면 산소에 의해서 산화되고 그 원래의 불용성의 색소로 되돌아가는 경우가 있다. 이 성질을 이용하여 물에 불용성의 색소를 환원제로서 환원하고 이 상태로 섬유에 염착시킨다. 염착된 섬유를 공기중에 노출하면 색소는 산화되어 원래의 아름다운 색으로 되돌아가며 물에 불용성으로 되고, 세탁에 대한 견뢰도가 높은 염색을 할 수가 있다. 이 염법을 견염염법이라고도 부르고 있다.

8.4.4 발색염법

환원염법의 경우에는 색소의 산화–환원이 가역적인 필요가 있다. 물에 불용성이며, 산화–환원에 대한 가역성이 없는 색소라도 그 색소를 합성하는 과정에서 일보수전의 중간체의 일성분을 물에 녹여서 염착시킨 섬유를 다시 제2의 염료중간체 성분을 녹인 수용액으로 처리하면 2종류의 염료중간체가 섬유상에서 화합하여 물에 불용성의 색소로 변화시킬 수가 있다. 즉, 염료중간체 끼리를 섬유상에서 반응시켜 발색시키는 방법도 있다. 이 경우도 환원염법의 경우와 같이 세탁견뢰도의 비교적 높은 염색이 가능하다.

8.4.5 분산염법

물에 녹지 않는 색소라도 유기용매, 예를 들면 알코올이나 에테르류에 녹는 것이 있다. 이들의 색소는 Vinylon이나 Nylon, acetate 등의 합성섬유에 대하여 비교적 흡수되기 쉬운 성질을 갖는 것이 많다. 거기서 이들의 색소를 적당한 분산제를 써서 물에 콜로이드상으로 분산시켜 놓고 이것에 아세테이트 등의 섬유를 넣어 물들이는 방법이 있다. 일종의 직접염법이라 말할 수 있다.

8.4.6 반응염법

염료와 섬유와의 사이에 결합력이 약하기 때문에 견뢰도가 높은 염색물이 얻어지지 않을 경우에 쓰인다. 염료와 섬유와의 사이에 작용하는 힘은 앞에서 말한 여러 가지를 생각할 수 있으나, 그 중에서도 공유결합이 가장 강한 결합력이라고 본다.

반응염법이란 종래 일반적으로 생각되고 있는 염색법과는 근본적으로 다른 것으로 염료와 섬유를 반응에 의해 결합시키는 방법이다. 셀룰로오스의 수산기와 염료와의 사이에 에테르 결합을 형성시키는 방법이 실용화되고 있다.

8.4.7 그 밖의 특수한 방법

(1) 비수용매에서의 염색

염색공업에 있어서 환경보전 및 에너지 절약 때문에 비수계에서의 염색법이 최근 주목되고 있다. 이 염색법의 특징은 염색용매로서 적당한 유기용매를 써서, 밀폐용기 중에서 하기 때문에 염색 온도를 높임으로써 섬유가 팽윤하여 염료분자의 염착성을 높이고 염색기간을 단축함과 동시에 용매의 회수가 기술적으로 용이하다는 것, 또 유기용매는 물보다 휘발성이 때문에 섬유 건조용 에너지를 절약할 수 있고 배수처리에 관한 공해를 작게 할 수 있는 이점을 갖는다. 그러나 장치나 용매 등의 비용이 크고, 경제성의 문제가 있으므로, 금후 발전할 것인지 아닌지는 확실하지 않다.

(2) 안료날염

염료나 조제를 풀에 섞어서 이것을 날염기로 포에 인쇄하고, 증기로 처리하여 물들이는 방법은 오래전부터 하고 있었으며 일반적으로 날염이라 부른다.

이 방법은, 착색제가 염료인 점으로 보아 직접염법과 그다지 다르지 않으나, 착색제로서 안료를 쓰는 방법이 있다. 안료는 그대로는 섬유에 물들지 않으므로 적당한 접착제(예를 들어 acrylic계 접착제)를 써서 포에 인쇄한다. 이 방법은 근년, 기술적으로도 진보하고, 공업적으로 실용화되고 있다.

(3) 전사날염

승화성이 있는 염료를, 미리 종이 등에 인쇄하여 놓고 이것을 폴리에스테르계의 포에 접착시키고 가압하면서 가열날염하면 섬유가 열에 의해 팽윤한 것에 승화한 염료가 침투하고, 냉각하면 고정되어서 견뢰도가 높은 염색이 된다. 이 방법의 특징은 승화성 염료만을 쓰기 때문에 접착제가 불필요하다는 것과 염색 후의 수세 등의 후처리를 필요로 하지 않으므로 경제성 및 배수공해의 점에서도 유리한 염색법이라 본다. 그러나 이 방법은 셀룰로오스계 섬유에는 적용하기 힘들다는 결점을 가지고 있다.

그 밖에 특수한 염색방법이 많이 개발되고 있으나 상세한 것은 다른 전문서를 참고하기 바란다.

8.5 염료의 분류

염료는 화학구조에 따라서 분류하기도 하고 염색성에 따라서 분류하기도 한다. 화학구조에 따라서는 분류하면 아조염료, 안트라퀴논 염료, 인디고이드 염료, 가용성 배트 염료, 황화 염료, 카르보늄 염료 등의 중요한 부류가 있고 그밖에도 퀴논이민 염료, 프탈로시아닌 염료, 시아닌 염료, 퀴놀린 염료, 니트로 염료, 니트로소 염료 등의 작은 부류가 있다.

염색적 성질에 따라서 분류하면 다음과 같다.

(1) 염기성염료(basic dyes)

산과 결합하여 염을 만들 수 있는 $-NH_2$ 또는 치환 아미노기 같은 염기성기를 가지고 있어서 양털, 명주 등의 카복시기와 이온결합으로 염착한다. 모노아조, 트리페닐메탄, 크산텐, 시아닌, 아진계의 기본 구조를 가지고 있다. 염기성기는 수용성기로서의 역할도 한다.

(2) 산성염료(acid dyes)

$-SO_3H$나 $-COOH$를 가지고 있어 주로 양털, 명주, 나일론 등의 아미노기와 이온결합으로 염착한다. 기본구조로는 폴리아조계에 속하는 것이 가장 많고 안트라퀴논, 트리페닐메탄, 크산텐계 등이 있다. 산성기는 가용성기로서의 역할도 한다.

(3) 산성매염염료(acid mordant dyes)

크롬염료라고도 하는 일종의 산성염료이며 분자 중에 금속과 착화합물을 만들 수 있는 기를 가지고 있다. 동물성섬유 특히 양털을 산성염료의 염색법으로 염색한 다음 크롬 후처리를 하면 불용성의 금속 착염이 형성되어 튼튼하게 염색된다. 구조적으로 보면 아조, 안트라퀴논, 카르보늄 염료 등이 있다.

(4) 함금속염료(premetallized dyes)

화학구조는 산성매염염료와 같으나 미리 금속으로 착염되어 있다. 1 : 1착염과 1 : 2착염이 있다.

(5) 직접염료(direct dyes)

수용성기로서 $-SO_3H$ 또는 $-COOH$기를 가지고 있으며 수용액에서 van der Waals결합이나 수소결합으로 셀룰로오스에 직접 염착한다. 대부분이 아조염료이며 분자가 동일 평면위에 있고 양 끝에 $-NH_2$나 $-OH$를 갖는 짝 이중결합계가 길게 연결된 가늘고 긴 분자로 되어 있다.

(6) 오늄염료(onium dyes)

프탈로시아닌의 클로로메틸화 생성물에 피리딘을 반응시켜서 얻는 피리디늄염 같은 오늄기를 가진 염료이며, 새로운 형의 염기성 염료이다.

(7) 유용성염료(oil colours)

친수성을 감소시키고 소수성을 증가시키면 염료는 수용성이 감소되어 그 정도에 따라 알코올, 탄화수소, 유지 등에 녹게 된다. 또 염기성염료나 산성염료에 산이나 염기를 작용시켜 염이 되게 하면 유용성염료가 된다.

(8) 분산염료(disperse dyes)

아세테이트용으로 만든 불용성염료이며 각종 합성섬유에 적용할 수 있다. 합성섬유의 치밀성 때문에 작은 분자라야 한다.

(9) 나프톨염료(azoic dyes)

하지제(naphthol AS류)와 현색제로 섬유위에서 짝지음시켜 불용성염료가 되도록 한다.

(10) 반응성염료(reactive dyes)

셀룰로오스의 $-OH$양털, 명주, 나일론의 $-NH_2$등과 공유결합할 수 있는 반응성기를 가지고 있다. 아조, 안트라퀴논, 프탈로시아닌계 등이 있다.

(11) 배트염료(vat dyes)

카르보닐기를 가지고 있으며 인디고계와 안트라퀴논계가 있다. 불용성이지만 알칼리성 히드로술피드($Na_2S_3O_4$)로 환원시켜 $>$ C-ONa 형의 로이코(leuco) 화합물로 하면 수용성이 된다. 비교적 저온에서 셀룰로오스에 흡착되고 공기산화로 처음의 염료로 되돌아간다.

(12) 황화염료(sulfur dyes)

배트염료와 같이 불용성이다. $-S-S-$결합을 가지고 있으며 Na_2S로 환원시키면 $-S-Na$의 꼴로 작은 분자가 되어 용해되므로 셀룰로오스에 흡착시켜 공기 산화로 불용성이 되게 한다.

8.6 합성염료 각론

8.6.1 아조염료(azo dyes)

아조염료는 아조기를 발색단으로 하는 염료이다. 그 중 아조기가 한 개인 것을 모노아조(monoazo)염료, 두 개인 것을 디스아조(diszao)염료 세 개 이상인 것을 폴리아조(polyazo)염료라고 한다. 아조기 외에 다른 발색단 또는 각종 조색단을 갖는 여러 종류의 염료가 있다. 이들은 염색성으로 보면 산성, 직접, 염기성, 매염, 불용성 아조염료 등으로 분류할 수 있다.

아조염료는 방향족 일차아민의 디아조화에 의한 디아조늄염의 생성, 그리고 이것과 페놀, 나프톨류, 또는 방향족아민류와 짝지음 반응의 두 단계로 제조된다. 이때 방향족 일차아민류를 디아조성분, 페놀, 나프톨류 및 아민류를 짝지음 성분이라고 한다. 디아조화 반응은 방향족 일차아민을 염산에 용해시키고 아질산나트륨 수용액을 가하면 일어난다.

$$Ar-NH_2+NaNO_2+2HCl \longrightarrow \underset{\text{디아조늄염}}{Ar-\overset{\oplus}{N}\equiv N\overset{\ominus}{Cl}}+2H_2O+NaCl$$

디아조늄염은 불안정하므로 반응이 끝난 용액을 그대로 짝지음 반응에서 사용한다.

페놀이나 나프톨류는 알칼리성에서, 방향족 아민류와는 산성 또는 중성에서 짝지음시킨다. 짝지음 반응에서 아조기가 결합하는 위치는 $-OH$ 또는 $-NH_2$에 대하여 보통 *p*-위치이지만 *p*-위치에 다른 기가 있으면 0-위치가 된다. 그러나 다른 치환기가 있으면 그 위치에 영향을 받게 된다.

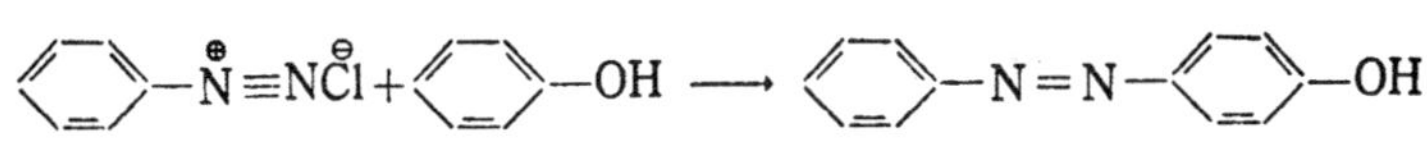

$-OH$기와 $-NH_2$를 동시에 갖는 아미노나프톨류의 경우에는 산성에서는 $-NH_2$에 대한 위치, 알칼리성에서는 $-OH$에 대한 위치에 $-N=N-$기가 결합한다. 예를 들면 H산에서는 다음과 같이 짝지음한다.

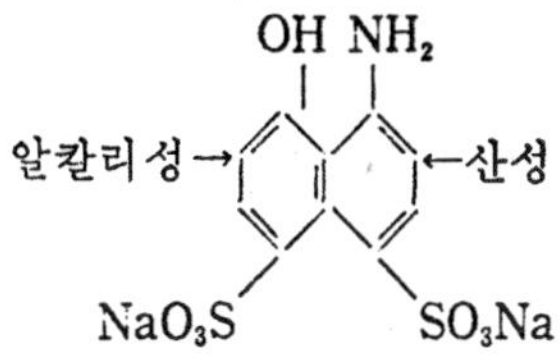

(1) 모노아조 산성염료

모노아조 염료 중 분자내에 $-SO_3H$를 가지고 있으며 동물성섬유에 잘 염착한다. 그 중 Orange Ⅱ는 술파닐산을 디아조화시킨 후 *β*-나프톨에 짝지음시켜 만든 것이다. 아조기 위의 화살표는 결합방향을 표시한다.

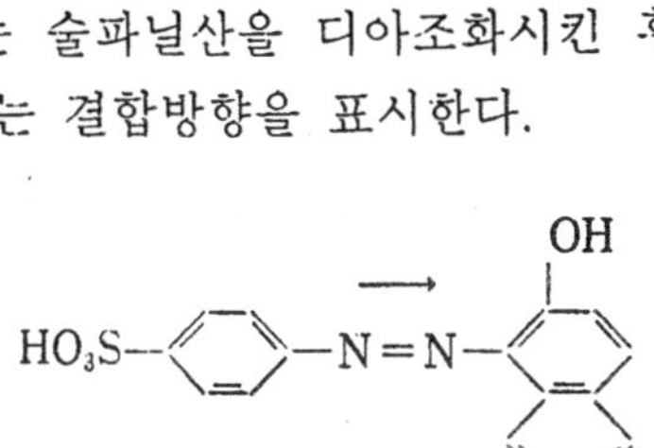

orange Ⅱ

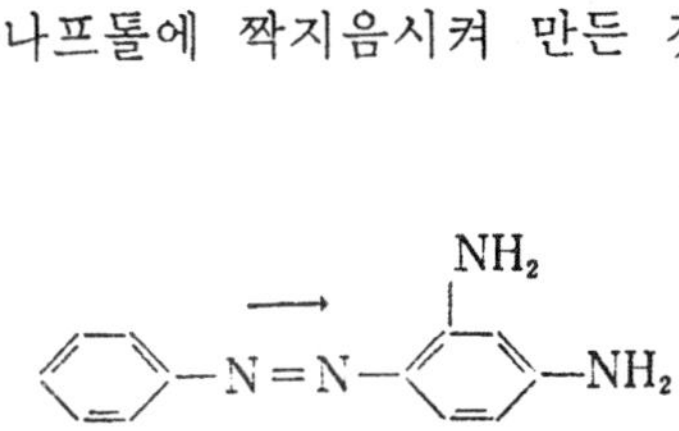

chrysoidine Y

아미노기를 갖는 모노아조 염료는 염기성염료이며 동물성섬유에 염착되고 매염제를 써서 무명, 종이 등에 염색할 수 있다. 또 염용성염료로서 유지, 납 등의 착색에 사용한다. 위에 표시한 크리소이딘(chrysoidine) Y는 이에 속한다.

(2) 디스아조 산성염료

한 짝지음 성분에 두 개의 디아조성분이 짝지음한 제 1차 디스아조형과 한 디아조성분을 아민과 짝지음시킨 것을 다시 디아조화한 후 짝지음 성분과 결합시킨 제2차 디스아조형이 있다. 아조기 위의 숫자는 결합순서를 표시한다.

제 1차 디스아조형

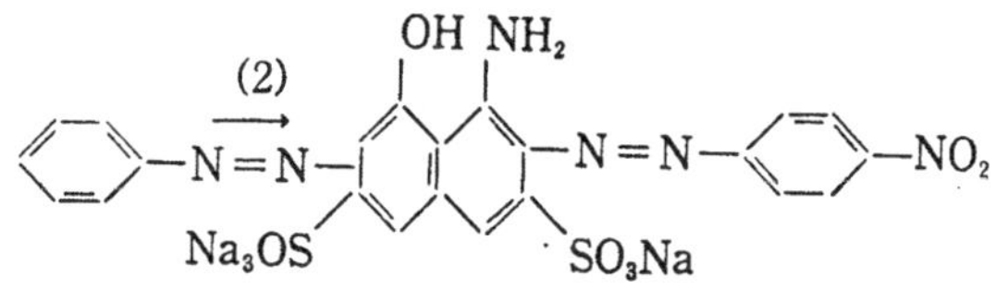

naphthol blue black

제 2차 디스아조형

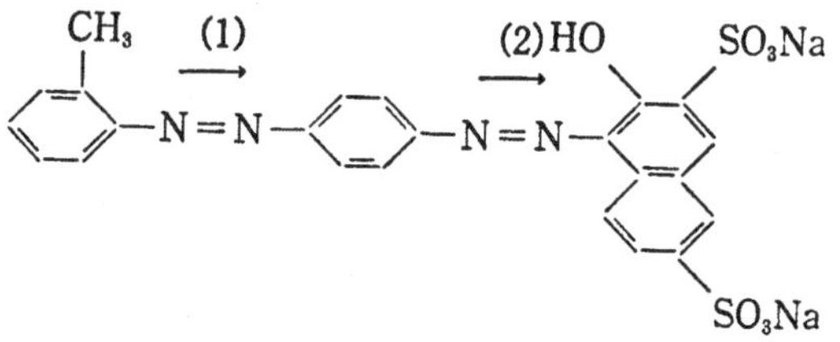

cloth red B

디스아조 염료는 모노아조 염료보다 일반적으로 색이 짙다. 특히 나프탈렌 고리를 많이 갖는 것은 색이 짙다.

(3) 직접염료

셀룰로오스에 중성 또는 약알칼리성에서 매염제 없이도 염착된다. 염료분자는 가늘고 길며 또 동일 평면구조를 가지고 있으며 $-NH_2$, $-OH$. $-N{=}N-$ 같은 수소결합성기를 많이 가지고 있다.

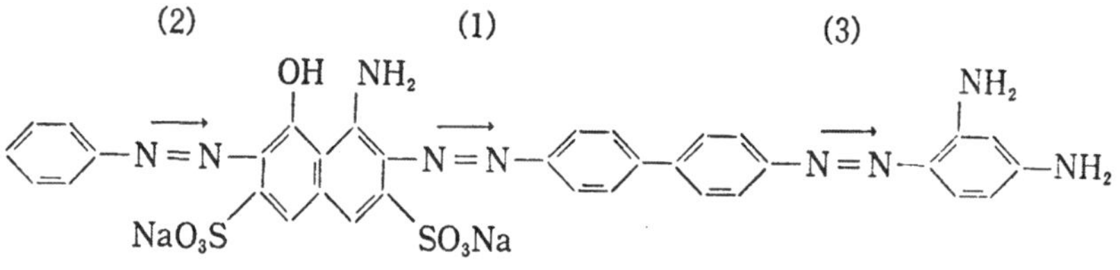

direct deep black E

(4) 매염아조염료

금속착염을 형성할 수 있는 아조염료이며 아조살리실산형의 구조를 가진 것과 아조기에 대하여 $-OH$나, $-COOH$기를 각각의 0-위치에 갖는 구조를 한 것이 있다.

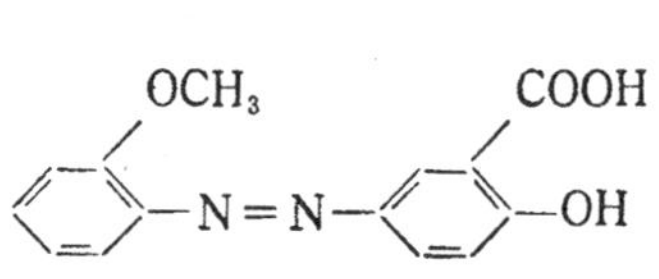

alizarin yellow 5G

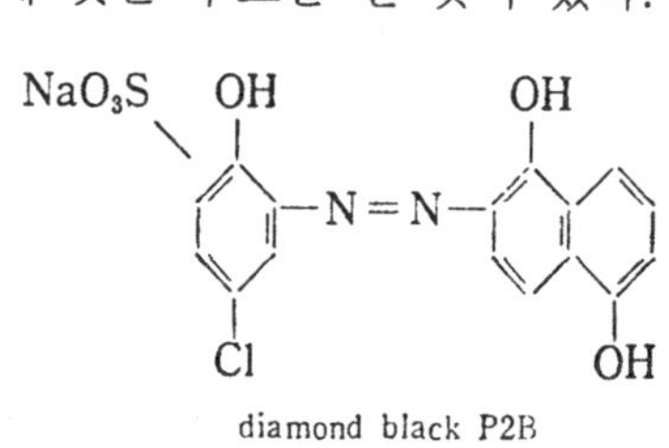

diamond black P2B

착염을 만드는 금속으로 크롬은 주로 양털에, 구리는 무명에 사용되며 매염처리 방법은 금속염으로 전처리하는 경우 또는 후처리하는 경우와 금속염과 염료를 동시에 사용하는 경우도 있다.

(5) **함금속염료**

염료분자 중에 크롬을 미리 착화합물로 결합시켜 가용성으로 한 염료이다. 크롬과 염료의 비가 1:1형인 것과 1:2형의 것이 있다.

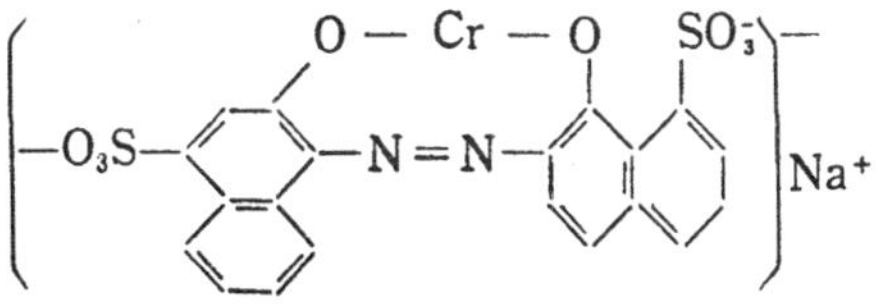

neolan blue G 1 : 1형

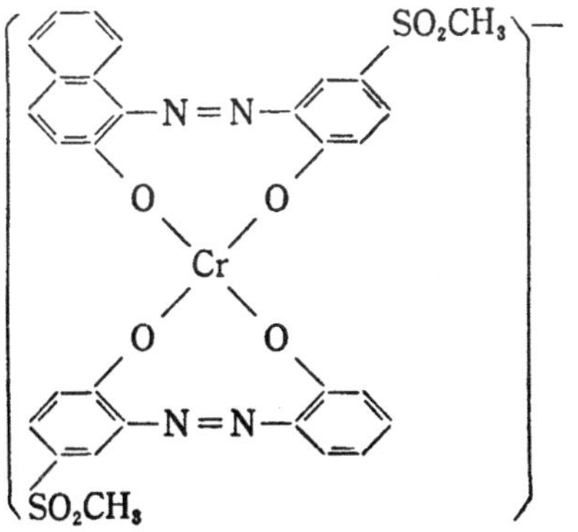

irgalan blown violet DL 1 : 2형

(6) **아세테이트용 아조염료**

반합성섬유인 아세테이트나 합성섬유류는 종래의 염료로는 만족할 만한 염색을 할 수 없어 아세테이트용 염료를 특히 연구한 결과 소수성이 큰, 즉 물에 불용성인 염료를 분산시켜 사용하는 분산염료를 얻게 되었다. 이들은 비교적 분자량이 작은 불용성의 아조계 또는 안트라퀴논계 염료를 적당한 분산제를 써서 콜로이드 상태로 분산시킨 것이다.

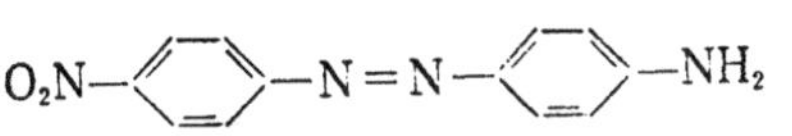

celliton fast orange GR

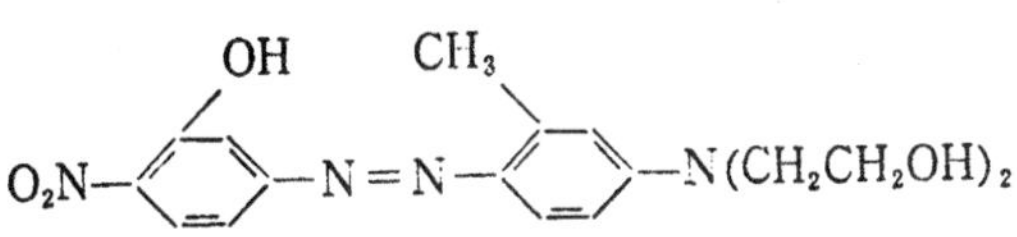

celliton rubine BBF

(7) **나프톨염료**

미리 섬유 위에 나프톨류를 흡수시켜 놓고 이것을 디아조늄염의 찬 용액에 담가 섬유 위에서 불용성의 아조염료를 생성시켜 염색시키는 염료이다. 이때 섬유에 흡수되는 짝지음 성분을 하지제(ground)라 하고 디아조 성분인 아민류를 현색제(fast base)라고 한다. 주로 적색과 청색계통이 많다. 하지제로는 히드록시나프토산(hydroxy naphthoic acid)류, 안트라센, 카르바졸 유도체, 그 밖에 아세토초산아닐리드 등이 쓰이며 이들을 통틀어 나프톨 AS류라고 한다. 그중 대표적인 것은 2-히드록시-3-나프토산아닐리드(나프톨AS)인데 히드록시나프토산과 아닐린을 톨루엔이나 xylene속에서 PCl_3존재하에 축합시켜서 제조한다.

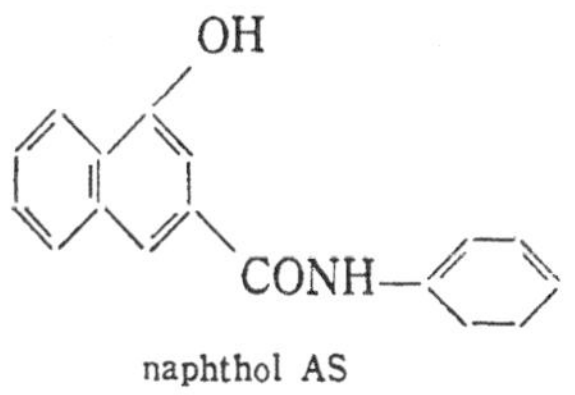

naphthol AS

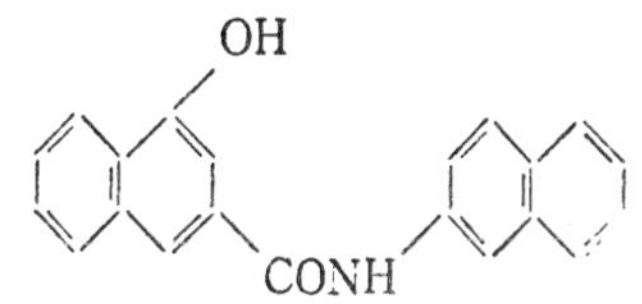

naphthol AS-SW

현색제는 수용성기를 갖지 않으며 디아조화할 수 있는 아민이다.

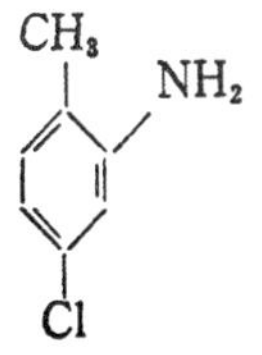

red RR base

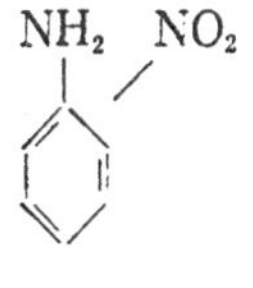

orange GR base

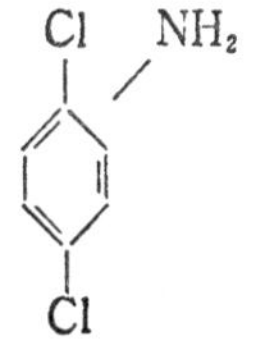

scarlet GG base

8.7 인디고 및 티오인디고계 염료(indigoid and thioindigoid dyes)

인디고는 옛날부터 천연염료로서 알려진 청색 배트염료이다. indigofera라고 하는 식물 속에 글루코시드(glucoside)로 존재하는 것을 발효시켜 가수분해한 것을 공기산화하여 분리하였다. 식물 및 동물성 섬유의 염색에 사용되었는데 물에 불용성이므로 환원하여 용해시키고(indigo white) 염색한 후 섬유위에서 공기산화되어 염료를 재생하므로 발색한다. 1883년 Baeyer에 의하여 그 구조가 결정되고 1897년에 공업적으로 생산되자 천연품은 쓰지 않게 되고 지금은 합성 인디고를 쓰게 되었다. 인디고 자체는 붉은색을 띤 청색의 염료이지만 할로겐, 나프탈렌고리 등을 도입하면 색을 얼마만큼은 바꿀 수도 있다. 인디고의 합성법은 30종 이상이 알려져 있지만 대표적인 공업적 제법은 다음과 같다.

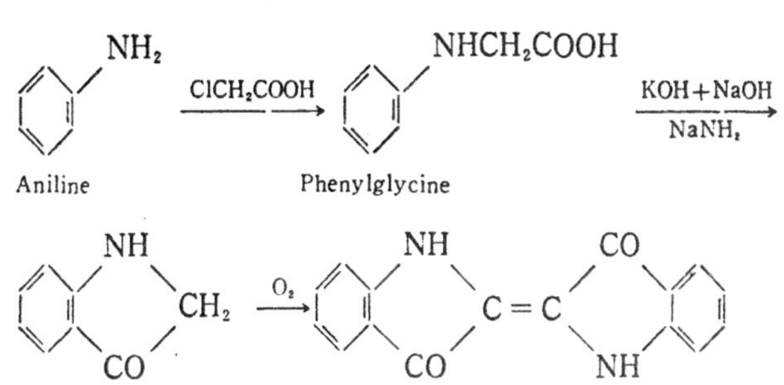

Aniline, Phenylglycine, indoxyl, indigo

인디고의 −NH− 대신 S을 도입한 것을 티오인디고라고 하는데 티오인디고나 그 유도체는 적색을 나타낸다. 중요한 적색계 배트염료로 사용되고 있다. 많은 배트염료는 수산화나트륨 알칼리성에서 환원되어 수용성이 되므로 수산화나트륨 수용액에 약한 양털을 염색하는 데에는 부적당하다. 이것을 개량한 것이 인디고솔(indigosol)이다. 인디고솔은

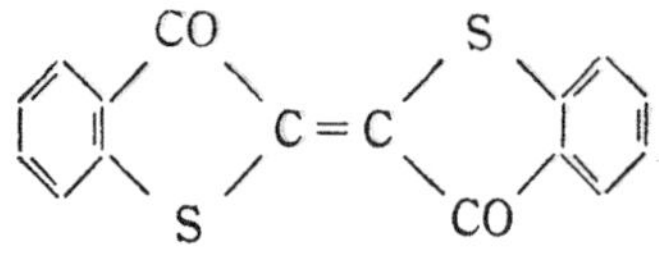

thioindigo red B

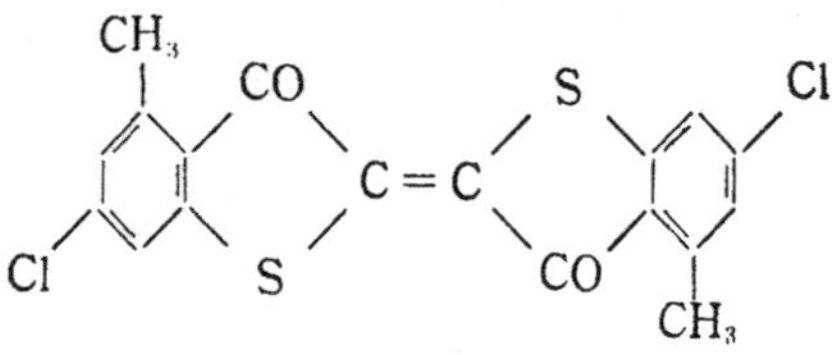

indathrene brilliant pink R

인디고, 티오인디고, 안트라퀴논계 배트염료의 leuco화합물의 황산에스테르이므로 물에 용해되고 약한 산화제의 작용으로 불용성 배트염료를 재생한다.

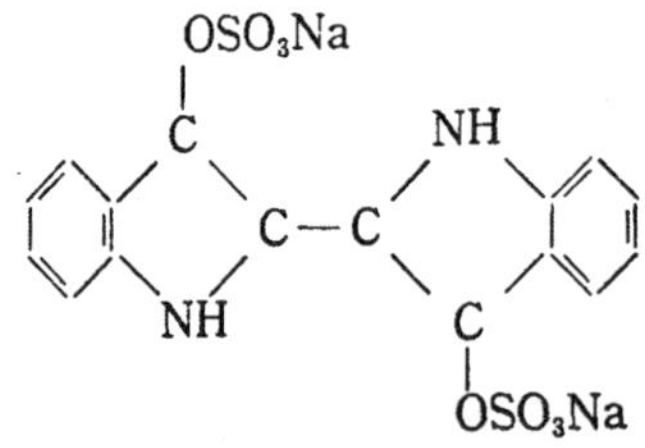

indigosol O

8.8 안트라퀴논계 염료(anthraquinone dyes)

anthraquinone을 출발원료로 하는 염료인데 염색성에 따라 매염, 산성, 배트염료, 분산염료 등 많은 종류가 만들어지고 있으며 어느 것이나 선명도, 견뢰도가 우수하다.

안트라퀴논은 콜타르 중의 안트라센유에서 분리한 안트라센을 기상산화시켜서 얻을 수 있으나 최근에는 프탈산 무수물과 벤젠에 Friedel-Crafts반응을 적용하여 합성하고 있다.

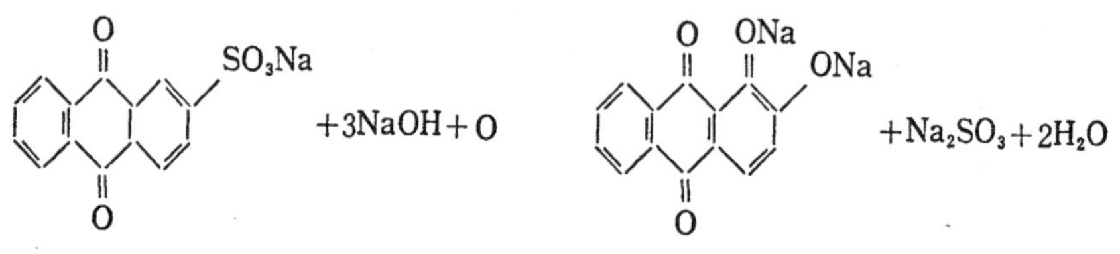

(1) 안트라퀴논 매염염료

대표적인 알리자린(1,2-디히드록시안트라퀴논)은 안트라퀴논-B-술폰산나트륨과 가성소다를 산화제와 작용시켜 만든다.

알루미늄 매염으로 무명을 적색으로 염색시키는 데 잘 사용되었으나 나프톨염료가 나온 뒤에는 많이 사용되지 않게 되었다. 오히려 레이크(lake)로 하여 안료로 사용하고 있다.

구조상으로 보면 두 $-OH$를 O-위치에, 그 밖에 $-NO_2$, $-SO_3H$를 가진 폴리히드록시 안트라퀴논이다.

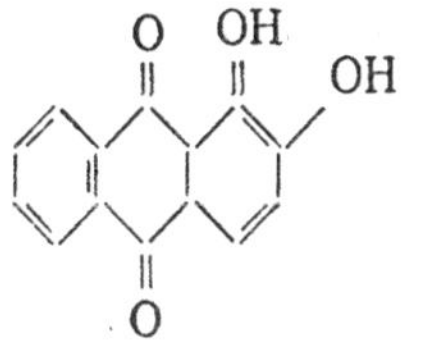

alizarine(Al 매염 무명, 적색 / Cr 매염 양털, 보루도)

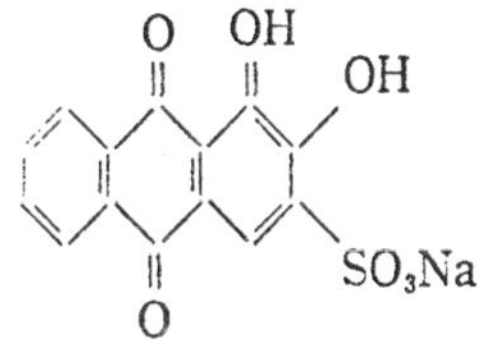

alizarine red S(Al 매염 스칼렛 / Cr 매염 보루도)

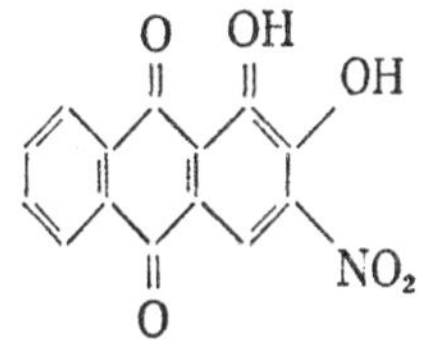

alizarinorange A(Al 매염 지색 / Cr 매염 적황)

(2) 안트라퀴논계 산성염료

양털, 명주를 염색하는 데 중요한 염료이며 아미노, 아릴아미노, 히드록시기 등을 갖는 안트라퀴논의 술폰산이다.

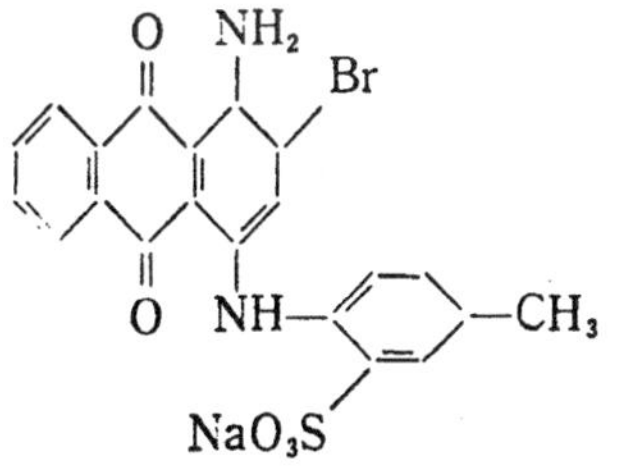

alizarine sky blue B

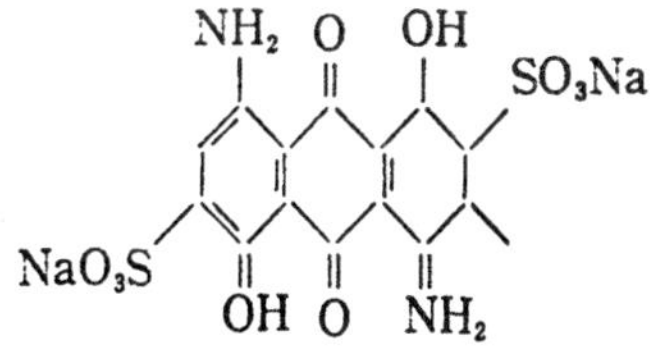

alizarine saphirol B

(3) 아세테이트용 안트라퀴논계 염료

각종의 안트라퀴논유도체가 분산형(celliton염료) 및 수용성형(solacet 염료)으로 사용되고 있다. 자색, 청색, 녹색계통의 것이 많다.

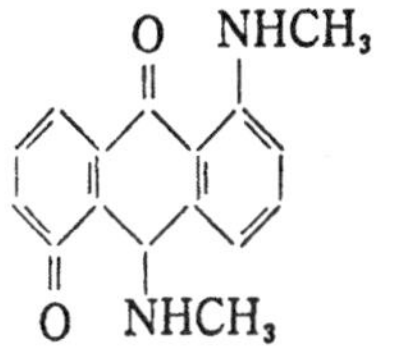

celliton fast blue B

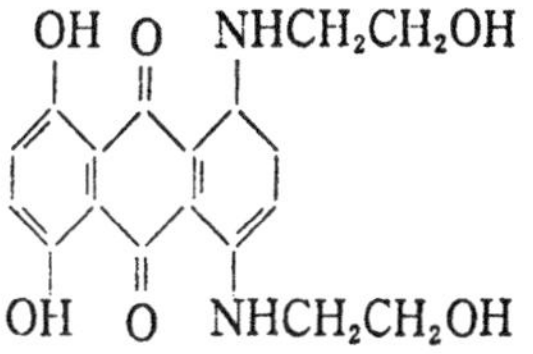

celliton east blue green B

(4) 안트라퀴논계 배트염료

1901년 Bohn이 β-아미노안트라퀴논과 모노클로로초산의 축합물을 가성소다와 용융시켜서 만든 청색염료는 인디고의 구조를 갖지 않는 새로운 형의 훌륭한 배트염료임이 알려지고 그 뒤, 이와 같은 종류의 안트라퀴논계 배트염료가 많이 연구되어 인단트렌 염료라고 부르게 되었다. 인단트렌 염료는 화학구조에 따라 다음과 같이 분류된다.

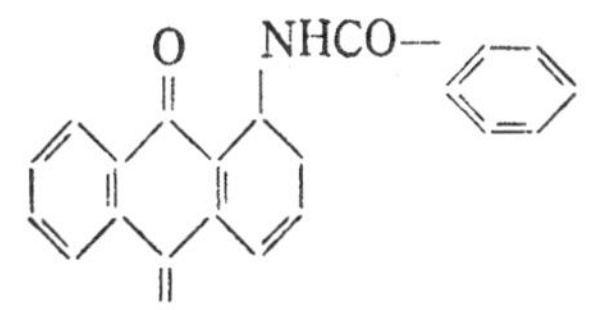

algol yellow WG

아실아미노 안트라퀴논(acylamino anthraquinone)류 α-아미노안트라퀴논류를 벤조일화한 형식의 배트염료이다. 알골 엘로우(algol yellow) WG 같은 것이 있다.

안트라퀴논 카르바졸(anthraquinone carbazole) α, α'의 안트리미드를 황산이나 $AlCl_3$로 카르바졸화한 염료이다. 인단트렌카키(indanthrene kahki) GG는 이에 속한다.

디히드로아진(dihydroazine) Bohn이 합성한 최초의 인단트렌(indan threne blue RS) 염료가 이에 속한다. β-아미노안트라퀴논의 알칼리용융으로 만든다.

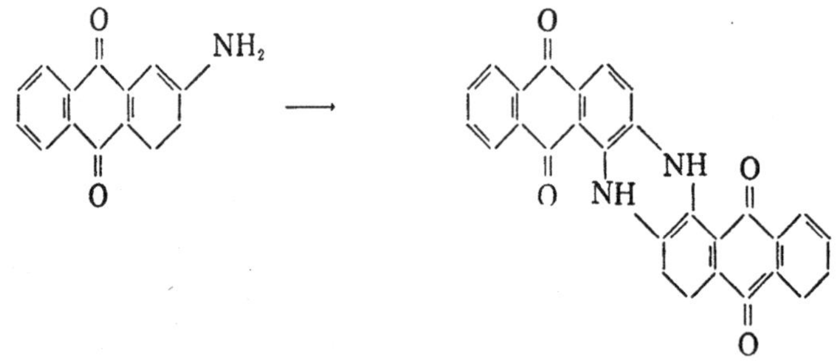

indanthrene blue RS(indanthrone)

안트라퀴논 아크리돈(anthraquinone acridone) –NH–기가 α, –CO–기가 β위치 즉, 2,1-아크리돈만이 값있는 염료가 된다.

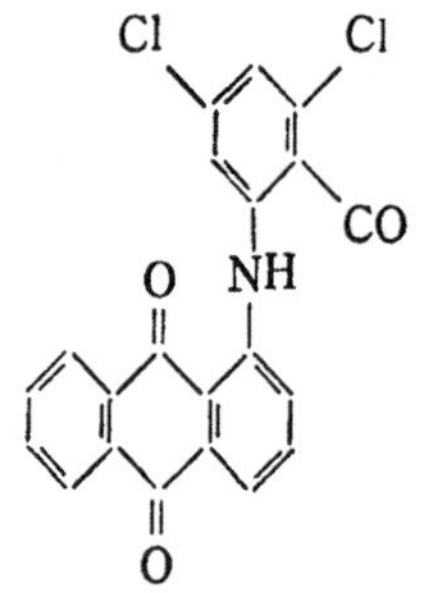

indanthrene red violet RRK

그 밖에도 화학구조에 따라 티오크산톤(thioxanthone), 플라반트론(flavanthrone), 피란트론(pyranthrone), 디벤잔트론(divenzanthrone), 안트안트론(antantthrone), 이미다졸(imidiazol) 등의 인단트렌 염료의 부류가 있다.

8.9 황화염료 (sulfur dyes)

최초의 황화염료(cachou de laval)는 톱밥이나 지푸라기를 다황화나트륨과 용융시켜서 제조했다. 이것을 황화나트륨으로 환원하여 용해시킨 것을 무명에 염색하면 공기산화로 갈색으로 염착되는데 값은 싸나 나쁜 냄새가 나고 색이 선명치 못하며 품질이 일정하지 않으므로 공업적 생산은 하지 않았다. 그후 단일조성의 화합물에서 만들고자 하는 연구로 지금은 흑색을 비롯하여 갈색, 청색 등의 각종 색상의 것이 수십 종이나 생산되게 되었다. 특히 설퍼블랙 T(sulfur black T)는 가장 많이 생산되고 있는 염료의 하나가 되었다.

황화염료는 다황화나트륨, 황, 염화황 등에 의한 가황반응으로 만들어진다. 이때 황은 티아졸의 모양으로 결합한 발색모체를 형성하고 또 다황화결합 $-(S)_n-$도 형성한다.

황화염료를 황화나트륨으로 처리하면 다황화결합이 환원되어 $-SNa$이 되므로 수용성이 된다. 이 수용성 로이코 화합물을 섬유에 흡착시켜 공기중에 방치하면 산화되어 불용성 이황화물이 되어 염색된다. 그러나 황화염료 자체의 전체 구조는 분명치 않는 것이 많다. 대표적인 설퍼블랙 T는 2,4-디니트로클로로벤젠을 다황화나트륨과 용융시켜서 만든다. 그 구조는 다음과 같을 것이라고 생각된다.

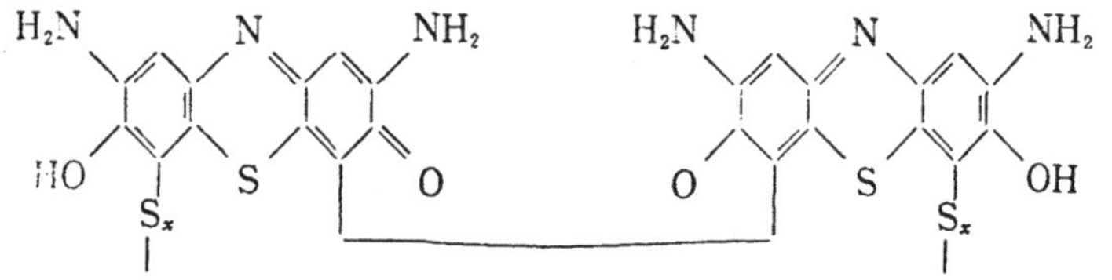

sulfur black T

그 밖에 특수한 것으로 카르바졸인도페놀을 황화나트륨의 부탄올 용액과 가열하여 만든 청색염료인 히드론블루(hydron blue) R은 황화나트륨에 의해서는 완전히 수용성이 되지 않으므로 히드로술피트로 환원시킨다. 그러므로 이것은 황화배트염료라고 볼 수 있다.

8.10 각종 염료

(1) 피라졸론계 염료(pyrazolone dyes)

피라졸론 유도체를 짝지음 성분으로 하는 아조염료이다. 타트라진(tartrazine)은 이에 속하는 대표적인 황색의 산성염료이며 식용색소로 사용되고 있다.

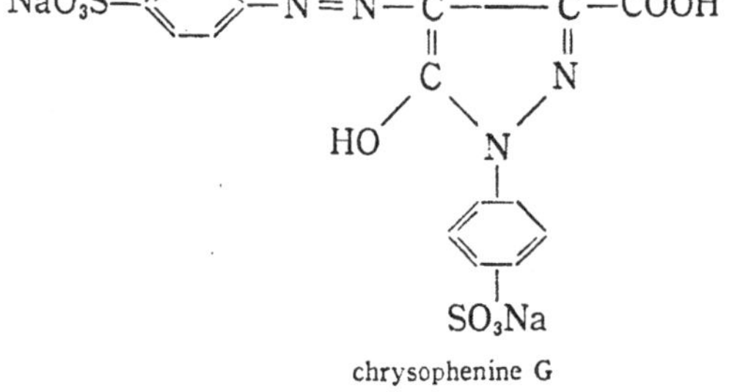

chrysophenine G

(2) 스틸벤계 염료(stilvene dyes)

스틸벤의 구조를 갖는 아조염료이다. 이에 속하는 크리소페닌(chrysophenine) G는 황색의 직접염료이며 그 중간체는 증백제의 모체가 된다.

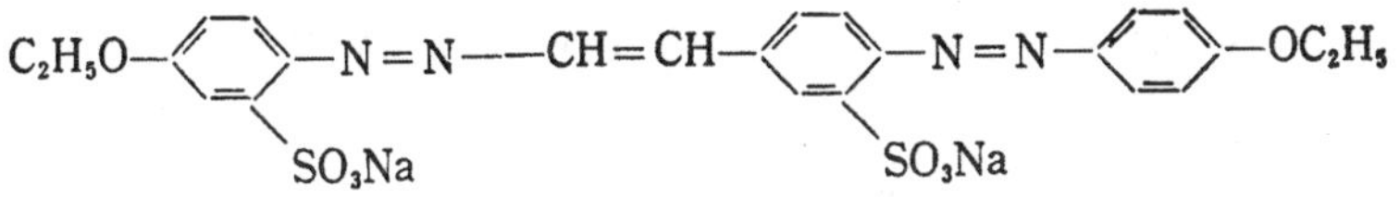

chrysophenine C

(3) **디페닐메탄 및 트리페닐메탄계 염료**(diphenylmethane dyes and triphenylmethane dyes)

디페닐메탄염료로서는 1887년 Kern이 만든 아우라민(auramine)이 선명한 황색의 염기성염료로서 동물섬유 외에도 매염제를 사용하여 무명, 종이 등에 많이 이용되고 있다.

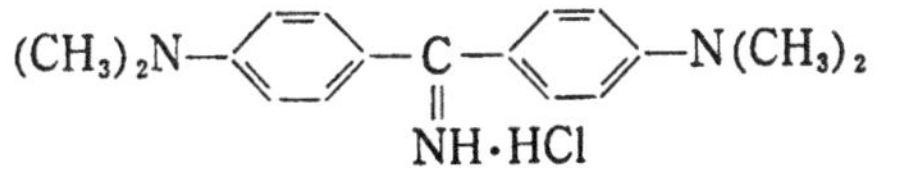

auramine

트리페닐메탄계 염료는 트리페닐메탄의 구조를 가지고 있으며 중심탄소에 대하여 *p*-위치에 $-NR_2$, $-OH$기가 있어 산화시키면 퀴논 구조가 되어 발색한다. 말라카이트 그린(malachite green)은 선명한 녹색이며 청죽색으로 많이 제조되는 염기성염료이지만 견뢰도가 낮다.

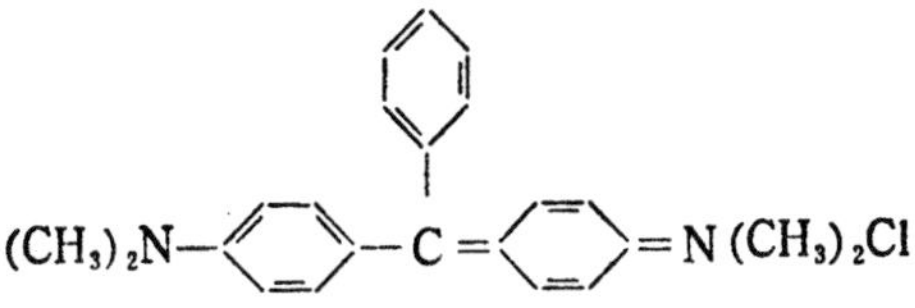

malachite green

(4) **시아닌염료**(cyanine dyes)

가장 오래된 염료중의 하나인데 현재는 염료로서 쓰이는 것은 적고 아세테이트용 염료로 제조되는 외에는 특정한 파장의 광에 대한 증감제로 작용하므로 사진용 감광색소로 사용되고 있다. 피나시아놀(pinacyanol)은 이 목적으로 제조되어 시판되고 있다.

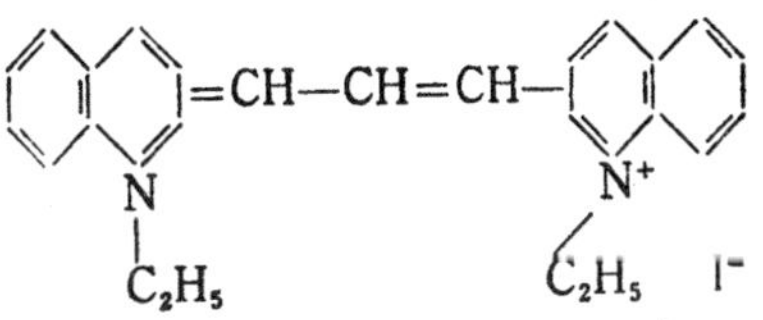

Pinacyanol(감광 극대 5,700~6,600 Å)

그 밖에도 니트로소염료(nitroso dyes) 및 니트로염료(nitro dyes), 티아졸염료(thiazole dyes), 크산텐계염료(xanthene dyes), 아크리딘염료(acridine dyes), 아진염료(azine dyes), 옥사진염료(Oxanzine dyes), 티아진염료(thiazine dyes) 등이 있다.

8.11 반응성 염료

종래의 염료는 염료분자와 섬유 사이의 이온결합, 수소결합, van der Waals결합으로 염착되나 최근 섬유분자가 갖는 수산기 같은 극성기와 염료분자의 반응기가 공유결합 하는 각종 반응성 염료가 생산되고 있다. 셀룰로오스의 $-OH$, 단백섬유의 $-NH_2$, $-COOH$, 비닐론의 $-OH$, 아세탈 등의 극성기와 공유결합을 하는 반응성기로는 클로로트리아지닐(chlorotriazinyl)기, 비닐술폰기 등이 있다.

반응성염료의 구조는 S–D–X인 일반식으로 표시된다. D는 모체염료 분자이고, S는 염료를 $-SO_3H$같이 수용성이 되게 하는 기, X는 반응기이다. 예를 들면 셀룰로오스를 염색할 때에는 다음의 두 반응이 동시에 일어난다.

$$S-D-X+HO-Cell \longrightarrow S-D-O-Cell+HX$$
$$S-D-X+HOH \longrightarrow S-D-OH+HX$$

염료와 섬유와의 반응은 물과의 반응보다 빠르며 또 섬유와 결합하지 않는 염료는 수용성이므로 쉽게 씻어버릴 수 있다. 섬유분자와 공유결합을 했으므로 세탁, 마찰 등에 대해 극히 잘 견딘다. 햇빛에 견디는 힘은 모체염료분자에 달려 있다. 반응성염료로는 영국

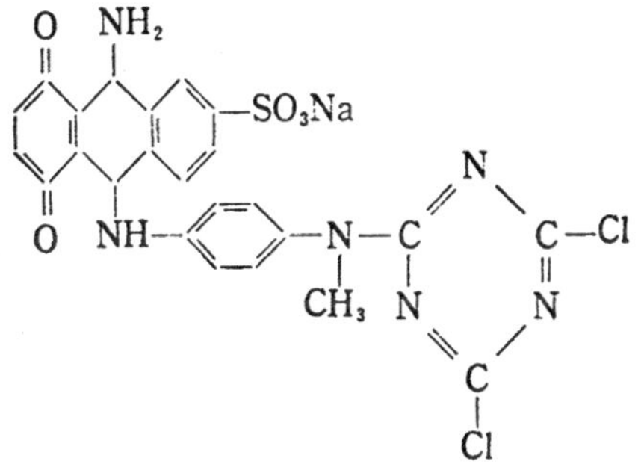

procion

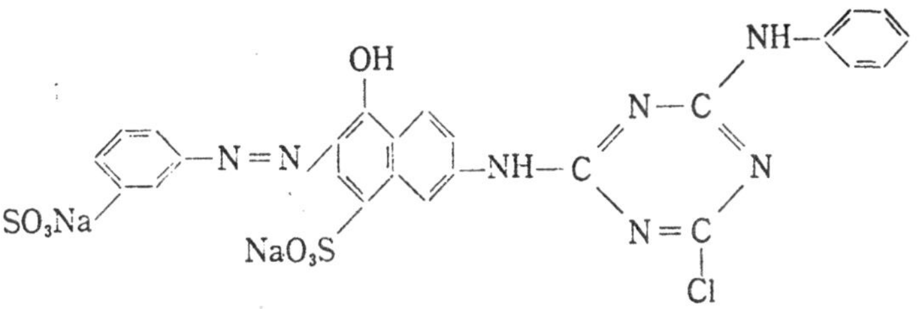

procion H형 cibacron

I.C.I회사의 프로시온(procion)염료가 제일 먼저 시판되었고 이어서 Ciba회사의 시바크론(cibacron), Höchst회사의 레마조올(remazol)이 나왔다. 앞의 둘은 클로로트리아진형이고

뒤의 것은 비닐술폰형이다.

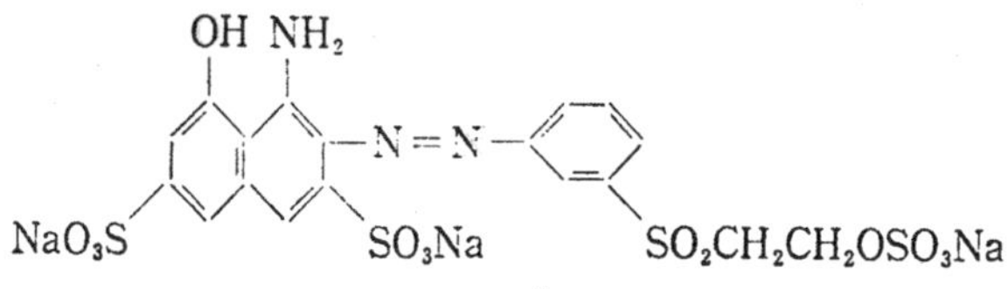

remazol

8.12 형광증백제(fluorescent whitening agent)

직물이나 종이는 화학표백을 해도 완전히 외부의 흡수를 하지 못하게 할 수 없으므로 우리 눈에는 다소 황갈색을 띠게 보인다. 그러나 소량의 청색형광을 내는 화합물을 함유하는 용액으로 흰천이나 종이를 처리하면 이 청생형광과 황색이 상쇄되어 흰색에 가까운 형광을 내게 되므로 흰색이 증가한다. 이와 같은 물질을 형광증백제 또는 형광염료라고 한다. 그중 자색 내지 청색형광(최대 형광 파장 420~450mμ)을 내는 화합물이 가장 좋다. 그 기본구조로는 스틸벤, 이미다졸, 옥사졸, 피라조린 등 여러 헤테로고리 화합물이 있다. 무명이나 종이에는 4,4'-디아미노스틸벤디술폰산(4,4'-diaminostilbenedisulfonic acid) 유도체인 블랑코포(blankophor) B가 사용되며 폴리에스테르 섬유에는 옥사졸형의 유비텍스(uvitex)ER이 사용되고 있다.

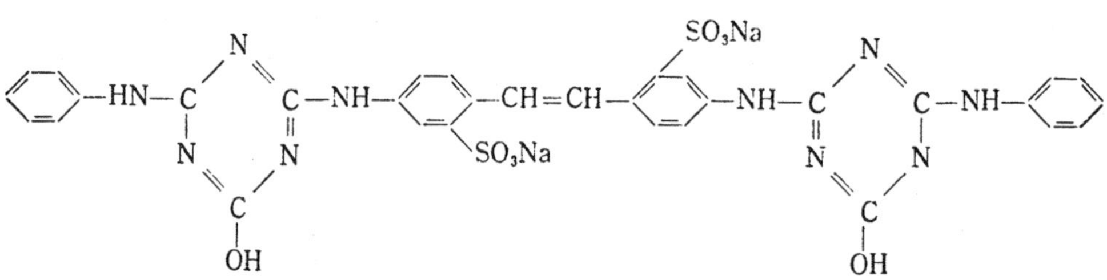

blank phoro B

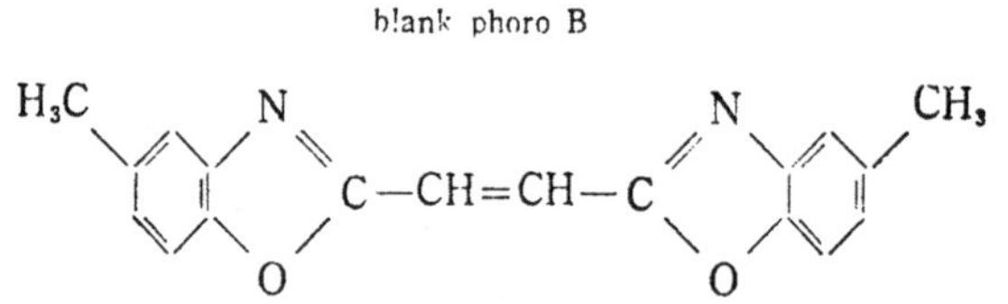

uvitex ER

8.13 합성섬유용 염료

반합성섬유인 아세테이트나 나일론, 비닐론, 테트론, 오올론, 폴리프로필렌 섬유 등의 합성섬유는 천연섬유에 비하여 소수성이 커서 보통의 친수성 염료로는 만족할 만한 염색을 할 수 없었다. 그러나 아세테이트에 따라서는 물에 불용성인 염료를 분산상태에서 염색시키는 분산염료가 좋다는 것이 알려져 아세테이트용 염료를 개발하게 되었다. 합성섬유에 대해서도 여기서 얻은 지식과 경험을 바탕으로 하여 염색조제, 염색법 등을 개발하고 있다.

아세테이트용의 분산염료는 염료와 분산제를 잘게 분산시킨 것으로 셀리톤(celliton)염료가 가장 많이 쓰이고 있다. 나일론에는 안트라퀴논계 분산염료 혹은 아조염료 두 분자와 금속원자의 1 : 2형 착염염료가 사용되고 있으며 테트론은 염색할 때 습윤제를 사용하기도 하고 또는 고온 염색 등 염색면에 연구를 하여 분산염료로 염색하고 있다.

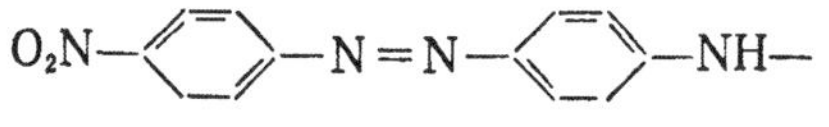

celliton fast orange 5R

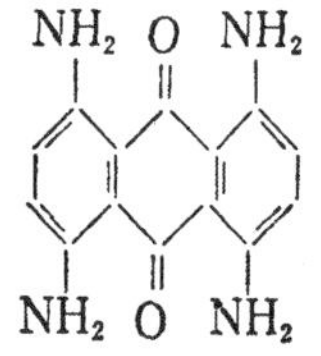

celliton fast blue extra

오올론, 엑슬란 등의 폴리아크릴로니트릴에는 염기성 염료의 맨 끝에 있는 아미노기를 4차화시켜 양이온으로 한 개질염기성염료를 사용하고, 폴리프로필렌에는 섬유 자체를 금속을 함유한 개질섬유로 하여 금속과 착화합물을 형성할 수 있는 분산염료를 쓰고 있다.

부 록

1. 수 명명시의 접두어(1) (화합물 명명시의 수사 접두어)

數	呼　　　　稱	數	呼
1	mono-(uni-)	28	octacosa-
2	di-(bi-), bis-*	29	nonacosa-
3	tri-(ter-), tris-*	30	triaconta-
4	tetra-(quater-)	31	hentriaconta-
5	penta-(quinque-)	32	dotriaconta-
6	hexa-(sexi-)	33	tritriaconta-
7	hepta-(septi-)	34	tetratriaconta-
8	octa-(octi-)	35	pentatriaconta-
9	ennea-(nona-, novi-)	36	hexatriaconta-
10	deca-(deci-)	37	heptatriaconta-
11	hendeca-(undeca-)	38	octatriaconta-
12	dodeca-	39	nonatriaconta-
13	trideca-	40	tetraconta-
14	tetradeca-	41	hentetraconta-
15	pentadeca-	42	dotetraconta-
16	hexadeca-	43	tritetraconta-
17	heptadeca-	44	tetratetraconta-
18	octadeca-	45	pentatetraconta-
19	nonadeca-	46	hexatetraconta-
20	eicosa-	47	heptatetraconta-
21	heneicosa-	48	octatetraconta-
22	docosa-	49	nonatetraconta-
23	tricosa-	50	pentaconta-
24	tetracosa-	60	hexaconta-
25	pentacosa-		....
26	hexacosa-	1/2	hemi-(semi-)
27	heptacosa-	3/2	(sesqui-)

( ) : 라틴어에서 유래된 것.
* : 복잡한 화합물을 명명할 때의 접두어.

수 명명시의 접두어(2)

數	呼 稱	記 號	呼 稱(英名)	呼稱(한문)
10^{-12}	pico-	p($\mu\mu$)		
10^{-9}	nano-	n		
10^{-6}	micro-	μ		微
10^{-5}	centi-milli-	cm		忽
10^{-4}	deci-milli-	dm		糸
10^{-3}	milli-	m		毛
10^{-2}	centi-	c		厘
10^{-1}	deci-	d		分
1	mono-		one	一
10	deca-	D, da	ten	十
10^{2}	hecto-	h	hundred	百
10^{3}	kilo-	k	thousand	千
10^{4}	myria-	ma	ten-thousand	萬
10^{5}	hecto-kilo-	hk	hundred-thousand	十萬
10^{6}	mega-	M	million	百萬
10^{9}	giga-	G	billion*	十億
10^{12}	tera-	T	trillion**	兆

* 美佛은 10^{9}을 英獨은 10^{12}을 billion이라고 함(英獨은 10^{9}을 thousand-million)

** 美佛은 10^{12}을 英獨은 10^{18}을 trillion이라고 함.

그리이스 문자

文 字		명 칭	文 字		명 칭	文 字		명 칭
A	α	alpha	I	ι	iota	P	ρ	rho
B	β	beta	K	κ	kappa	Σ	σ	sigma
Γ	γ	gamma	Λ	λ	lambda	T	τ	tau
Δ	δ, ∂	delta	M	μ	mu	Υ	υ	upsilon
E	ε	epsilon	N	ν	nu	Φ	φ, ϕ	phi
Z	ζ	zeta	Ξ	ξ	xi	X	χ	chi
H	η	eta	O	o	omicron	Ψ	ψ	psi
Θ	θ	theta	Π	π	pi	Ω	ω	omega

2. 유기화합물의 분류

형 식	일 반 식	作 用 基	예	이름: IUPAC 명	이름: 관 용 명
Alkane	RH	$-\overset{\vert}{\underset{\vert}{C}}-\overset{\vert}{\underset{\vert}{C}}-$, $-\overset{\vert}{\underset{\vert}{C}}-H$	CH_3CH_3	Ethane	Ethane
Alkene	$R_2C=CR_2$	$>C=C<$	$CH_2=CH_2$	Ethene	Ethylene
Alkyne	$RC\equiv CR$	$-C\equiv C-$	$HC\equiv CH$	Ethyne	Acetylene
Arene	ArH	Aromatic ring		Benzene	Benzene
Alcohol	ROH	$-OH$	CH_3CH_2OH	Ethanol	Ethyl alcohol
Phenol	ArOH	$-OH$		Phenol	Phenol
Ether	ROR	$-\overset{\vert}{\underset{\vert}{C}}-O-\overset{\vert}{\underset{\vert}{C}}-$	CH_3OCH_3	Methoxymethane	Dimethyl ether
Epoxide(oxirane)	R_2C-CR_2 (O 고리)	$-\overset{\vert}{C}-\overset{\vert}{C}-$ (O 고리)	CH_2-CH_2 (O 고리)	Oxirane	Ethylene oxide
Aldehyde	$RCH=O$	$\overset{H}{>}C=O$	$CH_3CH=O$	Ethanal	Acetaldehyde
Ketone	$R-\overset{O}{\overset{\Vert}{C}}-R$	$>C=O$	$CH_3-\overset{O}{\overset{\Vert}{C}}-CH_3$	Propanone	Acetone

Acetal	$R-C(OR)(OR)-R$	$>C(OR)_2$	$CH_3CH(OCH_3)_2$ (CH₃, OCH₃, H, OCH₃ on C)	1, 1-Dimethoxy-ethane	Acetaldehyde dimethylacetal
Carboxylic acid	RCO_2H	$-C(=O)-OH$	$CH_3C(=O)-OH$	Ethanoic acid	Acetic acid
Ester	RCO_2R	$-C(=O)-OR$	$CH_3C(=O)-OCH_3$	Methyl ethanoate	Methyl acetate
Alkyl halide	RX	$-\overset{\vert}{\underset{\vert}{C}}-X$	CH_3CH_2Cl	Chloroethane	Ethyl chloride
Acyl halide	$R-C(=O)-X$	$-C(=O)-X$	$CH_3C(=O)-Cl$	Ethanoyl chloride	Acetyl chloride
Acid anhydride	$RC(=O)-O-C(=O)R$	$-C(=O)-O-C(=O)-$	$CH_3C(=O)-O-C(=O)CH_3$	Ethanoic anhydride	Acetic anhydride
Amine	RNH_2(primary) R_2NN(secondary) R_3N(tertiary)	$-\overset{\vert}{\underset{\vert}{C}}-\underset{\vert}{N}-$	$CH_3CH_2NH_2$	Aminoethane	Ethylamine
Amide	$RCONH_2$(primary) $RCONHR$(secondary) $RCONR_2$(tertiary)	$-C(=O)-\underset{\vert}{N}-$	$CH_3C(=O)NH_2$	Ethanamide	Acetamide
Nitrile(cyanide)	RCN	$-C\equiv N$	CH_3CN	Cyanomethane	Acetonitrile (methyl cyanide)
Nitro compound	RNO_2 $ArNO_2$	$-\overset{+}{N}(=O)-O^-$		Nitrobenzene	Nitrobenzene
Thiol(mercaptan)	RSH	$-SH$	CH_3CH_2SH	Ethanethiol	Ethyl mercaptan
Sulfonic acid	RSO_3H $ArSO_3H$	$-S(=O)(=O)-OH$	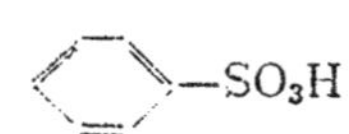	Benzenesulfonic acid	Benzenesulfonic acid

3. 작용기명 표

(1) 작용기명은 IUPAC 명명법에 따른다.

(2) 없어진 명칭, 장려하지 않는 명칭에 대해서는 화학식란에 사용하는 명칭이나 보다 좋은 명칭을 나타냈으므로 이 명칭이 있는 항을 볼 것.

(3) * : 치환되지 않은 작용기에만 사용.

** : 치환되었을 때만 사용.

*** : 산기에 사용한다.

英 語 名	化 學 式
Auri	$Au\equiv$
Auro	$Au-$
Acridinyl	$NC_{13}H_8-$
Acryloyl	$CH_2=CHCO-$
Azido	N_3-
Azino	$=NN=$
Adipoyl	$-CO(CH_2)_4CO-$
Asparaginyl	$H_2NCOCH_2CH(NH_2)CO-$
Aspartyl	$HOOCCH_2CH(NH_2)CO-$
Aspartoyl	$-COCH_2CH(NH_2)CO-$
Acetyl	CH_3CO-
Acetylimino	$CH_3CON=$
Acetoacetyl	CH_3COCH_2CO-
Acetamido	CH_3CONH-
Acetimido	Actylimino
Acetimidoyl	$CH_3C(=NH)-$
Acetoxy	CH_3COO-
Acetonylidene	$CH_3COCH=$
Acetonyl	CH_3COCH_2-
Acenaphthenylidene	$C_{12}H_8=$
Acenaphthenyl	$C_{12}H_9-$
Acenaphthenylene	$-C_{12}H_8-$
Azelaoyl	$-CO(CH_2)_7CO-$
Azo	$-N=N-$
Azoxy	$-N(O)N-$
Atropoyl	$C_6H_5C(=CH_2)CO-$
Anisidino	$CH_3OC_6H_4NH-(o, m, p)$
Anisoyl	$p-CH_3OC_6H_4CO-$

英 語 名	化 學 式
Anilino	C_6H_5NH-
Amidino	$H_2NC(=NH)-$
Amino	H_2N-
Amyl	Pentyl
Alanyl	$CH_3CH(NH_2)CO-$
Allylidene	$CH_2=CHCH=$
Allyl	$CH_2=CHCH_2-$
Allyloxy	$CH_2=CHCH_2O-$
Arginyl	$H_2NC(=NH)NH(CH_2)_3CH(NH_2)CO-$
Arsinico	$(HO)OAs=$
Arsino	H_2As-
Arseno	$-As=As-$
Arsenoso	$OAs-$
Arso	O_2As-
Arsono	$(HO)_2OAs-$
Aldo	$O=$
Antipyrinyl	$\overline{CON(C_6H_5)N(CH_3)C(CH_3)=C}-$
Antimono	$-Sb=Sb-$
Anthraquinonyl	$(O=)_2C_{14}H_7-$
Anthraniloyl	*o*-$H_2NC_6H_4CO-$
Anthryl	$C_{14}H_9-$
Anthrylene	$-C_{14}H_8-$
Isoamyl	Isopentyl
Isoindolinyl	NC_8H_8-
Isoindolyl	NC_8H_6-
Isoxazolyl	ONC_3H_2-
Isoquinolyl	NC_9H_6-
Isocyanato	$O=C=N-$
Isocyano	$C=N-$
Isothiocyanato	$S=C=N-$
Isonitro	→*aci*—니트로
Isonitroso	→hydroxyimino
Isovaleryl	$(CH_3)_2CHCH_2CO-$
Isophthaloyl	$-COC_6H_4CO-(m)$
Isobutylidyne*	$(CH_3)_2CHC\equiv$
Isobutylidene*	$(CH_3)_2CHCH=$
Isobutyryl	$(CH_3)_2CHCO-$
Isobutyl*	$(CH_3)_2CHCH_2-$
Isobutoxy	$(CH_3)_2CHCH_2O-$

英　語　名	化　學　式
Isopropylidene*	$(CH_3)_2C=$
Isopropyl	$(CH_3)_2CH-$
Isopropylbenzylidene	$(CH_3)_2CHC_6H_4CH=$
Isopropylbenzyl	$(CH_3)_2CHC_6H_4CH_2-$
p-Isopropylbenzoyl	p-$(CH_3)_2CHC_6H_4CO-$
Isopropenyl*	$CH_2=C(CH_3)-$
Isopropoxy	$(CH_3)_2CHO-$
Isohexylidyne*	$(CH_3)_2CH(CH_2)_2C\equiv$
Isohexylidene*	$(CH_3)_2CH(CH_2)_2CH=$
Isohexyl*	$(CH_3)_2CH(CH_2)_2CH_2-$
Isopentylidyne*	$(CH_3)_2CHCH_2C\equiv$
Isopentylidene*	$(CH_3)_2CHCH_2CH=$
Isopentyl*	$(CH_3)_2CHCH_2CH_2-$
Isopentyloxy	$(CH_3)_2CHCH_2CH_2O-$
Isoleucyl	$C_2H_5CH(CH_3)CH(NH_2)CO-$
Imidazolidinyl	$N_2C_3H_5-$
Imidazolyl	$N_2C_3H_3-$
Imino	$HN=$
Indazolyl	$N_2C_7H_5-$
Indanyl	C_9H_9-
Indenyl	C_9H_7-
3*N*-Indolinylidene	$\underbrace{CH_2NHC_6H_4C}=$
Indolinyl	NC_8H_8-
Indolyl	NC_8H_6-
3*H*-Indolyl	NC_8H_6-
Ureido	$H_2NCONH-$
Ureylene	$NHCONH-$
Undecanoyl	$CH_3(CH_2)_9CO-$
Undecyl	$CH_3(CH_2)_9CH_2-$
Eicosyl	$CH_3(CH_2)_{18}CH_2-$
Ethynyl	$CH\equiv C-$
Ethynylene	$-C\equiv C-$
Ethylidyne	$CH_3C\equiv$
Ethylidene	$CH_3CH=$
Ethyl	CH_3CH_2-
Ethylamino	CH_3CH_2NH-
Ethylthio	CH_3CH_2S-
Ethylene	$-CH_2CH_2-$
Ethylenedioxy	$-OCH_2CH_2O-$

英 語 名	化 學 式
Ethenylidene	Vinylidene
Ethenyl	Vinyl
Ethenylene	Vinylene
Ethoxalyl	$C_2H_5OOCCO-$
Ethoxy	C_2H_5O-
Ethoxycarbonyl	C_2H_5OOC-
Enanthyl	Heptanoyl
Enanthoyl	Heptanoy
Epoxy	—O—(동일사슬 중에서 2개의 원자와 결합)
Oxazinyl	ONC_4H_4-
Oxazolidinyl	ONC_3H_6-
Oxazolinyl	ONC_3H_4-
Oxazolyl	ONC_3H_2-
Oxamoyl	$H_2NCOCO-$
Oxalyl	$-COCO-$
Hydroxy	$HO-$
Hydroxyamino	$HONH-$
Hydroxyimino	$HON=$
Oxo	$O=$
Octacosyl	$CH_3(CH_2)_{26}CH_2-$
Octadecanoyl**	$CH_3(CH_2)_{16}CO-$
Octadecyl	$CH_3(CH_2)_{16}CH_2-$
cis-9-Octadecenoyl	Oleoyl
Octanoyl	$CH_3(CH_2)_6CO-$
Octanedioyl	$-CO(CH_2)_6CO-$
Octyl	$CH_3(CH_2)_6CH_2-$
Ornithyl	$CH_2(NH_2)(CH_2)_2CH(NH_2)CO-$
Oleoyl	$CH_3(CH_2)_7CH=CH(CH_2)_7CO-$(*cis*)
Cacodyl*	$(CH_3)_2As-$
Caprinoyl	→Decanoyl
Caprylyl	→Octanoyl
Capryl	→Decanoyl
Capryloyl	→Octanoyl
Caproyl	Hexanoyl
Carbazolyl	$NC_{12}H_8-$
Carbamoyl	H_2NCO-
Carbethoxy	→Ethoxycarbonyl
Carboxy	$HOOC-$

英 語 名	化 學 式
Carbonyl	OC=
Carbonyldioxy	$OC\langle^{O-}_{O-}$
Carbomethoxy	→Methoxy carbonyl
Galloyl	3, 4, 5-$(HO)_3C_6H_2CO-$
Camphoroyl	$C_{10}H_{14}O_2=$
Xanthenyl	$OC_{13}H_9-$
Xylidino	$(CH_3)_2C_6H_3NH-$
Xylyl	$(CH_3)_2C_6H_3-$
Xyloyl	→Dimethylbenzoyl
Quinazolinyl	$N_2C_8H_5-$
Quinuclidinyl	$NC_7H_{12}-$
Quinoxalinyl	$N_2C_8H_5-$
Quinolyl	NC_9H_6-
Guanidino	$H_2NC(=NH)NH-$
Guanyl	→Amidino
Cumidino	*p*-$(CH_3)_2CHC_6H_4NH-$
Cumenyl	$(CH_3)_2CHC_6H_4-$(*o*, *m*, *p*)
Cumoyl	→*p*-Isopropylbenzoyl
Glyoxalinyl	→Imidazolinyl
Glyoxalyl	Imidazolyl
Glyoxyloyl	OHCCO—
Glycoloyl	$HOCH_2CO-$
Glycyl	H_2NCH_2CO-
Chrysenyl	$C_{18}H_{11}-$
Glyceroyl	$HOCH_2CH(OH)CO-$
Glutaminyl	$H_2NCOCH_2CH_2CH(NH_2)CO-$
Glutamyl	$HOOCCH_2CH_2CH(NH_2)CO-$
Glutamoyl	$-COCH_2CH_2CH(NH_2)CO-$
Glutaryl	$-COCH_2CH_2CH_2CO-$
Crotyl	→2 Butenyl
Crotonoyl	$CH_3CH=CHCO-$(*trans*)
Chloro	Cl—
Chloromercuri	ClHg—
Keto	O=
Geranyl*	$C_{10}H_{17}-$
Salicylidene	*o*-$HOC_6H_4CH=$
Salicyl	*o*-$HOC_6H_4CH_2-$
Salicyloyl	*o*-HOC_6H_4CO-

英語名	化學式
Diazo	$N_2=$(같은 탄소와 결합)
Diazoamino	$-N=NNH-$
Diazonium	$\overset{+}{N}(\equiv N)-$
Cyanato	$N\equiv CO-$
Cyano	$N\equiv C-$
Cyclobutyl	C_4H_7-
Cyclopropyl	C_3H_5-
2, 5-Cyclohexadienylidene	$CH=CHCH_2CH=CHC=$
2, 4-Cyclohexadienyl	$CH_2CH=CHCH=CHCH-$
3, 5-Cyclohexadien-1, 3-ylene	$CH=CHCH=CCH_2CH-$
Cyclohexasilanyl	$SiH_2(SiH_2)_4SiH-$
Cyclohexylidene	$CH_2CH_2CH_2CH_2CH_2C=$
Cyclohexyl	$C_6H_{11}-$
Cyclohexylene	$-C_6H_{10}-$
2-Cyclohexenylidene	$CH_2CH_2CH_2CH_2=CHC=$
Cyclohexenyl	C_6H_9
Cyclohexenylene	$-C_6H_8-$
Cycloheptyl	$C_7H_{13}-$
Cyclopentadienylidene	$CH=CHCH=CHC=$
Cyclopentadienyl	C_5H_5-
Cyclopentylidene	$CH_2CH_2CH_2CH_2C=$
Cyclopentyl	C_5H_9-
Cyclopentylene	$-C_5H_8-$
2-Cyclopentenylidene	$CH_2CH_2CH=CHC=$
Cyclopentenyl	C_5H_7-
Disilazanyl	$H_3SiNHSiH_2-$
Disilaznylamino	$H_3SiNHSiH_2NH-$
Disilazanoxy	$H_3SiNHSiH_2O-$
Disilanyl	H_3SiSiH_2-
Disilanylamino	H_3SiSiH_2NH-
Disilanylthio	H_3SiSiH_2S-
Disilanylene	$-SiH_2SiH_2-$
Disilanoxy	H_3SiSiH_2O-
Disilyldisilanyl	$(H_3Si)_3Si-$
Disilthianyl	$H_3SiSSiH_2-$
Disilthianylthio	$H_3SiSSiH_2S-$

英語名	化學式
Disilthianoxy	$H_3SiSSiH_2O-$
Disiloxanyl	$H_3SiOSiH_2-$
Disiloxanylamino	$H_3SiOSiH_2NH-$
Disiloxanylthio	$H_3SiOSiH_2S-$
Disiloxanoxy	$H_3SiOSiH_2O-$
Cystyl	$-COCH(NH_2)CH_2SSCH_2CH(NH_2)CO-$
Cysteinyl	$HSCH_2CH(NH_2)CO-$
Citraconoyl	$-COC(CH_3)=CHCO-$(*cis*)
Diphenylmethyl	$(C_6H_5)_2CH-$
Dimethylamino	$(CH_3)_2N-$
Dimethylbenzoyl	$(CH_3)_2C_6H_3CO-$
3,4-Dimethoxyphenylacetyl	$3,4\text{-}(CH_3O)_2C_6H_3CH_2CO-$
3,4-Dimethoxyphenethyl	$3,4\text{-}(CH_3O)_2C_6H_3CH_2CH_2-$
Silylidyne	$HSi\equiv$
Silyl	H_3Si-
Silylamino	H_3SiNH-
Silyldisilanyl	$(H_3Si)_2SiH-$
Silylthio	H_3SiS-
Silylene	$H_2Si=$
Siloxy	H_3SiO-
Cinnamylidene	$C_6H_5CH=CHCH=$
Cinnamyl	$C_6H_5CH=CHCH_2-$
Cinnamoyl	$C_6H_5CH=CHCO-$
Succinamoyl	$H_2NCOCH_2CH_2CO-$
Succinyl	$-COCH_2CH_2CO-$
Succinimido	$\underline{COCH_2CH_2CON}-$
Stannyl	H_3Sn-
Stibarseno	$-Sb=As-$
Stibinico	$(HO)OSb-$
Stibino	H_2Sb-
Stibo	O_2Sb-
Stiboso	$OSb-$
Stibono	$(HO)_2OSb-$
Styryl	$C_6H_5CH=CH-$
Stearoyl*	$CH_3(CH_2)_{16}CO-$
Suberoyl*	$-CO(CH_2)_6CO-$
Sulfanilyl	$p\text{-}H_2NC_6H_4SO_2-$
Sulfamoyl	H_2NSO_2-

英 語 名	化 學 式
Sulfinyl	$—SO—$
Sulfino	$(HO)SO—$
Sulfo	$HOSO_2—$
Sulfoamino	$HO_3SNH—$
Sulfonyl	$—SO_2—$
Cetyl	→Hexadecyl
Sebacoyl*	$—CO(CH_2)_8CO—$
Semicarbazido	$H_2NCONHNH—$
Semicarbazono	$H_2NCONHN=$
Seryl	$HOCH_2CH(NH_2)CO—$
Seleninyl	$OSe=$
Selenino	$(HO)SeO—$
Selenyl	$HSe—$
Seleno	$—Se—$
Selenonyl	$O_2Se=$
Selenono	$HO_3Se—$
Tauryl	$H_2NCH_2CH_2SO_2—$
Tartronoyl	$—COCH(OH)CO—$
Thiazinyl	$NSC_4H_4—$
Thiazolidinyl	$NSC_3H_6—$
Thiazolinyl	$NSC_3H_4—$
Thiazolyl	$NSC_3H_2—$
Thianaphthenyl	$SC_8H_5—$
Thienyl	$SC_4H_3—$
Thio	$—S—$
Thiocarbamoyl	$H_2NCS—$
Thiocarbonyl	$SC=$
Thiocyanato	$N{\equiv}CS—$
Thioformyl	$SHC—$
Tyrosyl	$p\text{-}HOC_6H_4CH_2CH(NH_2)CO—$
Thyronyl	$p\text{-}(p\text{-}HOC_6H_4O)C_6H_4CH_2CH(NH_2)CO—$
Decanoyl	$CH_3(CH_2)_8CO—$
Decanedioyl**	$—CO(CH_2)_8CO—$
Decyl	$CH_3(CH_2)_8CH_2—$
Tetracosyl	$CH_3(CH_2)_{22}CH_2—$
Tetracontyl	$CH_3(CH_2)_{38}CH_2—$
Tetrazolyl	$N_4CH—$
Tetradecanoyl**	$CH_3(CH_2)_{12}CO—$

英 語 名	化 學 式
Tetradecyl	$CH_3(CH_2)_{12}CH_2—$
Tetramethylene	$—CH_2CH_2CH_2CH_2—$
Thenylidene	$SC_4H_3CH=$
Thenyl	$SC_4H_3CH_2—$
2-Thenoyl	$\underline{SCH=CHCH=C}CO—$
Telluro	—Te—
Terephthaloyl	$—COC_6H_4CO—(p)$
Docosyl	$CH_3(CH_2)_{20}CH_2—$
Tosyl*	$CH_3C_6H_3SO_2—(p)$
Dodecanoyt**	$CH_3(CH_2)_{10}CO—$
Dodecyl	$CH_3(CH_2)_{10}CH_2—$
Dotriacontyl	$CH_3(CH_2)_{30}CH_2—$
Triacontyl	$CH_3(CH_2)_{28}CH_2—$
Triazinyl	$N_3C_3H_2—$
Triazeno	$N_2NN=N—$
Triazolidinyl	$N_3C_2H_6—$
Triazolyl	$N_3C_2H_2—$
Tricosyl	$CH_3(CH_2)_{21}CH_2—$
Trisilanyl	$H_3SiSiH_2SiH_2—$
Trisilanylene	$—SiH_2SiH_2SiH_2—$
Trityl	$(C_6H_5)_3C—$
Tridecanoyl	$CH_3(CH_2)_{11}CO—$
Tridecyl	$CH_3(CH_2)_{11}CH_2—$
Tritriacontyl	$CH_3(CH_2)_{31}CH_2—$
Triphenylsilyl	$(C_6H_5)_3Si—$
Tryptophyl	$NC_8H_6CH_2CH(NH_2)CO—$
2, 4, 5-Trimethylanilino	$2, 4, 5-(CH_3)_3C_6H_2NH—$
2, 4, 6-Trimethylanilino	$2, 4, 6-(CH_3)_3C_6H_2NH—$
Trimethylene	$—CH_2CH_2CH_2—$
Tolyl	$CH_3C_6H_4\text{-}(o, m, p)$
Toluidino	$CH_3C_6H_4NH\text{-}(o, m, p)$
Toluenesulfonyl**	$CH_3C_6H_4SO_2\text{-}(o, m, p)$
Toluoyl	$CH_3C_6H_4CO\text{-}(o, m, p)$
Threonyl	$CH_3CH(OH)CH(NH_2)CO—$
Tropoyl	$C_6H_5CH(CH_2OH)CO—$
Naphthyl	$C_{10}H_7—$
Naphthyloxy	$C_{10}H_7O—$
Naphthylmethylidyne	$C_{10}H_7CH\equiv$
Naphthylmethylene	$C_{10}H_7CH=$

英 語 名	化 學 式
Naphthylene	$-C_{10}H_6-$
Naphthoyl	$C_{10}H_7CO-$
Naphthoyloxy	$C_{10}H_7COO-$
Nitro	O_2N-
aci-Nitro	$(HO)ON=$
Nitramino	O_2NNH-
Nitroso	$ON-$
Nitrosamino	$ONNH-$
Nitrosimino	$ONN=$
Nitrilo	$N\equiv$
Neopentyl*	$(CH_3)_3CCH_2-$
Neryl*	$C_{10}H_{17}-$
Nonacosyl	$CH_3(CH_2)_{27}CH_2-$
Nonadecyl	$CH_3(CH_2)_{17}CH_2-$
Nonanoyl	$CH_3(CH_2)_7CO-$
Nonanedioyl**	$-CO(CH_2)_7CO-$
Nonyl	$CH_3(CH_2)_7CH_2-$
Norleucyl	$CH_3(CH_2)_3CH(NH_2)CO-$
Vanillylidene	$3\text{-}CH_3O\text{-}4\text{-}HOC_6H_3CH=$
Vanillyl	$3\text{-}CH_3O\text{-}4\text{-}HOC_6H_3CH_2-$
Vanilloyl	$3\text{-}CH_3O\text{-}4\text{-}HOC_6H_3CO-$
Valyl	$(CH_3)_2CHCH(NH_2)CO-$
Palmitoyl*	$CH_3(CH_2)_{14}CO-$
Valeryl	$CH_3(CH_2)_3CO-$
Hydrazi	$-NHNH-$(동일원자에 결합)
Hydrazino	H_2NNH-
Hydrazo	$-NHNH-$(다른 원자에 결합)
Hydrazono	$H_2NN=$
Hydratropoyl	$C_6H_5CH(CH_3)CO-$
Histidyl	$N_2C_3CH_2CH(NH_2)CO-$
Bismuthino	H_2Bi-
Vinylidene	$CH_2=C=$
Vinyl	$CH_2=CH-$
Vinylene	$-CH=CH-$
Pivaloyl	$(CH_3)_3CCO-$
Biphenylyl	$C_6H_5C_6H_4-$
Hippuroyl	$C_6H_5CONHCH_2CO-$
Piperidino	$\underline{CH_2CH_2CH_2CH_2CH_2N}-$
Piperidylidene	$NC_5H_9=$

英 語 名	化 學 式
Piperidyl	NC_5H_{10}—
Piperonylidene	3,4-$CH_2<{}^{O}_{O}>C_6H_3CH=$
Piperonyl	3,4-$CH_2<{}^{O}_{O}>C_6H_3CH_2$—
Piperonyloyl	3,4-$CH_2<{}^{O}_{O}>C_6H_3CO$—
Pimeloyl*	—$CO(CH_2)_5CO$—
Pyrazinyl	$N_2C_4H_3$—
Pyrazolidinyl	$N_2C_3H_7$—
Pyrazolinyl	$N_2C_3H_5$—
Pyrazolyl	$N_2C_3H_3$—
Pyranyl	OC_5H_5—
Pyridyl	OC_5H_4—
Pyridazinyl	$N_2C_4H_3$—
Pyrimidinyl	$N_2C_4H_3$—
Pyruvoyl	CH_3COCO—
Pyrenyl	$C_{16}H_9$—
Pyrrolidinyl	NC_4H_8—
Pyrrolinyl	NC_4H_6—
Pyrrolyl	NC_4H_4—
Phytyl*	$C_{20}H_{39}$—
Phenazinyl	$N_2C_{12}H_7$—
Phenacylidene	$C_6H_5COCH=$
Phenacyl	$C_6H_5COCH_2$—
Phenanthridinyl	$NC_{13}H_8$—
Phenanthryl	$C_{14}H_9$—
Phenanthrylene	—$C_{14}H_8$—
Phenyl	C_6H_5—
2-Phenylacryloyl	→Atropoyl
Phenylacetyl	$C_6H_5CH_2CO$—
Phenylazo	$C_6H_5N=N$—
Phenylimino	$C_6H_5N=$
3-Phenylureido	$C_6H_5NHCONH$—
Phenylcarbamoyl	C_6H_5NHCO
Phenylsulfamoyl	$C_6H_5NHSO_2$—
Phenylsulfinyl	C_6H_5SO—
Phenylsulfonyl	$C_6H_5SO_2$—
2-Phenylpropionyl	→Hydratropoyl
3-Phenylpropyl	$C_6H_5CH_2CH_2CH_2$—

英 語 名	化 學 式
Phenylene	$—C_6H_4—$
Phenylenebisazo	$—N=NC_6H_4N=N—$
Phenetidino	$C_2H_5OC_6H_4NH—$(*o, m, p*)
Phenethyl	$C_6H_5CH_2CH_2—$
Phenoxy	$C_6H_5O—$
Pseudocumidino	→2, 4, 5-Trimethylanilino
1, 3-Butadienyl	$CH_2=CHCH=CH—$
Phthalazinyl	$N_2C_8H_5—$
Phthalamoyl	$H_2NCOC_6H_4CO—$(*o*)
Phthalidylidene	$C_6H_4<\begin{matrix}C=\\CO\end{matrix}>O$ (*o*)
Phthalidyl	$C_6H_4<\begin{matrix}CH—\\CO\end{matrix}>O$ (*o*)
Phthalimido	$C_6H_4<\begin{matrix}CO\\CO\end{matrix}>N—$(*o*)
Phthaloyl	$—COC_6H_4CO—$(*o*)
Butylidyne	$CH_3CH_2CH_2C\equiv$
Butylidene	$CH_3CH_2CH_2CH=$
sec-Butylidene*	$CH_3CH_2C(CH_3)=$
Butyryl	$CH_3CH_2CH_2CO—$
Butyl	$CH_3CH_2CH_2CH_2—$
sec-Butyl*	$CH_3CH_2CH(CH_3)—$
tert-Butyl*	$(CH_3)_3C—$
1-Butyl-2-butenyl	$CH_3CH=CHCH$(*n*-C_4H_9)—
2-Butenylidyne	$CH_3CH=CHC\equiv$
2-Butenylidene	$CH_3CH=CHCH=$
1-Butenyl	$CH_3CH_2CH=CH—$
2-Butenyl	$CH_3CH=CHCH_2—$
2-Butenylene	$—CH_2CH=CHCH_2—$
Butoxy	$CH_3CH_2CH_2CH_2O—$
sec-Butoxy	$CH_3CH_2CH(CH_3)O—$
Fumaroyl	$—COCH=CHCO—$(*trans*)
Furyl	$OC_4H_3—$
(3-Furyl)methyl	$\underline{CH=CHOCH=C}CH_2—$
Fluoro	F—
Fluorenylidene	$C_{13}H_8=$
Fluorenyl	$C_{13}H_9—$

英語名	化學式
Furfurylidene	$OCH=CHCH=CCH=$
Furfuryl	$OCH=CHCH=CCH_2-$
3-Furoyl	$CH=CHOCH=CCO-$
Protocatechuoyl	$3,4-(HO)_2C_6H_3CO-$
Propargyl	→2-Propynyl
1, 2, 3-Propanetricarbonyl	$-COCH_2CHCH_2CO-$ $CO-$
Propionyl	CH_3CH_2CO-
Propionyloxy	CH_3CH_2COO-
Propioloyl	$CH\equiv CCO-$
Propionamido	CH_3CH_2CONH-
1-Propynyl	$CH_3C\equiv C-$
2-Propynyl	$CH\equiv CCH_2-$
Propylidyne	$CH_3CH_2C\equiv$
Propylidene	$CH_3CH_2CH=$
Propyl	$CH_3CH_2CH_2-$
sec-Propyl	→Isopropyl
Propylene	CH_3CHCH_2-
2-Propenylidene	→Allylidene
Propenyl	$CH_3CH=CH-$
2-Propenyl	→Allyl
Propenylene	$-CH_2CH=CH-$
Propoxy	$CH_3CH_2CH_2O-$
Bromo	$Br-$
Prolyl	$NHCH_2CH_2CH_2CHCO-$
Hexacosyl	$CH_3(CH_2)_{24}CH_2-$
Hexacontyl	$CH_3(CH_2)_{58}CH_2-$
Hexadecanoyl**	$CH_3(CH_2)_{14}CO-$
Hexadecyl	$CH_3(CH_2)_{14}CH_2-$
Hexanoyl	$CH_3(CH_2)_4CO-$
Hexamethylene	$-CH_2(CH_2)_4CH_2-$
Hexanecarbonamido	→Heptanamido
Hexanedioyl**	$-CO(CH_2)_4CO-$
Hexylidyne	$CH_3(CH_2)_4C\equiv$
Hexylidene	$CH_3(CH_2)_4CH=$
Hexyl	$CH_3(CH_2)_4CH_2-$
Heptacosyl	$CH_3(CH_2)_{25}CH_2-$

英 語 名	化 學 式
Heptadecanoyl	$CH_3(CH_2)_{15}CO-$
Heptadecyl	$CH_3(CH_2)_{15}CH_2-$
Heptanoyl	$CH_3(CH_2)_5CO-$
Heptanamido	$CH_3(CH_2)_5CONH-$
Heptanedioyl**	$-CO(CH_2)_5CO-$
Heptyl	$CH_3(CH_2)_5CH_2-$
Veratryl	$3,4-(CH_3O)_2C_6H_3CH_2-$
Veratroyl	$3,4-(CH_3O)_2C_6H_3CO-$
Pelargonyl	→Nonanoyl
Pelargonoyl	→Nonanoyl
Perimidinyl	$N_2C_{11}H_7-$
Heneicosyl	$CH_3(CH_2)_{19}CH_2-$
Benzidino	p-$H_2NC_6H_4C_6H_4NH-(p)$
Benzylidyne	$C_6H_5C\equiv$
Benzylidene	$C_6H_5CH=$
Benzyl	$C_6H_5CH_2-$
Benzyloxy	$C_6H_5CH_2O-$
Benzylthio	$C_6H_5CH_2S-$
Benziloyl	$(C_6H_5)_2C(OH)CO-$
Benzamido	C_6H_5CONH-
Benzimido	→Benzoylimino
Benzimidoyl	$C_6H_5C(=NH)-$
Benzhydryl	→Diphenylmethyl
Benzenesulfinyl***	C_6H_5SO-
Benzensulfonyl***	$C_6H_5SO_2-$
Benzenesulfonamido	$C_6H_5SO_2NH-$
Benzimidazolyl	$N_2C_7H_5-$
Benzoyl	C_6H_5CO-
Benzoylimino	$C_6H_5CON=$
Benzoxazinyl	ONC_8H_6-
Benzoxazolyl	ONC_7H_4-
Benzoyloxy	C_6H_5COO-
Benzoquinonyl	$O_2C_6H_3-(o,p)$
Benzopyranyl	OC_9H_7-
Benzofuranyl	OC_8H_5-
Pentacosyl	$CH_3(CH_2)_{23}CH_2-$
Pentacontyl	$CH_3(CH_2)_{48}CH_2-$
Pentazolyl	$N=NN=NN-$ (ring)
Pentadecanoyl	$CH_3(CH_2)_{13}CO-$

英 語 名	化 學 式
Pentadecyl	$CH_3(CH_2)_{13}CH_2$—
Pentamethylene	—$CH_2(CH_2)_3CH_2$—
Pentylidyne	$CH_3(CH_2)_3C\equiv$
Pentylidene	$CH_3(CH_2)_3CH=$
Pentyl	$CH_3(CH_2)_3CH_2$—
Pentyloxy	$CH_3(CH_2)_3CH_2O$—
Hendecyl	→Undecyl
2-Pentenyl	$CH_3CH_2CH=CHCH_2$—
Hentriacontyl	$CH_3(CH_2)_{29}CH_2$—
Phosphazo	—P=N—
Phospharseno	—P=As—
Phosphinico	(HO)PO=
Phosphino	H_2P—
Phospho	O_2P—
Phosphono	$(HO)_2PO$—
Phoshoro	—P=P—
Phosphoroso	OP—
Homoveratryl	→3, 4-Dimethoxyphenethyl
Homoveratroyl	→3, 4-Dimethoxyphenylacetyl
Formyl	OHC—
Formyloxy	HCOO—
Formamido	HCONH—
Maleoyl	—COCH=CHCO—(*cis*)
Maloyl	—COCH(OH)CH_2CO—
Malonyl	—$COCH_2CO$—
Myristoyl*	$CH_3(CH_2)_{12}CO$—
Mesaconoyl	—COC(CH_3)=CHCO—(*trans*)
Mesidino	→2, 4, 6-Trimethylanilino
Mesityl	2, 4, 6-$(CH_3)_3C_6H_2$—
Mesoxalyl	—COCOCO—
Methacryloyl	$CH_2=C(CH_3)CO$—
Methallyl	→2-Methylallyl
Methionyl	$CH_3SCH_2CH_2CH(NH_2)CO$—
Methylidyne	$CH\equiv$
Methyl	CH_3—
2-Methylacryloyl	→Methacryloyl
2-Methylallyl	$CH_2=C(CH_3)CH_2$—
Methylthio	CH_3S—
1-Methylvinyl	→Isopropenyl

英 語 名	化 學 式
5-Methylhexyl	$(CH_3)_2CHCH_2CH_2CH_2CH_2-$
α-Methylbenzyl	$C_6H_5CH(CH_3)-$
2-Methylbenzyl	$2\text{-}CH_3C_6H_4CH_2-$
2-Methylpentylidyne	$CH_3CH_2CH_2CH(CH_3)C\equiv$
2-Methylpentylidene	$CH_3CH_2CH_2CH(CH_3)CH=$
1-Methylpentyl	$CH_3CH_2CH_2CH(CH_3)-$
2-Methylpentyl	$CH_3CH_2CH_2CH(CH_3)CH_2-$
Metylene	$CH_2=$
Metylenedioxy	$-OCH_2O-$
Methoxalyl	$CH_3OOCCO-$
Methoxy	CH_3O-
Methoxycarbonyl	CH_3OOC-
Methoxyphenyl	$CH_3OC_6H_4-$
Methoxybenzyl	$CH_3OC_6H_4CH_2-$
Mercapto*	$HS-$
Mercuri	$-Hg-$
3-Morpholinyl	$NHCH_2CH_2OCH_2CH-$
Morpholino	$CH_2CH_2OCH_2CH_2N-$
Iodo	$I-$
Iodoxy	O_2I-
Iodoso	$OI-$
Lauroyl*	$CH_3(CH_2)_{10}CO-$
Lactoyl	$CH_3CH(OH)CO-$
Lysyl	$H_2N(CH_2)_4CH(NH_2)CO-$
Linalyl*	$C_{10}H_{17}-$
Leucyl	$(CH_3)_2CHCH_2CH(NH_2)CO-$

4. 유기화합물과 작용기의 이름

(1) 알 칸(Alkanes)

CH_4	메탄	Methane
CH_3CH_3	에탄	Ethane
$CH_3CH_2CH_3$	프로판	Propane
$CH_3(CH_2)_2CH_3$	*n*-부탄	*n*-Butane
$(CH_3)_3CH$	이소부탄	Isobutane
$CH_3(CH_2)_3CH_3$	*n*-펜탄	*n*-Pentane
$(CH_3)_2CHCH_2CH_3$	이소펜탄	Isopentane
$(CH_3)_4C$	네오펜탄	Neopentane
$CH_3(CH_2)_4CH_3$	헥산	Hexane
$CH_3(CH_2)_5CH_3$	헵탄	Heptane
$CH_3(CH_2)_6CH_3$	옥탄	Octane
$CH_3(CH_2)_7CH_3$	노난	Nonane
$CH_3(CH_2)_8CH_3$	데칸	Decane
$CH_3(CH_2)_9CH_3$	운데칸	Undecane
$CH_3(CH_2)_{10}CH_3$	도데칸	Docecane
$CH_3(CH_2)_{11}CH_3$	트리데칸	Tridecane
$CH_3(CH_2)_{12}CH_3$	테트라데칸	Tetradecane
$CH_3(CH_2)_{13}CH_3$	펜타데칸	Pentadecane
$CH_3(CH_2)_{14}CH_3$	헥사데칸	Hexadecane
$CH_3(CH_2)_{15}CH_3$	헵타데칸	Heptadecane
$CH_3(CH_2)_{16}CH_3$	옥타데칸	Octadecane
$CH_3(CH_2)_{17}CH_3$	노나데칸	Nonadecane
$CH_3(CH_2)_{18}CH_3$	아이코산	Eicosane

(2) 알킬基(Alkyl groups)

CH_3-	메틸	Methyl
CH_3CH_2-	에틸	Ethyl
$CH_3CH_2CH_2-$	프로필	Propyl
$CH_3CH_2CH_2CH_2-$	*n*-부틸	*n*-Butyl
$\begin{matrix}CH_3CH_2 \\ CH_3\end{matrix}\!>\!CH-$	이차부틸	*sec*-Butyl
$(CH_3)_3C-$	삼차부틸	*tert*-Butyl
$(CH_3)_2CHCH_2-$	이소부틸	Isobutyl

$CH_3CH_2CH_2CH_2CH_2-$	*n*-아밀	***n*-Amyl**
$(CH_3)_2CHCH_2CH_2-$	이소아밀	Isoamyl
$CH_3CH_2 \diagdown$ CH_3-C- $CH_3 \diagup$	삼차아밀	*tert*-Amyl
$(CH_3)_3C \cdot CH_2-$	네오펜틸	Neopentyl

(3) 알킬렌基(Alkylene groups)

$-CH_2-$	메틸렌	Methylene
$-CH_2CH_2-$	디메틸렌	Dimethylene
$-(CH_2)_3-$	트리메틸렌	Trimethylene
$-(CH_2)_3-$	테트라메틸렌	Tetramethylene

(4) 알킬리덴基(Alkylidene groups)

$CH_3CH<$	에틸리덴	Ethylidene
$CH_3CH_2CH<$	프로필리덴	Propylidene
$(CH_3)_2C<$	이소프로필리덴	Isopropylidene

(5) 알 켄(Alkenes)

$CH_2=CH_2$	에틸렌	Ethylene
$CH_3CH=CH_2$	프로필렌	Propylene
$CH_3CH_2CH=CH_2$	1-부텐	1-Butene
$CH_3CH=CHCH_3$	2-부텐	2-Butene
$(CH_3)_2C=CH_2$	이소부텐 (이소부틸)	Isobutene (Isobutylene)
$CH_3CH_2CH_2CH=CH_2$	1-펜텐	1-Pentene
$CH_3CH_2CH=CHCH_3$	2-펜텐	2-Pentene
$(CH_3)_2CHCH=CH_2$	3-메틸-1-부텐	3-Methyl-1-butene
$(CH_3)_2C=CHCH_3$	2-메틸-2-부텐	2-Methyl-2-butene
$CH_3CH_2 \diagdown$ $C=CH_2$ $CH_3 \diagup$	2-메틸-1-부텐	2-Methyl-1-butene
$CH_2=C=CH_2$	알렌 (프로파디엔)	Allene (Propadiene)
$CH_3CH=C=CH_2$	메틸알렌 (1, 2-부타디엔)	Methylallene (1, 2-Butadiene)
$CH_2=CH-CH=CH_2$	1, 3-부타디엔	1, 3-Butadiene
CH_3 $\vert$ $CH_2=C-CH=CH_2$	이소프렌	Isoprene

(6) 알켄닐基(Alkenyl groups)

$CH_2=CH-$	비닐	Vinyl
$CH_2=CH \cdot CH_2-$	알릴	Allyl

$CH_3CH=CH-$	프로페닐	Propenyl
$CH_3CH-CHCH_2-$	크로틸	Crotyl

(7) 알 킨(Alkynes)

$CH\equiv CH$	아세틸렌	Acetylene
$CH_3CH_2C\equiv CH$	1-부틴	1-Butyne
$CH_3C\equiv C\cdot CH_3$	2-부틴 (디메틸아세틸렌)	2-Butyne (Dimethylacetylene)

(8) 알킨일基(Alkynyl groups)

$CH\equiv C-$	에틴일	Ethynyl
$CH\equiv C\cdot CH_2-$	2-프로핀일	2-Propynyl

(9) 지방족고리탄화수소(Alicyclic Hydrocarbons)

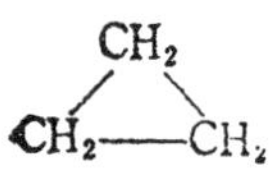 	시클로프로판	Cyclopropane
	시클로부탄	Cyclobutane
	시클로펜탄	Cyclopentane
	시클로헥산	Cyclohexane
	시클로헥센	Cyclohexene
	1, 3시클로헥사디엔	Cyclohexadiene
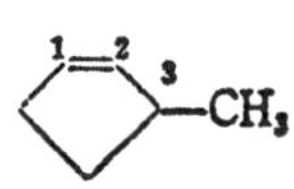	3-메틸시클로펜텐	3-Methylcyclopentene
	시클로펜타디엔	Cyclopentadiene
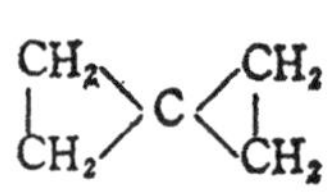	스피로펜탄	*spiro*-Pentane
	데칼린	Decalin
	테트랄린	Tetralin

(10) 방향족고리탄화수소(Aromatic Hydrocarbons)

	벤젠	Benzene
	톨루엔	Toluene
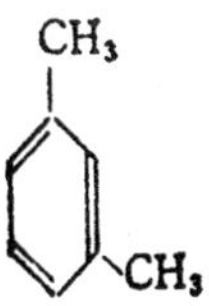	*m*-크실렌	*m*-Xylene
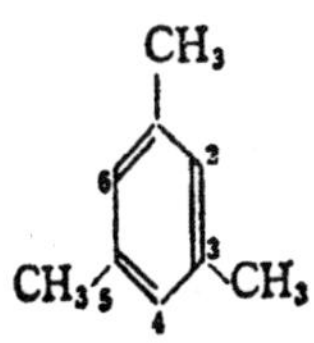	메시틸렌 (1, 3, 5-트리메틸벤젠)	Mesitylene (1, 3, 5-Trimethylbenzene)
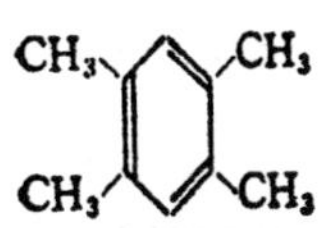	듀렌 (1, 2, 4, 5-테트라메틸벤젠)	Durene (1, 2, 4, 5-Tetramethylbenzene)
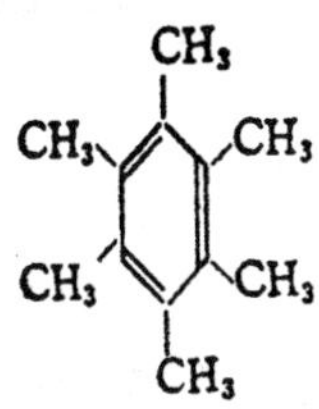	헥사메틸벤젠	Hexamethylbenzene
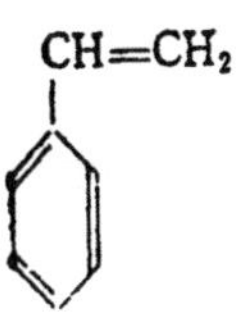	스티렌	Styrene
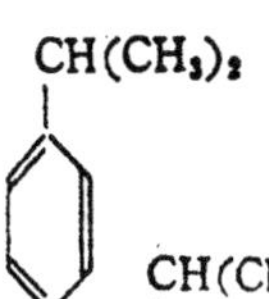	쿠멘	Cumene
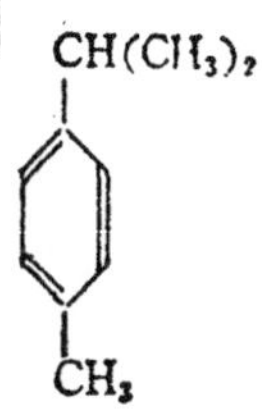	시멘	Cymene

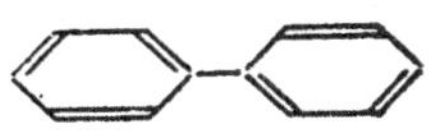

비페닐 Biphenyl

터페닐 *p*-Terphenyl

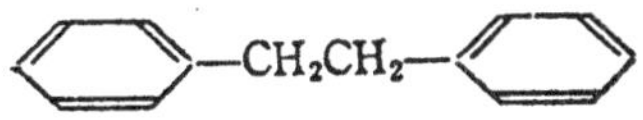

비벤질 Bibenzyl

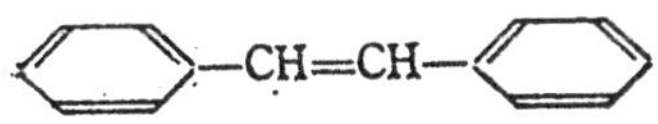

스틸벤 Stilbene

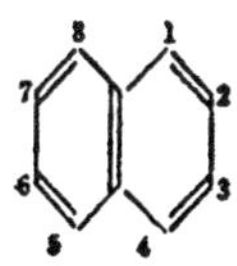

나프탈렌 Naphthalene

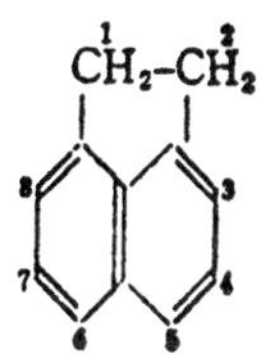

아세나프텐 Acenaphthene

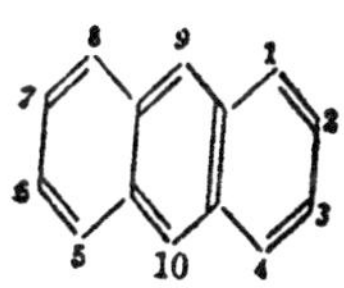

안트라센 Anthracene

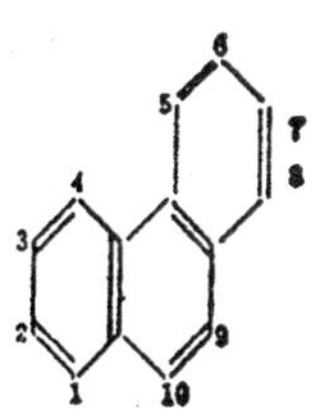

페난트렌 Phenanthrene

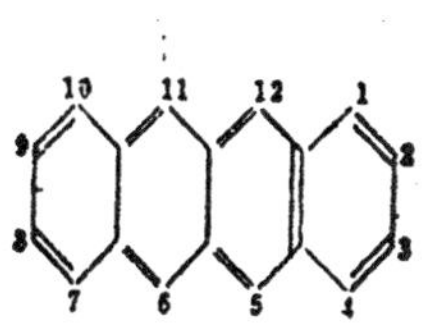

나프타센 Naphthacene

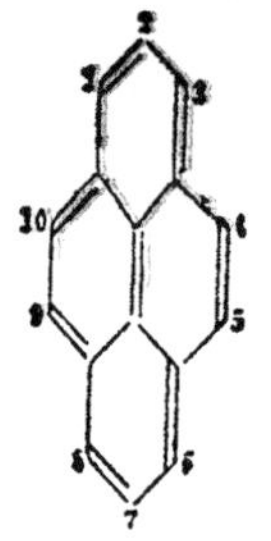

피렌 Pyrene

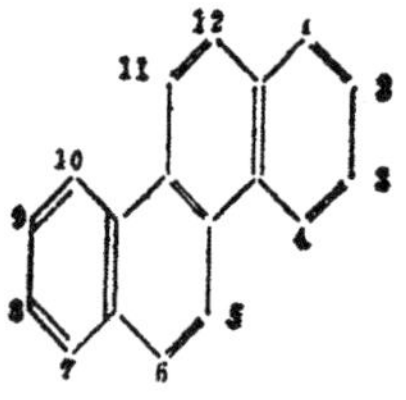

크리센 Chrysene

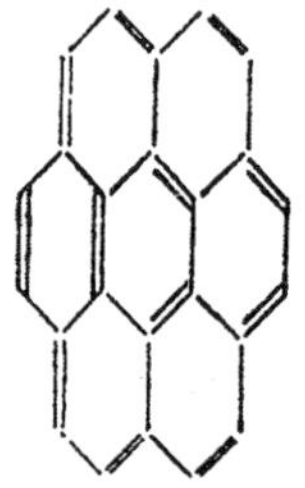

코로넨 Coronene

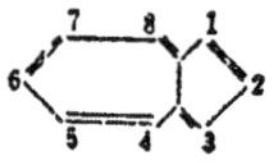

아줄렌 Azulen

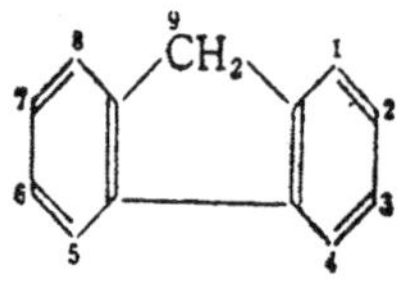

플루오렌 Fluorene

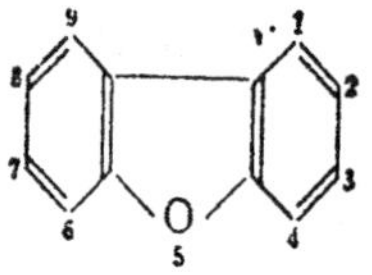

디페닐렌옥시드 (디벤조푸란) Diphenylene oxide (Dibenzofuran)

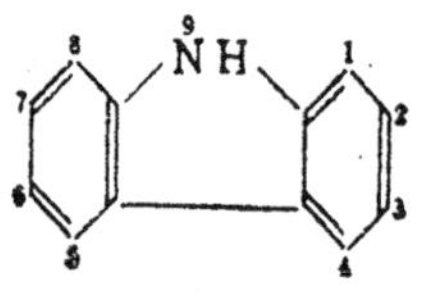

카르바졸 Carbazole

(11) 방향족기(Aromatic groups)

	페닐	**phenyl**
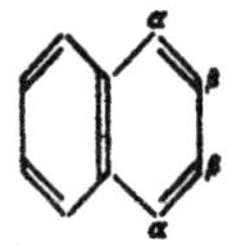	α-나프틸	**α-Naphthyl**
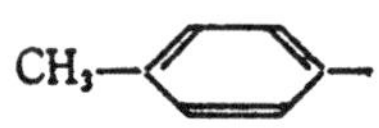	*p*-톨릴	***p*-Tolyl**
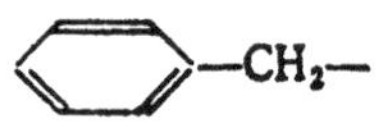	벤질	**Benzyl**
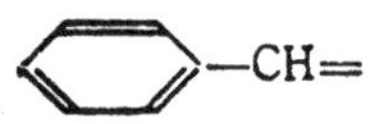	벤잘	**Benzal**
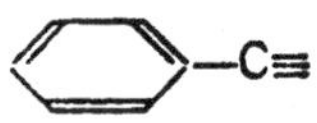	벤조	**Benzo**

(12) 염화물(Halides)

CH_3Cl	염화메틸	Methyl chloride
CH_2Cl_2	염화메틸렌	Methylene chloride
$CHCl_3$	클로로포름	Chloroform
CCl_4	사염화탄소	Carbon tetrachloride
$ClCH_2CH_2Cl$	이염화에틸렌 (염화에틸렌)	Ethylene dichloride (Ethylene chloride)
CH_3CHCl_2	염화에틸리덴	Ethylidene chloride
$CHCl_2CHCl_2$	테트라클로로에탄 (사염화아세틸렌)	Tetrachloroethane (Acetylene tetrachloride)
$CH_2{=}CHCl$	염화비닐	Vinyl chloride
$CHCl{=}CHCl$	*s*-디클로로에틸렌 (이염화아세틸렌)	*s*-Dichloroethylene (Acetylene dichloride)
$CHCl{=}CCl_2$	트리클로로에틸렌	Trichloroethylene
CHI_3	요오드포름	Iodoform
$Cl{-}C(Cl){=}O$	포스겐	Phosgene

(13) 알코올(Alcohols)

$R{-}CH_2OH$	일차알코올	*prim*-Alcohol
$RR'CHOH$	이차알코올	*sec*-Alcohol
$R'{-}C(R)(R''){-}OH$	삼차알코올	*tert*-Alcohol

CH_3OH	메틸알코올	Methyl alcohol
CH_3CH_2OH	에틸알코올	Ethyl alcohol
$CH_3CH_2CH_2OH$	*n*-프로필알코올	*n*-Propyl alcohol
$(CH_3)_2CHOH$	이소프로필알코올	Isopropyl alcohol
$CH_2{=}CHCH_2OH$	알릴알코올	Allyl alcohol
$CH_3(CH_2)_3OH$	*n*-부틸알코올	*n*-Butyl alcohol
$(CH_3)_2CHCH_2OH$	이소부틸알코올	Isobutyl alcohol
$CH_3CH(OH)\cdot CH_2CH_3$	*sec*-부틸알코올	*sec*-Butyl alcohol
$(CH_3)_3C{-}OH$	삼차부틸알코올	*tert*-Butyl alcohol
n-$C_{12}H_{25}OH$	라울릴알코올	Lauryl alcohol
n-$C_{14}H_{29}OH$	미리스틸알코올	Myristyl alcohol
n-$C_{16}H_{33}OH$	세틸알코올	Cetyl alcohol
n-$C_{18}H_{37}OH$	스테아릴알코올	Stearyl alcohol
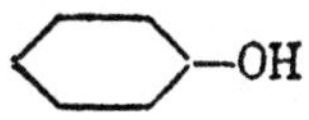	시클로헥산올	Cyclohexanol
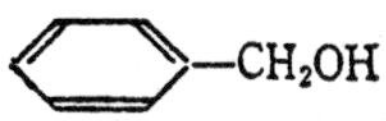	벤질알코올	Benzyl alcohol
$HO\cdot CH_2CH_2\cdot OH$	에틸렌글리콜	Ethylene glycol
$HO\cdot CH_2CHCH_2OH$	트리메틸렌글리콜	Trimethylene glycol
$CH_2{-}OH{-}CH_2$ (OH OH OH)	글리세롤	Glycerol

(14) 페 놀(Phenols)

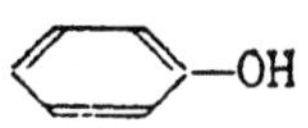	페놀	Phenol
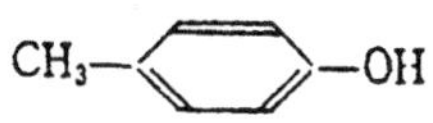	*p*-크레졸	*p*-Cresol
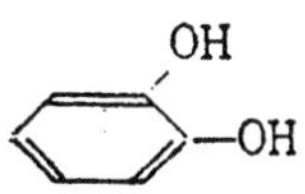	카테콜	Catechol
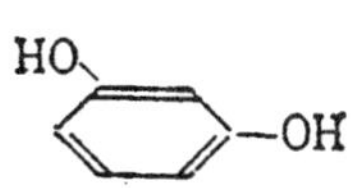	레조르시놀	Resorcinol
	히드로퀴논	Hydroquinone
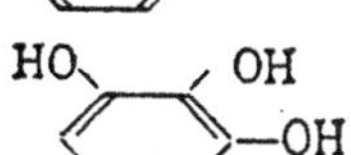	피로갈롤	Pyrogallol

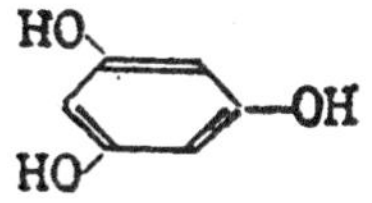	플로로글루시놀	Phloroglucinol
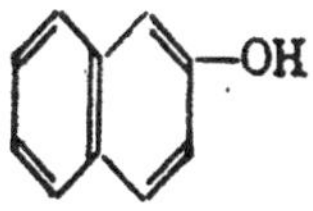	β-나프톨	β-Naphthol

(15) 에테르(Ether)

$C_2H_5 \cdot O \cdot C_2H_5$	에틸에테르 (디에틸에테르)	Ethyl ether (Diethyl ether)
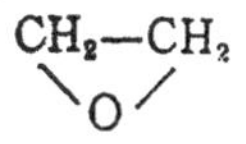	에틸렌옥시드	Ethylene oxide
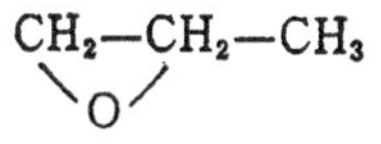	프로필렌옥시드	Propylene oxide
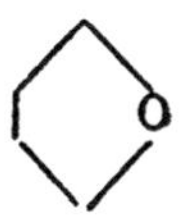	태트라히드로푸란	Tetrahydrofuran
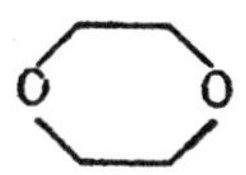	디옥산	Dioxane
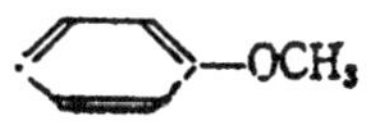	아니솔	Anisole
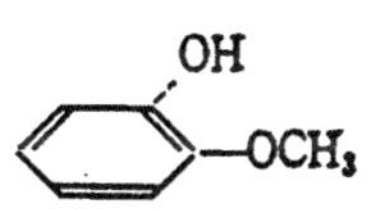	과이어콜	Guaiacol
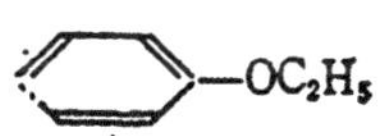	페네토올	Phenetole

(16) 황화합물(Sulfur compounds)

R-SH	메르캅탄	Mercaptan
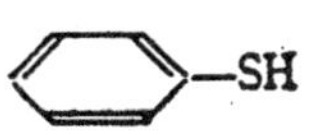	티오페놀	Thiophenol
R—S—R	황화물	Sulfide
	술포늄이온	Sulfonium ion
R—S—S—R	디술피드	Disulfide
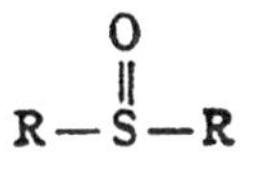	술폭시드	Sulfoxide

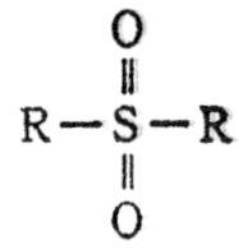	술폰	Sulfone
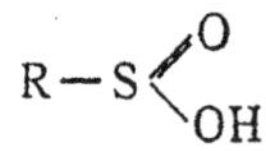	술핀산	Sulfinic acid
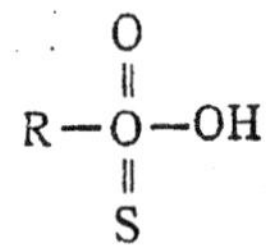	술폰산	Sulfonic acid
$(CH_3)_2S{=}O$	디메틸술폭시드	Dimethylsulfoxide
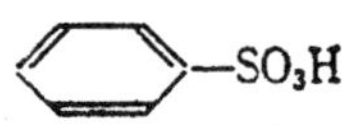	벤젠술폰산	Benzenesulfonic acid
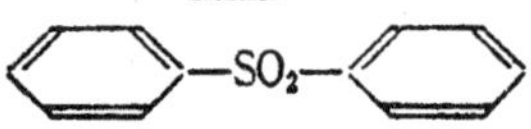	디페닐술폰	Diphenyl sulfone

(17) 아 민(Amines)

$R{-}NH_2$	일차아민	*prim*-Amine
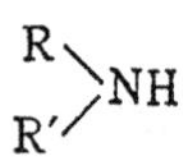	이차아민	*sec*-Amine
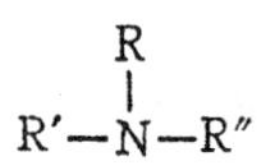	삼차아민	*tert*-Amine
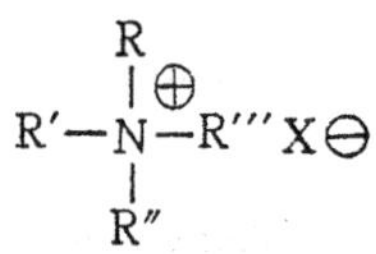	사차암모늄염	quaternary ammonium salt
CH_3NH_2	메틸아민	Methylamine
$(CH_3)_3CNH_2$	삼차부틸아민	*tert*-Butylamine
$(CH_3)_2NH$	디메틸아민	Dimethylamine
$(CH_3)_3N$	트리메틸아민	Trimethylamine
$(CH_3)_4N^{\oplus}Cl^{\ominus}$	테트라메틸 암모늄클로리드	Tetramethyl Ammonium chloride
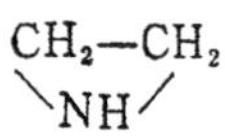	에틸렌이민	Ethyleneimine
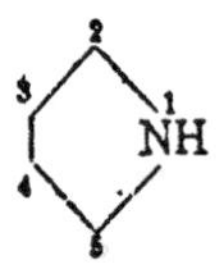	피롤리딘	Pyrrolidine

* 第三부틸基를 가진 第一아민이다.

구조	한글명	영문명
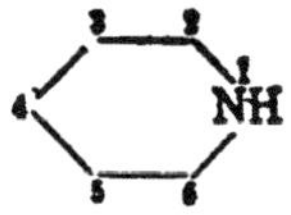	피페리딘	Piperidine
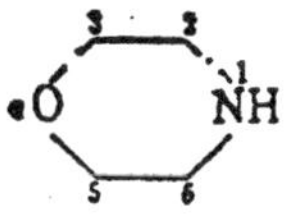	모르폴린	Morpholine
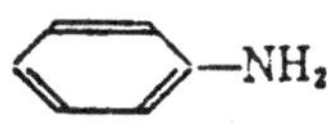	아닐린	Aniline
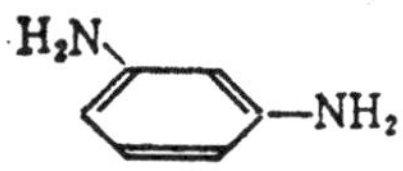	*m*-페닐렌디아민	*m*-Phenylenediamine
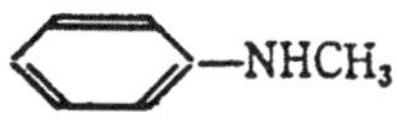	메틸아닐린	Methylaniline
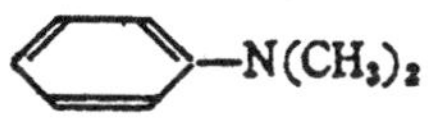	디메틸아닐린	Dimethylaniline
	*p*-톨루이딘	*p*-Toluidine
	*p*-아니시딘	*p*-Anisidine
	*p*-페네티딘	*p*-Phenetidine
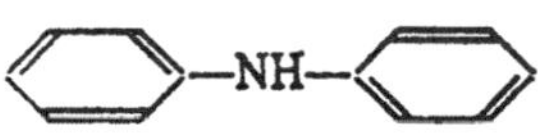	디페닐아민	Diphenylamine
	벤지딘	Benzidine
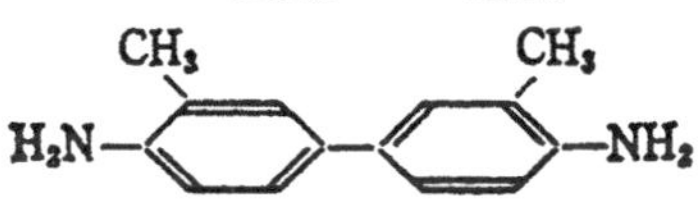	톨리딘	Tolidine

(18) 不飽和炭化水素를 가진 作用基

구조	한글명	영문명
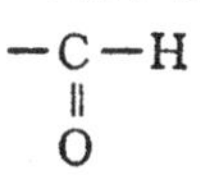	알데히드	Aldehyde
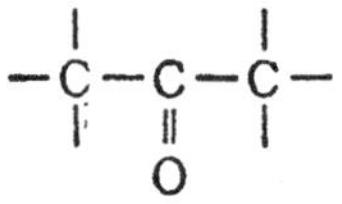	케톤	Ketone
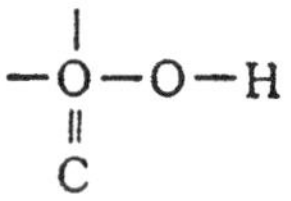	카르복시산	Carboxylic acid
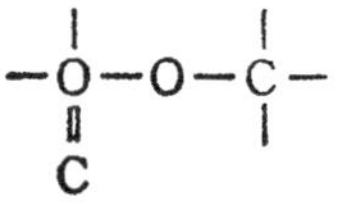	에스테르	Ester

$-C(=O)-O-C(=O)-$	산무수물	Acid anhydride
$-C(=O)-X$	산할로겐화물	Acid halide
$-O(=C)-N<$	아미드	Amide
$-C(-)=N-$	이민	Imine
$-C\equiv N$	니트릴	Nitrile

(19) 알데히드(Aldehydes)

CH_2O or $H\cdot CHO$	포름알데히드	Formaldehyde
$CH_3\cdot CHO$	아세트알데히드	Acetaldehyde
$OHC\cdot CHO$	글리옥살	Glyoxal
$CH_2=CHCHO$	아크롤레인	Acrolein
$CH_3CH=CHCHO$	크로톤알데히드	Crotonaldehyde
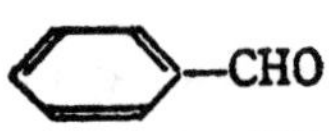	벤조알데히드	Benzaldehyde
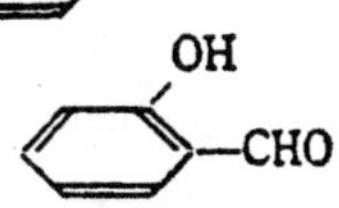	살리실알데히드	Salicylaldehyde
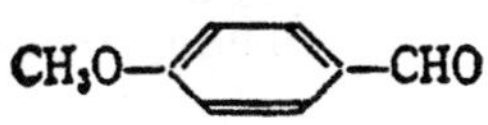	아니스알데히드	Anisaldehyde
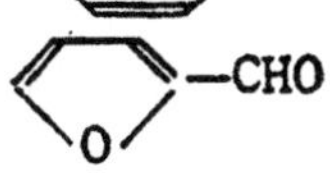	푸르푸랄	Furfural

(20) 케 톤(Ketones)

CH_3COCH_3	아세톤	Acetone
$CH_3COCH_2CH_3$	메틸에틸케톤	Methyl ethyl ketone
$CH_3COC(CH_3)_3$	피나콜온 (메틸이차부틸케톤)	Pinacolone (Methyl *tert*-butyl ketone)
$CH_3CO\cdot COCH_3$	디아세틸	Diacetyl
$CH_3COCH_2COCH_3$	아세틸아세톤	Acetylacetone
$(CH_3)_2C=CHCOCH_3$	메시틸옥시드	Mesityl oxide
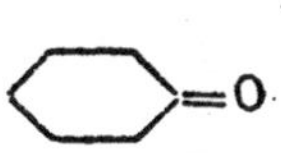	시클로헥산온	Cyclohexanone
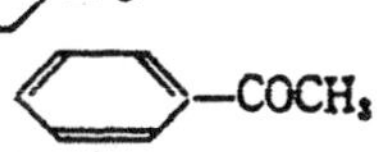	아세토페논	Acetophenone
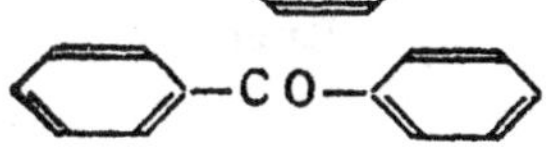	벤조페논	Benzophenone

(21) 퀴 논(Quinones)

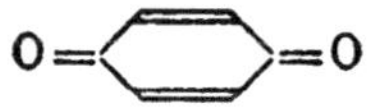	*p*-벤조퀴논	*p*-Benzoquinone
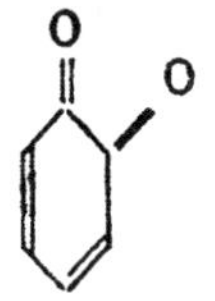	*o*-벤조퀴논	*o*-Benzoquinone
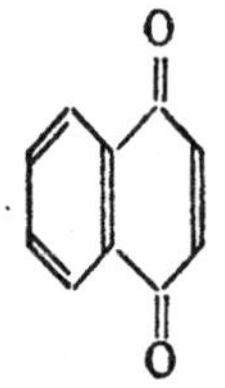	*α*-나프토퀴논	*α*-Naphthoquinone
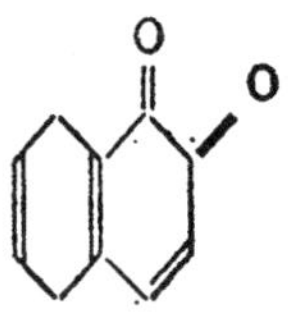	*β*-나프토퀴논	*β*-Naphthoquinone
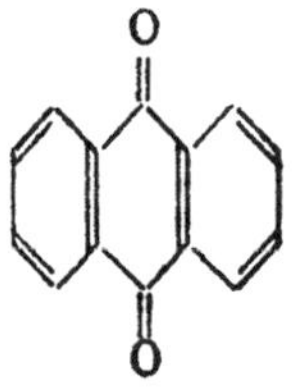	안트라퀴논	Anthraquinone

(22) 카르복시산(Carboxylic acids)

HCO_2H	포름산	Formic acid
CH_3CO_2H	아세트산(초산)	Acetic acid
$CH_3CH_2CO_2H$	프로피온산	Propionic acid
$CH_3(CH_2)_2CO_2H$	*n*-부티르산	*n*-Butyric acid
$CH_3(CH_2)_3CO_2H$	*n*-발레르산	*n*-Valeric acid
$CH_3(CH_2)_4CO_2H$	카프로산	Caproic acid
$CH_3(CH_2)_5CO_2H$	*n*-헵틸산	*n*-Heptylic acid
$CH_3(CH_2)_6CO_2H$	카프릴산	Caprylic acid
$CH_3(CH_2)_7CO_2H$	펠라르곤산	Pelargonic acid
$CH_3(CH_2)_8CO_2H$	카프르산	Capric acid
$CH_3(CH_2)_{10}CO_2H$	라우르산	Lauric acid
$CH_3(CH_2)_{12}CO_2H$	미리스트산	Myristic acid
$CH_3(CH_2)_{14}CO_2H$	팔미트산	Palmitic acid
$CH_3(CH_2)_{16}CO_2H$	스테아르산	Stearic acid

$CH_2=CHCO_2H$	아크릴산	Acrylic acid
$CH_3(CH_2)_7CH=(CH_2)_7CO_2H$(*cis*)	올레산	Oleic acid
$CH_3(CH_2)_7CH=CH(CH_2)_7CO_2H$(*trans*)	엘라이드산	Elaidic acid
$CH_3(CH_2)_5CH(OH)CH_2CHCH=(CH_2)_7CO_2H$	리시놀레산	Ricinoleic acid
$CH_3(CH_2)_4CH=CHCH_2CH=CH(CH_2)_7CO_2H$	리놀레산	Linoleic acid
$CH_3(CH_2CH=CH)_3-(CH_2)_7\cdot CO_2H$	리놀렌산	Linolenic acid
$HO\cdot CH_2CO_2H$	글리콜산	Glycolic acid
$CH_3CH(OH)CO_2H$	락트산(젖산)	Lactic acid
$HS\cdot CH_2CO_2H$	티오글리콜산	Thioglycolic acid
$O=CHCO_2H$	글리옥실산	Glyoxylic acid
$CH_2=CHCO_2H$	아크릴산	Acrylic acid
$HO_2C\cdot CO_2H$	옥살산	Oxalic acid
$HO_2C\cdot CH_2CO_2H$	말론산	Malonic acid
$HO_2C\cdot CH_2CH_2CO_2H$	숙신산	Succinic acid
$HO_2C(CH_2)_3CO_2H$	글루타르산	Glutaric acid
$HO_2C(CH_2)_4CO_2H$	아디프산	Adipic acid
$HO_2C(CH_2)_5CO_2H$	피멜산	Pimelic acid
$HO_2C(CH_2)_6CO_2H$	수베르산	Suberic acid
$HO_2C(CH_2)_7CO_2H$	아젤라산	Azelaic acid
$HO_2C(CH_2)_8CO_2H$	세박산	Sebacic acid
$HO_2C\cdot CH(OH)\cdot CH(OH)\cdot CO_3H(+)$	타르타르산	Tartaric acid
$CH\cdot CO_2H \parallel CH\cdot CO_2H$ (*cis*)	말레산	Maleic acid
$CH\cdot CO_2H \parallel HO_2C\cdot CH$ (*trans*)	푸마르산	Fumaric acid
$H_2OC\cdot CH(OH)\cdot CH_2CO_2H$	말산	Malic acid
$-CO_2H$	벤조산	Benzoic acid

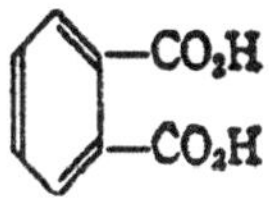	프탈산	Phthalic acid
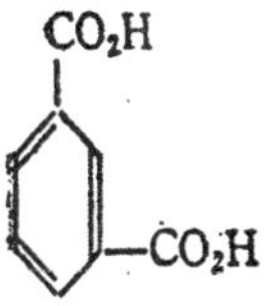	이소프탈산	Isophthalic acid
	테레프탈산	Terephthalic acid
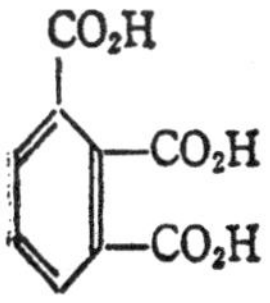	헤미멜리트산	Hemimellitic acid
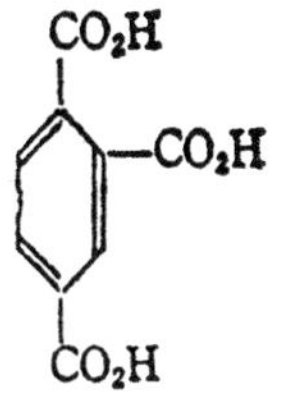	트리멜리트산	Trimellitic acid
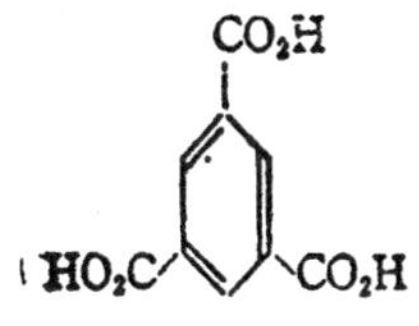	트리메스산	Trimesic acid
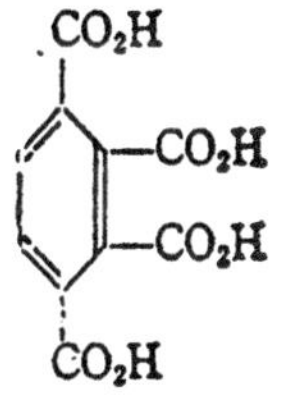	프레니트산	Prehnitic acid
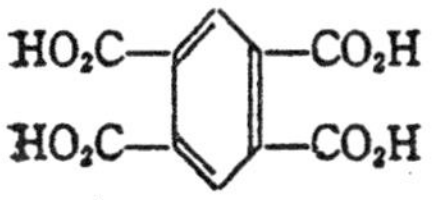	피로멜리트산	Pyromellitic acid
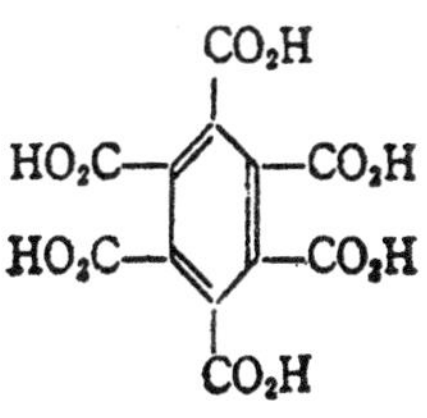	멜리트산	Mellitic acid

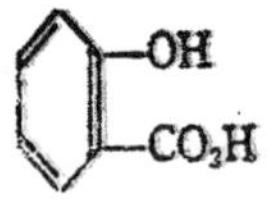
살리실산 Salicylic acid

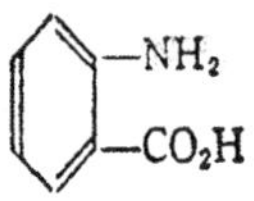
안트라닐산 Anthranilic acid

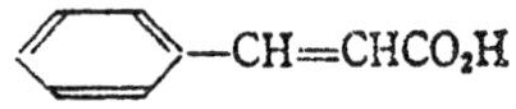
신남산 Cinnamic acid

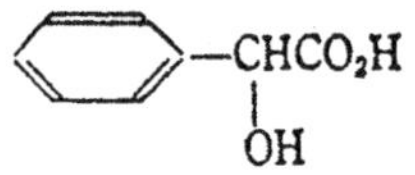
만델산 Mandelic acid

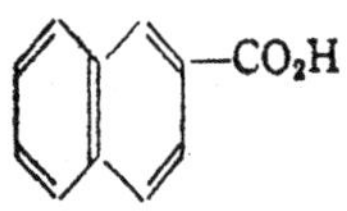
β-나프토산 β-Naphthoic acid

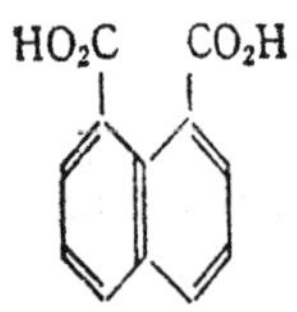
나프탈산 Naphthalic acid

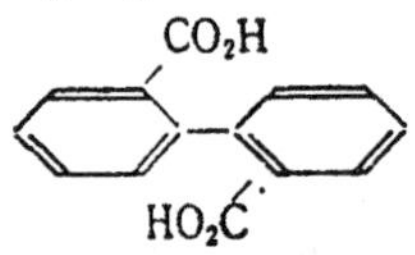
디펜산 Diphenic acid

(23) 헤테로고리화합물(Heterocyclic compounds)

(i) 5원자고리

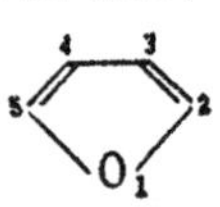
푸 란
Furan

티오펜
Thiophene

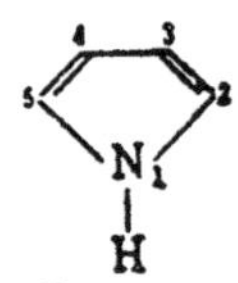
피 롤
Pyrrole

옥사졸
Oxazole

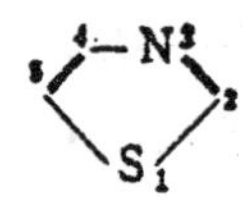
티아졸
Thiazole

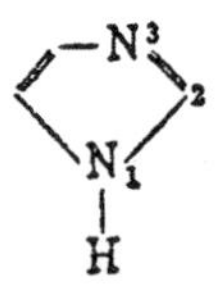
이미다졸
Imidazole

피라졸
Pyrazole

1, 2, 3-트리아졸
1, 2, 3-Triazole

1, 2, 4-트리아졸
1, 2, 4-Triazole

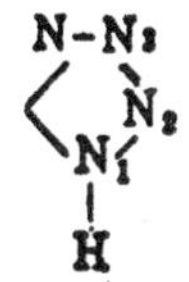

테트라졸
Tetrazole

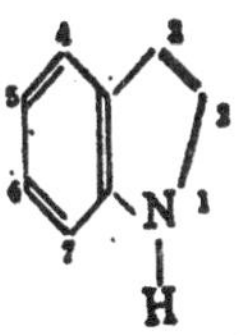

인 돌
Indole

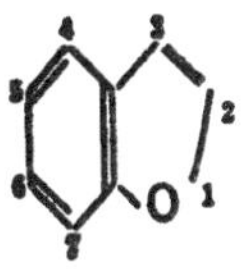

벤조푸란
Benzofuran
( )
(Coumarone)

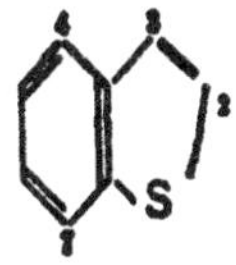

티아나프텐
Thianaphthene

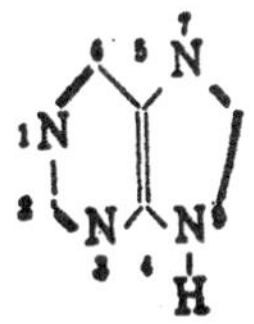

푸 린
Purine

(ii) 6원자고리

피리딘
Pyridine

피리다진
Pyridazine

피리미딘
Pyrimidine

피라진
Pyrazine

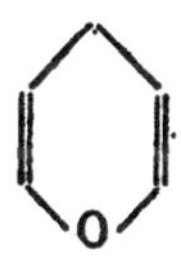

γ-피 란
γ-Pyran

α-피 란
α-Pyran

γ-피 론
γ-Pyrone

1, 4-디티아디엔
1.4-Dithiadiene

α-피콜린
α-Picoline

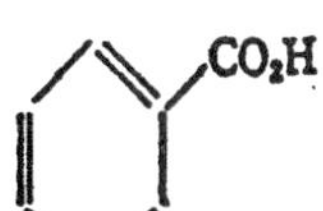

니코틴산
Nicotinic acid

퀴놀린
Quinoline

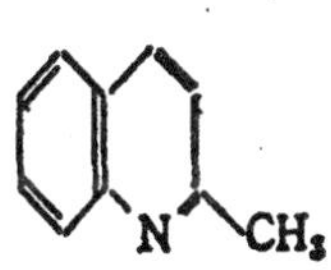

퀴날딘
Quinaldine

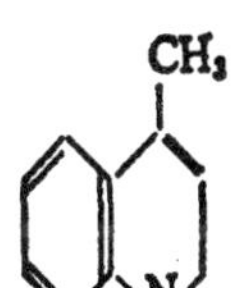

레피딘
Lepidine

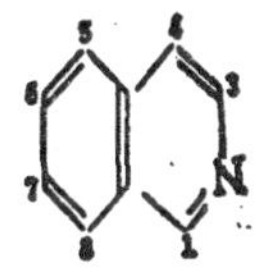

이소퀴놀린
Isoquinoline

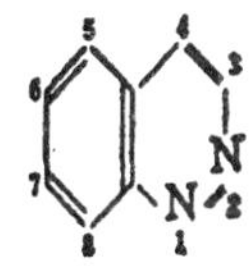

신놀린
Cinnoline

퀴나졸린
Quinazoline

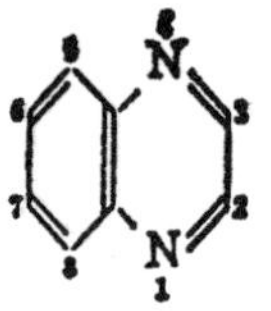

퀴녹살린
Quinoxaline

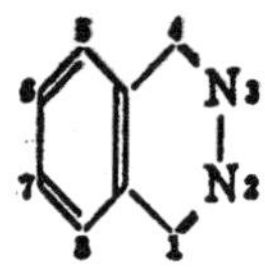

프탈라진
Phthalazine

프테린 Pterin
(프테리딘 Pteridine)

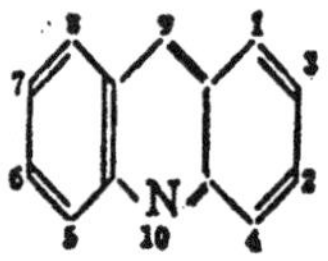

아크리딘
Acridine

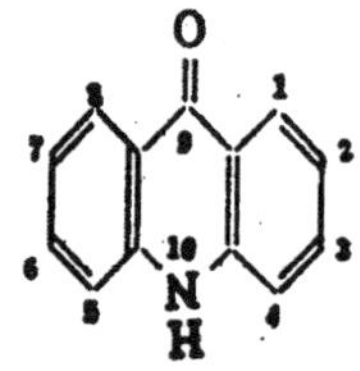

아크리돈
Acridone

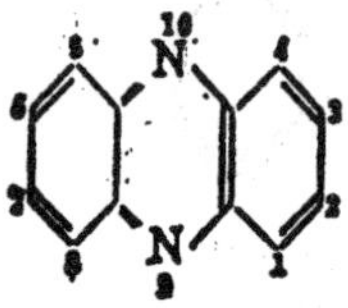

페나진
Phenazine

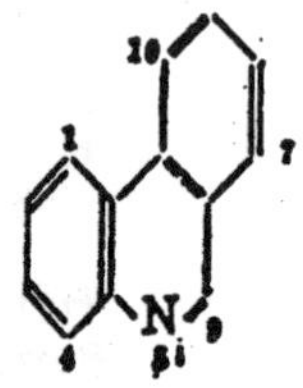

페난트리딘
Phenanthridine

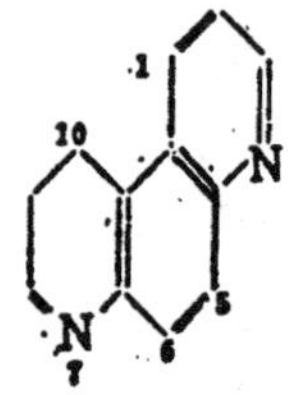

4, 7-페난트롤린
4, 7-Phenanthroline

크로만
Chroman

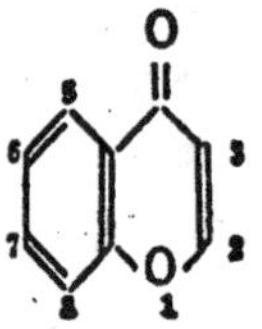

크로몬
Chromone

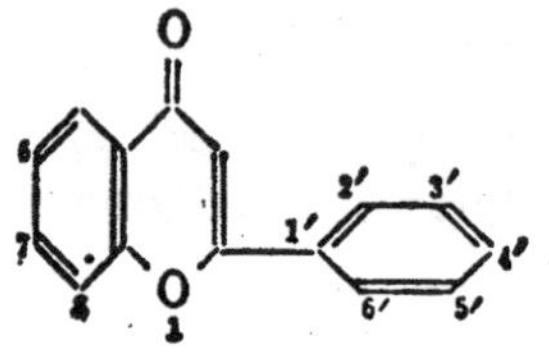

플라본
Flavone

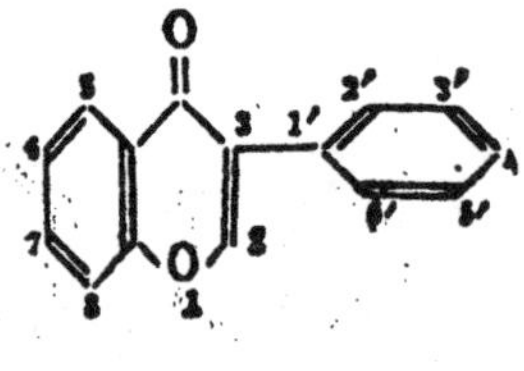

이소플라본
Isoflavone

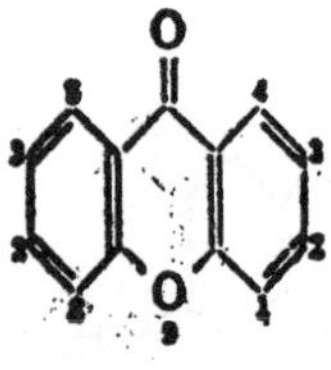

크산톤
Xanthone

5. 방향족 유도체의 합성법

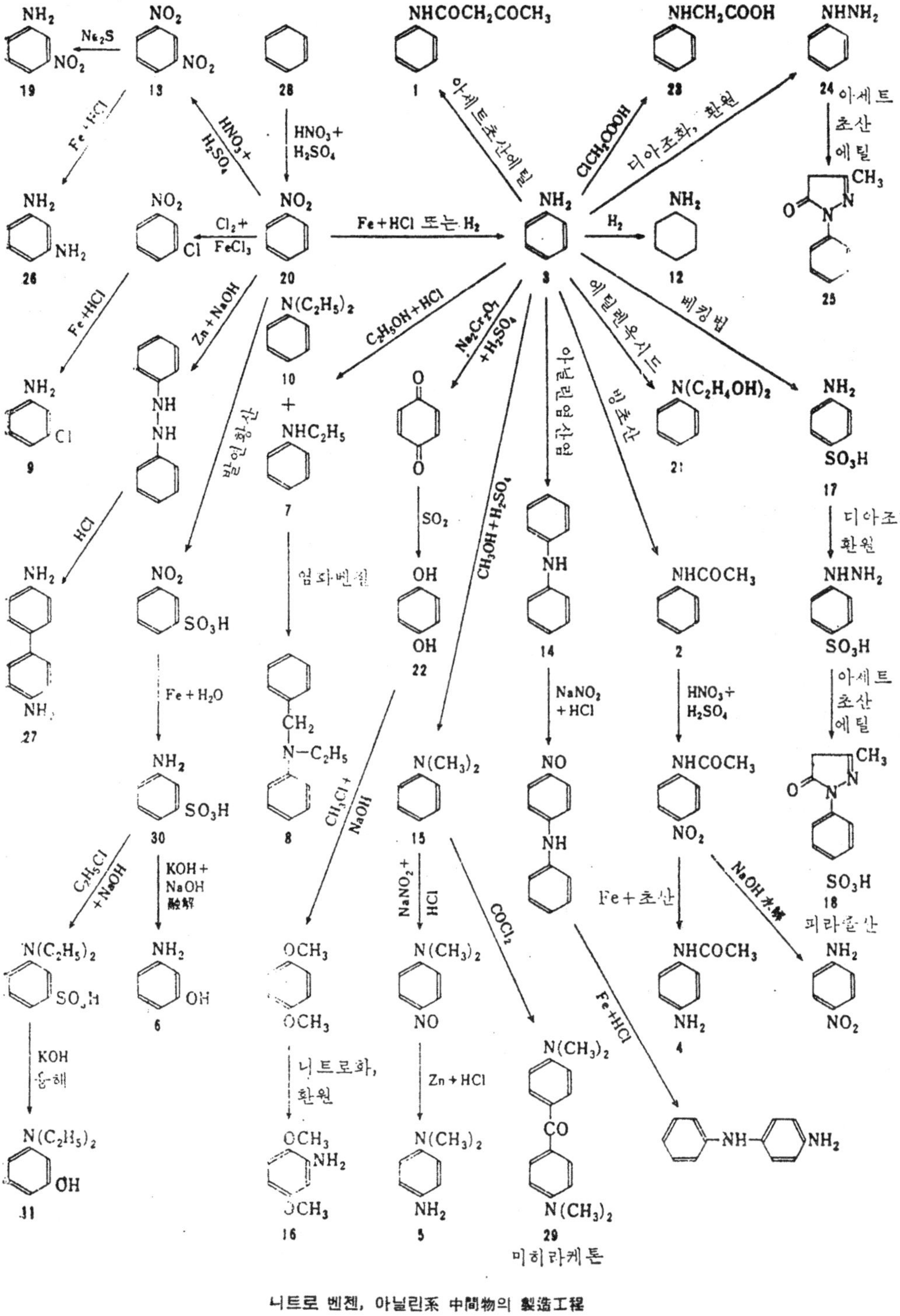

니트로 벤젠, 아닐린系 中間物의 製造工程

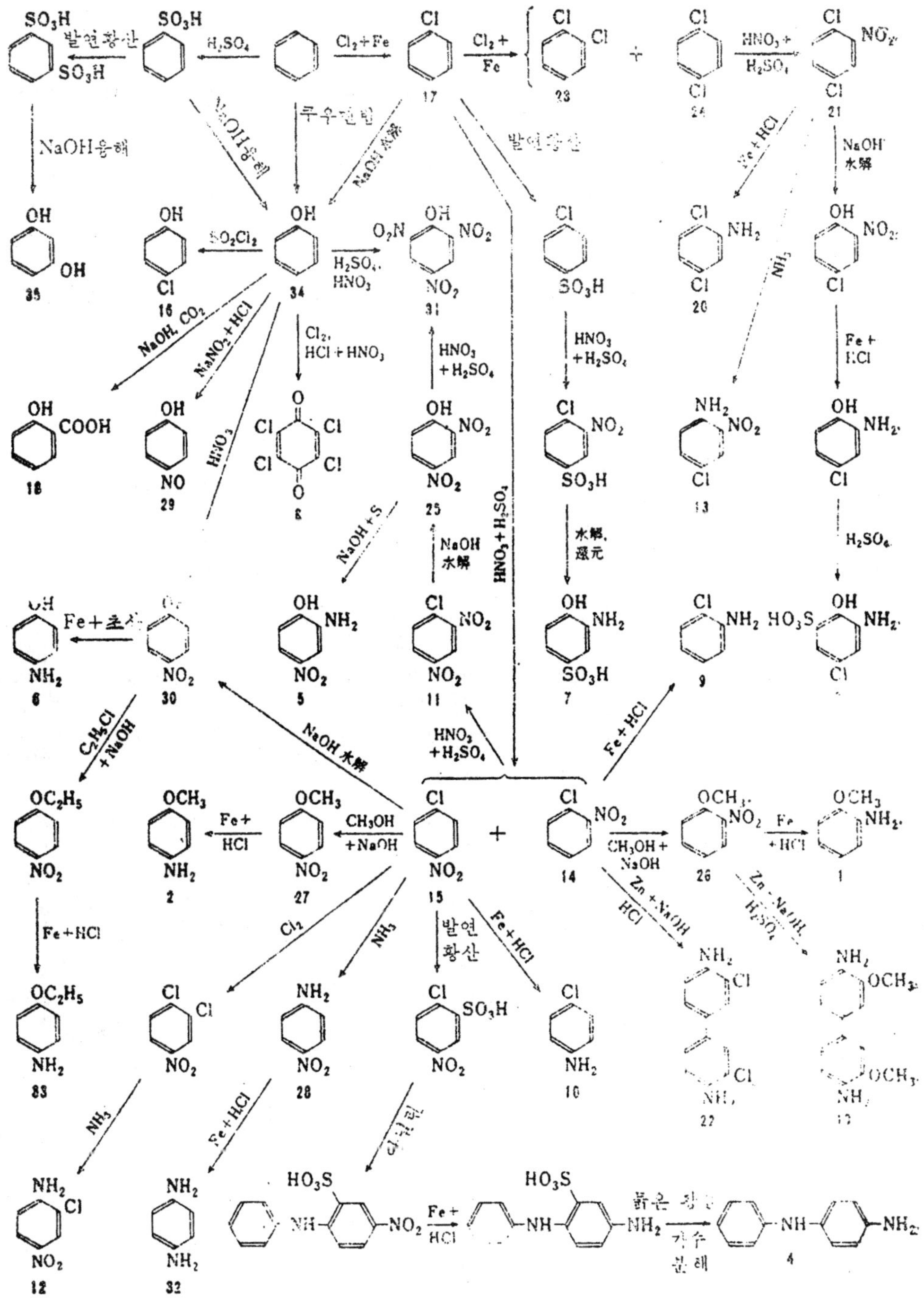

페놀, 클로로벤젠系 中間物의 製造工程

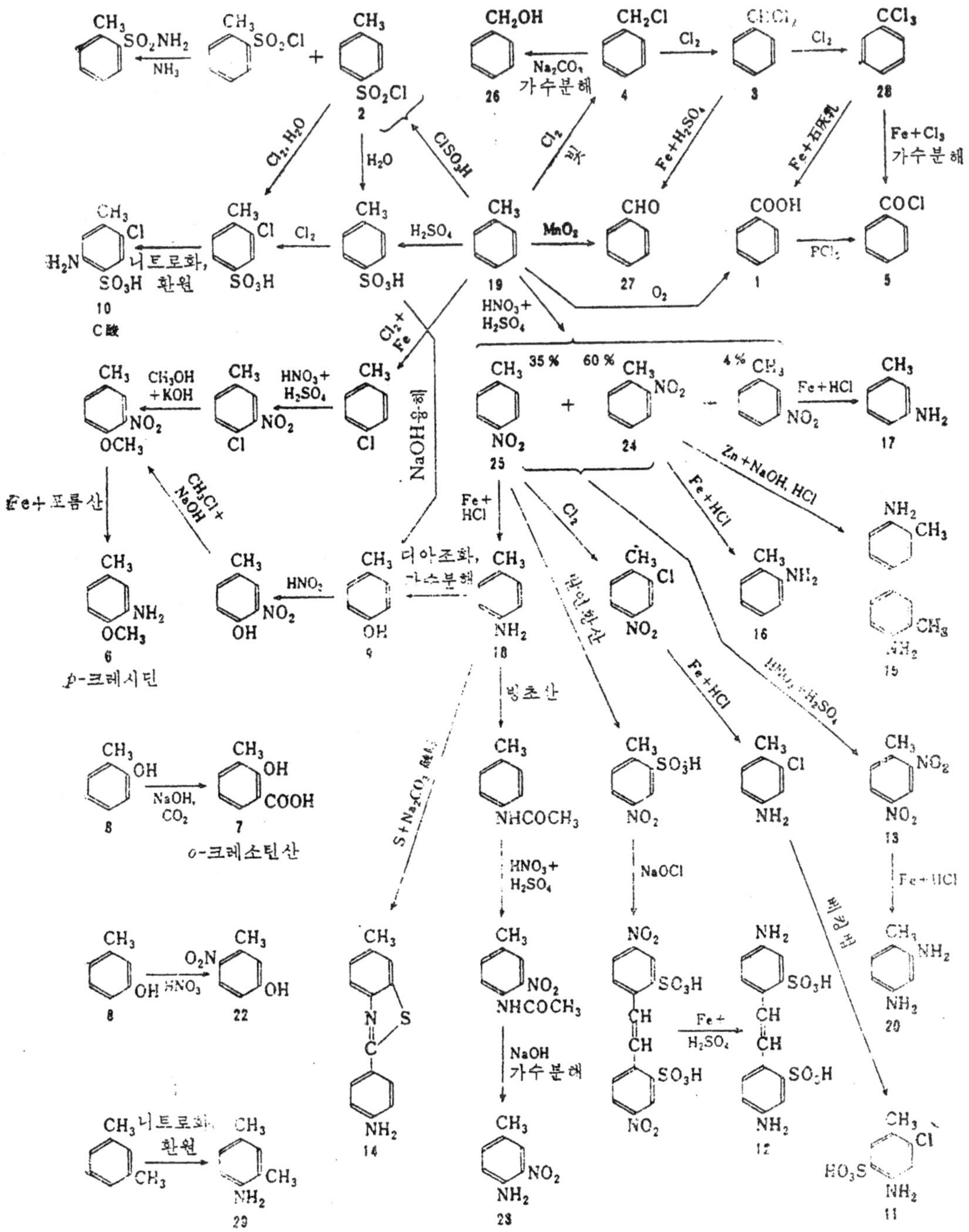

톨루엔系 中間物의 製造工程

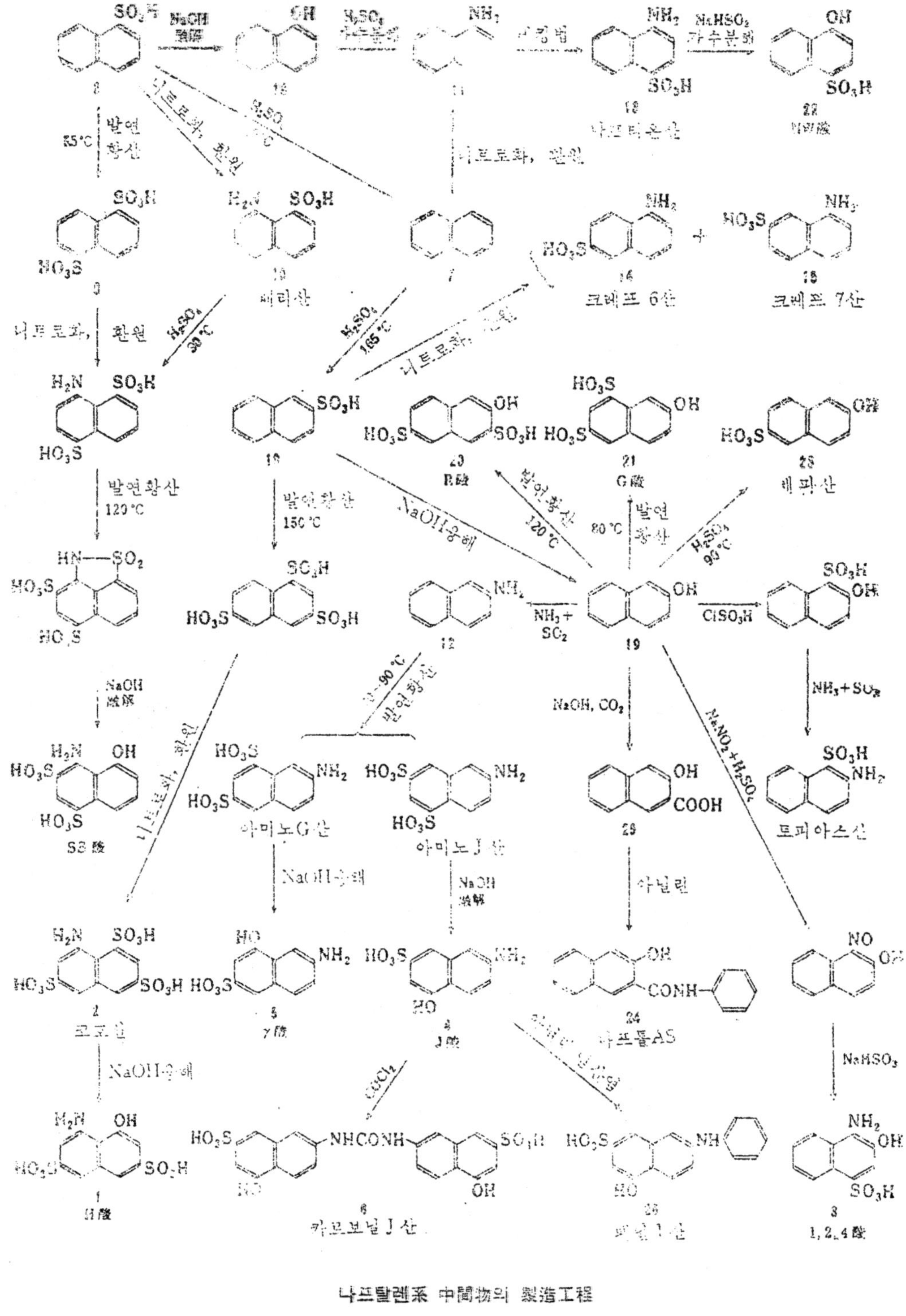

나프탈렌系 中間物의 製造工程

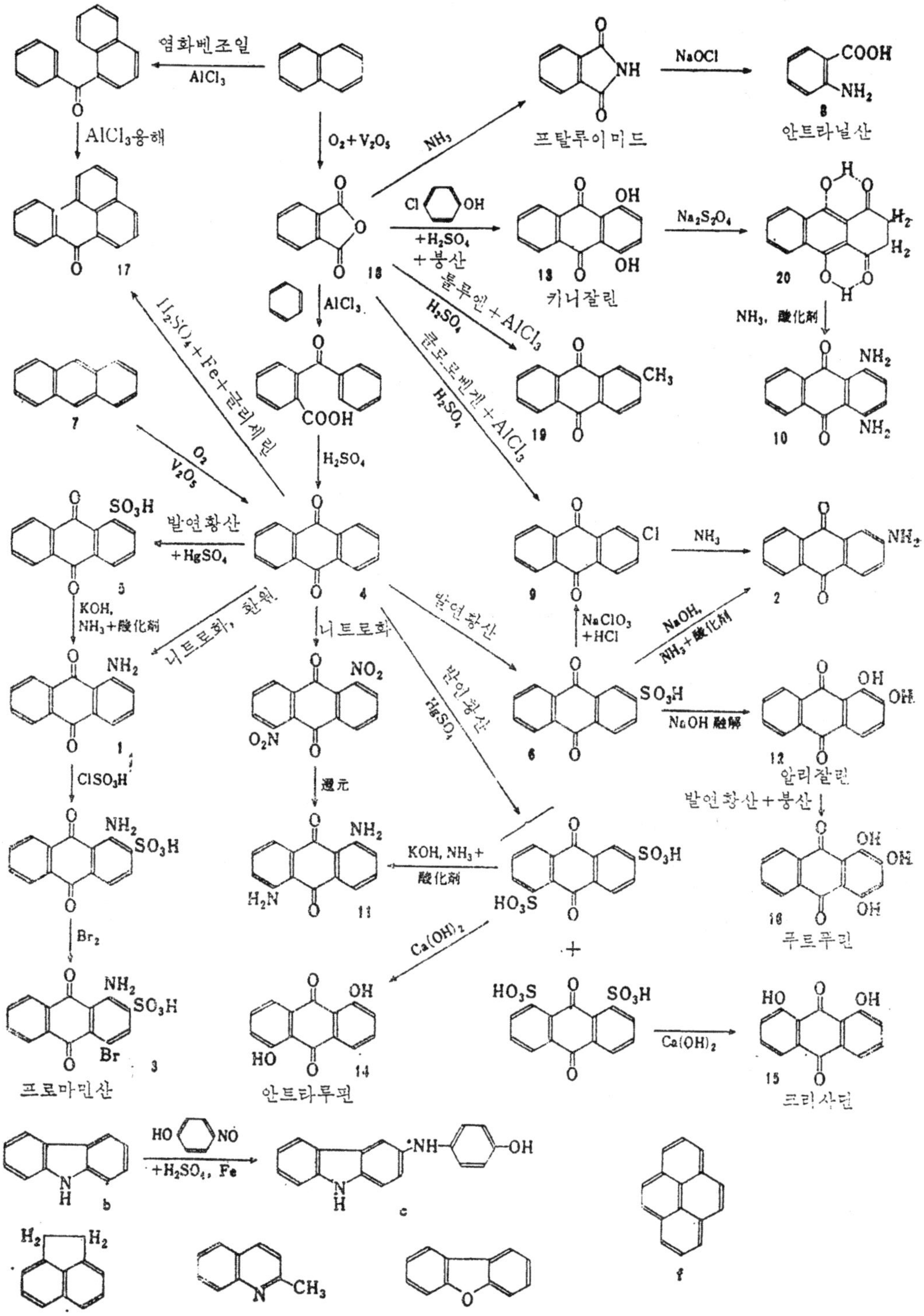

프탈酸 무수물, 안트라퀴논系 中間物의 製造工程

6. 인명반응

1. Arndt-Eistert 反應

酸鹽化物에 디아조메탄을 작용시켜 얻어지는 디아조케톤이 알코올 또는 아민과 함께 銀鹽 등의 金屬鹽觸媒下에서 轉位해서 탄소원자가 한 개 큰 酸의 에스테르 또는 아미드를 생성하는 반응. Wolff 轉位의 응용이다.

$$RCOCl+2CH_2N_2 \longrightarrow RCOCHN_2+CH_3Cl+N_2$$

$$RCOCHN_2+\begin{cases} R'OH \xrightarrow{Ag^+} RCH_2CO_2R'+N_2 \\ R'NH_2 \xrightarrow{Ag^+} RCH_2CONHR'+N_2 \end{cases}$$

2. Baeyer 反應

脂肪族, 芳香族알데히드가 酸觸媒下에서 벤젠誘導體와 縮合하여 디페닐메탄誘導體를 생성하는 反應.

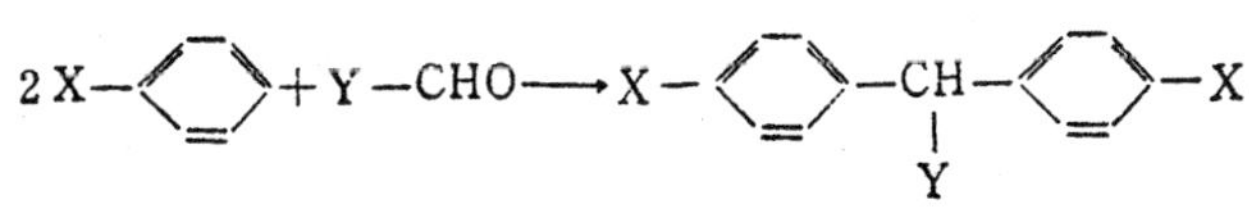

3. Baeyer-Villiger 轉位

室溫에서 케톤에 peracid를 작용하면 C⟶O 轉位에 의해서 에스테르가 생성되는 반응.

$$R_1COR_2 \xrightarrow{R_3COOH} R_1COOR_2+R_3COOH$$

4. Baker-Venkataraman 轉位

o-aroyloxyacetophenone이 鹽基의 존재하에서 *o*-hydroxydiarylmethane으로 轉位하는 반응.

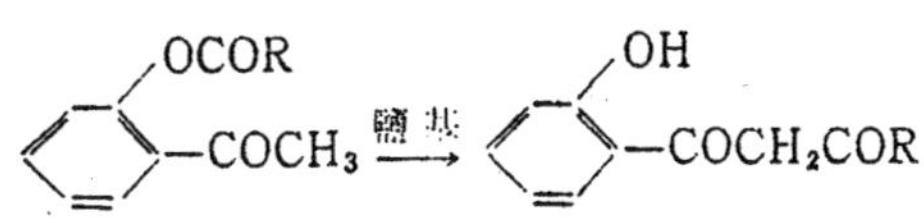

5. Bamberger 轉位

N-phenylhydroxylamine이 黃酸에 의해서 *p*-aminophenol로, *p*-tolylhydroxylamine이 中間體를 거쳐서 toluhydroquinone으로 轉位되는 反應.

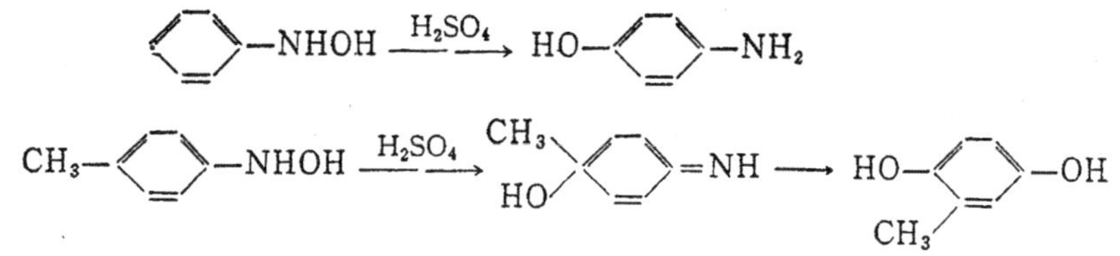

6. Barbier-Wieland 反應

carboxylic acid 와 그 誘導體를 탄소원자 1개가 적은 carboxylic acid로 만드는 일련의 반응인데, ester에 페닐 Grignard 試藥을 작용시켜 알코올을 만든 다음 탈수시키고 이중결합을 산화시켜 분해한다.

$$RCH_2CO_2R' \xrightarrow{C_6H_5MgX} RCH_2\overset{OH}{\overset{|}{C}}(C_6H_5)_2 \longrightarrow RCH=C(C_6H_5)_2 \xrightarrow{\text{산화}} RCO_2H+(C_6H_5)_2CO$$

Olefin을 즉시 산화시켜 *N*-bromosuccinimide에 의해서 aryl 위치를 브롬화하고 dimethylaniline으로 HBr을 제거하여 생성되는 1,3-diene을 CrO_3로 산화시키면 탄소원자가 3개 적은 ketone 또는 酸이 생긴다.

$$\begin{matrix}R\\R'\end{matrix}\!\!>CHCH_2CH=C(C_6H_5)_2 \xrightarrow{NBS} \begin{matrix}R\\R'\end{matrix}\!\!>CHCHBrCH=C(C_6H_5)_2$$

$$\xrightarrow{-HBr} \begin{matrix}R\\R'\end{matrix}\!\!>C=CHCH=C(C_6H_5)_2 \xrightarrow{CrO_3} \begin{matrix}R\\R'\end{matrix}\!\!>C=O+OHCCH=C(C_6H_5)_2$$

7. Beckmann 轉位

ketoxime이 五鹽化燐, acetyl chloride, 黃酸, phosphoruspentoxide, 醋酸無水物 등에 의해 acid amide로 轉位하는 反應.

$$R-\underset{\underset{NOH}{\|}}{C}-R' \xrightarrow{PCl_5} R'CONHR$$

8. Blanc 反應

adipic acid, fumaric acid, 또는 그 置換體를 醋酸無水物과 加熱하여 탈수시키거나, CO_2를 제거하여 고리로 된 케톤을 생성하는 반응, succinic acid, glutaric acid는 CO_2가 제거되지 않고 고리모양의 無水物을 생성한다.

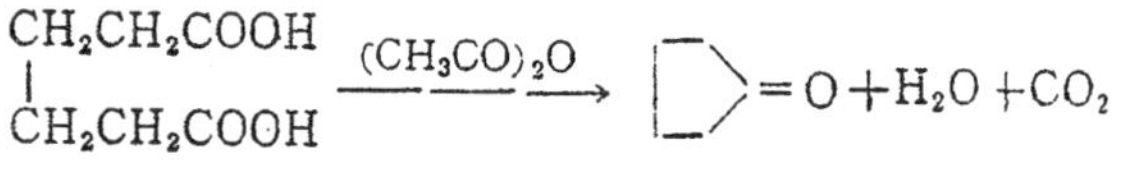

9. Blanc 反應(chloromethylation)

芳香族炭化水素에 zinc chloride, aluminium chloride 등을 촉매로 사용하여

formaldehyde 와 鹽化水素를 가하여 chloromethyl 基를 도입하는 反應.

$$C_6H_6+HCHO+HCl \xrightarrow{ZnCl_2} C_6H_5CH_2Cl+H_2O$$

10. Cannizzaro 反應

aldehyde 가 水酸化알칼리水溶液 또는 ethanol 의 작용에 의해서 알데히드의 탄소수에 상당하는 알코올과 carboxylic acid 를 생성하는 酸化, 還元反應.

$$2RCHO \xrightarrow[KOH]{H_2O} RCH_2OH+RCO_2H$$

11. Carius 法

(1) halogene의 元素分析法

시료를 發煙窒酸과 窒酸銀을 함께 봉한 시험관 속에서 300°C 로 加熱하면 분해한다. 生成된 할로겐화은의 중량으로부터 할로겐의 量을 구할 수 있다.

(2) 黃의 元素分析法

시료를 發煙窒酸과 염화바륨을 함께 봉한 시험관 속에서 280~300°C 로 가열하여 분해시키고 생성된 黃酸바륨의 중량으로부터 黃의 含有量을 구한다.

12. Carr-Price 反應

vitamin A 의 比色定量反應. vitamin A 에 鹽化안티몬(Ⅲ)의 chloroform 용액을 가하면 青色이 나타난다. 이 青色(흡수극대 620 mμ)은 鹽化안티몬 (Ⅲ)과 carotene 과의 錯化合物에 의해서 발색이 되는 것인데 比色定量法에 이용된다. vitamin D는 같은 試藥에 의해서 橙黃色을 띤다. 기타의 carotenoid, steroid, terpene 은 이 반응에 의해서 같은 색을 나타내게 된다.

13. Claisen 縮合

ester 가 sodium alkoxide, sodium amide, sodium 등의 존재하에서 aldehyde, 혹은 ester 의 活性 methylene 基의 작용으로 α-formylketone, 1,3-diketone 또는 β-keto acid ester 등의 β-dicarbonyl 化合物을 生成하는 反應.

$$RCO_2R'+R''CH_2COX \longrightarrow RCOCHR''COX+R'OH$$
$$(X=H,\ R''',\ OR''')$$

14. Claisen 轉位

allylphenylerther 의 allyl 基가 轉位하여 o-allyl phenol 을 생성하는 반응인데, ortho 위치에 置換基가 있으면 p-allyl phenol 을 형성한다. ortho 轉位이면 allyl 基의 γ-炭素가, para 轉位이면 α-탄소가 芳香族고리와 결합한다.

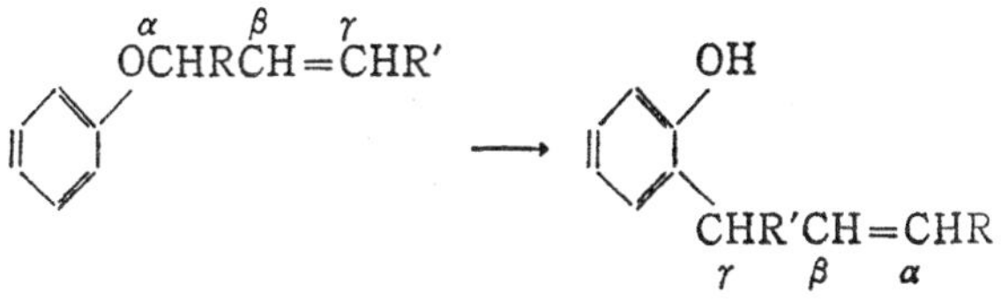

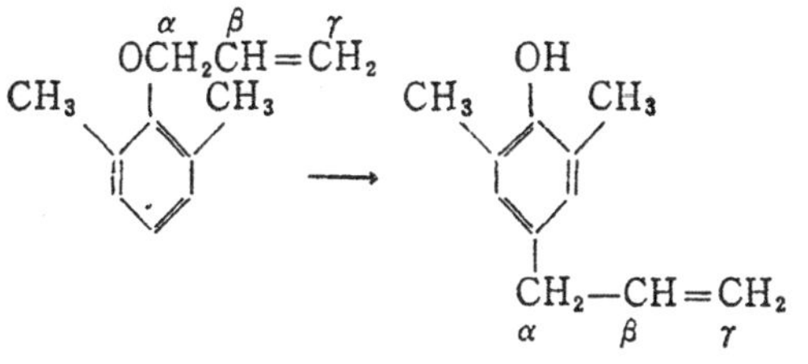

15. Claisen 反應 (alkylation, acylation)

알코올이나 페놀류를 적당한 溶媒 중에서 炭素칼륨無水物의 존재하에서 鹽化알킬 또는 산염화물을 작용시키면 *o*-alkyl 또는 *o*-acyl 化合物이 생성되는 反應.

$$ROH + R'Cl \xrightarrow{K_2CO_3} ROR' + KCl + KHCO_3$$

$$ROH + R'COCl \xrightarrow{K_2CO_3} ROCOR' + KCl + KHCO_3$$

16. Claisen-Schmidt 縮合

2 mole의 aldehyde 혹은 aldehyde와 ketone이 알칼리의 작용으로 縮合하여 不飽和 aldehyde 또는 不飽和 ketone을 생성하는 反應. Claisen 縮合의 한 종류이다.

$$RCHO + R'CH_2CHO \xrightarrow{NaOH} RCH{=}CR'{-}CHO$$

$$RCHO + R'CH_2COR'' \xrightarrow{NaOH} RCH{=}CR'{-}COR''$$

17. Clemmensen 還元

carbonyl 化合物을 亞鉛아말감 (또는 아연)과 20~40%의 鹽酸과 함께 加熱하면 카르보닐基가 메틸렌으로 還元되는 反應.

$$RCOR' + 4(H) \xrightarrow[HCl]{Zn(Hg)_x} RCH_2R' + H_2O$$

18. Cope 轉位

1, 5-diene의 加熱에 의한 異性化反應으로 allyl 基가 α에서 γ로 반전하여 轉位한다. 예를 들면, (1-methyl propenyl) 알릴시안초산에스테르(다음 식에서 X=CN, Y $=CO_2C_2H_5$)가 가열되면 (1, 2-dimethyl-4-pentenylidene) 시안초산 에스테르로 轉位한다. $X=C_6H_5$, Y=H 또는 $X=CH_3$, Y=H 인 때도 轉位한다.

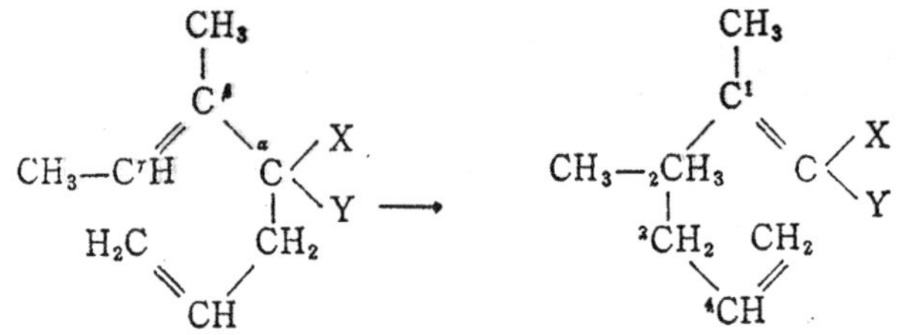

19. Curtius 反應

카르복시酸鹽化物에 sodium azide를 작용시키거나, 카르복시酸 히드라지드에 亞窒酸을 작용시켜서 酸아지드를 만들고 이것을 benzene, chloroform 등의 溶媒 중에서 가열하면 이소시안산에스테르로 전이하는 반응으로 탄소원자가 1개 적은 amine의 合成에 이용된다.

$$RCO_2H \longrightarrow RCON_3 \longrightarrow RNCO \longrightarrow RNH_2$$

20. Darzens 反應

aldehyde 또는 ketone과 α-할로겐화카르복시산에스테르를 sodiumethoxide 또는 sodium amide 존재하에서 저온으로 반응시켜 glycidic acid의 ester를 生成하는 反應.

$$RCOR'+R''CHXCO_2C_2H_5 \xrightarrow{C_2H_5ONa} RR'C\underset{\underset{O}{\diagdown\diagup}}{-}CR''CO_2C_2H_5+NaX+C_2H_5OH$$

21. Diels-Alder 反應

짝지은 이중결합의 1,4-위치에 "dienophile"인 화합물의 이중결합 또는 삼중결합이 부가하여 6원자고리의 hydro 芳香族고리를 생성하는 反應. dienophile은 C=C—C=O 또는 C≡C—C=O를 가진 것이 강력한데(예를 들면 무수말레산, *p*-벤조퀴논) C=C—X의 X가 시아노, 니트로, 페닐基 등의 것도 이용할 수 있다.

反應의 특징은 立體的 選擇律(Alder 法則)이 존재하는 것으로 1) diene은 cis부가를 가지며 dienophile의 置換基의 입체적 상대위치는 유지된다. 2) 예를 들면 cyclopentadiene에 무수말레산이 부가할 때 二重結合(C=O도 포함)이 제일 많이 겹쳐지는 配置인 endo形이 되고 exo形은 안된다.

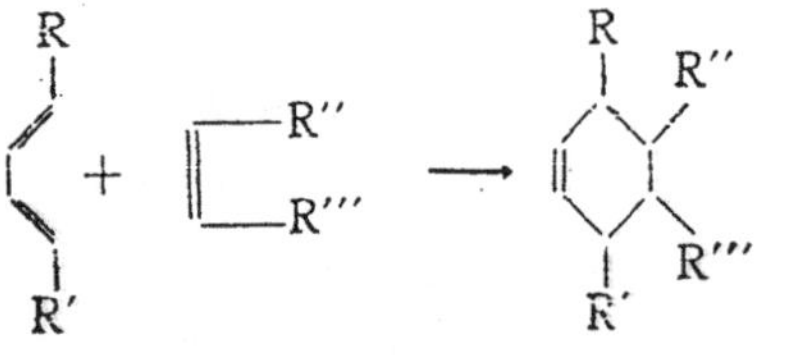

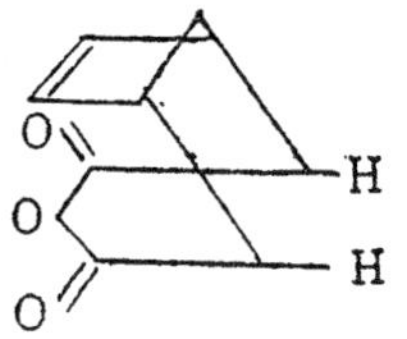

endo 形

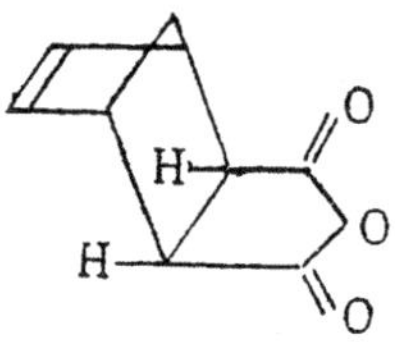

exo 形

22. Fiedel-Crafts 反應

芳香族化合物이 할로겐化알킬, 올레핀, 시클로파라핀, 알코올 등의 알킬化劑 혹은 鹽化알킬, 酸無水物, 一酸化炭素 등의 알킬化劑와 無水의 鹽化알루미늄, 鹽化亞鉛, 플루오르化硼素, 鹽化鐵(Ⅲ) 등의 촉매 존재하에서 축합시키면 alkyl 혹은 acyl 化된 화합물이 생성되는 反應.

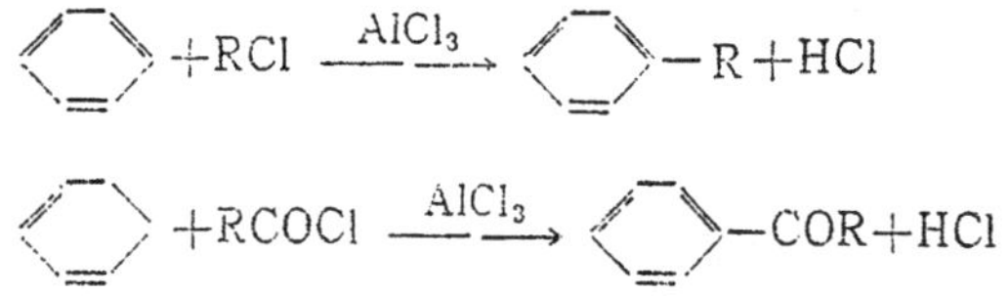

23. Fries 反應

페놀에스테르의 아민基가 鹽化알루미늄, 鹽化亞鉛 등의 觸媒作用에 의해서 ortho 혹은 para 位置에 轉位가 일어나서 ortho 혹은 para 알킬페놀을 생성하는 反應.

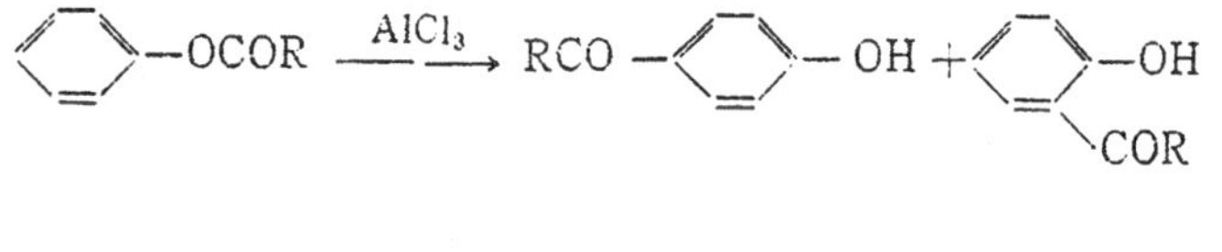

24. Gabriel 轉位

Phthaliminoacetic ester에 sodium ethoxide를 작용시키고 가열하면 이소퀴놀린環으로 轉位하는 反應.

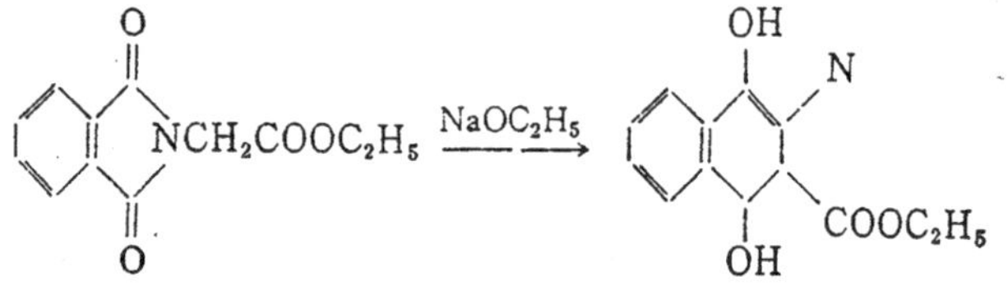

25. Gabriel 反應(1 次아민合成法)

Potassium phthalimide와 halogen化 alkyl의 반응으로 생성되는 *N*-alkylphthalimide를 酸 또는 alkali로 加水分解 1次아민을 生成하는 反應.

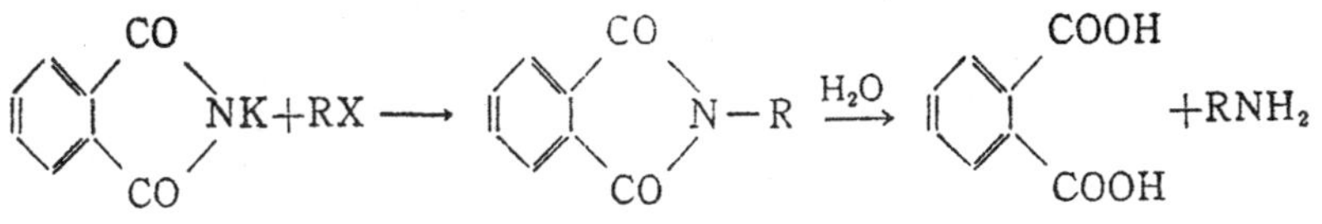

26. Gattermann 反應

구리가루를 觸媒로 하여 芳香族環의 디아조늄基를 할로겐이나 니트릴基 등으로 置換시키는 反應. Aniline을 濃鹽酸 중에서 디아조化시켜 구리를 가하면 클로로벤젠을 생성하며 黃酸 등을 가하면 벤조니트릴을 생성한다.

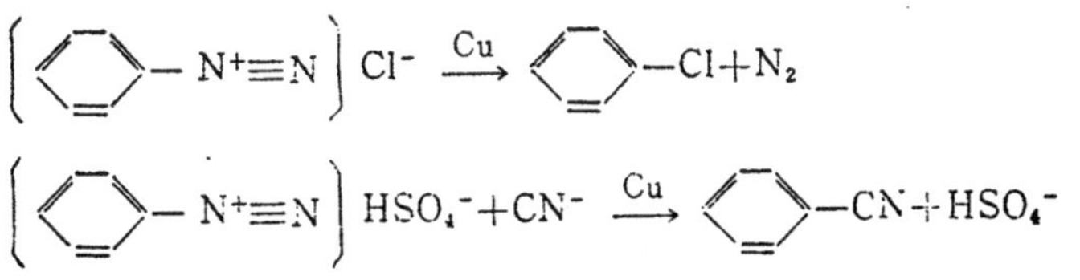

27. Gattermann-Koch 反應

Alkyl 置換芳香族炭化水素에 鹽化銅(Ⅰ) 또는 鹽化알루미늄의 존재하에서 一酸化炭素와 鹽化水素의 混合가스를 작용시켜서 縮合에 의해 芳香族알데히드를 생성하는 反應. 페놀이나 페놀에테르에 시안화수소와 鹽化水素를 鹽化알루미늄 존재하에 반응시켜 생성되는 aldimine을 加水分解하여 芳香族알데히드를 생성하는 反應.

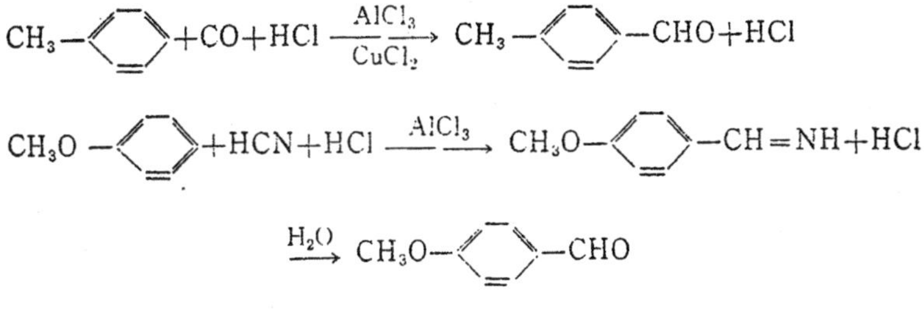

28. Grignard 反應

Halogen化알킬을 無水에테르 중에서 마그네슘과 반응시키면 反應性이 강한 RMgX 形의 Grignard試藥이 생성된다. 이 試藥과 각종 화합물과의 반응을 총칭하여 Grignard反應이라 한다. 알코올, 물 등의 活性水素를 갖고 있는 것에서 탈수소하여 炭化水素를 형성한다. 카르복시基에는 알킬을 부가시켜 케톤, 에스테르, 酸할로겐化物을 無水酸에서 3次알코올을 생성하고, 알데히드에서 2次알코올을 생성, 酸아미드, 니트릴에서 케톤을 생성한다. 또 halogen化알킬에 반응하여 炭化水素를 생성한다. 二酸化炭素와 반응시키면 carboxy酸을 생성한다.

$$RX + Mg \longrightarrow RMgX$$

$$RMgX + R'OH \longrightarrow RH + R'OMgX$$
$$RMgX + R'COR'' \longrightarrow RR'R''COMgX \longrightarrow RR'R''COH$$
$$2RMgX + R'COOR'' \longrightarrow R_2R'COMgX \longrightarrow R_2R'COH$$
$$RMgX + R'CN \longrightarrow RR'C{=}NMgX \longrightarrow RCOR'$$
$$RMgX + CO_2 \longrightarrow RCO_2H$$
$$RMgX + R'X \longrightarrow RR' + MgX_2$$

29. Hell-Vorhard-Zelinsky 反應

脂肪酸을 붉은燐 존재하에서 halogen과 반응시키면 α-할로겐酸의 할로겐化物이 얻어지고, 加水分解에 의해서 α-할로겐酸을 합성하는 反應.

$$RCH_2COOH + 2Br_2 \xrightarrow{P} RCHBrCOBr \xrightarrow{H_2O} RCHBrCOOH$$

30. Hinsberg 試驗

1次, 2次 및 3次아민의 判別試驗. 아민에 鹽化벤젠술포닐을 가하고, 5%의 수산화나트륨용액을 가하여, 알칼리性으로 만든 다음 잘 흔든다. 알칼리성에서 試料가 완전히 용해되는 경우는 1次아민이다. 알칼리성에서 기름이나 고체가 남을 때는 이것을분리하여 25%의 鹽酸으로 처리한다. 鹽酸에 녹는 경우는 3次아민이고 녹지 않는 것은 2次아민이다.

31. Hofmann 轉位

카르복시酸아미드에 水酸化알칼리와 브롬 또는 鹽素溶液을 작용시켜서 轉位에 의해 이소시안酸에스테르를 거쳐 아민을 생성하는 반응·炭素原子 1개가 적은 아민의 합성시 이용하는 反應.

$$RCONH_2 \xrightarrow[NaON]{X_2} RCONHX \xrightarrow{NaOH} RNCO \xrightarrow{NaOH} RNH_2 + CO_2$$

32. Knoevenagel 反應

Aldehyde 또는 ketone과 活性메틸렌化合物이 아민류와 접촉하여 脫水縮合하는 反應, 또 有機鹽基를 觸媒로 하는 알코올縮合. 예를 들면, 크로톤알데히드와 말론산을 피페리진으로 축합시키면 소르빈酸이 된다.

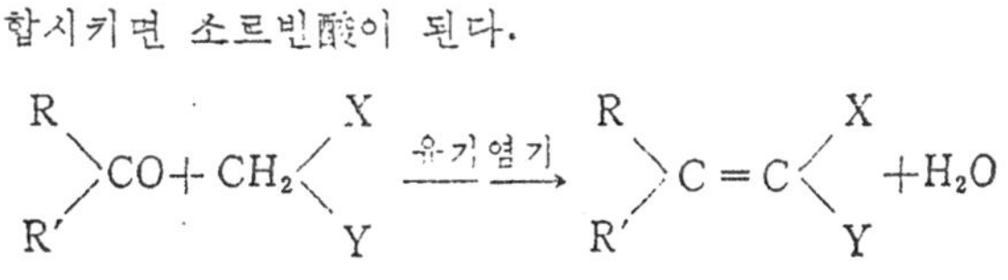

(X, Y = COOR, COOH, CO, CN 등)

33. Kolbe 電解反應

有機카르복시酸의 鹽을 물 또는 에탄올 등의 용액 중에서 電氣分解하면 산화에 의해서 炭化水素가 생성하는 反應.

$$2RCO_2^- \xrightarrow{\text{電解酸化}} R-R+2CO_2+2e(\text{陽極})$$

34. Kolbe-Schmidt 反應

無水狀態에서 페놀의 알칼리鹽을 加熱하면서 이산화탄소를 작용시키면 벤젠核에 카르복시基가 도입되는 반응으로 나트륨의 경우에는 ortho 位置에 반응하여 살리실산을 생성하고 칼륨일 경우에는 para 위치에 들어가 P-옥시벤조산을 형성한다.

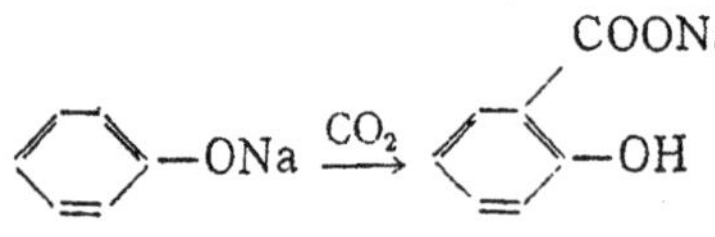

35. Lossen 轉位

Ester와 hydroxyamine에서 만든 hydroxamic acid를 그대로 또는 알칼리鹽이나 아민誘導體로 만들어 가열하여 이소시안酸에스테르를 만드는 反應. 벤젠 또는 톨루엔 중에서 脫水劑(鹽化티오닐, 포스겐, 五酸化 2燐, 無水醋酸)와 함께 가열하는 것도 있다. 이소시안산 에스테르의 가수분해에 의해 아민이 얻어진다.

$$RCONHOCOR' \longrightarrow R-N=C=O \xrightarrow{H_2O} RNH_2$$

36. Mannich 反應

아민의 鹽酸鹽과 포름알데히드와 活性메틸을 가진 化合物과 결합하여 1, 3-ketoamine을 생성하는 反應.

$$RCOCH_2R'+CH_2O+R''R'''NH\cdot HCl$$

$$\longrightarrow \underset{\substack{|\\ R'}}{RCOCH}CH_2N\begin{cases}R''\\R'''\end{cases}\cdot HCl+H_2O$$

37. Meerwein 縮合

스티렌, 아크릴로니트릴과 같은 親電子性基를 갖고 있는 二重結合에 벤젠디아조늄鹽을 작용시켜서 페닐基가 置換 또는 附加하는 反應, 銅(Ⅱ)이온을 촉매로 사용.

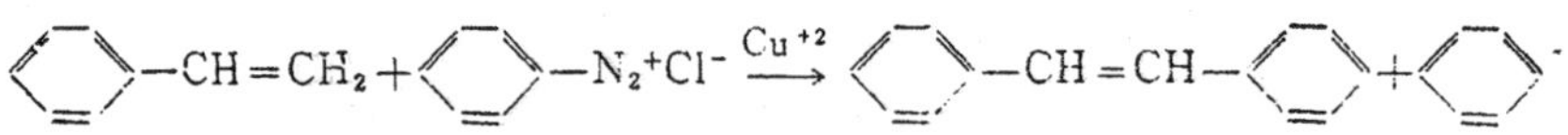

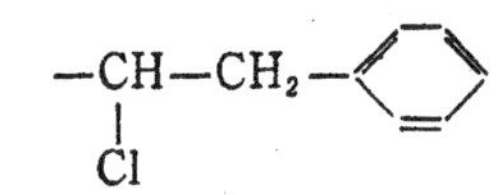

38. Meerwein-Ponndorf 反應

케톤 또는 알데히드를 aluminum isopropyoxide 또는 ethoxide로 치환시켜 알코올을 生成하는 反應.

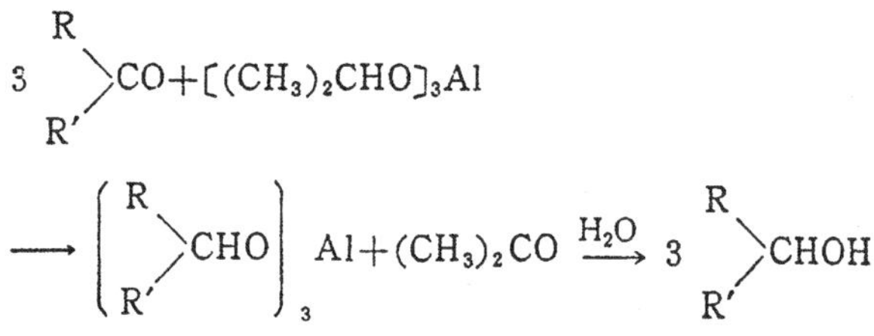

39. Menschutkin 反應

할로겐화알킬과 tert-amine을 縮合시켜 4차암모늄鹽을 生成하는 反應.

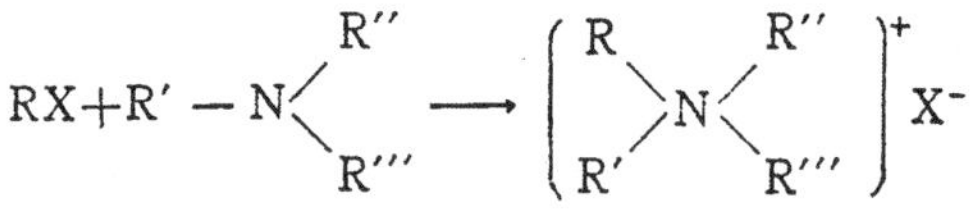

40. Perkin 反應

芳香族알데히드가 sodium acetate 존재하에서 醋酸無水物과 縮合하여 不飽和 carboxylic acid를 생성하는 反應.

$$ArCHO+(CH_3CO)_2O \xrightarrow{CH_3COONa} ArCH=CHCOOH+CH_3COOH$$

41. Reimer-Tiemann 反應

Phenol과 chloroform에서 alkali촉매에 의해 orth 또는 para-oxybenzaldehyde를 生成하는 反應.

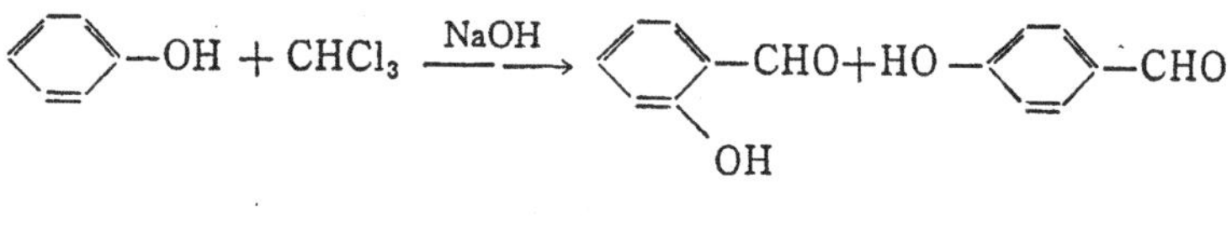

42. Reppe 反應

Acetylene을 원료로 하여 적당한 촉매와 加壓加熱下에서 반응을 행하여 각종 화합물을 合成.

(1) Vinylation

i) 아세틸렌과 알코올에서 알칼리촉매에 의해 vinylester를 생성하는 反應.

$$ROH + HC\equiv CH \xrightarrow{KOH} ROCH=CH_2$$

ii) 아세틸렌과 2차 amine에서 알코올의 경우와 같이 반응시켜 *N*-vinyl 化合物을 생성하는 反應.

$$\begin{matrix} R \\ R' \end{matrix}\!\!>NH + HC\equiv CH \xrightarrow{KOH} \begin{matrix} R \\ R' \end{matrix}\!\!>N-CH=CH_2$$

iii) 아세틸렌과 3次아민의 수용액을 반응시켜 4次암모늄鹽基를 생성하는 反應.

$$R_3N + HC\equiv CH \xrightarrow{H_2O} [R_3NCH=CH_2]^+OH^-$$

iv) 아세틸렌과 C_4 이상의 高級脂肪酸 또는 芳香族酸에서 그 酸의 亞鉛鹽을 촉매로 하여 vinylester를 생성하는 反應.

$$RCO_2H + HC\equiv CH \xrightarrow{(RCO_2)_2Zn} RCO_2CH=CH_2$$

(2) Ethynylation

i) 아세틸렌과 formalin에서 copper acetylide를 촉매로 하여 가온하에서 propar butyne alcohol과 butendiol을 생성하는 反應.

$$CH_2O + HC\equiv CH \xrightarrow{Cu_2C_2} \begin{cases} HC\equiv C-CH_2OH \\ HOCH_2-C\equiv C-CH_2OH \end{cases}$$

ii) 2차아민, 포르말린 및 아세틸렌을 copper acetylide 또는 acetic acid 등을 촉매로 반응시켜 aminopropyne을 생성하는 反應.

$$R_2NH + HCHO + HC\equiv CH \longrightarrow R_2NCH_2C\equiv CH$$

iii) 아세틸렌과 1차, 2차 amine에서 포르말린의 경우와 같이 반응하여 3-amino-butyne 유도체를 생성하는 反應.

$$R_2NH + 2HC\equiv CH \xrightarrow{Cu_2C_2} R_2N\underset{\displaystyle CH_3}{\underset{|}{C}H}-C\equiv CH$$

(3) Cyclic Polymerization

아세틸렌을 nickel 錯鹽을 촉매로 加壓下에서 반응하여 벤젠 또는 시클로옥타테트라엔을 생성하는 反應.

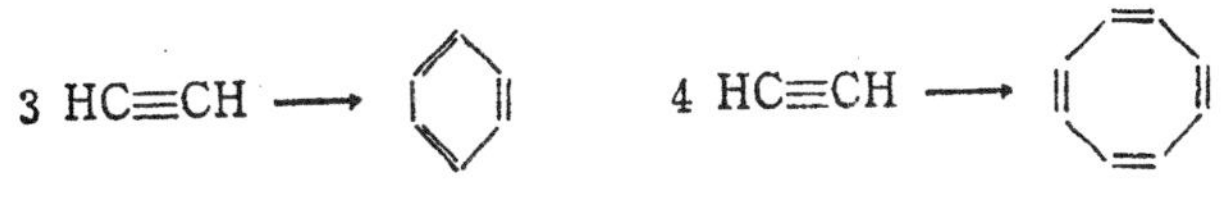

(4) Carbonylation

아세틸렌을 nickel carbonyl과 작용시켜 아크릴酸유도체를 생성하는 反應.

$$RC\equiv CR' + Ni(CO)_4 \xrightarrow{H_2O} RCH=C\begin{matrix} R' \\ CO_2H \end{matrix}$$

$$RC{\equiv}CR'+Ni(CO)_4 \xrightarrow{R''OH} RCH=C\begin{matrix} R' \\ CO_2R'' \end{matrix}$$

43. Sandmeyer 反應

芳香族 diazonium salt에 각종 銅(Ⅰ)鹽을 이용하여 芳香族고리에 할로겐이나 니트릴基를 치환시키는 反應.

$$ArN_2Cl \xrightarrow{CuX} ArX+N_2+CuCl$$
$$(X=Cl, Br, CN, SCN \text{ 등})$$

44. Schiemann 反應

芳香族 diazonium salt에 HBF_4를 작용시켜 테트라플루오르硼酸디아조늄鹽을 만들고 이것을 加溫分解하여 芳香族플루오르化合物을 生成하는 反應.

$$ArN_2Cl+HBF_4 \longrightarrow ArN_2BF_4 \longrightarrow ArF+BF_3+N_2$$

45. Schmidt 反應

카르복시酸 또는 카르보닐化合物을 强酸 존재하에서 같은 mole數의 아지化水素酸(HN_3)을 작용시켜 카르복시酸에서 아민을, 알데히드에서 니트릴 및 포르말린, 케톤에서 아미드를 생성하는 反應.

$$RCO_2H+HN_3 \xrightarrow{H_2SO_4} RNH_2+CO_2+N_2$$
$$RCHO+HN_3 \xrightarrow{H_2SO_4} RCN+RNHCHO$$
$$RCOR'+HN_3 \xrightarrow{H_2SO_4} RCONHR'+R'CONHR+N_2$$

46. Schotten-Baumann 反應

알코올, 페놀 또는 아민류가 benzoyl chloride와 NaOH 수용액에서 benzoylation 되는 反應.

$$ROH+C_6H_5COCl \xrightarrow{NaOH} RCOC_6H_5$$
$$RR'NH+C_6H_5COCl \xrightarrow{NaOH} RR'NCOC_6H_5$$

47. Stephen 反應

니트릴과 鹽酸이 imidechloride를 만들고 이것이 stannous chloride와 鹽酸과 反應하여 aldimine이 되고 加水分解하여 Aldehyde를 생성하는 反應.

$$RCN \xrightarrow{HCl} RCCl=NH \xrightarrow[SnCl_2]{HCl} (RCH=NH)SnCl_4 \xrightarrow{H_2O} RCHO$$

48. Stobbe 反應

Ketone 과 succinic acid 의 ester 가 ether 중에서 alkoxide 에 의해 脫水縮合하여 이타콘酸誘導體(ester of itaconic acid)를 생성하는 反應

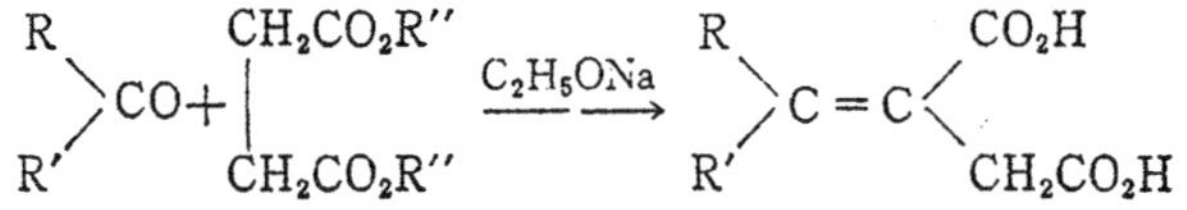

49. Strecker 反應(α-amino acid 合成)

Aldehyde 또는 ketone 에 ammonium chloride 와 시안산칼륨을 작용시켜서 aminonitrile 을 만들고 이것을 加水分解해서 α-amino acid 를 합성하는 反應.

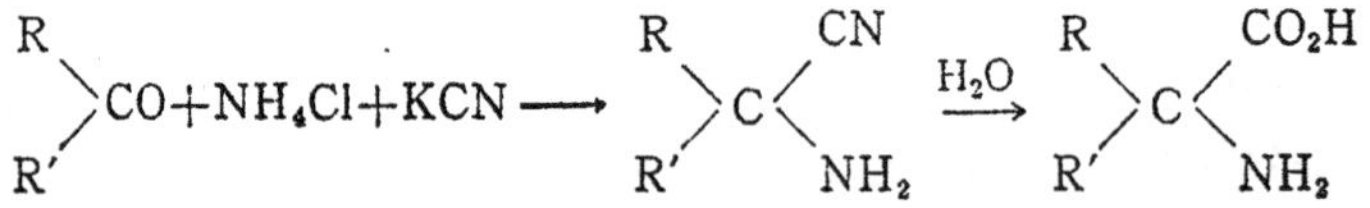

50. Strecker 反應 (α-amino acid 分解反應)

α-amino acid 를 α-diketone 또는 vinylog 와 加溫하여 탄소원자가 한 개 적은 aldehyde 나 ketone 을 생성하는 反應.

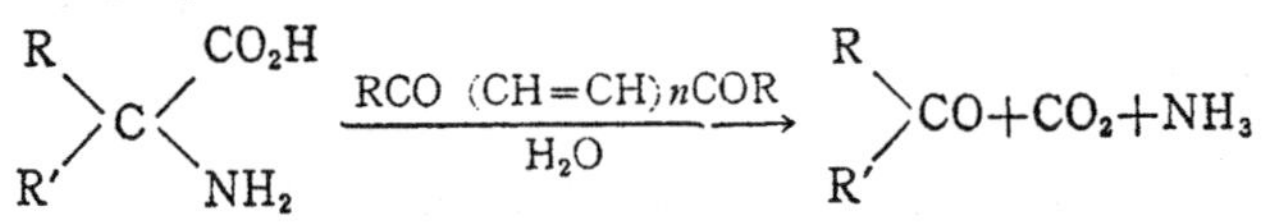

51. Strecker 反應(술폰酸의 合成)

할로겐화알킬을 亞黃酸알칼리와 加熱하여 alkyl sulfonate 가 생성되는 反應.

$$RX + Na_2SO_3 \longrightarrow RSO_3Na + NaX$$

52. Tollens 反應

Acetaldehyde 와 formaldehyde 에 水酸化칼륨 또는 水酸化바륨을 작용시켜 pentaerythritol 을 생성하는 反應.

$$CH_3CHO + 4HCHO \xrightarrow{NaOH} C(CH_2OH)_4 + HCOONa$$

53. Ullmann 反應

각종의 置換 aniline 과 置換 halogen 化 benzene 을 알칼리성 용액에서 구리, 黃化銅(I)을 촉매로 사용하여 置換 diphenyl amine 을, 또는 置換 aniline 대신에 置換 페놀을 이용하여 각종의 置換 phenylether 를 생성하는 反應.

$$RC_6H_4X + R'C_6H_4NH_2 \xrightarrow[K_2CO_3]{Cu} RC_6H_4NH\ C_6H_4R'$$

$$RC_6H_4X + R'C_6H_4OH \xrightarrow[KOH]{Cu} RC_6H_4OC_6H_4R'$$

54. Wagner-Meerwein 轉位

脂肪族알코올, 그의 아실誘導體 또는 그의 할로겐化合物로부터 작용기가 산촉매하에서 제거될 때 인접탄소에서 알킬基, 수소 또는 알릴基가 轉位하여 올레핀, 알코올 또는 그의 아실誘導體를 생성하는 反應.

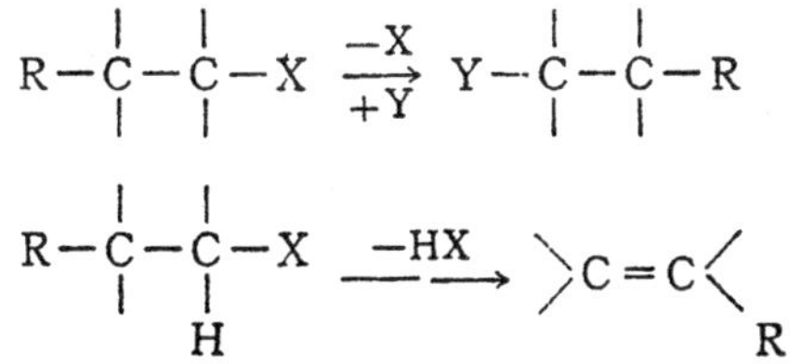

X＝OH, OCOR, Cl 등
Y＝Cl, OH 등

55. Walden 反轉

히드록시이온, 알콕시드, 할로겐이온 등의 陰이온이나 아민類와 같은 電氣陰性度가 큰 試藥이 탄소원자에 대하여 2分子親核置換反應을 할 때 脫離基의 반대쪽에서 試藥이 결합하여 그 탄소원자의 입체구조가 反轉하여 반대위치를 갖기 때문에 光學的 對掌體를 생성하는 것.

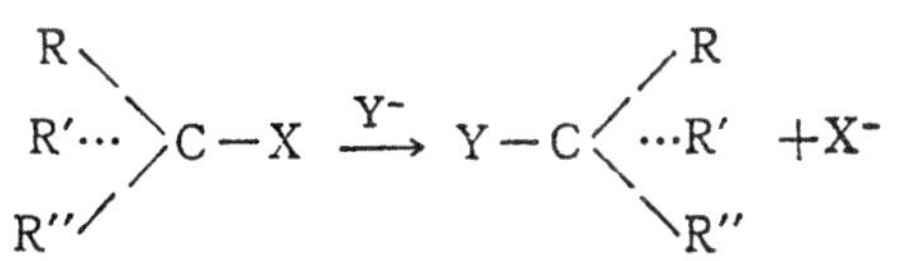

56. Williamson 反應

할로겐화알킬에 금속알콕시드 또는 페녹시드를 작용시켜 에테르를 생성하는 反應.

$$RX + R'ONa \longrightarrow ROR' + NaX$$

57. Wittig 轉位

α-위치의 탄소에 수소원자가 있는 에테르(ether 용매 중에서)를 페닐리튬 또는 칼륨아미드를 작용시켜 알코올을 만드는 反應.

$$ROCH\langle^{R''}_{R'} \xrightarrow[C_6H_5Li]{\text{혹은 } KNH_2} HO-C\langle^{R}_{R''}\cdots R'$$

58. Wittig 反應

triphenylphosphine alkylidene을 carbonyl 化合物에 작용시켜서 carbonyl 산소가 alkylidene으로 치환된 올레핀을 合成하는 反應. triphenylphosphine과 methyl bromide에서 얻어진 triphenyl methyl phosphonium bromide에 phenyllithium이나 sodium amide 또는 lithium ethoxide 등의 鹽基를 작용시켜 triphenyl phosphine methylene을 만들고, 여기에 ketone을 반응시키면 carbonyl 산소가 methylene으로 치환되어 올레핀이 얻어진다.

$$(C_6H_5)_3P+CH_3Br \longrightarrow [(C_6H_5)_3PCH_3]^+Br^-$$

$$\xrightarrow{C_6H_5Li} (C_6H_5)_3P^+-CH_2^-$$

$$(C_6H_5)_3\overset{+}{P}-\overset{-}{C}H_2+(C_6H_5)_2CO \longrightarrow (C_6H_5)_2C=CH+(C_6H_5)_3PO$$

59. Wolff-Kishner 還元

알데히드 또는 케톤을 세미카르바존 혹은 히드라진으로 알칼리 촉매하에서 가열하여 methylene基로 환원하는 反應. diethyleneglycol(또는 triethyleneglycol)을 용매로하여 carbonyl 化合物에 hydrazine hydrate, 수산화알칼리를 가하여 끓여서 생성된 물을 제거하고 그대로 온도를 높여서 還元을 행하는 反應. Huang-Minlon法이라고도 한다.

$$\begin{matrix}R\\R'\end{matrix}\rangle C=O \xrightarrow{NH_2NH_2} \begin{matrix}R\\R'\end{matrix}\rangle C=NNH_2 \xrightarrow[180°C]{alkali} \begin{matrix}R\\R'\end{matrix}\rangle CH_2+N_2$$

60. Wurtz-Fittig 反應

각종의 할로겐化알킬 또는 할로겐化알릴에 금속나트륨을 ether 또는 benzene 중에서 작용시켜 2分子縮合된 탄화수소를 생성하는 反應.

$$2RX \xrightarrow{Na} R-R+NaX(\text{Wurtz 反應})$$

$$ArX+RX \xrightarrow{Na} Ar-R+NaX(\text{Fittig 反應})$$

유기공업화학

2019年 8月 20日 再版印刷
2019年 8月 25日 再版發行

編 著 신 판 우 · 조 승 래

發行處 普 成 文 化 社
서울 용산구 후암로 10 (2층)
TEL : 733-7244, 734-4365
FAX : 722-9927
등록번호 : 2011-000081

 <값 25,000원>